Física

PARA UNIVERSITÁRIOS

B338f Bauer, Wolfgang

Física para universitários : eletricidade e magnetismo / Wolfgang Bauer ; Gary D. Westfall ; Helio Dias ; tradução: Trieste Freire Ricci ; revisão técnica: Helio Dias. – Porto Alegre : AMGH, 2012.

xxiv, 386 p. em várias paginações : il. color. ; 28 cm.

ISBN 978-85-8055-125-9

1. Física. 2. Eletricidade. 3. Magnetismo. I. Título. II. Westfall, Gary D. III. Dias, Helio.

CDU 537

Catalogação na publicação: Natascha Helena Franz Hoppen – CRB 10/2150

Wolfgang Bauer
Universidade Estadual de Michigan

Gary D. Westfall
Universidade Estadual de Michigan

Helio Dias
Universidade de São Paulo

Física

para Universitários

Eletricidade e Magnetismo

Tradução:
Trieste Freire Ricci

Consultoria, supervisão e revisão técnica desta edição:
Helio Dias
Doutor em Física Nuclear Teórica pela Universidade de São Paulo
Professor do Instituto de Física da Universidade de São Paulo

AMGH Editora Ltda.
2012

Obra originalmente publicada sob o título *University Physics with Modern Physics, 1st Edition.*
ISBN 0072857366 / 9780072857368

Adapted by Helio Dias with permission of the Proprietor.

Capa: *Paola Manica*

Fotos da capa: Magnetic field of Earth – © istockphoto.com/alxpin
Lightning – © istockphoto.com/Martin Fischer
Night sky – © istockphoto.com/zhanna ocheret

Leitura final: *Bianca Basile Parracho*

Coordenadora editorial: *Denise Weber Nowaczyk*

Editora responsável por esta obra: *Verônica de Abreu Amaral*

Projeto e editoração: *Techbooks*

Unidade São Paulo
Av. Embaixador Macedo Soares, 10.735 - Pavilhão 5 - Cond. Espace Center
Vila Anastácio - 05095-035 - São Paulo - SP
Fone: (11) 3665-1100 Fax: (11) 3667-1333

SAC 0800 703-3444

IMPRESSO NO BRASIL
PRINTED IN BRAZIL

Os autores

Wolfgang Bauer nasceu na Alemanha e tornou-se doutor em física nuclear pela University of Giessen em 1987. Depois de um pós-doutorado no Instituto de Tecnologia da Califórnia, juntou-se ao corpo docente da Michigan State University, em 1988. Trabalhou com uma ampla variedade de tópicos em física computacional, desde supercondutividade de alta temperatura a explosões de supernovas, mas demonstrou especial interesse em colisões nucleares relativísticas. Talvez seja mais conhecido por seu trabalho sobre mudanças de fase de matéria nuclear em colisões de íons pesados. Recentemente, o Dr. Bauer concentrou grande parte de sua pesquisa e docência em questões referentes à energia, inclusive recursos de combustíveis fósseis, maneiras de usar energia com mais eficiência e, em especial, recursos alternativos de energia com carbono neutro. Atualmente, é diretor do Departamento de Física e Astronomia e do Instituto de Pesquisa Auxiliada por Cibernética.

Gary D. Westfall iniciou sua carreira no Centro de Estudos Nucleares da University of Texas, em Austin, onde concluiu seu doutorado em física nuclear experimental em 1975. A seguir, foi para o Laboratório Nacional de Lawrence Berkeley (LBNL) em Berkeley, Califórnia, para conduzir seu trabalho de pós-doutorado em física nuclear de alta energia, permanecendo como membro da equipe de cientistas. Enquanto esteve no LBNL, o Dr. Westfall ficou internacionalmente conhecido por seu trabalho sobre o modelo nuclear de bola de fogo e o uso de fragmentação para produzir núcleos longe da estabilidade. Em 1981, o Dr. Westfall juntou-se à equipe do Laboratório Nacional Ciclotron Supercondutor (NSCL) na Michigan State University (MSU) como professor e pesquisador, onde foi responsável pela concepção, construção e operação do MSU 4SIMB Detector. Sua pesquisa usando o 4SIMB Detector produziu informações referentes à resposta da matéria nuclear conforme é comprimida em um colapso de supernova. Em 1987, o Dr. Westfall ingressou no Departamento de Física e Astronomia da MSU como professor adjunto enquanto continuava a conduzir sua pesquisa no NSCL. Em 1994, o Dr. Westfall aderiu ao STAR Collaboration, que está realizando experimentos no Colisor Relativístico de Íons Pesados (RHIC), no Laboratório Nacional de Brookhaven em Long Island, Nova York.

Helio Dias iniciou sua carreira no Instituto de Física da Universidade de São Paulo (IFUSP), onde tornou-se Bacharel em Física (1975), Mestre em Física Nuclear Experimental (1977), Doutor em Física Nuclear Teórica (1980) e livre-docente em Física Nuclear Teórica (1988). O Dr. Dias desenvolveu sua carreira profissional em atividades de ensino, pesquisa e extensão no Instituto de Estudos Avançados do Centro Técnico Aeroespacial (1980-1983), no Instituto de Física da Universidade Federal Fluminense (1983-1985) e no IFUSP (1985 até o presente), no qual desenvolve projetos na área da física nuclear, ensino de ciências e divulgação científica. Foi secretário (1991-1992) e vice-presidente (1993-1994) da Sociedade Brasileira de Física, e membro do Comitê Assessor de Física e Astronomia do Conselho Nacional de Pesquisas (1997-2001). Atualmente o Dr. Dias é Diretor da Estação de Ciências da USP, Presidente do Instituto de Valorização da Educação e da Pesquisa no Estado de São Paulo (IVEPESP), Coordenador Geral do Laboratório Didático do Curso Semipresencial de Licenciatura em Ciências da USP, criador e coordenador do Laboratório de Tecnologia de Aprendizagem em Educação (TECAP ONLINE) do IFUSP e integrante da equipe de pesquisadores do Centro de Pesquisa, Inovação e Difusão em Energia do Instituto de Eletrotécnica e Energia da USP.

Este livro é dedicado a nossas famílias. Sem sua paciência, incentivo e apoio, não teríamos conseguido concluí-lo.

Nota dos autores

Física é uma ciência em grande expansão, repleta de desafios intelectuais e que apresenta inúmeros problemas de pesquisa sobre tópicos cobrindo das maiores galáxias às menores partículas subatômicas. Os físicos conseguiram trazer entendimento, ordem, consistência e previsibilidade a nosso universo e continuarão esse esforço em um estimulante futuro.

Porém, quando abrimos a maioria dos livros de introdução à física, constatamos que uma história distinta está sendo contada. A física é pintada como uma ciência completa, em que os principais avanços ocorreram na época de Newton, ou talvez no início do século XX. Apenas próximo ao final dos livros padrão é que a física "moderna" é abordada, e mesmo essa cobertura geralmente inclui somente descobertas feitas na década de 1960.

Nossa principal motivação ao escrever este livro foi alterar essa percepção ao entrelaçar, de forma adequada, a estimulante física contemporânea ao longo do texto. A física é uma disciplina emocionante e dinâmica – continuamente à beira de novas descobertas e aplicações que trazem mudanças à nossa vida. Para ajudar os alunos a verem isso, precisamos contar a história completa e empolgante de nossa ciência, adequadamente integrando a física contemporânea no curso baseado em cálculo do primeiro ano. Mesmo o primeiro semestre oferece muitas oportunidades de fazer isso por meio da inclusão de resultados recentes de pesquisas sobre dinâmica não linear, caos, complexidade e física de alta energia no currículo introdutório. Como estamos ativamente realizando pesquisas nessas áreas, sabemos que muitos de nossos resultados atualizados estão acessíveis em sua essência ao estudante do primeiro ano.

Autores de muitas outras áreas, como biologia e química, já incluem pesquisas contemporâneas em seus livros, reconhecendo as mudanças significativas que estão afetando as bases de suas disciplinas. Essa integração de pesquisa contemporânea dá aos alunos a impressão de que a biologia e a química são os projetos de pesquisa mais "quentes" do momento. As bases da física, por outro lado, estão sobre solo muito mais firme, mas os novos avanços são da mesma forma intrigantes e empolgantes, se não mais. Precisamos encontrar uma maneira de compartilhar os avanços em física com nossos alunos.

Acreditamos que falar sobre o amplo tópico de energia oferece um ótimo movimento de abertura para capturar o interesse dos alunos. Os conceitos de fontes de energia (fóssil, renovável, nuclear, e assim por diante), eficiência energética, fontes alternativas de energia e efeitos ambientais de escolhas de fornecimento de energia (aquecimento global) são muito mais acessíveis no nível de introdução à física. Verificamos que discussões sobre energia despertam o interesse de nossos alunos como nenhum outro tópico atual, e lidamos com diferentes aspectos de energia no decorrer do livro.

Além de estarem expostos ao estimulante mundo da física, os alunos obtêm enormes benefícios da capacidade de **solucionar problemas e pensar de forma lógica sobre uma situação**. A física baseia-se em um conjunto central de ideias que é essencial a toda a ciência. Reconhecemos isso e oferecemos um método útil de resolução de problemas (esquematizado no Capítulo 1) que é usado em todo o livro. Esse método envolve um formato de vários passos desenvolvido por nós com alunos de nossas aulas.

Com tudo isso em mente, combinado com o desejo de escrever um livro cativante, criamos o que esperamos ser uma ferramenta para motivar a imaginação dos alunos e prepará-los melhor para cursos futuros em suas áreas de estudo (é preciso admitir que esperamos converter pelo menos alguns deles em estudantes de física ao longo do caminho). As opiniões de mais de 300 pessoas, inclusive um conselho consultivo, diversos colaboradores, revisores de manuscrito e participantes de grupos de discussão, foram de grande auxílio nesta enorme empreitada, assim como testes de campo de nossas ideias com aproximadamente 4000 alunos de nossas aulas de introdução à física na Michigan State University. Agradecemos a todos vocês!

Wolfgang Bauer, Gary D. Westfall e Helio Dias

Agradecimentos

Reza Nejat, McMaster University
K. Porsezian, Pondicherry University, Puducherry
Wang Qing-hai, National University of Singapore
Kenneth J. Ragan, McGill University

Um livro como este que você tem em mãos é impossível de produzir sem um enorme trabalho por um número incrível de indivíduos dedicados. Em primeiro lugar, gostaríamos de agradecer à talentosa equipe editorial e de marketing da McGraw-Hill: Marty Lange, Kent Peterson, Thomas Timp, Ryan Blankenship, Mary Hurley, Liz Recker, Daryl Bruflodt, Lisa Nicks, Dan Wallace e, em especial, Deb Hash nos ajudaram de inúmeras formas e conseguiram reacender nosso entusiasmo após cada revisão. Seu espírito de equipe, bom humor e otimismo inabalável nos mantiveram nos trilhos e sempre tornaram divertido para nós dedicar horas que pareceram intermináveis para produzir o manuscrito.

Os editores de desenvolvimento, Richard Heinz e David Chelton, nos ajudaram a trabalhar com o número quase infinito de comentários e sugestões de melhorias feitos pelos revisores. Assim como os revisores e nosso conselho consultivo, eles merecem uma grande parte do crédito de melhorias na qualidade do manuscrito final. Nossos colegas do corpo docente do Departamento de Física e Astronomia da Michigan State University – Alexandra Gade, Alex Brown, Bernard Pope, Carl Schmidt, Chong-Yu Ruan, C. P. Yuan, Dan Stump, Ed Brown, Hendrik Schatz, Kris Starosta, Lisa Lapidus, Michael Harrison, Michael Moore, Reinhard Schwienhorst, Salemeh Ahmad, S. B. Mahanti, Scott Pratt, Stan Schriber, Tibor Nagy e Thomas Duguet – também nos ajudaram de diversas maneiras, lecionando suas aulas e seções com os materiais desenvolvidos por nós e, no processo, dando *feedback* valioso sobre o que funcionou e o que precisava ser refinado. Agradecemos a todos eles.

Decidimos envolver um grande número de professores de física de todo o país na autoria dos problemas no fim dos capítulos, como um meio de garantir a mais alta qualidade, relevância e valor didático. Agradecemos a todos que contribuíram com problemas por compartilhar parte de seu melhor trabalho conosco, em especial Richard Hallstein, que assumiu a tarefa de organizar e processar todas as contribuições.

No ponto em que entregamos o manuscrito final ao editor, um exército inteiramente novo de profissionais se encarregou de adicionar outra camada de refinamento, transformando o manuscrito em um livro. John Klapstein e a equipe da MathResources trabalharam com todos os problemas, exercícios, números e equações que escrevemos. Os pesquisadores de fotos, em especial Danny Meldung, melhoraram em muito a qualidade das imagens usadas no livro e tornaram o processo de seleção divertido para nós. Pamela Crews e a equipe da Precision Graphics usaram nossos desenhos originais, mas melhoraram sua qualidade de forma substancial e, ao mesmo tempo, permaneceram fiéis aos cálculos originais que entraram na produção dos desenhos. Nossa editora de texto, Jane Hoover, e sua equipe juntaram tudo no final, decifraram nossos rabiscos e certificaram-se de que o produto final fosse o mais legível possível. A equipe de design e produção da McGraw -Hill, composta por Jayne Klein, David Hash, Carrie Burger, Sandy Ludovissy, Judi David e Mary Jane Lampe, orientou o livro e seus materiais de apoio com habilidade até a publicação. Todos eles merecem nossa enorme gratidão.

Finalmente, não teríamos conseguido sobreviver aos últimos seis anos de esforço sem o apoio de nossas famílias, que tiveram que aguentar nosso trabalho com o livro por incontáveis noites, fins de semana e até durante muitas férias. Esperamos que toda sua paciência e incentivo sejam recompensados, e agradecemos a eles do fundo de nossos corações por permanecerem conosco durante a realização deste livro.

—Wolfgang Bauer
—Gary D. Westfall
—Helio Dias

Prefácio

O *Física para Universitários* destina-se ao uso nas aulas de introdução à física com base em cálculo em universidades e instituições de ensino superior. Este livro pode ser usado em uma sequência de introdução de dois ou quatro semestres. O curso destina-se a alunos de ciências biológicas e físicas, matemática e engenharia.

Habilidade de resolução de problemas: aprendendo a pensar como um cientista

Talvez uma das melhores habilidades que os alunos podem obter do curso de física é a capacidade de **solucionar problemas e pensar sobre uma situação de modo crítico**. A física baseia-se em um conjunto central de ideias essenciais que pode ser aplicado a várias situações e problemas. O *Física para Universitários de Bauer, Dias e Westfall*, reconhece isso e oferece um método de resolução de problemas testado em aula pelos autores e usado durante todo o texto. O método de resolução de problemas envolve um formato de vários passos.

> "O Guia de Solução de Problemas ajuda os alunos a melhorar suas habilidades na resolução de problemas, ensinando-os a decompor um problema em seus principais componentes. Os passos centrais para escrever equações corretas são descritos de forma agradável e são bastante úteis para os alunos."
>
> *Nina Abramzon, California Polytechnic University – Pomona*

> "Costumo receber uma reclamação desmotivadora dos alunos: 'Não sei como começar a resolver os problemas'. Acho que a abordagem sistemática de vocês, uma estratégia explicada com clareza, só tem a ajudar."
>
> *Stephane Coutu, The Pennsylvania State University*

Método de resolução de problemas

Problema resolvido

Os **Problemas resolvidos** numerados do livro são problemas com resolução completa, sendo que cada um segue com consistência o método de sete passos. Cada Problema resolvido começa com o enunciado do problema e, a seguir, oferece uma solução completa:

1. **PENSE:** Leia o problema com cuidado. Pergunte quais grandezas são conhecidas, quais podem ser úteis, mas desconhecidas, e quais são solicitadas na solução. Escreva essas grandezas e represente-as com seus símbolos normalmente usados. Faça a conversão para unidades do SI, se necessário.
2. **DESENHE:** Faça um desenho da situação física para ajudá-lo a visualizar o problema. Para muitos estilos de aprendizagem, uma representação visual ou gráfica é essencial, e geralmente é fundamental para definir as variáveis.
3. **PESQUISE:** Escreva os princípios ou leis físicas que se aplicam ao problema. Use equações que representem esses princípios para conectar as grandezas conhecidas e desconhecidas entre elas. Às vezes, as equações

PROBLEMA RESOLVIDO 10.2 Queda de voltagem em um indutor

Um circuito RLC em série contém uma fonte de fem variável com o tempo que fornece V_{rms} = 170,0 V, um resistor de resistência R = 820,0 Ω, um indutor de L = 30,0 mH e um capacitor de C = 0,290 mF. O circuito opera em sua frequência de ressonância.

PROBLEMA

Qual é a queda de voltagem rms no indutor?

SOLUÇÃO

PENSE

Na frequência ressonante, a impedância do circuito é igual à resistência. Podemos calcular a corrente rms do circuito. A queda de voltagem no indutor é, então, o produto da corrente rms do circuito pela reatância indutiva.

DESENHE

A Figura 10.38 mostra o diagrama do circuito RLC série.

PESQUISE

Na ressonância, a impedância do circuito é

$$Z = \sqrt{R^2 + (X_L - X_C)^2} = R.$$

Na ressonância, o valor rms da corrente do circuito, I_{rms}, é dado por

$$V_{rms} = I_{rms}R.$$

A queda de voltagem rms no indutor, V_L, na ressonância, é

$$V_L = I_{rms}X_L,$$

Onde a reatância indutiva X_L é definida como

$$X_L = \omega L$$

e ω é a frequência angular na qual opera o circuito. A frequência ressonante ω_0 do circuito é

$$\omega_0 = \frac{1}{\sqrt{LC}}.$$

SIMPLIFIQUE

Combinando todas essas equações, obtemos a queda de voltagem no indutor na ressonância:

$$V_L = \left(\frac{V_{rms}}{R}\right)(\omega_0 L) = \frac{LV_{rms}}{R}\frac{1}{\sqrt{LC}} = \frac{V_{rms}}{R}\sqrt{\frac{L}{C}}.$$

CALCULE

Substituindo os valores numéricos fornecidos, obtemos

$$t=\frac{0{,}300mc^2}{2P}=\frac{0{,}300\left(200{,}0\text{ kg}\right)\left(3{,}00\cdot 10^8\text{ m/s}\right)^2}{2\left(10{,}0\cdot 10^9\text{ W}\right)}=270.000.000\text{ s}.$$

ARREDONDE

Apresentamos nosso resultado com três algarismos significativos:

$$t=270.000.000\text{ s}=8{,}56\text{ anos}.$$

SOLUÇÃO ALTERNATIVA

Para avaliar nosso resultado, calculamos a aceleração da espaçonave:

$$a=\frac{2P}{mc}=\frac{2\left(10{,}0\cdot 10^9\text{ W}\right)}{\left(200\text{ kg}\right)\left(3{,}00\cdot 10^8\text{ m/s}\right)}=0{,}333\text{ m/s}^2.$$

Tal aceleração corresponde a 3% da aceleração da gravidade na superfície terrestre. Essa aceleração é produzida por um laser 10 vezes mais potente do que uma usina de energia elétrica, que deveria funcionar por 8,56 anos. A distância que a espaçonave percorreria durante este tempo é

$$x=\tfrac{1}{2}at^2=\tfrac{1}{2}\left(0{,}333\text{ m/s}^2\right)\left(2{,}70\cdot 10^8\text{ s}\right)^2=1{,}21\cdot 10^{16}\text{ m}=1{,}28\text{ ano luz},$$

o que é ligeiramente maior do que $1\frac{1}{4}$ da distância que a luz percorre em um ano. O laser deve permanecer focado sobre a vela a esta distância. Assim, embora nosso cálculo pareça plausível, as exigências para se dispor de uma espaçonave impulsionada a laser, com uma vela, parecem difíceis de satisfazer. Veremos que devemos modificar este cálculo porque as velocidades envolvidas correspondem a frações significativas da velocidade da luz.

podem precisar de derivação, combinando duas ou mais equações conhecidas para solucionar a que é desconhecida.

4. **SIMPLIFIQUE:** Simplifique o resultado de forma algébrica tanto quanto possível. Este passo é de especial utilidade se você precisar calcular mais de uma grandeza.
5. **CALCULE:** Substitua os números por unidades na equação simplificada e calcule. Normalmente, você obterá um número e uma unidade física na resposta.
6. **ARREDONDE:** Considere o número de algarismos significativos que o resultado deve conter. Um resultado obtido por multiplicação ou divisão deve ser arredondado para o mesmo número de algarismos significativos do que na grandeza de entrada com o menor número de algarismos significativos. Não arredonde em passos intermediários, pois o arredondamento cedo demais pode resultar em uma solução errada. Inclua as unidades adequadas na resposta.

EXEMPLO 2.5 Fluxo elétrico através de um cubo

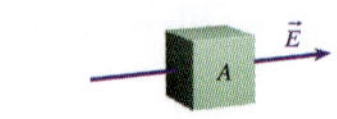

Figura 2.25 Um cubo com faces de área A em um campo elétrico uniforme $\vec{E}$.

A Figura 2.25 mostra um cubo com faces de área A em um campo elétrico uniforme, $\vec{E}$, que é perpendicular ao plano de uma das faces do cubo.

PROBLEMA

Qual é o fluxo elétrico líquido através do cubo?

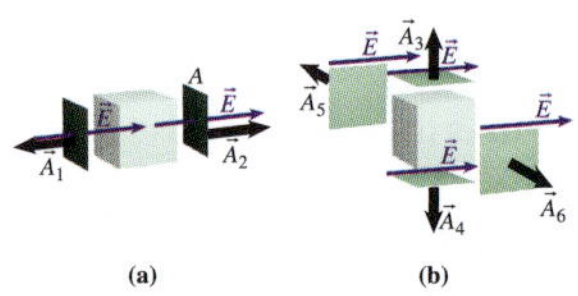

Figura 2.26 (a) As duas faces do cubo que são perpendiculares ao campo elétrico. Um dos vetores área correspondentes é paralelo, e o outro é antiparalelo ao campo elétrico. (b) As quatro faces do cubo que são paralelas ao campo elétrico. Os vetores área correspondentes são perpendiculares ao campo elétrico.

SOLUÇÃO

O campo elétrico da Figura 2.25 é perpendicular ao plano de uma das seis faces do cubo e, portanto, é também perpendicular à face oposta correspondente. Os vetores área das duas faces, $\vec{A}_1$ e $\vec{A}_2$, são mostrados na Figura 2.26a. O fluxo elétrico líquido através dessas duas faces é

$$\Phi_{12}=\Phi_1+\Phi_2=\vec{E}\bullet\vec{A}_1+\vec{E}\bullet\vec{A}_2=-EA_1+EA_2=0.$$

O sinal negativo surge do fluxo elétrico através da face 1, pois o campo elétrico ali e o vetor área $\vec{A}_1$ possuem sentidos opostos. Os vetores área das quatro faces restantes são todos perpendiculares ao campo elétrico, como mostra a Figura 2.26b. O fluxo elétrico através dessas quatro faces é

$$\Phi_{3456}=\Phi_3+\Phi_4+\Phi_5+\Phi_6=\vec{E}\bullet\vec{A}_3+\vec{E}\bullet\vec{A}_4+\vec{E}\bullet\vec{A}_5+\vec{E}\bullet\vec{A}_6=0.$$

Todos os produtos escalares são nulos porque os vetores área correspondentes são perpendiculares ao campo elétrico. Portanto, o fluxo elétrico líquido através do cubo é

$$\Phi=\Phi_{12}+\Phi_{3456}=0.$$

7. **SOLUÇÃO ALTERNATIVA:** Analise o resultado. A resposta (número e unidades) parece realista? Examine as ordens de grandeza. Teste sua solução em casos limitantes.

Exemplos

Exemplos mais breves e resumidos (apenas enunciado do problema e solução) concentram-se em um ponto ou conceito específico. Também servem como uma ponte entre os problemas resolvidos com solução completa (com todos os sete passos) e os problemas para fazer em casa.

Guia de resolução de problemas

O **guia de resolução de problemas** oferece **problemas resolvidos adicionais**, novamente seguindo o formato de sete passos. Essa seção é encontrada imediatamente antes dos problemas no fim dos capítulos para fazer uma revisão e enfatizar os conceitos essenciais do capítulo. As **estratégias de resolução de problemas** adicionais também são apresentadas aqui.

> "Eles são uma ferramenta útil para que os alunos melhorem suas habilidades de resolução de problemas. Os autores fizeram um bom trabalho ao lidar, em cada capítulo, com os passos mais importantes na abordagem da solução dos problemas no fim dos capítulos. Os alunos que nunca estudaram física antes podem obter muitos benefícios desse guia. Gostei principalmente da conexão entre o guia e o problema resolvido. A descrição detalhada sobre como resolver esses problemas certamente ajudará os alunos a entender melhor os conceitos."
>
> *Luca Bertello, University of California – Los Angeles*

GUIA DE RESOLUÇÃO DE PROBLEMAS

1. Quando você usar a lei de Biot-Savart, deve sempre desenhar um diagrama da situação, com o elemento de corrente realçado. Verifique se existem simetrias simplificadoras antes de efetuar seus cálculos; com isso, você poderá poupar uma quantidade significativa de trabalho.

2. Quando você usar a lei de Ampère, a fim de simplificar o cálculo da integral, escolha uma amperiana que possua alguma simetria geométrica. Muitas vezes, você poderá usar a 3ª regra da mão direita para escolher o sentido de integração ao longo da amperiana: oriente seu polegar com a corrente líquida através da amperiana, e seus dedos da palma da mão se curvarão no sentido de integração. Este método também o lembrará de somar as correntes através da amperiana, para determinar a corrente contida nela.

3. Lembre-se do princípio da superposição para campos magnéticos. O campo magnético resultante em um ponto qualquer do espaço é a soma vetorial dos campos magnéticos produzidos por diferentes objetos. Esteja certo de simplesmente não somar os módulos. Em vez disso, em geral você precisará somar separadamente os componentes espaciais produzidos pelas diferentes fontes de campo magnético.

4. Todos os princípios que governam o movimento de partículas carregadas em presença de campos magnéticos, e todos os tópicos do guia de resolução de problemas do Capítulo 7 também se aplicam aqui. Não importa se o campo magnético é produzido por um ímã permanente ou por um eletroímã.

5. Para calcular o campo magnético em um material, você pode usar as fórmulas derivadas da lei de Ampère e da lei de Biot-Savart, porém você tem de substituir μ_0 por $\mu \equiv \kappa_m\mu_0 \equiv (1+\chi_m)\mu_0$.

PROBLEMA RESOLVIDO 8.4 Campo magnético produzido por quatro fios

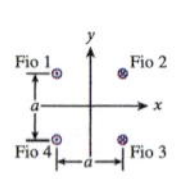

Figura 8.32 Quatro fios localizados nos vértices de um quadrado. Dois deles conduzem correntes para dentro da página, enquanto os outros dois conduzem correntes para fora da página.

Quatro fios conduzem, cada qual, uma corrente de valor $i = 1{,}00$ A. Os fios estão localizados nos quatro vértices de um quadrado de lado $a = 3{,}70$ cm. Dois deles conduzem correntes que entram no plano da página, enquanto os outros dois conduzem correntes em sentido inverso (Figura 8.32).

PROBLEMA

Qual é o componente y do campo magnético no centro do quadrado?

SOLUÇÃO

PENSE

O campo magnético no centro do quadrado é a soma vetorial dos campos magnéticos produzidos individualmente pelas correntes dos quatro fios. A intensidade do campo magnético produzido por cada um dos fios é a mesma. A orientação do campo magnético de cada fio é determinada usando-se a 3ª regra da mão direita.

DESENHE

A Figura 8.33 mostra os campos magnéticos dos quatro fios: $\vec{B}_1$ é o campo magnético produzido pelo fio 1, $\vec{B}_2$ é produzido pelo fio 2, $\vec{B}_3$ pelo fio 3 e $\vec{B}_4$ pelo fio 4. Note que $\vec{B}_2$ e $\vec{B}_4$ são iguais entre si, e $\vec{B}_1$ e $\vec{B}_3$ são iguais um ao outro.

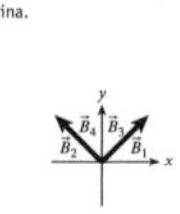

Figura 8.33 Campos magnéticos produzidos pelos quatro fios condutores de corrente.

PESQUISE

A intensidade do campo magnético produzido por cada um dos fios é dada por

$$B=\frac{\mu_0 i}{2\pi r}=\frac{\mu_0 i}{2\pi\left(a/\sqrt{2}\right)},$$

onde $a/\sqrt{2}$ é a distância entre cada fio e o centro do quadrado.

A 3ª regra da mão direita fornece-nos as orientações dos campos magnéticos, mostrados na Figura 8.33. A componente y de cada campo magnético é dada por

$$B_y = B\text{ sen }45°.$$

SIMPLIFIQUE

A soma das componentes e dos quatro campos magnéticos é

$$B_{y,\text{total}}=4B_y=4B\text{sen }45°=4\frac{\mu_0 i}{2\pi\left(a/\sqrt{2}\right)}\left(\frac{1}{\sqrt{2}}\right)=\frac{2\mu_0 i}{\pi a},$$

onde usamos o fato de que sen $45° = 1/\sqrt{2}$.

Conjuntos de questões e problemas no fim dos capítulos

Além de guias de resolução de problemas, exemplos e estratégias, o *Física para Universitários* também oferece uma **ampla variedade de questões e problemas no fim de cada capítulo**. Geralmente, os professores dizem: "Não preciso de muitos problemas, só alguns problemas muito bons". O *Física para Universitários* tem os dois. As questões e os problemas no fim de cada capítulo foram desenvolvidos com a ideia de torná-los interessantes para o leitor. Os autores, junto com uma equipe de excelentes escritores (que, mais importante ainda, também são professores experientes de física), escreveram questões e problemas para cada capítulo, garantindo ampla variedade em termos de nível, conteúdo e estilo. Todos os capítulos incluem um conjunto de perguntas de múltipla escolha, questões, problemas (por seção) e problemas adicionais (sem "dica" de seção). Um marcador identifica problemas um pouco mais desafiadores, e dois marcadores identificam os problemas mais difíceis. O tema de resolução de problemas do texto também é transportado para o banco de teste: o mesmo grupo que escreveu as questões e problemas no fim dos capítulos também escreveu as questões do banco de teste, dando consistência em termos de estilo e escopo.

QUESTÕES DE MÚLTIPLA ESCOLHA

4.1 No circuito mostrado na figura, a capacitância de cada capacitor é C. A capacitância equivalente desses três capacitores é

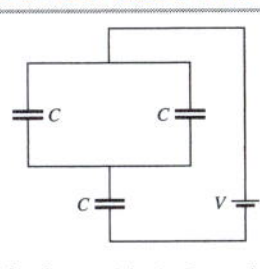

a) $\frac{1}{3}C$ d) $\frac{3}{5}C$
b) $\frac{2}{3}C$ e) C
c) $\frac{2}{5}C$ f) $\frac{5}{3}C$

4.2 Um capacitor de placas paralelas de capacitância C possui placas de área A separadas uma da outra por uma distância d. Quando o capacitor é ligado a uma bateria de diferença de potencial V, possui uma carga de valor absoluto Q em cada placa. Enquanto o capacitor está ligado à bateria, a distância entre as placas é diminuída por um fator igual a 3. O valor absoluto da carga de cada placa e a capacitância são, então,

a) $\frac{1}{3}Q$ e $\frac{1}{3}C$ c) $3Q$ e $3C$
b) $\frac{1}{3}Q$ e $3C$ d) $3Q$ e $\frac{1}{3}C$

4.3 A distância entre as placas de um capacitor de placas paralelas é dobrada. O que acontece à sua capacitância?

a) Mantém-se a mesma.
b) Dobra de valor.
c) Quadruplica de valor.
d) É reduzida pela metade.

4.4 Qual dos seguintes capacitores possui a maior carga?

a) Um capacitor de placas paralelas com placas de área de 10 cm^2 e uma separação de 2 mm entre elas, ligado a uma bateria de 10 V.
b) Um capacitor de placas paralelas com placas de área de 5 cm^2 e uma separação de 1 mm entre elas, ligado a uma bateria de 10 V.
c) Um capacitor de placas paralelas com placas de área de 10 cm^2 e uma separação de 4 mm entre elas, ligado a uma bateria de 5 V.
d) Um capacitor de placas paralelas com placas de área de 20 cm^2 e uma separação de 2 mm entre elas, ligado a uma bateria de 20 V.
e) Todos estes capacitores possuem a mesma carga.

4.5 Dois capacitores de placas paralelas, idênticos, são ligados em um circuito como mostrado na figura. Inicialmente, o espaço entre as placas de cada capacitor está preenchido com ar. Qual das seguintes alterações dobrará a carga total armazenada em ambos os capacitores, para uma mesma diferença de potencial aplicada?

a) Preencher o espaço entre as placas de C_1 com vidro (constante dielétrica igual a 4) e deixar C_2 como está.
b) Preencher o espaço entre as placas de C_1 com Teflon (constante dielétrica igual a 2) e deixar C_2 como está.
c) Preencher o espaço entre as placas de C_1 e de C_2 com Teflon (constante dielétrica igual a 2).
d) Preencher o espaço entre as placas de C_1 e de C_2 com vidro (constante dielétrica igual a 4).

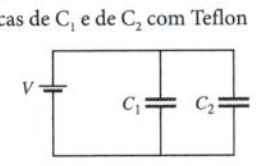

4.6 O espaço entre as placas de um capacitor de placas paralelas, isolado, está preenchido por uma lâmina de um material dielétrico. O valor absoluto da carga Q de cada placa é mantido constante. Se o material dielétrico entre as placas for removido, a energia armazenada no capacitor

a) aumentará. c) diminuirá.
b) permanecerá a mesma. d) poderá aumentar ou diminuir.

4.7 Qual das seguintes grandezas é proporcional à capacitância de um capacitor de placas paralelas?

a) A carga armazenada em cada placa condutora.
b) A diferença de potencial entre as duas placas.
c) A distância de separação entre as duas placas.
d) A área de cada placa.
e) Todas as grandezas citadas nas alternativas anteriores.
f) Nenhuma das grandezas citadas nas primeiras quatro alternativas.

4.8 Um dielétrico de constante dielétrica $\kappa = 4$ é inserido entre as placas de um capacitor de placas paralelas, preenchendo $\frac{1}{3}$ do volume entre elas, como mostra a figura. Se a capacitância do capacitor sem o dielétrico é C, qual é a capacitância do capacitor com o dielétrico?

a) 0,75 C d) $4C$
b) C e) $6C$
c) $2C$

4.9 Um capacitor de placas paralelas é ligado a uma bateria para ser carregado. Após algum tempo, enquanto a bateria ainda está ligada ao capacitor, a distância entre suas placas é dobrada. Qual da(s) seguintes afirmativas é(são) verdadeira(s)?

a) O campo elétrico entre as placas diminui pela metade.
b) A diferença de potencial da bateria diminui pela metade.
c) A capacitância dobra.
d) A diferença de potencial entre as placas não sofre alteração.
e) As cargas das placas não sofrem alteração.

4.10 Com referência à figura, decida se cada uma das equações é verdadeira ou falsa. Considere que todos os capacitores tenham capacitâncias diferentes. A diferença de potencial no capacitor C_1 é V_1. No capacitor C_2, a correspondente diferença de potencial é V_2, em C_3 ela é V_3, e em C_4, V_4. As diferenças de potencial em C_1, C_2, C_3 e C_4 são, respectivamente, q_1, q_2, q_3 e q_4.

a) $q_1 = q_3$
b) $V_1 + V_2 = V$
c) $q_1 + q_2 = q_3 + q_4$
d) $V_1 + V_2 = V_3 + V_4$
e) $V_1 + V_3 = V$

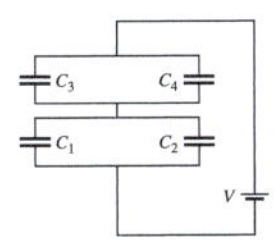

QUESTÕES

4.11 As placas de um capacitor precisam ser condutoras? O que aconteceria se fossem usadas duas placas isolantes em vez de duas placas condutoras?

4.12 É preciso realizar mais trabalho para separar as placas de um capacitor de placas paralelas enquanto ele permanece ligado à bateria ou enquanto ele está desligado dela?

4.13 Quando estão trabalhando em parte de uma instalação elétrica, eletricistas e técnicos em eletrônica às vezes prendem um fio de aterramento ao equipamento mesmo após terem terminado o serviço e desligado-o. Por que eles fazem isso?

4.14 A Tabela 4.1 não lista um valor sequer da constante dielétrica de um bom condutor. Que valor de constante dielétrica deveria ser atribuída ao condutor?

4.15 Um capacitor de placas paralelas é carregado com uma bateria e depois desligado dela, ficando uma dada quantidade de carga no capacitor. A separação entre as placas, então, é aumentada. O que acontece à energia armazenada no capacitor? Discuta sua resposta usando a conservação de energia.

4.16 Você dispõe de um aparelho elétrico que contém um capacitor de 10,0 μF. Que modificação você poderia fazer para aumentar a capacitância para 18,0 μF?

4.17 Dois capacitores de capacitâncias C_1 e C_2 estão ligados em série. Mostre que, não importando quais sejam os valores de C_1 e de C_2, a capacitância equivalente é sempre menor do que a menor das capacitâncias dos dois capacitores.

4.18 Dois capacitores de capacitâncias C_1 e C_2 são ligados em série. Uma diferença de potencial, V_0, é aplicada à associação dos capacitores. Determine as diferenças de potencial V_1 e V_2 nos dois capacitores da associação em termos de V_0, C_1 e C_2.

4.19 Um condutor esférico maciço e isolado, com 5,00 cm de raio, encontra-se imerso em ar. Uma carga lhe é dada e ele adquire um potencial V, sendo considerado nulo o potencial a uma distância infinita da esfera.

a) Determine o máximo valor absoluto que V pode atingir.
b) Explique clara e sinteticamente por que existe um máximo.

4.20 Um capacitor de placas paralelas de capacitância C é ligado a uma fonte de energia que mantém uma diferença de potencial constante, V, entre seus terminais. Uma lâmina de dielétrico de constante dielétrica κ é inserida entre as placas, preenchendo inteiramente o volume originalmente vazio entre elas.

a) Qual era a energia armazenada no capacitor antes da inserção do dielétrico?
b) Qual é a energia armazenada após a introdução do dielétrico?
c) Na introdução do dielétrico, este teve de ser empurrado para dentro do capacitor ou foi preciso puxá-lo para fora durante o processo? Explique.

4.21 Um capacitor de placas paralelas com placas quadradas de área A cada uma, separadas por uma distância d, adquire uma determinada quantidade de carga Q e depois é desligado da fonte. Uma lâmina quadrada de um dielétrico de constante dielétrica κ é inserida no espaço originalmente vazio entre as placas do capacitor, preenchendo completamente o volume entre as mesmas. Determine a força com a qual a lâmina teve de ser empurrada para dentro do capacitor durante o processo de inserção.

4.22 Considere um capacitor cilíndrico, com raio externo R e uma separação d entre os cilindros que o constituem. Determine o valor para o qual tende a capacitância no limite em que $d << R$. (Dica: expresse a capacitância em função da razão d/R e então analise o que acontece quando esta razão torna-se muito pequena comparada a 1.) Explique por que este limite para a capacitância faz sentido.

4.23 Um capacitor de placas paralelas é construído com duas placas de áreas diferentes. Se este capacitor estiver inicialmente descarregado e depois for ligado a uma bateria, como se comparará a quantidade de carga da placa maior com a quantidade de carga da menor?

4.24 Um capacitor de placas paralelas é ligado a uma bateria. Quando suas placas são afastadas uma da outra, o que acontece a cada uma das seguintes grandezas?

a) A diferença de potencial entre as placas.
b) A carga de cada placa.
c) O campo elétrico entre as placas.

PROBLEMAS

Um • ou dois •• indicam nível crescente de dificuldade do problema.

Seções 4.3, 4.4 e 4.5

4.25 Supercapacitores, com 1 F de capacitância ou mais, são feitos com placas que possuem um estrutura esponjosa com uma grande área superficial. Determine a área superficial de um supercapacitor que possui uma capacitância de 1,0 F e uma separação efetiva d = 1,0 mm entre as mesmas.

4.26 Uma diferença de potencial de 100 V é aplicada entre os dois cilindros condutores coaxiais mostrados na figura. O raio do cilindro externo é de 14 cm, o do cilindro interno é de 10,0 cm e o comprimento do cilindro é de 40,0 cm. Qual é o valor absoluto da carga acumulada em cada cilindro? Qual é a intensidade do campo elétrico entre os dois cilindros?

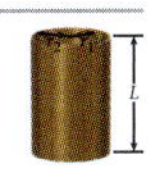

4.27 Qual é o raio de um condutor esférico isolado com 1 F de capacitância?

4.28 Um capacitor esférico é constituído por duas cascas esféricas finas e concêntricas. A casca interna tem um raio r_1,

"A técnica de resolução de problemas, tomando emprestado uma expressão de meus alunos, 'não é uma porcaria'. Sou cético quando se trata da abordagem na resolução de problemas do tipo 'uma receita para todos' que todos os outros autores usam – já vi muitas que não funcionam em termos pedagógicos. Porém, na abordagem usada pelos autores, os alunos são realmente forçados a recorrer à intuição, antes de começar, para refletir sobre os princípios relevantes primeiro...

Uau! Tem problemas ótimos no final dos capítulos. Meus parabéns aos autores. Havia uma bela diversidade de problemas, e a maioria deles exigia muito mais do que simplesmente inserir números e calcular. Encontrei vários problemas que gostaria de usar com meus alunos."

Brent Corbin, University of California – Los Angeles

"O texto atinge um ótimo equilíbrio entre dar os detalhes e o rigor matemáticos e uma apresentação clara e intuitiva dos conceitos de física. O equilíbrio e a variedade de problemas, tanto como problemas resolvidos quanto na forma de problemas no fim dos capítulos, são impressionantes. Muitas características encontradas neste livro são difíceis de encontrar em outros livros texto, incluindo uso adequado de notação vetorial, avaliação explícita de integrais múltiplas, por exemplo, nos cálculos do momento inércia, e conexões intrigantes com a física moderna."

Lisa Everett, University of Wisconsin – Madison

Tópicos contemporâneos: capturando a imaginação dos alunos

O *Física para Universitários* incorpora uma ampla variedade de tópicos contemporâneos e discussões baseadas em pesquisas, com o objetivo de ajudar os alunos a apreciar a beleza da física e ver como os conceitos de física estão relacionados ao desenvolvimento de novas tecnologias nas áreas de engenharia, medicina e astronomia, entre outras. A seção "As fronteiras da física moderna", no início do texto, serve para apresentar aos alunos algumas das novas e incríveis fronteiras de pesquisa que estão sendo exploradas em várias áreas da física e os resultados obtidos nos últimos anos. Os autores retornam a esses tópicos em diversos pontos do livro para fazer uma exploração mais profunda.

Os autores do *Física para Universitários* também discutem repetidamente diferentes aspectos do amplo tópico da energia, abordando conceitos de fontes de energia (fóssil, renovável, nuclear, e assim por diante), eficiência energética e efeitos ambientais de escolhas de fornecimento de energia. As fontes alternativas de energia e recursos renováveis são discutidos na estrutura de possíveis soluções à crise energética. Essas discussões são uma ótima oportunidade de despertar o interesse dos alunos e são acessíveis no nível de introdução à física.

Os seguintes tópicos de pesquisa em física contemporânea e discussões sobre energia (em verde) são encontrados no texto:

Capítulo 1
Seção 1.3 Isolantes, condutores, semicondutores e supercondutores
Seção 1.5 Força eletrostática – lei de Coulomb

Capítulo 2
Exemplo 2.4 Câmera de projeção temporal
A Seção 2.6 discute imagem não invasiva de campos elétricos cerebrais e a interface cérebro-computador

Capítulo 3
A Seção 3.2 descreve novas baterias
Exemplo 3.2 Carros movidos a baterias

Capítulo 4
Exemplo 4.4 *National Ignition Facility*
Seção 4.9 Supercapacitores

Capítulo 5
Exemplo 5.1 Iontoforese
Seção 5.3 Dependência com a temperatura e supercondutividade
Problema resolvido 5.2 Sonda cerebral (ECoG)
A Seção 5.7 Energia e potência em circuitos elétricos discute transmissão de energia elétrica em alta voltagem
Seção 5.8 Diodos: vias de mão única em circuitos
Problema resolvido 5.4 Tamanho de fio em uma linha de transmissão

Capítulo 7
Seção 7.3 e Exemplo 7.1 STAR TPC
A Seção 7.3 tem uma subseção sobre levitação magnética
Exemplo 7.3 Energia de um cíclotron

Capítulo 8
Problema resolvido 8.1 Trilho acelerador eletromagnético
A Seção 8.7 discute ímãs supercondutores e o efeito Meissner

Capítulo 9
A Seção 9.4 Geradores e motores discute freios regenerativos
A Seção 9.10 discute discos rígidos de computador e magnetorresistência gigante

Capítulo 10
Seção 10.7 Transformadores

Capítulo 11
Exemplo 11.1 Usando painéis solares para carregar um carro elétrico

"Acho que essa ideia é ótima! Ela ajuda o instrutor a mostrar aos alunos que a física é um assunto vivo e empolgante (...) porque mostra que a física é um assunto que está ocorrendo, relevante para descobrir como o universo funciona, que é necessária para desenvolver novas tecnologias e como ela pode beneficiar a humanidade (...). Os [capítulos] contêm vários tópicos modernos interessantes e os explicam com muita clareza."

Joseph Kapusta, University of Minnesota

"Acho que a abordagem de incluir a física moderna ou contemporânea em todo o texto é ótima. Os alunos geralmente estudam física como uma ciência de conceitos que foram descobertos há muito tempo. Eles veem a engenharia como a ciência que nos deu os avanços em tecnologia que temos hoje. Seria ótimo mostrar aos alunos onde esses avanços começaram: na física."

Donna W. Stokes, University of Houston

Conteúdo aprimorado: flexibilidade para os alunos e para as necessidades do curso

Para os professores que estão procurando cobertura adicional de certos tópicos e suporte matemático para esses tópicos, o *Física para Universitários* também oferece flexibilidade. Este livro inclui alguns tópicos e uma quantidade de cálculo que não aparece em muitos outros textos. Porém, esses tópicos foram apresentados de tal forma que sua exclusão não afetará o curso geral. O texto como um todo é escrito em um nível adequado para o aluno médio de introdução à física. A seguir, está uma lista de conteúdo de cobertura flexível e suporte matemático adicional:

Capítulo 2

Seção 2.9 O Problema resolvido 2.3 aborda o campo elétrico para uma distribuição de carga esférica não uniforme.

Capítulo 5

Seção 5.5 O Problema resolvido 5.2, "Sonda cerebral", abrange um caso de área transversal não constante.

"A característica mais marcante: o uso de matemática real, principalmente cálculo, para derivar relações cinemáticas, as relações entre grandezas no movimento circular, a direção da força gravitacional, o módulo da força de maré e a extensão máxima de um conjunto de blocos empilhados. Os Problemas resolvidos são sempre abordados primeiro de uma forma simbólica. É comum que os livros não deixem a matemática fazer o trabalho para eles."

Kieran Mullen, University of Oklahoma

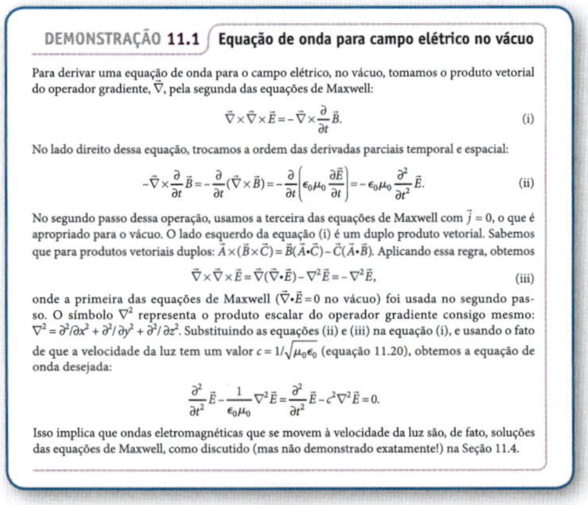

DEMONSTRAÇÃO 11.1 Equação de onda para campo elétrico no vácuo

Para derivar uma equação de onda para o campo elétrico, no vácuo, tomamos o produto vetorial do operador gradiente, $\vec{\nabla}$, pela segunda das equações de Maxwell:

$$\vec{\nabla}\times\vec{\nabla}\times\vec{E}=-\vec{\nabla}\times\frac{\partial}{\partial t}\vec{B}. \quad \text{(i)}$$

No lado direito dessa equação, trocamos a ordem das derivadas parciais temporal e espacial:

$$-\vec{\nabla}\times\frac{\partial}{\partial t}\vec{B}=-\frac{\partial}{\partial t}(\vec{\nabla}\times\vec{B})=-\frac{\partial}{\partial t}\left(\epsilon_0\mu_0\frac{\partial\vec{E}}{\partial t}\right)=-\epsilon_0\mu_0\frac{\partial^2}{\partial t^2}\vec{E}. \quad \text{(ii)}$$

No segundo passo dessa operação, usamos a terceira das equações de Maxwell com $\vec{j}=0$, o que é apropriado para o vácuo. O lado esquerdo da equação (i) é um duplo produto vetorial. Sabemos que para produtos vetoriais duplos: $\vec{A}\times(\vec{B}\times\vec{C})=\vec{B}(\vec{A}\bullet\vec{C})-\vec{C}(\vec{A}\bullet\vec{B})$. Aplicando essa regra, obtemos

$$\vec{\nabla}\times\vec{\nabla}\times\vec{E}=\vec{\nabla}(\vec{\nabla}\bullet\vec{E})-\nabla^2\vec{E}=-\nabla^2\vec{E}, \quad \text{(iii)}$$

onde a primeira das equações de Maxwell ($\vec{\nabla}\bullet\vec{E}=0$ no vácuo) foi usada no segundo passo. O símbolo ∇^2 representa o produto escalar do operador gradiente consigo mesmo: $\nabla^2=\partial^2/\partial x^2+\partial^2/\partial y^2+\partial^2/\partial z^2$. Substituindo as equações (ii) e (iii) na equação (i), e usando o fato de que a velocidade da luz tem um valor $c=1/\sqrt{\mu_0\epsilon_0}$ (equação 11.20), obtemos a equação de onda desejada:

$$\frac{\partial^2}{\partial t^2}\vec{E}-\frac{1}{\epsilon_0\mu_0}\nabla^2\vec{E}=\frac{\partial^2}{\partial t^2}\vec{E}-c^2\nabla^2\vec{E}=0.$$

Isso implica que ondas eletromagnéticas que se movem à velocidade da luz são, de fato, soluções das equações de Maxwell, como discutido (mas não demonstrado exatamente!) na Seção 11.4.

Demonstrações

São fornecidas demonstrações detalhadas como exemplos para os alunos, que com o tempo precisarão desenvolver suas próprias derivações na revisão de problemas resolvidos, trabalho com os exemplos e solução de problemas no fim da cada capítulo. As derivações são identificadas no texto com cabeçalhos numerados, de forma que os instrutores possam incluir essas características detalhadas conforme necessário para se ajustar às necessidades de seus cursos.

"Poucos livros que eu já vi mostram aos alunos, pelo menos uma vez, todos os passos matemáticos nas derivações. Esse é um ponto forte deste livro."

James Stone, Boston University

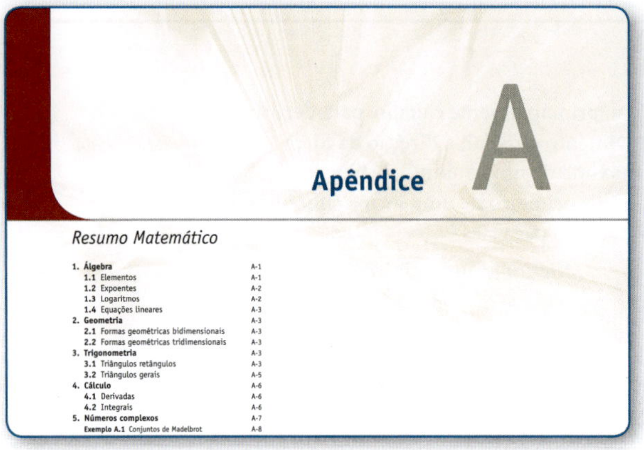

Apêndice A

Resumo Matemático

1. Álgebra A-1
   1.1 Elementos A-1
   1.2 Expoentes A-2
   1.3 Logaritmos A-2
   1.4 Equações lineares A-3
2. Geometria A-3
   2.1 Formas geométricas bidimensionais A-3
   2.2 Formas geométricas tridimensionais A-3
3. Trigonometria A-3
   3.1 Triângulos retângulos A-3
   3.2 Triângulos gerais A-5
4. Cálculo A-6
   4.1 Derivadas A-6
   4.2 Integrais A-6
5. Números complexos A-7
   Exemplo A.1 Conjuntos de Madelbrot A-8

Resumo de cálculo

Há um resumo de cálculo nos anexos. Como essa sequência de curso é geralmente dada no primeiro ano de estudo nas universidades, presume-se o conhecimento de física e matemática do ensino médio. É preferível que os alunos tenham feito um curso de cálculo antes de começar esta sequência de curso, mas também é possível cursar cálculo paralelamente. Para facilitar isso, o texto contém um breve resumo de cálculo em um anexo, dando os principais resultados de cálculo sem as derivações rigorosas.

Criando conhecimento: o sistema de aprendizagem do texto

Esquema de abertura de capítulos

No início de cada capítulo, há um esquema apresentando as suas seções. Esse esquema também inclui os títulos dos exemplos e dos problemas resolvidos encontrados no capítulo. Com um olhar rápido, os alunos ou os professores sabem se um tópico, exemplo ou problema desejado se encontra no capítulo.

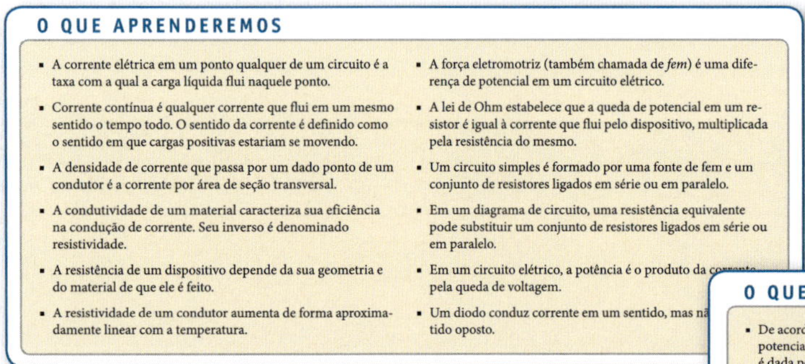

O QUE APRENDEREMOS

- A corrente elétrica em um ponto qualquer de um circuito é a taxa com a qual a carga líquida flui naquele ponto.
- Corrente contínua é qualquer corrente que flui em um mesmo sentido o tempo todo. O sentido da corrente é definido como o sentido em que cargas positivas estariam se movendo.
- A densidade de corrente que passa por um dado ponto de um condutor é a corrente por área de seção transversal.
- A condutividade de um material caracteriza sua eficiência na condução de corrente. Seu inverso é denominado resistividade.
- A resistência de um dispositivo depende da sua geometria e do material de que ele é feito.
- A resistividade de um condutor aumenta de forma aproximadamente linear com a temperatura.
- A força eletromotriz (também chamada de *fem*) é uma diferença de potencial em um circuito elétrico.
- A lei de Ohm estabelece que a queda de potencial em um resistor é igual à corrente que flui pelo dispositivo, multiplicada pela resistência do mesmo.
- Um circuito simples é formado por uma fonte de fem e um conjunto de resistores ligados em série ou em paralelo.
- Em um diagrama de circuito, uma resistência equivalente pode substituir um conjunto de resistores ligados em série ou em paralelo.
- Em um circuito elétrico, a potência é o produto da corrente pela queda de voltagem.
- Um diodo conduz corrente em um sentido, mas nã tido oposto.

O que aprenderemos/O que já aprendemos

Cada capítulo do *Física para Universitários* é organizado como um bom seminário de pesquisa. Uma vez, alguém disse: "Diga a

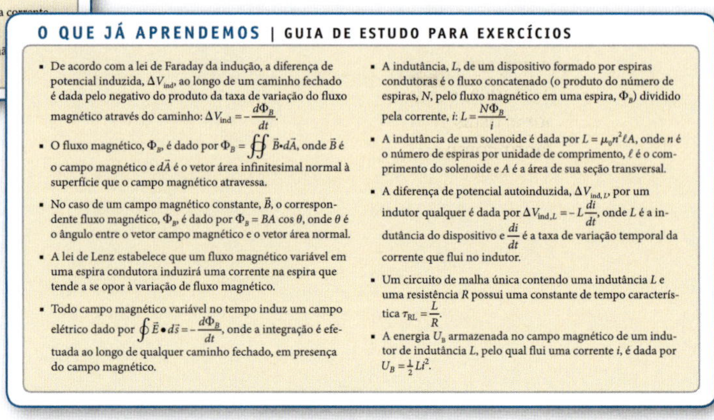

O QUE JÁ APRENDEMOS | GUIA DE ESTUDO PARA EXERCÍCIOS

- De acordo com a lei de Faraday da indução, a diferença de potencial induzida, ΔV_{ind}, ao longo de um caminho fechado é dada pelo negativo do produto da taxa de variação do fluxo magnético através do caminho: $\Delta V_{ind}=-\frac{d\Phi_B}{dt}$.
- O fluxo magnético, Φ_B, é dado por $\Phi_B=\oiint\vec{B}\bullet d\vec{A}$, onde $\vec{B}$ é o campo magnético e $d\vec{A}$ é o vetor área infinitesimal normal à superfície que o campo magnético atravessa.
- No caso de um campo magnético constante, $\vec{B}$, o correspondente fluxo magnético, Φ_B, é dado por $\Phi_B=BA\cos\theta$, onde θ é o ângulo entre o vetor campo magnético e o vetor área normal.
- A lei de Lenz estabelece que um fluxo magnético variável em uma espira condutora induzirá uma corrente na espira que tende a se opor à variação de fluxo magnético.
- Todo campo magnético variável no tempo induz um campo elétrico dado por $\oint\vec{E}\bullet d\vec{s}=-\frac{d\Phi_B}{dt}$, onde a integração é efetuada ao longo de qualquer caminho fechado, em presença do campo magnético.
- A indutância, L, de um dispositivo formado por espiras condutoras é o fluxo concatenado (o produto do número de espiras, N, pelo fluxo magnético em uma espira, Φ_B) dividido pela corrente, i: $L=\frac{N\Phi_B}{i}$.
- A indutância de um solenoide é dada por $L=\mu_0 n^2\ell A$, onde n é o número de espiras por unidade de comprimento, ℓ é o comprimento do solenoide e A é a área de sua seção transversal.
- A diferença de potencial autoinduzida, $\Delta V_{ind,L}$, por um indutor qualquer é dada por $\Delta V_{ind,L}=-L\frac{di}{dt}$, onde L é a indutância do dispositivo e $\frac{di}{dt}$ é a taxa de variação temporal da corrente que flui no indutor.
- Um circuito de malha única contendo uma indutância L e uma resistência R possui uma constante de tempo característica $\tau_{RL}=\frac{L}{R}$.
- A energia U_B armazenada no campo magnético de um indutor de indutância L, pelo qual flui uma corrente i, é dada por $U_B=\frac{1}{2}Li^2$.

eles que você vai dizer a eles, depois diga a eles e depois diga a eles o que você disse a eles!" Cada capítulo começa com **O que aprenderemos** – um breve resumo dos pontos principais, sem equações. E no fim de cada capítulo, **O que já aprendemos/Guia de estudo** contém conceitos centrais, inclusive as principais equações, símbolos e termos-chave. Todos os símbolos usados nas fórmulas do capítulo também são listados.

Introduções conceituais

Explicações conceituais são dadas no texto antes de qualquer explicação matemática, fórmulas ou derivações, a fim de mostrar aos alunos por que a grandeza é necessária, por que é útil e por que deve ser definida com exatidão. A seguir, os autores passam da explicação e da definição conceitual para uma fórmula e termos exatos.

Pausas para teste

Os conjuntos de questões seguem a cobertura dos principais conceitos no texto para incentivar os alunos a desenvolver um diálogo interno. Essas questões os ajudarão a pensar de forma crítica sobre o que acabaram de ler, decidir se compreenderam o conceito e desenvolver uma lista de perguntas suplementares para serem feitas durante a aula. As respostas das pausas para teste encontram-se no fim de cada capítulo.

> "As pausas para teste são eficientes incentivos para que os alunos coloquem o que aprenderam neste capítulo dentro do contexto da compreensão conceitual mais ampla que estavam desenvolvendo nos capítulos anteriores."
>
> *Nina Abramzon, California Polytechnic University – Pomona*

7.1 Pausa para teste

Três partículas, cada qual com carga q = 6,15 μC e velocidade de módulo v = 465 m/s, entram em um campo magnético de intensidade B = 0,165 T (veja a figura). Qual é o módulo da força magnética exercida sobre cada partícula?

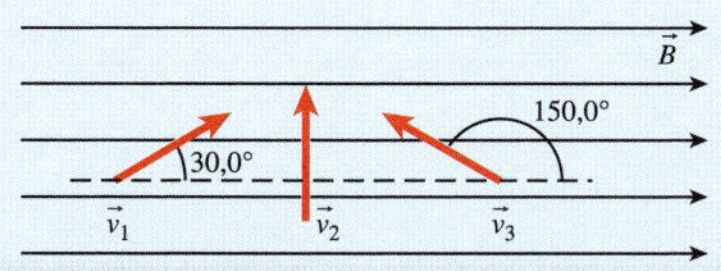

7.1 Partícula 1: $F_B = qvB \text{ sen } \theta =$
$(6{,}15 \cdot 10^{-6}\text{ C})(465\text{ m/s})(0{,}165\text{ T})(\text{sen }30{,}0°) = 2{,}36 \cdot 10^{-4}\text{ N}$.
Partícula 2: $F_B = qvB \text{ sen } \theta =$
$(6{,}15 \cdot 10^{-6}\text{ C})(465\text{ m/s})(0{,}165\text{ T})(\text{sen }90{,}0°) = 4{,}72 \cdot 10^{-4}\text{ N}$.
Partícula 3: $F_B = qvB \text{ sen } \theta =$
$(6{,}15 \cdot 10^{-6}\text{ C})(465\text{ m/s})(0{,}165\text{ T})(\text{sen }150{,}0°) = 2{,}36 \cdot 10^{-4}\text{ N}$.

Exercícios de sala de aula

Os exercícios de sala de aula são projetados para o uso com tecnologia de sistema de respostas pessoais. Eles aparecerão no texto de forma que os alunos possam começar a contemplar os conceitos. As respostas somente estarão disponíveis aos instrutores. (Perguntas e respostas são formatadas no PowerPoint para uso universal com sistemas de respostas pessoais.)

4.4 Exercícios de sala de aula

Se os raios interno e externo de um capacitor esférico forem aumentados por fator igual a 2, o que acontecerá à sua capacitância?

a) Será reduzida por um fator igual a 4.

b) Será reduzida por um fator igual a 2.

c) Permanecerá a mesma.

d) Será aumentada por um fator igual a 2.

e) Será aumentada por uma fator igual a 4.

Programa visual

A familiaridade com trabalho de arte gráfica na Internet e em jogos elevou o nível de apresentações gráficas nos livros-texto, que agora devem ser mais sofisticadas para estimular tanto os alunos quanto o corpo docente. Aqui estão alguns exemplos de técnicas e ideias implantadas em *Física para Universitários*:

- As sobreposições de desenhos gráficos sobre fotografias por vezes conectam conceitos muito abstratos de física às realidades dos alunos e experiências cotidianas.
- Uma visão tridimensional dos desenhos gráficos adiciona plasticidade às apresentações. Gráficos e diagramas com precisão matemática foram criados pelos autores em *software*, como o Mathematica, e depois usados por artistas gráficos para garantir completa exatidão, combinada com estilo e ótimo apelo visual.

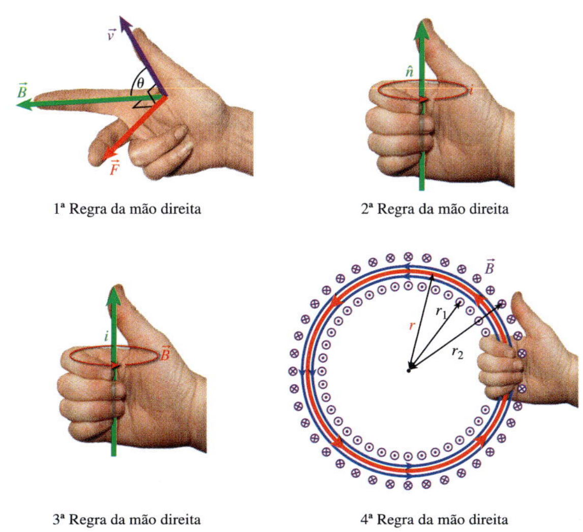

Figura 8.31 As quatro regras da mão direita relacionadas a campos magnéticos.

Material de apoio para os professores

Crie materiais de apoio onde, quando e como quiser!

Uma coleção *online* de ferramentas de apresentação pode ser acessada na exclusiva área do professor a partir do site da Bookman Editora, www.bookman.com.br. Com esses materiais, você pode incrementar aulas, criar testes e exames personalizados, e também *sites* interessantes para o curso ou materiais de apoio com imagens atraentes. Todos os materiais possuem direitos autorais, mas podem ser utilizados pelos professores em sala de aula. Alguns dos materiais de apoio disponíveis são:

Arte Arquivos digitais coloridos de todas as ilustrações do livro podem ser prontamente incorporados nas apresentações de aula, em exames ou em materiais personalizados para uso em sala de aula. Também estão em formato de apresentação em PowerPoint para facilitar a preparação da aula.

Fotos A coleção de fotos contém arquivos digitais de fotografias do texto, que podem ser reproduzidas para vários usos em sala de aula.

Esquema de aulas no PowerPoint Apresentações prontas (criadas pelos autores do texto) que combinam arte e notas de aula para todos os capítulos do livro. Os esquemas incluem informações históricas e exemplos adicionais. **(Em português)**

Manual de soluções Apresenta as respostas de todas as questões de fim de capítulo do livro, além de soluções completas e detalhadas para os problemas. Os capítulos incluem soluções detalhadas que seguem o método de resolução de problemas de sete passos do livro para todos os problemas e problemas adicionais. **(Em inglês)**

Sumários resumidos

Física para Universitários: *Eletricidade e Magnetismo* é o terceiro livro de Bauer, Westfall e Dias. Além deste, estão disponíveis os títulos *Mecânica; Relatividade, Oscilações, Ondas e Calor; Ótica e Física Moderna*. Para conhecer os assuntos abordados em cada em deles, apresentamos o sumário resumido abaixo.

Mecânica

Relatividade, Oscilações, Ondas e Calor

Eletricidade e Magnetismo

Ótica e Física Moderna

Sumário

Eletricidade e Magnetismo

L10
R48
31

As Fronteiras da Física Moderna

Este livro tentará dar a você uma ideia de alguns dos progressos impressionantes feitos pela física recentemente. Os exemplos das áreas de pesquisa avançada estarão acessíveis com o conhecimento disponível em nível introdutório. Em muitas universidades de ponta, jovens secundaristas já estão envolvidos em pesquisas inovadoras em física. Com frequência, essa participação requer nada além das ferramentas apresentadas neste livro, alguns dias ou semanas de leituras adicionais, e a curiosidade e o desejo de aprender fatos e habilidades novas.

As próximas páginas introduzirão algumas das incríveis fronteiras da pesquisa contemporânea e descreverão alguns resultados obtidos durante os últimos anos. Essa introdução é feita em nível qualitativo, evitando toda a matemática e outros detalhes técnicos.

A física quântica

No ano de 2005 foi comemorado o 100º aniversário dos notáveis artigos de Albert Einstein sobre o movimento browniano (que provou a realidade da existência dos átomos), a teoria da relatividade e o efeito fotoelétrico. Este último artigo introduziu uma das ideias que constituem a base da mecânica quântica, a física da matéria em escalas atômicas e moleculares. A mecânica quântica é um produto do século XX que levou, por exemplo, à invenção do laser, agora rotineiramente empregado em CDs, DVDs e aparelhos de *Blu-ray*, em leitoras de códigos de barra e mesmo em cirurgias de olhos, entre muitas outras aplicações. A mecânica quântica também forneceu uma compreensão mais fundamental da química; físicos estão usando pulsos curtos de laser com durações menores que 10-13 s para compreender como se desenvolvem as ligações químicas. A revolução quântica inclui também descobertas exóticas como a da antimatéria, e não existe um fim à vista deste processo. Na última década, grupos de átomos denominados condensados de Bose-Einstein foram formados em armadilhas eletromagnéticas, e esse trabalho abriu as portas para um mundo inteiramente novo da física atômica e quântica.

Física da matéria condensada e eletrônica

As inovações físicas criaram, e continuam a alimentar, a indústria de alta tecnologia. Somente há pouco mais de 50 anos foi inventado o primeiro transistor nos laboratórios da Bell Telephone, anunciando a era eletrônica. A unidade de processamento central (CPU, do inglês *central processing unit*) de um computador pessoal ou *laptop* comum contém agora mais de 100 milhões de transístores. O incrível crescimento em capacidade de processamento e nas finalidades das aplicações dos computadores durante as duas últimas décadas foi tornado possível graças à pesquisa em física da matéria condensada. Gordon Moore, cofundador da Intel, fez a famosa observação de que a capacidade de processamento dos computadores dobra a cada 18 meses, uma tendência prevista para perdurar por pelo menos uma década ou mais.

A capacidade de armazenamento cresce ainda mais rapidamente do que a capacidade de processamento, com um tempo de duplicação de apenas 12 meses. Em 2007, o Prêmio Nobel de Física foi concedido a Albert Fert e Peter Grünberg por sua descoberta de 1988 da *magnetoresistência gigante*. Levou apenas uma década para que esta descoberta fosse aplicada em discos rígidos de computadores, possibilitando capacidades de armazenamento de centenas de gigabytes (1 gigabyte = 1 milhão de elementos de informação) e mesmo terabytes (1 terabyte = 1 trilhão de elementos de informação).

A capacidade das redes cresce ainda mais rapidamente do que as capacidades de armazenamento e de processamento, dobrando a cada nove meses. Atualmente, você pode ir a quase qualquer país da Terra e encontrar pontos de acesso sem fio, com os quais pode se conectar seu laptop ou celular com *wi-fi* à Internet. Faz menos de duas décadas que a web (*world wide web*) foi concebida por Tim Barners-Lee, então trabalhando no laboratório de física de partículas do CERN, na Suíça, que desenvolveu este novo meio para facilitar a colaboração entre os físicos de partículas em diferentes partes do mundo.

Os telefones celulares e outros aparelhos de comunicação poderosos estão à disposição de quase todo mundo. A moderna pesquisa em física possibilitou uma progressiva miniaturização dos aparelhos eletrônicos pessoais. Este processo estimulou uma convergência digital, tornando possível equipar celulares com câmeras digitais, gravadores de vídeo, email, navegadores (*browsers*) da web e receptores de GPS. A funcionalidade agregada é cada vez maior, enquanto os preços prosseguem em queda. Quarenta anos após o primeiro pouso na Lua, muitos telefone celulares de agora possuem capacidades de computação maiores que a da espaçonave Apolo usada na viagem até a Lua.

Computação quântica

Os físicos estão forçando ainda mais os limites da computação. Presentemente, muitos grupos estão pesquisando maneiras de construir um computador quântico. Teoricamente, um computador quântico formado por N processadores seria capaz de executar 2^N instruções simultaneamente, enquanto um computador convencional formado por N processadores pode executar somente N instruções de programação ao mesmo tempo. Assim, um computador quântico com 100 processadores excederia a capacidade de computação combinada de todos os supercomputadores existentes. Na realidade, muitos problemas complexos precisam ser resolvidos antes que essa visão possa se tornar realidade, mas, novamente, apenas há 50 anos parecia absolutamente impossível compactar 100 milhões de transístores em um único *chip* de computador do tamanho de um dedal.

Física da computação

A interação entre a física e os computadores funciona como uma via de duas mãos. Tradicionalmente, as pesquisas físicas eram de natureza experimental ou teórica. Os livros-texto pareciam favorecer o lado teórico, pois apresentavam muitas fórmulas da física, mas, de fato, eles analisavam as ideias conceituais contidas naquelas fórmulas. Por outro lado, muita pesquisa teve origem no lado experimental, quando os fenômenos recém observados pareciam negar a descrição teórica. Todavia, com o surgimento dos computadores, um terceiro ramo da física tornou-se possível: a física computacional. A maioria dos físicos hoje usa computadores para processarem dados e visualizá-los, para resolver grandes sistemas de equações acopladas, ou estudar sistema para os quais não se conhecem formulações analíticas.

O campo emergente do caos e da dinâmica não linear é o primeiro exemplo desse estudo. Possivelmente, o pesquisador atmosférico do MIT Edward Lorenz simulou pela primeira vez o comportamento caótico com a ajuda de um computador em 1963, quando ele resolveu três equações acopladas de um modelo simples do clima e detectou uma dependência sensível com as condições iniciais – mesmo as menores diferenças no início resultavam em desvios muito grandes com o decorrer do tempo. Agora tal comportamento é às vezes é chamado de *efeito borboleta*, devido à ideia de que uma borboleta, ao bater a asas na China, possa vir a alterar o clima nos Estados Unidos poucas semanas depois. Essa sensibilidade implica que é impossível fazer previsões do clima determinísticas de longa duração.

Complexidade e caos

Os sistemas com muitos constituintes com frequência exibem comportamentos complexos, mesmo se os constituintes individuais sigam leis muito simples de dinâmica não linear. Os físicos começaram a observar a complexidade em muitos sistemas, incluindo simples pilhas de areia, congestionamentos de trânsito, mercados de ações, evolução biológica, fractais, e moléculas e nanoestruturas que exibem auto-organização. A ciência da complexidade é outro campo descoberto somente nas duas últimas décadas e que experimenta um rápido crescimento.

Os modelos em geral são completamente diretos, e os estudantes do primeiro ano de um curso de física podem fazer contribuições valiosas. No entanto, a solução geralmente requer algumas habilidades em programação e computadores. A perícia em programação os capacitará para contribuir em muitos projetos de pesquisa avançada em física.

Nanotecnologia

Os físicos estão começando a adquirir os conhecimentos e as habilidades necessárias para manipular a matéria de um átomo de cada vez. Nas últimas duas décadas, foram inventados os microscópios de varredura, de tunelamento e de força atômica, permitindo aos pesquisadores enxergar átomos individualmente (Figura 1). Em alguns casos, os átomos individuais podem ser movidos de maneira controlada. A nanociência e a nanotecnologia são devotadas as estes três tipos de desafio, cuja solução promete grandes avanços tecnológicos, desde uma eletrônica ainda mais miniaturizada e, assim, mais poderosa, até os projetos de novas drogas, ou até mesmo manipulação do DNA a fim de curar certas doenças.

Figura 1 Átomos de ferro individuais, arranjados na forma de um estádio, sobre uma superfície de cobre. As ondulações no interior do "estádio" resultam das ondas estacionárias formadas pelas distribuições de densidade de elétrons. Este arranjo foi criado e sua imagem obtida com o emprego de um microscópio de varredura por tunelamento.

Biofísica

Da mesma forma como a física se moveu para dentro do domínio da química durante o século XX, uma rápida convergência interdisciplinar da física com a biologia molecular está ocorrendo no início do século XXI. Os pesquisadores já são capazes de usar pinças a laser para mover biomoléculas individualmente. A cristalografia de raios X vem tornando-se suficientemente sofisticada para que os pesquisadores consigam obter imagens de estruturas tridimensionais de proteínas muito complexas. Além disso, a biofísica teórica está começando a obter sucessos em prever a estrutura espacial e a funcionabilidade associada a essas moléculas a partir das sequências de aminoácidos que elas contêm.

A Figura 2 mostra um modelo da estrutura espacial da proteína RNA Polimerase II, com o código de cores representando a distribuição de carga (azul para positiva, vermelho para a negativa) na superfície dessas moléculas. (O potencial elétrico o ajudará a compreender a determinação de distribuições de carga e de seus potencias para arranjos muito mais simples. A figura também mostra um segmento da molécula do DNA (espiral amarela no centro), indicando como o RNA Polimerase II se acopla ao DNA e funciona como um cortador.

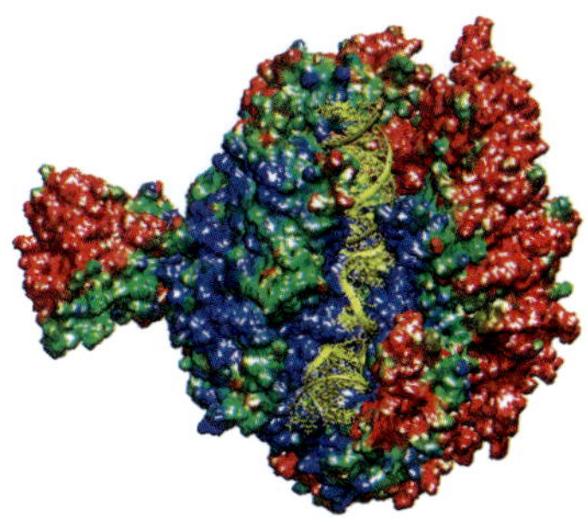

Figura 2 Modelo da proteína RNA Polimerase II.

Fusão nuclear

Setenta anos atrás, os físicos nucleares Hans Bethe e seus colegas descobriram como a fusão nuclear no interior do Sol produz a luz que torna possível a vida na Terra. Hoje, os físicos nucleares estão trabalhando em como utilizar na Terra a fusão nuclear para a produção ilimitada de energia. O reator de fusão termonuclear internacional, atualmente em construção no sul da França em uma colaboração que envolve muitos países industrializados, percorrerá um longo

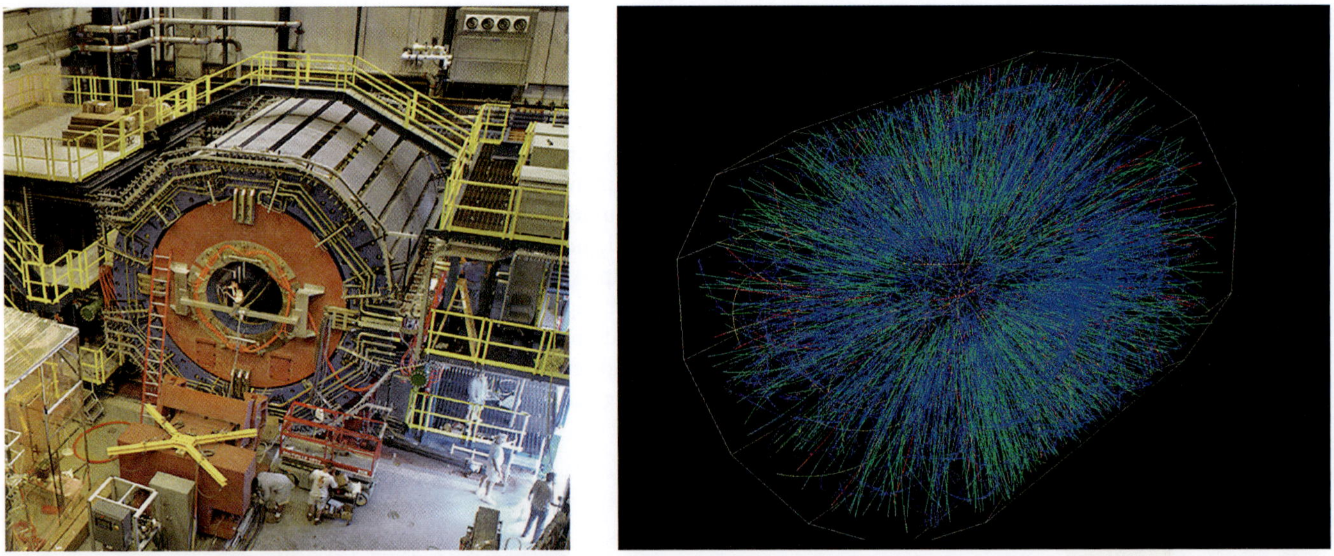

(a) (b)

Figura 3 (a) O detector STAR do RHIC durante sua construção. (b) Rastros reconstruídos eletronicamente de mais de 5.000 partículas subatômicas carregadas produzidas dentro do detector do STAR por uma colisão de alta energia entre dois núcleos de ouro.

caminho para responder a muitas das questões importantes que precisam ser resolvidas antes que o uso da fusão seja tecnicamente factível e comercialmente viável.

Física de partículas e de alta energia

Os físicos nucleares e de partículas estão sondando cada vez mais profundamente os menores constituintes da matéria. No Laboratório Nacional de Broohheven, em Long Island, EUA, por exemplo, o Colisor Relativístico de Íons Pesados (RHIC, do inglês *Relativistic Heavy Ion Colider*) colide núcleos de ouro uns contra os outros, a fim de recriar o estado em que estava o universo uma fração de segundo após o *Big Bang*. A Figura 3a é uma foto do STAR, um detector do RHIC, e a Figura 3b mostra uma análise de computador das trajetórias deixadas no detector do STAR por mais de 5.000 partículas subatômicas produzidas em uma dessas colisões. O magnetismo e o campo magnético explicarão de que maneira essas trajetórias são analisados para se obter as propriedades das partículas que os produziram.

Figura 4 Vista aérea de Genebra, Suíça, com a localização do túnel subterrâneo do *Large Hadron Colider* em vermelho.

Um instrumento ainda maior para pesquisas científicas de física de partículas acaba de ser completado no acelerador do laboratório do CERN em Genebra, Suíça. O *Large Hadron Colider* (LHC, Grande Colisor de Íons) está localizado em um túnel subterrâneo com 27 km de circunferência, indicado na Figura 4 pelo círculo vermelho. Este novo instrumento é a mais cara instalação jamais construída, com um custo de mais de 8 bilhões de dólares, posto em funcionamento em setembro de 2008. Os físicos de partículas usarão essa instalação para tentar descobrir o que faz as partículas elementares terem massas diferentes, para

Figura 5 Alguns dos 27 radiotelescópios individuais que formam o *Very Large Array*.

sondar quais são os constituintes elementares do universo e, talvez, para procurar por dimensões extras ocultas e outros fenômenos exóticos.

Teoria de cordas

A física de partículas possui um modelo padrão para todas as partículas elementares e suas interações, porém a razão do bom funcionamento do modelo ainda não é bem compreendida. Presentemente, pensa-se que a teoria de cordas seja a mais provável candidata para um arcabouço que acabe fornecendo essa explicação. Às vezes, a teoria de cordas é chamada heuristicamente de *a teoria de tudo*. Ela prevê dimensões espaciais adicionais, o que soa à primeira vista como ficção científica, porém muitos físicos estão tentando formular maneiras de testar esta teoria experimentalmente.

Astrofísica

A física e a astronomia possuem uma superposição interdisciplinar nas áreas da investigação da história do universo recém-formado, da modelagem da evolução das estrelas e do estudo das ondas gravitacionais ou raios cósmicos das mais altas energias. Os observatórios ainda mais precisos e sofisticados, como o radiotelescópio *Very Large Array* (VLA, Arranjo Interferométrico de Grande Abertura) no Novo México, EUA (Figura 5), foram construídos para estudar esses fenômenos.

Os astrofísicos continuam a fazer descobertas espantosas que remodelam nossa compreensão do universo. Somente nos poucos últimos anos se descobriu que a maior parte da matéria do universo não está contida nas estrelas. A composição desta *matéria escura* (*dark matter*) ainda é desconhecida, porém seus efeitos são revelados por *lentes gravitacionais*, como a mostrada na Figura 6 pelos arcos observados no aglomerado galáctico Abell 2218, a 2 bilhões de anos-luz da Terra, na constelação do Dragão. Os arcos são imagens de galáxias ainda mais distantes, distorcidas pela presença de grandes quantidades de matéria escura.

Figura 6 O aglomerado de galáxias Abell 2218, com os arcos criados pelo efeito de lente gravitacional causado por matéria escura.

Simetria, simplicidade e elegância

A partir das menores partículas subatômicas até o universo em larga escala, as leis da física governam as estruturas e a dinâmica de núcleos atômicos a buracos negros. Os físicos fizeram uma enorme quantidade de descobertas, mas cada uma delas abre as portas para mais um excitante território desconhecido. Assim, continuamos a formular teorias para explicar cada um e todos os fenômenos físicos. O desenvolvimento dessas teorias é orientado pela necessidade de se ajustarem aos fatos experimentais, assim como pela convicção de que a simetria, a simplicidade e a elegância são princípios chave de formulação. O fato de que as leis da natureza possam ser formuladas em equações matemáticas simples ($F = ma$, $E = mc^2$ e muitas outras, menos famosas) é deslumbrante.

Esta introdução tentou dar uma ideia geral da situação atual das fronteiras da pesquisa em física moderna. Este livro-texto deve ajudá-lo a construir um alicerce para poder apreciar, compreender e, talvez, até mesmo, a participar deste vibrante empreendimento, que continua refinando e mesmo reformulando nossa compreensão do mundo que nos rodeia.

Eletrostática 1

O QUE APRENDEREMOS 8

O QUE JÁ APRENDEMOS / GUIA DE ESTUDO PARA EXERCÍCIOS 23

Figura 1.1 (a) Devido à eletricidade estática, ao pressionar o botão de um elevador, ocorre uma faísca entre a mão de uma pessoa e uma superfície metálica. (b) e (c) Faíscas semelhantes são geradas quando uma pessoa segura um objeto de metal, como uma chave de carro ou uma moeda, mas não causam dor porque as faíscas se formam entre uma superfície metálica e um objeto de metal.

O QUE APRENDEREMOS

- Juntos, a eletricidade e o magnetismo formam o eletromagnetismo, uma das quatro forças fundamentais da natureza.
- Existem dois tipos de carga elétrica, positiva e negativa. Cargas de mesmo sinal se repelem, e cargas opostas se atraem.
- A carga elétrica está quantizada, ou seja, ela ocorre somente como múltiplos inteiros de uma quantidade mínima de carga elementar. A carga elétrica também é conservada.
- A maioria dos materiais que nos cercam são eletricamente neutros.
- O elétron é uma partícula elementar, e sua carga é a menor quantidade de carga elétrica já observada.
- Os isolantes conduzem fracamente a eletricidade ou não a conduzem. Os condutores conduzem bem eletricidade, mas não de forma perfeita – alguma perda de energia ocorre.
- Os semicondutores podem ser transformados de um estado condutor para um estado não condutor.
- Os supercondutores conduzem perfeitamente a eletricidade.
- Objetos podem ser carregados diretamente, por contato, ou indiretamente, por indução.
- A força que duas cargas elétricas estacionárias exercem entre si é proporcional ao produto das cargas e varia com o inverso do quadrado da distância entre as duas cargas.

Muitas pessoas concebem a eletricidade estática como o desagradável choque que se leva quando tocamos um objeto metálico como a maçaneta de uma porta depois de ter caminhado sobre um piso acarpetado (Figura 1.1). Realmente, é comum os fabricantes de sistemas eletrônicos colocarem pequenas placas metálicas sobre o equipamento, de modo que qualquer faísca produzida pelo uso seja descarregada sobre a placa, sem danificar as partes mais sensíveis do equipamento. Entretanto, a eletricidade estática é mais do que apenas um aborrecimento ocasional; ela é também o ponto de partida para qualquer estudo da eletricidade e do magnetismo, forças que alteraram a sociedade humana de forma mais radical do que qualquer outra coisa desde a descoberta do fogo e da roda.

Neste capítulo, abordaremos as propriedades da carga elétrica. Toda carga elétrica em movimento dá origem a outro fenômeno separado, chamado de *magnetismo*, que será abordado em capítulos posteriores. Aqui, consideraremos objetos eletrizados que não estejam em movimento – daí o termo *eletrostática*. Todos os objetos possuem carga, uma vez que os átomos e as moléculas são formados por partículas carregadas. Mas dificilmente notamos os efeitos da carga elétrica porque a maioria dos objetos é eletricamente neutra. As forças que mantêm os átomos juntos, e os objetos separados mesmo quando em contato, são todas de natureza elétrica.

1.1 Eletromagnetismo

Figura 1.2 Relâmpagos caem sobre a cidade de Seattle, EUA.

Talvez mistério algum tenha intrigado tanto as civilizações antigas quanto a eletricidade, primariamente na forma de relâmpagos (Figura 1.2). A força destrutiva inerente aos relâmpagos, que podiam atear fogo em objetos e matar pessoas e animais, parece divina. Os gregos, por exemplo, acreditavam que Zeus, o pai dos deuses, tinha a habilidade de atirar relâmpagos. As tribos germânicas atribuíam tal poder a Thor, e os romanos, ao deus Júpiter. De forma característica, a habilidade de produzir relâmpago pertencia ao deus mais importante (ou próximo disso) em hierarquia.

Os gregos sabiam que, se você esfregar um pedaço de âmbar com um pedaço de pano, conseguiria atrair objetos pequenos e leves por meio do âmbar. Hoje sabemos que o âmbar, ao ser esfregado pelo pano, recebe do pano partículas negativamente carregadas denominadas *elétrons*. (As palavras *elétron* e *eletricidade* derivam da palavra grega para âmbar.) O relâmpago também consiste em um fluxo de elétrons. Os gregos e outros povos antigos também conheciam objetos magnéticos naturais chamados de ímãs naturais, encontrados em afloramentos de magnetita, um mineral formado por óxido de ferro. Já por volta de 300 d.C., esses objetos foram usados para construir bússolas.

A relação entre a eletricidade e o magnetismo só foi bem compreendida por volta da metade do século XIX. Os capítulos seguintes revelarão como a eletricidade e o magnetismo podem ser unificados em uma estrutura comum chamada de *eletromagnetismo*. A unificação de forças, todavia, não parou por aí. Durante a metade inicial do século XX, duas forças fundamentais foram descobertas: a interação fraca, que opera no decaimento beta (em que um elétron e um neutrino são emitidos espontaneamente por certos tipos de núcleos), e a interação forte,

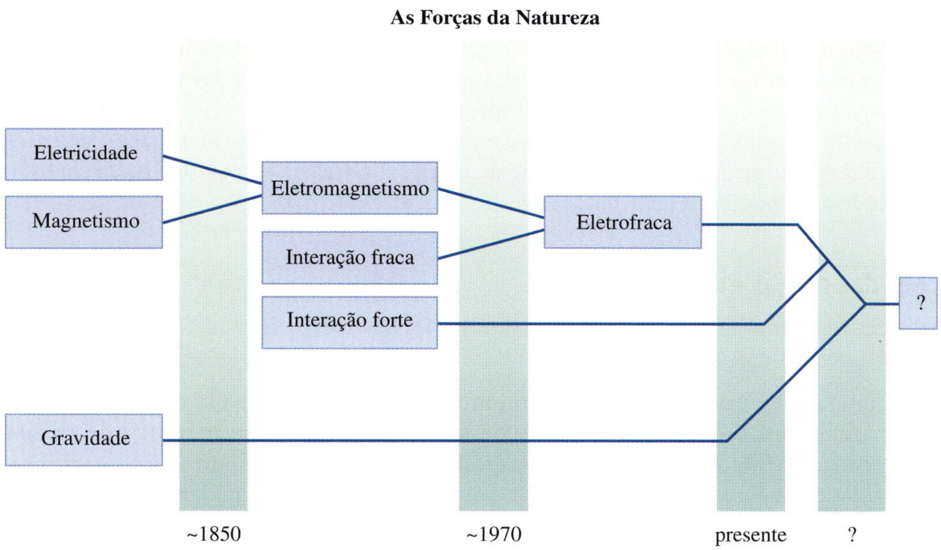

Figura 1.3 A história da unificação das forças fundamentais.

exercida dentro de núcleos atômicos. Atualmente, as interações eletromagnética e fraca são encaradas como dois aspectos da interação eletrofraca (Figura 1.3). No caso dos fenômenos discutidos nos capítulos seguintes, elas não têm influência, mas se tornam importantes em colisões de partículas de alta energia. Uma vez que a escala de energia para ocorrer a unificação eletrofraca é tão alta, a maioria dos livros didáticos continua a falar em quatro forças ou interações fundamentais: gravitacional, eletromagnética, fraca e forte.

Hoje, um grande número de físicos acredita que a interação eletrofraca e a interação forte também podem ser unificadas, isto é, descritas em uma estrutura comum. Várias teorias propõem maneiras para que isso pudesse ser realizado, porém, até aqui, faltam evidências experimentais que as comprovem. Curiosamente, a interação à qual estamos familiarizados há mais tempo do que qualquer outra das interações fundamentais, a gravidade, parece ser a mais difícil de domar e se enquadrar em um esquema de unificação com as outras interações fundamentais. As teorias da gravidade quântica, da supersimetria e das cordas constituem atualmente os focos da pesquisa de fronteira da física, em que os cientistas tentam formular essa grande unificação e descobrir a (presunçosamente denominada) "Teoria de Tudo". Eles são guiados principalmente pelos princípios de simetria e pela convicção de que a natureza deve ser elegante e simples.

Neste capítulo, abordaremos os seguintes assuntos: carga elétrica, modos como materiais reagem a cargas elétricas, eletricidade estática e forças decorrentes de cargas elétricas. A **eletrostática** envolve situações em que cargas estão fixas em seus lugares e não se movem.

1.2 Carga elétrica

Vamos examinar com um pouco mais de profundidade a causa das descargas elétricas que ocasionalmente são recebidas em dias secos ao se caminhar sobre um carpete e depois tocar em uma maçaneta metálica. (Descargas eletrostáticas também provocam a ignição do vapor de gasolina quando se está abastecendo o tanque em um posto de combustíveis. Não se trata de uma lenda urbana; alguns desses casos foram registrados por câmeras de segurança de postos.) O processo que causa essas faíscas é chamado de **eletrização** ou **carregamento**. A eletrização consiste na transferência de partículas carregadas, chamadas de elétrons, dos átomos e moléculas do material do carpete para as solas de seus sapatos. Essa carga pode se mover com relativa facilidade através de seu corpo, incluindo suas mãos. A carga elétrica acumulada é descarregada através do metal da maçaneta, gerando uma faísca.

Os dois tipos de carga elétrica encontrados na natureza são **cargas positivas** e **cargas negativas**. Normalmente, os objetos ao nosso redor não parecem carregados; em vez disso, são eletricamente neutros. Objetos neutros contêm aproximadamente o mesmo número de cargas positivas e negativas, que praticamente se cancelam. Somente quando as cargas positivas e as negativas não se contrabalançam é que observamos os efeitos da carga elétrica.

Se você esfregar uma haste de vidro com um pano, o vidro se tornará carregado e o pano adquirirá uma carga de sinal oposto. Se esfregar uma haste de plástico com pelo de animal, a haste e a pele também se tornarão eletrizadas contrariamente. Se você aproximar duas hastes de vidro eletrizadas, elas se repelirão. E se aproximar duas hastes de plástico, elas também se repelirão. Entretanto, uma haste de vidro eletrizada atrairá uma haste de plástico carregada. Essa diferença surge do fato de que a haste de vidro e a de plástico adquirem cargas opostas. Essa observação nos leva a concluir:

Lei das cargas elétricas

Cargas de mesmo sinal se repelem, e cargas opostas se atraem.

A unidade de carga elétrica é o **coulomb** (C), assim denominada em homenagem a Charles-Augustine de Coulomb (1736-1806). O coulomb é definido em termos da unidade de corrente do SI, o ampère (A), que constitui uma homenagem a outro cientista francês, André-Marie Ampère (1775-1836). Nem o ampère, nem o coulomb, podem ser derivados de outras unidades do SI: metro, quilograma e segundo. Em vez disso, o ampère constitui outra unidade fundamental do SI. Por isso, o sistema SI de unidades às vezes é chamado de sistema MKSA (*metro-quilograma-segundo-ampère*). A unidade de carga é definida como

$$1\text{ C} = 1\text{ A s}. \tag{1.1}$$

A definição do ampère terá de esperar para o momento em que abordarmos a corrente elétrica, em capítulos posteriores. Todavia, podemos definir o valor do coulomb simplesmente especificando a carga de um único elétron:

$$q_e = -e \tag{1.2}$$

onde q_e é a carga, e e tem o valor (atualmente melhor aceito e experimentalmente medido)

$$e = 1{,}602176487\,(40) \cdot 10^{-19}\text{ C}. \tag{1.3}$$

(Normalmente é necessário reter somente os dois primeiros algarismos significativos dessa mantissa. Usaremos o valor de 1,602 neste capítulo, mas você deveria ter em mente que a equação 1.3 expressa a precisão total com a qual tal carga foi medida.)

A carga do elétron é uma propriedade intrínseca do elétron, da mesma forma como sua massa. A carga do **próton**, outra partícula básica constituinte dos átomos, é exatamente de mesmo valor absoluto que a do elétron, mas de sinal contrário:

$$q_p = +e. \tag{1.4}$$

A escolha de qual carga é positiva e qual é negativa é arbitrária. A escolha convencional de $q_e < 0$ e $q_p > 0$ se deve ao estadista, cientista e inventor norte-americano Benjamin Franklin (1706-1790), um dos pioneiros no estudo da eletricidade.

O coulomb é uma unidade de carga extremamente grande. Veremos mais tarde, neste capítulo, quão grande ela é quando examinarmos a intensidade das forças exercidas entre cargas. Por isso subunidades tais como μC (microcoulomb, 10^{-6} C), nC (nanocoulomb, 10^{-9} C) e pC (picocoulomb, 10^{-12} C) são usadas.

Benjamin Franklin também propôs que a carga é conservada. Por exemplo, quando você esfrega uma haste de plástico com pele de animal, elétrons são transferidos para a haste plástica, deixando uma carga positiva líquida sobre a pele. (Prótons não são transferidos porque geralmente eles estão situados no interior de núcleos atômicos.) A carga não é criada ou destruída, e sim simplesmente movida de um objeto para outro.

1.1 Exercícios de sala de aula

Quantos elétrons são necessários para alcançar 1,00 C de carga?

a) $1{,}60 \cdot 10^{19}$

b) $6{,}60 \cdot 10^{19}$

c) $3{,}20 \cdot 10^{16}$

d) $6{,}24 \cdot 10^{18}$

e) $6{,}66 \cdot 10^{17}$

Princípio de conservação da carga

A carga elétrica total de um sistema isolado é conservada.

Este princípio é a quarta lei de conservação com que nos deparamos até aqui, as três primeiras sendo as da conservação da energia total, do momento total e do momento angular total. As leis de conservação constituem os princípios comuns que percorrem toda a física e, portanto, todo este livro também.

É importante notar que existe um princípio de conservação para a carga, mas *não* para a massa. Veremos mais adiante neste livro que a massa e a energia não são independentes uma da outra. Aquilo que às vezes é descrito, em química básica, como conservação da massa não constitui um princípio de conservação exato, mas somente uma aproximação usada para contabilizar o número de átomos participantes de reações químicas. (O que é uma boa aproximação para um grande número de situações, mas não uma lei exata, como a da conservação da carga.) A conservação da carga se aplica a todos os sistemas, desde sistemas macroscópicos tais como uma haste de plástico ou a pele de um animal, até sistemas de partículas subatômicas.

Carga elementar

A carga elétrica ocorre apenas em múltiplos inteiros de uma quantidade mínima. Isso é expresso dizendo-se que a carga é **quantizada**. A menor unidade de carga elétrica já observada é a carga do elétron, no valor de $-1{,}602 \cdot 10^{-19}$ C (como definido pela equação 1.3).

O fato de que a carga elétrica seja quantizada foi comprovado por meio de um engenhoso experimento realizado, em 1910, pelo físico norte-americano Robert A. Millikan (1868-1953), conhecido como o *experimento de Millikan com gotas de óleo* (Figura 1.4). Neste experimento, gotas de óleo são borrifadas dentro de uma câmera, onde elétrons são expulsos das gotas por algum tipo de radiação, geralmente raios X. As gotas resultantes, positivamente carregadas, ficam livres entre duas placas contrariamente eletrizadas. Ajustando-se a carga das placas, detém-se a queda das gotas, permitindo que suas cargas sejam medidas. O que Millikan observou foi que essas cargas eram discretas, e não contínuas. (No Capítulo 3 sobre potencial elétrico, apresentaremos uma análise quantitativa desse experimento.) Ou seja, o experimento e seus subsequentes aperfeiçoamentos revelaram que a carga surge sempre apenas como múltiplos inteiros da carga de um elétron. Nas experiências cotidianas com eletricidade não notamos a quantização da carga porque a maioria dos fenômenos elétricos envolve enormes números de elétrons.

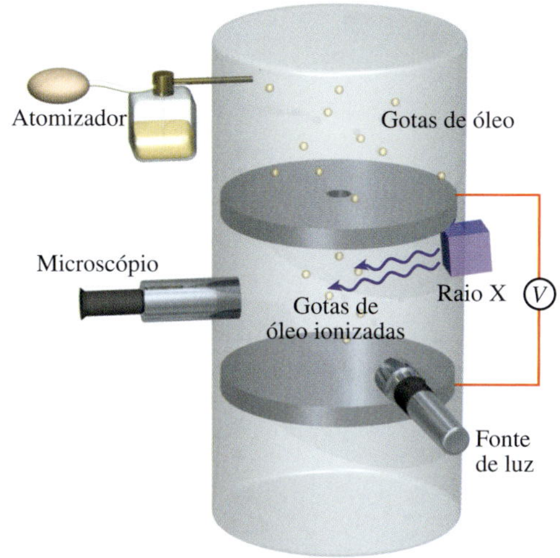

Figura 1.4 Desenho esquemático do experimento de Millikan com gotas de óleo.

Sabemos que a matéria é composta por átomos, e que um átomo consiste em um núcleo contendo prótons e nêutrons. O desenho esquemático de um átomo de carbono é mostrado na Figura 1.5. Cada átomo de carbono contém seis prótons e (geralmente) seis nêutrons em seu núcleo. Este núcleo está rodeado por seis elétrons. Note que o desenho não está em escala. Em um átomo real, a distância entre os elétrons e o núcleo é muito maior (por um fator da ordem de 10.000) do que o tamanho do núcleo. Além disso, os elétrons são mostrados movendo-se em órbitas circulares, o que também não está completamente correto. Veremos que as posições dos elétrons em um átomo só podem ser caracterizadas por distribuições de probabilidade.

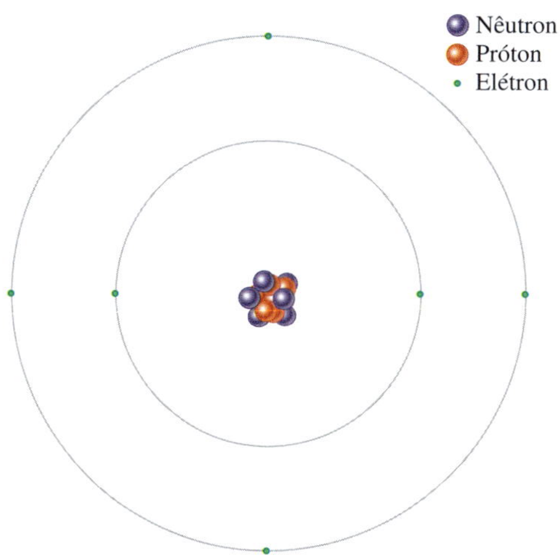

Figura 1.5 Em um átomo de carbono, o núcleo contém seis nêutrons e seis prótons. O núcleo é circundado por seis elétrons. Note que o desenho é apenas um esquema, e não está em escala.

Como já foi mencionado, cada próton possui uma carga positiva de valor absoluto *exatamente* igual ao da carga negativa de um elétron. Em um átomo neutro, o número de elétrons negativamente carregados é igual ao número de prótons positivamente carregados. A massa de um elétron é muito menor do que a de um próton ou de um nêutron. Portanto, a maior parte da massa de um átomo reside em seu núcleo. Os elétrons podem ser removidos dos átomos com relativa facilidade. Por essa razão, geralmente os elétrons são os portadores da eletricidade, mais do que prótons ou núcleos atômicos.

O elétron é uma partícula fundamental e não possui uma subestrutura: é considerado uma partícula puntiforme de raio nulo (pelo menos de acordo com a compreensão atual que temos dele). Todavia, sondas de alta energia são usadas para investigar o interior dos prótons. Um próton é composto por partículas carregadas denominadas *quarks*, mantidos juntos por partículas desprovidas de carga elétrica chamadas de *glúons*. Os quarks possuem uma carga de $\pm\frac{1}{3}$ ou $\pm\frac{2}{3}$ vezes a carga de um elétron. Essas partículas de carga elétrica fracionária não podem existir independentemente, e jamais foram observadas diretamente, a despeito das pesquisas mais dispendiosas realizadas. Da mesma forma como a carga de um elétron, as cargas dos quarks são propriedades intrínsecas dessas partículas elementares.

Um próton é constituído por dois quarks *up* (cada qual com carga de $+\frac{2}{3}e$) e por um quark *down* (com carga igual a $-\frac{1}{3}e$), dando ao próton uma carga $q_p = (2)(+\frac{2}{3}e) + (1)(-\frac{1}{3}e) = +e$, como ilustrado na Figura 1.6a. O nêutron eletricamente neutro (daí seu nome!) é composto

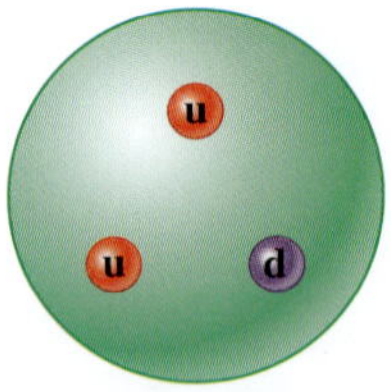

Próton

$q_p = +\frac{2}{3}e + \frac{2}{3}e - \frac{1}{3}e = +e$

(a)

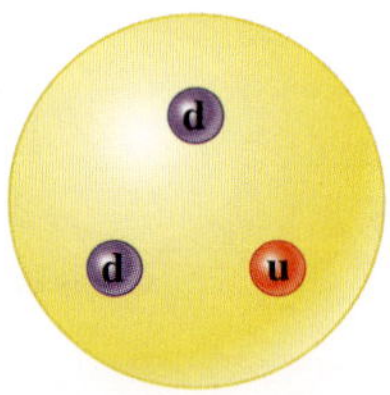

Nêutron

$q_n = +\frac{2}{3}e - \frac{1}{3}e - \frac{1}{3}e = 0$

(b)

Figura 1.6 (a) Um próton contém dois quarks *up* (u) e um quark *down* (d). (b) Um nêutron contém um quark *up* (u) e dois *down* (d).

1.1 Pausa para teste

Expresse a carga das seguintes partículas elementares em função da carga elementar e = 1,602 · 10^{-19} C.

a) Próton.
b) Nêutron.
c) Átomo de hélio (dois prótons e dois nêutrons, mais dois elétrons).
d) Átomo de hidrogênio (um próton e um elétron).
e) Quark *up*.
f) Quark *down*.
g) Elétron.
h) Partícula alfa (dois prótons e dois nêutrons).

por um quark up e dois downs, como ilustrado na Figura 1.6b, de modo que sua carga é $q_n = (1)(+\frac{2}{3}e)+(2)(-\frac{1}{3}e) = 0$. Veremos que existem outros tipos de quarks, mais pesados, denominados *strange* (estranho), *charm* (charmoso), *bottom* (inferior) e *top* (superior), com as mesmas cargas dos quarks *up* e *down*. Também existem partículas parecidas com elétrons muito mais pesadas, chamadas de *múon* e *tau*. Mas os fatos básicos se mantêm: toda a matéria do mundo cotidiano é formada por elétrons (de carga elétrica $-e$), quarks *up* e *down* (de cargas elétricas $+\frac{2}{3}e$ e $-\frac{1}{3}e$, respectivamente) e glúons (desprovidos de carga).

É notável que as cargas elétricas dos quarks dentro de um próton se somem dando *exatamente* o mesmo valor que o valor absoluto da carga de um elétron. Este fato ainda constitui um enigma, sinalizando para a existência de alguma simetria profunda da natureza ainda não compreendida.

Uma vez que todos os objetos são formados por átomos, que por sua vez são formados por elétrons e núcleos atômicos consistindo em prótons e nêutrons, a carga q de qualquer objeto pode ser expressa em termos do número dos prótons, N_p, menos o de elétrons, N_e, que constituem o objeto:

$$q = e \cdot (N_p - N_e). \quad (1.5)$$

EXEMPLO 1.1 Carga líquida

PROBLEMA

Se desejamos que um bloco de ferro de 3,25 kg de massa adquira uma carga positiva de 0,100 C, que fração do número de seus elétrons teríamos de remover?

SOLUÇÃO

O ferro tem número de massa igual a 56. Portanto, o número de átomos de ferro contidos em um bloco de 3,25 kg é

$$N_{\text{átomo}} = \frac{(3{,}25 \text{ kg})(6{,}022 \cdot 10^{23} \text{átomos/mol})}{0{,}0560 \text{ kg/mol}} = 3{,}495 \cdot 10^{25} = 3{,}50 \cdot 10^{25} \text{ átomos.}$$

Note que usamos o número de Avogadro, 6,022 · 10^{23}, e a definição de 1 mol, que especifica que a massa de 1 mol de qualquer substância é igual, simplesmente, a seu número de massa – neste caso 56 - expresso em gramas.

Uma vez que o número atômico do ferro é 26, que é igual ao número de prótons ou de elétrons de um átomo de ferro, o número total de elétrons em um bloco de 3,25 kg de ferro é:

$$N_e = 26N_{\text{átomo}} = (26)(3{,}495 \cdot 10^{25}) = 9{,}09 \cdot 10^{26} \text{elétrons.}$$

Usamos a equação 1.5 para determinar o número de elétrons, $N_{\Delta e}$, que teriam de ser removidos. Como o número de elétrons é igual ao de prótons no objeto original neutro, a diferença entre o número de prótons e de elétrons é o número de elétrons que foram removidos, $N_{\Delta e}$:

$$q = e \cdot N_{\Delta e} \Rightarrow N_{\Delta e} = \frac{q}{e} = \frac{0{,}100 \text{ C}}{1{,}602 \cdot 10^{-19} \text{ C}} = 6{,}24 \cdot 10^{17}.$$

Finalmente, obtemos a fração dos elétrons do objeto que temos de remover:

$$\frac{N_{\Delta e}}{N_e} = \frac{6{,}24 \cdot 10^{17}}{9{,}09 \cdot 10^{26}} = 6{,}87 \cdot 10^{-10}.$$

A fim de dotá-lo de uma carga elétrica positiva de 0,100 C, teríamos de remover do bloco de ferro um pouco menos que um em cada bilhão de seus elétrons.

1.3 Isolantes, condutores, semicondutores e supercondutores

Materiais que conduzem bem a eletricidade são denominados **condutores**. Materiais que não conduzem a eletricidade são chamados de **isolantes**. (Naturalmente, existem bons e maus condutores, e bons e maus isolantes, dependendo das propriedades dos materiais específicos).

A estrutura eletrônica de um material se refere à maneira como seus elétrons são ligados aos núcleos, o que discutiremos em capítulos posteriores. Por ora, estamos interessados na capacidade relativa dos átomos a cederem ou a adquirirem elétrons. No caso de isolantes, não ocorre qualquer movimento livre dos elétrons porque o material não dispõe de elétrons fracamente ligados, capazes de escapar de seus átomos e, assim, mover-se livremente através do material. Mesmo quando uma carga externa é depositada sobre o isolante, ela não pode se mover apreciavelmente. Isolantes típicos são vidros, plásticos e tecidos.

Por outro lado, materiais que são condutores possuem uma estrutura eletrônica que permite a alguns elétrons se moverem livremente. As cargas positivas dos átomos de um condutor não se movem, pois elas ocorrem em núcleos relativamente pesados. Condutores sólidos típicos são os metais. O cobre, por exemplo, é um condutor muito bom usado em fiações elétricas.

Fluidos e tecidos orgânicos também atuam como condutores. A água destilada pura não é um condutor muito bom. Entretanto, dissolvendo-se sal comum de cozinha (NaCl) nela, por exemplo, aumenta muito a sua condutividade, pois os íons de sódio carregados positivamente (Na^+) e os íons negativamente carregados de sódio (Cl^-) podem se movimentar no interior da água, conduzindo eletricidade. Nos líquidos, diferentemente dos sólidos, tanto partículas portadoras de carga positiva quanto de carga negativa se movem. O tecido orgânico não é um condutor muito bom, porém conduz eletricidade suficientemente bem para que as correntes produzidas sejam perigosas para nós. (Aprenderemos mais sobre correntes elétricas no Capítulo 6, onde tais termos, que são de uso cotidiano, serão definidos precisamente.)

Semicondutores

Uma classe de materiais denominados **semicondutores** pode deixar de ser um isolante e passar a ser um condutor e voltar a isolante. Os semicondutores foram descobertos somente há pouco mais de 50 anos, mas constituem a espinha dorsal das indústrias de computadores e de aparelhos eletrônicos. O primeiro uso generalizado dos semicondutores foi nos transístores (Figura 1.7a); os *chips* dos computadores modernos (Figura 1.7b) realizam as tarefas de milhões de transístores. Computadores e basicamente todos os produtos e dispositivos eletrônicos modernos (televisores, câmeras, jogos de vídeo game, telefones celulares, etc.) não existiriam sem os semicondutores. Gordon Moore, cofundador da *Intel*, mostrou que, devido aos avanços tecnológicos, o poder de processamento das CPUs (do inglês, *Central Processing Unit*) de computadores comuns dobra a cada 18 meses, que tem sido a média empírica ao longo das últimas cinco décadas. Esse fenômeno de duplicação é conhecido como *lei de Moore*. Os físicos foram e continuam sendo a força propulsora por trás desse processo de descobertas científicas, invenção e aperfeiçoamento.

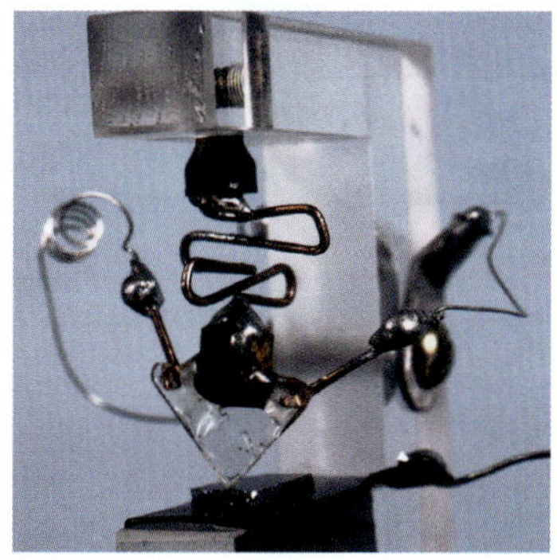

(a)

(b)

Figura 1.7 (a) Réplica do primeiro transístor, inventado em 1947 por John Bardeen, Walter H. Brattain e William B. Shockley. (b) Os chips dos computadores modernos são feitos como uma bolacha *waffle* de silício, contendo dezenas de milhões de transístores.

Os semicondutores são de dois tipos: intrínsecos e extrínsicos. Exemplos de *semicondutores intrínsecos* são os cristais quimicamente puros de arseneto de gálio, de germânio e, especialmente, de silício. Os engenheiros produzem *semicondutores extrínsecos* por *dopagem*, a adição de diminutas quantidades (normalmente de 1 parte em 10^6) de outros materiais capazes de atuar como doadores ou receptores de elétrons. Semicondutores dopados com impurezas doadoras de elétrons são denominados do *tipo n* (*n* para "portador de carga negativa"). Se a substância dopante atua como um receptor de elétrons, o "buraco" deixado atrás por um elétron que se liga ao receptor pode se movimentar pelo semicondutor, comportando-se como se fosse, efetivamente, um portador de carga positiva. Consequentemente, tais semicondutores são denominados do *tipo p* (*p* para "portador de carga positiva"). Assim, diferentemente dos condutores sólidos normais em que apenas cargas negativas se movem, nos semicondutores ocorre movimento de cargas negativas e de positivas também (que são, de fato, buracos deixados por elétrons, ou seja, elétrons faltantes).

Supercondutores

Supercondutores são materiais que apresentam resistência nula à condução da eletricidade, em oposição aos condutores comuns, que o fazem bem, mas com alguma perda. Os materiais são supercondutores somente a temperaturas extremamente baixas. Um típico supercondutor é uma liga de nióbio-titânio que deve ser mantida à temperatura do hélio líquido (4,2 K) a fim de reter suas propriedades supercondutoras. Nos últimos 20 anos, tem-se desenvolvido novos materiais chamados de *supercondutores de alta temperatura* T_c (T_c significa "temperatura crítica", a máxima temperatura que permite a supercondutividade). Eles são supercondutores à temperatura do nitrogênio líquido (77,3 K). Materiais que se mantêm supercondutores à temperatura ambiente (300 K) não foram ainda encontrados, mas seriam de extrema utilidade. Pesquisas direcionadas para o desenvolvimento desses materiais e teorias dos fenômenos físicos que causam a supercondutividade de alta temperatura T_c estão em andamento.

Os tópicos sobre condutividade, supercondutividade e semicondutores serão abordados de um ponto de vista mais quantitativo nos capítulos seguintes.

1.4 Eletrização eletrostática

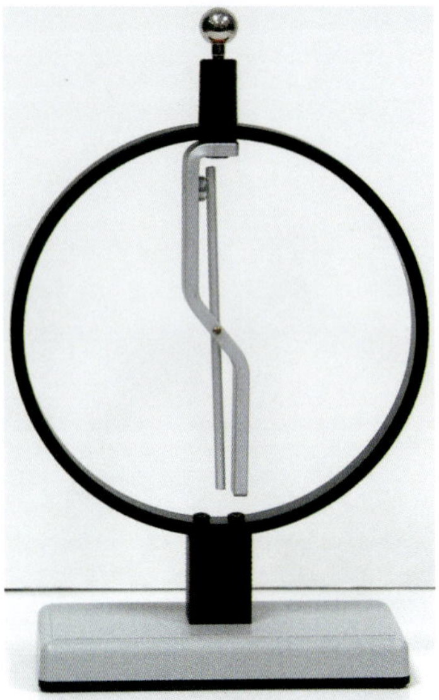

Figura 1.8 Um eletroscópio comum usado em demonstrações didáticas.

Fornecer uma carga elétrica a um objeto é um processo conhecido como **eletrização eletrostática** ou **carregamento eletrostático**. O carregamento eletrostático pode ser entendido por meio de uma série de experimentos simples. Uma fonte de potência elétrica serve como fonte das cargas positivas e negativas. A bateria de seu carro é uma fonte de energia parecida, que faz uso de reações químicas para criar uma separação entre cargas positivas e negativas. Diversas placas isoladas podem ser carregadas com cargas positivas e negativas da fonte de potência. Além disso, é feita uma ligação condutora com a Terra. O planeta constitui um reservatório de carga praticamente infinito, capaz de descarregar efetivamente qualquer objeto eletricamente carregado em contato com ele. Este modo de escoar a carga é chamado de **aterramento**, e toda ligação elétrica com o solo é chamada de "**terra**".

Um eletroscópio é um instrumento que apresenta uma resposta observável ao ser eletrizado. Você pode construir um eletroscópio relativamente simples usando duas tiras de papel metálico fino, fixadas uma à outra por uma das extremidades e suspensas juntas em um suporte isolante de modo a ficar posicionadas verticalmente uma ao lado da outra. Papel-alumínio de cozinha não é adequado, por ser fino demais, mas lojas especializadas vendem folhas metálicas com a espessura adequada. Como suporte isolante, pode-se usar um copo de isopor para tomar café virado de lado, por exemplo.

Um eletroscópio didático de qualidade mostrado na Figura 1.8 possui dois condutores que, na posição neutra, se tocam na posição vertical. Um deles é móvel, preso ao outro por uma pequena dobradiça em seu ponto médio, de modo que ele pode se afastar do outro condutor se uma carga aparecer no eletroscópio. Os dois condutores se mantêm em contato com uma esfera condutora no topo do instrumento, permitindo que a carga seja adquirida ou removida rapidamente.

1.2 Exercícios de sala de aula

A folha condutora presa por uma dobradiça do eletroscópio move-se do condutor fixo quando o eletroscópio absorve uma carga porque

a) cargas de mesmo sinal se repelem.

b) cargas de mesmo sinal se atraem.

c) cargas de sinais opostos se atraem.

d) cargas de sinais opostos se repelem.

Um eletroscópio descarregado é mostrado na Figura 1.9a. A fonte de potência é usada para suprir de carga negativa uma das pás isolada. Quando uma placa carregada é aproximada da esfera do eletroscópio, como ilustrado na Figura 1.9b, os elétrons da esfera condutora são repelidos, o que produz um acúmulo de carga negativa sobre os condutores do eletroscópio. Essa carga negativa faz o condutor móvel girar, pois o condutor fixo também está carregado com carga de mesmo sinal e o repele. Se a placa não tocou a esfera, a carga do condutor móvel foi **induzida**. Se a placa carregada por afastada, como ilustra a Figura 1.9c, a carga induzida será reduzida a zero, e o condutor móvel do eletroscópio retornará à sua posição original, uma vez que a carga total do eletroscópio não foi alterada no processo.

Se o mesmo processo for efetuado com uma placa positivamente carregada, os elétrons dos condutores do eletroscópio serão atraídos pela placa e fluirão para a esfera condutora. Isso deixará uma carga líquida positiva nos condutores, causando novamente a rotação do braço condutor móvel. Note que a carga líquida do eletroscópio é nula em ambos os casos, e que o

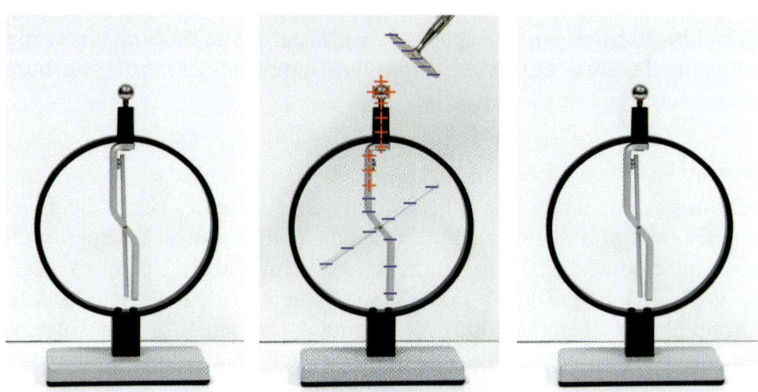

(a) (b) (c)

Figura 1.9 Indução de carga: (a) Um eletroscópio descarregado. (b) Uma placa negativamente carregada aproxima-se do eletroscópio. (c) A placa negativamente é afastada do instrumento.

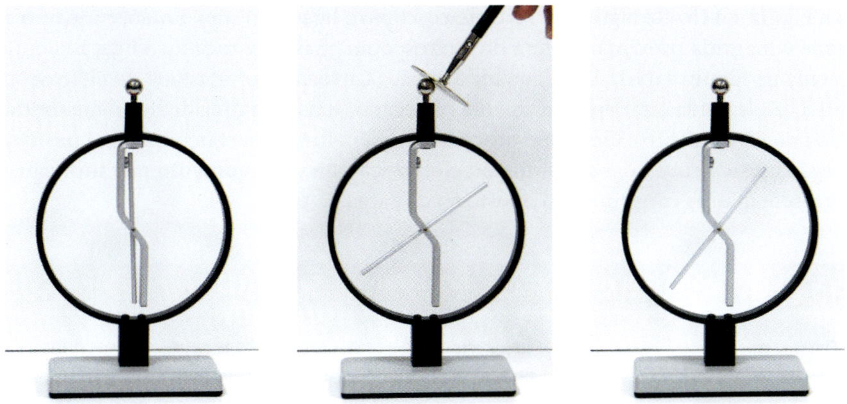

(a) (b) (c)

Figura 1.10 Eletrização por contato: (a) Um eletroscópio descarregado. (b) Uma placa negativamente carregada toca o eletroscópio. (c) A placa negativamente carregada é afastada.

movimento do condutor indica apenas que a placa possui uma carga. Quando a placa positivamente carregada for removida, o condutor móvel retornará à posição original. É importante notar que não se pode determinar o sinal das cargas nos dois casos!

Por outro lado, se uma placa isolada e negativamente carregada tocar a esfera do eletroscópio, como na Figura 1.10b, elétrons fluirão da placa para o condutor, produzindo nele uma carga líquida negativa. Quando a placa for removida, ela se mantém ali e o braço móvel do eletroscópio mantém-se em rotação, como ilustrado na Figura 1.10c. Analogamente, se uma placa isolada e positivamente carregada tocar a esfera do eletroscópio descarregado, elétrons se transferirão dele para a placa positivamente carregada, e o eletroscópio ficará positivamente carregado. Novamente, tanto uma placa negativamente carregada quanto outra positivamente carregada produz o mesmo efeito sobre o eletroscópio, e não existe uma maneira de se determinar se elas estão positiva ou negativamente carregadas. Este processo se chama **eletrização** ou **carregamento por contato**.

Os dois diferentes tipos de carga podem ser demonstrados primeiro tocando-se uma placa negativamente carregada no eletroscópio, produzindo um giro em seu braço móvel, como ilustra a Figura 1.10. Se uma placa positivamente carregada for colocada em contato com o eletroscópio, o braço móvel do eletroscópio retornará à posição correspondente a um estado sem carga. A carga foi neutralizada (desde que as duas placas tenham o mesmo valor absoluto de carga). Logo, existem dois tipos de carga. Todavia, uma vez que cargas são manifestações dos elétrons móveis, uma carga negativa corresponde a um excesso de elétrons, e uma carga positiva, a uma deficiência de elétrons.

Pode-se fazer um eletroscópio adquirir uma carga sem ter de tocá-lo com a placa carregada, como mostra a Figura 1.11. O eletroscópio descarregado é mostrado na Figura 1.11a. Uma placa negativamente carregada é aproximada da esfera do eletroscópio, mas sem tocá-la, como

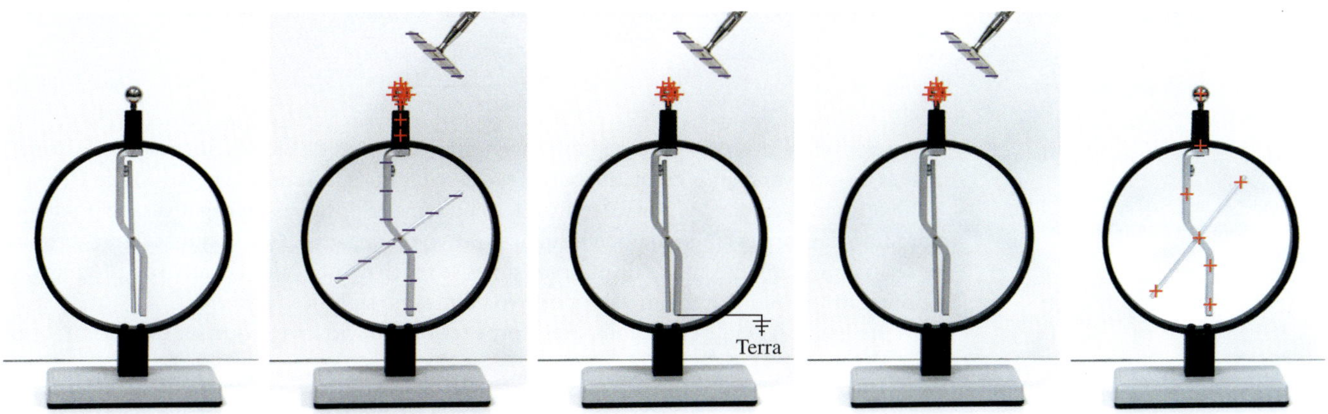

(a) (b) (c) (d) (e)

Figura 1.11 Eletrização por indução: (a) Um eletroscópio descarregado. (b) Uma placa negativamente carregada é aproximada do eletroscópio. (c) Um aterramento do eletroscópio é estabelecido. (d) A ligação com o solo é removida. (e) A placa negativamente carregada é afastada, deixando o eletroscópio positivamente carregado.

ilustra a Figura 1.11b. Na Figura 1.11c, o eletroscópio é ligado ao solo. Então, enquanto a placa carregada é mantida próxima à esfera do eletroscópio, mas sem tocá-la, a ligação com o solo é removida na Figura 1.11d. Agora, quando a placa carregada for afastada do eletroscópio, na Figura 1.11e, ele ainda estará positivamente carregado (mas com uma deflexão menor do que a mostrada na Figura 1.11b). O mesmo processo também funciona com uma placa positivamente carregada. Este processo é denominado **eletrização** ou **carregamento por indução**, e dá a um eletroscópio uma carga de sinal oposto ao da carga da placa.

1.5 Força eletrostática – lei de Coulomb

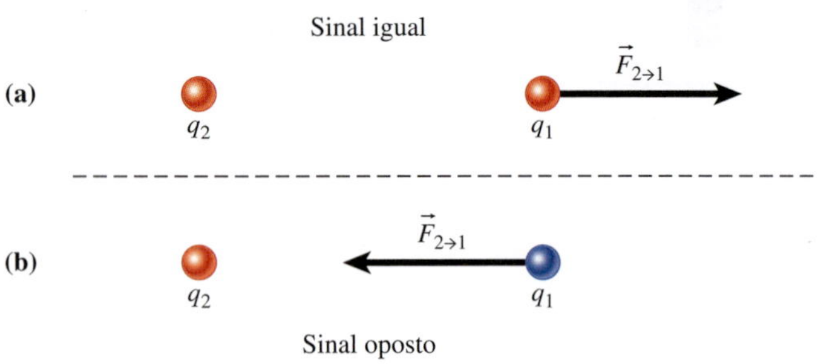

Figura 1.12 A força exercida pela carga 2 na carga 1: (a) duas cargas com sinais iguais; (b) duas cargas com sinais opostos.

A lei das cargas elétricas é evidente através da força entre quaisquer duas cargas em repouso. Os experimentos mostram que a força eletrostática exercida por uma carga q_2 sobre outra carga q_1, $\vec{F}_{2\to1}$, apontará para q_2 se as cargas tiverem sinais opostos, e em sentido oposto se seus sinais forem iguais (Figura 1.12). Essa força sobre uma carga devido a outra tem sempre a direção da linha que passa pelas duas cargas. A **lei de Coulomb** fornece o módulo dessa força como

$$F = k\frac{|q_1q_2|}{r^2}, \tag{1.6}$$

onde q_1 e q_2 são cargas elétricas, $r = |\vec{r}_1 - \vec{r}_2|$ é a distância entre elas, e

$$k = 8{,}99 \cdot 10^9 \ \frac{\text{N m}^2}{\text{C}^2} \tag{1.7}$$

é a **constante eletrostática** de Coulomb. Agora você pode verificar que um coulomb é uma carga *muito* grande. Se duas cargas de 1 C estivessem cada uma a 1 m da outra, a intensidade da força que cada uma exerceria sobre a outra seria de 8,99 bilhões de newtons. Para efeitos de comparação, uma força dessa intensidade equivale ao peso de 450 ônibus espaciais completamente cheios!

A relação entre a constante eletrostática e outra constante chamada **permissividade elétrica do vácuo**, ϵ_0, é

$$k = \frac{1}{4\pi\epsilon_0}. \tag{1.8}$$

Consequentemente, o valor de ϵ_0 é

$$\epsilon_0 = 8{,}85 \cdot 10^{-12} \ \frac{\text{C}^2}{\text{N m}^2}. \tag{1.9}$$

Uma maneira alternativa de escrever a equação 1.6 é, então,

$$F = \frac{1}{4\pi\epsilon_0}\frac{|q_1q_2|}{r^2}. \tag{1.10}$$

Como você verá nos próximos capítulos, algumas equações da eletrostática são mais convenientes de escrever com k, enquanto outras são escritas mais facilmente em termos de $1/(4\pi\epsilon_0)$.

Note que as cargas das equações 1.6 e 1.10 podem ser positivas ou negativas, de modo que o produto das cargas também pode resultar positivo ou negativo. Como cargas de sinais opostos se atraem, enquanto cargas de mesmos sinais se repelem, um valor negativo do produto q_1q_2 significa atração, enquanto um valor positivo do mesmo significa repulsão.

Finalmente, a lei de Coulomb para a força sobre q_1 devido a q_2 pode ser escrita em forma vetorial:

$$\vec{F}_{2\to1} = -k\frac{q_1q_2}{r^3}(\vec{r}_2 - \vec{r}_1) = -k\frac{q_1q_2}{r^2}\hat{r}_{21}. \tag{1.11}$$

Nesta equação, $\hat{r}_{21}$ é um vetor unitário que aponta de q_2 para q_1 (seja a Figura 1.13). O sinal negativo indica que a força será repulsiva se ambas as cargas forem positivas ou ambas negativas. Neste caso, $\vec{F}_{2\to1}$ apontará para fora da carga 2, como ilustrado na Figura 1.13a. Por outro

1.3 Exercícios de sala de aula

Você coloca duas cargas a uma distância r uma da outra. Depois você dobra o valor de cada carga e também a distância entre elas. De que maneira muda a força entre as duas cargas?

a) A nova força será duas vezes maior.

b) A nova força será duas vezes menor.

c) A nova força será quatro vezes maior.

d) A nova força será quatro vezes menor.

e) A nova força será igual à original.

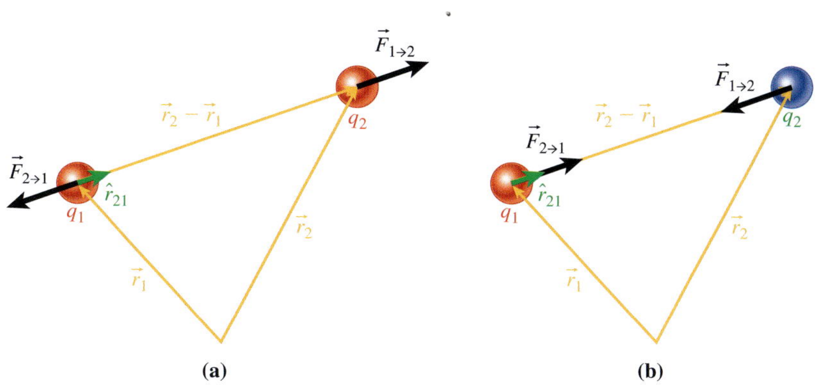

Figura 1.13 Forças eletrostáticas vetoriais, que duas cargas exercem uma sobre a outra: (a) duas cargas de mesmo sinal; (b) duas cargas de sinais opostos.

lado, se uma das cargas for positiva e a outra negativa, então $\vec{F}_{2\to1}$ apontará para a carga 2, como mostra a Figura 1.13b.

Se a carga 2 exerce uma força $\vec{F}_{2\to1}$ sobre a carga 1, então a força $\vec{F}_{2\to1}$ que a carga 1 exerce sobre a carga 2 é obtida simplesmente da terceira lei de Newton: $\vec{F}_{1\to2} = -\vec{F}_{2\to1}$.

Princípio da superposição

Até aqui trabalhamos apenas com duas cargas. Agora vamos considerar três cargas puntiformes, q_1, q_2 e q_3, nas posições x_1, x_2 e x_3, respectivamente, como mostrado na Figura 1.14. A força exercida pela carga 1 sobre a carga 3, $\vec{F}_{1\to3}$, é dada por

$$\vec{F}_{1\to3} = -\frac{kq_1q_3}{(x_3 - x_1)^2}\hat{x}.$$

A força exercida pela carga 2 sobre a carga 3 é

$$\vec{F}_{2\to3} = -\frac{kq_2q_3}{(x_3 - x_2)^2}\hat{x}.$$

A força que a carga 1 exerce sobre a carga 3 não é afetada pela presença da carga 2. E a força que a carga 2 exerce sobre a carga 3 não é afetada pela presença da carga 1. Além disso, as forças exercidas pela carga 1 e a carga 2 sobre a carga 3 se somam vetorialmente produzindo uma força resultante sobre a carga 3:

$$\vec{F}_{\text{resultante}\to3} = \vec{F}_{1\to3} + \vec{F}_{2\to3}.$$

Esta superposição de forças é completamente análoga àquela apresentada para forças como a gravidade e o atrito.

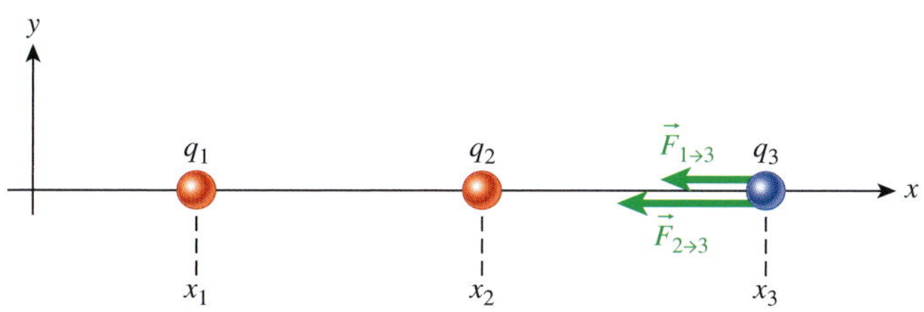

Figura 1.14 Forças exercidas pelas cargas 1 e 2 sobre a carga 3.

1.4 Exercícios de sala de aula

O que indicam as forças exercidas sobre a carga q_3 da Figura 1.14 a respeito dos sinais das três cargas?

a) Todas devem ser positivas.

b) Todas devem ser negativas.

c) A carga q_3 deve ser nula.

d) As cargas q_1 e q_2 devem ser de sinais opostos.

e) As cargas q_1 e q_2 devem ser de mesmo sinal, e q_3 deve ter sinal oposto ao delas.

1.5 Exercícios de sala de aula

Considerando que os comprimentos dos vetores da Figura 1.13 sejam proporcionais aos módulos das forças que eles representam, o que indicam eles acerca dos valores absolutos das cargas q_1 e q_2? (*Dica*: a distância entre x_1 e x_2 é igual à distância entre x_2 e x_3.)

a) $|q_1| < |q_2|$.

b) $|q_1| = |q_2|$.

c) $|q_1| > |q_2|$.

d) A resposta não pode ser encontrada a partir da informação fornecida na figura.

EXEMPLO 1.2 Força eletrostática no interior de um átomo

PROBLEMA 1

Qual é a intensidade da força eletrostática que dois prótons exercem um sobre o outro no interior do núcleo de um átomo de hélio?

Continua →

SOLUÇÃO 1

Os dois prótons e os dois nêutrons dentro de um núcleo de hélio são mantidos juntos pela interação forte; a força eletrostática é no sentido de afastá-los um do outro. A carga de cada próton é $q_p = +e$. Uma distância aproximada $r = 2 \cdot 10^{-15}$ m separa os dois prótons. Usando a lei de Coulomb, podemos determinar essa força:

$$F = k\frac{|q_p q_p|}{r^2} = \left(8{,}99 \cdot 10^9 \ \frac{\text{N m}^2}{\text{C}^2}\right)\frac{\left(+1{,}6 \cdot 10^{-19}\ \text{C}\right)\left(+1{,}6 \cdot 10^{-19}\ \text{C}\right)}{\left(2 \cdot 10^{-15}\ \text{m}\right)^2} = 58\ \text{N}.$$

Portanto, os dois prótons no interior do núcleo de um átomo de hélio se repelem com uma força de 58 N (aproximadamente igual ao peso de um cachorro pequeno). Dado o tamanho do núcleo, entretanto, isso é uma força impressionante. Por que os núcleos atômicos simplesmente não explodem? A resposta é que existe outra força ainda mais intensa, apropriadamente denominada interação forte, que os mantém aglutinados.

1.6 Exercícios de sala de aula

Três cargas estão dispostas em linha reta como mostrado na figura. Qual é a orientação da força eletrostática exercida sobre a carga *do meio*?

a) → b) ← c) ↓ d) ↑

e) Força nenhuma.

1.7 Exercícios de sala de aula

Três cargas estão dispostas em linha reta como mostrado na figura. Qual é a orientação da força eletrostática exercida sobre a carga da *direita*? (Note que a carga da esquerda tem o dobro do valor usado no Exercício de Sala de Aula 1.6.)

a) → b) ← c) ↓ d) ↑

e) Força nenhuma.

PROBLEMA 2

Qual é o módulo da força eletrostática entre o núcleo de um átomo de ouro e seu elétron em uma órbita de raio igual a $4{,}88 \cdot 10^{-12}$ m?

SOLUÇÃO 2

Um elétron negativamente carregado e um núcleo de ouro positivamente carregado se atraem com uma força de intensidade

$$F = k\frac{|q_e q_N|}{r^2},$$

onde a carga do elétron é $q_e = -e$ e a do núcleo de ouro é $q_N = +79e$. A força entre o elétron e o núcleo é, então,

$$F = k\frac{|q_e q_N|}{r^2} = \left(8{,}99 \cdot 10^9 \ \frac{\text{N m}^2}{\text{C}^2}\right)\frac{\left(1{,}60 \cdot 10^{-19}\ \text{C}\right)\left[(79)\left(1{,}60 \cdot 10^{-19}\ \text{C}\right)\right]}{\left(4{,}88 \cdot 10^{-12}\ \text{m}\right)^2} = 7{,}63 \cdot 10^{-4}\ \text{N}.$$

Assim, a intensidade da força eletrostática exercida sobre um elétron de um átomo de ouro por seu núcleo é cerca de 100.000 vezes menor que a força existente entre os prótons no interior de um núcleo.

Nota: o núcleo de ouro tem uma massa aproximadamente 400.000 vezes maior que a do elétron. Mas a força que o núcleo de ouro exerce sobre o elétron tem exatamente o mesmo valor absoluto que a força exercida sobre o núcleo de ouro pelo elétron. Você pode dizer que, a partir da terceira lei de Newton, isso é óbvio, o que é verdade. Mas sempre é bom enfatizar que esta lei básica também vale para forças eletrostáticas.

EXEMPLO 1.3 Posição de equilíbrio

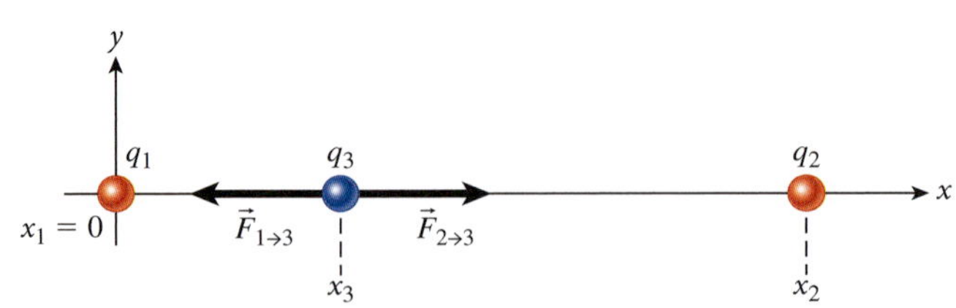

Figura 1.15 Localização das três partículas carregadas do Exemplo 1.3 A terceira partícula é mostrada com uma carga negativa.

PROBLEMA

Duas partículas carregadas são posicionadas como mostrado na Figura 1.15: $q_1 = 0{,}15\ \mu$C está localizada na origem, $q_2 = 0{,}35\ \mu$C encontra-se sobre o eixo x, em $x_2 = 0{,}40$ m. Onde deveria estar uma terceira partícula carregada, q_3, a fim de estar em uma posição de equilíbrio?

SOLUÇÃO

Primeiro vamos determinar onde não se deve por a terceira carga. Se ela estivesse em qualquer lugar fora do eixo x, sempre existiria uma componente de força apontando para ele ou para fora dele. Portanto, o ponto de equilíbrio (onde a soma das forças é nula) somente pode estar sobre o eixo x. Este eixo pode ser dividido em três segmentos diferentes: $x \le x_1 = 0$, $x_1 < x < x_2$ e $x_2 \le x$. Para $x \le x_1 = 0$, os vetores das forças exercidas por q_1 e q_2 sobre q_3 terão sentidos positivos se a carga for negativa, e sentido negativo se a carga for positiva. Uma vez que se trata de um ponto onde as duas forças se cancelam, o segmento $x \le x_1 = 0$ pode ser excluído. Um argumento semelhante exclui também o segmento $x \ge x_2$.

No segmento restante do eixo, $x_1 < x < x_2$, as forças exercidas por q_1 e por q_2 sobre q_3 possuem sentidos opostos. Procuramos por uma posição, x_3, onde os módulos de ambas as forças sejam iguais e a soma das forças, portanto, seja nula. Expressamos a igualdade dos módulos das forças como

$$\left|\vec{F}_{1\to3}\right| = \left|\vec{F}_{2\to3}\right|,$$

que também podemos reescrever na forma

$$k\frac{|q_1q_3|}{(x_3 - x_1)^2} = k\frac{|q_3q_2|}{(x_2 - x_3)^2}.$$

Agora vemos que o módulo e o sinal da terceira carga não têm importância, pois a carga é cancelada no cálculo, da mesma forma que a constante k, resultando em

$$\frac{q_1}{(x_3 - x_1)^2} = \frac{q_2}{(x_2 - x_3)^2}$$

ou

$$q_1(x_2 - x_3)^2 = q_2(x_3 - x_1)^2. \qquad \text{(i)}$$

Elevando ao quadrado os dois membros dessa equação e isolando x_3, obtemos

$$\sqrt{q_1}(x_2 - x_3) = \sqrt{q_2}(x_3 - x_1),$$

ou

$$x_3 = \frac{\sqrt{q_1}x_2 + \sqrt{q_2}x_1}{\sqrt{q_1} + \sqrt{q_2}}.$$

Podemos extrair a raiz quadrada de ambos os lados da equação (i) porque $x_1 < x_3 < x_2$ e, assim, ambas as raízes, $x_2 - x_3$ e $x_3 - x_1$, são consideradas positivas.

Substituindo os valores numéricos fornecidos no enunciado do problema, obtemos

$$x_3 = \frac{\sqrt{q_1}x_2 + \sqrt{q_2}x_1}{\sqrt{q_1} + \sqrt{q_2}} = \frac{\sqrt{0{,}15\ \mu\text{C}}(0{,}4\ \text{m})}{\sqrt{0{,}15\ \mu\text{C}} + \sqrt{0{,}35\ \mu\text{C}}} = 0{,}16\ \text{m}.$$

Este resultado faz sentido, pois esperamos que a posição de equilíbrio esteja mais próxima da carga menor.

PROBLEMA RESOLVIDO 1.1 Bolas carregadas

PROBLEMA

Duas bolas carregadas idênticas estão suspensas pelo teto por cordas isolantes de mesmo comprimento, $\ell = 1{,}50$ m (Figura 1.16). Uma carga $q = 25{,}0\ \mu$C é cedida a cada bola. Depois as duas são suspensas em repouso, com a corda de cada uma formando um ângulo de 25,0° com respeito à vertical (Figura 1.16a). Quanto vale a massa de cada bola?

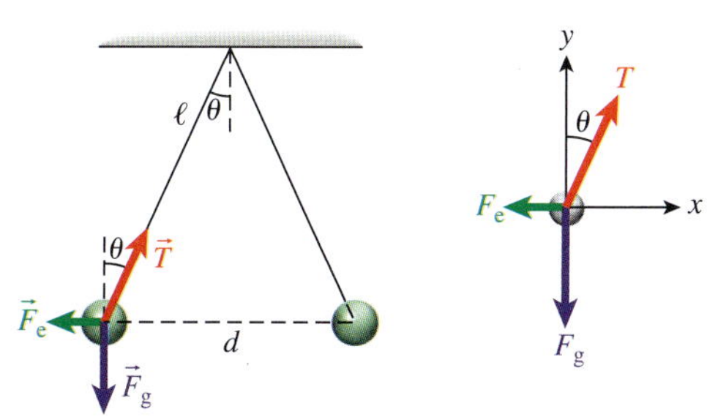

Figura 1.16 (a) Duas bolas carregadas suspensas pelo teto, em suas posições de equilíbrio. (b) Diagrama de corpo livre para a bola carregada da esquerda.

SOLUÇÃO

PENSE

Existem três forças exercidas sobre cada bola carregada: a força da gravidade, a força eletrostática repulsiva e a tensão na corda de sustentação. Usando a primeira condi-

Continua →

ção para equilíbrio estático, sabemos que a soma de todas as forças sobre cada bola deve ser nula. Podemos então isolar as componentes das três forças e igualar sua soma a zero, o que nos permite obter a massa das bolas eletrizadas.

DESENHE

O diagrama de corpo livre da bola esquerda é mostrado na Figura 1.16b.

PESQUISE

A condição de equilíbrio estático significa que a soma das componentes x das três forças exercidas sobre a bola devem somar-se resultando zero, o mesmo ocorrendo com a soma de suas componentes y. A soma das componentes x das forças é

$$T \operatorname{sen} \theta - F_e = 0, \tag{i}$$

onde T representa o módulo da tensão da corda, θ é o ângulo formado pela corda em relação à vertical e F_e é o módulo da força eletrostática. A soma das componentes y das forças é

$$T \cos \theta - F_g = 0. \tag{ii}$$

A força da gravidade, F_g, é exatamente o peso da bola carregada:

$$F_g = mg, \tag{iii}$$

onde m é a massa da bola carregada. A força eletrostática que cada bola exerce sobre a outra é dada por

$$F_e = k\frac{q^2}{d^2}, \tag{iv}$$

onde d é a distância entre as duas bolas. Podemos expressar essa distância em função do comprimento da corda, ℓ, examinando a Figura 1.16a. Verificamos que

$$\operatorname{sen}\theta = \frac{d/2}{\ell}.$$

Podemos então expressar a força eletrostática em termos do ângulo em relação à vertical, θ, e do comprimento ℓ da corda:

$$F_e = k\frac{q^2}{\left(2\ell \operatorname{sen}\theta\right)^2} = k\frac{q^2}{4\ell^2 \operatorname{sen}^2 \theta}. \tag{v}$$

SIMPLIFIQUE

Dividindo a equação (i) pela equação (ii), obtemos:

$$\frac{T \operatorname{sen}\theta}{T \cos\theta} = \frac{F_e}{F_g},$$

Eliminando a tensão (desconhecida) da corda, chegamos a

$$\operatorname{tg}\theta = \frac{F_e}{F_g}.$$

Usando as equações (iii) e (v) para a força da gravidade e a força eletrostática, obtemos

$$\operatorname{tg}\theta = \frac{k\dfrac{q^2}{4\ell^2 \operatorname{sen}^2 \theta}}{mg} = \frac{kq^2}{4mg\ell^2 \operatorname{sen}^2 \theta}.$$

Isolando a massa da bola, chegamos ao resultado

$$m = \frac{kq^2}{4g\ell^2 \operatorname{sen}^2 \theta \operatorname{tg}\theta}.$$

CALCULE

Substituindo os valores numéricos fornecidos, temos

$$m=\frac{\left(8{,}99\cdot 10^{9}\ \mathrm{N\,m^2/C^2}\right)\left(25{,}0\ \mu\mathrm{C}\right)^2}{4\left(9{,}81\ \mathrm{m/s^2}\right)\left(1{,}50\ \mathrm{m}\right)^2\left(\mathrm{sen}^2\,25{,}0°\right)\left(\mathrm{tg}\,25{,}0°\right)}=0{,}764116\ \mathrm{kg}.$$

ARREDONDE

Apresentamos nosso resultado com três algarismos significativos:

$$m = 0{,}764\ \mathrm{kg}.$$

SOLUÇÃO ALTERNATIVA

Outra possibilidade seria usar a aproximação de pequenos ângulos, $\mathrm{sen}\,\theta \approx \mathrm{tg}\,\theta \approx \theta$ e $\cos\theta \approx 1$. A tensão da corda, portanto, tende ao valor mg, e podemos expressar a componente x da força como

$$T\,\mathrm{sen}\,\theta \approx mg\theta = F_e = k\frac{q^2}{d^2} \approx k\frac{q^2}{\left(2\ell\theta\right)^2}.$$

Isolando a massa da bola carregada, obtemos

$$m=\frac{kq^2}{4g\ell^2\theta^3}=\frac{\left(8{,}99\cdot 10^{9}\ \mathrm{N\,m^2/C^2}\right)\left(25{,}0\ \mu\mathrm{C}\right)^2}{4\left(9{,}81\ \mathrm{m/s^2}\right)\left(1{,}50\ \mathrm{m}\right)^2\left(0{,}436\ \mathrm{rad}\right)^3}=0{,}768\ \mathrm{kg},$$

que é aproximadamente igual à nossa resposta.

O precipitador eletrostático

Uma aplicação do carregamento eletrostático e das forças eletrostáticas é a filtragem das emissões de usinas termoelétricas que usam o carvão mineral como combustível. O dispositivo chamado de **precipitador eletrostático** (ESP, do inglês, *Electrostatic Precipitator*) é usado para remover fuligem e outras partículas resultantes da queima do carvão para a geração de eletricidade. Seu funcionamento está ilustrado na Figura 1.17.

O ESP consiste em fios e placas, sendo os fios mantidos a uma alta voltagem negativa em relação a uma série de placas que, por sua vez, são mantidas a uma alta voltagem positiva. (Aqui, o termo voltagem é usado coloquialmente; no Capítulo 3, o conceito será definido em função da diferença de potencial elétrico.) Na Figura 1.17, a exaustão proveniente do processo de queima entra no ESP pela esquerda. Partículas que passam próximas aos fios adquirem cargas negativas. São, então, atraídas para as placas e se grudam nelas. O gás continua passando pelo ESP, deixando para trás fuligem e outras partículas. O material acumulado é então sacudido de forma a se soltar das placas, caindo em um recipiente posicionado abaixo. Esse lixo pode ser usado para muitas finalidades, incluindo materiais de construção e fertilizantes. A Figura 1.18 mostra um exemplo de uma usina termoelétrica alimentada por carvão mineral onde foi instalado um ESP.

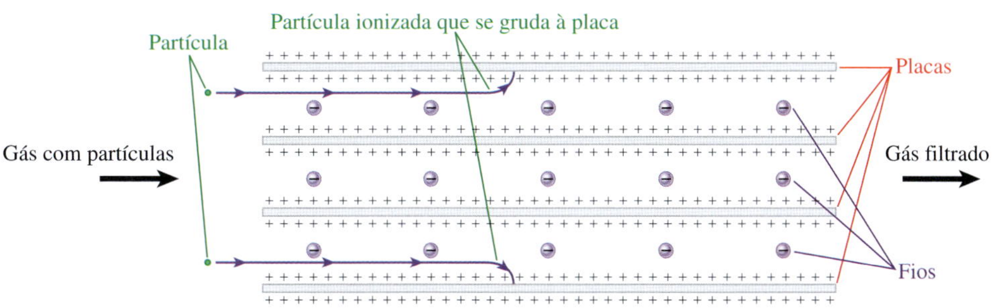

Figura 1.17 Funcionamento de um precipitador eletrostático usado para filtrar os gases de exaustão que saem de uma usina geradora de eletricidade. Aqui temos uma vista superior do dispositivo.

1.2 Pausa para teste

Uma carga puntiforme positiva $+q$ está localizada no ponto P, à direita de duas cargas q_1 e q_2, como ilustra a figura. Comprova-se que força eletrostática líquida sobre a carga positiva $+q$ é nula. Identifique cada uma das seguintes afirmativas como verdadeira ou falsa.

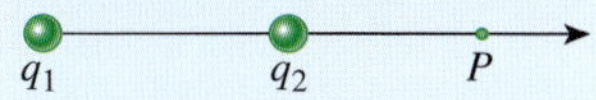

a) A carga q_2 deve ser de sinal oposto à carga de q_1, e de menor valor absoluto.
b) O valor absoluto da carga q_1 deve ser menor do que o da carga q_2.
c) As cargas q_1 e q_2 devem ser de mesmo sinal.
d) Se q_1 for negativa, q_2 deverá ser negativa.
e) Tanto q_1 quanto q_2 devem ser positivas.

1.8 Exercícios de sala de aula

Considere três cargas posicionadas ao longo do eixo x, como mostra a figura.

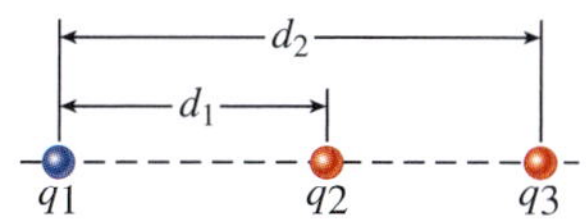

Os valores das cargas são: $q_1 = -8{,}10\ \mu\mathrm{C}$, $q_2 = 2{,}16\ \mu\mathrm{C}$ e $q_3 = 2{,}16\ \mathrm{pC}$. A distância entre q_1 e q_2 é $d_1 = 1{,}71$ m. A distância entre q_1 e q_3 é $d_2 = 2{,}62$ m. Qual é o valor absoluto da força eletrostática total exercida sobre q_3 por q_1 e q_2?

a) $2{,}77 \cdot 10^{-8}$ N
b) $7{,}92 \cdot 10^{-6}$ N
c) $1{,}44 \cdot 10^{-5}$ N
d) $2{,}22 \cdot 10^{-4}$ N
e) $6{,}71 \cdot 10^{-2}$ N

Figura 1.18 Na Universidade Estadual de Michigan, uma usina termoelétrica a carvão tem instalado um precipitador eletrostático que remove partículas de suas emissões.

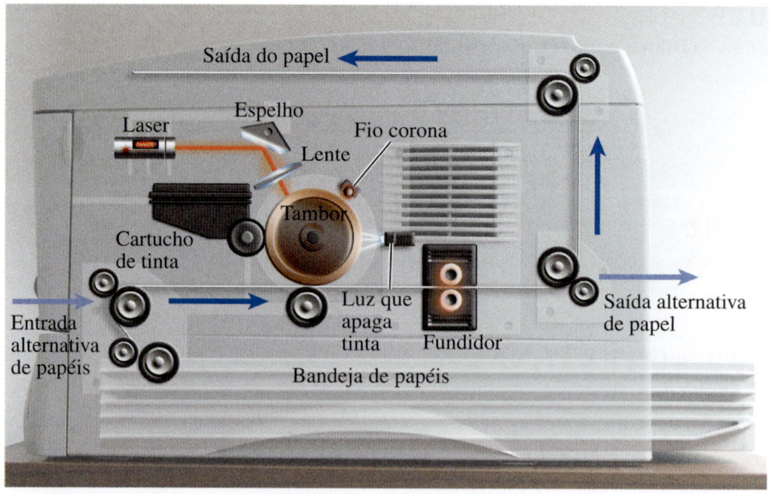

Figura 1.19 Funcionamento de uma impressora a laser comum.

Impressoras a laser

Outro exemplo de aparelho que emprega forças eletrostáticas é a impressora a laser. Sua operação é ilustrada na Figura 1.19. O papel segue o caminho indicado pelas setas azuis. Ele é retirado de uma cesta ou colocado manualmente em um mecanismo que o puxa alternadamente para dentro da impressora. Ele passa sobre um tambor cilíndrico, onde a tinta é colocada sobre a superfície do papel, e depois entre dois rolos aquecidos que derretem a tinta e a fixam permanentemente no papel.

O tambor é um cilindro metálico recoberto com um material especial foto-sensível; originalmente era usado o selênio amorfo, que depois foi substituído por um material orgânico. A superfície foto-sensível é um isolante que retém carga na ausência de luz, mas que se descarrega facilmente se a luz incide em sua superfície. O tambor gira de modo que a velocidade de sua superfície seja a mesma do papel em movimento. O princípio básico de funcionamento do tambor está ilustrado na Figura 1.20.

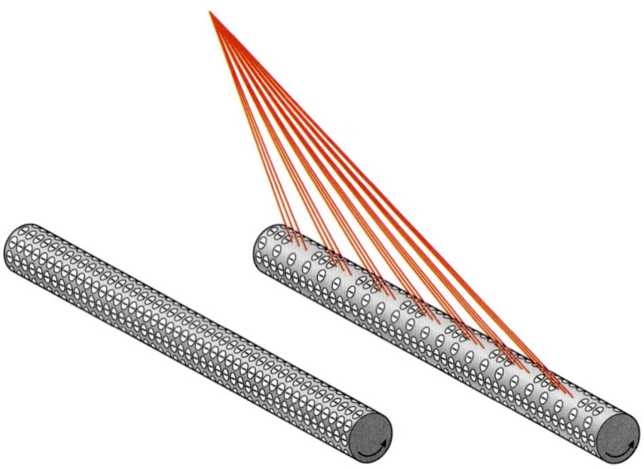

Figura 1.20 (a) O tambor completamente carregado de uma impressora a laser. Este tambor produzirá uma folha em branco. (b) Um tambor sobre o qual uma linha de informação está sendo gravada por um laser. Sempre que o feixe incide no tambor carregado, a carga negativa é neutralizada, e a área descarregada atrairá a tinta, que produzirá uma imagem sobre o papel.

O tambor é negativamente carregado com elétrons por meio de um fio mantido em alta voltagem. Então a luz do laser é direcionada para sua superfície. Seja onde for que ela incida na superfície do tambor, a superfície naquele ponto será descarregada. Um feixe de laser é usado por ser estreito e manter-se focado. A imagem de uma linha sendo impressa é escrita pixel a pixel (ponto ou elemento de imagem, do inglês, *Picture Element*) usando-se um laser direcionado por um espelho móvel e uma lente. Uma típica impressora a laser imprime 300 pixels por polegada, mas muitas delas são capazes de imprimir até 600 ou 1.200 pixels por polegada. A superfície do tambor passa então por um rolo que lhe aplica tinta retirada de um cartucho de toner. O toner consiste em pequenas partículas pretas e isolantes compostas de um material parecido com plástico. O rolo de toner está carregado sob a mesma voltagem negativa do tambor. Assim, seja onde for o ponto da superfície do tambor que foi descarregado, forças eletrostáticas depositarão toner sobre a superfície do tambor. Qualquer parte dessa superfície que foi exposta ao laser não receberá toner.

Quando o tambor gira, inicia-se o contato com o papel. O toner, então, é transferido da superfície do tambor para o papel. Algumas impressoras carregam o papel positivamente para atrair o toner carregado negativamente. Quando o tambor gira, em preparação para a impressão da próxima imagem, qualquer toner restante é retirado e a superfície é neutralizada por uma luz de apagamento ou por um tambor girante apagador. O papel então continua em direção ao fundidor, que derrete o toner, produzindo uma imagem permanente sobre o papel. Finalmente, o papel é expulso da impressora.

1.6 A lei de Coulomb e a lei de Newton da gravitação

A lei de Coulomb, que descreve a força eletrostática entre duas cargas elétricas, F_e, tem uma forma semelhante à lei de Newton que descreve a força gravitacional entre duas massas, F_g:

$$F_g = G\frac{m_1 m_2}{r^2} \quad \text{e} \quad F_e = k\frac{|q_1 q_2|}{r^2},$$

onde m_1 e m_2 são as duas massas, q_1 e q_2 são as duas cargas elétricas e r é a distância de separação. Ambas as forças variam com o inverso do quadrado da distância. A força elétrica pode ser atrativa ou repulsiva porque as cargas podem ter sinais positivos ou negativos. (Veja as Figuras 1.13a e b). A força gravitacional é sempre atrativa porque existe apenas um tipo de massa. (Em se tratando da força gravitacional, somente o caso ilustrado na Figura 1.13b é possível.) As intensidades relativas da força são dadas pelas constantes de proporcionalidade k e G.

EXEMPLO 1.4 Forças entre elétrons

Vamos obter a intensidade relativa das duas interações calculando a razão entre as forças eletrostática e gravitacional que dois elétrons exercem um sobre o outro. Essa razão é dada por

$$\frac{F_e}{F_g} = \frac{kq_e^2}{Gm_e^2}.$$

Uma vez que a dependência com a distância é igual para as duas forças, não existirá dependência com a distância na razão entre as duas – elas se cancelam. A massa de um elétron é $m_e = 9{,}109 \cdot 10^{-31}$ kg, e sua carga é $q_e = -1{,}602 \cdot 10^{-19}$ C. Usando o valor da constante eletrostática dado na equação 1.7, $k = 8{,}99 \cdot 10^9$ N m^2/C^2, e o valor da constante da gravitação universal, $G = 6{,}67 \cdot 10^{-11}$ N m^2/kg^2, encontramos o valor

$$\frac{F_e}{F_g} = \frac{(8{,}99 \cdot 10^9 \text{ N m}^2/\text{C}^2)(1{,}602 \cdot 10^{-19} \text{ C})^2}{(6{,}67 \cdot 10^{-11} \text{ N m}^2/\text{kg}^2)(9{,}109 \cdot 10^{-31} \text{ kg})^2} = 4{,}2 \cdot 10^{42}.$$

Portanto, a força eletrostática entre elétrons é mais intensa do que a força gravitacional entre eles por mais de 42 ordens de grandeza.

A despeito da pouca intensidade relativa da força gravitacional, a gravidade é a única força que importa. A razão desta dominância é que todas as estrelas, planetas e outros objetos de relevância astronômica não possuem carga elétrica líquida. Dessa maneira, não existe interação eletrostática entre eles, e a gravidade domina.

A lei de Coulomb da eletrostática se aplica tanto a sistemas macroscópicos quanto ao átomo, embora os efeitos sutis em sistemas atômicos e subatômicos requeiram o emprego de uma abordagem mais sofisticada chamada de **eletrodinâmica quântica**. A lei de Newton da gravitação é falha em sistemas subatômicos e também precisa ser modificada no caso de sistemas astronômicos, como no caso do movimento de precessão da órbita de Mercúrio ao redor do Sol. Esses detalhes finos da interação gravitacional são governados pela teoria de Einstein da relatividade geral.

As semelhanças entre as interações gravitacionais e eletrostáticas serão discutidas mais nos próximos dois capítulos, referentes a campos elétricos e ao potencial elétrico.

O QUE JÁ APRENDEMOS | GUIA DE ESTUDO PARA EXERCÍCIOS

- Existem dois tipos de carga elétrica, positivo e negativo. Cargas de mesmo tipo se repelem, e cargas de tipos diferentes se atraem.
- O quantum (quantidade elementar) de carga elétrica é $e = 1{,}602 \cdot 10^{-19}$ C.
- O elétron tem carga $q_e = -e$, e o próton, carga $q_p = +e$. O nêutron não possui carga.
- A carga líquida de um objeto é dada pelo produto de e pela diferença entre o número de prótons, N_p, e o de elétrons, N_e, que o constituem: $q = e \cdot (N_p - N_e)$.

- A carga total de qualquer sistema isolado sempre é conservada.
- Objetos podem ser carregados diretamente por contato, ou indiretamente por indução.
- A lei de Coulomb descreve a força que duas cargas estacionárias exercem uma sobre a outra: $F = k\frac{|q_1 q_2|}{r^2} = \frac{1}{4\pi\epsilon_0}\frac{|q_1 q_2|}{r^2}$.
- A constante eletrostática da lei de Coulomb é $k = \frac{1}{4\pi\epsilon_0} = 8{,}99 \cdot 10^9 \ \frac{\text{N m}^2}{\text{C}^2}$.
- A permissividade elétrica do vácuo é $\epsilon_0 = 8{,}85 \cdot 10^{-12} \ \frac{\text{C}^2}{\text{N m}^2}$.

TERMOS-CHAVE

aterramento, p. 14
carga negativa, p. 9
carga positiva, p. 9
carregamento, p. 9
carregamento eletrostático, p. 14
carregamento por contato, p. 15
carregamento por indução, p. 16
condutores, p. 12
constante eletrostática, p. 16
coulomb, p. 10
elétrons, p. 9
eletroscópio, p. 14
eletrostática, p. 9
induzido, p. 14
isolantes, p. 12
lei das cargas elétricas, p. 10
lei de Coulomb, p. 16
permissividade elétrica do vácuo, p. 16
precipitador eletrostático, p. 21
princípio de conservação da carga, p. 10
próton, p. 10
quantização, p. 11
semicondutores, p. 13
supercondutores, p. 13
terra, p. 14

NOVOS SÍMBOLOS

q, carga elétrica

ϵ_0, permissividade elétrica do vácuo

k, constante eletrostática

e, quantum elementar de carga

RESPOSTAS DOS TESTES

1.1 a) $+1$ b) 0 c) 0 d) 0 e) $+\frac{2}{3}$ f) $-\frac{1}{3}$ g) -1 h) $+2$

1.2 a) verdadeiro b) falso c) falso d) verdadeiro e) verdadeiro

GUIA DE RESOLUÇÃO DE PROBLEMAS

1. Quando lidamos com problemas envolvendo a lei de Coulomb, geralmente é útil desenhar o diagrama de corpo livre mostrando as forças eletrostáticas vetoriais exercidas sobre uma dada partícula carregada. Preste muita atenção aos sinais; uma força negativa entre duas partículas indica atração, enquanto uma força positiva indica repulsão. Tenha certeza também de que as orientações das forças representadas no diagrama estão consistentes com os sinais das forças nos cálculos.

2. O uso de simetria simplifica seu trabalho. Todavia, tenha o cuidado de levar em conta também os valores absolutos das cargas e suas distâncias. Duas cargas a iguais distâncias de uma terceira carga não exercerão forças iguais se possuírem magnitudes ou sinais diferentes.

3. Na eletrostática, as unidades com frequência possuem prefixos que indicam potências de 10: distâncias podem ser expressas em cm ou mm; cargas podem ser dadas em μC, nC ou pC; massas podem vir expressas em kg ou g. Outras unidades também são comuns. A melhor maneira de proceder neste caso é converter todas as grandezas básicas para unidades do SI, a fim de ser consistente com os valores de k e de $1/4\pi\epsilon_0$.

PROBLEMA RESOLVIDO 1.2 Conta em um fio

PROBLEMA

Uma conta de vidro com carga $q_1 = +1{,}28\ \mu$C é presa em um fio isolante que forma um ângulo $\theta = 42{,}3°$ com a horizontal (Figura 1.21a). Uma segunda conta de carga $q_2 = -5{,}06\ \mu$C desliza pelo fio, sem atrito. Quando a distância d entre as contas é de 0,380 m, a força resultante sobre a segunda conta se anula. Qual é a massa m_2 da segunda conta?

SOLUÇÃO

PENSE

A força da gravidade que puxa a conta de massa m_2 para baixo ao longo do fio é compensada pela força eletrostática atrativa entre a carga positiva da primeira conta e a carga negativa da segunda conta. E esta se comporta como se deslizasse sobre um plano inclinado.

DESENHE

Figura 1.21b mostra o diagrama de corpo livre das forças exercidas sobre a segunda conta. Definimos o sistema de coordenadas com o eixo x apontando fio abaixo. A força que o fio exerce sobre m_2 pode ser omitida porque ela possui apenas a componente y não nula, e podemos resolver o problema analisando apenas as componentes x das forças.

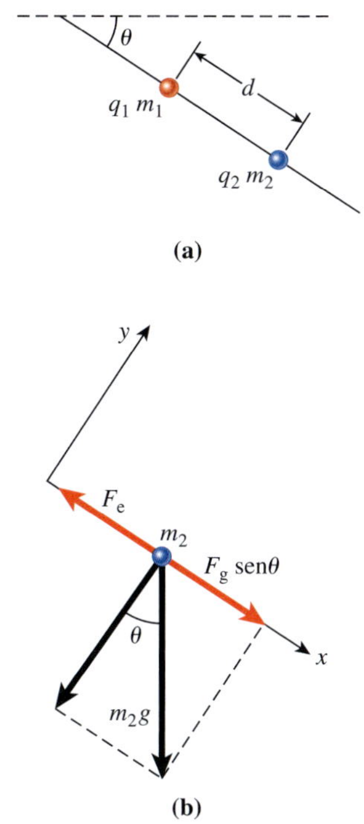

Figura 1.21 (a) Duas contas eletrizadas em um fio. (b) Diagrama de corpo livre das forças exercidas sobre a segunda conta.

PESQUISE

A força eletrostática atrativa entre as duas contas equilibra a componente da força da gravidade que puxa a segunda conta fio abaixo. A força eletrostática atua segundo o sentido negativo do eixo x e seu módulo é dado por

$$F_e = k\frac{|q_1q_2|}{d^2}. \quad \text{(i)}$$

A componente x da força da gravidade exercida sobre a segunda conta corresponde à componente do peso da segunda conta que é paralela ao fio. A Figura 1.21b indica que a componente do peso da segunda conta paralela ao fio é dada por

$$F_g = m_2 g \text{ sen } \theta. \quad \text{(ii)}$$

SIMPLIFIQUE

Para haver equilíbrio, a força eletrostática e a força gravitacional devem ser de mesmo valor: $F_e = F_g$. Substituindo as expressões para essas forças, equações (i) e (ii), obtém-se

$$k\frac{|q_1q_2|}{d^2} = m_2 g \,\text{sen}\,\theta.$$

Isolando a massa da segunda conta, chega-se a

$$m_2 = \frac{k|q_1q_2|}{d^2 g \,\text{sen}\,\theta}.$$

CALCULE

Substituindo os valores numéricos fornecidos, obtemos

$$m_2 = \frac{kq_1q_2}{d^2 g \text{ sen } \theta} = \frac{(8{,}99 \cdot 10^9 \text{ N m}^2/\text{C}^2)(1{,}28\ \mu\text{C})(5{,}06\ \mu\text{C})}{(0{,}380\text{ m})^2 (9{,}81\text{ m/s}^2)(\text{sen } 42{,}3°)} = 0{,}0610746 \text{ kg}.$$

ARREDONDE

Apresentamos nosso resultado com três algarismos significativos:

$$m_2 = 0{,}0611 \text{ kg} = 61{,}1 \text{ g}.$$

SOLUÇÃO ALTERNATIVA

Como outra alternativa, vamos calcular a massa da segunda conta considerando que o fio seja vertical, logo, $\theta = 90°$. Neste caso, podemos igualar o peso da segunda conta à força eletrostática entre as duas contas:

$$k\frac{|q_1q_2|}{d^2} = m_2 g.$$

Continua →

1.9 Exercícios de sala de aula

Três cargas são dispostas nos vértices de um quadrado, como mostra a figura. Qual é a orientação da força eletrostática exercida sobre a carga do vértice *inferior direito*?

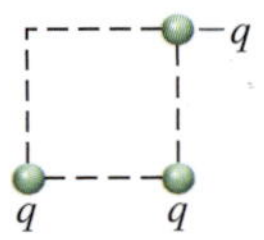

a) ↙ b) ↖ c) ↗ d) ↘

e) nenhuma força

1.10 Exercícios de sala de aula

Quatro cargas são dispostas nos vértices de um quadrado, como mostra a figura. Qual é a orientação da força eletrostática exercida sobre a carga do vértice *inferior direito*?

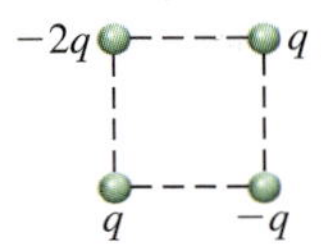

a) ↙ b) ↖ c) ↗ d) ↘

e) nenhuma força

Isolando a massa da segunda conta, obtemos

$$m_2 = \frac{kq_1q_2}{d^2 g} = \frac{\left(8{,}99 \cdot 10^9 \text{ N m}^2/\text{C}^2\right)(1{,}28\ \mu\text{C})(5{,}06\ \mu\text{C})}{(0{,}380\text{ m})^2\left(9{,}81\text{ m/s}^2\right)} = 0{,}0411\text{ kg}.$$

Quando o ângulo do fio com a horizontal diminui, a massa calculada da segunda conta diminui. Nosso resultado de 0,0611 kg é um pouco maior do que a massa que pode ser sustentada por um fio vertical, o que é plausível.

PROBLEMA RESOLVIDO 1.3 Quatro objetos carregados

Considere quatro cargas localizadas nos vértices de um quadrado de lado igual a 1,25 m, como mostrado na Figura 1.22a.

PROBLEMA

Qual é o módulo e a orientação da força eletrostática sobre q_4 resultante das outras três cargas?

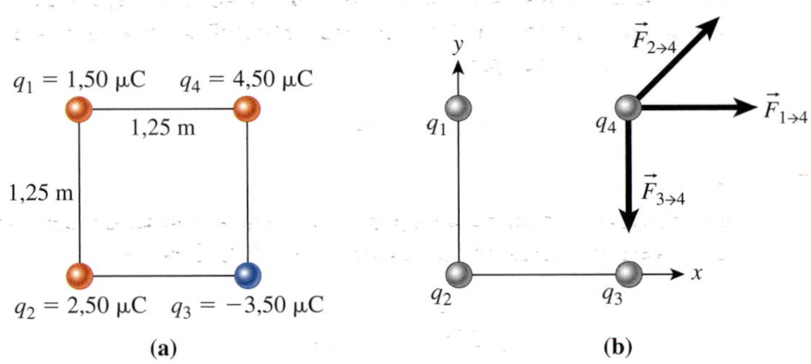

Figura 1.22 (a) Quatro cargas localizadas nos vértices de um quadrado. (b) As forças exercidas sobre q_4 pelas outras três cargas.

SOLUÇÃO

PENSE

A força eletrostática sobre q_4 é o vetor soma das forças decorrentes de sua interação com as outras três cargas. Assim, é importante que se evite simplificar somando as intensidades individuais das forças algebricamente. Em vez disso, devemos determinar as componentes das forças individuais em cada direção espacial e somá-los a fim de encontrar as componentes do vetor força resultante.

DESENHE

A Figura 1.22b mostra as quatro cargas em um sistema de coordenadas *xy* com origem na posição de q_2.

PESQUISE

A força resultante sobre q_4 é a soma vetorial das forças $\vec{F}_{1\to4}$, $\vec{F}_{2\to4}$ e $\vec{F}_{3\to4}$. As componentes x de soma das forças é

$$F_x = k\frac{|q_1q_4|}{d^2} + k\frac{|q_2q_4|}{\left(\sqrt{2}d\right)^2}\cos 45° = \frac{kq_4}{d^2}\left(q_1 + \frac{q_2}{2}\cos 45°\right), \tag{i}$$

onde d é o comprimento do lado do quadrado e, como indica a Figura 1.22b, a componente x de $\vec{F}_{3\to4}$ é nulo. A componente y da soma das forças é

$$F_y = k\frac{|q_2q_4|}{\left(\sqrt{2}d\right)^2}\operatorname{sen} 45° - k\frac{|q_3q_4|}{d^2} = \frac{kq_4}{d^2}\left(\frac{q_2}{2}\operatorname{sen} 45° + q_3\right), \tag{ii}$$

onde, como indica a Figura 1.22b, a componente y de $\vec{F}_{1\to 4}$ é nula.

O módulo da força resultante é

$$F = \sqrt{F_x^2 + F_y^2}, \qquad \text{(iii)}$$

e o ângulo formado pela força resultante com o eixo x é dado por

$$\operatorname{tg}\theta = \frac{F_y}{F_x}.$$

SIMPLIFIQUE

Substituímos agora as expressões para F_x e F_y dadas pelas equações (i) e (ii) na equação (iii):

$$F = \sqrt{\left[\frac{kq_4}{d^2}\left(q_1 + \frac{q_2}{2}\cos 45°\right)\right]^2 + \left[\frac{kq_4}{d^2}\left(\frac{q_2}{2}\operatorname{sen} 45° + q_3\right)\right]^2}.$$

Podemos reescrever isso como

$$F = \frac{kq_4}{d^2}\sqrt{\left(q_1 + \frac{q_2}{2}\cos 45°\right)^2 + \left(\frac{q_2}{2}\operatorname{sen} 45° + q_3\right)^2}.$$

Para o ângulo de orientação da força, obtemos

$$\theta = \operatorname{tg}^{-1}\left(\frac{F_y}{F_x}\right) = \operatorname{tg}^{-1}\left(\frac{\frac{kq_4}{d^2}\left(\frac{q_2}{2}\operatorname{sen} 45° + q_3\right)}{\frac{kq_4}{d^2}\left(q_1 + \frac{q_2}{2}\cos 45°\right)}\right) = \operatorname{tg}^{-1}\left(\frac{\left(\frac{q_2}{2}\operatorname{sen} 45° + q_3\right)}{\left(q_1 + \frac{q_2}{2}\cos 45°\right)}\right).$$

CALCULE

Substituindo os valores numéricos fornecidos, obtemos

$$\frac{q_2}{2}\operatorname{sen} 45° = \frac{q_2}{2}\cos 45° = \frac{2{,}50\ \mu\text{C}}{2\sqrt{2}} = 0{,}883883\ \mu\text{C}.$$

O módulo desta força é, então,

$$F = \frac{\left(8{,}99\cdot 10^9\ \text{N m}^2/\text{C}^2\right)\left(4{,}50\ \mu\text{C}\right)}{\left(1{,}25\ \text{m}\right)^2}\sqrt{\left(1{,}50\ \mu\text{C} + 0{,}883883\ \mu\text{C}\right)^2 + \left(0{,}883883\ \mu\text{C} - 3{,}50\ \mu\text{C}\right)^2}$$
$$= 0{,}0916379\ \text{N}.$$

Para o ângulo de orientação da força, encontramos

$$\theta = \operatorname{tg}^{-1}\left(\frac{\left(\frac{q_2}{2}\operatorname{sen} 45° + q_3\right)}{\left(q_1 + \frac{q_2}{2}\cos 45°\right)}\right) = \operatorname{tg}^{-1}\left(\frac{\left(0{,}883883\ \mu\text{C} - 3{,}50\ \mu\text{C}\right)}{\left(1{,}50\ \mu\text{C} + 0{,}883883\ \mu\text{C}\right)}\right) = -47{,}6593°.$$

ARREDONDE

Apresentamos nossos resultados com três algarismos significativos:

$$F = 0{,}0916\ \text{N}$$

e

$$\theta = -47{,}7°.$$

Continua →

SOLUÇÃO ALTERNATIVA

Para avaliar nosso resultado, calculamos o módulo das três forças exercidas sobre q_4. Para $\vec{F}_{1\to4}$, temos

$$F_{1\to4} = k\frac{|q_1q_4|}{r_{14}^2} = \frac{\left(8{,}99\cdot10^9\ \mathrm{N\,m^2/C^2}\right)\left(1{,}50\ \mu\mathrm{C}\right)\left(4{,}50\ \mu\mathrm{C}\right)}{\left(1{,}25\ \mathrm{m}\right)^2} = 0{,}0388\ \mathrm{N}.$$

Para $\vec{F}_{2\to4}$, obtemos

$$F_{2\to4} = k\frac{|q_2q_4|}{r_{24}^2} = \frac{\left(8{,}99\cdot10^9\ \mathrm{N\,m^2/C^2}\right)\left(2{,}50\ \mu\mathrm{C}\right)\left(4{,}50\ \mu\mathrm{C}\right)}{\left[\sqrt{2}\left(1{,}25\ \mathrm{m}\right)\right]^2} = 0{,}0324\ \mathrm{N}.$$

E para $\vec{F}_{3\to4}$, obtemos

$$F_{3\to4} = k\frac{|q_3q_4|}{r_{34}^2} = \frac{\left(8{,}99\cdot10^9\ \mathrm{N\,m^2/C^2}\right)\left(3{,}50\ \mu\mathrm{C}\right)\left(4{,}50\ \mu\mathrm{C}\right)}{\left(1{,}25\ \mathrm{m}\right)^2} = 0{,}0906\ \mathrm{N}.$$

Os três módulos das forças individuais são da mesma ordem de grandeza que nosso resultado para a força resultante. Isso nos dá confiança de que nossa resposta não está errada por um grande fator.

A orientação que obtivemos também parece plausível, pois ela significa que a força resultante aponta simultaneamente para baixo e para a direita, como se esperaria olhando-se para a Figura 1.22b.

QUESTÕES DE MÚLTIPLA ESCOLHA

1.1 Quando uma placa metálica adquire uma carga positiva, qual dos seguintes processos está envolvido?

a) Transferência de prótons (cargas positivas) do outro objeto para a placa.

b) Transferência de elétrons (cargas negativas) da placa para o outro objeto.

c) Transferência de elétrons (cargas negativas) da placa para o outro objeto, e de prótons (cargas positivas) do outro objeto para a placa.

d) Depende do objeto que transporta a carga ser um condutor ou um isolante.

1.2 A força entre uma carga de 25 μC e outra de −10 μC é de 8,0 N. Qual é a separação entre elas?

a) 0,28 m. c) 0,45 m.

b) 0,53 m. d) 0,15 m.

1.3 Uma carga Q_1 é posicionada sobre o eixo x em $x = a$. Onde deveria ser colocada outra carga $Q_2 = -4Q_1$ a fim de produzir uma força eletrostática nula sobre uma terceira carga $Q_3 = Q_1$, localizada na origem?

a) Na origem. c) Em $x = -2a$.

b) Em $x = 2a$. d) Em $x = -a$.

1.4 Qual desses sistemas possui a carga mais negativa?

a) 2 elétrons.

c) 3 elétrons e um próton.

d) 5 elétrons e 5 prótons.

d) N elétrons e $(N - 3)$ prótons.

e) 1 elétron.

1.5 Duas cargas puntiformes são fixadas ao eixo x: $q_1 = 6{,}0$ μC, na origem O, em $x_1 = 0{,}0$ cm e $q_2 = -3{,}0$ μC no ponto A, em $x_2 = 8{,}0$ cm. Onde deveria ser colocada uma terceira carga, q_3, sobre o eixo x de modo que a força eletrostática total exercida sobre ela fosse nula?

a) 19 cm. c) 0,0 cm. e) −19 cm.

b) 27 cm. d) 8,0 cm.

1.6 Qual das seguintes situações produz a maior força resultante sobre a carga Q?

a) Carga Q = 1 C a 1 m de outra carga de −2 C.

b) Carga Q = 1 C a 0,5 m de outra carga de −1 C.

c) Carga Q = 1 C a meia distância de uma segunda carga de −1 C e uma terceira carga de 1 C, separadas por 2 m de distância.

d) Carga Q = 1 C a meia distância entre duas cargas de −2 C separadas por 2 m de distância.

e) Carga Q = 1 C a 2 m de outra carga de −4 C.

1.7 Dois prótons colocados próximos um do outro, sem qualquer outro objeto próximo,

a) acelerariam para longe um do outro.

b) permaneceriam parados.

c) acelerariam um em direção ao outro.

d) se aproximariam um do outro com velocidades constantes.

e) se afastariam um do outro com velocidades constantes.

1.8 Duas esferas metálicas de peso pequeno são suspensas uma próxima da outra por fios isolantes. Uma delas possui uma carga líquida; a outra é neutra. Deixadas livres, elas

a) se atrairão.

b) não exercerão uma força eletrostática resultante uma sobre a outra.

c) se repelirão.

d) farão qualquer uma das alternativas anteriores, dependendo do sinal da carga sobre a esfera carregada.

1.9 Uma placa metálica é conectada ao solo por um condutor e dotado de uma chave. Esta inicialmente está fechada. Uma carga $+Q$ é trazida para perto da placa, sem tocá-la, e depois a chave é aberta. Em seguida, a carga $+Q$ é removida. Qual é a carga final sobre a placa?

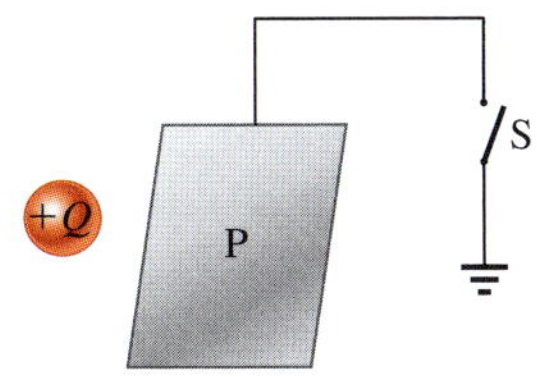

a) A placa estará descarregada.

b) A placa estará positivamente carregada.

c) A placa estará negativamente carregada.

d) A placa poderia estar positiva ou negativamente carregada, dependendo da carga que ela possuísse antes de $+Q$ ser aproximada.

1.10 Você aproxima uma haste de borracha negativamente eletrizada de um condutor aterrado, sem tocá-lo. Em seguida, você desliga o aterramento. Qual será o sinal da carga sobre o condutor após você remover a haste eletrizada de perto?

a) Negativo.

b) Positivo.

c) Sem carga.

d) Não se pode determiná-lo a partir da informação fornecida.

QUESTÕES

1.11 Se duas partículas carregadas (cada qual com uma carga Q) estão separadas por uma distância d, haverá uma força exercida entre elas. Qual será a força se o valor absoluto de cada carga for dobrado, e a distância entre elas passar a ser $2d$?

1.12 Suponha que o Sol e a Terra tivessem cada um uma determinada quantidade de carga de mesmo sinal e de valor exato para cancelar sua atração gravitacional. À carga de quantos elétrons essa carga corresponderia? Este número equivale a uma grande fração do número de cargas, de ambos os sinais, contidas na Terra?

1.13 A força eletrostática parece ser extremamente forte comparada à gravidade. De fato. A força eletrostática é a interação básica que governa os fenômenos da vida diária – a tensão de uma corda, as forças normais entre duas superfícies, atrito, reações químicas, etc – exceto o peso. Por que, então, levou muito tempo para que os cientistas entendessem essa força? Newton, por exemplo, chegou à sua lei da gravitação muito antes que a eletricidade fosse compreendida ao menos de forma grosseira.

1.14 De vez em quando, pessoas que adquiriram carga estática esfregando seus sapatos no carpete ficam com os cabelos eriçados. Por que acontece isso?

1.15 Duas cargas positivas, cada qual igual a Q, estão localizadas a uma distância d uma da outra. Uma terceira carga $-0{,}2Q$ é posicionada exatamente a meia distância das duas cargas positivas depois deslocada por uma distância $x << d$ perpendicular à linha imaginária que passa pelas cargas positivas. Qual é a força exercida sobre esta carga? Para $x << d$, como se pode aproximar o movimento da carga negativa?

1.16 Por que roupas retiradas de um secador de roupas às vezes se grudam a seu corpo ao vesti-las?

1.17 Duas esferas eletrizadas estão inicialmente separadas uma da outra por uma distância d. O módulo da força que cada esfera exerce sobre a outra é F. Elas são então aproximadas uma da outra de modo que a intensidade da força mútua seja $9F$. Como a distância entre as duas esferas foi alterada?

1.18 Como é possível que um átomo neutro exerça uma força eletrostática sobre outro átomo eletricamente neutro?

1.19 Os cientistas que contribuíram primeiro para a compreensão da força eletrostática no século XVIII tinham plena consciência da lei de Newton da gravitação. Como puderam eles deduzir que a força que estavam estudando *não é* alguma variante ou manifestação da força gravitacional?

1.20 Duas partículas carregadas se movem sozinhas, sob a única influência da interação eletrostática mútua. Que formas suas trajetórias podem tomar?

1.21 Esfregando-se um balão de borracha, ele se tornará negativamente carregado. E tenderá, então, a se grudar nas paredes de uma sala. Para que isso ocorra, a parede precisa estar positivamente eletrizada?

1.22 Duas cargas elétricas são dispostas em uma linha, como mostra a figura. É possível posicionar uma terceira partícula carregada (que é livre para mover-se) em um lugar qualquer do segmento de linha entre as duas cargas e sem que elas se movam?

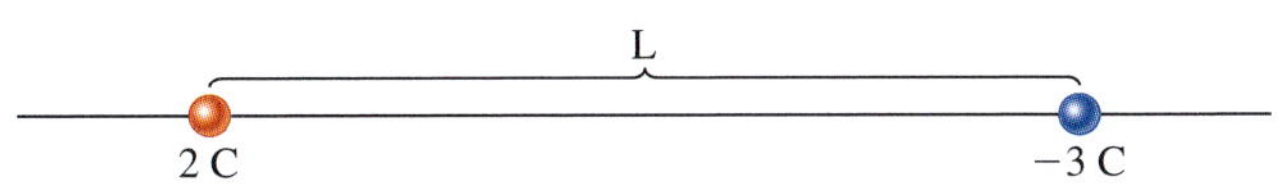

1.23 Duas cargas elétricas são dispostas em uma linha, como mostra a figura. Onde se deve posicionar uma terceira partícula carregada de modo que a força resultante sobre ela seja nula? O sinal e o valor absoluto da terceira carga são relevantes para a resposta?

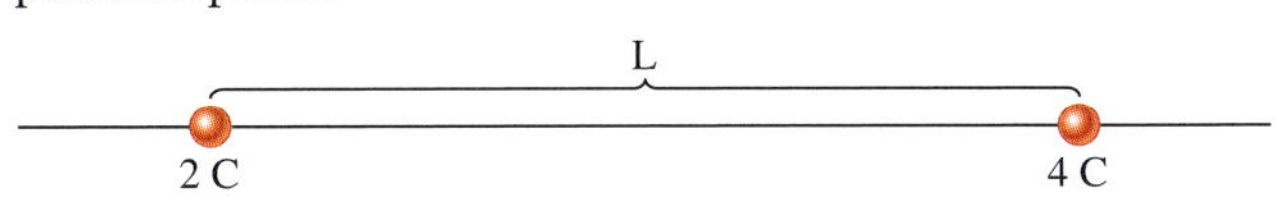

1.24 Quando uma haste positivamente carregada é aproximada de um condutor neutro, sem tocá-lo, a haste experimentará uma força atrativa ou repulsiva, ou não haverá força alguma? Explique.

1.25 Quando se sai de um carro e a umidade é baixa, é frequente levar um choque devido à eletricidade estática gerada pela fricção do motorista com o assento do carro. Como é possível alguém se descarregar sem sofrer um choque doloroso? Por que é perigoso retornar ao carro, em um posto de autoatendimento, enquanto ele está sendo abastecido?

PROBLEMAS

Um • ou dois •• indicam nível crescente de dificuldade do problema.

Seção 1.2

1.26 Quantos elétrons são necessários para se ter uma carga total de 1 C?

1.27 O *faraday* é uma unidade de carga encontrada com frequência em aplicações eletroquímicas e constitui uma homenagem ao físico e químico britânico Michael Faraday. Ela consiste em um mol de cargas elementares. Determine o número de coulombs correspondente a 1 faraday.

1.28 Outra unidade de carga é a *unidade eletrostática* (símbolo *esu*, do inglês, *Electrostatic Unit*). Ela é definida da seguinte maneira: duas cargas puntiformes, cada qual de 1 esu, separadas uma da outra por 1 cm, exercem uma força de exatamente 1 dina uma sobre a outra: 1 dina = 1 g cm/s^2 = $1 \cdot 10^{-5}$ N.

a) Determine a relação entre a esu e o coulomb.

b) Determine a relação entre a esu e a carga elementar.

1.29 Uma corrente de 5 mA seria suficiente para fazer seus músculos contraírem-se. Calcule quantos elétrons fluiriam através de sua pele se você fosse submetido a tal corrente por 10 s.

• **1.30** Quantos elétrons existem em 1,00 kg de água?

• **1.31** A Terra é constantemente bombardeada por raios cósmicos, que consistem principalmente em prótons. Esses prótons incidem sobre a atmosfera terrestre vindos de todas as direções a uma taxa de 1.245,0 prótons por metro quadrado, por segundo. Considerando que a atmosfera terrestre tenha 120 km de altura, qual é a carga total que incide na atmosfera durante 5 min? Considere que o raio da superfície da Terra seja de 6.378 km.

• **1.32** Realizando um experimento semelhante ao de Millikan com as gotas de óleo, um estudante mede os seguintes valores absolutos de carga:

$3{,}26 \cdot 10^{-19}$ C	$5{,}09 \cdot 10^{-19}$ C	$1{,}53 \cdot 10^{-19}$ C
$6{,}39 \cdot 10^{-19}$ C	$4{,}66 \cdot 10^{-19}$ C	

Determine a carga do elétron usando essas medidas.

Seção 1.3

• **1.33** Uma amostra de silício é dopada com fósforo em 1 parte por 10^6. O fósforo atua como um doador de elétrons, fornecendo 1 elétron por átomo. A densidade do silício é de 2,33 g/cm^3, e sua massa atômica vale 28,09 g/mol.

a) Calcule o número de elétrons livres (de condução) por unidade de volume do silício dopado.

b) Compare o resultado do item anterior com o número de elétrons de condução por unidade de volume de um fio de cobre [considere que cada átomo de cobre contribua com um elétron de condução (livre)]. A densidade do cobre é de 8,96 g/cm^3, e sua massa atômica vale 63,54 g/mol.

Seção 1.5

1.34 Duas esferas carregadas estão separadas por 8 cm. Elas são aproximadas uma da outra até que a força entre elas fique quatro vezes maior. Qual a nova distância de separação entre elas?

1.35 Duas partículas carregadas idênticas, separadas uma da outra por 1,0 m, se repelem com 1N de força. Qual é o valor absoluto de cada carga?

1.36 A que distância dois elétrons devem estar localizados um do outro a fim de que exista uma força eletrostática entre eles igual ao peso de um elétron?

1.37 No cloreto de sódio sólido (sal de cozinha), os íons de cloro possuem um elétron a mais que prótons, enquanto os íons de sódio possuem um próton a mais que elétrons. Os íons estão separados por 0,28 nm de distância. Determine a força eletrostática entre um íon de sódio e outro de cloro.

1.38 No cloreto de sódio gasoso, os íons de cloro possuem um elétron a mais que prótons, enquanto os íons de sódio possuem um próton a mais que elétrons. Os íons estão separados por uma distância de aproximadamente 0,24 nm de distância. Suponha que um elétron livre esteja localizado 0,48 nm diretamente acima do ponto médio de uma molécula de cloreto de sódio. Determine o módulo e a orientação da força eletrostática que a molécula exerce sobre ele.

1.39 Calcule o módulo da força eletrostática que dois quarks do tipo *up* exercem entre si no interior de um próton se estiverem separados por uma distância de 0,9 fm.

1.40 Uma carga de $-4{,}0\ \mu$C situa-se 20,0 cm à direita de outra carga de $2{,}0\ \mu$C, ambas sobre o eixo x. Qual é a força exercida sobre a carga de $2{,}0\ \mu$C?

• **1.41** Duas esferas metálicas idênticas 1 e 2, inicialmente descarregadas, são ligadas a uma mola isolante (de comprimento L_0 = 1,00 m quando não esticada, de constante elástica k = 25,0 N/m), como mostrado na figura. Cargas $+q$ e $-q$ são posicionadas nas esferas, e a mola se contrai para um comprimento L = 0,635 m. Lembre-se de que a força exercida por uma mola é $F_{mola} = k\Delta x$, onde Δx é a variação de comprimento da mola em relação a seu comprimento de equilíbrio. Determine a carga q. Se a mola for recoberta com metal de modo a tornar-se condutora, qual será o novo comprimento da mola?

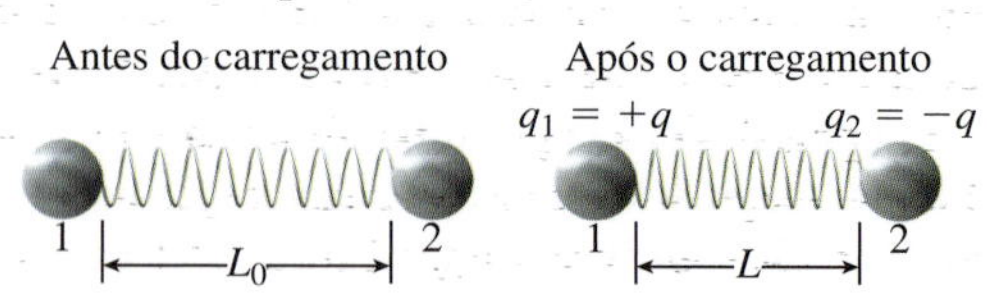

• **1.42** Uma carga puntiforme $+3q$ é posicionada na origem, e outra carga puntiforme $-q$ é colocada sobre o eixo x em x = 0,500 m. Em que posição sobre o eixo x uma terceira carga, q_0, não teria uma resultante exercida sobre ela devido às outras duas?

• **1.43** Cargas puntiformes idênticas Q são posicionadas uma em cada vértice de um retângulo que mede 2,0 m por 3,0 m. Se

$Q = 32\ \mu C$, qual é o módulo da força eletrostática sobre qualquer uma das cargas?

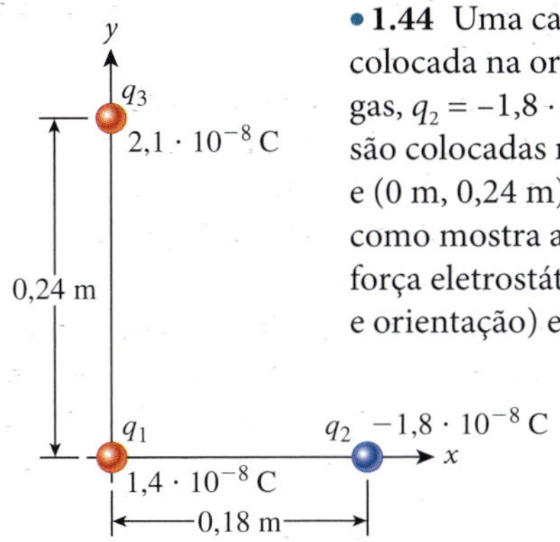

• **1.44** Uma carga $q_1 = 1{,}4 \cdot 10^{-8}$ C é colocada na origem. Duas outras cargas, $q_2 = -1{,}8 \cdot 10^{-8}$ C e $q_3 = 2{,}1 \cdot 10^{-8}$ C são colocadas nos pontos (0,18 m, 0m) e (0 m, 0,24 m), respectivamente, como mostra a figura. Determine a força eletrostática resultante (módulo e orientação) exercida sobre a carga q_3.

• **1.45** Uma carga positiva Q encontra-se sobre o eixo y, a uma distância a da origem, e outra carga positiva q encontra-se sobre o eixo x, a uma distância b da origem.

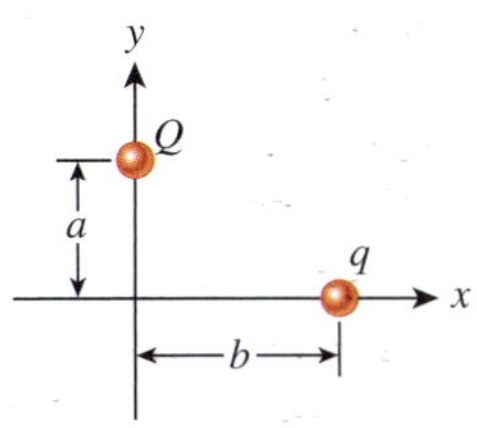

a) Para que valor(es) de b a componente x da força sobre q atinge um valor mínimo?

b) Para que valor(es) de b a componente x da força sobre q atinge um valor máximo?

• **1.46** Determine o módulo e a orientação da força eletrostática exercida sobre o elétron da figura.

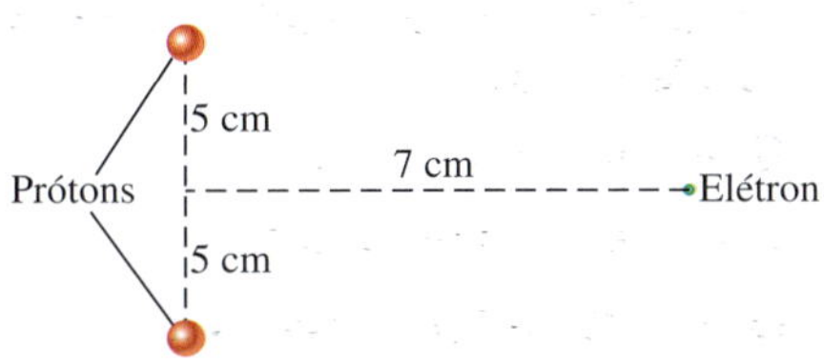

• **1.47** Em uma região de um espaço bidimensional, existem três cargas fixas: +1 mC em (0,0), –2 mC em (17 mm, –5 mm) e +3 mC em (–2 mm, 11 mm). Qual é a força resultante sobre a carga de –2 mC?

• **1.48** Duas contas cilíndricas de vidro, cada qual de massa $m = 10$ mg, são colocadas com uma de suas extremidades planas sobre uma superfície horizontal isolante, separadas por uma distância $d = 2$ cm. O coeficiente de atrito estático entre as contas e a superfície é $\mu_s = 0{,}2$. As contas recebem cargas idênticas (intensidade e sinal). Qual é a carga mínima necessária para que as contas comecem a se mover?

• **1.49** Uma pequena bola com 30 g de massa e carga de –0,2 μC é presa ao teto por meio de um barbante. A bola pende a 5,0 cm de distância de um piso isolante. Se uma segunda bola pequena, de 50 g de massa e carga de 0,4 μC, for rolada diretamente por baixo da primeira, a segunda bola chegará a perder contato com o piso? Qual será a tensão do barbante quando a segunda bola estiver diretamente abaixo da primeira?

• **1.50** Uma carga de +3 mC e outra de –4 mC são fixadas em posições separadas por 5 m.

a) Onde se poderia colocar uma carga de +7 mC de modo que a força resultante sobre ela seja nula?

b) Onde se poderia colocar uma carga de –7 mC de modo que a força resultante sobre ela seja nula?

• **1.51** Quatro cargas puntiformes, de mesmo valor q, são fixadas cada qual em um dos vértices de um quadrado de 10,0 mícrons de lado. Um elétron é suspenso acima de um ponto em que seu peso é equilibrado pela força eletrostática devido às quatro cargas puntiformes, 15 nm acima do centro do quadrado. Qual é o módulo das cargas fixas? Expresse sua resposta tanto em coulombs quanto como um múltiplo da carga do elétron.

•• **1.52** A figura mostra uma haste fina de comprimento L, carregada uniformemente com uma carga total Q. Encontre uma expressão para o módulo da força eletrostática exercida sobre um elétron posicionado sobre o eixo x da haste, a uma distância d do ponto central da haste.

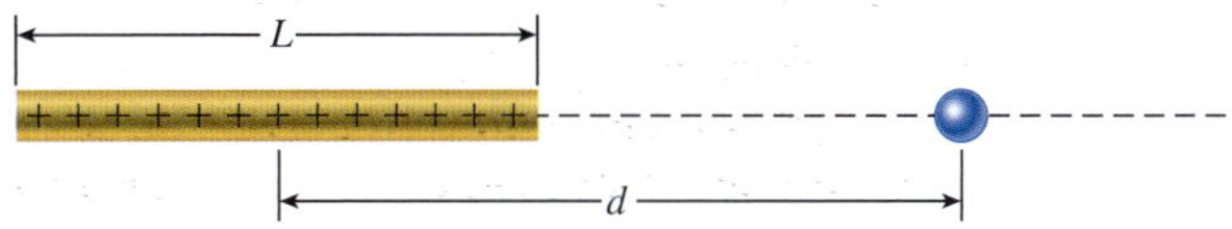

•• **1.53** Uma carga negativa $-q$ está fixa nas coordenadas (0,0). Ela exerce uma força atrativa sobre outra carga positiva, $+q$, que se encontra inicialmente nas coordenadas $(x,0)$. Em consequência, a carga positiva acelera em direção à negativa. Use a expansão binomial $(1 + x)^n \approx 1 + nx$, para $x \ll 1$, para mostrar que, quando a carga positiva tiver se aproximado da negativa a uma distância $\delta \ll x$, a força que a carga negativa exercerá sobre a positiva sofrerá um aumento $\Delta F = 2kq^2\delta/x^3$.

•• **1.54** Duas cargas negativas idênticas, q e $-q$, estão fixas nas posições $(-d,0)$ e $(d,0)$, respectivamente. Uma carga positiva de mesmo valor absoluto, q, de massa m, é posicionada na posição (0,0), a meio caminho das duas cargas negativas. Se a carga positiva for movimentada por uma distância $\delta \ll 1$, no sentido positivo do eixo y, e depois liberada, o movimento decorrente será o de um oscilador harmônico simples – a carga positiva oscilará entre as posições $(0, \delta)$ e $(0, -\delta)$. Determine a força resultante sobre a carga positiva quando ela se mover para $(0, \delta)$, e use a expansão binomial $(1 + x)^n \approx 1 + nx$, para $x \ll 1$, para obter uma expressão para a frequência da oscilação resultante. (*Dica*: retenha somente o termo linear em δ da expansão.)

Seção 1.6

1.55 Suponha que a Terra e a Lua possuíssem cargas positivas de mesmo valor. De que valor precisaria ser essa carga para produzir uma repulsão eletrostática correspondente a 1% da atração gravitacional entre os dois corpos?

1.56 A semelhança entre a forma da lei de Newton da gravitação e a lei de Coulomb fez alguns especularem se a força gravitacional não estaria relacionada à força eletrostática. Suponha que a gravitação fosse de natureza inteiramente elétrica – que um excesso de carga Q na Terra e um excesso de carga $-Q$ na Lua fossem os responsáveis pela força gravitacional que causa o movimento orbital observado da Lua em torno da Terra.

Qual seria o valor absoluto de Q que reproduziria a intensidade observada da força gravitacional?

• **1.57** No modelo de Bohr do átomo de hidrogênio, o elétron se move ao redor de um núcleo formado por um próton em órbitas circulares de raios bem determinados, dados pela relação $r_n = n^2 a_B$, onde $n = 1, 2, 3,...$ é um inteiro que define a órbita e $a_B = 5{,}29 \cdot 10^{-11}$ m é o raio da primeira (e mínima) órbita, denominado *raio de Bohr*. Determine a força de interação eletrostática entre o elétron e o próton no átomo de hidrogênio para as primeiras quatro órbitas. Compare as intensidades dessa interação à da interação gravitacional entre o próton e o elétron.

• **1.58** Os modelos atômicos mais antigos propunham que a velocidade orbital de um elétron em um átomo poderia estar correlacionada com o raio do átomo. Se o raio do átomo de hidrogênio fosse de 10^{-10} m e a força eletrostática for a responsável pelo movimento circular do elétron, qual seria a velocidade orbital do elétron? E qual seria sua energia cinética?

1.59 Para o átomo descrito no problema anterior, qual é a razão entre a força gravitacional entre o próton e o elétron e a correspondente força eletrostática entre eles? De que maneira essa razão variaria se o raio do átomo fosse duas vezes maior?

• **1.60** Em geral, os objetos astronômicos não são exatamente eletricamente neutros. Suponha que a Terra e a Lua cada qual possuísse uma carga de $-1{,}00 \cdot 10^6$ C (isso é aproximadamente correto; um valor mais preciso pode ser encontrado no Capítulo 2).

a) Compare a decorrente repulsão eletrostática à atração gravitacional entre a Lua e a Terra. Procure por qualquer dado que seja necessário.

b) Que efeitos essa força eletrostática tem sobre o tamanho, a forma e a estabilidade da órbita da Lua em torno da Terra?

Problemas adicionais

1.61 Oito cargas de 1 μC cada são dispostas ao longo do eixo y a cada 2 cm, iniciando-se em $y = 0$ e se estendendo até $y = 14$ cm. Determine a força exercida sobre a carga localizada em $y = 4$ cm.

1.62 No modelo atômico simplificado de Bohr para o hidrogênio, considera-se que o elétron descreva uma órbita circular com raio aproximado de $5{,}2 \cdot 10^{-11}$ m ao redor do próton. Determine a velocidade do elétron nesta órbita.

1.63 O núcleo de um átomo de carbono-14 (massa = 14 u) tem um diâmetro de 3 fm. Ele contém 6 prótons e uma carga $+6e$.

a) Qual é a força sobre um próton localizado a 3 fm da superfície deste núcleo? Considere que o núcleo seja uma carga puntiforme.

b) Qual é a aceleração do próton?

1.64 Dois objetos carregados experimentam uma força repulsiva mútua de 0,10 N. Se a carga de um deles fosse reduzida à metade, e a distância de separação entre os objetos fosse dobrada, qual seria a nova força?

1.65 Uma partícula (carga = $+19$ μC) é colocada sobre o eixo x em $x = -10{,}0$ cm, e uma segunda (carga = $-57{,}0$ μC) é posicionada sobre o mesmo eixo, em $x = +20{,}0$ cm. Qual é o módulo da força eletrostática total exercida sobre uma terceira partícula (carga = $-3{,}80$ μC) colocada na origem ($x = 0$)?

1.66 Três cargas puntiformes são posicionadas sobre o eixo x: $+64{,}0$ μC em $x = 0{,}00$ cm, $+80{,}0$ μC em $x = 25{,}0$ cm e -160 μC em $x = 50{,}0$ cm. Qual é a intensidade da força eletrostática exercida sobre a carga de $+64{,}0 - \mu$C?

1.67 Das colisões dos raios cósmicos e do vento solar, a Terra adquire uma carga elétrica líquida de aproximadamente $-6{,}8 \cdot 10^5$ C. Determine a carga que deve ser dada a um objeto de 1,0 g para que ele seja levitado eletrostaticamente próximo à superfície da Terra.

1.68 Sua irmã deseja participar de uma feira de ciência básica de sua escola e lhe pede que sugira algum projeto interessante. Você lhe sugere que experimente com seu extrator de elétrons recentemente construído suspender o gato dela no ar. Você lhe diz para comprar uma placa de cobre e parafusá-la no forro de sua sala, e depois usar o extrator de elétrons para transferir elétrons da placa para o gato. Se a massa do felino é de 7 kg e ele deve ficar suspenso 2 m abaixo do forro, quantos elétrons precisam ser retirados do gato? Considere o gato e a placa metálica como cargas puntiformes.

• **1.69** Uma massa de 10 g é suspensa 5 cm acima de uma placa plana não condutora, diretamente acima de uma carga q (em coulombs) presa nela. Se a massa possuir a mesma carga q, que carga deve ser esta a fim de que a massa levite (apenas flutue, sem subir nem descer)? Se a carga q for produzida pela adição de elétrons à massa, em quanto esta será alterada?

• **1.70** Quatro cargas puntiformes são colocadas nas seguintes coordenadas xy:

$Q_1 = -1$ mC, em (−3 cm, 0 cm)

$Q_2 = -1$ mC, em (+3 cm, 0 cm)

$Q_3 = +1{,}024$ mC, em (0 cm, 0 cm)

$Q_4 = +2$ mC, em (0 cm, −4 cm)

Determine a força resultante sobre a carga Q_4 devido às outras três cargas.

• **1.71** Três bolas de isopor de 5 g de massa e 2 cm de raio são cobertas com fuligem de carvão para que se tornem condutoras, e depois presas a fios de 1 m de comprimento e suspensas livremente por um ponto comum. Cada bola recebe a mesma carga q. Em equilíbrio, as bolas formam um triângulo equilátero com lados de 25 cm de comprimento, em um plano horizontal. Determine q.

• **1.72** Duas cargas puntiformes estão situadas sobre o eixo x. Se uma delas for de 6,0 μC e se localizar na origem, e a outra fosse de $-2{,}0$ μC, situada a 20,0 cm da origem, em que posição deve situar-se uma terceira carga para que fique em equilíbrio?

• **1.73** Duas contas com cargas $q_1 = q_2 = +2{,}67$ μC estão presas a um barbante isolante que pende verticalmente de um teto, como mostra a figura. A conta inferior foi fixada na extremidade livre do barbante e possui uma massa $m_1 = 0{,}280$ kg. A segunda conta desliza sem atrito pelo barbante. A uma distância $d = 0{,}360$ m entre os centros das contas, a força gravitacional da Terra sobre m_2 é equilibrada pela força eletrostática entre as duas contas. Qual é a massa

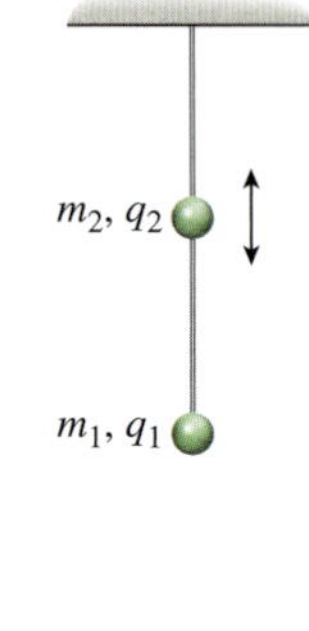

m_2 da segunda conta? (*Dica*: pode-se desprezar a interação gravitacional entre as duas contas.)

• **1.74** Determine a força resultante sobre uma carga de 2,0 C, localizada na origem de um sistema de coordenadas *xy*, se existe uma carga de +5,0 C, em (3 m, 0), e outra de −3,0 C em (0, 4 m).

• **1.75** Duas esferas, cada qual de massa M = 2,33 g, são presas a pedaços de barbante de comprimento L = 45 cm e suspensas por um ponto comum. Os barbantes inicialmente pendem verticalmente, com as esferas se tocando. Uma quantidade de carga igual, q, é dada a cada esfera. As forças resultantes sobre as esferas fazem com que os barbantes se tornem inclinados em um ângulo θ = 10,0° em relação à vertical. Determine o valor q da carga de cada esfera.

• **1.76** Uma carga puntiforme q_1 = 100 nC encontra-se na origem de um sistema de coordenadas *xy*, outra carga puntiforme q_2 = −80 nC encontra-se sobre o eixo x na posição x = 2,0 m, e uma terceira carga puntiforme q_3 = −60 nC sobre o eixo y em y = −2,0 m. Determine a força resultante (módulo e orientação) exercida sobre q_1.

• **1.77** Uma carga positiva q_1 = 1 μC está fixa na origem, e uma segunda carga q_2 = −2 μC, em x = 10 cm. Sobre o eixo x, onde deveria ser colocada uma terceira carga de modo que seja nula a força resultante sobre ela?

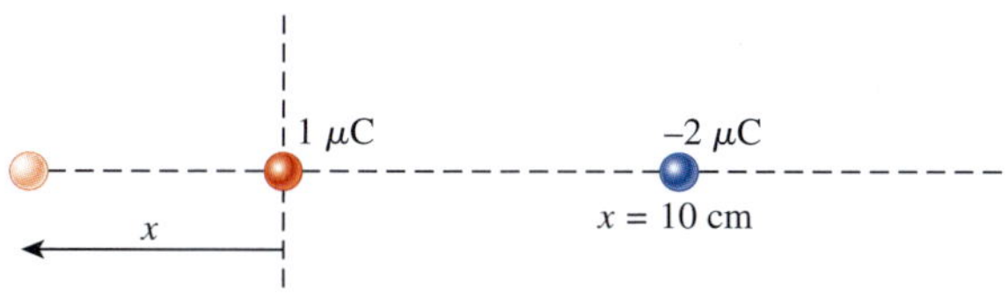

• **1.78** Uma conta com carga q_1 = 1,27 μC é fixada na extremidade de um fio isolante que forma um ângulo θ = 51,3° com a horizontal. Uma segunda conta de massa m_2 = 3,77 g e carga de 6,79 μC desliza sem atrito pelo fio. A que distância d a força da gravidade terrestre sobre m_2 é equilibrada pela força eletrostática entre as duas contas? Despreze a interação gravitacional entre as contas.

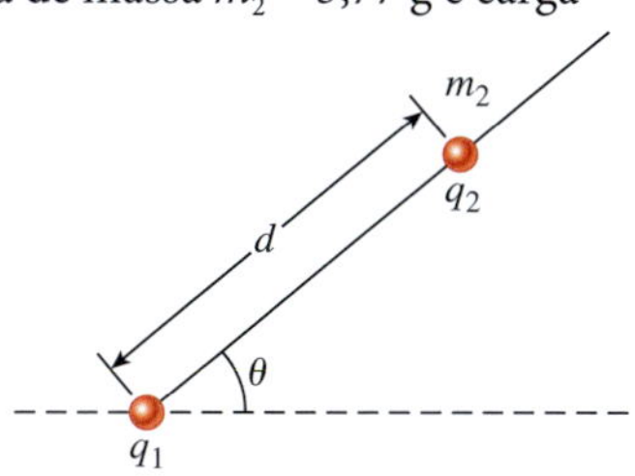

• **1.79** Na figura, a força eletrostática resultante sobre a carga Q_A é nula. Se Q_A = +1 nC, determine o valor absoluto de Q_0.

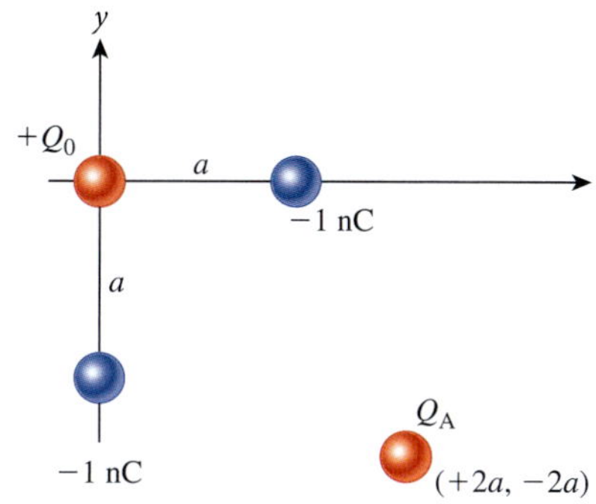

1.80 Duas bolas possuem a mesma massa de 0,681 kg e cargas idênticas de 18,0 μC. Elas estão suspensas em um forro por meio de barbantes de mesmo comprimento, como mostra a figura. Se o ângulo formado pelos barbantes com a vertical for de 20,0°, qual é o comprimento dos barbantes?

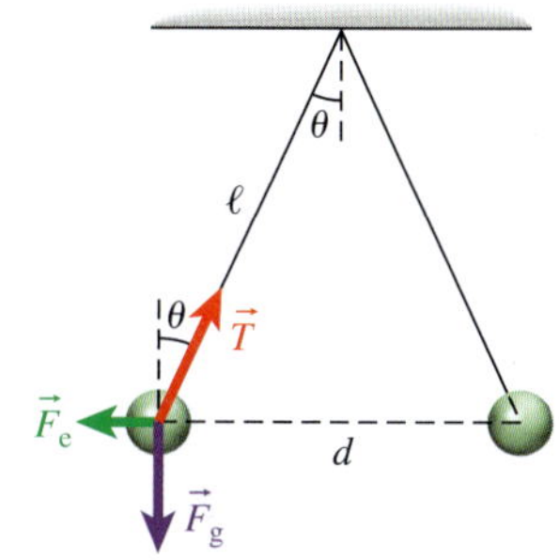

• **1.81** Como mostrado na figura, a carga 1 vale 3,94 μC e está localizada em x_1 = −4,7 m, e a carga 2 é de 6,14 μC, localizada em x_2 = 12,2 m. Qual é a coordenada x do ponto onde é nula a força resultante sobre uma terceira carga puntiforme de 0,300 μC?

2 Campos Elétricos e a Lei de Gauss

Figura 2.1 Um grande tubarão branco consegue detectar campos elétricos extremamente fracos gerados por suas presas.

O QUE APRENDEREMOS

- O campo elétrico representa a força elétrica por unidade de carga em diferentes pontos do espaço.
- As linhas de campo elétrico representam forças vetoriais exercidas sobre uma unidade de carga elétrica. Elas se originam em cargas positivas e terminam sobre cargas negativas.
- O campo elétrico gerado por uma carga puntiforme é radial, proporcional à carga e inversamente proporcional ao quadrado da distância em relação à carga.
- O dipolo elétrico consiste em uma carga positiva e outra negativa de mesmo valor absoluto.
- O fluxo do campo elétrico é a componente de campo elétrico normal a uma área, multiplicado pelo valor da área.
- A lei de Gauss estabelece que o fluxo elétrico através de uma superfície fechada qualquer é proporcional à carga elétrica líquida no interior da superfície.
- O campo elétrico no interior de um condutor é nulo.
- A intensidade do campo elétrico devido a um fio retilíneo, infinitamente longo e uniformemente carregado varia com o inverso da distância em relação ao fio.
- O campo elétrico devido a um plano infinito de carga não depende da distância em relação ao plano.
- O campo elétrico no exterior de uma distribuição de carga esférica é igual ao campo elétrico gerado por uma carga puntiforme localizada no centro da distribuição e com a mesma carga total.

O grande tubarão branco é um dos mais ferozes predadores da Terra (Figura 2.1). Ele possui muitos sensores biológicos que evoluíram para a caça; por exemplo, ele é capaz de sentir o cheiro de quantidades minúsculas de sangue a distâncias tão grandes quanto 5 km. Algo talvez mais incrível ainda: ele desenvolveu órgãos especiais (denominados *ampolas de Lorenzini*) capazes de detectar campos elétricos extremamente fracos gerados pelos movimentos dos músculos de um organismo, seja ele um peixe, uma foca ou um ser humano. Entretanto, o que são exatamente campos elétricos? E mais, de que maneira eles estão relacionados a cargas elétricas?

O conceito de campo vetorial é uma das ideias mais úteis e produtivas de toda a física. Neste capítulo explicaremos o que é um campo elétrico e como ele está relacionado a cargas e forças eletrostáticas, e depois examinaremos como determinar o campo elétrico gerado por uma dada distribuição de carga. Este estudo nos levará a uma das leis mais importantes da eletricidade – a lei de Gauss – que provê uma relação entre campos elétricos e cargas eletrostáticas. A lei de Gauss, todavia, tem aplicação prática somente quando a distribuição de carga possuir simetria geométrica suficiente para simplificar os cálculos, e mesmo assim alguns outros conceitos relacionados a campos elétricos são necessários. Abordaremos outro tipo de campo – o campo magnético – do Capítulo 7 ao 9. Depois, no Capítulo 11, mostraremos como a lei de Gauss se ajusta em uma descrição unificada dos campos elétricos e magnéticos – uma das mais refinadas realizações da física, tanto do ponto de vista prático quanto de um ponto de vista meramente estético.

2.1 Definição de campo elétrico

No Capítulo 1, discutimos acerca da força entre duas ou mais cargas. Ao determinar a força resultante exercida pelas outras cargas sobre uma carga particular em algum ponto do espaço, obtemos direções diferentes para a força, dependendo do sinal da carga de referência que ali se encontra. Além disso, a força resultante também é proporcional ao valor absoluto da carga de referência. As técnicas usadas no Capítulo 1 exigem que refaçamos o cálculo da força resultante cada vez que considerarmos uma carga diferente.

Lidar com tal situação requer o conceito de **campo**, que pode ser usado para descrever determinadas forças. Um **campo elétrico**, $\vec{E}(r)$, é definido em um ponto qualquer do espaço, $\vec{r}$, como a força elétrica resultante sobre uma dada carga, dividida pela própria carga:

$$\vec{E}(\vec{r}) = \frac{\vec{F}(\vec{r})}{q}. \tag{2.1}$$

A unidade de campo elétrico é o newton por coulomb (N/C). Esta definição simples elimina a dependência incômoda da força com a carga particular usada para medir a força. Podemos rapidamente determinar a força resultante sobre uma carga qualquer usando a relação $\vec{F}(\vec{r}) = q\vec{E}(\vec{r})$, que é um rearranjo trivial da equação 2.1.

A força elétrica sobre uma carga localizada em um ponto é paralela (ou antiparalela, dependendo do sinal da carga em questão) ao campo elétrico naquele ponto, e proporcional à carga. O módulo dessa força é $F = |q|E$. A força exercida sobre uma carga positiva tem o mesmo sentido de $\vec{E}(\vec{r})$; e sobre uma carga negativa, a força tem sentido oposto ao de $\vec{E}(\vec{r})$.

Se diversas fontes de campo elétrico estiverem juntas, o campo elétrico em um ponto qualquer é determinado pela superposição dos campos elétricos gerados individualmente por todas as fontes. Tal superposição segue diretamente da superposição de forças introduzida em nosso estudo da mecânica e discutida no Capítulo 1 para o caso de forças eletrostáticas. O **princípio da superposição** para o campo elétrico, $\vec{E}_t$, em um ponto qualquer do espaço de posição $\vec{r}$, devido a n fontes de campo elétrico pode ser enunciado como

$$\vec{E}_t(\vec{r}) = \vec{E}_1(\vec{r}) + \vec{E}_2(\vec{r}) + \cdots + \vec{E}_n(\vec{r}). \tag{2.2}$$

2.2 Linhas de campo

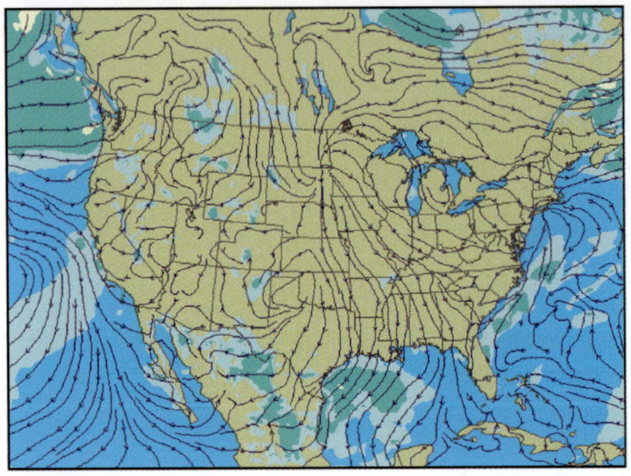

Figura 2.2 Linhas de corrente das direções do vento na superfície dos Estados Unidos em 23 de março de 2008, obtida do *National Weather Service*.

Um campo elétrico pode (e na maioria das aplicações o faz) variar em função das coordenadas espaciais. A variação em orientação e em intensidade do campo elétrico pode ser visualizada por meio de **linhas de campo elétrico**. Elas representam graficamente a força elétrica total exercida sobre uma carga de teste unitária e positiva. A representação se aplica separadamente a cada ponto do espaço onde a carga de teste poderia estar localizada. A orientação do campo em cada ponto é a mesma da força exercida sobre a carga naquele ponto, enquanto a densidade de linhas de campo é proporcional ao módulo da força.

As linhas de campo elétrico podem ser comparadas às linhas de corrente de vento, mostradas na Figura 2.2. Estas linhas representam a força gerada pelo vento sobre objetos em determinadas localizações, da mesma forma como o campo elétrico representa a força elétrica em pontos específicos. Um balão de ar quente pode ser usado como "partícula de prova" para essas linhas de corrente. Por exemplo, um balão de ar quente lançado em Dallas, Texas, poderia flutuar indo de norte para sul, situação ilustrada na Figura 2.2. Onde as linhas de corrente estão mais densamente agrupadas, a velocidade do vento é maior, de modo que o balão teria de se mover mais rapidamente ali.

Para traçar linhas de campo elétrico, imaginamos que em cada ponto do campo elétrico estivesse uma carga positiva muito pequena. Tais cargas são tão diminutas que não afetam a vizinhança do campo. Cargas pequenas como essas são chamadas de **carga de teste**. Então calculamos a força elétrica resultante sobre ela, e a orientação dessa força fornece a orientação da linha de campo. Por exemplo, a Figura 2.3a mostra um ponto de um campo elétrico. Na Figura 2.3b, uma carga $+q$ está localizada no ponto P, sobre uma linha de campo. A força sobre a carga tem a mesma orientação do campo elétrico. Na Figura 2.3c, uma carga $-q$ está posicionada em P, e a força resultante sobre ela tem sentido oposto ao do campo elétrico. Na Figura 2.3d, uma carga $+2q$ encontra-se no ponto P, com a força resultante sobre ela no mesmo sentido do campo elétrico e de intensidade duas vezes maior do que a força exercida ali sobre a carga $+q$. Adotaremos a convenção de desenhar toda carga positiva em vermelho, e toda negativa em azul.

Em um campo elétrico não uniforme, a força elétrica em um dado ponto é tangente à linha de campo naquele ponto, como ilustra a Figura 2.4. A força exercida sobre uma carga positiva tem a mesma orientação do campo elétrico, enquanto a força sobre uma carga negativa tem orientação oposta à do campo elétrico naquele ponto.

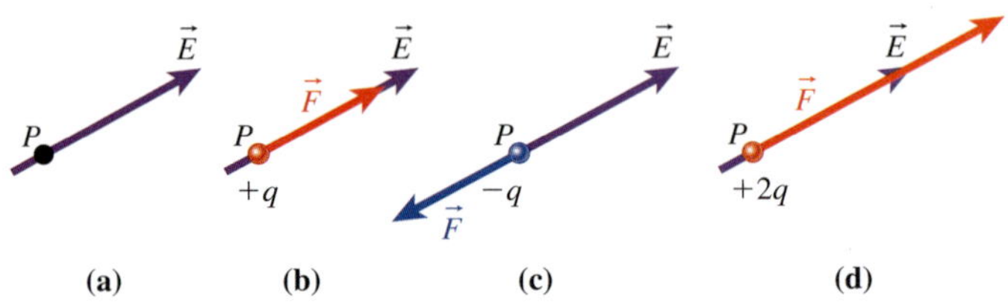

Figura 2.3 A força resultante sobre uma carga em um campo elétrico. (a) Um ponto P sobre uma linha de campo. (b) Uma carga positiva $+q$ localizada em P. (c) Uma carga negativa $-q$ no ponto P. (d) Uma carga positiva $+2q$ no ponto P.

As linhas de campo elétrico apontam para fora de fontes de sinal positivo, e em direção a fontes de sinal negativo. Cada linha tem início em uma carga e termina em outra. As linhas de campo elétrico sempre se originam de cargas positivas e acabam em cargas negativas.

Os campos elétricos existem em três dimensões (Figura 2.5); entretanto, a fim de simplificar, este capítulo apresenta, de maneira geral, as representações de campos elétricos bidimensionais.

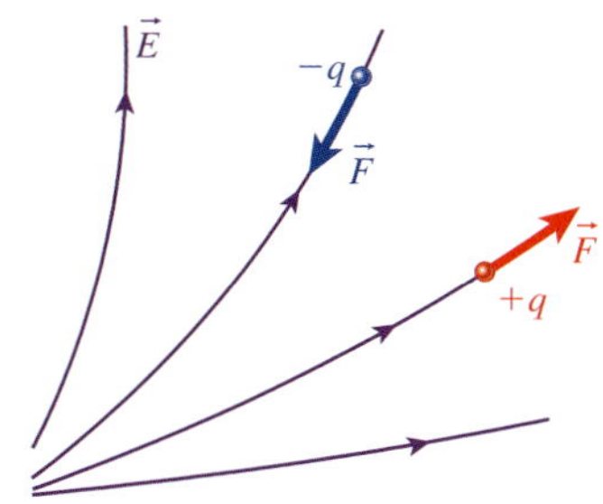

Figura 2.4 Um campo elétrico não uniforme. Uma carga positiva $+q$, e outra negativa $-q$, em presença do campo elétrico, experimentam forças, como ilustrado. Cada força é tangente a uma linha de campo elétrico.

Cargas puntiformes

As linhas de campo que saem de uma carga puntiforme isolada são mostradas na Figura 2.6. Elas emanam da carga puntiforme na direção radial. Se a carga puntiforme for positiva (Figura 2.6a), as linhas de campo divergem para fora da carga; se esta for negativa, as linhas de campo convergem para ela (Figura 2.6b). Para uma carga puntiforme positiva isolada, as linhas de campo elétrico se originam na carga e acabam em cargas negativas infinitamente distantes, e no caso de uma carga puntiforme negativa isolada, as linhas de campo se originam em cargas positivas infinitamente distantes e terminam na carga. Note que as linhas de campo elétrico se agrupam mais densamente próximo à carga e se afastam umas das outras quando nos afastamos da carga puntiforme, indicando que o campo elétrico se torna mais fraco com o aumento da distância em relação à carga. Na Seção 2.3, examinaremos a intensidade do campo de forma quantitativa.

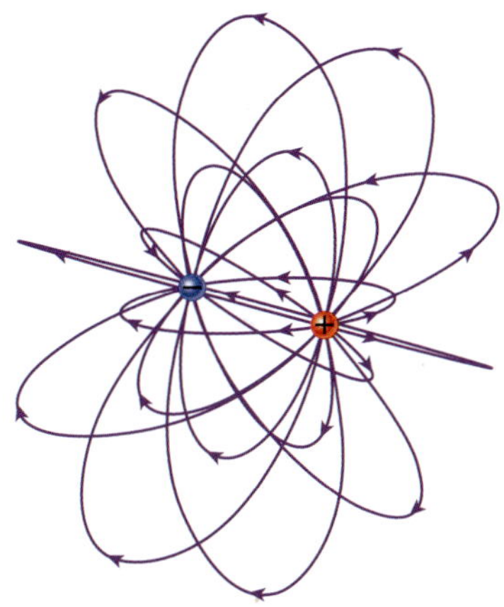

Figura 2.5 Representação tridimensional das linhas de campo elétrico de duas cargas puntiformes de sinais opostos.

Duas cargas puntiformes de sinais opostos

Podemos usar o princípio da superposição de campos elétricos para determinar o campo elétrico gerado por duas cargas puntiformes. A Figura 2.7 mostra as linhas de campo elétrico de duas cargas puntiformes de mesmo valor absoluto. Em cada ponto do plano mostrado, o campo elétrico gerado pela carga positiva e o campo elétrico gerado pela negativa se adicionam vetorialmente para dar a orientação e a intensidade do campo elétrico resultante (a Figura 2.5 mostra as mesmas linhas de campo em três dimensões).

Como já observado, as linhas de campo elétrico se originam na carga positiva e terminam na negativa. Em um ponto muito próximo a qualquer das cargas, as linhas de campo se parecem muito com as de uma única carga elétrica puntiforme, pois o efeito causado pela carga mais distante é pequeno. Próximo às cargas, as linhas de campo são mais densamente agrupadas, indicando que o campo é mais forte nessa região. O fato de que as linhas de campo ligam as duas cargas indica que existe uma força atrativa entre elas.

Duas cargas puntiformes de mesmo sinal

Também podemos aplicar o princípio da superposição para duas cargas de mesmo sinal. A Figura 2.8 mostra as linhas de campo elétrico para as duas cargas de mesmo sinal e mesmo valor absoluto. Se ambas forem positivas (como na Figura 2.8), as linhas de campo elétrico se originam em cada uma delas e terminam no infinito. Se ambas forem negativas, as linhas de campo se originam no infinito e terminam nela. No caso de duas cargas de mesmo sinal, as linhas de campo não ligam as duas cargas. Em vez disso, as linhas de campo terminam em cargas opostas infinitamente distantes. O fato de que as linhas de campo de uma carga jamais terminam na outra indica que elas se repelem.

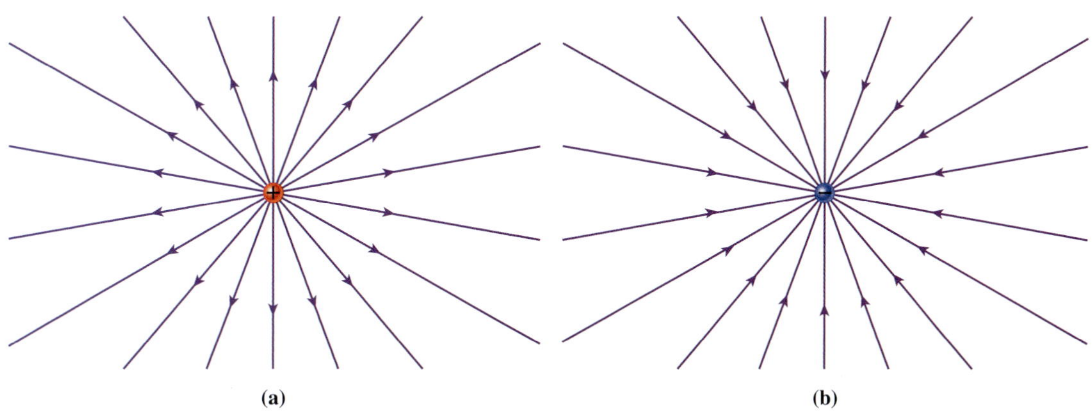

Figura 2.6 Linhas de campo elétrico (a) de uma única carga puntiforme positiva e (b) de uma única carga puntiforme negativa.

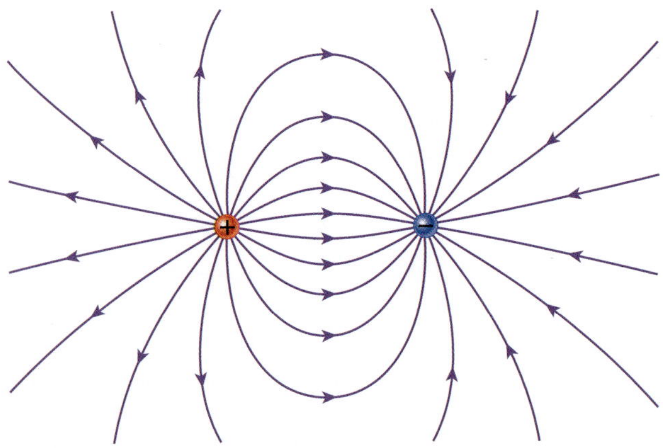

Figura 2.7 Linhas de campo elétrico de duas cargas puntiformes de sinais opostos. As duas possuem cargas de mesmo valor absoluto.

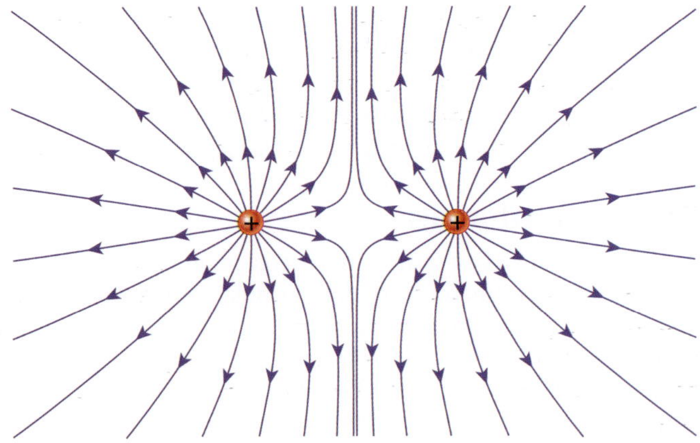

Figura 2.8 Linhas de campo elétrico de duas cargas puntiformes positivas de mesmo valor absoluto.

Observações gerais

O três casos mais simples possíveis que acabamos de examinar levam a duas regras gerais que se aplicam a todas as linhas de campo de qualquer configuração de cargas:

1. *As linhas de campo se originam em cargas positivas e terminam em cargas negativas.*
2. *As linhas de campo jamais se interceptam.* Isso é uma consequência do fato de que as linhas representam o campo elétrico, que, por sua vez, é proporcional à força resultante elétrica exercida sobre uma carga localizada em um ponto particular. Se as linhas de campo se interceptassem, isso implicaria que a força elétrica resultante teria duas orientações diferentes no mesmo ponto, o que é impossível.

2.3 Campo elétrico gerado por cargas puntiformes

A intensidade da força elétrica sobre uma carga de prova q_0 devido a outra carga puntiforme, q, é dada por

$$F = \frac{1}{4\pi\epsilon_0}\frac{|qq_0|}{r^2}. \tag{2.3}$$

Sendo q_0 uma pequena carga de prova, podemos expressar a intensidade do campo elétrico no ponto onde q_0 se encontra, devido à carga puntiforme q como sendo:

$$E = \left|\frac{F}{q_0}\right| = \frac{1}{4\pi\epsilon_0}\frac{|q|}{r^2}, \tag{2.4}$$

onde r é a distância da carga de prova à carga puntiforme. A orientação deste campo elétrico é radial. Ele aponta para fora de uma carga positiva, e para dentro da carga, se ela for negativa.

O campo elétrico é uma grandeza vetorial e, portanto, as componentes do campo devem ser somados separadamente. O Exemplo 2.1 ilustra a soma dos campos elétricos gerados por três cargas puntiformes.

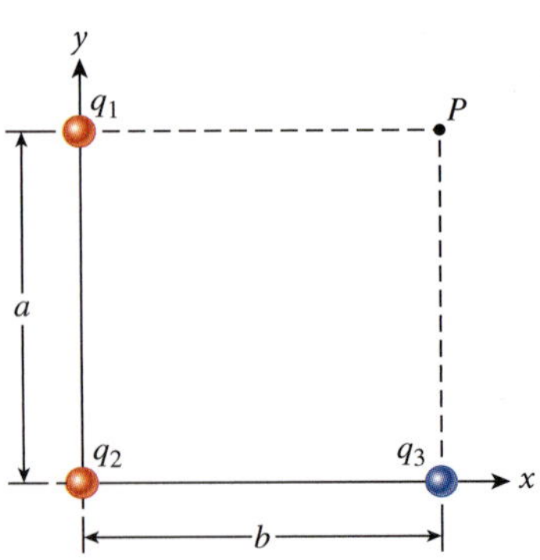

Figura 2.9 Localização de três pontos de carga.

EXEMPLO 2.1 Três cargas

A Figura 2.9 mostra três cargas fixas: $q_1 = +1{,}50\ \mu$C, $q_2 = +2{,}50\ \mu$C e $q_3 = -3{,}50\ \mu$C. A carga q_1 está localizada em $(0, a)$, q_2 está localizada em $(0, 0)$ e q_3, em $(b, 0)$, onde $a = 8{,}00$ m e $b = 6{,}00$ m.

PROBLEMA

Qual é o campo elétrico, $\vec{E}$, criado por essas três cargas no ponto $P = (b, a)$?

SOLUÇÃO

Temos de somar os campos elétricos das três cargas usando a equação 2.2. Para tal, somamos componente a componente, começando com o campo criado por q_1:

$$\vec{E}_1 = E_{1,x}\hat{x} + E_{1,y}\hat{y}.$$

O campo criado por q_1 no ponto (b, a) atua somente na direção x, pois q_1 possui a mesma coordenada y de P. Logo, $\vec{E}_1 = E_{1,x}\hat{x}$. Podemos determinar $E_{1,x}$ usando (equação 2.4):

$$E_{1,x} = \frac{kq_1}{b^2}.$$

Note que o sinal de $E_{1,x}$ é o mesmo de q_1. Analogamente, o campo devido a q_3 no ponto (b, a) atua somente na direção y. Logo, $\vec{E}_3 = E_{3,y}\hat{y}$, onde

$$E_{3,y} = \frac{kq_3}{a^2}.$$

Como mostra a Figura 2.10, o campo elétrico em P devido a q_2 é

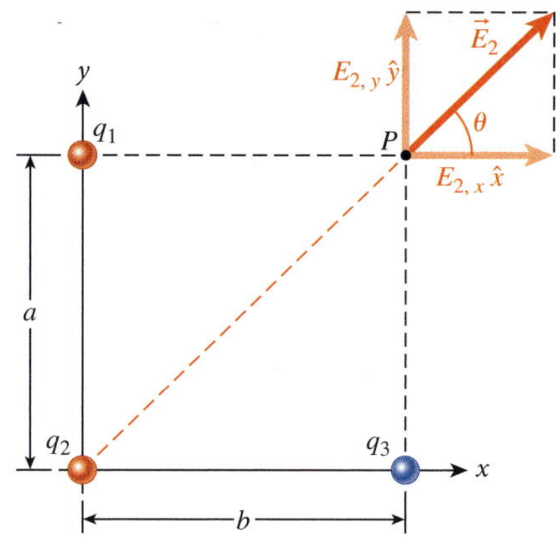

Figura 2.10 Campo elétrico gerado por q_2 e suas componentes x e y no Ponto P.

$$\vec{E}_2 = E_{2,x}\hat{x} + E_{2,y}\hat{y}.$$

Note que $\vec{E}_2$, o campo elétrico criado no ponto P por q_2, aponta diretamente para fora de q_2, uma vez que $q_2 > 0$. (Se esta carga fosse negativa, ele apontaria diretamente para q_2.)

$$E_2 = \frac{k|q_2|}{a^2 + b^2}.$$

A componente $E_{2,x}$ é dado por $E_2 \cos\theta$, onde $\theta = \text{tg}^{-1}(a/b)$, enquanto a componente $E_{2,y}$ é dado por $E_2 \,\text{sen}\,\theta$.

Somando-se as componentes, o campo elétrico total no ponto P é

$$\vec{E} = \left(E_{1,x} + E_{2,x}\right)\hat{x} + \left(E_{2,y} + E_{3,y}\right)\hat{y}$$
$$= \underbrace{\left(\frac{kq_1}{b^2} + \frac{kq_2\cos\theta}{a^2 + b^2}\right)}_{E_x}\hat{x} + \underbrace{\left(\frac{kq_2\,\text{sen}\,\theta}{a^2 + b^2} + \frac{kq_3}{a^2}\right)}_{E_y}\hat{y}.$$

Com os valores fornecidos de a e de b, obtemos $\theta = \text{tg}^{-1}(8/6) = 53{,}1°$ e $a^2 + b^2 = (8{,}00 \text{ m})^2 + (6{,}00 \text{ m})^2 = 100 \text{ m}^2$. Podemos agora calcular a componente x do campo elétrico total:

$$E_x = \left(8{,}99\cdot 10^9 \text{ N m}^2/\text{C}^2\right)\left(\frac{1{,}50\cdot 10^{-6}\text{ C}}{\left(6{,}00\text{ m}\right)^2} + \frac{\left(2{,}50\cdot 10^{-6}\text{ C}\right)\left(\cos 53{,}1°\right)}{100\text{ m}^2}\right) = 509 \text{ N/C}.$$

A componente y vale

$$E_y = \left(8{,}99\cdot 10^9 \text{ N m}^2/\text{C}^2\right)\left(\frac{\left(2{,}50\cdot 10^{-6}\text{ C}\right)\left(\text{sen } 53{,}1°\right)}{100\text{ m}^2} + \frac{-3{,}50\cdot 10^{-6}\text{ C}}{\left(8{,}00\text{ m}\right)^2}\right) = -312 \text{ N/C}.$$

A intensidade do campo é

$$E = \sqrt{E_x^2 + E_y^2} = \sqrt{\left(509\text{ N/C}\right)^2 + \left(-312\text{ N/C}\right)^2} = 597 \text{ N/C}.$$

A orientação do campo no ponto P é

$$\varphi = \text{tg}^{-1}\left(\frac{E_y}{E_x}\right) = \text{tg}^{-1}\left(\frac{-312\text{ N/C}}{509\text{ N/C}}\right) = -31{,}5°,$$

ou seja, o campo elétrico aponta para a direita e para baixo.

Note que, mesmo que as cargas deste exemplo estejam em microcoulombs e as distâncias em metros, os campos elétricos individuais ainda são intensos, mostrando que um microcoulomb é uma quantidade de carga grande.

2.4 Campo elétrico devido a um dipolo

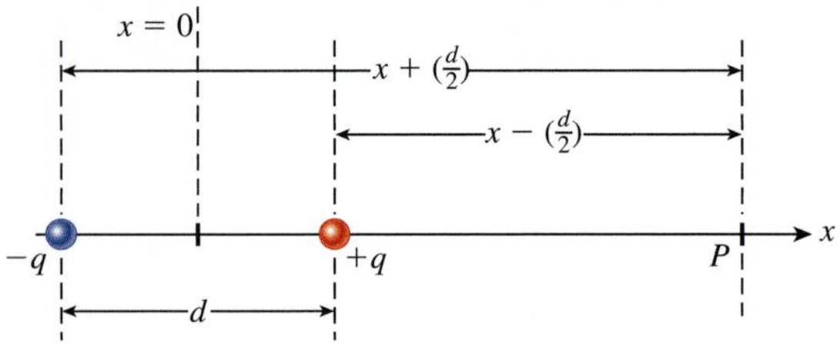

Figura 2.11 Cálculo do campo elétrico gerado por um dipolo.

Um sistema de duas cargas puntiformes de mesmo valor absoluto, mas sinais opostos, é chamado de **dipolo elétrico**. O campo elétrico gerado por um dipolo elétrico é dado pela soma vetorial dos campos elétricos gerados pelas duas cargas. A Figura 2.7 ilustra as linhas de campo elétrico de um dipolo elétrico em duas dimensões.

O princípio da superposição nos permite determinar o campo elétrico devido a duas cargas puntiformes por meio da soma vetorial dos campos elétricos gerados individualmente pelas duas cargas. Vamos considerar o caso especial do campo elétrico ao longo do eixo do dipolo, definido como o segmento de reta que liga as duas cargas. Este eixo de simetria principal do dipolo é considerado orientado ao longo do eixo x (Figura 2.11).

O campo elétrico, $\vec{E}$, no ponto P do eixo do dipolo é a soma do campo gerado por $+q$, denotado por $\vec{E}_+$, com o campo gerado por $-q$, denotado por $\vec{E}_-$:

$$\vec{E} = \vec{E}_+ + \vec{E}_- .$$

Usando a equação 2.4, podemos expressar o módulo do campo elétrico do dipolo ao longo do eixo x, para $x > d/2$, como

$$E = \frac{1}{4\pi\epsilon_0}\frac{q}{r_+^2} + \frac{1}{4\pi\epsilon_0}\frac{-q}{r_-^2},$$

onde r_+ é a distância entre P e $+q$ e r_- é a distância entre P e $-q$. Não é necessário usar barras verticais de módulo nesta equação, pois o primeiro termo do lado direito da mesma é positivo e de valor absoluto maior do que o segundo termo (negativo). O campo elétrico em todos os pontos do eixo x (exceto em $x = \pm\, d/2$, onde as duas cargas estão localizadas) é dado por

$$\vec{E} = E_x\hat{x} = \frac{1}{4\pi\epsilon_0}\frac{q(x-d/2)}{r_+^3}\hat{x} + \frac{1}{4\pi\epsilon_0}\frac{-q(x+d/2)}{r_-^3}\hat{x}. \tag{2.5}$$

Vamos agora examinar o módulo de $\vec{E}$ e restringir os valores de $x > d/2$, onde $E = E_x > 0$. Temos, então,

$$E = \frac{1}{4\pi\epsilon_0}\frac{q}{\left(x-\frac{1}{2}d\right)^2} - \frac{1}{4\pi\epsilon_0}\frac{q}{\left(x+\frac{1}{2}d\right)^2}.$$

Após algum rearranjo de termos e tendo em mente que desejamos obter uma expressão que tenha a mesma forma que o campo elétrico gerado por uma carga puntiforme, escrevemos a equação anterior na forma

$$E = \frac{q}{4\pi\epsilon_0 x^2}\left[\left(1-\frac{d}{2x}\right)^{-2} - \left(1+\frac{d}{2x}\right)^{-2}\right].$$

Para obter uma expressão para o campo elétrico a uma grande distância do dipolo, podemos fazer a aproximação para $x \gg d$ e usar a expansão binomial. (Uma vez que $x \gg d$, desprezamos os termos que contêm o termo d/x elevado ao quadrado ou a potências maiores.) Com isso, obtemos

$$E \approx \frac{q}{4\pi\epsilon_0 x^2}\left[\left(1+\frac{d}{x}-\cdots\right) - \left(1-\frac{d}{x}+\cdots\right)\right] = \frac{q}{4\pi\epsilon_0 x^2}\left(\frac{2d}{x}\right),$$

que pode ser reescrita como

$$E \approx \frac{qd}{2\pi\epsilon_0 x^3}. \tag{2.6}$$

A equação 2.6 pode ser simplificada definindo-se uma grandeza vetorial chamada **momento de dipolo elétrico**, $\vec{p}$. A orientação do momento de dipolo é da carga negativa para a carga positiva, oposta, portanto, à orientação das linhas de campo elétrico. O módulo, p, do momento de dipolo elétrico é dado por

$$p = qd, \tag{2.7}$$

onde q é o valor absoluto de uma das cargas e d é a distância que as separa uma da outra. Com tal definição, a expressão para o módulo do campo elétrico gerado pelo dipolo ao longo do semieixo x positivo, a uma distância grande comparada à separação entre as duas cargas, é dada por

$$E = \frac{p}{2\pi\epsilon_0 |x|^3}. \tag{2.8}$$

Embora não mostrada explicitamente aqui, a equação 2.8 também é válida para $x \ll -d$. Além disso, um exame da equação 2.5 para $\vec{E}$ revela que $E_x > 0$ de ambos os lados do dipolo. Em contraste com o campo gerado por uma carga puntiforme, que é inversamente proporcional ao quadrado da distância, o campo devido a um dipolo é inversamente proporcional ao cubo da distância, de acordo com a equação 2.8.

EXEMPLO 2.2 Molécula da água

A molécula da água, H_2O, é justificadamente a mais importante para a vida. Ela possui um momento de dipolo não nulo, razão básica pela qual muitas moléculas orgânicas são capazes de se ligar à água. Esse momento de dipolo também permite à água ser um excelente solvente para muitos compostos inorgânicos e orgânicos.

Cada molécula da água consiste em dois átomos de hidrogênio e um de oxigênio, como ilustra a Figura 2.12a. A distribuição de carga de cada um dos átomos individuais é aproximadamente esférica. O átomo de oxigênio tende a puxar para si os elétrons negativamente carregados, dando aos átomos de hidrogênio uma carga líquida ligeiramente positiva. Os três átomos estão dispostos de modo que os segmentos de reta que conectam os centros dos átomos de hidrogênio com o centro do átomo de oxigênio formem um ângulo de 105° entre si (Figura 2.12a).

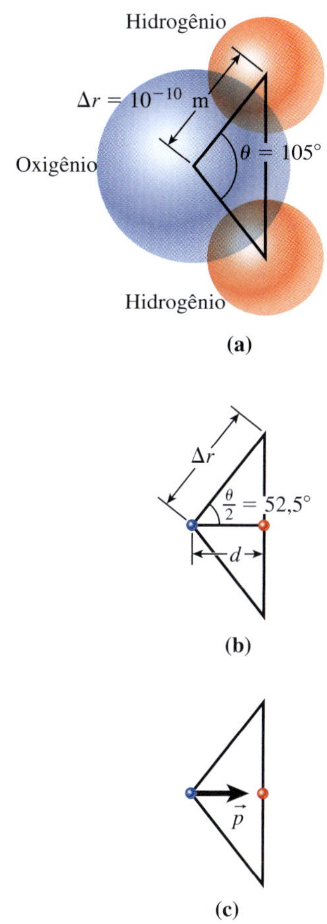

Figura 2.12 (a) Desenho esquemático mostrando a geometria de uma molécula da água, H_2O, com átomos como esferas. (b) Diagrama mostrando o centro das cargas positiva (ponto vermelho à direita) e negativa (ponto azul à esquerda). (c) Momento dipolo assumindo cargas pontuais.

PROBLEMA

Suponha que aproximemos uma molécula da água pelas duas cargas positivas nas posições dos dois núcleos (prótons) de hidrogênio e duas cargas negativas nas posições do núcleo de oxigênio, sendo todas as cargas de mesmo valor absoluto. Qual é o momento de dipolo elétrico resultante da água?

SOLUÇÃO

O centro de carga das duas cargas negativas, análogo ao centro de massa de duas massas, está localizado exatamente a meia distância dos átomos de hidrogênio, como ilustra a Figura 2.12b. Sendo a distância hidrogênio-oxigênio $\Delta r = 1{,}0 \times 10^{-10}$m, como indicado na figura, a distância entre os centros de carga positiva e negativa é

$$d = \Delta r \cos\left(\frac{\theta}{2}\right) = \left(10^{-10}\ \text{m}\right)\left(\cos 52{,}5°\right) = 0{,}6 \cdot 10^{-10}\ \text{m}.$$

A distância multiplicada pela carga, $q = 2e$, é o módulo do momento de dipolo da água:

$$p = 2ed = \left(3{,}2 \cdot 10^{-19}\ \text{C}\right)\left(0{,}6 \cdot 10^{-10}\ \text{m}\right) = 2 \cdot 10^{-29}\ \text{C m}.$$

Este resultado obtido por um cálculo extremamente simplificado realmente se aproxima, com a tolerância de um fator igual a 3, do valor medido de $6{,}2 \cdot 10^{-30}$ C m. O fato de que o momento de dipolo real da água seja menor do que o resultado que calculamos é uma indicação de que os dois elétrons dos átomos de hidrogênio não são puxados exatamente da maneira que consideramos, e sim, em média, somente com um terço deste valor.

2.5 Distribuições de carga gerais

Já determinamos os campos elétricos de uma única carga puntiforme e de duas cargas puntiformes (um dipolo elétrico). Agora consideraremos o campo elétrico gerado por uma distribuição de carga geral. Para tal, dividimos a carga total em elementos de carga dq e determinamos o campo elétrico resultante de cada elemento diferencial de carga como se ele fosse uma carga puntiforme. Se a carga estiver distribuída ao longo de um objeto unidimensional (uma linha), a carga infinitesimal pode ser expressa em termos de carga por unidade de comprimento multiplicada pelo comprimento infinitesimal, λdx. Se a carga estiver distribuída sobre uma superfície (um objeto bidimensional), dq é expresso pelo produto da carga por unidade de área pela área infinitesimal, σdA. E, finalmene, se a carga estiver distribuída em um volume tridimensional, dq é expressa como o produto da carga por unidade de volume pelo volume infinitesimal, ρdV. Ou seja,

$$\left.\begin{aligned} dq &= \lambda dx \\ dq &= \sigma dA \\ dq &= \rho dV \end{aligned}\right\} \quad \begin{matrix}\text{para uma}\\ \text{distribuição}\\ \text{de carga}\end{matrix} \quad \begin{cases}\text{ao longo de uma linha}\\ \text{sobre uma superfície}\\ \text{em um volume}\end{cases} \tag{2.9}$$

O módulo do campo elétrico gerado pela distribuição de carga é então obtido a partir daquele que é gerado por uma carga infinitesimal qualquer:

$$dE = k\frac{dq}{r^2}. \tag{2.10}$$

No exemplo a seguir, determinaremos o campo elétrico devido a uma linha finita de carga.

EXEMPLO 2.3 Linha finita de carga

Para determinar o campo elétrico em um ponto de uma linha transversal que bissecciona um fio de comprimento finito e dotado de uma densidade linear de carga λ, integramos as contribuições ao campo elétrico dadas por todas as cargas do fio. Consideraremos que o fio situe-se ao longo do eixo x (Figura 2.13).

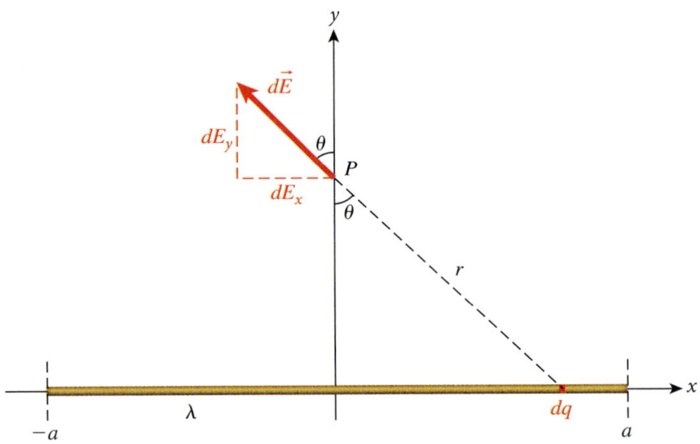

Figura 2.13 Cálculo do campo elétrico devido a todas as cargas ao longo de um fio longo por integração das contribuições ao campo elétrico ao longo da extensão do fio.

Também consideraremos que o fio esteja posicionado com seu ponto médio na posição $x = 0$, uma das extremidades em $x = a$, e a outra em $x = -a$. Neste caso, a simetria da situação nos permite concluir que não pode existir qualquer campo elétrico paralelo ao fio (na direção x) em qualquer ponto da linha que bissecciona o fio transversalmente. Ao longo dessa linha, o campo elétrico só pode ter uma componente na direção y. Podemos então calcular o campo elétrico devido a todas as cargas para $x \geq 0$ e multiplicar o resultado por 2 para obter o campo elétrico devido ao fio inteiro.

Consideremos uma carga infinitesimal, dq, sobre o eixo x, como mostra a Figura 2.13. O módulo do campo elétrico, dE, no ponto $(0, y)$ gerado por esta carga é dado pela equação (2.10),

$$dE = k\frac{dq}{r^2},$$

onde $r = \sqrt{x^2 + y^2}$ é a distância entre dq e o ponto P. A componente do campo elétrico perpendicular ao fio (na direção y) é dado por

$$dE_y = k\frac{dq}{r^2}\cos\theta,$$

onde θ é o ângulo formado entre o campo elétrico produzido por dq e o eixo y (veja a Figura 2.13). O ângulo θ está relacionado a r e y por $\cos\theta = y/r$.

Podemos relacionar a carga infinitesimal ao comprimento infinitesimal ao longo do eixo x através da densidade linear de carga λ: $dq = \lambda\, dx$. O campo elétrico a uma distância y do fio longo é, então:

$$E_y = 2\int_0^a dE_y = 2\int_0^a k\frac{dq}{r^2}\cos\theta = 2k\int_0^a \frac{\lambda dx}{r^2}\frac{y}{r} = 2k\lambda y\int_0^a \frac{dx}{\left(x^2+y^2\right)^{3/2}}.$$

O cálculo da integral (com a ajuda de uma tabela de integrais ou de um pacote de *software* como o *Mathematica* ou o *Maple*) fornece:

$$\int_0^a \frac{dx}{\left(x^2+y^2\right)^{3/2}} = \left[\frac{1}{y^2}\frac{x}{\sqrt{x^2+y^2}}\right]_0^a = \frac{1}{y^2}\frac{a}{\sqrt{y^2+a^2}}.$$

Assim, o campo elétrico a uma distância y ao longo da linha vertical que bissecciona o fio é dado por

$$E_y = 2k\lambda y\frac{1}{y^2}\frac{a}{\sqrt{y^2+a^2}} = \frac{2k\lambda}{y}\frac{a}{\sqrt{y^2+a^2}}.$$

Finalmente, no limite $a \to \infty$, o fio torna-se infinitamente longo, com $a/\sqrt{y^2+a^2} \to 1$, e, neste caso, temos:

$$E_y = \frac{2k\lambda}{y}.$$

Em outras palavras, a intensidade do campo elétrico para um fio infinito decresce em proporção inversa à distância em relação ao fio.

Agora vamos resolver um problema envolvendo uma geometria um pouco mais complicada, considerando a determinação do campo elétrico gerado por anel eletrizado em um ponto do eixo de simetria do anel.

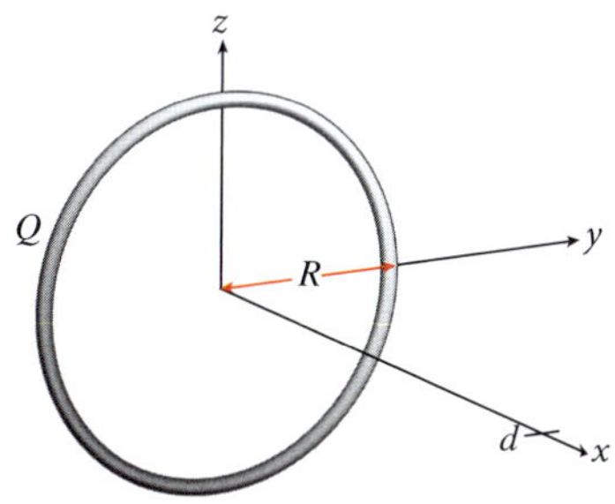

Figura 2.14 Anel eletrizado de raio R e carga total Q.

PROBLEMA RESOLVIDO 2.1 Anel eletrizado

PROBLEMA

Considere um anel dotado de carga elétrica, de raio $R = 0{,}250$ m (Figura 2.14). O anel possui uma densidade de carga linear uniforme, com carga total $Q = +5{,}00\ \mu$C. Quanto vale o campo elétrico a uma distância $d = 0{,}500$ m em um ponto qualquer do eixo de simetria do anel?

SOLUÇÃO

PENSE

A carga está igualmente distribuída ao longo do anel. O campo elétrico na posição $x = d$ pode ser calculado integrando-se o campo elétrico diferencial produzido por uma carga elétrica infinitesimal. Por simetria, a integração das contribuições infinitesimais perpendiculares ao eixo de simetria do anel resulta em zero, uma vez que o campo elétrico devido aos elementos de carga infinitesimal que se encontram aos pares em lados diametralmente opostos do anel sempre se cancelam nessa direção. O campo elétrico resultante é paralelo ao eixo de simetria da circunferência.

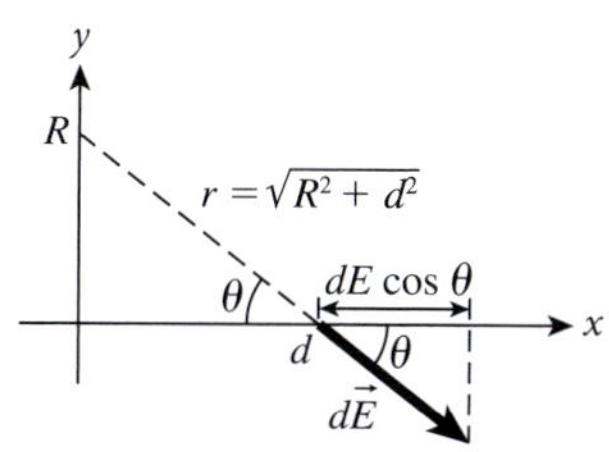

Figura 2.15 A geometria do campo elétrico ao longo do eixo de um anel eletrizado.

DESENHE

A Figura 2.15 mostra a geometria do campo elétrico ao longo do eixo de um anel eletrizado.

Continua →

PESQUISE

O campo elétrico infinitesimal, dE, produzido em $x = d$ por uma carga infinitesimal dq localizada em $y = R$ (veja a Figura 2.15). A distância entre o ponto ($x = d$, $y = 0$) e o ponto ($x = 0$, $y = R$) é

$$r = \sqrt{R^2 + d^2}.$$

Novamente, o módulo de $d\vec{E}$ é dado pela equação 2.10:

$$dE = k\frac{dq}{r^2}.$$

O módulo da componente de $d\vec{E}$ paralelo ao eixo x é dado por

$$dE_x = dE\cos\theta = dE\frac{d}{r}.$$

SIMPLIFIQUE

Podemos determinar o campo elétrico total integrando a carga total do anel:

$$E_x = \int_{\text{anel}} dE_x = \int_{\text{anel}} \frac{d}{r}k\frac{dq}{r^2}.$$

Temos de integrar ao longo da circunferência do anel eletrizado. Podemos relacionar a carga infinitesimal ao comprimento de arco infinitesimal correspondente, ds, na forma:

$$dq = \frac{Q}{2\pi R}ds.$$

Podemos agora integrar ao longo do anel inteiro como fazemos ao longo do comprimento de arco correspondente ao círculo inteiro:

$$E_x = \int_0^{2\pi R} k\left(\frac{Q}{2\pi R}ds\right)\frac{d}{r^3} = \left(\frac{kQd}{2\pi R r^3}\right)\int_0^{2\pi R} ds = kQ\frac{d}{r^3} = \frac{kQd}{\left(R^2 + d^2\right)^{3/2}}.$$

CALCULE

Substituindo os valores numéricos, obtemos

$$E_x = \frac{kQd}{\left(R^2 + d^2\right)^{3/2}} = \frac{\left(8{,}99 \cdot 10^9 \text{ N m}^2/\text{C}^2\right)\left(5{,}00 \cdot 10^{-6}\text{ C}\right)\left(0{,}500\text{ m}\right)}{\left[\left(0{,}250\text{ m}\right)^2 + \left(0{,}500\text{ m}\right)^2\right]^{3/2}} = 128.654\text{ N/C}.$$

ARREDONDE

Expressamos nosso resultado com três algarismos significativos:

$$E_x = 1{,}29 \cdot 10^5 \text{ N/C}.$$

SOLUÇÃO ALTERNATIVA

Podemos testar a validade da fórmula que encontramos para o campo elétrico considerando uma grande distância em relação ao anel de carga, de modo que $d \gg R$. Neste caso,

$$E_x = \frac{kQd}{\left(R^2 + d^2\right)^{3/2}} \overset{d \gg R}{\Rightarrow} E_x = \frac{kQd}{d^3} = k\frac{Q}{d^2},$$

que é a expressão para o campo elétrico produzido por uma carga puntiforme Q a uma distância d. Podemos também testar a fórmula para $d = 0$:

$$E_x = \frac{kQd}{\left(R^2 + d^2\right)^{3/2}} \overset{d=0}{\Rightarrow} E_x = 0,$$

que é o que esperaríamos para o campo no centro do anel. Logo, nosso resultado parece plausível.

2.6 Força devido a um campo elétrico

A força $\vec{F}$ exercida por um campo elétrico $\vec{E}$ sobre uma carga puntiforme q é dada por $\vec{F} = q\vec{E}$, um simples rearranjo algébrico da definição de campo elétrico, a equação 2.1. Assim, a força elétrica exercida por um campo elétrico sobre uma carga positiva tem a mesma orientação do campo elétrico. O vetor força é sempre tangente às linhas de campo elétrico e aponta na mesma direção e sentido do campo elétrico se $q > 0$.

2.2 Exercícios de sala de aula

Um pequeno objeto positivamente carregado poderia ser colocado em repouso na presença de um campo elétrico uniforme na posição *A* ou na posição *B* da figura. Como se comparam os módulos das forças exercidas sobre ele em cada uma das duas posições?

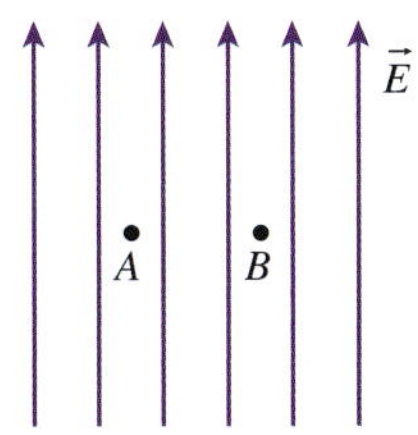

a) O módulo da força elétrica sobre o objeto é maior na posição *A*.

b) O módulo da força elétrica sobre o objeto é maior na posição *B*.

c) A força elétrica é nula em ambas as posições.

d) Na posição *A*, a força elétrica sobre o objeto tem o mesmo módulo que na posição *B*, mas em direção oposta.

e) A força elétrica sobre o objeto na posição *A* é a mesma que sobre um objeto na posição *B*, mas em sentido oposto.

A força sobre uma partícula carregada, em várias localizações, devido a um campo elétrico tridimensional é ilustrada na Figura 2.16 para o caso de duas partículas dotadas de cargas de sinais opostos. (Trata-se do mesmo campo da Figura 2.5, mas com alguns vetores força representativos extras.) Você pode verificar que a força sobre uma partícula carregada é sempre tangente às linhas de campo e aponta na mesma direção e no mesmo sentido do campo elétrico. Se a partícula fosse carregada negativamente, a força sobre ela teria o sentido oposto à do caso anterior.

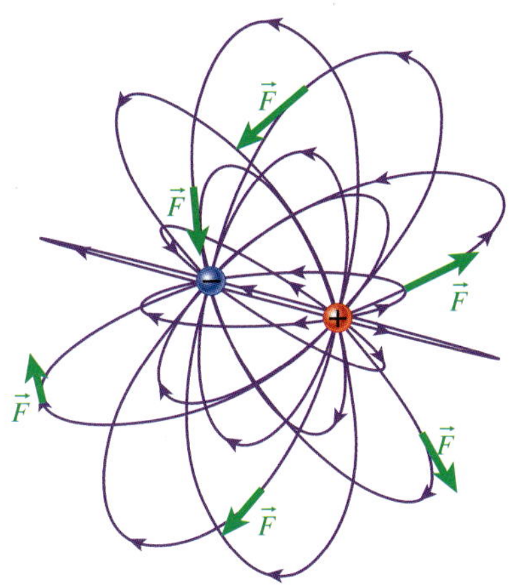

Figura 2.16 Orientação da força devido a um campo elétrico produzido por duas cargas puntiformes opostas sobre uma terceira carga positiva, em vários pontos do espaço.

EXEMPLO 2.4 Câmera de projeção temporal

Os físicos nucleares estudam novas formas de matéria fazendo colidir núcleos de ouro com energias muito grandes. Na física de partículas, novas partículas elementares são criadas e estudadas fazendo-se prótons e antiprótons colidirem com energias ainda mais altas. Essas colisões geram muitas partículas que se afastam de forma muito veloz do ponto onde ocorreu a interação. Um

Continua →

2.1 Exercícios de sala de aula

Um pequeno objeto positivamente carregado é mantido em repouso em presença de um campo elétrico uniforme, como mostra a figura. Quando ele for liberado:

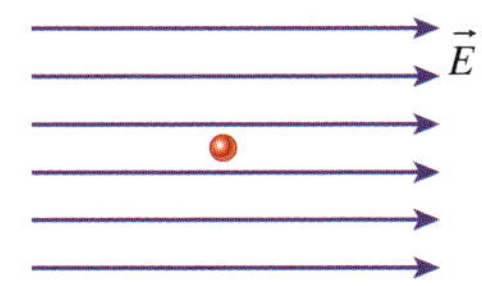

a) não se moverá.

b) começará a se mover com velocidade constante.

c) começará a se mover com uma aceleração constante.

d) começará a se mover com uma aceleração cada vez maior.

e) se moverá de um lado para o outro em movimento harmônico simples.

2.1 Pausa para teste

A figura mostra uma visão bidimensional das linhas do campo elétrico produzido por duas cargas opostas. Qual é a orientação do campo elétrico nos cinco pontos *A*, *B*, *C*, *D* e *E*? Em qual desses pontos o módulo do campo elétrico é maior?

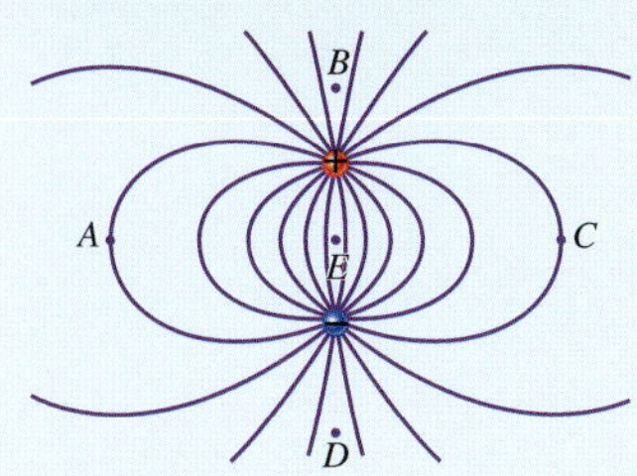

2.3 Exercícios de sala de aula

Indique se cada uma das seguintes afirmativas acerca das linhas de campo elétrico é verdadeira ou falsa.

a) As linhas do campo elétrico apontam para cargas negativas.

b) As linhas do campo elétrico formam círculos ao redor de cargas positivas.

c) As linhas do campo elétrico podem se cruzar.

d) As linhas do campo elétrico apontam para fora de cargas positivas.

detector de partículas simples não é suficiente para identificar tais partículas. Um dispositivo que ajuda os físicos a estudar essas colisões é a câmara de projeção temporal (TPC, em inglês, *Time Projection Chamber*), encontrada na maior parte dos detectores de partículas.

Um exemplo de TPC é a STAR TPC do Colisor Relativístico Pesado do Laboratório Nacional de Brookhaven, em Long Island, Nova York, EUA. O STAR TPC consiste em um grande cilindro cheio com um gás (90% de argônio e 10% de metano) que permite aos elétrons livres se moverem em seu interior sem se recombinarem.

A Figura 2.17 mostra os resultados de uma colisão entre dois núcleos de ouro ocorrida dentro do STAR TPC. Nela, milhares de partículas carregadas são criadas para atravessarem o gás no interior do TPC. Enquanto atravessam o gás, elas ionizam seus átomos, liberando elétrons livres. Um campo elétrico constante de intensidade de 13.500 N/C é aplicado entre o centro do TPC e as tampas existentes nas extremidades do cilindro, e o campo exerce uma força elétrica sobre os elétrons livres. Uma vez que eles possuem cargas negativas, o campo elétrico exerce sobre eles uma força de sentido oposto ao do próprio campo. Os elétrons tendem a acelerar no sentido da força elétrica, mas eles interagem com os elétrons das moléculas do gás e começam a se deslocar, em deriva, em direção às tampas com uma velocidade constante de 5 cm/μs = $5 \cdot 10^4$ m/s = 180.000 km/h.

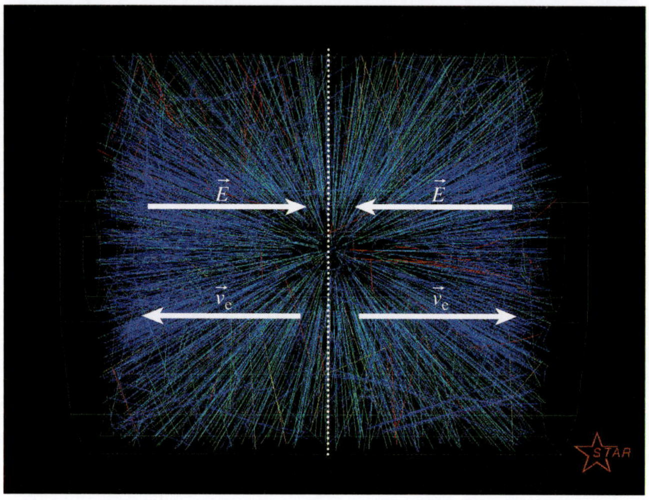

Figura 2.17 Um evento no STAR TPC, em que dois núcleos de ouro colidem um com o outro com energias muito elevadas no ponto central da imagem. Cada linha colorida representa o rastro deixado por uma partícula subatômica produzida na colisão.

Cada tampa do cilindro possui 68.304 detectores capazes de medir a carga em função do tempo de arrasto dos elétrons a partir do ponto em que eles foram liberados. Cada detector se encontra em uma posição especificada por (x, y). Das medidas do tempo de chegada da carga e da velocidade de deriva dos elétrons, a componente z de suas posições pode ser determinada. Dessa maneira, o STAR TPC pode produzir uma representação completa tridimensional do rastro de ionização gerado por cada partícula carregada. Esses rastros são mostrados na Figura 2.17, onde cores diferentes representam o grau de ionização produzido em cada rastro.

Dipolo em um campo elétrico

Toda carga puntiforme experimenta uma força em presença de um campo elétrico, dada pela equação 2.1. A força elétrica é sempre tangente à linha de campo elétrico que passa pelo ponto considerado. O efeito de um campo elétrico sobre um dipolo pode ser descrito em termos do vetor campo elétrico, $\vec{E}$, e do vetor momento de dipolo elétrico, $\vec{p}$, sem conhecimento detalhado das cargas que o formam.

Para examinar o comportamento de um dipolo elétrico, consideremos duas cargas, $+q$ e $-q$, separadas por uma distância d em presença de um campo elétrico estático e uniforme, $\vec{E}$ (Figura 2.18). (Note que agora estamos considerando as forças exercidas sobre o dipolo por um campo elétrico externo, em lugar de considerarmos o campo gerado pelo próprio dipolo, como fizemos na Seção 2.4, e também consideramos que a intensidade do campo elétrico gerado pelo dipolo seja pequena comparada à de $\vec{E}$ [de modo que seu efeito sobre o campo uniforme possa ser desprezado].) O campo elétrico exerce uma força orientada para cima sobre a carga positiva e uma força orientada para baixo sobre a carga negativa. As duas forças possuem mesmo módulo, qE. Já vimos que esta situação dá origem a um torque, $\vec{\tau}$, dado por $\vec{\tau} = \vec{r} \times \vec{F}$, onde $\vec{r}$ é o braço de alavanca e $\vec{F}$ é a força. O módulo desse torque é $\tau = rF \operatorname{sen} \theta$.

2.4 Exercícios de sala de aula

Uma carga negativa $-q$ é posicionada em um campo elétrico não uniforme, como mostra a figura. Qual é a direção da força elétrica nessa carga negativa?

a) →

b) ↑

c) ←

d) ↓

e) A força é zero.

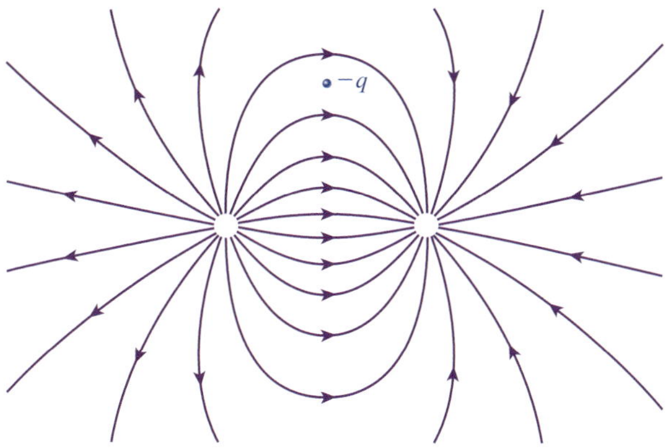

Como sempre, podemos calcular o torque em torno de um eixo qualquer, de modo que escolheremos sua posição sobre a carga negativa. Neste caso, somente a força sobre a carga positiva contribui para o torque, e o comprimento do vetor posição é $r = d$, isto é, o comprimento do dipolo. Uma vez que, como já estabelecido, $F = qE$, a expressão para o torque sobre um dipolo elétrico em presença de um campo elétrico pode ser escrita na forma

$$\tau = qEd \operatorname{sen} \theta.$$

Relembrando que o momento de dipolo elétrico é definido por $p = qd$, obtemos o módulo desse torque:

$$\tau = pE \operatorname{sen} \theta. \tag{2.11}$$

Uma vez que o torque é um vetor e deve ser perpendicular tanto ao momento de dipolo elétrico quanto ao campo elétrico, a relação da equação 2.11 pode ser escrita como um produto vetorial:

$$\vec{\tau} = \vec{p} \times \vec{E}. \tag{2.12}$$

Como em qualquer produto vetorial, o sentido do torque é dado pela regra da mão direita. Como mostra a Figura 2.19, o polegar da mão indica o sentido do primeiro vetor do produto vetorial, $\vec{p}$ neste caso, enquanto o dedo indicador indica o sentido do segundo termo, $\vec{E}$. O resultado do produto vetorial, $\vec{\tau}$, está, portanto, ao longo do dedo médio e é perpendicular a cada um dos dois termos do produto.

O Exemplo 2.2 concentrou-se no momento de dipolo elétrico das moléculas da água. Se tais moléculas forem expostas a um campo elétrico externo, elas sofrerão um torque e, assim,

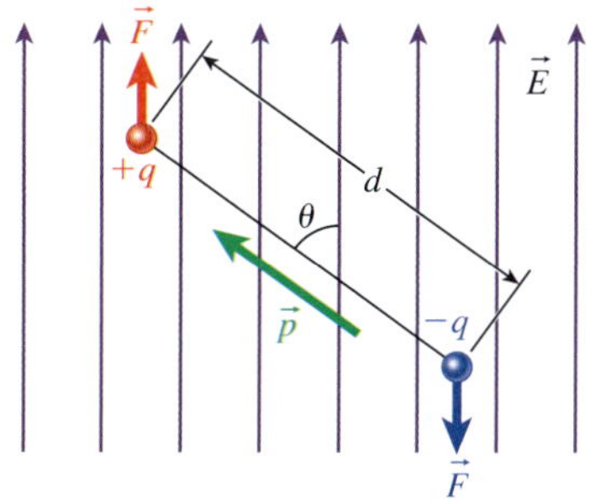

Figura 2.18 Dipolo elétrico em um campo elétrico.

2.2 Pausa para teste

Use o centro de massa do dipolo como ponto de rotação e mostre que você novamente obtém a expressão $\tau = qEd \operatorname{sen} \theta$ para o torque.

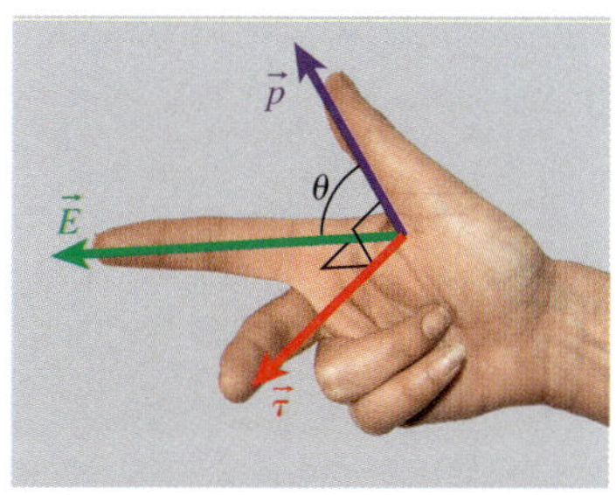

Figura 2.19 Regra da mão direita para o produto vetorial do momento de dipolo elétrico e o campo elétrico, produzindo o vetor torque.

PROBLEMA RESOLVIDO 2.2 Dipolo elétrico em um campo elétrico

PROBLEMA

Um dipolo elétrico com momento de dipolo de módulo $p = 1{,}40 \cdot 10^{-12}$ C m é posicionado em um campo elétrico uniforme de intensidade $E = 498$ N/C (Figura 2.20a).

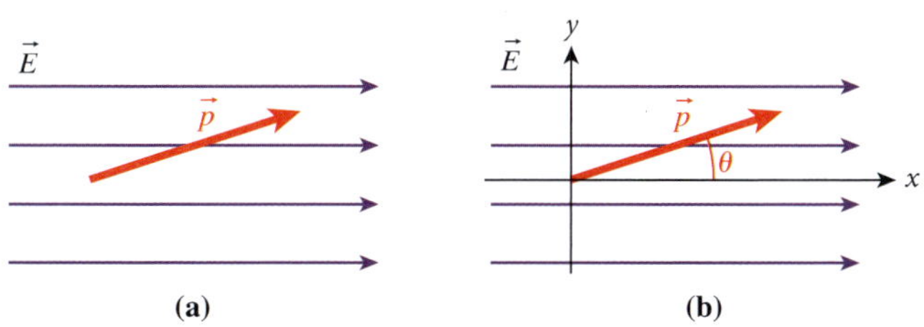

Figura 2.20 (a) Um dipolo elétrico em um campo elétrico uniforme. (b) O campo elétrico está orientado na direção x, e o dipolo, no plano xy.

Continua →

Em algum instante de tempo, o ângulo entre o dipolo elétrico e o campo elétrico é $\theta = 14{,}5°$. Quais são as componentes cartesianas do torque sobre o dipolo?

SOLUÇÃO

PENSE

O torque sobre o dipolo é igual ao produto vetorial do campo elétrico pelo momento de dipolo elétrico.

DESENHE

Consideramos que as linhas de campo elétrico estejam orientadas segundo o eixo x, e que o momento de dipolo elétrico situe-se no plano xy (Figura 2.20b). A direção é perpendicular ao plano da página.

PESQUISE

O torque sobre o dipolo elétrico devido ao campo elétrico é dado por

$$\vec{\tau} = \vec{p} \times \vec{E}.$$

Uma vez que o dipolo está localizado no plano xy, as componentes cartesianas do momento de dipolo elétrico são

$$\vec{p} = (p_x, p_y, 0).$$

Desde que o campo elétrico atue na direção x, suas componentes cartesianas são

$$\vec{E} = (E_x, 0, 0) = (E, 0, 0).$$

SIMPLIFIQUE

Da definição do produto vetorial, expressamos as componentes cartesianas do torque como

$$\vec{\tau} = (p_y E_z - p_z E_y)\hat{x} + (p_z E_x - p_x E_z)\hat{y} + (p_x E_y - p_y E_x)\hat{z}.$$

Neste caso específico, com E_y, E_z e p_z sendo nulos, temos

$$\vec{\tau} = -p_y E_x \hat{z}.$$

A componente y do momento de dipolo é $p_y = p \text{ sen } \theta$, e a componente x do campo elétrico é, simplesmente, $E_x = E$. O módulo do torque é, então,

$$\tau = (p \text{ sen } \theta)E = pE \text{ sen } \theta,$$

e a orientação do torque contrária à do eixo z.

CALCULE

Substituindo os dados numéricos fornecidos, obtemos

$$\tau = pE \text{ sen } \theta = (1{,}40 \cdot 10^{-12} \text{ C m})(498 \text{ N/C})(\text{sen } 14{,}5°) = 1{,}74565 \cdot 10^{-10} \text{ Nm}.$$

ARREDONDE

Apresentamos nosso resultado com três algarismos significativos:

$$\tau = 1{,}75 \cdot 10^{-10} \text{ Nm}.$$

SOLUÇÃO ALTERNATIVA

Da equação 2.11, sabemos que o módulo do torque é

$$\tau = pE \text{ sen } \theta,$$

que é o resultado obtido usando explicitamente o produto vetorial. Aplicando a regra da mão direita ilustrada na Figura 2.19, podemos determinar a orientação do torque: com o polegar direito representando o momento de dipolo elétrico, e o dedo indicador direito representando o campo elétrico, o dedo médio direito aponta para dentro da página, em concordância com o resultado que obtivemos via produto vetorial. Logo, nosso resultado está correto.

começarão a girar. Se a direção do campo elétrico externo variar muito rapidamente, as moléculas da água realizarão oscilações rotacionais, que geram calor. Este é o princípio de funcionamento dos fornos de micro-ondas (Figura 2.21). Os fornos de micro-ondas usam campos elétricos que oscilam a uma frequência de 2,45 GHz. (Como se consegue que um campo elétrico oscile com o tempo será abordado no Capítulo 1 sobre ondas eletromagnéticas.)

Figura 2.21 Forno de micro-ondas encontrado na maioria das residências.

Campos elétricos também desempenham um papel-chave na fisiologia humana, mas estes campos são variáveis no tempo, e não estáticos como aqueles que estudamos neste capítulo. (Eles serão abordados nos próximos capítulos.) A evolução temporal de campos elétricos no coração humano é medida por um eletrocardiograma (ECG) (a ser abordado, juntamente com o funcionamento de marca-passos implantados, no Capítulo 6 sobre circuitos.) O cérebro humano também gera campos elétricos que variam continuamente por meio da atividade dos neurônios. Tais campos podem ser medidos, invasivamente, inserindo-se eletrodos através do crânio, até atingir o cérebro, ou posicionando-se eletrodos sobre a superfície do cérebro exposto, normalmente durante uma cirurgia cerebral. Esse método é chamado de eletrocorticografia (ECoG). Uma área de interesse da pesquisa atual concentra-se em medir e produzir imagens dos campos elétricos do cérebro de maneira não invasiva fixando-se eletrodos no lado externo do crânio. Entretanto, uma vez que o próprio crânio enfraquece os campos elétricos, essa técnica requer uma grande sensibilidade instrumental e ainda se encontram em estudo inicial. Talvez os mais interessantes (ou assustadores, dependendo de seu ponto de vista) frutos da pesquisa sejam as interfaces cérebro-computador. Neste campo emergente, a atividade elétrica do cérebro é usada para controlar computadores diretamente, e os estímulos externos são usados para criar campos elétricos dentro do cérebro. Os pesquisadores dessa área são motivados pelo objetivo de ajudar pessoas a superar deficiências físicas, como cegueiras ou paralisias.

2.7 Fluxo elétrico

Cálculos elétricos, como os do Exemplo 2.3, podem exigir um pouco de trabalho. Todavia, em muitas situações, especialmente aquelas em que existe alguma simetria geométrica, pode-se usar uma técnica poderosa para determinar os campos elétricos sem ter de calcular explicitamente as integrais envolvidas. Tal técnica é denominada *lei de Gauss*, e é uma das relações fundamentais dos campos elétricos. Porém, para poder usar a lei de Gauss, precisamos antes entender o conceito de *fluxo de um campo elétrico*.

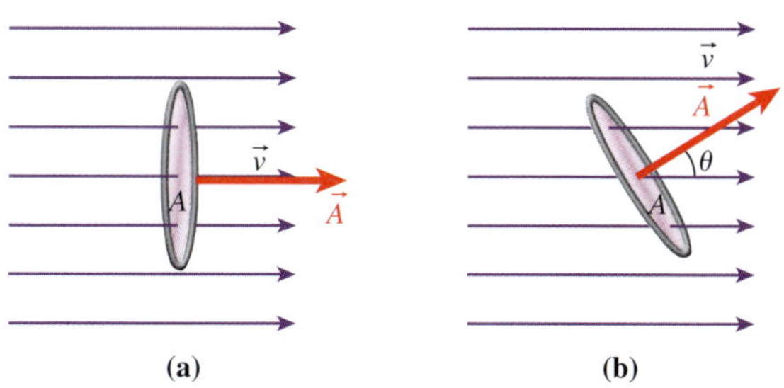

Figura 2.22 Água fluindo com velocidade de módulo v através de um anel de área interna A. (a) O vetor área é paralelo à velocidade do fluxo. (b) O vetor área forma um ângulo θ com a velocidade do fluxo.

Imagine que seguremos um anel de área interna A em um fluxo de água de velocidade $\vec{v}$, como mostrado na Figura 2.22. O vetor área do anel, $\vec{A}$, definido como um vetor de módulo igual a A com uma direção perpendicular ao plano do anel. Na Figura 2.22a, o vetor é paralelo à velocidade do fluxo, que é perpendicular ao plano do anel. O produto Av fornece a quantidade de água que atravessa a área do anel por unidade de tempo, onde v é o módulo da velocidade da água. Se o plano do anel for inclinado com relação a direção do fluxo da água (Figura 2.22b), a quantidade de água que flui pela área interna do anel é dada por $Av \cos\theta$, onde θ é o ângulo entre o vetor área do anel e a direção do fluxo da água. A quantidade de água que flui através do anel é chamada de *fluxo*, $\Phi = Av\cos\theta = \vec{A}\bullet\vec{v}$. Uma vez que o fluxo é uma medida do volume que flui por unidade de tempo, sua unidade é o metro cúbico por segundo (m^3/s).

O campo elétrico é análogo ao fluxo de água. Considere um campo elétrico uniforme de intensidade E que atravesse uma dada área A (Figura 2.23). Novamente, o vetor área é $\vec{A}$, com direção normal à superfície da área e de módulo A. O ângulo θ é o ângulo formado entre o vetor campo elétrico e o vetor área, como mostra a Figura 2.23. O fluxo do campo elétrico que atravessa uma dada área A é chamado de **fluxo elétrico** e é dado por

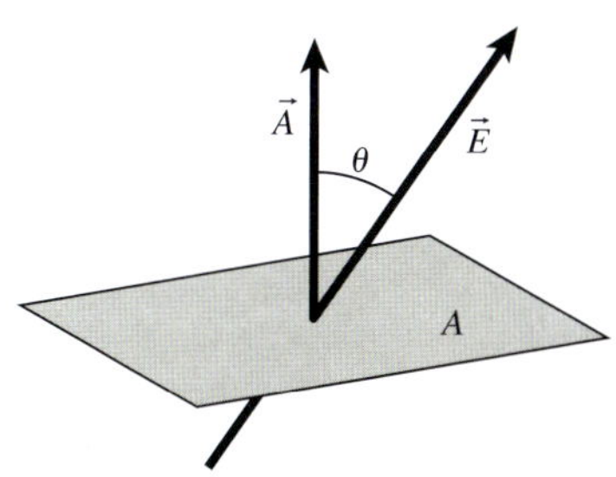

Figura 2.23 Um campo elétrico uniforme $\vec{E}$ atravessa uma área $\vec{A}$.

$$\Phi = EA\cos\theta. \tag{2.13}$$

Em termos simples, podemos dizer que o fluxo elétrico é proporcional ao número de linhas de campo elétrico que atravessam aquela área. Considere que o campo elétrico seja dado por $\vec{E}(\vec{r})$ e que a área seja a de uma superfície fechada, em vez que uma superfície aberta de um simples anel, dentro de um fluxo de campo. Nessa superfície fechada, o fluxo elétrico total, ou líquido, é dado por uma integral do campo elétrico sobre a superfície fechada inteira:

$$\Phi = \oiint_S \vec{E} \cdot d\vec{A}, \tag{2.14}$$

onde $\vec{E}$ é o campo elétrico em cada elemento de área infinitesimal $d\vec{A}$ da superfície fechada. O vetor $d\vec{A}$ é orientado para fora da superfície fechada. Na equação 2.14, o laço fechado superposto ao símbolo de integral dupla indica que a integração deve ser efetuada sobre uma superfície fechada, enquanto a integral dupla significa uma integração sobre duas variáveis. (*Observação*: alguns livros usam uma notação diferente para integração sobre superfícies fechadas, $\iint_S dA$ ou simplesmente $\int_S dA$, mas se referem ao mesmo procedimento de integração representado na equação 2.14.) O elemento de área infinitesimal $d\vec{A}$ deve ser descrito por duas variáveis espaciais, como x e y em coordenadas cartesianas, ou θ e ϕ em coordenadas esféricas.

A Figura 2.24 mostra um campo elétrico não uniforme, $\vec{E}$, que atravessa um elemento de área infinitesimal $d\vec{A}$. Também é mostrada uma parte da superfície fechada. O ângulo formado entre o campo elétrico e o elemento de área infinitesimal é θ.

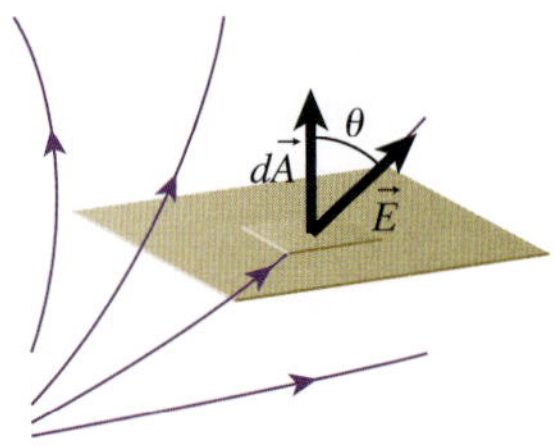

Figura 2.24 Um campo elétrico não uniforme, $\vec{E}$, atravessa um elemento de área infinitesimal $d\vec{A}$.

EXEMPLO 2.5 Fluxo elétrico através de um cubo

A Figura 2.25 mostra um cubo com faces de área A em um campo elétrico uniforme, $\vec{E}$, que é perpendicular ao plano de uma das faces do cubo.

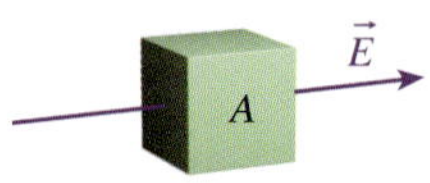

Figura 2.25 Um cubo com faces de área A em um campo elétrico uniforme $\vec{E}$.

PROBLEMA

Qual é o fluxo elétrico líquido através do cubo?

SOLUÇÃO

O campo elétrico da Figura 2.25 é perpendicular ao plano de uma das seis faces do cubo e, portanto, é também perpendicular à face oposta correspondente. Os vetores área das duas faces, $\vec{A}_1$ e $\vec{A}_2$, são mostrados na Figura 2.26a. O fluxo elétrico líquido através dessas duas faces é

$$\Phi_{12} = \Phi_1 + \Phi_2 = \vec{E} \cdot \vec{A}_1 + \vec{E} \cdot \vec{A}_2 = -EA_1 + EA_2 = 0.$$

O sinal negativo surge do fluxo elétrico através da face 1, pois o campo elétrico ali e o vetor área $\vec{A}_1$ possuem sentidos opostos. Os vetores área das quatro faces restantes são todos perpendiculares ao campo elétrico, como mostra a Figura 2.26b. O fluxo elétrico através dessas quatro faces é

$$\Phi_{3456} = \Phi_3 + \Phi_4 + \Phi_5 + \Phi_6 = \vec{E} \cdot \vec{A}_3 + \vec{E} \cdot \vec{A}_4 + \vec{E} \cdot \vec{A}_5 + \vec{E} \cdot \vec{A}_6 = 0.$$

Todos os produtos escalares são nulos porque os vetores área correspondentes são perpendiculares ao campo elétrico. Portanto, o fluxo elétrico líquido através do cubo é

$$\Phi = \Phi_{12} + \Phi_{3456} = 0.$$

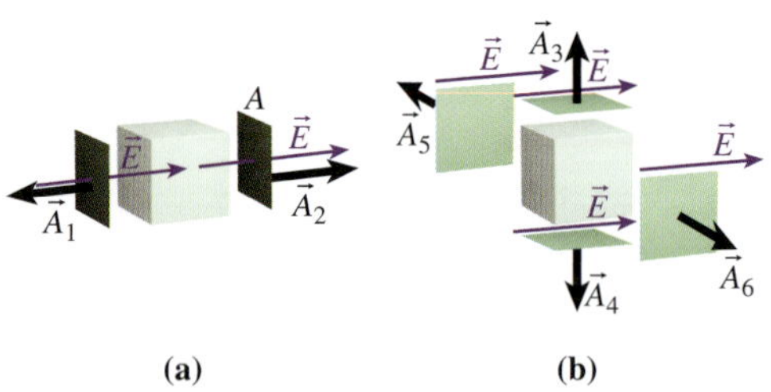

Figura 2.26 (a) As duas faces do cubo que são perpendiculares ao campo elétrico. Um dos vetores área correspondentes é paralelo, e o outro é antiparalelo ao campo elétrico. (b) As quatro faces do cubo que são paralelas ao campo elétrico. Os vetores área correspondentes são perpendiculares ao campo elétrico.

2.8 A lei de Gauss

Para começar nossa discussão acerca da lei de Gauss, imaginemos uma caixa cúbica (Figura 2.27a) construída de um material que não afete campos elétricos. Uma carga de prova positiva que seja aproximada de qualquer das faces da caixa não experimentará qualquer força elétrica. Agora suponha que exista uma carga positiva dentro da caixa e que uma carga de prova positiva seja aproximada de uma das faces da caixa (Figura 2.27b). A carga de prova positiva experimentará uma força orientada para fora da caixa devido à carga positiva no interior da caixa. Se uma carga de prova duas vezes maior for aproximada de qualquer das faces da caixa, ela experimentará uma força orientada para fora duas vezes mais intensa.

Agora imagine que exista uma carga negativa dentro da caixa (Figura 2.27c). Quando a carga de prova positiva é aproximada de uma das faces da caixa, ela experimenta uma força orientada para dentro da caixa. Dobrando-se a carga negativa dentro da caixa, dobra-se o valor

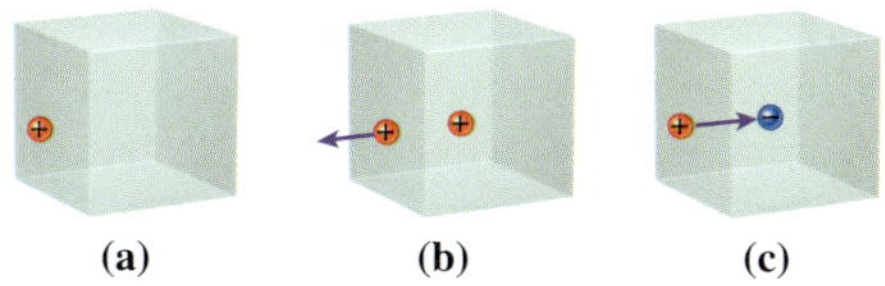

Figura 2.27 Três caixas imaginárias construídas com material que não afeta campos elétricos. Uma carga de prova positiva é trazida para a caixa da esquerda na direção: (a) de uma caixa vazia; (b) de uma caixa com carga positiva dentro; (c) de uma caixa com carga negativa dentro.

2.3 Pausa para teste

A figura mostra um cubo com faces de área A, no qual falta uma face. Este objeto cúbico de cinco faces encontra-se em um campo elétrico uniforme, $\vec{E}$, perpendicular a uma das faces. Qual é o fluxo elétrico líquido através do objeto?

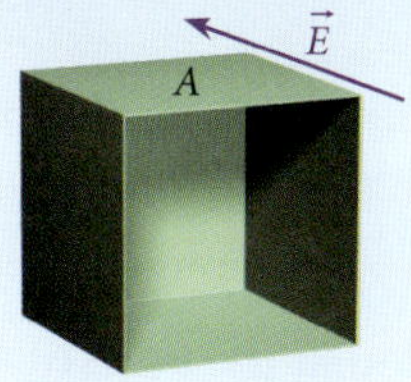

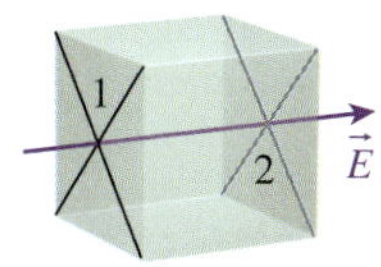

Figura 2.28 Caixa imaginária em um campo elétrico uniforme.

da força orientada para dentro da caixa que a carga de prova experimenta quando aproximada de qualquer uma das faces da caixa.

Em analogia com o fluxo de água, as linhas de campo elétrico parecem fluir para fora da caixa se ela contém uma carga positiva, e para dentro dela caso contenha uma carga negativa.

Agora imaginemos uma caixa vazia em um campo elétrico uniforme (Figura 2.28). Se uma carga de prova positiva for aproximada do lado 1, experimentará uma força orientada para dentro da caixa. Mas ela estiver próxima do lado 2, experimentará uma força orientada para fora da caixa. O campo elétrico é paralelo às outras quatro faces, de modo que uma carga de prova positiva não experimentará força orientada para fora ou para dentro da caixa quando próxima desses lados. Assim, em analogia com o fluxo de água, a quantidade líquida de campo elétrico que flui para dentro e para fora da caixa é nula.

Toda vez que existir uma carga elétrica dentro da caixa, as linhas de campo elétrico parecerão fluir para dentro ou para fora da caixa. E quando não existir carga alguma dentro dela, o fluxo líquido de linhas de campo elétrico para dentro e para fora da caixa será nulo. Essas observações, junto com a definição de fluxo elétrico, que quantifica o conceito de fluxo de linhas de campo elétrico, originam a **lei de Gauss**:

$$\Phi = \frac{q}{\epsilon_0}. \tag{2.15}$$

Aqui, q é a carga líquida no interior de uma superfície fechada, chamada de **superfície gaussiana***. Ela poderia ser uma caixa como tem sido discutido ou uma superfície fechada de forma qualquer. Geralmente, a forma da superfície gaussiana é escolhida de modo a refletir as simetrias envolvidas na situação de um problema.

Uma formulação alternativa da lei de Gauss incorpora a definição de fluxo elétrico (equação 2.14):

$$\oiint \vec{E} \cdot d\vec{A} = \frac{q}{\epsilon_0}. \tag{2.16}$$

De acordo com esta equação, a lei de Gauss estabelece que a integral de superfície de cada componente do campo elétrico perpendicular à correspondente área vezes a própria área é proporcional à carga líquida no interior da superfície fechada. Essa expressão pode agora parecer complicada, mas ela se simplifica consideravelmente em muitos casos e permite que realizemos cálculos de forma muito rápida, os quais de outra maneira seriam muito mais complicados de se resolver.

A lei de Gauss e a lei de Coulomb

Agora podemos derivar a lei de Gauss a partir da lei de Coulomb. Para tal, comecemos com uma carga positiva puntiforme, q. O campo elétrico devido a essa carga é radial e aponta para fora dela, como visto na Seção 2.3. De acordo com a lei de Coulomb (Seção 1.5), o módulo do campo elétrico produzido por essa carga é

$$E = \frac{1}{4\pi\epsilon_0}\frac{q}{r^2}.$$

Agora vamos determinar o fluxo elétrico que atravessa uma superfície fechada em decorrência dessa carga puntiforme. Para superfície gaussiana, escolhemos uma superfície esférica de raio r tendo a carga em seu centro, como mostra a Figura 2.29. O fluxo elétrico devido à carga puntiforme positiva intercepta cada elemento infinitesimal da superfície gaussiana formando um ângulo reto com a mesma. Logo, em cada ponto da superfície gaussiana, o vetor campo elétrico, $\vec{E}$, e o vetor área infinitesimal da superfície, $d\vec{A}$, são mutuamente paralelos. O vetor área

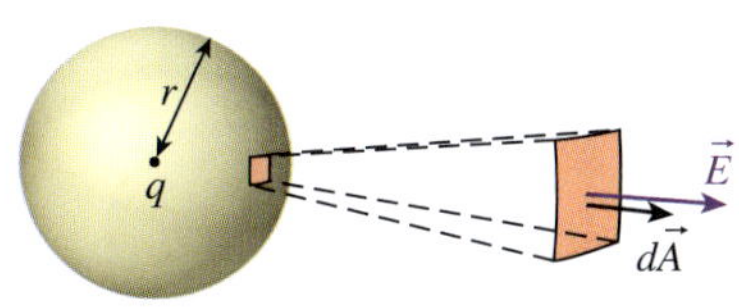

Figura 2.29 Superfície gaussiana esférica de raio r rodeando uma carga q. Ao lado, é mostrada uma vista ampliada de um elemento infinitesimal de superfície de área dA.

* N. de R. T.: A superfície gaussiana é uma superfície matemática, não material.

sempre aponta para fora da superfície gaussiana esférica, mas o vetor campo elétrico aponta para fora ou para dentro, dependendo do sinal da carga contida. No caso de uma carga positiva, o produto escalar do campo elétrico pelo elemento de área infinitesimal de superfície é $\vec{E}\cdot d\vec{A} = E\,dA\cos 0° = E\,dA$. Neste caso, de acordo com a equação 2.14, o fluxo elétrico é

$$\Phi = \oiint \vec{E}\cdot d\vec{A} = \oiint E\,dA.$$

Uma vez que o campo elétrico possui a mesma intensidade em cada ponto do espaço situado a uma mesma distância r da carga puntiforme q, podemos retirar E para fora da integral:

$$\Phi = \oiint E\,dA = E\oiint dA.$$

O que temos agora de calcular é a integral das áreas infinitesimais de uma superfície esférica, o que é igual a $\oiint dA = 4\pi r^2$. Assim, da lei de Coulomb para o caso de uma carga puntiforme

$$\Phi = (E)\left(\oiint dA\right) = \left(\frac{1}{4\pi\epsilon_0}\frac{q}{r^2}\right)\left(4\pi r^2\right) = \frac{q}{\epsilon_0},$$

que é a mesma expressão para a lei de Gauss dada pela equação 2.15. Acabamos de mostrar que a lei de Gauss pode ser derivada da lei de Coulomb para o caso de uma carga puntiforme positiva, mas também pode se mostrar que a lei de Gauss vale para uma distribuição de carga qualquer contida em uma superfície fechada qualquer.

2.4 Pausa para teste

Quais seriam as alterações a serem feitas na dedução precedente da lei de Gauss se uma carga puntiforme negativa fosse considerada?

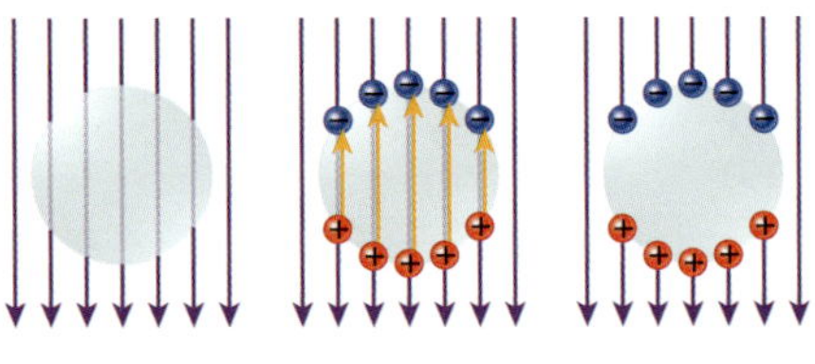

Figura 2.30 Blindagem de um campo elétrico externo (setas verticais roxas) no interior de um condutor.

Blindagem

Duas consequências importantes da lei de Gauss são evidentes:

1. O campo elétrico no interior de qualquer condutor isolado é sempre nulo.
2. Cavidades no interior de condutores são blindadas de campos elétricos.

Para examinar essas consequências, suponhamos que, em algum momento, exista um fluxo elétrico líquido dentro de um condutor isolado; veja a Figura 2.30a. Porém, todo condutor possui elétrons livres em seu interior (círculos azuis na Figura 2.30b), que podem se mover rapidamente em resposta a qualquer campo elétrico externo líquido, deixando para trás íons positivamente carregados (círculos vermelhos na Figura 2.30b). As cargas se moverão para a superfície externa do condutor, não deixando uma acumulação de carga dentro do volume do condutor. As cargas móveis também criarão um campo elétrico dentro do condutor (setas amarelas na Figura 2.30b), e se moverão até que o campo elétrico produzido por elas cancele exatamente o campo externo. O campo elétrico líquido, assim, torna-se nulo em qualquer ponto interno do condutor (Figura 2.30c).

Se uma cavidade for esculpida em um corpo condutor, a carga líquida e, portanto, o campo elétrico total dentro dessa cavidade será sempre nulo, não importa quão intensamente carregado esteja o condutor ou quão intenso seja o campo elétrico externo que atue sobre ele. Para provar isso, consideremos uma superfície gaussiana fechada que rodeia a cavidade, inteiramente dentro do condutor. Da discussão anterior (veja a Figura 2.30), sabemos que, em cada ponto dessa superfície, o campo é nulo. Logo, o fluxo líquido sobre essa superfície também é nulo. Da lei de Gauss, segue então que a superfície não rodeia qualquer carga líquida. Se existe, então, iguais quantidades de carga positiva e negativa sobre a superfície da cavidade (e, portanto, nenhuma carga líquida), tal carga não seria estacionária, pois as cargas positivas e negativas se atrairiam e seriam livres para se movimentar ao redor da superfície da cavidade a fim de se cancelarem. Portanto, qualquer cavidade dentro de um condutor está totalmente blindada de qualquer campo elétrico gerado externamente. Esse efeito é denominado **blindagem eletrostática**.

Uma demonstração convincente dessa blindagem é fornecida colocando-se um recipiente de plástico preenchido com pedacinhos de isopor no topo de um gerador Van de Graaff, que serve de fonte de um campo elétrico intenso (Figura 2.31a). O carregamento do gerador resulta em uma grande quantidade de carga acumulada no domo do gerador, o que produz um intenso campo elétrico na vizinhança. Por causa deste campo, as cargas dos pedaços de isopor separam-se ligeiramente e eles adquirem um momento de dipolo elétrico. Se o campo fosse uniforme, não haveria uma força resultante exercida sobre tais dipolos. Todavia, o campo elétrico não uniforme real exerce uma força, mesmo que os pedaços de isopor sejam eletricamente neutros. Eles voam para fora do recipiente quando o gerador é carregado (Figura 2.31b). O campo elétrico penetra

2.5 Exercícios de sala de aula

Uma esfera condutora oca adquire uma carga negativa uniformemente distribuída. Uma carga positiva $+q$ é aproximada da esfera e posicionada em repouso como mostra a figura. Qual é a orientação do campo elétrico no interior da esfera?

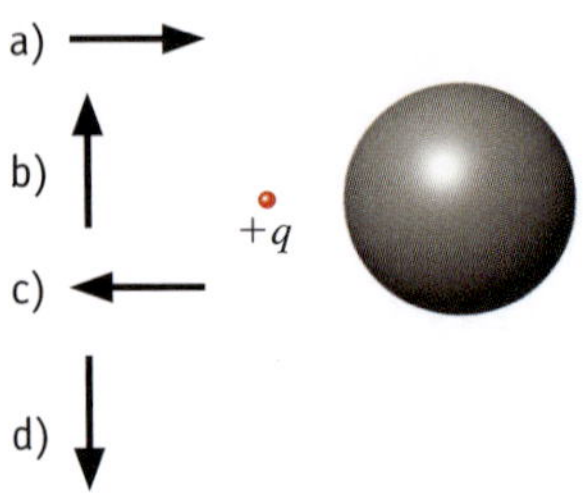

e) O campo é nulo.

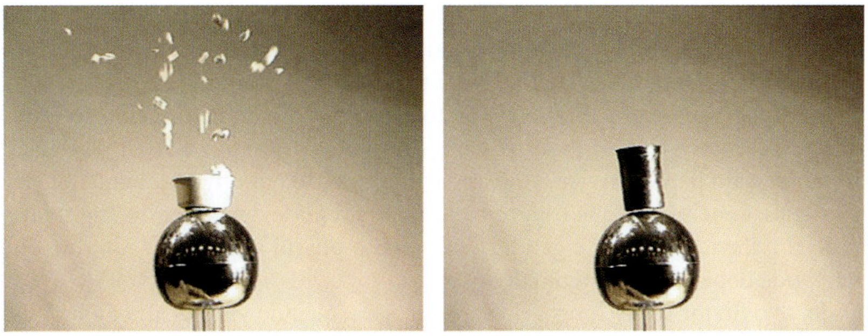

(a) (b)

Figura 2.31 Pedaços de isopor, postos em um recipiente no topo de um gerador Van de Graaff, que é então carregado. (a) Os pedaços voam para fora de um recipiente plástico não condutor. (b) Os pedaços permanecem dentro de uma lata metálica.

Figura 2.32 Uma pessoa dentro da gaiola de Faraday está protegida da alta voltagem aplicada fora da gaiola, produzindo uma enorme faísca. Esta demonstração é realizada várias vezes todos os dias no Deutsches Museum, em Munique, na Alemanha.

facilmente pelas paredes de plástico do recipiente e atinge os pedaços de isopor, enquanto que, de acordo com a lei de Gauss, um recipiente metálico pode fornecer a blindagem de seu interior, assim impedindo os pedaços de isopor de adquirir momentos de dipolo elétricos.

O condutor que rodeia a cavidade não precisa ser um pedaço sólido de metal; mesmo uma rede metálica é suficiente para a blindagem. Isso pode ser demonstrado de uma maneira muito impressionante com uma pessoa sentada dentro de uma gaiola metálica enquanto uma descarga elétrica parecida com um raio atinge a gaiola (Figura 2.32). A pessoa no interior da gaiola não sofre nada, mesmo se ele ou ela tocar no metal da gaiola *pelo lado de dentro*. É importante ter ciência de que danos severos podem ser causados se qualquer parte do corpo entrar em contato com a gaiola; por exemplo, se as mãos agarrarem ao redor das barras da gaiola! Essa gaiola é chamada de gaiola de Faraday, em homenagem ao físico britânico Michael Faraday (1791-1867), que a concebeu.

A gaiola de Faraday tem consequências importantes, das quais a mais relevante provavelmente seja o fato de que seu carro o protege de ser eletrocutado por um raio enquanto você está em seu interior – a menos que seu carro seja um conversível. A chapa metálica e a estrutura metálica ao redor do compartimento dos passageiros fornecem a blindagem necessária. (Porém, quando a fibra de vidro, o plástico e a fibra de carbono começam a substituir as chapas metálicas nos automóveis, a blindagem não existe plenamente.)

2.6 Exercícios de sala de aula

Uma esfera condutora oca encontra-se inicialmente descarregada. Uma carga positiva, $+q_1$, é colocada dentro da esfera, como mostra a figura. Depois, uma segunda carga, $+q_2$, é colocada próxima à esfera, pelo lado de fora. Qual das seguintes afirmativas descreve a força elétrica resultante sobre cada carga?

a) Não existe força elétrica sobre $+q_2$, mas existe sobre $+q_1$.

b) Não existe força elétrica sobre $+q_1$, mas existe sobre $+q_2$.

c) Ambas são atraídas por forças elétricas resultantes de mesmo módulo e de mesmo sentido.

d) Ambas são atraídas por forças elétricas resultantes de mesmo módulo, mas de sentidos opostos.

e) Não existe força resultante sobre cada uma das cargas.

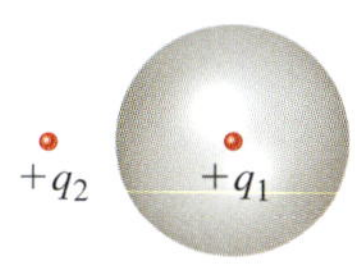

2.9 Simetrias especiais

Nesta seção, determinaremos o campo elétrico devido a objetos carregados de diferentes formas. Na Seção 2.5, as distribuições de carga foram definidas para diferentes geometrias; veja a equação 2.9. A Tabela 2.1 lista os símbolos usados para as distribuições de carga e suas unidades.

Tabela 2.1 Símbolos para distribuições de carga

Símbolo	Nome	Unidade
λ	carga elétrica por comprimento	C/m
σ	carga elétrica por área	C/m^2
ρ	carga elétrica por volume	C/m^3

Simetria cilíndrica

Usando a lei de Gauss, podemos calcular o campo elétrico devido a um fio condutor longo com uma carga uniforme por unidade de comprimento $\lambda > 0$. Primeiro imaginamos uma superfície gaussiana em forma de um cilindro de raio r e comprimento L rodeando o fio de modo que este fique no eixo do cilindro (Figura 2.33). Podemos aplicar a lei de

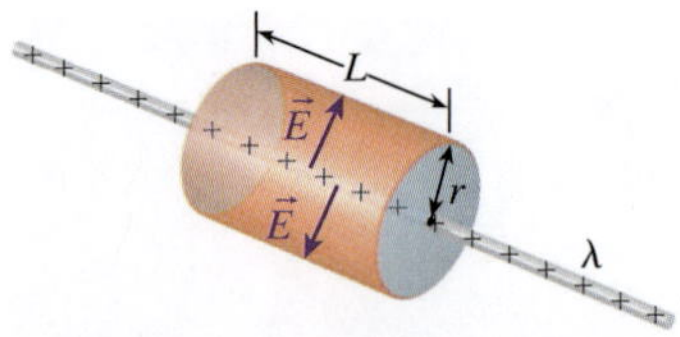

Figura 2.33 Fio longo com carga por unidade de comprimento λ, rodeado por uma superfície gaussiana em forma de um cilindro reto de raio r e comprimento L. Vetores representativos do campo elétrico são mostrados dentro do cilindro.

2.7 Exercícios de sala de aula

Um excesso total de $1,45 \cdot 10^6$ elétrons em um fio inicialmente neutro de comprimento igual a 1,13 m. Qual é a intensidade do campo elétrico em um ponto a uma distância perpendicular de 0,401 m do centro do fio? (*Dica*: considere que um fio de 1,13 m seja suficientemente longo para ser considerado como "infinitamente longo".)

a) $9,21 \cdot 10^{-3}$ N/C.

b) $2,92 \cdot 10^{-1}$ N/C.

c) $6,77 \cdot 10^{1}$ N/C.

d) $8,12 \cdot 10^{2}$ N/C.

e) $3,31 \cdot 10^{3}$ N/C.

2.5 Pausa para teste

Em quanto se altera a resposta ao Exercício de Sala de Aula 2.7 se a hipótese de que o fio seja infinitamente longo não for válida? (*Dica*: consulte o Exemplo 2.3.)

Gauss a esta superfície gaussiana. Por causa da simetria, sabemos que o campo elétrico produzido pelo fio deve ser radial e perpendicular ao fio. O que significa invocar uma simetria merece maior explicação porque esses argumentos são muito comuns.

Primeiro, imaginemos que o fio está sendo girado em torno de um eixo ao longo de seu comprimento. Tal rotação inclui todas as cargas do fio e os campos elétricos que elas produzem. Entretanto, o fio pareceria o mesmo após uma rotação em um ângulo qualquer. A partir desse argumento, concluímos que o campo elétrico não pode depender do ângulo de rotação em torno do fio. Essa conclusão é geral: se um objeto possui *simetria de rotação*, seu campo elétrico não pode depender do ângulo de rotação.

Segundo, se o fio for muito longo, ele parecerá igual quando visto de um ponto qualquer ao longo de seu comprimento. Se o fio aparece como invariável, o campo que ele gera também deve aparecer do mesmo jeito. Isso significa que não existe dependência com a coordenada ao longo do fio. Essa simetria é denominada *simetria de translação*. Uma vez que não existe direção preferencial no espaço ao longo do fio, não pode existir componente de campo elétrico paralelo ao fio.

Retornando à superfície gaussiana, pode-se ver que a contribuição para a integral da lei de Gauss (equação 2.16) devido às extremidades do cilindro é nula, pois o campo elétrico ali é paralelo a essas superfícies e, portanto, é perpendicular aos vetores normais dessas superfícies. Por outro lado, o campo elétrico é perpendicular à parede do cilindro em cada um de seus pontos, de modo que

$$\oiint \vec{E} \bullet d\vec{A} = EA = E(2\pi rL) = \frac{q}{\epsilon_0} = \frac{\lambda L}{\epsilon_0},$$

onde $2\pi rL$ é a área da parede cilíndrica. Resolvendo essa equação, obtemos o módulo do campo elétrico devido a um fio reto e longo uniformemente carregado:

$$E = \frac{\lambda}{2\pi\epsilon_0 r} = \frac{2k\lambda}{r}, \tag{2.17}$$

onde r é a distância perpendicular em relação ao fio. Para $\lambda < 0$, a equação 2.17 ainda se aplica, porém agora o campo elétrico aponta para dentro, em vez de para fora. Note que este é o mesmo resultado que obtivemos no Exemplo 2.3 para o campo elétrico criado por um fio de comprimento infinito – porém aqui obtido de uma maneira muito mais simples!

Você começa a perceber o grande poder operacional da lei de Gauss, que pode ser usado para calcular o campo elétrico resultante de qualquer distribuição de carga, tanto discreta quanto contínua. Entretanto, a lei de Gauss só tem utilidade prática em situações que se possa explorar alguma simetria; de outro modo, será muito difícil calcular o fluxo.

É instrutivo comparar a dependência dos campos elétricos criados por uma carga puntiforme e por um fio reto e longo com a distância em relação aos mesmos. No caso de uma carga puntiforme, o campo elétrico criado diminui com o quadrado da distância, muito mais rapidamente do que o campo elétrico devido a um fio longo, que diminui em proporção inversa com a distância.

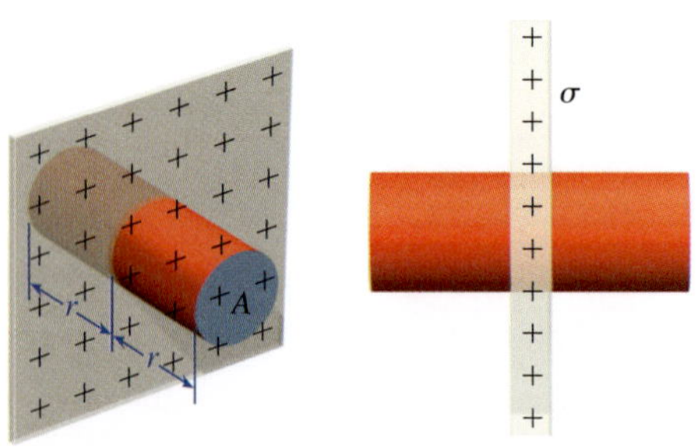

Figura 2.34 Folha não condutora plana e infinita com uma densidade de carga σ. Uma superfície gaussiana na forma de um cilindro reto de seção transversal de área A corta perpendicularmente o plano de modo que uma metade do cilindro, de altura r, fique situada de cada lado do plano.

Simetria planar

Considere uma folha não condutora, plana e fina de carga positiva (Figura 2.34), com uma carga por unidade de área uniforme $\sigma > 0$. Vamos determinar o campo elétrico a uma distância r da superfície deste plano de carga infinita.

Para tal, escolhemos uma superfície gaussiana em forma de cilindro reto fechado com seção transversal de área A e comprimento $2r$, que corta o plano perpendicularmente, como mostrado na Figura 2.34. Uma vez que o plano é infinito e a carga é positiva, o campo elétrico deve ser perpendicular às tampas do cilindro e paralelo à parede cilíndrica. Usando a lei de Gauss, obtemos

$$\oiint \vec{E} \bullet d\vec{A} = (EA + EA) = \frac{q}{\epsilon_0} = \frac{\sigma A}{\epsilon_0},$$

onde σA é a carga do plano contida no interior do cilindro gaussiano. Assim, a intensidade do campo elétrico criado por um plano infinito de carga é

$$E = \frac{\sigma}{2\epsilon_0}. \tag{2.18}$$

Se $\sigma < 0$, a equação 2.18 ainda é válida, porém o campo elétrico correspondente aponta para o plano, e não para fora dele.

Para uma placa condutora infinitamente grande, com densidade de carga $\sigma > 0$, sobre cada face, podemos determinar o campo elétrico escolhendo uma superfície gaussiana na forma de um cilindro reto com tampas. Todavia, neste caso, uma das tampas do cilindro encontra-se mergulhada no material condutor (Figura 2.35). O campo elétrico dentro do condutor é nulo; portanto, não existe fluxo elétrico através dessa tampa. Fora do condutor, o campo elétrico deve ser perpendicular à superfície e, portanto paralelo à parede cilíndrica e perpendicular à tampa do cilindro que se encontra fora do condutor. Logo, o fluxo através da superfície gaussiana total é EA. A carga contida no cilindro é dada por σA, de modo que a lei de Gauss assume a forma

$$\oint\!\!\oint \vec{E} \bullet d\vec{A} = EA = \frac{\sigma A}{\epsilon_0}.$$

Assim, a intensidade do campo elétrico imediatamente fora da superfície de um condutor plano carregado é

$$E = \frac{\sigma}{\epsilon_0}. \quad (2.19)$$

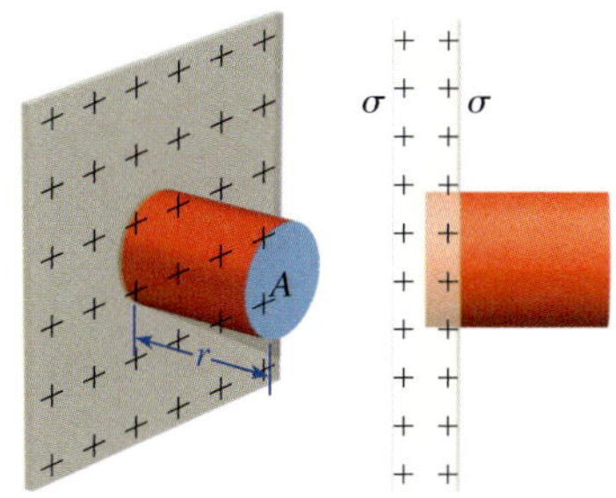

Figura 2.35 Folha condutora plana e infinita com densidade de carga σ sobre cada superfície e uma superfície gaussiana na forma de um cilindro reto com uma das tampas mergulhada no material condutor.

Simetria esférica

Para determinar o campo elétrico criado por uma distribuição de carga esfericamente simétrica, consideramos uma casca esférica fina com carga $q > 0$ e de raio r_s (Figura 2.36).

Aqui, usamos uma superfície gaussiana esférica de raio $r_2 > r_s$, concêntrica à esfera carregada. Aplicando a lei de Gauss, obtemos

$$\oint\!\!\oint \vec{E} \bullet d\vec{A} = E\left(4\pi r_2^2\right) = \frac{q}{\epsilon_0}.$$

Podemos agora isolar o módulo do campo elétrico, E, que é

$$E = \frac{1}{4\pi\epsilon_0}\frac{q}{r_2^2}.$$

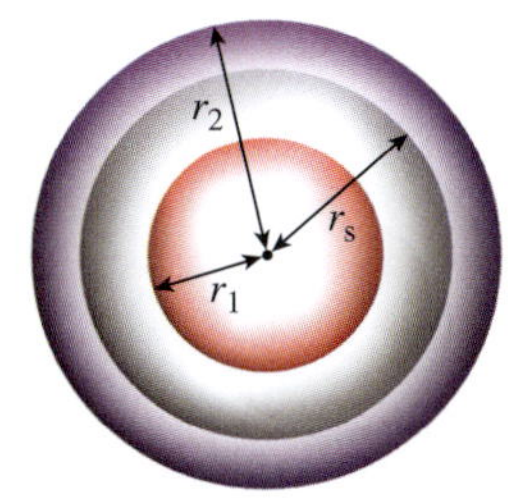

Figura 2.36 Casca esférica carregada de raio r_s, com uma superfície gaussiana de raio $r_2 > r_s$, e uma segunda superfície gaussiana com $r_1 < r_s$.

Se $q < 0$, o campo aponta radialmente para dentro da distribuição, em vez de radialmente para fora dela. Para outra superfície gaussiana esférica, com $r_1 < r_s$, também concêntrica à casca esférica carregada, obtemos

$$\oint\!\!\oint \vec{E} \bullet d\vec{A} = E\left(4\pi r_1^2\right) = 0.$$

Assim, o campo elétrico exterior à casca esférica carregada comporta-se como se a carga fosse puntiforme e estivesse no centro da esfera, enquanto no interior da casca esférica ele é nulo.

Agora vamos determinar o campo elétrico criado pela carga uniformemente distribuída através de um volume esférico, com uma densidade de carga uniforme $\rho > 0$ (Figura 2.37). Seja r raio da esfera. Usamos uma superfície gaussiana na forma de uma esfera de raio $r_1 < r$. Devido à simetria da distribuição de carga, sabemos que o campo elétrico criado por ela é perpendicular à superfície gaussiana escolhida. Assim, podemos escrever

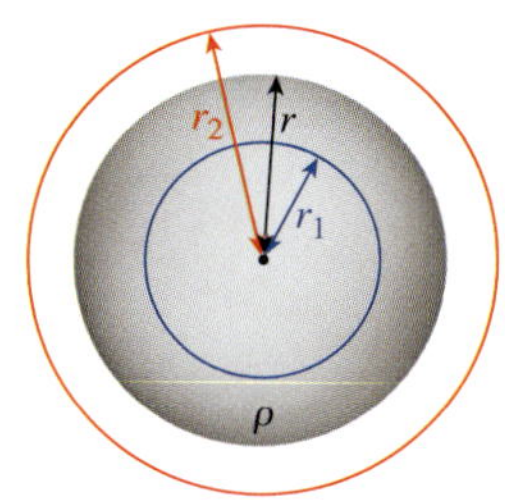

Figura 2.37 Distribuição de carga esférica com carga por unidade de superfície ρ uniforme e de raio r. Duas superfícies gaussianas esféricas também são mostradas, uma de raio $r_1 < r$ e outra com $r_2 > r$.

$$\oint\!\!\oint \vec{E} \bullet d\vec{A} = E\left(4\pi r_1^2\right) = \frac{q}{\epsilon_0} = \frac{\rho}{\epsilon_0}\left(\frac{4}{3}\pi r_1^3\right),$$

onde $4\pi r_1^2$ é a área da superfície gaussiana esférica e $\frac{4}{3}\pi r_1^3$ é o volume contido nela. Da equação anterior, obtemos o campo elétrico a uma distância radial r_1 no interior de uma distribuição de carga uniforme:

$$E = \frac{\rho r_1}{3\epsilon_0}. \quad (2.20)$$

A carga total sobre a esfera, denotada por q_t, é igual ao volume total da distribuição de carga esférica multiplicado pela densidade de carga:

$$q_t = \rho \tfrac{4}{3}\pi r^3.$$

A carga contida na superfície gaussiana é, portanto,

$$q = \frac{\text{volume da superfície de raio } r_1}{\text{volume da distribuição}} q_t = \frac{\frac{4}{3}\pi r_1^3}{\frac{4}{3}\pi r^3} q_t = \frac{r_1^3}{r^3} q_t.$$

Com essa expressão para a carga contida, podemos reescrever a lei de Gauss neste caso na forma

$$\oiint \vec{E} \cdot d\vec{A} = E\left(4\pi r_1^2\right) = \frac{q_t}{\epsilon_0}\frac{r_1^3}{r^3},$$

que nos fornece

$$E = \frac{q_t r_1}{4\pi\epsilon_0 r^3} = \frac{k q_t r_1}{r^3}. \tag{2.21}$$

Se considerarmos uma superfície gaussiana esférica com um raio maior do que o raio da distribuição de carga, $r_2 > r$, podemos aplicar a lei de Gauss como segue:

$$\oiint \vec{E} \cdot d\vec{A} = E\left(4\pi r_2^2\right) = \frac{q_t}{\epsilon_0},$$

ou

$$E = \frac{q_t}{4\pi\epsilon_0 r_2^2} = \frac{k q_t}{r_2^2}. \tag{2.22}$$

2.6 Pausa para teste

Considere uma esfera de raio R com uma carga q distribuída uniformemente através do volume de uma esfera. Qual é a intensidade do campo elétrico em um ponto situado a $2R$ de distância do centro da esfera?

PROBLEMA RESOLVIDO 2.3 Distribuição de carga esférica não uniforme

Uma distribuição de carga esférica, porém não uniforme, é dada por

$$\rho(r) = \begin{cases} \rho_0\left(1 - \dfrac{r}{R}\right) & \text{para } r \le R \\ 0 & \text{para } r > R, \end{cases}$$

onde $\rho_0 = 10{,}0\ \mu\text{C/m}^3$ e $R = 0{,}250$ m.

PROBLEMA

Qual é o campo elétrico produzido por esta distribuição de carga em $r = 0{,}125$ m e em $r = 0{,}500$ m?

SOLUÇÃO

PENSE

Podemos usar a lei de Gauss para determinar o campo elétrico em função da distância radial escolhendo uma superfície gaussiana esférica. Se seu raio for $r = 0{,}125$ m, ela se encontra toda dentro da distribuição de carga. A carga contida nessa gaussiana de raio $r = r_1$ é dada pela integral da densidade de carga desde $r = 0$ até $r = r_1$. Fora da distribuição de carga esférica, o campo elétrico é o mesmo que o produzido por uma carga puntiforme cujo valor é igual à carga total da distribuição esférica.

DESENHE

O gráfico da densidade de carga, ρ, em função do raio, r, é mostrado na Figura 2.38.

PESQUISE

A lei de Gauss (equação 2.16) nos diz que $\oiint \vec{E} \cdot d\vec{A} = q/\epsilon_0$. Dentro da distribuição de carga esférica não uniforme, a uma distância radial $r_1 < R$, a lei de Gauss assume a forma

$$\epsilon_0 E\left(4\pi r_1^2\right) = \int_0^{V_1} \rho(r)\,dV = \int_0^{r_1} \rho_0\left(1 - \frac{r}{R}\right)\left(4\pi r^2\right)dr. \tag{i}$$

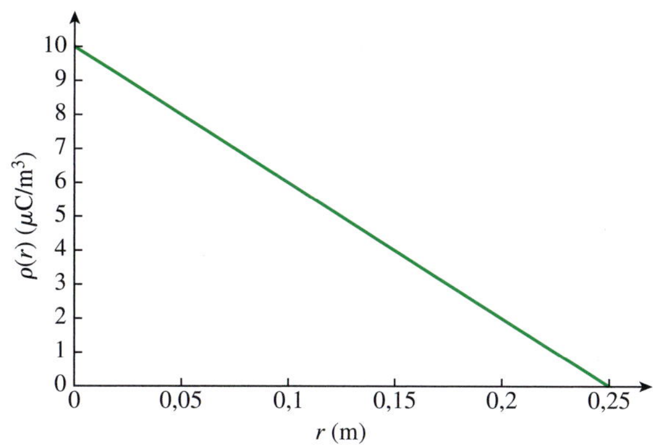

Figura 2.38 Densidade de carga em função da distância radial para uma distribuição de carga esférica e não uniforme.

Efetuando a integração do lado direito da equação (i), obtemos

$$\int_0^{r_1} \rho_0\left(1-\frac{r}{R}\right)\left(4\pi r^2\right)dr = 4\pi\rho_0\int_0^{r_1}\left(r^2-\frac{r^3}{R}\right)dr = 4\pi\rho_0\left(\frac{r_1^3}{3}-\frac{r_1^4}{4R}\right). \quad \text{(ii)}$$

SIMPLIFIQUE

O campo elétrico produzido pela carga contida na região $r_1 \leq R$ é, portanto, dada por

$$E = \frac{4\pi\rho_0\left(\frac{r_1^3}{3}-\frac{r_1^4}{4R}\right)}{\epsilon_0\left(4\pi r_1^2\right)} = \frac{\rho_0}{\epsilon_0}\left(\frac{r_1}{3}-\frac{r_1^2}{4R}\right). \quad \text{(iii)}$$

Para calcular o campo elétrico produzido pela carga contida na região $r > R$, precisamos primeiro conhecer a carga contida na distribuição de carga esférica. Podemos obter a carga total usando a equação (ii) com $r_1 = R$:

$$q_t = 4\pi\rho_0\left(\frac{R^3}{3}-\frac{R^4}{4R}\right) = 4\pi\rho_0\left(\frac{R^3}{3}-\frac{R^3}{4}\right) = 4\pi\rho_0\frac{R^3}{12} = \frac{\pi\rho_0 R^3}{3}.$$

O campo elétrico no exterior da distribuição de carga esférica ($r_1 > R$) é, portanto,

$$E = \frac{1}{4\pi\epsilon_0}\frac{q_t}{r_1^2} = \frac{1}{4\pi\epsilon_0}\frac{\frac{1}{3}\pi\rho_0 R^3}{r_1^2} = \frac{\rho_0 R^3}{12\epsilon_0 r_1^2}. \quad \text{(iv)}$$

CALCULE

Em $r_1 = 0{,}125$ m, o campo elétrico possui uma intensidade

$$E = \frac{\rho_0}{\epsilon_0}\left(\frac{r_1}{3}-\frac{r_1^2}{4R}\right) = \frac{10{,}0\ \mu\text{C/m}^3}{8{,}85\cdot 10^{-12}\ \text{C}^2/\text{N m}^2}\left(\frac{0{,}125\ \text{m}}{3}-\frac{(0{,}125\ \text{m})^2}{4(0{,}250\ \text{m})}\right) = 29.425{,}6\ \text{N/C}.$$

O campo elétrico em $r_1 = 0{,}500$ m é de intensidade

$$E = \frac{\rho_0 R^3}{12\epsilon_0 r_1^2} = \frac{(10{,}0\ \mu\text{C/m}^3)(0{,}250\ \text{m})^3}{12(8{,}85\cdot 10^{-12}\ \text{C}^2/\text{N m}^2)(0{,}500\ \text{m})^2} = 5885{,}12\ \text{N/C}.$$

ARREDONDE

Apresentamos nossos resultados com três algarismos significativos. Em $r_1 = 0{,}125$ m, a intensidade do campo elétrico é

$$E = 2{,}94 \cdot 10^4\ \text{N/C}.$$

Já em $r_1 = 0{,}500$ m, a intensidade do campo é

$$E = 5{,}89 \cdot 10^3\ \text{N/C}.$$

Continua →

SOLUÇÃO ALTERNATIVA

Em $r_1 = R$, o campo elétrico pode ser obtido usando-se a equação (iii):

$$E = \frac{\rho_0}{\epsilon_0}\left(\frac{R}{3} - \frac{R^2}{4R}\right) = \frac{\rho_0 R}{12\epsilon_0} = \frac{\left(10{,}0\ \mu\text{C/m}^3\right)\left(0{,}250\ \text{m}\right)}{12\left(8{,}85 \cdot 10^{-12}\,\text{C}^2/\text{N m}^2\right)} = 2{,}35 \cdot 10^4\ \text{N/C}.$$

Podemos usar também a equação (iv) para determinar o campo no exterior da distribuição de carga esférica, porém muito próximo de sua superfície, onde $r_1 \approx R$:

$$E = \frac{\rho_0 R^3}{12\epsilon_0 R^2} = \frac{\rho_0 R}{12\epsilon_0},$$

igual ao resultado que obtivemos para $r_1 \leq R$. O campo elétrico calculado na superfície da distribuição de carga esférica é menor do que o campo em $r_1 = 0{,}125$ m, o que pode parecer contraintuitivo. O gráfico da Figura 2.39 dá uma ideia geral da intensidade E em r_1, traçado de acordo com as equações (iii) e (iv).

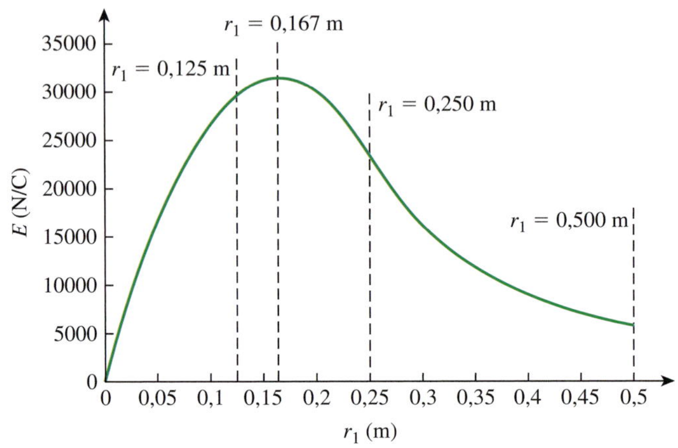

Figura 2.39 Campo elétrico produzido por uma distribuição de carga esférica não uniforme em função da distância em relação ao centro da esfera.

Você pode verificar que existe um máximo do campo elétrico e que nosso resultado para $r_1 = 0{,}125$ m é menor do que tal valor máximo. Podemos calcular a distância radial em que esse máximo ocorre derivando a equação (iii) com respeito a r_1, igualando o resultado a zero e isolando r_1:

$$\frac{dE}{dr_1} = \frac{\rho_0}{\epsilon_0}\left(\frac{1}{3} - \frac{r_1}{2R}\right) = 0 \Rightarrow$$

$$\frac{1}{3} = \frac{r_1}{2R} \Rightarrow r_1 = \frac{2}{3}R.$$

Portanto, esperamos que o máximo do campo elétrico ocorra em $r_1 = \frac{2}{3}R = 0{,}167$ m. O gráfico da Figura 2.39 de fato mostra que existe um máximo neste valor de distância radial. Ele também revela que o valor de E em $r = 0{,}250$ m é menor do que em $r = 0{,}125$ m, como obtivemos em nossos cálculos. Assim, nossas respostas são plausíveis.

2.8 Exercícios de sala de aula

Suponha que uma bola de aço maciça descarregada, por exemplo, uma daquelas bolas usadas nas antigas máquinas de *pin-ball*, repouse sobre um isolante perfeito. Uma pequena quantidade de carga negativa (digamos, correspondente a algumas centenas de elétrons) seja acumulada no polo norte da bola. Se você pudesse checar a distribuição dessa carga após alguns segundos, o que detectaria?

a) Todas as cargas acumuladas teriam desaparecido, e a bola estaria eletricamente neutra de novo.

b) Todas as cargas acumuladas teriam se movido para o centro da bola.

c) Todas as cargas acumuladas teriam se distribuído uniformemente sobre a superfície da esfera.

d) A carga acumulada ainda estaria localizada muito próxima do polo norte da bola.

e) A carga acumulada estaria descrevendo um movimento harmônico simples entre os polos sul e norte da bola.

Assim, o campo elétrico fora de uma distribuição de carga esférica e uniforme é igual ao campo devido a uma carga puntiforme de mesmo valor localizada no centro da esfera.

Pontas e para-raios

Já vimos que o campo elétrico é perpendicular à superfície de um condutor. (Lembrando, se existisse uma componente de campo elétrico paralela ao condutor, as cargas dentro dela se movimentariam até que atingissem um novo equilíbrio, ou seja, não existe qualquer componente de força ou de campo elétrico na direção do movimento, isto é, ao longo da superfície do conduto.) A Figura 2.40a mostra a distribuição das cargas na superfície de um condutor pontiagudo. Observe que as cargas estão mais amontoadas na parte pontiaguda, onde a curvatura é máxima. Próximo a uma extremidade pontiaguda de um corpo condutor, o campo elétrico se parece muito com o produzido por uma carga puntiforme, com as linhas de campo divergindo radialmente (Figura 2. 40b).

2.9 Exercícios de sala de aula

Suponha que uma esfera oca descarregada feita de um material perfeitamente isolante, uma bola de pingue-pongue, por exemplo, em repouso sobre um isolante perfeito. Uma pequena quantidade de carga negativa (digamos, correspondente a algumas centenas de elétrons) é acumulada no polo norte da esfera. Se você pudesse checar a distribuição dessa carga após alguns segundos, o que detectaria?

a) Todas as cargas acumuladas teriam desaparecido, e a esfera estaria eletricamente neutra de novo.

b) Todas as cargas acumuladas teriam se movido para o centro da esfera.

c) Todas as cargas acumuladas teriam se distribuído uniformemente sobre a superfície da esfera.

d) A carga acumulada ainda estaria localizada muito próxima do polo norte da esfera.

e) A carga acumulada estaria descrevendo um movimento harmônico simples entre os polos sul e norte da esfera.

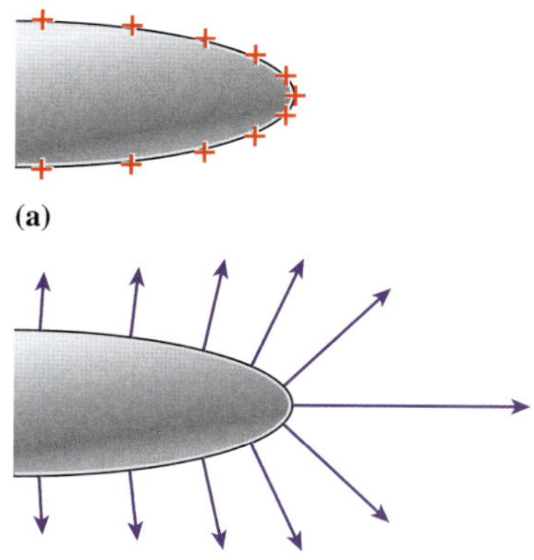
(a)
(b)

Figura 2.40 Uma extremidade pontiaguda de um condutor (onde é grande a curvatura): (a) distribuição das cargas; (b) campo elétrico na superfície do condutor.

Uma vez que as linhas estão mais amontoadas próximo à extremidade pontiaguda do condutor, o campo elétrico ali é mais intenso do que na parte menos curva do condutor.

Benjamin Franklin propôs que se usassem hastes metálicas com extremidades pontiagudas como para-raios (Figura 2.41). Ele argumentava que as pontas afiladas dissipariam a carga elétrica acumulada durante uma tempestade, prevenindo a ocorrência de uma descarga elétrica. Quando Franklin instalava hastes desse tipo, ele levou uma descarga elétrica, em vez dos edifícios que ele queria proteger. Todavia, descobertas recentes indicam que os para-raios usados para proteger estruturas de raios deveriam ter extremidades obtusas, arredondadas. Ao ser carregado durante condições de tempestade, um para-raios convencional com extremidades pontiagudas cria um campo elétrico intenso que ioniza localmente o ar, produzindo assim uma condição que propicia realmente a ocorrência de uma descarga. Em vez disso, para-raios com extremidades arredondadas são apenas efetivas em proteger estruturas de descargas, mas não para aumentar a chance de ocorrência de uma descarga. Seja qual for o tipo de para-raios usado, entretanto, ele deverá estar cuidadosamente aterrado a fim de poder transmitir a carga de um raio para longe da estrutura sobre a qual foi instalado.

Figura 2.41 Para-raios em forma de ponta instalado no topo de um prédio.

O QUE JÁ APRENDEMOS | GUIA DE ESTUDO PARA EXERCÍCIOS

- A força elétrica, $\vec{F}(\vec{r})$, sobre uma carga q, devido a um campo elétrico $\vec{E}(\vec{r})$, é dada por $\vec{F}(\vec{r}) = q\vec{E}(\vec{r})$.
- Em qualquer ponto do espaço, o campo elétrico é igual à soma vetorial dos campos elétricos produzidos por todas as fontes: $\vec{E}_t(\vec{r}) = \vec{E}_1(\vec{r}) + \vec{E}_2(\vec{r}) + \cdots + \vec{E}_n(\vec{r})$
- A intensidade do campo elétrico produzido por uma carga puntiforme q, a uma distância r da mesma, é dada por $E(r) = \dfrac{1}{4\pi\epsilon_0}\dfrac{|q|}{r^2} = \dfrac{k|q|}{r^2}$. O campo elétrico aponta radialmente para fora de uma carga puntiforme positiva, e em sentido contrário se a carga puntiforme for negativa.
- Um sistema formado por duas cargas puntiformes de mesmo valor absoluto e sinais opostos constitui um dipolo elétrico. O módulo, p, do momento de dipolo elétrico correspondente é dado por $p = qd$, onde q é o valor absoluto de ambas as cargas e d é a distância entre elas. O momento de dipolo elétrico é um vetor orientado da carga negativa para a positiva. Ao longo do eixo do dipolo, ele produz um campo elétrico próprio de intensidade $E = \dfrac{p}{2\pi\epsilon_0 |x|^3}$, onde $|x| \gg d$.
- A lei de Gauss estabelece que sobre uma superfície fechada o fluxo do campo elétrico é igual à carga contida nessa superfície dividida por ϵ_0: $\oiint \vec{E} \cdot d\vec{A} = \dfrac{q}{\epsilon_0}$.
- O campo elétrico infinitesimal é dado por $dE = kdq/r^2$, e a carga infinitesimal que o produziu é

$$\left.\begin{matrix} dq = \lambda dx \\ dq = \sigma dA \\ dq = \rho dV \end{matrix}\right\} \text{para uma carga distribuída} \left\{\begin{matrix} \text{ao longo de uma linha} \\ \text{sobre uma superfície} \\ \text{em um volume} \end{matrix}\right.$$

- A intensidade do campo elétrico a uma distância r de um fio reto e longo, com uma densidade de carga linear $\lambda > 0$, é dada por $E = \dfrac{\lambda}{2\pi\epsilon_0 r} = \dfrac{2k\lambda}{r}$.

- A intensidade do campo elétrico produzido por um plano infinito e não condutor, com uma densidade de carga uniforme $\sigma > 0$, é dada por $E = \frac{1}{2}\sigma/\epsilon_0$.
- A intensidade do campo elétrico produzido por um plano infinito e condutor, com uma densidade de carga uniforme $\sigma > 0$, em cada um os lados, é dada por $E = \sigma/\epsilon_0$.
- O campo elétrico no interior de um condutor fechado é nulo.
- O campo elétrico no exterior de um condutor esférico carregado é igual àquele produzido por uma carga puntiforme de mesmo valor localizada no centro da esfera.

TERMOS-CHAVE

blindagem eletrostática, p. 52
campo elétrico, p. 35
campo, p. 35
carga de prova, p. 36
dipolo elétrico, p. 40
fluxo elétrico, p. 49
lei de Gauss, p. 51
linhas de campo elétrico, p. 36
momento de dipolo elétrico, p. 40
princípio da superposição, p. 36
superfície gaussiana, p. 51

NOVOS SÍMBOLOS E EQUAÇÕES

$\vec{E}$, campo elétrico

$p = qd$, momento de dipolo elétrico

$\oiint \vec{E} \bullet d\vec{A} = \frac{q}{\epsilon_0}$, lei de Gauss

ϕ, fluxo elétrico

λ, carga por unidade de comprimento

σ, carga por unidade de área

ρ, carga por unidade de volume

RESPOSTAS DOS TESTES

2.1 O campo elétrico está orientado para baixo nos pontos A, C e E, e para cima nos pontos B e D. (Existe um campo elétrico no ponto E, mesmo que nenhuma linha tenha sido desenhada ali; as linhas de campo constituem apenas uma amostra de representações do campo elétrico, que também existe entre as linhas de campo desenhadas.) O campo é mais intenso no ponto E, o que pode ser concluído a partir do fato de que é em torno dele que as linhas estão mais amontoadas.

2.2 As duas forças exercidas sobre as duas cargas em presença de um campo elétrico produzem um torque sobre o dipolo elétrico, em torno de seu centro de massa, dado por

$$\tau = (\text{força}_+)(\text{braço de alavanca}_+)(\text{sen}\,\theta) + (\text{força}_-)(\text{braço de alavanca}_-)(\text{sen}\,\theta).$$

O comprimento do braço de alavanca em ambos os casos é $\frac{1}{2}d$, e o módulo da força sobre ambas as cargas é $F = qE$. Portanto, o torque sobre o dipolo elétrico é

$$\tau = qE\left(\frac{d}{2}\,\text{sen}\,\theta\right) + qE\left(\frac{d}{2}\,\text{sen}\,\theta\right) = qEd\,\text{sen}\,\theta.$$

2.3 O fluxo elétrico líquido através do objeto é EA. Lembre-se, o objeto de fato não possui uma superfície fechada; de outro modo, o resultado seria 0.

2.4 O sinal do produto escalar é trocado, uma vez que o campo elétrico aponta radialmente para dentro: $\vec{E} \bullet d\vec{A} = EdA \cos 180° = -EdA$. Porém, o valor do campo elétrico produzido pela carga negativa é alterado para $E = \frac{1}{4\pi\epsilon_0}\frac{-q}{r^2}$. Os dois sinais negativos se cancelam, dando os mesmos resultados usando-se a lei de Coulomb ou a lei de Gauss para uma carga puntiforme, independentemente do sinal da carga.

2.5 Para um fio reto de comprimento infinito, $E_y = \frac{2k\lambda}{y}$; no caso de um fio reto de comprimento finito, $E_y = \frac{2k\lambda}{y}\frac{a}{\sqrt{y^2 + a^2}}$.

Para os valores fornecidos no Exercício de Sala de Aula, $\frac{a}{\sqrt{y^2 + a^2}} = \frac{0{,}565}{\sqrt{0{,}401^2 + 0{,}565^2}} = 0{,}815$. Logo, a aproximação de fio "infinitamente longo" apresenta um erro de aproximadamente 18%.

2.6 A esfera carregada se comporta como se fosse uma carga puntiforme, de modo que o campo elétrico é

$$E = k\frac{q}{(2R)^2} = k\frac{q}{4R^2}.$$

GUIA DE RESOLUÇÃO DE PROBLEMAS

1. Você tem certeza de que sabe distinguir entre o ponto em que um campo elétrico é gerado e o ponto em que este campo elétrico é determinado?

2. Alguns dos passos principais para determinar cargas e forças eletrostáticas também se aplicam a campos elétricos: use as simetrias existentes para simplificar cálculos; lembre-se de que o campo é constituído por vetores e, portanto, você deve usar operações vetoriais em vez de operações algébricas simples tais como soma, multiplicação e assim por diante; converta as unidades para metros e coulombs a fim de haver consistência entre os valores fornecidos das constantes.

3. Lembre-se de usar a forma correta da densidade de carga nos cálculos do campo: λ no caso de uma densidade de carga linear, σ para uma densidade de carga superficial, e ρ para uma densidade de carga volumétrica.

4. A chave para usar a lei de Gauss é escolher uma superfície gaussiana de forma adequada no caso de um problema em que há simetria(s). Superfícies gaussianas cúbicas, cilíndricas e esféricas são comumente usadas.

5. Com frequência, você pode dividir uma superfície gaussiana em elementos de superfície que são perpendiculares ou paralelos às linhas de campo elétrico locais. Se as linhas de campo forem perpendiculares à superfície, o fluxo elétrico correspondente será, simplesmente, produto da intensidade do campo pela área, EA, ou $-EA$ caso o campo apontar para dentro e não para fora. Se as linhas de campo forem paralelas à superfície, o fluxo através dela será nulo. O fluxo total é a soma dos fluxos através de cada elemento de superfície considerada da superfície gaussiana. Lembre-se de que um fluxo nulo através de uma superfície gaussiana não significa necessariamente que o campo elétrico seja nulo.

PROBLEMA RESOLVIDO 2.4 Elétron em movimento acima de uma placa carregada

PROBLEMA

Um elétron com energia cinética de 2.000 eV (1 eV = $1{,}602 \cdot 10^{-19}$ J) é arremessado horizontalmente acima de uma placa horizontal condutora com uma densidade de carga superficial de $+4{,}00 \cdot 10^{-6}$ C/m^2. Considerando a orientação de baixo para cima como positiva (em afastamento da placa), qual é o desvio vertical sofrido pelo elétron após ele ter se deslocado por uma distância horizontal de 4,00 cm?

SOLUÇÃO

PENSE

A velocidade inicial do elétron é horizontal. Durante seu movimento, ele experimenta uma força atrativa constante exercida pela placa positivamente carregada, o que produz uma aceleração constante orientada para baixo. Podemos calcular o tempo decorrido para que o elétron desloque-se 4,00 cm na direção horizontal, e depois usá-lo para determinar o desvio vertical do elétron.

DESENHE

A Figura 2.42 mostra o elétron com velocidade inicial $\vec{v}_0$ na direção horizontal. A posição inicial do elétron é escolhida como sendo $x_0 = 0$ e $y = y_0$.

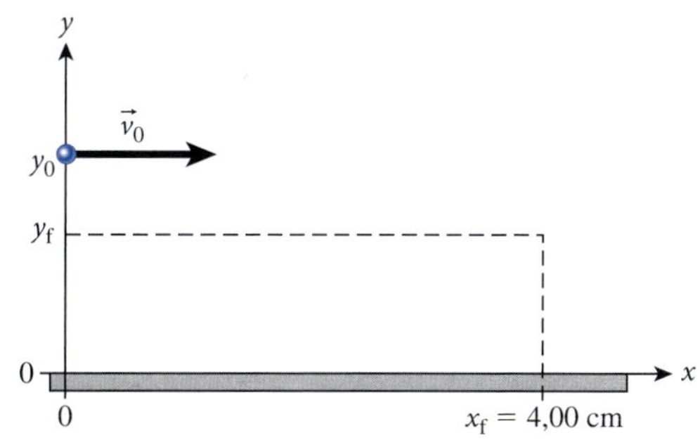

Figura 2.42 Um elétron move-se com velocidade inicial $\vec{v}_0$ para a direita acima de uma placa condutora carregada.

PESQUISE

O tempo decorrido para que o elétron percorra a distância dada é

$$t = x_f / v_0, \tag{i}$$

onde x_f é a posição horizontal final e v_0 é a velocidade inicial do elétron. Enquanto o elétron está em movimento, experimenta uma força exercida pela placa condutora carregada. A força está orientada para baixo (em direção à placa) e tem um módulo dado por

$$F = qE = e\frac{\sigma}{\epsilon_0}, \tag{iii}$$

onde σ é a densidade de carga sobre a placa condutora, e e é o módulo da carga de um elétron. Essa força produz uma aceleração orientada verticalmente para baixo e cujo módulo é dado por $a = F/m$, onde m é a massa de um elétron. Usando a relação para a força da equação (ii), podemos expressar o módulo da aceleração como

$$a = \frac{F}{m} = \frac{e\sigma}{m\epsilon_0}. \tag{iii}$$

Note que se trata de uma aceleração constante. Portanto, a posição vertical do elétron como função do tempo é dada por

$$y_f = y_0 - \tfrac{1}{2}at^2 \Rightarrow y_f - y_0 = -\tfrac{1}{2}at^2. \tag{iv}$$

Continua →

Finalmente podemos relacionar a energia cinética inicial do elétron à sua velocidade inicial como

$$K = \tfrac{1}{2}mv_0^2 \Rightarrow v_0^2 = \frac{2K}{m}. \qquad \text{(v)}$$

SIMPLIFIQUE

Usando as expressões para o tempo e para a aceleração, equações (i) e (iii), junto com a equação (iv), obtemos

$$y_f - y_0 = -\frac{1}{2}at^2 = -\frac{1}{2}\left(\frac{e\sigma}{m\epsilon_0}\right)\left(\frac{x_f}{v_0}\right)^2 = -\frac{e\sigma x_f^2}{2m\epsilon_0 v_0^2}. \qquad \text{(vi)}$$

Substituindo agora a expressão para o quadrado da velocidade inicial, equação (v), na expressão do lado direito da equação (vi), fornece

$$y_f - y_0 = -\frac{e\sigma x_f^2}{2m\epsilon_0\left(\frac{2K}{m}\right)} = -\frac{e\sigma x_f^2}{4\epsilon_0 K}. \qquad \text{(vii)}$$

CALCULE

Primeiro convertemos a energia cinética do elétron de elétron-volts para joules:

$$K = (2000\text{ eV})\frac{1{,}602\cdot 10^{-19}\text{ J}}{1\text{ eV}} = 3{,}204\cdot 10^{-16}\text{ J}.$$

Substituindo os valores numéricos na equação (vii), obtemos

$$y_f - y_0 = -\frac{e\sigma x_f^2}{4\epsilon_0 K} = -\frac{(1{,}602\cdot 10^{-19}\text{ C})(4{,}00\cdot 10^{-6}\text{ C/m}^2)(0{,}0400\text{ m})^2}{4(8{,}85\cdot 10^{-12}\text{ C}^2/(\text{N m}^2))(3{,}204\cdot 10^{-16}\text{ J})} = -0{,}0903955\text{ m}.$$

ARREDONDE

Apresentamos nosso resultado com três algarismos significativos:

$$y_f - y_0 = -0{,}0904\text{ m} = -9{,}04\text{ cm}.$$

SOLUÇÃO ALTERNATIVA

O desvio vertical que calculamos é cerca do dobro da distância que o elétron percorre na direção x, o que é plausível, pelo menos no sentido de que são de mesma ordem de grandeza. Além disso, a equação (vii) para o desvio possui várias características que devem estar presentes. Em primeiro lugar, a trajetória prevista é parabólica, o que esperávamos no caso de uma força constante e, portanto, de uma aceleração constante. Em segundo lugar, para uma densidade de carga superficial nula, ela prevê nenhum desvio. Em terceiro lugar, no caso de energias cinéticas extremamente elevadas ela prevê um desvio desprezível, o que também é o que esperávamos por intuição física.

QUESTÕES DE MÚLTIPLA ESCOLHA

2.1 Para ser capaz de determinar o campo elétrico produzido por uma distribuição de carga conhecida usando a lei de Gauss, qual das seguintes condições *deve* ser satisfeita?

a) A distribuição de carga deve estar em um meio não condutor.

b) A distribuição de carga deve estar em um meio condutor.

c) A distribuição de carga deve possuir simetria esférica ou cilíndrica.

d) A distribuição de carga deve ser uniforme.

e) A distribuição de carga deve possuir um alto grau de simetria que permita se tirar conclusões imediatas acerca de como deve ser o campo elétrico.

2.2 Um dipolo elétrico consiste em duas cargas de mesmo valor absoluto e sinais opostos situadas a uma distância muito pequena uma da outra. Quando ele é colocado em um campo elétrico uniforme, qual das seguintes afirmativas é verdadeira?

a) O dipolo não experimentará uma força resultante por parte do campo; uma vez que as cargas são de mesmo valor absoluto e de sinais opostos, os efeitos individuais se cancelam.

b) Não existirá uma força resultante e nenhum torque resultante exercido sobre o dipolo.

c) Haverá uma força resultante, mas não um torque resultante exercido sobre o dipolo.

d) Não existirá uma força resultante, mas haverá (em geral) um torque resultante exercido sobre o dipolo.

2.3 Uma carga puntiforme, $+Q$, está posicionada sobre o eixo x em $x = a$, e uma segunda carga puntiforme, $-Q$, encontra-se também sobre o eixo x em $x = -a$. Uma superfície gaussiana de raio $r = 2a$ está centrada na origem. O fluxo através dessa superfície gaussiana é

a) nulo.
b) maior do que zero.
c) menor do que zero.
d) Nenhuma das alternativas anteriores.

2.4 Uma carga $+2q$ é colocada no centro de uma casca condutora carregada. Quais serão as cargas nas superfícies interior e exterior da casca, respectivamente?

a) $-2q, +2q$
b) $-q, +q$
c) $-2q, -2q$
d) $-2q, +4q$

2.5 Duas placas infinitas não condutoras são paralelas uma à outra, com uma separação $d = 10{,}0$ cm entre elas, como mostrado na figura. Cada placa possui uma distribuição de carga uniforme $\sigma = 4{,}5\ \mu\text{C/m}^2$. Qual é o campo elétrico, $\vec{E}$, no ponto P (com $x_P = 20{,}0$ cm)?

a) 0 N/C
b) $2{,}54\ \hat{x}$ N/C
c) $(-5{,}08 \cdot 10^5)\ \hat{x}$ N/C
d) $(5{,}08 \cdot 10^5)\ \hat{x}$ N/C
e) $(-1{,}02 \cdot 10^6)\ \hat{x}$ N/C
f) $(1{,}02 \cdot 10^6)\ \hat{x}$ N/C

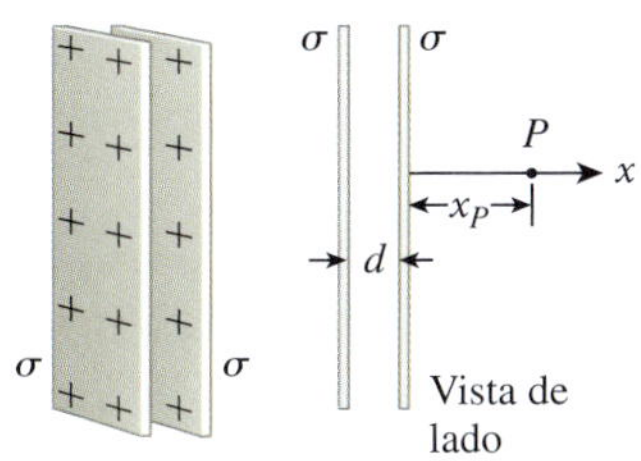

2.6 Em qual das seguintes localizações o campo elétrico é mais intenso?

a) Em um ponto a 1 m de uma carga puntiforme de 1 C.

b) Em um ponto a 1 m de distância (perpendicular) em relação ao centro de um fio de 1 m de comprimento dotado de 1 C de carga distribuída sobre ele.

c) Em um ponto a 1 m de distância (perpendicular) em relação ao centro de uma placa de 1 m^2 de área dotada de 1 C de carga distribuída sobre ela.

d) Em um ponto a 1 m da superfície de uma casca esférica dotada de 1 C de carga e com um raio de 1 m.

e) Em um ponto a 1 m da superfície de uma casca esférica dotada de 1 C de carga e com um raio de 0,5 m.

2.7 O fluxo elétrico através de uma superfície gaussiana esférica de raio R, centrada em uma carga Q, é de 1.200 N/(C m^2). Qual é o fluxo elétrico através de uma superfície gaussiana cúbica de lado R centrada na mesma carga Q?

a) Menor do que 1.200 N/(C m^2).
b) Maior do que 1.200 N/(C m^2).
c) Igual a 1.200 N/(C m^2).
d) Isso não pode ser determinado a partir das informações fornecidas.

2.8 Uma única carga puntiforme positiva, q, encontra-se em um dos vértices de um cubo com lados de comprimento L, como mostrado na figura. O fluxo elétrico total através de três lados adjacentes é nulo. O fluxo total através de cada um dos outros lados é

a) $q/3\epsilon_0$.
b) $q/6\epsilon_0$.
c) $q/24\epsilon_0$.
d) $q/8\epsilon_0$.

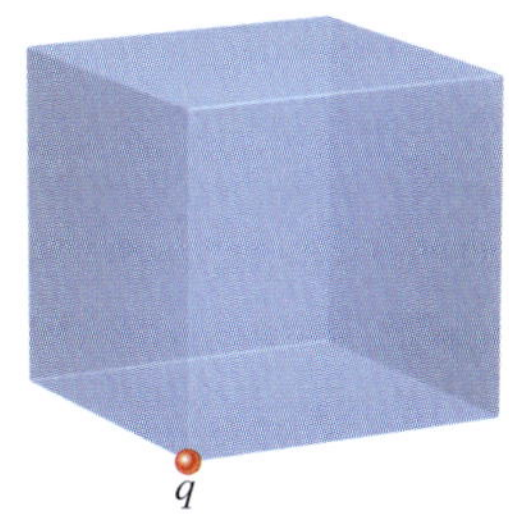

2.9 Três cargas puntiformes de –9 mC estão localizadas em (0,0), (3 m,3 m) e (3 m, –3 m). Qual é a intensidade do campo elétrico em (3 m,0)?

a) $0{,}9 \cdot 10^7$ N/C
b) $1{,}2 \cdot 10^7$ N/C
c) $1{,}8 \cdot 10^7$ N/C
d) $2{,}4 \cdot 10^7$ N/C
e) $3{,}6 \cdot 10^7$ N/C
f) $5{,}4 \cdot 10^7$ N/C
g) $10{,}8 \cdot 10^7$ N/C

2.10 Qual (ou quais) das seguintes afirmativas é (são) correta(s)?

a) *Não* ocorrerá alteração alguma da carga da superfície interna de uma esfera condutora oca se uma carga adicional for depositada sobre a superfície externa.

b) Alguma alteração ocorrerá na carga da superfície interna de uma esfera condutora oca se uma carga adicional for depositada na superfície externa.

c) *Não* ocorrerá alteração alguma da carga da superfície interna de uma esfera condutora oca se uma carga adicional for colocada no centro da esfera.

d) Alguma alteração ocorrerá na carga da superfície interna de uma esfera condutora oca se uma carga adicional for colocada no centro da esfera.

QUESTÕES

2.11 Muitas pessoas estão sentadas há algum tempo dentro de um carro quando ele é atingido por um raio. Por que elas podem sobreviver a tal experiência?

2.12 Por que constitui uma má ideia permanecer sob uma árvore durante uma tempestade? O que deveria alguém fazer, em vez disso, para evitar ser eletrocutado por raio?

2.13 Por que as linhas de campo elétrico jamais se cruzam?

2.14 Como é possível que o fluxo através de uma superfície fechada não dependa da localização da carga no interior da superfície (isto é, a carga pode ser movimentada ao longo da superfície interna sem afetar em nada o fluxo)? De acordo com a lei de Gauss, se a carga for movida do interior logo abaixo da superfície interna para o exterior logo acima da superfície externa, o fluxo se anula de forma descontínua. Isso realmente ocorre? Explique.

2.15 Uma esfera condutora maciça de raio r_1 possui uma carga total $+3Q$. Ela está localizada dentro de uma casca esférica condutora de raio interno r_2 e raio externo r_3 (e concêntrica a ela). Determine o campo elétrico nas seguintes regiões: $r < r_1$; $r_1 < r < r_2$; $r_2 < r < r_3$ e $r > r_3$.

2.16 Uma haste delgada possui extremidades pontiagudas em $x = \pm 100$ cm. Existe uma carga Q distribuída uniformemente ao longo da haste.

a) Qual é o campo elétrico em um ponto muito próximo ao ponto central da haste?

b) Qual é o campo elétrico a poucos centímetros (perpendicularmente) em relação ao ponto central da haste?

c) Qual é o campo elétrico a uma distância muito grande (e perpendicular) em relação ao ponto central da haste?

2.17 Um dipolo encontra-se completamente contido em uma superfície esférica. Descreva como varia o fluxo total através desta superfície com a intensidade do dipolo.

2.18 Refaça o Exemplo 2.3 considerando agora que a distribuição de carga seja $-\lambda$ para $-a < x < 0$ e $+\lambda$ para $0 < x < a$.

2.19 Uma carga positiva é depositada sobre um condutor maciço de forma esferoidal prolata (cuja seção transversal é mostrada na figura). Esboce a distribuição de carga sobre o condutor e as linhas do campo elétrico produzido por esta carga.

2.20 O *fogo de Santelmo* é um brilho fantasmagórico que surgia nas pontas dos mastros e das vergas de veleiros durante condições de tempestade e nas pontas e bordas de aeronaves durante um voo. O fogo de Santelmo é um fenômeno elétrico. Explique-o concisamente.

2.21 Qualquer carga localizada em um condutor de forma genérica forma uma camada sobre a superfície externa do mesmo. A repulsão mútua entre os elementos de carga individuais gera uma pressão para fora sobre esta camada, chamada de *estresse eletrostático*. Considerando-se os elementos de carga infinitesimais como azulejos de um mosaico, determine a densidade de carga superficial, σ. Observe que σ não precisa ser uniforme ao longo de toda a superfície.

2.22 Um dipolo elétrico está localizado como ilustrado pela figura. Que movimento ele terá na presença do campo elétrico? E de que maneira ele se deslocará? De que maneira ele girará?

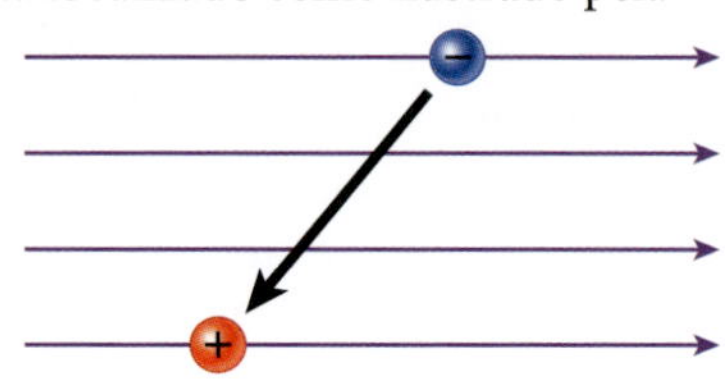

PROBLEMAS

Um • ou dois •• indicam nível crescente de dificuldade do problema.

Seção 2.3

2.23 Uma carga puntiforme, $q = 4{,}00 \cdot 10^{-9}$ C, é colocada sobre o eixo x, na origem. Qual é o campo elétrico produzido por ela em $x = 25{,}0$ cm?

2.24 Uma carga puntiforme de $+1{,}6$ nC encontra-se em um dos vértices de um quadrado (com 1,0 m de lado), e outra carga, de $-2{,}4$ nC, encontra-se no vértice diametralmente oposto. Qual é a intensidade do campo elétrico produzido nos dois outros vértices?

2.25 Uma carga puntiforme de $+48{,}00$ nC encontra-se sobre o eixo x, em $x = 4{,}000$ m, enquanto outra carga puntiforme, de $-24{,}00$ nC, encontra-se sobre o eixo y, em $y = -6{,}000$ m. Qual é a orientação do campo elétrico produzido na origem?

•2.26 Duas cargas puntiformes encontram-se nos vértices de um triângulo como ilustrado na figura. Determine a intensidade e a orientação do campo elétrico no terceiro vértice do triângulo.

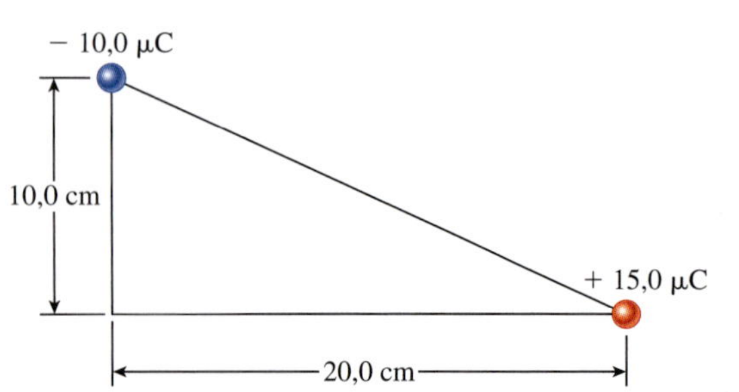

•2.27 Uma carga de $+5{,}0$ C encontra-se na origem. Outra carga de $-3{,}0$ C está localizada em $x = 1{,}0$ m. A que distância(s) finita(s) ao longo do eixo x o campo elétrico será nulo?

•2.28 Três cargas encontram-se sobre o eixo y. Duas delas, ambas de valor $-q$, estão localizadas em $y = \pm d$, enquanto a terceira carga, de valor $+2q$, encontra-se em $y = 0$. Derive uma expressão para o campo elétrico no ponto P do eixo.

Seção 2.4

2.29 Para o dipolo elétrico mostrado na figura, expresse a intensidade do campo elétrico resultante em função da distância perpendicular, x, em relação ao centro do eixo do dipolo. Comente acerca da intensidade quando $x \gg d$.

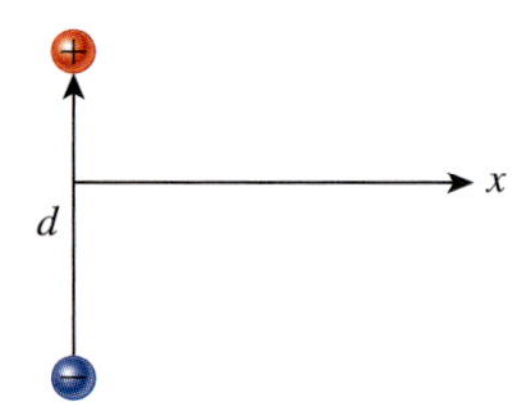

•2.30 Considere um dipolo elétrico sobre o eixo x e centrado na origem. A uma distância h ao longo do semi-eixo x positivo, a intensidade do campo elétrico produzido pelo dipolo elétrico é dada por $k(2qd)/h^3$. Determine a distância perpendicular em relação ao eixo x, medida a partir da origem, na qual a intensidade do campo elétrico se mantém constante.

Seção 2.5

•2.31 Uma pequena bola metálica com 4,0 g de massa e uma carga de 5,0 mC encontra-se a 0,70 m de altura do solo, em presença de um campo elétrico de 12 N/C orientado para leste. A bola, então, é liberada a partir do repouso. Qual é a sua velocidade após ela ter caído verticalmente 0,30 m?

•2.32 Uma carga por unidade de comprimento $+\lambda$ está distribuída uniformemente ao longo do semi-eixo y positivo, desde $y = 0$ até $y = +a$. Uma carga por unidade de comprimento

$-\lambda$ está distribuída uniformemente ao longo do semieixo *y* negativo, desde $y = 0$ até $y = -a$. Escreva uma expressão para o campo elétrico (intensidade e orientação) em um ponto do eixo *x* a uma distância *x* da origem.

• **2.33** Uma haste delgada de vidro é dobrada formando um semicírculo de raio *R*. Uma carga $+Q$ é distribuída uniformemente ao longo da metade superior e a carga $-Q$ é distribuída uniformemente ao longo da metade inferior, como mostra a figura. Determine a intensidade e a orientação do campo elétrico $\vec{E}$ (em função das componentes) no ponto *P*, o centro do semicírculo.

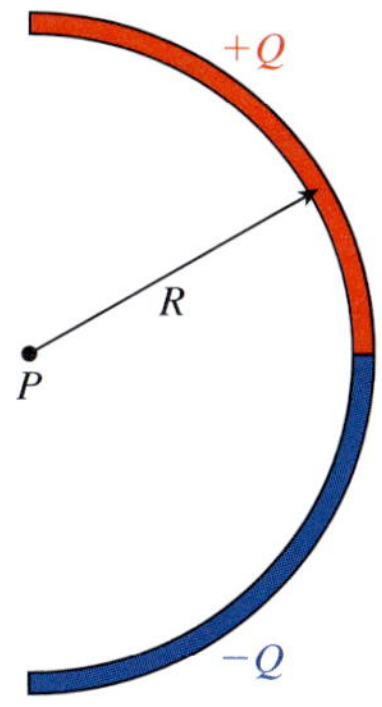

• **2.34** Duas hastes isolantes uniformemente carregadas são dobradas em forma semicircular com raio $r = 10$ cm. Se elas forem então posicionadas de modo a formar um círculo, mas sem se tocarem e sendo dotadas de cargas opostas de $+1$ μC e -1 μC, determine a intensidade e a orientação do campo elétrico no centro da configuração de carga composta de forma circular.

• **2.35** Uma haste uniformemente carregada de comprimento *L*, com uma carga total *Q*, situa-se ao longo do eixo *y*, desde $y = 0$ até $y = L$. Obtenha uma expressão para o campo elétrico no ponto $(d,0)$ – isto é, em um ponto do eixo *x* em $x = d$.

•• **2.36** Uma carga *Q* está distribuída igualmente sobre um fio dobrado formando um arco de raio *R*, como mostra a figura. Qual é o campo elétrico no centro do arco em função do ângulo θ? Esboce o gráfico do campo elétrico em função de θ para $0 < \theta < 180°$.

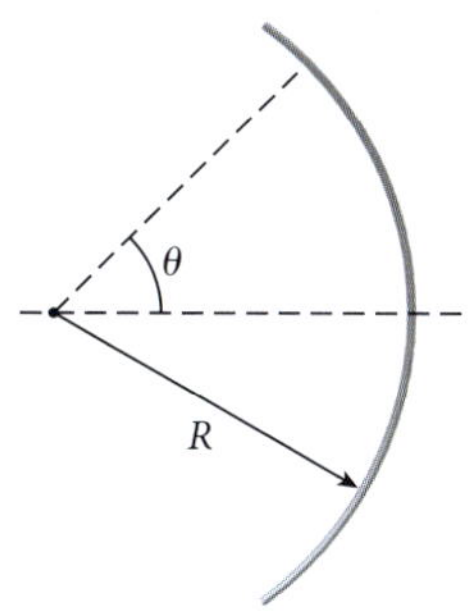

•• **2.37** Uma esponja de lavar em forma de um disco chato e fino tem um diâmetro externo de 10 cm e um buraco no centro com um diâmetro de 4 cm. Ela possui uma distribuição de carga uniforme e uma carga total de 7 nC. Qual é o campo elétrico sobre o eixo da esponja a uma distância de 30 cm do centro da esponja?

Seção 2.6

2.38 As pesquisas indicam que os campos elétricos no interior de certas nuvens de tempestade podem ser da ordem de 10 kN/C. Calcule a intensidade da força elétrica exercida sobre uma partícula com um excesso de dois elétrons, em presença de um campo elétrico de 10,0 kN/C.

2.39 Um dipolo elétrico é constituído por duas cargas opostas de $5{,}0 \cdot 10^{-15}$ C, separadas por 0,40 mm de distância. Ele está orientado a 60° com respeito a um campo elétrico uniforme de intensidade $2{,}0 \cdot 10^{3}$ N/C. Determine o módulo do torque exercido sobre o dipolo pelo campo elétrico.

2.40 Os momentos *d* dipolo elétrico das moléculas da água são medidos frequentemente em debyes (D), onde 1 D = $3{,}34 \cdot 10^{-30}$ C m. Por exemplo, o momento de dipolo de uma molécula do cloreto de hidrogênio gasoso é de 1,05 D. Determine o torque máximo que uma molécula dessas pode sofrer em presença de um campo elétrico com intensidade de 160 N/C.

2.41 Um elétron é observado deslocando-se a uma velocidade de $27{,}5 \cdot 10^{6}$ m/s, paralelamente a um campo elétrico de intensidade igual a 11.400 N/C. Que distância o elétron percorrerá antes de fazer uma parada?

2.42 Duas cargas, de valores $+e$ e $-e$, estão separadas uma da outra por 0,68 nm de distância em presença de um campo elétrico $\vec{E}$ de intensidade 4,4 kN/C que forma um ângulo de 45° com o eixo do dipolo. Determine o momento de dipolo e, portanto, o torque exercido sobre ele pelo campo elétrico.

• **2.43** Um corpo de massa *M*, dotado de uma carga *Q* e inicialmente em repouso cai de uma altura *h* (em relação ao solo), próximo à superfície da Terra, onde a aceleração gravitacional é *g* e onde existe um campo elétrico com uma componente constante *E* na direção vertical.

a) Obtenha uma expressão para a velocidade do corpo, *v*, quando ele atinge o solo, em termos de *M*, *Q*, *h*, *g* e *E*.

b) A expressão obtida no item (a) não tem significado para certos valores de *M*, *g*, *Q* e *E*. Explique o que ocorre nestes casos.

• **2.44** Uma molécula de água, que é eletricamente neutra, mas possui um momento de dipolo de módulo $p = 6{,}20 \cdot 10^{-30}$ C m, encontra-se a 1,00 cm de distância de uma carga puntiforme $q = +1{,}00 \cdot$ μC. O dipolo se alinhará com o campo elétrico produzido pela carga. Ela também experimentará uma força resultante, se o campo elétrico for não uniforme.

a) Determine o módulo da força resultante. (*Dica*: você não precisa conhecer o tamanho exato da molécula, e sim, apenas, que ela é muito menor do que 1 cm.)

b) A molécula será atraída ou repelida pela carga puntiforme? Explique.

• **2.45** Um total de $3{,}05 \cdot 10^{6}$ elétrons é colocado sobre um fio inicialmente neutro com 1,33 m de comprimento.

a) Qual é a intensidade do campo elétrico a uma distância de 0,401 m, perpendicular ao fio, de seu ponto médio?

b) Qual é o módulo da aceleração adquirida por um próton colocado em um ponto muito distante do fio?

c) Em que direção e sentido o campo elétrico aponta neste caso?

Seções 2.7 e 2.8

2.46 Quatro cargas localizam-se em um espaço tridimensional. Seus valores são $+3q$, $-q$, $+2q$ e $-7q$. Se uma superfície gaussiana contém todas as cargas, qual será o fluxo elétrico através dessa superfície?

2.47 As seis faces de uma caixa cúbica medem 20 cm por 20 cm cada uma e são numeradas de tal forma que as faces 1 e 6 são opostas uma à outra, da mesma forma como as faces 2 e 5, e 3 e 4. O fluxo através de cada face é:

Força	Fluxo (N m^2/C)
1	-70
2	-300
3	-300
4	+300
5	-400
6	-500

Determine a carga líquida contida no cubo.

2.48 A figura mostra uma esfera condutora maciça ($R = 0{,}15$ m, $q = 6{,}1 \cdot 10^{-6}$ C). Usando a lei de Gauss e duas superfícies gaussianas diferentes, determine o campo elétrico (módulo e orientação) em um ponto A externo à esfera, situado a 0,000001 m da mesma. (*Dica:* uma das superfícies gaussianas é uma esfera, e a outra, um pequeno cilindro reto.)

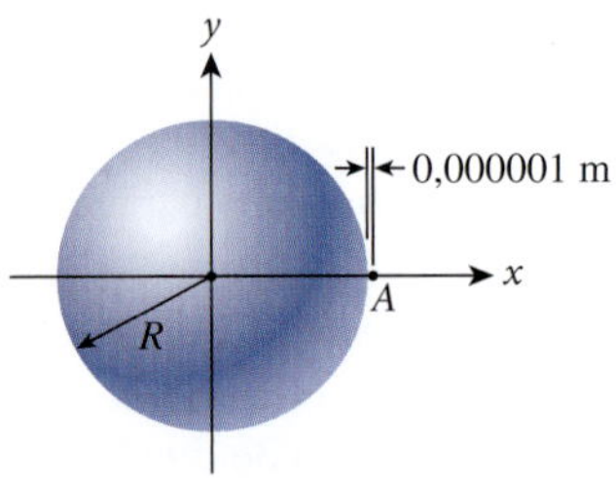

2.49 Campos elétricos de intensidades variáveis estão orientados para dentro ou para fora de um cubo, em direções perpendiculares às faces do mesmo, como mostra a figura. Qual é a intensidade e a orientação do campo na face F?

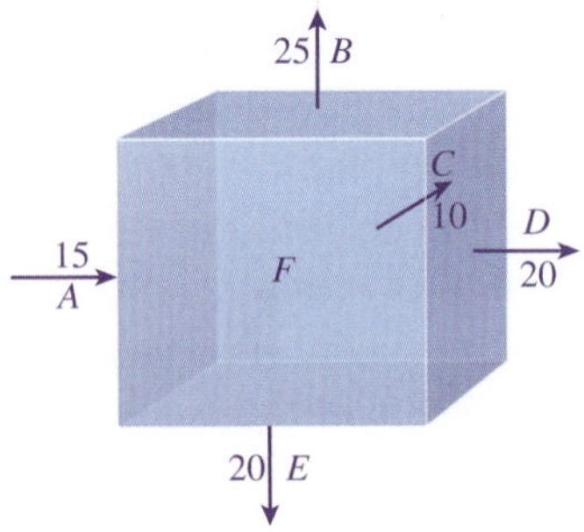

2.50 Considere um condutor esférico oco com uma carga total $+5e$. Os raios interno e externo são a e b, respectivamente. (a) Determine a carga sobre as superfícies esféricas interna e externa se uma carga $-3e$ for colocada no centro da esfera. (b) Qual é a carga total líquida da esfera?

• **2.51** Um balão feito com fibra *Mylar* aluminizada possui uma carga Q sobre sua superfície. Você está medindo o campo elétrico produzido a uma distância R do centro do balão. Ele então é inflado lentamente e seu raio se aproxima do valor R, porém sem jamais atingi-lo. O que ocorre com o campo elétrico que você mede enquanto o raio do balão aumenta? Explique.

• **2.52** Uma casca esférica condutora oca tem um raio interno de 8 cm e um raio externo de 10 cm. O campo elétrico na superfície interna da casca, E_i, tem uma intensidade de 80 N/C e aponta para o centro da esfera, enquanto o campo elétrico na superfície externa, E_o, tem uma intensidade do mesmo valor, mas aponta para fora do centro da esfera (veja a figura). Determine o valor da carga sobre a superfície interna e sobre a superfície externa da casca esférica.

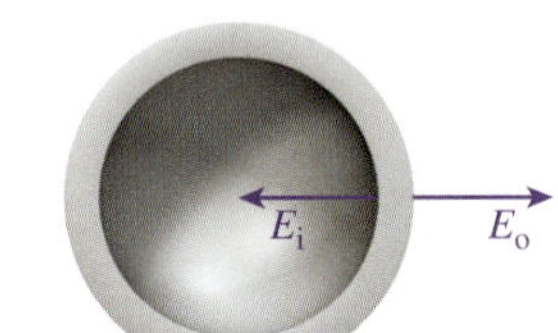

• **2.53** Uma carga puntiforme de -6 nC encontra-se no centro de uma esfera condutora. A esfera oca possui um raio interno de 2 m, uma raio externo de 4 m e uma carga de $+7$ nC.

a) Qual é o campo elétrico em $r = 1$ m?

b) Qual é o campo elétrico em $r = 3$ m?

c) Qual é o campo elétrico em $r = 5$ m?

d) Qual é a distribuição de carga superficial, σ, na superfície externa da casca?

Seção 2.9

2.54 Uma esfera maciça não condutora de raio a possui uma carga total Q e uma distribuição de carga uniforme. Usando a lei de Gauss, calcule o campo elétrico (vetorial) nas regiões $r < a$ e $r > a$, em termos de Q.

2.55 Próximo à superfície terrestre, há um campo elétrico de intensidade de 150 N/C orientado para baixo. Qual é a carga líquida sobre a Terra? Você pode considerar a Terra como uma esfera condutora com raio de 6.371 km.

2.56 Uma esfera metálica oca tem um raio interno de 20,0 cm, e um raio externo 30,0 cm. Como mostra na figura, uma esfera metálica maciça com 10,0 cm de raio é colocada no centro da esfera oca. O campo elétrico em um ponto P a 15,0 cm de distância do centro é medido com o valor $E_1 = 1{,}00 \cdot 10^4$ N/C, orientado radialmente para dentro. No ponto Q, localizado a 35,0 cm de distância do centro, o campo elétrico medido é $E_2 = 1{,}00 \cdot 10^4$ N/C, orientado radialmente para fora. Determine a carga total (a) na superfície da esfera interna, (b) na superfície interna da esfera oca e (c) na superfície externa da esfera oca.

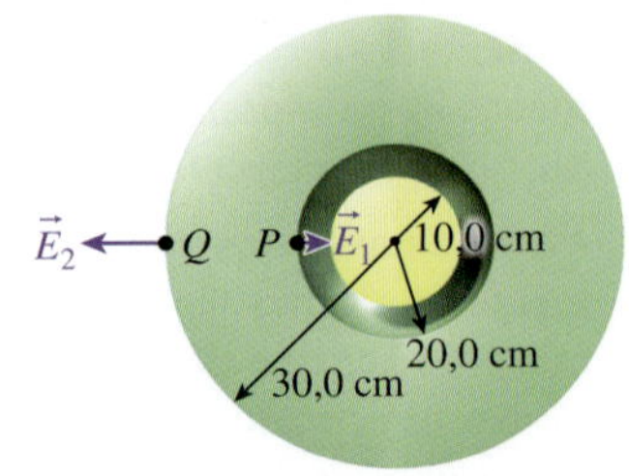

2.57 Duas placas não condutoras, infinitas e paralelas estão separadas por 10 cm de distância e possuem distribuições de carga de $+1$ μC/m^2 e -1 μC/m^2. Qual é a força exercida sobre um elétron no espaço entre as placas? Qual é a força sobre um elétron localizado fora das duas placas, próximo à superfície de uma delas?

2.58 Um fio infinitamente longo, carregado, produz um campo elétrico com intensidade de $1{,}23 \cdot 10^3$ N/C a uma distância de 50,0 cm. A direção do campo elétrico é ao longo do fio.

a) Qual é a distribuição de carga?

b) Quantos elétrons por unidade de comprimento existem no fio?

• **2.59** Uma esfera maciça de raio R possui uma distribuição de carga não uniforme $\rho = Ar^2$, onde A é uma constante. Determine a carga total, Q, contida no volume da esfera.

• **2.60** Dois fios infinitamente longos, paralelos, e uniformemente carregados com cargas opostas com uma densidade de carga linear $\lambda = 1$ μC/m distam 6 cm um do outro. Qual é a intensidade e a orientação do campo elétrico no ponto médio entre eles, 40 cm acima do plano que contém os dois fios?

• **2.61** Uma esfera centrada na origem possui uma densidade de carga volumétrica de 120 nC/cm^3 e um raio de 12 cm. Ela está centrada no interior de uma casca esférica condutora com 30,0 cm de raio interno e 50,0 cm de raio externo. A carga sobre a casca esférica é de $-2{,}00$ mC. Determine a intensidade e a orientação do campo elétrico a cada distância da origem de cada uma das situações abaixo.

a) Em $r = 10{,}0$ cm

b) Em $r = 20{,}0$ cm

c) Em $r = 40{,}0$ cm

d) Em $r = 80{,}0$ cm

• **2.62** Um cilindro metálico, oco e fino de raio R possui uma distribuição de carga superficial σ. Um fio longo e fino, com uma densidade de carga linear $\lambda/2$, estende-se ao longo do centro do cilindro. Obtenha uma expressão para os campos elétricos, bem como sua orientação, nas seguintes localizações:

a) $r \leq R$

b) $r \geq R$

• **2.63** Duas folhas carregadas infinitamente extensas estão separadas por 10 cm de distância, como mostra a figura. A folha 1 possui uma distribuição de carga superficial $\sigma_1 = 3\ \mu C/m^2$, enquanto a folha 2 possui uma distribuição de carga superficial $\sigma_2 = -5\ \mu C/m^2$. Determine o campo elétrico total (intensidade e orientação) em cada das seguintes localizações:

a) No ponto *P*, 6 cm à esquerda da folha 1.

b) No ponto *P'*, 6 cm à direita da folha 1.

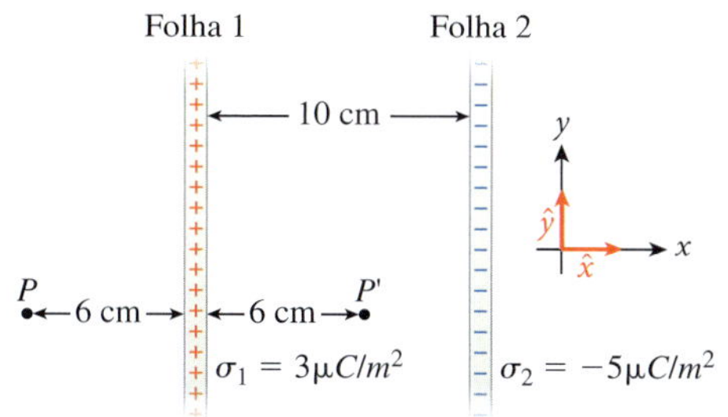

• **2.64** Uma esfera maciça condutora com 20,0 cm de raio encontra-se com seu centro na origem de um sistema de coordenadas tridimensional. Uma carga de 0,271 nC é colocada sobre a esfera.

a) Qual é a intensidade do campo elétrico em um ponto $(x,y,z) = (23,1\text{ cm}; 1,1\text{ cm}; 0\text{ cm})$?

b) Qual é o ângulo que este campo forma com o eixo *x* neste ponto?

c) Qual é a intensidade do campo elétrico no ponto $(x,y,z) = (4,1\text{ cm}; 1,1\text{ cm}; 0\text{ cm})$?

•• **2.65** Uma esfera maciça não condutora de raio *a* possui uma carga total $+Q$ uniformemente distribuída através de seu volume. A superfície da esfera é coberta por uma camada condutora muito fina (de espessura desprezível) de ouro. Uma carga total $-2Q$ é colocada sobre a camada condutora. Use a lei de Gauss para fazer o seguinte:

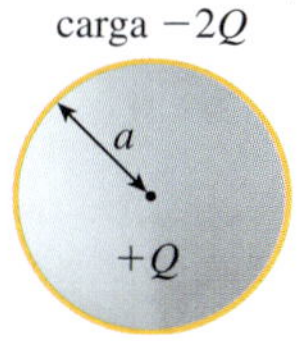

a) Determinar o campo elétrico $E(r)$ para $r < a$ (o interior da esfera, excluindo a camada de ouro).

b) Determinar o campo elétrico $E(r)$ para $r > a$ (o exterior da esfera coberta, além da camada de ouro).

c) Esboce o gráfico de $E(r)$ versus *r*. Comente a respeito da continuidade ou da descontinuidade do campo elétrico, relacionado-a também com a distribuição de carga superficial sobre a camada de ouro.

•• **2.66** Uma esfera maciça não condutora possui uma distribuição de carga volumétrica dada por $\rho(r) = (\beta/r)\ \text{sen}\ (\pi r/2R)$. Determine a carga total contida na região $r < R$ e $r > R$. Mostre que as duas expressões para o campo elétrico se igualam em $r = R$.

•• **2.67** Uma haste cilíndrica muito longa de material não condutor, com 3 cm de raio, possui uma carga positiva de 6 nC por centímetro distribuída uniformemente por seu comprimento. Depois uma cavidade cilíndrica é perfurada através de toda a extensão da haste, com 1 cm de raio e eixo localizado a 1,5 cm de distância do eixo da haste. Ou seja, se em alguma seção transversal da haste os eixos *x* e *y* são localizados de modo que o centro da haste esteja em $(x,y) = (0,0)$; e o centro da cavidade cilíndrica em $(x,y) = (0; 1,5\text{ cm})$. A criação da cavidade de fato não perturba a carga do restante da haste que não foi escavada; isso apenas remove a carga da região da cavidade. Determine o campo elétrico no ponto $(x,y) = (2,0\text{ cm}; 1,0\text{ cm})$.

•• **2.68** Qual é o campo elétrico em um ponto *P* a uma distância $h = 20,0$ cm acima de uma folha de extensão infinita, carregada com uma distribuição de carga de 1,3 C/m^2 e com um buraco de 5,0 cm de raio, sendo *P* localizado diretamente acima do centro do buraco, como mostra a figura? Trace o gráfico do campo elétrico em função de *h*, em unidades de $\sigma/(2\epsilon_0)$.

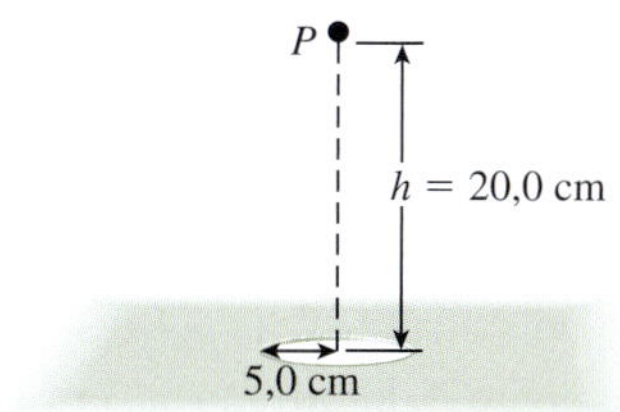

Problemas adicionais

2.69 Um cubo possui arestas de 1,00 m de comprimento. Um campo elétrico atua sobre o cubo a partir do exterior com intensidade de 150 N/C, de orientação constante, porém não conhecida (e não necessariamente paralela a qualquer das arestas do cubo). Qual é a carga total contida no cubo?

2.70 Considere um fio condutor longo e horizontal com $\lambda = 4,81 \cdot 10^{-12}$ C/m. Um próton (massa de $1,67 \cdot 10^{-27}$ kg) é posicionado 0,620 m acima do fio e solto. Qual é a intensidade da aceleração inicial do próton?

2.71 Um cilindro maciço, infinitamente longo, de raio $R = 9,00$ cm e com uma densidade de carga por unidade de volume $\rho = 6,40 \cdot 10^{-8}\ C/m^3$ está centrado no eixo *y*. Determine a intensidade do campo elétrico a uma distância radial $r = 4,00$ cm do centro do cilindro.

2.72 A molécula de monóxido de carbono (CO) possui um momento de dipolo elétrico de aproximadamente $8,0 \cdot 10^{-30}$ C m. Se os dois átomos estão separados por $1,2 \cdot 10^{-10}$ m, determine a carga líquida efetiva de cada átomo e o valor máximo do torque que a molécula experimentaria em presença de um campo elétrico de 500 N/C.

2.73 Uma esfera maciça metálica com 8 cm de raio e com uma carga total de 10 μC é rodeada por uma casca metálica com 15 cm de raio e dotada de −5 μC de carga. A esfera e a casca estão ambas no interior de uma casca metálica maior com raio interno de 20 cm e raio externo de 24 cm. A esfera e as duas cascas são concêntricas.

a) Qual é a carga sobre a parede interna da casca maior?

b) Se o campo elétrico no exterior da casca maior for nulo, qual será a carga sobre a superfície externa dessa casca?

2.74 Determine os campos elétricos vetoriais necessários para contrabalançar o peso de (a) um elétron e (b) um próton na superfície terrestre.

2.75 Existe um campo elétrico com intensidade de 150 N/C, orientado verticalmente para baixo, próximo à superfície do planeta. Determine a aceleração (módulo e orientação) de um elétron solto na proximidade da superfície da Terra.

2.76 Duas superfícies planas, infinitamente extensas e uniformemente carregadas são mutuamente perpendiculares. Uma delas possui uma densidade de carga de $+30{,}0\ \text{pC/m}^2$, e a outra, uma densidade de carga de $-40\ \text{pC/m}^2$. Qual é a intensidade do campo elétrico em qualquer ponto que não pertença à outra superfície?

2.77 Uma haste uniformemente carregada de 30,0 cm de comprimento é colocada em um recipiente lacrado. O fluxo elétrico total que sai do recipiente é igual a $1{,}46 \cdot 10^6\ \text{N m}^2/\text{C}$. Determine a densidade de carga linear ao longo da haste.

2.78 Suponha que você disponha de um grande balão esférico e que você fosse capaz de medir a componente E_n do campo elétrico que é normal à superfície. Se você somar $E_n dA$ ao longo da área total da superfície do balão, obtendo uma intensidade de $10\ \text{N m}^2/\text{C}$, qual é a carga elétrica líquida contida no balão?

• **2.79** Um objeto de massa $m = 1{,}0$ g e carga q se encontra no ponto A, localizado 0,05 m acima de uma folha não condutora, infinitamente extensa e uniformemente carregada ($\sigma = -3{,}5 \cdot 10^{-5}\ \text{C/m}^2$), como mostra na figura. A gravidade atua para baixo ($g = 9{,}81\ \text{m/s}^2$). Determine o número de elétrons, N, que devem ser adicionados ou removidos do objeto a fim de que ele se mantenha imóvel acima do plano carregado.

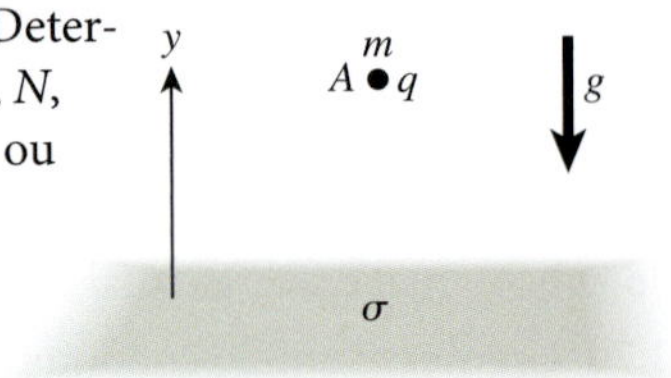

• **2.80** Um fio condutor longo, dotado de uma densidade de carga linear λ e com um raio r, produz um campo elétrico de 2,73 N/C imediatamente acima da superfície do fio. Qual é a intensidade do campo elétrico imediatamente acima da superfície do outro fio, que possui uma distribuição de carga de $0{,}81\lambda$ e um raio de $6{,}5r$?

• **2.81** Existe uma densidade de carga linear $\lambda = 8{,}00 \cdot 10^{-8}$ C/m ao longo de um fio de comprimento $L = 6{,}00$ cm. O fio então é curvado formando um semicírculo centrado na origem, de modo que o raio do semicírculo é $R = L/\pi$. Determine a intensidade do campo elétrico no centro do semicírculo.

• **2.82** Um próton penetra o espaço entre um par de placas metálicas (um separador eletrostático) que produz um campo elétrico vertical e uniforme entre elas. Despreze os efeitos gravitacionais sobre o próton.

a) Considerando que o comprimento de cada placa seja de 15,0 cm e que o próton se aproxime das placas com uma velocidade de 15,0 km/s, que campo elétrico as placas deveriam gerar se o próton deve ser desviado verticalmente em $1{,}50 \cdot 10^{-3}$ rad?

b) Qual deve ser a velocidade do próton ao sair do campo elétrico?

c) Suponha que o próton pertença a um feixe de prótons contaminado com káons positivamente carregados, que são partículas com massa de 494 MeV/c^2 ($8{,}81 \cdot 10^{-28}$ kg), pequena comparada à massa do próton, que vale 938 MeV/c^2 ($1{,}67 \cdot 10^{-27}$ kg). Os káons possuem carga $+1e$, da mesma forma como os prótons. Se o separador eletrostático for projetado para desviar os prótons em $1{,}20 \cdot 10^{-3}$ rad, que desvios sofrerão os káons dotados de mesmo momento linear que os prótons?

• **2.83** Considere uma esfera não condutora uniforme com uma densidade de carga $\rho = 3{,}57 \cdot 10^{-6}\ \text{C/m}^3$ e um raio $R = 1{,}72$ m. Qual é a intensidade do campo elétrico a 0,530 m do centro da esfera?

•• **2.84** Uma esfera uniforme de raio R possui carga total $+Q$, uniformemente distribuída em seu volume. Ela é rodeada por uma casca esférica fina dotada de uma carga total $-Q$, também distribuída uniformemente, de raio externo $2R$. Qual é a dependência do campo elétrico com R?

•• **2.85** Se uma carga for mantida em uma posição acima de uma extensa chapa condutora, aterrada, formando um piso, ela experimentará uma força orientada para o piso. Realmente, o campo elétrico no ambiente da sala à qual pertence o piso será exatamente igual àquele produzido pela carga original juntamente com uma "imagem especular", de mesmo valor absoluto e de sinal oposto, localizada à mesma distância abaixo do piso que a carga original, acima dele. Claro, não existe de fato uma carga abaixo do piso; este efeito é produzido pela distribuição de carga superficial induzida sobre o piso pela carga original.

a) Descreva ou esboce as linhas de campo elétrico no ambiente acima do piso.

b) Se a carga original for de 1,00 μC e se encontrar 50,0 cm acima do piso, determine a força orientada para baixo exercida sobre esta carga.

c) Determine o campo elétrico (imediatamente) acima do piso, em função da distância horizontal d em relação ao ponto diretamente abaixo da carga original. Considere que a carga original seja puntiforme, de valor $+q$ e localizada a uma distância a acima do piso. Despreze qualquer efeito das paredes e do teto.

d) Determine a densidade de carga superficial $\sigma(\rho)$ induzida sobre o piso.

e) Determine a carga superficial total induzida sobre o piso.

3 Potencial Elétrico

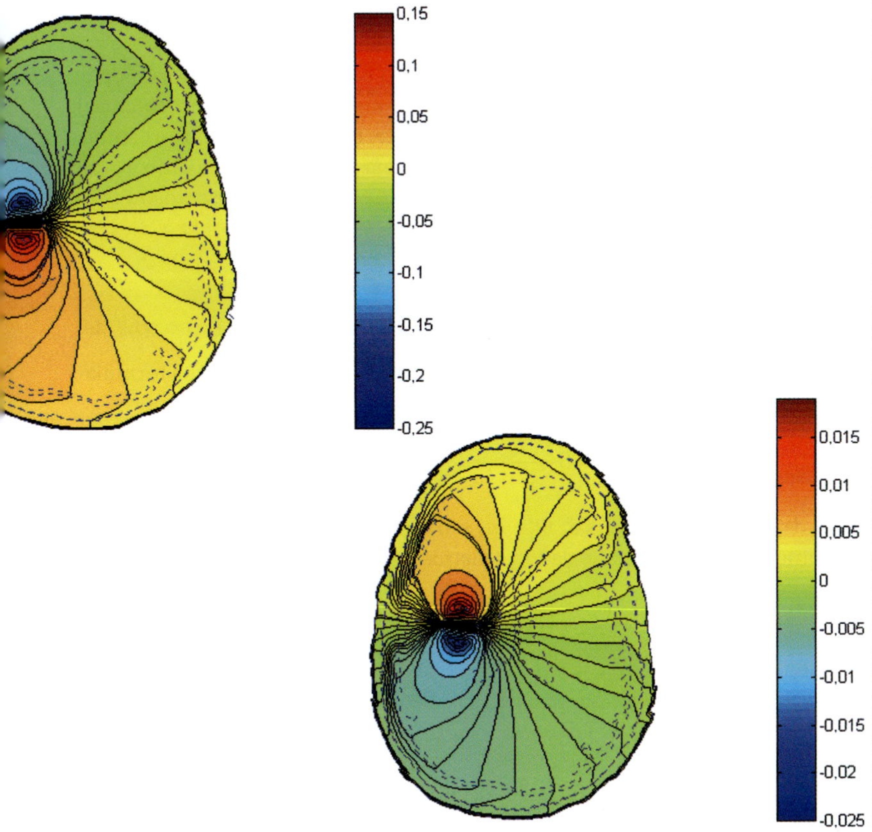

Figura 3.1 Mapas elétricos do cérebro. As linhas finas indicam onde o potencial é o mesmo.

O QUE APRENDEREMOS

- A energia potencial elétrica é análoga à energia potencial gravitacional.
- Toda variação de energia potencial elétrica é proporcional ao trabalho realizado pelo campo elétrico sobre uma carga.
- O potencial elétrico em um determinado ponto do espaço é um escalar.
- O potencial elétrico, V, produzido por uma carga puntiforme, q, é inversamente proporcional à distância do ponto em relação à carga.
- O potencial elétrico pode ser derivado a partir do campo elétrico ao longo de um deslocamento.
- Em um dado ponto do espaço, o potencial elétrico criado por uma distribuição de cargas puntiformes é igual à soma algébrica dos potenciais criados individualmente por essas cargas.
- O campo elétrico pode ser derivado a partir do potencial elétrico por diferenciação do potencial elétrico com respeito a um deslocamento.

O funcionamento do sistema nervoso humano depende da eletricidade. Correntes muito fracas percorrem as células nervosas, como sinais, para, por exemplo, produzir contração de músculos ou fazer com que sejam secretados fluidos digestivos. O cérebro é o centro dessa atividade elétrica; quando sinais provenientes dos órgãos sensoriais ou do resto do corpo chegam ao cérebro, são processados e desencadeiam novas atividades, como um raciocínio ou uma emoção. As imagens mostradas na Figura 3.1 são mapas elétricos do cérebro, produzidos durante a preparação para uma cirurgia exploratória do cérebro. As linhas finas indicam onde o potencial elétrico tem um mesmo valor, um assunto que será abordado neste capítulo.

Da mesma forma como a intensidade do campo elétrico é o módulo da força por unidade de carga, o potencial elétrico é a energia potencial elétrica por unidade de carga. O potencial elétrico é uma propriedade do campo elétrico, e não do objeto carregado que produz o campo. Essa distinção é importante porque torna o potencial elétrico uma grandeza extremamente útil para lidar com campos elétricos e circuitos elétricos. Entretanto, é necessário ter cuidado para não confundir energia potencial elétrica com potencial elétrico.

3.1 Energia potencial elétrica

O campo elétrico tem muitas semelhanças com o campo gravitacional, incluindo sua formulação matemática. Sabemos que a intensidade ou módulo da força gravitacional é dada por

$$F_g = G\frac{m_1 m_2}{r^2},$$

onde G é a constante da gravitação universal, m_1 e m_2 são duas massas e r é a distância entre elas. No Capítulo 1, vimos que a intensidade da força eletrostática é

$$F_e = k\frac{|q_1 q_2|}{r^2}, \tag{3.1}$$

onde k é a constante eletrostática, q_1 e q_2 são duas cargas elétricas e r é a distância entre elas. Tanto a força gravitacional quanto a elétrica dependem apenas do inverso do quadrado da distância entre os objetos, e pode-se mostrar que essas forças são conservativas. Portanto, a energia potencial elétrica, U, pode ser definida em analogia com a energia potencial gravitacional.

Sabemos que, para qualquer força conservativa, a variação de energia potencial devido a algum rearranjo espacial de um sistema é igual ao valor negativo do trabalho realizado pela força conservativa durante o rearranjo. Para um sistema formado por duas ou mais partículas, o trabalho realizado por uma força elétrica, W_e, quando a configuração do sistema muda de um estado inicial para outro final, é dada em função da variação de **energia potencial elétrica**, ΔU:

$$\Delta U = U_f - U_i = -W_e, \tag{3.2}$$

onde U_i é a energia potencial elétrica inicial e U_f a energia potencial elétrica final. Note que não importa de que maneira o sistema evoluiu do estado inicial para o final. O trabalho realizado é sempre o mesmo, independentemente do caminho seguido. Sabemos que essa independência em relação ao caminho do trabalho realizado pela força considerada é uma característica geral das forças conservativas.

Como no caso da energia potencial gravitacional, sempre se deve especificar um ponto de referência para a energia potencial elétrica. Isso simplifica a equação e os cálculos se a configuração de referência for escolhida como aquela em que as cargas estão infinitamente distantes uma da outra, que é a mesma convenção usada no caso da energia potencial gravitacional. Isso possibilita que a equação 3.2, para a variação de energia potencial elétrica, seja reescrita como $\Delta U = U_f - 0 = U$ ou

$$U = -W_{e,\infty}. \tag{3.3}$$

Embora a convenção de energia potencial nula para distância infinita seja muito útil e universalmente aceita no caso de um conjunto de cargas puntiformes, em certas situações físicas existe uma razão para se escolher a referência para a energia potencial em algum ponto do espaço que não implicará um valor nulo de energia potencial quando a separação for infinita. Lembre-se, qualquer energia potencial associada a uma força conservativa está definida a menos de uma constante aditiva arbitrária. Logo, você precisa prestar atenção para a escolha do valor dessa constante em cada situação. Uma situação em que a energia potencial no infinito não é nula é aquela que envolve um campo elétrico constante.

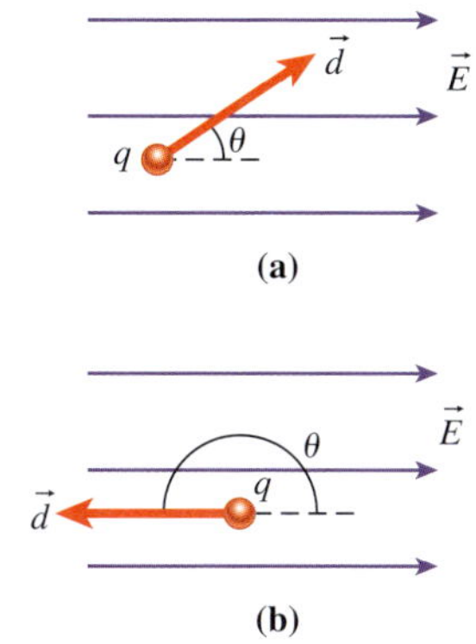

Figura 3.2 Trabalho realizado por um campo elétrico, $\vec{E}$, sobre uma carga em movimento, q: (a) caso geral; (b) caso em que o deslocamento é oposto ao campo elétrico.

Caso especial: campo elétrico constante

Consideremos uma carga puntiforme, q, que efetua um deslocamento $\vec{d}$ em presença de um campo elétrico constante (Figura 3.2). O trabalho realizado por uma força constante $\vec{F}$ é $W = \vec{F} \bullet \vec{d}$. No nosso caso, a força constante é exercida por um campo elétrico constante, $\vec{F} = q\vec{E}$. Portanto, o trabalho realizado pelo campo sobre a carga é dado por

$$W = q\vec{E} \bullet \vec{d} = qEd\cos\theta, \tag{3.4}$$

onde θ é o ângulo entre a força elétrica e o deslocamento. Quando o deslocamento for paralelo ao campo elétrico ($\theta = 0°$), o trabalho realizado pelo campo é $W = -qEd$. Uma vez que a variação de energia potencial elétrica está relacionada ao trabalho realizado sobre a carga através de $\Delta U = -W$, se $q > 0$, a carga perde energia quando o deslocamento se dá na mesma direção e sentido do campo elétrico e ganha energia potencial quando ele se dá em sentido oposto ao do campo.

A Figura 3.3a mostra uma massa, m, próxima à superfície terrestre, onde o campo gravitacional pode ser considerado constante, apontando para o centro da Terra. Sabemos que quando uma massa se move em direção à superfície da Terra de uma distância h, a variação de energia potencial gravitacional da massa é

$$\Delta U = -W = -\vec{F}_g \bullet \vec{d} = -mgh.$$

É intuitivo que a massa tenha energia potencial menor quando se encontrar mais próxima da superfície terrestre. A Figura 3.3b mostra uma carga positiva, q, em um campo elétrico constante. Se a carga se deslocar de uma distância d, no mesmo sentido do campo elétrico, ocorrerá uma variação de potencial elétrico

$$\Delta U = -W = -q\vec{E} \bullet \vec{d} = -qEd. \tag{3.5}$$

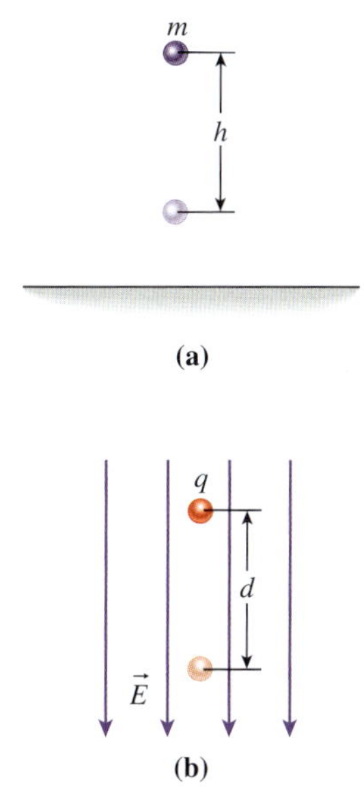

Figura 3.3 Analogia entre energia potencial gravitacional e energia potencial elétrica. (a) Uma massa em queda em um campo gravitacional. (b) Uma carga positiva em movimento na mesma direção e sentido do campo elétrico.

Assim, a energia potencial elétrica de uma carga em um campo elétrico constante é análoga à energia potencial gravitacional de uma massa nas proximidades da superfície terrestre. (Porém, é claro, com uma importante diferença entre as duas interações: massas somente se atraem enquanto cargas podem se atrair ou se repelir. Portanto, ΔU pode trocar de sinal dependendo dos sinais das cargas envolvidas.)

3.2 Definição de potencial elétrico

A energia potencial de uma partícula carregada, q, em um campo elétrico depende do valor da carga assim como do campo elétrico. Uma grandeza que é independente da carga da partícula é o **potencial elétrico**, V, definido em termos da energia potencial como

$$V = \frac{U}{q}. \tag{3.6}$$

Uma vez que U é proporcional a q, V é independente de q, o que o torna uma grandeza de grande utilidade. O potencial elétrico V caracteriza uma propriedade de um ponto do espaço mesmo que nenhuma carga q esteja ali. Em contraste com o campo elétrico, que é um vetor, o potencial elétrico é uma grandeza escalar. Ele possui um único valor em cada ponto do espaço, mas não uma orientação.

A diferença de potencial elétrico, ΔV, entre um ponto inicial e outro final, $V_f - V_i$, pode ser expressa em termos da energia potencial elétrica em cada ponto:

$$\Delta V = V_f - V_i = \frac{U_f}{q} - \frac{U_i}{q} = \frac{\Delta U}{q}. \tag{3.7}$$

Combinando as equações 3.2 e 3.7, obtemos uma relação entre a variação de potencial elétrico e o trabalho realizado por um campo elétrico sobre uma carga:

$$\Delta V = -\frac{W_e}{q}. \tag{3.8}$$

Considerando nula a energia potencial elétrica a uma distância infinita da carga, a equação (3.3) nos fornece o potencial elétrico em um ponto como

$$V = -\frac{W_{e,\infty}}{q}, \tag{3.9}$$

onde $W_{e,\infty}$ é o trabalho realizado pelo campo elétrico sobre a carga para trazê-la desde o infinito até aquele ponto. O potencial elétrico pode ter um valor positivo, negativo ou nulo, mas não possui uma orientação.

A unidade do SI para o potencial elétrico é o joule/coulomb (J/C). Essa unidade derivada foi chamada de **volt** (V) em homenagem ao físico italiano Alessandro Volta (1745-1827) (observe que usamos a letra romana V para denotar a unidade, enquanto a mesma letra em *itálico*, V, é usada para denotar a grandeza do potencial elétrico):

$$1\text{ V} \equiv \frac{1\text{ J}}{1\text{ C}}.$$

Com essa definição do volt, as unidades para a intensidade do campo elétrico são

$$[E] = \frac{[F]}{[q]} = \frac{1\text{ N}}{1\text{ C}} = \left(\frac{1\text{ N}}{1\text{ C}}\right)\frac{1\text{ V}}{\left(\frac{1\text{ J}}{1\text{ C}}\right)}\left(\frac{1\text{ J}}{(1\text{ N})(1\text{ m})}\right) = \frac{1\text{ V}}{1\text{ m}}.$$

No restante deste livro, a intensidade de um campo elétrico será expressa na unidade V/m, que é a convenção-padrão, em vez de N/C. Note que uma diferença de potencial elétrico é chamada, com frequência, de "voltagem", especialmente em análise de circuitos, pelo simples fato de ser expressa em volts.

EXEMPLO 3.1 Ganho de energia por um próton

Um próton é colocado entre duas placas condutoras no vácuo (Figura 3.4). A diferença de potencial elétrico entre elas é de 450 V. O próton é solto a partir do repouso próximo à placa positiva.

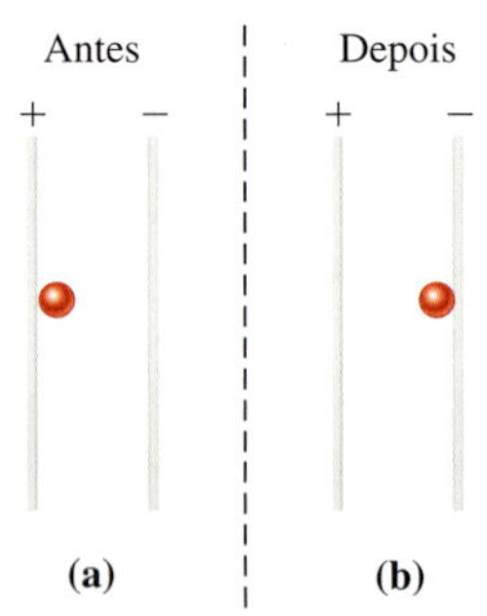

Figura 3.4 Um próton entre duas placas condutoras no vácuo. (a) O próton é liberado a partir do repouso. (b) O próton moveu-se da placa positiva para a negativa, adquirindo energia cinética.

PROBLEMA

Qual é a energia cinética do próton quando ele atinge a placa negativa?

SOLUÇÃO

A diferença de potencial elétrico, ΔV, entre as duas placas é de 450 V. Podemos relacionar essa diferença de potencial entre as duas placas à variação de energia potencial correspondente do próton, ΔU, usando a equação 3.7:

$$\Delta V = \frac{\Delta U}{q}.$$

Devido à conservação da energia total, toda a energia potencial elétrica perdida pelo próton em seu deslocamento entre as duas placas é convertida em energia cinética de movimento do próton.

Aplicamos o princípio de conservação da energia, $\Delta K + \Delta U = 0$, onde ΔU é a variação de energia potencial elétrica do próton:

$$\Delta K = -\Delta U = -q\Delta V.$$

Uma vez que o próton partiu do repouso, podemos expressar sua energia cinética final como $K = -q\Delta V$. Portanto, a energia cinética do próton após ter atravessado o espaço entre as duas placas é

$$K = -(1{,}602 \cdot 10^{-19}\ \text{C})(-450\ \text{V}) = 7{,}21 \cdot 10^{-17}\ \text{J}.$$

3.1 Exercícios de sala de aula

Um elétron é posicionado sobre o eixo x e depois solto, em uma posição inicial onde o valor do potencial elétrico é de −20 V. Qual das seguintes afirmativas descreve corretamente o movimento subsequente do elétron?

a) O elétron se moverá para a esquerda (sentido negativo de x) por sua carga ser negativa.

b) O elétron se moverá para a direita (sentido positivo de x) por sua carga ser negativa.

c) O elétron se moverá para a esquerda (sentido negativo de x) porque o potencial elétrico é negativo.

d) O elétron se moverá para a direita (sentido positivo de x) porque o potencial elétrico é negativo.

e) Não há informação suficiente para que se preveja o movimento do elétron.

Uma vez que partículas carregadas aceleradas por uma diferença de potencial são usadas com frequência em medições de grandezas físicas, uma unidade muito comum usada para a energia cinética de uma única partícula carregada, como um próton ou um elétron, é o **elétron-volt** (eV): 1 eV representa a energia adquirida por um próton ($q = 1{,}602 \cdot 10^{-19}$ C) acelerado sob uma diferença de potencial de 1 V. A conversão de elétron-volts para joules é feita com base na relação

$$1\ \text{eV} = 1{,}602 \cdot 10^{-19}\ \text{J}.$$

A energia cinética do próton do Exemplo 3.1 é, portanto, 450eV ou 0,0450 keV, o que poderíamos ter obtido da definição de elétron-volt, sem ter de realizar cálculos.

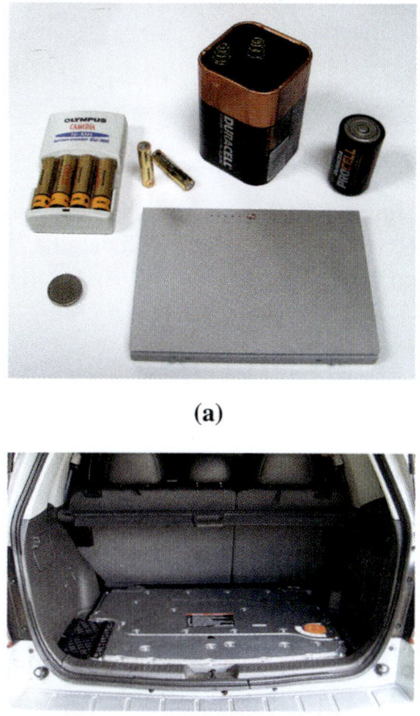

(a)

(b)

Figura 3.5 (a) Algumas baterias típicas (em sentido horário, da superior esquerda): baterias recarregáveis AA de hidreto de níquel metálico (NiMH) e seu carregador; baterias AAA descartáveis de 1,5 V; bateria de lanterna de 12 V; bateria de *laptop* a íons de lítio; e bateria de relógio de pulso; (b) Bateria de 330 V de um veículo utilitário esportivo híbrido gasolina-eletricidade, que ocupa o piso inteiro do bagageiro.

Baterias

Uma maneira comum de criar uma diferença de potencial é com uma bateria. Nos Capítulos 4 e 5 veremos como uma bateria emprega reações químicas de modo a ser uma fonte de uma diferença de potencial (aproximadamente) constante entre dois terminais. Algumas baterias são mostradas na Figura 3.5.

A bateria mais simples que existe consiste em duas meias-células, preenchidas com um eletrólito condutor (originalmente um líquido, mas agora normalmente um sólido); veja a Figura 3.6. O eletrólito é separado em duas metades por uma barreira, que impede a maior parte do eletrólito de passar de uma metade para a outra, porém permite que íons carregados a atravessem. Os íons negativamente carregados (ânions) movem-se em direção ao ânodo, enquanto os íons positivamente carregados se deslocam para o cátodo. Isso cria uma diferença de potencial entre os dois terminais da bateria. Assim, uma bateria é, basicamente, um dispositivo que converte energia química diretamente em energia elétrica.

As pesquisas tecnológicas sobre baterias são de importância atual porque muitos aparelhos portáteis requerem uma grande quantidade de energia, desde telefones celulares até computadores *laptop*, de carros elétricos a equipamentos militares. O peso dessas baterias tem de ser o menor possível; elas devem ser de rápido recarregamento por centenas de vezes; devem fornecer uma diferença de potencial o mais aproximadamente constante possível; e, finalmente, ser de custo acessível. Portanto, a pesquisa nessa área apresenta muitos desafios científicos e tecnológicos.

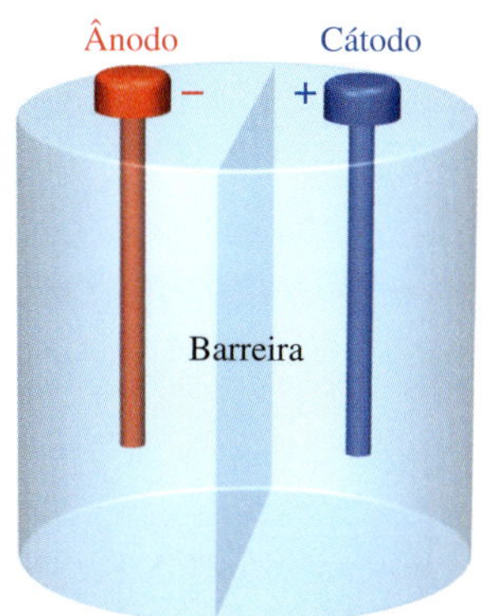

Figura 3.6 Desenho esquemático de uma bateria simples.

Nosso exemplo de uma tecnologia de baterias recentemente desenvolvida é o da bateria de lítio iônico, muito usadas como baterias de computadores *laptop*. Uma bateria dessas possui uma densidade de energia (energia armazenada por unidade de volume) muito maior do que as baterias convencionais. Uma bateria de lítio iônico típica, como a mostrada na Figura 3.7, mantém uma diferença de potencial de 3,7 V. As baterias de lítio iônicas possuem diversas outras vantagens em relação às convencionais. Elas podem ser recarregadas por centenas

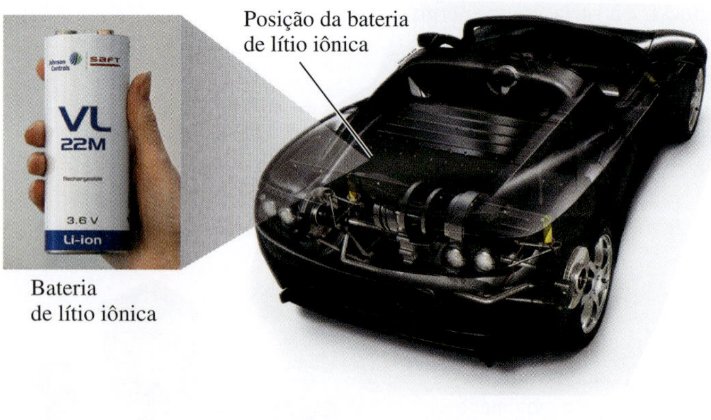

Figura 3.7 O desenho ilustra a posição da bateria de lítio iônica do carro elétrico esportivo *Tesla*. No detalhe, uma das 6.831 baterias de lítio iônicas do carro.

de vezes. Apresentam menos efeito de "memória" e, assim, não precisam ser condicionadas para manter as cargas. Elas mantêm suas cargas na estante, mas também apresentam algumas desvantagens. Por exemplo, se uma bateria de lítio iônica ficar totalmente descarregada, ela não poderá mais ser recarregada. Elas funcionam melhor se não estiverem com mais de 80% de sua capacidade de carga e com menos do que 20% dela. O calor as degrada. Se forem descarregadas muito rapidamente, seus constituintes podem pegar fogo ou mesmo explodir. Para lidar com tais problemas, os bancos de baterias de lítio iônicas comerciais contêm um pequeno circuito que os protege. O circuito não permite que as baterias fiquem carregadas demais ou de menos; não permite também que o fluxo de carga para as baterias seja rápido demais que possa superaquecê-las. Se elas esquentarem demais, o circuito desconecta a bateria.

Atualmente, as baterias de lítio iônicas estão sendo usadas em alguns modelos de carro elétrico. O exemplo seguinte compara as energias armazenadas em um carro elétrico movido a bateria e um carro movido a gasolina.

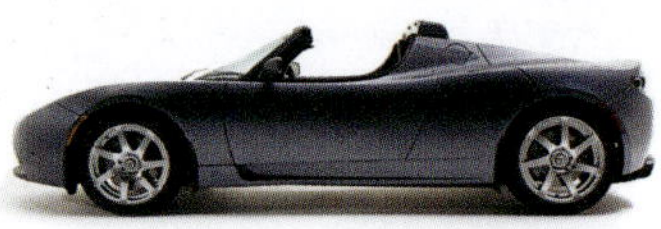

Figura 3.8 O carro elétrico esportivo *Tesla*.

EXEMPLO 3.2 Carros movidos a baterias

Carros movidos a baterias elétricas não produzem emissões e, portanto, constituem uma alternativa atraente aos carros convencionais movidos a gasolina. Alguns desses carros elétricos, como o modelo esportivo *Tesla*, mostrado na Figura 3.7, são alimentados por conjuntos de baterias de lítio iônicas.

O conjunto de baterias do carro elétrico esportivo *Tesla* (Figura 3.7) tem capacidade de armazenar até 53 kW de energia elétrica. O conjunto encontra-se normalmente carregado em menos de 80% de sua capacidade máxima e em mais do 20% da mesma. Um carro movido a gasolina em geral leva em seu tanque cerca de 50 L de gasolina, a qual possui um conteúdo energético de 34,8 MJ/L.

PROBLEMA

Como se compara a energia armazenada em um conjunto de baterias de lítio iônicas de um carro movido a eletricidade com a energia armazenada na gasolina de um carro convencional?

SOLUÇÃO

Uma vez que nem toda a energia pode ser extraída de uma bateria de lítio iônica sem danificá-la, a energia total disponível é

$$E_{\text{elétrica}} = (80\% - 20\%)(53\ \text{kW h})\left(\frac{1000\ \text{W}}{1\ \text{kW}}\right)\left(\frac{3600\ \text{s}}{1\ \text{h}}\right) = 1{,}14 \cdot 10^{8}\ \text{J} = 114\ \text{MJ}.$$

Um carro típico movido a gasolina leva até 50 L de gasolina, com um conteúdo energético de

$$E_{\text{gasolina}} = (50\ \text{L})(34{,}8\ \text{MJ/L}) = 1740\ \text{MJ}.$$

Portanto, um carro a gasolina típico leva armazenado consigo 15 vezes mais energia do que o modelo de carro elétrico Tesla. Entretanto, o rendimento de um carro a gasolina é de aproximadamente 20%, enquanto a de um carro elétrico pode chegar próximo de 90%. Assim, a energia útil disponível do carro elétrico é

$$E_{\text{elétrico, útil}} = 0{,}9(114\ \text{MJ}) = 103\ \text{MJ},$$

Enquanto a energia útil do carro movido a gasolina é

$$E_{\text{gasolina, útil}} = 0{,}2(1.740\ \text{MJ}) = 348\ \text{MJ}$$

Pode-se ver que os carros elétricos, mesmo usando baterias de lítio iônicas, podem armazenar menos energia do que os movidos por gasolina.

Gerador Van de Graaff

Um meio de criar diferenças de potencial grandes é com um **gerador Van de Graaff**, um aparelho inventado pelo físico norte-americano Robert J. Van de Graaff (1901-1967). Grandes geradores deste tipo são capazes produzir diferenças de potencial elétrico de milhões de volts. Geradores Van de Graaff menores, como o mostrado na Figura 3.9, são usados com frequência em aulas de física.

Um gerador Van de Graaff usa uma descarga corona para aplicar uma carga positiva sobre uma esteira móvel. Aplicando-se uma alta voltagem positiva a um condutor dotado de uma ponta, cria-se a descarga corona. O campo elétrico sobre a superfície da ponta é muito mais intenso do que sobre a superfície plana da esteira (consulte o Capítulo 2). O ar ao redor da ponta é ionizado. Suas moléculas adquirem cargas positivas, o que os repele para longe da ponta e os deposita sobre a esteira de borracha. Movimentada por motor elétrico, a esteira transporta consigo a carga até uma esfera metálica oca, onde é retirada da esteira por um contato pontiagudo ligado à esfera oca metálica. A carga acumulada sobre a esfera distribui-se uniformemente do lado externo da mesma. No gerador Van de Graaff mostrado na Figura 3.9, um limitador de voltagem é usado para impedir o gerador de produzir descargas maiores do que o desejado.

(a)

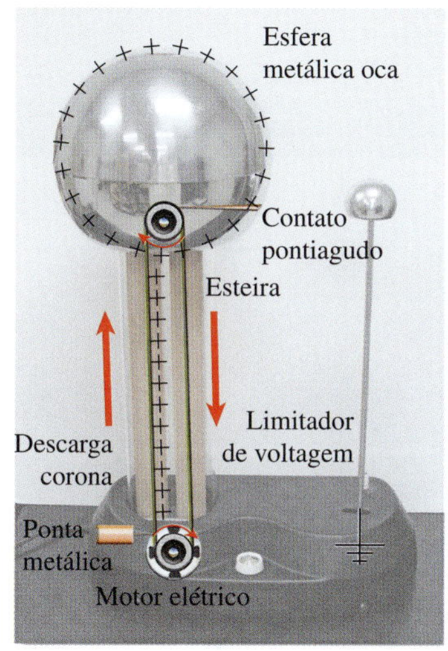

(b)

Figura 3.9 (a) Um gerador Van de Graaff usado em aulas de física. (b) Um gerador Van de Graaff é capaz de gerar potenciais elétricos muito elevados retirando de uma descarga corona sobre uma esteira de borracha e acumulando-a em uma esfera metálica oca, em que a carga é retirada da esteira por uma ponta metálica fixada à parte interna da esfera oca.

EXEMPLO 3.3 Acelerador Van de Graaff Tandem

Um acelerador Van de Graaff constitui um acelerador de partículas que usa potenciais elétricos elevados para estudar processos físicos nucleares de relevância na astrofísica. Um acelerador Van de Graaff Tandem com uma diferença de potencial de 10,0 MV (10,0 milhões de volts) está representado esquematicamente na Figura 3.10. Essa diferença de potencial elétrico no terminal é criada no centro do acelerador por uma versão maior e mais sofisticada de um gerador Van de Graaff usada em sala de aula. Íons negativos são criados na fonte de íons doando-se um elétron a cada átomo a ser acelerado. Os íons negativos, então, são acelerados em direção ao terminal positivamente carregado. Dentro dele, os íons atravessam um alvo fino que retira deles os elétrons, produzindo íons positivamente carregados que são então acelerados para longe do terminal e para fora do acelerador Tandem.

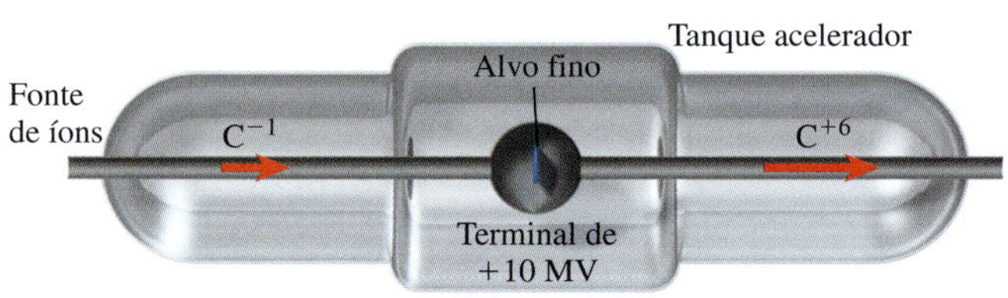

FIGURA 3.10 Gerador Van de Graaff Tandem.

PROBLEMA 1

Qual é a energia cinética máxima que os núcleos de carbono podem atingir neste acelerador Tandem?

SOLUÇÃO 1

Um acelerador Van de Graaff Tandem possui dois estágios de aceleração. No primeiro deles, cada íon de carbono possui uma carga elétrica líquida $q_1 = -e$. Após atravessarem a alvo fino, a carga máxima por íon de carbono é $q_2 = +6e$. A diferença de potencial sob a qual cada íon é acelerado é $\Delta V = 10$ MV. A energia cinética adquirida por cada íon de carbono é

$$\Delta K = |\Delta U| = |q_1 \Delta V| + |q_2 \Delta V| = K,$$

ou

$$K = e\Delta V + 6e\Delta V = 7e\Delta V,$$

considerando-se que a velocidade inicial do íon é praticamente nula.

Substituindo os valores numéricos, obtemos

$$K = 7(1{,}602 \cdot 10^{-19}\ \text{C})(10 \cdot 10^{6}\ \text{V}) = 1{,}12 \cdot 10^{-11}\ \text{J}.$$

Continua →

3.2 Exercícios de sala de aula

Um tubo de raios catódicos usa uma diferença de potencial de 5,0 kV para acelerar elétrons e produzir um feixe dessas partículas que forme imagens sobre uma tela fosforescente. Qual é a velocidade desses elétrons, expressa como uma porcentagem da velocidade da luz?

a) 0,025% d) 4,5%

b) 0,22% e) 14%

c) 1,3%

Os físicos nucleares costumam usar elétron-volts, em vez de joules, para expressar a energia cinética de núcleos acelerados:

$$K = 7e\Delta V = 7e(10 \cdot 10^6 \text{ V}) = 7 \cdot 10^7 \text{ eV} = 70 \text{ MeV}.$$

PROBLEMA 2

Qual é a velocidade máxima que um núcleo de carbono pode adquirir neste acelerador Tandem?

SOLUÇÃO 2

Para determinar a velocidade requerida, usamos a relação entre a energia cinética e o módulo da velocidade:

$$K = \tfrac{1}{2}mv^2,$$

onde $m = 1{,}99 \cdot 10^{-26}$ kg é a massa de um núcleo de carbono. Isolando a velocidade, obtemos

$$v = \sqrt{\frac{2K}{m}} = \sqrt{\frac{2\left(1{,}12 \cdot 10^{-11} \text{ J}\right)}{1{,}99 \cdot 10^{-26} \text{ kg}}} = 3{,}36 \cdot 10^7 \text{ m/s},$$

que corresponde a 11% da velocidade da luz.

3.3 Linhas e superfícies equipotenciais

Imagine que você tivesse de confeccionar um mapa de uma estação de esqui com três picos, parecido com o que é mostrado na Figura 3.11a. Na Figura 3.11b, linhas de igual elevação foram superpostas aos picos. Você poderia caminhar ao longo de qualquer dessas linhas, sem jamais ganhar ou perder altitude, e, garantidamente, retornaria ao ponto de partida. Essas linhas são linhas de potencial gravitacional constante, pois o potencial gravitacional é uma função da elevação somente, e esta se mantém inalterada ao longo de cada uma dessas linhas. A Figura 3.11c mostra uma visão superior das linhas de contorno de igual elevação, que marcam as linhas equipotenciais do campo gravitacional. Se você compreendeu a figura, a seguinte discussão acerca de linhas e superfícies de potencial elétrico será fácil de acompanhar.

Quando está presente um campo elétrico, o potencial tem um valor em cada ponto do espaço. Pontos que correspondem a um mesmo valor de potencial elétrico formam uma **superfície equipotencial**. Partículas carregadas podem ser movidas ao longo de uma superfície equipotencial sem que trabalho algum seja realizado sobre elas pelo campo elétrico. De acordo com os princípios da eletrostática, a superfície de um condutor deve constituir uma superfície equipotencial; não fosse assim, os elétrons livres da superfície do condutor acelerariam. Da discussão do Capítulo 2 concluímos que o campo elétrico é nulo em qualquer lugar do interior de um condutor. Isso significa que o volume todo do condutor deve estar no mesmo potencial; ou seja, o condutor inteiro é uma equipotencial.

Existem superfícies equipotenciais tridimensionais (Figura 3.12); todavia, as simetrias do campo elétrico nos permitem representar as superfícies equipotenciais em duas dimensões apenas, como **linhas equipotenciais** no plano em que a carga se encontra. Antes de determinar a forma e a localização dessas superfícies equipotenciais, vamos examinar primeiro algumas características qualitativas para os casos mais simples (para os quais os campos elétricos foram determinados no Capítulo 2).

Ao traçar linhas equipotenciais, notamos que as cargas podem se mover perpendicularmente a qualquer linha de campo elétrico sem que o campo elétrico realize qualquer trabalho

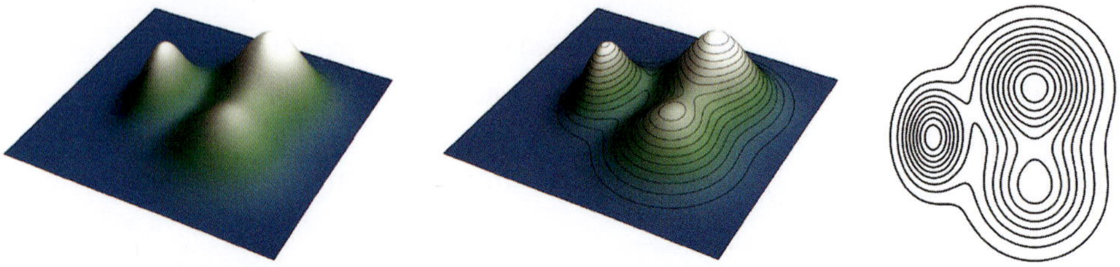

(a) (b) (c)

Figura 3.11 (a) Estação de esqui com três picos; (b) linhas de igual elevação superpostas aos picos; (c) linhas de contorno de igual elevação em um gráfico bidimensional.

sobre ela, pois, de acordo com a equação 3.4, o produto escalar do campo elétrico pelo deslocamento é nulo neste caso. Se isso ocorre, o potencial se mantém inalterado, de acordo com a equação 3.8. Portanto, *linhas e planos equipotenciais são sempre perpendiculares ao campo elétrico local.* (Na Figura 3.11b, o mapa de elevação da estação de esqui, o equivalente das linhas de campo elétrico são as linhas de descida com máxima declividade, que são, claro, sempre perpendiculares às linhas de igual elevação.)

Antes de examinar as superfícies equipotenciais particulares resultantes de diferentes configurações de campo elétrico, vamos registrar as duas observações gerais mais importantes desta seção, válidas para todos os casos seguintes:

1. A superfície de qualquer condutor isolado constitui uma superfície equipotencial.
2. As superfícies equipotenciais são sempre perpendiculares às linhas de campo elétrico em todos os pontos do espaço.

Figura 3.12 Superfície equipotencial em três dimensões, resultante de oito cargas puntiformes positivas localizadas nos vértices de um cubo.

Campo elétrico constante

Todo campo elétrico constante possui linhas de campo retas, paralelas e igualmente espaçadas entre si. Portanto, um campo desse tipo corresponde a superfícies equipotenciais em forma de planos paralelos, uma vez que a condição de que linhas ou superfícies equipotenciais devem ser perpendiculares às linhas de campo. Esses planos são representados em duas dimensões por linhas equipotenciais igualmente espaçadas (Figura 3.13).

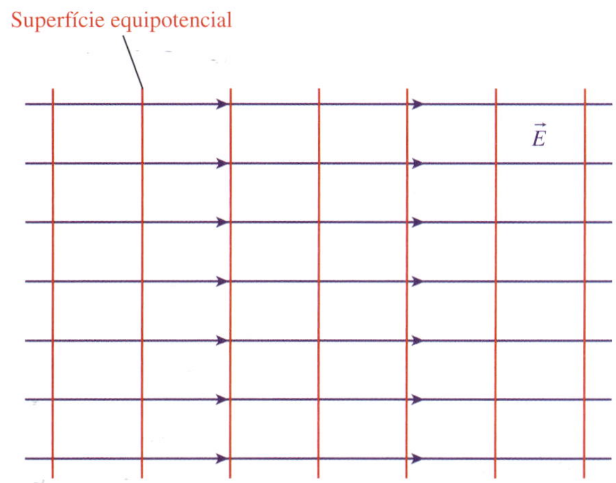

Figura 3.13 Superfícies equipotenciais (linhas vermelhas) de um campo elétrico constante. As linhas roxas orientadas por setas representam o campo elétrico.

Carga puntiforme única

A Figura 3.14 representa o campo elétrico e as correspondentes linhas equipotenciais devido a uma carga puntiforme. As linhas de campo elétrico estendem-se radialmente a partir de uma carga positiva, como mostrado na Figura 3.14a. Neste caso, as linhas de campo apontam para fora de uma carga positiva, dirigindo-se para o infinito. No caso de uma carga negativa, mostrado na Figura 3.14b, as linhas de campo têm origem no infinito e terminam na carga. As linhas equipotenciais são esferas concêntricas à carga puntiforme. (Nas imagens bidimensionais mostradas na figura, os círculos representam as linhas onde o plano da página corta as esferas equipotenciais.) Os valores das diferenças de potencial entre linhas equipotenciais vizinhas são iguais, produzindo linhas equipotenciais mais amontoadas próximo à carga, e menos amontoadas longe dela. Note novamente que as linhas equipotenciais são sempre perpendiculares às linhas de campo elétrico. Superfícies equipotenciais não possuem setas de orientação, como as linhas de campo, pois o potencial é um escalar.

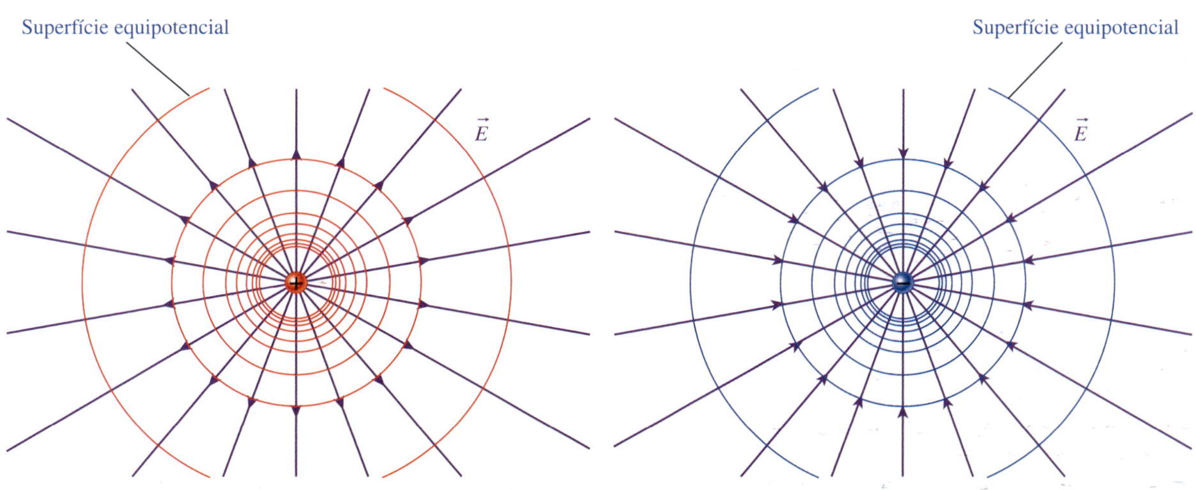

Figura 3.14 Superfícies equipotenciais e linhas de campo elétrico de (a) uma carga puntiforme positiva e (b) de uma carga puntiforme negativa.

Duas cargas puntiformes de sinais opostos

A Figura 3.15 mostra as linhas de campo elétrico devido a duas cargas de mesmo valor absoluto e sinais opostos, junto com as correspondentes superfícies equipotenciais retratadas por linhas equipotenciais. Uma força eletrostática as atrairia uma para a outra, mas nesta discussão se considera que as cargas estejam fixas no espaço e não possam se mover. As linhas de campo elétrico se originam na carga positiva e terminam na negativa. Novamente, as linhas equipotenciais são sempre perpendiculares às linhas de campo elétrico. As linhas vermelhas dessa figura representam superfícies equipotenciais positivas, enquanto as linhas azuis representam as equipotenciais negativas. As cargas positivas produzem equipotenciais positivas, e as negativas, equipotenciais também negativas (em relação ao valor nulo do potencial no infinito). Próximo à cada carga, as linhas do campo elétrico resultante e as superfícies equipotenciais resultantes lembram as de uma carga puntiforme. Longe de cada carga, o campo elétrico e o potencial elétrico são iguais, respectivamente, às somas dos campos elétricos e dos potenciais elétricos produzidos pelas duas cargas. Os campos elétricos adicionam-se como vetores, enquanto os potenciais elétricos se adicionam como escalares. Dessa maneira, o campo elétrico fica definido em cada ponto do espaço por uma intensidade e uma orientação, enquanto o potencial elétrico é definido somente por seu valor em cada ponto do espaço e não possui uma orientação associada a ele.

3.1 Pausa para teste

Suponha que as cargas da Figura 3.15 estejam localizadas em $(x, y) = (-10\text{ cm}, 0)$ e $(x, y) = (+10\text{ cm}, 0)$. Qual é o campo elétrico ao longo do eixo y ($x = 0$)?

Duas cargas puntiformes idênticas

A Figura 3.16 mostra as linhas de campo elétrico e as superfícies equipotenciais resultantes de duas cargas puntiformes idênticas positivas. As duas experimentam um repulsão eletrostática mútua.

3.3 Exercícios de sala de aula

Na figura, as linhas representam linhas equipotenciais. Um objeto carregado é movido do ponto P para o ponto Q. Como se comparam os trabalhos realizados sobre o objeto nos dois casos?

a) Os três casos envolvem a mesma quantidade de trabalho.

b) O trabalho realizado é máximo no caso 1.

c) O trabalho realizado é máximo no caso 2.

d) O trabalho realizado é máximo no caso 3.

e) Os casos 1 e 3 envolvem a mesma quantidade de trabalho, maior do que a envolvida no caso 2.

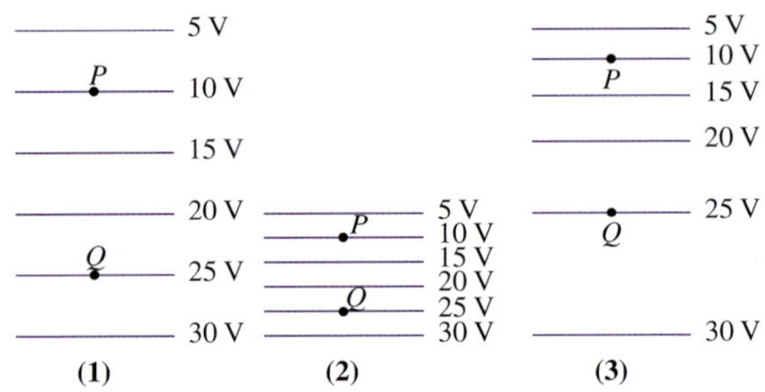

3.2 Pausa para teste

Suponha que as cargas da Figura 3.16 estejam localizadas em $(x, y) = (-10\text{ cm}, 0)$ e $(x, y) = (+10\text{ cm}, 0)$. O ponto $(x, y) = (0, 0)$ corresponde a um máximo, um mínimo ou a um ponto de sela do potencial elétrico?

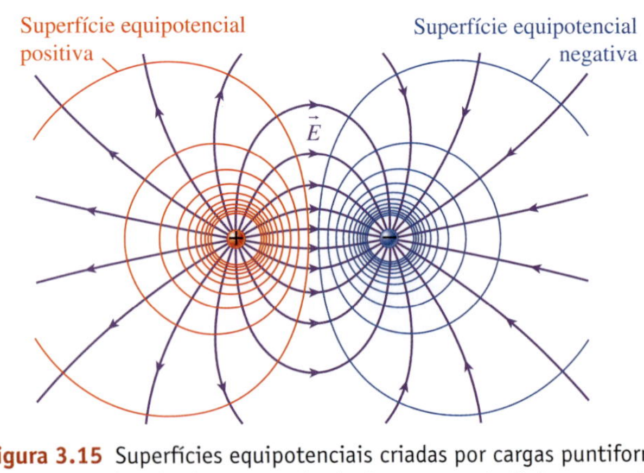

Figura 3.15 Superfícies equipotenciais criadas por cargas puntiformes de mesmo valor absoluto, mas de sinais opostos. As linhas vermelhas representam equipotenciais positivas, enquanto as linhas azuis representam linhas equipotenciais negativas. As linhas azuis orientadas representam o campo elétrico.

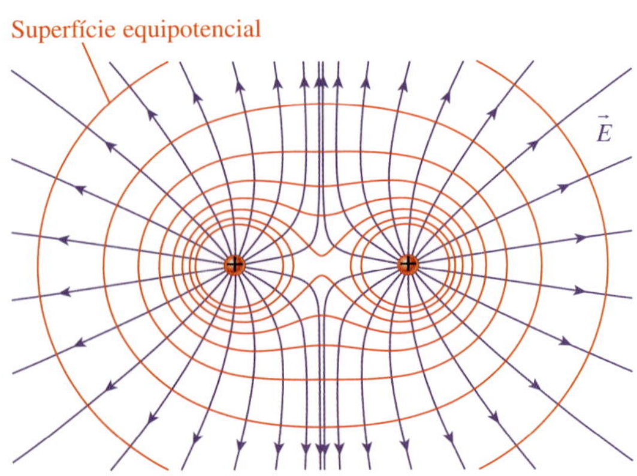

Figura 3.16 Superfícies equipotenciais (linhas vermelhas) criadas por duas cargas puntiformes positivas. As linhas azuis orientadas representam o campo elétrico.

Uma vez que ambas são cargas positivas, as superfícies equipotenciais são positivas. Novamente, o campo elétrico e o potencial elétrico resultam das somas dos campos e dos potenciais, respectivamente, produzidos pelas duas cargas.

3.4 Potencial elétrico de distribuições de carga diversas

O potencial é definido como o trabalho necessário para colocar uma carga unitária em um dado ponto, e o trabalho, por sua vez, é uma força exercida ao longo de uma distância. Além disso, o campo elétrico pode ser definido como a força exercida sobre uma carga unitária em um ponto. Portanto, parece que o potencial em um ponto deveria estar relacionado à intensidade do campo naquele ponto. De fato, o potencial elétrico e o campo elétrico estão relacionados diretamente; podemos obter qualquer um deles a partir do outro.

Para determinar o potencial elétrico a partir do campo elétrico, começamos com a definição do trabalho realizado sobre uma partícula de carga q por uma força, $\vec{F}$, ao longo de um deslocamento infinitesimal, $d\vec{s}$:

$$dW = \vec{F} \bullet d\vec{s}.$$

Neste caso, a força é dada por $\vec{F} = q\vec{E}$, de modo que

$$dW = q\vec{E} \bullet d\vec{s}. \qquad (3.10)$$

A integração da equação 3.10 enquanto a partícula se move no campo elétrico, de um ponto inicial a algum outro ponto final, é dada por

$$W = W_e = \int_i^f q\vec{E} \bullet d\vec{s} = q\int_i^f \vec{E} \bullet d\vec{s}.$$

Usando a equação 3.8 para relacionar o trabalho realizado para alterar o potencial, obtemos

$$\Delta V = V_f - V_i = -\frac{W_e}{q} = -\int_i^f \vec{E} \bullet d\vec{s}.$$

Como já mencionado, a convenção usual na escolha do potencial nulo é considerá-lo no infinito. Adotando tal convenção, podemos expressar o potencial em qualquer ponto $\vec{r}$ do espaço na forma

$$V(\vec{r}) - V(\infty) \equiv V(\vec{r}) = -\int_{\infty}^{\vec{r}} \vec{E} \bullet d\vec{s}. \qquad (3.11)$$

Carga puntiforme

Vamos usar a equação 3.11 para determinar o potencial elétrico produzido por uma carga puntiforme, q. O campo elétrico produzido por esta carga (por ora considerada positiva), a uma distância r da mesma, é dado por

$$E = \frac{kq}{r^2}.$$

A orientação do campo elétrico é radial em relação à carga puntiforme. Considere que a integração seja efetuada ao longo de uma linha radial começando no infinito e terminando em um ponto a uma distância r da carga puntiforme, de modo que $\vec{E} \bullet d\vec{s} = Edr$. Então podemos usar a equação 3.11 para obter

$$V(R) = -\int_{\infty}^{R} \vec{E} \bullet d\vec{s} = -\int_{\infty}^{R} \frac{kq}{r^2} dr = \left[\frac{kq}{r}\right]_{\infty}^{R} = \frac{kq}{R}.$$

Assim, o potencial elétrico criado por uma carga puntiforme em um ponto a uma distância r da carga é dado por

$$V = \frac{kq}{r}. \qquad (3.12)$$

Essa equação também é válida para $q < 0$. Toda carga positiva produz um potencial positivo, enquanto toda carga negativa produz um potencial negativo, como mostra a Figura 3.17.

Na Figura 3.17, o potencial elétrico foi calculado para todos os pontos do plano xy. O eixo vertical representa o valor do potencial em cada ponto correspondente do plano, $V(x,y)$, obtido

3.3 Pausa para teste

A obtenção da equação 3.12 para o potencial elétrico de uma carga puntiforme envolveu uma integração ao longo de uma linha radial desde o infinito até um ponto a uma distância R da carga puntiforme. Como seria alterado o resultado se a integração fosse efetuada ao longo de um caminho diferente?

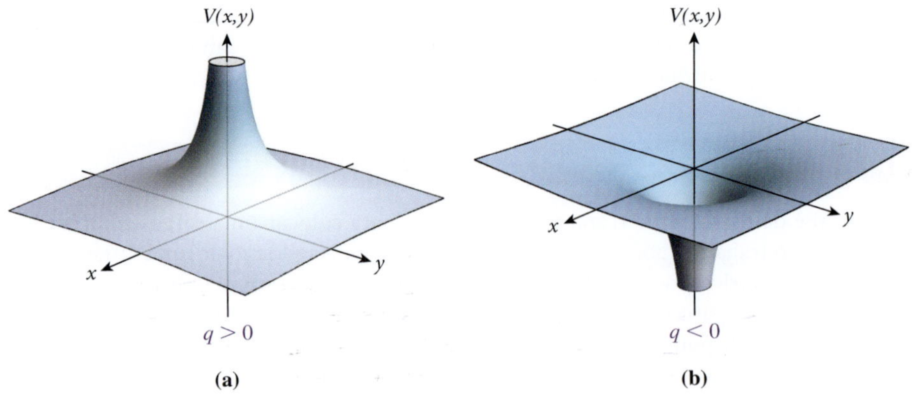

Figura 3.17 Potencial elétrico criado por uma (a) uma carga puntiforme positiva e (b) uma carga puntiforme negativa.

3.4 Exercícios de sala de aula

Qual é o potencial elétrico a 45,5 cm de distância de uma carga puntiforme de 12,5 pC?

a) 0,247 V
b) 1,45 V
c) 4,22 V
d) 10,2 V
e) 25,7 V

usando-se a relação $r = \sqrt{x^2 + y^2}$. O potencial não é calculado próximo a $r = 0$ porque ele tende ao infinito ali. Da Figura 3.17 podemos verificar como as linhas equipotenciais circulares mostrados na Figura 3.14 se originaram.

PROBLEMA RESOLVIDO 3.1 Cargas positivas fixa e móvel

PROBLEMA

Uma carga positiva de 4,50 μC está fixada a uma dada posição. Uma partícula de 6,00 g de massa e +3,00 μC de carga é arremessada com uma velocidade inicial de 66,0 m/s diretamente contra a carga fixa, de uma distância inicial de 4,20 m. A que distância mínima da carga fixa a carga móvel chegará antes de parar e retornar, afastando-se da carga fixa?

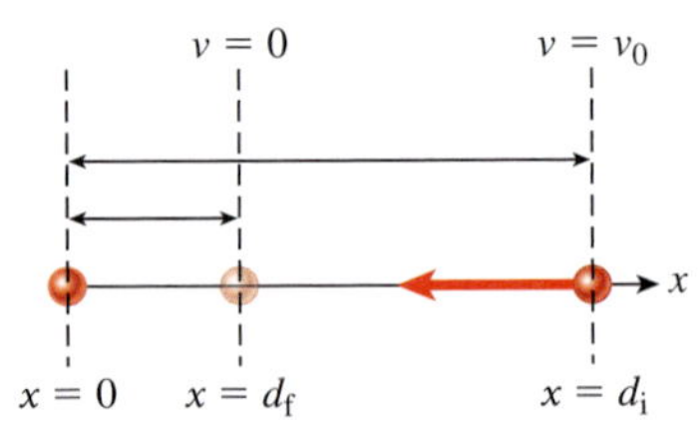

Figura 3.18 Duas cargas positivas. Uma delas foi fixada em $x = 0$, e a segunda inicia em $x = d_i$ movendo-se com velocidade $\vec{v}_0$, e atinge velocidade nula em $x = d_f$.

SOLUÇÃO

PENSE

A carga em movimento ganhará energia potencial enquanto se aproxima da carga fixa. O valor negativo da variação de energia potencial da carga móvel é igual à variação de sua energia cinética, pois $\Delta K + \Delta U = 0$.

DESENHE

Escolhemos a localização da carga fixa como sendo $x = 0$, como mostra a Figura 3.18. A carga móvel parte de $x = d_i$, move-se com velocidade inicial $v = v_0$ e atinge o repouso em $x = d_f$.

PESQUISE

A carga móvel adquire energia potencial elétrica enquanto se aproxima da carga fixa, perdendo simultaneamente energia cinética até parar. No ponto onde se detém, toda a energia cinética original da carga móvel foi convertida em energia potencial elétrica. Usando a conservação da energia, podemos expressar essa relação como

$$\Delta K + \Delta U = 0 \Rightarrow \Delta K = -\Delta U \Rightarrow$$
$$0 - \tfrac{1}{2}mv_0^2 = -q_{\text{móvel}}\Delta V \Rightarrow$$
$$\tfrac{1}{2}mv_0^2 = q_{\text{móvel}}\Delta V. \qquad \text{(i)}$$

O potencial elétrico adquirido pela carga em movimento deve-se à carga fixa, de modo que podemos escrever a variação de potencial como

$$\Delta V = V_f - V_i = k\frac{q_{\text{fixa}}}{d_f} - k\frac{q_{\text{fixa}}}{d_i} = kq_{\text{fixa}}\left(\frac{1}{d_f} - \frac{1}{d_i}\right). \qquad \text{(ii)}$$

SIMPLIFIQUE

Usando a expressão para a diferença de potencial da equação (ii) na equação (i), obtemos

$$\frac{1}{2}mv_0^2 = q_{\text{móvel}}\Delta V = kq_{\text{móvel}}q_{\text{fixa}}\left(\frac{1}{d_{\text{fi}}} - \frac{1}{d}\right) \Rightarrow$$

$$\frac{1}{d_{\text{f}}} - \frac{1}{d_{\text{i}}} = \frac{mv_0^2}{2kq_{\text{móvel}}q_{\text{fixa}}} \Rightarrow$$

$$\frac{1}{d_{\text{f}}} = \frac{1}{d_{\text{i}}} + \frac{mv_0^2}{2kq_{\text{móvel}}q_{\text{fixa}}}.$$

CALCULE

Substituindo os valores numéricos, obtemos

$$\frac{1}{d_{\text{f}}} = \frac{1}{0{,}0420\text{ m}} + \frac{(0{,}00600\text{ kg})(66{,}0\text{ m/s})^2}{2\left(8{,}99\cdot 10^9\text{ N m}^2/\text{C}^2\right)\left(3{,}00\cdot 10^{-6}\text{C}\right)\left(4{,}50\cdot 10^{-6}\text{C}\right)} = 131{,}485,$$

ou

$$d_{\text{f}} = 0{,}00760545\text{ m}.$$

ARREDONDE

Apresentamos nosso resultado com três algarismos significativos:

$$d_{\text{f}} = 0{,}00761\text{ m} = 0{,}761\text{ cm}.$$

SOLUÇÃO ALTERNATIVA

A distância final de 0,761 cm é menor do que a distância inicial de 4,20 cm. Na distância final, a energia potencial elétrica da carga móvel é

$$U = q_{\text{móvel}}V = q_{\text{móvel}}\left(k\frac{q_{\text{fixa}}}{d_{\text{f}}}\right) = k\frac{q_{\text{móvel}}q_{\text{fixa}}}{d_{\text{f}}}$$

$$= \left(8{,}99\cdot 10^9\text{ N m}^2/\text{C}^2\right)\frac{\left(3{,}00\cdot 10^{-6}\text{ C}\right)\left(4{,}50\cdot 10^{-6}\text{ C}\right)}{0{,}00761\text{ m}} = 16{,}0\text{ J}.$$

A energia potencial elétrica na distância inicial é

$$U = q_{\text{móvel}}V = q_{\text{móvel}}\left(k\frac{q_{\text{fixa}}}{d_{\text{i}}}\right) = k\frac{q_{\text{móvel}}q_{\text{fixa}}}{d_{\text{i}}}$$

$$= \left(8{,}99\cdot 10^9\text{ N m}^2/\text{C}^2\right)\frac{\left(3{,}00\cdot 10^{-6}\text{ C}\right)\left(4{,}50\cdot 10^{-6}\text{ C}\right)}{(0{,}0420\text{ m})} = 2{,}9\text{ J}.$$

A energia cinética inicial é

$$K = \frac{1}{2}mv^2 = \frac{(0{,}00600\text{ kg})(66{,}0\text{ m/s})^2}{2} = 13{,}1\text{ J}.$$

Podemos ver que a equação baseada na conservação da energia, da qual teve início o processo de resolução, é satisfeita:

$$\tfrac{1}{2}mv^2 = \Delta U$$

$$13{,}1\text{ J} = 16{,}0\text{ J} - 2{,}9\text{ J} = 13{,}1\text{ J}.$$

Isso nos dá confiança de que nosso resultado é correto.

Sistemas de cargas puntiformes

O potencial elétrico criado por um sistema de n cargas puntiformes é calculado somando-se os potenciais criados individualmente por todas as cargas:

$$V = \sum_{i=1}^{n} V_i = \sum_{i=1}^{n} \frac{kq_i}{r_i}. \qquad (3.13)$$

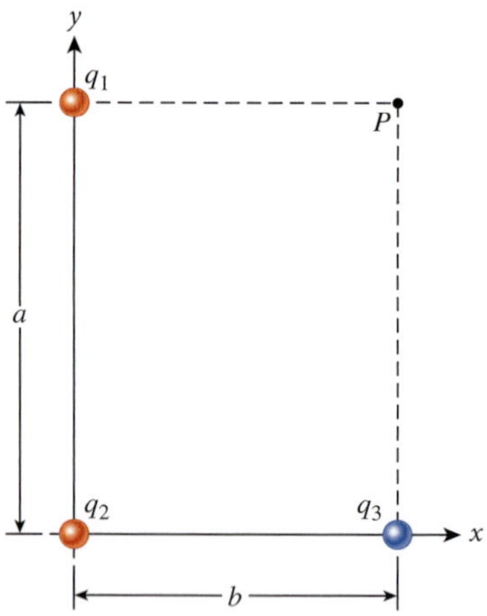

Figura 3.19 Potencial elétrico gerado em um ponto por três cargas puntiformes.

3.5 Exercícios de sala de aula

Três cargas puntiformes positivas idênticas são posicionadas em pontos fixos do espaço. Então a carga q_2 é movida de sua posição inicial para uma posição final, como mostra a figura. Quatro caminhos diferentes são mostrados, indicados de (a) até (d). O caminho (a) é o mais curto dos três; o caminho (b) leva q_2 a rodear q_3; o caminho (c) leva q_2 ao redor de q_3 e q_1; e o caminho (d) leva q_2 para o infinito e daí de volta para uma posição final. Qual deles requer o menor trabalho a ser realizado?

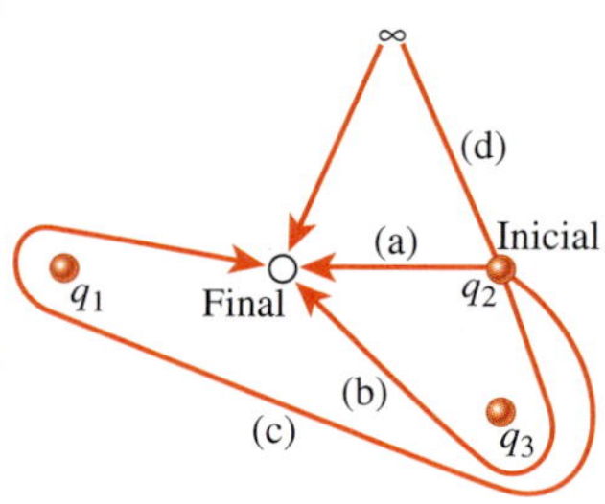

a) O caminho (a)

b) O caminho (b)

c) O caminho (c)

d) O caminho (d)

e) O trabalho é igual para todos os caminhos.

A equação 3.13 pode ser demonstrada inserindo-se a expressão do campo elétrico total produzido por n cargas ($\vec{E}_t = \vec{E}_1 + \vec{E}_2 + \cdots + \vec{E}_n$) na equação 3.11 e integrando termo a termo. A somatória da equação 3.13 produz um potencial em qualquer ponto do espaço que possui um valor, mas não uma orientação. Assim, calcular o potencial criado por um grupo de cargas puntiformes é geralmente muito mais simples do que calcular o campo elétrico, o que envolve soma de vetores.

EXEMPLO 3.4 Superposição de potenciais elétricos

Vamos calcular o potencial criado em um dado ponto do espaço por um sistema de cargas puntiformes. A Figura 3.19 mostra as três cargas puntiformes: $q_1 = +1{,}50\ \mu\text{C}$, $q_2 = +2{,}50\ \mu\text{C}$ e $q_3 = -3{,}50\ \mu\text{C}$. A carga q_1 está localizada em $(0,a)$, q_2 encontra-se em $(0,0)$ e q_3 em $(b,0)$, onde $a = 8{,}00$ m e $b = 6{,}00$ m.

O potencial elétrico no ponto P é a soma dos potenciais criados ali pelas três cargas:

$$V = \sum_{i=1}^{3} \frac{kq_i}{r_i} = k\left(\frac{q_1}{r_1} + \frac{q_2}{r_2} + \frac{q_3}{r_3}\right) = k\left(\frac{q_1}{b} + \frac{q_2}{\sqrt{a^2+b^2}} + \frac{q_3}{a}\right)$$

$$= \left(8{,}99 \cdot 10^9\ \text{N m}^2/\text{C}^2\right)\left(\frac{1{,}50 \cdot 10^{-6}\ \text{C}}{6{,}00\ \text{m}} + \frac{2{,}50 \cdot 10^{-6}\ \text{C}}{\sqrt{(8{,}00\ \text{m})^2 + (6{,}00\ \text{m})^2}} + \frac{-3{,}50 \cdot 10^{-6}\ \text{C}}{8{,}00\ \text{m}}\right)$$

$$= 562\ \text{V}.$$

Note que o potencial criado por q_3 é negativo no ponto P, porém a soma dos potenciais é positiva.

Este exemplo é semelhante ao Exemplo 2.1, em que calculamos o campo elétrico criado no ponto P pelas três cargas. Note que o cálculo do potencial elétrico criado pelas três cargas é muito mais simples do que o cálculo do campo elétrico correspondente.

Distribuições de carga contínuas

Podemos também calcular o potencial elétrico criado por uma distribuição de carga contínua. Para tal, divide-se a distribuição de carga em elementos diferenciais de carga, cada qual com carga dq, e obtemos o potencial elétrico criado por esta carga como se ela fosse uma carga puntiforme. Essa é a maneira como distribuições de carga contínuas foram tratadas na determinação de campos elétricos no Capítulo 2. A carga infinitesimal dq pode ser expressa: como o produto da carga por unidade de comprimento pelo comprimento infinitesimal, $\lambda\, dx$; ou do produto da carga por unidade de área pela área infinitesimal, $\sigma\, dA$; ou em termos do produto da carga por unidade de volume pelo volume infinitesimal correspondente, $\rho\, dV$. O potencial elétrico resultante da distribuição de carga inteira é obtido, então, integrando-se todas as contribuições das cargas infinitesimais. Consideremos agora um exemplo que envolve o potencial elétrico criado por uma distribuição de carga unidimensional.

EXEMPLO 3.5 Linha carregada finita

Quanto é o potencial elétrico a uma distância d ao longo da perpendicular que bissecciona um fio de comprimento $2a$ dotado de uma distribuição de carga linear λ (Figura 3.20)?

O potencial elétrico infinitesimal, dV, criado por um elemento infinitesimal de carga, a uma distância d ao longo da reta bissetriz do fio, é dada por

$$dV = k\frac{dq}{r}.$$

O potencial elétrico criado pelo fio inteiro é dado pela integral de dV ao longo do comprimento do fio:

$$V = \int_{-a}^{a} dV = \int_{-a}^{a} k\frac{dq}{r}. \qquad \text{(i)}$$

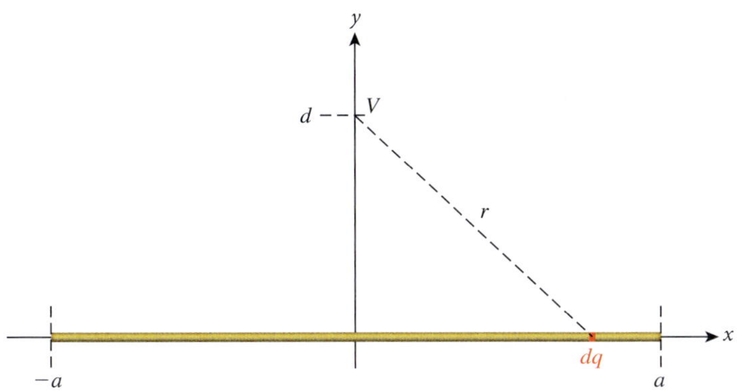

Figura 3.20 Calculando o potencial elétrico criado por uma linha carregada.

Com $dq = \lambda\ dx$ e $r = \sqrt{x^2 + d^2}$, podemos reescrever a equação (i) como

$$V = \int_{-a}^{a} k \frac{\lambda dx}{\sqrt{x^2 + d^2}} = k\lambda \int_{-a}^{a} \frac{dx}{\sqrt{x^2 + d^2}}.$$

Obtendo esta integral em uma tabela de integrais, ou calculando-a com algum *software*, temos

$$\int_{-a}^{a} \frac{dx}{\sqrt{x^2 + d^2}} = \left[\ln\left(x + \sqrt{x^2 + d^2} \right) \right]_{-a}^{a} = \ln\left(\frac{\sqrt{a^2 + d^2} + a}{\sqrt{a^2 + d^2} - a} \right).$$

Assim, o potencial elétrico a uma distância d ao longo da perpendicular bissetriz de uma linha carregada de comprimento finito é dado por

$$V = k\lambda \ln\left(\frac{\sqrt{a^2 + d^2} + a}{\sqrt{a^2 + d^2} - a} \right).$$

3.5 Determinação do campo elétrico a partir do potencial elétrico

Como mencionado anteriormente, podemos determinar o campo elétrico a partir do potencial elétrico. Este cálculo emprega as equações 3.8 e 3.10:

$$-qdV = q\vec{E} \cdot d\vec{s},$$

onde $d\vec{s}$ é um vetor (infinitesimal) que vai do ponto inicial a um ponto final infinitesimalmente próximo. A componente do campo elétrico, E_s, ao longo da direção de $d\vec{s}$ é dada pela derivada parcial

$$E_s = -\frac{\partial V}{\partial s}. \quad (3.14)$$

Dessa maneira, podemos determinar qualquer componente do campo elétrico que desejarmos tomando a derivada parcial do potencial em relação à direção daquela componente. Com isso, podemos escrever as componentes do campo elétrico em termos das derivadas parciais do potencial elétrico:

$$E_x = -\frac{\partial V}{\partial x}; \quad E_y = -\frac{\partial V}{\partial y}; \quad E_z = -\frac{\partial V}{\partial z}. \quad (3.15)$$

A versão vetorial equivalente é $\vec{E} = -\vec{\nabla}V \equiv -(\partial V/\partial x, \partial V/\partial y, \partial V/\partial z)$, onde o operador $\vec{\nabla}$ é denominado **gradiente**. Assim, o campo elétrico pode ser determinado ou graficamente, medindo-se o valor negativo da variação de potencial por unidade de comprimento perpendicular a uma linha equipotencial, ou analiticamente, usando a equação 3.15.

3.6 Exercícios de sala de aula

Suponha que o potencial elétrico descrito por $V(x, y, z) = -(5x^2 + y + z)$, em volts. Qual das seguintes expressões representa o campo elétrico associado, em volts por metro?

a) $\vec{E} = 5\hat{x} + 2\hat{y} + 2\hat{z}$

b) $\vec{E} = 10x\hat{x}$

c) $\vec{E} = 5x\hat{x} + 2\hat{y}$

d) $\vec{E} = 10x\hat{x} + \hat{y} + \hat{z}$

e) $\vec{E} = 0$

3.7 Exercícios de sala de aula

Na figura, as linhas representam linhas equipotenciais. Como se comparam os módulos do campo elétrico, denotados conjuntamente por uma letra E, no ponto P?

a) $E_1 = E_2 = E_3$

b) $E_1 > E_2 > E_3$

c) $E_1 < E_2 < E_3$

d) $E_3 > E_1 > E_2$

e) $E_3 < E_1 < E_2$

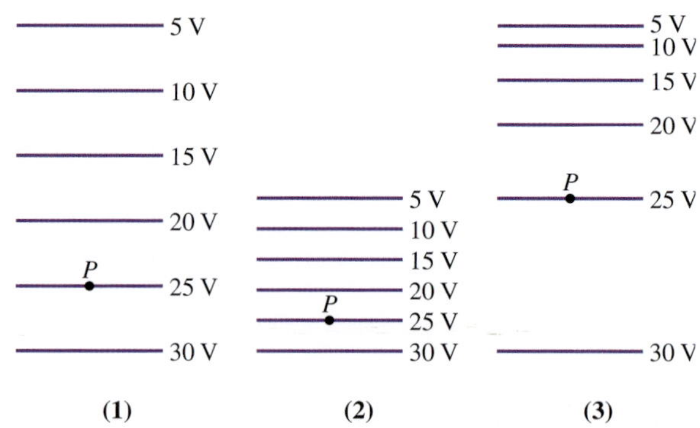

Para reforçar visualmente os conceitos de campo e potencial elétrico, o exemplo a seguir mostra como uma técnica gráfica pode ser usada para encontrar o campo quando é dado o potencial.

EXEMPLO 3.6 Determinando o campo elétrico graficamente

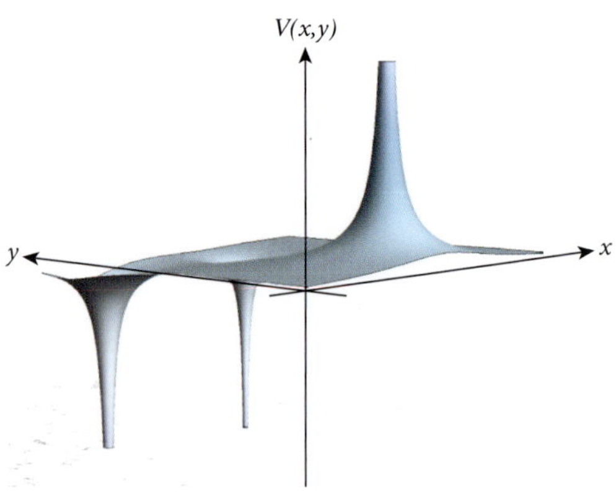

Figura 3.21 Potencial elétrico criado por três cargas puntiformes.

Vamos agora considerar um sistema de três cargas puntiformes $q_1 = -6{,}00\ \mu C$, $q_2 = -3{,}00\ \mu C$ e $q_3 = +9{,}00\ \mu C$, localizadas respectivamente em $(x_1,y_1) = (1{,}5\text{ cm}, 9{,}0\text{ cm})$, $(x_2,y_2) = (6{,}0\text{ cm}, 8{,}0\text{ cm})$ e $(x_3,y_3) = (5{,}3\text{ cm}, 2{,}0\text{ cm})$. A Figura 3.21 mostra o potencial elétrico, $V(x,y)$, criado pelas três cargas puntiformes, com algumas linhas equipotenciais desde –5.000 V a 5.000 V, determinadas em intervalos de 1.000 V, mostradas na Figura 3.22.

Podemos calcular a intensidade do campo elétrico no ponto P usando a equação 3.14 junto com técnicas gráficas. Para realizar a tarefa, usamos a linha verde da Figura 3.22, que foi traçada passando pelo ponto P perpendicularmente à linha equipotencial porque o campo elétrico é sempre perpendicular às linhas equipotenciais, unindo a equipotencial de 0 V à equipotencial de 2.000 V. Como se pode ver da Figura 3.22, o comprimento do segmento verde é de 1,5 cm. Portanto, a intensidade do campo elétrico pode ser aproximada por

$$|E_s| = \left|-\frac{\Delta V}{\Delta s}\right| = \left|\frac{(+2000\text{ V}) - (0\text{ V})}{1{,}5\text{ cm}}\right| = 1{,}3 \cdot 10^5\text{ V/m},$$

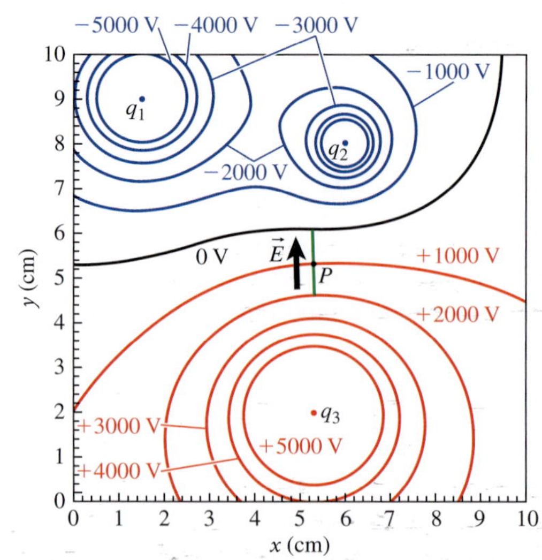

Figura 3.22 Linhas equipotenciais para o potencial elétrico criado por três cargas puntiformes.

onde Δs é o comprimento do segmento reto que passa por P. O sinal negativo da equação 3.14 indica que a orientação do campo elétrico entre linhas equipotenciais vizinhas aponta da equipotencial de 2.000 V para a equipotencial de potencial nulo.

No Capítulo 2, derivamos uma expressão para o campo elétrico criado por uma linha carregada ao longo da bissetriz perpendicular correspondente:

$$E_y = \frac{2k\lambda}{y}\frac{a}{\sqrt{y^2+a^2}}.$$

No Exemplo 3.5, encontramos uma expressão para o potencial elétrico criado no mesmo ponto e pela mesma distribuição de carga da situação anterior:

$$V = k\lambda \ln\left(\frac{\sqrt{y^2+a^2}+a}{\sqrt{y^2+a^2}-a}\right), \tag{3.16}$$

onde a coordenada d usada no Exemplo 3.5 foi substituída pela distância ao longo do eixo y. Podemos determinar a componente y do campo elétrico a partir do potencial elétrico conhecido usando a equação 3.15:

$$\begin{aligned}
E_y &= -\frac{\partial V}{\partial y} \\
&= -\frac{\partial\left(k\lambda \ln\left(\dfrac{\sqrt{y^2+a^2}+a}{\sqrt{y^2+a^2}-a}\right)\right)}{\partial y} \\
&= -k\lambda\left(\frac{\partial\left(\ln\left(\sqrt{y^2+a^2}+a\right)\right)}{\partial y} - \frac{\partial\left(\ln\left(\sqrt{y^2+a^2}-a\right)\right)}{\partial y}\right).
\end{aligned}$$

Tomando a derivada parcial (lembre-se de que efetuamos as derivações parciais da mesma forma como as derivações ordinárias), obtemos para o primeiro termo

$$\frac{\partial}{\partial y}\left(\ln\left(\sqrt{y^2+a^2}+a\right)\right) = \underbrace{\left(\frac{1}{\sqrt{y^2+a^2}+a}\right)}_{\text{derivada de ln}}\underbrace{\left(\frac{1}{2}\frac{1}{\sqrt{y^2+a^2}}\right)}_{\text{derivada de }\sqrt{y^2+a^2}}\underbrace{(2y)}_{\text{derivada de }y^2} = \frac{y}{y^2+a^2+a\sqrt{y^2+a^2}},$$

onde foi usado o fato de que a derivada de uma função logaritmo natural é $d(\ln x)/dx = 1/x$ e também a regra da cadeia de diferenciação. (A derivada mais externa e a mais interna são indicadas abaixo dos termos que elas geram.) Uma expressão semelhante pode ser obtida para o segundo termo. Usando as expressões para as derivadas, obtemos a componente do campo elétrico buscado:

$$E_y = -k\lambda\left(\frac{y}{y^2+a^2+a\sqrt{y^2+a^2}} - \frac{y}{y^2+a^2-a\sqrt{y^2+a^2}}\right) = \frac{2k\lambda}{y}\frac{a}{\sqrt{y^2+a^2}}.$$

Este resultado é igual ao encontrado para o campo elétrico na direção y no Capítulo 2, obtido lá integrando-se uma linha carregada em toda sua extensão.

3.6 Energia potencial elétrica de um sistema de cargas puntiformes

Na Seção 3.1, discutimos a energia potencial elétrica de uma carga puntiforme em um dado campo elétrico, e na Seção 3.4, descrevemos a maneira de calcular o potencial elétrico criado

3.8 Exercícios de sala de aula

Na figura, as linhas traçadas representam equipotenciais. Uma carga positiva é colocada no ponto P, e depois outra carga positiva é posicionada no ponto Q. Qual par de vetores melhor representa as intensidades relativas e as orientações das forças elétricas exercidas sobre as cargas positivas em P e Q?

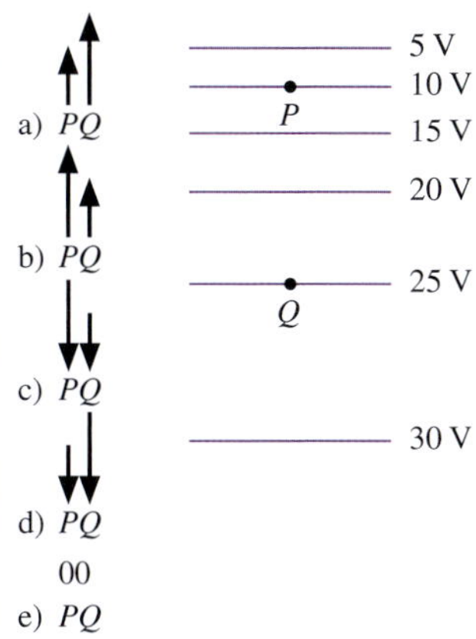

3.9 Exercícios de sala de aula

Na figura, as linhas representam equipotenciais. Qual é a orientação do campo elétrico no ponto P?

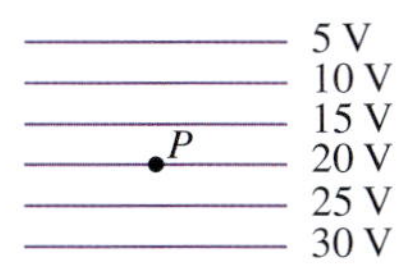

a) para cima

b) para baixo

c) esquerda

d) direita

e) o campo elétrico é zero.

por um sistema de cargas puntiformes. Esta seção combina essas duas partes da informação para determinar a energia potencial elétrica de um sistema de cargas puntiformes. Considere um sistema de cargas puntiformes que inicialmente estão infinitamente distantes umas das outras. Para juntá-las, cada qual a uma determinada distância das outras, deve-se realizar um trabalho, o que altera a energia potencial do sistema. A energia potencial de um sistema de cargas puntiformes é definida como o trabalho necessário para aproximá-las, trazendo-as de posições iniciais que estão infinitamente distantes umas das outras.

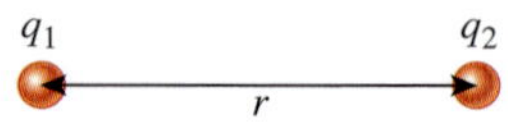

Figura 3.23 Duas cargas puntiformes separadas pela distância r.

Como um exemplo, vamos determinar a energia potencial elétrica de um sistema de duas cargas puntiformes (Figura 3.23). Considere que as duas cargas iniciam a uma separação mútua infinita. Então trazemos primeiro a carga q_1 para o sistema. Como ele está inicialmente sem carga, não existe campo elétrico nem força elétrica exercida sobre ela, de modo que esta ação não requer a realização de nenhum trabalho sobre ela. Mantendo esta carga estacionária, trazemos então a segunda carga, q_2, de uma distância infinita até ficar a uma distância r de q_1. Usando a equação 3.6, expressamos a energia potencial elétrica do sistema como

$$U = q_2 V, \tag{3.17}$$

onde

$$V = \frac{kq_1}{r}. \tag{3.18}$$

Assim, a energia potencial elétrica deste sistema de duas cargas puntiformes é

$$U = \frac{kq_1q_2}{r}. \tag{3.19}$$

Do teorema trabalho-energia cinética, o trabalho total, W, que deve ser feito sobre as partículas a fim de aproximá-las e mantê-las estacionárias, é igual a U. Se as duas cargas possuem o mesmo sinal, $W = U > 0$, deve-se realizar um trabalho positivo para aproximá-las a partir do infinito e mantê-las estacionárias. Se as cargas são de sinais opostos, deve-se realizar um trabalho negativo para aproximá-las desde o infinito e mantê-las paradas. Para determinar U para mais de duas cargas puntiformes, devemos trazê-las desde o infinito uma a uma, em uma ordem qualquer.

EXEMPLO 3.7 Quatro cargas puntiformes

Vamos determinar a energia potencial elétrica de um sistema de quatro cargas puntiformes, mostradas na Figura 3.24. Elas possuem cargas $q_1 = +1{,}0\ \mu\text{C}$, $q_2 = +2{,}0\ \mu\text{C}$, $q_3 = -3{,}0\ \mu\text{C}$ e $q_4 = +4{,}0\ \mu$ C. As cargas estão localizadas nas posições indicadas na figura, com $a = 6{,}0$ m e $b = 4{,}0$ m.

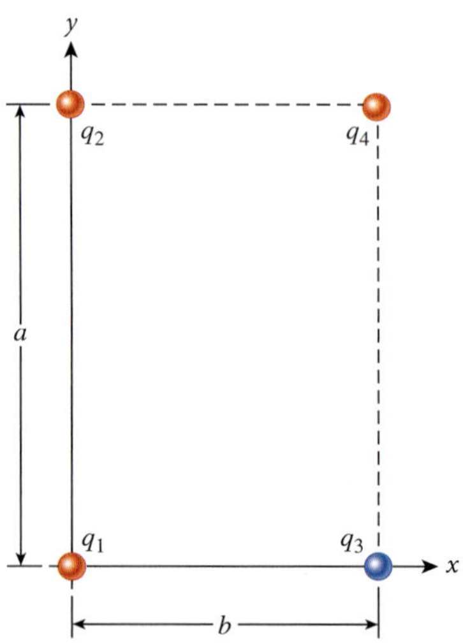

Figura 3.24 Calculando a energia potencial elétrica de um sistema de quatro cargas puntiformes.

PROBLEMA

Qual é a energia potencial elétrica deste sistema de quatro cargas puntiformes?

SOLUÇÃO

Vamos começar o cálculo imaginando as quatro cargas infinitamente distantes entre si, considerando que a energia potencial elétrica seja nula para tal configuração. Trazemos q_1 para a posição (0,0). Esta ação não altera a energia potencial do sistema. Em seguida trazemos q_2 e a localizamos em $(0,a)$. A energia potencial do sistema torna-se

$$U = \frac{kq_1q_2}{a}.$$

Trazer q_3 do infinito e colocá-la em $(b,0)$ altera a energia potencial do sistema, por causa da interação de q_3 com q_1 e q_2, para

$$U = \frac{kq_1q_2}{a} + \frac{kq_1q_3}{b} + \frac{kq_2q_3}{\sqrt{a^2+b^2}}.$$

Finalmente, trazer q_4 do infinito e colocá-la em (b,a) altera a energia potencial do sistema, devido às interações de q_4 com q_1, q_2 e a_3, para

$$U = \frac{kq_1q_2}{a} + \frac{kq_1q_3}{b} + \frac{kq_2q_3}{\sqrt{a^2+b^2}} + \frac{kq_1q_4}{\sqrt{a^2+b^2}} + \frac{kq_2q_4}{b} + \frac{kq_3q_4}{a}.$$

Note que a sequência em que as cargas são trazidas do infinito não afeta o resultado obtido. (Faça isso em uma sequência diferente e comprove a afirmação.) Substituindo os valores numéricos, obtemos

$$U=\left(3{,}0\cdot 10^{-3}\text{ J}\right)+\left(-6{,}7\cdot 10^{-3}\text{ J}\right)+\left(-7{,}5\cdot 10^{-3}\text{ J}\right)+$$
$$\left(5{,}0\cdot 10^{-3}\text{ J}\right)+\left(1{,}8\cdot 10^{-2}\text{ J}\right)+\left(-1{,}8\cdot 10^{-2}\text{ J}\right)=-6{,}2\cdot 10^{-3}\text{ J}.$$

A partir do cálculo efetuado no Exemplo 3.7, generalizamos o resultado para obter uma fórmula para a energia potencial elétrica de um conjunto de cargas puntiformes qualquer:

$$U=k\sum_{ij}\frac{q_i q_j}{r_{ij}}, \tag{3.20}$$

onde os subíndices i e j indicam um dado par de partículas, a somatória envolve todos os pares ij (para $i \neq j$), e r_{ij} é a distância entre as cargas do par correspondente. Uma maneira alternativa de escrever essa somatória dupla é

$$U=\tfrac{1}{2}k\sum_{j=1}^{n}\sum_{i=1,i\neq j}^{n}\frac{q_i q_j}{\left|\vec{r}_i-\vec{r}_j\right|},$$

que é mais explícita do que a formulação equivalente da equação 3.20.

O QUE JÁ APRENDEMOS | GUIA DE ESTUDO PARA EXERCÍCIOS

- A variação de energia potencial elétrica, ΔU, de uma carga puntiforme em movimento em presença de um campo elétrico é igual ao valor negativo do trabalho realizado sobre a carga puntiforme pelo campo elétrico, W_e: $\Delta U = U_f - U_i = -W_e$.
- A variação de energia potencial elétrica, ΔU, é igual à carga, q, multiplicada pelo potencial elétrico local, ΔV: $\Delta U = q\Delta V$.
- Superfícies e linhas equipotenciais representam as localizações do espaço que estão a um mesmo valor de potencial elétrico. As superfícies equipotenciais são sempre perpendiculares às linhas de campo elétrico.
- A superfície de um condutor isolado constitui uma superfície equipotencial.
- A variação de potencial elétrico pode ser determinada a partir do campo elétrico por integração do campo: $\Delta V=-\int_i^f \vec{E}\bullet d\vec{s}$. Escolhendo o valor nulo do potencial no infinito, obtemos $V=\int_i^\infty \vec{E}\bullet d\vec{s}$.
- O potencial elétrico criado por uma carga puntiforme, q, a uma distância r da carga, é dado por $V=\frac{kq}{r}$.
- O potencial elétrico criado por um sistema de n cargas puntiformes pode ser expresso como a soma algébrica dos potencias criados individualmente: $V=\sum_{i=1}^{n} V_i$.
- O campo elétrico em cada direção espacial pode ser determinado dos gradientes do potencial elétrico correspondente: $E_x=-\frac{\partial V}{\partial x}$, $E_y=-\frac{\partial V}{\partial y}$, $E_z=-\frac{\partial V}{\partial z}$.
- A energia potencial elétrica de um sistema de duas cargas puntiformes é dada por $U=\frac{kq_1q_2}{r}$.

TERMOS-CHAVE

elétron-volt, p. 73
energia potencial elétrica, p. 70
gerador Van de Graaff, p. 75
gradiente, p. 83
potencial elétrico, p. 71
linhas equipotenciais, p. 76
superfície equipotencial, p. 76
volt, p. 72

NOVOS SÍMBOLOS

V, potencial elétrico

ΔV, diferença de potencial elétrico

eV, abreviação para elétron-volt, uma unidade de energia

RESPOSTAS DOS TESTES

3.1 O potencial elétrico ao longo do eixo y é nulo.

3.2 $(x, y) = (0, 0)$ corresponde a um ponto de sela.

3.3 Nada mudaria. A força eletrostática é conservativa, e toda força deste tipo realiza um trabalho que independe da trajetória seguida.

GUIA DE RESOLUÇÃO DE PROBLEMAS

1. Uma fonte de erro comum em cálculos é confundir o campo elétrico, $\vec{E}$, a energia potencial elétrica, U, e o potencial elétrico, V. Lembre-se de que um campo elétrico é uma grandeza vetorial produzida por uma distribuição de carga; a energia potencial elétrica é uma propriedade da distribuição de carga; e o potencial elétrico, uma propriedade do campo. Você deve ter certeza de que compreendeu o que está calculando.

2. Tenha certeza de ter identificado corretamente o ponto com respeito ao qual você está calculando a energia potencial ou o potencial. Em cálculos do campo elétricos, os cálculos envolvendo potenciais elétricos podem ser feitos usando-se uma densidade de carga linear (λ), uma densidade de carga superficial (σ) ou uma densidade de carga volumétrica (ρ).

3. Uma vez que o potencial é um escalar, o potencial total criado por um sistema de cargas puntiformes é calculado simplesmente somando-se os potenciais criados individualmente por todas as cargas. No caso de uma distribuição de carga contínua, você precisará calcular o potencial por integração sobre todas as cargas infinitesimais que formam a distribuição. Considere que o potencial produzido por uma carga infinitesimal seja da mesma forma que o potencial criado por uma carga puntiforme!

PROBLEMA RESOLVIDO 3.2 Feixe de íons de oxigênio

PROBLEMA

Íons de oxigênio (^{16}O) totalmente despidos (todos seus elétrons foram removidos) são acelerados desde o repouso em um acelerador de partículas que usa uma diferença de potencial de 10,0 MV $= 1{,}00 \cdot 10^7$ V. O núcleo ^{16}O contém 8 prótons e 8 nêutrons. O acelerador produz um feixe de $3{,}13 \cdot 10^{12}$ íons por segundo. O feixe é completamente detido por um coletor de íons (*beam dump*). Qual é a energia total que o depósito tem de absorver?

SOLUÇÃO

PENSE

Potência é energia por unidade de tempo. Podemos calcular a energia de cada íon e, então, a energia total do feixe por unidade de tempo, obtendo com isso a potência dissipada no coletor de íons.

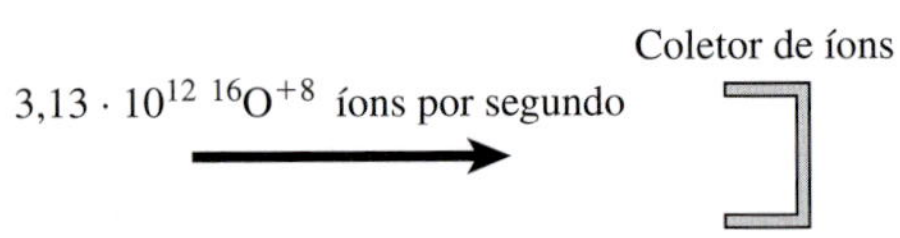

Figura 3.25 Um feixe de íons de oxigênio é retido por um coletor de íons.

DESENHE

A Figura 3.25 ilustra um feixe de íons de oxigênio sendo retido por um coletor de íons.

PESQUISE

A energia potencial ganha por cada íon durante o processo de aceleração é

$$U_{\text{ion}} = q\Delta V = ZeV,$$

onde $Z = 8$ é o número atômico do oxigênio, $e = 1{,}602 \cdot 10^{-19}$ C é a carga de um próton e $V = 1{,}00 \cdot 10^7$ V é o potencial elétrico através do qual os íons são acelerados.

SIMPLIFIQUE

A potência do feixe, dissipada no coletor de íons, é, então,

$$P = NU_{\text{ion}} = NZeV,$$

onde $N = 3{,}13 \cdot 10^{12}$ íons/s é o número de íons retidos, por segundo, no coletor de íons.

CALCULE

Substituindo os valores numéricos, obtemos

$$P = NZeV = \left(3{,}13 \cdot 10^{12}\ \text{s}^{-1}\right)(8)\left(1{,}602 \cdot 10^{-19}\ \text{C}\right)\left(1{,}00 \cdot 10^{7}\ \text{V}\right)$$
$$= 40{,}1141\ \text{W}.$$

ARREDONDE

Apresentamos nosso resultado com três algarismos significativos:

$$P = 40{,}1\ \text{W}.$$

SOLUÇÃO ALTERNATIVA

Podemos relacionar a variação de energia cinética de cada íon à variação de energia cinética dele:

$$\Delta K = \Delta U = \tfrac{1}{2}mv^2 = U_{\text{íon}} = ZeV.$$

A massa de um núcleo de oxigênio vale $2{,}66 \cdot 10^{-26}$ kg. A velocidade de cada íon é, portanto,

$$v = \sqrt{\frac{2ZeV}{m}} = \sqrt{\frac{2(8)\left(1{,}602 \cdot 10^{-19}\ \text{C}\right)\left(10^{7}\right)}{2{,}66 \cdot 10^{-26}\ \text{kg}}} = 3{,}10 \cdot 10^{7}\ \text{m/s},$$

o que corresponde a cerca de 10% da velocidade da luz, o que parece razoável para a velocidade dos íons. Assim, nosso resultado é plausível.

PROBLEMA RESOLVIDO 3.3 Mínimo do potencial

PROBLEMA

Uma carga $q_1 = 0{,}829$ nC está localizada sobre o eixo x, em $r_1 = 0$. Outra carga $q_2 = 0{,}275$ nC está localizada também sobre o mesmo eixo, em $r_2 = 11{,}9$ cm. Em que ponto do eixo x, entre as duas cargas, o potencial elétrico resultante das cargas possui um mínimo?

SOLUÇÃO

PENSE

Podemos expressar o potencial elétrico criado pelas duas cargas como a soma dos potenciais elétricos criados por cada carga. Para obter o mínimo do potencial, tomamos a derivada do potencial e a igualamos a zero. Depois isolamos a distância para a qual a derivada é nula.

DESENHE

A Figura 3.26 mostra as localizações das duas cargas.

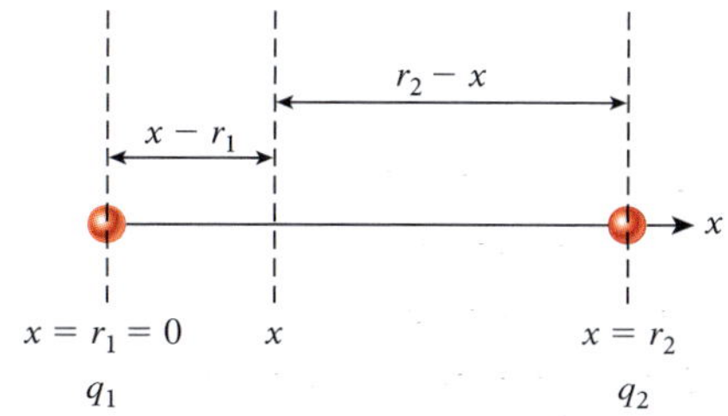

Figura 3.26 Duas cargas localizadas sobre o eixo x.

PESQUISE

Podemos expressar o potencial elétrico criado ao longo do eixo x pelas duas cargas como

$$V = V_1 + V_2 = k\frac{q_1}{x - r_1} + k\frac{q_2}{r_2 - x} = k\frac{q_1}{x} + k\frac{q_2}{r_2 - x}.$$

Note que as grandezas x e $r_2 - x$ são sempre positivas se $0 < x < r_2$. Para determinar onde está o mínimo, tomamos a derivada do potencial elétrico:

$$\frac{dV}{dx} = -k\frac{q_1}{x^2} - k\frac{q_2}{\left(r_2 - x\right)^2}(-1) = k\frac{q_2}{\left(r_2 - x\right)^2} - k\frac{q_1}{x^2}.$$

Continua →

SIMPLIFIQUE

Igualando a zero a derivada do potencial elétrico e rearranjando os termos, obtemos

$$k\frac{q_2}{(r_2-x)^2}=k\frac{q_1}{x^2}.$$

Dividindo ambos os membros por k e rearranjando os termos, encontramos

$$\frac{x^2}{(r_2-x)^2}=\frac{q_1}{q_2}.$$

Agora podemos extrair a raiz quadrada dessa equação e rearranjar seus termos, obtendo

$$x=\pm\left(r_2-x\right)\sqrt{\frac{q_1}{q_2}}.$$

Uma vez que $x > 0$ e $(r_2 - x) > 0$, o sinal deve ser positivo. Isolando x, obtemos

$$x=\frac{r_2\sqrt{\dfrac{q_1}{q_2}}}{1+\sqrt{\dfrac{q_1}{q_2}}}=\frac{r_2}{\sqrt{\dfrac{q_2}{q_1}}+1}.$$

CALCULE

Substituindo os valores numéricos, obtemos

$$x=\frac{0{,}119\text{ m}}{1+\sqrt{\dfrac{0{,}275\text{ nC}}{0{,}829\text{ nC}}}}=0{,}0755097\text{ m}.$$

ARREDONDE

Apresentamos nosso resultado com três algarismos significativos:

$$x = 0{,}0755\text{ m} = 7{,}55\text{ cm}.$$

SOLUÇÃO ALTERNATIVA

Podemos avaliar nosso resultado traçando um gráfico do potencial elétrico resultante das duas cargas e determinar graficamente onde se encontra o mínimo (Figura 3.27).

O mínimo do potencial elétrico está localizado em x = 7,55 cm, o que confirma o resultado que calculamos.

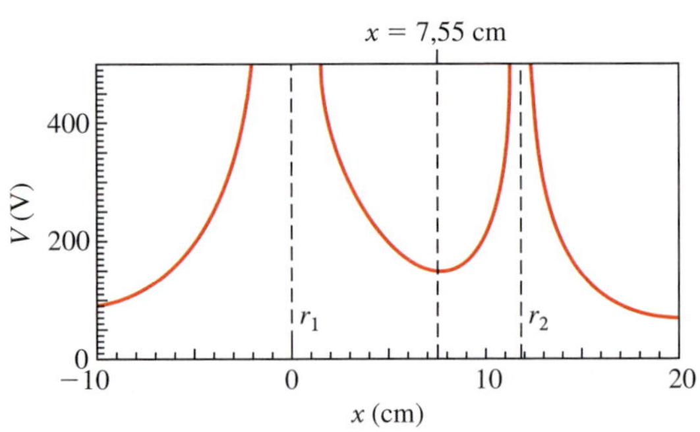

Figura 3.27 Gráfico do potencial elétrico resultante de duas cargas.

QUESTÕES DE MÚLTIPLA ESCOLHA

3.1 Uma carga positiva é solta e move-se ao longo de uma linha de campo elétrico. A carga se move de uma posição de

a) menor potencial e menor energia potencial.

b) menor potencial e maior energia potencial.

c) maior potencial e menor energia potencial.

d) maior potencial e maior energia potencial.

3.2 Um próton é posicionado a meia distância de dois pontos A e B. O potencial no ponto A é de -20 V, e no ponto B, +20 V, enquanto no ponto médio entre estes, o potencial é nulo. O próton

a) permanecerá em repouso.

b) se moverá para o ponto B com velocidade constante.

c) acelerará em direção ao ponto A.

d) acelerará em direção ao ponto B.

e) se moverá para o ponto A com velocidade constante.

3.3 Qual seria a consequência de escolher o valor do potencial no infinito como sendo de +100 V, em vez de considerá-lo nulo ali?

a) Nenhuma; o campo e o potencial teriam os mesmos valores de antes em cada ponto determinado.

b) O potencial elétrico tornar-se-ia infinito em cada ponto determinado, e o campo elétrico não poderá ser definido.

c) O potencial elétrico em todos os lugares seria maior que 100 V, e o campo elétrico seria o mesmo.

d) Dependeria da situação. Por exemplo, o potencial criado por uma carga positiva diminuiria mais lentamente com a distância, de modo que a intensidade do campo elétrico seria menor.

3.4 Em que situação o potencial elétrico é maior?

a) Em um ponto a 1 m de uma carga puntiforme de 1 C.

b) Em um ponto a 1 m do centro de uma casca esférica com 0,5 m de raio e carga total de 1 C.

c) Em um ponto a 1 m do centro de uma haste uniformemente carregada com 1 m de comprimento e carga total de 1 C.

d) Em um ponto a 2 m de uma carga puntiforme de 2 C.

e) Em um ponto a 0,5 m de uma carga puntiforme de 0,5 C.

3.5 A quantidade de trabalho realizado para mover uma carga puntiforme positiva q sobre uma superfície equipotencial de 1.000 V, comparada ao trabalho realizado para mover a mesma carga sobre outra equipotencial de 10 V, é

a) a mesma.

b) menor.

c) maior.

d) dependente da distância ao longo da qual a carga é movida.

3.6 Uma esfera condutora maciça de raio R tem centro na origem de um sistema de coordenadas xyz. Uma carga total Q é distribuída uniformemente sobre a superfície da esfera. Considerando, como é comum, que o potencial elétrico seja nulo a uma distância infinita, qual é o potencial elétrico no centro da esfera condutora?

a) nulo

b) $Q/\epsilon_0 R$

c) $Q/2\pi\epsilon_0 R$

d) $Q/4\pi\epsilon_0 R$

3.7 Qual dos seguintes ângulos formados entre um dipolo elétrico e um campo elétrico aplicado resultará em maior estabilidade?

a) 0 rad

b) $\pi/2$ rad

c) π rad

d) O momento de dipolo elétrico é instável seja qual for a orientação do campo elétrico aplicado.

3.8 Uma carga puntiforme positiva deve ser movida de um ponto A para um ponto B na vizinhança de um dipolo elétrico. Qual das três trajetórias mostradas resultará no maior trabalho realizado pelo dipolo elétrico sobre a carga puntiforme?

a) Trajetória 1

b) Trajetória 2

c) Trajetória 3

d) O trabalho é o mesmo nos três casos.

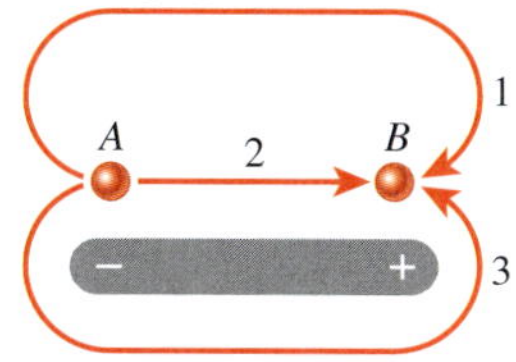

3.9 Cada um dos seguintes pares de cargas está separado por uma distância d. Qual deles cria a maior energia potencial?

a) +5 C e +3 C

b) +5 C e −3 C

c) −5 C e −3 C

d) −5 C e +3 C

e) Todos os pares criam a mesma energia potencial.

3.10 Uma partícula negativamente carregada gira em sentido horário ao redor de uma esfera positivamente carregada. O trabalho realizado sobre a partícula negativamente carregada pelo campo elétrico criado pela esfera é

a) positivo b) negativo c) nulo

QUESTÕES

3.11 Linhas de transmissão de alta voltagem são usadas para transportar eletricidade através de países grandes como o Brasil. Essas linhas acabam sendo os lugares preferidos para aves descansarem. Por que então as aves não morrem ao tocar os fios?

3.12 Você já deve ter ouvido falar que é perigoso ficar sob árvores durante tempestades elétricas. Por quê?

3.13 Duas linhas equipotenciais podem se interceptar? Por que sim ou por que não?

3.14 Ao soldar conectores a uma parte de um circuito eletrônico, por que é importante deixar nenhuma protuberância nos pontos de solda?

3.15 Usando a lei de Gauss e a relação entre o potencial elétrico e o campo elétrico, mostre que o potencial do lado externo de uma esfera uniformemente carregada é idêntico ao potencial criado por uma carga puntiforme localizada no centro da esfera e de mesma carga total que ela. Qual é o potencial na superfície da esfera? De que maneira variará o potencial se a distribuição de carga não for uniforme, mas possuir uma simetria esférica (radial)?

3.16 Um anel de metal possui uma carga total q e um raio R, como mostra a figura. Sem efetuar cálculo algum, preveja o valor do potencial elétrico e do campo elétrico no centro do círculo.

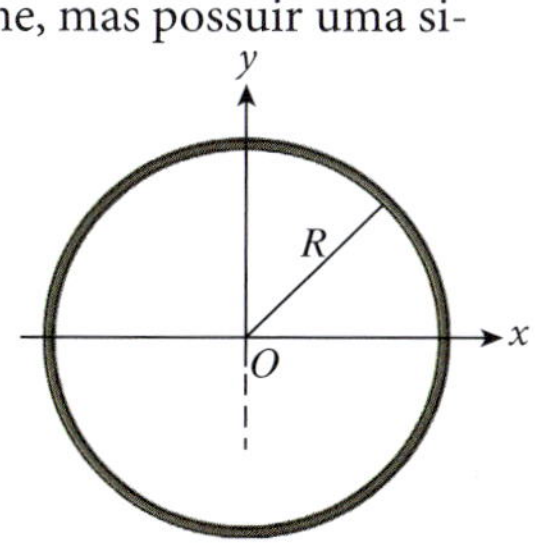

3.17 Obtenha uma expressão integral para o potencial elétrico em um ponto qualquer do eixo z, a uma distância H de um semidisco de raio R (veja a figura). O semidisco possui uma distribuição de carga uniforme, correspondente a uma densidade de carga σ.

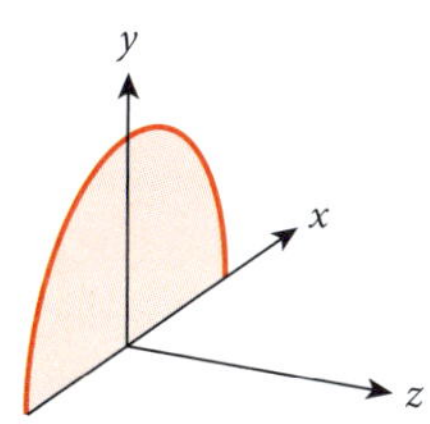

3.18 Um elétron se afasta de um próton. Descreva como varia o potencial que o elétron sente. Descreva também de que maneira a energia potencial varia.

3.19 A energia potencial elétrica de uma distribuição de carga contínua pode ser determinada de maneira semelhante àquela usada para tratar sistemas de cargas puntiformes na Seção 3.6, dividindo a distribuição de carga em elementos adequados à situação. Determine a energia potencial elétrica de uma distribuição de carga esfericamente simétrica *qualquer*, $\rho(r)$. Sua expressão deve prever todas as possibilidades. Ela pode incluir uma integral ou várias integrais que não possam ser calculadas sem o conhecimento da forma específica de $\rho(r)$. (*Dica*: uma pérola é formada por finas camadas de madrepérola depositadas sequencialmente umas sobre as outras.)

PROBLEMAS

Um • ou dois •• indicam nível crescente de dificuldade do problema.

Seção 3.1

3.20 Nas moléculas do cloreto de sódio gasoso, o íon de cloro possui um elétron a mais do que prótons, enquanto o íon de sódio possui um próton a mais do que elétrons. A separação entre os íons é de 0,24 nm. Quanto trabalho deve ser realizado para aumentar a distância entre os íons para 1,0 cm?

• **3.21** Uma bola metálica com massa de $3 \cdot 10^{-6}$ kg e carga elétrica de +5 mC possui uma energia cinética de $6 \cdot 10^{8}$ J. Ela se desloca diretamente para uma placa carregada infinitamente extensa com uma densidade de carga uniforme de +4 C/m^2. Se, presentemente, ela se encontra a 1 m do plano carregado, quanto ela se aproximará do plano até ser detida?

Seção 3.2

3.22 Um elétron é acelerado desde o repouso sob uma diferença de potencial de 370 V. Qual será sua velocidade final?

3.23 Quanto trabalho seria realizado por um campo elétrico para mover um próton de um ponto onde o potencial é de +180 V para outro ponto onde o potencial vale –60 V?

3.24 Que diferença de potencial é necessária para dar a uma partícula alfa (composta por dois prótons e dois nêutrons) 200 keV de energia cinética?

3.25 Um próton, inicialmente parado, é acelerado sob uma diferença de potencial de 500 V. Qual será sua velocidade final?

3.26 Uma bateria de 10 V é ligada a duas placas paralelas com vácuo entre elas. Um elétron é acelerado, do repouso, desde a placa negativa até a placa positiva.

a) Que energia cinética o elétron terá imediatamente antes de se chocar com a placa positiva?

b) Que velocidade terá o elétron imediatamente antes de se chocar com a placa positiva?

• **3.27** Uma arma dispara prótons a partir de um ponto equidistante de duas placas, A e B, separadas por 10,0 cm uma da outra. Inicialmente, o próton se move com 150,0 km/s em direção à placa B. A outra placa é mantida em um potencial nulo, enquanto a placa B encontra-se a um potencial de 400,0 V.

a) O próton atingirá a placa B?

b) Em caso negativo, a que distância ele começará a retornar?

c) Com que velocidade ele atingirá a placa A?

• **3.28** Íons de enxofre (^{32}S) totalmente despidos de elétrons são acelerados, a partir do repouso, usando-se uma voltagem total de $1,00 \cdot 10^{9}$ V. O íon de ^{32}S possui 16 prótons e 16 nêutrons. O acelerador produz um feixe que consiste em um fluxo de $6,61 \cdot 10^{12}$ íons por segundo. O feixe de íons é detido completamente em um coletor de íons. Qual é a energia total que o coletor absorve do feixe?

Seção 3.4

3.29 Duas cargas puntiformes estão localizadas em dois vértices de um retângulo, como mostra a figura.

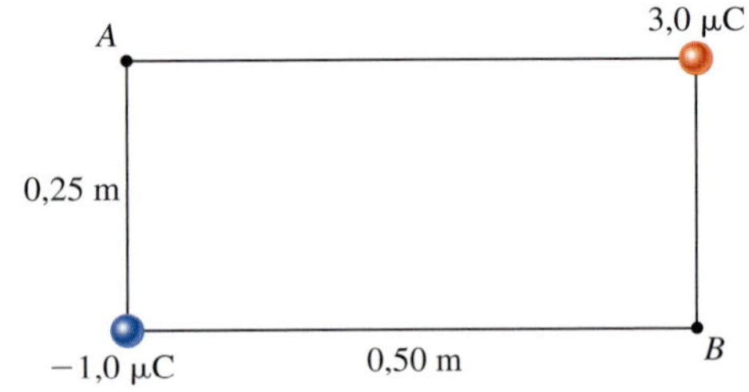

a) Quanto vale o potencial elétrico no ponto *A*?

b) Qual é a diferença de potencial entre os pontos *A* e *B*?

3.30 Quatro cargas puntiformes idênticas (+1,61 nC) são posicionadas nos vértices de um retângulo que mede 3,00 m por 5,00 m. Se o potencial elétrico é escolhido como nulo no infinito, quanto vale o potencial elétrico no centro geométrico deste retângulo?

3.31 Se um gerador Van de Graaff se encontra a um potencial de 100.000 V e sua cúpula tem 20 cm de diâmetro, determine quantos prótons a mais do que elétrons existem sobre sua superfície.

3.32 Uma característica descoberta na exploração de Marte é a acumulação de carga estática sobre veículos motorizados usados na exploração, resultando em um potencial de 100 V ou mais. Calcule quanta carga deve estar localizada na superfície de uma esfera de 1,0 m de raio a fim de que o potencial elétrico imediatamente acima da superfície seja de 100 V. Considere que a carga esteja distribuída uniformemente.

3.33 Uma carga Q = +5,60 μC encontra-se uniformemente distribuída sobre uma casca cilíndrica fina de plástico. O raio da esfera é R = 4,50 cm. Determine o potencial elétrico na origem do sistema de coordenadas mostrado na figura. Considere que o potencial seja nulo em pontos infinitamente distantes da origem.

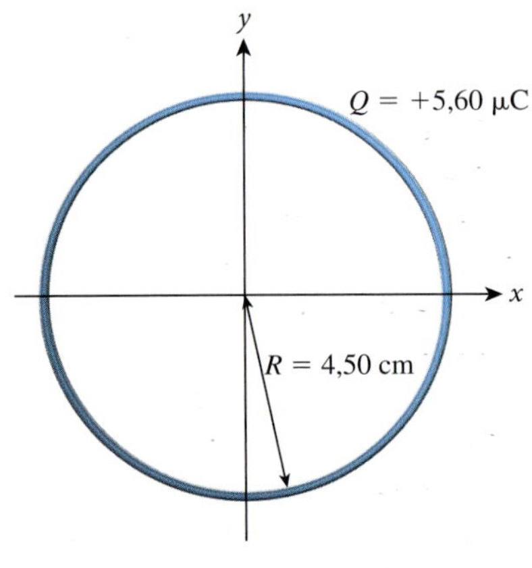

3.34 Um condutor esférico oco com 5,0 cm de raio possui uma carga superficial de 8,0 nC.

a) Quanto vale o potencial a 8,0 cm de distância do centro da esfera?

b) Quanto vale o potencial a 3,0 cm de distância do centro da esfera?

c) Quanto vale o potencial no centro da esfera?

3.35 Determine o potencial no centro de curvatura do arame (fino) em arco mostrado na figura. Ele possui uma carga por unidade de

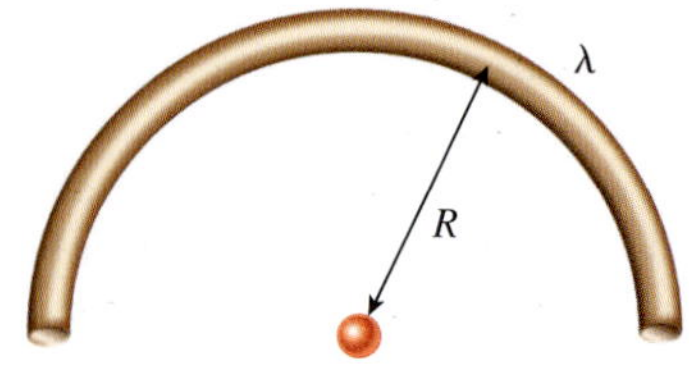

comprimento $\lambda = 3{,}00 \cdot 10^{-8}$ C/m, uniformemente distribuída, e um raio de curvatura $R = 8{,}00$ cm.

• **3.36** Considere um dipolo com carga q e separação d. Qual é o potencial em um ponto a uma distância x do centro do dipolo, correspondente a um ângulo θ com relação ao eixo do dipolo, como mostrado na figura?

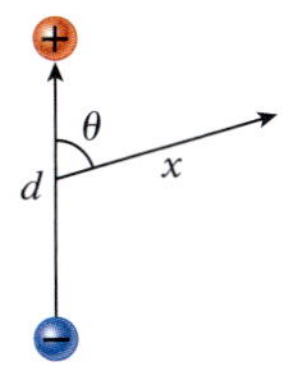

• **3.37** Uma gota esférica de água, com 50 μm de diâmetro, possui uma carga de +20 pC distribuída uniformemente em seu volume. Determine o potencial em (a) sua superfície e (b) seu centro.

• **3.38** Considere um elétron no estado fundamental de um átomo de hidrogênio, distante 0,0529 nm do próton.

a) Considerando o elétron como um satélite em órbita do próton no potencial elétrico criado por este, determine a velocidade orbital do elétron.

b) Determine a velocidade de escape efetiva do elétron.

c) Calcule a energia de um elétron que possua tal velocidade, e a partir dela determine a energia que deve ser fornecida ao elétron a fim de ionizar o átomo de hidrogênio.

• **3.39** Quatro cargas puntiformes são dispostas formando um quadrado de lado $2a$, onde $a = 2{,}7$ cm. Três das cargas puntiformes possuem valores de 1,5 nC, enquanto a quarta delas tem valor de −1,5 nC, como mostrado na figura. Qual é o valor do potencial elétrico criado por elas no ponto $P = (0, 0, c)$, onde $c = 4{,}1$ cm?

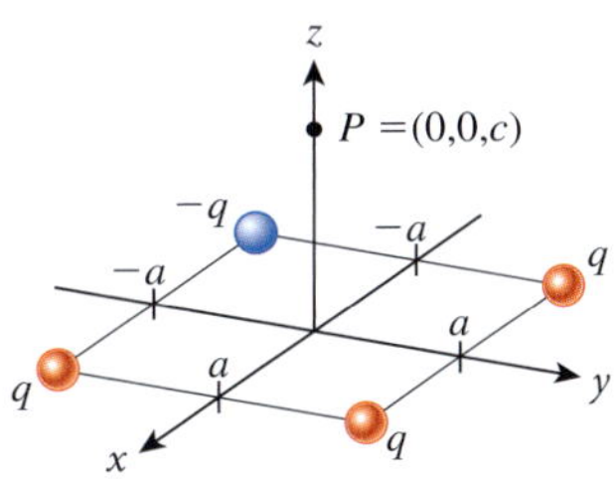

• **3.40** A haste plástica de comprimento L mostrada na figura possui uma distribuição de carga linear não uniforme $\lambda = cx$, onde c é uma constante positiva. Determine uma expressão para o potencial elétrico no ponto P do eixo y, a uma distância y da extremidade da haste.

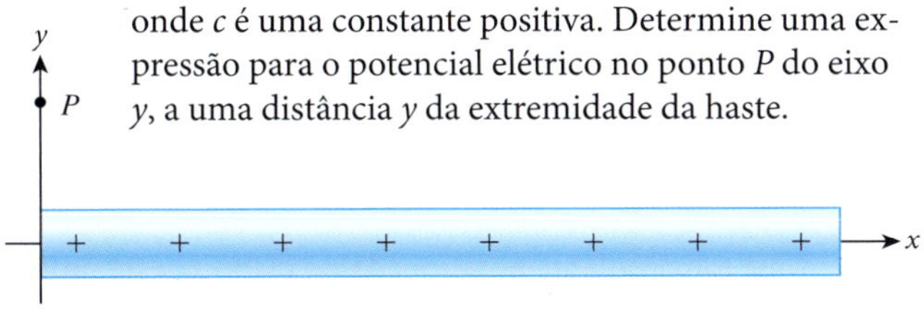

•• **3.41** Uma campo elétrico varia no espaço de acordo com a equação $\vec{E} = E_0 x e^{-x} \hat{x}$.

a) Para que valor de x, denotado por x_{max}, o campo elétrico possui valor máximo?

b) Quanto vale a diferença de potencial entre os pontos $x = 0$ e $x = x_{max}$?

•• **3.42** Derive uma expressão para o potencial elétrico ao longo do eixo (o eixo x) de um disco com um buraco no centro, como mostrado na figura, onde R_1 e R_2 são, respectivamente, o raio interno e o raio externo do disco. Qual seria o potencial se $R_1 = 0$?

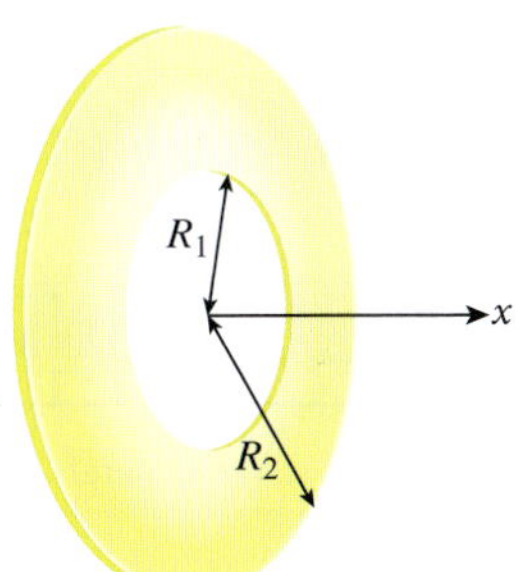

Seção 3.5

3.43 Um campo elétrico é estabelecido em uma haste não uniforme. Um voltímetro é usado para medir a diferença de potencial entre a extremidade esquerda da haste e um ponto a uma distância x desta extremidade. O processo é repetido, e constata-se que os dados são bem descritos pela relação $\Delta V = 270x^2$, onde ΔV tem unidades de V/m^2. Qual é a componente x do campo elétrico em um ponto a 13 cm de distância da extremidade esquerda?

3.44 Duas placas são mantidas a potenciais de +200 V e −100 V. Elas estão separadas por 1,00 cm de distância.

a) Determine o campo elétrico entre as placas.

b) Um elétron é colocado inicialmente a meio caminho entre as placas. Determine sua energia cinética ao colidir com a placa positiva.

3.45 Uma partícula de poeira de 2,50 mg e dotada de uma carga de 1,00 μC cai em um ponto $x = 2{,}00$ m, em uma região onde existe um campo elétrico que varia de acordo com $V(x) = (2{,}00\ \text{V/m}^2)x^2 - (3{,}00\ \text{V/m}^3)x^3$. Com que aceleração a partícula começará a se movimentar para baixo após ser solta?

3.46 Um potencial elétrico em determinado volume espacial é dado por $V(x, y, z) = x^2 + xy^2 + yz$. Determine o campo elétrico no ponto de coordenadas (3, 4, 5) dessa região.

• **3.47** O potencial elétrico dentro de um acelerador linear de partículas com 10 m de comprimento é dado por $V = (3.000 - 5x^2/\text{m}^2)$ V, onde x é a distância em relação à extremidade ao longo do tubo do acelerador, como mostrado na figura.

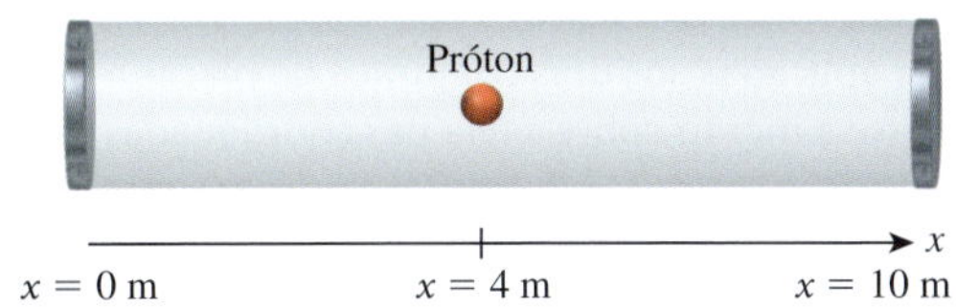

a) Obtenha uma expressão para o campo elétrico ao longo do tubo do acelerador.

b) Um próton é solto (do repouso) em $x = 4$ m. Determine a aceleração do próton logo após sua liberação.

c) Qual será a velocidade do próton quando (e se) ele colidir com a placa?

• **3.48** Um plano carregado infinito possui uma densidade de carga uniforme de +4 nC/m^2, e está localizado no plano yz, em $x = 0$. Uma carga puntiforme de +11 nC é fixada em $x = +2$ m.

a) Determine o potencial elétrico $V(x)$ sobre o eixo x, para a região $0 < x < +2$ m.

b) Em que posição(ções) do eixo x, entre $x = 0$ e $x = +2$ m, o potencial elétrico atinge valor mínimo?

c) Sobre o eixo x, entre $x = 0$ $x = +2$ m, onde se poderia colocar uma carga puntiforme positiva de forma que permanecesse imóvel ao ser solta?

• **3.49** Use as relações $V = \dfrac{kq}{r}$, $E_x = -\dfrac{\partial V}{\partial x}$, $E_y = -\dfrac{\partial V}{\partial y}$ e $E_z = -\dfrac{\partial V}{\partial z}$ para derivar a expressão para o campo elétrico criado por uma carga puntiforme, q.

•**3.50** Mostre que um elétron, em presença de um potencial elétrico $V(x) = Ax^2$, onde a constante A é um número real positivo, executará um movimento harmônico simples em torno da origem. Qual é o período deste movimento?

••**3.51** O campo elétrico, $\vec{E}(\vec{r})$, e o potencial elétrico, $V(\vec{r})$, são calculados a partir de uma distribuição de carga, $\rho(\vec{r})$, integrando-se a lei de Coulomb e, assim, o campo elétrico. Por outro lado, o campo elétrico e a distribuição de carga são determinados a partir do potencial por diferenciação adequada. Suponha que o potencial elétrico em uma grande região do espaço seja dado por $V(r) = V_0 \exp(-r^2/a^2)$, onde V_0 e a são duas constantes e $r = \sqrt{x^2+y^2+z^2}$ é a distância em relação à origem.

a) Determine o campo elétrico $\vec{E}(\vec{r})$ nesta região.

b) Determine a densidade de carga $\rho(\vec{r})$ existente nesta região, que dá origem ao potencial e ao campo.

c) Determine a carga total da região.

d) Faça um esboço da distribuição de carga que poderia criar um campo elétrico como este.

••**3.52** Um feixe de elétrons emitido por um canhão de elétrons é controlado (direcionado) por dois conjuntos de placas paralelas: um deles horizontal, para controlar o movimento vertical do feixe, e outro vertical, para controlar seu movimento horizontal. O feixe é emitido com velocidade inicial de $2 \cdot 10^7$ m/s. A largura de cada placa é $d = 5$ cm, a distância que as separa é $D = 4$ cm e a distância entre as bordas das placas e a tela-alvo é $L = 40$ cm. Na ausência de voltagem aplicada, o feixe de elétrons incide na origem do sistema de coordenadas xy sobre a tela de observação. Que voltagens devem ser aplicadas aos dois conjuntos de placas a fim de que o feixe passe a incidir sobre a tela nas coordenadas $(x, y) =$ (0 cm, 8 cm)?

Seção 3.6

3.53 Reações de fusão nuclear requerem que núcleos positivamente carregados se aproximem muito, contra uma repulsão eletrostática mútua. Como um exemplo simples, suponha que um próton seja arremessado contra um segundo próton, estacionário, a partir de uma grande distância. Que energia cinética deve ser dada ao próton para fazê-lo chegar a $1{,}00 \cdot 10^{-15}$ m do alvo? Considere que ocorra uma colisão frontal e que o alvo seja fixo no espaço.

3.54 A fissão de um núcleo de urânio (contendo 92 prótons) produz um núcleo de bário (56 prótons) e outro de criptônio (36 prótons). Os fragmentos se afastam velozmente por causa da repulsão eletrostática mútua; e acabam emergindo com uma energia cinética total de 200,0 MeV. Use esta informação para estimar o tamanho do núcleo do urânio; ou seja, considere que o núcleo do bário e o do criptônio sejam cargas puntiformes e determine a separação entre eles no início do processo.

3.55 Um íon de deutério e outro de trítio possuem, cada qual, uma carga $+e$. Que trabalho será necessário realizar sobre o íon de deutério a fim de aproximá-lo até 10^{-14} m do íon de trítio? Essa é a distância na qual os dois íons se fundem, como decorrência da interação nuclear forte suplantar a repulsão eletrostática, formando um núcleo de hélio-5. Expresse o trabalho em elétron-volts.

•**3.56** Três cargas, q_1, q_2 e q_3, são localizadas nos vértices de um triângulo equilátero com lados de 1,2 m de comprimento. Determine o trabalho realizado em cada um dos seguintes casos:

a) Para trazer a primeira partícula, $q_1 = 1{,}0$ pC, desde o infinito até o ponto P.

b) Para trazer a segunda partícula, $q_2 = 2{,}0$ pC, desde o infinito até o ponto Q.

c) Para trazer a partícula restante, $q_3 = 3{,}0$ pC, desde o infinito até o ponto R.

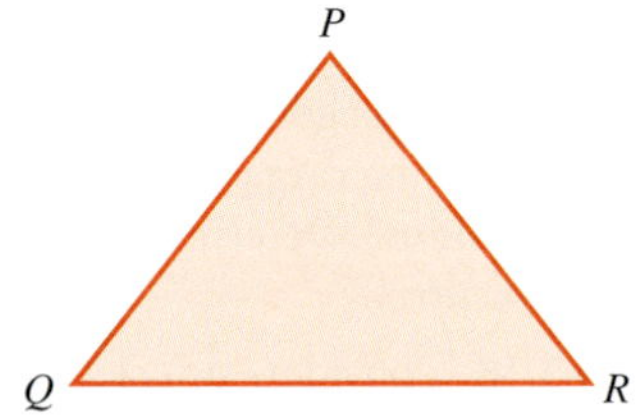

d) Encontre a energia potencial total armazenada na configuração final de $q1$, $q2$ e $q3$.

•**3.57** Duas bolas metálicas de massas $m_1 = 5$ g (diâmetro = 5 mm) e $m_2 = 8$ g (diâmetro = 8 mm) possuem cargas positivas $q_1 = 5$ nC e $q_2 = 8$ nC, respectivamente. Uma força as mantém no lugar de modo que seus centros estão separados por 8 mm. Quais serão suas velocidades depois que a força deixar de ser exercida e elas tiverem sido separadas por uma grande distância?

Problemas adicionais

3.58 Dois prótons, em repouso e separados por 1,00 mm, são liberados simultaneamente. Qual será a velocidade de ambos no instante em que eles estiverem separados por 10,0 mm?

3.59 Uma bateria de 12 V é ligada entre uma esfera metálica oca com raio de 1 m e o solo, como mostra a figura. Qual é o campo elétrico e o potencial elétrico dentro da esfera metálica oca?

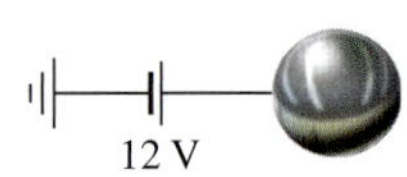

3.60 Uma bola metálica maciça com 3 m de raio possui uma carga total de 4 mC. Se o potencial elétrico é nulo a uma grande distância da bola, qual é o potencial elétrico em cada uma das seguintes posições?

a) Em $r = 0$, o centro da bola.

b) Em $r = 3$ m, sobre a superfície da bola.

c) Em $r = 5$ m.

3.61 Uma folha isolante posicionada no plano xz está uniformemente carregada com uma densidade de carga superficial $\sigma = 3{,}5 \cdot 10^{-6}$ C/m^2. Qual é a variação de potencial quando uma carga $Q = 1{,}25$ µC for levada da posição A para a posição B da figura?

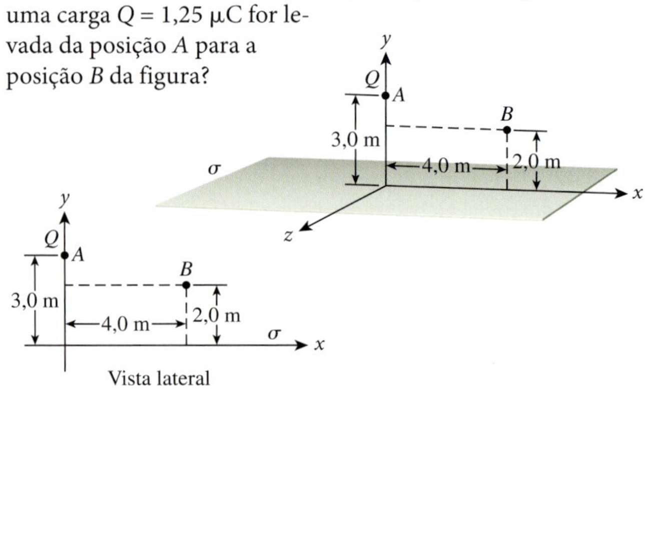

3.62 Suponha que um elétron, dentro de um tubo de raios catódicos, parta do repouso e seja acelerado pela voltagem do tubo, de 21.9 kV. Qual é a velocidade (em km/s) com a qual o elétron (massa = $9{,}11 \cdot 10^{-31}$ kg) colide com a tela do tubo?

3.63 Uma esfera condutora maciça (raio R = 18 cm, carga $q = 6{,}1 \cdot 10^{-6}$ C) é mostrada na figura. Determine o potencial elétrico em um ponto a 24 cm do centro (ponto A), em um ponto sobre a superfície (ponto B) e no centro da esfera (ponto C). Considere nulo o potencial elétrico em pontos infinitamente distantes da origem do sistema de coordenadas.

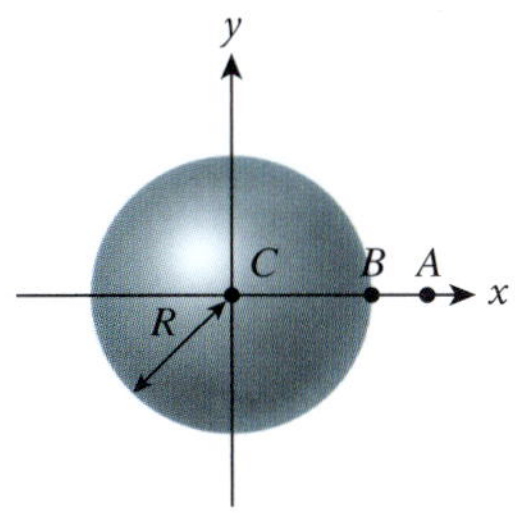

3.64 Um gerador Van de Graaff didático acumula uma carga de $1{,}00 \cdot 10^{-6}$ C sobre sua cúpula condutora esférica, cujo raio é de 10,0 cm, posicionado sobre uma coluna isolante. Desprezando os efeitos sobre o campo da base do gerador e de outros objetos, determine o potencial na superfície da esfera. Considere nulo o potencial no infinito.

3.65 Um gerador Van de Graaff possui um condutor esférico com 25 cm de raio. Ele produz um campo elétrico máximo de $2 \cdot 10^6$ V/m. Qual é a voltagem máxima e carga máxima que ele pode manter?

3.66 Um próton se move desde o infinito, diretamente para um segundo próton, a uma velocidade de $1{,}23 \cdot 10^4$ m/s. Considerando-se que o segundo próton esteja fixo, determine a posição em que o próton em movimento para momentaneamente, antes de retornar.

3.67 Duas esferas metálicas de raios r_1 = 10 cm e r_2 = 20 cm possuem cargas positivas tais que ambas possuem juntas uma carga total de 100 μC.

a) Qual é a razão entre suas densidades de carga superficiais?

b) Se as duas esferas forem ligadas uma à outra por um fio de cobre, quanta carga fluirá através do fio antes que o sistema atinja o equilíbrio?

3.68 A esfera metálica maciça de raio a = 0,2 m mostrada na figura possui uma densidade de carga superficial σ. A diferença de potencial entre a superfície da esfera e um ponto P situado a uma distância r_P = 0,5 m do centro da esfera é $\Delta V = V_{\text{superfície}} - V_P = +4\pi V = +12.566$ V. Determine o valor de σ.

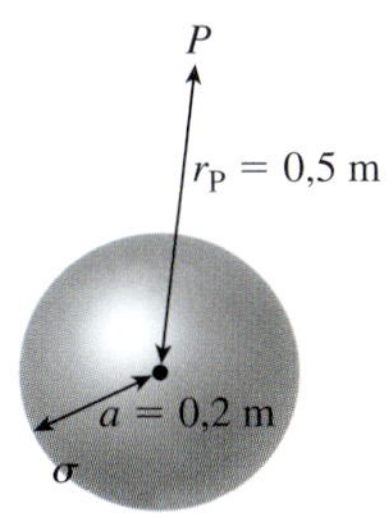

3.69 Uma partícula dotada de uma carga de +5,0 μC é liberada do repouso em um ponto do eixo x em x = 0,10 m. Ela entra em movimento por causa da presença de outra carga de +9,0 μC mantida fixa na origem. Qual é a energia cinética da partícula no instante em que ela passa pelo ponto x = 0,20 m?

3.70 A esfera da figura tem 2,0 mm de raio e está dotada de +2,0 μC de carga distribuída uniformemente em seu volume. Qual é a diferença de potencial, $V_B - V_A$, se o ângulo entre os raios que vão até A e B for de 60°? A diferença de potencial depende do ângulo? A resposta seria a mesma se a distribuição de carga tivesse uma dependência angular, $\rho = \rho(\theta)$?

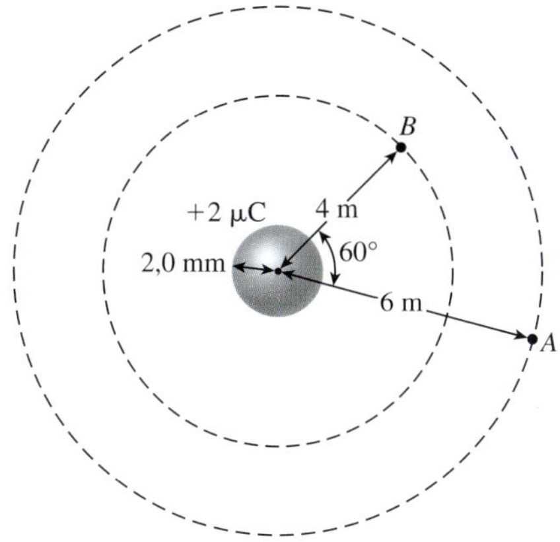

• **3.71** Duas esferas metálicas possuem raios de 10 cm e 5 cm. A intensidade do campo elétrico na superfície de cada uma delas é de 3.600 V/m. As duas, então, são ligadas uma à outra por um fio metálico longo e delgado. Determine a intensidade do campo elétrico na superfície de cada esfera após terem sido ligadas.

• **3.72** Um anel dotado de carga Q e de raio R encontra-se no plano yz, centrado na origem. Qual é o potencial elétrico a uma distância x acima do centro do anel? A partir da relação obtida, derive o campo elétrico correspondente.

• **3.73** Uma carga de 0,681 nC é colocada em x = 0. Outra carga, de 0,167 nC, é colocada sobre o eixo x, em x_1 = 10,9 cm.

a) Quanto vale o potencial elétrico criado conjuntamente pelas duas cargas em x = 20,1 cm, também sobre o eixo x?

b) Em que ponto(s) do eixo x este potencial atinge valor(es) máximo(s)?

• **3.74** Uma carga puntiforme de +2,0 μC está localizada em (2,5 m, 3,2 m). Uma segunda carga puntiforme de –3,1 μC é localizada em (–2,1 m, 1,0 m).

a) Qual é o potencial elétrico criado na origem?

b) Ao longo de uma linha que passa pelas duas cargas, em que ponto(s) o potencial elétrico é nulo?

• **3.75** Uma carga total $Q = 4{,}2 \cdot 10^{-6}$ C é colocada sobre uma esfera condutora (esfera 1) de raio R = 0,40 m.

a) Qual é o potencial na superfície da esfera 1, V_1, considerando-se que o potencial seja nulo a distâncias infinitas da mesma? (*Dica*: qual será a variação de potencial ocorrida se uma carga for trazida desde o infinito, onde $V(\infty) = 0$, até a superfície da esfera?)

b) Uma segunda esfera condutora (esfera 2) de raio r = 0,10 m e com uma carga inicial líquida nula (q = 0) é ligada à esfera 1 usando-se um fio metálico longo e fino. Quanta carga fluirá da esfera 1 para a esfera 2 até que o equilíbrio seja atingido? Quais são as intensidades do campo elétrico nas superfícies das esferas?

• **3.76** Uma linha delgada e carregada está alinhada com o eixo y, em $0 \le y \le L$, onde L = 4,0 cm. A carga não se encontra distribuída uniformemente, e a densidade de carga linear é $\lambda = Ay$, onde $A = 8{,}0 \cdot 10^{-7}$ C/m^2. Considerando nulo o potencial a uma distância infinita da linha, determine o potencial elétrico em um ponto do eixo x em função de x. Forneça o valor do potencial elétrico em $x = 3{,}0$ cm.

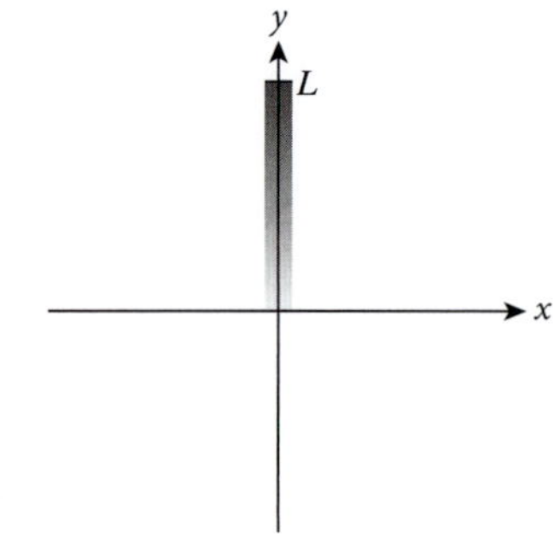

• **3.77** Duas cargas puntiformes estão fixadas no eixo x, uma delas em $x = +2$ m e a outra em $x = -4$ m.

a) Determine o potencial elétrico, $V(x)$, em um ponto qualquer do eixo x.

b) Em que posição(ões) do eixo x temos $V(x) = 0$?

c) Determine $E(x)$ em um ponto qualquer do eixo x.

• **3.78** Em um dos maiores experimentos da história da física, mediu-se a relação carga/massa de um elétron, q/m. Se uma diferença de potencial uniforme é aplicada entre duas placas, partículas atomizadas – cada qual com uma quantidade múltipla inteira da carga elementar – podem ficar suspensas no espaço. A hipótese é de que as partículas de massa desconhecida, M, contenham um número líquido, n, de elétrons de massa m e carga q. Para uma separação d entre as placas, qual a diferença de potencial necessária para manter suspensa uma partícula de massa M contendo um excesso de n elétrons? Qual será a aceleração da partícula se a voltagem aplicada for diminuída pela metade? Qual será a aceleração da partícula se a voltagem aplicada for dobrada?

• **3.79** Uma distribuição de carga linear uniforme, correspondente a uma carga total positiva Q, tem a forma de um semicírculo de raio R, como mostra a figura.

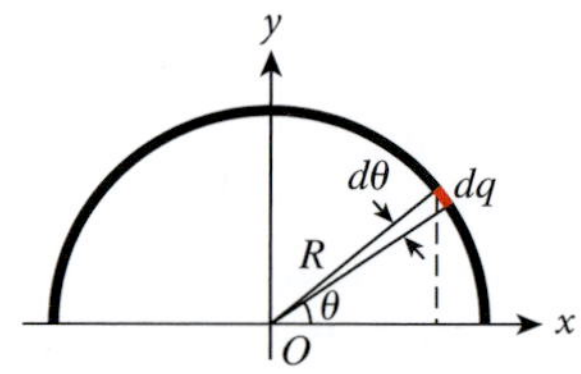

a) Sem efetuar qualquer cálculo, preveja o potencial elétrico criado por esta distribuição de carga linear no ponto O.

b) A partir de cálculos diretos, comprove sua previsão do item anterior.

c) Faça uma previsão análoga para o campo elétrico naquele ponto.

•• **3.80** Uma carga puntiforme Q está localizada a uma distância R do centro de uma esfera condutora de raio a, sendo $R > a$ (a carga puntiforme está fora da esfera). A esfera está aterrada. (Nem o ponto de aterramento distante, nem a ligação correspondente afeta o campo elétrico na vizinhança da carga e da esfera.) Em decorrência, a esfera adquire uma carga de sinal oposto ao de Q, enquanto a carga puntiforme experimenta uma força atrativa por parte da esfera.

a) Notavelmente, o campo elétrico fora da esfera é o mesmo que o produzido pela carga puntiforme Q mais aquele produzido por uma carga-imagem puntiforme imaginária q, cujo valor e cuja localização tal que o conjunto de pontos que forma a superfície da esfera seja uma equipotencial de potencial nulo. Ou seja, a carga puntiforme imaginária produz a mesma contribuição para o campo, fora da esfera, que aquela produzida pela carga superficial e real da esfera. Determine o valor e a localização de q. (*Dica*: por simetria, q deve estar localizada em algum ponto do eixo que passa pelo centro da esfera e pela posição de Q.)

b) Determine a força exercida sobre a carga puntiforme Q e orientada para dentro da esfera, em termos das grandezas originais Q, R e a.

c) Determine a distribuição de carga real e não uniforme sobre a esfera condutora.

Capacitores

4

Figura 4.1 Interagindo com a tela sensível ao toque de um iPhone.

O QUE APRENDEREMOS

- Os capacitores normalmente consistem em dois condutores separados ou em placas condutoras.
- Todo capacitor pode armazenar carga em uma placa e normalmente existe uma carga de mesmo valor absoluto e sinal oposto na outra placa.
- A capacitância de um capacitor é a carga armazenada nas placas dividida pela diferença de potencial resultante.
- Todo capacitor pode armazenar energia potencial elétrica.
- Um tipo comum de capacitor é o capacitor de placas paralelas, que consiste em duas placas condutoras planas e paralelas.
- A capacitância de um determinado capacitor depende de sua geometria.
- Em um circuito, capacitores ligados em paralelo ou em série podem ser substituídos por um único capacitor equivalente.
- A capacitância de um dado capacitor aumenta quando um material dielétrico é introduzido entre suas placas.
- Todo material dielétrico reduz o campo elétrico entre as placas de um capacitor, em decorrência do alinhamento dos momentos de dipolo moleculares do material.

As telas sensíveis ao toque, tal como a que é mostrada na Figura 4.1, tornaram-se muito comuns nos países desenvolvidos, podendo ser encontradas em tudo, desde monitores de computador a telefones celulares e máquinas de votação. Elas funcionam de várias maneiras, uma das quais envolve o uso de uma propriedade dos condutores chamada de *capacitância*, tema de estudo deste capítulo. A capacitância aparece sempre que dois condutores – quaisquer dois condutores que estão separados por uma pequena distância. O contato de um dedo com uma tela sensível ao toque produz uma alteração da capacitância que pode ser detectada.

Os capacitores podem armazenar carga elétrica e depois liberá-la muito rapidamente. Por isso são úteis em dispositivos de flash de máquinas fotográficas, desfibriladores cardíacos e até mesmo em reatores de fusão experimentais – qualquer coisa que necessite de uma grande descarga elétrica de rápida ocorrência. A maioria dos circuitos de qualquer tipo contém pelo menos um capacitor. Todavia, a capacitância tem uma desvantagem: ela também surge onde é indesejada, por exemplo, entre condutores vizinhos no interior de circuitos eletrônicos minúsculos, onde pode originar "conversa cruzada" – uma interferência indesejada entre componentes de circuitos.

Uma vez que os capacitores são elementos básicos de circuitos elétricos, neste capítulo examinaremos de que maneira eles operam em circuitos simples. Nos próximos dois capítulos abordaremos os elementos de circuito básicos adicionais e suas utilidades.

4.1 Capacitância

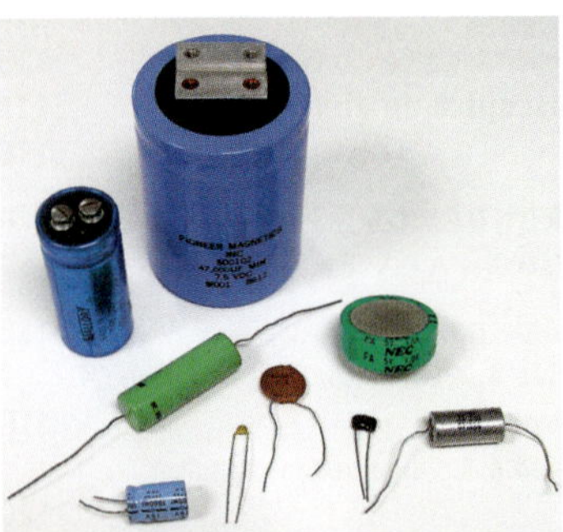

Figura 4.2 Alguns tipos representativos de capacitores.

A Figura 4.2 mostra que os capacitores possuem uma variedade de tamanhos e formatos. Em geral, um capacitor consiste em dois condutores separados, geralmente denominados placas mesmo que não sejam corpos planos. Se abrirmos um desses capacitores, encontraremos duas folhas metálicas separadas por uma camada isolante de *Mylar*, como mostra a Figura 4.3. As camadas de metal e de *Mylar* podem ser enroladas com outra camada isolante, assumindo uma forma compacta que não lembra dois condutores paralelos, como mostrado na Figura 4.4. Esta técnica produz capacitores com alguns formatos mostrados na Figura 4.2. A camada isolante entre as duas folhas metálicas desempenha um papel crucial para as características do capacitor.

Para estudar as propriedades dos capacitores, consideraremos uma geometria conveniente e a partir daí generalizaremos nossos resultados. A Figura 4.5 ilustra um **capacitor de placas paralelas**, que consiste em duas placas condutoras paralelas, cada qual de área A, separadas por uma distância d, e consideraremos que existe vácuo entre as placas. O capacitor é carregado acumulando-se uma carga $+q$ em uma das placas, e uma carga $-q$ na outra. (Não é necessário pôr cargas exatamente opostas nas duas placas do capacitor durante seu carregamento; qualquer diferença de carga servirá. Porém, para fins práticos, o dispositivo como um todo deve permanecer eletricamente neutro, o que requer cargas de mesmo valor absoluto e sinais opostos nas duas placas.) Uma vez que as placas são condutores, eles constituem superfícies equipotenciais; assim, os elétrons das placas se distribuirão por si mesmos de maneira uniforme nas superfícies.

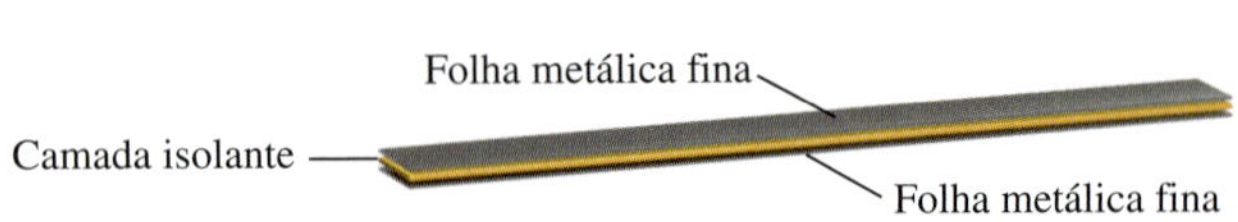

Figura 4.3 Duas folhas metálicas separadas por uma camada isolante.

Vamos agora usar os resultados obtidos no Capítulo 3 para determinar o potencial elétrico e o campo elétrico de um capacitor de placas paralelas. (Em princípio, poderíamos fazer isso calculando o potencial elétrico e o campo elétrico para uma distribuição de carga contínua. Entretanto, para tal configuração física, precisaríamos usar um computador para obter a solução.) Escolhamos a origem do sistema de coordenadas no ponto central entre as placas, com o eixo x alinhado com as mesmas. A Figura 4.6 mostra um gráfico tridimensional do potencial elétrico, $V(x, y)$, ao longo do plano xy, semelhante aos gráficos encontrados no Capítulo 3.

O potencial representado na Figura 4.6 tem uma queda muito abrupta (e aproximadamente linear) entre as duas placas, e uma queda mais gradual fora dessa região. Isso significa que podemos prever que o campo elétrico é mais intenso entre as placas do que fora dessa região. A Figura 4.7a apresenta um gráfico de curvas de nível do potencial elétrico produzido por duas placas e representado na Figura 4.6. Valores negativos de potencial estão sombreados em verde, e valores positivos, em rosa. As linhas equipotenciais, aquelas onde as superfícies equipotenciais tridimensionais interceptam o plano xy, mostradas na Figura 4.6, também são mostradas neste gráfico, que são representações das duas placas. Note que as linhas equipotenciais entre as duas placas são paralelas umas às outras e igualmente espaçadas.

Na Figura 4.7b, foram adicionadas algumas linhas de campo elétrico ao gráfico de curvas de nível. O campo elétrico é determinado usando a relação $\vec{E}(\vec{r}) = -\vec{\nabla}V(\vec{r})$, apresentada no Capítulo 3. Muito afastado das duas placas, o campo elétrico se parece muito com o campo elétrico produzido por um dipolo composto por duas cargas puntiformes opostas. É fácil verificar que às linhas e campo elétrico são perpendiculares às curvas de nível do potencial (que representam, de fato, superfícies equipotenciais!) em qualquer ponto do espaço.

Todavia as linhas de campo elétrico da Figura 4.7b não transmitem adequadamente a informação sobre a intensidade do campo elétrico. Outra representação do campo elétrico, constante da Figura 4.7c, apresenta vetores que representam o campo elétrico em pontos regularmente espaçados, formando uma rede no plano xy. (O sombreamento foi removido para que o aspecto da figura não ficasse muito carregado.) Neste gráfico, a intensidade do campo em cada ponto da rede é proporcional ao comprimento da seta desenhada naquele ponto. Pode-se ver claramente que o campo elétrico entre as duas placas é perpendicular às mesmas e de intensidade muito maior do que na região exterior às placas. Na região exterior às placas, o campo é chamado de *campo de borda*. Se as placas forem aproximadas uma da outra, o campo elétrico na região entre as mesmas se manterá inalterado, ao passo que o campo de borda se tornará mais fraco.

A diferença de potencial entre as duas placas de um capacitor, ΔV, é proporcional à quantidade de carga nas placas. A constante de proporcionalidade correspondente é a **capacitância**, C, definida como

$$C = \left| \frac{q}{\Delta V} \right|. \tag{4.1}$$

A capacitância de um dispositivo depende da área das placas e da distância entre as mesmas, mas não da carga ou da diferença de potencial. (Nas próximas seções, isso será demonstrado para esta e para outras geometrias.) Por definição, a capacitância é uma grandeza positiva. Ela nos informa quanta carga é necessária para produzir uma

Figura 4.4 A folha metálica e a camada de *Mylar*, dispostas em sanduíche na Figura 4.3, podem ser enroladas com uma camada isolante para produzir um capacitor de geometria compacta.

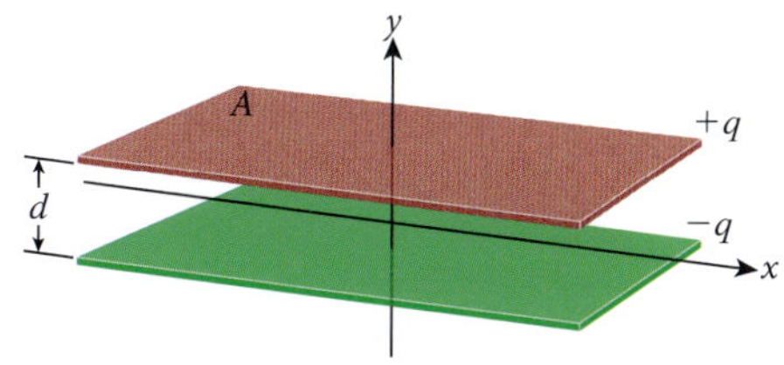

Figura 4.5 Capacitor de placas paralelas consistindo em duas placas condutoras, cada qual de área A, separadas por uma distância d.

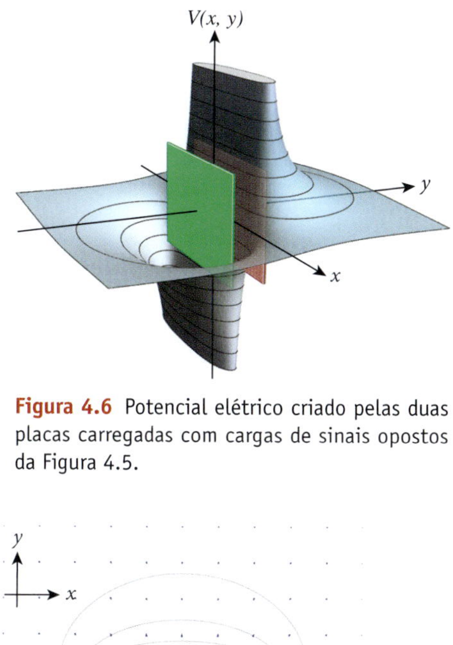

Figura 4.6 Potencial elétrico criado pelas duas placas carregadas com cargas de sinais opostos da Figura 4.5.

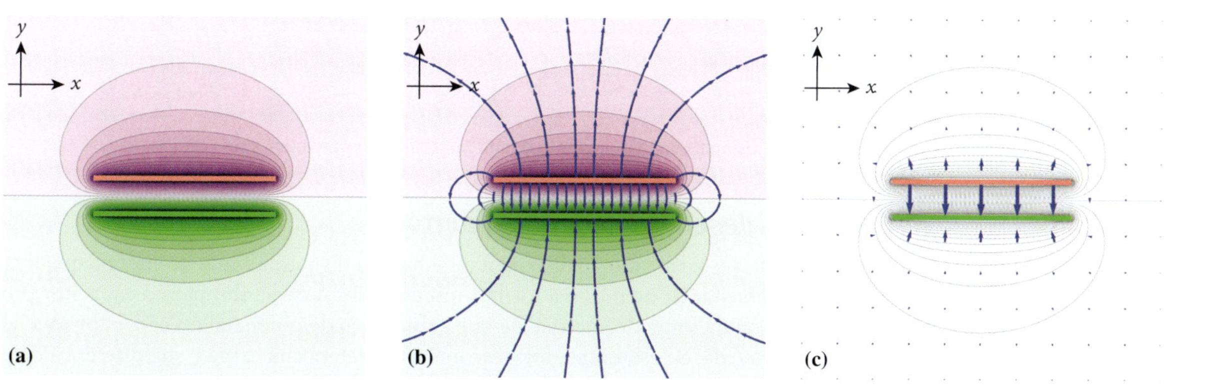

Figura 4.7 (a) Gráfico de curvas de nível bidimensional para o mesmo potencial da Figura 4.6. (b) Gráfico de curvas de nível com algumas linhas de campo elétrico superpostas. (c) Intensidade do campo elétrico em pontos regularmente espaçados no plano xy, representada pelos comprimentos das setas.

determinada diferença de potencial entre as placas. Quanto maior for a capacitância, maior será a carga necessária para produzir uma mesma diferença de potencial. (Note que é muito comum se usar V, e não ΔV, para denotar a diferença de potencial. Esteja certo de que sabe quando V está sendo usado para representar o potencial ou para representar a diferença de potencial.)

A equação 4.1, a definição de capacitância, pode ser reescrita na forma mais frequentemente usada:

$$q = C\Delta V.$$

A equação 4.1 indica que as unidades de capacitância são sempre unidades de carga divididas por unidades de potencial. Uma nova unidade foi então designada para a capacitância, em homenagem ao físico britânico Michael Faraday (1791-1867). Essa unidade é o **farad** (F):

$$1\ \text{F} = \frac{1\ \text{C}}{1\ \text{V}}. \tag{4.2}$$

Um farad representa uma capacitância muito grande. Tipicamente, os capacitores possuem capacitâncias na faixa de $1\ \mu\text{F} = 1 \cdot 10^{-6}$ F até $1\ \text{pF} = 1 \cdot 10^{-12}$ F.

Com a definição do farad, podemos expressar a permissividade elétrica do vácuo, ϵ_0 (apresentada no Capítulo 1), como $8{,}85 \cdot 10^{-12}$ F/m.

4.2 Circuitos

Os próximos capítulos apresentarão circuitos cada vez mais complexos. Assim, vamos ver como é um circuito, de forma geral.

Um **circuito elétrico** consiste em fios simples ou outros condutores que ligam elementos de circuito. Estes podem ser capacitores, que examinaremos detalhadamente neste capítulo. Outros elementos de circuito importantes são resistores e galvanômetros (abordados no Capítulo 5), voltímetros e amperímetros (abordados no Capítulo 6), transístores (que podem ser usados como chaves ou como amplificadores; também abordados no Capítulo 6) e indutores (Capítulo 9).

Os circuitos normalmente precisam de algum tipo de energia, que pode ser fornecida ou por uma bateria ou por uma fonte CA (corrente alternada). O conceito de bateria, um dispositivo capaz de manter uma diferença de potencial entre seus terminais por meio de reações químicas, foi abordado no Capítulo 3; usada em um circuito, ela pode ser considerada, simplesmente, uma fonte externa de uma diferença de potencial eletrostático, algo que fornece uma diferença de potencial fixa (comumente denominada *voltagem*). Uma fonte de energia CA produz o mesmo resultado por meio de um circuito especialmente projetado para manter uma diferença de potencial fixa. No Capítulo 9, sobre indução, e no Capítulo 10, sobre oscilações eletromagnéticas e circuitos, discutiremos fontes de energia CA em mais detalhes. A Figura 4.8 lista os símbolos dos elementos de circuito que serão usados neste e nos capítulos seguintes.

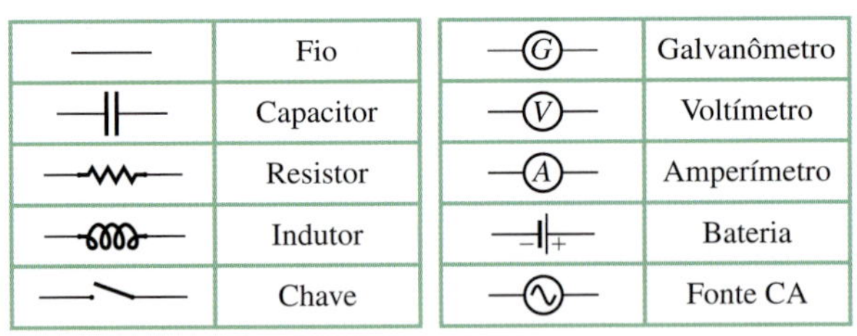

Figura 4.8 Os símbolos comumente usados para representar elementos de circuito.

4.1 Exercícios de sala de aula

A figura mostra um capacitor carregado. Qual é a carga líquida do capacitor?

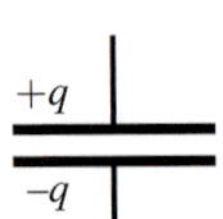

a) $(+q)+(-q) = 0$

b) $|+q| + |-q| = 0$

c) $|+q| + |-q| = 2q$

d) $(+q) + (-q) = 2q$

e) q

Carga e descarga de um capacitor

Um capacitor é carregado ao ligar-se a uma bateria ou a uma fonte de energia que forneça uma voltagem constante, de modo a formar um circuito. A carga flui para o capacitor proveniente da bateria ou da fonte de energia até que a diferença de potencial no capacitor seja igual à voltagem fornecida. Se ele, então, for desconectado, reterá sua carga e sua diferença de potencial. Um capacitor real está sujeito a fugas de carga no transcorrer do tempo. Todavia, neste capítulo, consideraremos que um capacitor isolado seja capaz de reter sua carga e sua diferença de potencial indefinidamente.

A Figura 4.9 ilustra o processo de carga com um diagrama de circuito. Nele, as linhas representam fios condutores. A bateria (fonte de voltagem) é representada pelo símbolo $\stackrel{+}{\overline{-}}$, junto com os símbolos de positivo e negativo, indicando as polaridades dos terminais, e a diferença de potencial V. O capacitor é representado pelo símbolo ⊥⊤, junto com a letra C. Este circuito também contém uma chave. Quando esta se encontra entre as posições a e b, a bateria não está ligada e o circuito está aberto. Quando a chave está na posição a, o circuito está fechado; a bateria está ligada ao capacitor, que então é carregado. Quando a chave troca para a posição b, o circuito é fechado de uma maneira diferente. A bateria foi removida do circuito, as duas placas do capacitor estão ligadas uma à outra e a carga pode fluir de uma placa para outra através dos fios, que agora formam uma ligação física entre as placas. Quando as cargas das placas tiverem se dissipado, a diferença de potencial entre as mesmas será nula, e diz-se que o capacitor está descarregado. (A carga e a descarga de um capacitor são abordadas detalhadamente e de forma quantitativa no Capítulo 6.)

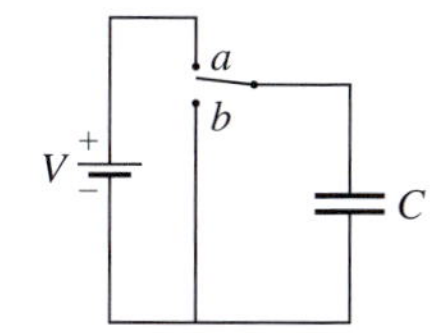

Figura 4.9 Circuito simples usado para carregar e descarregar um capacitor.

4.3 Capacitor de placas paralelas

Na Seção 4.1, discutimos as características gerais do potencial elétrico e do campo elétrico criados pelas duas placas paralelas carregadas com cargas opostas. Nesta seção, abordaremos a determinação da intensidade do campo elétrico entre as placas e da diferença de potencial entre elas. Consideremos um capacitor de placas paralelas ideal, formado por um par de placas condutoras paralelas, com vácuo entre as mesmas, com uma carga $+q$ em uma das placas e uma carga oposta $-q$ na outra (Figura 4.10). (Este capacitor de placas paralelas ideal possui placas muito grandes, posicionadas muito próximas uma da oura, de forma muito parecida com o que é ilustrado na Figura 4.10. Tal configuração nos permite desprezar o campo de borda, o fraco campo elétrico na região exterior do capacitor, mostrado na Figura 4.7c.) Quando as placas estão carregadas, a superior possui uma carga $+q$, enquanto a inferior possui uma carga $-q$. O campo elétrico entre as placas aponta da placa positiva para a negativa. Próximo às bordas das placas, o campo elétrico, denominado campo de borda (compare com a Figura 4.7), pode ser desprezado; isto é, podemos considerar que o campo elétrico seja constante, de intensidade E, ao longo de toda a região entre as placas, e nulo em todos os outros lugares. O campo elétrico é sempre perpendicular às superfícies das duas placas paralelas.

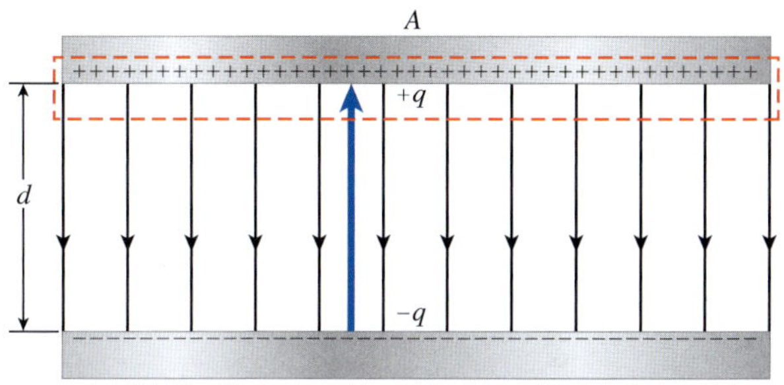

Figura 4.10 Vista lateral de um capacitor de placas paralelas formado por duas placas de mesma área A, separadas por uma distância pequena, d. A linha vermelha tracejada representa uma superfície gaussiana. As setas negras apontando para baixo representam o campo elétrico. A seta azul indica um caminho de integração.

O campo elétrico pode ser determinado a partir da lei de Gauss:

$$\oiint \vec{E} \bullet d\vec{A} = \frac{q}{\epsilon_0}. \tag{4.3}$$

Como calcular a integral sobre a superfície gaussiana (cuja seção transversal é delineada por uma linha vermelha tracejada na Figura 4.10)? Para tal, somamos todas as contribuições: da face superior, da face inferior e das faces laterais da gaussiana. As faces laterais da gaussiana são muito pequenas, de modo que podemos desprezar as contribuições do campo de borda. A face superior encontra-se dentro do condutor, onde o campo elétrico é nulo (lembre-se do efeito blindagem; consulte o Capítulo 2). Resta apenas a face inferior da gaussiana. Os vetores campo elétrico estão orientados diretamente para baixo e são perpendiculares às superfícies condutoras. O vetor normal à superfície, $d\vec{A}$, aponta na mesma direção e sentido e, portanto, é paralelo a $\vec{E}$. Assim, o produto escalar correspondente é $\vec{E} \bullet d\vec{A} = E\,dA \cos 0° = E\,dA$. Para a integral sobre toda a superfície gaussiana, podemos então escrever

$$\oiint \vec{E} \bullet d\vec{A} = \iint_{\text{inferior}} E\,dA = E \iint_{\text{inferior}} dA = EA,$$

onde A é a área da placa. Em ouras palavras, no caso de um capacitor de placas paralelas, a lei de Gauss resulta em

$$EA = \frac{q}{\epsilon_0}, \tag{4.4}$$

4.2 Exercícios de sala de aula

Suponha que você carregue um capacitor de placas paralelas usando uma bateria e, depois, remova a bateria usada, mantendo isolado o capacitor e deixando-o carregado. Então você afasta as placas do capacitor umas das outras. A diferença de potencial entre as placas

a) aumentará.

b) diminuirá.

c) manter-se-á inalterada.

d) não poderá ser determinada.

4.1 Pausa para teste

Você carrega um capacitor de placas paralelas usando uma bateria. Depois você retira a bateria e mantém o capacitor isolado. Se você diminuir a distância entre as placas do capacitor, o que acontecerá ao campo elétrico entre as placas?

4.3 Exercícios de sala de aula

Suponha que você tem um capacitor de placas paralelas com área A e placas com uma separação d, mas limitações espaciais na placa do circuito obrigam você a reduzir a área do capacitor por um fator igual a 2. O que você deve fazer para compensar e reter o mesmo valor de capacitância?

a) reduzir d por fator igual a 2

b) aumentar d por um fator igual a 2

c) reduzir d por um fator igual a 4

d) aumentar d por um fator igual a 4

onde A é a área da placa positivamente carregada e q é o valor de sua carga. A carga de cada placa encontra-se inteiramente na superfície interna da placa por causa da presença de carga oposta na outra placa.

A diferença de potencial entre as duas placas, em termos do campo elétrico, é

$$\Delta V = -\int_i^f \vec{E} \bullet d\vec{s}. \quad (4.5)$$

O caminho de integração escolhido vai da placa negativa para a placa positiva ao longo da seta azul da Figura 4.10. Uma vez que o campo elétrico é antiparalelo ao caminho de integração (veja a Figura 4.10), o produto escalar correspondente é $\vec{E} \bullet d\vec{s} = E\,ds\cos 180° = -E\,ds$. Portanto, a integral da equação 4.5 se reduz a

$$\Delta V = Ed = \frac{qd}{\epsilon_0 A},$$

onde usamos a equação 4.4 para relacionar o campo elétrico à carga. Combinando esta expressão para a diferença de potencial com a definição de capacitância (equação 4.1), obtemos a expressão para a capacitância de um capacitor de placas paralelas:

$$C = \left|\frac{q}{\Delta V}\right| = \frac{\epsilon_0 A}{d}. \quad (4.6)$$

Note que a capacitância de um capacitor de placas paralelas depende unicamente da área de suas placas e da distância entre elas. Em outras palavras, somente a geometria do capacitor afeta sua capacitância. Sua capacitância não é afetada pela quantidade de carga em cada placa ou pela diferença de potencial entre elas.

EXEMPLO 4.1 Área de um capacitor de placas paralelas

Um capacitor de placas paralelas tem placas separadas por 1,00 mm (Figura 4.11).

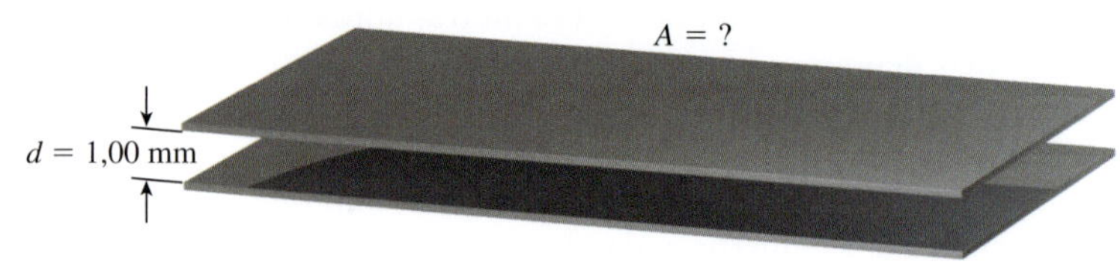

Figura 4.11 Um capacitor de placas paralelas separadas por 1,00 mm.

PROBLEMA

Qual deve ser a área necessária da placa para que este capacitor tenha uma capacitância de 1,00 F?

SOLUÇÃO

Neste caso, a capacitância é dada por

$$C = \frac{\epsilon_0 A}{d}. \quad \text{(i)}$$

Isolando a área nesta equação, e substituindo $d = 1{,}00 \cdot 10^{-3}$ m e $C = 1{,}00$ F, obtemos

$$A = \frac{dC}{\epsilon_0} = \frac{\left(1{,}00 \cdot 10^{-3}\ \text{m}\right)\left(1{,}00\ \text{F}\right)}{\left(8{,}85 \cdot 10^{-12}\ \text{F/m}\right)} = 1{,}13 \cdot 10^{8}\ \text{m}^2.$$

Se as placas fossem quadradas, cada qual teria de ter 10,6 km por 10,6 km de extensão. Isso serve para enfatizar que 1 farad é uma capacitância extremamente grande.

4.4 Capacitor cilíndrico

Considere um capacitor construído com dois cilindros condutores coaxiais, com vácuo entre eles (Figura 4.12). O cilindro interno tem um raio r_1, e o externo, um raio r_2. O cilindro interno possui uma carga $-q$, enquanto o externo possui uma carga $+q$. O campo elétrico entre os cilindros, portanto, está orientado radialmente para dentro, perpendicularmente às superfícies dos dois cilindros. Como no caso de um capacitor de placas paralelas, consideramos aqui que os cilindros sejam longos e que praticamente não exista campo de borda próximo aos lados.

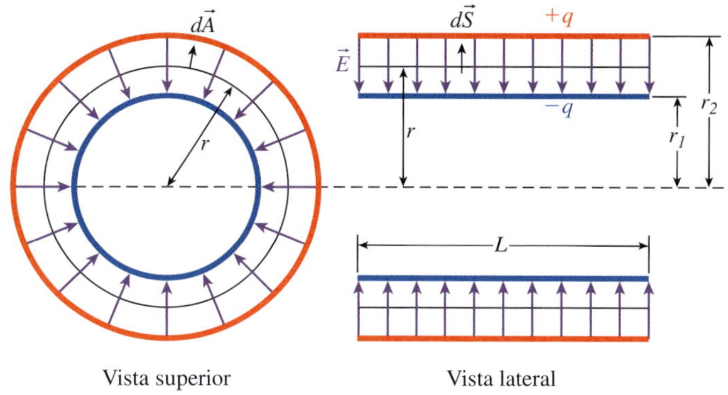

Figura 4.12 Capacitor cilíndrico formado por dois cilindros condutores coaxiais e longos. O círculo preto representa uma superfície gaussiana. As setas roxas representam o campo elétrico.

Podemos aplicar a lei de Gauss para determinar o campo elétrico entre os dois cilindros, usando uma superfície gaussiana na forma de um cilindro de raio r e comprimento L que é coaxial com os cilindros que formam o capacitor, como mostra a Figura 4.12. A carga contida na gaussiana é, portanto, $-q$, pois somente a superfície negativamente carregada do capacitor encontra-se dentro da gaussiana. O vetor normal à superfície gaussiana, $d\vec{A}$, aponta radialmente para fora e, portanto, é antiparalelo ao campo elétrico. Isso significa que $\vec{E}\bullet d\vec{A} = E\,dA \cos 180° = -E\,dA$. Aplicando a lei de Gauss e usando o fato de que a superfície do cilindro possui uma área $A = 2\pi rL$, obtemos

$$\oiint \vec{E}\bullet d\vec{A} = -E \oiint dA = -E2\pi rL = \frac{-q}{\epsilon_0}. \tag{4.7}$$

Esta equação pode ser rearranjada para fornecer uma expressão para a intensidade do campo elétrico:

$$E = \frac{q}{\epsilon_0 2\pi rL}, \quad \text{para } r_1 < r < r_2.$$

A diferença de potencial entre as duas placas cilíndricas do capacitor é obtida integrando-se o campo elétrico, $\Delta V = -\int_i^f \vec{E}\bullet d\vec{s}$. Para um caminho de integração na direção radial, do cilindro negativamente carregado, em r_1, até o cilindro positivamente carregado, em r_2, o campo elétrico é antiparalelo ao caminho. Assim, o integrando $\vec{E}\bullet d\vec{s}$ da equação 4.5 torna-se $-E\,dr$. Assim,

$$\Delta V = -\int_i^f \vec{E}\bullet d\vec{s} = \int_{r_1}^{r_2} E dr = \int_{r_1}^{r_2} \frac{q}{\epsilon_0 2\pi rL} dr = \frac{q}{\epsilon_0 2\pi L} \ln\left(\frac{r_2}{r_1}\right).$$

Essa expressão para a diferença de potencial junto com a equação 4.1 fornece uma expressão para a capacitância:

$$C = \left|\frac{q}{\Delta V}\right| = \frac{q}{\dfrac{q}{\epsilon_0 2\pi L}\ln(r_2/r_1)} = \frac{2\pi\epsilon_0 L}{\ln(r_2/r_1)}. \tag{4.8}$$

Como no caso de um capacitor de placas paralelas, a capacitância de um capacitor cilíndrico depende apenas de sua geometria.

4.5 Capacitor esférico

Agora vamos considerar um capacitor esférico formado por duas esferas condutoras concêntricas, de raios r_1 e r_2, com vácuo entre elas (Figura 4.13). A esfera interna possui uma carga $+q$, enquanto a externa possui uma carga $-q$. O campo elétrico criado é perpendicular à superfície de ambas as esferas e orientado radialmente da esfera positivamente carregada para a externa, como mostrado na Figura 4.13. (Anteriormente, nos casos do capacitor de placas paralelas e do capacitor cilíndrico, a integração foi efetuada da carga negativa para a positiva. Nesta seção, veremos o que acontece quando o sentido é invertido.) Para determinar a intensidade do campo elétrico,

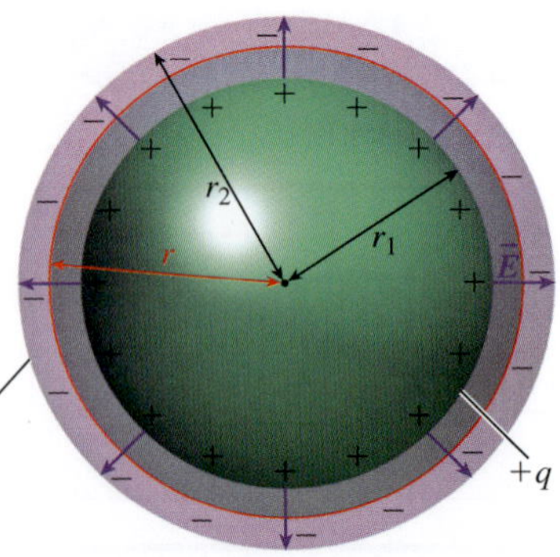

Figura 4.13 Capacitor esférico formado por duas esferas condutoras concêntricas. A superfície gaussiana é representada pelo círculo vermelho de raio r.

empregamos a lei de Gauss usando como superfície gaussiana uma esfera concêntrica aos dois condutores esféricos e de raio r de modo que $r_1 < r < r_2$. Neste caso, o campo elétrico também é perpendicular à superfície gaussiana em todo lugar da mesma, de modo que temos

$$\oint\!\!\oint \vec{E} \cdot d\vec{A} = EA = E\left(4\pi r^2\right) = \frac{q}{\epsilon_0}. \tag{4.9}$$

Isolando E da equação acima, obtemos

$$E = \frac{q}{4\pi\epsilon_0 r^2}, \quad \text{para } r_1 < r < r_2.$$

Para a diferença de potencial, procedemos de maneira semelhante à usada no caso do capacitor cilíndrico, obtendo

$$\Delta V = -\int_{\rm i}^{\rm f} \vec{E} \cdot d\vec{s} = -\int_{r_1}^{r_2} E dr = -\int_{r_1}^{r_2} \frac{q}{4\pi\epsilon_0 r^2} dr = -\frac{q}{4\pi\epsilon_0}\left(\frac{1}{r_1} - \frac{1}{r_2}\right).$$

4.4 Exercícios de sala de aula

Se os raios interno e externo de um capacitor esférico forem aumentados por fator igual a 2, o que acontecerá à sua capacitância?

a) Será reduzida por um fator igual a 4.

b) Será reduzida por um fator igual a 2.

c) Permanecerá a mesma.

d) Será aumentada por um fator igual a 2.

e) Será aumentada por uma fator igual a 4.

Neste caso, $\Delta V < 0$. Por quê? Porque escolhemos integrar desde a carga positiva até a negativa! A carga positiva encontra-se a um potencial mais elevado do que a negativa, resultando em uma diferença de potencial negativa. A equação 4.1 fornece a capacitância de um capacitor esférico como o valor absoluto de sua carga dividida pelo valor absoluto de sua diferença de potencial:

$$C = \left|\frac{q}{\Delta V}\right| = \frac{q}{\dfrac{q}{4\pi\epsilon_0}\left(\dfrac{1}{r_1} - \dfrac{1}{r_2}\right)} = \frac{4\pi\epsilon_0}{\left(\dfrac{1}{r_1} - \dfrac{1}{r_2}\right)}.$$

Isso pode ser reescrito de uma forma mais conveniente:

$$C = 4\pi\epsilon_0 \frac{r_1 r_2}{r_2 - r_1}. \tag{4.10}$$

Note que, novamente, a capacitância depende exclusivamente da geometria do dispositivo.

Podemos obter a capacitância de um único condutor esférico a partir da equação 4.10 considerando que a esfera exterior esteja infinitamente distante. Com $r_2 = \infty$ e $r_1 = R$, a capacitância de um condutor esférico isolado é dada por

$$C = 4\pi\epsilon_0 R. \tag{4.11}$$

4.6 Capacitores em circuitos

Como explicado antes, um circuito é um conjunto de dispositivos ligados por fios condutores. Capacitores podem ser ligados em circuitos de maneiras diferentes, porém as duas ligações mais fundamentais são a ligação (ou associação) em paralelo e a ligação em série.

Capacitores em paralelo

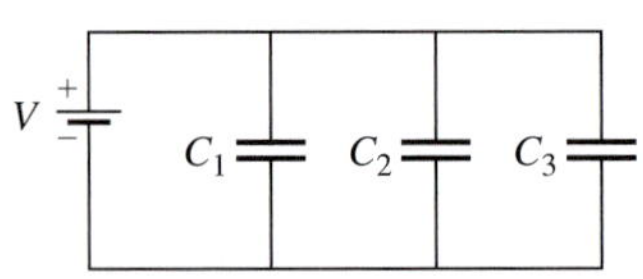

Figura 4.14 Circuito simples formado por uma bateria e três capacitores ligados em paralelo.

A Figura 4.14 mostra um circuito com três capacitores **ligados em paralelo**. Cada um deles tem uma das placas ligada ao terminal positivo da bateria, que mantém uma diferença de potencial V, e a outra placa ligada ao terminal negativo da bateria. O mesmo circuito aparece na parte superior da Figura 4.15, e a parte inferior desta figura mostra o valor do potencial em cada parte do circuito em um gráfico tridimensional. Isso ilustra o fato de que todas as placas ligadas ao terminal positivo da bateria estão a um mesmo potencial. As outras placas dos capacitores estão todas no potencial do terminal negativo da bateria (escolhido como nulo). (Os terminais negativo e positivo da bateria aparecem ligados por uma faixa azul para mostrar que estes dois terminais são partes do mesmo dispositivo e oferecer uma representação visual melhor da diferença de potencial entre os dois terminais. As placas de cada capacitor estão ligadas por uma faixa cinza clara.)

A ideia fornecida pela Figura 4.15 é que a diferença de potencial através de cada um dos capacitores é a mesma, ΔV. Assim, para os três capacitores deste circuito, temos

$$q_1 = C_1 \Delta V$$
$$q_2 = C_2 \Delta V$$
$$q_3 = C_3 \Delta V.$$

Em geral, a carga de cada capacitor pode ter valores diferentes. Os três capacitores podem ser considerados um único capacitor equivalente capaz de armazenar a mesma carga q, dada por

$$q = q_1 + q_2 + q_3 = C_1\Delta V + C_2\Delta V + C_3\Delta V = (C_1 + C_2 + C_3)\Delta V.$$

Assim, a capacitância do capacitor equivalente que armazena a carga total q é

$$C_{eq} = C_1 + C_2 + C_3.$$

Este resultado pode ser generalizado para n capacitores ligados em paralelo:

$$C_{eq} = \sum_{i=1}^{n} C_i. \qquad (4.12)$$

Em outras palavras, a capacitância equivalente de uma associação de capacitores é simplesmente a soma de suas capacitâncias. Portanto, vários capacitores ligados em paralelo em um circuito podem ser substituídos por um único capacitor equivalente de capacitância dada pela equação 4.12, como mostra a Figura 4.16.

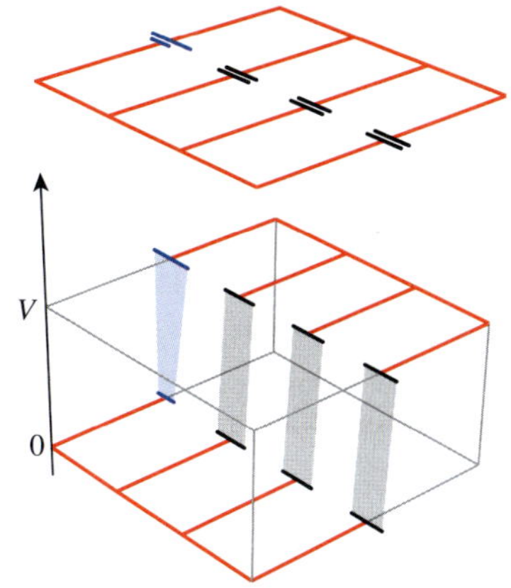

Figura 4.15 O potencial em diferentes partes do circuito da Figura 4.14.

Capacitores em série

A Figura 4.17 mostra um circuito com três capacitores **ligados em série**. Nesta configuração, a bateria produz uma carga $+q$ na placa direita de cada capacitor, e uma carga oposta $-q$ na placa esquerda de cada capacitor da associação. Isso pode se tornar mais claro começando-se com todos os capacitores descarregados. A bateria, então, é ligada à associação em série dos três capacitores. A placa positiva de C_3 está ligada ao terminal positivo da bateria, e começa a acumular cargas positivas fornecidas pela bateria. Essa carga positiva, por sua vez, induz uma carga negativa de mesmo valor absoluto na outra placa de C_3. A placa negativamente carregada de C_3 está ligada à placa direita de C_2, a qual, então, se torna positivamente porque não pode haver qualquer acumulação de carga líquida em uma seção isolada formada pela placa esquerda de C_3 e pela placa direita de C_2. A placa positivamente carregada de C_2 induz uma carga negativa de mesmo valor absoluto na outra placa de C_2. Por sua vez, esta placa, ligada a C_1, faz a placa direita deste capacitor se tornar positivamente carregada, o que, por sua vez, induz uma carga negativa na placa esquerda de C_1. A placa negativa de C_1 está ligada ao terminal negativo da bateria. Assim, a carga flui da bateria, carregando a placa direita de C_3 com carga $+q$, e induzindo uma carga correspondente $-q$ na placa esquerda do capacitor C_1. Portanto, cada capacitor de fato acaba com a mesma carga final.

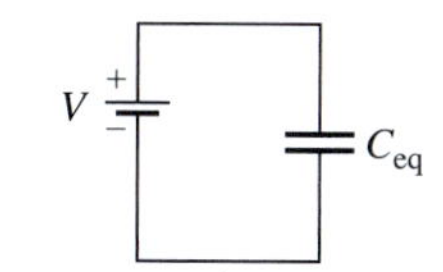

Figura 4.16 Os três capacitores da Figura 4.14 podem ser substituídos por um único capacitor equivalente.

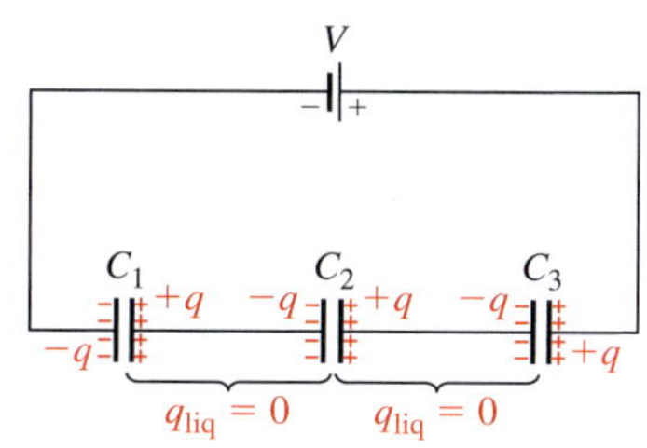

Figura 4.17 Circuito simples com três capacitores ligados em série.

Quando os três capacitores da Figura 4.17 são carregados, a soma das diferenças de potencial em cada um deve ser igual à diferença de potencial mantida pela bateria. Isso é ilustrado na Figura 4.18, uma representação tridimensional do potencial ao longo do circuito com os três capacitores ligados em série, análoga à Figura 4.15. (Observe que as diferenças de potencial nos três capacitores em série não são iguais; isso é verdadeiro para qualquer associação de capacitores em série.)

Como se pode ver da Figura 4.18, as diferenças de potencial em cada um dos três capacitores devem possuir soma igual à diferença de potencial total, ΔV, fornecida pela bateria. Uma vez que cada capacitor possui a mesma carga, temos

$$\Delta V = \Delta V_1 + \Delta V_2 + \Delta V_3 = \frac{q}{C_1} + \frac{q}{C_2} + \frac{q}{C_3} = q\left(\frac{1}{C_1} + \frac{1}{C_2} + \frac{1}{C_3}\right).$$

A capacitância equivalente pode ser escrita como

$$\Delta V = \frac{q}{C_{eq}},$$

onde

$$\frac{1}{C_{eq}} = \frac{1}{C_1} + \frac{1}{C_2} + \frac{1}{C_3}. \qquad (4.13)$$

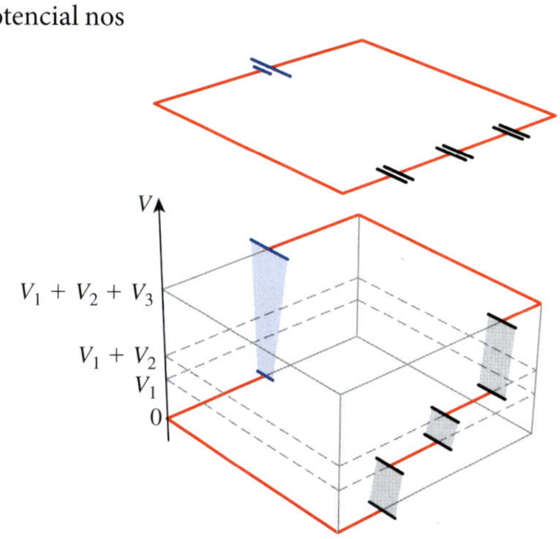

Figura 4.18 O potencial em um circuito com três capacitores em série.

Portanto, os três capacitores em série do circuito da Figura 4.17 podem ser substituídos por um capacitor equivalente de capacitância dada pela equação 4.13, resultando no diagrama de circuito da Figura 4.16.

4.5 Exercícios de sala de aula

Para um circuito com três capacitores em série, a capacitância equivalente deve sempre ser

a) igual à maior das três capacitâncias envolvidas.

b) igual à menor das três capacitâncias envolvidas.

c) maior do que a maior das três capacitâncias envolvidas.

d) menor do que a menor das três capacitâncias envolvidas.

4.6 Exercícios de sala de aula

A diferença de potencial ao longo de um circuito com três capacitores de capacitâncias individuais distintas, ligados em série,

a) é a mesma em todos os capacitores, e de mesmo valor que a diferença de potencial fornecida pela bateria.

b) é a mesma em todos os capacitores, e de valor igual a 1/3 da diferença de potencial fornecida pela bateria.

c) maior no capacitor de menor capacitância.

d) maior no capacitor de maior capacitância.

Para o caso de uma associação de n capacitores em série, a equação 4.13 é generalizada para

$$\frac{1}{C_{\text{eq}}}=\sum_{i=1}^{n}\frac{1}{C_i}. \tag{4.14}$$

Assim, a capacitância de uma associação de capacitores em série é sempre menor do que a menor das capacitâncias da associação.

A determinação das capacitâncias equivalentes de associações de capacitores em série e em paralelo permite que se resolvam problemas de circuitos complicados, como o exemplo seguinte ilustra.

4.2 Pausa para teste

Qual é a capacitância equivalente de quatro capacitores de 10,0 μF ligados em série? E de quatro capacitores de 10,0 μF ligados em paralelo?

4.7 Exercícios de sala de aula

Três capacitores, cada um com capacitância C, são conectados como mostra a figura. Qual é a capacitância equivalente para esta associação de capacitores?

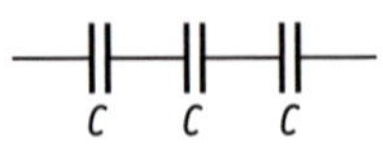

a) C/3
b) 3C
c) C/9
d) 9C
e) nenhuma das opções anteriores

4.8 Exercícios de sala de aula

Três capacitores, cada um com capacitância C, são conectados como mostra a figura. Qual é a capacitância equivalente para esta associação de capacitores?

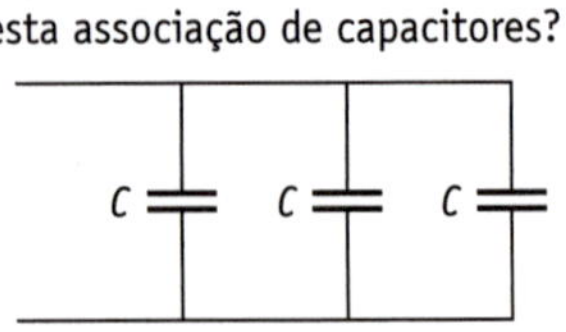

a) C/3
b) 3C
c) C/9
d) 9C
e) nenhuma das opções anteriores

EXEMPLO 4.2 Associação de capacitores

PROBLEMA

Considere o circuito mostrado na Figura 4.19a, uma associação complicada de cinco capacitores com uma bateria. Qual é a capacitância conjunta dessa associação de cinco capacitores? Se cada capacitor possuir uma capacitância de 5 nF, qual será a capacitância equivalente da associação? Se a diferença de potencial da bateria for de 12 V, qual será a carga de cada capacitor?

SOLUÇÃO

Este problema parece complicado à primeira vista, porém pode ser simplificado em uma sequência de etapas, usando-se as fórmulas para as capacitâncias de capacitores em série e em paralelo. Comecemos com a estrutura mais interna do circuito, prosseguindo depois para estruturas mais externas.

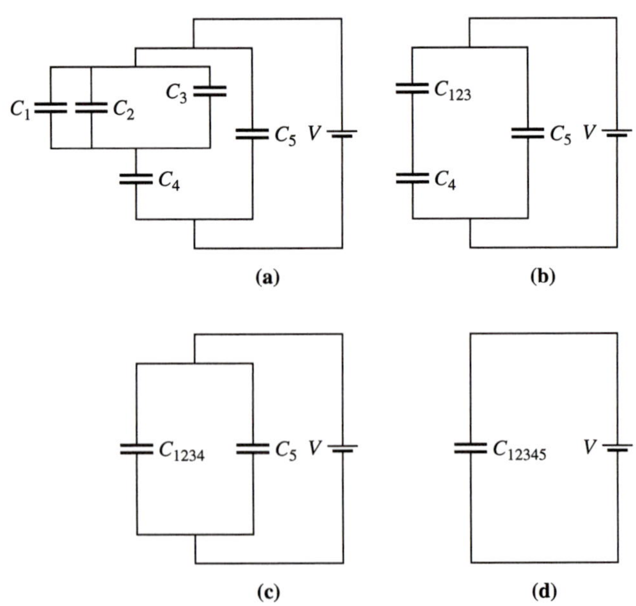

Figura 4.19 Associação de capacitores: (a) configuração do circuito original; (b) redução de capacitores em paralelo para seu equivalente; (c) redução de capacitores em série para seu equivalente; (d) capacitância equivalente da associação de capacitores inteira.

ETAPA 1:

Basta olhar para a Figura 4.19a para concluir que os capacitores 1 e 2 estão ligados em paralelo um com o outro. Por estar um pouco mais distante, é menos óbvio perceber que o capacitor 3 também está ligado em paralelo com 1 e 2. Entretanto, as placas superiores dos três capacitores estão ligadas por fios e, portanto, estão a um mesmo potencial. O mesmo se dá com as placas inferiores dos três capacitores. De acordo com a equação 4.12, a capacidade equivalente dos três capacitores é

$$C_{123} = \sum_{i=1}^{3} C_i = C_1 + C_2 + C_3.$$

Esta substituição é mostrada na Figura 4.19b.

ETAPA 2:

Na Figura 4.19b, C_{123} e C_4 estão em série. Logo, sua capacitância equivalente, de acordo com a equação 4.14, é

$$\frac{1}{C_{1234}} = \frac{1}{C_{123}} + \frac{1}{C_4} \Rightarrow C_{1234} = \frac{C_{123}C_4}{C_{123}+C_4}.$$

Esta substituição é mostrada na Figura 4.19c.

ETAPA 3:

Finalmente, C_{1234} e C_5 estão em paralelo, como mostra a Figura 4.19c. Logo, podemos repetir os cálculos feitos para dois capacitores em paralelo e determinar a capacitância equivalente dos cinco capacitores:

$$C_{12345} = C_{1234} + C_5 = \frac{C_{123}C_4}{C_{123}+C_4} + C_5 = \frac{(C_1+C_2+C_3)C_4}{C_1+C_2+C_3+C_4} + C_5.$$

Este resultado equivale ao circuito simples da Figura 4.19d.

ETAPA 4: SUBSTITUA OS VALORES NUMÉRICOS DAS CAPACITÂNCIAS

Agora podemos determinar a capacitância equivalente quando todos os capacitores possuem capacitâncias idênticas de 5 nF:

$$\left(\frac{(5+5+5)5}{5+5+5+5} + 5\right) \text{nF} = 8{,}75 \text{ nF}.$$

Como se pode ver, mais da metade da capacitância total da associação deve-se ao capacitor 5 somente. Este resultado mostra que se deve ter muito cuidado com a maneira como se associa capacitores em um circuito.

ETAPA 5: CALCULE AS CARGAS DOS CAPACITORES

C_{1234} e C_5 estão em paralelo. Assim, elas estão sob a mesma diferença de potencial, 12 V. A carga de C_5 é, então,

$$q_5 = C_5 \Delta V = (5 \text{ nF})(12 \text{ V}) = 60 \text{ nC}.$$

O capacitor C_{1234} é formado por C_{123} e C_4 ligados em série. Logo, C_{123} e C_4 devem estar com a mesma carga, q_4, de modo que

$$\Delta V = \Delta V_{123} + \Delta V_4 = \frac{q_4}{C_{123}} + \frac{q_4}{C_4} = q_4\left(\frac{1}{C_{123}} + \frac{1}{C_4}\right).$$

A carga de C_4 é, portanto,

$$q_4 = \Delta V \frac{C_{123}C_4}{C_{123}+C_4} = \Delta V \frac{(C_1+C_2+C_3)C_4}{C_1+C_2+C_3+C_4} = (12 \text{ V})\frac{(15 \text{ nF})(5 \text{ nF})}{20 \text{ nF}} = 45 \text{ nC}.$$

O capacitor C_{123} equivale a três capacitores ligados em paralelo, e também possui a mesma carga de C_4, 45 nC. Os três capacitores C_1, C_2 e C_3 possuem a mesma capacitância, estão sob a mesma diferença de potencial por estarem em paralelo, e a soma das cargas dos três deve ser igual a 45 nC. Portanto, podemos calcular a carga de C_1, C_2 e C_3:

$$q_1 = q_2 = q_3 = \frac{45 \text{ nC}}{3} = 15 \text{ nC}.$$

4.9 Exercícios de sala de aula

Três capacitores estão ligados a uma bateria como mostrado na figura. Se $C_1 = C_2 = C_3 = 10{,}0\ \mu$F, e $V = 10{,}0$ V, qual é a carga do capacitor C_3?

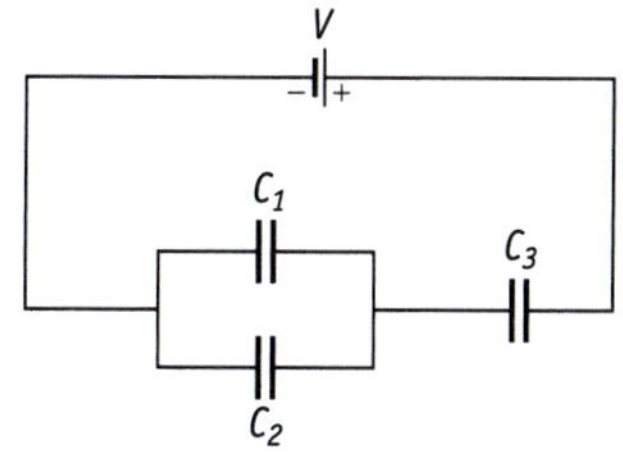

a) 66,7 μC
b) 100,0 μC
c) 150,0 μC
d) 300,0 μC
e) 457,0 μC

4.7 Energia armazenada em capacitores

Os capacitores são extremamente úteis para armazenamento de energia potencial elétrica. São muito mais úteis do que as baterias, por exemplo, se a energia potencial tem de ser convertida em outras formas de energia muito rapidamente. Uma aplicação dos capacitores para armazenamento e rápida liberação de energia potencial elétrica é descrita no Exemplo 4.4, acerca do uso de capacitores no *National Ignition Facility*.

A fim de carregar um capacitor, a bateria deve realizar trabalho. Tal trabalho pode ser concebido em termos da variação da energia potencial elétrica do capacitor. Para realizar o processo de carregamento, a carga tem de ser movida contra o potencial existente entre as duas placas do capacitor. Como observado neste capítulo, quanto maior for a carga do capacitor, maior a diferença de potencial entre suas placas. Isso significa que, quanto maior for a carga que já se encontra no capacitor, maior será a dificuldade em armazenar qualquer quantidade infinitesimal de carga adicional no capacitor. O trabalho infinitesimal, dW, realizado pela bateria com uma diferença de potencial ΔV para armazenar uma quantidade infinitesimal de carga, dq, em um capacitor de capacitância C é

$$dW = \Delta V' dq' = \frac{q'}{C} dq',$$

onde $\Delta V'$ e q' são, respectivamente, a diferença de potencial instantânea e q carga instantânea do capacitor durante o processo de carregamento. O trabalho total, W_t, requerido para se carregar totalmente o capacitor com uma carga final q é dado por

$$W_t = \int dW = \int_0^q \frac{q'}{C} dq' = \frac{1}{2}\frac{q^2}{C}.$$

Este trabalho é armazenado como energia potencial elétrica:

$$U = \frac{1}{2}\frac{q^2}{C} = \frac{1}{2}C(\Delta V)^2 = \frac{1}{2}q\Delta V. \tag{4.15}$$

Essas três versões da equação 4.15 para a energia potencial elétrica armazenada em um capacitor são igualmente válidas. Cada uma delas pode ser transformada nas outras usando-se a relação $q = C\Delta V$ e eliminando-se uma das três grandezas em favor das outras duas.

A **densidade de energia elétrica**, u, é definida como a energia potencial elétrica por unidade de volume:

$$u = \frac{U}{\text{volume}}.$$

(*Nota*: aqui não usamos o símbolo V para representar o volume porque, neste contexto, tal símbolo foi reservado para o potencial.)

No caso especial de um capacitor de placas paralelas com campo de borda desprezível é fácil determinar o volume contido entre as duas placas de área separadas por uma distância perpendicular d. Ele é igual à área de cada placa multiplicada pela distância entre elas, ou Ad. Usando a equação 4.15 para a energia potencial elétrica, obtemos

$$u = \frac{U}{Ad} = \frac{\frac{1}{2}C(\Delta V)^2}{Ad} = \frac{C(\Delta V)^2}{2Ad}.$$

Usando agora a equação 4.6 para a capacitância de um capacitor de placas paralelas com vácuo entre as placas, obtemos

$$u = \frac{(\epsilon_0 A/d)(\Delta V)^2}{2Ad} = \frac{1}{2}\epsilon_0\left(\frac{\Delta V}{d}\right)^2.$$

Identificando $\Delta V/d$ como a intensidade do campo elétrico criado por um capacitor de placas paralelas, obtemos uma expressão para a densidade de energia elétrica em um capacitor de placas paralelas:

$$u = \tfrac{1}{2}\epsilon_0 E^2. \tag{4.16}$$

4.10 Exercícios de sala de aula

Quanta energia é armazenada em um capacitor de 180 μF de uma câmera com flash e unidade de carga de 300,0 V?

a) 1,22 J
b) 8,10 J
c) 45,0 J
d) 115 J
e) 300 J

Este resultado, embora derivado para o caso específico de um capacitor de placas paralelas, é, de fato, muito mais geral. A energia potencial elétrica armazenada em qualquer campo elétrico, por unidade de volume ocupado, pode ser expressa usando-se a equação 4.16.

EXEMPLO 4.3 Nuvem de tempestade

Suponha que uma nuvem de tempestade, com 2,0 km de largura e 3,0 km de comprimento, flutua 500 m acima de uma área plana. A nuvem está dotada de 160 C de carga, enquanto o solo é neutro.

PROBLEMA 1

Quanto vale a diferença de potencial entre a nuvem e o solo?

SOLUÇÃO 1

Podemos aproximar o sistema nuvem-solo por um capacitor de placas paralelas. Sua capacitância, de acordo com a equação 4.6, é dada por

$$C=\frac{\epsilon_0 A}{d}=\frac{(8{,}85\cdot 10^{-12}\ \text{F/m})(2000\ \text{m})(3000\ \text{m})}{500\ \text{m}}=0{,}11\ \mu\text{F}.$$

Uma vez que conhecemos a carga da nuvem, 160 C, é tentador inserir este valor na relação entre carga, capacitância e diferença de potencial (equação 4.1) para determinar a resposta desejada. Todavia, um capacitor de placas paralelas com uma carga $+q$ em uma das placas e carga $-q$ na outra tem uma diferença de carga entre as placas igual a $2q = 160$ C, de modo que $q = 80$ C. Alternativamente, podemos conceber a nuvem como um isolante carregado e usar o resultado da Seção 2.9, que o campo criado por uma placa carregada tem intensidade $E = \sigma/2\epsilon_0$, para justificar o fator $\frac{1}{2}$. Agora podemos usar a equação 4.1 e obter

$$\Delta V=\frac{q}{C}=\frac{80\ \text{C}}{0{,}11\ \mu\text{F}}=7{,}3\cdot 10^{8}\ \text{V}.$$

A diferença de potencial é de mais de 700 milhões de volts!

PROBLEMA 2

A ocorrência de raios requer intensidades de campo elétrico de aproximadamente 2,5 MV/m. As condições descritas no problema são suficientes para a ocorrência de um raio?

SOLUÇÃO 2

Usamos a diferença de potencial entre a nuvem e o solo e a distância entre eles fornecida para determinar o campo elétrico:

$$E=\frac{\Delta V}{d}=\frac{7{,}3\cdot 10^{8}\ \text{V}}{500\ \text{m}}=1{,}5\ \text{MV/m}.$$

A partir deste resultado, podemos concluir que raio algum ocorreria sob tais condições. Entretanto, se a nuvem estiver sobre uma torre de rádio, a intensidade do campo elétrico provavelmente aumentaria e produziria um raio.

PROBLEMA 3

Qual é a energia potencial elétrica total contida no campo existente entre a nuvem de tempestade e o solo?

SOLUÇÃO 3

Da equação 4.15, a energia potencial elétrica total neste capacitor é

$$U=\tfrac{1}{2}q\Delta V=0{,}5(80\ \text{C})(7{,}3\cdot 10^{8}\ \text{V})=2{,}9\cdot 10^{10}\ \text{J}.$$

Para comparação, esta energia é suficiente para manter funcionando um secador de cabelos de 500 W por mais de 5.000 horas.

PROBLEMA RESOLVIDO 4.1 Energia armazenada em capacitores

PROBLEMA

Suponha que muitos capacitores, cada qual com $C = 90{,}0\ \mu F$, são ligados em paralelo a uma bateria de diferença de potencial $\Delta V = 160{,}0$ V. Quantos capacitores são necessários para armazenar 95,6 J de energia?

SOLUÇÃO

PENSE

A capacitância equivalente de muitos capacitores ligados em paralelo é dada pela soma das capacitâncias individuais de todos os capacitores da associação. Podemos calcular a energia armazenada a partir da capacitância equivalente dos capacitores em paralelo e da diferença de potencial da bateria.

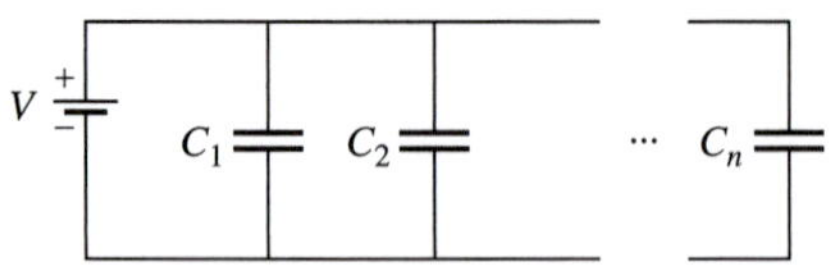

Figura 4.20 Circuito com n capacitores em paralelo com uma bateria.

DESENHE

A Figura 4.20 mostra um circuito com n capacitores ligados em paralelo com uma bateria.

PESQUISE

A capacitância equivalente, C_{eq}, de n capacitores ligados em paralelo, cada qual de capacitância C, é

$$C_{eq} = C_1 + C_2 + \cdots + C_n = nC.$$

A energia armazenada nos capacitores é dada por

$$U = \tfrac{1}{2}C_{eq}(\Delta V)^2 = \tfrac{1}{2}nC(\Delta V)^2. \quad \text{(i)}$$

SIMPLIFIQUE

Isolando n, o número de capacitores envolvidos, da equação (i), obtemos

$$n = \frac{2U}{C(\Delta V)^2}.$$

CALCULE

Substituindo os valores numéricos fornecidos, obtemos

$$n = \frac{2(95{,}6\ \text{J})}{(90{,}0 \cdot 10^{-6}\ \text{C})(160{,}0\ \text{V})^2} = 82{,}986.$$

ARREDONDE

Apresentamos nosso resultado como um número inteiro de capacitores:

$$n = 83 \text{ capacitores.}$$

AVALIE

A capacitância de 83 capacitores com $C = 90{,}0\ \mu F$ é

$$C_{eq} = 83(90{,}0\ \mu\text{F}) = 0{,}00747\ \text{F}.$$

O carregamento deste capacitor por meio de uma bateria de 160 V produz uma energia armazenada de

$$U = \tfrac{1}{2}C_{eq}(\Delta V)^2 = \tfrac{1}{2}(0{,}00747\ \text{F})(160{,}0\ \text{V})^2 = 95{,}6\ \text{J}.$$

Portanto, nossa resposta para o número de capacitores é consistente.

EXEMPLO 4.4 National Ignition Facility

O *National Ignition Facility* (NIF, Unidade de Ignição Nacional) é um laser de alta potência projetado para produzir reações de fusão semelhantes às que ocorrem no Sol. O laser emprega um pulso curto de alta energia para aquecer e comprimir uma pequena esfera contendo isótopos do hidrogênio. O laser é alimentado por 192 módulos de armazenamento de energia (Figura 4.21), cada qual formado por vinte capacitores de 300 μF ligados em paralelo e carregados sob uma diferença de potencial de 24 kV. Os capacitores são descarregados em um período de 90 s. O laser então é disparado, descarregando toda a energia armazenada nos capacitores em apenas 400 μs.

Figura 4.21 Quarenta e oito módulo de armazenamento de energia em uma das quatro "baías" do *National Ignition Facility*, do Laboratório Nacional Lawrence Livermore, nos EUA.

PROBLEMA 1

Quanta energia encontra-se armazenada nos capacitores do NIF?

SOLUÇÃO 1

Os capacitores estão ligados em paralelo. Logo, a capacitância equivalente de cada módulo de armazenamento de energia é

$$C_{eq} = 20(300\ \mu\text{F}) = 0{,}006\ \text{F} = 6\ \text{mF}.$$

A energia total armazenada em cada um dos módulos é

$$U = \tfrac{1}{2}C_{eq}\left(\Delta V\right)^2 = \tfrac{1}{2}\left(6\cdot 10^{-3}\ \text{F}\right)\left(24\cdot 10^{3}\ \text{V}\right)^2 = 1{,}73\ \text{MJ}.$$

Portanto, a energia total armazenada em todos os capacitores do NIF é

$$U_{total} = 192(1{,}73\ \text{MJ}) = 332\ \text{MJ}.$$

PROBLEMA 2

Qual é a potência média fornecida pelos módulos de armazenamento durante um pulso de laser?

SOLUÇÃO 2

Potência é energia por unidade de tempo, dada por

$$P = \frac{\Delta U}{\Delta t} = \frac{332\ \text{MJ}}{400\ \mu\text{s}} = \frac{332\cdot 10^{6}\ \text{J}}{400\cdot 10^{-6}\ \text{s}} = 8{,}3\cdot 10^{11}\ \text{W} = 0{,}83\ \text{TW}.$$

Para efeitos de comparação, a potência média gerada nos Estados Unidos em 2007 foi de 0,47 TW. Claro, o fornecimento de 0,83 TW de potência ao laser do NIF dura apenas uma fração de segundo.

O desfibrilador

Uma importante aplicação dos capacitores é o desfibrilador automático externo (DAE) portátil, um aparelho projetado para aplicar uma descarga no coração de uma pessoa que está com fibrilação ventricular. Um DAE típico é mostrado na Figura 4.22.

Estar em processo de fibrilação ventricular significa que o coração não está batendo no padrão normal. Em vez disso, os sinais que controlam o batimento do coração são erráticos, impedindo o coração de realizar sua função mantendo uma circulação regular através do corpo. Essa condição deve ser tratada em poucos minutos a fim de evitar danos permanentes ou morte. Dispor de aparelhos de DAE em lugares acessíveis ao público permite o rápido tratamento dessa situação.

Um DAE fornece um pulso de corrente elétrica que estimula o coração a bater normalmente. Em geral, um DAE é projetado para analisar automaticamente o batimento cardíaco da pessoa, determinar se ela está em processo de desfibrilação ventricular e administrar o pulso elétrico caso seja necessário. O operador do DAE deve fixar os eletrodos no peito da pessoa que sofre o ataque e pressionar o botão de dar início. O DAE nada fará se a pessoa não estiver tendo um ataque de fibrilação ventricular. Se o DAE determinar que a pessoa está sofrendo, de fato, um ataque de fibrilação, instruirá o operador a pressionar o botão que inicia o pulso elétrico. Note que o DAE não é projetado para fazer o coração bater de novo após ter parado. Em vez disso, ele é projetado para regular os batimentos cardíacos quando o coração está batendo erraticamente.

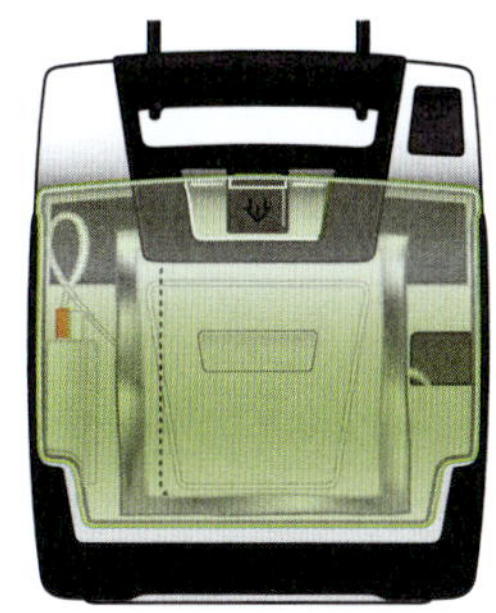

(a)

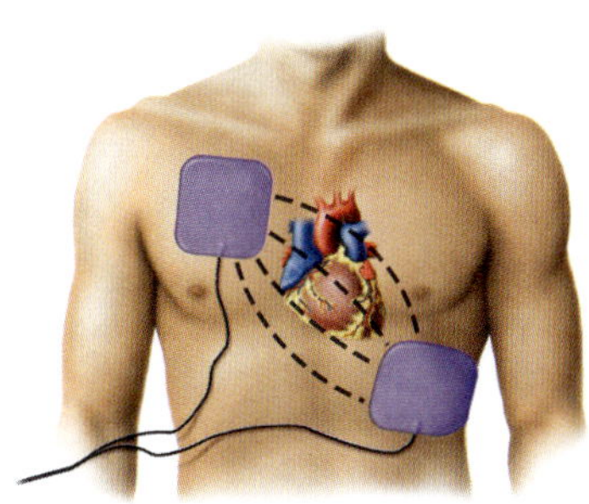

(b)

Figura 4.22 (a) Um desfibrilador automático externo (DAE) suspenso em uma parede. (b) Diagrama esquemático que mostra onde posicionar os eletrodos móveis.

Normalmente, um DAE fornece 150 J de energia elétrica ao paciente, através de um par de eletrodos fixados na região do peito (veja a Figura 4.22). A energia armazenada no capacitor durante o carregamento é retirada de uma bateria de baixa voltagem por um circuito especial. O capacitor em geral tem uma capacitância de 100 μF e é carregado em 10 s. A potência usada no carregamento é

$$P = \frac{E}{t} = \frac{150\ \text{J}}{10\ \text{s}} = 15\ \text{W},$$

o que está dentro da capacidade de uma bateria simples. A energia do capacitor é então descarregada em 10 ms. A potência instantânea durante a descarga é

$$P = \frac{E}{t} = \frac{150\ \text{J}}{10\ \text{ms}} = 15\ \text{kW},$$

o que está além da capacidade de uma pequena bateria portátil, porém dentro da capacidade de um capacitor bem escolhido.

A energia armazenada no capacitor é $U = \frac{1}{2}C(\Delta V)^2$. Quando o capacitor está carregado, a diferença de potencial é

$$\Delta V = \sqrt{\frac{2U}{C}} = \sqrt{\frac{2(150\ \text{J})}{100 \cdot 10^{-6}\ \text{F}}} = 1730\ \text{V}.$$

Quando o DAE gera uma corrente elétrica, o capacitor é carregado por uma bateria contida no DAE. O capacitor então é descarregado através da pessoa a fim de estimular o coração a bater em um ritmo regular. A maioria dos aparelhos DAE é capaz de gerar muitos pulsos de corrente elétrica sem descarregar.

4.8 Capacitores com dielétricos

Os capacitores que discutimos até aqui contêm ar ou vácuo entre suas placas. Porém, os capacitores usados em praticamente todas as aplicações contêm um material isolante, denominado **dielétrico**, entre duas placas. O dielétrico tem várias finalidades: primeiro, ele mantém a separação entre as placas; segundo, ele isola eletricamente as duas placas uma da outra; terceiro, o dielétrico permite que o capacitor seja capaz de manter uma grande diferença de potencial além do que ele poderia manter se houvesse ar ou vácuo entre suas placas; finalmente, o dielétrico aumenta a capacitância do capacitor. Veremos que esta propriedade de aumentar a capacitância deve-se à estrutura molecular do dielétrico.

Preencher o espaço entre as placas de um capacitor completamente com um dielétrico aumenta sua capacidade por um fator numérico chamado de **constante dielétrica**, κ. Consideraremos que o dielétrico preencha o volume inteiro entre as placas do capacitor, a menos que outra coisa seja explicitada. O Problema Resolvido 4.2 traz um exemplo onde o preenchimento é apenas parcial.

A capacitância, C, de um capacitor que contém um dielétrico de constante dielétrica κ entre suas placas é dado por

$$C = \kappa C_{\text{ar}}, \tag{4.17}$$

onde C_{ar} é a capacitância do capacitor sem o dielétrico.

O preenchimento do espaço entre as placas de um capacitor com um dielétrico tem o efeito de baixar o campo elétrico entre as placas (consulte a Seção 4.9 para uma explicação) e permitir que mais carga seja armazenada no capacitor. Por exemplo, o campo elétrico entre as placas de um capacitor de placas paralelas, dado pela equação 4.4, com a introdução do dielétrico é alterado para

$$E = \frac{E_{\text{ar}}}{\kappa} = \frac{q}{\kappa\epsilon_0 A} = \frac{q}{\epsilon A}. \tag{4.18}$$

A constante ϵ_0 é a permissividade elétrica do vácuo, encontrada anteriormente na lei de Coulomb. O lado direito da equação 4.18 foi obtida substituindo-se o fator $\kappa\epsilon_0$ por ϵ, a permissividade elétrica do dielétrico. Em outras palavras, a **permissividade elétrica** de um dielétrico é o produto da permissividade do vácuo (ou espaço livre) pela constante dielétrica do material dielétrico:

$$\epsilon = \kappa\epsilon_0. \tag{4.19}$$

Note que a substituição de ϵ_0 por ϵ é tudo o que é necessário para generalizar as expressões para a capacitância, como as equações 4.6, 4.8 e 4.10, a partir dos valores correspondentes para capacitores com vácuo entre as placas, para aquelas adequadas quando o capacitor está preenchido completamente com um dielétrico entre suas placas. Agora podemos saber de que maneira a capacitância é aumentada pela introdução de um dielétrico entre as placas. A diferença de potencial entre as placas do capacitor é:

$$\Delta V = Ed = \frac{qd}{\kappa\epsilon_0 A}.$$

Portanto, podemos escrever a capacitância como

$$C = \frac{q}{\Delta V} = \frac{\kappa\epsilon_0 A}{d} = \kappa C_{\text{ar}}.$$

A **rigidez dielétrica** de um material é uma medida da capacidade de um material em resistir a uma diferença de potencial aplicada. Se a intensidade do campo elétrico em um dielétrico excede a rigidez dielétrica, o dielétrico é eletricamente "rompido" e começa a conduzir carga entre as placas na forma de uma faísca, o que normalmente destrói o capacitor. Assim, um capacitor útil deve conter um dielétrico que apenas produza uma determinada capacitância, mas que evite também que o dispositivo sustente a diferença de potencial exigida sem ser rompido eletricamente. Um capacitor normalmente é especificado pelo valor de sua capacitância e pela diferença de potencial máxima que ele é projetado para manter.

O valor da constante dielétrica do vácuo é definido como sendo exatamente 1, e a constante dielétrica do ar é aproximadamente 1,0. Valores de constante dielétrica e de rigidez do ar e de outros materiais comumente usados como dielétricos são listados na Tabela 4.1

Tabela 4.1 Constante dielétrica e rigidez dielétrica de alguns materiais comuns

Material	Constante dielétrica, κ	Rigidez dielétrica (kV/mm)
Vácuo	1	
Ar (1 atm)	1,00059	2,5
Nitrogênio líquido	1,454	
Teflon	2,1	60
Polietileno	2,25	50
Benzeno	2,28	
Isopor	2,6	24
Lexan	2,96	16
Mica	3-6	150-220
Papel	3	16
Mylar	3,1	280
Plexiglas	3,4	30
Policloreto de vinila (PVC)	3,4	29
Vidro	5	14
Neoprene	16	12
Germânio	16	
Glicerina	42,5	
Água	80,4	65
Titanato de estrôncio	310	8

Note que esses valores são aproximados e para temperatura ambiente.

4.3 Pausa para teste

Uma maneira de aumentar a capacitância de um capacitor de placas paralelas, além da introdução de um dielétrico entre as placas, consiste em diminuir a distância entre as placas. Qual é a distância mínima entre as placas de um capacitor de placas paralelas preenchido com ar se a diferença de potencial máxima entre as placas deve ser de 100,0 V? (*Dica*: a Tabela 4.1 pode ser útil.)

4.11 Exercícios de sala de aula

Suponha que você carregue um capacitor de placas paralelas com um dielétrico entre elas usando uma bateria e, depois, remova a bateria do circuito, mantendo isolado o capacitor e impedindo-o de descarregar. Você, então, remove o dielétrico entre as placas. A diferença de potencial entre elas

a) aumentará.

b) diminuirá.

c) ficará inalterada.

d) não pode ser determinada.

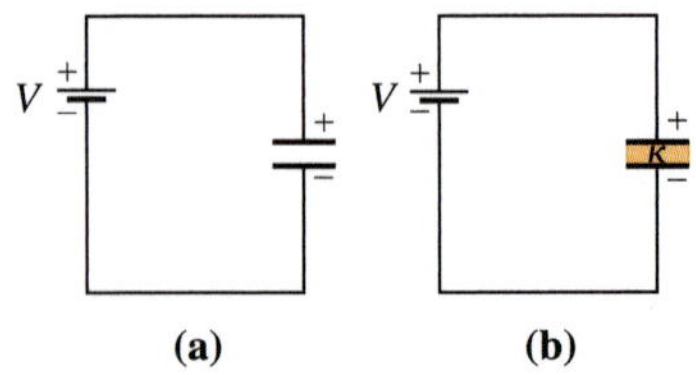

Figura 4.23 Capacitor de placas paralelas ligado a uma bateria: (a) sem um dielétrico; (b) com um dielétrico entre as placas.

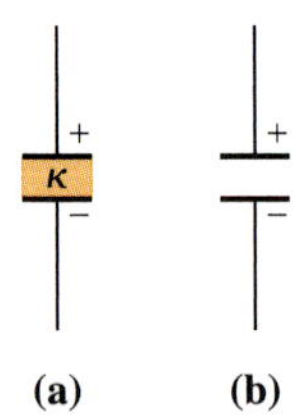

Figura 4.24 Capacitor isolado: (a) com um dielétrico e (b) depois de o dielétrico ser removido.

4.12 Exercícios de sala de aula

O que aconteceria se o dielétrico do capacitor do Exemplo 4.5 fosse puxado para fora até a metade, e depois solto?

a) O dielétrico seria puxado de volta para dentro do capacitor.

b) O dielétrico seria aquecido.

c) O dielétrico seria empurrado para fora do capacitor.

d) As placas do capacitor esquentariam rapidamente.

e) O dielétrico permaneceria na posição com a metade para fora, e nenhum aquecimento seria observado.

EXEMPLO 4.5 Capacitor de placas paralelas com um dielétrico

PROBLEMA 1

Considere um capacitor de placas paralelas sem um dielétrico e com capacitância $C = 2{,}00\ \mu\text{F}$ ligado a uma bateria sob uma diferença de potencial $\Delta V = 12{,}0$ V (Figura 4.23a). Qual é a carga armazenada no capacitor?

SOLUÇÃO 1

Usando a definição de capacitância (equação 4.1), temos

$$q = C\Delta V = (2{,}00 \cdot 10^{-6}\ \text{F})(12{,}0\ \text{V}) = 2{,}40 \cdot 10^{-5}\ \text{C}.$$

PROBLEMA 2

Na Figura 4.23b, um dielétrico com $\kappa = 2{,}5$ foi inserido entre as placas do capacitor, preenchendo totalmente o espaço entre elas. Nesta nova situação, qual é a carga do capacitor?

SOLUÇÃO 2

A capacitância do capacitor é aumentada pela constante dielétrica

$$C = \kappa C_{\text{ar}}.$$

A carga é

$$q = \kappa C_{\text{ar}}\,\Delta V = (2{,}50)(2{,}00 \cdot 10^{-6}\ \text{F})(12{,}0\ \text{V}) = 6{,}00 \cdot 10^{-5}\ \text{C}.$$

A carga do capacitor aumenta quando a capacitância aumenta porque a bateria mantém uma diferença de potencial constante através do capacitor. A bateria fornece a carga adicional até que o capacitor fique inteiramente carregado.

PROBLEMA 3

Agora suponha que o capacitor seja desligado da bateria (Figura 4.24a). O capacitor, que agora se encontra isolado, mantém sua carga $q = 6{,}00 \cdot 10^{-5}$ C e sua diferença de potencial $\Delta V = 12{,}0$ V. O que acontecerá à carga e à diferença de potencial se o dielétrico for removido, mantendo-se o capacitor isolado (Figura 4.24b)?

SOLUÇÃO 3

A carga do capacitor isolado não pode sofrer alteração quando o dielétrico é removido porque não existe por onde a carga fluir. Portanto, a diferença de potencial do capacitor é

$$\Delta V = \frac{q}{C} = \frac{6{,}00 \cdot 10^{-5}\ \text{C}}{2{,}00 \cdot 10^{-6}\ \text{F}} = 30{,}0\ \text{V}.$$

A diferença de potencial aumenta porque a remoção do dielétrico aumenta o campo elétrico.

PROBLEMA 4

A remoção do dielétrico altera a energia armazenada no capacitor?

SOLUÇÃO 4

A energia armazenada no capacitor é dada pela equação 4.15. Antes da remoção do dielétrico, a energia do capacitor era

$$U = \tfrac{1}{2}C(\Delta V)^2 = \tfrac{1}{2}\kappa C_{\text{ar}}(\Delta V)^2 = \tfrac{1}{2}(2{,}50)(2{,}00 \cdot 10^{-6}\ \text{F})(12\ \text{V})^2 = 3{,}60 \cdot 10^{-4}\ \text{J}.$$

Após a remoção do dielétrico, a energia é

$$U = \tfrac{1}{2}C_{\text{ar}}(\Delta V)^2 = \tfrac{1}{2}(2{,}00 \cdot 10^{-6}\ \text{F})(30\ \text{V})^2 = 9{,}00 \cdot 10^{-4}\ \text{J}.$$

Quando o dielétrico é removido, ocorre um aumento da energia de $3{,}00 \cdot 10^{-4}$ J para $9{,}00 \cdot 10^{-4}$ J devido ao trabalho realizado para remover o dielétrico puxando-o para fora do campo elétrico existente entre as placas.

EXEMPLO 4.6 Capacitância de um cabo coaxial

Cabos coaxiais são usados para transmitir sinais, por exemplo, sinais de TV, entre dispositivos com um mínimo de interferência das vizinhanças. Um cabo coaxial de 20,0 m de comprimento é formado por um condutor e uma blindagem condutora coaxial ao redor do condutor. O raio do condutor é de 0,250 mm e o raio da blindagem é de 2,00 mm (Figura 4.25).

PROBLEMA

Qual é a capacitância de um cabo coaxial?

SOLUÇÃO

Podemos conceber um cabo coaxial condutor como um cilindro porque todas as cargas deste condutor residem em sua superfície. Da Tabela 4.1, a constante dielétrica do isopor vale 2,6. Podemos considerar o cabo coaxial como um capacitor cilíndrico com r_1 = 0,250 mm e r_2 = 2,00 mm, preenchido com um dielétrico de κ = 2,6. Então podemos usar a equação 4.8 para determinar a capacitância de um cabo coaxial:

$$C=\kappa\frac{2\pi\epsilon_0 L}{\ln(r_2/r_1)}=\frac{2{,}6(2\pi)(8{,}85\cdot10^{-12}\ \text{F/m})(20{,}0\ \text{m})}{\ln\left[\left(2{,}00\cdot10^{-3}\text{m}\right)/\left(2{,}5\cdot10^{-4}\ \text{m}\right)\right]}=1{,}39\cdot10^{-9}\ \text{F}=1{,}39\ \text{nF}.$$

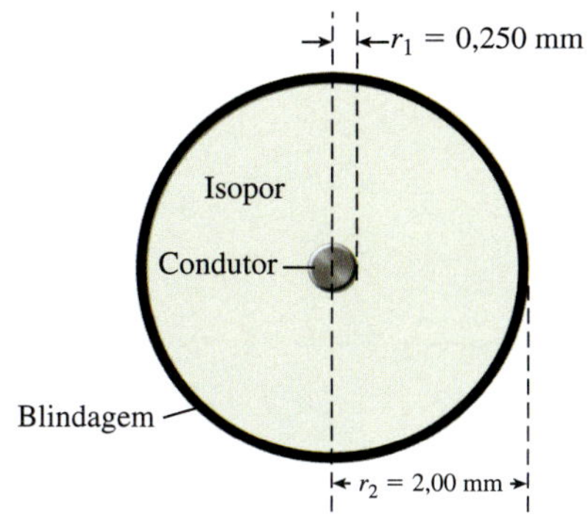

Figura 4.25 Seção transversal de um cabo coaxial.

Uma aplicação interessante do capacitor e de sua dependência com a constante dielétrica é na medição dos níveis de nitrogênio líquido em criostatos (recipientes termicamente isolados capazes de manter temperaturas frias). Com frequência é difícil determinar por inspeção visual quanto nitrogênio líquido resta em um criostato. Porém, determinando-se a capacitância do criostato quando completamente vazio, *C*, depois, quando ele estiver completamente preenchido com nitrogênio, o criostato deverá ter uma capacitância κC = 1,454 C, pois o nitrogênio líquido possui uma constante dielétrica de 1,454. Entre estes valores extremos, a capacitância varia suavemente em função da quantidade de nitrogênio existente no criostato, até o valor máximo κC = 1,454 C no caso em que o criostato esteja complemente cheio de nitrogênio, fornecendo assim uma maneira simples de determinar quão cheio está o criostato.

4.3 Exercícios de sala de aula

Decida se cada uma das seguintes afirmativas acerca de um capacitor de placas paralelas isolado é verdadeira ou falsa.

a) Se a distância entre as placas do capacitor for dobrada, a energia armazenada no capacitor também dobrará.

b) Aumentando-se a distância entre as placas, aumenta o campo elétrico entre as placas.

c) Quando a distância entre as placas diminui pela metade, as cargas das placas permanecem inalteradas.

d) A inserção de um dielétrico entre as placas aumenta a carga em cada uma delas.

e) A inserção de um dielétrico entre as placas aumenta a energia armazenada no capacitor.

4.9 Visão microscópica de dielétricos

Vejamos o que ocorre em nível atômico ou molecular quando um dielétrico é colocado em presença de um campo elétrico. Existem dois tipos básicos de materiais dielétricos: dielétricos polares e dielétricos apolares.

Um **dielétrico polar** é qualquer material isolante composto por moléculas que possuem um momento de dipolo elétrico permanente, devido à sua própria estrutura. Um exemplo

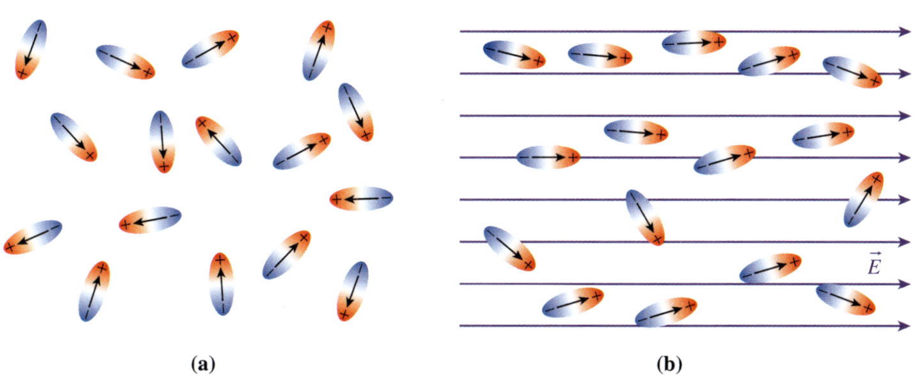

Figura 4.26 Moléculas polares: (a) aleatoriamente distribuídas e (b) parcialmente orientadas por um campo elétrico externo.

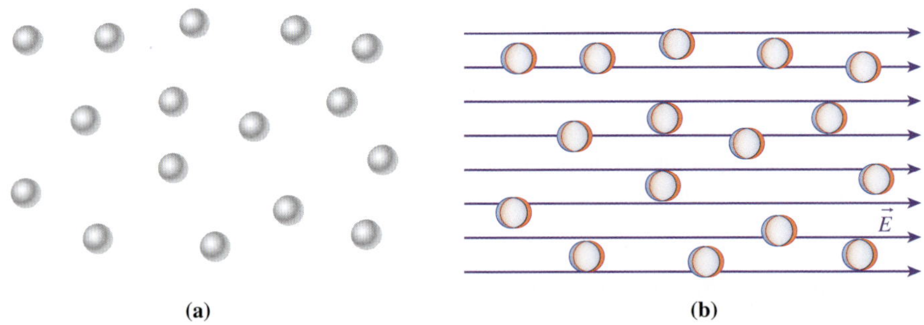

Figura 4.27 Moléculas apolares: (a) sem qualquer momento de dipolo elétrico e (b) com momentos de dipolo induzidos por um campo elétrico externo.

comum deste tipo de molécula é a da água. Normalmente, as direções dos momentos de dipolo estão aleatoriamente distribuídas (Figura 4.26a). Entretanto, quando um campo elétrico é aplicado às moléculas, elas tendem a se alinhar com o campo (Figura 4.26b).

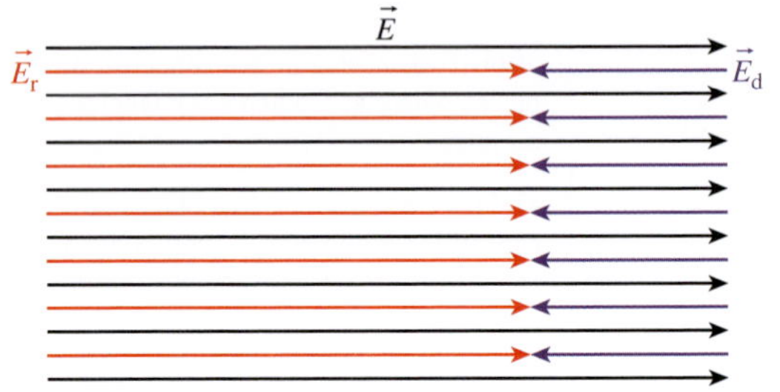

Figura 4.28 Cancelamento parcial do campo elétrico aplicado entre as placas de um capacitor de placas paralelas pelos momentos de dipolo de um dielétrico.

Um **dielétrico apolar** é qualquer material isolante composto por átomos ou moléculas que não possuem momento de dipolo intrínseco (Figura 4.27a). Tais átomos ou moléculas podem ser induzidos a ter momento de dipolo elétrico sob influência de um campo externo (Figura 4.27b). As forças elétricas de sentidos opostos exercidas pelo campo sobre as cargas positivas e negativas do átomo ou da molécula deste tipo de dielétrico deslocam duas distribuições de carga e produzem um momento de dipolo induzido.

Em ambos os tipos de dielétrico, polares e apolares, os campos resultantes do alinhamento dos momentos de dipolo tendem a cancelar parcialmente o campo elétrico externo original (Figura 4.28). Para um dado campo elétrico $\vec{E}$ aplicado a um capacitor com dielétrico entre as placas, o campo elétrico total ou resultante dentro do capacitor, $\vec{E}_r$, é exatamente igual à soma do campo elétrico original com o campo elétrico induzido no material dielétrico, $\vec{E}_d$:

$$\vec{E}_r = \vec{E} + \vec{E}_d,$$

ou

$$E_r = E - E_d .$$

Observe que o campo elétrico resultante possui a mesma orientação do campo original, porém uma intensidade menor. A constante dielétrica é dada por $\kappa = E/E_r$.

Supercapacitores

Como vimos neste capítulo, 1 F é um valor de capacitância gigantesco. Mesmo o *National Ignition Facility* (NIF), que necessita do maior valor possível de energia armazenada em capacitores, usa capacitores de apenas 300 μF. Todavia, é possível criar *supercapacitores* (também chamados de *ultracapacitores*) com capacitâncias muito maiores. Isso é conseguido usando-se um material com uma área superficial muito grande entre as placas de um capacitor. Carvão vegetal ativado é um possível material com tais características, por ter uma área superficial muito grande devido à sua estrutura esponjosa em nível nanométrico. Duas camadas de carvão vegetal ativado são dotadas de cargas de sinais opostos e separadas por uma camada isolante intermediária (representada pela linha vermelha grossa na Figura 4.29b). Isso permite que cada metade do capacitor armazene íons livres de cargas opostas a partir do eletrólito. As separações entre os íons do eletrólito e as cargas do carvão vegetal ativado são tipicamente da ordem de nanômetros (nm), isto é, milhões de vezes menores do que nos capacitores convencionais. O carvão vegetal ativado provê áreas superficiais muitas ordens de grandeza maiores do que as dos

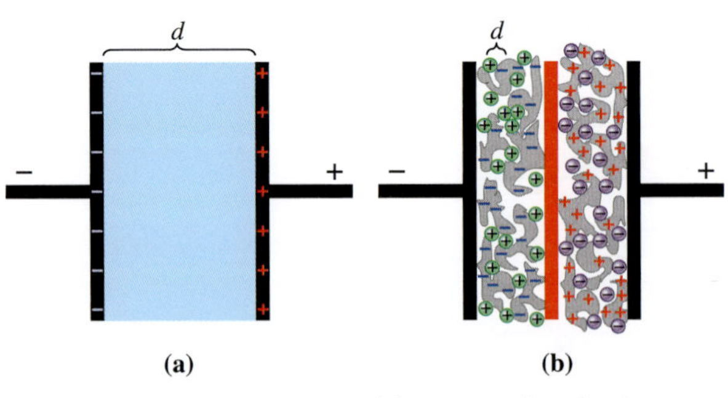

Figura 4.29 Comparação entre (a) um capacitor de placas paralelas convencional e (b) um supercapacitor preenchido com carvão vegetal ativado.

capacitores convencionais. Como observado na Seção 4.3, uma vez que a capacitância é proporcional à área superficial e inversamente proporcional à separação entre as placas, esta tecnologia tem produzido capacitores disponíveis comercialmente com capacitâncias da ordem de quilofarads (kF), isto é, milhões de vezes maiores do que as usadas no NIF.

Por que, então, o NIF não está usando supercapacitores? A resposta é: esses capacitores só podem operar com diferenças de potencial entre 2 e 3 V. Os supercapacitores comercialmente disponíveis de mais alta capacitância chegam a 5 kF. Usando a relação $U = \frac{1}{2}C(\Delta V)^2$ junto com $\Delta V = 2$ V, vemos que um capacitor desses é capaz de armazenar 10 kJ. Os capacitores usados atualmente no NIF, quando carregados a 24 kV, armazenam 86,4 kJ. Além disso, eles também podem ser descarregados muito mais rapidamente, o que é crucial para as necessidades de altas potências do laser do NIF.

Entretanto, os supercapacitores podem atingir capacidades de armazenamento de energia que compete com as das baterias convencionais. Além disso, os supercapacitores podem ser carregados e descarregados milhões de vezes, comparado aos talvez milhares de vezes no caso das baterias recarregáveis. Isso, junto com seus tempos de descarga muito curtos, os torna potencialmente adequados em muitas aplicações. Por exemplo, existe atualmente intensa pesquisa para o uso de supercapacitores em veículos elétricos. Um ônibus que usa tal tecnologia de armazenamento de energia elétrica, de denominação inglesa *capabus*, atualmente está em uso na China.

Uma linha de pesquisa promissora para aumentar a diferença de potencial sob qual um supercapacitor possa operar está no uso de nanotubos de carbono em vez de carvão vegetal ativado. Os primeiros protótipos de laboratório são muito promissores, e produtos comerciais que usam essa abordagem poderão estar em uso dentro de poucos anos.

O QUE JÁ APRENDEMOS | GUIA DE ESTUDO PARA EXERCÍCIOS

- A capacitância de um capacitor é definida em termos da carga, q, que ele pode armazenar e da diferença de potencial, V, entre suas placas: $q = C\Delta V$.
- O farad é a unidade de capacitância do SI: $1\text{ F} = \frac{1\text{ C}}{1\text{ V}}$
- A capacitância de um capacitor de placas paralelas de área A e separadas por uma distância d, com vácuo (ou ar) entre elas, é dada por $C = \frac{\epsilon_0 A}{d}$.
- A capacitância de um capacitor cilíndrico de comprimento L, formado por dois cilindros coaxiais com vácuo (ou ar) entre eles, sendo o raio interno r_1 e o externo de raio r_2, é dada por $C = \frac{2\pi\epsilon_0 L}{\ln(r_2/r_1)}$.
- A capacitância de um capacitor esférico formado por duas esferas concêntricas, a interna de raio r_1 e a externa de raio r_2, com vácuo (ou ar) entre elas, é dada por $C = 4\pi\epsilon_0 \frac{r_1 r_2}{r_2 - r_1}$.
- A densidade de energia elétrica, u, armazenada no campo entre as placas de um capacitor é dada por $u = \frac{1}{2}\epsilon_0 E^2$.
- Uma associação de n capacitores ligados em paralelo em um circuito pode ser substituída por um capacitor equivalente de capacitância dada pela soma das capacitâncias individuais dos capacitores: $C_{eq} = \sum_{i=1}^{n} C_i$.
- Uma associação de n capacitores ligados em série em um circuito pode ser substituída por um capacitor equivalente cujo inverso da capacitância é dada pela soma dos inversos das capacitâncias individuais dos capacitores: $\frac{1}{C_{eq}} = \sum_{i=1}^{n} \frac{1}{C_i}$.
- Quando o espaço entre as placas de um capacitor é preenchido com um dielétrico de constante dielétrica κ, sua capacitância aumenta em relação à sua capacitância com ar entre as placas: $C = \kappa C_{ar}$.

TERMOS-CHAVE

capacitância, p. 99
capacitor, p. 98
capacitor de placas paralelas, p. 98
circuito elétrico, p. 100
constante dielétrica, p. 112
densidade de energia elétrica, p, 108
dielétrico, p. 112
dielétrico apolar, p. 116
dielétrico polar, p. 115
farad, p. 100
ligação em paralelo, p. 104
ligação em série, p. 105
permissividade elétrica, p. 112
rigidez dielétrica, p. 113

NOVOS SÍMBOLOS E EQUAÇÕES

C, capacitância de um capacitor

$C_{eq} = \sum_{i=1}^{n} C_i$, capacitância equivalente de um número n de capacitores ligados em paralelo.

$\frac{1}{C_{eq}} = \sum_{i=1}^{n} \frac{1}{C_i}$, capacitância equivalente de um número n de capacitores ligados em série.

F, farad, unidade de capacitância.

κ, constante dielétrica.

$u = \frac{1}{2}\epsilon_0 E^2$, densidade de energia elétrica.

RESPOSTAS DOS TESTES

4.1 O campo elétrico mantém-se constante

4.2 Série:

$$\frac{1}{C_{eq}} = \frac{4}{C} \Rightarrow C_{eq} = \frac{1}{4}C = 2{,}50\ \mu\text{F}.$$

Paralelo:

$$C_{eq} = 4C = 40{,}0\ \mu\text{F}.$$

4.3 $100\ \text{V} = d(2.500\ \text{V/m}) \Rightarrow d = 0{,}04$ mm.

GUIA DE RESOLUÇÃO DE PROBLEMAS

1. Lembre-se que dizer que um capacitor possui uma carga q significa que uma das placas tem uma carga $+q$ e a outra carga $-q$. Esteja certo de ter entendido de que maneira a carga acumulada em um capacitor se distribui entre as duas placas condutoras; reveja o Exemplo 4.3 para ter certeza de que entende isso.

2. Sempre é uma boa ideia desenhar um diagrama de circuito ao resolver problemas sobre circuitos, caso um diagrama não for fornecido com o enunciado. A identificação de ligações em série e em paralelo pode requerer um pouco de prática, mas geralmente se constitui em uma importante primeira etapa para reduzir um circuito complicado a um circuito equivalente cuja abordagem seja imediata. Lembre-se de que capacitores ligados em série possuem todos a mesma carga, enquanto capacitores ligados em paralelo estão todos sob a mesma diferença de potencial.

3. Você pode lembrar da maioria dos resultados importantes sobre capacitores com dielétrico se lembrar de que um dielétrico sempre aumenta a capacitância. (É isso que torna útil um dielétrico.) Se seus cálculos revelam uma capacitância reduzida com um dielétrico entre as placas, revise seu trabalho.

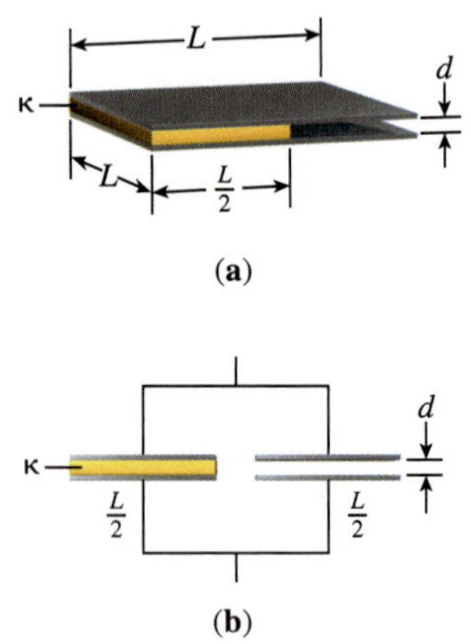

Figura 4.30 (a) Capacitor de placas paralelas quadradas com lados de comprimento L e distantes d uma da outra, com um dielétrico de largura L, comprimento $L/2$ e constante dielétrica κ entre as mesmas. (b) Capacitor parcialmente preenchido representado como dois capacitores em paralelo.

PROBLEMA RESOLVIDO 4.2 Capacitor parcialmente preenchido com dielétrico

PROBLEMA

Um capacitor de placas paralelas é construído com duas placas condutoras quadradas com lados de comprimento $L = 10{,}0$ cm (Figura 4.30a). A distância entre as placas é $d = 0{,}250$ cm. Um dielétrico de constante dielétrica $\kappa = 15{,}0$ e espessura de 0,250 cm é introduzido entre as placas. O dielétrico tem uma largura $L = 10{,}0$ cm e um comprimento igual a $L/2 = 5{,}00$ cm, como mostra a Figura 4.30a. Quanto vale a capacitância deste capacitor?

SOLUÇÃO

PENSE

Temos um capacitor de placas paralelas, parcialmente preenchido com um dielétrico. Podemos considerá-lo como formado por dois capacitores em paralelo Um deles é um capacitor de placas paralelas de área $A = L(L/2)$ e com ar entre elas; o outro é também um capacitor de placas paralelas de área $A = L(L/2)$, mas com um dielétrico entre as placas.

DESENHE

A Figura 4.30b mostra uma representação dos dois capacitores em paralelo: um deles preenchido com um dielétrico, e o outro com ar entre as placas.

PESQUISE

A capacitância de um capacitor de placas paralelas, C_1, é dada pela equação 4.6:

$$C_1 = \frac{\epsilon_0 A}{d},$$

onde A é a área de cada placa e d é a separação entre elas. Se um dielétrico for posicionado entre as placas, sua capacitância torna-se

$$C_2 = \kappa \frac{\epsilon_0 A}{d},$$

onde κ é a constante dielétrica. No caso de dois capacitores, de capacitâncias C_1 e C_2, ligados em paralelo, a capacitância efetiva, C_{12}, é dada por

$$C_{12} = C_1 + C_2.$$

SIMPLIFIQUE

Substituindo as expressões para as duas capacitâncias individuais na soma, obtemos

$$C_{12} = \frac{\epsilon_0 A}{d} + \kappa \frac{\epsilon_0 A}{d} = (\kappa + 1)\frac{\epsilon_0 A}{d}. \quad \text{(i)}$$

A área das placas para cada capacitor é

$$A = (L)(L/2) = L^2/2.$$

Usando agora a expressão para a área na equação (i), obtemos a capacitância do capacitor parcialmente preenchido como sendo

$$C_{12} = (\kappa + 1)\frac{\epsilon_0 (L^2/2)}{d} = \frac{(\kappa + 1)\epsilon_0 L^2}{2d}.$$

CALCULE

Substituindo os valores numéricos fornecidos, obtemos

$$C_{12} = \frac{(15{,}0 + 1)(8{,}85 \cdot 10^{-12}\text{ F/m})(0{,}100\text{ m})^2}{2(0{,}00250\text{ m})} = 2{,}832 \cdot 10^{-10}\text{ F}.$$

ARREDONDE

Apresentamos nosso resultado com três algarismos significativos:

$$C_{12} = 2{,}83 \cdot 10^{-10}\text{ F} = 283\text{ pF}.$$

SOLUÇÃO ALTERNATIVA

Para avaliar essa resposta, calculamos a capacitância do capacitor sem qualquer dielétrico entre as placas:

$$C = \frac{\epsilon_0 A}{d} = \frac{(8{,}85 \cdot 10^{-12}\text{ F/m})(0{,}100\text{ m})^2}{0{,}0025\text{ m}} = 3{,}54 \cdot 10^{-11}\text{ F} = 35{,}4\text{ pF}.$$

Depois calculamos a capacitância deste capacitor se estivesse completamente preenchido com o dielétrico:

$$C = \kappa \frac{\epsilon_0 A}{d} = (15{,}0)(35{,}4\text{ pF}) = 5{,}31 \cdot 10^{-10}\text{ F} = 531\text{ pF}.$$

Nosso resultado para o capacitor parcialmente preenchido corresponde à metade da soma destes dois resultados, o que é plausível.

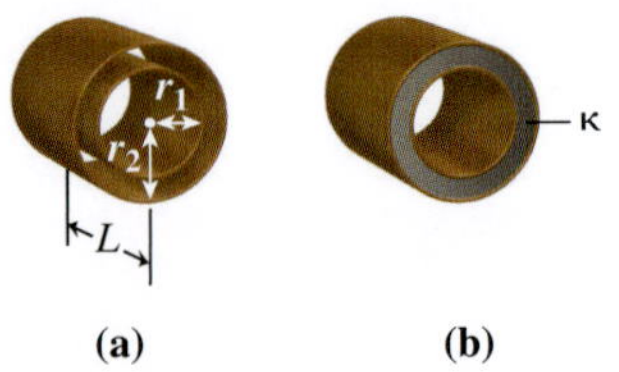

Figura 4.31 (a) Capacitor cilíndrico de raio interno r_1, raio externo r_2 e comprimento L. (b) Um dielétrico de constante dielétrica κ foi inserido entre os dois cilindros.

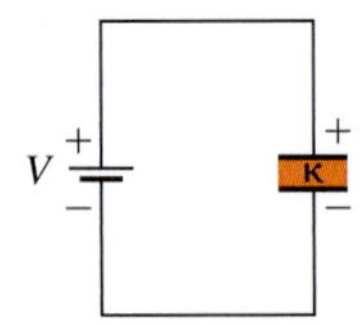

Figura 4.32 Capacitor cilíndrico ligado a uma bateria.

PROBLEMA RESOLVIDO 4.3 Carga de um capacitor cilíndrico

PROBLEMA

Considere um capacitor cilíndrico de raio interno $r_1 = 10{,}0$ cm, raio externo $r_2 = 12{,}00$ cm e comprimento $L = 50{,}0$ cm (Figura 4.31a). Um dielétrico de constante dielétrica $\kappa = 12{,}5$ preenche o volume entre os dois cilindros (Figura 4.31b). O capacitor é ligado a uma bateria de 100,0 V e inteiramente carregado. Qual é a sua carga?

SOLUÇÃO

PENSE

Temos aqui o caso de um capacitor cilíndrico preenchido com um dielétrico. Quando ele é ligado a uma bateria, começará um acúmulo de carga do capacitor até que ele fique totalmente carregado.

DESENHE

O diagrama de circuito com o capacitor ligado à bateria é mostrado na Figura 4.32.

PESQUISE

A capacitância de um capacitor cilíndrico, C, é dada pela equação 4.8:

$$C = \frac{2\pi\epsilon_0 L}{\ln(r_2/r_1)},$$

onde r_1 é o raio interno do capacitor, r_2 é o seu raio externo, e L é o comprimento. Com um dielétrico entre as placas, a capacitância aumenta para

$$C = \kappa \frac{2\pi\epsilon_0 L}{\ln(r_2/r_1)}, \qquad \text{(i)}$$

onde κ é a constante dielétrica. Para um capacitor de capacitância C carregado com uma diferença de potencial ΔV, a carga q é dada pela equação 4.1:

$$q = C\Delta V. \qquad \text{(ii)}$$

SIMPLIFIQUE

A combinação das equações (i) e (ii) fornece

$$q = C\Delta V = \left(\kappa \frac{2\pi\epsilon_0 L}{\ln(r_2/r_1)}\right)\Delta V = \frac{2\kappa\pi\epsilon_0 L\Delta V}{\ln(r_2/r_1)}.$$

CALCULE

Substituindo os valores numéricos fornecidos, obtemos

$$q = \frac{2\kappa\pi\epsilon_0 L\Delta V}{\ln(r_2/r_1)} = \frac{2(12{,}5)\pi(8{,}85\cdot 10^{-12}\text{ F/m})(0{,}500\text{ m})(100{,}0\text{ V})}{\ln[(0{,}120\text{ m})/(0{,}100\text{ m})]} = 19{,}0618\cdot 10^{-8}\text{ C}.$$

ARREDONDE

Apresentamos nosso resultado com três algarismos significativos:

$$q = 19{,}1\cdot 10^{-8}\text{ C} = 191\text{ nC}.$$

SOLUÇÃO ALTERNATIVA

Nossa resposta é uma fração muito pequena de 1 C de carga, de modo que é plausível.

QUESTÕES DE MÚLTIPLA ESCOLHA

4.1 No circuito mostrado na figura, a capacitância de cada capacitor é C. A capacitância equivalente desses três capacitores é

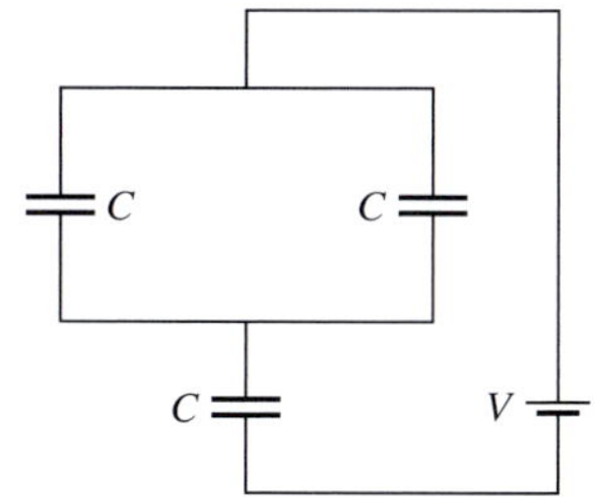

a) $\frac{1}{3}C$ d) $\frac{3}{5}C$
b) $\frac{2}{3}C$ e) C
c) $\frac{2}{5}C$ f) $\frac{5}{3}C$

4.2 Um capacitor de placas paralelas de capacitância C possui placas de área A separadas uma da outra por uma distância d. Quando o capacitor é ligado a uma bateria de diferença de potencial V, possui uma carga de valor absoluto Q em cada placa. Enquanto o capacitor está ligado à bateria, a distância entre as placas é diminuída por um fator igual a 3. O valor absoluto da carga de cada placa e a capacitância são, então,

a) $\frac{1}{3}Q$ e $\frac{1}{3}C$ c) $3Q$ e $3C$
b) $\frac{1}{3}Q$ e $3C$ d) $3Q$ e $\frac{1}{3}C$

4.3 A distância entre as placas de um capacitor de placas paralelas é dobrada. O que acontece à sua capacitância?

a) Mantém-se a mesma.
b) Dobra de valor.
c) Quadruplica de valor.
d) É reduzida pela metade.

4.4 Qual dos seguintes capacitores possui a maior carga?

a) Um capacitor de placas paralelas com placas de área de 10 cm^2 e uma separação de 2 mm entre elas, ligado a uma bateria de 10 V.
b) Um capacitor de placas paralelas com placas de área de 5 cm^2 e uma separação de 1 mm entre elas, ligado a uma bateria de 10 V.
c) Um capacitor de placas paralelas com placas de área de 10 cm^2 e uma separação de 4 mm entre elas, ligado a uma bateria de 5 V.
d) Um capacitor de placas paralelas com placas de área de 20 cm^2 e uma separação de 2 mm entre elas, ligado a uma bateria de 20 V.
e) Todos estes capacitores possuem a mesma carga.

4.5 Dois capacitores de placas paralelas, idênticos, são ligados em um circuito como mostrado na figura. Inicialmente, o espaço entre as placas de cada capacitor está preenchido com ar. Qual das seguintes alterações dobrará a carga total armazenada em ambos os capacitores, para uma mesma diferença de potencial aplicada?

a) Preencher o espaço entre as placas de C_1 com vidro (constante dielétrica igual a 4) e deixar C_2 como está.
b) Preencher o espaço entre as placas de C_1 com Teflon (constante dielétrica igual a 2) e deixar C_2 como está.
c) Preencher o espaço entre as placas de C_1 e de C_2 com Teflon (constante dielétrica igual a 2).
d) Preencher o espaço entre as placas de C_1 e de C_2 com vidro (constante dielétrica igual a 4).

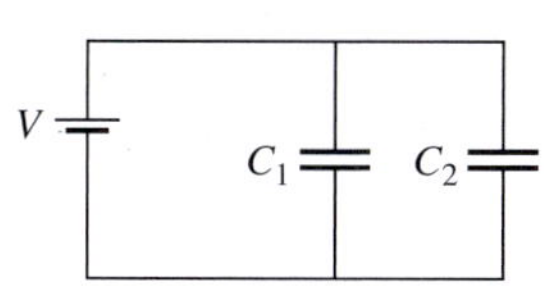

4.6 O espaço entre as placas de um capacitor de placas paralelas, isolado, está preenchido por uma lâmina de um material dielétrico. O valor absoluto da carga Q de cada placa é mantido constante. Se o material dielétrico entre as placas for removido, a energia armazenada no capacitor

a) aumentará. c) diminuirá.
b) permanecerá a mesma. d) poderá aumentar ou diminuir.

4.7 Qual das seguintes grandezas é proporcional à capacitância de um capacitor de placas paralelas?

a) A carga armazenada em cada placa condutora.
b) A diferença de potencial entre as duas placas.
c) A distância de separação entre as duas placas.
d) A área de cada placa.
e) Todas as grandezas citadas nas alternativas anteriores.
f) Nenhuma das grandezas citadas nas primeiras quatro alternativas.

4.8 Um dielétrico de constante dielétrica $\kappa = 4$ é inserido entre as placas de um capacitor de placas paralelas, preenchendo $\frac{1}{3}$ do volume entre elas, como mostra a figura. Se a capacitância do capacitor sem o dielétrico é C, qual é a capacitância do capacitor com o dielétrico?

a) 0,75 C d) $4C$
b) C e) $6C$
c) $2C$

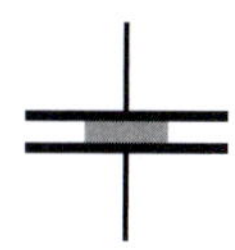

4.9 Um capacitor de placas paralelas é ligado a uma bateria para ser carregado. Após algum tempo, enquanto a bateria ainda está ligada ao capacitor, a distância entre suas placas é dobrada. Qual da(s) seguintes afirmativas é(são) verdadeira(s)?

a) O campo elétrico entre as placas diminui pela metade.
b) A diferença de potencial da bateria diminui pela metade.
c) A capacitância dobra.
d) A diferença de potencial entre as placas não sofre alteração.
e) As cargas das placas não sofrem alteração.

4.10 Com referência à figura, decida se cada uma das equações é verdadeira ou falsa. Considere que todos os capacitores tenham capacitâncias diferentes. A diferença de potencial no capacitor C_1 é V_1. No capacitor C_2, a correspondente diferença de potencial é V_2, em C_3 ela é V_3, e em C_4, V_4. As diferenças de potencial em C_1, C_2, C_3 e C_4 são, respectivamente, q_1, q_2, q_3 e q_4.

a) $q_1 = q_3$
b) $V_1 + V_2 = V$
c) $q_1 + q_2 = q_3 + q_4$
d) $V_1 + V_2 = V_3 + V_4$
e) $V_1 + V_3 = V$

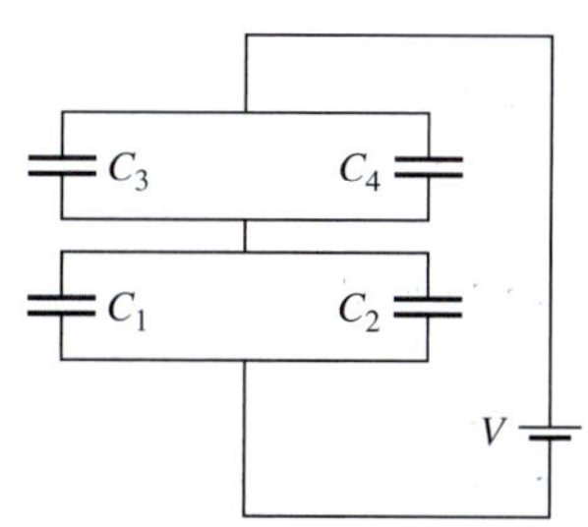

QUESTÕES

4.11 As placas de um capacitor precisam ser condutoras? O que aconteceria se fossem usadas duas placas isolantes em vez de duas placas condutoras?

4.12 É preciso realizar mais trabalho para separar as placas de um capacitor de placas paralelas enquanto ele permanece ligado à bateria ou enquanto ele está desligado dela?

4.13 Quando estão trabalhando em parte de uma instalação elétrica, eletricistas e técnicos em eletrônica às vezes prendem um fio de aterramento ao equipamento mesmo após terem terminado o serviço e desligado-o. Por que eles fazem isso?

4.14 A Tabela 4.1 não lista um valor sequer da constante dielétrica de um bom condutor. Que valor de constante dielétrica deveria ser atribuída ao condutor?

4.15 Um capacitor de placas paralelas é carregado com uma bateria e depois desligado dela, ficando uma dada quantidade de carga no capacitor. A separação entre as placas, então, é aumentada. O que acontece à energia armazenada no capacitor? Discuta sua resposta usando a conservação de energia.

4.16 Você dispõe de um aparelho elétrico que contém um capacitor de 10,0 μF. Que modificação você poderia fazer para aumentar a capacitância para 18,0 μF?

4.17 Dois capacitores de capacitâncias C_1 e C_2 estão ligados em série. Mostre que, não importando quais sejam os valores de C_1 e de C_2, a capacitância equivalente é sempre menor do que a menor das capacitâncias dos dois capacitores.

4.18 Dois capacitores de capacitâncias C_1 e C_2 são ligados em série. Uma diferença de potencial, V_0, é aplicada à associação dos capacitores. Determine as diferenças de potencial V_1 e V_2 nos dois capacitores da associação em termos de V_0, C_1 e C_2.

4.19 Um condutor esférico maciço e isolado, com 5,00 cm de raio, encontra-se imerso em ar. Uma carga lhe é dada e ele adquire um potencial V, sendo considerado nulo o potencial a uma distância infinita da esfera.

a) Determine o máximo valor absoluto que V pode atingir.

b) Explique clara e sinteticamente por que existe um máximo.

4.20 Um capacitor de placas paralelas de capacitância C é ligado a uma fonte de energia que mantém uma diferença de potencial constante, V, entre seus terminais. Uma lâmina de dielétrico de constante dielétrica κ é inserida entre as placas, preenchendo inteiramente o volume originalmente vazio entre elas.

a) Qual era a energia armazenada no capacitor antes da inserção do dielétrico?

b) Qual é a energia armazenada após a introdução do dielétrico?

c) Na introdução do dielétrico, este teve de ser empurrado para dentro do capacitor ou foi preciso puxá-lo para fora durante o processo? Explique.

4.21 Um capacitor de placas paralelas com placas quadradas de área A cada uma, separadas por uma distância d, adquire uma determinada quantidade de carga Q e depois é desligado da fonte. Uma lâmina quadrada de um dielétrico de constante dielétrica κ é inserida no espaço originalmente vazio entre as placas do capacitor, preenchendo completamente o volume entre as mesmas. Determine a força com a qual a lâmina teve de ser empurrada para dentro do capacitor durante o processo de inserção.

4.22 Considere um capacitor cilíndrico, com raio externo R e uma separação d entre os cilindros que o constituem. Determine o valor para o qual tende a capacitância no limite em que $d << R$. (Dica: expresse a capacitância em função da razão d/R e então analise o que acontece quando esta razão torna-se muito pequena comparada a 1.) Explique por que este limite para a capacitância faz sentido.

4.23 Um capacitor de placas paralelas é construído com duas placas de áreas diferentes. Se este capacitor estiver inicialmente descarregado e depois for ligado a uma bateria, como se comparará a quantidade de carga da placa maior com a quantidade de carga da menor?

4.24 Um capacitor de placas paralelas é ligado a uma bateria. Quando suas placas são afastadas uma da outra, o que acontece a cada uma das seguintes grandezas?

a) A diferença de potencial entre as placas.

b) A carga de cada placa.

c) O campo elétrico entre as placas.

PROBLEMAS

Um • ou dois •• indicam nível crescente de dificuldade do problema.

Seções 4.3, 4.4 e 4.5

4.25 Supercapacitores, com 1 F de capacitância ou mais, são feitos com placas que possuem um estrutura esponjosa com uma grande área superficial. Determine a área superficial de um supercapacitor que possui uma capacitância de 1,0 F e uma separação efetiva d = 1,0 mm entre as mesmas.

4.26 Uma diferença de potencial de 100 V é aplicada entre os dois cilindros condutores coaxiais mostrados na figura. O raio do cilindro externo é de 14 cm, o do cilindro interno é de 10,0 cm e o comprimento do cilindro é de 40,0 cm. Qual é o valor absoluto da carga acumulada em cada cilindro? Qual é a intensidade do campo elétrico entre os dois cilindros?

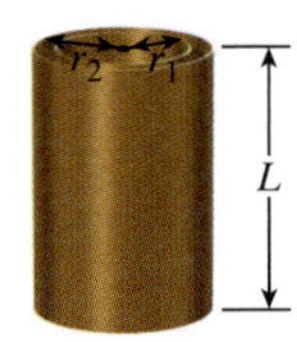

4.27 Qual é o raio de um condutor esférico isolado com 1 F de capacitância?

4.28 Um capacitor esférico é constituído por duas cascas esféricas finas e concêntricas. A casca interna tem um raio r_1, e a externa um raio r_2. Qual é a diferença relativa entre a capacitância deste capacitor esférico e a de um capacitor de placas paralelas que tenham, cada uma, a mesma área da esfera interna, e a mesma separação $d = r_2 - r_1$ entre as placas?

4.29 Determine a capacitância da Terra. Considere o planeta como uma esfera condutora isolada com 6.371 km de raio.

4.30 Duas esferas condutoras concêntricas apresentam uma diferença de potencial de 900 V entre elas quando nas duas existem cargas opostas de valor absoluto igual a $6{,}726 \cdot 10^{-8}$ C acumuladas. Qual é o raio da esfera interna?

• **4.31** Um capacitor consiste em duas placas paralelas, mas uma delas pode ser movimentada em relação à outra, como mostra a figura. O espaço entre as placas está preenchido de ar, e a capacitância vale 32,0 pF quando a separação entre as placas é $d = 0{,}500$ cm.

a) Uma bateria com diferença de potencial $V = 9{,}0$ V é ligada às placas. Qual é a densidade de carga, σ, na placa esquerda? Qual será a capacitância, C', e a densidade de carga correspondente, σ', quando d tiver sido alterado para 0,250 cm?

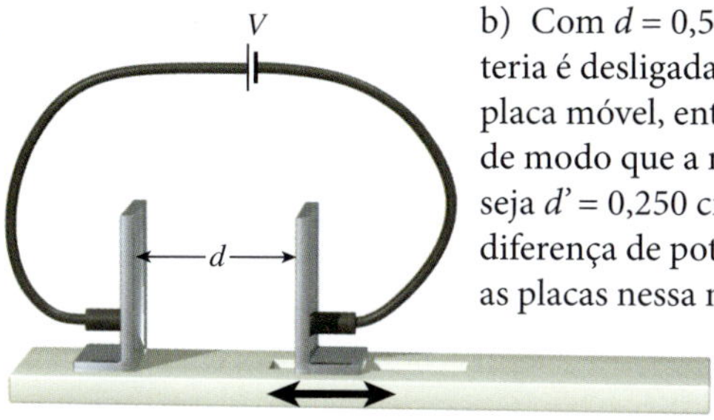

b) Com $d = 0{,}500$ cm, a bateria é desligada das placas. A placa móvel, então, é deslocada de modo que a nova separação seja $d' = 0{,}250$ cm. Qual é a diferença de potencial, V', entre as placas nessa nova situação?

Seção 4.6

4.32 Determine todos os valores de capacitância equivalente que você pode obter com qualquer associação de três capacitores idênticos de capacitância C.

4.33 Em uma queda acidental, um grande capacitor de placas paralelas, de placas quadradas com 1 cm de lado e separadas por 1 mm de distância, é amassado. As metades das áreas de suas duas placas são deslocadas de modo que acabaram a apenas 0,5 mm uma da outra. Qual é a nova capacitância do capacitor amassado?

4.34 Três capacitores de capacitâncias $C_1 = 3{,}1$ nF, $C_2 = 1{,}3$ nF e $C_3 = 3{,}7$ nF são ligados a uma bateria com $V = 14{,}9$ V da maneira mostrada na figura. Qual é a queda de potencial no capacitor C_2?

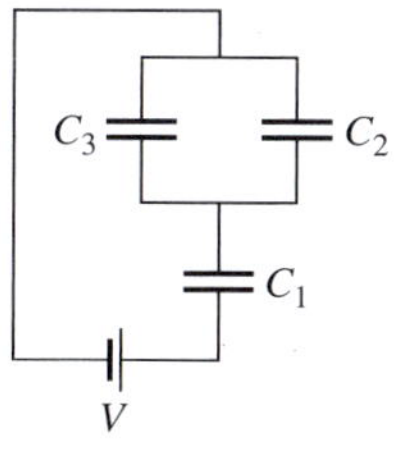

4.35 Quatro capacitores de capacitâncias $C_1 = 3{,}5$ nF, $C_2 = 2{,}1$ nF, $C_3 = 1{,}3$ nF e $C_4 = 4{,}9$ nF são ligados a uma bateria com $V = 10{,}3$ V da maneira mostrada na figura. Qual é a capacitância equivalente desta associação de capacitores?

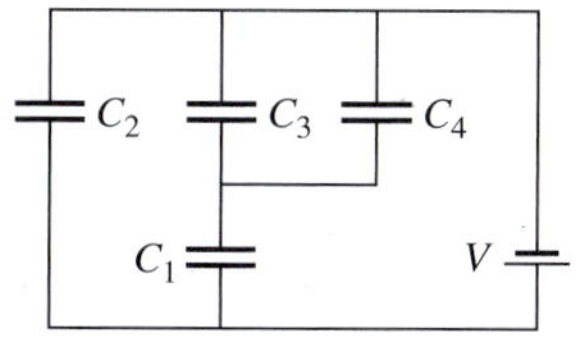

4.36 Os capacitores do circuito mostrado na figura possuem capacitâncias $C_1 = 18{,}0$ μF, $C_2 = 11{,}3$ μF, $C_3 = 33{,}0$ μF e $C_4 = 44{,}0$ μF. A diferença de potencial é $V = 10{,}0$ V. Qual é a carga total que a fonte deve fornecer a esta associação para carregar todos os capacitores?

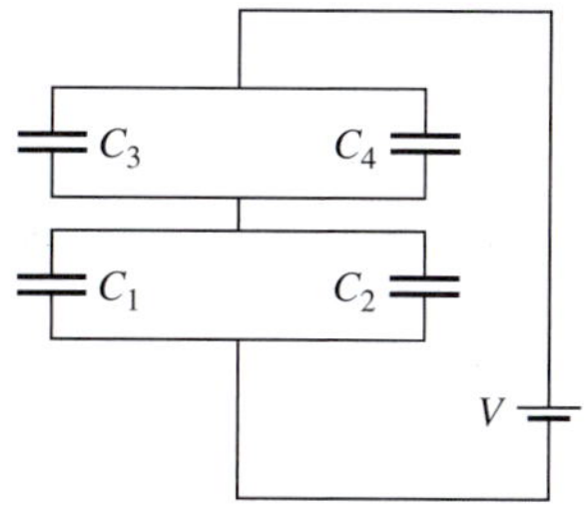

4.37 Seis capacitores são ligados como mostra a figura.

a) Se $C_3 = 2{,}3$ nF, quanto deverá valer C_2 a fim de que a associação destes dois capacitores tenha uma capacitância de 5,0 nF?

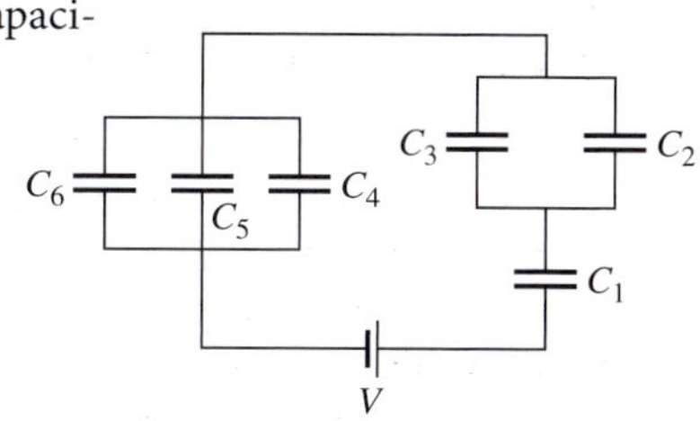

b) Para os mesmos valores de C_2 e C_3 do item anterior, que valor de C_1 resultará em uma capacitância equivalente de 1,914 nF para a associação dos três capacitores?

c) Para os mesmos valores de C_1, C_2 e C_3 do item anterior, qual será a capacitância equivalente da associação total de capacitores se os valores das outras capacitâncias forem $C_4 = 1{,}3$ nF, $C_5 = 1{,}7$ nF e $C_6 = 4{,}7$ nF?

d) Se uma bateria de diferença de potencial de 11,7 V for ligada aos capacitores como mostrado na figura, qual será a carga total dos seis capacitores?

e) Neste caso, qual será a queda de potencial através de C_5?

• **4.38** Uma diferença de potencial $V = 80{,}0$ V é aplicada a um circuito com capacitores de capacitâncias $C_1 = 15{,}0$ nF, $C_2 = 7{,}00$ nF e $C_3 = 20{,}0$ nF, como mostrado na figura. Qual é o valor absoluto e o sinal de q_{3l}, a carga da placa à esquerda de C_3 (indicada pelo ponto A)? Qual é a diferença de potencial elétrico V_3 em C_3? Qual é o valor absoluto e o sinal da carga q_{2r}, da placa à direita de C_2 (indicada pelo ponto B)?

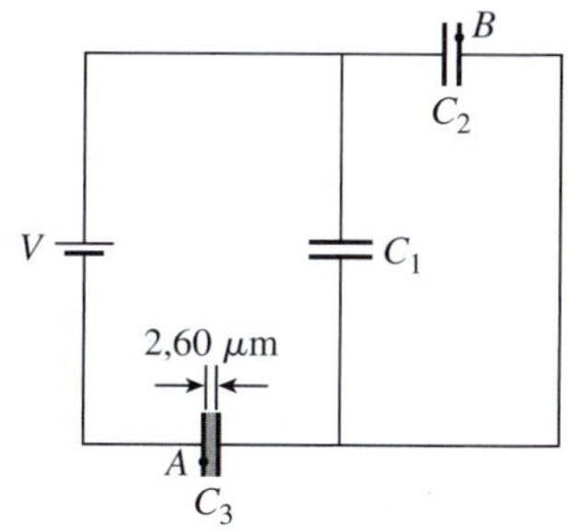

• **4.39** Cinquenta capacitores de placas paralelas são ligados em série. A distância entre as placas é d para o primeiro capacitor, $2d$ para o segundo, $3d$ para o terceiro e assim por diante. As áreas das placas são iguais para todos eles. Expresse a capacitância equivalente para a associação inteira em termos de C_1 (a capacitância do primeiro capacitor).

• **4.40** Um capacitor de 5,00 nF, carregado a 60,0 V, e outro capacitor de 7,00 nF, carregado a 40,0 V, são associados com a placa negativa de um ligado à placa negativa do outro. Qual será a carga final do capacitor de 7,00 nF?

Seção 4.7

4.41 Quando um capacitor possui uma carga com 60 μC de valor absoluto em cada placa, a diferença de potencial entre elas é de 12 V. Quanta energia se encontrará armazenada neste capacitor quando a diferença de potencial entre as placas for de 120 V?

4.42 O capacitor de um desfibrilador externo automático está carregado a 7,5 kV e armazena 2.400 J de energia. Quanto vale sua capacitância?

4.43 A Terra possui um campo elétrico de 150 N/C próximo à sua superfície. Determine a energia elétrica contida em cada metro cúbico próximo à superfície da Terra?

•**4.44** A diferença de potencial em uma associação em série de dois capacitores é de 120 V. As capacitâncias são $C_1 = 1.000$ μF e $C_2 = 1.500$ μF.

a) Quanto vale a capacitância total deste par de capacitores?

b) Qual é a carga de cada um deles?

c) Qual é a diferença de potencial de cada capacitor?

d) Qual é a energia total armazenada nos dois?

•**4.45** Acredita-se que estrelas de nêutrons possuam camadas de momentos de dipolo elétrico ($\vec{p}$) em suas superfícies. Se uma estrela de nêutrons com 10,0 km de raio tivesse uma camada dotada de momento de dipolo elétrico de 1 cm de espessura, com densidades de carga de +1 μC/cm^2 e –1 μC/cm^2 em suas superfícies, como ilustrado na figura, qual seria a capacitância dessa estrela? Qual seria a energia potencial elétrica armazenada na camada dipolar da estrela de nêutrons?

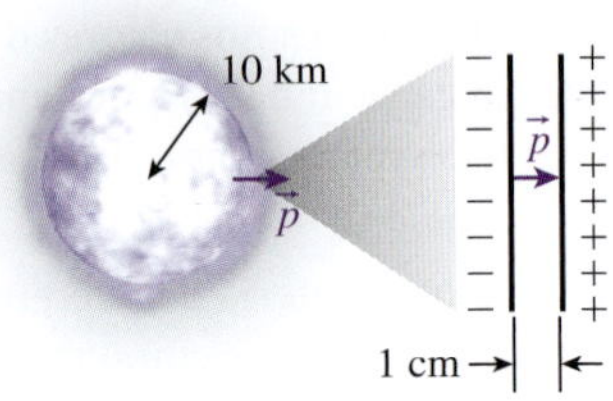

•**4.46** Um capacitor de placas paralelas de 4.000 nF é ligado a uma bateria de 12 V e carregado.

a) Qual é a carga Q da placa positiva do capacitor?

b) Qual é a energia potencial elétrica armazenada no capacitor?

O capacitor de 4.000 nF, então, é desligado da bateria de 12 V e usado para carregar três capacitores descarregados, um de 100 nF, outro de 200 nF e um terceiro de 300 nF, ligados em série.

c) Após o carregamento, qual é a diferença de potencial em cada um dos quatro capacitores?

d) Quanto da energia elétrica armazenada no capacitor de 4.000 nF foi transferida para os três capacitores?

•**4.47** A figura mostra um circuito em que $V = 12$ V e $C_1 = C_2 = 500$ pF. A chave está na posição A e o capacitor C_1 está totalmente carregado. Determine (a) a energia fornecida pela bateria e (b) a energia armazenada em C_1. Então a chave é trocada para a posição B e o circuito evolui para um novo equilíbrio. Determine (c) a energia total armazenada em C_1 e C_2. (d) Explique a perda de energia, se é que houve alguma.

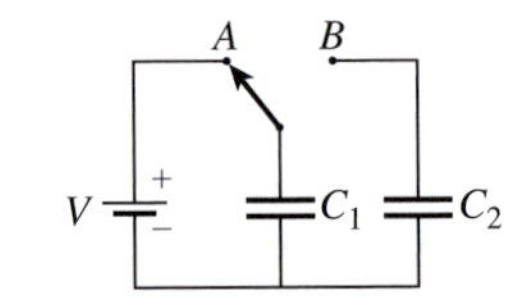

••**4.48** A Terra se mantém coesa por sua própria gravidade. Mas ela também é um condutor dotado de carga.

a) A Terra pode ser considerada como uma esfera condutora com 6.371 km de raio, com um campo elétrico $E = (-150 \text{ V/m})\hat{r}$ em sua superfície, onde $\hat{r}$ é um vetor unitário orientado radialmente para fora. Determine a energia potencial eletrostática total associada com a carga elétrica e com o campo elétrico da Terra.

b) A Terra possui energia potencial gravitacional, parecida com a energia potencial eletrostática. Calcule o valor dessa energia, considerando que a Terra seja uma esfera homogênea maciça (*Dica*: $dU = -(Gm/r)dm$.)

c) Use os resultados dos itens anteriores para responder a esta questão: Em que grau as forças eletrostáticas afetam a estrutura da Terra?

Seção 4.8

4.49 Dois capacitores de placas paralelas possuem placas com áreas idênticas e a mesma separação entre as placas. A energia máxima que cada um pode armazenar é determinada pela diferença de potencial máxima que pode lhe ser aplicada sem que ocorra rompimento elétrico do dielétrico. Um dos capacitores tem ar entre as placas, enquanto o outro tem *Mylar*. Determine a razão entre a energia máxima que pode ser armazenada no capacitor com *Mylar* e a energia máxima que o capacitor com ar pode armazenar.

4.50 Um capacitor possui placas paralelas, com a metade do espaço entre elas preenchido com um material de constante dielétrica κ e a outra metade ocupada por ar, como mostra a figura. Considere que as placas sejam quadradas, com lados de tamanho L, e que a separação entre elas seja s. Determine a capacitância em função de L.

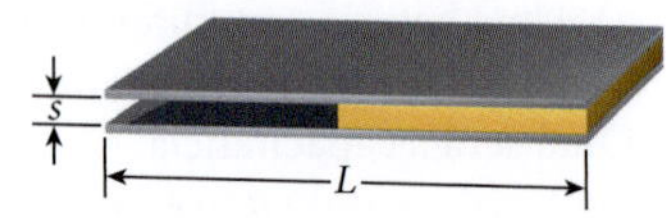

4.51 Determine a densidade de carga superficial máxima que pode ser mantida em qualquer superfície imersa no ar.

4.52 O *Termocoax* é um tipo de cabo coaxial usado para filtrar altas frequências em experimentos criogênicos de computação quântica. Sua blindagem de aço inoxidável tem um diâmetro interno de 0,35 mm, e seu condutor de níquel-cromo tem um diâmetro de 0,17 mm. O níquel-cromo é usado porque sua resistência não varia muito ao passar da temperatura ambiente para próximo do zero absoluto. O dielétrico isolante é o óxido de magnésio (MgO), com uma constante dielétrica de 9,7. Determine a capacitância por metro do *Termocoax*.

4.53 Um capacitor de placas paralelas possui placas quadradas com lados de tamanho $L = 10$ cm e uma distância $d = 1$ cm separando-as. Do espaço entre as placas, $\frac{1}{5}$ dele foi preenchido com um dielétrico de constante dielétrica $\kappa_1 = 20$. Os restantes $\frac{4}{5}$ foram preenchidos com outro dielétrico de constante dielétrica $\kappa_2 = 5$. Determine a capacitância desse capacitor.

•**4.54** Um capacitor de placas paralelas de 4,0 nF com uma lâmina de *Mylar* ($\kappa = 3{,}1$) preenchendo o espaço entre as placas é carregado a uma diferença de potencial de 120 V e depois desligado.

a) Quanto trabalho é necessário realizar para remover completamente a lâmina de *Mylar* do espaço entre as placas?

b) Qual será a diferença de potencial entre as placas do capacitor uma vez que o *Mylar* tenha sido completamente removido?

•**4.55** O volume entre os dois cilindros de um capacitor cilíndrico é preenchido com um dielétrico de constante dielétrica κ e ligado a uma bateria com diferença de potencial ΔV. Qual é a carga do capacitor? Qual é a razão entre esta carga e a carga de um capacitor idêntico em tudo, mas sem o dielétrico entre as placas, ligado sob a mesma diferença de potencial?

• **4.56** Uma lâmina dielétrica de espessura d e constante dielétrica $\kappa = 2{,}31$ é inserida em um capacitor de placas paralelas que foi carregado a 110 V e cujas placas possuem, individualmente, uma área $A = 100\ \text{cm}^2$, e uma distância de separação $d = 2{,}50$ cm.

a) Determine a capacitância C, a diferença de potencial V, o campo elétrico E, a carga Q total armazenada no capacitor e a energia potencial elétrica U nele armazenada antes do material dielétrico ser inserido entre suas placas.

b) Determine C, V, E, Q e U após a lâmina dielétrica ter sido introduzida, com a bateria ainda ligada.

c) Determine C, V, E, Q e U após a lâmina dielétrica ter sido introduzida e a bateria desligada.

• **4.57** Um capacitor de placas paralelas tem uma capacitância de 120 pF e 100 cm^2 de área de placa. O espaço entre as placas é preenchido com mica, cuja constante dielétrica vale 5,40. As placas do capacitor são mantidas sob uma diferença de potencial de 50 V.

a) Qual é a intensidade do campo elétrico dentro da mica?

b) Qual é a quantidade de carga nas placas?

•• **4.58** Projete um capacitor de placas paralelas com uma capacitância de 47,0 pF e uma capacidade de armazenamento de carga de 7,50 nC. Você dispõe de placas condutoras, que podem ser cortadas em qualquer tamanho, e de lâminas de *Plexiglas* que podem ser cortadas em qualquer tamanho e espessura desejados. O *Plexiglas* tem uma constante dielétrica de 3,40 e uma rigidez dielétrica de $4{,}00 \cdot 10^7$ V/m. Seu capacitor deve ser o mais compacto possível. Especifique todas as dimensões relevantes. Despreze o campo de borda nos lados das placas do capacitor.

4.59 Um capacitor de placas paralelas formado por um par de placas retangulares, cada qual medindo 1 cm por 10 cm, com uma separação de 0,1 mm entre elas, é carregado por uma fonte a uma diferença de potencial de 1.000 V. A fonte de tensão, então, é removida e, sem descarregar, o capacitor é colocado em posição vertical com um recipiente contendo água não ionizada, com os lados menores das placas em contato com o líquido, como mostrado na figura. A partir de considerações de energia, mostre que a água se elevará entre as placas. Desprezando outros efeitos, determine o sistema de equações que pode ser usado para calcular a altura à qual se eleva a água entre as placas. Você não precisa resolver o sistema de equações.

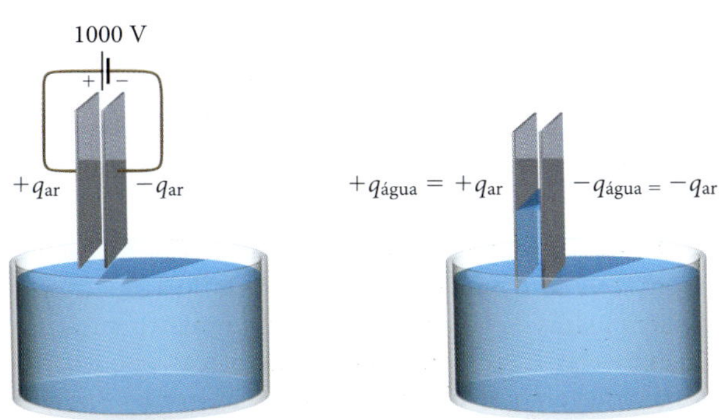

Problemas adicionais

4.60 Duas placas metálicas circulares com 0,61 m de raio e espessura de 7,1 mm são usadas em um capacitor de placas paralelas. Um espaço de 2,1 mm é deixado entre as placas, e a metade desse espaço (um semicírculo) é preenchido com um dielétrico para o qual $\kappa = 11{,}1$, e a outra metade permanece cheia de ar. Qual é a capacitância deste capacitor?

4.61 Considerando a rigidez dielétrica do ar, qual é a máxima quantidade de carga que pode ser armazenada nas placas de um capacitor de placas paralelas separadas por 15 mm de distância e que possuem uma área de 25 cm^2?

4.62 A figura mostra três capacitores de um circuito: $C_1 = 2{,}0$ nF, $C_2 = C_3 = 4{,}0$ nF. Determine qual será a carga em cada capacitor quando a diferença de potencial for $V = 1{,}5$ V.

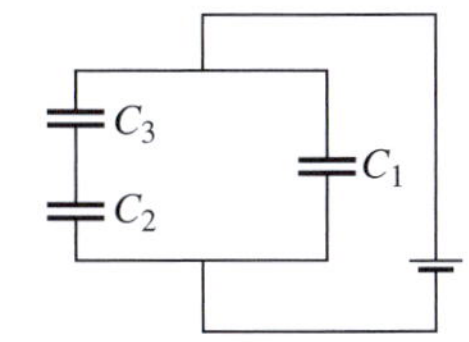

4.63 Um capacitor com vácuo entre as placas é ligado a uma bateria e, então, o espaço entre as placas é preenchido com *Mylar*. Qual é o aumento percentual da energia armazenada neste capacitor?

4.64 Um capacitor de placas paralelas com 12,0 cm^2 de área de placa e ar entre elas, separadas por 1,5 mm, é ligado a uma bateria de 9 V. Se as placas forem afastadas de modo que a separação entre elas aumente para 2,75 mm, quanto trabalho terá sido realizado?

4.65 Suponha que você deseje construir um capacitor de 1,0 F usando quatro folhas quadradas de alumínio. Se as folhas ficarem separadas por uma simples folha de papel (com espessura de aproximadamente 0,10 mm e $k \approx 5{,}0$), determine o tamanho das folhas (o comprimento de cada lado).

4.66 Uma diferença de potencial de 10 V é aplicada entre as placas de um capacitor de placas paralelas de 4 pF. As placas estão separadas por 3 mm, e o espaço entre elas contém ar.

a) Qual é a carga do capacitor?

b) Quanta energia é armazenada no capacitor?

c) Qual é a área de cada placa?

d) Qual seria a capacitância desse capacitor se o espaço entre suas placas fosse preenchido com isopor?

4.67 Um circuito com quatro capacitores é carregado por uma bateria, como mostra a figura. As capacitâncias valem $C_1 = 1{,}0$ mF, $C_2 = 2{,}0$ mF, $C_3 = 3{,}0$ mF e $C_4 = 4{,}0$ mF, e a diferença de potencial da bateria é $V_B = 1{,}0$ V. Quando o circuito se encontra em equilíbrio, o ponto D está a um potencial $V_D = 0$ V. Qual é o potencial no ponto A, V_A?

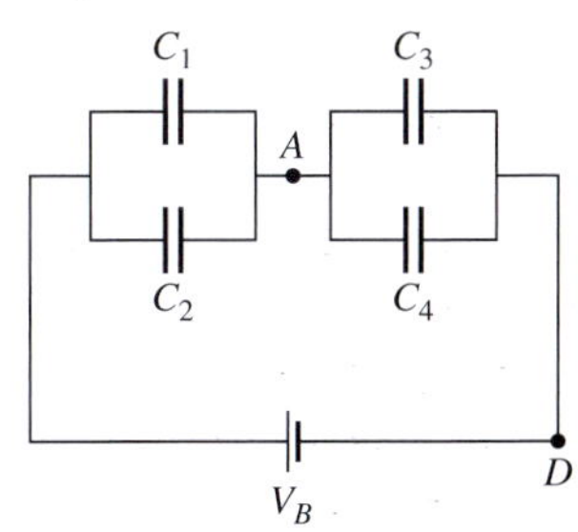

4.68 Quanta energia pode ser armazenada em um capacitor com duas placas paralelas, cada qual com 64 cm^2 de área e uma separação de 1,3 mm entre elas, preenchido com porcelana de constante dielétrica igual a 7, com cargas opostas de valor absoluto de 420 μC nas placas?

4.69 Um dispositivo quântico-mecânico conhecido como *junção de Josephson* consiste em duas camadas superpostas de metal supercondutor (por exemplo, alumínio a 1 K) separadas por uma camada de 20 nm de óxido de alumínio, que possui uma constante dielétrica de 9,1. Se este dispositivo tiver uma área de 100 μm^2 e uma configuração de placas paralelas, estime sua capacitância.

4.70 Três capacitores de capacitâncias $C_1 = 6\ \mu F$, $C_2 = 3\ \mu F$ e $C_3 = 5\ \mu F$ são ligadas formando o circuito mostrado na figura, com uma voltagem aplicada V. Após as cargas dos capacitores terem atingido o equilíbro, determina-se que a carga Q_2 do segundo capacitor é de 40 μC.

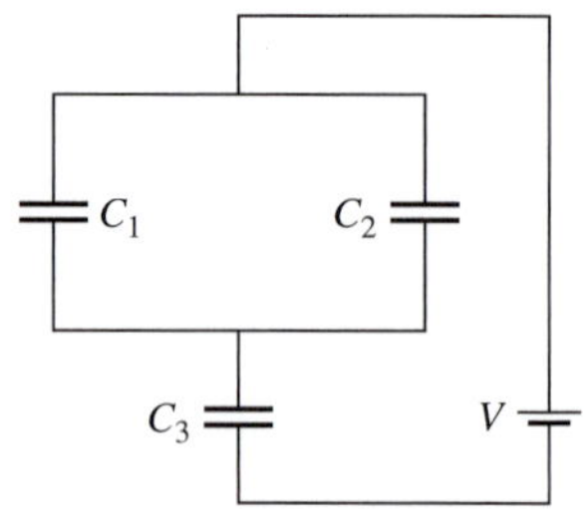

a) Qual é carga Q_1 do capacitor 1?

b) Qual é a carga Q_3 do capacitor 3?

c) Que valor de voltagem, V, foi aplicado aos três capacitores?

4.71 Como um projeto de ciências, um estudante de quarta série corta e retira as tampas e os fundos de duas latas de conserva de mesma altura, 7,24 cm, e com raios de 3,02 cm e 4,26 cm; depois coloca a menor dentro da maior e gruda-as a uma folha de papel com uma pistola de cola quente, como mostra a figura. Em seguida, o estudante preenche o espaço entre as latas com um "sabão" especial (de constante dielétrica igual a 63). Qual é a capacitância do conjunto?

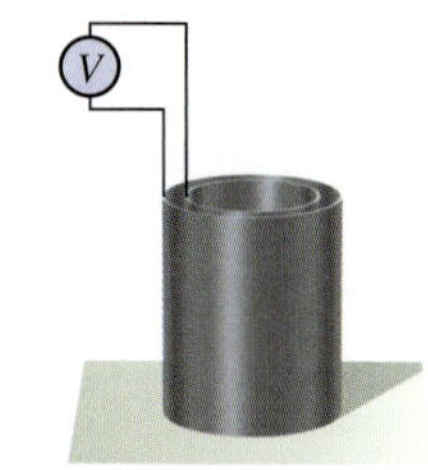

4.72 A Terra pode ser considerada como um capacitor esférico. Se a carga líquida do planeta for de $-7,8 \cdot 10^5$ C, determine (a) a capacitância da terra e (b) a energia potencial elétrica armazenada sobre a superfície da Terra.

• **4.73** Um capacitor de placas paralelas com ar em seu interior é ligado a uma bateria de 6 V. Após carregamento, a energia armazenada no capacitor é de 72 nJ. Sem desligar o capacitor da bateria, um dielétrico é inserido no espaço e uma energia adicional de 317 nJ flui da bateria para o capacitor.

a) Qual é a constante dielétrica do dielétrico usado?

b) Se cada placa tem uma área de 50 cm^2, qual é a carga da placa positiva do capacitor após o dielétrico ter sido inserido?

c) Qual era a intensidade do campo elétrico entre as placas antes da introdução do dielétrico?

d) Qual é a intensidade do campo elétrico entre as placas após a introdução do dielétrico?

• **4.74** Um capacitor de 8 μF é completamente carregado por uma bateria de 240 V, que depois é desligada. Em seguida, o capacitor é ligado a um capacitor descarregado de capacitância C, e a diferença de potencial medida é de 80 V. Qual é o valor de C? Quanta energia acaba armazenada no segundo capacitor?

• **4.75** Um capacitor de placas paralelas é formado por placas quadradas com 2 cm de lado, separadas uma da outra por 1 mm de distância. O capacitor é carregado com uma bateria de 15 V, que depois é removida. Uma folha de nylon (constante dielétrica = 3) com 1 mm de espessura é deslizada para dentro do capacitor. Qual é a força média (módulo e orientação) exercida sobre a folha de nylon quando ela é inserida para dentro do capacitor?

• **4.76** Um próton, deslocando-se ao longo do eixo x a $1,0 \cdot 10^6$ m/s, penetra na região entre as placas com 2,0 cm de largura de um capacitor de placas paralelas. As densidades de carga superficial das placas são dadas por $\sigma = \pm 1,0 \cdot 10^{-6}$ C/m^2. Em quanto o próton é desviado lateralmente (Δy) ao ser liberado a partir da borda do capacitor? Considere que o campo elétrico dentro do capacitor seja uniforme e nulo fora dessa região.

• **4.77** Um capacitor de placas paralelas tem placas quadradas com $L = 10,0$ cm, separadas por uma distância $d = 2,5$ mm, como mostrado na figura. O capacitor é carregado por uma bateria com diferença de potencial $V_0 = 75,0$ V, que depois é desligada.

a) Determine a capacitância, C_0, e a energia potencial elétrica, U_0, armazenada no capacitor nesta situação.

b) Uma lâmina de Plexiglas ($\kappa = 3,4$) é então introduzida no capacitor, preenchendo 2/3 do volume entre as placas, como mostra a figura. Determine a nova capacitância, C', a nova diferença de potencial, V', e a nova energia potencial elétrica, U', armazenada no capacitor.

c) Desprezando o efeito da gravidade, foi necessário, ou não, realizar trabalho para introduzir a lâmina dielétrica?

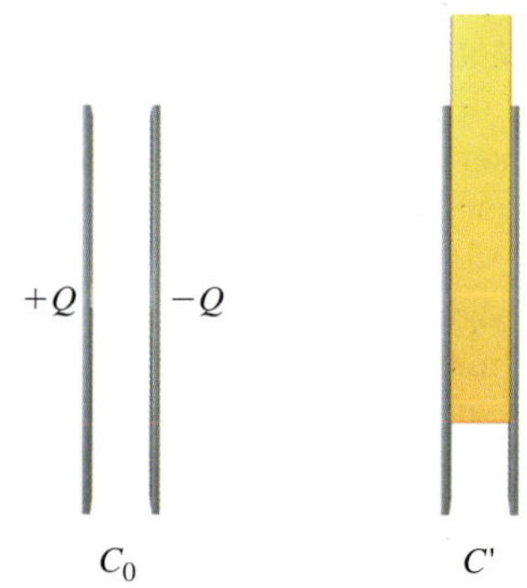

Capacitor carregado

Capacitor carregado após a inserção da lâmina de Plexiglas

• **4.78** Uma pilha AAA comum tem cerca de 3.400 J de energia armazenada. (A capacidade de uma pilha dessas é especificada como de 625 mA h, que é o valor de carga que ela pode fornecer a cerca de 1,5 V.) Suponha que você deseje construir um capacitor de placas paralelas para armazenar essa quantidade de energia, usando uma separação entre as placas de 1,0 mm e ar entre as mesmas.

a) Considerando que a diferença de potencial no capacitor seja de 1,5 V, quanto deve ser a área de cada placa?

b) Considerando que a diferença de potencial no capacitor seja máxima e que ela possa ser aplicada ao capacitor sem romper o dielétrico, qual deve ser a área de cada placa?

c) O capacitor constitui uma alternativa para substituir a pilha AAA?

• **4.79** Dois capacitores de placas paralelas, C_1 e C_2, são ligados em série com uma bateria de 96 V. Os dois capacitores possuem placas de 1,0 cm^2 de área, com uma separação de 0,1 mm entre elas. C_1 contém ar entre suas placas, enquanto C_2 foi preenchido com porcelana (constante dielétrica = 7, rigidez dielétrica = 5,7 kV/mm).

a) Após o carregamento, quais são as cargas dos capacitores?

b) Qual é a energia total armazenada nos dois capacitores?

c) Quanto vale o campo elétrico entre as placas de C_2?

• **4.80** As placas do capacitor de placas paralelas A são dois discos metálicos de mesmo raio, $R_1 = 4$ cm, separados por uma distância $d = 2$ mm, como mostrado na figura.

a) Determine a capacitância deste capacitor de placas paralelas com o espaço entre as placas preenchido com ar.

b) Um dielétrico com a forma de um cilindro vazado com raio externo $R_1 = 4$ cm e raio interno $R_2 = 2$ cm, espessura $d = 2$ mm e constante dielétrica $\kappa = 2$, é colocado entre as placas, coaxial às placas, como mostra a figura. Determine a capacitância do capacitor B, com este dielétrico.

c) O cilindro dielétrico é removido e, em seu lugar, um disco de raio R_1, feito do mesmo dielétrico, é colocado entre as placas de modo a formar um capacitor C, como mostrado na figura. Qual é esta nova capacitância?

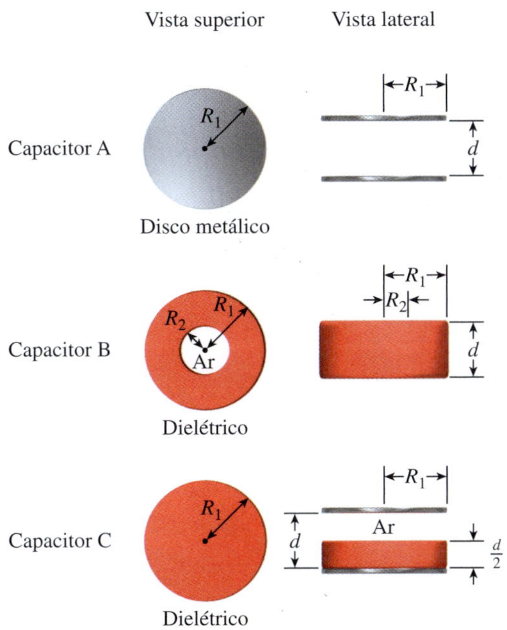

• **4.81** Um capacitor de 1,00 μF, carregado a 50,0 V, e outro capacitor de 2,00 μF, carregado a 20,0 V, são ligados um ao outro com a placa positiva de um conectada à positiva do outro. Qual será a carga final do capacitor de 1,00 μF?

• **4.82** A capacitância de um capacitor esférico formado por duas esferas condutoras concêntricas de raios r_1 e r_2 ($r_2 > r_1$) é dada por $C = 4\pi\epsilon_0 r_1 r_2/(r_2 - r_1)$. Suponha que o espaço entre as esferas, desde r_1 até um raio R ($r_1 < R < r_2$) é preenchido com um dielétrico para qual $\epsilon = 10\epsilon_0$. Obtenha uma expressão para a capacitância, e verifique seus limites para $R = r_1$ e $R = r_2$.

• **4.83** Na figura, um capacitor de placas paralelas está ligado a uma bateria de 300 V. Com o capacitor ligado, um próton é disparado a $2{,}0 \cdot 10^5$ m/s a partir da placa negativa do capacitor, em um ângulo θ com a normal à placa.

a) Mostre que o próton não pode atingir a placa positiva do capacitor, não importa qual seja o valor do ângulo θ.

b) Esboce a trajetória do próton entre as placas.

c) Considerando que $V = 0$ na placa negativa, calcule o potencial no ponto, entre as placas, onde o próton inverte seu movimento na direção x.

d) Considerando que as placas sejam suficientemente extensas de modo que o próton permaneça entre elas durante todo o movimento, determine qual será o módulo da velocidade do próton quando ele colidir com a placa negativa.

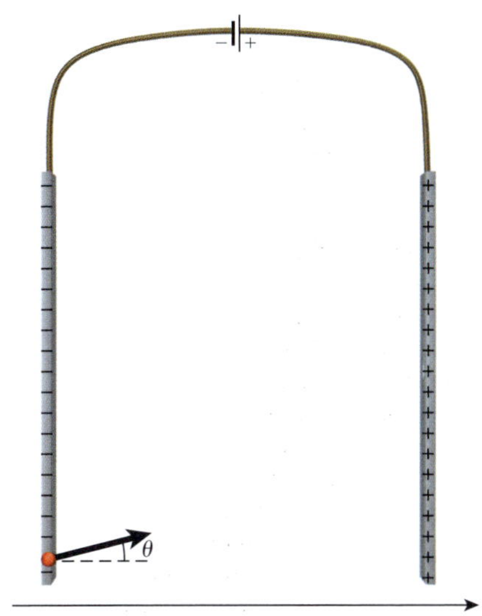

•• **4.84** Para o capacitor de placas paralelas com dielétrico mostrado na figura, prove que, para uma dada espessura da lâmina de dielétrico, a capacitância realmente não depende da posição da lâmina em relação às duas placas condutoras (ou seja, não depende dos valores de d_1 e d_3).

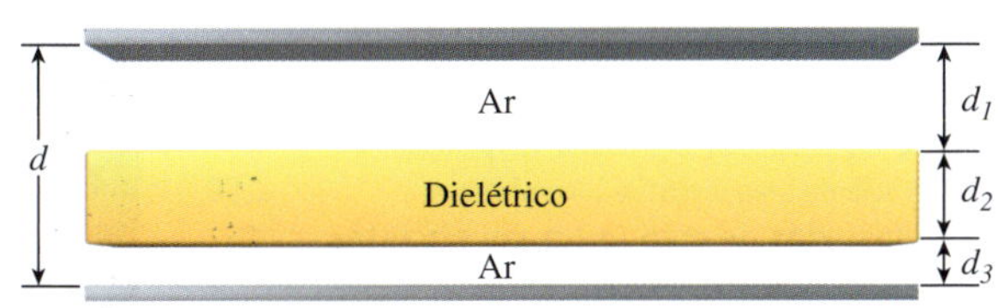

5 Corrente e Resistência

Figura 5.1 Uma corrente elétrica flui pelo fio que faz esta lâmpada brilhar.

O QUE APRENDEREMOS

- A corrente elétrica em um ponto qualquer de um circuito é a taxa com a qual a carga líquida flui naquele ponto.
- Corrente contínua é qualquer corrente que flui em um mesmo sentido o tempo todo. O sentido da corrente é definido como o sentido em que cargas positivas estariam se movendo.
- A densidade de corrente que passa por um dado ponto de um condutor é a corrente por área de seção transversal.
- A condutividade de um material caracteriza sua eficiência na condução de corrente. Seu inverso é denominado resistividade.
- A resistência de um dispositivo depende da sua geometria e do material de que ele é feito.
- A resistividade de um condutor aumenta de forma aproximadamente linear com a temperatura.
- A força eletromotriz (também chamada de *fem*) é uma diferença de potencial em um circuito elétrico.
- A lei de Ohm estabelece que a queda de potencial em um resistor é igual à corrente que flui pelo dispositivo, multiplicada pela resistência do mesmo.
- Um circuito simples é formado por uma fonte de fem e um conjunto de resistores ligados em série ou em paralelo.
- Em um diagrama de circuito, uma resistência equivalente pode substituir um conjunto de resistores ligados em série ou em paralelo.
- Em um circuito elétrico, a potência é o produto da corrente pela queda de voltagem.
- Um diodo conduz corrente em um sentido, mas não no sentido oposto.

A iluminação elétrica é tão onipresente que nem mesmo pensamos nela. Você caminha um pouco, simplesmente aperta um interruptor e o recinto se enche de uma luz parecida com a do dia (Figura 5.1). Entretanto, o que acontece quando a chave é ligada depende, em última análise, dos princípios da física e dos dispositivos de engenharia que levaram décadas para serem desenvolvidos e aperfeiçoados.

Este capítulo é o primeiro a se concentrar no movimento de cargas elétricas. Ele aborda alguns dos conceitos fundamentais que serão usados no Capítulo 6 para analisar os circuitos elétricos básicos que integram todas as aplicações eletrônicas. Esses capítulos se concentram nos efeitos elétricos do movimento de cargas, mas você deve ter consciência de que cargas em movimento também originam outros efeitos, que começaremos a abordar no Capítulo 7 sobre o magnetismo.

5.1 Corrente elétrica

Até aqui, nosso estudo da eletricidade restringiu-se à eletrostática, que trata das propriedades de cargas elétricas e campos estacionários. Circuitos elétricos foram abordados na discussão sobre capacitores, no Capítulo 4, mas apenas em situações que envolviam capacitores totalmente carregados, em que as cargas se encontram em repouso. Se a eletrostática fosse tudo a respeito da eletricidade, ela não seria tão importante para a sociedade como de fato o é. O impacto transformador do mundo provocado pela eletricidade deve-se às propriedades de cargas em movimento ou corrente elétrica. Todos os dispositivos elétricos funcionam com base em algum tipo de corrente elétrica.

Vamos começar examinando alguns experimentos simples. Quando você era criança, provavelmente tinha alguns brinquedos que funcionavam com pilhas, e provavelmente alguns deles contivessem pequenas lâmpadas incandescentes. Considere um circuito muito simples formado apenas por uma bateria, um interruptor e uma lâmpada incandescente (Figura 5.2). Se o interruptor está aberto, como na Figura 5.2a, a lâmpada não brilha. Se o interruptor for fechado, como na Figura 5.2b, a lâmpada passará a brilhar. Todos sabem por que isso acontece – porque a corrente flui através do circuito. No Capítulo 4, vimos que a bateria fornece uma diferença de potencial para o circuito. Neste capítulo, veremos o que isso significa para o fluxo de corrente, o que é a corrente sobre bases físicas e como ela está relacionada à diferença de potencial fornecida pela bateria. Veremos que, em um circuito, uma lâmpada atua como um resistor, e examinaremos de que maneira se comporta um resistor.

Comecemos considerando um experimento simples mostrado na Figura 5.2c, na qual a orientação da bateria é oposta à mostrada na Figura 5.2b. A lâmpada incandescente brilha exatamente da mesma maneira como antes, a despeito do fato de que a polaridade ou sinal da diferença de potencial da bateria foi invertido. (O terminal positivo se encontra no lado cor de cobre da bateria.) Na Figura 5.2d existem duas lâmpadas incandescentes no circuito, uma depois da outra. (A Seção 5.5 abordará este tipo de arranjo de resistores, a ligação *em série*.) Cada

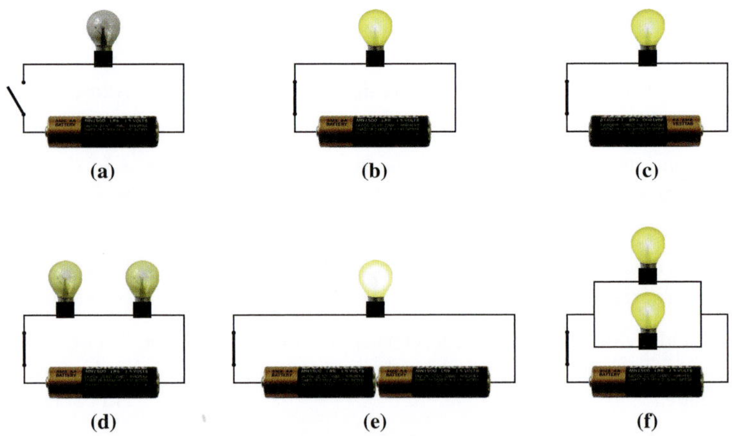

Figura 5.2 Experimentos com baterias e lâmpadas elétricas.

uma das lâmpadas brilha significativamente menos do que a lâmpada única da Figura 5.2c, de modo que a corrente no circuito pode ser menor do que antes. Por outro lado, com duas baterias em série, como na Figura 5.2e, fornecendo o dobro de diferença de potencial ao circuito, a lâmpada brilha significativamente mais. Finalmente, se fios separados são usados para ligar as duas lâmpadas a uma única bateria, como mostrado na Figura 5.2f, a lâmpada brilha com a mesma intensidade que na Figura 5.2b ou na Figura 5.2c. Essa maneira de ligar resistores em um circuito é chamada de ligação em paralelo, e será explorada na Seção 5.6.

Quantitativamente, a **corrente elétrica**, i, é a carga líquida que passa por um dado ponto em um dado intervalo de tempo, dividida por este intervalo. O movimento aleatório dos elétrons em um condutor não constitui uma corrente, apesar do fato de que grandes quantidades de carga movem-se através daquele ponto, porque não há um fluxo *líquido* de carga por ele. Se uma carga líquida dq passa pelo ponto durante dt, a corrente naquele ponto é, por definição,

$$i = \frac{dq}{dt}. \tag{5.1}$$

A quantidade de carga líquida que passa por um dado ponto desde o instante inicial até um instante qualquer t é a integral da corrente em relação ao tempo:

$$q = \int dq = \int_0^t i\,dt'. \tag{5.2}$$

A carga total é conservada, e isso implica que a carga que flui por um condutor jamais sofre perdas. Portanto, a mesma quantidade de carga que flui para dentro de um condutor por uma de suas extremidades emergirá pela outra extremidade do condutor.

A unidade de corrente do SI, o coulomb por segundo, foi denominada **ampère** (abreviado para A, às vezes para *amp*) em homenagem ao físico francês André Ampère (1775-1836):

$$1\text{ A} = \frac{1\text{ C}}{1\text{ s}}.$$

Correntes comuns são de 1 A no caso de uma lâmpada incandescente, de 200 A no caso do motor de ignição de seu carro, de 1 mA = $1 \cdot 10^{-3}$ A para alimentar seu aparelho de MP3, de 1 nA no caso das correntes nos neurônios e ligações sinápticas de seu cérebro, e de 10.000 A = 10^4 A no caso de um raio (de curta duração). As menores correntes que conseguimos medir são as correspondentes a tunelamentos de elétrons individuais em microscópios de tunelamento, da ordem de 10 pA. A maior corrente do Sistema Solar é o vento solar, na faixa de GA. Outros exemplos da ampla faixa de valores de corrente são listados na Figura 5.3.

Existe uma regra prática de segurança relacionada às ordens de grandeza de correntes que você deve conhecer: 1-10-100. Ou seja, 1 mA fluindo em um corpo humano é uma corrente que pode ser sentida (geralmente como um formigamento); 10 mA de corrente provoca contrações musculares a ponto de a pessoa não conseguir largar o fio condutor da corrente; e 100 mA é suficiente para provocar uma parada cardíaca.

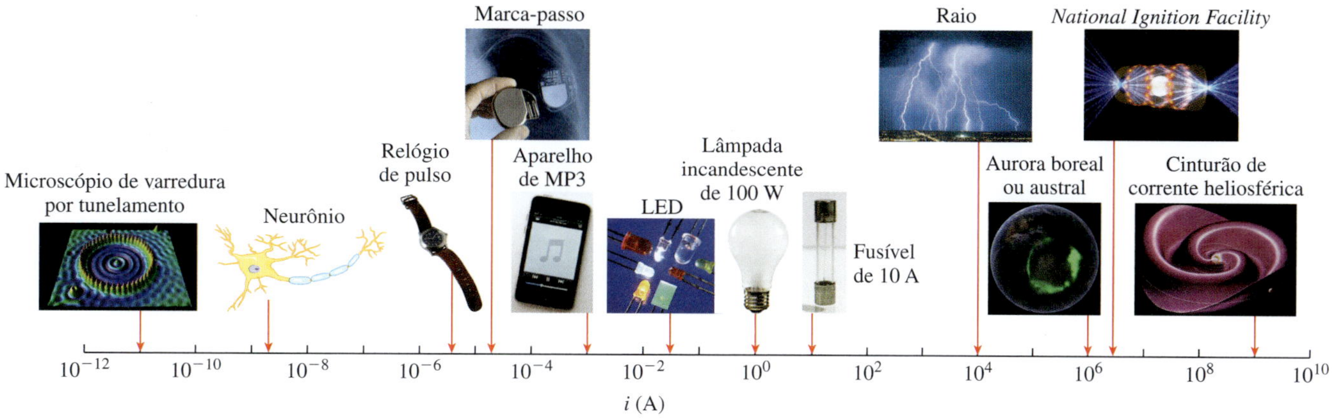

Figura 5.3 Exemplos de correntes elétricas na faixa de 1 pA a 10 GA.

Uma corrente que flua em um só sentido, que se mantém inalterada com o decorrer do tempo, é denominada **corrente contínua**. (Correntes que fluem primeiro em um sentido, e depois no outro, são chamadas de *correntes alternadas*, e serão discutidas no Capítulo 10.) Neste capítulo, o sentido da corrente em um condutor será indicado por uma seta.

Fisicamente, os portadores de carga de um condutor são os elétrons, negativamente carregados. Todavia, por convenção, uma corrente é considerada como positiva se ela flui do terminal positivo para o terminal negativo de uma bateria. A razão para tal definição contraintuitiva do sentido da corrente deve-se ao fato de que a definição originou-se na segunda metade do século XIX, quando ainda não se sabia que os elétrons são os portadores de carga responsáveis pela corrente. Por isso o sentido da corrente é definido simplesmente como o sentido em que fluem ou fluiriam cargas positivas.

5.1 Pausa para teste

Uma pilha AAA recarregável comum é classificada como de 700 mAh. Por quanto tempo essa pilha fornece uma corrente de 100 μA?

EXEMPLO 5.1 Iontoforese

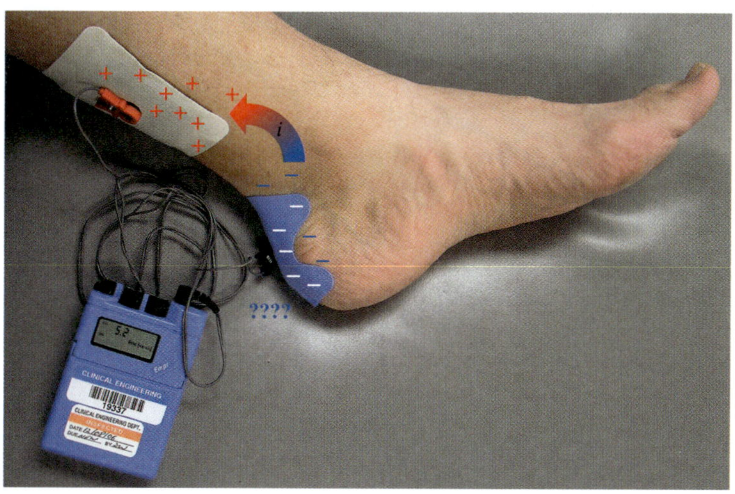

Figura 5.4 A iontoforese é a aplicação subcutânea de medicamento com ajuda de corrente elétrica.

Há três maneiras de administrar medicamentos anti-inflamatórios. A maneira indolor é chamada de via oral – consiste simplesmente em engolir o remédio. Todavia, este método em geral permite que apenas uma pequena quantidade do medicamento atinja o tecido afetado, da ordem de 1 μg. A segunda maneira consiste em injetá-lo diretamente no local, com uma agulha. Esse método é dolorido, mas pode depositar uma dosagem da ordem de 10 mg no tecido afetado – o que é quatro ordens de grandeza maior do que a quantidade correspondente conseguida por via oral. Todavia,

Continua →

desde a década de 1990, um terceiro método está disponível, também indolor e capaz de depositar o medicamento em quantidades da ordem de 100 μg onde for necessário. Este método, chamado de *iontoforese*, usa correntes elétricas (muito fracas) sentidas através do tecido do paciente (Figura 5.4). O aparelho de iontoforese consiste em uma bateria e dois eletrodos (além de um circuito eletrônico que permite a uma enfermeira controlar a intensidade da corrente aplicada). O anti-inflamatório, geralmente dexametasona, é aplicado sobre a face inferior do eletrodo negativo. Uma corrente flui então através da pele do paciente e deposita o medicamento no tecido até uma profundidade de 1,7 cm.

PROBLEMA

Uma enfermeira deseja administrar 80 μg de dexametasona para curar um jogador de futebol machucado. Se ela usar um aparelho de iontoforese que aplica uma corrente de 0,14 mA, como mostrado na Figura 5.4, quanto tempo durará a administração da dose? Considere que o aparelho possua uma taxa de administração de 650 μg/C, e que a corrente flua a uma taxa constante.

SOLUÇÃO

Se a taxa de administração da droga é de 650 μg/C, então para administrar 80 μg dessa substância exigirá uma carga total

$$q = \frac{80\ \mu\text{g}}{650\ \mu\text{g/C}} = 0{,}123\ \text{C}.$$

A corrente flui a uma taxa constante, de modo que a integral da equação 5.2 é, simplesmente,

$$q = \int_0^t i\,dt' = it.$$

Isolando t e substituindo os valores numéricos, obtemos

$$q = it \Rightarrow t = \frac{q}{i} = \frac{0{,}123\ \text{C}}{0{,}14 \cdot 10^{-3}\ \text{A}} = 880\ \text{s}.$$

O tratamento do atleta com iontoforese demorará cerca de 15 minutos.

5.2 Densidade de corrente

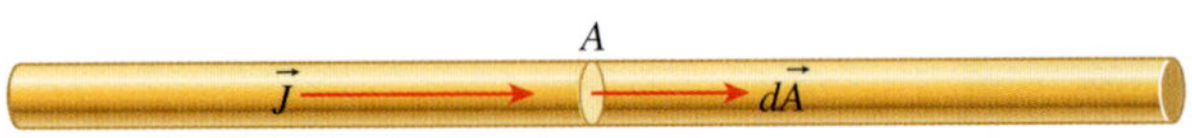

Figura 5.5 Segmento de um (fio) condutor com um plano perpendicular interceptando-o, formando uma seção transversal de área *A*.

Considere um corrente que flui em um condutor. Para um plano perpendicular ao condutor, a corrente por unidade de área que flui pelo condutor naquele ponto (a seção transversal de área *A* da Figura 5.5) é a **densidade de corrente,** $\vec{J}$. A orientação de $\vec{J}$ é a da velocidade das cargas positivas (ou de sentido oposto no caso de cargas negativas) ao atravessar o plano. A corrente que flui através do plano inteiro é

$$i = \int \vec{J} \cdot d\vec{A}, \tag{5.3}$$

onde $d\vec{A}$ é o elemento de área infinitesimal ortogonal ao plano, como indica a Figura 5.5. Se a corrente for uniforme e perpendicular ao plano, então $i = JA$, e a intensidade de corrente poderá ser expressa como

$$J = \frac{i}{A}. \tag{5.4}$$

Em um condutor por onde não passa uma corrente, os elétrons de condução se movem ao acaso. Quando uma corrente flui no condutor, aqueles elétrons ainda se movem aleatoriamente, porém possuem também uma **velocidade de deriva,** $\vec{v}_d$, no sentido oposto ao do campo elétrico que produz a corrente. O módulo da velocidade aleatória é da ordem de 10^6 m/s, enquanto que o da velocidade de deriva é da ordem de 10^{-4} m/s ou ainda menor. Com uma velocidade de deriva tão pequena, você talvez esteja se perguntando por que uma lâmpada acende imediatamente após você ter ligado o interruptor. A resposta é que o fechamento do interruptor cria um campo elétrico quase instantaneamente em toda a extensão do circuito (com uma velocidade da ordem de $3 \cdot 10^8$ m/s), o que faz os elétrons livres do circuito inteiro (incluindo a lâmpada incandescente) moverem-se quase instantaneamente.

A densidade de corrente está relacionada à velocidade de deriva dos elétrons móveis. Considere um condutor com seção transversal de área A e um campo elétrico $\vec{E}$ aplicado a ele. Suponha que o condutor possua n elétrons de condução por unidade de volume, e considere que todos eles possuam a mesma velocidade de deriva e que a densidade de corrente seja uniforme. Os elétrons negativamente carregados serão arrastados em sentido oposto ao do campo elétrico. Durante um intervalo de tempo dt, cada elétron se deslocará em uma distância $v_d dt$. O volume correspondente aos elétrons que atravessam uma seção transversal do condutor durante aquele dt é, portanto, $Av_d dt$, e o número de elétrons ali contidos é $nAv_d dt$. Cada elétron possui uma carga $-e$, de modo que a carga dq que flui através da área no tempo dt é

$$dq = -nev_d A dt \qquad (5.5)$$

Portanto, a corrente correspondente é

$$i = \frac{dq}{dt} = -nev_d A. \qquad (5.6)$$

A densidade de corrente correspondente é

$$J = \frac{i}{A} = -nev_d. \qquad (5.7)$$

A equação 5.7 foi derivada para uma dimensão espacial, como apropriado para o caso de um fio. Todavia, ela pode ser prontamente generalizada para qualquer direção arbitrária do espaço tridimensional:

$$\vec{J} = -(ne)\vec{v}_d.$$

Você pode verificar que a vetor velocidade de deriva é antiparalelo ao vetor densidade de corrente, como havíamos estabelecido antes.

A Figura 5.6 mostra um desenho esquemático de um fio condutor de corrente. Os portadores de corrente reais são elétrons negativamente carregados. Na Figura 5.6, estes elétrons estão se movendo para a esquerda com uma velocidade de deriva $\vec{v}_d$. Entretanto, o campo elétrico, a densidade de corrente e a corrente estão direcionados para a direita por causa da convenção segundo a qual essas grandezas se referem a cargas positivas. Talvez você ache tal convenção uma coisa confusa, porém você precisará mantê-la em mente.

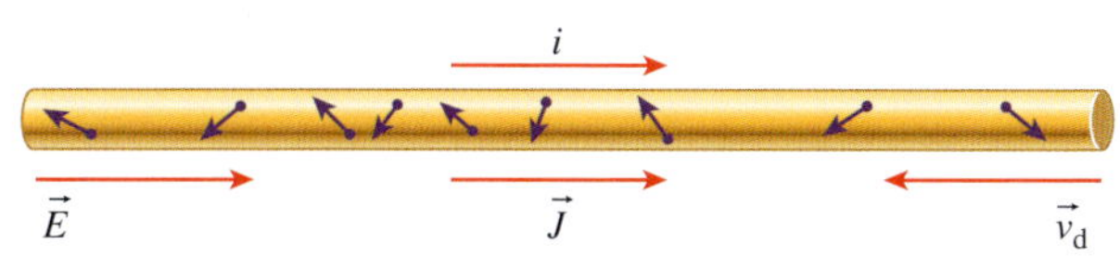

Figura 5.6 Elétrons em movimento em um fio, da direita para a esquerda, produzindo uma corrente direcionada da esquerda para a direita.

PROBLEMA RESOLVIDO 5.1 Velocidade de deriva de elétrons em um fio de cobre

PROBLEMA

Você está jogando *Galactic Destroyer* em seu *videogame*. O console de seu aparelho funciona a 12 V e está ligado à caixa principal por um fio de cobre calibre 18 de 1,5 m de comprimento. Enquanto você pilota sua espaçonave em uma batalha, você mantém o *joystick* na função para frente (*forward*) por 5,3 s, enviando uma corrente de 0,78 mA ao console. Que distância os elétrons do fio terão percorrido durante aqueles poucos segundos, enquanto, na tela, sua espaçonave cruzava metade de um sistema solar?

SOLUÇÃO

PENSE

Para determinar a distância percorrida pelos elétrons de um fio de cobre durante um dado intervalo de tempo, precisamos calcular primeiro sua velocidade de deriva no material. Para tal, precisamos determinar a densidade de elétrons portadores de carga no cobre. Depois, podemos usar a definição de densidade de carga para determinar a velocidade de deriva.

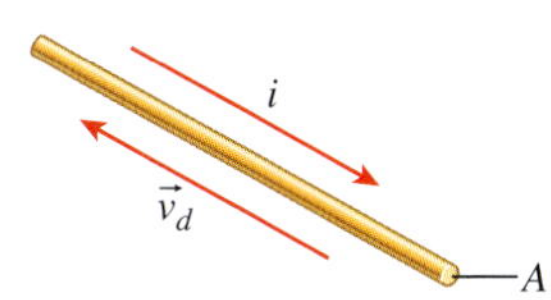

Figura 5.7 Fio de cobre com seção transversal de área A, conduzindo uma corrente i.

DESENHE

A Figura 5.7 mostra um fio de cobre com seção transversal de área A, conduzindo uma corrente i, indicando também que, por convenção, os elétrons seguem em deriva em sentido oposto ao da corrente.

Continua →

PESQUISE

Obtemos a distância x percorrida pelos elétrons durante o tempo t a partir de

$$x = v_d t,$$

onde v_d é o módulo da velocidade de deriva dos elétrons. A velocidade de deriva está relacionada à densidade de corrente pela equação 5.7:

$$\frac{i}{A} = -nev_d \qquad \text{(i)}$$

onde i é a corrente, A é a área da seção transversal (0,823 mm^2 no caso de um fio calibre 18), n é a densidade de elétrons, enquanto $-e$ representa a carga de um elétron. A densidade de elétrons é definida como

$$n = \frac{\text{número de elétrons de condução}}{\text{volume}}.$$

Podemos calcular a densidade de elétrons considerando que exista um elétron de condução por átomo de cobre. A densidade do cobre é

$$\rho_{Cu} = 8{,}96 \text{ g/cm}^3 = 8.960 \text{ kg/m}^3.$$

Um mol de cobre possui uma massa de 63,5 g e contém $6{,}02 \cdot 10^{23}$ átomos. Assim, a densidade de elétrons é

$$n = \left(\frac{1 \text{ elétron}}{1 \text{ átomo}}\right)\left(\frac{6{,}02 \cdot 10^{23} \text{ átomos}}{63{,}5 \text{ g}}\right)\left(\frac{8{,}96 \text{ g}}{1 \text{ cm}^3}\right)\left(\frac{10^6 \text{ cm}^3}{1 \text{ m}^3}\right) = 8{,}49 \cdot 10^{28} \ \frac{\text{elétrons}}{\text{m}^3}.$$

SIMPLIFIQUE

Isolamos o módulo da velocidade de deriva na equação (i):

$$v_d = \frac{i}{neA}.$$

Portanto, a distância percorrida pelos elétrons é

$$x = v_d t = \frac{i}{neA} t.$$

CALCULE

Substituindo os valores numéricos, obtemos

$$\begin{aligned} x = v_d t = \frac{it}{neA} &= \frac{\left(0{,}78 \cdot 10^{-3} \text{ A}\right)(5{,}3 \text{ s})}{\left(8{,}49 \cdot 10^{28} \text{ m}^{-3}\right)\left(1{,}602 \cdot 10^{-19} \text{ C}\right)\left(0{,}823 \text{ mm}^2\right)} \\ &= \left(6{,}96826 \cdot 10^{-8} \text{ m/s}\right)\left(5{,}3 \text{ s}\right) \\ &= 3{,}69318 \cdot 10^{-7} \text{ m}. \end{aligned}$$

ARREDONDE

Apresentamos nossos resultados com dois algarismos significativos:

$$v_d = 7{,}0 \cdot 10^{-8} \text{ m/s},$$

e

$$x = 3{,}7 \cdot 10^{-7} \text{ m} = 0{,}37 \ \mu\text{m}.$$

SOLUÇÃO ALTERNATIVA

Nosso resultado para o módulo da velocidade de deriva resulta ser um número surpreendentemente pequeno. Anteriormente, dissemos que as velocidades de deriva típicas são da ordem de 10^{-4} m/s ou menores do que isso. Uma vez que a corrente é proporcional à velocidade de deriva, uma corrente relativamente pequena implica uma velocidade de deriva relativamente pequena. Um fio calibre 18 pode conduzir correntes de vários ampères, de modo que a corrente obtida no problema corresponde a menos do que 1% da corrente máxima. Portanto, o fato de a velocidade de deriva calculada ser menor do que 1% de 10^{-4} m/s, uma típica velocidade de deriva para correntes altas, é plausível.

A distância que calculamos para os elétrons é menor do que 0,001 da espessura de uma agulha de costura, uma distância muito pequena comparada ao comprimento do fio. Isso serve como um valioso lembrete de que o campo eletromagnético se move quase à velocidade da luz (no vácuo) dentro de um condutor e é ele que faz com que todos os elétrons de condução sejam arrastados basicamente ao mesmo tempo. Portanto, o sinal proveniente do controlador de seu *videogame* chega quase instantaneamente ao console, a despeito do deslocamento extremamente lento dos elétrons individuais.

5.3 Resistividade e resistência

Alguns materiais conduzem eletricidade melhor do que outros. Aplicando-se uma determinada diferença de potencial a um bom condutor resulta em uma corrente relativamente grande; aplicando-se a mesma diferença de potencial a um isolante produz uma corrente pequena. A **resistividade**, ρ, é uma medida do grau de dificuldade que um dado material opõe ao fluxo da corrente elétrica. A **resistência**, R, é uma oposição ao fluxo da corrente elétrica.

Se uma dada diferença de potencial conhecida, ΔV, for aplicada a um condutor (algum dispositivo físico ou material que conduza corrente) e a corrente resultante, i, for medida, a resistência do condutor será dada por

$$R = \frac{\Delta V}{i}. \tag{5.8}$$

A unidade de resistência do SI é o volt por ampère, à qual foi dado o nome de **ohm** e o símbolo Ω (a letra grega ômega maiúsculo) em homenagem ao físico alemão Georg Simon Ohm (1789-1854):

$$1\,\Omega = \frac{1\text{ V}}{1\text{ A}}.$$

Reescrevendo a equação 5.8 resulta

$$i = \frac{\Delta V}{R}, \tag{5.9}$$

a qual estabelece que, para uma dada diferença de potencial, ΔV, a corrente, i, é inversamente proporcional à resistência, R. Esta equação geralmente é conhecida como **lei de Ohm**. Outro rearranjo da equação 5.9, $\Delta V = iR$, às vezes também é conhecido como lei de Ohm.

Alguns dispositivos são descritos em termos da **condutância**, G, definida como

$$G = \frac{i}{\Delta V} = \frac{1}{R}.$$

A condutância tem como unidade derivada do SI o siemens (S):

$$1\text{ S} = \frac{1\text{ A}}{1\text{ V}} = \frac{1}{1\,\Omega}.$$

Em certos condutores, a resistividade depende do sentido em que a corrente flui. Neste capítulo, assumimos que a resistividade de um material é a mesma em todas as direções da corrente.

A resistência de um dispositivo depende de que material ele é feito, bem como de sua geometria. Como estabelecido antes, a resistividade de um material caracteriza seu grau de oposição ao fluxo da corrente. A resistividade é definida em termos do módulo do campo elétrico aplicado, E, e do valor da densidade de corrente resultante, J:

$$\rho = \frac{E}{J}. \tag{5.10}$$

A unidade do SI para resistividade é

$$[\rho] = \frac{[E]}{[J]} = \frac{\text{V/m}}{\text{A/m}^2} = \frac{\text{V m}}{\text{A}} = \Omega\text{ m}.$$

A Tabela 5.1 lista as resistividades de alguns condutores representativos, a 20°C. Como se pode ver, os valores típicos de resistividades de condutores metálicos usados em fios são da ordem de 10^{-8} Ω m. Por exemplo, o cobre possui uma resistividade de $2 \cdot 10^{-8}$ Ω m. Várias ligas metálicas listadas na Tabela 5.1 possuem propriedades úteis. Por exemplo, fios feitos de níquel-cromo (80% de níquel, 20% de cromo) são usados com frequência como elementos de aquecimento em aparelhos como torradeiras de pão. Da próxima vez que você tostar uma fatia de pão, olhe para dentro da torradeira. Os elementos brilhantes provavelmente são fios de níquel-cromo. A resistividade do níquel-cromo ($108 \cdot 10^{-8}$ Ω m) é cerca de 50 vezes maior do que a do cobre. Assim, quando uma corrente percorre os fios de níquel-cromo de uma torradeira, estes dissipam energia e esquentam até se tornarem brilhantes com uma cor vermelha rubra, enquanto o fio de cobre do cabo de ligação da torradeira com a tomada se mantém frio.

Certos materiais são especificados em termos da **condutividade**, σ, em lugar da resistividade, ρ, definida como

$$\sigma = \frac{1}{\rho}.$$

A unidade do SI para a condutividade é o $(\Omega \text{ m})^{-1}$.

A resistência de um condutor pode ser determinada a partir de sua resistência e de sua geometria. No caso de um condutor homogêneo de comprimento L e seção transversal de área constante A, a equação $\Delta V = -\int \vec{E} \bullet d\vec{s}$, do Capítulo 3, pode ser usada para relacionar a intensidade do campo elétrico, E, à diferença de potencial elétrico, ΔV, através do condutor:

$$E = \frac{\Delta V}{L}.$$

Note que, em contraste com a eletrostática, em que a superfície de qualquer condutor constitui uma superfície equipotencial, não existe campo elétrico algum no interior do mesmo e corrente alguma flui através dele, o condutor se encontra em uma situação para a qual $\Delta V \neq 0$ e $\vec{E} \neq 0$, fazendo surgir uma corrente. O valor absoluto da densidade de corrente é a corrente dividida pela área da seção transversal:

Tabela 5.1 Resistência e coeficiente térmico da resistividade de alguns materiais condutores representativos

Material	Resistividade, ρ a 20 °C (10^{-8} Ω m)	Coeficiente de temperatura, α (10^{-3} K^{-1})
Prata	1,62	3,8
Cobre	1,72	3,9
Ouro	2,44	3,4
Alumínio	2,82	3,9
Bronze	3,9	2
Tungstênio	5,51	4,5
Níquel	7	5,9
Ferro	9,7	5
Aço	11	5
Tântalo	13	3,1
Chumbo	22	4,3
Constantan	49	0,01
Aço inoxidável	70	1
Mercúrio	95,8	0,89
Níquel-cromo	108	0,4

Os valores para o aço e para o aço inoxidável dependem muito do tipo de aço.

$$J = \frac{i}{A}.$$

Da definição de resistividade (equação 5.10), usando a relação $J = i/A$ e a lei de Ohm (equação 5.8), obtemos

$$\rho = \frac{E}{J} = \frac{\Delta V/L}{i/A} = \frac{\Delta V}{i}\frac{A}{L} = \frac{iR}{i}\frac{A}{L} = R\frac{A}{L}.$$

Rearranjando os termos, chegamos a uma expressão para a resistência de um condutor em função da resistividade do material constituinte, e do comprimento e da área da seção transversal do fio:

$$R = \rho\frac{L}{A}. \tag{5.11}$$

Convenção de espessura de fios

A convenção da *American Wire Gauge* (AWG, Calibração Americana de Fios) para fios especifica os diâmetros e, portanto, as áreas de seção transversal em uma escala logarítmica. A convenção de tamanhos da AWG é mostrada na Tabela 5.2. O calibre de um fio está relacionado ao seu diâmetro: quanto maior for o número de calibre, mais fino é o fio. Para fios de grandes diâmetros, os números usados consistem em um ou mais zeros, como mostrado na Tabela 5.2. Um fio 00 corresponde a um calibre −1, um fio 000, a um calibre −2, e assim por diante. Por definição, um fio calibre 36 possui um diâmetro de exatamente 0,46 polegada. (Estes tamanhos aparecem em vermelho na Tabela 5.2.) Existem 39 valores de calibre entre o calibre 0000 e o calibre 36, e o número de calibre é uma representação logarítmica do diâmetro de um fio. Portanto, a fórmula para converter do calibre da AWG para o diâmetro correspondente do fio, em polegadas, é $d = (0{,}005)92^{(36-n)/39}$, onde n é o número de calibre. A fiação elétrica de residências comuns usa fios de calibre entre 12 e 10. Uma regra geral importante é que a diminuição do calibre em 3 unidades dobra a área da seção transversal do fio. Examinando a equação 5.11 pode-se notar que para diminuir pela metade a resistência de um fio de determinado comprimento é necessário reduzir o número de calibre em 3 unidades.

Tabela 5.2 Diâmetros de fio e áreas de seção transversal como definido pela *American Wire Gauge Convention* (Convenção Norte-Americana de Calibres de Fios)

AWG	*d* (in)	*d* (mm)	*A* (mm²)	AWG	*d* (in)	*d* (mm)	*A* (mm²)	AWG	*d* (in)	*d* (mm)	*A* (mm²)
000000	0,5800	14,733	170,49	**11**	0,0907	2,3048	4,1723	**26**	0,0159	0,4049	0,1288
00000	0,5165	13,120	135,20	**12**	0,0808	2,0525	3,3088	**27**	0,0142	0,3606	0,1021
0000	**0,46**	11,684	107,22	**13**	0,0720	1,8278	2,6240	**28**	0,0126	0,3211	0,0810
000	0,4096	10,405	85,029	**14**	0,0641	1,6277	2,0809	**29**	0,0113	0,2859	0,0642
00	0,3648	9,2658	67,431	**15**	0,0571	1,4495	1,6502	**30**	0,0100	0,2546	0,0509
0	0,3249	8,2515	53,475	**16**	0,0508	1,2908	1,3087	**31**	0,0089	0,2268	0,0404
1	0,2893	7,3481	42,408	**17**	0,0453	1,1495	1,0378	**32**	0,0080	0,2019	0,0320
2	0,2576	6,5437	33,631	**18**	0,0403	1,0237	0,8230	**33**	0,0071	0,1798	0,0254
3	0,2294	5,8273	26,670	**19**	0,0359	0,9116	0,6527	**34**	0,0063	0,1601	0,0201
4	0,2043	5,1894	21,151	**20**	0,0320	0,8118	0,5176	**35**	0,0056	0,1426	0,0160
5	0,1819	4,6213	16,773	**21**	0,0285	0,7229	0,4105	**36**	**0,005**	0,1270	0,0127
6	0,1620	4,1154	13,302	**22**	0,0253	0,6438	0,3255	**37**	0,0045	0,1131	0,0100
7	0,1443	3,6649	10,549	**23**	0,0226	0,5733	0,2582	**38**	0,0040	0,1007	0,0080
8	0,1285	3,2636	8,3656	**24**	0,0201	0,5106	0,2047	**39**	0,0035	0,0897	0,0063
9	0,1144	2,9064	6,6342	**25**	0,0179	0,4547	0,1624	**40**	0,0031	0,0799	0,0050
10	0,1019	2,5882	5,2612								

EXEMPLO 5.2 Resistência de um fio de cobre

Os fios padronizados que os eletricistas usam nas fiações residenciais possuem resistências bastante baixas.

PROBLEMA

Quanto vale a resistência de 100 m de um fio padrão de cobre calibre 12 comumente usado na fiação das tomadas elétricas de residências?

SOLUÇÃO

Um fio de cobre calibre 12 possui um diâmetro de 2,053 mm (consulte a Tabela 5.2). A área de sua seção transversal é, portanto,

$$A = 3{,}31 \text{ mm}^2.$$

Usando o valor da resistividade do cobre da Tabela 5.1 e a equação 5.11, obtemos

$$R = \rho\frac{L}{A} = (1{,}72 \cdot 10^{-8} \ \Omega \text{ m})\frac{100{,}0 \text{ m}}{3{,}31 \cdot 10^{-6} \text{ m}^2} = 0{,}520 \ \Omega.$$

5.1 Exercícios de sala de aula

Qual é a resistência de um fio de cobre de comprimento L = 70,0 m e diâmetro d = 2,60 mm?

a) 0,119 Ω

b) 0,139 Ω

c) 0,163 Ω

d) 0,190 Ω

e) 0,227 Ω

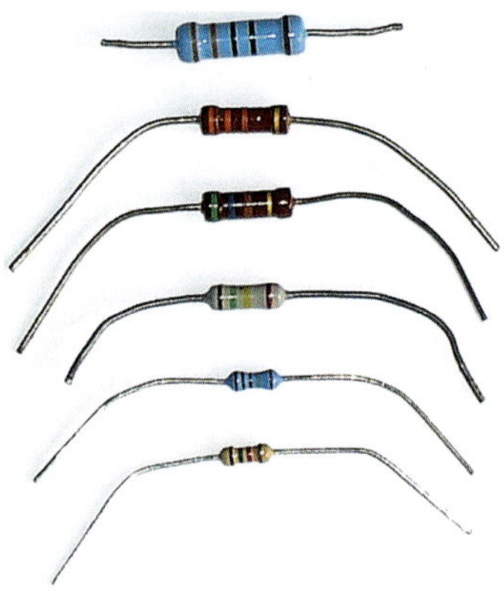

(a)

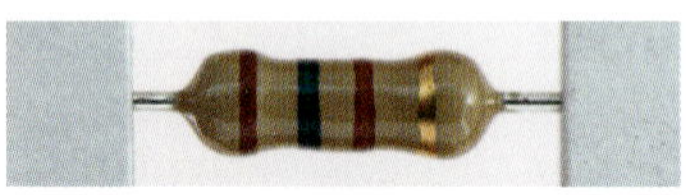

(b)

Figura 5.8 (a) Seleção de resistores com várias resistências. (b) Código de cores de um resistor de 150 Ω.

Código de resistores

Em muitas aplicações, o projeto de circuitos exige uma gama de resistências em várias partes do circuito. Os resistores comercialmente disponíveis, como o que é mostrado na Figura 5.8a, existem em uma gama de resistências. Eles são normalmente feitos de carbono encapsulado em um revestimento plástico com a aparência de uma cápsula de remédio, com fios saindo das extremidades para ligação elétrica. O valor de sua resistência é indicado por três ou quatro listas coloridas sobre o revestimento plástico. As primeiras duas listas indicam os algarismos das mantissas, a terceira lista representa uma potência de 10, e a quarta indica uma faixa de valores de tolerância. Para a mantissa e a potência de 10, os algarismos são associados às cores da seguinte maneira: preto = 0; marrom = 1; vermelho = 2; laranja = 3; amarelo = 4; verde = 5; azul = 6; roxo = 7; cinza = 8 e branco = 9. Para a tolerância, o marrom significa 1%, o vermelho significa 2%, o ouro 5%, a prata 10%, enquanto ausência de uma quarta lista significa 20% de tolerância. Por exemplo, o resistor da Figura 5.8b tem listas de cores (da esquerda para a direita) marrom, verde, marrom e ouro. Pelo código de cores, sua resistência é de $15 \cdot 10^1 \ \Omega = 150 \ \Omega$, com uma tolerância de 5%.

Dependência com a temperatura e supercondutividade

Os valores da resistividade e da resistência variam com a temperatura. No caso de metais, tal dependência é linear ao longo de uma larga faixa de temperaturas. Uma relação empírica para a dependência com a temperatura da resistividade de um metal é

$$\rho - \rho_0 = \rho_0\alpha(T - T_0), \tag{5.12}$$

onde ρ é a resistividade a uma temperatura T, ρ_0 é a resistividade a uma temperatura T_0 e α é o **coeficiente térmico da resistividade elétrica** de um condutor particular.

Em aplicações cotidianas, a dependência com a temperatura de resistores é um fator frequentemente importante. A equação 5.11 estabelece que a resistência de um dispositivo depende de seu comprimento e da área de sua seção transversal. Essas grandezas dependem da temperatura; todavia, a dependência com a temperatura da expansão linear é muito menor do que a dependência com a temperatura da resistividade de um condutor particular. Assim, a dependência com a temperatura da resistência de um condutor pode ser aproximada por

$$R - R_0 = R_0\alpha(T - T_0). \tag{5.13}$$

Note que as equações 5.12 e 5.13 contêm diferenças de temperatura, de modo que as temperaturas podem ser expressas em graus Celsius ou em kelvins (mas não em graus Fahrenheit!).

Valores de α para condutores representativos estão listados na Tabela 5.1. Observe que condutores metálicos comuns como o cobre possuem coeficientes térmicos de resistividade elétrica da ordem de $4 \cdot 10^{-3}\ K^{-1}$. Entretanto, uma liga metálica, chamada de *constantan* (60% de cobre e 40% de níquel), tem a característica específica de seu coeficiente térmico de resistividade elétrica ser muito pequeno: $\alpha = 1 \cdot 10^{-5} K^{-1}$. O nome desta liga é a abreviatura para o termo inglês *constant resistence*, isto é, resistência constante. O pequeno coeficiente térmico do constantan, combinado com sua resistividade relativamente alta de $4{,}9 \cdot 10^{-7}\ \Omega$ m, a torna útil na fabricação de resistores de precisão cujas resistências dependem pouquíssimo da temperatura. Note também que o níquel-cromo possui um coeficiente térmico relativamente pequeno, de $4 \cdot 10^{-4}\ K^{-1}$, o que o torna adequado para a fabricação de elementos de aquecimento, como anteriormente citado.

De acordo com a equação 5.12, a maioria dos materiais possui resistividades que, sob circunstâncias usuais, variam linearmente com a temperatura. Porém, certos materiais não seguem essa regra a baixas temperaturas. A temperaturas muito baixas, a resistividade desses materiais vai exatamente a zero. Tais materiais são denominados **supercondutores**. Os supercondutores têm aplicações na construção de ímãs para equipamentos como aparelhos de mapeamento por ressonância magnética (IRM). Ímãs fabricados com supercondutores consomem potências menores e são capazes de gerar campos magnéticos mais intensos do que aqueles fabricados com condutores resistivos convencionais. Uma discussão mais detalhada da supercondutividade será apresentada nos Capítulos 7 e 8.

A resistência de alguns materiais supercondutores realmente diminui com o aumento da temperatura, o que implica um coeficiente térmico de resistividade elétrica negativo. Estes materiais são usados com frequência em detectores de alta resolução de instrumentos ópticos ou em detectores de partículas. Tais dispositivos devem ser mantidos frios a fim de que suas resistências sejam altas, o que é conseguido com refrigeradores ou com o uso de nitrogênio líquido.

Um *termistor* é um semicondutor cuja resistência depende fortemente da temperatura. Termistores são usados para medir temperaturas. A dependência com a temperatura da resistência de um termistor comum é mostrada na Figura 5.9a. Aí se pode ver que a resistência de um termistor comum cai com o aumento da temperatura. Essa queda contrasta com o aumento da resistência de um fio de cobre ao longo da mesma faixa de temperaturas, como mostra a Figura 5.9b.

As bases microscópicas da condução nos sólidos

A condução de corrente em materiais sólidos decorre do movimento de elétrons. Em um condutor metálico como o cobre, os átomos do metal formam um arranjo regular denominado *rede cristalina*. Os elétrons mais externos de cada átomo são essencialmente livres para se moverem aleatoriamente dentro da rede. Quando um campo elétrico é aplicado, os elétrons se movem em deriva em sentido oposto ao do campo elétrico. A resistência ao movimento de deriva ocorre quando os elétrons interagem com os átomos do metal dispostos em rede. Quando a temperatura do metal aumenta, o movimento dos átomos da rede também aumenta. Isso, por sua vez, aumenta a probabilidade de que os elétrons interajam com os átomos, o que efetivamente aumenta a resistência do material.

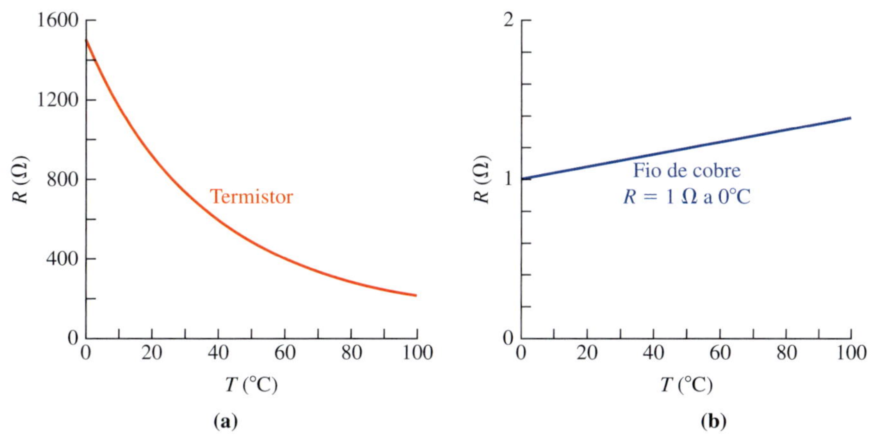

Figura 5.9 (a) Dependência com a temperatura da resistência de um termistor. (b) Dependência com a temperatura da resistência de um fio de cobre com resistência de 1 Ω a $T = 0°C$.

Os átomos de um semicondutor também estão dispostos formando uma rede cristalina. Todavia, os elétrons mais externos de um semicondutor não têm liberdade para se movimentar através da rede. Para tal, os elétrons devem atingir um estado de energia em que possam se mover livremente. Assim, um típico semicondutor apresenta uma resistência mais elevada do que a dos condutores metálicos por possuir menos elétrons de condução do que estes. Além disso, quando um semicondutor é aquecido, muito mais elétrons passam a ter energias suficientes para se mover livremente; dessa maneira, a resistência de um semicondutor diminui com o aumento da temperatura.

5.4 Força eletromotriz e lei de Ohm

Para que uma corrente flua por um resistor, é preciso que uma diferença de potencial seja estabelecida entre as extremidades do resistor. Tal diferença de potencial, fornecida por uma bateria ou outro dispositivo análogo, é denominada **força eletromotriz**, abreviada para **fem**. (A força eletromotriz não é uma força de modo algum, e sim uma diferença de potencial. O termo ainda é muito usado, mas principalmente na forma abreviada.) Um dispositivo que mantém uma diferença de potencial é chamado de *fonte de fem* e realiza trabalho sobre os portadores de carga. A diferença de potencial criada por uma fonte de fem é representada por V_{fem}. Neste texto, considera-se que as fontes de fem possuam terminais aos quais um circuito possa ser ligado. Consideramos que uma fonte de fem mantenha uma diferença de potencial constante, V_{fem}, entre seus terminais.

Exemplos de fontes de fem são as baterias, as pilhas, os geradores elétricos e as células solares. As baterias, discutidas nos Capítulos 3 e 4, produzem fem por meio de reações químicas. Um gerador elétrico cria uma fem a partir do movimento mecânico. Células solares convertem energia luminosa proveniente do Sol em energia elétrica. Se você examinar o exterior de uma bateria, você encontrará ali indicada sua diferença de potencial (às vezes chamada coloquialmente de "voltagem"). Essa "voltagem" é a diferença de potencial (fem) que a bateria pode fornecer para um circuito. (Note que uma bateria é uma fonte de fem constante, e não fornece uma corrente constante ao circuito ao qual está ligada.) Pilhas recarregáveis também trazem indicação em mAh (miliampère-hora), que dá informação sobre a carga total que ela pode fornecer quando totalmente carregada. O mAh é outra unidade de carga:

$$1 \text{ mAh} = (10^{-3} \text{ A})(3.600 \text{ s}) = 3{,}6 \text{ A.s} = 3{,}6 \text{ C}.$$

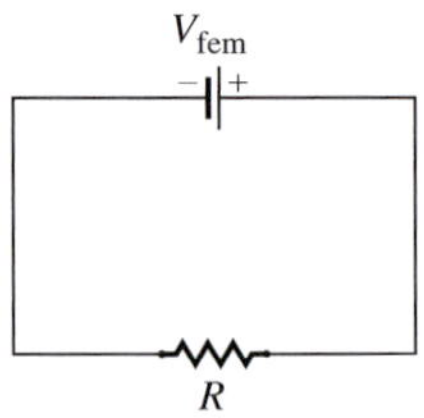

Figura 5.10 Circuito simples formado por uma fonte de fem e um resistor.

Os componentes elétricos de um circuito podem ser: fontes de fem, capacitores, resistores e outros dispositivos elétricos. Estes componentes são ligados uns aos outros por fios condutores. Pelo menos um dos componentes deve ser uma fonte de fem, pois é a diferença de potencial criada por uma fem que faz a corrente fluir através do circuito. Você pode conceber uma fonte de fem como uma bomba em uma tubulação de água; sem ela, a água fica parada na tubulação e não flui. Uma vez que a bomba é ligada, a água passa a se mover pelos tubos em um fluxo contínuo.

Um circuito elétrico começa e termina na fonte de fem. Uma vez que a fonte mantém uma diferença de potencial constante entre seus terminais, V_{fem}, uma corrente positiva sai do dispositivo pelo terminal positivo, de potencial mais elevado, e entra nele novamente pelo terminal negativo, de potencial mais baixo. Geralmente, por convenção, este potencial é tomado como zero.

Considere um circuito simples da forma mostrada na Figura 5.10, em que uma fonte de fem fornece uma diferença de potencial, V_{fem}, a um resistor de resistência R. Observe uma convenção importante de diagramas de circuito: um resistor é sempre representando por uma linha em zigue-zague, e considera-se que toda sua resistência, R, esteja ali concentrada. Os fios que ligam os diversos elementos de circuito são representados por segmentos de linha reta, os quais são considerados desprovidos de resistência. Os fios reais, claro, possuem alguma resistência, mas se considera que ela seja desprezível para as finalidades do diagrama.

Para um circuito como o que é mostrado na Figura 5.10, a fonte de fem oferece a diferença de potencial criando a corrente que flui através do resistor. Portanto, neste caso, a lei de Ohm (Equação 5.9) pode ser escrita em termos de fem externa, como

$$V_{fem} = iR. \tag{5.14}$$

Note que, diferentemente da lei de Newton da gravitação ou do princípio de conservação da energia, a lei de Ohm não é uma lei da natureza. Ela nem mesmo é satisfeita por todos os resistores. Para muitos deles, chamados de *resistores ôhmicos*, a corrente é diretamente proporcional à diferença de potencial aplicada ao resistor para uma ampla faixa de valores de diferença de potencial aplicada. Para outros resistores, chamados de *resistores não ôhmicos*, a corrente e a diferença de potencial não são diretamente proporcionais. Resistores não ôhmicos incluem muitos tipos de transístores, e isso significa que muitos aparelhos eletrônicos modernos não obedecem a lei de Ohm. Vamos dar uma olhada em um destes dispositivos, o diodo, na Seção 5.8. Apesar disso, uma classe ampla de materiais e dispositivos (como os fios convencionais, por exemplo) obedece à lei de Ohm e, assim, vale a pena dedicar atenção às suas consequências. O restante do capítulo (com exceção da Seção 5.8) trata os resistores como dispositivos ôhmicos; isto é, dispositivos que satisfazem a lei de Ohm.

A corrente, *i*, que flui pelo resistor da Figura 5.10 também flui pela fonte de fem e pelos fios de ligação dos componentes. Como consideramos aqui que os fios sejam de resistência nula (como assinalado acima), a variação de potencial da corrente deve ocorrer no resistor, de acordo com a lei de Ohm. Tal variação é chamada de **queda de potencial** no resistor. Assim, o circuito da Figura 5.10 pode ser representado de uma maneira diferente, tornando mais claro onde ocorre a queda de potencial e mostrando que partes do circuito se encontram naquele potencial. A Figura 5.11a mostra o circuito da Figura 5.10. A Figura 5.11b mostra o mesmo circuito, porém com a dimensão vertical representando os valores do potencial elétrico em vários pontos do circuito. A diferença de potencial é suprida pela fonte, e a queda de potencial toda ocorre individualmente nos resistores. (Lembre-se, em um diagrama de circuito, a convenção é que as linhas que conectam os elementos de circuito representem fios sem qualquer resistência. Portanto, esses fios de ligação são representados na Figura 5.11b por linhas horizontais, significando que o fio inteiro se encontra no mesmo potencial.) A lei de Ohm se aplica às quedas de potencial nos resistores, enquanto a corrente no circuito pode ser determinada pela equação 5.9.

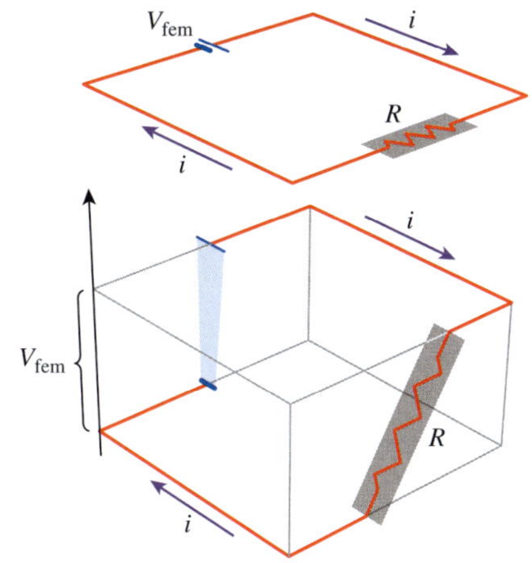

Figura 5.11 (a) Representação convencional de um circuito simples com um resistor e uma fonte de fem. (b) Representação tridimensional do mesmo circuito, mostrando o potencial em cada ponto. A corrente do circuito é mostrada em ambas as vistas.

5.2 Pausa para teste

Um resistor com $R = 10,0\ \Omega$ é ligado aos terminais de uma fonte de fem com diferença de potencial $V_{fem} = 1,50$ V. Qual é a corrente que flui pelo circuito?

A Figura 5.11 ilustra um aspecto importante acerca de circuitos. Fontes de fem adicionam diferenças de potencial a um circuito e quedas de potencial nos resistores presentes reduzem o potencial ao longo do circuito. Entretanto, a diferença de potencial total ao longo de qualquer caminho condutor fechado deve ser sempre igual a zero. Isso é uma consequência direta do princípio de conservação da energia. Uma analogia com a gravidade pode ajudar: você pode adquirir e perder energia potencial movendo-se para cima ou para baixo em um campo gravitacional (por exemplo, subindo ou descendo uma colina), mas se voltar ao ponto de partida, o ganho ou a perda líquida de energia será exatamente zero. O mesmo vale para a corrente que flui em um circuito: não importa quantas quedas de potencial ou fontes de fem encontradas ao longo de qualquer caminho fechado; um ponto qualquer sempre se encontra no mesmo valor de potencial elétrico. A corrente pode fluir através do caminho fechado em qualquer sentido com o mesmo resultado.

A resistência do corpo humano

Uma breve introdução à resistência e à lei de Ohm levou-nos a discutir sobre segurança elétrica. Foi mencionado que correntes acima de 100 mA podem ser fatais se elas fluírem através do músculo do coração. A lei de Ohm deixa claro que a resistência do corpo humano determina se uma diferença de potencial dada - digamos, a da bateria de um carro - pode ser perigosa. Uma vez que nós geralmente manuseamos ferramentas com as mãos nuas, a mais relevante medida da resistência do corpo humano, R_{corpo}, é sua resistência ao longo do caminho que vai dos dedos da mão aos dedos da outra. (Note que o coração se encontra aproximadamente no meio deste caminho!) Para a maioria das pessoas, essa resistência se situa na faixa $500\ k\Omega < R_{corpo} < 2\ M\Omega$. A maior parte dessa resistência provém da pele, especificamente das camadas de células mortas do lado externo. Todavia, se a pele estiver molhada, sua condutividade aumenta de forma drástica e, consequentemente, a resistência do corpo também cai drasticamente. Para uma dada diferença de potencial, a lei de Ohm implica que a corrente deve, então, aumentar drasticamente. Manusear dispositivos elétricos em ambientes úmidos ou tocá-los com a língua é, portanto, uma ideia muito ruim.

Os fios de ligação de um circuito apresentam pontas finas onde são cortados. Se tais pontos penetrarem na pele de seus dedos da mão, a resistência da pele será eliminada e a resistência entre os dedos das duas mãos será drasticamente reduzida. Se um fio penetrar em um vaso sanguíneo, a resistência do corpo humano diminuirá ainda mais, pois o sangue possui salinidade elevada e é, portanto, um bom condutor. Neste caso, mesmo diferenças de potencial relativamente pequenas como as das pilhas comuns podem ter efeitos fatais.

5.5 Resistores em série

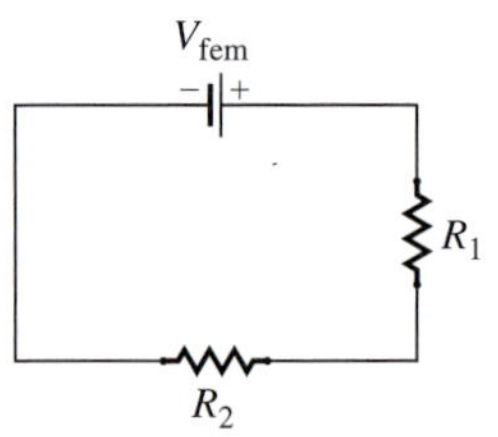

Figura 5.12 Circuito formado por dois resistores em série com uma fonte de fem.

Um circuito pode conter mais de um resistor e/ou mais de uma fonte de fem. A análise de um circuito com múltiplos resistores requer diferentes técnicas. Vamos examinar primeiro resistores ligados em série.

No circuito mostrado na Figura 5.12, dois resistores, R_1 e R_2, são ligados em série com uma fonte de fem com diferença de potencial V_{fem}. A queda de potencial em R_1 é denotada por ΔV_1, e a queda de potencial em R_2, por ΔV_2. A soma das duas quedas de potencial deve ser igual à diferença de potencial suprida pela fonte de fem:

$$V_{fem} = V_1 + V_2.$$

O aspecto principal a ter em mente é que a mesma corrente flui por cada elemento do circuito. Como sabemos que é assim? Lembre-se, no começo do capítulo, a corrente foi definida como a taxa de variação de carga com o tempo: $i = dq/dt$. Ela tem de ser a mesma em qualquer lugar ao longo do circuito, incluindo o resistor, porque a carga é conservada em qualquer lugar. Nenhuma carga é perdida ou ganha ao longo do fio, e, portanto, a corrente é a mesma em todo lugar do circuito da Figura 5.12.

Para esclarecer uma concepção equivocada encontrada com frequência, note que, em um resistor, *não ocorre coisa como "gasto" de corrente*. Não importa quantos resistores forem ligados em série, a corrente que fluir no primeiro deles será exatamente a mesma corrente que fluirá pelo último. Uma analogia com o fluxo de água em um cano pode ajudar: não importa quão longo seja o tubo, toda a água que fluir para dentro dele por uma das extremidades fluirá para fora pela outra.

Assim, uma mesma corrente flui por cada resistor da Figura 5.12. Para cada resistor, aplicamos a lei de Ohm e obtemos

$$V_{fem} = iR_1 = iR_2.$$

Uma resistência equivalente, R_{eq}, pode substituir o conjunto das duas resistências:

$$V_{fem} = iR_1 + iR_2 = iR_{eq},$$

onde

$$R_{eq} = R_1 + R_2.$$

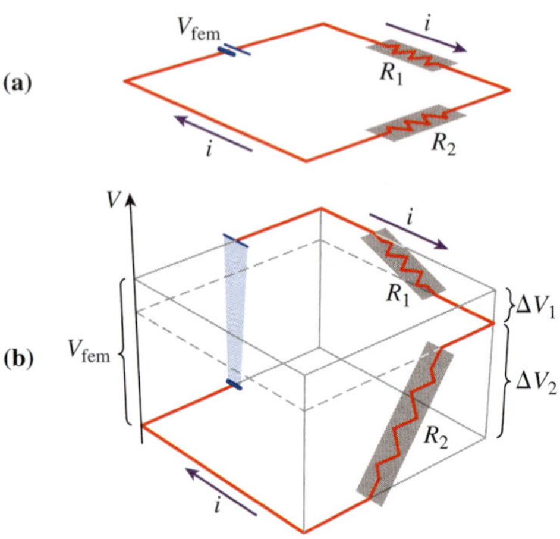

Figura 5.13 (a) Representação convencional de um circuito simples formado por dois resistores em série com uma fonte de fem. (b) Representação tridimensional do mesmo circuito, mostrando o potencial em cada ponto. A corrente do circuito é mostrada em ambas as vistas.

Portanto, dois resistores em série podem ser substituídos por um único resistor de resistência equivalente igual à soma das duas resistências. A Figura 5.13 ilustra as quedas de potencial no circuito série da Figura 5.12, usando uma visualização tridimensional.

A expressão para a resistência equivalente de dois resistores em série pode ser facilmente generalizada para uma associação de n resistores em série:

$$R_{eq} = \sum_{i=1}^{n} R_i \quad \text{(para resistores em série).} \tag{5.15}$$

Ou seja, se resistores forem ligados formando um único caminho, de modo que a mesma corrente flua por cada um deles, a resistência total do conjunto será exatamente a soma de suas resistências individuais.

5.2 Exercícios de sala de aula

Quais são os valores relativos das duas resistências da Figura 5.13?

a) $R_1 < R_2$

b) $R_1 = R_2$

c) $R_1 > R_2$

d) Não há informação suficiente na figura para se comparar as resistências.

EXEMPLO 5.3 Resistência interna de uma bateria

Quando uma bateria não está ligada a um circuito, a diferença de potencial entre seus terminais é V_t. Quando a mesma bateria for ligada em série com um resistor de resistência R, uma corrente i fluirá através do circuito. Enquanto a corrente flui, a diferença de potencial entre os terminais da bateria, V_{fem}, mantém-se menor do que V_t. Esta queda de potencial ocorre porque a bateria possui uma resistência interna, R_i, que pode ser considerada ligada em série com o resistor externo (Figura 5.14). Ou seja,

$$V_t = iR_{eq} = i(R + R_i).$$

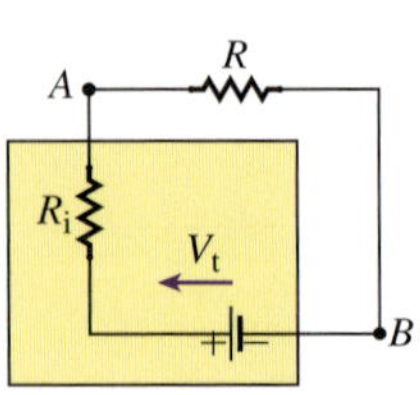

Figura 5.14 Bateria (área amarela) com uma resistência interna R_i, ligada a um resistor externo, R.

Na Figura 5.14, a bateria é representada pelo retângulo amarelo, enquanto seus terminais são representados pelos pontos A e B.

PROBLEMA

Considere uma bateria de $V_t = 12{,}0$ V, quando não está ligada a um circuito. Quando um resistor de 10,0 Ω é ligado a ela, a diferença de potencial entre os terminais da bateria diminui para 10,9 V. Qual é a resistência interna da bateria?

SOLUÇÃO

A corrente que flui pelo resistor externo é dada por

$$i = \frac{\Delta V}{R} = \frac{10{,}9\ \text{V}}{10{,}0\ \Omega} = 1{,}09\ \text{A}.$$

A corrente que flui pelo circuito inteiro, incluindo a bateria, deve ser a mesma corrente que flui pelo resistor externo. Assim, temos

$$V_t = iR_{eq} = i\left(R + R_i\right)$$

$$\left(R + R_i\right) = \frac{V_t}{i}$$

$$R_i = \frac{V_t}{i} - R = \frac{12{,}0\ \text{V}}{1{,}09\ \text{A}} - 10{,}0\ \Omega = 1{,}0\ \Omega.$$

A resistência interna da bateria é de 1,0 Ω. Baterias com resistências internas são conhecidas como *reais* ou *não ideais*. A menos que outra coisa seja especificada, consideramos que as baterias dos circuitos tenham resistência interna nula. Tais baterias são chamadas de *ideais*. Toda bateria deste tipo mantém uma mesma diferença de potencial constante entre seus terminais, independentemente da corrente que flui.

Se uma bateria pode continuar fornecendo energia, esta energia não pode ser determinada por uma simples medição de diferença de potencial entre os terminais. Em vez disso, você deve colocar uma resistência na bateria e depois medir a diferença de potencial. Se a bateria não for mais funcional, ela ainda pode fornecer sua taxa de diferença de potencial quando não está conectada, mas esta diferença de potencial pode cair para zero quando a bateria for conectada a uma resistência externa. Algumas marcas de bateria têm dispositivos embutidos para medir a diferença de potencial em funcionamento simplesmente pressionando um lugar específico na bateria e observando um indicador.

5.3 Exercícios de sala de aula

Três resistores idênticos, R_1, R_2 e R_3, são ligados uns aos outros como mostrado na figura. Uma corrente elétrica flui pelos três resistores. A corrente que passa por R_2

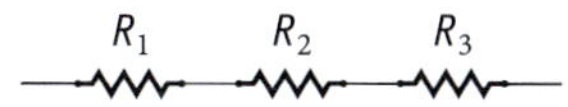

a) é a mesma corrente por R_1 e R_3.

b) é igual a um terço da corrente por R_1 e R_3.

c) é duas vezes maior do que a corrente por R_1 e R_3.

d) é três vezes maior do que a corrente por R_1 e R_3.

e) não pode ser determinada.

Resistor com seção transversal não uniforme

Até agora nossa discussão tem considerado que todo resistor possui a mesma área de seção transversal, A, e a mesma resistividade, ρ, ao longo do comprimento (o que estava implícito na derivação da equação 5.11). Isso não é sempre verdade, claro. Como efetuaremos a análise de um resistor cuja área de seção transversal seja uma função de x ao longo do resistor, $A(x)$, e/ou cuja resistividade seja uma função da posição, $\rho(x)$? Para tal, nós simplesmente dividimos o resistor em estreitas fatias de comprimento Δx, e depois somamos todas elas, pois a equação 5.15 significa que a soma de todas as resistências das pequenas fatias individuais; em seguida, tomamos o limite $\Delta x \to 0$. Se isso lhe parece como uma integração, você acertou. A fórmula geral para calcular a resistência de um resistor de comprimento L com uma área de seção transversal não uniforme, $A(x)$, é

$$R = \int_0^L \frac{\rho(x)}{A(x)} dx. \tag{5.16}$$

Um exemplo concreto ajudará a esclarecer esta equação.

PROBLEMA RESOLVIDO 5.2 Sonda cerebral

No Capítulo 2, foi mencionada a técnica de eletrocorticografia (ECoG), na qual os pesquisadores medem o campo elétrico criado pelos neurônios do cérebro. Algumas dessas medidas são feitas inserindo-se fios muito finos no cérebro para sondar diretamente a atividade dos neurônios. Os fios são isolados, apresentando apenas as pontas expostas, uma das quais é introduzida em um

Continua →

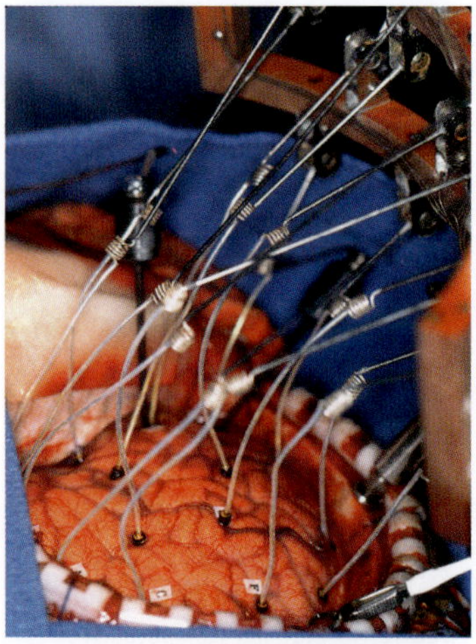

Figura 5.15 Eletrocorticografia sendo realizada com um conjunto de eletrodos sobre o córtex cerebral de um paciente de epilepsia.

pequeno bico de formato cônico. A Figura 5.15 mostra a técnica de ECoG sendo usada no tratamento de um paciente de epilepsia.

PROBLEMA

Se o fio usado em ECoG for de tungstênio e tiver um diâmetro de 0,74 mm e uma ponta com 2,0 mm de comprimento e uma espessura de 2,4 μm na extremidade, qual será resistência da ponta? (A resistividade do tungstênio é listada na Tabela 5.1 como valor de $5{,}51 \cdot 10^{-8}$ Ωm.)

SOLUÇÃO

PENSE

Em primeiro lugar, qual a necessidade de se conhecer a resistência? Para medir campos elétricos ou diferenças de potencial em neurônios, sondas de grandes resistências, digamos, da ordem de milhares de ohms, não podem ser usadas porque tais campos ou diferenças de potencial não seriam detectados. Entretanto, uma vez que a resistência é inversamente proporcional à área de seção transversal, uma área muito pequena significa uma resistência relativamente grande. O enunciado do problema diz que a sonda possui uma ponta muito fina, muito mais pontiaguda do que qualquer agulha de costura. Assim, precisamos determinar a resistência da sonda antes de inseri-la no cérebro!

Claramente, estamos lidando com um caso de área de seção transversal não constante, e assim precisaremos efetuar a integração da equação 5.16. Entretanto, uma vez que a ponta é inteiramente feita de tungstênio, a resistividade é constante ao longo do volume inteiro, o que simplificará a tarefa.

DESENHE

A Figura 5.16a traz uma visualização tridimensional da ponta, e a Figura 5.16b apresenta um corte através do plano de simetria junto com o caminho de integração.

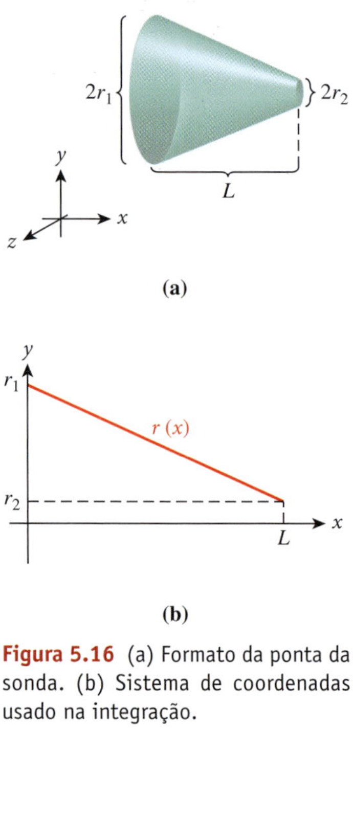

Figura 5.16 (a) Formato da ponta da sonda. (b) Sistema de coordenadas usado na integração.

PESQUISE

A parte de pesquisa deste problema é muito simples, uma vez que já sabemos que equação precisaremos usar. Todavia, a equação 5.16 precisa ser modificada de modo a refletir o fato de que a resistividade é constante através da ponta inteira:

$$R = \rho \int_0^L \frac{1}{A(x)} dx, \qquad \text{(i)}$$

onde $A(x)$ é a área de um círculo, $A(x) = \pi[r(x)]^2$. O raio do círculo diminui linearmente de r_1 até r_2 (veja a Figura 6.16b):

$$r(x) = r_1 + \frac{(r_2 - r_1)x}{L}. \qquad \text{(ii)}$$

SIMPLIFIQUE

Substituímos a expressão para o raio, equação (ii), na fórmula da área, e depois substituímos a expressão resultante para $A(x)$ na equação (i). Com isso, chegamos a

$$R = \rho \int_0^L \frac{1}{\pi\left(r_1 + (r_2 - r_1)x / L\right)^2} dx.$$

Esta integral parece intimidante à primeira vista, porém, exceto x, todas as outras grandezas são constantes. Consultando uma tabela de integrais ou usando um *software*, obtemos

$$R = -\frac{\rho L}{\pi(r_2 - r_1)\left(r_1 + (r_2 - r_1)x/L\right)}\Bigg|_0^L = \frac{\rho L}{\pi r_1 r_2}.$$

CALCULE

Substituindo os valores numéricos, obtemos

$$R = \frac{\left(5{,}51 \cdot 10^{-8}\ \Omega\,\text{m}\right)\left(2{,}0 \cdot 10^{-3}\,\text{m}\right)}{\pi(0{,}37 \cdot 10^{-3}\,\text{m})(1{,}2 \cdot 10^{-6}\,\text{m})} = 7{,}90039 \cdot 10^{-2}\ \Omega.$$

ARREDONDE

Apresentamos nosso resultado com dois algarismos significativos, com os quais as propriedades geométricas da ponta foram fornecidas.

$$R = 7{,}9 \cdot 10^{-2}\ \Omega.$$

SOLUÇÃO ALTERNATIVA

O valor de 79 mΩ parece ser o de uma resistência muito baixa para uma corrente que atravessara uma ponta que é modelada de modo a ter um diâmetro de 2,4 μm. Por outro lado, a ponta tem um comprimento muito pequeno, o que explica sua pequena resistência. Um fato que aumenta nossa confiança é que as unidades são as adequadas.

Entretanto, existem também alguns testes que podemos realizar para nos convencer de que, pelo menos nos limites assintóticos da solução $R = \rho L/(\pi r_1 r_2)$ são plausíveis. Primeiro, quando o comprimento tende a zero, o mesmo ocorre com a resistência, como esperado. Segundo, quando o raio de qualquer das extremidades da ponta tende a zero, a fórmula prevê uma resistência infinita, o que também é esperado.

5.6 Resistores em paralelo

Em vez de serem ligados em série, de modo que toda a corrente passe por ambos os resistores, dois resistores também podem ser ligados em paralelo, situação em que a corrente é dividida entre eles, como mostrado na Figura 5.17. Novamente, para ilustrar melhor as quedas de potencial, a Figura 5.18 mostra o mesmo circuito em uma vista tridimensional.

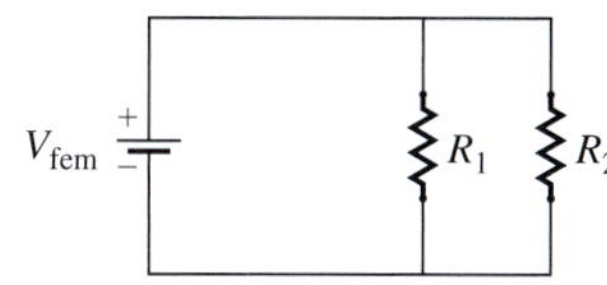

Figura 5.17 Circuito formado por dois resistores, ligados em paralelo, e uma única fonte de fem.

Neste caso, a queda de potencial em cada resistor é igual à diferença de potencial fornecida pela fonte de fem. Usando a lei de Ohm (equação 5.14) para a corrente i_1 em R_1 e a corrente i_2 em R_2, temos

$$i_1 = \frac{V_{fem}}{R_1}$$

e

$$i_2 = \frac{V_{fem}}{R_2}.$$

A corrente total da fonte de fem, i, deve ser

$$i = i_1 + i_2.$$

Usando as expressões para i_1 e i_2, obtemos

$$i = i_1 + i_2 = \frac{V_{fem}}{R_1} + \frac{V_{fem}}{R_2} = V_{fem}\left(\frac{1}{R_1} + \frac{1}{R_2}\right).$$

A lei de Ohm (equação 5.14) pode também ser escrita na forma

$$i = V_{fem}\left(\frac{1}{R_{eq}}\right).$$

Assim, dois resistores ligados em paralelo podem ser substituídos por um só resistor de resistência equivalente dada por

$$\frac{1}{R_{eq}} = \frac{1}{R_1} + \frac{1}{R_2}.$$

Em geral, a resistência equivalente de n resistores ligados em paralelos uns com os outros é dada por

$$\frac{1}{R_{eq}} = \sum_{i=1}^{n} \frac{1}{R_i} \quad \text{(resistores em paralelo).} \tag{5.17}$$

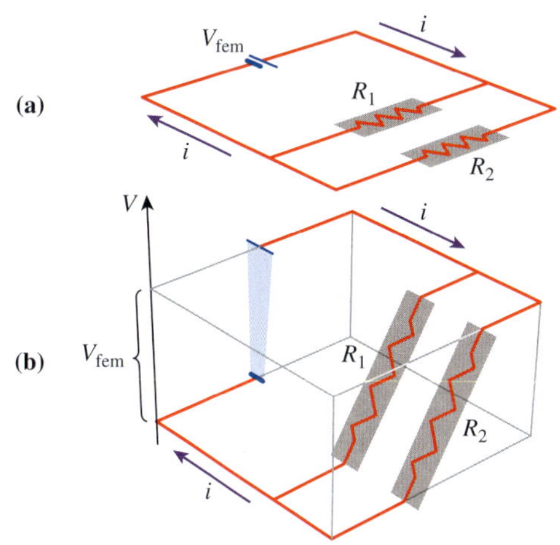

Figura 5.18 (a) Representação convencional de um circuito simples com dois resistores em paralelo e uma fonte de fem. (b) Representação tridimensional do mesmo circuito, mostrando o valor do potencial em cada ponto do circuito.

Claramente, combinando-se resistores em série e em paralelo para formar uma resistência equivalente permite que os circuitos com diversas associações de resistores possam ser analisados de uma maneira análoga à que usamos na análise de associações de capacitores, no Capítulo 4.

5.4 Exercícios de sala de aula

Três resistores idênticos, R_1, R_2 e R_3, são ligados uns aos outros como mostrado na figura. Uma corrente elétrica flui do ponto A para o ponto B. A corrente que passa por R_2

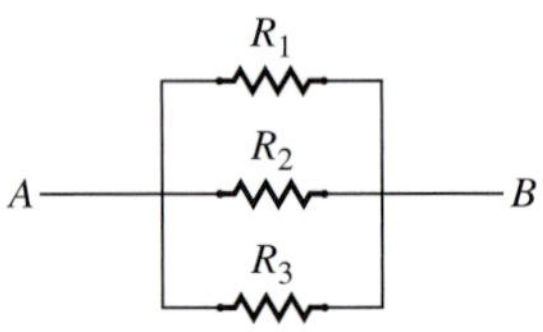

a) é a mesma corrente por R_1 e R_3.

b) é igual a um terço da corrente por R_1 e R_3.

c) é duas vezes maior do que a corrente por R_1 e R_3.

d) é três vezes maior do que a corrente por R_1 e R_3.

e) não pode ser determinada.

5.5 Exercícios de sala de aula

Qual das combinações de resistores mostradas na figura possui a maior resistência equivalente?

a) A combinação (a)

b) A combinação (b)

c) A combinação (c)

d) A combinação (d)

e) A resistência equivalente é a mesma para todas as quatro.

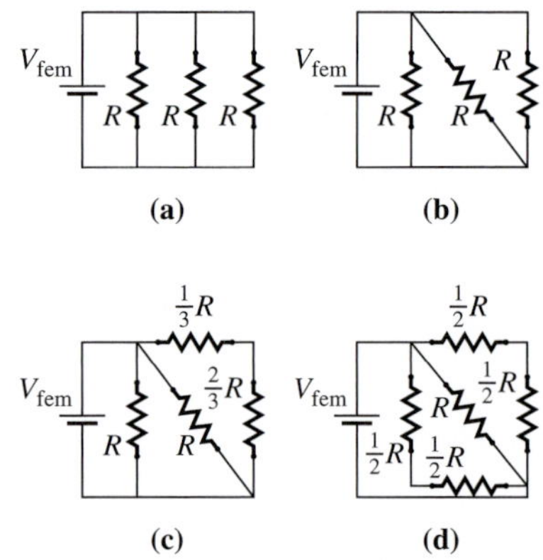

EXEMPLO 5.4 Resistência equivalente de um circuito com seis resistores

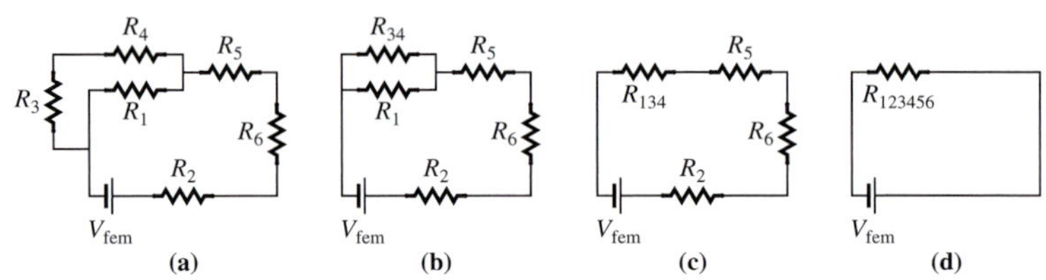

Figura 5.19 (a) Circuito com seis resistores. (b)-(d) Etapas de combinações destes resistores para determinar sua resistência equivalente.

PROBLEMA

A Figura 5.19a mostra um circuito com seis resistores, de R_1 a R_6. Qual é a corrente que flui pelos resistores R_2 e R_3, em termos de V_{fem} e das resistências, de R_1 a R_6?

SOLUÇÃO

Começamos identificando as partes do circuito claramente formadas por ligações em série e em paralelo. A corrente que passa por R_2 é a mesma que atravessa a fonte de fem. Nota-se também que R_3 e R_4 estão em série. Assim, podemos escrever

$$R_{34} = R_3 + R_4. \quad \text{(i)}$$

Essa substituição é feita na Figura 5.19b. Essa figura nos mostra que R_{34} e R_1 estão em paralelo. Podemos então escrever

$$\frac{1}{R_{134}} = \frac{1}{R_1} + \frac{1}{R_{34}},$$

ou

$$R_{134} = \frac{R_1 R_{34}}{R_1 + R_{34}}. \quad \text{(ii)}$$

Essa substituição está desenhada na Figura 5.19c. Desta figura, podemos ver que R_2, R_5, R_6 e R_{134} estão em série. Logo, podemos escrever

$$R_{123456} = R_2 + R_5 + R_6 + R_{134}. \quad \text{(iii)}$$

Essa substituição é feita na Figura 5.19d. Substituímos então R_{34} e R_{134} dados pelas equações (i) e (ii) na equação (iii):

$$R_{123456} = R_2 + R_5 + R_6 + \frac{R_1 R_{34}}{R_1 + R_{34}} = R_2 + R_5 + R_6 + \frac{R_1(R_3 + R_4)}{R_1 + R_3 + R_4}.$$

Assim, i_2, a corrente por R_2, é dada por

$$i_2 = \frac{V_{fem}}{R_{123456}}.$$

Agora vamos à determinação da corrente que passa por R_3. A corrente i_2 também passa pelo resistor equivalente R_{134} (veja a Figura 5.19c). Logo, podemos escrever

$$V_{134} = i_2 R_{134},$$

onde V_{134} é a queda de potencial no resistor equivalente R_{134}. O resistor R_1 e o resistor equivalente R_{34} estão em paralelo. Logo, V_{34}, a queda de potencial em R_{34}, é igual à queda de potencial em R_{134}, que é V_{134}. Os resistores R_3 e R_4 estão em série, e, portanto, i_3, a corrente que passa por R_3, é igual a i_{34}, a corrente que atravessa R_{34}. Podemos então escrever

$$V_{34} = V_{134} = i_{34} R_{34} = i_3 R_{34}.$$

Agora podemos expressar i_3 em função de V e dos resistores de R_1 a R_6:

$$i_3 = \frac{V_{134}}{R_{34}} = \frac{i_2 R_{134}}{R_{34}} = \frac{\left(\frac{V_{fem}}{R_{123456}}\right) R_{134}}{R_{34}} = \frac{V_{fem} R_{134}}{R_{34} R_{123456}} = \frac{V_{fem}\left(\frac{R_1 R_{34}}{R_1 + R_{34}}\right)}{R_{34} R_{123456}} = \frac{V_{fem} R_1}{R_{123456}(R_1 + R_{34})}$$

ou

$$i_3 = \frac{V_{fem} R_1}{\left(R_2 + R_5 + R_6 + \frac{R_1(R_3 + R_4)}{R_1 + R_3 + R_4}\right)(R_1 + R_3 + R_4)} = \frac{V_{fem} R_1}{(R_2 + R_5 + R_6)(R_1 + R_3 + R_4) + R_1(R_3 + R_4)}.$$

5.6 Exercícios de sala de aula

Na figura, $R_1 = 1{,}90\ \Omega$, $R_2 = 0{,}980\ \Omega$ e $R_3 = 1{,}70\ \Omega$.

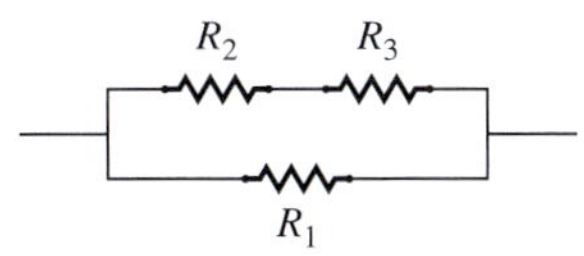

Qual é a resistência equivalente desta associação de resistores?

a) 0,984 Ω
b) 1,11 Ω
c) 1,26 Ω
d) 1,42 Ω
e) 1,60 Ω

PROBLEMA RESOLVIDO 5.3 Queda de potencial em um resistor de um circuito

PROBLEMA

O circuito mostrado na Figura 5.20a tem quatro resistores e uma bateria de $V_{fem} = 149$ V. Os valores das quatro resistências são $R_1 = 17{,}0\ \Omega$, $R_2 = 51{,}0\ \Omega$, $R_3 = 114{,}0\ \Omega$ e $R_4 = 55{,}0\ \Omega$. Qual é o valor absoluto da queda de potencial no resistor R_2?

SOLUÇÃO

PENSE

Os resistores R_2 e R_3 estão em paralelo e podem ser substituídos por um só resistor de resistência equivalente R_{23}. Os resistores R_1 e R_4 estão em série com R_{23}. A corrente que atravessa R_1, R_4 e R_{23} é a mesma porque eles estão em série. Podemos obter a corrente do circuito calculando a resistência equivalente de R_1, R_4 e R_{23} usando a lei de Ohm. A queda de potencial em R_{23} é igual ao produto da corrente do circuito por R_{23}, pois R_2 e R_3 estão em paralelo.

DESENHE

A queda de potencial no resistor R_2 está ilustrada na Figura 5.20b.

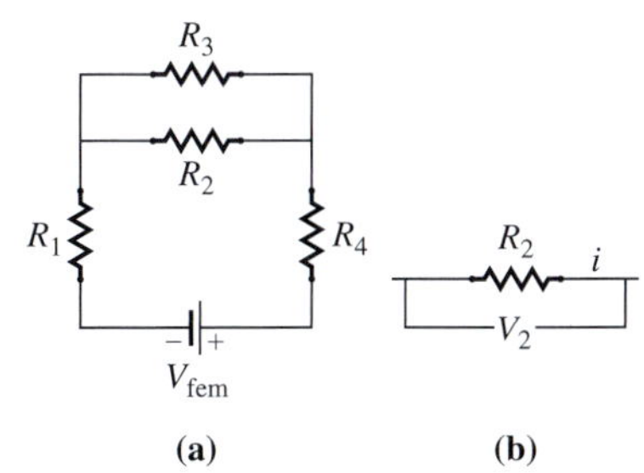

Figura 5.20 (a) Circuito com quatro resistores e uma bateria. (b) Queda de potencial no resistor R_2.

PESQUISE

A resistência equivalente de R_2 e R_3 pode ser calculada usando-se a equação 5.17:

$$\frac{1}{R_{23}} = \frac{1}{R_2} + \frac{1}{R_3}. \qquad \text{(i)}$$

A resistência equivalente dos três resistores em série pode ser obtida usando-se a equação 5.15:

$$R_{eq} = \sum_{i=1}^{n} R_i = R_1 + R_{23} + R_4.$$

Finalmente, obtemos a corrente do circuito usando a lei de Ohm:

$$V_{fem} = iR_{eq} = i(R_1 + R_{23} + R_4).$$

Continua →

5.7 Exercícios de sala de aula

Se mais resistores de mesma resistência R forem adicionados ao circuito da maneira mostrada na figura, a resistência entre os pontos A e B

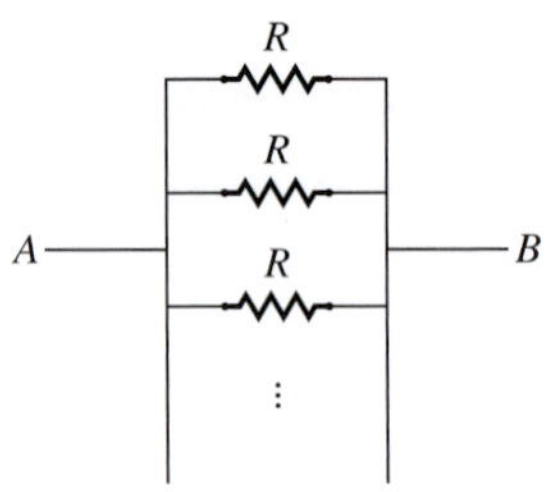

a) aumentará.

b) permanecerá a mesma.

c) diminuirá.

d) variará de uma maneira imprevisível.

5.8 Exercícios de sala de aula

Três lâmpadas incandescentes são ligadas em série com uma bateria que fornece uma diferença de potencial constante, V_{fem}. Se um fio for ligado à lâmpada 2 da maneira mostrada na figura, as lâmpadas 1 e 3

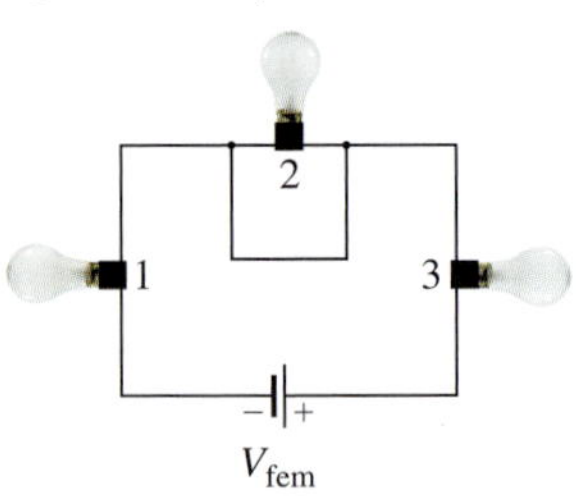

a) brilharão com a mesma intensidade de antes do fio ser ligado.

b) brilharão mais intensamente do que antes do fio ser ligado.

c) brilharão menos intensamente do que antes do fio ser ligado.

d) apagarão.

SIMPLIFIQUE

A queda de potencial em R_2, V_2, é igual à diferença de potencial na resistência equivalente R_{23}, V_{23}:

$$V_2 = V_{23} = iR_{23} = \frac{V_{fem}}{R_1 + R_{23} + R_4} R_{23} = \frac{R_{23} V_{fem}}{R_1 + R_{23} + R_4}. \qquad \text{(ii)}$$

Podemos isolar R_{23} na equação (i) para obter

$$R_{23} = \frac{R_2 R_3}{R_2 + R_3}.$$

Podemos então usar a equação (ii) para determinar a queda de potencial em V_2:

$$V_2 = \frac{\left(\dfrac{R_2 R_3}{R_2 + R_3}\right) V_{fem}}{R_1 + \left(\dfrac{R_2 R_3}{R_2 + R_3}\right) + R_4} = \frac{R_2 R_3 V_{fem}}{R_1 (R_2 + R_3) + R_2 R_3 + R_4 (R_2 + R_3)},$$

que pode ser reescrita na forma

$$V_2 = \frac{R_2 R_3 V_{fem}}{(R_1 + R_4)(R_2 + R_3) + R_2 R_3}.$$

CALCULE

Substituindo os valores numéricos fornecidos, obtemos

$$\begin{aligned} V_2 &= \frac{R_2 R_3 V_{fem}}{(R_1 + R_4)(R_2 + R_3) + R_2 R_3} \\ &= \frac{(51{,}0\ \Omega)(114{,}0\ \Omega)(149\ \text{V})}{(17{,}0\ \Omega + 55{,}0\ \Omega)(51{,}0\ \Omega + 114{,}0\ \Omega) + (51{,}0\ \Omega)(114{,}0\ \Omega)} \\ &= 48{,}9593\ \text{V}. \end{aligned}$$

ARREDONDE

Apresentamos nosso resultado com três algarismos significativos;

$$V = 49{,}0\ \text{V}.$$

SOLUÇÃO ALTERNATIVA

Talvez você esteja tentado a evitar completamente a solução analítica como temos feito aqui. Em vez disso, você pode desejar inserir valores numéricos antes, por exemplo, nas expressões para R_{23}. Assim, para avaliar nosso resultado, vamos determinar a corrente do circuito explicitamente e, então, calcular a queda de potencial em R_{23}, usando aquela corrente. A resistência equivalente de R_2 e R_3, ligados em paralelo, é

$$R_{23} = \frac{R_2 R_3}{R_2 + R_3} = \frac{(51{,}0\ \Omega)(114{,}0\ \Omega)}{51{,}0\ \Omega + 114{,}0\ \Omega} = 35{,}2\ \Omega.$$

A corrente do circuito é, então,

$$i = \frac{V_{fem}}{R_1 + R_{23} + R_4} = \frac{149{,}0\ \text{V}}{17{,}0\ \Omega + 35{,}2\ \Omega + 55{,}0\ \Omega} = 1{,}39\ \text{A}.$$

A queda de potencial em R_2 é, portanto,

$$V_2 = iR_{23} = (1{,}39\ \text{A})(35{,}2\ \Omega) = 48{,}9\ \text{V},$$

em concordância com nosso resultado dentro da margem de erro produzida pelos arredondamentos. Está comprovado que ambos os métodos produzem a mesma resposta.

Também podemos comprovar que a soma das quedas de potencial em R_1, R_{23} e R_4 é igual a V_{fem}, como deveria ser, pois estes três resistores estão ligados em série. A queda de potencial em R_1 é $V_1 = iR_1 = (1{,}39\ \text{A})(17{,}0\ \Omega) = 23{,}6$ V. Em R_4, a queda de potencial é $V_4 = iR_4 = (1{,}39\ \text{A})(55{,}0\ \Omega) = 76{,}5$ V. Assim, a queda de potencial total é $V_{total} = V_1 + V_{23} + V_4 = (23{,}6\ \text{V}) + (48{,}9\ \text{V}) + (76{,}5\ \text{V}) = 149$ V, que é igual a V_{fem}. Logo, nossa resposta é consistente.

5.7 Energia e potência em circuitos elétricos

Considere um circuito simples em que uma fonte de fem, com diferença de potencial ΔV, produz uma corrente, i. O trabalho necessário para a fonte de fem deslocar (dentro do dispositivo) uma quantidade de carga infinitesimal, dq, desde o terminal negativo da bateria até seu terminal positivo é igual ao aumento de energia potencial elétrica da carga, dU:

$$dU = dq\,\Delta V.$$

Lembrando que a corrente é definida como $i = dq/dt$, podemos reescrever a energia potencial elétrica infinitesimal como

$$dU = idt\,\Delta V.$$

Usando a definição de potência, $P = dU/dt$, junto com a expressão para a energia potencial infinitesimal, obtemos

$$P = \frac{dU}{dt} = \frac{i\,dt\,\Delta V}{dt} = i\Delta V.$$

Assim, o produto da corrente pela diferença de potencial é igual à potência fornecida pela fonte de fem. Pela conservação da energia, esta potência é igual à potência dissipada em um circuito contendo um resistor. Em um circuito mais complexo, cada resistor dissipará energia a uma taxa dada por esta equação, onde i e ΔV se referem à corrente e à diferença de potencial naquele resistor. A lei de Ohm (equação 5.9) conduz a diferentes formulações da expressão para a potência:

$$P = i\Delta V = i^2 R = \frac{(\Delta V)^2}{R}. \tag{5.18}$$

A unidade do SI para a potência é o watt (W). Dispositivos elétricos, como lâmpadas incandescentes, são especificados em termos da quantidade de potência que eles consomem. Sua conta elétrica depende de quanta energia é consumida por cada um deles, e tal energia é medida em quilowatt-hora (kW h).

Para onde vai essa energia? Esta questão será abordada quantitativamente no Capítulo 10, quando discutirmos correntes alternadas. Qualitativamente, boa parte ou a maior parte da energia dissipada em resistores é convertida em calor. Esse fenômeno é usado em lâmpadas incandescentes, onde o aquecimento de um filamento metálico a uma temperatura muito elevada o faz emitir luz. O calor dissipado em circuitos elétricos é um problema enorme em sistemas de computadores de grande porte e em "fazendas de servidores" (*server farms*) dos maiores bancos de dados. Tais sistemas de computadores usam milhares de processadores que podem ser paralelizados para aplicações computacionais. Cada um deles emite calor, e são necessárias instalações de resfriamento dispendiosas para mantê-los funcionando normalmente. Resulta que os custos de resfriamento é um dos rigorosos fatores limitantes ao tamanho desses supercomputadores.

Parte da energia dissipada em circuitos pode ser convertida em energia mecânica por meio de motores. O funcionamento de motores elétricos exige uma compreensão do magnetismo, e será abordado no próximo capítulo.

Transmissão de energia por corrente contínua em alta voltagem (HVDC)

A transmissão de energia elétrica desde as usinas de geração até os usuários da eletricidade é de grande interesse prático. Normalmente as usinas geradoras de energia elétrica estão localizadas em áreas remotas e, assim, a energia precisa ser transmitida por longas distâncias. Isso é especialmente verdadeiro no caso de fontes de energia ambientalmente limpas, tais como usinas hidroelétricas e grandes parques de geração a partir da luz solar, em desertos.

A potência, P, transmitida aos usuários é o produto da corrente, i, pela diferença de potencial, ΔV, na linha de transmissão: $P = i\Delta V$. Logo, a corrente necessária para uma dada potência é $i = P/\Delta V$, e uma diferença de potencial grande significa uma corrente baixa na linha de transmissão. A equação 5.18 indica que a potência dissipada em uma linha de transmissão elétrica, $P_{perdida}$, é dada por $P_{perdida} = i^2 R$. A resistência, R, da linha de transmissão é fixa; desse modo, diminuir a potência dissipada significa diminuir a corrente que flui na linha de transmissão. Tal redução é conseguida usando-se uma diferença de potencial elevada e uma cor-

(a)

(b)

Figura 5.21 (a) A estação que converte corrente alternada para corrente contínua da represa de Itaipu, no rio Paraná, entre o Brasil e o Paraguai. (b) A estação que converte a corrente contínua transmitida de volta para corrente alternada em São Paulo.

rente muito baixa na linha de transmissão. Olhando para a equação 5.18, você poderia argumentar que poderíamos também ter escrito $P_{\text{perdida}} = (\Delta V)^2/R$ e que uma diferença de potencial elevada significa grande perda de potência, em vez de uma perda pequena. Entretanto, nesta equação, ΔV representa a queda de potencial na linha inteira, e não a diferença de potencial sob a qual a corrente é transmitida. A queda de potencial através da linha é $V_{\text{queda}} = iR$, que é muito menor do que a elevada diferença de potencial usada para transmitir a energia elétrica. As expressões para a potência transmitida e a potência dissipada podem ser combinadas, resultando em $P_{\text{perdida}} = (P/\Delta V)^2 R = P^2 R/(\Delta V)^2$, ou seja, para uma dada quantidade de potência gerada, a potência dissipada diminui com o quadrado da diferença de potencial usada para transmitir a energia.

Normalmente, a geração e a transmissão de energia elétrica utilizam correntes alternadas. Como será visto no Capítulo 10, uma corrente alternada tem a vantagem de que a diferença de potencial associada pode ser facilmente elevada ou abaixada por meio de transformadores. Todavia, a corrente alternada tem a desvantagem inerente de produzir altas perdas de potência. Linhas de transmissão por corrente contínua e alta voltagem (*High Voltage Direct Current* ou HVDC, em inglês) não apresenta este problema e produz apenas perdas devido à resistência da linha de transmissão. Porém, as linhas de transmissão por HVDC requerem adicionalmente que a corrente alternada gerada seja convertida em corrente contínua para a transmissão, e reconvertida novamente para corrente alternada no destino.

Parte da energia elétrica utilizada no Brasil é produzida pela usina de Itaipu, no rio Paraná, entre o Brasil e o Paraguai. Parte da potência gerada pela usina hidroelétrica é transmitida pela maior linha de transmissão HVDC do mundo, ao longo de aproximadamente 800 km, desde Itaipu que até a cidade de São Paulo, uma das dez maiores áreas metropolitanas do mundo. A linha de transmissão conduz 6.300 MW de potência elétrica utilizando corrente contínua e uma diferença de potencial de ± 600 kV. A estação de Itaipu que converte a corrente alternada para corrente contínua é mostrada na Figura 5.21a. A estação de São Paulo, capital, que reconverte a corrente contínua transmitida de volta para corrente alternada é mostrada na Figura 5.21b.

Futuras aplicações da transmissão HVDC incluem a transmissão de potência gerada por usinas de energia solar, localizadas em áreas remotas no sudoeste dos Estados Unidos, para áreas densamente povoadas, como na Califórnia e no Texas.

5.3 Pausa para teste

Considere uma bateria de resistência interna R_i. Que resistência externa, R, esquentará mais quando estiver ligada a essa bateria?

EXEMPLO 5.5 Dependência com a temperatura da resistência de uma lâmpada incandescente

Uma lâmpada incandescente de 100 W é ligada em série com uma fonte de fem de $V_{\text{fem}} = 100$ V. Quando a lâmpada acende, a temperatura do filamento de tungstênio atinge 2.520°C.

PROBLEMA

Quanto vale a resistência do filamento da lâmpada quando se encontra à temperatura ambiente de 20°C?

SOLUÇÃO

Quando a lâmpada está acesa, a resistência do filamento pode ser obtida usando-se a equação 5.18:

$$P = \frac{V_{\text{fem}}^2}{R}.$$

Rearranjando esta equação e substituindo o valor numérico para obter a resistência do filamento:

$$R = \frac{V_{\text{fem}}^2}{P} = \frac{(100 \text{ V})^2}{100 \text{ W}} = 100 \ \Omega.$$

A dependência com a temperatura da resistência do filamento é dada pela equação 5.13:

$$R - R_0 = R_0 \alpha (T - T_0).$$

Isolando a resistência à temperatura ambiente, R_0, obtemos:

$$R = R_0 + R_0\alpha(T - T_0) = R_0[1 + \alpha(T - T_0)]$$

$$R_0 = \frac{R}{1 + \alpha(T - T_0)}.$$

Usando o coeficiente térmico da resistividade do tungstênio (Tabela 5.1), obtemos finalmente

$$R_0 = \frac{R}{1 + \alpha(T - T_0)} = \frac{100\ \Omega}{1 + (4{,}5 \cdot 10^{-3}\ °\text{C}^{-1})(2520\ °\text{C} - 20\ °\text{C})} = 8{,}2\ \Omega.$$

5.9 Exercícios de sala de aula

Uma corrente de 2,00 A é mantida fluindo em um circuito com uma resistência total de 5,00 Ω. Quanto calor é gerado durante 4,00 s?

a) 55,2 J
b) 80,0 J
c) 116 J
d) 168 J
e) 244 J

5.8 Diodos: vias de mão única em circuitos

Na Seção 5.4, dissemos que muitos resistores obedecem à lei de Ohm. Foi observado, entretanto, que também existem resistores não ôhmicos, que não satisfazem à lei de Ohm. Um exemplo muito comum e extremamente útil é o *diodo*. Trata-se de um dispositivo eletrônico projetado para conduzir corrente em apenas um sentido, e não no outro. Lembre-se de que, na Figura 5.2c, foi mostrado que uma lâmpada incandescente ainda brilhava quando a bateria tinha sua ligação invertida. Se um diodo (representado pelo símbolo —▷|—) fosse colocado no circuito, ele impediria a corrente de fluir quando a polaridade da diferença de potencial provida pela bateria fosse invertida; veja a Figura 5.22. O diodo atua como uma via de mão única para a corrente.

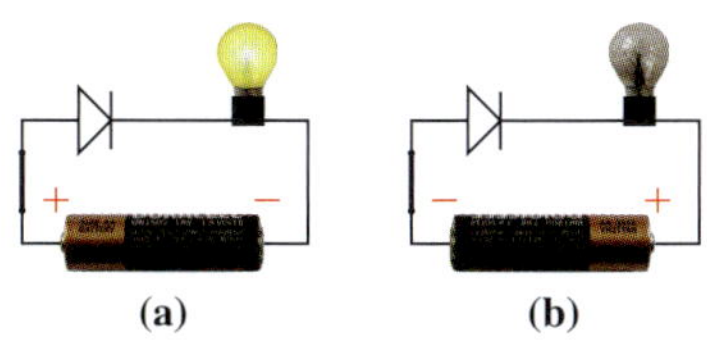

Figura 5.22 (a) O circuito da Figura 5.2c, com um diodo incluído. (b) A inversão da diferença de potencial da bateria faz com que a corrente deixe de fluir, e a lâmpada incandescente de brilhar.

A Figura 5.23 mostra o gráfico da corrente *versus* diferença de potencial em um resistor ôhmico de 3Ω e para um diodo de silício. O resistor obedece à lei de Ohm, com a corrente fluindo em sentido oposto quando a diferença de potencial é negativa. A curva do gráfico corrente *versus* diferença de potencial do resistor é uma linha reta com declividade de 1/3 (Ω). O diodo de silício é confeccionado de modo a não conduzir qualquer corrente quando existir uma diferença de potencial negativa aplicada a ele. Este diodo de silício, como a maioria deles, conduzirá corrente se a diferença de potencial for de valor superior a 0,7 V. Para diferenças de potencial maiores do que este limiar, o diodo se comporta essencialmente como um condutor; abaixo deste valor, ele não conduzirá corrente. A corrente no diodo acima da diferença de potencial limiar aumenta exponencialmente; ela pode até mesmo parecer instantânea, como visto na Figura 5.23.

Os diodos são usados para converter corrente alternada em corrente contínua, como veremos no Capítulo 10. Os princípios físicos fundamentais que embasam o funcionamento dos diodos requerem a compreensão da mecânica quântica.

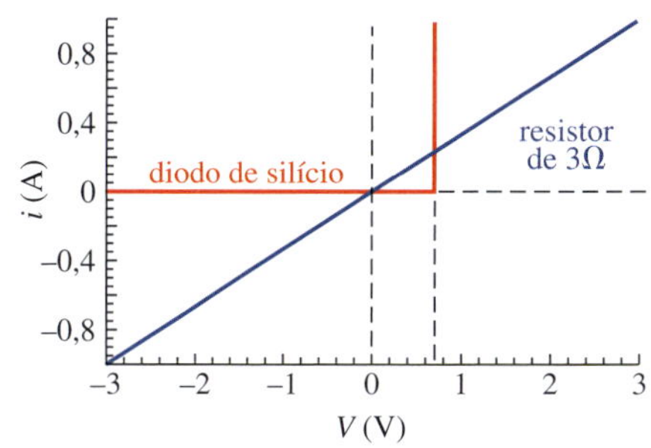

Figura 5.23 Corrente em função da diferença de potencial em um resistor (azul) e em um diodo (vermelho).

Um tipo de diodo especialmente útil é o diodo emissor de luz, geralmente referido como LED (abreviatura para o termo inglês *light-emitting diode*), que não apenas é capaz de regular a corrente em um circuito, mas também emite luz de um único comprimento de onda de uma maneira muito controlada. Foram produzidos LEDs que emitem luz em diferentes comprimentos de onda, e eles emitem luz com eficiência muito maior do que as lâmpadas convencionais o fazem. A intensidade luminosa é medida em lumens (lm). As fontes luminosas podem ser comparadas umas às outras em termos de quantos lumens elas produzem por watt de potência elétrica a ela fornecida. Na última década, a pesquisa intensiva na tecnologia de LEDs resultou em um enorme aumento na quantidade de lumens fornecida por watt por estes dispositivos, atingindo valores de até 130 a 170 lm/W. Isso se compara muito favoravelmente com as lâmpadas incandescentes convencionais (na faixa entre 5 e 20 lm/W), lâmpadas de halogênio (20 a 30 lm/W) e mesmo lâmpadas fluorescentes de alto rendimento (de 30 a 95 lm/W). Os preços dos LEDs (em especial, dos LEDs "brancos") ainda são relativamente altos, mas se espera que diminuam significativamente. Os Estados Unidos usam cerca de 100 bilhões de kW de energia elétrica apenas para iluminação a cada ano, o que corresponde a cerca de 10% do consumo de energia do país. O uso universal de iluminação por LEDs poderia economizar de 70% a 90% desses 100 bilhões de kW h, aproximadamente a energia elétrica gerada por 10 usinas nucleares (de $\sim$ 1 GW cada).

Os LEDs também são usados em telas grandes, onde alta luminosidade é desejável. Talvez a mais impressionante delas seja a que foi usada na cerimônia de abertura dos Jogos Olímpicos de Pequim de 2008 (Figura 5.24). Nela foram usados 44.000 LEDs individuais, e sua extensão era de surpreendentes 147 m por 22 m.

Figura 5.24 Tela de LED gigante usada durante a cerimônia de abertura dos Jogos Olímpicos de Pequim de 2008.

O QUE JÁ APRENDEMOS | GUIA DE ESTUDO PARA EXERCÍCIOS

- A corrente, i, é definida como a taxa segundo a qual a carga, q, flui por um ponto particular: $i = \frac{dq}{dt}$.
- O módulo da densidade de corrente média, J, em uma dada seção transversal de área A de um condutor é dado por $J = \frac{i}{A}$.
- O módulo da densidade de corrente, J, está relacionado ao módulo da velocidade de deriva, v_d, dos portadores de carga $-e$, é dado por $J = \frac{i}{A} = -nev_d$, onde n é o número de portadores de carga por unidade de volume.
- A resistividade de um material, ρ, é definida em termos do módulo do campo elétrico aplicado através do material, E, e a densidade de corrente decorrente, J: $\rho = \frac{E}{J}$.
- A resistência, R, de um dispositivo específico feito de material de resistividade ρ, tendo um comprimento L e uma área de seção transversal A constante, é $R = \rho\frac{L}{A}$.
- A dependência com a temperatura da resistividade de um material é dada por $\rho - \rho_0 = \rho_0\alpha(T - T_0)$, onde ρ é a resistividade final, ρ_0 é a resistividade inicial α é o coeficiente térmico da resistividade elétrica, T é a temperatura final, e T_0 a inicial.
- A força eletromotriz, ou fem, é uma diferença de potencial criada por um dispositivo que fornece corrente ao circuito.
- A lei de Ohm estabelece que, quando existe uma diferença de potencial, ΔV, ao longo de um resistor, R, a corrente, i, que flui através dele é $i = \frac{\Delta V}{R}$.
- Resistores ligados em série podem ser substituídos por um único resistor de resistência equivalente, R_{eq}, dada pela soma das resistências individuais dos resistores da associação: $R_{eq} = \sum_{i=1}^{n} R_i$.
- Resistores conectados em paralelo podem ser substituídos por um único resistor de resistência equivalente, R_{eq}, dada por $\frac{1}{R_{eq}} = \sum_{i=1}^{n}\frac{1}{R_i}$.
- A potência, P, dissipada em um resistor pelo qual passa uma corrente, i, é dada por $P = i\Delta V = i^2R = \frac{(\Delta V)^2}{R}$, onde ΔV é queda de potencial no resistor.

TERMOS-CHAVE

ampère, p. 130
baterias, p. 140
coeficiente térmico da resistividade elétrica, p. 138
condutância, p. 135
condutividade, p. 136
corrente contínua, p. 131
corrente elétrica, p. 130
densidade de corrente, p. 132
força eletromotriz (fem), p. 140
lei de Ohm, p. 135
ohm, p. 135
queda de potencial, p. 141
resistência, p. 135
resistividade, p. 135
supercondutores, p. 139
velocidade de deriva, p. 132

NOVOS SÍMBOLOS E EQUAÇÕES

$i = \frac{dq}{dt}$, corrente

$\vec{v}_d$, velocidade de deriva dos portadores de carga

$J = \frac{i}{A}$, densidade de corrente

ρ, resistividade

$R = \rho\frac{L}{A}$, resistência

V_{fem}, diferença de potencial de uma fonte de fem

α, coeficiente térmico da resistividade

RESPOSTAS DOS TESTES

5.1 $\frac{700 \text{ mAh}}{0,1 \text{ mA}} = 7000 \text{ h} \approx 292 \text{ dias}.$

5.2 $\Delta V = iR \Rightarrow i = \frac{\Delta V}{R} = \frac{1,50 \text{ V}}{10,0\ \Omega} = 0,150 \text{ A}.$

5.3 O máximo aquecimento do resistor externo ocorre quando a resistência externa é igual à resistência interna.

$$V_t = V_{fem} + iR_i = i(R + R_i)$$

$$P_{térmica} = i^2R = \frac{V_t^2R}{(R + R_i)^2}$$

$$\frac{dP_{\text{térmica}}}{dR} = -\frac{2V_t^2 R}{(R+R_i)^3} + \frac{V_t^2}{(R+R_i)^2} = 0 \text{ em um extremo.}$$

A partir disso, segue que $R = R_i$.

Você pode comprovar que este extremo é um máximo obtendo a derivada segunda no ponto $R = R_i$. Você encontrará:

$$\left.\frac{d^2 P_{\text{térmica}}}{dR^2}\right|_{R=R_i} = V_t^2\left(\frac{6}{16R^3} - \frac{5}{8R^3}\right) = -\frac{V_t^2}{R^3}\left(\frac{1}{2}\right) < 0.$$

GUIA DE RESOLUÇÃO DE PROBLEMAS

1. Se, como parte do enunciado de um problema, o diagrama de um circuito não é fornecido, desenhe-o você mesmo, indicando todos os valores fornecidos e os componentes desconhecidos. Indique o sentido da corrente, começando da fonte de fem. (Não se preocupe se o sentido da corrente que você indicou em seu diagrama está errado; se você o tiver escolhido equivocadamente, a resposta final para a corrente será um número negativo.)

2. Uma fonte de fem fornece uma diferença de potencial a um circuito, enquanto resistores reduzem o potencial ao longo do circuito. Porém, tenha o cuidado de checar a polaridade da diferença de potencial da fonte de fem em relação ao sentido da corrente; se a corrente fluir em sentido oposto ao da diferença de potencial de uma fonte de fem, considere tal diferença de potencial como negativa.

3. A soma das quedas de potencial nos resistores de um circuito é igual ao valor da fem aplicada ao circuito. (Isso é uma consequência do princípio de conservação da energia.)

4. Em qualquer segmento de um circuito, a corrente é a mesma em todo lugar. (Isso é uma consequência do princípio de conservação da carga.)

PROBLEMA RESOLVIDO 5.4 Tamanho de fio em uma linha de transmissão

PROBLEMA

Imagine que você esteja projetando uma linha de transmissão HVDC desde a usina de Itaipu, no rio Paraná, entre o Brasil e o Paraguai, para a cidade de São Paulo. A linha de transmissão tem 800 km de comprimento e transmite 6.300 MW de potência a uma diferença de potencial de 1,20 MV. (A Figura 5.25 mostra uma linha HVDC.)

A companhia elétrica exige que não mais de 25% da potência seja perdida na transmissão. Se a linha consiste em um fio de cobre, de seção transversal circular, qual deve ser o diâmetro mínimo do fio?

Figura 5.25 Linha de transmissão HVDC.

SOLUÇÃO

PENSE

Conhecendo-se a potência transmitida e a diferença de potencial sob a qual isso se dá, podemos determinar a corrente na linha. Então poderemos expressar a perda de potência em termos da resistência da linha de transmissão. Com a corrente e a resistência do fio, poderemos escrever uma expressão para a perda de potência na transmissão. A resistência do fio é uma função do diâmetro do fio, de seu comprimento e da resistividade do cobre. Então poderemos isolar o diâmetro do fio que manterá a perda de potência dentro do limite estabelecido.

DESENHE

A Figura 5.26 traz um esboço de um fio de cobre de comprimento L e diâmetro d.

PESQUISE

A potência, P, transmitida pela linha está relacionada à corrente, i, e à diferença de potencial, ΔV: $P = i\Delta V$. A potência perdida na transmissão, P_{perdida}, pode ser relacionada (veja a equação 5.18) à corrente no fio e à resistência, R, do mesmo:

$$P_{\text{perdida}} = i^2 R. \quad \text{(i)}$$

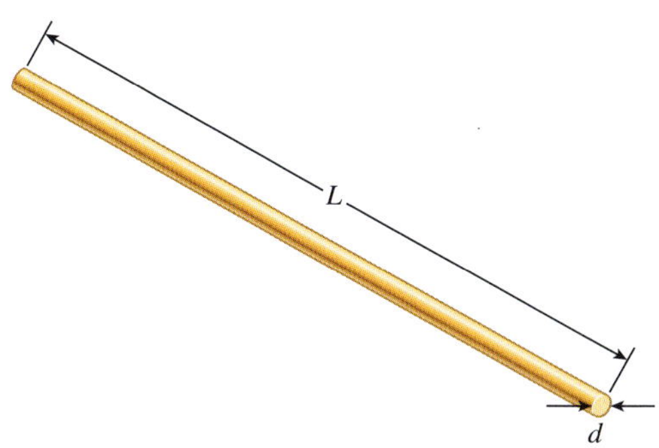

Figura 5.26 Uma linha de transmissão HVDC formada por um fio condutor de cobre (a figura não está em escala).

Continua →

A resistência do fio é dada pela equação 5.11:

$$R = \rho_{Cu}\frac{L}{A}, \tag{ii}$$

onde ρ_{Cu} é a resistividade do cobre, L é o comprimento do fio e A é a área de sua seção transversal.
A área da seção transversal do fio é a de um círculo:

$$A = \pi\left(\frac{d}{2}\right)^2 = \frac{\pi d^2}{4},$$

onde d é o diâmetro do fio. Assim, com A substituída pela área do círculo, a equação (ii) assume a forma

$$R = \rho_{Cu}\frac{L}{\pi d^2/4}. \tag{iii}$$

SIMPLIFIQUE

Podemos isolar a corrente do fio a partir de $P = i\Delta V$:

$$i = \frac{P}{\Delta V}.$$

Usando esta expressão para a corrente junto com a da resistência, equação (iii), na equação (i) para a potência, obtemos

$$P_{\text{perdida}} = \left(\frac{P}{\Delta V}\right)^2\left(\rho_{Cu}\frac{L}{\pi d^2/4}\right) = \frac{4P^2\rho_{Cu}L}{\pi(\Delta V)^2 d^2}.$$

A fração da perda de potência em relação à potência total, f, é

$$\frac{P_{\text{perdida}}}{P} = \frac{\left(\dfrac{4P^2\rho_{Cu}L}{\pi(\Delta V)^2 d^2}\right)}{P} = \frac{4P\rho_{Cu}L}{\pi(\Delta V)^2 d^2} = f.$$

Isolando o diâmetro do fio a partir desta relação, obtemos

$$d = \sqrt{\frac{4P\rho_{Cu}L}{f\pi(\Delta V)^2}}.$$

CALCULE

Substituindo os valores numéricos fornecidos, encontramos

$$d = \sqrt{\frac{4\left(6300\cdot 10^6\ \text{W}\right)\left(1{,}72\cdot 10^{-8}\ \Omega\,\text{m}\right)\left(800\cdot 10^3\ \text{m}\right)}{(0{,}25)\pi\left(1{,}20\cdot 10^6\ \text{V}\right)^2}} = 0{,}0175099\ \text{m}.$$

ARREDONDE

Arredondando para três algarismos significativos, o diâmetro mínimo do fio de cobre é

$$d = 1{,}75\ \text{cm}.$$

SOLUÇÃO ALTERNATIVA

Para avaliar nosso resultado, vamos calcular a resistência desta linha de transmissão. Usando o valor que calculamos para o diâmetro, podemos determinar a área da seção transversal e, então, usando a equação 5.11, obtendo

$$R = \rho_{Cu}\frac{L}{\pi d^2/4} = \frac{4\rho_{Cu}L}{\pi d^2} = \frac{4\left(1{,}72\cdot 10^{-8}\ \Omega\,\text{m}\right)\left(800\cdot 10^3\ \text{m}\right)}{\pi\left(1{,}75\cdot 10^{-2}\ \text{m}\right)^2} = 57{,}2\ \Omega.$$

A corrente transmitida é

$$i = \frac{P}{V} = \frac{6300 \cdot 10^6 \text{ W}}{1{,}20 \cdot 10^6 \text{ V}} = 5250 \text{ A}.$$

E a potência perdida, é igual a

$$P = i^2R = (5.250 \text{ A})^2(57{,}2\ \Omega) = 1.580 \text{ MW},$$

o que está próximo (dentro do erro de arredondamento) de 25% da potência total de 6.300 W. Portanto, nosso resultado é plausível.

QUESTÕES DE MÚLTIPLA ESCOLHA

5.1 Se a corrente em um resistor for aumentada por um fator 2, de que maneira isso afetará a potência dissipada?

a) Ela diminuirá por fator 4.

b) Ela aumentará por um fator 2.

c) Ela diminuirá por um fator 8.

d) Ela aumentará por um fator 4.

5.2 Você faz uma associação de resistores em paralelo que consiste em um resistor A de resistência muito grande e um resistor B de resistência muito baixa. A resistência equivalente desta associação será

a) ligeiramente maior do que a resistência do resistor A.

b) ligeiramente menor do que a resistência do resistor A.

c) ligeiramente maior do que a resistência do resistor B.

d) ligeiramente menor do que a resistência do resistor B.

5.3 Dois fios cilíndricos, 1 e 2, feitos do mesmo material, possuem a mesma resistência. Se o comprimento do fio 2 for duas vezes maior do que o do fio 1, qual será a razão entre as áreas, A_1 e A_2, de suas seções transversais?

a) $A_1/A_2 = 2$

b) $A_1/A_2 = 4$

c) $A_1/A_2 = 0{,}5$

d) $A_1/A_2 = 0{,}25$

5.4 Todas as três lâmpadas incandescentes do circuito mostrado na figura são idênticas. Qual delas brilha mais intensamente?

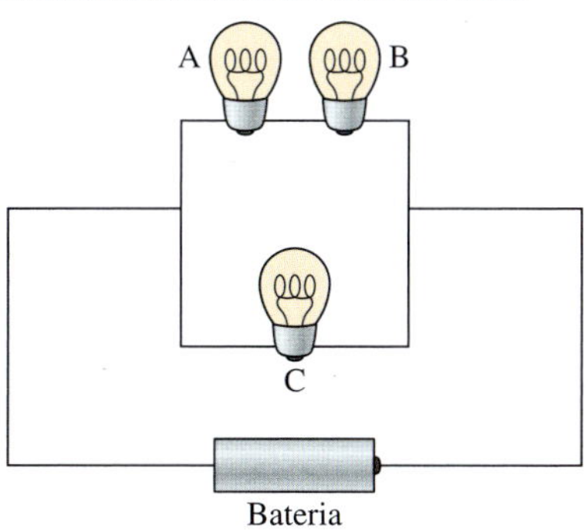

a) A

b) B

c) C

d) A e B

e) Todas brilham igualmente.

5.5 Todas as lâmpadas incandescentes do circuito mostrado na figura são idênticas. Que ordenamento expressa corretamente o brilho relativo das lâmpadas? (*Dica*: quanto maior for a corrente em uma lâmpada, mais intensamente ela brilhará!)

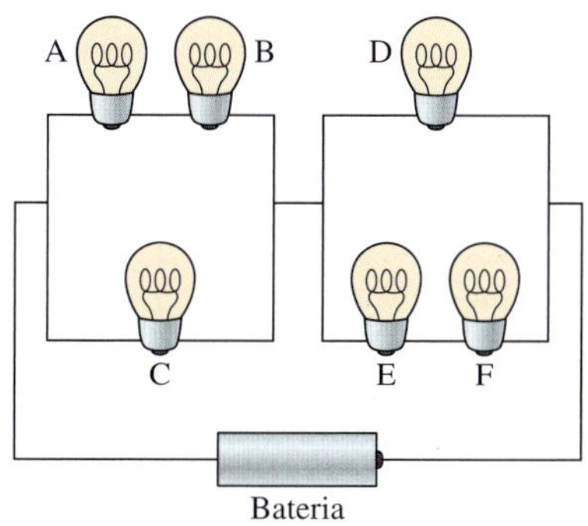

a) A = B > C = D > E = F

b) A = B = E = F > C = D

c) C = D > A = B = E = F

d) A = B = C = D = E = F

5.6 Qual das associações de três lâmpadas incandescentes idênticas mostradas na figura usa mais corrente da bateria?

a) A

b) B

c) C

d) Todas usam uma mesma corrente.

e) A e C estão ligados de modo a drenar a maior corrente.

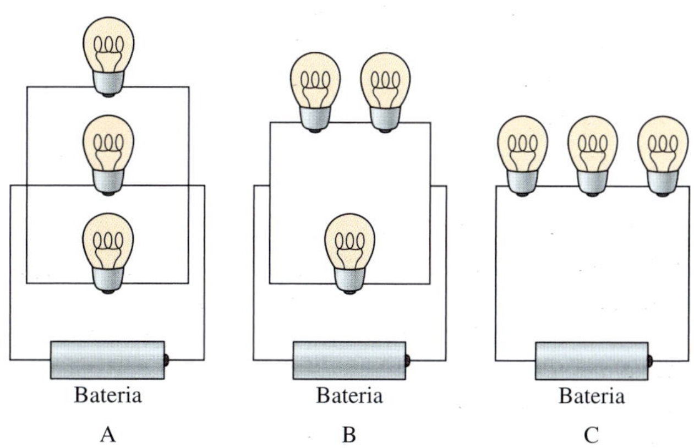

5.7 Qual das associações de três lâmpadas incandescentes idênticas mostradas na figura tem a maior resistência?

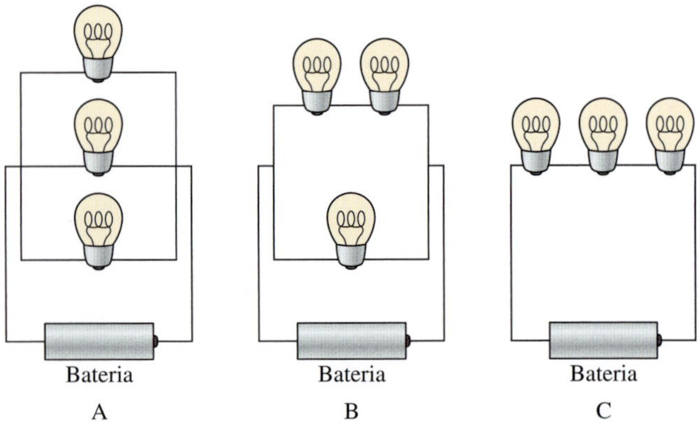

a) A
b) B
c) C
d) As três possuem a mesma resistência.
e) A e C estão ligados de modo a ter a maior resistência.

5.8 Três lâmpadas idênticas são ligadas como mostrado na figura. Inicialmente, a chave está fechada. Quando ela é aberta (como mostrado na figura), a lâmpada C deixa de brilhar. O que acontece às lâmpadas A e B?

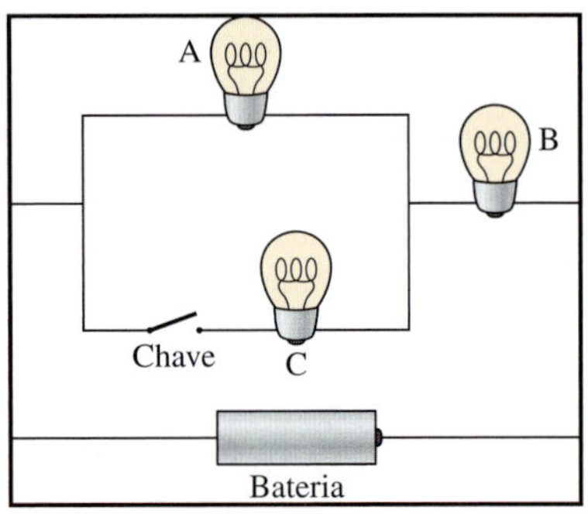

a) A lâmpada A brilha mais intensamente, e a lâmpada B, mais fracamente.

b) As duas lâmpadas brilham igualmente.

c) As duas lâmpadas brilham menos intensamente.

d) A lâmpada A brilha menos intensamente, e a lâmpada B, mais intensamente.

5.9 Por qual dos seguintes fios passa a maior corrente?

a) Um fio de cobre de 1 m de comprimento e 1 mm de diâmetro ligado a uma bateria de 10 V.

b) Um fio de cobre de 0,5 m de comprimento e 0,5 mm de diâmetro ligado a uma bateria de 5 V.

c) Um fio de cobre de 2 m de comprimento e 2 mm de diâmetro ligado a uma bateria de 20 V.

d) Um fio de cobre de 1 m de comprimento e 0,5 mm de diâmetro ligado a uma bateria de 5 V.

e) Um mesmo valor de corrente percorre os quatro fios acima.

5.10 A lei de Ohm estabelece que a diferença de potencial em um dispositivo é igual ao produto da

a) corrente que flui pelo dispositivo pela sua resistência.

b) corrente que flui pelo dispositivo pela sua resistência.

c) resistência do dispositivo pela corrente que o atravessa.

d) corrente que flui pelo dispositivo pela área de sua seção transversal.

e) corrente que flui pelo dispositivo pelo seu comprimento.

5.11 Um campo elétrico constante é mantido no interior de um semicondutor. Quando a temperatura é baixada, o módulo da densidade de corrente dentro do material

a) aumenta.
b) permanece a mesma.
c) diminui.
d) pode aumentar ou diminuir.

5.12 Qual das seguintes afirmações é correta?

a) A corrente em dispositivos eletrônicos ligados em série é a mesma.

b) As quedas de potencial em dispositivos eletrônicos ligados em paralelo são iguais.

c) Uma corrente maior flui por uma resistência pequena quando dois resistores estão ligados em paralelo.

d) Uma corrente maior flui por uma resistência pequena quando dois resistores estão ligados em série.

QUESTÕES

5.13 O que aconteceria à corrente de deriva dos elétrons de um fio se a resistência devido às colisões dos elétrons com a rede cristalina do metal desaparecesse?

5.14 Por que as lâmpadas incandescentes normalmente queimam logo após serem ligadas e não quando estão acesas?

5.15 Duas lâmpadas incandescentes idênticas são ligadas a uma bateria. Elas brilharão mais intensamente se forem ligadas em série ou em paralelo?

5.16 Dois resistores de resistências R_1 e R_2 são ligados em paralelo. Demonstre que, não importando quais sejam os valores de R_1 e de R_2, a resistência equivalente sempre será menor do que a menor das duas resistências.

5.17 Mostre que, no caso de resistores ligados em série, é sempre o de maior resitência que dissipa a maior potência, ao passo que, no caso de resistores ligados em paralelo, é sempre o de menor resistência a dissipar maior potência.

5.18 Para a ligação mostrada na figura, determine a corrente i_1 em termos da corrente total, i, e de R_1 e R_2.

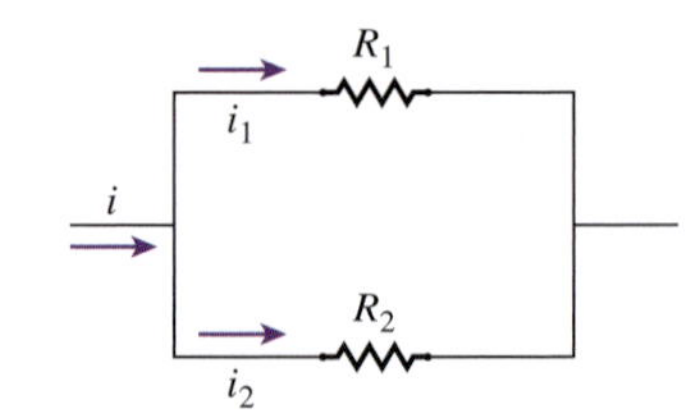

5.19 Um número infinito de resistores é ligado em paralelo. Se $R_1 = 10\ \Omega$, $R_2 = 10^2\ \Omega$, $R_3 = 10^3\ \Omega$ e assim por diante, mostre que $R_{eq} = 9\ \Omega$.

5.20 Você dispõe de duas baterias idênticas e dois pedaços de fios. O fio vermelho tem uma resistência maior que a do fio preto. Você liga o fio vermelho aos terminais de uma das baterias, e o fio preto aos da outra. Qual deles esquentará mais?

5.21 As lâmpadas incandescentes (lâmpadas incandescentes comuns com filamentos de tungstênio) podem ser consideradas como resistores ôhmicos? Em caso positivo ou negativo, explique a razão. Como isso poderia ser determinado experimentalmente?

5.22 Um feixe de partículas carregadas é usado para injetar uma carga, Q_0, em uma região pequena e irregular no interior de um bloco (não uma cavidade, mas apenas uma depressão no bloco sólido) de material ôhmico de condutividade σ e permissividade ϵ, no instante $t = 0$. Toda a carga injetada se moverá para a superfície externa do bloco, mas com que velocidade?

a) Derive uma equação diferencial para a carga, $Q(t)$, na região de injeção, em função do tempo.

b) Resolva a equação obtida no item anterior e obtenha $Q(t)$ para todo $t \geq 0$.

c) Para o cobre, que é um bom condutor, e para o quartzo (SiO_2 na forma cristalina), que é um isolante, determine o tempo necessário para que a carga injetada na pequena região diminua pela metade. Procure pelos valores numéricos necessários. Considere que a "constante dielétrica" efetiva do cobre seja 1,00000.

5.23 Mostre que a velocidade de deriva dos elétrons livres de um fio de fato não depende da área da seção transversal do fio.

5.24 Ordene os brilhos das seis lâmpadas incandescentes idênticas do circuito da figura. Cada lâmpada pode ser considerada como um resistor idêntico de resistência R.

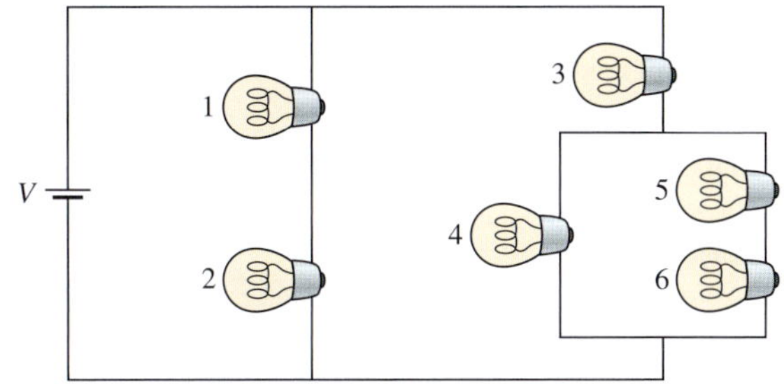

5.25 Dois condutores de mesmo comprimento e mesmo raio são ligados à mesma fonte de fem. Se a resistência de um dos condutores é duas vezes maior do que a do outro, a qual deles é fornecida a maior potência?

PROBLEMAS

Um • ou dois •• indicam nível crescente de dificuldade do problema.

Seções 5.1 e 5.2

5.26 Quantos prótons existem no feixe que se move quase à velocidade da luz no Tevatron do Fermilab, que corresponde a uma corrente de 11 mA ao redor do anel principal de 6,3 km de circunferência do Tevatron?

5.27 Quanto vale a densidade de corrente em um fio de alumínio de 1 mm de raio, por onde flui uma corrente de 1 mA? Quanto vale a velocidade de deriva dos elétrons que formam essa corrente? A densidade do alumínio é de 2.700 kg/m^3, e 1 mol de alumínio possui uma massa de 26,98 g. Há um elétron de condução por átomo do alumínio.

•5.28 Um fio de cobre com um diâmetro $d_{Cu} = 0{,}0500$ cm, com 3,00 m de comprimento, possui uma densidade de portadores de carga igual a $8{,}50 \cdot 10^{28}$ elétrons/m^3. Como mostrado na figura, o fio de cobre está preso a um fio de alumínio de igual comprimento, um diâmetro $d_{Al} = 0{,}0100$ cm e uma densidade de portadores de carga de $6{,}02 \cdot 10^{28}$ elétrons/m^3. Um corrente de 0,400 A flui pelo fio de cobre.

a) Qual é a razão entre as densidades de corrente nos dois fios, J_{Cu}/J_{Al}?

b) Qual é a razão entre as velocidades de deriva nos dois fios, $v_{d\text{-}Cu}/v_{d\text{-}Al}$?

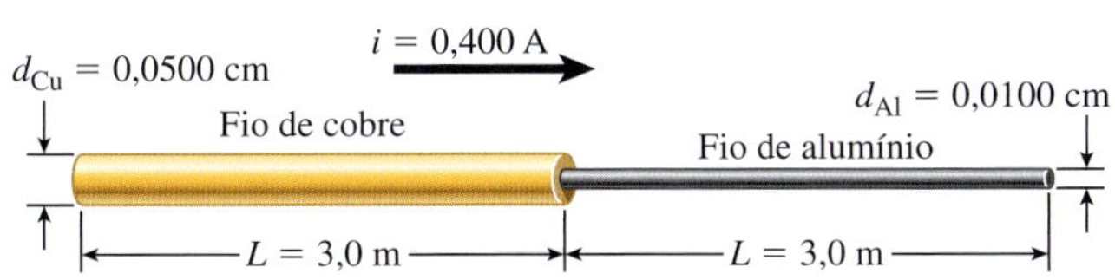

•5.29 Uma corrente de 0,123 mA flui em um fio de prata cuja seção transversal tem área de 0,923 mm^2.

a) Determine a densidade de elétrons do fio, considerando que exista um elétron de condução por átomo de prata.

b) Determine a densidade de corrente do fio considerando que a corrente seja uniforme.

c) Determine a velocidade de deriva dos elétrons.

Seção 5.3

5.30 Qual é a resistência de um fio de cobre de comprimento $L = 10{,}9$ m e diâmetro $d = 1{,}3$ mm? A resistividade do cobre vale $1{,}72 \cdot 10^{-8}\ \Omega$ m.

5.31 Dois condutores são feitos do mesmo material e têm o mesmo comprimento L. O condutor A é um tubo oco com diâmetro interno de 2,00 mm e diâmetro externo de 3,00 mm; o condutor B é um fio maciço com raio R_B. Que valor de R_B é necessário para que os dois condutores tenham a mesma resistência, medida entre suas extremidades?

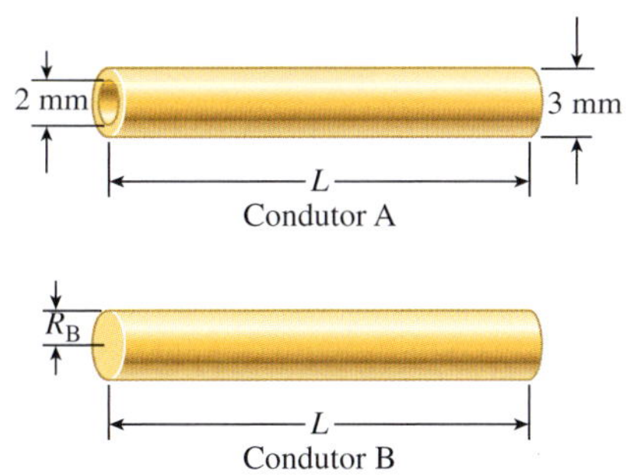

5.32 Uma bobina de cobre tem uma resistência de 0,1 Ω à temperatura ambiente. Qual será sua resistência quando ele for resfriado a −100°C?

5.33 Qual é o calibre de um fio de alumínio que tem a mesma resistência por unidade de comprimento que um fio de cobre calibre 12?

5.34 Uma placa retangular de silício puro, com resistividade $\rho = 2.300\ \Omega$ m, mede 2,00 cm × 3,00 cm × 0,010 cm. Determine a resistência máxima desta placa retangular entre qualquer par de faces.

• **5.35** Um fio de cobre com 1 m de comprimento e 0,5 mm de raio é esticado para 2 m de comprimento final. Qual é a variação fracionária da resistência, $\Delta R/R$, ocorrida com o estiramento? Quanto vale esta razão para um fio com as mesmas dimensões iniciais dadas no enunciado, feito de alumínio?

• **5.36** O material mais usado para fazer lixas de papel, o carbureto de silício, também é muito usado em aplicações elétricas. Um dispositivo comum é um resistor tubular feito de um tipo especial de carbureto de silício chamado de *carborundum*. Um resistor de carborundum particular (veja a figura) consiste em uma casca cilíndrica grossa (um pedaço de cano) de raio interno a = 1,5 cm, raio externo b = 2,5 cm e comprimento L = 60 cm. A resistência deste resistor, a 20°C, é de 1 Ω.

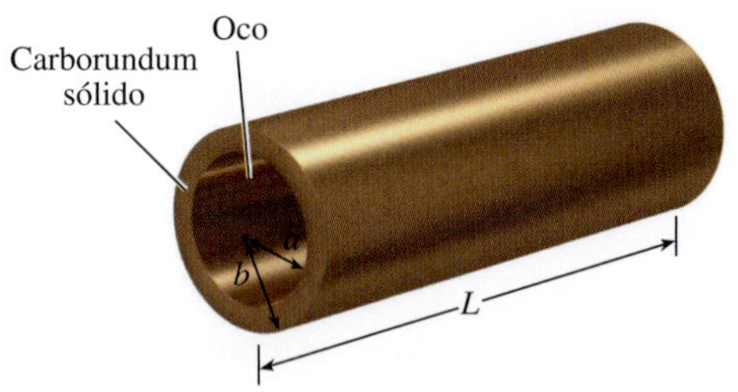

a) Determine a resistividade do carborundum à temperatura ambiente. Compare este valor com as resistividades dos condutores mais comumente usados (cobre, alumínio e prata).

b) O carborundum possui um elevado coeficiente térmico da resistividade: $\alpha = 2{,}14 \cdot 10^{-3}\ \mathrm{K}^{-1}$. Se, em uma aplicação particular, o resistor de carborundum esquentar até 300°C, qual será a variação percentual de sua resistência entre a temperatura ambiente (20°C) e a temperatura de operação?

•• **5.37** Como ilustra a figura, uma corrente i flui pela junção de dois materiais de mesma área de seção transversal e de condutividades σ_1 e σ_2. Mostre que a quantidade total de carga na junção é $\epsilon_0 i(1/\sigma_2 - 1/\sigma_1)$.

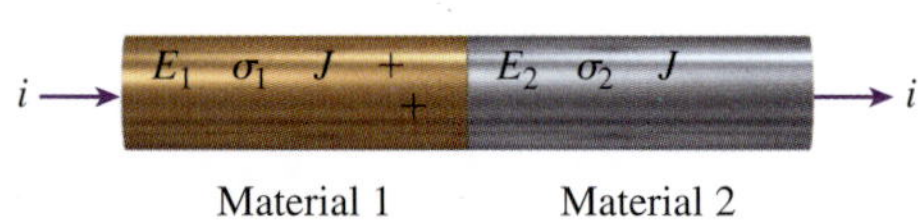

Seção 5.4

5.38 Uma diferença de potencial de 12,0 V é aplicada entre as extremidades de um fio com área de seção transversal de 4,5 mm^2 e comprimento de 1.000 km. A corrente que flui pelo fio é de $3{,}2 \cdot 10^{-3}$ A.

a) Quanto vale a resistência do fio?

b) Que tipo de fio é este?

5.39 Uma marca de bateria automotiva de 12,0 V costumava trazer anunciado "Regulação de amperagem de arranque a frio para 600 amps". Considerando que esta seja a corrente que a bateria fornecerá se seus terminais forem curto-circuitados, isto é, ligados um ao outro por uma resistência desprezível, determine a resistência interna da bateria. (IMPORTANTE: não tente fazer este tipo de ligação, ela poderia ser letal!)

5.40 Um fio de cobre tem um raio r = 0,0250 cm, um comprimento de 3,00 m, uma resistividade $\rho = 1{,}72 \cdot 10^{-8}\ \Omega$ m, e por ele passa uma corrente de 0,400 A. O fio tem uma densidade de portadores de carga de $8{,}50 \cdot 10^{28}$ elétrons/m^3.

a) Quanto vale a resistência, R, do fio?

b) Qual é a diferença de potencial, ΔV, entre as extremidades do fio?

c) Qual é a intensidade do campo elétrico, E, dentro do fio?

• **5.41** Um fio de cobre calibre 34, com uma diferença de potencial constante de 0,1 V aplicada através de seu comprimento de 1 m à temperatura ambiente, é resfriado para a temperatura do nitrogênio líquido (77 K = −196°C).

a) Determine a variação percentual da resistência do fio durante tal queda de temperatura.

b) Determine a variação percentual da corrente que percorre o fio.

c) Compare a velocidade de deriva dos elétrons para as duas temperaturas.

Seção 5.5

5.42 Um resistor de resistência desconhecida e outro resistor de 35 Ω estão ligados a uma fonte de fem de 120 V de uma maneira tal que 11 A de corrente passam pela fonte. Qual é o valor da resistência desconhecida?

5.43 Uma bateria fornece uma diferença de potencial de 14,50 V quando não se encontra ligada a um circuito. Quando uma resistência de 17,91 Ω é ligada entre seus terminais, a diferença de potencial da bateria cai para 12,68 V. Quanto vale a resistência interna da bateria?

5.44 Quando uma bateria é ligada a um resistor de 100 Ω, a corrente produzida é de 4,00 A. Quando a mesma bateria é ligada a outro resistor de 400 Ω, a corrente é de 1,01 A. Determine a fem fornecida pela bateria e sua resistência interna.

• **5.45** Uma lâmpada incandescente é ligada a uma fonte de fem. Há uma queda de potencial de 6,20 V na lâmpada, e uma corrente de 4,1 A passa por ela.

a) Quanto vale a resistência da lâmpada incandescente?

b) Uma segunda lâmpada, idêntica à outra, é ligada em série com a primeira. A queda de potencial nas lâmpadas é agora de 6,29 V, enquanto a corrente é de 2,9 A. Determine a resistência de cada lâmpada.

c) Por que suas respostas aos dois itens anteriores não são iguais?

Seção 5.6

5.46 Quanto vale a corrente no resistor de 10 Ω do circuito da figura?

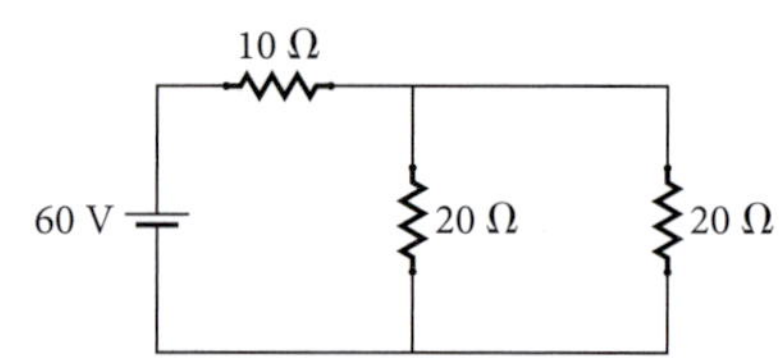

5.47 Qual é a resistência equivalente dos cinco resistores do circuito da figura?

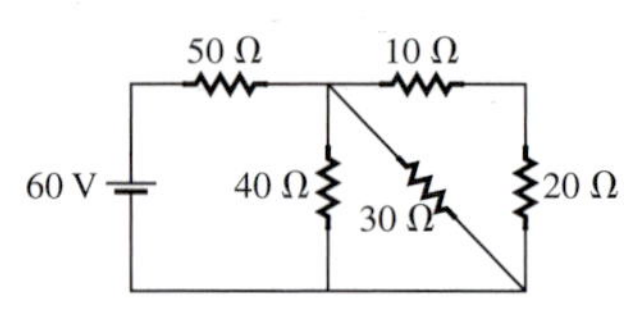

• **5.48** Qual será a corrente do circuito mostrado na figura se a chave estiver (a) aberta e (b) fechada?

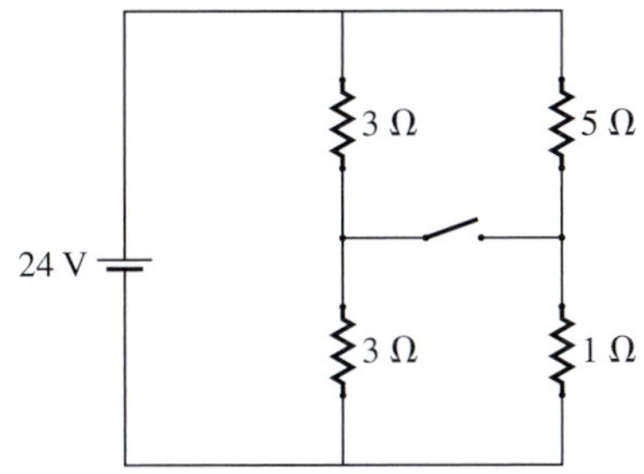

5.49 Para o circuito mostrado na figura, $R_1 = R_2 = 6\ \Omega$, $R_3 = 2\ \Omega$, $R_4 = 4\ \Omega$, $R_5 = 3\ \Omega$ e a diferença de potencial é de 12 V.

a) Quanto vale a resistência equivalente do circuito?

b) Quanto vale a corrente em R_5?

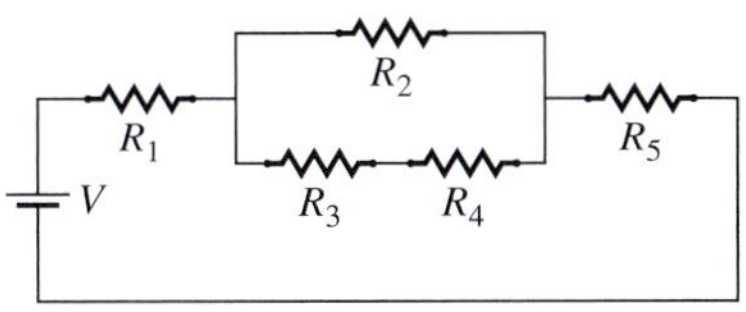

c) Qual é a queda de potencial no resistor R_3?

5.50 Quatro resistores são ligados formando o circuito mostrado na figura. Que valor de R_1, expresso como um múltiplo de R_0, fará com que a resistência equivalente do circuito seja R_0?

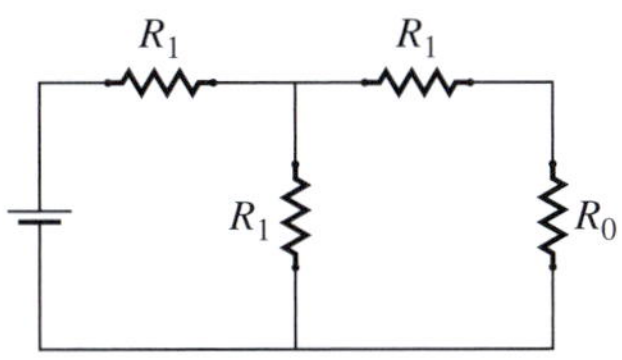

• **5.51** Como mostrado na figura, um circuito é formado por uma fonte de fem com $V = 20$ V e seis resistores $R_1 = 5\ \Omega$ e $R_2 = 10\ \Omega$ estão ligados em série. Os resistores de $R_3 = R_4 = 5\ \Omega$ estão ligados em paralelo um com o outro, e em série com R_1 e R_2. Os resistores $R_5 = 2\ \Omega$ e $R_6 = 2\ \Omega$ estão ligados em paralelo um com o outro, e em série com R_1 e R_2.

a) Quanto vale a queda de potencial em cada resistor?

b) Quanto vale a corrente em cada um deles?

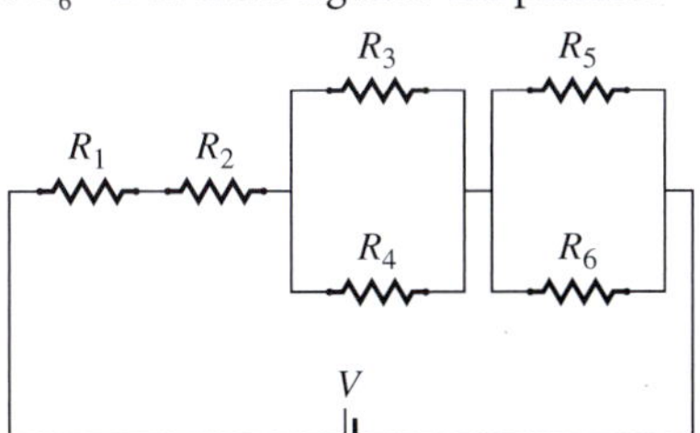

• **5.52** Se uma fonte de fem de 40,0 V for ligada a dois resistores em série, 10,0 A de corrente passará por cada um deles. Se a mesma fonte de fem for ligada em paralelo com ambos os resistores, 50,0 A de corrente atravessa a fonte. Qual é o valor da maior das duas resistências?

Seção 5.7

5.53 Um pico de voltagem faz com que a voltagem em uma residência salte rapidamente de 110 V para 150 V. Qual é a variação percentual da potência emitida pelo filamento de tungstênio de uma lâmpada incandescente de 100 W durante o pico, considerando que a resistência da lâmpada permaneça constante?

5.54 Uma nuvem de tempestade semelhante à descrita no Exemplo 5.3 produz um raio que atinge uma torre de rádio. Se a descarga elétrica transfere 5,0 C de carga em cerca de 0,10 ms, enquanto o potencial se mantém em 70 MV, determine (a) a corrente média, (b) a potência média, (c) a energia total e (d) a resistência efetiva do ar durante a descarga.

5.55 Um secador de cabelo consome 1.600 W de potência e funciona com 110 V. (Considere que a corrente seja contínua, de fato, estes valores são iguais às raízes quadrada das médias quadráticas das grandezas de CA correspondentes, mas o cálculo não é afetado por isso. O Capítulo 10 discutirá os circuitos de CA detalhadamente.)

a) Conterá o secador de cabelo um interruptor de circuito projetado para abrir o circuito se a corrente exceder 15,0 A?

b) Quanto vale a resistência do secador de cabelo quando ele está funcionando?

5.56 Quanto dinheiro um residente deverá à companhia elétrica se ele ligar uma lâmpada incandescente de 100 W e deixá-la assim por um ano inteiro? (Considere que o custo da eletricidade seja de R$ 0,12/kW h e que a lâmpada incandescente dure pelo menos um ano.) A mesma quantidade de luz pode ser fornecida por uma lâmpada fluorescente compacta de 26 W. Quanto custaria ao residente deixá-la ligada durante um ano?

5.57 Três resistores são ligados a uma bateria como mostrado na figura.

a) Que potência é dissipada em cada resistor?

b) Determine a queda de potencial em cada resistor.

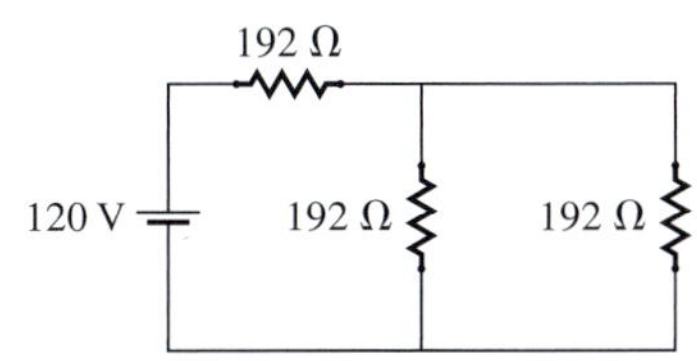

5.58 Suponha que uma pilha AAA seja capaz de fornecer 625 mAh antes que sua voltagem caia abaixo de 1,5 V. Por quanto tempo ela será capaz de fornecer energia para uma lâmpada de 5,0 W antes que sua voltagem caia abaixo de 1,5 V?

• **5.59** Mostre que a potência suprida ao circuito da figura pela bateria de resistência interna R_i é máxima quando a resistência do resistor do circuito, R, for igual a R_i. Determine a potência fornecida a R. Para praticar, determine a potência dissipada por uma bateria de resistência interna de 2 Ω, quando $R = 1\ \Omega$, 2 Ω e 3 Ω.

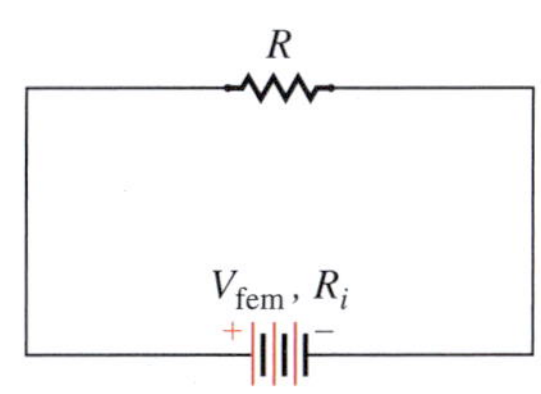

• **5.60** Um aquecedor de água consiste em uma bobina metálica ligada aos terminais de uma fonte de potência de 15 V, capaz de aquecer, em 45 s, 250 mL de água inicialmente à temperatura ambiente até o ponto de ebulição. Quanto vale a resistência da bobina?

• **5.61** Uma diferença de potencial $V = 0{,}500$ V é aplicada a um bloco de silício com resistividade de $8{,}70 \cdot 10^{-4}\ \Omega$ m. Como indicado na figura, as dimensões do bloco são $a = 2{,}00$ mm de espessura e $L = 15{,}0$ cm de comprimento. A resistência do bloco é de 50,0 Ω, e a densidade de portadores de carga é de $1{,}23 \cdot 10^{23}$ elétrons/m^{-3}. Considere que a densidade de corrente no bloco seja uniforme, e que a corrente flua no material de acordo com a lei de Ohm. O comprimento total do fio de cobre de 0,500 mm de diâmetro do circuito é de 75,0 cm e a resistividade do cobre vale $1{,}69 \cdot 10^{-8}\ \Omega$ m.

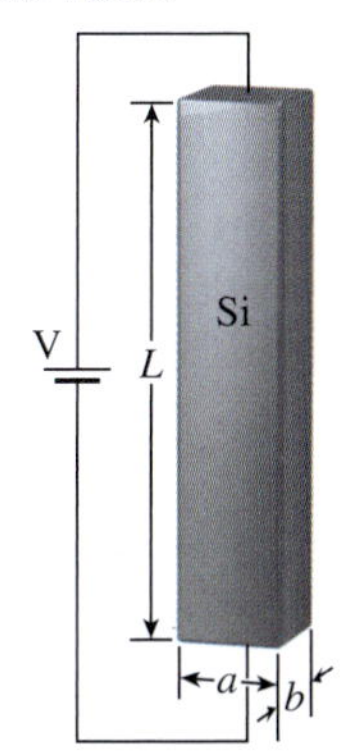

a) Qual é a resistência, R_w, do fio de cobre?

b) Qual é o sentido e o valor da corrente elétrica, i, no bloco?

c) Qual é a espessura, b, do bloco?

d) Em média, quanto tempo leva para que um elétron atravesse o bloco de uma extremidade à outra?

e) Que potência, P, é dissipada no bloco?

f) Em que forma de energia aparece a energia dissipada?

Problemas adicionais

5.62 Em uma emergência, você precisa operar um rádio de 30 W de potência quando ligado a uma fonte de potência de 10 V. A única tomada de que você dispõe fornece 25.000 V, porém você possui um grande número de resistores de 25 Ω. Se você deseja que a fonte para o rádio forneça uma voltagem o mais próxima possível de 30 W, quantos resistores você deve usar, e de que maneira eles devem ser ligados uns aos outros (em série ou em paralelo)?

5.63 O anúncio de uma determinada marca de cozedor de salsichas para cachorro-quente aplica uma diferença de potencial de 120 V às extremidades opostas da salsicha, cozinhando-a por meio do calor produzido. Se 48 kJ forem necessários para cozinhar cada salsicha, qual será a corrente necessária para cozinhar três salsichas, simultaneamente, em 2,0 minutos? Considere que a ligação seja em paralelo.

5.64 Um circuito é formado por um fio de cobre de 10 m de comprimento e 1 mm de raio ligado a uma bateria de 10 V. Um fio de alumínio de 5 m de comprimento é ligado à mesma bateria, dissipando então a mesma potência. Qual é o raio do fio de alumínio?

5.65 A resistividade de um condutor é $\rho = 1 \cdot 10^{-5}$ Ω m. Se um fio cilíndrico for feito deste condutor, com uma seção transversal com área de $1 \cdot 10^{-6}$ m², qual deverá ser o comprimento do fio a fim de ter uma resistência de 10 Ω?

5.66 Dois fios cilíndricos de mesmo comprimento são feitos um de cobre e o outro de alumínio. Se por eles passa um mesmo valor de corrente, e se eles estiverem submetidos a uma mesma diferença de potencial entre suas extremidades, qual será a razão entre os seus raios?

5.67 Dois resistores com resistências de 200 Ω e 400 Ω são ligados (a) em série e (b) em paralelo com uma bateria ideal de 9 V. Compare a potência fornecida ao resistor de 200 Ω com a que é fornecida ao outro.

5.68 Quanto vale (a) a condutância e (b) o raio de um elemento de aquecimento de ferro com 3,5 m de comprimento usado em um aquecedor de 100 V e 1.500 W?

5.69 Uma lâmpada incandescente europeia de 100 W, 240 V, é usada em uma residência norte-americana, onde a eletricidade é fornecida a 120 V. Que potência ela consumirá?

5.70 Uma residência moderna possui fiação para 115 V, e a corrente limitada por fusíveis de 200 A. (Para os fins deste problema, considere essas grandezas como CC.)

a) Determine a resistência total mínima que a fiação da residência pode ter em qualquer instante.

b) Determine a potência elétrica máxima que a residência pode consumir.

• **5.71** Uma bateria de 12,0 V, com resistência interna R_i = 4,00 Ω, é ligada a um resistor externo de resistência R. Determine a potência máxima que pode ser fornecida ao resistor externo.

• **5.72** Um fio multicamada consiste em um núcleo de zinco com 1 mm de raio, rodeado por uma camada de cobre com 1 mm de espessura. A resistividade do zinco é $\rho = 5{,}9 \cdot 10^{-8}$ Ω m. Qual é a resistência de um pedaço de 10 m deste fio?

• **5.73** O Acelerador Linear de Stanford acelerava um feixe de $2{,}0 \cdot 10^{14}$ elétrons por segundo através de uma diferença de potencial de $2{,}0 \cdot 10^{10}$ V. Determine:

a) A corrente do feixe.

b) A potência do feixe.

c) A resistência ôhmica efetiva do acelerador.

• **5.74** No circuito da figura, R_1 = 3 Ω, R_2 = 6 Ω, R_3 = 20 Ω e V_{fem} = 12 V.

a) Determine o valor da resistência equivalente.

b) Calcule o valor da corrente que passa por R_3, no ramo superior do circuito (indicado por uma seta vertical).

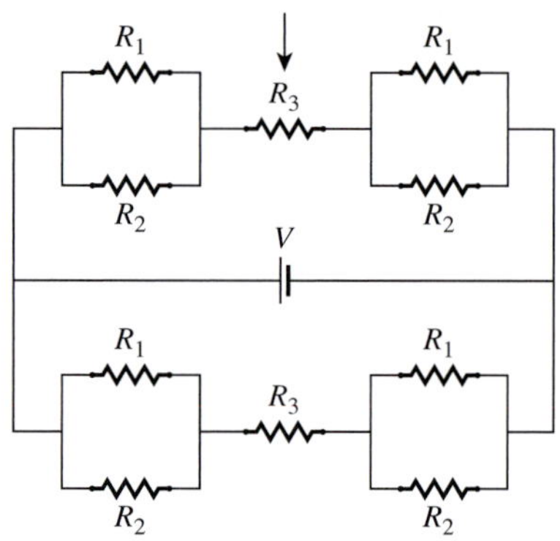

• **5.75** Três resistores são ligados a uma fonte de potência de V = 110 V como mostrado na figura.

a) Determine a queda de potencial em R_3.

b) Determine a corrente em R_1.

c) Calcule a taxa com a qual a energia elétrica é dissipada em R_2.

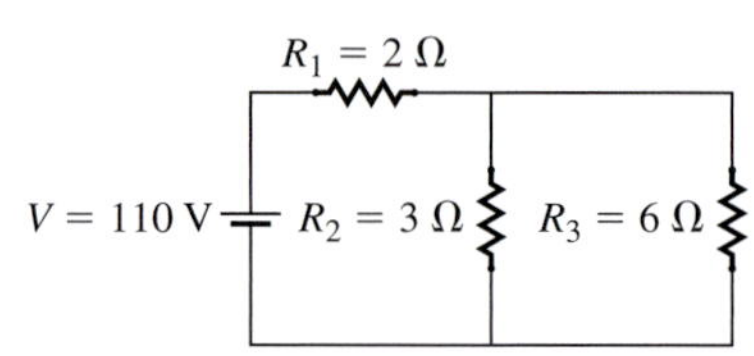

• **5.76** Uma pilha de V = 1,5 V é ligada a três resistores como mostrado na figura.

a) Determine a queda de potencial em cada resistor.

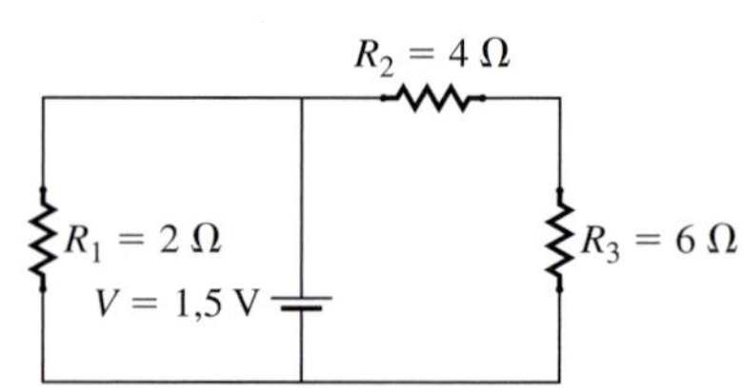

b) Determine a corrente em cada um deles.

• **5.77** Um cabo de cobre com 2,5 m de comprimento é ligado aos terminais de uma bateria automotiva de 12 V. Considerando que ela esteja completamente isolada do meio ambiente, depois de quanto tempo após a ligação ter sido feita o cobre começará a derreter?

• **5.78** Um pedaço de fio de cobre é usado para formar um anel circular com 10 cm de raio. O fio tem uma seção transversal de 10 mm^2 de área. Os pontos A e B estão separados por 90°, como mostra a figura. Determine a resistência entre os pontos A e B.

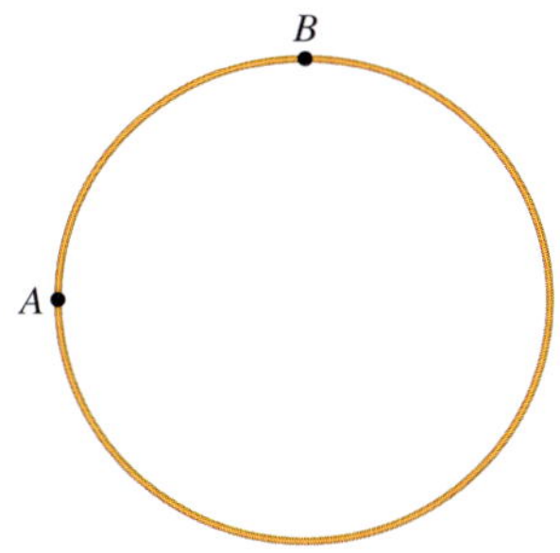

• **5.79** Dois fios condutores possuem comprimentos idênticos $L_1 = L_2 = L = 10$ km e seções transversais circulares de raios $r_1 = r_2 = r = 1$ mm. Um dos fios é feito de aço (com resistividade $\rho_{aço} = 40 \cdot 10^{-8}\ \Omega$ m); o outro é feito de cobre (com resistividade $\rho_{cobre} = 1{,}7 \cdot 10^{-8}\ \Omega$ m).

a) Determine a razão entre as potências dissipadas pelos dois fios, $P_{cobre}/P_{aço}$, quando eles estão ligados em paralelo, com uma diferença de potencial $V = 100$ V aplicada a eles.

b) Com base neste resultado, como você explica o fato de que os condutores usados para transmissão de energia elétrica são feitos de cobre e não de aço?

• **5.80** Antes que fossem desenvolvidos filamentos de tungstênio dobráveis, Thomas Edison usou filamentos de carbono em suas lâmpadas elétricas. Embora o carbono possua uma temperatura de fusão muito alta (3.599°C), sua taxa de sublimação é alta a grandes temperaturas. Por isso, os filamentos de carbono eram mantidos a temperaturas mais baixas, iluminando, portanto, menos intensamente do que as posteriores lâmpadas incandescentes construídas com filamentos de tungstênio. Uma lâmpada de filamento de carbono típica requeria uma potência média de 40 W, quando 110 V eram aplicados a ela, e tinha uma temperatura de filamento de 1.800°C. O carbono, diferentemente do cobre, possui um coeficiente térmico de resistividade negativo: $\alpha = -0{,}0005°C^{-1}$. Determine a resistência à temperatura ambiente (20°C) deste filamento de carbono.

•• **5.81** Um material é dito ser ôhmico se um campo elétrico, $\vec{E}$, no interior do material produz uma densidade de corrente $\vec{J} = \sigma\vec{E}$, onde a condutividade, σ, é uma constante independente de $\vec{E}$ ou $\vec{J}$. (Esta é a forma precisa da lei de Ohm). Suponha que, em algum material, um campo elétrico, $\vec{E}$, produza uma densidade de corrente, $\vec{J}$, que não necessariamente satisfaça à lei de Ohm; isto é, o material pode ou não ser ôhmico.

a) Determine a taxa de dissipação de energia (às vezes chamada de *aquecimento ôhmico* ou *efeito Joule*) por unidade de volume deste material, em termos de $\vec{E}$ e de $\vec{J}$.

b) Expresse o resultado do item anterior em termos de $\vec{E}$ somente e de $\vec{J}$ somente, pois $\vec{E}$ e $\vec{J}$ se relacionam via lei de Ohm, isto é, em um material ôhmico de condutividade σ ou de resistividade ρ.

6 Circuitos de Corrente Contínua

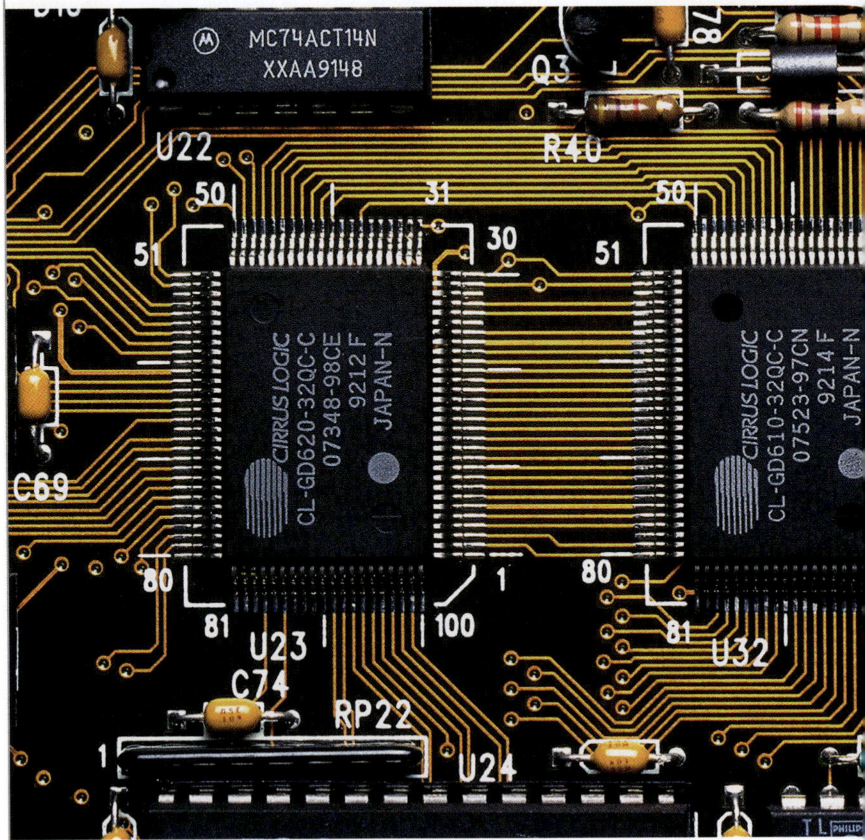

Figura 6.1 Uma placa de circuito pode conter centenas de componentes de circuitos ligados por caminhos condutores metálicos.

O QUE APRENDEREMOS

- Certos circuitos não podem ser reduzidos a uma única malha; circuitos complexos podem ser analisados usando-se as leis de Kirchhoff.
- A lei de Kirchhoff dos nós estabelece que a soma algébrica das correntes em qualquer nó de um circuito deve ser igual a zero.
- A lei de Kirchhoff das malhas estabelece que a soma algébrica das variações de potencial ao longo de qualquer malha fechada de um circuito deve ser igual a zero.
- Circuitos de uma só malha podem ser analisados usando-se a lei de Kirchhoff das malhas.
- Circuitos com várias malhas devem ser analisados usando-se tanto a lei de Kirchhoff das malhas quanto a lei de Kirchhoff dos nós.
- A corrente de um circuito que contenha um resistor e um capacitor varia exponencialmente com o tempo, com uma constante de tempo característica dada pelo produto da resistência pela capacitância.

Os circuitos elétricos, como o que é mostrado na Figura 6.1, indubitavelmente mudaram o mundo. A eletrônica moderna continua mudando a sociedade humana, a um ritmo cada vez mais rápido. Demorou 38 anos para que o rádio atingisse 50 milhões de usuários nos Estados Unidos. Entretanto, levou apenas 13 anos para que a televisão alcançasse o mesmo número de usuários, 10 anos para a TV a cabo, cinco anos no caso da Internet e apenas três anos para os telefones celulares.

Este capítulo aborda as técnicas usadas para analisar circuitos que não podem ser reduzidos a simples ligações em série e em paralelo. A concepção dos modernos circuitos eletrônicos depende de milhões de circuitos diferentes, cada qual com sua própria finalidade e configuração. Todavia, não importa quão complicados os circuitos se tornem, as leis básicas para carregá-los são apresentadas neste capítulo.

Alguns dos circuitos analisados neste capítulo contêm não apenas resistores e fontes de fem, mas também capacitores. Neles, a corrente não é estacionária, mas muda com o transcorrer do tempo. Os capítulos seguintes abordarão mais fenômenos envolvendo correntes variáveis com o tempo, introduzindo elementos de circuito adicionais.

6.1 As Leis de Kirchhoff

No Capítulo 5, consideramos diversos tipos de circuitos de corrente contínua (CC), cada qual contendo uma fonte de fem junto com resistores ligados em série ou em paralelo. Alguns circuitos aparentemente complicados contêm múltiplos resistores em série ou em paralelo que podem ser substituídos por um resistor equivalente. Entretanto, não discutimos circuitos contendo várias fontes de fem. Além disso, existem circuitos de uma malha e de várias malhas que contêm múltiplas fontes de fem e resistores que não podem ser reduzidos a circuitos simples contendo apenas ligações em série e em paralelo. A Figura 6.2 mostra dois exemplos destes circuitos. Este capítulo explica como analisar esses tipos de circuito usando as **leis de Kirchhoff**.

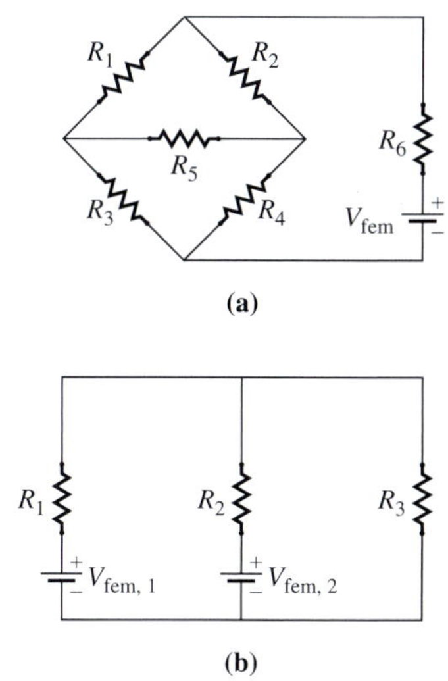

Figura 6.2 Dois exemplos de circuitos que não podem ser reduzidos a combinações simples de resistores em paralelo ou em série.

Lei de Kirchhoff dos nós

Um **nó** é o lugar de um circuito onde três ou mais fios são ligados uns aos outros. Cada ligação entre dois nós é chamada de **ramo**. Um ramo pode conter um número qualquer de diferentes elementos de circuito e os fios entre eles. Cada ramo pode possuir uma corrente fluindo, que é a mesma em qualquer lugar do ramo. Este fato leva à **lei de Kirchhoff dos nós**:

> A soma das correntes que chegam a um nó deve ser igual à soma das correntes que saem daquele nó.

Com um sinal positivo atribuído (arbitrariamente) a qualquer corrente que entre em um nó, e um sinal negativo para aquela que saia do nó, a lei de Kirchhoff dos nós pode ser expressa matematicamente como

$$\text{Nó: } \sum_{k=1}^{n} i_k = 0. \tag{6.1}$$

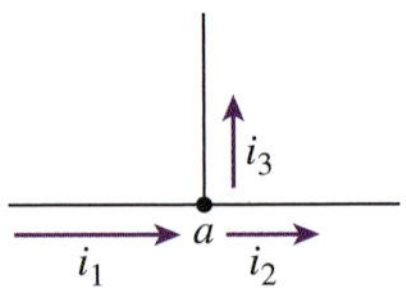

Figura 6.3 Um nó de um circuito de várias malhas.

Como você sabe quais são as correntes que entram em um nó e quais saem dele quando você faz um desenho como o que é mostrado na Figura 6.3? Você não sabe; você simplesmente atribui um sentido qualquer a cada corrente de cada fio. Se um dos sentidos presumidos está errado, na solução final você obterá um valor negativo para aquela corrente particular.

A lei de Kirchhoff dos nós é uma consequência direta da conservação da carga elétrica. Os nós não têm a capacidade de armazenar cargas. Logo, a conservação da carga requer que toda a carga que flui para um nó qualquer também sai daquele nó, justamente o que estabelece a lei de Kirchhoff dos nós.

De acordo com a lei de Kirchhoff dos nós, em cada nó de um circuito de várias malhas, a corrente que flui para o nó deve ser igual à corrente que sai daquele nó. Por exemplo, a Figura 6.3 mostra um nó, a, com uma corrente i_1 entrando no nó e duas correntes, i_2 e i_3, saindo dele. De acordo com a lei de Kirchhoff dos nós, neste caso temos

$$\sum_{k=1}^{3} i_k = i_1 - i_2 - i_3 = 0 \Rightarrow i_1 = i_2 + i_3.$$

6.1 Exercícios de sala de aula

Para o nó mostrado na figura, que equação expressa corretamente a soma das correntes?

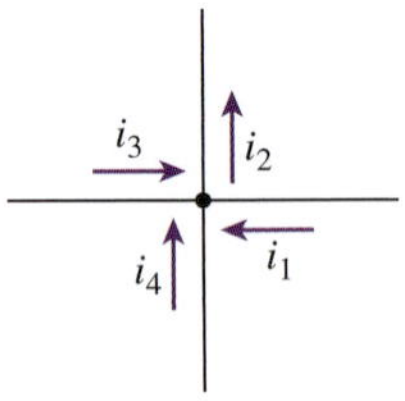

a) $i_1 + i_2 + i_3 + i_4 = 0$.

b) $i_1 - i_2 + i_3 + i_4 = 0$.

c) $-i_1 + i_2 + i_3 - i_4 = 0$.

d) $i_1 - i_2 - i_3 - i_4 = 0$.

e) $i_1 + i_2 - i_3 - i_4 = 0$.

Lei de Kirchhoff das malhas

Uma **malha** de um circuito é qualquer conjunto de fios e elementos de circuito que formam um caminho fechado. Se você seguir ao longo de uma malha, acabará chegando novamente ao ponto de partida. Por exemplo, no diagrama de circuito da Figura 6.2b, podem ser identificadas três possíveis malhas. Essas três malhas são mostradas em cores diferentes (vermelho, verde e azul) na Figura 6.4. A malha azul inclui os resistores 1 e 2, as fontes de fem 1 e 2 e seus fios de ligação. A malha vermelha contém os resistores 2 e 3, a fonte de fem 2 e seus fios de ligação. Finalmente, a malha verde inclui os resistores 1 e 3, a fonte de fem 1 e seus fios de ligação. Note que qualquer fio de um elemento de circuito pode ser, e normalmente é, parte de mais de uma malha.

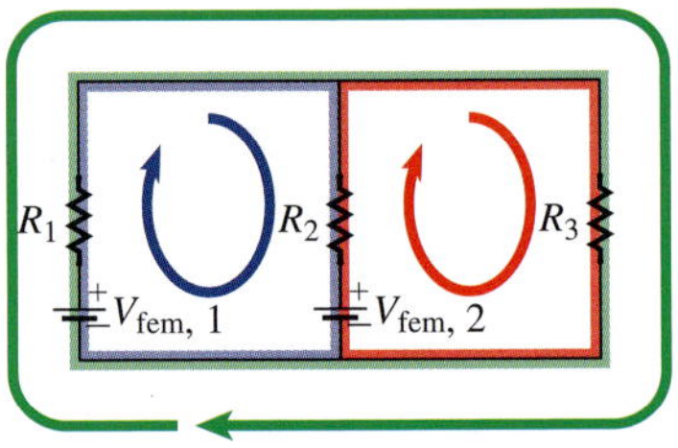

Figura 6.4 As três possíveis malhas (indicadas em vermelho, verde e azul) do diagrama de circuito da Figura 6.2b.

Você pode se mover ao longo de qualquer malha em sentido horário ou anti-horário. A Figura 6.4 mostra um caminho horário ao longo de cada uma das malhas, como indicado pelas setas. Porém, o sentido do caminho tomado ao longo da malha é irrelevante desde que sua escolha seja seguida consistentemente ao longo de todo o caminho formado pela malha.

A soma das diferenças de potencial em todos os elementos de circuito ao longo de qualquer dada malha dá diferença de potencial do caminho completo ao longo da malha. A **lei de Kirchhoff das malhas**, então, estabelece que

> A diferença de potencial ao longo de uma malha fechada de circuito deve ser igual a zero.

A lei de Kirchhoff das malhas é uma consequência direta do fato de que o potencial elétrico tem um valor único em cada lugar. Isso significa que a energia potencial elétrica de um elétron de condução em um ponto qualquer de um circuito tem um único valor específico. Suponha que essa lei não fosse válida. Neste caso, poderíamos analisar as variações de potencial sofridas por um elétron de condução ao seguir por uma malha e encontrar o elétron com uma energia potencial diferente ao retornar ao ponto de partida. A energia potencial elétrica deste elétron variaria em um ponto do circuito, em óbvia contradição com a conservação da energia. Em outras palavras, a lei de Kirchhoff das malhas é uma simples consequência do princípio de conservação da energia.

A aplicação da lei de Kirchhoff das malhas requer convenções para determinar a queda de potencial em cada elemento do circuito. Isso depende do sentido proposto para as correntes envolvidas e do sentido escolhido para analisar malha. Para fontes de fem, as regras são diretas, uma vez que os sinais negativo e positivo (assim como as linhas curtas e longas) indicam qual o lado da fonte de fem que se encontra no potencial mais alto. A queda de potencial em uma fonte de fem tem o sentido do negativo para o positivo, ou da linha curta para a linha longa que simboliza a fonte. Como observado antes, a escolha dos sentidos das correntes, assim como a escolha de um sentido horário ou anti-horário para percorrer a malha, é arbitrária. Qualquer sentido fornecerá a mesma informação, desde que ele seja usado consistentemente ao longo da malha. As convenções usadas para analisar elementos de circuito em uma malha estão resumidas na Tabela 6.1 e na Figura 6.5, onde a intensidade de cada corrente é i. (As letras contidas na coluna direita da Tabela 6.1 correspondem às partes da Figura 6.5.)

Se nos movermos ao longo de uma malha de um circuito no mesmo sentido que a corrente, as variações de potencial nos resistores encontrados pelo caminho serão negativas. Se nos

Tabela 6.1 **Convenções usadas para determinar os sinais das variações de potencial ao longo de um circuito de uma malha contendo vários resistores e fontes de fem**

Elemento	Sentido da análise	Variação de potencial	
R	O mesmo da corrente	$-iR$	(a)
R	Contrário ao da corrente	$+iR$	(b)
V_{fem}	O mesmo da fem	$+V_{fem}$	(c)
V_{fem}	Contrário ao da fem	$-V_{fem}$	(d)

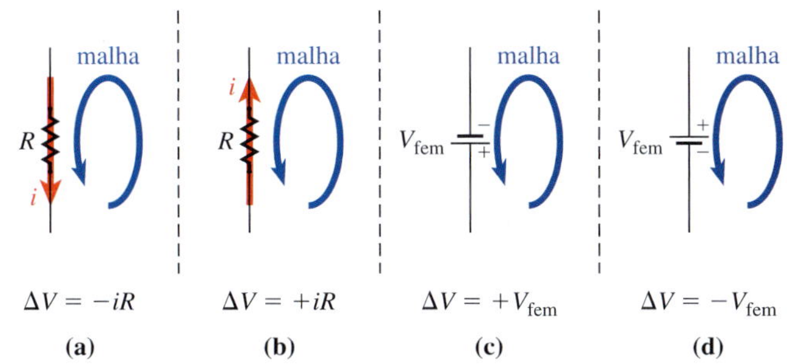

Figura 6.5 Convenção de sinais para variações de potencial em análise de malhas.

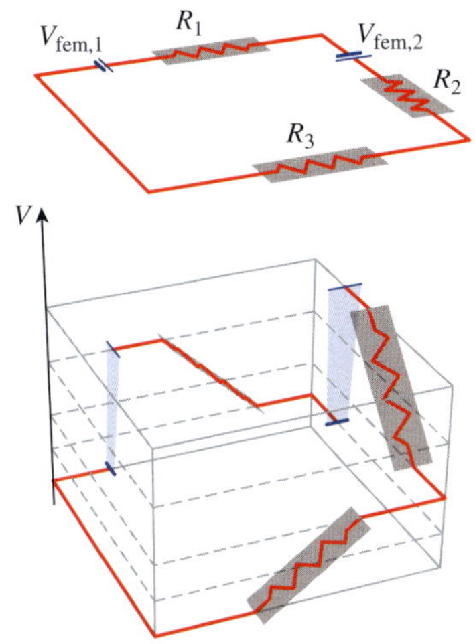

Figura 6.6 Malha com múltiplas fontes de fem e vários resistores.

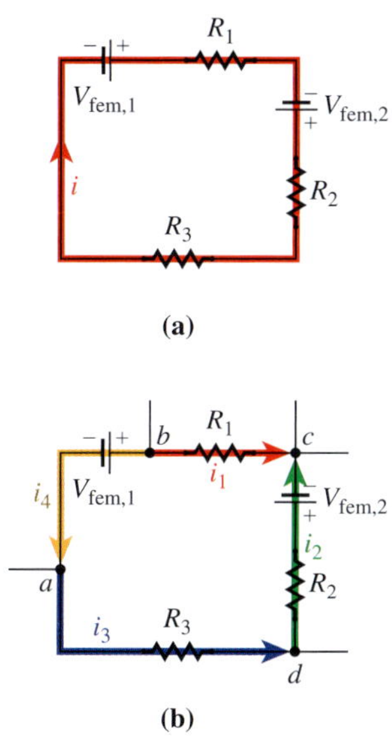

Figura 6.7 A mesma malha de circuito da Figura 6.6: (a) com uma única malha isolada; (b) como uma malha ligada a outros ramos de circuito.

movermos em sentido oposto ao da corrente, as variações de potencial nos resistores serão positivas. Se nos movermos ao longo de uma malha de modo que atravessemos uma fonte de fem indo do terminal negativo para o positivo, este componente contribuirá com uma diferença de potencial positiva. E se atravessarmos uma fonte de fem indo do terminal positivo para o negativo, aquele componente contribuirá com uma diferença de potencial negativa.

Com as convenções mencionadas acima, a lei de KirchhofF das malhas é escrita em forma matemática como

$$\text{Malha fechada: } \sum_{j=1}^{m} V_{\text{fem},j} - \sum_{k=1}^{n} i_k R_k = 0. \tag{6.2}$$

Para esclarecer melhor o emprego da lei de Kirchhoff das malhas, a Figura 6.6 mostra uma malha com duas fontes de fem e três resistores, usando a visualização tridimensional empregada nos Capítulos 4 e 5, onde o valor do potencial elétrico, V, é representado no eixo vertical. O aspecto mais importante a ser visualizado na Figura 6.6 é que uma volta completa ao longo de uma malha sempre termina com o mesmo valor do potencial no ponto de partida. Isso é exatamente o que estabelece a lei de Kirchhoff das malhas (equação 6.2). Uma analogia com uma descida de esqui pode ajudar. Quando você esquia, está se movendo em um potencial gravitacional, para cima e para baixo da montanha. Uma elevação do esqui corresponde na analogia a uma fonte de fem, levando você para um valor mais alto do potencial gravitacional. Uma descida de esqui corresponde a um resistor. (Os segmentos retilíneos horizontais entre descidas correspondem aos fios do circuito - tanto os fios quanto os segmentos horizontais se encontram a um potencial constante.) Assim, partir de $V_{fem,1}$ e seguir em sentido horário ao redor da malha da Figura 6.6 é análogo a um passeio de esqui em que você toma dois teleféricos diferentes e desce esquiando por três diferentes rotas. E um ponto importante, óbvio para quem esquia, é que você retorna à mesma altitude (ao mesmo valor do potencial gravitacional) da qual partiu, quando tiver completado a viagem inteira.

Um aspecto final das malhas é ilustrado na Figura 6.7. A Figura 6.7a reproduz o mesmo circuito mostrado na Figura 6.6 como uma única malha isolada. Uma vez que esta malha não possui nós e, portanto, tem somente um ramo (que é a malha inteira), a mesma corrente i flui em cada lugar da malha. Na Figura 6.7b, esta malha está ligada por quatro nós (indicados por a, b, c e d) a outras partes de um circuito maior. Neste caso, esta malha possui quatro ramos, cada um dos quais pode ter uma corrente diferente fluindo por ele, como ilustrado pelas diferentes setas coloridas da figura. O ponto crucial é: em ambas as partes da figura, a lei de Kirchhoff das malhas é válida para a malha mostrada. Os valores relativos do potencial elétrico entre quaisquer dois elementos de circuito da Figura 6.7b são os mesmos que aqueles mostrados na Figura 6.6, independentemente de as correntes que são forçadas a fluir pelos diferentes ramos da malha pelo restante do circuito. (Em nossa analogia com uma descida de esqui, as correntes correspondem aos diferentes números de esquiadores nas subidas e nas descidas. Obviamente o número de esquiadores sobre a rampa não tem qualquer influência sobre a declividade dela.)

6.2 Circuitos de uma única malha

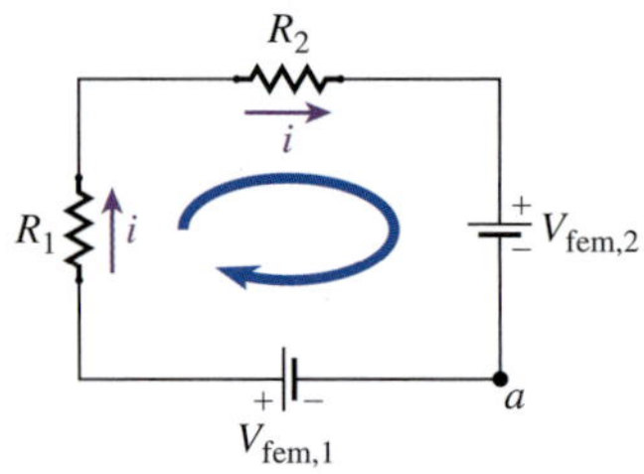

Figura 6.8 Circuito com uma única malha contendo dois resistores e duas fontes de fem ligados em série.

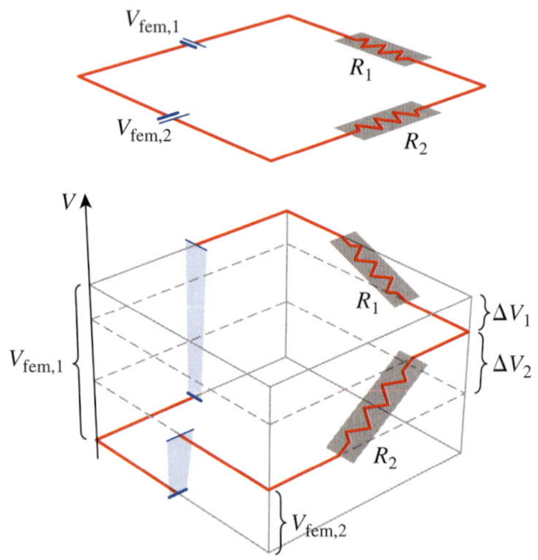

Figura 6.9 Representação tridimensional do circuito de uma só malha da Figura 6.8, contendo dois resistores e duas fontes de fem ligados em série.

Vamos começar a analisar circuitos gerais considerando um circuito contendo duas fontes de fem, $V_{fem,1}$ e $V_{fem,2}$, e dois resistores, R_1 e R_2, ligados em série formando uma única malha, como mostrado na Figura 6.8. Note que $V_{fem,1}$ e $V_{fem,2}$ possuem polaridades opostas. Neste circuito de uma só malha, não existem nós, de modo que o circuito inteiro consiste em um ramo só. A corrente é a mesma em qualquer lugar da malha. Para ilustrar as variações de potencial ao longo dos componentes deste circuito, a Figura 6.9 apresenta uma visualização tridimensional.

Embora possamos escolher qualquer ponto arbitrário do circuito da Figura 6.8 e atribuir o valor de 0 V (ou qualquer outro valor de potencial, pois podemos sempre adicionar globalmente uma constante a todos os valores de potencial sem alterar o resultado físico), começamos no ponto *a* com $V = 0$ V e seguimos ao longo do circuito em sentido horário (indicado pela seta elíptica azul na figura). Uma vez que os componentes do circuito estão ligados em série, a corrente, *i*, é a mesma em cada componente, considerando que a corrente flua no sentido horário (setas roxas na figura). O primeiro elemento de circuito ao longo do percurso horário iniciado no ponto *a* é a fonte de fem, $V_{fem,1}$, que produz um ganho positivo de potencial igual *a* $V_{fem,1}$. O próximo é um resistor, R_1, que produz uma queda de potencial dada por $\Delta V_1 = iR_1$. Prosseguindo ao longo da malha, o próximo elemento é o resistor R_2, que produz uma queda de potencial $\Delta V_2 = iR_2$. Em seguida, nos deparamos com a segunda fonte de fem, $V_{fem,2}$. Esta fonte de fem está ligada ao circuito com sua polaridade oposta à $V_{fem,1}$. Portanto, este elemento produz uma *queda* de potencial de valor absoluto $V_{fem,2}$, em vez de um *ganho* de potencial. Completamos assim o percurso da malha, retornando a $V = 0$ V. Usando a equação 6.2, somamos as variações de potencial nesta malha como

$$V_{fem,1} - \Delta V_1 - \Delta V_2 - V_{fem,2} = V_{fem,1} = iR_1 - iR_2 - V_{fem,2} = 0.$$

Para mostrar que o sentido em que nos movemos ao longo da malha, horário ou anti-horário, é arbitrário, vamos analisar o mesmo circuito em sentido anti-horário, partindo do ponto *a* (veja a Figura 6.10). O primeiro elemento de circuito encontrado é $V_{fem,2}$, que produz um ganho positivo de potencial. O próximo elemento é R_2. Como consideramos que a corrente flua em sentido horário e estamos percorrendo a malha em sentido anti-horário, de acordo com a convenção listada na Tabela 6.1, a variação de potencial em R_2 é igual a $+iR_2$. Prosseguindo até o próximo elemento da malha, R_1, usamos uma argumentação semelhante para concluir que a variação de potencial neste resistor é igual a $+iR_1$. O elemento de circuito final é $V_{fem,1}$, cuja polaridade tem um sentido contrário ao usado para percorrer a malha, de modo que a variação de potencial neste elemento é igual a $-V_{fem,1}$. A lei de Kirchhoff das malhas, então, fornece

$$+V_{fem,2} + iR_2 + iR_1 - V_{fem,1} = 0.$$

Você pode verificar que a escolha de um sentido horário ou anti-horário fornece a mesma informação, ou seja, o sentido escolhido para a análise do circuito não importa.

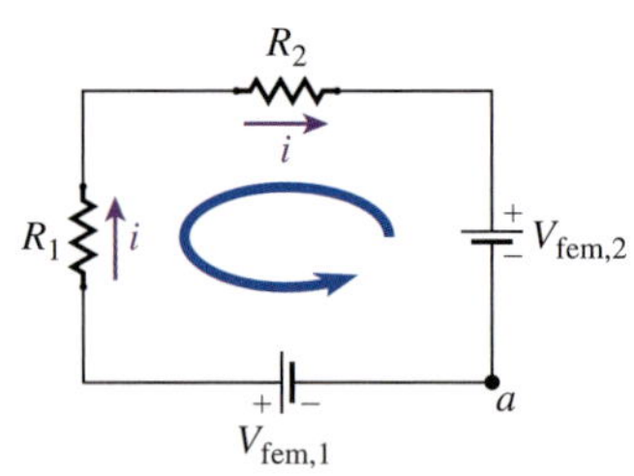

Figura 6.10 A mesma malha da Figura 6.8, mas analisado em sentido anti-horário.

PROBLEMA RESOLVIDO 6.1 Carregando uma bateria

Uma bateria de 12,0 V com resistência interna $R_i = 0{,}200\ \Omega$ está sendo carregada por um carregador de baterias capaz de fornecer uma corrente de valor $i = 6{,}00$ A.

PROBLEMA

Qual é a mínima fem que a bateria deve fornecer para ser capaz de carregar a bateria?

SOLUÇÃO

PENSE

O carregador de baterias, que é uma fonte de fem externa, deve prover uma diferença de potencial suficientemente grande para suplantar a diferença de potencial da própria bateria e a queda de potencial na resistência interna da bateria. O carregador de bateria deve estar disposto de modo que seu terminal positivo fique ligado ao terminal positivo da bateria a ser carregada. Podemos pensar na resistência interna da bateria como a resistência de um resistor pertencente a um circuito de uma malha só que também contém duas fontes de fem com polaridades opostas.

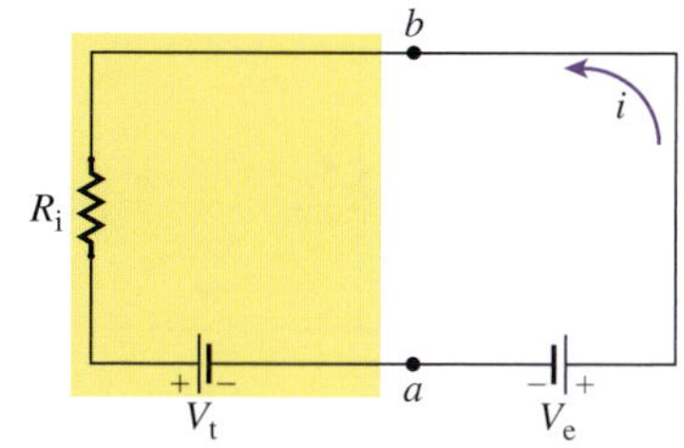

Figura 6.11 Circuito formado por uma bateria, com resistência interna, ligada a uma fonte de fem externa.

DESENHE

A Figura 6.11 mostra um diagrama de circuito contendo uma bateria de diferença de potencial V_t e resistência interna R_i ligada a uma fonte de fem externa. A área sombreada em amarelo representa as dimensões físicas da bateria. Note que o terminal positivo do carregador de baterias está ligado ao terminal positivo da bateria.

PESQUISE

Podemos aplicar a lei de Kirchhoff das malhas a este circuito. Vamos considerar uma corrente fluindo em sentido anti-horário pelo circuito, como mostrado na Figura 6.11. A soma das variações de potencial ao longo do circuito deve ser nula. Partindo do ponto *b* e movendo-nos em sentido anti-horário, somamos as variações de potencial:

$$-iR_i - V_t + V_e = 0.$$

SIMPLIFIQUE

Podemos agora isolar a diferença de potencial necessária a partir desta equação:

$$V_i = iR_i + V_t,$$

onde *i* é a corrente fornecida pelo carregador.

CALCULE

Substituindo os valores numéricos, obtemos

$$V_e = iR_i + V_t = (6{,}00\text{ A})(0{,}200\ \Omega) + 12{,}0\text{ V} = 13{,}20\text{ V}.$$

ARREDONDE

Apresentamos nosso resultado com três algarismos significativos:

$$V_e = 13{,}2\text{ V}.$$

SOLUÇÃO ALTERNATIVA

Nosso resultado indica que o carregador de bateria deve fornecer uma diferença de potencial mais elevada que a diferença de potencial especificada na bateria. Um carregador comum de baterias de 12 V fornece uma diferença de potencial de 14 V.

6.3 Circuitos com várias malhas

A análise de circuitos com várias malhas requer o uso tanto da lei de Kirchhoff das malhas quanto da lei de Kirchhoff dos nós. O procedimento de análise de um circuito com várias malhas consiste em identificar as malhas completas e os nós do circuito e aplicar as leis de Kirchhoff separadamente a essas partes do circuito. A análise de cada malha de um circuito com várias malhas resulta em um sistema de equações acopladas com várias incógnitas. Essas equações podem ser resolvidas para obter as grandezas de interesse com o uso de diversas técnicas. O Exemplo 6.1 ilustra a análise de um circuito com várias malhas.

EXEMPLO 6.1 Circuito com várias malhas

Considere o circuito mostrado na Figura 6.12. Este circuito possui três resistores, R_1, R_2 e R_3, e duas fontes de fem com $V_{fem,1}$ e $V_{fem,2}$. As setas vermelhas indicam os sentidos das variações de potencial nas fontes de fem. Este circuito não pode ser reduzido a simples ligações em série ou em paralelo. Para analisá-lo, precisamos escolher sentidos para as correntes que fluem através dos resistores. Podemos escolher esses sentidos arbitrariamente (sabendo que, caso tenhamos escolhido o sentido errado, o valor da corrente resultante será negativo). A Figura 6.13 mostra o circuito com as correntes assinaladas nos sentidos mostrados pelas setas roxas.

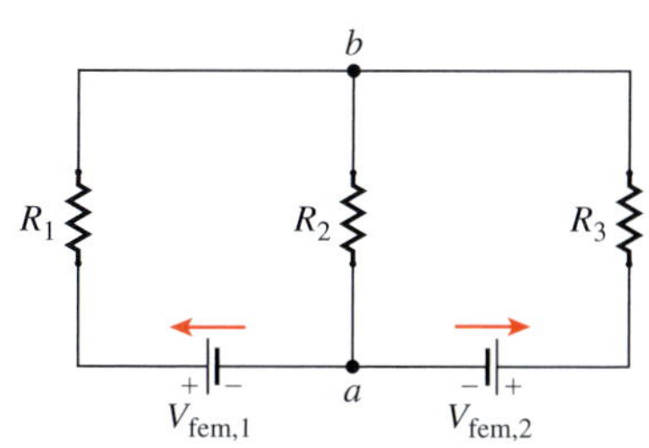

Figura 6.12 Circuito de várias malhas com três resistores e duas fontes de fem.

Continua →

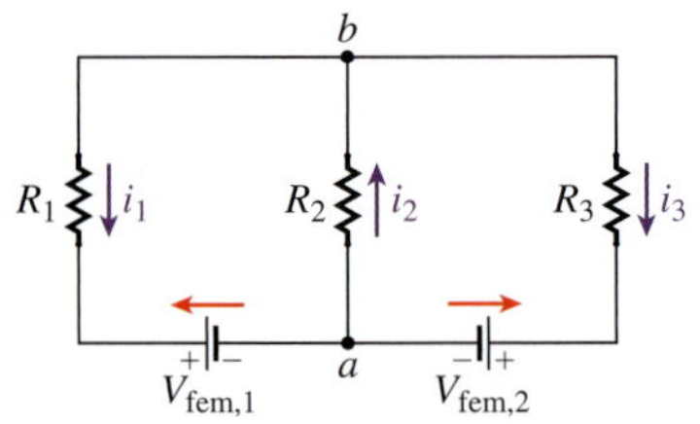

Figura 6.13 Circuito de várias malhas com o sentido proposto da corrente através dos resistores indicados.

Vamos considerar primeiro o nó b. A corrente que entra no nó deve ser igual à corrente que sai dele, de modo que podemos escrever

$$i_2 = i_1 + i_3. \quad \text{(i)}$$

Examinando o nó a, novamente equacionamos as correntes que entram e a corrente que sai para obter

$$i_1 + i_3 = i_2,$$

que fornece a mesma informação obtida com o nó b. Note que este é um resultado típico: se um circuito possui n nós, com a aplicação da lei de Kirchhoff dos nós, é possível obter pelo menos $n - 1$ equações independentes. (No caso deste problema, $n = 2$, de modo que podemos obter apenas uma equação independente.)

Neste ponto não temos como determinar as correntes do circuito porque temos três incógnitas e dispomos de somente uma equação. Portanto, precisamos de mais duas equações independentes. Para obtê-las, aplicamos a lei de Kirchhoff das malhas. Podemos identificar três malhas do circuito mostrado na Figura 6.13:

1. A malha formada pela metade esquerda do circuito, incluindo os elementos R_1, R_2 e $V_{fem,1}$
2. A malha formada pela metade direita do circuito, contendo os elementos R_2, R_3 e $V_{fem,2}$
3. A malha externa, inclui os elementos R_1, R_3, $V_{fem,1}$ e $V_{fem,2}$

Aplicando a lei de Kirchhoff das malhas à metade esquerda do circuito, usando os sentidos propostos para as correntes e percorrendo a malha em sentido anti-horário a partir do nó b, obtemos

$$-i_1R_1 - V_{fem,1} - i_2R_2 = 0.$$

ou

$$i_1R_1 + V_{fem,1} + i_2R_2 = 0. \quad \text{(ii)}$$

Aplicando a lei das malhas à metade direita do circuito, partindo novamente do nó b e percorrendo a malha em sentido horário, obtemos

$$-i_3R_3 - V_{fem,2} - i_2R_2 = 0.$$

ou

$$i_3R_3 + V_{fem,2} + i_2R_2 = 0. \quad \text{(iii)}$$

Aplicando agora a lei das malhas à malha externa, partindo do nó b e percorrendo a malha em sentido horário, obtemos

$$-i_3R_3 - V_{fem,2} + V_{fem,1} + i_1R_1 = 0.$$

Esta equação não nos fornece qualquer informação nova porque também podemos obtê-la subtraindo a equação (iii) da equação (ii). Para as três malhas, obtemos informação equivalente se as percorrermos em sentido anti-horário ou horário, ou se partirmos de qualquer outro ponto e a partir dali percorrermos as malhas.

A partir das três equações (i), (ii) e (iii), com três incógnitas i_1, i_2 e i_3, podemos isolar as correntes desconhecidas de várias maneiras. Por exemplo, poderíamos pôr as equações na forma matricial e, então, resolvê-las pelo método de Kramer ou com uma calculadora programável. Este método é recomendado para circuitos complicados com muitas equações e muitas incógnitas. Todavia, no caso deste exemplo, podemos proceder substituindo a equação (i) nas outras duas, eliminando, assim, i_2. Depois podemos isolar i_1 em uma dessas equações e substituir na outra, obtendo uma expressão para i_3. Substituindo de volta, obteremos as soluções para i_2 e i_1:

$$i_1 = -\frac{(R_2 + R_3)V_{fem,1} - R_2V_{fem,2}}{R_1R_2 + R_1R_3 + R_2R_3}$$

$$i_2 = -\frac{R_3V_{fem,1} + R_1V_{fem,2}}{R_1R_2 + R_1R_3 + R_2R_3}$$

$$i_3 = -\frac{-R_2V_{fem,1} + (R_1 + R_2)V_{fem,2}}{R_1R_2 + R_1R_3 + R_2R_3}.$$

Observação: você não precisa se lembrar desta solução específica ou da álgebra linear usada para obtê-la. Todavia, o método geral de aplicação das leis de Kirchhoff das malhas e dos nós, junto com a escolha arbitrária dos sentidos das correntes, é a ideia central da análise de circuitos.

6.2 Exercícios de sala de aula

No circuito da figura, existem três resistores idênticos. A chave, S, está inicialmente aberta. Quando ela for fechada, o que acontecerá à corrente que atravessa R_1?

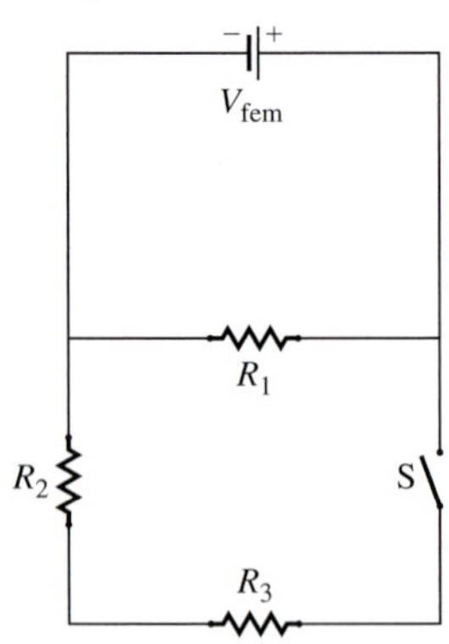

a) A corrente em R_1 diminuirá.

b) A corrente em R_1 aumentará.

c) A corrente em R_1 manter-se-á inalterada.

PROBLEMA RESOLVIDO 6.2 A ponte de Wheatstone

A ponte de Wheatstone é um circuito particular usado para medir resistências desconhecidas. O diagrama de circuito de uma ponte de Wheatstone é mostrado a Figura 6.14. O circuito é formado por dois resistores de resistências conhecidas, um resistor variável de resistência R_v e um resistor de resistência desconhecida, R_u. Uma fonte de fem, V, é ligada aos nós a e c. Um amperímetro sensível (dispositivo para medir corrente, discutido na Seção 6.4) é ligado entre os nós b e d. A ponte de Wheatstone é usada para determinar R_u por meio da variação de R_v até que o amperímetro entre b e d mostre que nenhuma corrente flui através dele. Quando o amperímetro mostrar zero, a ponte será considerada em equilíbrio.

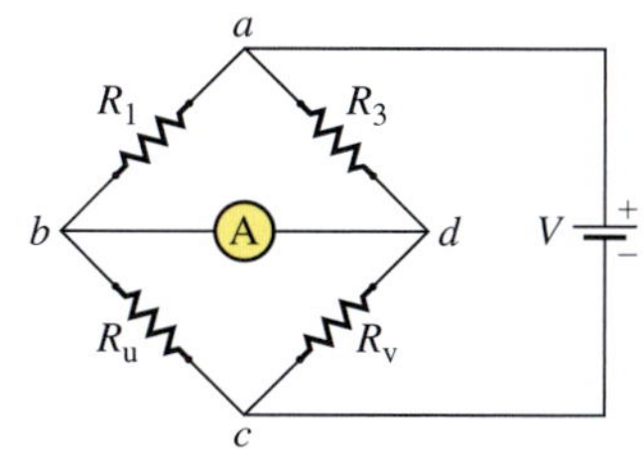

Figura 6.14 Diagrama de circuito de uma ponte de Wheatstone.

PROBLEMA

Determine a resistência desconhecida, R_u, na ponte de Whetstone mostrada na Figura 6.14. As resistências conhecidas são $R_1 = 100{,}0\ \Omega$ e $R_3 = 110{,}0\ \Omega$ e $R_v = 15{,}63\ \Omega$ quando a corrente no amperímetro é nula e, portanto, a ponte está em equilíbrio.

SOLUÇÃO

PENSE

O circuito contém quatro resistores e um amperímetro, e cada componente pode ter uma corrente fluindo através dele. Entretanto, com $R_v = 15{,}63\ \Omega$, nenhuma corrente flui pelo amperímetro. Com isso, temos quatro correntes desconhecidas através dos quatro resistores e nós, portanto, precisamos dispor de quatro equações. Podemos usar as leis de Kirchhoff para analisar duas malhas, *adb* e *cbd*, e dois nós, *b* e *d*.

DESENHE

A Figura 6.15 mostra uma ponte de Wheatstone com os sentidos considerados para as correntes i_1, i_3, i_u, i_v e i_A.

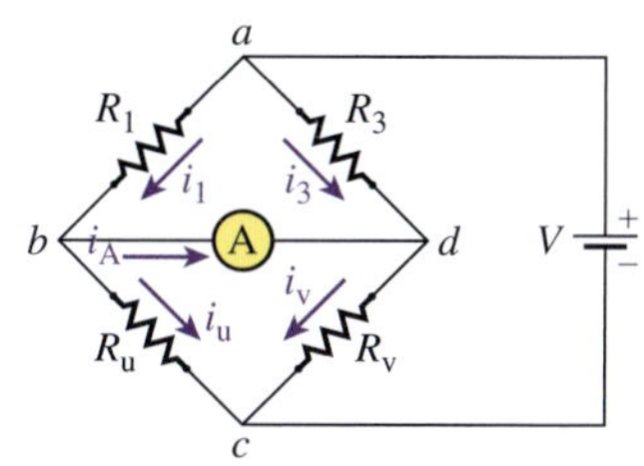

Figura 6.15 A ponte de Wheatstone com os sentidos propostos para as correntes indicadas.

PESQUISE

Primeiro aplicamos a lei de Kirchhoff das malhas à malha *adb*, partindo do nó a e seguindo em sentido horário, para obter

$$-i_3R_3 + i_AR_A + i_1R_1 = 0, \quad \text{(i)}$$

onde R_A é a resistência do amperímetro. Aplicamos a lei de Kirchhoff das malhas à malha *cbd*, partindo do nó c e seguindo em sentido horário, para obter

$$+i_uR_u - i_AR_A - i_vR_v = 0. \quad \text{(ii)}$$

Agora podemos aplicar a lei de Kirchhoff dos nós ao nó b e obter

$$i_1 = i_A + i_u. \quad \text{(iii)}$$

Outra aplicação da lei de Kirchhoff dos nós, ao nó d, fornece

$$i_3 + i_A = i_v. \quad \text{(iv)}$$

SIMPLIFIQUE

Quando a corrente no amperímetro for nula ($i_A = 0$), podemos reescrever as equações (i)-(iv) como:

$$i_1R_1 = i_3R_3 \quad \text{(v)}$$

$$i_uR_u = i_vR_v \quad \text{(vi)}$$

$$i_1 = i_u \quad \text{(vii)}$$

e

$$i_3 = i_v. \quad \text{(viii)}$$

Dividindo, membro a membro, a equação (vi) pela equação (v), obtemos

$$\frac{i_uR_u}{i_1R_1} = \frac{i_vR_v}{i_3R_3},$$

que podemos reescrever, usando as equações (vii) e (viii), como

$$R_u = \frac{R_1}{R_3}R_v.$$

Continua →

CALCULE

Substituindo os valores numéricos fornecidos, obtemos

$$R_u = \frac{R_1}{R_3} R_v = \frac{100{,}0\ \Omega}{110{,}0\ \Omega} 15{,}63\ \Omega = 14{,}20901\ \Omega.$$

ARREDONDE

Apresentamos nosso resultado com quatro algarismos significativos:

$$R_u = 14{,}21\ \Omega.$$

SOLUÇÃO ALTERNATIVA

Nosso resultado para a resistência desconhecida é semelhante ao valor da resistência do resistor variável. Assim, nossa resposta é plausível, pois os outros dois resistores do circuito também possuem resistências aproximadamente iguais.

6.1 Pausa para teste

Mostre que, quando a corrente no amperímetro for nula, a resistência equivalente da ponte de Wheatstone da Figura 6.14 será dada por

$$R_{eq} = \frac{(R_1 + R_u)(R_3 + R_v)}{R_1 + R_u + R_3 + R_v}.$$

Observações gerais sobre redes de circuitos

Uma observação importante sobre a resolução de problemas sobre circuitos é que, em geral, a análise completa de um circuito requer o conhecimento da corrente que flui em cada ramo do mesmo. Usamos as leis de Kirchhoff dos nós e das malhas para obter equações relacionando as correntes, e precisamos dispor de tantas equações linearmente independentes quanto sejam os ramos para garantir que possamos encontrar uma solução para o sistema.

Vamos considerar o exemplo abstrato mostrado na Figura 6.16, onde todos os elementos, exceto os fios, foram omitidos. Este circuito possui quatro nós, indicados em azul na Figura 6.16a. Os seis ramos ligados a esses nós, mostrados na Figura 6.16b. Portanto, precisamos de seis equações linearmente independentes relacionando as correntes nos ramos. Foi observado anteriormente que nem todas as equações obtidas da aplicação das leis de Kirchhoff ao circuito são linearmente independentes. É bom repetir este fato: se um circuito possuir n nós, é possível obter, no máximo, $n - 1$ equações independentes com a aplicação da lei dos nós. (No caso do circuito da Figura 6.16, $n = 4$, de modo que podemos obter apenas três equações independentes.)

A lei dos nós sozinha não é suficiente para a análise completa de qualquer circuito. Geralmente é melhor escrever tantas equações quantas forem possíveis para os nós e depois aumentar seu número a partir das malhas. A Figura 6.16c mostra que existem seis possíveis malhas nesta rede, indicadas por cores diferentes. Claramente, existem mais malhas do que precisamos para analisar e obter três equações. Novamente, esta é uma observação geral: o sistema de equações que pode ser obtido considerando-se todas as malhas é superdeterminado. Portanto, teremos sempre a liberdade de selecionar malhas particulares para aumentar o número de equações obtidas da análise dos nós. Como uma regra geral prática, é melhor escolher as malhas que contenham poucos elementos, o que em geral simplifica consideravelmente a álgebra envolvida. Em especial, se lhe pedem para determinar a corrente em um ramo particular da rede, escolhendo a malha adequada permitirá evitar um conjunto longo de equações e resolver o problema com uma única equação. Assim, vale à pena devotar um pouco de atenção à seleção das malhas! Não escreva mais equações do que precisa para obter as incógnitas de qualquer problema específico. Isso apenas complicaria mais a álgebra envolvida. Todavia, uma vez que você disponha da solução, você pode usar uma ou mais das malhas não utilizadas para testar os valores que obteve.

6.3 Exercícios de sala de aula

No circuito de várias malhas mostrado na figura, V_1 = 6,00 V, V_2 = 12,0 V, R_1 = 10,0 Ω e R_2 = 12,0 V. Qual é o valor absoluto da corrente i_2?

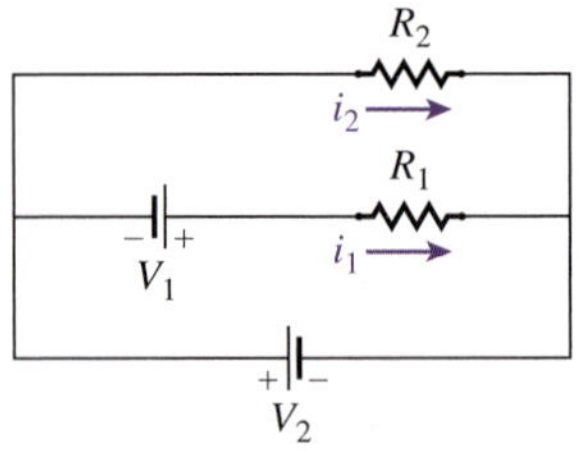

a) 0,500 A
b) 0,750 A
c) 1,00 A
d) 1,25 A
e) 1,50 A

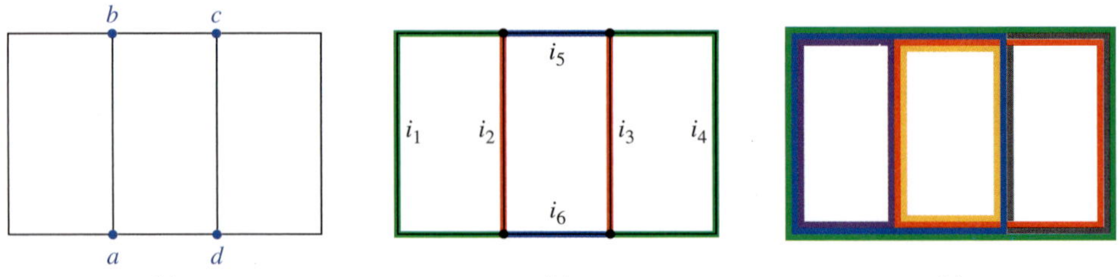

Figura 6.16 Rede de circuitos formada por (a) quatro nós, (b) seis ramos e (c) seis malhas possíveis.

6.4 Amperímetros e voltímetros

O dispositivo usado para medir correntes é chamado de **amperímetro**. E o dispositivo usado para medir diferenças de potencial é denominado **voltímetro**. Para medir uma corrente, um amperímetro deve ser ligado em *série*. A Figura 6.17 mostra um amperímetro ligado de uma maneira que possibilita medir a corrente i. Para medir uma diferença de potencial, um voltímetro deve ser ligado em *paralelo* com o componente para o qual a diferença de potencial deve ser medida. A Figura 6.17 mostra um voltímetro localizado no circuito para medir a queda de potencial no resistor R_1.

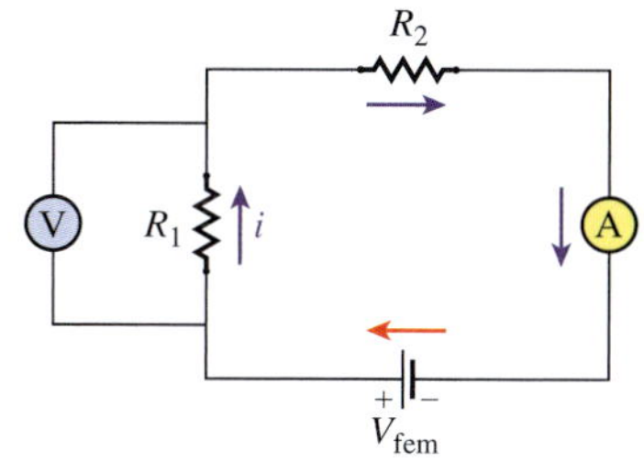

Figura 6.17 Localizações de um amperímetro e de um voltímetro em um circuito simples.

É importante perceber que tais instrumentos devem ser capazes de realizar medições e, ao mesmo tempo, produzir perturbações tão pequenas quanto possível no circuito. Assim, os amperímetros são projetados de modo a terem resistências internas tão baixas quanto possível, geralmente da ordem de 1 Ω, de modo a não terem efeitos significativos sobre as correntes que eles devem medir. Os voltímetros, por seu turno, são projetados de modo a terem resistências internas tão altas quanto possível, geralmente da ordem de 10 MΩ (10^7 Ω), para que eles tenham efeitos desprezíveis sobre as diferenças de potencial que devem medir.

Na prática, as medições de correntes e de diferença de potencial são feitas com multímetros digitais que podem ser ajustados por uma chave para funcionarem como amperímetros ou voltímetros. Ele mostra os resultados em um mostrador numérico digital com ajuste automático de faixas, incluindo o sinal da diferença de potencial ou da corrente. A maioria dos multímetros digitais pode também medir a resistência de um determinado elemento de circuito; isto é, eles também podem operar como um **ohmímetro**. Um multímetro digital realiza isso aplicando uma diferença de potencial conhecida ao elemento e medindo a corrente nele produzida. Este teste é útil para determinar a continuidade do circuito e o estado dos fusíveis, assim como medir resistências de resistores.

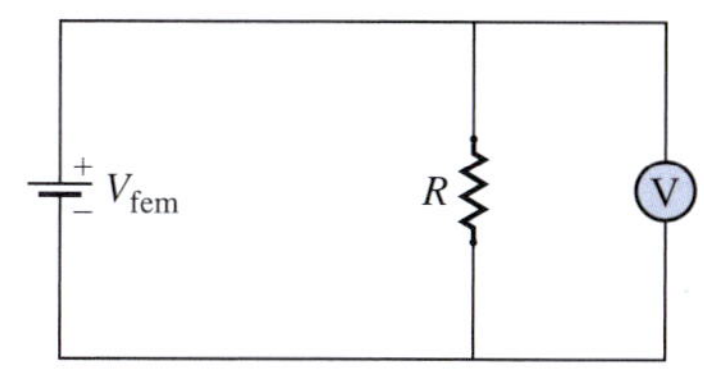

Figura 6.18 Circuito simples formado por um voltímetro ligado em paralelo com um resistor.

EXEMPLO 6.2 Voltímetro em um circuito simples

Considere um circuito simples formado por uma fonte de fem de voltagem V_{fem} = 150 V e um resistor de resistência R = 100,0 kΩ (Figura 6.18). Um voltímetro de resistência interna R_V = 10,0 MΩ é ligado em paralelo com o resistor.

PROBLEMA

Quanto vale a corrente do circuito antes do voltímetro ser ligado?

SOLUÇÃO

A lei de Ohm estabelece que $V = iR$, de modo que podemos determinar a corrente do circuito:

$$i = \frac{V_{fem}}{R} = \frac{150,\ \text{V}}{100,\cdot 10^3\ \Omega} = 1{,}50 \cdot 10^{-3}\ \text{A} = 1{,}50\ \text{mA}.$$

PROBLEMA

Quanto vale a corrente do circuito quando o voltímetro é ligado em paralelo com o resistor?

SOLUÇÃO

A resistência equivalente do resistor e do voltímetro, ligados em paralelo, é dada por

$$\frac{1}{R_{eq}} = \frac{1}{R} + \frac{1}{R_V}.$$

Isolando a resistência equivalente e substituindo os valores numéricos fornecidos, obtemos

$$R_{eq} = \frac{RR_V}{R + R_V} = \frac{\left(100,\cdot 10^3\ \Omega\right)\left(10{,}0 \cdot 10^6\ \Omega\right)}{100,\cdot 10^3\ \Omega + 10{,}0 \cdot 10^6\ \Omega} = 9{,}90 \cdot 10^4\ \Omega = 99{,}0\ \text{k}\Omega.$$

A corrente, então, é igual a

$$i = \frac{V_{fem}}{R_{eq}} = \frac{150,\ \text{V}}{9{,}90 \cdot 10^4\ \Omega} = 1{,}52 \cdot 10^{-3}\ \text{A} = 1{,}52\ \text{mA}.$$

A corrente do circuito aumenta em 0,02 mA quando o voltímetro é ligado porque a associação em paralelo do resistor com o voltímetro possui uma resistência equivalente menor do que a do resistor sozinho. Entretanto, o efeito é pequeno, mesmo com a resistência relativamente grande (R = 100 kΩ).

6.2 Pausa para teste

Quando o motor de arranque de um carro é acionado com os faróis ligados, a iluminação provida pelas lâmpadas fica mais fraca. Explique isso.

6.4 Exercícios de sala de aula

Dois resistores, $R_1 = 3{,}00\ \Omega$ e $R_2 = 5{,}00\ \Omega$ são ligados em série com uma bateria de $V_{fem} = 8{,}00$ V e a um amperímetro com $R_A = 1{,}00\ \Omega$, como mostrado na figura. Qual é o valor da corrente medida pelo amperímetro?

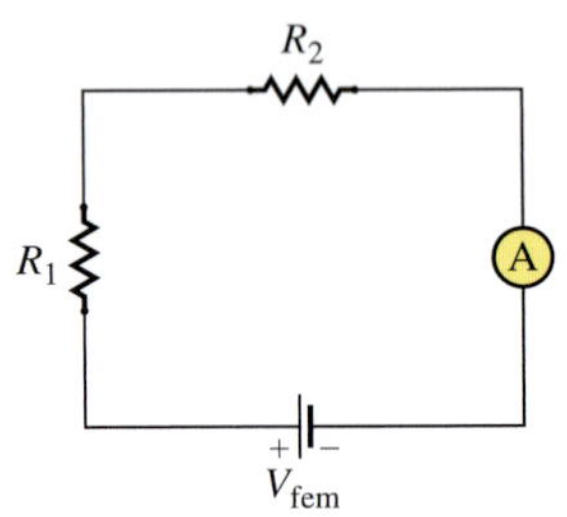

a) 0,500 A
b) 0,750 A
c) 0,889 A
d) 1,00 A
e) 1,50 A

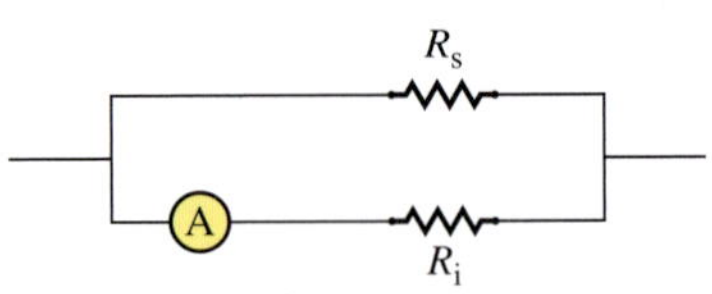

Figura 6.19 Um amperímetro ligado em paralelo com um resistor de desvio.

PROBLEMA RESOLVIDO 6.3 Ampliando a faixa de operação de um amperímetro

PROBLEMA

Um amperímetro pode ser usado para diferentes faixas de valores de corrente adicionado-se um divisor de corrente na forma de um resistor de desvio (*Shunt Resistor*) ligado em paralelo com o amperímetro. Um resistor de desvio é simplesmente um resistor com uma resistência muito pequena. Seu nome tem origem no fato de que, quando ligado em paralelo com um amperímetro, cuja resistência é maior, a maior parte da corrente é desviada, passando por ele e sem passar pelo medidor. A sensibilidade do amperímetro, portanto, é reduzida, permitindo a ele medir correntes maiores. Suponha que um amperímetro produza uma leitura de fundo de escala quando uma corrente $i_{int} = 5{,}10$ mA o atravessa. O amperímetro possui uma resistência interna $R_i = 16{,}8\ \Omega$. A fim de usá-lo para medir uma corrente máxima $i_{max} = 20{,}2$ A, qual deve ser a resistência do resistor de desvio, R_s, ligado em paralelo com o amperímetro?

SOLUÇÃO

PENSE

O resistor de desvio ligado em paralelo com o amperímetro precisa ter uma resistência substancialmente menor do que a resistência interna do amperímetro. A maior parte da corrente fluirá, então, através do resistor de desvio, em vez de passar pelo amperímetro.

DESENHE

A Figura 6.19 mostra um resistor de desvio, R_s, ligado em paralelo com um amperímetro.

PESQUISE

Os dois resistores estão ligados em paralelo, de modo que as diferenças de potencial nos dois são iguais. A diferença de potencial que resulta em uma leitura de fundo de escala do amperímetro é

$$\Delta V_{fs} = i_{int} R_i. \quad \text{(i)}$$

Do Capítulo 5, sabemos que a resistência equivalente dos dois resistores em paralelo é dada por

$$\frac{1}{R_{eq}} = \frac{1}{R_i} + \frac{1}{R_s}. \quad \text{(ii)}$$

A queda de voltagem na resistência equivalente deve ser igual à queda de voltagem no amperímetro que corresponde à leitura de fundo de escala, quando a corrente i_{max} flui pelo circuito. Portanto, podemos escrever

$$\Delta V_{fs} = i_{max} R_{eq}. \quad \text{(iii)}$$

SIMPLIFIQUE

Combinando as equações (i) e (iii) para a diferença de potencial, obtemos

$$\Delta V_{fs} = i_{int} R_i = i_{max} R_{eq}. \quad \text{(iv)}$$

Podemos rearranjar a equação (iv) e substituir R_{eq} na equação (ii):

$$\frac{i_{max}}{i_{int} R_i} = \frac{1}{R_{eq}} = \frac{1}{R_i} + \frac{1}{R_s}. \quad \text{(v)}$$

Isolando a resistência do resistor de desvio a partir da equação (v), obtemos

$$\frac{1}{R_s} = \frac{i_{max}}{i_{int} R_i} - \frac{1}{R_i} = \frac{1}{R_i}\left(\frac{i_{max}}{i_{int}} - 1\right) = \frac{1}{R_i}\left(\frac{i_{max} - i_{int}}{i_{int}}\right),$$

ou

$$R_s = R_i \frac{i_{int}}{i_{max} - i_{int}}.$$

CALCULE

Substituindo os valores numéricos fornecidos, chegamos a

$$R_s = R_i \frac{i_{int}}{i_{max} - i_{int}} = (16{,}8\ \Omega)\frac{5{,}10 \cdot 10^{-3}\ \text{A}}{20{,}2\ \text{A} - 5{,}10 \cdot 10^{-3}\ \text{A}}$$
$$= 0{,}00424266\ \Omega.$$

ARREDONDE

Apresentamos nosso resultado com três algarismos significativos:

$$R_s = 0{,}00424\ \Omega.$$

SOLUÇÃO ALTERNATIVA

A resistência equivalente do amperímetro ligado em paralelo com o resistor de desvio é dada pela equação (ii). Isolando a resistência equivalente nesta equação e substituindo os valores numéricos fornecidos, obtemos

$$R_{eq} = \frac{R_i R_s}{R_i + R_s} = \frac{(16{,}8\ \Omega)(0{,}00424\ \Omega)}{16{,}8\ \Omega + 0{,}00424\ \Omega} = 0{,}00424\ \Omega.$$

Assim, a resistência equivalente da associação em paralelo da resistência do amperímetro com a do resistor de desvio é aproximadamente igual à resistência deste último. Essa baixa resistência equivalente é necessária a um instrumento de medição de corrente, que deve ser ligado em série com o circuito no qual a corrente deve ser medida. Se o dispositivo medidor tivesse uma resistência alta, sua presença perturbaria a medição da corrente.

6.5 Circuitos RC

Até este ponto do capítulo, temos discutido circuitos que contêm fontes de fem e resistores. Em tais circuitos, a corrente não varia com o tempo. Agora vamos considerar circuitos que contenham capacitores (consulte o Capítulo 4), assim como fontes de fem e resistores. Chamados de **circuitos *RC***, as correntes de tais circuitos *de fato* variam com o tempo. O circuito mais simples cuja operação envolve correntes dependentes do tempo é o de carga e descarga de um capacitor. A compreensão deste processo dependente do tempo envolve a resolução de algumas equações diferenciais simples. Após o magnetismo e os fenômenos magnéticos serem introduzidos no Capítulo 7, 8 e 9, as correntes dependentes do tempo serão discutidas no Capítulo 10, onde serão usadas as técnicas abordadas aqui.

Carregando um capacitor

Considere um circuito formado por uma fonte de fem, V_{fem}, um resistor, R, e um capacitor, C (Figura 6.20). Inicialmente, a chave está aberta, e o capacitor, descarregado, como mostrado na Figura 6.20a. Quando a chave é fechada (Figura 6.20b), a corrente começa a fluir pelo circuito, acumulando cargas opostas nas placas do capacitor e, assim, criando uma diferença de potencial, ΔV, entre as placas do capacitor. A corrente flui porque a fonte de fem, que mantém uma voltagem constante entre seus terminais. Quando o capacitor estiver completamente carregado (Figura 6.20c), a corrente deixará de fluir pelo circuito. A diferença de potencial entre as placas, então, será igual à voltagem fornecida pela fonte de fem, e a quantidade de carga total, q_{tot}, em cada placa do capacitor será $q_{tot} = CV_{fem}$.

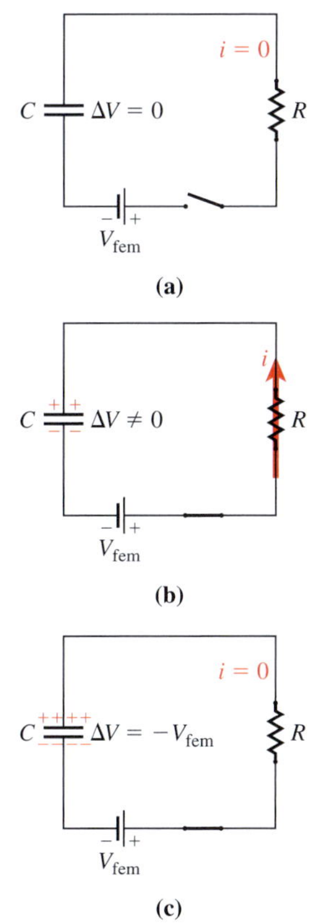

Figura 6.20 Circuito RC básico formado por uma fonte de fem, um resistor e um capacitor: (a) com a chave aberta; (b) em um curto intervalo de tempo após o fechamento da chave; e (c) em um longo intervalo de tempo após o fechamento da chave.

Durante o carregamento do capacitor, podemos analisar a corrente, i, que flui pelo circuito (considerando-se que ela flua do terminal negativo para o positivo da fonte de voltagem) aplicando-se a lei de Kirchhoff das malhas à malha da Figura 6.20b, percorrida em sentido anti-horário:

$$V_{fem} - V_R - V_C = V_{fem} - i(t)R - q(t)/C = 0,$$

onde V_C é a queda de potencial no capacitor e $q(t)$ é sua carga em um dado instante t. A variação de carga nas placas do capacitor devido à corrente é $i(t) = dq(t)/dt$, e podemos reescrever a equação anterior na forma

$$R\frac{dq(t)}{dt} + \frac{q(t)}{C} = V_{fem},$$

ou

$$\frac{dq(t)}{dt} + \frac{q(t)}{RC} = \frac{V_{fem}}{R}. \quad (6.3)$$

Esta equação diferencial relaciona a carga com sua derivada temporal. A discussão sobre oscilações amortecidas envolve uma equação diferencial semelhante. Ela parece apropriada para se tentar obter uma solução de forma exponencial porque a exponencial é a única função cuja derivada é idêntica à própria função. Como a equação 6.3 também possui um termo constante, a solução-tentativa precisa ter um termo constante também. Assim, experimentamos uma solução com uma constante e um termo exponencial, e para a qual $q(0) = 0$:

$$q(t) = q_{max}(1 - e^{-t/\tau}),$$

onde as constantes q_{max} e τ devem ser determinadas. Substituindo esta solução-tentativa de volta na equação 6.3, obtemos

$$q_{max}\frac{1}{\tau}e^{-t/\tau} + \frac{1}{RC}q_{max}\left(1 - e^{-t/\tau}\right) = \frac{V_{fem}}{R}.$$

Agora agrupamos os termos dependentes do tempo no lado esquerdo da equação e os termos independentes do tempo no lado direito:

$$q_{max}e^{-t/\tau}\left(\frac{1}{\tau} - \frac{1}{RC}\right) = \frac{V_{fem}}{R} - \frac{1}{RC}q_{max}.$$

Esta equação pode ser válida em todos os instantes de tempo somente se os dois lados forem iguais a zero. A partir do lado esquerdo, obtemos

$$\tau = RC. \tag{6.4}$$

Assim, a constante τ (chamada de **constante de tempo**) é simplesmente o produto da capacitância e da resistência. Do lado direito da equação, encontramos uma expressão para a constante q_{max}:

$$q_{max} = CV_{fem}.$$

Assim, a equação diferencial para o carregamento de um capacitor (equação 6.3) tem solução dada por

$$q(t) = CV_{fem}(1 - e^{-t/RC}). \tag{6.5}$$

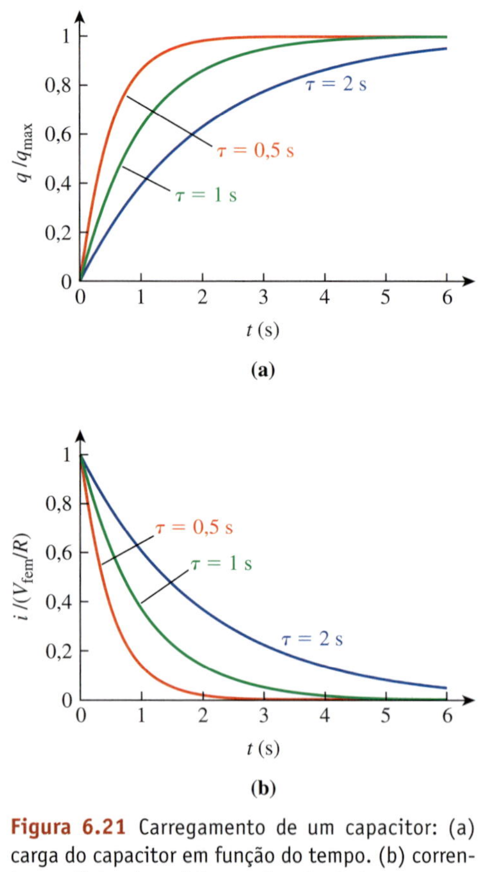

Figura 6.21 Carregamento de um capacitor: (a) carga do capacitor em função do tempo. (b) corrente que flui pelo resistor em função do tempo.

Note que, em $t = 0$, $q = 0$, que é a condição inicial, antes dos componentes de circuito serem ligados. Em $t = \infty$, $q = q_{max} = CV_{max}$, que é a condição estacionária na qual o capacitor está plenamente carregado. A dependência temporal da carga do capacitor é mostrada na Figura 6.21a para três diferentes valores da constante de tempo τ.

A corrente que flui no circuito é obtida derivando a equação 6.5 com relação ao tempo:

$$i = \frac{dq}{dt} = \left(\frac{V_{fem}}{R}\right)e^{-t/RC}. \tag{6.6}$$

Da equação 6.6, em $t = 0$, a corrente no circuito é V_{fem}/R, e em $t = \infty$, a corrente é nula, como mostra a Figura 6.21b.

Como sabemos que a solução obtida na discussão precedente é a única possível? Da discussão anterior isso não é óbvio, porém a solução realmente é a única. (A prova disso geralmente é apresentada em cursos sobre equações diferenciais.)

Descarregando um capacitor

Vamos agora considerar um circuito formado por apenas um resistor, R, e um capacitor totalmente carregado, C, obtido ao se mover a chave da Figura 6.22 da posição 1 para a posição 2. A carga no capacitor, antes da chave ser movimentada, é q_{max}. Neste caso, a corrente fluirá no circuito até que o capacitor fique totalmente descarregado. Enquanto ele está se descarregando, podemos aplicar a lei de Kirchhoff das malhas, percorrendo a malha única em sentido horário, para obter

$$-i(t)R - V_C = -i(t)R - \frac{q(t)}{C} = 0.$$

Podemos reescrever esta equação usando a definição de corrente:

$$\frac{Rdq(t)}{dt} + \frac{q(t)}{C} = 0. \tag{6.7}$$

A solução da equação 6.7 é obtida por meio do mesmo método usado para a equação 6.3, exceto que a equação 6.7 não possui um termo constante e $q(0) > 0$. Assim, propomos uma solução da forma $q(t) = q_{max}\, e^{-t/\tau}$. Do que resulta

$$q(t) = q_{max}\, e^{-t/RC} \quad (6.8)$$

Em $t = 0$, a carga do capacitor é q_{max}. E em $t = \infty$, sua carga é nula.

A corrente em função do tempo é obtida por diferenciação da equação 6.8

$$i(t) = \frac{dq}{dt} = -\left(\frac{q_{max}}{RC}\right) e^{-t/RC}. \quad (6.9)$$

Assim, em $t = 0$, a corrente do circuito é $-q_{max}/RC$, enquanto em $t = \infty$ ela é nula. Plotando-se a dependência da carga do capacitor e a da corrente que atravessa o resistor durante o processo de descarga, em função do tempo, resultam curvas de decréscimo exponencial como as mostradas na Figura 6.21.b.

As equações que descrevem o carregamento e o descarregamento de um capacitor envolvem, todas, o fator exponencial $e^{-t/RC}$. Novamente, a constante de tempo é igual ao produto da resistência pela capacitância deste circuito RC: $\tau = RC$. De acordo com a equação 5.5, após transcorrido um tempo igual à constante de tempo, a carga do capacitor corresponderá a 63% de seu valor máximo. Assim, um circuito RC pode ser caracterizado especificando-se sua constante de tempo. Uma constante de tempo grande significa que levará um longo tempo para carregar o capacitor; e uma constante de tempo pequena, que demorará um curto tempo para carregá-lo.

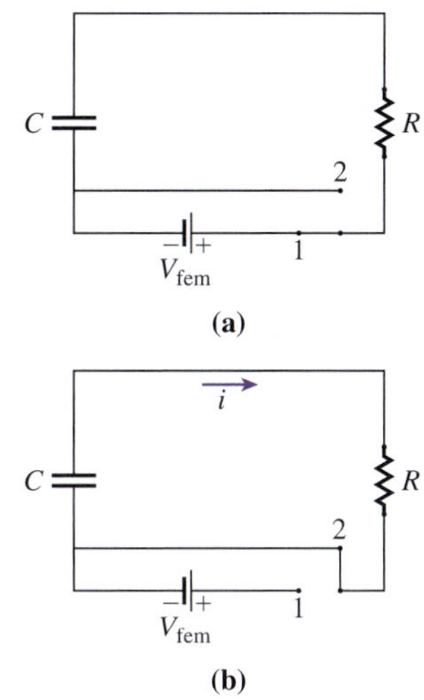

Figura 6.22 Circuito RC formado por uma fonte de fem, um resistor, um capacitor e uma chave. O capacitor se encontra (a) carregado, com a chave na posição 1 e (b) descarregado, com a chave na posição 2.

EXEMPLO 6.3 Tempo necessário para carregar um capacitor

Considere o circuito formado por uma bateria de 12,0 V, um resistor de 50,0 Ω e um capacitor de 100,0 μF ligados em série. O capacitor está inicialmente com carga máxima.

PROBLEMA

Em quanto tempo após o fechamento do circuito o capacitor estará com 90% de sua carga inicial?

SOLUÇÃO

A carga de um capacitor em função do tempo é dada por

$$q(t) = q_{max}\,(1 - e^{-t/RC}),$$

onde q_{max} é a carga máxima que o capacitor pode armazenar. Desejamos conhecer o tempo necessário para que $q(t)/q_{max} = 0{,}90$, o que pode ser obtido de

$$\left(1 - e^{-t/RC}\right) = \frac{q(t)}{q_{max}} = 0{,}90$$

ou

$$0{,}10 = e^{-t/RC}. \quad \text{(i)}$$

Tomando o logaritmo natural de ambos os membros da equação (i), obtemos

$$\ln 0{,}10 = -\frac{t}{RC},$$

ou

$$t = -RC \ln 0{,}10 = -(50{,}0\ \Omega)(100 \cdot 10^{-6}\ \text{F})(-2{,}30) = 0{,}0115 = 11{,}5\ \text{ms}.$$

6.5 Exercícios de sala de aula

Para descarregar muito rapidamente o capacitor de um circuito RC, quais deveriam ser os valores da resistência e da capacitância envolvidas?

a) Ambas tão grandes quanto possível.

b) A resistência deveria ser tão grande quanto possível, e a capacitância, tão pequena quanto possível.

c) A resistência deveria ser tão pequena quanto possível, e a capacitância, tão grande quanto possível.

d) Ambas tão pequenas quanto possível.

6.3 Pausa para teste

Um capacitor de 1,00 mF encontra-se totalmente carregado, e um resistor de 100,0 Ω é ligado a ele. Quanto tempo demorará para remover 99% da carga armazenada no capacitor?

O marca-passo

Um coração humano normal bate a intervalos regulares, fazendo o sangue circular pelo corpo. Sinais elétricos gerados no próprio coração regulam seus batimentos. Esses sinais elétricos podem ser medidos através da pele humana usando-se um eletrocardiógrafo. Este

6.6 Exercícios de sala de aula

Um capacitor descarregado com C = 14,9 μF, um resistor com R = 24,3 kΩ e uma bateria com V = 25,7 V estão conectados em série como é mostrado na figura. Qual é a carga no capacitor em t = 0,3621 s depois que a chave é fechada?

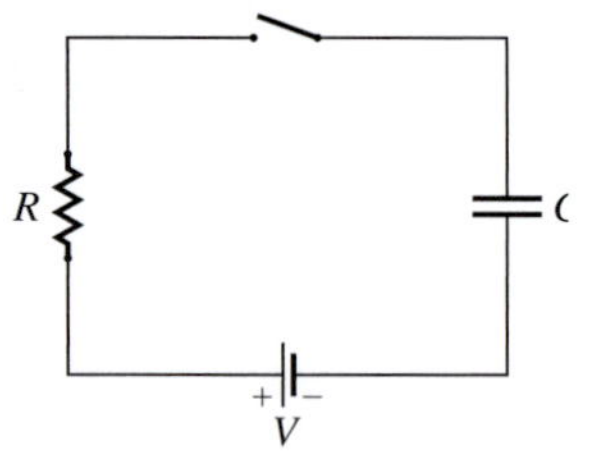

a) $5{,}48 \cdot 10^{-5}$ C

b) $7{,}94 \cdot 10^{-5}$ C

c) $1{,}15 \cdot 10^{-5}$ C

d) $1.66 \cdot 10^{-4}$ C

e) $2{,}42 \cdot 10^{-4}$ C

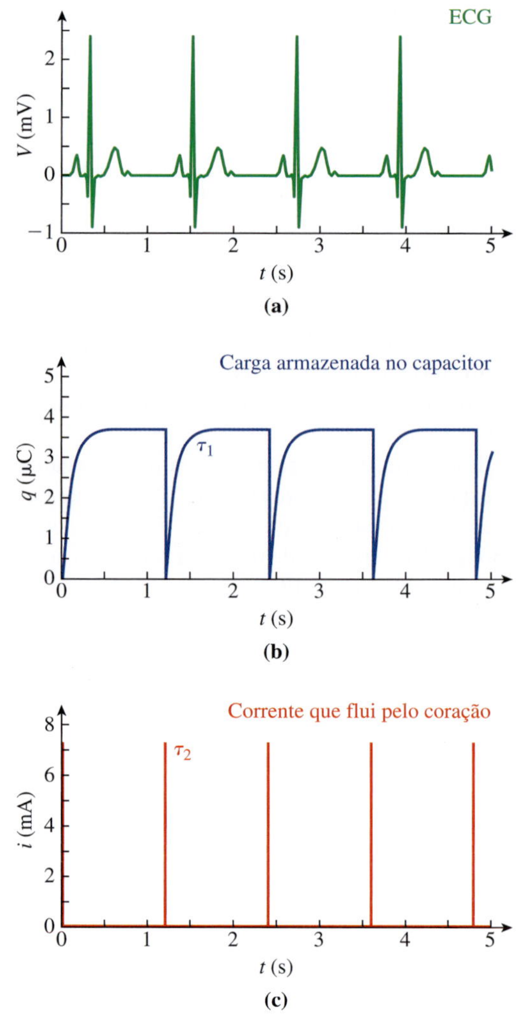

Figura 6.23 (a) Um eletrocardiograma (ECG) mostrando quatro batimentos regulares. (b) A carga armazenada no capacitor do marca-passo em função do tempo. (c) A corrente que atravessa o coração devido ao descarregamento do capacitor do marca-passo.

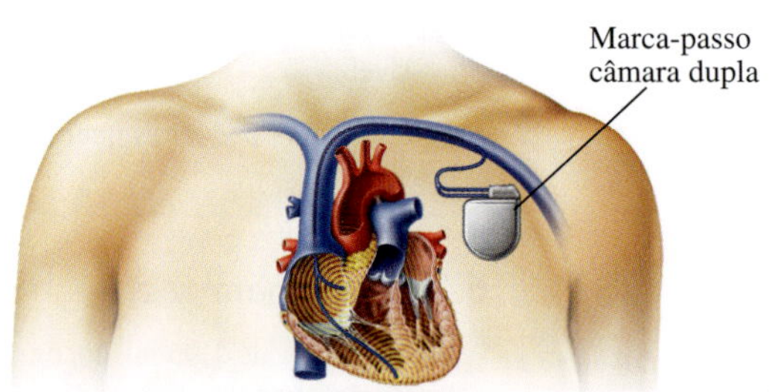

Figura 6.24 Um marca-passo moderno implantado em um paciente. O marca-passo envia pulsos elétricos às duas câmaras do coração para mantê-lo batendo regularmente.

aparelho produz um gráfico da diferença de potencial em função do tempo, chamado de eletrocardiograma ou ECG (às vezes também de EKG, do alemão, *Electrokardiograph*). A Figura 6.23a mostra como um ECG representaria quatro batimentos cardíacos regulares ocorrendo a uma taxa de 72 batimentos por minuto. Médicos e pessoal da área podem usar ECGs para avaliar a saúde do coração.

Às vezes o coração não bate de maneira regular e precisa ser mantido em ritmo apropriado. Esta ajuda pode ser provida por um marca-passo, um circuito elétrico que envia pulsos elétricos ao coração em intervalos regulares, substituindo os sinais elétricos comuns e estimulando-o a bater em intervalos regulares. Um marca-passo é implantado no paciente e ligado diretamente ao coração, como ilustrado na Figura 6.24.

EXEMPLO 6.4 Elementos de circuito de um marca-passo

Vamos analisar o circuito mostrado na Figura 6.25, que estimula o funcionamento de um marca-passo. O circuito funciona por meio do carregamento de um capacitor, C, por uma bateria de voltagem V_{fem} durante algum tempo e um resistor R_1 como ilustrado na Figura 6.25a, onde a chave encontra-se aberta. O fechamento da chave, como mostra a Figura 6.25b, faz com que o capacitor seja descarregado em um curto tempo através do coração a fim de estimular os batimentos. Assim, tal circuito opera como um marca-passo mantendo a chave aberta durante um batimento e fechada durante um curto intervalo de tempo, estimulando os batimentos do coração, e depois aberta novamente.

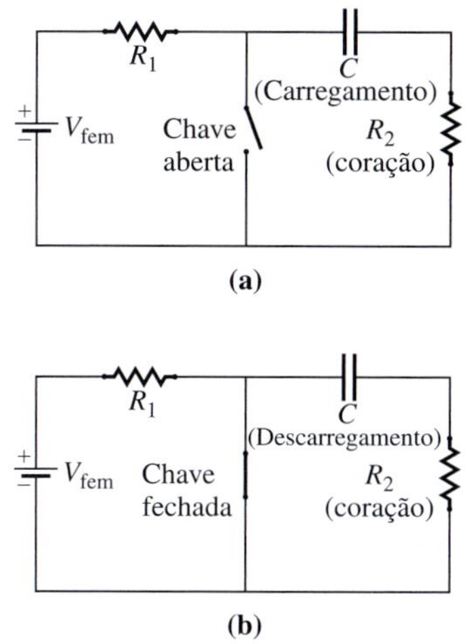

Figura 6.25 (a) Circuito simplificado de marca-passo durante o modo de carregamento. (b) O mesmo circuito de marca-passo durante o modo de descarregamento.

PROBLEMA

Quais os valores de capacitância, C, e de resistência, R_1, que devem ser usados em um marca-passo?

SOLUÇÃO

Consideraremos que o coração se comporte com uma resistência de valor $R_2 = 500\ \Omega$ e que uma fonte de fem seja uma bateria de lítio (discutida no Capítulo 3). A pilha iônica de lítio contém uma densidade de energia muito alta e uma voltagem de 3,7 V. Um coração normal bate em uma taxa na faixa de 60 a 100 batimentos por minuto. Todavia, um marca-passo poderia estimular o coração a bater mais rapidamente, de modo que ele seja capaz de funcionar a 180 batimentos por minuto. Assim, o tempo mínimo entre descargas sucessivas, t_{min}, é

$$t_{min} = \frac{1}{180\ \text{batimentos/min}} = \left(\frac{1\ \text{min}}{180}\right)\left(\frac{60\ \text{s}}{1\ \text{min}}\right) = 0{,}333\ \text{s}.$$

A equação 5.5 fornece a carga, q, em função do tempo, t, no caso de uma carga máxima q_{max}, e para uma dada constante de tempo, $\tau_1 = R_1C$:

$$q = q_{max}\,(1 - e^{-t/\tau_1}).$$

Rearranjando esta equação fornece

$$\frac{q}{q_{max}} = f = 1 - e^{-t/\tau_1},$$

onde f é a fração da capacidade de carga do capacitor. Vamos considerar que o capacitor deva ser carregado até 95% de sua carga máxima em um tempo t_{min}. Isolando a constante de tempo, obtemos

$$\tau_1 = R_1C = -\frac{t_{min}}{\ln(1-f)} = -\frac{0{,}333\ \text{s}}{\ln(1-0{,}95)} = 0{,}111\ \text{s}.$$

Assim, a constante de tempo para o carregamento deve ser $\tau_1 = R_1C = 100$ ms. A constante de tempo para o descarregamento, τ_2, precisa ser pequena a fim de produzir pulsos curtos de uma corrente intensa a fim de estimular o coração. Escolhendo $\tau_2 = 0{,}500$ ms, que é da ordem de um estreito pulso elétrico de ECG, temos

$$\tau_2 = R_2C = 0{,}500\ \text{ms}.$$

Substituímos o valor de 500 Ω de R_2 e isolamos a capacitância requerida:

$$C = \frac{0{,}000500\ \text{s}}{500\ \Omega} = 1{,}00\ \mu\text{F}.$$

A resistência requerida para o circuito de carregamento agora pode ser relacionada à constante de tempo do carregamento e o valor da capacitância que acabamos de determinar:

$$\tau_1 = R_1C = 0{,}100\ \text{s} = R_1(1{,}00\ \mu\text{F}),$$

que nos fornece

$$R_1 = \frac{0{,}100\ \text{s}}{1{,}00\cdot 10^{-6}\ \text{F}} = 100\ \text{k}\Omega.$$

A Figura 6.23b mostra a carga do capacitor do marca-passo estimulado em função do tempo para uma taxa de 72 batimentos por minuto. A Figura 6.23c mostra a corrente que flui pelo coração durante o descarregamento do capacitor. O pulso de corrente é estreito, durando menos do que um milissegundo. Ele estimula o coração a bater, como ilustrado pelo ECG da Figura 6.23a. A taxa com a qual bate o coração é controlada pela taxa com a qual a chave do marca-passo é fechada e aberta, o que é controlado por um microprocessador.

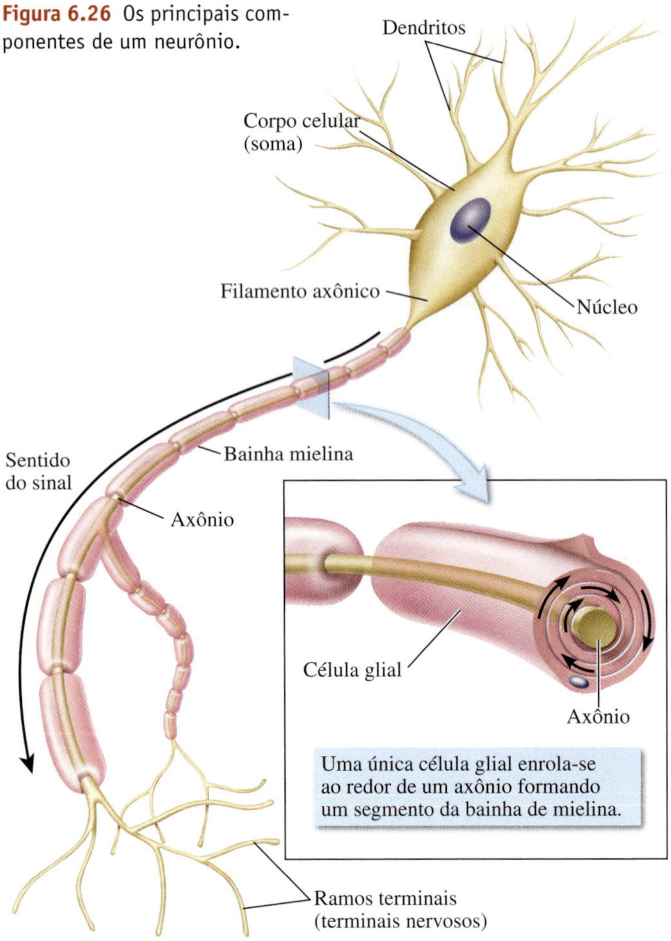

Figura 6.26 Os principais componentes de um neurônio.

O neurônio

O tipo de célula responsável pela transmissão e pelo processamento de sinais no sistema nervoso e no cérebro humano e de outros animais é o neurônio (Figura 6.26). O neurônio conduz as correntes elétricas necessárias por meios eletroquímicos, através do movimento de íons (principalmente Na^+, K^+ e Cl^-). Os neurônios recebem sinais de outros neurônios através de dendritos, e enviam sinais para outros neurônios através de axônios. Um axônio pode ser muito comprido (por exemplo, na espinha dorsal) e é coberto por uma bainha isolante de mielina. Os sinais são recebidos e enviados para outros neurônios ou células dos órgãos dos sentidos e de outros tecidos. Tudo isso, e muito mais, pode ser aprendido em algum livro introdutório à biologia ou em um curso de fisiologia. Aqui, analisaremos o neurônio como um circuito básico que produz sinais.

Um sinal de entrada tem de ser suficientemente intenso para conseguir disparar um neurônio, isto é, fazê-lo enviar um sinal de saída pelo axônio. É uma aproximação grosseira, mas razoável, representar o corpo celular principal de um neurônio, o soma, como um circuito RC básico para processar tais sinais. A Figura 6.27 mostra o diagrama deste circuito RC. Um capacitor e um resistor estão ligados em paralelo a um potencial de entrada e de um potencial de saída. Os valores característicos para neurônios são da ordem de ± 50 mV em relação ao potencial do tecido circundante. Se $\Delta V = V_{\text{entrada}} - V_{\text{saída}} \neq 0$, uma corrente fluirá através do circuito. Parte dela fluirá pelo resistor, porém parte dela simultaneamente carregará o capacitor até que este atinja um potencial igual à diferença de potencial entre os potenciais de entrada e de saída. A diferença de potencial entre as placas do capacitor cresce exponencialmente, de acordo com a relação $V_C(t) = (V_{\text{entrada}} - V_{\text{saída}})(1 - e^{-t/RC})$, exatamente como no processo de carregamento de um capacitor de um circuito RC. (A constante de tempo, $\tau = RC$, é da ordem de 10 ms, considerando-se uma capacitância de 1 nF e uma resistência de 10 MΩ.) Se a diferença de potencial externa, então, for removida do circuito, o capacitor descarregará segundo a mesma constante de tempo, e o potencial no capacitor diminuirá exponencialmente, de acordo com a relação $V_C(t) = V_0 e^{-t/RC}$. Essa dependência temporal reproduz a resposta básica de um neurônio. A Figura 6.28 mostra a diferença de potencial no capacitor deste modelo de neurônio, enquanto ele é carregado em 30 ms e depois descarregado.

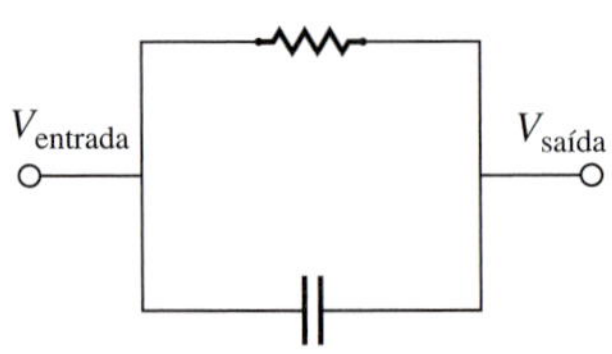

Figura 6.27 Modelo simplificado de um neurônio como um circuito RC.

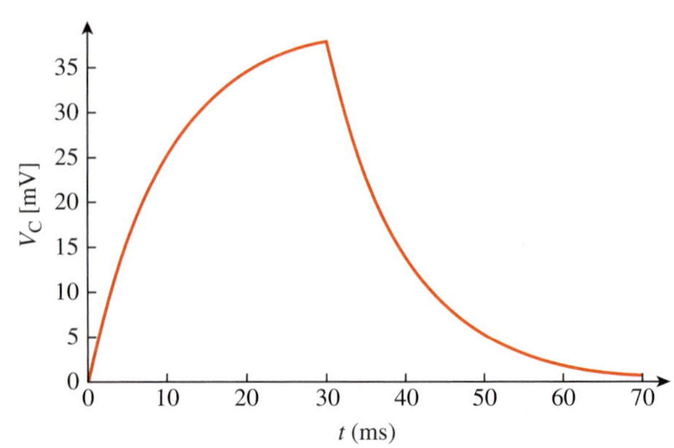

Figura 6.28 Diferença de potencial no capacitor de um modelo de neurônio.

O QUE JÁ APRENDEMOS | GUIA DE ESTUDO PARA EXERCÍCIOS

- As leis de Kirchhoff para análise de circuitos são:
  - Lei de Kirchhoff dos nós: a soma das correntes que entram em um nó deve ser igual à soma das correntes que saem do mesmo nó.
  - Lei de Kirchhoff das malhas: a diferença de potencial ao longo de uma malha completa deve ser igual a zero.
- Ao aplicar a lei de Kirchhoff das malhas, o sinal da variação de potencial em cada elemento de circuito é determinada pelo sentido da corrente e pelo sentido em que se percorre a malha na análise. As convenções são:
  - Fontes de fem com polaridades de mesmo sentido que aquele com o qual se percorre a malha representam ganhos de potencial, enquanto fontes com polaridades opostas ao sentido em que se percorre a malha representam quedas de potencial.
  - No caso de resistores, o módulo da variação de potencial correspondente, $|iR|$, onde i é a corrente considerada e R é a resistência. O sinal desta variação de potencial depende do sentido (conhecido ou considerado) da corrente bem como do percurso envolvido. Se esses sentidos são os mesmos, o resistor produz uma queda de potencial. Se os sentidos são opostos, o resistor produz um ganho de potencial.
- Todo circuito RC contém um resistor de resistência R e um capacitor de capacitância C. A constante de tempo, τ, é dada por $\tau = RC$.
- Em um circuito RC, a carga, q, em função do tempo, durante o carregamento do capacitor de capacitância C é dada por $q(t) = CV_{fem}(1 - e^{-t/RC})$, onde V_{fem} é a voltagem fornecida pela fonte de fem e R é a resistência do resistor.
- Em um circuito RC, a carga, q, em função do tempo, durante o descarregamento do capacitor de capacitância C é dada por $q(t) = q_{max}\, e^{-t/RC}$, onde q_{max} é a quantidade de carga em cada placa do capacitor em $t = 0$, e R é a resistência do resistor.

TERMOS-CHAVE

amperímetro, p. 171
circuitos RC, p. 173
constante de tempo, p. 174
lei de Kirchhoff das malhas, p. 164
lei de Kirchhoff dos nós, p. 163
leis de Kirchhoff, p. 163
malha, p. 164
nó, p. 163
ohmímetro, p. 171
ramo, p. 163
voltímetro, p. 171

NOVOS SÍMBOLOS E EQUAÇÕES

$\tau = RC$, constante de tempo de um circuito RC

RESPOSTAS DOS TESTES

6.1 Os resistores R_1 e R_u estão em série e possuem uma resistência equivalente $R_{1u} = R_1 + R_u$. Os resistores R_3 e R_V estão em série e possuem uma resistência equivalente $R_{3V} = R_3 + R_V$. A resistência equivalente de R_{1u} e R_{3V}, que estão ligados em paralelo, assim, é dada por

$$\frac{1}{R_{eq}} = \frac{1}{R_{1u}} + \frac{1}{R_{3v}}$$

ou

$$R_{eq} = \frac{R_{1u}R_{3v}}{R_{1u} + R_{3v}} = \frac{(R_1 + R_u)(R_3 + R_v)}{R_1 + R_u + R_3 + R_v}.$$

6.2 Quando os faróis de um carro estão ligados, a bateria fornece um valor pequeno de corrente às lâmpadas, e a queda de potencial na resistência interna da bateria é pequena. O motor de arranque está ligado em paralelo com as lâmpadas. Quando o motor de arranque é acionado, ele puxa uma corrente grande, produzindo uma queda de potencial notável na resistência interna da bateria e fazendo com que uma corrente menor passe pelas lâmpadas.

6.3 $q = q_{max}\, e^{-t/RC}$

$$\frac{q}{q_{max}} = 0{,}01 = e^{-t/RC} \Rightarrow \ln 0{,}01 = -\frac{t}{RC}$$

$t = -RC \ln 0{,}01 = -(100\Omega)(1{,}00 \cdot 10^{-3}\text{ F})(\ln 0{,}01) = 0{,}461\text{ s}$

GUIA DE RESOLUÇÃO DE PROBLEMAS

1. É sempre útil rotular cada coisa de um diagrama de circuito, incluindo todas as informações fornecidas, e todas as incógnitas, assim como todas as correntes, ramos e nós relevantes. Redesenhe o diagrama em escala maior se necessitar de mais espaço para ter clareza.

2. Lembre-se de que os sentidos que você escolher para as correntes e para percorrer qualquer malha são arbitrários. Se sua escolha tiver sido incorreta, a obtenção de um valor negativo para uma determinada corrente indicará seu erro.

3. Revise os sinais atribuídos às variações de potencial da Tabela 6.1. Ao percorrer uma malha na mesma direção escolhida para uma corrente significa que uma fonte de fem produz uma variação de potencial positiva, no sentido que vai do seu terminal negativo para o positivo no interior do dispositivo, enquanto que a variação de potencial em um resistor é negativa. Erros de sinais são comuns, e vale a pena prestar atenção às convenções e evitar tais erros.

4. Fontes de fem e resistores podem fazer parte de duas malhas distintas. Leve em conta cada componente como parte de cada malha à qual ele pertença, de acordo com as convenções de sinal adotadas para as malhas. Um mesmo resistor poderia produzir uma queda de potencial em uma malha e, simultaneamente, um ganho de potencial na outra malha.

5. Sempre é possível usar as leis de Kirchhoff para obter mais equações que você possa resolver para determinar correntes desconhecidas em ramos de circuitos. Escreva tantas equações quantas forem possíveis para nós, e depois para as possíveis malhas. Porém, nem todas as malhas usadas são iguais; você precisa selecioná-las cuidadosamente. Como regra prática, escolha aquelas malhas que contenham o menor número de elementos.

PROBLEMA RESOLVIDO 6.3 Taxa de armazenamento de energia em um capacitor

Um resistor com $R = 2{,}50\ \text{M}\Omega$ e um capacitor de $C = 1{,}25\ \mu\text{F}$ são ligados em série com uma bateria para a qual $V_{\text{fem}} = 12{,}0$ V. Em t = 2,50 s após o fechamento do circuito, qual será a taxa de armazenamento de energia no capacitor?

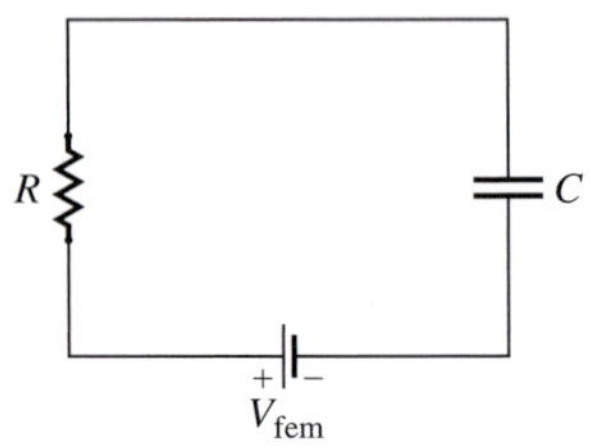

Figura 6.29 Circuito em série formado por uma bateria, um resistor e um capacitor.

PENSE

Quando o circuito é fechado, começa o carregamento do capacitor. A taxa com a qual a energia é armazenada no capacitor é dada pela derivada temporal da quantidade de energia armazenada no capacitor, que é uma função da carga do capacitor.

DESENHE

A Figura 6.29 mostra um diagrama de circuito em série formado por uma bateria, um resistor e um capacitor.

PESQUISE

A carga do capacitor em função do tempo é dada pela equação 6.5:

$$q(t) = CV_{\text{fem}}\left(1 - e^{-t/RC}\right).$$

A energia armazenada em um capacitor com uma carga q é dada por (consulte o Capítulo 4)

$$U = \frac{1}{2}\frac{q^2}{C}. \tag{i}$$

A derivada temporal da energia armazenada nos capacitores é dada por

$$\frac{dU}{dt} = \frac{d}{dt}\left(\frac{1}{2}\frac{q^2(t)}{C}\right) = \frac{q(t)}{C}\frac{dq(t)}{dt}. \tag{ii}$$

A derivada temporal da carga é a corrente, i. Portanto, podemos substituir dq/dt pela expressão dada pela equação 6.6c:

$$i(t) = \frac{dq(t)}{dt} = \left(\frac{V_{\text{fem}}}{R}\right)e^{-t/RC}. \tag{iii}$$

SIMPLIFIQUE

Podemos expressar a taxa de variação da energia armazenada no capacitor combinando as equações (i)-(iii):

$$\frac{dU}{dt} = \frac{q(t)}{C}i(t) = \frac{CV_{\text{fem}}\left(1 - e^{-t/RC}\right)}{C}\left(\frac{V_{\text{fem}}}{R}\right)e^{-t/RC} = \frac{V_{\text{fem}}^2}{R}e^{-t/RC}\left(1 - e^{-t/RC}\right).$$

CALCULE

Primeiro calculamos o valor da constante de tempo, $\tau = RC$:

$$RC = (2{,}50 \cdot 10^6\ \Omega)(1{,}25 \cdot 10^{-6}\ \text{F}) = 3{,}125\ \text{s}.$$

Agora podemos calcular a taxa de variação da energia armazenada no capacitor:

$$\frac{dU}{dt}=\frac{(12{,}0\ \text{V})^2}{2{,}50\cdot 10^6\ \Omega}e^{-(2{,}50\ \text{s})/(3{,}125\ \text{s})}\left(1-e^{-(2{,}50\ \text{s})/(3{,}125\ \text{s})}\right)=1{,}42521\cdot 10^{-5}\ \text{W}.$$

ARREDONDE

Apresentamos nosso resultado com três algarismos significativos:

$$\frac{dU}{dt}=1{,}43\cdot 10^{-5}\ \text{W}.$$

SOLUÇÃO ALTERNATIVA

Em $t = 2{,}50$ s, a corrente é

$$i(2{,}50\ \text{s})=\left(\frac{12{,}0\ \text{V}}{2{,}50\ \text{M}\Omega}\right)e^{-(2{,}50\ \text{s})/(3{,}125\ \text{s})}=2{,}16\cdot 10^{-6}\ \text{A}.$$

A taxa de dissipação de energia no resistor neste instante é

$$P=\frac{dU}{dt}=i^2R=\left(2{,}16\cdot 10^{-6}\ \text{A}\right)^2\left(2{,}50\cdot 10^6\ \Omega\right)=1{,}16\cdot 10^{-5}\ \text{W}.$$

A taxa com a qual a bateria fornece energia ao circuito neste instante é dada por

$$P=\frac{dU}{dt}=iV_{\text{fem}}=\left(2{,}16\cdot 10^{-6}\ \text{A}\right)\left(12{,}0\ \text{V}\right)=2{,}59\cdot 10^{-5}\ \text{W}.$$

A conservação da energia exige que, em qualquer instante de tempo, a energia fornecida pela bateria seja dissipada no resistor, como calor, ou armazenada no capacitor. Neste caso, a potência suprida pela bateria, $2{,}59\cdot 10^{-5}$ W, é igual à potência dissipada como calor no resistor, $1{,}16\cdot 10^{-5}$ W, mais a taxa com a qual a energia é armazenada no capacitor, $1{,}43\cdot 10^{-5}$ W. Assim, nossa resposta é consistente.

QUESTÕES DE MÚLTIPLA ESCOLHA

6.1 Um resistor e um capacitor são ligados em série. Se um segundo e idêntico capacitor for ligado em série no mesmo circuito, a constante de tempo correspondente

a) diminuirá. b) aumentará. c) será a mesma.

6.2 Um resistor e um capacitor são ligados em série. Se um segundo e idêntico resistor for ligado em série no mesmo circuito, a constante de tempo correspondente

a) diminuirá. b) aumentará. c) será a mesma.

6.3 Um circuito é formado por uma fonte de fem, um resistor e um capacitor, todos ligados em série. O capacitor está totalmente carregado. Que valor de corrente flui através dele?

a) $i = V/R$. b) Zero. c) Nem (a) nem (b).

6.4 Qual dos seguintes procedimentos reduzirá a constante de tempo de um circuito RC?

a) aumentar a constante dielétrica do capacitor.

b) adicionar um pedaço de 20 m de fio entre o capacitor e o resistor.

c) aumentar a voltagem da bateria.

d) adicionar um resistor em paralelo com o primeiro resistor.

e) Nenhum dos procedimentos acima.

6.5 A lei de Kirchhoff dos nós estabelece que

a) a soma algébrica das correntes em qualquer nó deve sempre ser igual a zero.

b) A soma algébrica das variações de potencial ao longo de qualquer malha fechada de um circuito deve sempre ser igual a zero.

c) A corrente de um circuito com um resistor e um capacitor varia exponencialmente com o tempo.

d) A corrente em um nó é dada pelo produto da resistência pela capacitância.

e) O tempo requerido para a evolução da corrente em um nó é dado pelo produto da resistência pela capacitância.

6.6 Quanto tempo transcorreria, em múltiplos da constante de tempo, τ, para que o capacitor de um circuito RC ficasse 98% carregado?

a) $9\,\tau$ c) $90\,\tau$ e) $0{,}98\,\tau$

b) $0{,}9\,\tau$ d) $4\,\tau$

6.7 Um capacitor C encontra-se inicialmente descarregado. No instante $t = 0$, o capacitor é ligado a uma bateria através de um resistor R. A energia armazenada no capacitor aumenta, terminando por atingir um valor U quando $t \rightarrow \infty$. Após um tempo igual à constante de tempo, $\tau = RC$, a energia armazenada no capacitor é dada por

a) U/e.
c) $U(1 - 1/e)^2$.
b) U/e^2.
d) $U(1 - 1/e)$.

6.8 Qual das seguintes grandezas possui as mesmas unidades que a força eletromotriz (fem)?

a) corrente
b) potencial elétrico
c) potência elétrica
d) Nenhuma das anteriores.

6.9 O capacitor de cada circuito da figura é inicialmente carregado por uma bateria de 10 V sem resistência interna. Depois, a chave é mudada da posição A para a posição B, e o capacitor é descarregado através de vários resistores. Para qual dos circuitos a energia total dissipada pelos resistores é maior?

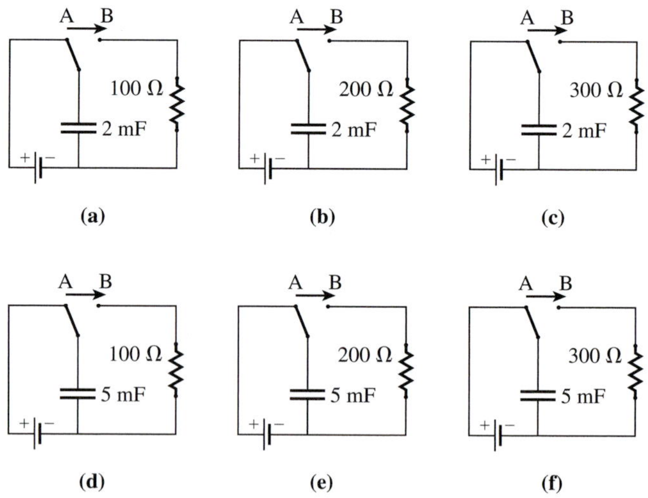

QUESTÕES

6.10 Você deseja medir simultaneamente a diferença de potencial e a corrente em um resistor, R. Como mostram os diagramas de circuito, existem duas maneiras de ligar os dois instrumentos – amperímetro e voltímetro – ao circuito. Comente o resultado da medição usando cada uma das configurações.

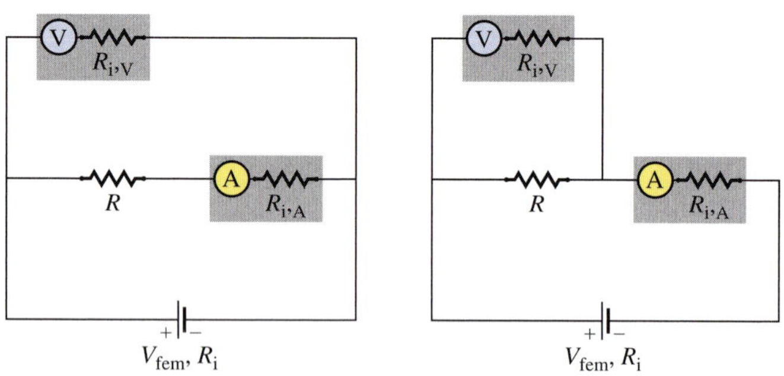

6.11 Se o capacitor de um circuito RC for substituído por dois capacitores idênticos ligados em série, o que ocorrerá com a constante de tempo do circuito?

6.12 Você deseja medir com precisão a resistência, $R_{dispositivo}$, de um novo dispositivo. A figura mostra como realizar isto. À esquerda, um ohmímetro produz uma corrente através do dispositivo e mede a corrente, i, e a diferença de potencial, ΔV, naquele dispositivo. Essa queda de potencial inclui as quedas de potencial nos fios que ligam entre si os dispositivos e das soldas que fazem o contato deles com o dispositivo. Essas resistências extras nem sempre podem ser desprezadas, especialmente se o dispositivo tiver resistência baixa. Esta técnica é denominada *medição com duas*, pois duas pontas de fio são ligadas ao dispositivo. A corrente resultante, i, é medida por meio de um amperímetro. A resistência total, então, é determinada dividindo-se ΔV por i. Para esta configuração, qual é a resistência medida pelo ohmímetro? Para a configuração alternativa, mostrada à direita, uma fonte de corrente semelhante é usada para produzir e medir a corrente através do dispositivo, porém a diferença de potencial, ΔV, é medida diretamente através do dispositivo com um voltímetro aproximadamente ideal dotado de uma resistência interna extremamente alta. Esta técnica é chamada de medição com quatro pontas porque quatro pontas de fios são ligadas ao dispositivo. Qual é a resistência medida com esta configuração de quatro pontas? Ela é diferente daquela obtida com a técnica de duas pontas? Por que sim ou por que não? (*Dica*: medições de quatro pontas são usadas sistematicamente por cientistas e engenheiros e são especialmente úteis no caso de medições de precisão da resistência de materiais e dispositivos de resistência baixa.)

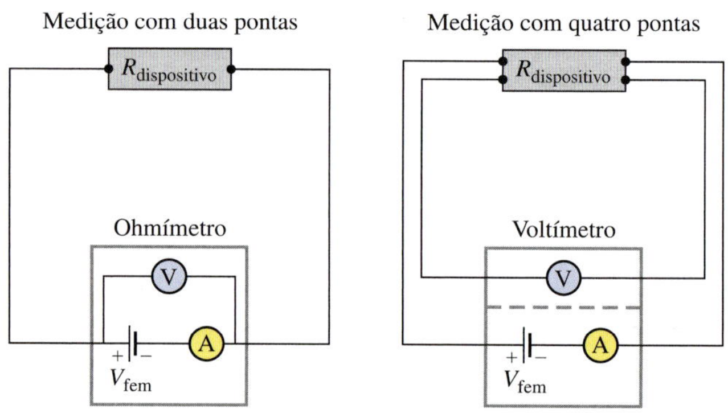

6.13 Explique por que a constante de tempo de um circuito RC aumenta com R e com C. (Não é suficiente uma resposta do tipo "O que a equação diz".)

6.14 Uma bateria, um resistor e um capacitor são ligados em série formando um circuito RC. O que acontecerá à corrente no resistor após um longo tempo decorrido? Explique usando as leis de Kirchhoff.

6.15 Como você pode fazer funcionar uma lâmpada de 1,0 W e 1,5 V com sua bateria de carro de 12 V?

6.16 Um circuito de várias malhas contém certo número de resistores e capacitores. Se os valores de fem de todas as baterias forem dobrados, o que acontecerá à corrente em todos os componentes?

6.17 Um circuito de várias malhas formado por resistores, capacitores e baterias é ligado em $t = 0$, instante em que todos os capacitores estão descarregados. A distribuição inicial de correntes e diferenças de potencial do circuito pode ser analisada considerando-se os capacitores como se eles fossem fios de ligação ou chaves fechadas. As distribuições finais de correntes e de diferença de potencial, após um longo tempo decorrido, podem ser analisadas considerando-se os capacitores alternativamente como segmentos abertos ou chaves fechadas. Explique por que tais "truques" funcionam.

6.18 Voltímetros sempre são ligados em paralelo com um componente de circuito, enquanto amperímetros sempre são ligados em série. Explique o porquê.

6.19 Você deseja medir a corrente e a diferença de potencial em algum componente de um circuito. Não é possível realizar isso simultaneamente e com a precisão desejada dispondo de voltímetros e amperímetros comuns. Explique por que não.

6.20 Duas lâmpadas incandescentes de 110 V são classificadas como de 60 W e 100 W. Qual delas possui um filamento de menor resistência?

6.21 Dois capacitores em série são carregados através de um resistor. Alternativamente, idênticos capacitores são ligados em paralelo e carregados através do mesmo resistor. Como se comparam os tempos necessários para carregar totalmente os dois conjuntos de capacitores?

6.22 A figura mostra um circuito formado por uma bateria ligada a um resistor e a um capacitor, que inicialmente se encontra inteiramente descarregado, em série com uma chave.

a) Qual é a corrente do circuito em um instante t qualquer?

b) Calcule a energia total fornecida pela bateria desde $t = 0$ até $t = \infty$?

c) Determine a energia total dissipada no resistor durante o mesmo período.

d) A energia é conservada neste circuito?

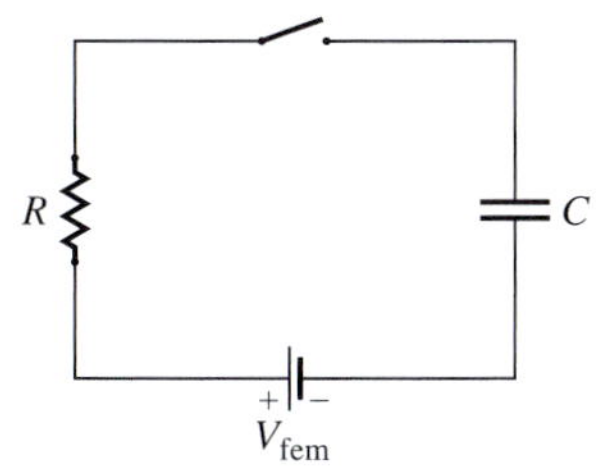

PROBLEMAS

Um • ou dois •• indicam nível crescente de dificuldade do problema.

Seções 6.1 a 6.3

6.23 Dois resistores, R_1 e R_2, são ligados em série, sob uma diferença de potencial, ΔV_0. Expresse individualmente a queda de potencial em cada resistor em função daquelas grandezas. Qual é a importância desta associação?

6.24 Uma bateria provê $V_{fem} = 12$ V e resistência interna $r = 1{,}0\ \Omega$. Que resistência, R, pode ser ligada à bateria a fim de retirar 10 W de potência dela?

6.25 Três resistores são ligados a uma bateria como mostra a figura. Que valores de R e de V_{fem} produzirão as correntes indicadas?

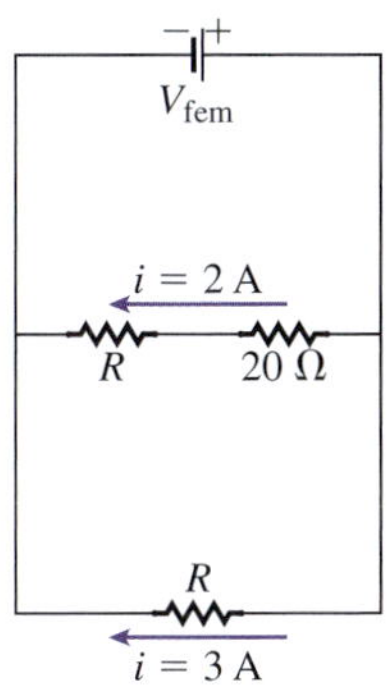

•6.26 Determine a resistência equivalente do circuito da figura.

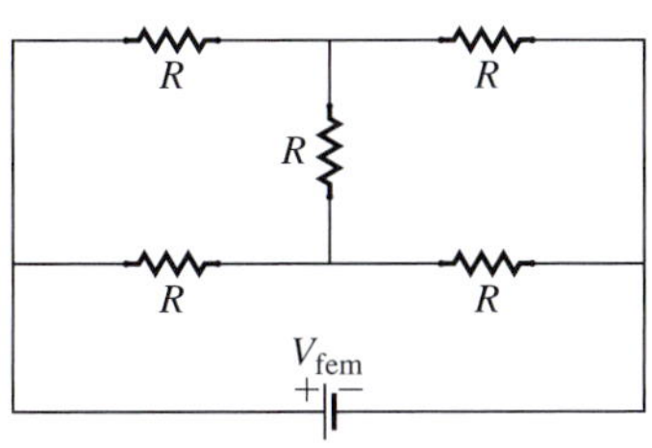

•6.27 A bateria descarregada ("morta", como se diz) de seu carro é capaz de prover uma diferença de potencial de 9.950 V e possui uma resistência interna de 1.100 Ω. Você a carrega ligando-a por cabos especiais à bateria "viva" de outro carro. Essa segunda bateria fornece uma diferença de potencial de 12 V e tem uma resistência interna de 0,0100 Ω, enquanto a resistência do motor de arranque vale 0,0700 Ω.

a) Desenhe o diagrama do circuito para as baterias conectadas.

b) Determine a corrente na bateria carregada, na bateria descarregada e no instante imediato após você fechar o circuito.

•6.28 No circuito mostrado na figura, $V_1 = 1{,}5$ V, $V_2 = 2{,}5$ V, $R_1 = 4{,}0\ \Omega$ e $R_2 = 5{,}0\ \Omega$. Qual é o valor absoluto da corrente, i, no resistor R_1?

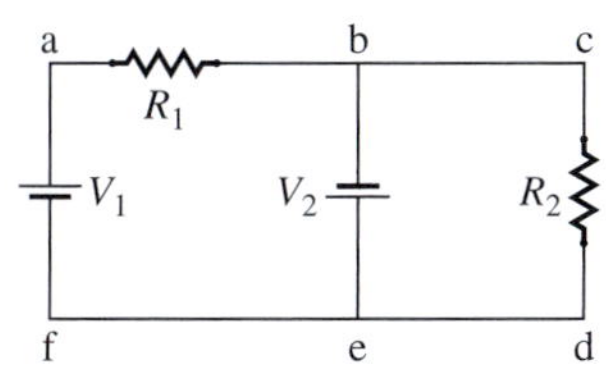

•6.29 O circuito mostrado na figura é formado por duas baterias com V_A e V_B, e três lâmpadas incandescentes de resistências R_1, R_2 e R_3. Determine os valores absolutos das correntes i_1, i_2 e i_3 que atravessam as lâmpadas. Indique os sentidos corretos das correntes no diagrama. Calcule as potências, P_A e P_B, fornecidas pelas baterias A e B.

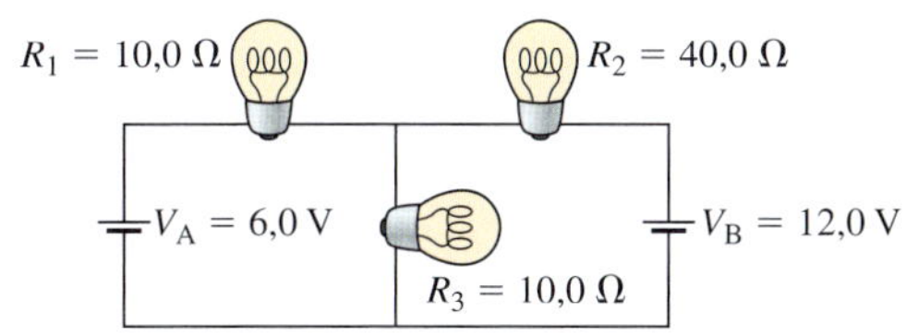

•6.30 No circuito mostrado na figura, $R_1 = 5\ \Omega$, $R_2 = 10\ \Omega$ e $R_3 = 15\ \Omega$, $V_{fem,1} = 10$ V e $V_{fem,2} = 15$ V. Usando as leis de Kirchhoff dos nós e das malhas, determine as correntes i_1, i_2 e i_3 que atravessam R_1, R_2 e R_3, respectivamente, nos sentidos indicados na figura.

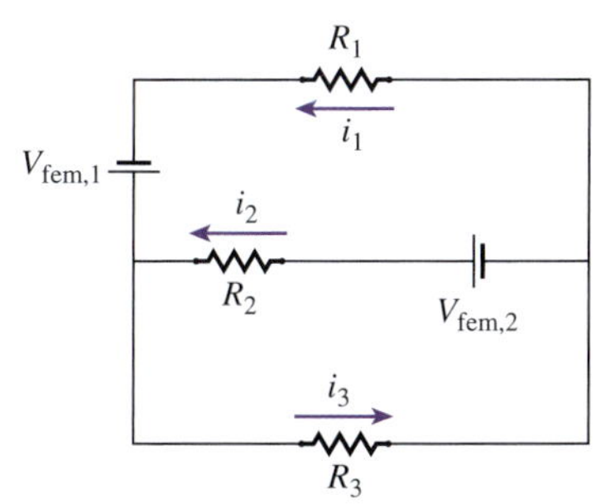

•**6.31** Para o circuito mostrado na figura, determine o valor absoluto e o sentido da corrente em cada resistor e a potência fornecida pela bateria, usando os seguintes valores: $R_1 = 4\ \Omega$, $R_2 = 6\ \Omega$, $R_3 = 8\ \Omega$, $R_4 = 6\ \Omega$, $R_5 = 5\ \Omega$, $R_6 = 10\ \Omega$, $R_7 = 3\ \Omega$, $V_{\text{fem},1} = 6$ V e $V_{\text{fem},2} = 12$ V.

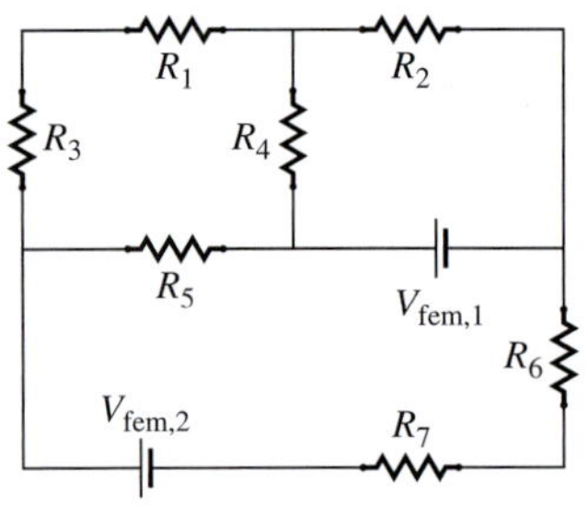

•**6.32** Uma ponte de Wheatstone é construída com 1 m de fio de cromo-níquel (representado pela linha roxa na figura) dotado de um contato condutor capaz de deslizar ao longo do fio. Um resistor de $R_1 = 100\ \Omega$, é ligado por um dos lados da ponte, enquanto outro resistor, R, de resistência desconhecida é ligado pelo outro lado. Os contatos são movimentados ao longo do fio de cromo-níquel, e determina-se que o amperímetro marca zero quando $L = 25$ cm. Sabendo que o fio possui uma seção transversal uniforme ao longo de todo o comprimento, determine a resistência desconhecida.

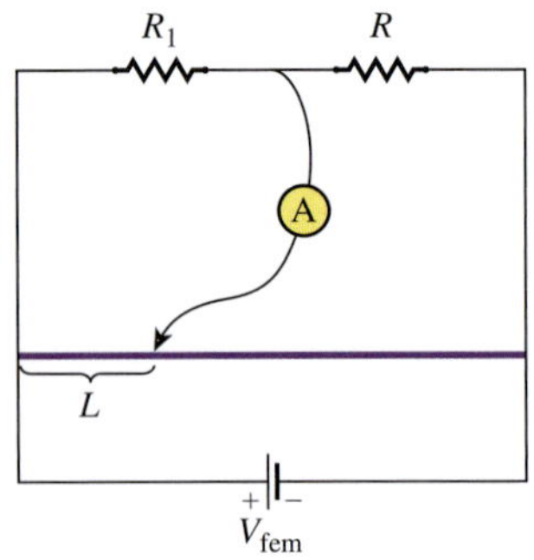

••**6.33** Uma "escada resistiva" é construída com resistores idênticos, de resistência R, que constituem as pernas e degraus, como ilustra a figura. A escada tem uma altura "infinita"; isto é, ela se estende muito nos dois sentidos. Determine a resistência equivalente da escada medida entre seus "pés" (os pontos A e B).

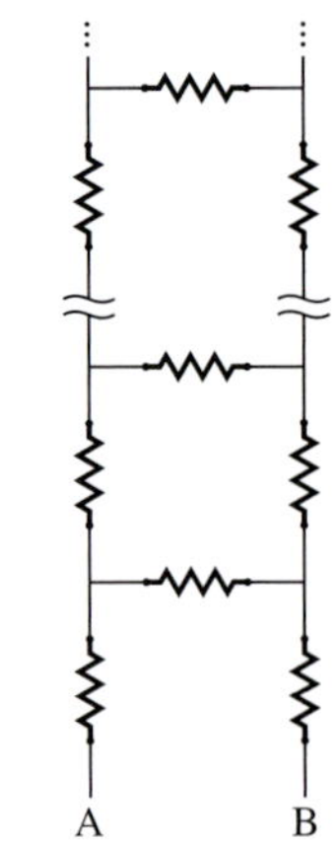

••**6.34** Considere uma grande "infinita", isto é, uma grade bidimensional quadrada, formada por resistores idênticos, R, como ilustra a figura. Determine a resistência equivalente da grade medida entre os terminais de qualquer dos resistores. (*Dica*: simetria e superposição são muito úteis na resolução deste problema.)

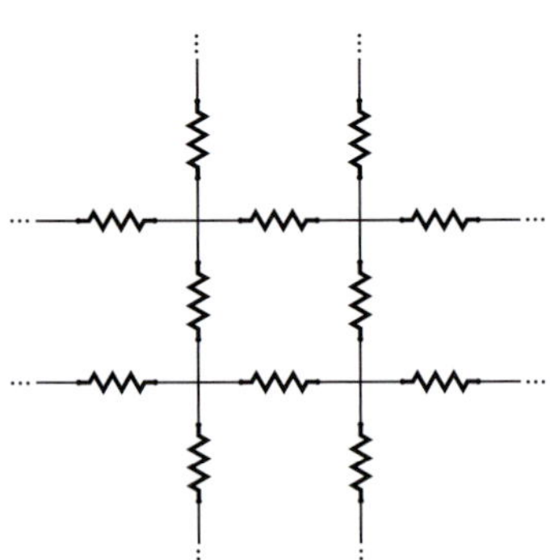

Seção 6.4

6.35 A fim de estender a faixa de utilização de um amperímetro, um resistor de desvio (resistor *shunt*) de resistência R_{shunt} é ligado em paralelo com o amperímetro, como mostrado na figura. Se a resistência interna do amperímetro for $R_{\text{i,A}}$, determine a resistência que o resistor de desvio deve ter para estender a faixa de utilização por um fator igual a N. Depois calcule a resistência que o resistor *shunt* deve ter a fim de possibilitar a um amperímetro de resistência interna de 1 Ω e uma faixa máxima de utilização de 1 A medir correntes de até 100 A. Que fração da corrente total de 100,0 A fluirá pelo amperímetro, e que fração fluirá pelo resistor *shunt*?

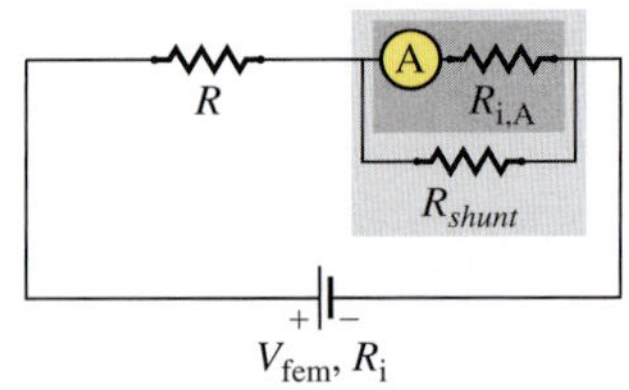

6.36 A fim de estender a faixa de utilização de um voltímetro, um resistor extra $R_{\text{série}}$ é ligado em série com o voltímetro, como mostrado na figura. Se a resistência interna do voltímetro for $R_{\text{i,V}}$, determine a resistência do resistor extra ligado em série para estender a faixa de utilização por um fator igual a N. Depois calcule a resistência que o resistor extra deve ter a fim de possibilitar a um voltímetro de resistência interna de 1 MΩ ($10^6\ \Omega$) e uma faixa máxima de utilização de 1 V medir voltagens de até 100 V. Que fração do total de 100,0 V será aplicado ao amperímetro, e que fração será aplicada ao resistor adicional?

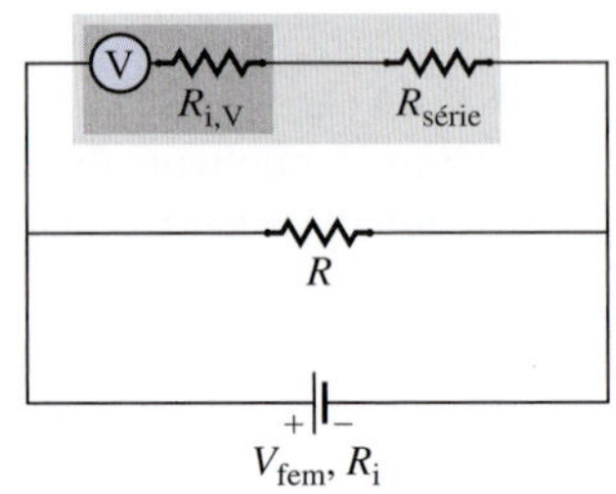

6.37 Como ilustra a figura, uma bateria de 6,000 V é usada para produzir correntes em dois resistores idênticos de resistência $R = 100{,}00$ kΩ. Um multímetro digital (MMD) é usado para medir a diferença de potencial no primeiro resistor. Os MMDs possuem geralmente resistências internas da ordem de 10 MΩ. Determine a diferença de potencial, V_{ab}, (a diferença de potencial entre os pontos a e b, medida pelo MMD) e V_{bc} (a diferença de potencial entre os pontos b e c, os terminais do segundo resistor). Nominalmente, $R_{ab} = R_{bc}$, porém pode não ser este o caso aqui. Como pode ser reduzido este erro de medição?

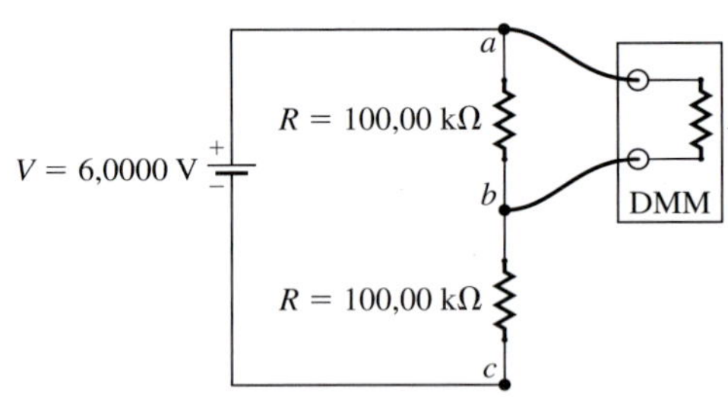

6.38 Você deseja construir um ohmímetro para medir resistências de resistores desconhecidos. Você dispõe de uma bateria de $V_{\text{fem}} = 9{,}0$ V, de um resistor de resistência variável R, e de um amperímetro capaz de medir correntes na faixa entre 0 e 10 mA.

a) Que resistência deve ter o resistor variável de modo que o amperímetro forneça sua leitura de fundo de escala (máxima) quando o ohmímetro for curto-circuitado?

b) Usando a resistência determinada no item anterior, qual será a resistência desconhecida se o amperímetro marcar $\frac{1}{4}$ de sua leitura de fundo de escala?

• **6.39** Um circuito é formado por dois resistores de 1,00 Ω ligados em série com uma bateria ideal de 12,0 V.

a) Determine a corrente através de cada resistor.

b) Com o intuito de medir a corrente que passa por um dos resistores, inadvertidamente um estudante liga um amperímetro em paralelo com o resistor, em vez de em série. Quanta corrente passará pelo amperímetro, considerando que ele possua uma resistência interna de 1,0 Ω?

• **6.40** Um circuito é formado por dois resistores de 100 kΩ ligados em série com uma bateria ideal de 12,0 V.

a) Calcule as quedas de potencial nos resistores.

b) Um voltímetro com resistência interna de 10 MΩ é ligado em paralelo com um dos dois resistores a fim de medir a queda de potencial no resistor. Em que percentagem a marcação do voltímetro se desviará do valor determinado no item anterior? (*Dica*: a diferença é muito pequena, de modo que é útil resolver primeiro algebricamente o problema a fim de evitar erros de arredondamento.)

Seção 6.5

6.41 Inicialmente, as chaves S_1 e S_2 do circuito mostrado na figura estão abertas e o capacitor contém uma carga de 100 mC. Cerca de quanto tempo após o fechamento da chave S_1 a carga do capacitor terá diminuído para 5 mC?

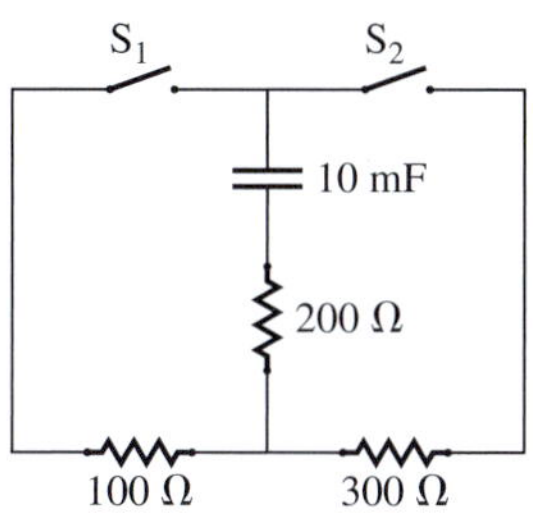

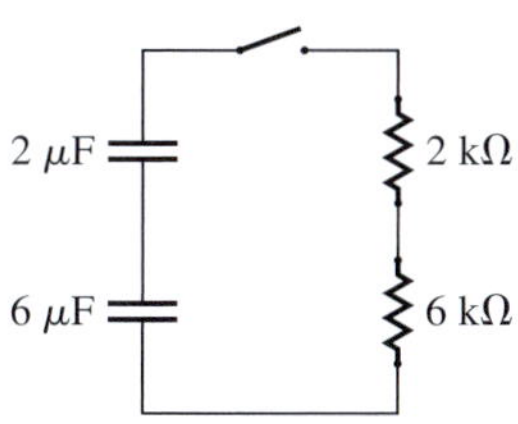

6.42 Qual é a constante de tempo para o descarregamento dos capacitores mostrados na figura? Se um capacitor de 2 μF tiver inicialmente uma diferença de potencial de 10 V entre as placas, que quantidade de carga restará nele após a chave ter sido fechada por um tempo igual a meia constante de tempo?

6.43 O circuito mostrado na figura possui uma chave, *S*, dois resistores $R_1 = 1\ \Omega$ e $R_2 = 2\ \Omega$, uma bateria de 12 V e um capacitor de $C = 20\ \mu F$. Após o fechamento da chave, qual será a carga máxima do capacitor? Quanto tempo após a chave ter sido fechada o capacitor estará com 50% de sua carga máxima?

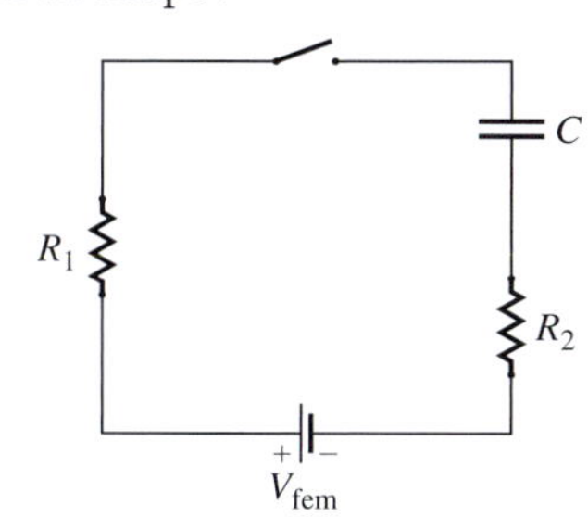

6.44 No filme *De Volta para o Futuro*, viagens no tempo são possibilitadas por um "capacitor de fluxo" que gera 1,21 GW de potência. Considerando-se que um capacitor de 1 F seja carregado até sua capacidade máxima por uma bateria de carro de 12 V, e descarregado através de um resistor, que resistência seria necessária para produzir um pico de potência de saída de 1,21 GW no resistor? Quanto tempo transcorreria para uma bateria de carro de 12 V conseguir carregar o capacitor até 90% de sua capacidade de carga máxima através desse resistor?

6.45 Durante uma demonstração de física, um capacitor de 90 μF completamente carregado é descarregado através de um resistor de 60 Ω. Quanto tempo transcorrerá para o capacitor perder 80% de sua energia inicial?

• **6.46** Dois capacitores de placas paralelas, C1 e C2, são ligados em série com uma bateria de 60 V e um resistor de 300 k Ω, como ilustra a figura. Ambos os capacitores possuem placas de 2,0 cm² de área e uma separação de 0,1 mm entre elas. O capacitor C_1 contém ar entre as placas, e o capacitor C_2 tem seu espaço interno preenchido com porcelana (constante dielétrica igual a 7 e rigidez dielétrica de 5,7 kV/mm). A chave é fechada e um longo tempo é transcorrido.

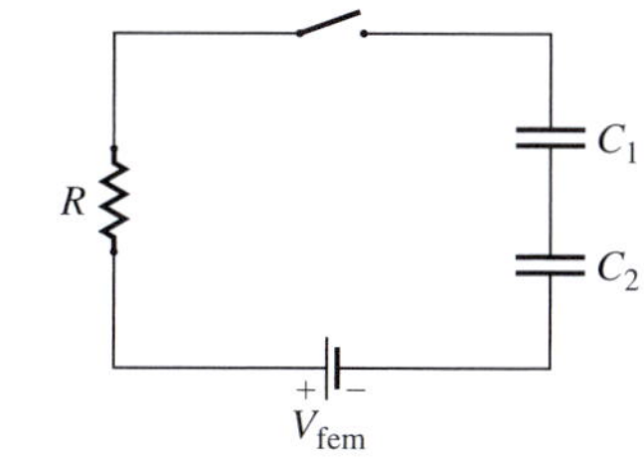

a) Qual é a carga no capacitor C_1?

b) Qual é a carga no capacitor C_2?

c) Qual é o total de energia armazenada nos dois capacitores?

d) Qual é o campo elétrico dentro do capacitor C_2?

• **6.47** Um capacitor de placas paralelas com $C = 0{,}050\ \mu F$ tem suas placas separadas por uma distância $d = 50{,}0\ \mu m$. O dielétrico que preenche o espaço entre as placas possui uma constante dielétrica $\kappa = 2{,}5$ e uma resistividade $\rho = 4{,}0 \cdot 10^{12}\ \Omega$ m. Qual é a constante de tempo do capacitor? (*Dica*: primeiro determine a área de cada placa para dados *C* e *κ*, e depois determine a resistência do dielétrico entre elas.)

• **6.48** Uma bateria de 12 V é ligada a um capacitor de 2 mF e a um resistor de 100 Ω. Uma vez que o capacitor esteja inteiramente carregado, qual será a energia nele armazenada? Qual será o valor da energia dissipada pelo resistor durante o descarregamento do capacitor?

• **6.49** Um banco de capacitores é projetado para descarregar 5 J de energia em uma associação de resistores idênticos de 10 kΩ em 2,0 ms. A que diferença de potencial este banco de capacitores deve ser carregado, e qual deve ser a capacitância do banco inteiro?

• **6.50** O circuito da figura possui um capacitor ligado a uma bateria, duas chaves e três resistores. Inicialmente, o capacitor se encontra descarregado, e ambas as chaves, abertas.

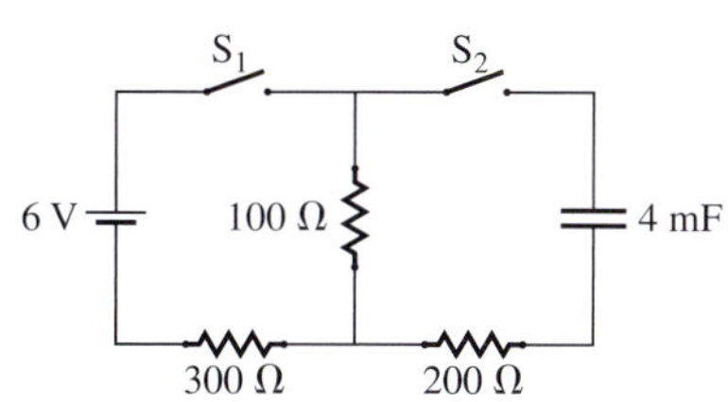

a) A chave S_1 é fechada. Que corrente fluirá pela bateria imediatamente após o fechamento da chave?

b) Após 10 minutos, a chave S_2 é fechada. Que corrente fluirá pela bateria logo após o fechamento desta chave?

c) Que corrente fluirá pela bateria 10 minutos após a chave S_2 ter sido fechada?

d) Depois de mais 10 minutos, a chave S_1 é aberta. Quanto tempo transcorrerá para que a corrente no resistor de 200 Ω torne-se menor do que 1 mA?

•6.51 No circuito mostrado na figura, $R_1 = 10\ \Omega$, $R_2 = 4\ \Omega$ e $R3 = 10\ \Omega$, e o capacitor possui uma capacitância $C = 2\ \mu F$.

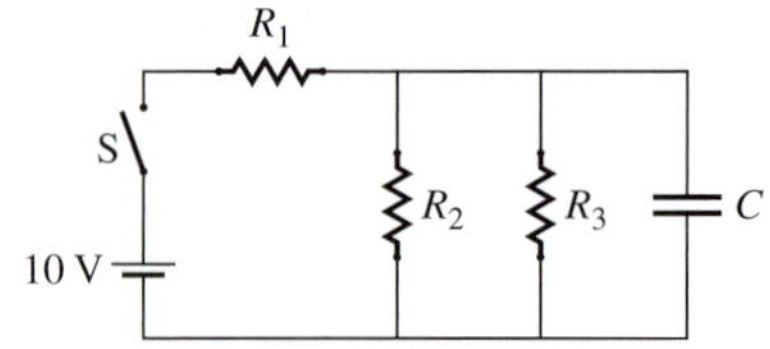

a) Determine a diferença de potencial, ΔV_C, entre as placas do capacitor após a chave *S* ter sido fechada há longo tempo.

b) Determine a energia armazenada no capacitor após a chave ter sido fechada há muito tempo.

c) Depois que a chave *S* for aberta, quanta energia será dissipada em R_3?

••6.52 Um cubo de ouro com 2,5 mm de lado é ligado entre os terminais de um capacitor de 15 μF que, inicialmente, apresenta uma diferença de potencial de 100 V entre as placas.

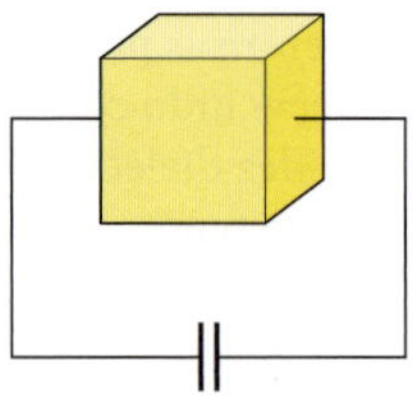

a) Qual é o tempo requerido para descarregar inteiramente o capacitor?

b) Quando ele estiver totalmente descarregado, qual será a temperatura do cubo de ouro?

••6.53 Uma "escada capacitiva" é construída com capacitores idênticos de capacitância *C*, formando pernas e degraus como ilustrado na figura. A escada tem um comprimento "infinito"; ou seja, ela se estende muito nos dois sentidos. Determine a capacitância equivalente da escada medida entre seus "pés" (os pontos A e B da figura).

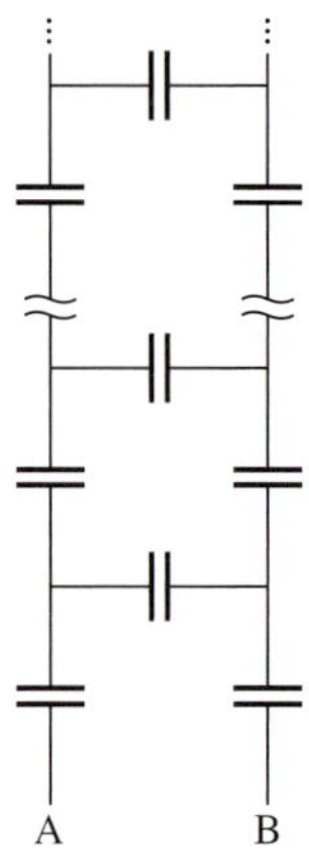

Problemas adicionais

6.54 No circuito da figura, os capacitores estão inteiramente descarregados. A chave, então, é fechada e permanece assim durante muito tempo.

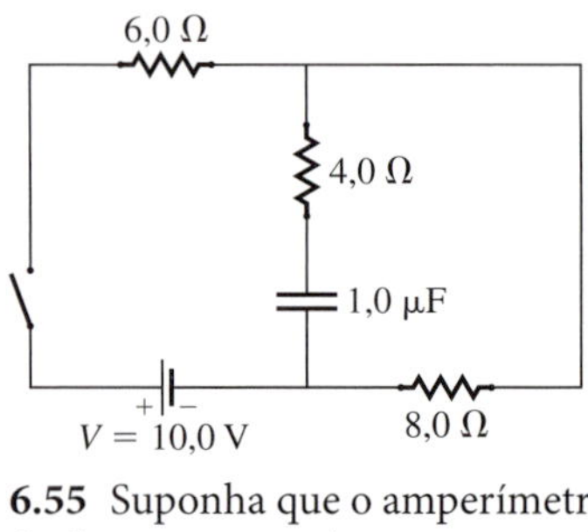

a) Determine a corrente no resistor de 4,0 Ω.

b) Determine a diferença de potencial nos resistores de 4,0 Ω, 6,0 Ω 8 Ω.

c) Determine a diferença de potencial no capacitor de 1,0 μF.

6.55 Suponha que o amperímetro usado por seu professor de física em uma demonstração de sala de aula possui uma resistência interna $R_i = 75\ \Omega$ e é capaz de medir uma corrente máxima de 1,5 mA. O mesmo amperímetro pode ser usado para medir correntes de valores muito maiores do que este, ligando-se um resistor de desvio (*shunt resistor*) de resistência relativamente pequena, R_{shunt}, em paralelo com o amperímetro. (a) Desenhe o diagrama de circuito correspondente e explique por que o resistor de desvio, ligado em paralelo com o amperímetro, permite que ele meça correntes maiores. (b) Determine a resistência que o resistor de desvio deve ter a fim de permitir ao amperímetro medir correntes de até 15 A.

6.56 Muitos dispositivos eletrônicos podem ser perigosos mesmo após eles terem sido desligados. Considere um circuito RC formado por um capacitor de 150 μF e um resistor de 1 MΩ, ligados a uma fonte de voltagem de 200 V durante um longo tempo e depois desligados e curto-circuitados, como ilustrado na figura. Quanto tempo transcorre até que a diferença de potencial no capacitor caia abaixo de 50 V?

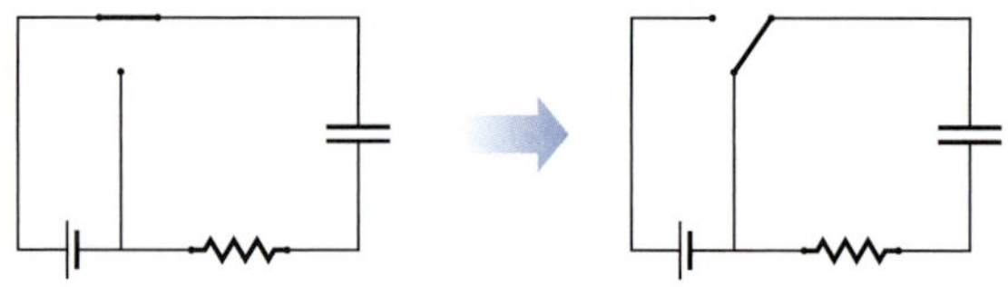

6.57 Projete um circuito como o mostrado na figura para operar uma lâmpada estroboscópica. O capacitor descarrega energia através do filamento da lâmpada (2,5 kΩ de resistência) em 0,2 ms e é carregado através de um resistor *R*, com uma frequência de repetição de 1000 Hz. Que capacitância e que resistência devem ser usadas?

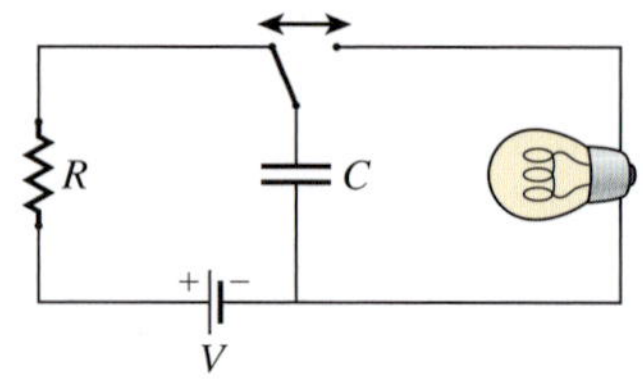

6.58 Um amperímetro com resistência interna de 53 Ω mede uma corrente de 5,25 mA em um circuito que contém uma bateria e uma resistência total de 1130 Ω. A inserção do amperímetro altera a resistência do circuito, e, assim, a medição não determina o valor verdadeiro da corrente do circuito na ausência do amperímetro. Determine o valor verdadeiro dessa corrente.

•6.59 No circuito mostrado na figura, um capacitor de 10 μF é carregado por uma bateria de 9 V com a chave de duas posições, mantida na posição X por um longo tempo. Depois a chave é trocada subitamente para a posição Y. Que corrente fluirá pelo resistor de 40 Ω

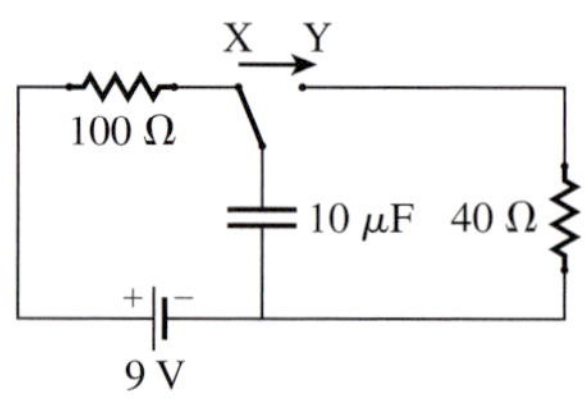

a) imediatamente após a chave ter ido para a posição Y?

b) 1 ms após a chave ter ido para a posição Y?

•6.60 Quanto tempo levará para que a corrente de um circuito caia de seu valor inicial de 1,50 mA se o circuito contém dois capacitores de 3,8 μF inicialmente descarregados, dois resistores de 2,2 kΩ e uma bateria de 12,0 V, todos ligados em série?

6.61 Um circuito RC possui constante de tempo igual a 3,1 s. Em $t = 0$, tem início o processo de carregamento do capacitor. Em que instante a energia armazenada no capacitor atingirá metade de seu valor máximo?

•6.62 Para o circuito mostrado na figura, determine a carga de cada capacitor se (a) a chave *S* tiver estado fechada por um longo tempo e (b) a chave *S* tiver ficado aberta por um longo tempo.

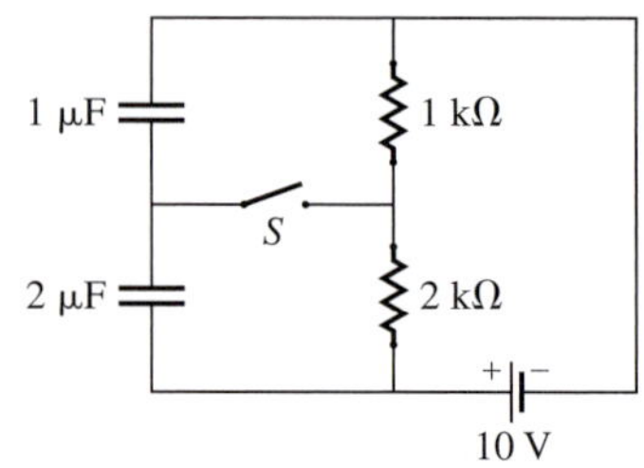

• **6.63** Três resistores, com $R_1 = 10\ \Omega$, $R_2 = 20\ \Omega$ e $R_3 = 30\ \Omega$, são ligados formando um circuito de várias malhas, como ilustrado na figura. Determine os valores das potências dissipadas nos rês resistores.

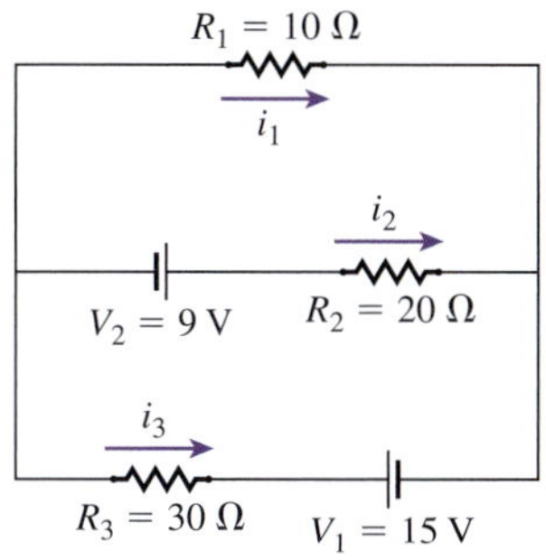

• **6.64** A figura mostra um circuito formado por duas baterias e três resistores. As baterias provêm $V_{fem,1} = 12{,}0$ V e $V_{fem,2} = 16{,}0$ V, e não possuem resistência interna. Os resistores possuem resistências $R_1 = 30{,}0\ \Omega$, $R_2 = 40{,}0\ \Omega$ e $R_3 = 20{,}0\ \Omega$. Determine o valor absoluto da queda de potencial no resistor R_2.

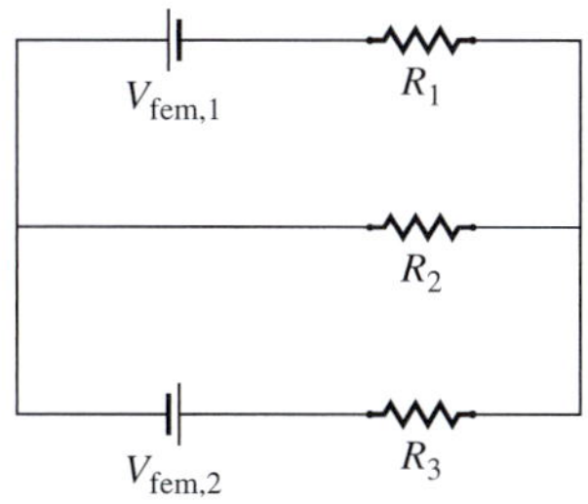

6.65 A figura mostra um capacitor esférico. A esfera interna tem um raio $a = 1{,}0$ cm, enquanto a externa tem um raio $b = 1{,}1$ cm. A bateria fornece $V_{fem} = 10$ V, e a resistência possui um valor $R = 10\ M\Omega$.

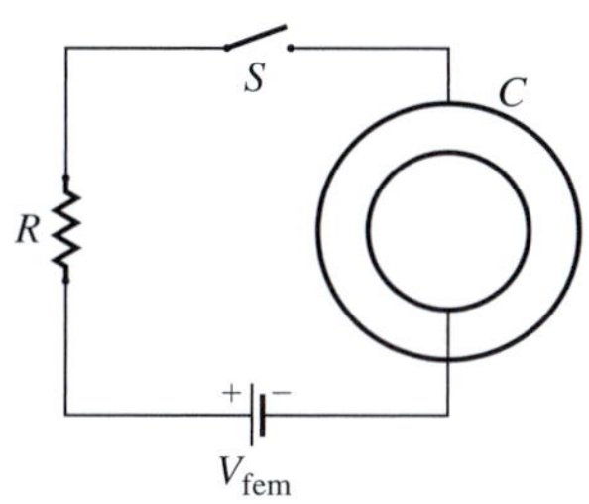

a) Determine a constante de tempo do circuito RC.

b) Determine quanta carga estará acumulada no capacitor após a chave S ter sido mantida fechada por 0,1 ms.

• **6.66** Escreva o conjunto de equações para determinar as três correntes indicadas na figura. (Considere que o capacitor esteja inicialmente descarregado.)

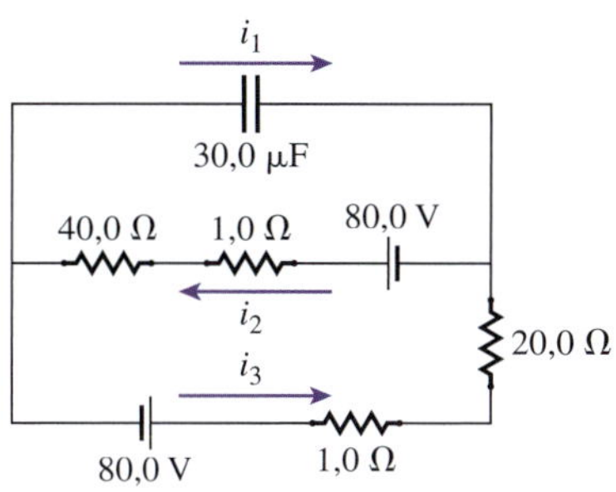

• **6.67** Considere um circuito RC em série com $R = 10\ \Omega$, $C = 10\ \mu F$ e $V = 10{,}0$ V.

a) Quanto tempo, expresso como um múltiplo da constante de tempo, transcorrerá para que o capacitor seja carregado até a metade de seu valor máximo?

b) Neste instante, quanto vale a razão entre a energia armazenada no capacitor e seu máximo valor possível.

c) Agora suponha que o capacitor se encontre completamente carregado. No instante $t = 0$, o circuito original é aberto e o capacitor pode descarregar-se através de outro resistor, de $R' = 1\ \Omega$, que é ligado através do capacitor. Quanto vale a constante de tempo para a descarga deste capacitor?

d) Quantos segundos transcorrerão para o capacitor fique com a metade de sua carga original, Q?

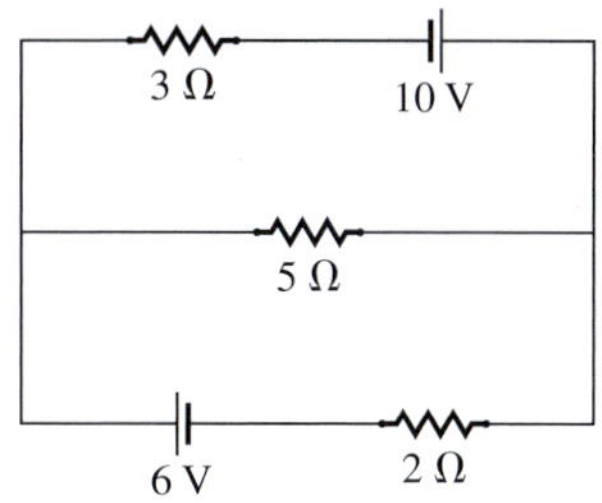

• **6.68** a) Qual é a corrente no resistor de 5 Ω do circuito mostrado na figura?

b) Qual é a potência dissipada no resistor de 5 Ω?

• **6.69** Na ponte de Wheatstone mostrada na figura, as resistências conhecidas são $R_1 = 8{,}00\ \Omega$, $R_4 = 2{,}00\ \Omega$ e $R_5 = 6{,}00\ \Omega$, e a bateria provê $V_{fem} = 15{,}0$ V. O resistor de resistência variável R_2 é ajustado até que a diferença de potencial em R_3 seja nula ($V = 0$). Determine i_2 (a corrente no resistor R_2) nesta situação.

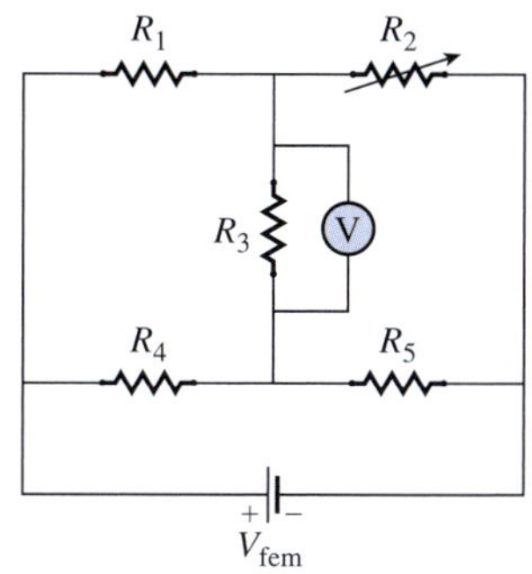

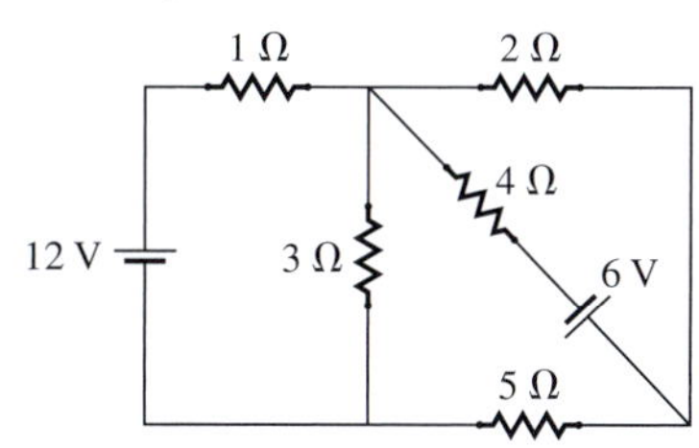

•• **6.70** Considere o circuito com cinco resistores e duas baterias (desprovidas de resistência interna) mostrado na figura.

a) Escreva um conjunto de equações que lhe permitirão obter a corrente em cada um dos três resistores.

b) Resolva as equações obtidas no item anterior e obtenha a corrente no resistor de 4 Ω.

•• **6.71** Considere uma grade quadrada "infinita", isto é, muito grande, de capacitores idênticos, de capacitância C cada um, mostrada na figura. Determine a capacitância efetiva da grade, quando medida entre as placas de qualquer dos capacitores.

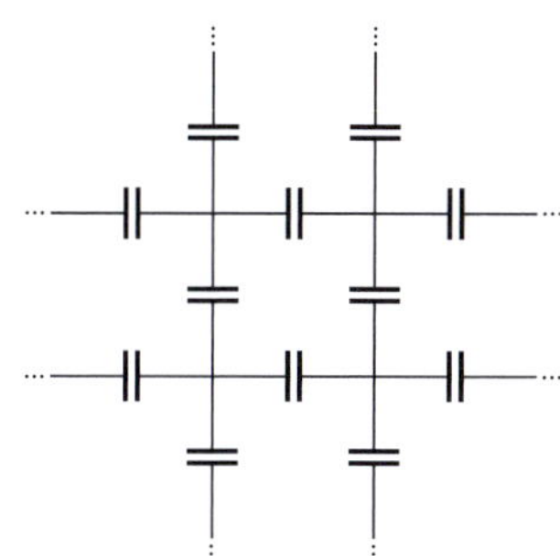

7 Magnetismo

Figura 7.1 Gases ionizados quentes se deslocam ao longo de linhas de campo magnético próximo à superfície do Sol, formando laços coronais. A imagem superposta da Terra está em escala correta a fim de dar uma ideia do tamanho de um laço coronal.

O QUE APRENDEREMOS

- Na natureza existem ímãs permanentes. Todo ímã sempre possui um polo norte e um polo sul. Não se pode isolar um único polo magnético – os polos magnéticos sempre existem aos pares.
- Polos opostos se atraem, e polos do mesmo tipo se repelem.
- Quebrando-se um ímã em barra pela metade, resulta em dois novos ímãs, cada qual com um polo norte e um polo sul.
- Todo campo magnético exerce força sobre uma partícula carregada em movimento.
- A Terra possui um campo magnético.
- A força exercida sobre uma partícula carregada em movimento em presença de um campo magnético é perpendicular tanto ao campo magnético quanto à velocidade da partícula.
- O torque sobre uma espira condutora de corrente pode ser expresso em termos do produto vetorial do momento de dipolo magnético da espira e o campo magnético.
- O efeito Hall pode ser usado para medir campos magnéticos.

Este capítulo é o primeiro a abordar o magnetismo, descrevendo campos e forças magnéticas e seus efeitos sobre partículas carregadas e correntes. Os campos magnéticos podem ser enormes e poderosos, como na imagem da superfície solar mostrada na Figura 7.1. O Sol possui campos magnéticos enormes, e as erupções de gases quentes que ocorrem na superfície do Sol tendem a seguir as linhas de campo ao se elevarem, formando arcos e laços muito maiores do que nossa Terra. Os astrônomos acreditam que todas as estrelas possuam poderosos campos magnéticos, o que torna o magnetismo um dos fenômenos mais comuns e mais importantes do Universo.

Prosseguiremos o estudo do magnetismo nos próximos capítulos, descrevendo as causas dos campos magnéticos e suas conexões com campos elétricos. Veremos que a eletricidade e o magnetismo são partes de uma mesma força universal, chamada de força eletromagnética; suas conexões constituem um dos mais espetaculares sucessos da física.

7.1 Ímãs permanentes

Em uma região da Magnésia (na Grécia central), os gregos antigos encontraram diversos tipos de minerais naturais capazes de atrair e de repelir uns aos outros e de atrair certos tipos de metal, como o ferro. Se sustentados livremente, eles se alinham aos polos norte e sul da Terra. Tais minerais existem naturalmente em diversas formas de óxido de ferro e são denominados **ímãs permanentes**. Outros exemplos de ímãs permanentes são os ímãs de geladeira e as fechaduras de porta magnéticas, feitos de compostos de ferro, níquel e cobalto. Se você encostar uma barra de ferro em um pedaço de ímã natural mineral (magnetita magnética), a barra de ferro será magnetizada. Se você puser o ímã em barra a flutuar em água, ele se alinhará com os polos magnéticos terrestres. A extremidade do ímã que aponta o norte é denominada **polo norte magnético**, e a outra, **polo sul magnético**.

Se dois ímãs permanentes forem aproximados um do outro com os dois polos norte ou os dois polos sul quase se tocando, os ímãs se repelem (Figura 7.2a). Se um polo norte e um polo sul são aproximados um do outro, eles se atrairão (Figura 7.2b). O que chamamos de polo norte da Terra é, na realidade, um polo sul magnético, por atrair os polos norte de ímãs permanentes.

Quebrar um ímã em duas metades não resulta em um polo norte e um polo sul isolados. Em vez disso, dois novos ímãs são produzidos, cada qual com seus próprios polo norte e polo sul (Figura 7.3). Diferentemente das cargas elétricas, que existem separadamente como cargas positivas (prótons) ou negativas (elétrons), não existem monopolos (polos norte ou sul separados) magnéticos isolados. Os cientistas realizaram pesquisas sistemáticas à procura de monopolos magnéticos, e nenhum jamais foi encontrado. A discussão deste capítulo sobre as fontes do magnetismo o ajudará a entender por que não existem monopolos magnéticos.

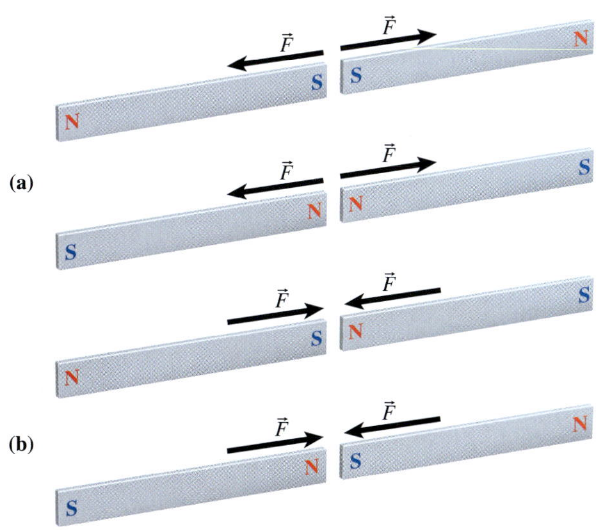

Figura 7.2 (a) Polos magnéticos do mesmo tipo se repelem; (b) polos magnéticos de tipos diferentes se atraem.

Linhas de campo magnético

Os ímãs permanentes interagem uns com os outros a uma dada distância, sem precisar se tocar. Em analogia com o campo gravitacio-

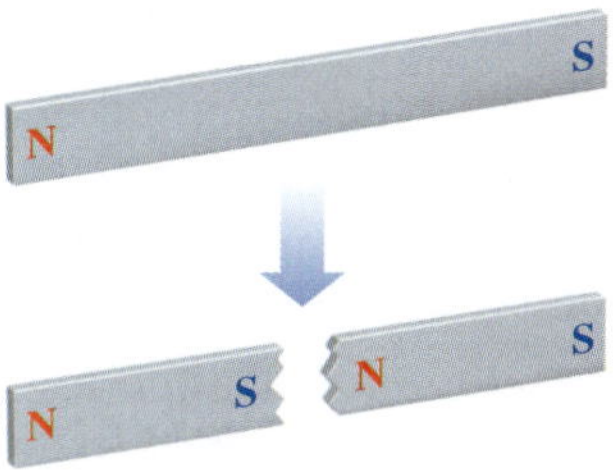

Figura 7.3 Quebrar um ímã pela metade resulta em dois novos ímãs, cada qual com seus próprios polo norte e polo sul.

nal e com o campo elétrico, usamos o conceito de **campo magnético** para descrever as forças magnéticas. O vetor $\vec{B}(\vec{r})$ denota o vetor campo magnético em um ponto qualquer do espaço.

Como um campo elétrico, todo campo magnético é representado por linhas de campo. O vetor campo magnético é sempre tangente às **linhas de campo magnético**. As linhas do campo magnético produzido por um ímã permanente em barra são mostradas na Figura 7.4a. Como ocorre com as linhas de campo elétrico, um menor espaçamento entre as linhas de campo magnético indica uma maior intensidade de campo. No caso de um campo elétrico, as forças elétricas exercidas sobre cargas de prova positivas apontam na mesma direção e sentido do vetor campo elétrico. Todavia, por causa da inexistência de monopolos magnéticos, as forças magnéticas não podem ser descritas dessa mesma maneira.

A orientação de um campo magnético em um ponto do espaço é estabelecida em termos da orientação assumida por uma agulha magnetizada colocada naquele ponto. Uma agulha magnetizada, dotada de um polo norte e um polo sul, se orientará espontaneamente de forma que seu polo norte indique o sentido do campo magnético. Assim, em um ponto qualquer, a orientação do campo pode ser determinada observando-se a orientação assumida pela agulha magnetizada naquele ponto, como ilustrado na Figura 7.5 para o caso de um ímã em barra.

Externamente, as linhas de campo magnético parecem surgir de polos norte e terminar em polos sul, porém elas são de fato laços fechados que atravessam o próprio ímã. A existência de linhas fechadas constitui uma diferença importante entre as linhas de campo elétrico e de campo magnético (no caso de campos estáticos – pois tal afirmação não se aplica a campos variáveis com o tempo, como veremos nos próximos capítulos). Lembre-se de que as linhas de campo elétrico se originam em cargas positivas e terminam em negativas. Todavia, devido à inexistência de monopolos magnéticos, as linhas de campo magnético não podem começar e terminar em determinados pontos. Em vez disso, elas formam laços fechados que não começam e nem terminam e ponto algum. Mais adiante veremos que esta diferença é importante para a descrição das interações entre campos elétricos e magnéticos. Caso você olhe para um padrão de campo e, à primeira vista, não saiba se se trata de um campo elétrico ou de um campo magnético, verifique se as linhas de campo são fechadas ou não. Se você descobrir alguma linha fechada, é porque se trata de um campo magnético; mas se elas não formam laços, trata-se de um campo elétrico.

O campo magnético da Terra

A própria Terra é um ímã, com um campo magnético semelhante a campo magnético produzido por um ímã em barra (Figura 7.4). Esse campo magnético é muito importante porque nos protege de um tipo de energia radiante de alta energia proveniente do espaço, conhecida como *raios cósmicos*. Estes consistem principalmente em partículas carregadas que são desviadas da superfície terrestre por seu campo magnético. Os polos do campo magnético terrestre não correspondem exatamente aos polos geográficos, definidos como aqueles onde o eixo de rotação diária da Terra intercepta sua superfície.

A Figura 7.6 mostra um corte transversal através das linhas do campo magnético da Terra. As linhas de campo estão amontoadas, formando uma superfície que se enrola ao redor da Terra como um pneu. O campo magnético da Terra é distorcido pelo vento solar, um fluxo de partículas ionizadas, principalmente prótons, emitidas pelo Sol a cerca de 400 km/s. Duas faixas dessas partículas carregadas que foram capturadas do vento solar circulam em volta da Terra. Elas são denominadas **cinturões de radiação de Van Allen** (Figura 7.6), em homenagem a James A.

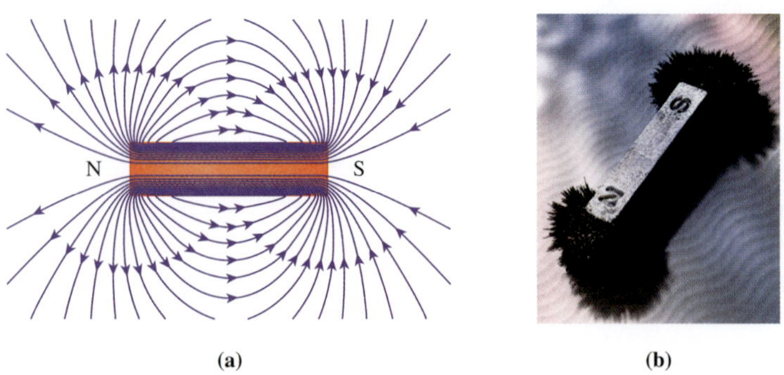

Figura 7.4 (a) Linhas do campo magnético geradas por computador de um ímã permanente em barra. (b) Os fragmentos de limalha de ferro se alinham espontaneamente com as linhas de campo magnético, tornando-as visíveis.

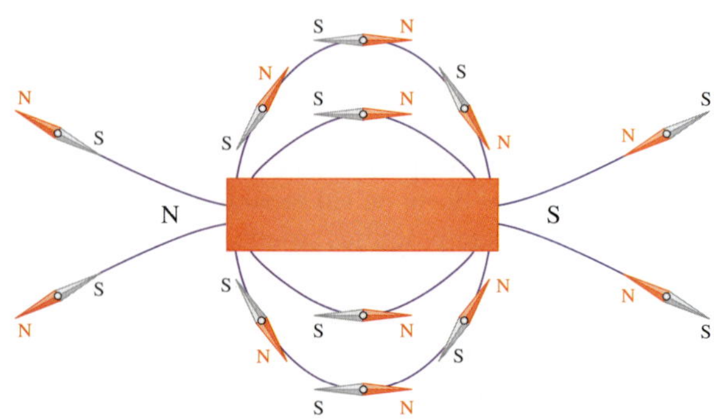

Figura 7.5 Usando uma agulha magnetizada para determinar a orientação do campo magnético produzido por um ímã em barra.

Van Allen (1914-2006), que os descobriu nos primeiros dias da era espacial ao instalar contadores de radiação em satélites artificiais. Os cinturões de radiação de Van Allen são mais próximos da superfície da Terra ao redor dos polos magnéticos norte e sul, onde as partículas carregadas mantidas dentro dos cinturões colidem com frequência com os átomos da atmosfera do planeta, excitando-os. Este átomos excitados emitem luz de cores diferentes e perdem energia; o resultado são as fabulosas **Aurora Boreal** ("Luzes do Norte"), em altas latitudes norte (veja a Figura 7.7), e **Aurora Austral** ("Luzes do Sul"), em altas latitudes sul. As auroras não são exclusivas da Terra; elas também têm sido observadas em planetas externos dotados de campos magnéticos intensos, como Júpiter e Saturno (mostrado na Figura 7.8).

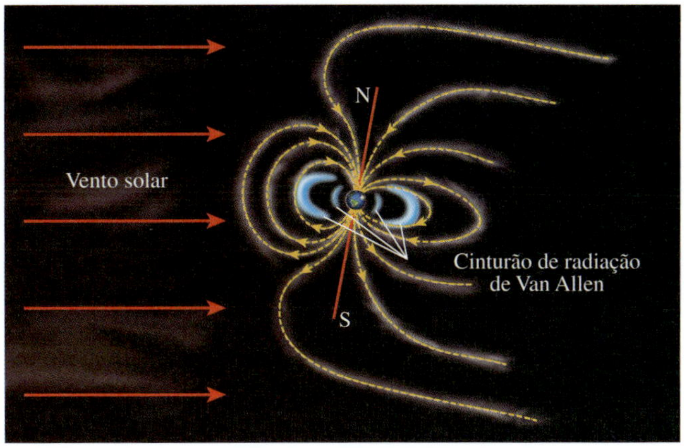

Figura 7.6 Corte transversal do campo magnético da Terra. As linhas tracejadas representam as linhas de campo magnético. O eixo definido pelos polos norte e sul (linha vermelha) atualmente forma um ângulo de aproximadamente 11° com o eixo de rotação.

Os polos magnéticos da Terra se deslocam a taxas de até 40 km em um único ano. Neste momento, o polo norte magnético está localizado aproximadamente a 2.800 km do polo sul geográfico, na borda da Antártida, movendo-se agora em direção à Austrália. O polo sul magnético localiza-se no ártico canadense e, se sua atual taxa de movimento prosseguir como está, alcançará a Sibéria em 2050. O campo magnético terrestre tem diminuído constantemente a uma taxa de cerca de 7% por século desde que foram feitas as primeiras medições precisas, por volta de 1840. A tal taxa, o campo magnético da Terra desaparecerá em alguns milhares de anos. Entretanto, algumas evidências geológicas indicam que o campo magnético terrestre inverteu seu sentido cerca de 170 vezes nos últimos 100 milhões de anos. A última inversão ocorreu cerca de 770.000 anos atrás. Portanto, em vez de simplesmente desaparecer, o campo magnético da Terra pode inverter seu sentido. Qual é a origem do campo magnético da Terra? Surpreendentemente, a resposta a esta questão não é conhecida precisamente e constitui um tema de pesquisa corrente. Com maior probabilidade, ele é causado por correntes elétricas intensas no interior da Terra, devido à rotação do núcleo líquido de ferro e níquel. A rotação é chamada com frequência de *efeito geodínamo*. (No Capítulo 8 veremos como correntes produzem campos magnéticos.)

Figura 7.7 A aurora boreal sobre a Finlândia, fotografada da Estação Espacial Internacional.

Devido ao fato de os polos norte geográfico e magnético não estarem no mesmo lugar, a agulha de uma bússola geralmente não aponta exatamente para o polo norte geográfico. Tal diferença é denominada **declinação magnética**. A declinação magnética é considerada positiva se o polo norte magnético estiver a leste do polo verdadeiro, e negativa se o polo norte magnético estiver a oeste do norte verdadeiro. O polo norte magnético atualmente se encontra sobre uma linha que passa pelo centro do estado norte-americano de Missouri, pelo leste do estado de Illinois, oeste de Iowa e leste de Wisconsin. Ao longo dessa linha, a declinação magnética é positiva e atinge 18° em Seattle. A leste da linha, a declinação é negativa e atinge −18° no Maine. Um mapa mostrando as declinações magnéticas nos Estados Unidos, em 2004, é apresentado na Figura 7.9.

Figura 7.8 Aurora sobre Saturno, fotografada pelo Telescópio Espacial Hubble.

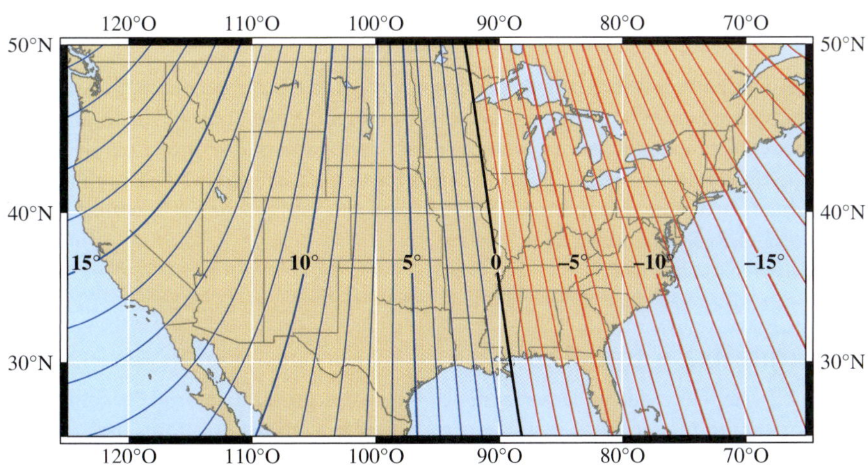

Figura 7.9 Declinações magnéticas em alguns lugares dos Estados Unidos em 2004, expressas em graus. As linhas vermelhas representam declinações magnéticas negativas, enquanto as linhas azuis representam declinações magnéticas positivas. As linhas de declinação magnética aqui mostradas diferem uma da outra em um grau.

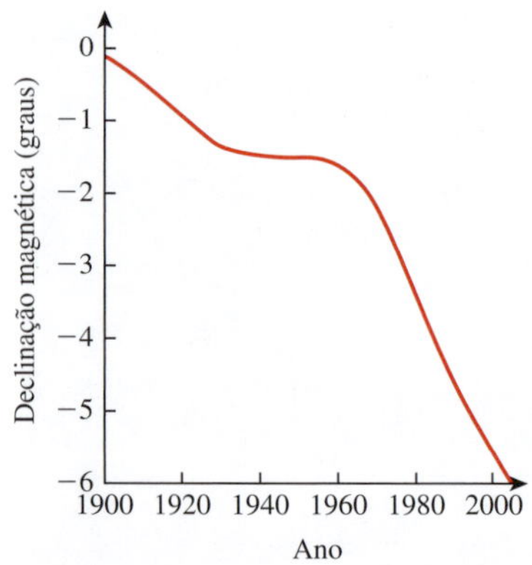

Figura 7.10 A declinação magnética em Lansing, Michigan, EUA, de 1900 a 2004.

Devido ao movimento dos polos magnéticos terrestres com o tempo, as declinações magnéticas em todas as localidades da Terra também mudam com o decorrer do tempo. Por exemplo, a Figura 7.10 mostra a declinação magnética estimada para Lansing, Michigan, EUA, no período 1900-2004. Um gráfico semelhante pode ser traçado para cada localidade da Terra.

Superposição de campos magnéticos

Se várias fontes de campo magnético, como vários ímãs permanentes, por exemplo, estiverem presentes em conjunto, o campo magnético em um determinado ponto do espaço é dado pela superposição dos campos magnéticos produzidos individualmente por todas as fontes. Essa superposição de campos segue diretamente do princípio de superposição de forças. O princípio da superposição para o caso do campo magnético total, $\vec{B}_{\text{total}}(\vec{r})$, devido a n fontes de campo magnético pode ser estabelecido como

$$\vec{B}_{\text{total}}(\vec{r}) = \vec{B}_1(\vec{r}) + \vec{B}_2(\vec{r}) + \cdots + \vec{B}_n(\vec{r}). \tag{7.1}$$

Este princípio de superposição para campos magnéticos é exatamente análogo ao princípio de superposição para campos elétricos, apresentado no Capítulo 2.

7.2 Força magnética

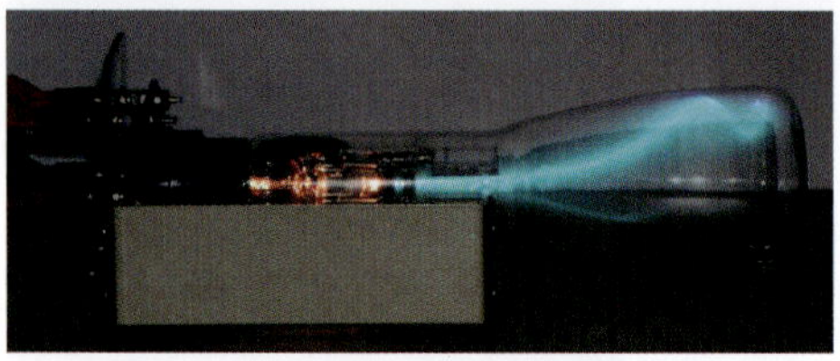

Figura 7.11 Um feixe de elétrons (verde-azulado), tornado visível por uma pequena quantidade de gás em um tubo evacuado, é dobrado por meio de um ímã (na extremidade direita da foto).

A discussão qualitativa da seção anterior revelou que todo campo magnético possui uma orientação, ao longo das linhas de campo correspondentes. A intensidade ou módulo de um campo magnético é determinado examinado-se seu efeito sobre uma partícula carregada em movimento. Vamos começar a discussão considerando o caso do efeito de um campo magnético constante (uniforme e estático) sobre uma única carga puntiforme. Lembre-se, vimos no Capítulo 2 que um campo elétrico exerce força sobre uma partícula carregada dada por $\vec{F}_E = q\vec{E}$. Experimentos como o que é mostrado na Figura 7.11 revelam que um campo magnético de fato não exerce força alguma sobre uma partícula em repouso, mas somente sobre partículas *em movimento*.

Um campo magnético é definido em termos da força exercida por ele sobre uma carga puntiforme em movimento. A força magnética exercida pelo campo magnético sobre uma partícula de carga q, que se move com uma velocidade $\vec{v}$, é dada por

$$\vec{F}_B = q\vec{v} \times \vec{B}. \tag{7.2}$$

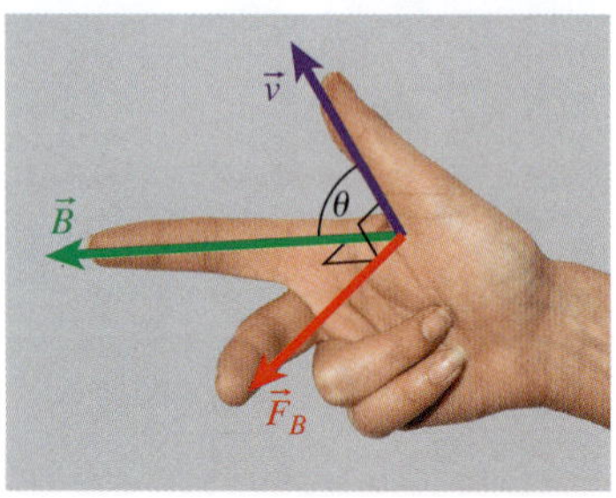

Figura 7.12 1ª regra da mão direita para a força exercida por um campo magnético, $\vec{B}$, sobre uma partícula de carga q que se move com uma velocidade $\vec{v}$. Para determinar a orientação da força magnética, oriente o polegar de sua mão direita com a velocidade da partícula carregada em movimento, e seu dedo indicador no sentido do campo magnético – e seu dedo médio lhe fornecerá então a orientação da força magnética.

A orientação dessa força é perpendicular tanto à velocidade da carga em movimento quanto ao campo magnético (Figura 7.12). Tal enunciado constitui a 1ª regra da mão direita. Essa regra fornece a orientação da força sobre uma carga positiva quando se conhece as orientações da velocidade e do campo. Entretanto, no caso de uma carga negativa, a força terá o sentido oposto ao fornecido pela regra.

O módulo da força elétrica sobre a partícula carregada em movimento é

$$F_B = |q|vB \operatorname{sen} \theta, \tag{7.3}$$

onde θ é o ângulo entre a velocidade da partícula carregada e o campo magnético. (O valor do ângulo θ está sempre entre 0° e 180°, e, portanto, sen $\theta \geq 0$.) Você pode verificar que nenhuma força magnética será exercida sobre uma partícula carregada que se mova paralelamente ao campo magnético, pois, neste caso, $\theta = 0°$. Se uma partícula carregada estiver se movendo perpendicularmente ao campo magnético, $\theta = 90°$ e (para valores fixos de v e B) o módulo da força magnética terá um valor máximo de

$$F_B = |q|vB \quad \left(\text{para } \vec{v} \perp \vec{B}\right). \tag{7.4}$$

Força magnética e trabalho

A equação 7.2 estabelece que a força magnética é igual ao produto vetorial do vetor velocidade pelo vetor campo magnético e, assim, é perpendicular a ambos os vetores. Isso implica que $\vec{F}_B \bullet \vec{v} = 0$ e, uma vez que a força é o produto da massa pela aceleração, também que $\vec{a} \bullet \vec{v} = 0$. No movimento circular, vimos que essa condição significa que a orientação do vetor velocidade pode variar, mas não o seu módulo, que se mantém o mesmo. Assim, a energia cinética, $\frac{1}{2}mv^2$, mantém-se constante no caso de uma partícula sujeita a uma força magnética, ou seja, uma força que *não realiza trabalho* sobre uma partícula em movimento.

Este é um resultado de significado profundo: um campo magnético constante não pode ser usado para realizar trabalho sobre uma partícula qualquer. A energia cinética de uma partícula carregada em movimento na presença de um campo magnético constante sempre se mantém constante, mesmo que a orientação de sua velocidade vetorial possa variar em função do tempo enquanto ela se move na presença do campo magnético.

Unidades de intensidade de campo magnético

Para discutir sobre o movimento de cargas em presença de campos magnéticos, precisamos conhecer as unidades usadas para expressar as intensidades dos campos magnéticos. Isolando a intensidade de campo magnético a partir da equação 7.4 e inserindo as unidades das outras grandezas. Obtemos

$$[F_B]=[q][v][B] \Rightarrow [B]=\frac{[F_B]}{[q][v]}=\frac{\text{N s}}{\text{C m}}.$$

Uma vez que o ampère (A) é definido como 1 C/s, (N s)/(C m) = N/A m). A unidade de intensidade do SI de campo magnético foi denominada **tesla** (T), em homenagem ao físico e inventor norte-americano de origem croata Nikola Tesla (1856-1943):

$$1\ \text{T}=1\ \frac{\text{N s}}{\text{C m}}=1\frac{\text{N}}{\text{A m}}.$$

Um tesla é um valor muito grande de intensidade de campo magnético. Às vezes a intensidade de campo magnético é expressa em gauss (G), que não é uma unidade do SI:

$$1\ \text{G} = 10^{-4}\ \text{T}.$$

Por exemplo, a intensidade do campo magnético na superfície terrestre é da ordem de 0,5 G ($5 \cdot 10^{-5}$ T). Ela varia com a localização desde 0,2 G até 0,6 G, como ilustrado na Figura 7.13.

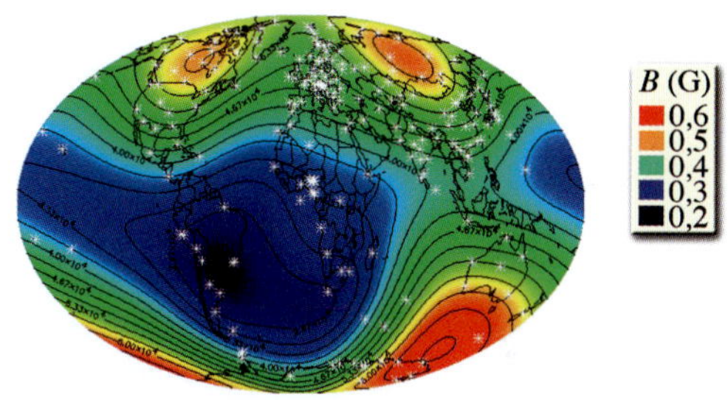

Figura 7.13 Mapa global da intensidade do campo magnético terrestre.

PROBLEMA RESOLVIDO 7.1 Tubo de raios catódicos

PROBLEMA

Considere um tubo de raios catódicos semelhante ao mostrado na Figura 7.11. Neste tubo, uma diferença de potencial ΔV = 111 V acelera elétrons horizontalmente (partindo do repouso) dentro de um canhão de elétrons, como mostrado na Figura 7.14a. O canhão de elétrons possui um filamento especialmente coberto que emite elétrons quando aquecido. Um cátodo negativamente carregado controla o número de elétrons emitidos. Ânodos positivamente carregados focam e aceleram os elétrons do feixe. O feixe proveniente dos ânodos atravessa placas defletoras horizontais e verticais. Além do canhão de elétrons, existe um campo magnético constante de intensidade $B = 3{,}40 \cdot 10^{-4}$ T. O campo é orientado diretamente para cima, perpendicularmente à velocidade inicial dos elétrons. Qual é o módulo da aceleração dos elétrons devido ao campo magnético? (A massa de um elétron vale $9{,}11 \cdot 10^{-31}$ kg.)

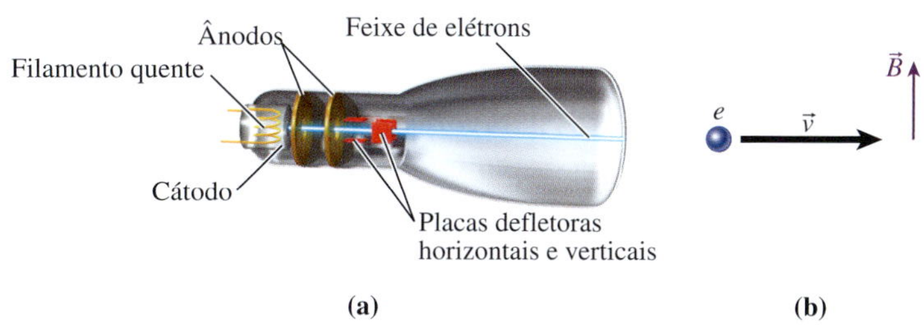

Figura 7.14 (a) Um tubo de raios catódicos. (b) Elétrons em movimento, com velocidade inicial $\vec{v}$, penetram em um campo magnético constante.

SOLUÇÃO

PENSE

Os elétrons ganham energia cinética dentro do canhão de elétrons do tubo de raios catódicos. O ganho de energia cinética de cada elétron é igual ao produto da carga do elétron pela diferença de potencial. A velocidade dos elétrons pode ser determinada a partir da definição de energia cinética. A força magnética sobre um elétron pode ser obtida da carga do elétron, de sua velocidade e da intensidade do campo magnético, sendo igual ao produto da massa do elétron por sua aceleração.

DESENHE

A Figura 7.14b mostra um elétron que, movendo-se com velocidade $\vec{v}$, entra em um campo magnético que é perpendicular à trajetória da partícula.

Continua →

PESQUISE

A variação de energia cinética do elétron, ΔK, somada à variação de sua energia potencial, é igual a zero:

$$\Delta K + \Delta U = \tfrac{1}{2}mv^2 + q\Delta V = 0.$$

Uma vez que, neste caso, $q = -e$, vemos que

$$e\Delta V = \tfrac{1}{2}mv^2, \tag{i}$$

onde ΔV é o módulo da diferença de potencial através da qual os elétrons são acelerados, e m é a massa de um elétron. Podemos isolar a velocidade de elétron da equação (i):

$$v = \sqrt{\frac{2e\Delta V}{m}}. \tag{ii}$$

A intensidade da força exercida pelo campo magnético sobre cada elétron do feixe é dada por

$$F_B = evB \text{ sen } 90° = evB,$$

onde $-e$ é a carga de um elétron e B é a intensidade do campo magnético. De acordo com a segunda lei de Newton, $F_{res} = ma$. Uma vez que a única força presente é a magnética, temos

$$F_B = ma = evB, \tag{iii}$$

onde a é o módulo da aceleração dos elétrons.

SIMPLIFIQUE

Podemos rearranjar a equação (iii) e substituir a expressão para a velocidade dos elétrons a partir da equação (ii), para obter a aceleração dos elétrons:

$$a = \frac{evB}{m} = \frac{eB\sqrt{\frac{2e\Delta V}{m}}}{m} = B\sqrt{2\Delta V\frac{e^3}{m^3}}.$$

CALCULE

Substituindo os valores numéricos fornecidos, obtemos

$$a = \left(3{,}40 \cdot 10^{-4} \text{ T}\right)\sqrt{2\left(111 \text{ V}\right)\frac{\left(1{,}602 \cdot 10^{-19} \text{ C}\right)^3}{\left(9{,}11 \cdot 10^{-31} \text{ kg}\right)^3}} = 3{,}7357 \cdot 10^{14} \text{ m/s}^2.$$

ARREDONDE

Apresentamos nosso resultado com três algarismos significativos:

$$a = 3{,}74 \cdot 10^{14} \text{ m/s}^2.$$

SOLUÇÃO ALTERNATIVA

A aceleração calculada é tremendamente grande, quase 40 trilhões de vezes maior do que a aceleração gravitacional terrestre. Assim, nós certamente desejamos avaliar isso. Primeiro calculamos a velocidade dos elétrons:

$$v = \sqrt{\frac{2e\Delta V}{m}} = \sqrt{\frac{2\left(1{,}602 \cdot 10^{-19} \text{ C}\right)\left(111 \text{ V}\right)}{9{,}11 \cdot 10^{-31} \text{ kg}}} = 6{,}25 \cdot 10^6 \text{ m/s}.$$

Uma velocidade de 6.250 km/s pode parecer muito grande, porém é plausível no caso de elétrons, por corresponder a apenas 2% da velocidade da luz. A força magnética sobre cada elétron é

$$F_B = evB = (1{,}602 \cdot 10^{-19} \text{ C})(6{,}25 \cdot 10^6 \text{ m/s})(3{,}40 \cdot 10^{-4} \text{ T}) = 3{,}40 \cdot 10^{-16} \text{ N}.$$

A aceleração é muito grande porque a massa de um elétron é muito pequena.

7.1 Exercícios de sala de aula

Em que direção e sentido o elétron da Figura 7.14b será desviado ao entrar no campo magnético constante?

a) Para dentro da página.

b) Para fora da página.

c) Para cima.

d) Para baixo.

e) Não ocorrerá desvio.

7.1 Pausa para teste

Três partículas, cada qual com carga $q = 6{,}15\ \mu C$ e velocidade de módulo $v = 465$ m/s, entram em um campo magnético de intensidade $B = 0{,}165$ T (veja a figura). Qual é o módulo da força magnética exercida sobre cada partícula?

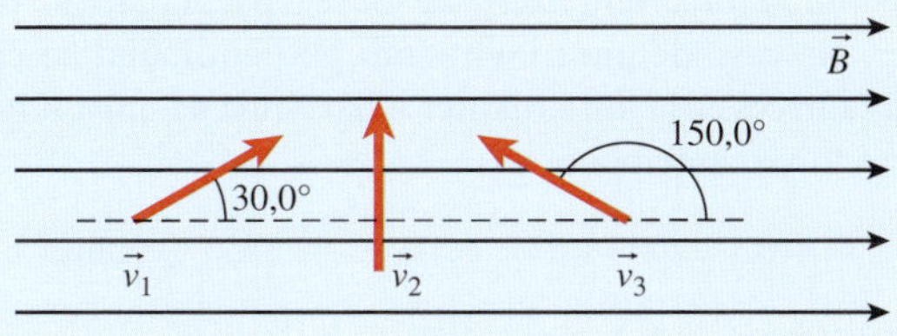

7.3 Movimento de partículas carregadas em um campo magnético

O fato de que a força devido a um campo magnético sobre uma carga em movimento é perpendicular tanto ao campo quanto à velocidade da partícula torna essa força diferente de qualquer outra considerada até aqui. Todavia, as ferramentas que usamos para analisar esta força – as leis de Newton e os princípios de conservação da energia, do momento e do momento angular – são as mesmas.

Trajetórias de partículas carregadas em um campo magnético constante

Suponha que você esteja dirigindo seu carro em um caminho circular mantendo uma velocidade constante. O atrito entre os pneus e a rodovia fornece a força centrípeta para manter o carro movendo-se em um círculo. Esta força sempre aponta para o centro do círculo e produz uma aceleração centrípeta. Uma situação física semelhante ocorre quando uma partícula de carga q e massa m se move com velocidade $\vec{v}$ perpendicular a um campo magnético uniforme, $\vec{B}$, como ilustrado na Figura 7.15

Nesta situação, a partícula se move em um círculo com uma velocidade constante v, e a força magnética $F_B = |q|vB$ provê a força centrípeta que mantém a partícula movendo-se nesta trajetória. Partículas dotadas de cargas opostas e de mesma massa orbitarão em trajetórias de mesmo raio, mas sentidos contrários. Por exemplo, elétrons e pósitrons são partículas elementares de mesma massa; o elétron possui uma carga negativa, enquanto o pósitron tem uma carga positiva. A Figura 7.16 é uma fotografia tirada de uma câmara de bolhas mostrando dois pares elétron-pósitron. A câmara de bolhas é um dispositivo capaz de identificar partículas carregadas que se movem em um campo magnético constante. (Os pares de elétrons e pósitrons foram criados por interações entre partículas elementares.) O par 1 é formado por um elétron e um pósitron que possuem velocidades de um mesmo módulo relativamente baixo. As partículas inicialmente se movem em um círculo. Todavia, enquanto atravessam a câmara de bolhas, elas desaceleram. (A desaceleração não se deve à força magnética, e sim às colisões entre as partículas e as moléculas do gás da câmara de bolhas.) Assim, o raio do círculo descrito torna-se cada vez menor, produzindo uma espiral. O elétron e o pósitron do par 2 possuem velocidades muito maiores. Suas trajetórias são curvadas, porém não chegam a completar um círculo antes de saírem da câmara de bolhas.

Figura 7.15 Feixe de elétrons desviado pelo campo magnético gerado por duas bobinas formando uma trajetória circular.

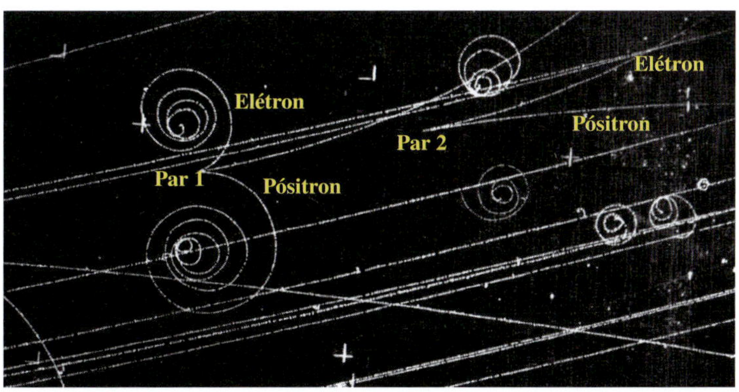

Figura 7.16 Fotografia de uma câmara de bolhas mostrando dois pares elétron-pósitron. A câmara de bolhas está localizada em um campo magnético constante que aponta diretamente para fora da página.

Se a velocidade da partícula carregada for paralela (ou antiparalela) ao campo magnético, nenhuma força será exercida sobre a partícula, que prosseguirá em linha reta.

No caso de um movimento perpendicular ao campo magnético, como na Figura 7.15, a força necessária para manter a partícula se movendo com velocidade v em um círculo de raio r é a força centrípeta:

$$F = \frac{mv^2}{r}.$$

Igualando esta expressão para a força centrípeta à da força magnética, obtemos

$$vB|q| = \frac{mv^2}{r}.$$

Rearranjando os termos, obtemos uma expressão para o raio do círculo descrito pala partícula em movimento:

$$r = \frac{mv}{|q|B}. \quad (7.5)$$

É comum expressar esta relação em termos do módulo do momento da partícula:

$$Br = \frac{p}{|q|}. \quad (7.6)$$

Se a velocidade $\vec{v}$ não for perpendicular a $\vec{B}$, a componente da velocidade que é perpendicular a $\vec{B}$ produzirá o movimento circular, enquanto a componente paralela de $\vec{v}$ não será afetada por $\vec{B}$ e dará à órbita uma forma helicoidal.

Câmara de projeção temporal

Os físicos de partículas produzem novas partículas elementares fazendo colidir partículas maiores com energias muito altas. Nestas condições, muitas partículas se afastarão do ponto de interação em altas velocidades. Um único detector de partículas não é suficiente para identificar tais partículas. Um dispositivo capaz de ajudar os cientistas a estudar essas colisões é a câmara de projeção temporal (TPC). A STAR TPC foi descrita no Exemplo 2.4.

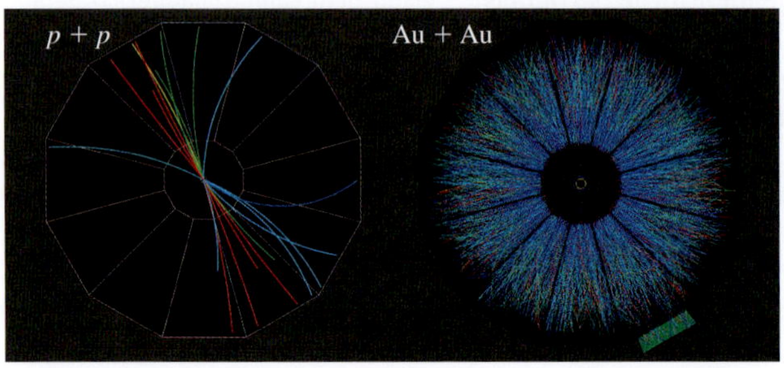

(a) (b)

Figura 7.17 Rastros curvilíneos gerados pelo movimento de partículas carregadas produzidas em colisões de (a) dois prótons, cada qual com 100 GeV de energia cinética, e (b) dois núcleos de ouro, cada qual com 100 Gev de energia cinética.

A Figura 7.17 mostra colisões de dois prótons e dois núcleos de ouro ocorridas no centro da STAR TPC. O colisor próton-próton cria dezenas de partículas; a colisão ouro-ouro cria milhares de partículas. Cada partícula carregada deixa um rastro na TPC. A cor atribuída por um computador aos rastros representa a densidade de ionização do rastro deixado pelas partículas no gás da TPC. Enquanto atravessam o gás, as partículas ionizam os átomos do gás, liberando elétrons livres. O gás permite que os elétrons livres se movimentem à deriva sem se recombinarem com os íons positivos gerados. Campos elétricos aplicados entre o centro da TPC e os coletores nas extremidades do cilindro exercem forças elétricas sobre os elétrons livres, fazendo com que eles se movimentem à deriva para os coletores, onde são registrados eletronicamente. Usando o tempo de arraste e as posições registradas, um software de computador reconstrói as trajetórias seguidas por aquelas partículas dentro da TPC. As partículas produzidas pelas colisões possuem componentes de velocidade perpendiculares ao campo magnético da TPC e, assim, descrevem trajetórias circulares.

EXEMPLO 7.1 Momento transversal de uma partícula em uma TPC

Um dos rastros deixados por partículas carregadas na Figura 7.17a é mostrado na Figura 7.18. O raio da trajetória circular descrito por esta partícula é $r = 2{,}3$ m. A intensidade do campo magnético da TPC é $B = 0{,}50$ T. Pode-se considerar que a partícula tenha uma carga com $|q| = 1{,}602 \cdot 10^{-19}$ C.

PROBLEMA

Quanto vale a componente do momento da partícula que é perpendicular ao campo magnético?

SOLUÇÃO

Chamaremos esta componente de momento transversal da partícula, p_t. Usamos a equação 7.6 para substituir p por p_t porque a força magnética depende apenas de p_t, e não da componente paralela a $\vec{B}$:

$$Br = \frac{p_t}{|q|}.$$

Podemos expressar o módulo do momento transversal da partícula em termos da intensidade do campo magnético da TPC e do valor absoluto da carga da partícula:

$$p_t = |q|Br = (1{,}602 \cdot 10^{-19}\ \text{C})(0{,}50\ \text{T})(2{,}3\ \text{m}) = 1{,}842 \cdot 10^{-19}\ \text{kg m/s}.$$

Em lugar de usar essas unidades do SI para momento, os físicos de partículas com frequência usam MeV/c. Uma vez que 1 MeV = $1{,}602 \cdot 10^{-13}$ J, temos

$$p_t c = (1{,}842 \cdot 10^{-19}\ \text{kg m/s})(3{,}0 \cdot 10^{8}\ \text{m/s}) = 5{,}53 \cdot 10^{-11}\ \text{J},$$

ou

$$p_t = (5{,}53 \cdot 10^{-11}\ \text{J})/c = 345\ \text{MeV}/c.$$

A análise do momento transversal de uma partícula aqui realizada pode ser efetuada por algoritmos de computador automatizados para até 5.000 partículas carregadas criadas em uma única colisão entre dois núcleos de ouro. Esta tarefa extremamente complicada leva cerca de 30 segundos para ser completada por um computador (com processador de 3 GHz). Em contraste, a TPC é capaz de registrar até 1.000 eventos por segundo, o que corresponde a 1 milissegundo por evento.

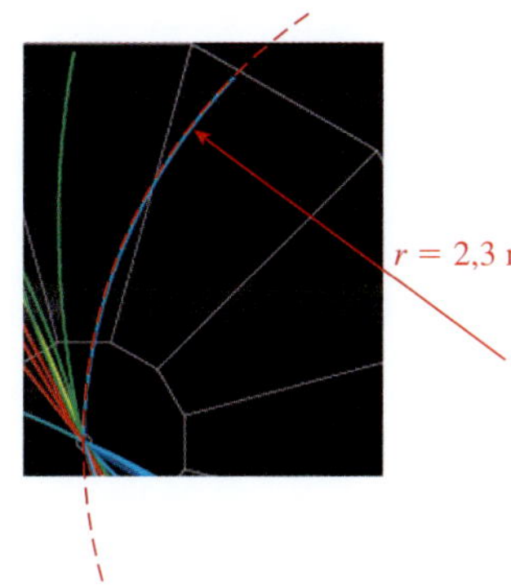

Figura 7.18 Círculo ajustado à trajetória de uma das partículas carregadas produzidas na colisão próton-próton na STAR TPC mostrada na Figura 7.17a.

EXEMPLO 7.2 O vento solar e o campo magnético da Terra

Na Seção 7.1, discutimos os cinturões de radiação Van Allen que aprisionam partículas emitidas pelo Sol. Este ejeta cerca de 1 milhão de toneladas de matéria para o espaço a cada segundo. Essa matéria é formada principalmente por prótons que se deslocam a velocidades de aproximadamente 400 km/s.

PROBLEMA

Se esses prótons incidirem perpendicularmente ao campo magnético terrestre (que possui uma intensidade de 50 μT no equador), qual será o raio de suas órbitas? A massa de um próton vale $1{,}67 \cdot 10^{-27}$ kg.

SOLUÇÃO

A equação 7.5 relaciona a intensidade do campo magnético, B, ao raio da trajetória circular, r, e ao módulo da velocidade, v, de uma partícula de massa m e carga q que se desloca perpendicularmente ao campo magnético:

$$r = \frac{mv}{|q|B}.$$

Substituindo os valores numéricos fornecidos, obtemos

$$r = \frac{\left(1{,}67 \cdot 10^{-27}\ \text{kg}\right)\left(400 \cdot 10^{3}\ \text{m/s}\right)}{\left(1{,}602 \cdot 10^{-19}\ \text{C}\right)\left(50 \cdot 10^{-6}\ \text{T}\right)} = 83{,}5\ \text{m}.$$

Assim, na região do equador, os prótons do vento solar orbitam as linhas do campo magnético da Terra completando círculos com 83,5 m de raio. Aqueles prótons que incidem no campo magnético da Terra fora da região do equador não estão se deslocando perpendicularmente ao campo magnético terrestre, de modo que seus raios orbitais serão maiores. Entretanto, as linhas de campo magnético estão mais densamente agrupadas, ou seja, o campo é mais intenso próximo aos

Continua →

polos. Os prótons, portanto, espiralam ao redor das linhas de campo quando se aproximam dos polos. A forma do campo magnético terrestre força os prótons que se deslocam em direção aos polos a inverter seu movimento, fazendo-os retornar para o equador, aprisionando dessa forma os prótons nos cinturões de radiação de Van Allen. Assim, o campo magnético da Terra bloqueia completamente o vento solar, impedindo-o de atingir a superfície do planeta. Isso é vital, uma vez que, de outra forma, o vento solar não bloqueado tornaria impossível a existência de organismos vivos complexos na Terra, devido à ionização que produzem nos átomos (ao remover elétrons deles) e da destruição que causam a moléculas grandes, como o DNA, por exemplo.

Frequência de cíclotron

Se uma partícula efetua uma órbita circular completa em presença de um campo magnético uniforme – por exemplo, como os elétrons do feixe mostrado na Figura 7.15 –, então o período de revolução da partícula, T, é o quociente entre a circunferência correspondente e a velocidade:

$$T = \frac{2\pi r}{v} = \frac{2\pi m}{|q|B}. \tag{7.7}$$

A frequência, f, do movimento da partícula carregada é o inverso do período:

$$f = \frac{1}{T} = \frac{|q|B}{2\pi m}. \tag{7.8}$$

A velocidade angular, ω, do movimento é

$$\omega = 2\pi f = \frac{|q|B}{m}. \tag{7.9}$$

Assim, a frequência e a velocidade angular do movimento da partícula independem da velocidade da partícula e, portanto, de sua energia cinética. Este fato é empregado em cíclotrons, razão pela qual ω, dada pela equação 7.9, é denominada **frequência de cíclotron**. Em um cíclotron, partículas são aceleradas a energias cinéticas cada vez mais elevadas, e o fato de que a frequência de cíclotron independe da energia cinética torna muito mais fácil o projeto de um cíclotron.

EXEMPLO 7.3 Energia de um cíclotron

Um cíclotron (Figura 7.19) é um acelerador de partículas. A cada uma das partes metálicas douradas em forma de chifres (chamada de *D*) da figura é aplicado um potencial elétrico alternante, de modo que uma partícula positivamente carregada sempre tem um *D* negativamente à frente ao emergir sobre outro *D* qualquer, o qual, por sua vez, agora se encontra positivamente carregado. Dessa forma, o campo elétrico resultante acelera as partículas. Uma vez que o cíclotron se encontra em presença de um campo magnético intenso, as trajetórias das partículas são curvadas. De acordo com a equação 7.6, o raio de uma trajetória é proporcional ao módulo de seu momento, de modo que uma partícula acelerada espirala para fora até chegar à borda do campo magnético (onde suas trajetórias deixam de ser curvadas pelo campo). De acordo com a equação 7.9, a frequência angular independe do momento e da energia da partícula, de modo que a frequência

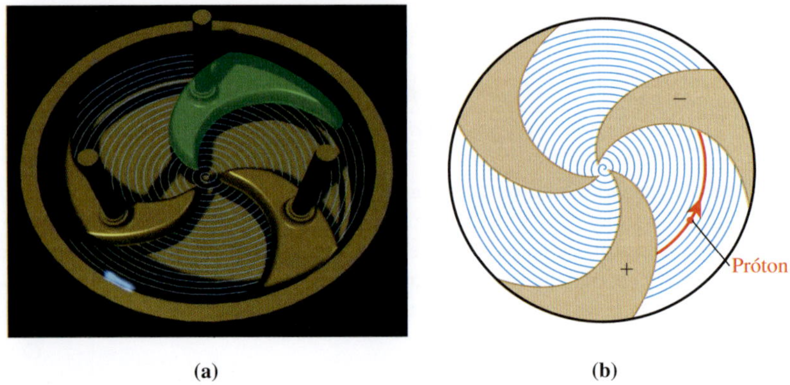

Figura 7.19 (a) Imagem gerada por computador da seção central do cíclotron supercondutor K500 do Laboratório Cíclotron Supercondutor Nacional da Universidade Estadual de Michigan, EUA, com a trajetória espiralada de uma partícula acelerada superposta à imagem. Um dos três *Ds* do cíclotron estão destacados em cor verde. (b) Vista superior do K500 que mostra um próton sendo acelerado entre dois Ds.

segundo a qual a polaridade de cada D é alternada não precisa ser ajustada enquanto a partícula é acelerada. (Isso vale somente enquanto o módulo da velocidade da partícula acelerada não atinge um valor correspondente a uma fração considerável da velocidade da luz. A fim de compensar os efeitos relativísticos, o campo magnético de um cíclotron aumenta com o raio orbital das partículas aceleradas.)

PROBLEMA

Quanto será, em megaelétron-volts (MeV), a energia cinética de um próton extraído de um cíclotron de raio $r = 1{,}81$ m, se o campo magnético do cíclotron for uniforme e de intensidade $B = 0{,}851$ T? A massa de um próton é de $1{,}67 \cdot 10^{-27}$ kg.

SOLUÇÃO

Podemos isolar a velocidade, v, do próton:

$$v = \frac{r|q|B}{m}.$$

Substituímos esta expressão para v na equação da energia cinética:

$$K = \frac{1}{2}mv^2 = \frac{1}{2}m\left(\frac{r|q|B}{m}\right)^2 = \frac{r^2q^2B^2}{2m}.$$

Substituindo os valores numéricos fornecidos, obtemos a energia cinética em joules:

$$K = \frac{(1{,}81\ \text{m})^2 (1{,}602 \cdot 10^{-19}\ \text{C})^2 (0{,}851\ \text{T})^2}{2(1{,}67 \cdot 10^{-27}\ \text{kg})} = 1{,}82 \cdot 10^{-11}\ \text{J}.$$

Uma vez que 1 eV = $1{,}602 \cdot 10^{-19}$ J e 1 MeV = 10^6 eV, temos

$$K = 1{,}82 \cdot 10^{-11}\ \text{J}\left(\frac{1\ \text{eV}}{1{,}602 \cdot 10^{-19}\ \text{J}}\right)\left(\frac{1\ \text{MeV}}{10^6\ \text{eV}}\right) = 114\ \text{MeV}.$$

O espectômetro de massa

Uma aplicação do movimento de partículas carregadas em um campo magnético é o **espectômetro de massa**, que possibilita a determinação precisa de massas atômicas e moleculares, e pode ser útil para a datação pelo carbono e para análise de compostos químicos desconhecidos. Um espectômetro de massa funciona ionizando os átomos ou as moléculas estudadas, e acelerando-as por meio de uma diferença de potencial. Os íons, então, atravessam um seletor de velocidade (descrito mais adiante no Problema Resolvido 7.2), o qual permite que somente aqueles íons com uma determinada velocidade o atravessem, bloqueando os demais. Aqueles íons, então, entram em uma região onde existe um campo magnético constante. Em presença do campo, o raio de curvatura da órbita de cada tipo de íon é dado pela equação 7.5: $r = mv/|q|B$. Considerando-se que todos os íons ou as moléculas estejam ionizados uma vez apenas (tenham carga igual a +1 ou −1), o raio de curvatura é proporcional à massa do íon considerado. Um diagrama esquemático de um espectômetro de massa é mostrado na Figura 7.20.

Em um campo magnético constante, os íons de massas diferentes descreverão órbitas de raios diferentes. Por exemplo, na Figura 7.20, íons com trajetórias de raio orbital r_1 possuem massas menores do que os íons de raio orbital r_2. O detector de partículas mede as distâncias, d_1 e d_2, desde o ponto de entrada das partículas, que podem ser relacionadas aos correspondentes raios orbitais e, assim, às massas dos íons.

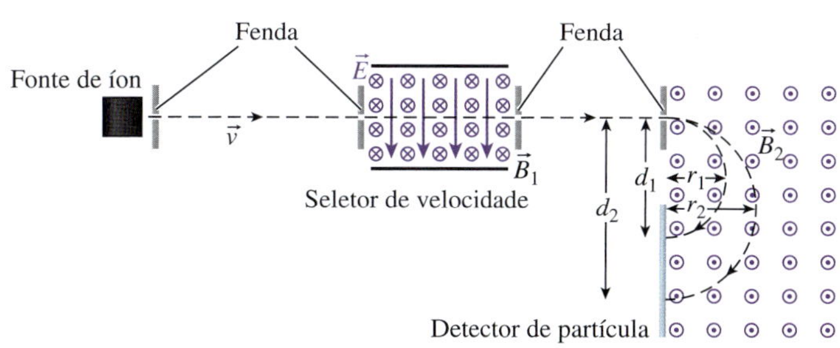

Figura 7.20 Diagrama esquemático de um espectômetro de massa, mostrando uma fonte de íons, um seletor de velocidade, que consiste em um campo elétrico e um campo magnético cruzados (consulte o Problema Resolvido 7.2), uma região onde existe um campo magnético constante e um detector de partículas.

7.2 Pausa para teste

Um campo magnético uniforme direcionado para fora da página (indicado pela notação padrão "ponto no centro de um pequeno círculo", para quem olha de frente a seta que representa a orientação de uma linha de campo). Uma partícula carregada se desloca no plano desta página, ilustrada pelas setas da figura.

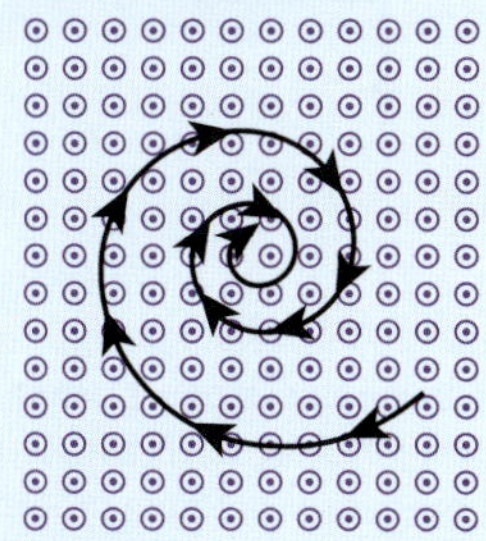

a) A carga dessa partícula é positiva ou negativa?

b) A partícula está desacelerando, acelerando ou movendo-se com uma mesma velocidade?

c) O campo magnético realiza um trabalho sobre a partícula?

7.2 Exercícios de sala de aula

Prótons do vento solar se deslocam desde o Sol e atingem o campo magnético da Terra com uma velocidade de 400 km/s. Se o campo magnético da Terra for de $5{,}0 \cdot 10^{-5}$ T e a velocidade dos prótons for perpendicular a este campo magnético, qual será a frequência cíclotron dos prótons presos pelo campo magnético?

a) 122 Hz

b) 233 Hz

c) 321 Hz

d) 432 Hz

e) 763 Hz

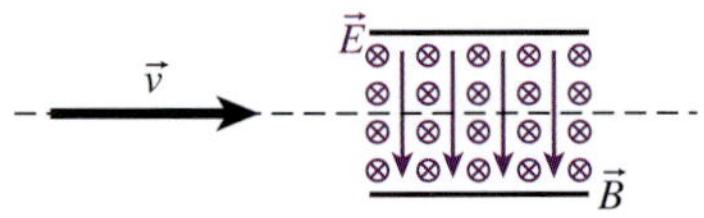

(a)

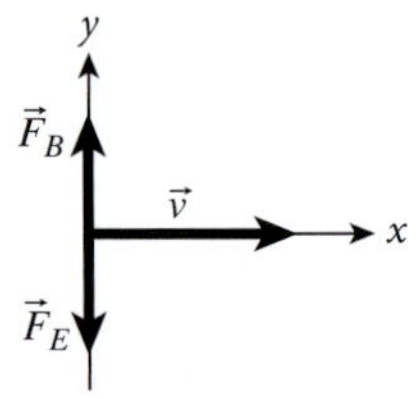

(b)

Figura 7.21 (a) Um próton entra em um seletor de velocidades, formado por campos elétrico e magnético cruzados. (b) Forças elétrica e magnética exercidas sobre um próton que atravessa a combinação de campos.

PROBLEMA RESOLVIDO 7.2 Seletor de velocidades

Prótons são acelerados desde o repouso ao longo de uma diferença de potencial $\Delta V = 14{,}0$ kV. Os prótons entram em um seletor de velocidade, formado por um capacitor de placas paralelas em um campo magnético, este último direcionado perpendicularmente para dentro da página da Figura 7.21a. O campo elétrico entre as placas do capacitor tem módulo $\vec{E} = 4{,}30 \cdot 10^5$ V/m e está orientado paralelamente ao plano da página da Figura mencionada, direcionados para baixo. Essa configuração de campos elétrico e magnético mutuamente perpendiculares é conhecida como *campos cruzados*.

PROBLEMA

Que campo magnético é necessário para que o próton atravesse o seletor de velocidade sem ser desviado?

SOLUÇÃO

PENSE

A fim de que um próton se mova em linha reta sem ser desviado é preciso que a força resultante exercida sobre ele seja nula. Desde que o próton possua certa velocidade e que a força magnética dependa daquela velocidade, é plausível que a condição de força resultante nula não possa, de fato, ser implementada para velocidades arbitrárias do próton – daí o nome seletor de velocidade.

DESENHE

A Figura 7.21b mostra as forças elétrica e magnética exercidas sobre o próton ao atravessar o seletor de velocidade. Observe que as duas forças são de sentidos opostos.

PESQUISE

A variação de energia cinética dos prótons mais a variação de energia potencial elétrica é igual a zero, o que pode ser expresso como

$$K = -U = \tfrac{1}{2}mv^2 = e\Delta V,$$

onde m é a massa de um próton, v é a sua velocidade após ter sido acelerado, e é a carga de um próton e ΔV é a diferença de potencial elétrico através da qual o próton foi acelerado. A velocidade do próton após a aceleração é

$$v = \sqrt{\frac{2e\Delta V}{m}}. \qquad \text{(i)}$$

Quando os prótons entram em um seletor de velocidade, a orientação da força elétrica é a mesma do campo elétrico, direcionada para baixo (sentido negativo do eixo y). O módulo da força elétrica é

$$F_E = eE, \qquad \text{(ii)}$$

onde E é a intensidade do campo elétrico do detector do seletor de velocidade. A regra da mão direita fornece a orientação da força magnética: com seu polegar direito paralelo à velocidade dos prótons (sentido positivo de x) e seu dedo indicador paralelo ao campo magnético (para dentro da página), seu dedo médio aponta para cima (sentido positivo de y). Assim, a força magnética sobre os prótons está orientada para cima. O módulo desta força é dado por

$$F_B = evB, \qquad \text{(iii)}$$

onde B é a intensidade do campo magnético do seletor de velocidade.

SIMPLIFIQUE

A condição que permite aos prótons atravessar o seletor de velocidade sem serem desviados é que a força elétrica equilibre a força magnética, ou $F_E = F_B$. Usando as equações (ii) e (iii), podemos expressar essa condição como

$$eE = evB.$$

Isolando a intensidade de campo magnético, B, e substituindo v dado pela equação (i), obtemos

$$B = \frac{E}{\sqrt{\dfrac{2e\Delta V}{m}}} = E\sqrt{\frac{m}{2e\Delta V}}.$$

CALCULE

Substituindo os valores numéricos fornecidos, obtemos

$$B=\left(4{,}30\cdot 10^{5}\ \text{V/m}\right)\sqrt{\frac{1{,}67\cdot 10^{-27}\ \text{kg}}{2\left(1{,}602\cdot 10^{-19}\ \text{C}\right)\left(14{,}0\cdot 10^{3}\ \text{V}\right)}}=0{,}262371\ \text{T}.$$

ARREDONDE

Apresentamos nosso resultado com três algarismos significativos:

$$B = 0{,}262\ \text{T}.$$

SOLUÇÃO ALTERNATIVA

Verifiquemos se a força elétrica tem módulo igual ao da força magnética. A força elétrica tem módulo

$$F_E = eE = (1{,}602 \cdot 10^{-19}\ \text{C})(4{,}30 \cdot 10^{5}\ \text{V/m}) = 6{,}89 \cdot 10^{-14}\ \text{N}.$$

Para determinar o módulo da força magnética, precisamos determinar a velocidade dos prótons:

$$v=\sqrt{\frac{2e\Delta V}{m}}=\sqrt{\frac{2\left(1{,}602\cdot 10^{-19}\ \text{C}\right)\left(14{,}0\cdot 10^{3}\ \text{V}\right)}{1{,}67\cdot 10^{-27}\ \text{kg}}}=1{,}64\cdot 10^{6}\ \text{m/s}.$$

Esta velocidade corresponde a 0,55% da velocidade da luz, o que não é totalmente impossível. O módulo da força magnética é, então,

$$F_B = evB = (1{,}602 \cdot 10^{-19}\ \text{C})(1{,}64 \cdot 10^{8}\ \text{m/s})(0{,}262\ \text{T}) = 6{,}88 \cdot 10^{-14}\ \text{N},$$

em concordância com o valor da força elétrica dentro da margem de erro de arredondamento. Portanto, nosso resultado é plausível.

Levitação magnética

Uma aplicação interessante da força magnética é a **levitação magnética**, situação em que uma força magnética sobre um objeto, orientada para cima, equilibra a força gravitacional para baixo, resultando em equilíbrio estático sem necessidade de contato direto entre as superfícies. Porém, se você tentar equilibrar um ímã sobre outro ímã orientando seus polos norte (ou polos sul) um para o outro, verá que isso é impossível de conseguir. Em vez disso, um dos ímãs simplesmente inverterá sua orientação de modo que polos opostos fiquem virados um para o outro e a força atrativa entre eles os fará se grudar. Sabemos que o equilíbrio estável requer a existência de um mínimo local de energia potencial, o que não existe no caso de interações puramente repulsivas entre dois polos magnéticos do mesmo tipo.

Figura 7.22 A levitação, com um brinquedo comercial ilustrando a levitação magnética de um ímã em rotação acima de um grande ímã como base.

A Figura 7.22 mostra um brinquedo comercial chamado de *Levitron* que demonstra o princípio da levitação magnética. O pião magnético é posto a girar sobre uma placa e, então, elevado até uma altura adequada e solto. O pião pode permanecer suspenso por vários minutos. De que maneira funciona este brinquedo, considerando a exigência de equilíbrio estável mencionada há pouco? A resposta é que a rotação rápida do pião provê um momento angular suficientemente grande e produz uma barreira de energia potencial que impede o ímã de inverter sua orientação.

Claro, existem outras maneiras de criar sistemas de levitação magnética estáveis, todos envolvendo múltiplos ímãs presos firmemente uns aos outros. A levitação magnética tem aplicações mundiais nos trens de levitação magnética (Maglev). Estes trens possuem várias vantagens em relação aos trens normais com trilhos de aço: não existem partes móveis para sofrerem desgaste, ocorre menos vibração e o atrito reduzido significa velocidades tão grandes quanto possível. Diversos trens Maglev já estão em operação ao redor do mundo, e mais deles estão sendo projetados. Um exemplo é o *Shangai Maglev Train* (Trem Maglev de Shangai), que opera entre o Aeroporto Pudong de Shangai e o centro desta cidade da China, atingindo velocidades de até 120 m/s (432 km/h).

O trem Maglev de Shangai funciona usando ímãs presos aos vagões (Figura 7.23b). Estes são ímãs normais, enrolamentos magnéticos não supercondutores com realimentação eletrônica para produzir levitação estável e controle de direção. Os vagões são mantidos 15 cm acima

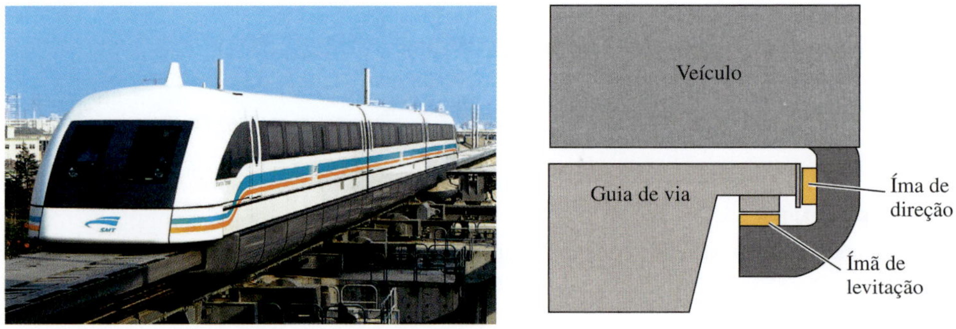

(a) (b)

Figura 7.23 (a) O trem Maglev de Shangai. (b) Seção transversal de um dos lados de um vagão. Os ímãs de levitação ergue os vagões 15 cm acima dos guias de via, enquanto os ímãs de direção mantêm os vagões centrados sobre o guia de via. Os ímãs são todos montados sobre o veículo em movimento.

do guia de via para permitir a remoção de qualquer objeto que possa estar sobre o guia de via. Os ímãs de levitação e de controle de direção são mantidos a uma distância de 10 mm do guia de via, o qual é construído com um material magnético. A propulsão do trem é provida por campos magnéticos gerados dentro do guia de via. O sistema de propulsão do trem opera como um motor elétrico (consulte a Seção 7.5) cujas espiras circulares tenham sido desenroladas para assumir uma configuração linear.

Trens Maglev que usam ímãs supercondutores têm sido testados, porém ainda restam alguns problemas técnicos a serem resolvidos, incluindo a manutenção dos enrolamentos supercondutores e a exposição dos passageiros a campos magnéticos intensos.

7.4 Força magnética sobre um fio condutor de corrente

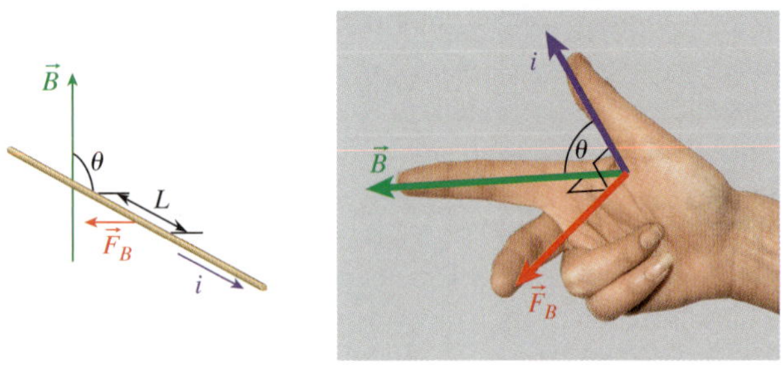

(a) (b)

Figura 7.24 (a) Força magnética sobre um fio condutor de corrente. (b) Uma versão da 1ª regra da mão direita para fornecer a orientação da força magnética sobre um fio condutor de corrente. Para determinar a orientação da força sobre um fio condutor de corrente usando sua mão direita, aponte o polegar paralelamente à corrente e seu dedo indicador paralelamente ao campo magnético; então seu dedo médio indicará a orientação da força.

Considere um fio por onde passa uma corrente, i, em presença de um campo magnético constante, $\vec{B}$ (Figura 7.24a). O campo magnético exerce uma força sobre as cargas em movimento no fio. A carga, q, que passa por um ponto do fio em um dado instante de tempo t, é $q = it$. Durante este tempo, a carga ocupa um comprimento L do fio, dado por $L = v_d t$, onde v_d é o módulo da velocidade de deriva dos portadores de carga do fio. Assim, obtemos

$$q = ti = \frac{L}{v_d} i. \tag{7.10}$$

O módulo da força magnética é, então,

$$F_B = qv_d B \operatorname{sen}\theta = \left(\frac{L}{v_d} i\right) v_d B \operatorname{sen}\theta = iLB \operatorname{sen}\theta, \tag{7.11}$$

onde θ é o ângulo entre a orientação do fluxo de corrente e a orientação do campo magnético. A orientação da força é perpendicular tanto à corrente quanto ao campo magnético e é dada por uma versão da 1ª regra da mão direita, em que a corrente tem a mesma orientação da velocidade de uma partícula carregada, como ilustrado na Figura 7.24b. Essa versão da 1ª regra da mão direita tira vantagem do fato de que a corrente pode ser considerada como cargas em movimento.

A equação 7.11 pode ser expressa como um produto vetorial:

$$\vec{F}_B = i\vec{L} \times \vec{B}, \tag{7.12}$$

onde a notação $i\vec{L}$ representa a corrente em um comprimento de fio. A equação 7.12, simplesmente, é uma reformulação da equação 7.2 para o caso em que as cargas em movimento formam um corrente que percorre um fio. Uma vez que as situações físicas envolvendo correntes são de longe mais comuns do que aquelas que envolvam o movimento de uma partícula carregada isolada, a equação 7.12 é a forma mais útil para a determinação da força magnética em aplicações práticas.

EXEMPLO 7.4 Força sobre o enrolamento de um alto-falante

Todo alto-falante produz som exercendo uma força magnética sobre um enrolamento de áudio em um campo magnético, como mostrado na Figura 7.25. O enrolamento móvel de áudio está ligado ao cone do alto-falante que de fato produz os sons. O campo magnético é produzido por dois ímãs permanentes, como ilustrado na Figura 7.25. A intensidade do campo magnético é B = 1,50 T. O enrolamento de áudio é constituído por n = 100 espiras de fio que conduz uma corrente i = 1,00 mA. O diâmetro do enrolamento de áudio é d = 2,50 cm.

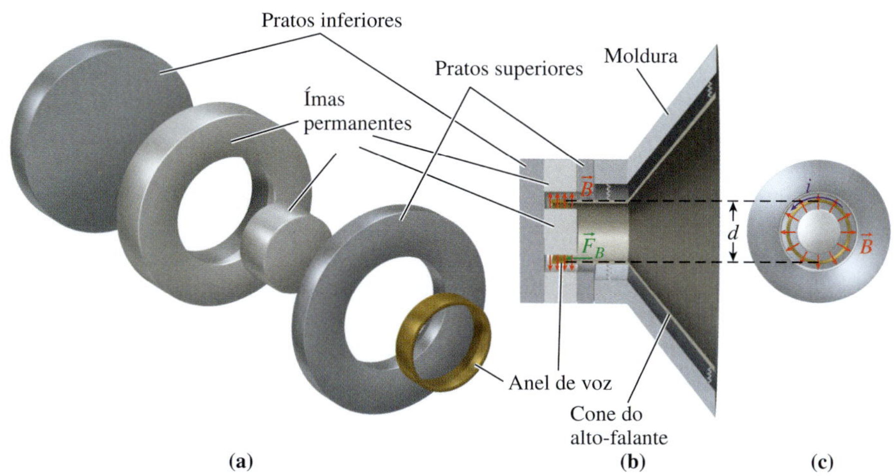

Figura 7.25 Diagrama esquemático de um alto-falante: (a) uma vista tridimensional ampliada da extremidade móvel do alto-falante; (b) vista da seção transversal lateral do alto-falante; (c) vista frontal da extremidade móvel do alto-falante.

PROBLEMA

Quanto vale a força magnética exercida pelo campo magnético sobre o enrolamento de áudio do alto-falante?

SOLUÇÃO

O módulo da força magnética sobre o enrolamento de áudio é dado pela equação 7.11:

$$F = iLB \text{ sen } \theta,$$

onde L é o comprimento do fio condutor da corrente i no campo magnético de intensidade B. O fio faz um ângulo θ com o campo magnético. Neste caso, o fio está sempre perpendicular ao campo magnético, de modo que $\theta = 90°$. O comprimento do fio do enrolamento de áudio é dado pelo produto do número de espirais, n, pela circunferência, πd, de cada espira:

$$L = n\pi d.$$

Assim, a força sobre o enrolamento de áudio é

$$F = i(n\pi d)B(\text{sen } 90°) = n\pi idB.$$

Substituindo os valores numéricos fornecidos, obtemos

$$F = n\pi idB = (100)(\pi)(1{,}00 \cdot 10^{-3}\text{ A})(2{,}50 \cdot 10^{-2}\text{ m})(1{,}50\text{ T}) = 0{,}01178\text{ N} \equiv 0{,}0118\text{ N}.$$

Da 1ª regra da mão direita ilustrada na Figura 7.24b, a força exercida pelo campo magnético sobre o enrolamento de áudio está orientada para a esquerda da Figura 7.25b, e perpendicular à página na Figura 7.25c.

Se a corrente no enrolamento de áudio for invertida, a força estará no sentido oposto. Se a corrente for proporcional à amplitude da onda sonora, as ondas sonoras poderão ser reproduzidas no cone do alto-falante. Esta ideia básica é usada na maioria dos alto-falantes e fones de ouvido.

7.3 Exercícios de sala de aula

Um segmento de fio isolado com L = 4,50 m de comprimento conduz uma corrente de valor i = 35,0 A em um ângulo θ = 50,3° com respeito ao campo magnético constante de intensidade B = 6,70 · 10^{-2} T (veja a figura). Qual é o módulo da força magnética sobre o fio?

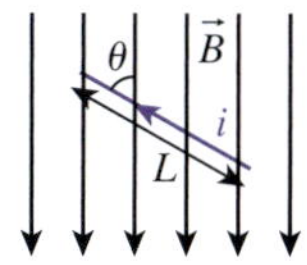

a) 2,66 N

b) 3,86 N

c) 5,60 N

d) 8,12 N

e) 11,8 N

7.5 Torque sobre uma espira condutora de corrente

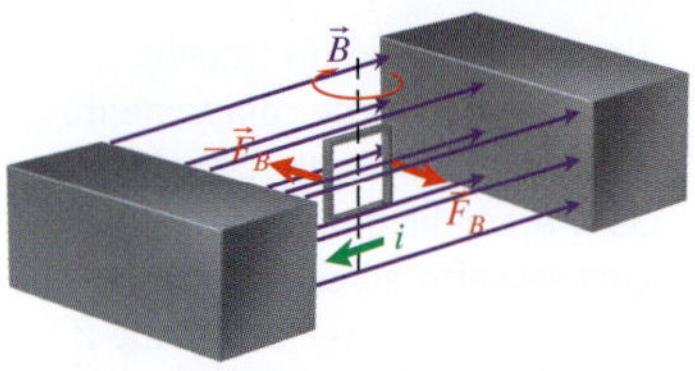

Figura 7.26 Um elemento de um motor elétrico primitivo formado por uma espira condutora de corrente em um campo magnético.

Os motores elétricos baseiam seu funcionamento na força magnética exercida sobre um fio condutor de corrente. Essa força é usada para produzir um torque para girar um eixo. Vamos considerar um motor elétrico simples, formado por uma única espira quadrada condutora de uma corrente, i, em um campo magnético constante, $\vec{B}$. A espira está orientada de modo que suas partes horizontais são paralelas ao campo magnético, enquanto as partes verticais são perpendiculares ao campo magnético, como mostrado na Figura 7.26. O módulo da força magnética sobre as duas partes verticais da espira é dado pela equação 7.11, com $\theta = 90°$:

$$F = iLB.$$

A orientação da força magnética é fornecida pela 1ª regra da mão direita, ilustrada na Figura 7.24b. As duas forças magnéticas, $\vec{F}_B$ e $-\vec{F}_B$, mostradas na Figura 7.26 possuem módulos iguais e orientações contrárias. Essas forças produzem um torque que tende a girar a espira em torno de um eixo de rotação vertical. A soma das duas forças é nula. As duas partes horizontais da espira são paralelas ao campo magnético e, assim, não experimentam qualquer força magnética. Assim, nenhuma força resultante é exercida sobre a espira, embora as forças individuais produzam um torque.

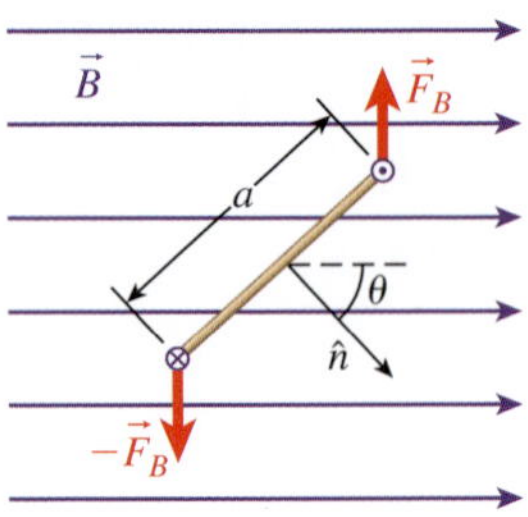

Figura 7.27 Vista superior de uma espira condutora de corrente em um campo magnético, mostrando a força exercida sobre a espira.

Agora consideremos o caso em que a espira girar em torno do centro. Enquanto gira na presença do campo magnético, as forças sobre os lados verticais da espira, perpendiculares à direção do campo, não variam. As forças exercidas sobre a espira quadrada, de lado a, são ilustradas na Figura 7.27, a qual mostra uma vista superior da espira. Na figura, θ é o ângulo formado entre um vetor unitário, $\hat{n}$, normal ao plano das espiras, e o campo magnético, $\vec{B}$. O vetor unitário normal é perpendicular ao plano da espira e tem uma orientação dada pela 2ª regra da mão direita (Figura 7.28), com base na corrente que flui pela espira.

Na Figura 7.27, a corrente flui para fora da página no lado direito, indicada por um ponto dentro de um pequeno círculo (o que representa a ponta da seta), e para dentro da página no lado esquerdo da espira, indicado por uma cruz dentro de um pequeno círculo (representando a cauda da seta). O módulo da força sobre cada um dos lados verticais é

$$F = iaB.$$

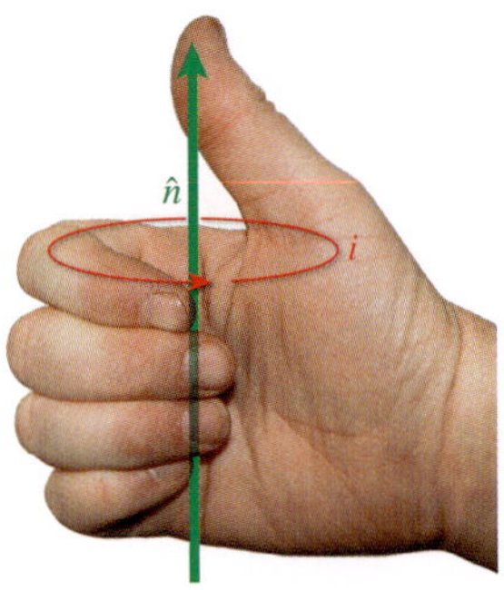

Figura 7.28 A 2ª regra da mão direita fornece a orientação do vetor unitário normal correspondente à espira condutora de corrente. De acordo com essa regra, se você curvar os dedos da palma de sua mão direita no sentido de circulação de corrente na espira, o polegar indicará a orientação do vetor unitário normal.

As forças exercidas sobre os dois segmentos horizontais da espira são uma paralela e a outra antiparalela ao eixo de rotação, e sua soma é igual a zero. Portanto, não existe uma força resultante sobre a espira.

A soma dos torques sobre as duas partes verticais da espira produz o torque resultante sobre a espira em torno de seu centro:

$$\tau_1 = (iaB)\left(\frac{a}{2}\right)\text{sen}\,\theta + (iaB)\left(\frac{a}{2}\right)\text{sen}\theta = ia^2B\,\text{sen}\theta = iAB\,\text{sen}\theta, \quad (7.13)$$

onde o índice 1 de τ_1 indica que se trata do torque sobre uma única espira e $A = a^2$ é a área da mesma. A razão pela qual a espira continua girando e não para em $\theta = 0°$ é que ela está ligada a um dispositivo denominado **comutador**, que inverte o sentido da corrente enquanto a espira gira. O comutador consiste em um anel formado por duas partes separadas, cada qual ligada a uma metade da espira, como mostrado na Figura 7.29. A corrente da espira troca de sentido duas vezes em cada rotação completa da espira.

Se uma espira única for substituída por uma bobina formada por muitas espiras enroladas, o torque sobre a bobina será igual ao produto do torque sobre um espira, τ_1, dado pela equação 7.13, pelo número de voltas (espiras da bobina), N:

$$\tau = N\tau_1 = NiAB\text{sen}\theta. \quad (7.14)$$

Será que esta expressão para o torque mantém-se válida para os casos de outras formas de espiras de área A, além da quadrada? A resposta é sim.

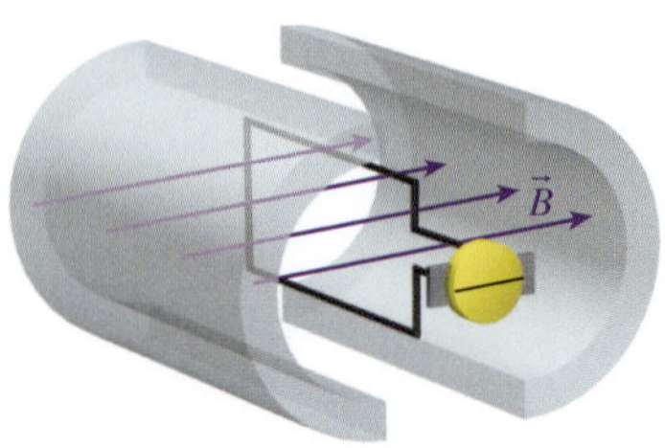

Figura 7.29 Espira condutora de corrente ligada a uma fonte de corrente por meio de um anel comutador.

7.4 Exercícios de sala de aula

Uma bobina é formada por $N = 47$ espiras circulares de raio $r = 5{,}13$ cm cada uma. Uma corrente, $i = 1{,}27$ A, flui na bobina, a qual se encontra imersa em um campo magnético homogêneo com 0,911 T de intensidade. Qual é o torque máximo sobre a bobina devido ao campo magnético?

a) 0,148 N m b) 0,211 N m c) 0,350 N m d) 0,450 N m e) 0,622 N m

7.6 Momento de dipolo magnético

Uma bobina que conduz uma corrente pode ser descrita por um só parâmetro, o qual contém informação sobre as características cruciais da bobina em presença de um campo magnético. O módulo do **momento de dipolo magnético**, $\vec{\mu}$, de uma bobina condutora de corrente é definido como

$$\mu = NiA, \tag{7.15}$$

onde N é o número de espiras, i é a corrente na bobina e A é a área de cada espira. A orientação do momento de dipolo magnético é dada pela 2ª regra da mão direita e a orientação é a do vetor unitário normal, $\hat{n}$. Usando a equação 7.15, podemos reescrever a equação 7.14 como

$$\tau = (NiA)B\text{sen}\theta = \mu B\text{sen}\theta. \tag{7.16}$$

O torque sobre um dipolo magnético é dado por

$$\vec{\tau} = \vec{\mu} \times \vec{B}. \tag{7.17}$$

Ou seja, o torque sobre uma bobina percorrida por uma corrente é o produto vetorial do momento de dipolo magnético da bobina e o campo magnético.

Todo dipolo magnético em um campo magnético possui energia potencial. Se o momento de dipolo estiver alinhado com o campo, o dipolo terá energia potencial mínima. Se ele estiver alinhado em sentido oposto ao do campo externo, o dipolo tem sua energia potencial máxima. Sabemos que o trabalho realizado por um torque é

$$W = \int_{\theta_0}^{\theta} \tau(\theta')d\theta'. \tag{7.18}$$

Usando o teorema trabalho-energia cinética e a equação 7.16, e pondo $\theta_0 = 90°$, podemos expressar a energia potencial magnética, U, de um dipolo magnético em um campo externo, $\vec{B}$, como

$$W = \int_{\theta_0}^{\theta} \tau(\theta')d\theta' = \int_{\theta_0}^{\theta} \mu B\text{sen}\theta' d\theta' = -\mu B\cos\theta'\Big|_{\theta_0}^{\theta} = U(\theta) - U(90°),$$

ou

$$U(\theta) = -\mu B\cos\theta = -\vec{\mu} \cdot \vec{B}, \tag{7.19}$$

onde θ é o ângulo entre o momento de dipolo magnético e o campo magnético externo.

O valor mínimo, $-\mu B$, da energia potencial magnética de um dipolo magnético em um campo magnético externo é atingido quando o vetor momento de dipolo magnético do dipolo for paralelo ao vetor campo magnético externo, enquanto o valor máximo, $+\mu B$, resulta quando os dois vetores são antiparalelos (veja a equação 7.30). Essa dependência da energia potencial com a orientação ocorre em diversas situações, para as quais os dipolos magnéticos em campos externos constituem um modelo simples. Até aqui, os únicos dipolos magnéticos que abordamos são espiras condutoras de correntes. Todavia, existem outros tipos de dipolo, incluindo ímãs em barras e até mesmo a Terra. Além disso, partículas elementares carregadas como prótons possuem momentos de dipolo magnéticos intrínsecos.

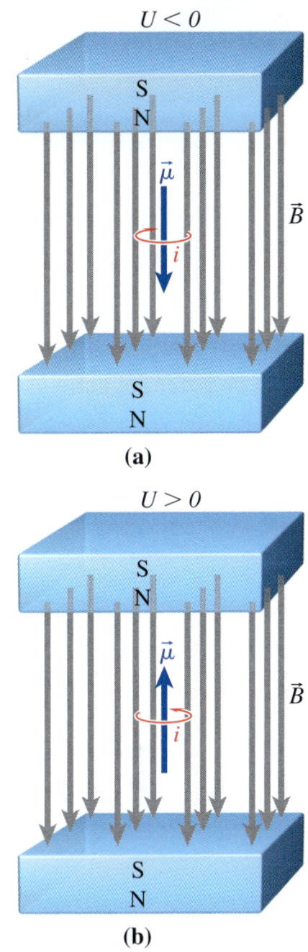

Figura 7.30 Vetor momento de dipolo magnético em um campo externo: (a) o dipolo magnético e o campo magnético externo são paralelos, resultando em uma energia potencial negativa; (b) o dipolo magnético e o campo magnético externo são antiparalelos, resultando em uma energia potencial positiva.

7.3 Pausa para teste

Qual é máxima diferença de energia potencial elétrica entre as duas orientações de uma espira com 0,100 m^2 de área e que conduz uma corrente de 2,00 A em presença de um campo magnético constante de intensidade de 0,500 T?

7.7 Efeito Hall

Considere um condutor por onde passa uma corrente, i, em uma direção perpendicular a um campo magnético, $\vec{B}$ (Figura 7.31a). Os elétrons do condutor se movem com velocidade $\vec{v}_d$ em sentido oposto ao da corrente. Os elétrons em movimento experimentam uma força perpendicular às suas velocidades, fazendo-os com que se movam em direção à borda do condutor. Após algum tempo decorrido, muitos elétrons terão se movido para uma das bordas do condutor, gerando uma acumulação de carga negativa naquela borda e deixando uma carga líquida positiva na borda oposta do condutor. Esta distribuição de carga produz um campo elétrico, $\vec{E}$, que exerce uma força sobre os elétrons em sentido oposto ao do campo magnético. Quando o módulo da força exercida sobre os elétrons pelo campo elétrico torna-se igual ao módulo

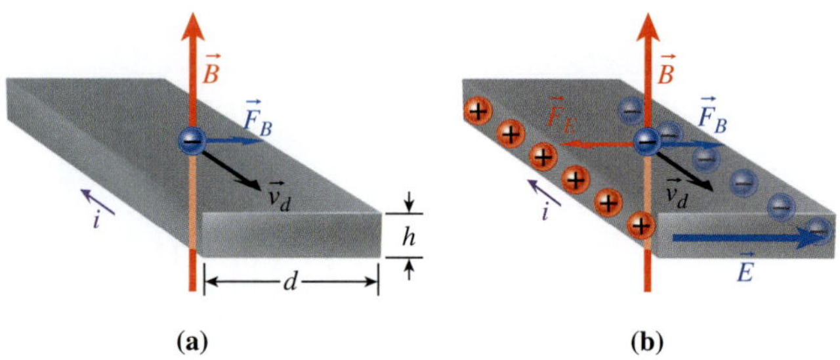

Figura 7.31 (a) Um condutor por onde passa uma corrente em presença de um campo magnético. (b) Os elétrons foram deslocados para um dos lados do condutor, deixando uma carga líquida positiva no lado oposto. A distribuição de carga produz um campo elétrico. A diferença de potencial entre os dois lados do condutor é o potencial Hall.

da força exercida sobre eles pelo campo magnético, o número de elétrons na borda do condutor deixará de sofrer alterações com o transcorrer do tempo. Este resultado é denominado **efeito Hall**. A diferença de potencial, ΔV_H, entre as bordas do condutor quando em equilíbrio é chamada de **diferença de potencial Hall**, dada por

$$\Delta V_H = Ed, \tag{7.20}$$

onde d é a largura do condutor e E é a intensidade do campo elétrico. (Consulte o Capítulo 3 para lembrar da relação entre a diferença de potencial elétrico e o campo elétrico constante.

O efeito Hall pode ser usado para demonstrar que os portadores de carga dos metais são negativamente carregados. Se eles forem positivos e moverem-se na direção e sentido da corrente mostrada na Figura 7.31a, elas se acumulariam na mesma borda do condutor que os elétrons da Figura 7.31b, produzindo um campo elétrico de sinal oposto. Dessa maneira, os portadores de carga do condutor metálico são negativamente carregados e devem ser, portanto, elétrons. O efeito Hall também estabelece que, em alguns semicondutores, os portadores de carga são "buracos" de elétrons (elétrons faltantes) que se comportam como portadores de carga positiva.

O efeito Hall também pode ser usado para determinar um campo magnético medindo-se a corrente que flui pelo condutor e o campo elétrico resultante entre as bordas do condutor. Para obter a fórmula para o campo magnético, começamos com a condição de equilíbrio do efeito Hall, ou seja, que os módulos das forças magnética e elétrica sejam iguais:

$$F_E = F_B \Rightarrow eE = v_d Be \Rightarrow B = \frac{E}{v_d} = \frac{\Delta V_H}{v_d d}, \tag{7.21}$$

onde a substituição por E da equação 7.20 foi usada no último passo. No Capítulo 5, vimos que a velocidade de deriva, v_d, de um elétron do condutor pode ser relacionada ao módulo da densidade de corrente, J, do condutor:

$$J = \frac{i}{A} = nev_d,$$

onde A é a área da seção transversal do condutor e n é o número de elétrons por unidade de volume do condutor. Como mostra a Figura 7.31a, a área da seção transversal é dada por $A = hd$, onde d é a largura e h é a altura do condutor. Isolando a velocidade de deriva a partir de $i/A = nev_d$, e substituindo A por hd, obtemos

$$v_d = \frac{i}{Ane} = \frac{i}{hdne}.$$

Substituindo esta expressão para v_d na equação 7.21, obtemos

$$B = \frac{\Delta V_H}{v_d d} = \frac{\Delta V_H dhne}{id} = \frac{\Delta V_H hne}{i}. \tag{7.22}$$

A equação 7.22 fornece a intensidade (módulo) do campo magnético a partir da diferença de potencial Hall, ΔV_H, da altura conhecida, h, e da densidade de portadores de carga, n, do condutor. De maneira equivalente, uma forma rearranjada da equação 7.22 pode ser usada para determinar a voltagem Hall se a intensidade do campo for conhecida:

$$\Delta V_H = \frac{iB}{neh}. \tag{7.23}$$

EXEMPLO 7.5 Efeito Hall

Suponha que você use o efeito Hall para medir a intensidade de um campo magnético constante. A sonda Hall consiste em uma fita de cobre com uma altura, h, de 2,00 mm. Mede-se uma voltagem de 0,250 μV através da fita quando uma corrente de 1,25 A passa pela mesma.

PROBLEMA

Qual é a intensidade do campo magnético?

SOLUÇÃO

O campo magnético é dado pela equação 7.22:

$$B = \frac{\Delta V_H hne}{i}.$$

Foram fornecidos os valores de V_H, h e i, e nós conhecemos e. A densidade de elétrons, n, é definida como o número de elétrons por unidade de volume:

$$n = \frac{\text{número de elétrons}}{\text{volume}}.$$

A densidade do cobre é ρ_{Cu} = 8,96 g/cm^3 = 8,960 kg/m^3, e 1 mol de cobre possui uma massa de 63,5 g e 6,02 · 10^{23} átomos. Cada átomo de cobre dispõe de um elétron de condução. Assim, a densidade de elétrons é

$$n = \left(\frac{1 \text{ elétron}}{1 \text{ átomo}}\right)\left(\frac{6{,}02 \cdot 10^{23} \text{ átomos}}{63{,}5 \text{ g}}\right)\left(\frac{8{,}96 \text{ g}}{1 \text{ cm}^3}\right)\left(\frac{1{,}0 \cdot 10^6 \text{ cm}^3}{1 \text{ m}^3}\right) = 8{,}49 \cdot 10^{28} \ \frac{\text{elétrons}}{\text{m}^3}.$$

Agora podemos determinar a intensidade do campo magnético:

$$B = \frac{\left(0{,}250 \cdot 10^{-6} \text{ V}\right)\left(0{,}002 \text{ m}\right)\left(8{,}49 \cdot 10^{28} \ \dfrac{\text{elétrons}}{\text{m}^3}\right)\left(1{,}602 \cdot 10^{-19} \text{ C}\right)}{1{,}25 \text{ A}} = 5{,}44 \text{ T}.$$

7.5 Exercícios de sala de aula

Um condutor de cobre conduz uma corrente i = 1,41 A, perpendicularmente a um campo magnético constante B = 4,94 T. O condutor tem largura d = 0,100 m e altura h = 2,00 mm. Qual é a diferença de potencial elétrico entre os pontos 1 e 2?

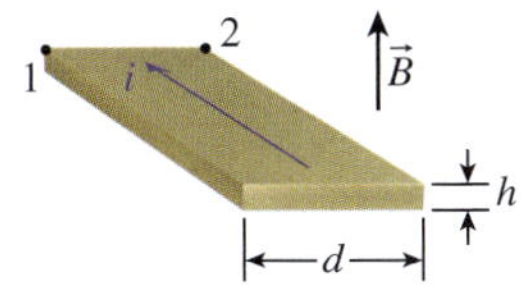

a) 2,56 · 10^{-9} V

b) 5,12 · 10^{-9} V

c) 7,50 · 10^{-8} V

d) 2,56 · 10^{-7} V

e) 9,66 · 10^{-7} V

O QUE JÁ APRENDEMOS | GUIA DE ESTUDO PARA EXERCÍCIOS

- As linhas de campo magnético indicam a orientação espacial de um campo magnético. As linhas de campo magnético não terminam em polos magnéticos, e sim formando um laço fechado.
- A força magnética sobre uma partícula de carga q, movendo-se com velocidade $\vec{v}$ em um campo magnético, $\vec{B}$, é dada por $\vec{F} = q\vec{v} \times \vec{B}$. A 1ª regra da mão direita fornece a orientação da força.
- Para uma partícula de carga q movendo-se com velocidade v, perpendicularmente a um campo magnético de intensidade B, o módulo da força magnética sobre a partícula em movimento é $F = |q|vB$.
- A unidade do SI de campo magnético é o tesla, abreviado por T.
- A intensidade média do campo magnético terrestre na superfície do planeta é de aproximadamente 0,5 · 10^{-4} T.
- Uma partícula de massa m e carga q, movendo-se com velocidade v perpendicularmente a um campo magnético de intensidade B descreve uma trajetória circular de raio $r = mv/|q|B$.
- A frequência de cíclotron, ω, de uma partícula de carga q e massa m que descreve uma órbita circular em um campo magnético constante de intensidade B é dada por $\omega = |q|B/m$.
- A força exercida por um campo magnético, $\vec{B}$, sobre um pedaço de fio de comprimento L, que conduz uma corrente i, é dada por $\vec{F} = i\vec{L} \times \vec{B}$. O módulo desta força é $F = iLB$ sen θ, onde θ é o ângulo entre a orientação da corrente e a do campo magnético.
- O módulo do torque sobre uma espira condutora de uma corrente i, em um campo magnético de intensidade B, é $\tau = iAB$ sen θ, onde A é a área do plano da espira e θ é o ângulo formado entre o vetor unitário normal ao plano da espira e a orientação do campo magnético. A regra da mão direita 2 fornece a orientação do vetor unitário normal à espira.
- O módulo do momento de dipolo magnético de uma espira condutora de corrente, i, é dado por $\mu = NiA$, onde N é o número de espiras (voltas) e A é a área do plano de cada espira. A orientação do momento de dipolo é dada pela 2ª regra da mão direita, que coincide com a orientação em que o vetor unitário normal aponta.
- O efeito Hall ocorre quando uma corrente, i, flui por um condutor de altura h em presença de um campo magnético de intensidade B produz uma diferença de potencial através do condutor (a diferença de potencial Hall) que é dada por $\Delta V_H = iB/neh$, onde n é a densidade de elétrons por unidade de volume e e representa o valor absoluto da carga de um elétron.

TERMOS-CHAVE

SÍMBOLOS E EQUAÇÕES NOVOS

$\vec{B}$, campo magnético

$\vec{F}_B = q\vec{v} \times \vec{B}$, força magnética sobre uma partícula carregada

$\vec{F}_B = i\vec{L} \times \vec{B}$, força magnética sobre um fio condutor de corrente

$\vec{\mu}$, momento de dipolo magnético

$\Delta V_H = iB/neh$, diferença de potencial Hall

RESPOSTAS DOS TESTES

7.1 Partícula 1: $F_B = qvB \operatorname{sen} \theta =$
$(6{,}15 \cdot 10^{-6}\text{ C})(465\text{ m/s})(0{,}165\text{ T})(\operatorname{sen} 30{,}0°) = 2{,}36 \cdot 10^{-4}\text{ N}.$

Partícula 2: $F_B = qvB \operatorname{sen} \theta =$
$(6{,}15 \cdot 10^{-6}\text{ C})(465\text{ m/s})(0{,}165\text{ T})(\operatorname{sen} 90{,}0°) = 4{,}72 \cdot 10^{-4}\text{ N}.$

Partícula 3: $F_B = qvB \operatorname{sen} \theta =$
$(6{,}15 \cdot 10^{-6}\text{ C})(465\text{ m/s})(0{,}165\text{ T})(\operatorname{sen} 150{,}0°) = 2{,}36 \cdot 10^{-4}\text{ N}.$

7.2 a) Positiva

b) desacelera

c) Não. (Portanto, outra força deve estar sendo exercida sobre a partícula para acelerá-la.)

7.3 $\Delta U = U_{max} - U_{min} = 2\mu B = 2iAB =$
$2(2{,}00\text{ A})(0{,}100\text{ m}^2)(0{,}500\text{ T}) = 0{,}200\text{ J}.$

GUIA DE RESOLUÇÃO DE PROBLEMAS

1. Ao tratar com campos e forças magnéticas, você precisa desenhar um diagrama tridimensional claro da situação do problema. Com frequência, um desenho separado dos vetores velocidade e campo magnético (ou dos vetores comprimento e campo) é útil para visualizar o plano em que eles se situam, uma vez a força magnética é perpendicular a este plano.

2. Lembre-se de que as regras da mão direita se aplicam a cargas e correntes positivas. Se a carga ou a corrente for negativa, você poderá usar a regra da mão direita, porém a força terá sentido oposto ao fornecido por ela.

3. Em presença tanto de um campo elétrico quanto de um campo magnético, uma partícula experimenta uma força elétrica, $\vec{F}_E = q\vec{E}$, e uma força magnética, $\vec{F}_B = q\vec{v} \times \vec{B}$. Esteja certo de que efetuou uma soma vetorial das forças individuais.

PROBLEMA RESOLVIDO 7.3 Torque sobre uma espira retangular condutora de corrente

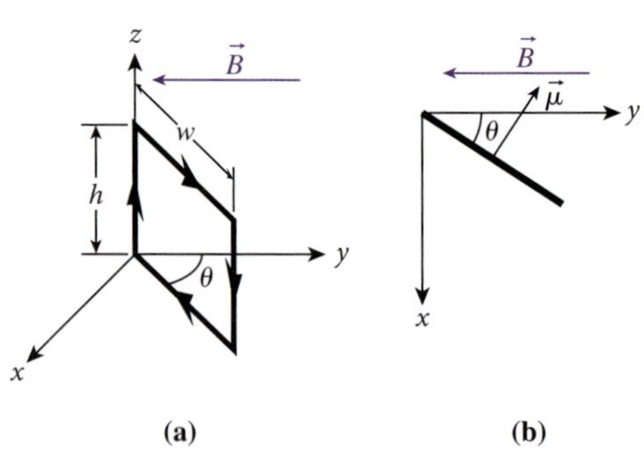

Figura 7.32 (a) Uma espira retangular condutora de uma corrente em presença de um campo magnético. (b) Vista da espira retangular projetada sobre o plano *xy*. O momento de dipolo magnético é perpendicular ao plano da espira, com sentido determinado pela 2ª regra da mão direita.

Uma espira retangular de altura $h = 6{,}50$ cm e largura $w = 4{,}50$ cm encontra-se em um campo magnético uniforme de intensidade $B = 0{,}250$ T, que está orientado no sentido negativo do eixo *y* (Figura 7.32a). A espira faz um ângulo $\theta = 33{,}0°$ com o eixo *y*, como mostra a figura. A espira conduz uma corrente de intensidade $i = 9{,}00$ A no sentido indicado pelas setas.

PROBLEMA

Qual é o módulo do torque sobre a espira em relação ao eixo *z*?

SOLUÇÃO

PENSE

O torque sobre a espira é igual ao produto vetorial do momento de dipolo magnético pelo campo magnético. O momento de dipolo magnético é perpendicular ao plano da espira, com sentido dado pela 2ª regra da mão direita.

DESENHE

A Figura 7.32b é uma vista da espira projetada sobre o plano *xy*.

PESQUISE

O módulo do momento de dipolo magnético da espira é

$$\mu = NiA = iwh. \qquad \text{(i)}$$

O módulo do torque sobre a espira é

$$\tau = \mu B \operatorname{sen}\theta_{\mu B}, \qquad \text{(ii)}$$

onde $\theta_{\mu B}$ é o ângulo entre o momento de dipolo magnético e o campo magnético. Da Figura 7.32.b, podemos ver que

$$\theta_{\mu B} = \theta + 90°. \qquad \text{(iii)}$$

SIMPLIFIQUE

Combinamos as equações (i), (ii) e (iii), obtendo

$$\tau = iwhB\operatorname{sen}(\theta + 90°).$$

CALCULE

Substituindo os valores numéricos, temos

$$\begin{aligned}\tau &= (9{,}00\ \text{A})(4{,}50\cdot 10^{-2}\ \text{m})(6{,}50\cdot 10^{-2}\ \text{m})(0{,}250\ \text{T})[\operatorname{sen}(33{,}0° + 90°)]\\ &= 0{,}0055195\ \text{N m}.\end{aligned}$$

ARREDONDE

Apresentamos nosso resultado com três algarismos significativos:

$$\tau = 5{,}52 \cdot 10^{-3}\ \text{N m}.$$

SOLUÇÃO ALTERNATIVA

O módulo da força magnética sobre cada um dos segmentos verticais da espira é

$$F_B = ihB = (9{,}00\ \text{A})(6{,}50 \cdot 10^{-2}\ \text{m})(0{,}250\ \text{T}) = 0{,}146\ \text{N}.$$

O módulo do torque é, então, o módulo da força sobre o segmento vertical que não está ao longo do eixo z multiplicado pelo braço de alavanca (igual a w) vezes o seno do ângulo entre a força e o braço de alavanca:

$$\tau = Fw\operatorname{sen}(33{,}0° + 90°) = 0{,}146\ \text{N}\ (4{,}5 \cdot 10^{-2}\ \text{m})[\operatorname{sen}(33{,}0° + 90°)] = 5{,}52 \cdot 10^{-3}\ \text{N m}.$$

Isso é igual ao resultado calculado acima.

QUESTÕES DE MÚLTIPLA ESCOLHA

7.1 Um campo magnético está orientado em uma dada direção de um plano horizontal. Um elétron se move em certa direção do plano horizontal. Para esta situação,

a) existe uma possível orientação para a força magnética sobre o elétron.

b) existem duas possíveis orientações para a força magnética sobre o elétron.

c) existe um número infinito de orientações possíveis para a força magnética sobre o elétron.

7.2 Uma partícula de carga q encontra-se em repouso quando um campo magnético é subitamente aplicado. O campo tem a mesma orientação do eixo z. Qual é a orientação da força resultante exercida sobre a partícula carregada?

a) A do eixo x.

b) A do eixo y.

c) A força resultante é nula.

d) A do eixo z.

7.3 Qual das seguintes partículas possui a maior frequência de cíclotron?

a) Um elétron de velocidade v em um campo magnético de intensidade B.

b) Um elétron de velocidade $2v$ em um campo magnético de intensidade B.

c) Um elétron de velocidade $v/2$ em um campo magnético de intensidade B.

d) Um elétron de velocidade $2v$ em um campo magnético de intensidade $B/2$.

e) Um elétron de velocidade $v/2$ em um campo magnético de intensidade $2B$.

7.4 No efeito Hall, uma diferença de potencial produzida através de um condutor de espessura finita, em presença de um campo magnético, por uma corrente que flui pelo condutor é dada

a) pelo produto da densidade de elétrons, da carga de um elétron e da espessura do condutor, dividida pelo produto dos módulos da corrente e do campo magnético.

b) pelo inverso da expressão descrita no item anterior.

c) pelo produto da carga de um elétron e da espessura do condutor, dividido pelo produto da densidade de elétrons e dos módulos da corrente e do campo magnético.

d) pelo inverso da expressão descrita no item anterior.

e) Nenhuma das anteriores.

7.5 Um elétron (de carga $-e$ e massa m_e) move-se ao longo do eixo x quando entra em um seletor de velocidade. Este consiste em campos elétrico e magnético cruzados: $\vec{E}$ está orientado no sentido positivo do eixo y, e $\vec{B}$ está orientado no sentido positivo do eixo z. Para uma velocidade v (no sentido positivo de x), a força resultante sobre o elétron é nula, e ele atravessa o seletor de velocidades em linha reta. Com que velocidade um próton (de carga $+e$ e massa $m_p = 1.836\ m_e$) atravessará o seletor de velocidade em linha reta?

a) v

b) $-v$

c) $v/1.836$

d) $-v/1.836$

7.6 Em que direção e sentido atua a força magnética sobre um elétron que se move no sentido positivo do eixo x, em presença de um campo magnético orientado segundo o sentido positivo do eixo z?

a) No sentido positivo do eixo y.

b) No sentido negativo do eixo y.

c) No sentido negativo do eixo x.

d) Em qualquer direção e sentido do plano xy.

7.7 Uma partícula carregada move-se em presença de um campo magnético constante. Decida se cada uma das afirmações abaixo, a respeito da força exercida sobre a partícula, é verdadeira ou falsa. (Considere que o campo magnético não seja paralelo nem antiparalelo à velocidade.)

a) Ela não realiza trabalho sobre a partícula.

b) Ela é capaz de aumentar a velocidade da partícula.

c) Ela é capaz de alterar a velocidade da partícula.

d) Ela é exercida sobre a partícula apenas enquanto esta estiver em movimento.

e) Ela é incapaz de alterar a energia cinética da partícula.

7.8 Um elétron se move em uma trajetória circular de raio r_i em um campo magnético constante. Qual será o raio final da trajetória se o campo magnético for dobrado?

a) $r_i/4$

b) $r_i/2$

c) r_i

d) $2r_i$

e) $4r_i$

QUESTÕES

7.9 Desenhe um sistema de coordenadas xyz e especifique (em termos dos vetores unitários, $\hat{x}$, $\hat{y}$ e $\hat{z}$) a orientação da força magnética sobre cada uma das partículas em movimento mostradas nas figuras. O semieixo y positivo aponta para a direita, o semieixo z positivo para o topo da página, e o semieixo x positivo, para fora da página.

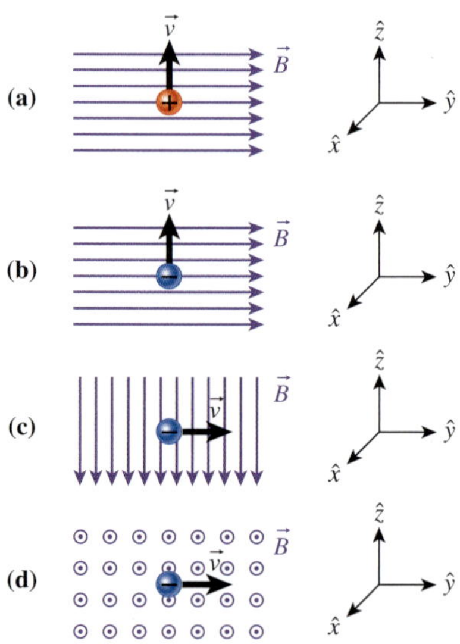

7.10 Uma partícula de massa m, carga q e velocidade v entra em um campo magnético de intensidade B, cuja orientação é perpendicular à velocidade inicial da partícula. Qual é o trabalho realizado pelo campo magnético sobre a partícula? De que maneira isso afeta o movimento da partícula?

7.11 Um elétron se move com uma velocidade constante. Quando ele entrar em um campo elétrico que é perpendicular à sua velocidade, o elétron seguirá uma trajetória ____________. Quando o elétron entrar em um campo magnético perpendicular à velocidade, ele seguirá uma trajetória ____________.

7.12 Um próton, movendo-se no sentido negativo do eixo y em presença de um campo magnético, experimenta uma força de módulo F, exercida no sentido negativo do eixo x.

a) Qual é a orientação do campo magnético que produz tal força?

b) Sua resposta mudará se a palavra "próton" for substituída no enunciado pela palavra "elétron"?

7.13 Seria matematicamente possível, para uma região de densidade de corrente nula, definir um potencial magnético análogo ao potencial eletrostático: $V_B(\vec{r}) = -\int_{\vec{r}_0}^{\vec{r}} \vec{B} \cdot d\vec{s}$ ou $\vec{B}(\vec{r}) = -\nabla V_B(\vec{r})$. Todavia, isto não pode ser feito. Explique a razão dessa impossibilidade.

7.14 Um fio condutor de corrente é posicionado dentro de um campo magnético intenso, $\vec{B}$. Entretanto, o fio experimenta nenhuma força. Explique de que maneira isso poderia ser possível.

7.15 Uma partícula carregada se move sob a influência de um campo elétrico apenas. É possível que a partícula se mova com uma velocidade constante? E se o campo elétrico for substituído por um campo magnético?

7.16 Uma partícula carregada se desloca com velocidade v, em um ângulo θ com relação ao eixo z. No instante $t = 0$, ela entra em uma região do espaço onde existe um campo magnético de intensidade B orientado no sentido positivo do eixo z. Quando ele emergirá desta região espacial?

7.17 Um elétron que se desloca horizontalmente de noroeste para sudeste em uma região do espaço onde o campo magnético terrestre está orientado horizontalmente para o norte. Qual é a orientação da força magnética sobre o elétron?

7.18 Na superfície terrestre, existe um campo elétrico que, aproximadamente, aponta diretamente para baixo e possui uma intensidade de 150 N/m. Suponha que você dispusesse de um canhão de elétrons ajustável (com o qual você pode arremessar elétrons com qualquer energia cinética que queira) e um detector para determinar a orientação do movimento dos elétrons ao deixarem o canhão. Explique como você poderia usar o canhão para determinar a direção do polo norte magnético. Especificamente, que energia cinética os elétrons precisariam ter? (*Dica*: pode ser mais fácil pensar em encontrar que direção é leste ou oeste.)

7.19 O trabalho realizado por um campo magnético sobre uma partícula carregada em movimento dentro de um cíclotron é nulo. Como, então, o cíclotron pode ser usado como um acelerador de partículas, e que característica essencial do movimento da partícula torna isso possível?

PROBLEMAS

Um • ou dois •• indicam nível crescente de dificuldade do problema.

Seção 7.2

7.20 Um próton que se move com uma velocidade de $4{,}0 \cdot 10^5$ m/s no sentido positivo do eixo y entra em um campo magnético uniforme de 0,40 T que está orientado no sentido positivo do eixo x. Calcule o módulo da força magnética exercida sobre o próton.

7.21 O módulo da força magnética sobre uma partícula de carga $-2e$ que se move com velocidade $v = 1{,}0 \cdot 10^5$ m/s vale $3{,}0 \cdot 10^{-18}$ N. Qual é o módulo da componente de campo magnético perpendicular à direção de movimento da partícula?

•**7.22** Uma partícula com carga de + 10 μC move-se a 300 m/s no sentido positivo do eixo z.

a) Determine o campo magnético mínimo necessário para mantê-lo em movimento em linha reta com uma velocidade constante se existe um campo elétrico uniforme de 100 V/m apontando no sentido positivo do eixo y.

b) Determine o campo magnético mínimo necessário para manter a partícula se movendo em linha reta com velocidade constante se existe um campo elétrico uniforme de 100 V/m apontando no sentido positivo do eixo z.

•**7.23** Uma partícula com 20 μC de carga move-se ao longo do eixo x com uma velocidade de 50 m/s. Ela entra em um campo magnético dado por $B = 0{,}30\hat{y} + 0{,}70\hat{z}$, em teslas. Determine o módulo e a orientação da força magnética sobre a partícula.

••**7.24** O campo magnético em determinada região do espaço (onde $x > 0$ e $y > 0$) é dado por $B = (x - az)\hat{y} + (xy - b)\hat{z}$, onde a e b são constantes positivas. Um elétron, movendo-se com uma velocidade constante, $\vec{v} = v_0\hat{x}$, entra nesta região. Quais são as coordenadas dos pontos onde é nula a força resultante exercida sobre o elétron?

Seção 7.3

7.25 Um próton é acelerado do repouso por uma diferença de potencial de 400 V. O próton entra em um campo magnético uniforme e descreve uma trajetória circular com 20 cm de raio. Determine a intensidade do campo magnético.

7.26 Um elétron com velocidade de $4{,}0 \cdot 10^5$ m/s entra em um campo magnético uniforme com intensidade de 0,040 T, segundo um ângulo de 35° com relação às linhas de campo. O elétron descreverá uma trajetória helicoidal.

a) Determine o raio da trajetória helicoidal.

b) Que distância para frente o elétron terá se movido após completar um círculo?

7.27 Uma partícula de massa m e carga q está se movendo em presença tanto de um campo elétrico quanto de um campo magnético, $\vec{E}$ e $\vec{B}$, respectivamente. A partícula possui uma velocidade $\vec{v}$, um momento $\vec{p}$ e uma energia cinética K. Encontre uma expressão geral para $d\vec{p}/dt$ e dK/dt, em termos dessas sete grandezas.

7.28 A Terra é bombardeada por partículas provenientes do espaço conhecidas como múons. Elas possuem uma carga idêntica à de um elétron, mas são muitas vezes mais pesadas ($m = 1{,}88 \cdot 10^{-28}$ kg). Suponha que um campo magnético intenso seja estabelecido em um laboratório ($B = 0{,}50$ T) e que o múon entre neste campo com uma velocidade de $3{,}0 \cdot 10^6$ m/s em ângulo reto com o campo. Qual será o raio da órbita resultante do múon?

7.29 Em presença de um campo magnético, um elétron move-se em sentido anti-horário em um círculo no plano xy, com uma frequência de cíclotron $\omega = 1{,}2 \cdot 10^{12}$ Hz. Qual é o campo magnético envolvido, $\vec{B}$?

7.30 Um elétron com $4{,}0 \cdot 10^2$ eV de energia, e outro com $2{,}00 \cdot 10^2$ eV, são aprisionados em um campo magnético uniforme e descrevem trajetórias circulares em um plano perpendicular ao campo magnético. Qual é a razão entre os raios das duas órbitas?

•**7.31** Um próton com uma velocidade inicial dada por $(1{,}0\hat{x} + 2{,}0\hat{y} + 3{,}0\hat{z})$ (10^5 m/s) entra em um campo magnético dado por (0,5 T)$\hat{z}$. Descreva o movimento do próton.

•**7.32** Inicialmente em repouso, uma pequena esfera de cobre, com massa de $3 \cdot 10^{-6}$ kg e uma carga de $5 \cdot 10^{-4}$ C, é acelerada por uma diferença de potencial de 7.000 V, antes de entrar em um campo magnético de 4 T de intensidade, orientado perpendicularmente à sua velocidade. Qual é o raio de curvatura do movimento da esfera no campo magnético?

• **7.33** Duas partículas de massa m_1 e m_2, e cargas q e $2q$, deslocam-se com a mesma velocidade, v, e entram em um campo magnético de intensidade B pelo mesmo ponto, como mostra a figura. Dentro do campo magnético, elas descrevem semicírculos de raios R e $2R$. Quanto vale a razão entre suas massas? É possível aplicar um campo elétrico que faça com que as partículas se movam em linha reta no campo magnético? Em caso afirmativo, qual seria a intensidade e a orientação do campo?

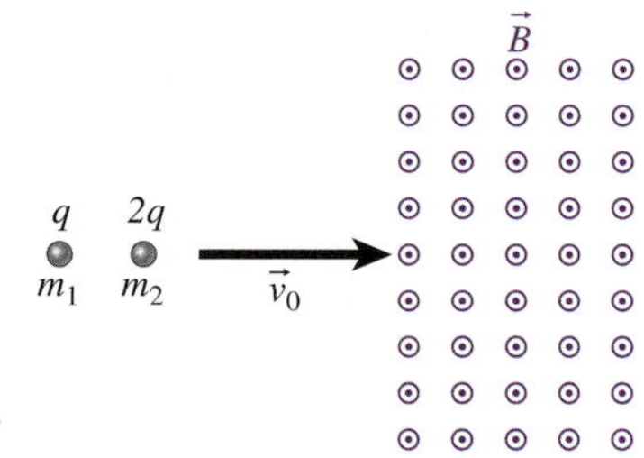

• **7.34** A figura mostra o diagrama esquemático de um espectômetro de massa simples, formado por um seletor de velocidade e um detector de partículas, sendo usado para separar átomos ionizados uma vez ($q = +e = 1{,}6 \cdot 10^{-19}$ C) de ouro (Au) e de molibdênio (Mo). O campo elétrico no interior do seletor de velocidade tem intensidade $E = 1{,}789 \cdot 10^4$ V/m e aponta para o topo da página, enquanto o campo magnético tem intensidade $B_1 = 1{,}00$ T e aponta para fora da página.

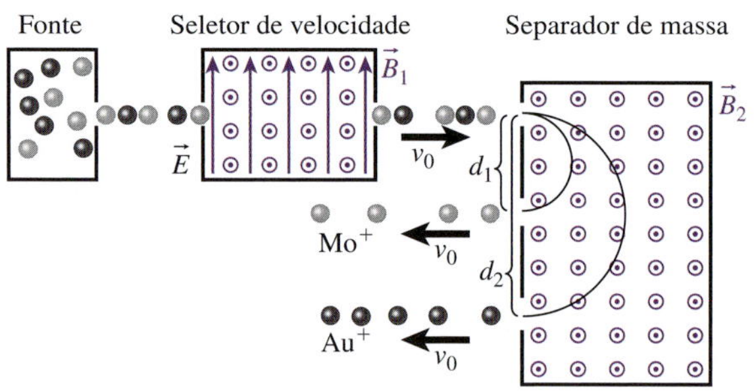

a) Desenhe o vetor força elétrica, $\vec{F}_E$, e o vetor força magnética, $\vec{F}_B$, exercidas sobre os íons no interior do seletor de velocidade.

b) Determine a velocidade, v_0, dos íons que atravessam o seletor de velocidade (aqueles de se deslocam em linha reta). A velocidade v_0 depende do tipo do íon usado (ouro ou molibdênio), ou ela é a mesma para ambos os tipos de íons?

c) Escreva a equação do raio da trajetória semicircular de um íon no detector de partículas: $R = R(m, v_0, q, B_2)$.

d) Os íons de ouro (representados pelos círculos pretos) saem do detector de partículas a uma distância $d_2 = 40{,}00$ cm da abertura de entrada, enquanto os íons de molibdênio (representados pelos círculos cinzentos) saem do detector de partículas a uma distância $d_1 = 19{,}81$ cm da abertura de entrada. A massa de um íon de ouro é $m_{\text{ouro}} = 3{,}27 \cdot 10^{-25}$ kg. Determine a massa de um íon de molibdênio.

•• **7.35** Um pequeno acelerador de partículas, usado para acelerar íons $^3\text{He}^+$, é mostrado na figura. Os íons $^3\text{He}^+$ saem da fonte de íons com 4 keV de energia cinética. As regiões 1 e 2 contêm campos magnéticos orientados para dentro da página, enquanto a região 3 contém um campo elétrico orientado da esquerda para a direita. O feixe de íons $^3\text{He}^+$ sai do acelerador por um orifício à direita, localizado 7 cm abaixo da fonte de íons, como mostra a figura.

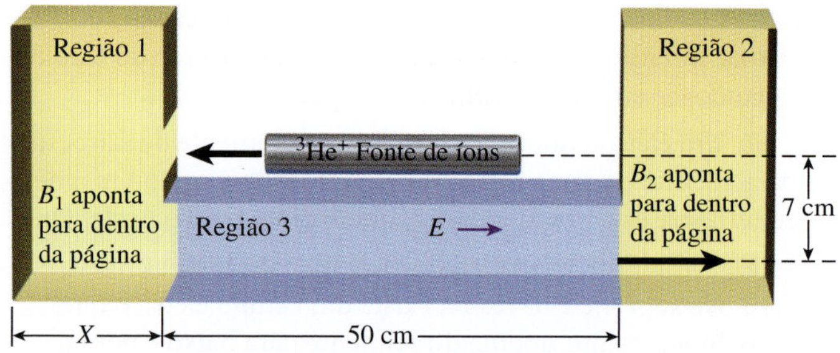

a) Se $B_1 = 1$ T, $E = 60$ kV/m e a região 3 tiver 50 cm de comprimento, que valor de B_1 faria com que os íons se movessem em linha reta através do orifício de saída, após serem acelerados na região 3?

b) Que largura mínima, X, a região 1 poderia ter?

c) Quanto vale a velocidade dos íons ao saírem do acelerador?

Seção 7.4

7.36 Um fio reto de 2,0 m de comprimento conduz uma corrente de 24 A. Ele está localizado sobre uma mesa horizontal em presença de um campo magnético uniforme e horizontal. O fio faz um ângulo de 30° com as linhas do campo magnético. Se o módulo da força sobre o fio for de 0,50 N, qual será a intensidade do campo magnético?

7.37 Como mostra a figura, um condutor retilíneo e paralelo ao eixo x pode deslizar sem atrito sobre dois trilhos condutores horizontais e paralelos ao eixo y, a uma distância $L = 0{,}2$ m um do outro, em presença de um campo magnético vertical de 1 T. Uma corrente de 20 A é mantida no condutor. Se um barbante preso exatamente no centro do condutor e que passa por uma polia desprovida de atrito, que valor de massa m manterá em repouso o condutor?

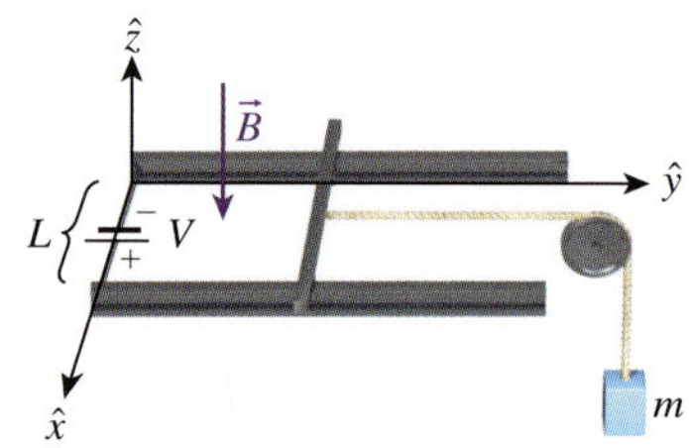

7.38 Um fio de cobre com 0,5 mm de raio conduz uma corrente em uma localidade no equador da Terra. Considerando que o campo magnético terrestre tenha uma intensidade de 0,5 G no equador, paralelamente à superfície da Terra, e que a corrente do fio flua para o leste, que corrente é necessário para que o fio levite?

• **7.39** Uma folha de cobre de 1,0 m de comprimento, largura de 0,50 m e espessura de 1,0 mm está orientada de modo que a máxima área de sua superfície seja perpendicular a um campo magnético de 5,0 T de intensidade. A folha conduz uma corrente de 3 A na direção de seu comprimento. Qual é o módulo da força exercida sobre a folha? Como se compara este valor com o da força sobre um fio de cobre fino que conduz a mesma corrente e está orientado perpendicularmente ao mesmo campo magnético?

• **7.40** Uma barra condutora de comprimento L desliza sem atrito para baixo de um plano inclinado, como mostrado na figura. A inclinação do plano em relação à horizontal é θ. Um campo magnético uniforme de intensidade B está orientado no sentido positivo do eixo y. Determine a intensidade e a orientação que a corrente na barra deve ter a fim de mantê-la parada sobre o plano inclinado.

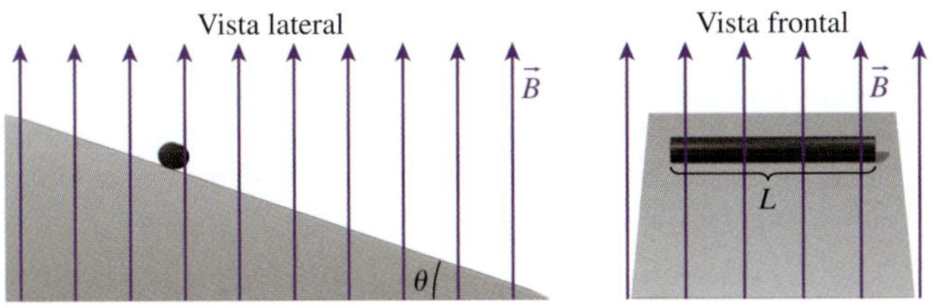

• **7.41** Uma espira quadrada, com lados de comprimento d = 8,0 cm, conduz uma corrente de intensidade i = 0,15 A e é livre para girar. Ela está localizada entre os polos de um eletroímã que produz um campo magnético de 0,1 T. A espira é inicialmente posicionada de modo que seu vetor normal, $\hat{n}$, forme um ângulo de 35° em relação à orientação do vetor campo magnético, com o ângulo θ definido na figura. O fio é feito de cobre (cuja densidade é ρ = 8.960 kg/m^3) e tem um diâmetro de 0,50 mm. Qual será o módulo da aceleração angular da espira ao ser liberada?

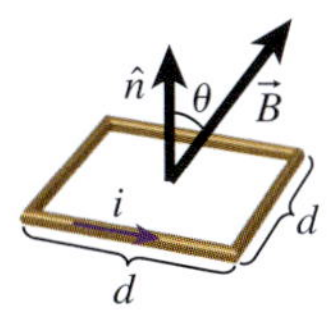

• **7.42** Um canhão magnético acelera um projétil desde o repouso usando uma força magnética sobre um fio condutor de corrente. O fio tem um raio $r = 5{,}1 \cdot 10^{-4}$ m e é feito de cobre, com densidade ρ = 8.960 kg/m^3. O canhão consiste em trilhos de comprimento L = 1,0 m em um campo magnético constante de intensidade B = 2,0 T, perpendicular ao plano definido pelos trilhos. Ao ser ligado, uma corrente de $1{,}00 \cdot 10^4$ A flui pelo fio, o que faz ele acelerar ao longo dos trilhos. Determine o módulo da velocidade final do fio ao sair dos trilhos. (Despreze os atritos.)

Seções 7.5 e 7.6

• **7.43** Uma espira quadrada com lados de comprimento ℓ está localizada no plano xy, com seu centro na origem e lados paralelos aos eixos x e y. Ela conduz uma corrente, i, em sentido anti-horário, como visto quando se olha no sentido negativo do eixo z. A espira se encontra em um campo magnético dado por $\vec{B} = (B_0/a)(z\hat{x} + x\hat{z})$, onde B_0 é um campo de intensidade constante, a é uma constante com dimensões de comprimento, e $\hat{x}$ e $\hat{z}$ são os vetores unitários dos eixos x e z, respectivamente. Determine a força resultante sobre a espira.

7.44 Uma bobina retangular com 20 espiras conduz uma corrente de 2 mA em sentido anti-horário. Ela possui dois lados de 8 cm de comprimento paralelos ao eixo y, e dois lados de 6 cm de comprimento paralelos ao eixo x. Um campo magnético uniforme de 50 μT está orientado no sentido positivo do eixo x. Que torque deve ser exercido sobre a espira a fim de mantê-la parada?

7.45 Uma bobina é formada por 120 espiras circulares de 4,8 cm de raio. Uma corrente de 0,49 A flui por ela, que se encontra orientada verticalmente e pode girar livremente em torno de um eixo vertical (paralelamente ao eixo z). Ela experimenta um campo magnético uniforme e horizontal, orientado no sentido positivo do eixo x. Quando a bobina está orientada paralelamente ao eixo x, uma força de 1,2 N, exercida na borda da bobina no sentido positivo do eixo y é capaz de mantê-la girando. Determine a intensidade do campo magnético.

7.46 Vinte espiras de fio são enroladas ao redor de um lápis redondo de 6 mm de diâmetro. O lápis é então colocado em presença de um campo magnético de 5 T, como mostra a figura. Se uma corrente de 3 A circula pelo fio da bobina, qual será o módulo do torque sobre o lápis?

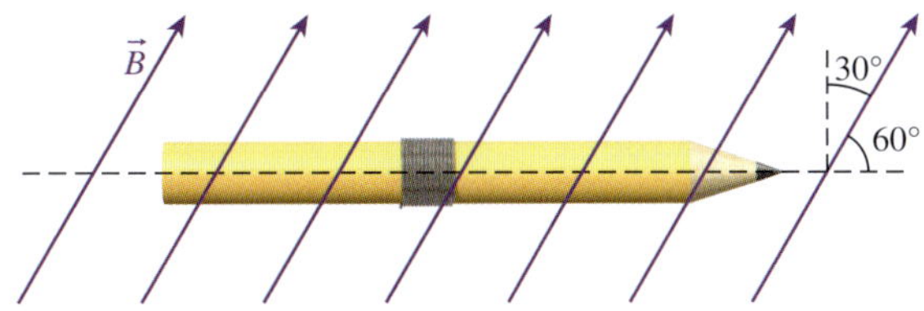

• **7.47** Um fio de cobre de densidade ρ = 8.960 kg/m^3 é moldado em uma espira circular de 50,0 cm de raio. A área da seção transversal do fio é de $1{,}00 \cdot 10^{-5}$ m^2, e uma diferença de potencial de 0,012 V é aplicada ao fio. Qual é a aceleração angular máxima da espira quando ela for localizada em um campo magnético de 0,25 T de intensidade? A espira gira em torno de um eixo que coincide com seu diâmetro.

7.48 Um galvanômetro simples é construído com uma bobina com N espiras de área A. A bobina está presa a uma massa, M, por uma haste rígida e leve de comprimento L. Sem corrente na bobina, a massa fica suspensa na vertical, por baixo da bobina, localizada no plano horizontal. A bobina se encontra em um campo magnético uniforme B orientado horizontalmente. Determine o ângulo em relação à vertical da haste rígida em função da corrente, i, na bobina.

7.49 Mostre que o momento de dipolo magnético de um elétron que orbita em um átomo de hidrogênio é proporcional a seu momento angular, L: $\mu = -eL/2m$, onde $-e$ é a carga do elétron e m é sua massa.

• **7.50** A figura mostra uma vista lateral de um anel condutor de uma corrente, com diâmetro d = 8 cm. Uma corrente de 1 A flui pelo anel no sentido indicado na figura. O anel está preso a uma das extremidades de uma mola de constante elástica de 100 N/m. Quando o anel está na posição vertical, a mola se encontra com seu comprimento de equilíbrio, ℓ. Determine a extensão da mola quando um campo magnético de intensidade B = 2 T for aplicado paralelamente ao plano do anel, como mostrado na figura.

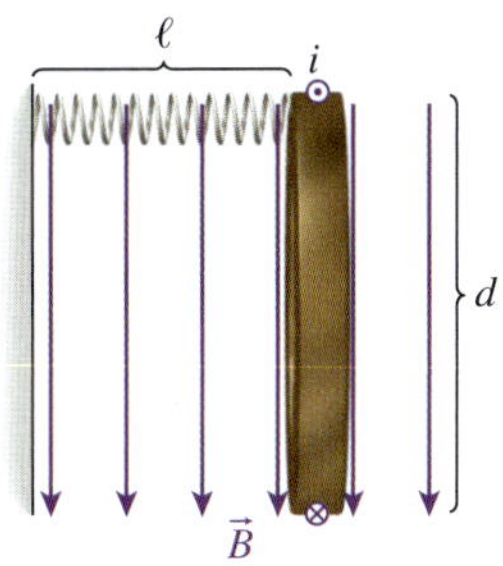

• **7.51** Uma bobina formada por 40 espiras retangulares, cada qual com 16,0 cm de comprimento e altura de 30,0 cm, está localizada em um campo magnético constante dado por $\vec{B} = 0{,}065\text{T}\hat{x} + 0{,}250\text{T}\hat{z}$. A bobina está presa por uma dobradiça a uma barra fina fixada no eixo y (ao longo do segmento da da figura) e inicialmente posicionada no plano xy. Uma corrente de 0,200 A flui pelo fio.

a) Qual é o módulo e qual a orientação da força, $\vec{F}_{ab}$, que $\vec{B}$ exerce sobre o segmento ab da bobina?

b) Qual é o módulo e qual a orientação da força, $\vec{F}_{bc}$, que $\vec{B}$ exerce sobre o segmento *bc* da bobina?

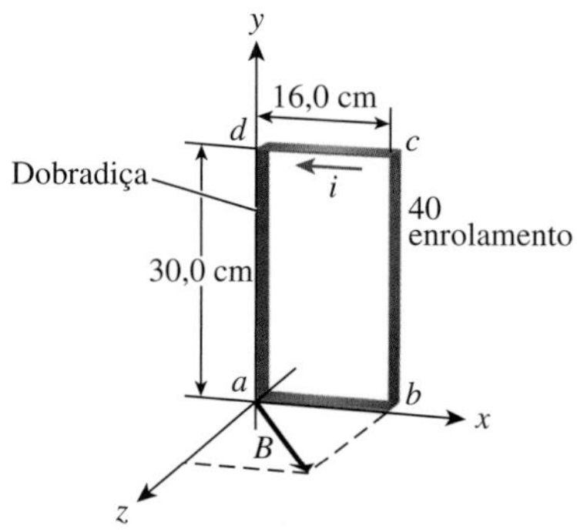

c) Qual é o módulo da força resultante, F_{res}, que $\vec{B}$ exerce sobre a bobina?

d) Qual é o módulo e qual a orientação do torque, $\vec{\tau}$, que $\vec{B}$ exerce sobre a bobina?

e) Em que sentido, se for o caso, a bobina girará em torno do eixo *y* (quando vista de cima e olhando-se para baixo ao longo deste eixo)?

Seção 7.7

7.52 Um transístor de elétrons de alta mobilidade (TEAM) controla grandes correntes aplicando uma pequena voltagem a uma fina película de elétrons. A densidade e a mobilidade dos elétrons da película são críticas para o funcionamento do TEAM. Os TEMSs feitos de AlGaN/GaN/Si estão sendo estudados por possibilitarem uma eficiência melhor em altas potências, altas temperaturas e altas frequências do que os TEAMs de silício convencionais podem atingir. Em um dos estudos, o efeito Hall foi usado para medir a densidade de elétrons em um desses novos TEAMs. Quando uma corrente de 10 μ A flui ao longo do comprimento da película de elétrons, que tem 1,0 mm de comprimento, 0,30 mm de largura e 10 nm de espessura, um campo magnético de 1,0 T, perpendicular à película, produz uma voltagem de 0,68 mV entre as bordas laterais da película. Qual é a densidade de elétrons da película?

•**7.53** A figura mostra esquematicamente um arranjo para medição do efeito Hall que usa uma película delgada de óxido de zinco com 1,50 μ m de espessura. A corrente, *i*, que flui pela película é de 12,3 mA e a diferença de potencial de Hall correspondente, V_H, vale −20,1 mV quando um campo magnético de intensidade $B = 0{,}90$ T é aplicado perpendicularmente à corrente.

a) Quais são os portadores de carga da película delgada? [*Dica*: eles podem ser elétrons, de carga −*e*, ou buracos (ausência de elétrons), de carga +*e*.]

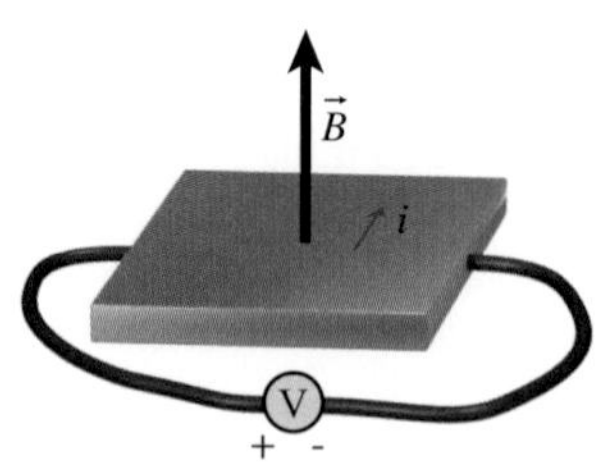

b) Determine a densidade de portadores de carga da película delgada.

Problemas adicionais

7.54 Um cíclotron em um campo magnético de 9 T é usado para acelerar prótons até 50% da velocidade da luz. Qual é a frequência de cíclotron destes prótons? Qual é o raio de suas trajetórias no cíclotron? Qual será a frequência de cíclotron e o raio das trajetórias dos mesmos prótons no campo magnético da Terra? Considere que a intensidade do campo magnético terrestre seja de 0,5 G.

7.55 Um fio reto, condutor de uma corrente de 3,41 A, está posicionado formando um ângulo de 10,0° com a horizontal, entre os polos das extremidades de um ímã que produz um campo de 0,220 T orientado para cima. Os polos têm 10,0 cm de diâmetro cada um. A força magnética faz com que o fio se mova para fora do espaço entre os polos. Qual é o módulo dessa força?

7.56 Um elétron se move a $v = 6{,}00 \cdot 10^7$ m/s perpendicularmente ao campo magnético terrestre. Se a intensidade do campo for de $0{,}500 \cdot 10^{-4}$ T, qual será o raio da trajetória circular do elétron?

7.57 Um fio reto, por onde passa uma corrente constante, desloca-se através do campo magnético terrestre, em uma localidade onde sua intensidade é de 0,43 G. Quanto vale a corrente mínima no fio a fim de que 10,0 cm de comprimento do mesmo experimente uma força de 1,0 N?

7.58 Uma bola de alumínio pequena de 5 g de massa e 15 C de carga move-se para o norte a 3.000 m/s. Você deseja que a bola descreva um círculo horizontal de 2 m de raio, em sentido horário quando visto de cima. Ignorando a gravidade, qual é a intensidade e a orientação do campo magnético que deve ser aplicado à bola de alumínio a fim de fazê-la descrever tal movimento?

7.59 O seletor de velocidade descrito no Problema Resolvido 7.2 é usado em uma variedade de aparelhos para produzir um feixe de partículas carregadas de velocidade uniforme. Suponha que os campos de tal seletor sejam dados por $\vec{E} = (1{,}00 \cdot 10^4 \text{ V/m})\hat{x}$ e $\vec{B} = (50{,}0 \text{ mT})\hat{y}$. Determine a velocidade na direção *z* com a qual uma partícula carregada pode atravessar o seletor sem ser desviada.

7.60 Uma bobina cilíndrica com 10 cm de raio possui 100 espiras e conduz uma corrente $i = 100$ mA. Ela é livre para girar em uma região onde existe um campo magnético constante e horizontal dado por $\vec{B} = (0{,}01 \text{ T})\hat{x}$. Se o vetor unitário normal ao plano de uma espira da bobina formar um ângulo de 30° com a horizontal, qual será o módulo do torque exercido sobre a bobina?

7.61 Em $t = 0$, um elétron atravessa o semieixo *y* positivo (correspondente portanto a $x = 0$) a 60 cm da origem, com velocidade de $2 \cdot 10^5$ m/s no sentido positivo do eixo *x*. Ele se encontra em um campo magnético uniforme.

a) Determine a intensidade e a orientação do campo magnético que faz o elétron atravessar o eixo *x* em $x = 60$ cm.

b) Que trabalho é realizado sobre o elétron durante este movimento?

c) Quanto tempo dura o deslocamento do eixo *y* para o eixo *x*?

•**7.62** Uma bateria de 12 V é ligada a um resistor de 3 Ω em uma espira retangular rígida medindo 3 m por 1 m. Como mostra a figura, um comprimento $\ell = 1{,}00$ m de

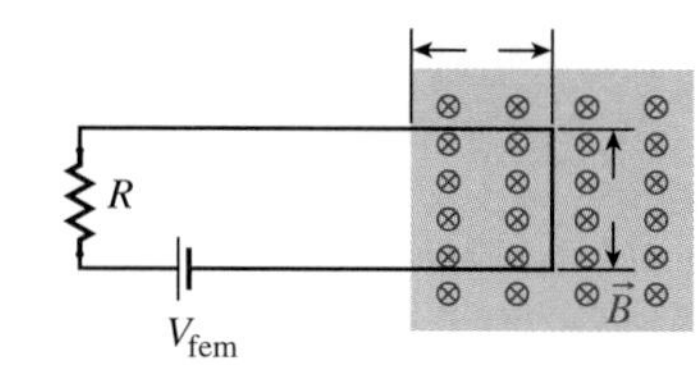

fio na extremidade da espira estende-se a uma região de 2 m por 2 m onde existe um campo magnético de 5 T de intensidade, orientado para dentro da página. Qual é a força resultante sobre a espira?

7.63 Uma partícula alfa ($m = 6{,}6 \cdot 10^{-27}$ kg, $q = +2e$) é acelerada por uma diferença de potencial de 2.700 V e se move em um plano perpendicular a um campo magnético constante de 0,340 T de intensidade, que curva a trajetória da partícula alfa. Determine o raio de curvatura e o período de revolução.

• **7.64** Em certa região, o campo elétrico próximo à superfície terrestre é dado por $\vec{E} = (-150.\ \text{N/C})\hat{z}$, enquanto o campo magnético do planeta é dado por $\vec{B} = (50{,}0\ \mu\text{T})\hat{r}_N - (20{,}0\ \mu\text{T})\hat{z}$, onde $\hat{z}$ é um vetor unitário orientado verticalmente para cima e $\hat{r}_N$ é um vetor unitário horizontal que aponta para o norte. Que velocidade, $\vec{v}$, permitirá que um elétron se mova em linha reta, com velocidade constante, nesta região?

• **7.65** Um detector de vazamento de hélio usa um espectômetro de massa para detectar vazamentos de hélio minúsculos em uma câmara a vácuo. A câmara é evacuada por uma bomba a vácuo e depois hélio gasoso é borrifado pelo lado de fora. Se existir algum vazamento, moléculas de hélio entrarão na câmara pelo vazamento, enquanto ela é checada com o detector de vazamento. Em um espectômetro, os íons de hélio são acelerados e liberados dentro de um tubo, onde seus movimentos serão perpendiculares a um campo magnético aplicado, $\vec{B}$, descrevendo uma órbita circular de raio r e, então, se chocam com o detector. Estime a velocidade necessária se o raio da órbita desses íons não pode ser maior do que 5 cm, o campo magnético for de 0,15 T e massa de um átomo de hélio-4 ionizado uma vez (com um elétron a menos do o átomo normal). Por qual fator a velocidade necessária mudará se átomos de hélio-3, com cerca de $\frac{3}{4}$ da massa de um átomo de hélio-4, forem usados?

• **7.66** Em seu laboratório, você prepara um experimento com um canhão de elétrons que emite elétrons com energias de 7,5 keV em direção a um alvo atômico. Que desvio (módulo e orientação) produz o campo magnético terrestre (de 0,30 G) no feixe de elétrons se este for inicialmente direcionado para leste e percorre 1 m de distância desde o canhão até o alvo? (*Dica*: calcule primeiro o raio de curvatura e depois determine qual será o afastamento do elétron em relação a uma linha reta após ter percorrido 1 m.)

• **7.67** Um próton entra na região entre as duas placas mostradas na figura, movendo ao longo do eixo x com uma velocidade $v = 1{,}35 \cdot 10^6$ m/s. O potencial na placa superior é de 200 V, enquanto na placa inferior ele vale 0 V. Qual é a orientação e a intensidade do campo magnético, $\vec{B}$, entre as placas necessárias para que o próton prossiga seu movimento em linha reta ao longo do eixo x?

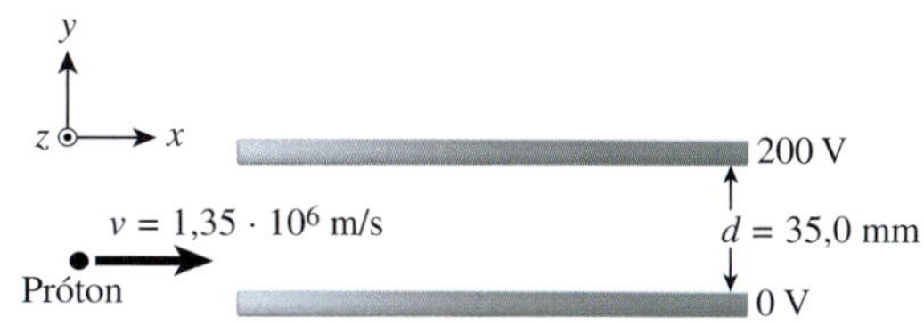

• **7.68** Um elétron que se move com uma velocidade constante, $\vec{v} = v_0\hat{x}$, entra em uma região espacial onde existe um campo magnético. Este, $\vec{B}$, é constante e orientado de acordo com o eixo z. Qual é o módulo e qual a orientação da força magnética exercida sobre o elétron? Se a largura da região onde existe o campo magnético for d, qual será a velocidade mínima que o elétron deve ter a fim de escapar da região?

• **7.69** Uma bobina formada por 30 espiras quadradas de 0,250 kg de massa e lados de comprimento igual a 0,200 m é presa por uma dobradiça por um dos lados horizontais e conduz uma corrente de 5,00 A. Ela é localizada em um campo magnético orientado verticalmente para baixo e com intensidade de 0,00500 T. Determine o ângulo que o plano das espiras forma com a vertical quando a bobina está em equilíbrio. Use $g = 9{,}81$ m/s^2.

• **7.70** Uma pedaço de fio em forma de um semicírculo de raio R encontra-se sobre o plano xy, com o centro localizado na origem. Ele conduz uma corrente, i, em sentido anti-horário, desde $x = -R$ até $x = +R$. Um campo magnético, $\vec{B}$, está orientado para fora do plano, paralelo ao eixo z. Determine a força resultante sobre o pedaço de fio.

• **7.71** Um próton que se move com velocidade $v = 1{,}0 \cdot 10^6$ m/s entra em uma região do espaço onde existe um campo magnético dado por $\vec{B} = (-0{,}5\ \text{T})\,\hat{z}$. TO vetor velocidade do próton forma um ângulo de 60° com respeito ao semieixo z positivo.

a) Analise o movimento do próton e descreva sua trajetória (em termos qualitativos apenas).

b) Determine o raio, r, da projeção da trajetória sobre um plano perpendicular ao campo magnético (o plano xy).

c) Determine o período, T, e a frequência, f, do movimento neste plano.

d) Determine a extensão do movimento do próton na direção do campo magnético durante 1 período.

8 Campos Magnéticos Produzidos por Cargas em Movimento

Figura 8.1 Ímãs grandes que podem ser usados para erguer grandes objetos metálicos.

O QUE APRENDEREMOS

- Cargas em movimento (correntes) produzem campos magnéticos.
- O campo magnético produzido por uma corrente fluindo em um fio longo e reto varia inversamente com a distância em relação ao fio.
- Dois fios paralelos condutores de correntes de mesmo sentido se atraem. E dois fios paralelos condutores de correntes de sentidos opostos se repelem.
- A Lei de Ampère é usada para calcular o campo magnético criado por determinadas distribuições de corrente simétricas, da mesma forma como a lei de Gauss é útil para se calcular os campos elétricos em situações onde existe simetria na distribuição de carga envolvida.
- O campo magnético dentro de um fio reto e longo varia linearmente com a distância em relação ao centro do fio.
- Um solenoide é um eletroímã que pode ser usado para produzir um campo magnético constante em um grande volume.
- Alguns átomos podem ser concebidos como pequenos ímãs criados pelos movimentos de elétrons no interior do átomo.
- Materiais podem exibir três tipos de magnetismo: diamagnetismo, paramagnetismo e ferromagnetismo.
- Ímãs supercondutores podem ser usados para produzir campos magnéticos muito intensos.

Ímãs grandes, como o mostrado na Figura 8.1, são usados em muitas instalações industriais para movimentar grandes objetos metálicos. Todavia, tais ímãs não podem ser ímãs permanentes, e sim eletroímãs que podem ser ligados e desligados. Porém, o que é um eletroímã? No Capítulo 7, vimos que um campo magnético é capaz de afetar a trajetória de uma partícula carregada ou o fluxo de uma corrente. Neste capítulo, consideraremos campos magnéticos *produzidos* por correntes elétricas. Toda partícula carregada, se estiver em movimento, gera um campo magnético próprio. Campos magnéticos diversos são produzidos por diferentes distribuições de corrente. Os poderosos eletroímãs usados na indústria, em pesquisas de física e outras aplicações são fundamentalmente solenoides – bobinas condutoras de corrente com centenas ou milhares de espiras. Neste capítulo, veremos por que os solenoides produzem campos magnéticos especialmente úteis, e no próximo capítulo examinaremos alguns fenômenos importantes causados pelo movimento de uma bobina em um campo magnético.

O Capítulo 7 introduziu campos magnéticos e linhas de campo magnético por meio da maneira como se orienta uma agulha imantada próximo a um ímã permanente em barra. Em uma demonstração semelhante, uma corrente intensa passa por um fio (reto e muito comprido, com ou sem isolamento). Se uma agulha imantada for, então, aproximada do fio, ela espontaneamente se orientará em relação ao fio da maneira mostrada na Figura 8.2. Essa observação foi feita pela primeira vez por Hans Oersted (1777-1851), em 1819, enquanto ele realizava uma demonstração para estudantes durante uma aula. Nós concluímos que a corrente no fio produz um campo magnético. Uma vez que a orientação da agulha imantada indica a orientação do campo magnético, primeiro concluímos que as linhas de campo magnético formam círculos ao redor do fio condutor de corrente. Observe a diferença entre as partes (a) e (b) da Figura 8.2: quando o sentido da corrente é invertido, o mesmo ocorre com a orientação da agulha. Embora a figura não ilustre isso, se a agulha imantada for progressivamente afastada do fio, ela terminará por se orientar com o campo magnético terrestre. Isso indica que o campo magnético produzido pelo fio torna-se cada vez menos intenso com o aumento da distância em relação ao fio.

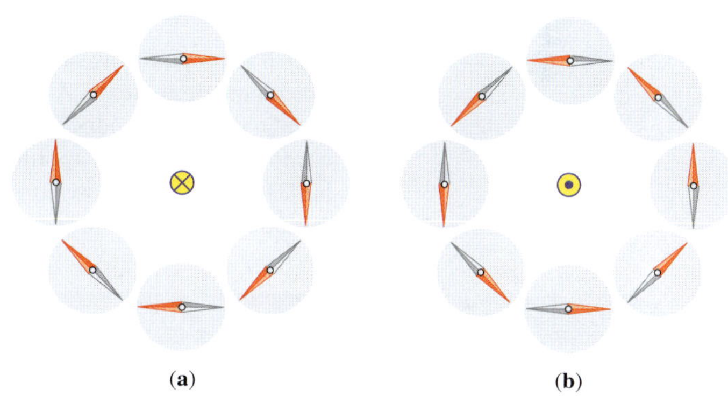

Figura 8.2 O fio (círculo amarelo) conduz uma corrente: (a) para dentro da página (indicado por uma cruz); (b) para fora da página (indicado pelo ponto). A orientação de uma agulha imantada colocada próximo ao fio é ilustrada em diferentes posições ao redor do fio.

8.1 A Lei de Biot-Savart

No Capítulo 7, vimos que os campos magnéticos são capazes de alterar a trajetória de partículas carregadas em movimento. Todavia, experimentos mostram que essa interação funciona em sentido inverso: cargas em movimento geram campos magnéticos. Como podemos determinar o campo magnético produzido por uma carga em movimento?

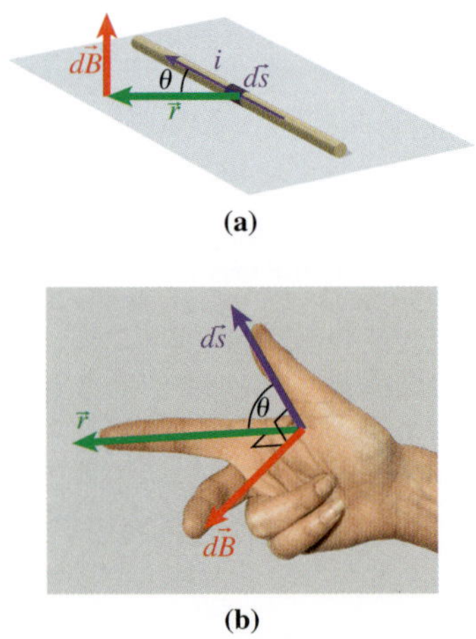

Figura 8.3 (a) Ilustração tridimensional da lei de Biot-Savart. O campo magnético infinitesimal é perpendicular tanto ao elemento infinitesimal de corrente e ao vetor posição. (b) 1 ªRegra da mão direita aplicada às grandezas envolvidas na lei de Biot-Savart.

Para descrever o campo elétrico em termos da carga elétrica, mostramos que (veja o Capítulo 2):

$$dE = \frac{1}{4\pi\epsilon_0}\frac{|dq|}{r^2},$$

onde dq é um elemento infinitesimal de carga. O campo elétrico produzido tem direção radial (para dentro ou para fora da carga elétrica, dependendo do sinal da mesma), de modo que

$$d\vec{E} = \frac{1}{4\pi\epsilon_0}\frac{dq}{r^3}\vec{r} = \frac{1}{4\pi\epsilon_0}\frac{dq}{r^2}\hat{r}.$$

A situação é ligeiramente mais complicada no caso de um campo magnético porque um elemento infinitesimal de corrente, $i\,d\vec{s}$, produtor do campo magnético, possui uma orientação, em contraste com uma carga puntiforme produtora de um campo elétrico. Como resultado de uma longa série de experimentos envolvendo testes semelhantes ao ilustrado na Figura 8.2, realizados nas primeiras décadas do século XIX, os cientistas franceses Jean-Baptiste Biot (1774-1862) e Felix Savart (1791-1841) estabeleceram que o campo magnético produzido por um elemento infinitesimal de corrente, $i\,d\vec{s}$, é dado por

$$d\vec{B} = \frac{\mu_0}{4\pi}\frac{i\,d\vec{s}\times\vec{r}}{r^3} = \frac{\mu_0}{4\pi}\frac{i\,d\vec{s}\times\hat{r}}{r^2}. \tag{8.1}$$

Aqui, $d\vec{s}$ é um vetor de comprimento infinitesimal ds orientado com o fluxo de corrente no condutor, e $\vec{r}$ é o vetor posição medido *do* elemento de corrente *ao* ponto em que o campo deve ser determinado. A Figura 8.3 ilustra a situação física descrita por esta fórmula, que é chamada de **lei de Biot-Savart**.

A constante μ_0 da equação 8.1 é denominada **permeabilidade magnética do vácuo** e vale

$$\mu_0 = 4\pi\cdot 10^{-7}\ \frac{\text{T m}}{\text{A}}. \tag{8.2}$$

Da equação 8.1 e da Figura 8.3, você pode verificar que a orientação do campo magnético produzido pelo elemento de corrente é perpendicular tanto ao vetor posição quanto ao elemento de corrente, $i\,d\vec{s}$. O módulo do campo magnético é dado por

$$dB = \frac{\mu_0}{4\pi}\frac{i\,ds\,\text{sen}\,\theta}{r^2}, \tag{8.3}$$

onde θ (com possíveis valores entre 0° e 180°) é o ângulo entre a orientação do vetor posição e o elemento de corrente. A orientação do campo magnético é dada por uma variante da 1ª regra da mão direita, introduzida no Capítulo 7. Para determinar a orientação do campo magnético usando a mão direita, aponte seu polegar paralelamente ao elemento de corrente e seu dedo indicador paralelamente ao vetor posição; com isso, seu dedo médio indicará a orientação do campo magnético infinitesimal correspondente.

8.2 Campos magnéticos devido a distribuições de corrente

No Capítulo 7, fizemos uso do princípio da superposição para campos magnéticos. Usando este princípio, podemos calcular o campo magnético em qualquer ponto do espaço como a soma vetorial dos campos magnéticos infinitesimais descritos pela lei de Biot-Savart. Esta seção aborda campos magnéticos gerados pelas configurações mais comuns de fios condutores de corrente.

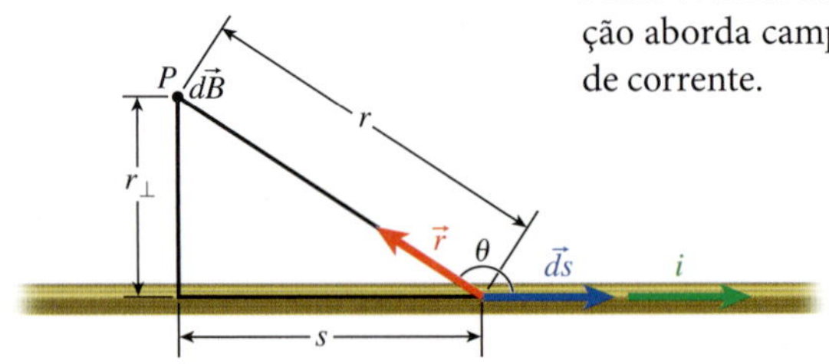

Figura 8.4 Campo magnético produzido por um fio reto e comprido condutor de uma corrente.

Campo magnético produzido por um fio reto e longo

Vamos primeiro examinar o campo magnético produzido por um fio reto, infinitamente longo e condutor de uma corrente, *i*. Consideremos o campo magnético infinitesimal, $d\vec{B}$, em um ponto P do espaço a uma distância $r_\perp$ perpendicular ao fio (Figura 8.4). A intensidade de campo naquele ponto, dB, devido ao elemento infinitesimal de corrente ids é dado pela equação

8.3, e a orientação do campo é dada pelo termo $d\vec{s} \times \vec{r}$, apontando para fora da página. Para obter o campo magnético produzido pelo fio inteiro, nós determinamos o campo magnético produzido pela metade direita do fio e multiplicamos o resultado por 2. Assim, a intensidade do campo magnético a uma distância $r_\perp$ perpendicular ao fio é dada por

$$B = 2\int_0^\infty dB = 2\int_0^\infty \frac{\mu_0}{4\pi}\frac{i\,ds\,\text{sen}\,\theta}{r^2} = \frac{\mu_0 i}{2\pi}\int_0^\infty \frac{ds\,\text{sen}\,\theta}{r^2}.$$

Podemos relacionar r e θ a $r_\perp$ e s (r, s e θ) por $r = \sqrt{s^2 + r_\perp^2}$ e $\text{sen}\,\theta = \text{sen}(\pi - \theta) = r_\perp / \sqrt{s^2 + r_\perp^2}$ (veja a Figura 8.4). Substituindo r e sen θ na expressão anterior para B, obtemos

$$B = \frac{\mu_0 i}{2\pi}\int_0^\infty \frac{r_\perp\, ds}{(s^2 + r_\perp^2)^{3/2}}.$$

Calculando a integral definida, encontramos

$$B = \frac{\mu_0 i}{2\pi}\left[\frac{1}{r_\perp^2}\frac{r_\perp s}{(s^2 + r_\perp^2)^{1/2}}\right]_0^\infty = \frac{\mu_0 i}{2\pi r_\perp}\left[\frac{s}{(s^2 + r_\perp^2)^{1/2}}\right]_{s\to\infty} - 0.$$

Para $s \gg r_\perp$, o termo entre colchetes tende a 1. Portanto, a intensidade do campo magnético a uma distância $r_\perp$ perpendicular a um fio reto, infinitamente longo e condutor de uma corrente, i, é

$$B = \frac{\mu_0 i}{2\pi r_\perp}. \tag{8.4}$$

A orientação do campo magnético em um ponto qualquer é obtida com a aplicação da 1ª regra da mão direita para o elemento de corrente e o vetor posição ilustrado na Figura 8.4. Se você agarrar o fio com a mão direita de modo que seu polegar fique paralelo à corrente, os dedos da palma da mão direita estarão dobrados ao redor do fio no sentido do campo magnético (Figura 8.5).

Olhando-se ao longo de um fio condutor de corrente, observaríamos que as linhas de campo magnético formam círculos concêntricos (Figura 8.6). Note, a partir da distância entre linhas de campo adjacentes, que o campo é mais intenso próximo ao fio e diminui com o aumento da distância proporcionalmente a $1/r_\perp$, como indicado pela equação 8.4.

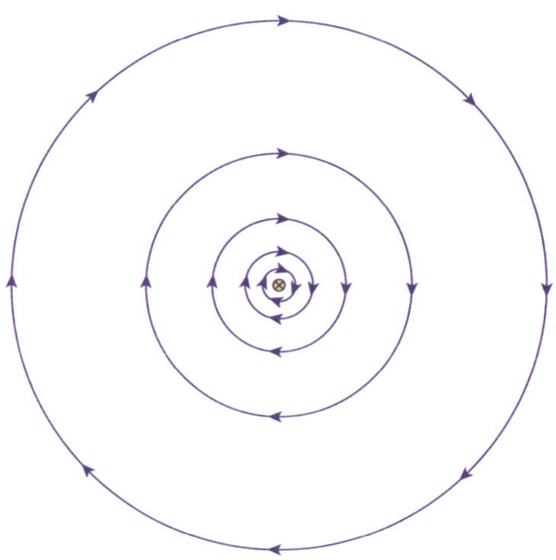

Figura 8.6 Linhas de campo magnético ao redor de um fio reto e longo (círculo amarelo central) condutor de uma corrente perpendicular à página e para fora dela, simbolizado pela cruz.

8.3 Exercícios de sala de aula

Pelo fio 1, flui uma corrente para fora da página, i, como ilustrado na figura. Pelo fio 2, flui uma corrente para dentro da página, i_{entrando}. Qual é a orientação do campo magnético no ponto P?

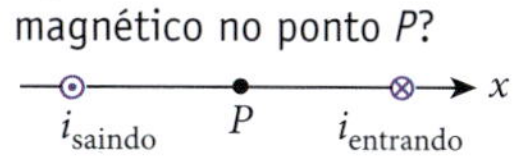

a) Para o topo da página.

b) Para a direita.

c) Para a base da página.

d) Para a esquerda.

e) No ponto P, o campo magnético é nulo.

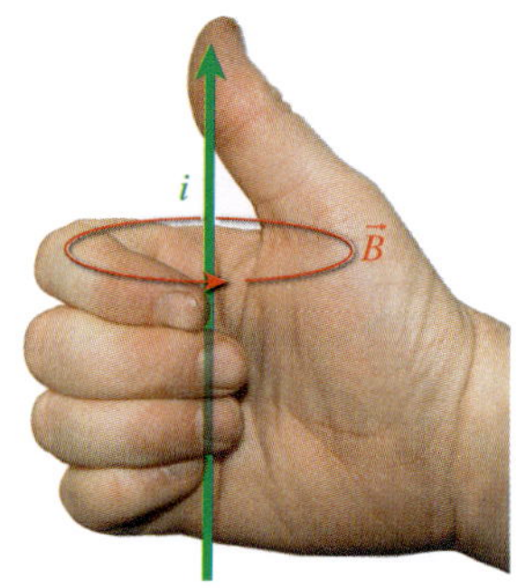

Figura 8.5 3ª regra da mão direita para o campo magnético produzido por fio condutor de corrente.

8.1 Exercícios de sala de aula

Um fio conduz uma corrente, i, orientada para dentro da página, como ilustra a figura. Qual é a orientação do campo magnético nos pontos P e Q?

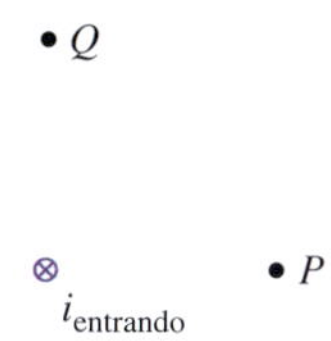

a) Para a direita em P, e para cima (para o topo da página) em Q.

b) Para cima em P, e para a direita em Q.

c) Para baixo em P, e para a direita em Q.

d) para cima em P, e para a esquerda em Q.

8.2 Exercícios de sala de aula

Considere que um relâmpago possa ser modelado como uma corrente em linha reta e muito comprida. Se 15,0 C de carga passar por um ponto durante $1{,}50 \cdot 10^{-3}$ s, qual será a intensidade do campo magnético a uma distância de 26,0 m perpendicular ao raio?

a) $7{,}69 \cdot 10^{-5}$ T

b) $9{,}22 \cdot 10^{-3}$ T

c) $4{,}21 \cdot 10^{-2}$ T

d) $1{,}11 \cdot 10^{-1}$ T

e) $2{,}22 \cdot 10^{2}$ T

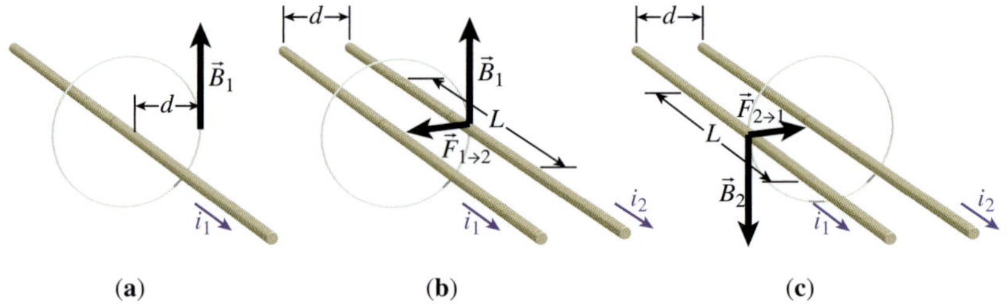

Figura 8.7 (a) Campo magnético produzido por um fio condutor de uma corrente. (b) Campo magnético produzido pela corrente de um fio exercendo uma força magnética sobre um outro fio condutor de uma corrente. (c) Campo magnético produzido pela corrente do segundo fio exercendo uma força magnética sobre o primeiro fio condutor de corrente.

8.4 Exercícios de sala de aula

Na Figura 8.2, agulhas imantadas revelam o campo magnético ao redor de um fio condutor de uma corrente. Na figura, a extremidade virada para o norte da agulha imantada corresponde à

a) extremidade vermelha.

b) extremidade azul-claro.

c) extremidade vermelha ou à extremidade azul-claro, dependendo de como a agulha imantada é movimentada em direção do fio.

d) A extremidade não pode ser identificada a partir da informação contida na figura.

8.1 Pausa para teste

O fio da figura conduz uma corrente i no sentido positivo do eixo z. Qual é a orientação do campo magnético no ponto P_1? Qual é a orientação do campo magnético resultante no ponto P_2?

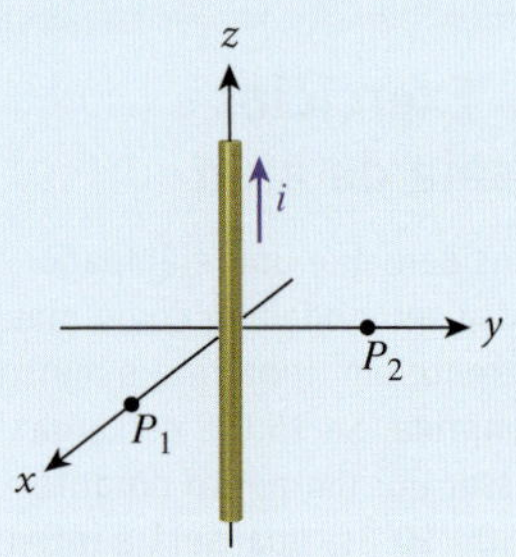

8.2 Pausa para teste

Considere dois fios paralelos conduzindo uma mesma corrente em sentidos opostos. A força entre os fios é atrativa ou repulsiva? Agora considere dois fios paralelos conduzindo uma corrente em sentidos opostos. Qual é a força entre os dois fios?

Dois fios paralelos

Vamos agora examinar o caso em que dois fios paralelos conduzem corrente. Os dois fios exercem forças magnéticas um sobre o outro porque o campo magnético produzido por um deles exerce uma força sobre as cargas em movimento do outro fio. A intensidade do campo magnético produzido por um fio condutor de corrente é dada pela equação 8.4. O campo magnético sempre é perpendicular ao fio, com a orientação indicada pela 3ª regra da mão direita (Figura 8.5).

Vamos considerar primeiro que o fio 1 conduza uma corrente, i_1, para a direita, como mostrado na Figura 8.7a. A intensidade do campo magnético a uma distância d perpendicular do fio 1 é

$$B_1 = \frac{\mu_0 i_1}{2\pi d}. \tag{8.5}$$

O sentido de $\vec{B}_1$ é dado pela 3ª regra da mão direita e é ilustrado para um ponto particular na Figura 8.7a.

Agora consideremos que o fio 2 conduza uma corrente i_2 de mesmo sentido que i_1, e que o fio 1 seja paralelo e localizado a uma distância d do outro (Figura 8.7b). O campo magnético produzido pelo fio 1 exerce uma força magnética sobre as cargas em movimento da corrente que flui pelo fio 2. No Capítulo 7, vimos que a força magnética sobre um fio condutor de corrente é dada por

$$\vec{F} = i\vec{L} \times \vec{B}.$$

O módulo da força magnética sobre um comprimento L do fio 2 é, então,

$$F = iLB \text{ sen } \theta = i_1 LB_1, \tag{8.6}$$

porque $\vec{B}_1$ é perpendicular ao fio 2 e, portanto, $\theta = 90°$. Substituindo B_1 dado pela equação 8.5 na equação 8.6, obtemos o módulo da força exercida pelo fio 1 sobre um comprimento L do fio 2:

$$F_{1\to2} = i_2 L\left(\frac{\mu_0 i_1}{2\pi d}\right) = \frac{\mu_0 i_1 i_2 L}{2\pi d}. \tag{8.7}$$

De acordo com a 1ª regra da mão direita, $\vec{F}_{1\to2}$ aponta para o fio 1 e é perpendicular a ambos os fios. Um cálculo análogo nos permite deduzir que a força do fio 2 sobre um comprimento L do fio 1 tem o mesmo módulo, porém sentido oposto: $\vec{F}_{2\to1} = -\vec{F}_{1\to2}$. Este resultado é mostrado na Figura 8.7c e é uma simples consequência da terceira lei de Newton.

8.5 Exercícios de sala de aula

Dois fios paralelos estão próximos um do outro, como ilustrado na figura. O fio 1 conduz uma corrente i, enquanto o fio 2 conduz uma corrente $2i$. Qual das afirmativas a respeito das forças magnéticas que eles exercem um sobre o outro é correta?

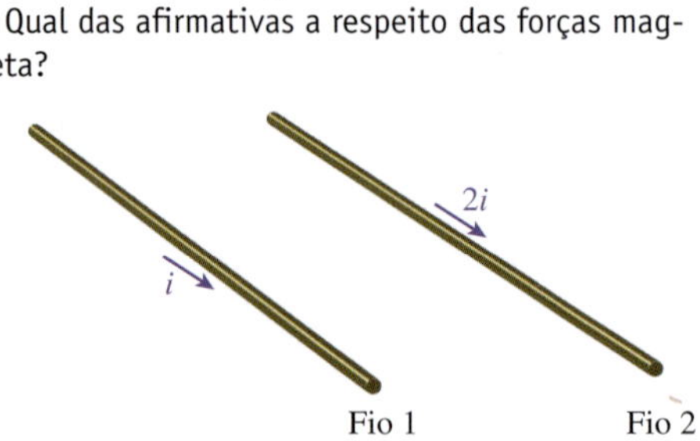

a) Os dois fios não exercem forças um sobre o outro.

b) Os dois fios exercem forças atrativas um sobre o outro.

c) Os dois fios exercem forças repulsivas um sobre o outro.

d) O fio 1 exerce uma força maior sobre o fio 2 do que este exerce sobre o fio 1.

e) O fio exerce uma força maior sobre o fio 1 do que este exerce sobre o fio 2.

A definição do ampère

A força $F_{1\to 2}$ descrita pela equação 8.7 é usada para definir a unidade do SI de corrente, o ampère. Um ampère (A) é a corrente constante que, se mantida em dois fios condutores retos, paralelos, de comprimento infinito e de seção transversal circular desprezível, localizados em vácuo e distantes 1 m um do outro produz uma força de $2 \cdot 10^{-7}$ N por metro de comprimento entre estes condutores. Esta situação física é descrita pela equação 8.7 para a força entre dois fios paralelos condutores de correntes $i_1 = i_2 = 1$ A, $d = 1$ m e $F_{1\to 2} = 2 \cdot 10^{-7}$ N. Podemos isolar μ_0 nesta equação:

$$\mu_0 = \frac{(2\pi d)F_{1\to 2}}{i_1 i_2 L} = \frac{2\pi(1\text{ m})(2\cdot 10^{-7}\text{ N})}{(1\text{ A})(1\text{ A})(1\text{ m})} = 4\pi\cdot 10^{-7}\ \frac{\text{T m}}{\text{A}},$$

isso indica que a permeabilidade magnética do vácuo é *definida* exatamente como $\mu_0 = 4\pi \cdot 10^{-7}$ T m/A (veja a equação 8.2).

No Capítulo 1, quando foi introduzida a lei de Coulomb, o valor da permissividade elétrica do vácuo, ϵ_0, foi dado: $\epsilon_0 = 8{,}85 \cdot 10^{-12}\ \text{C}^2/(\text{N m}^2)$. Uma vez que 1 A = 1 C/s e que 1 T = (N s)/(C m) (consulte o Capítulo 7), o produto das duas constantes ϵ_0 e μ_0 é

$$\mu_0\epsilon_0 = \left(4\pi\cdot 10^{-7}\ \frac{\text{T m}}{\text{A}}\right)\left(8{,}85\cdot 10^{-12}\ \frac{\text{C}^2}{\text{N m}^2}\right) = 1{,}11\cdot 10^{-17}\ \frac{\text{s}^2}{\text{m}^2},$$

que possui unidades do inverso do quadrado de uma velocidade. Assim, $1/\sqrt{\mu_0\epsilon_0}$ fornece o valor desta velocidade que é igual ao da velocidade da luz, $c = 3 \cdot 10^8$ m/s. Isso não é uma simples coincidência, como veremos no próximo capítulo. Por ora, é suficiente estabelecer a descoberta empírica:

$$c = \frac{1}{\sqrt{\mu_0\epsilon_0}}.$$

Uma vez que a permeabilidade magnética do vácuo é definida como $\mu_0 = 4\pi \cdot 10^{-7}$ T m/A e o módulo da velocidade da luz é $c = 299.792.428$ m/s, a expressão $c = 1/\sqrt{\mu_0\epsilon_0}$ também fixa o valor da permissividade elétrica do vácuo.

EXEMPLO 8.1 Força sobre uma espira

Um fio reto e longo, conduzindo uma corrente de intensidade $i_1 = 5{,}00$ A para a direita (Figura 8.8). Uma espira quadrada com lados de comprimento $a = 0{,}250$ m é localizada com os lados paralelos e perpendiculares ao fio a uma distância $d = 0{,}100$ m do fio. A espira quadrada conduz uma corrente de valor $i_2 = 2{,}20$ A no sentido anti-horário.

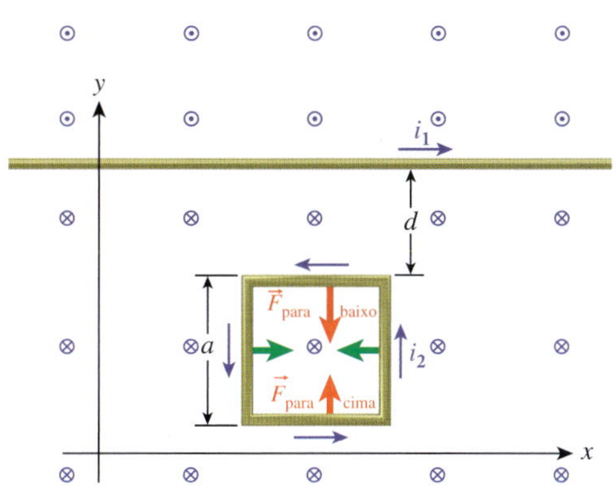

Figura 8.8 Um fio condutor de corrente e uma espira quadrada.

PROBLEMA

Qual é a força magnética resultante sobre a espira quadrada?

SOLUÇÃO

A força sobre a espira quadrada deve-se ao campo magnético produzido pela corrente no fio reto. A 3ª regra da mão direita nos diz que o campo magnético produzido por uma corrente fluindo em um fio é orientada para dentro da página na região onde a espira está localizada (veja a Figura 8.8). A regra da mão direita e a equação 8.4 significam que a força resultante sobre o lado esquerdo da espira está orientada para a direita, enquanto a força sobre o lado direito da espira está para a esquerda. Na Figura 8.8, essas duas forças são representadas por setas verdes. As duas possuem o mesmo módulo, mas sentidos opostos, de modo que sua soma é nula. A força sobre o lado superior da espira é orientada para baixo (a seta vermelha da Figura 8.8, apontando no sentido negativo do eixo y), e seu módulo é dado pela equação 8.7:

$$F_{\text{para baixo}} = \frac{\mu_0 i_1 i_2 a}{2\pi d},$$

Continua →

onde a é o comprimento do lado superior da espira. A força sobre o lado inferior da espira aponta para cima (a outra seta vermelha da Figura 8.8, orientada segundo o eixo y), e seu módulo é dado por

$$F_{\text{para cima}} = \frac{\mu_0 i_1 i_2 a}{2\pi(d+a)}.$$

Assim, podemos expressar a força magnética resultante sobre a espira como

$$\vec{F} = (F_{\text{para cima}} - F_{\text{para baixo}})\hat{y}.$$

Substituindo os valores numéricos fornecidos, obtemos

$$\vec{F} = \frac{(4\pi \cdot 10^{-7}\ \text{T m/A})(5{,}00\ \text{A})(2{,}20\ \text{A})(0{,}250\ \text{m})}{2\pi}\left(\frac{1}{0{,}350\ \text{m}} - \frac{1}{0{,}100\ \text{m}}\right)\hat{y} = (-3{,}93 \cdot 10^{-6})\,\hat{y}\ \text{N}.$$

8.6 Exercícios de sala de aula

Um fio conduz uma corrente, i, no sentido positivo do eixo y, como mostrado na figura. O fio está localizado em um campo magnético uniforme, $\vec{B}$, orientado de tal maneira que a força magnética sobre o fio é máxima. A força magnética exercida sobre o fio, $\vec{F}_B$, tem sentido contrário ao do eixo x. Qual é a orientação do campo magnético?

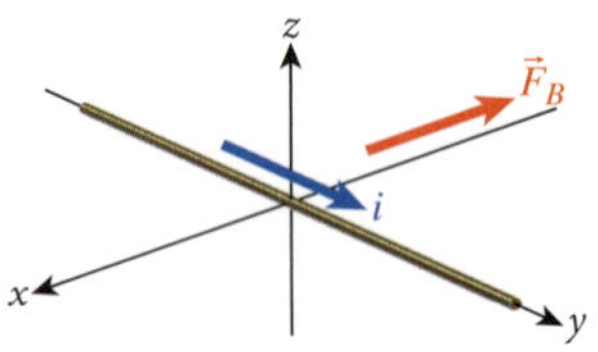

a) No sentido positivo do eixo x.

b) No sentido negativo do eixo x.

c) No sentido negativo do eixo y.

d) No sentido positivo do eixo z.

e) No sentido negativo do eixo z.

Figura 8.9 Trilho do canhão da marinha norte-americana.

PROBLEMA RESOLVIDO 8.1 Trilho acelerador eletromagnético

Trilhos aceleradores eletromagnéticos estão sendo estudados com o propósito de acelerar pastilhas de combustível em experimentos de fusão e de lançar espaçonave em órbita. A marinha norte-americana está experimentando trilhos aceleradores eletromagnéticos que lançam projéteis a velocidades muito altas, como o canhão mostrado na Figura 8.9. Este canhão opera por meio da condução de uma corrente em dois trilhos condutores paralelos ligados um ao outro por um condutor móvel perpendicular aos trilhos. O projétil é preso ao condutor móvel. Neste exemplo, vamos considerar que o canhão seja formado por dois trilhos paralelos com seções transversais de raio r = 5,00 cm, com os centros separados um do outro por uma distância d = 25,0 cm, sendo L = 5,00 m o comprimento dos trilhos, e que ele acelere o projétil até uma energia cinética K = 32,0 MJ. O projétil também faz o papel do condutor móvel.

PROBLEMA

Que corrente é necessária para acelerar o projétil?

SOLUÇÃO

PENSE

As correntes nos dois trilhos têm sentidos opostos. A corrente que flui pelo condutor móvel é perpendicular às duas correntes nos trilhos. Os campos magnéticos produzidos pelos dois trilhos têm o mesmo sentido e exercem forças de mesmo sentido sobre o condutor móvel. A força do campo magnético gerado por cada trilho depende da distância em relação ao trilho. Logo, para obter a força total, devemos integrar a força ao longo da distância entre os dois trilhos. A força magnética sobre o condutor móvel é o dobro da força magnética exercida pelo campo magnético de cada trilho. A energia cinética adquirida pelo projétil é igual ao produto da força total, exercida pelo campo magnético dos dois trilhos, pela distância ao longo da qual a força é exercida.

DESENHE

A Figura 8.10 mostra uma vista superior e um vista frontal do condutor móvel.

PESQUISE

O condutor móvel de corrente, que completa o circuito com os dois trilhos, é também o projétil, e é acelerado pelas forças magnéticas produzidas pelos dois trilhos. A força exercida sobre o projétil depende da distância, x, em relação ao centro de um trilho, como ilustrado na Figura 8.10b. Assim, para calcular a força total sobre o projétil, devemos integrar o campo magnético, B_1, da corrente i que flui no trilho 1 a uma distância x do centro do trilho:

$$B_1 = \frac{\mu_0 i}{2\pi x}.$$

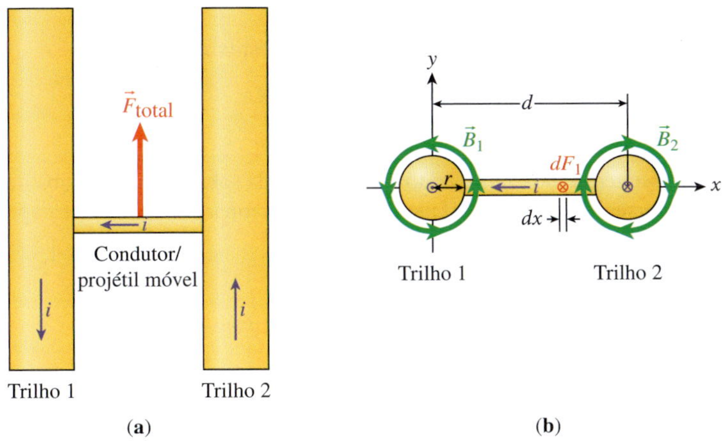

Figura 8.10 Diagrama esquemático do canhão magnético: (a) vista superior; (b) vista frontal.

De acordo com a equação 8.6, o módulo da força infinitesimal, dF_1, exercida pelo campo magnético do trilho 1 sobre um elemento infinitesimal de comprimento, dx, do projétil é

$$dF_1 = i(dx)B_1 = i(dx)\left(\frac{\mu_0 i}{2\pi x}\right).$$

A orientação da força é dada pela 3ª regra da mão direita, que nos diz que a força aponta para cima no plano da página na Figura 8.10a e para dentro da página na Figura 8.10b. O módulo da força sobre o projétil é dado pela integração de dF_1 ao longo do comprimento do projétil:

$$F_1 = \int_r^{d-r} dF_1 = \int_r^{d-r} \frac{\mu_0 i^2}{2\pi}\frac{dx}{x} = \frac{\mu_0 i^2}{2\pi}\left[\ln x\right]_r^{d-r} = \frac{\mu_0 i^2}{2\pi}\left(\ln(d-r) - \ln r\right) = \frac{\mu_0 i^2}{2\pi}\ln\left(\frac{d-r}{r}\right) \qquad \text{(i)}$$

Uma vez que o campo magnético do trilho 2 tem a mesma orientação do campo magnético do trilho 1, a força exercida sobre o projétil pelo campo magnético do trilho 2 é a mesma que a exercida pelo campo do trilho 1. Dessa forma, o módulo da força total exercida sobre o projétil é

$$F_{total} = 2F_1. \qquad \text{(ii)}$$

A energia cinética adquirida pelo projétil é igual (pelo teorema trabalho-energia cinética) ao módulo da força exercida multiplicado pela distância ao longo da qual a força é exercida:

$$K = F_{total}\,L. \qquad \text{(iii)}$$

SIMPLIFIQUE

Podemos combinar as equações (i), (ii) e (iii) para obter

$$K = 2F_1 L = 2\left[\frac{\mu_0 i^2}{2\pi}\ln\left(\frac{d-r}{r}\right)\right]L = \frac{\mu_0 L i^2}{\pi}\ln\left(\frac{d-r}{r}\right).$$

Isolando a corrente a partir desta equação, obtemos

$$i = \sqrt{\frac{K\pi}{\mu_0 L \ln\left(\dfrac{d-r}{r}\right)}}.$$

CALCULE

Substituindo os valores numéricos fornecidos, obtemos

$$i = \sqrt{\frac{K\pi}{\mu_0 L \ln\left(\dfrac{d-r}{r}\right)}} = \sqrt{\frac{\left(32{,}0\cdot 10^6\ \text{J}\right)\pi}{\left(4\pi\cdot 10^{-7}\ \dfrac{\text{T m}}{\text{A}}\right)(5{,}00\ \text{m})\ln\left(\dfrac{25{,}0\ \text{cm} - 5{,}00\ \text{cm}}{5{,}00\ \text{cm}}\right)}} = 3397287\ \text{A}.$$

Continua →

ARREDONDE

Apresentamos nosso resultado com três algarismos significativos:

$$i = 3{,}40 \cdot 10^6 \text{ A} = 3{,}40 \text{ MA}.$$

SOLUÇÃO ALTERNATIVA

Vamos avaliar nosso resultado examinando a força exercida sobre o projétil. Substituindo nosso resultado para a corrente na equação (i) para o módulo da força exercida pelo campo magnético do trilho 1, obtemos

$$F_1 = \frac{\mu_0 i^2}{2\pi}\ln\left(\frac{d-r}{r}\right) = \frac{\left(4\pi\cdot 10^{-7}\ \frac{\text{T m}}{\text{A}}\right)\left(3{,}15\cdot 10^6\ \text{A}\right)^2}{2\pi}\ln\left(\frac{25{,}0\text{ cm}-5{,}00\text{ cm}}{5{,}00\text{ cm}}\right) = 3{,}20\cdot 10^6\text{ N}.$$

Podemos aproximar o módulo desta força considerando que a força seja constante ao longo do condutor, e igual ao valor em $x = d/2$:

$$F_1 = i(d-2r)B = id\left(\frac{\mu_0 i(d-2r)}{2\pi\left(\frac{d}{2}\right)}\right) = \frac{\mu_0 i^2}{\pi}\frac{d-2r}{d}$$

$$= \frac{\left(4\pi\cdot 10^{-7}\ \frac{\text{T m}}{\text{A}}\right)\left(3{,}40\cdot 10^6\ \text{A}\right)^2}{\pi}\frac{\left[25{,}0\text{ cm}-2(5{,}00\text{ cm})\right]}{25{,}0\text{ cm}} = 2{,}77\cdot 10^6\text{ N}.$$

Este valor difere do nosso valor calculado para a força por um fator menor do que 2, o que é plausível. Todavia, para ter maior certeza, vamos calcular a energia cinética do projétil usando o valor calculado da força:

$$K = F_{\text{total}}\, L = 2F_1\, L = 2(3{,}20 \cdot 10^6 \text{ N})(5{,}00 \text{ m}) = 3{,}20 \cdot 10^6 \text{ J}.$$

Isso concorda com os 3,20 MJ calculados antes.

Note que, se a um projétil de massa $m = 5{,}00$ kg fosse dada uma energia cinética de 3,20 MJ a este projétil, sua velocidade seria

$$v = \sqrt{\frac{2K}{m}} = \sqrt{\frac{2\left(32{,}0\cdot 10^6\ \text{J}\right)}{5{,}00\text{ kg}}} = 3580\text{ m/s}.$$

O canhão magnético seria capaz de lançar um projétil com uma velocidade 10 vezes maior que a do som, muito maior do que a velocidade típica de uma bala, a cerca de 3 vezes a velocidade do som.

Campo magnético produzido por uma espira

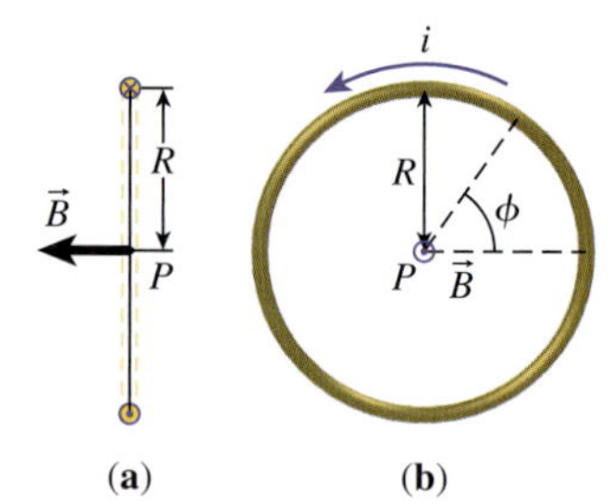

Figura 8.11 Uma espira circular de raio R conduz uma corrente i: (a) vista lateral; (b) vista frontal. A cruz no círculo amarelo superior indica que a corrente no topo entra na página, enquanto o ponto no círculo amarelo inferior significa que, na parte inferior, a corrente flui para fora da página. O ponto P está localizado no centro da espira.

Agora vamos determinar o campo magnético produzido no centro de uma espira circular condutora de uma corrente. A Figura 8.11a mostra uma seção transversal de uma espira circular de raio R, condutora de uma corrente i. Aplicando a equação 8.3, $dB = \mu_0 i\, ds \operatorname{sen}\theta/(4\pi r^2)$, a este caso, podemos ver que $r = R$ e $\theta = 90°$ para todo elemento de corrente ids da espira. Para a intensidade do campo magnético produzido por cada elemento de corrente, no centro da espira, obtemos

$$dB = \frac{\mu_0}{4\pi}\frac{i\,ds \operatorname{sen} 90°}{R^2} = \frac{\mu_0}{4\pi}\frac{i\,ds}{R^2}.$$

Ao longo da espira da Figura 8.11b, podemos relacionar o ângulo ϕ ao elemento de corrente por $ds = Rd\phi$, o que nos permite calcular a intensidade do campo magnético no centro da espira:

$$B = \int dB = \int_0^{2\pi}\frac{\mu_0}{4\pi}\frac{iR\,d\phi}{R^2} = \frac{\mu_0 i}{2R}. \tag{8.8}$$

Tenha em mente que a equação 8.8 fornece apenas o módulo do campo magnético no centro da espira, onde a intensidade é $B(r = 0) = \frac{1}{2}\,\mu_0 i/R$. Para determinar a orientação do campo magnético, usamos novamente uma variante da 1ª regra da mão direita. Usando sua mão direita, oriente seu polegar com o elemento de corrente (para dentro da página na metade superior do círculo da Figura 8.11a indicado por uma cruz), e seu dedo indicador com o vetor radial com origem no elemento de corrente (para baixo); seu dedo médio, então, apontará para a esquerda. Usando a 3ª regra da mão direita (Figura 8.5), podemos também concluir que a corrente mostrada na Figura 8.11 produz um campo magnético $\vec{B}$ orientado para a esquerda.

Agora vamos determinar o campo magnético produzido pela espira ao longo do eixo de simetria dela, porém fora do centro (Figura 8.12). Escolhemos o sistema de coordenadas com o eixo x ao longo do eixo de simetria da espira, com o centro da espira localizada em $x = y = z = 0$. O vetor radial $\vec{r}$ corresponde ao vetor posição de um ponto qualquer do eixo x onde se encontra um elemento de corrente, $i\,d\vec{s}$, ao longo da espira. O elemento de corrente ilustrado na Figura 8.12 está orientado no sentido negativo do eixo z. O vetor radial $\vec{r}$ situa-se no plano xy e, assim, é perpendicular ao elemento de corrente. Esta situação é idêntica para qualquer elemento de corrente da espira. Portanto, podemos empregar a equação 8.3, com $\theta = 90°$, e obtemos uma expressão para a intensidade do campo magnético infinitesimal em um ponto qualquer do eixo x:

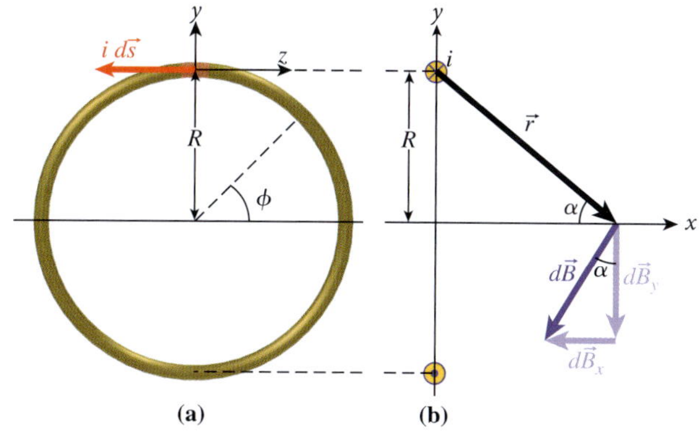

Figura 8.12 Geometria para calcular o campo magnético ao longo do eixo de uma espira circular condutora: a) vista frontal, (b) vista lateral.

$$dB = \frac{\mu_0}{4\pi}\frac{i\,ds\,\text{sen}\,90°}{r^2} = \frac{\mu_0}{4\pi}\frac{i\,ds}{r^2}.$$

Uma variante da 1ª regra da mão direita fornece a orientação do campo magnético infinitesimal: usando sua mão direita, oriente o polegar com o elemento de corrente infinitesimal (sentido negativo de z) e seu dedo indicador com o vetor radial (sentido positivo de x e sentido negativo de y); a orientação do campo magnético infinitesimal será indicada pelo seu dedo médio (sentido negativo de x e sentido negativo de y). O campo magnético infinitesimal é mostrado na Figura 8.12. Para obter o campo magnético total, precisamos integrar os elementos de corrente infinitesimais. Dada a simetria da situação, podemos verificar que é nula a integral de componente y do campo magnético infinitesimal dB_y. A componente x do campo magnético infinitesimal, dB_x, é dada por

$$dB_x = dB\,\text{sen}\,\alpha = \frac{\mu_0}{4\pi}\frac{i\,ds}{r^2}\,\text{sen}\,\alpha,$$

onde α é o ângulo entre $\vec{r}$ e o eixo x (veja a Figura 8.12b). Podemos expressar o módulo de $\vec{r}$ em termos de x e de R como $r = \sqrt{x^2 + R^2}$, e sen α em termos de x e do raio da espira R como $\text{sen}\,\alpha = R/\sqrt{x^2 + R^2}$. Podemos também reescrever a expressão para a componente x do campo magnético infinitesimal como

$$dB_x = \frac{\mu_0}{4\pi}\frac{i\,ds}{x^2 + R^2}\frac{R}{\sqrt{x^2 + R^2}} = \frac{\mu_0 i\,ds}{4\pi}\frac{R}{\left(x^2 + R^2\right)^{3/2}}.$$

Esta expressão para B_x é independente da localização do elemento de corrente, e, portanto, a integral para determinar a intensidade do campo total pode ser simplificada para

$$B_x = \int dB_x = \frac{\mu_0 iR}{4\pi\left(x^2 + R^2\right)^{3/2}}\int ds.$$

Ao longo da espira, podemos relacionar o ângulo ϕ ao elemento de corrente por $ds = R\,d\phi$ (veja a equação 8.12a), o que nos permite determinar o campo magnético ao longo do eixo da espira:

$$B_x = \frac{\mu_0 iR}{4\pi\left(x^2 + R^2\right)^{3/2}}\int_0^{2\pi} R\,d\phi = \frac{\mu_0 i 2\pi}{4\pi}\frac{R^2}{\left(x^2 + R^2\right)^{3/2}},$$

ou

$$B_x = \frac{\mu_0 i}{2}\frac{R^2}{\left(x^2 + R^2\right)^{3/2}}. \qquad (8.9)$$

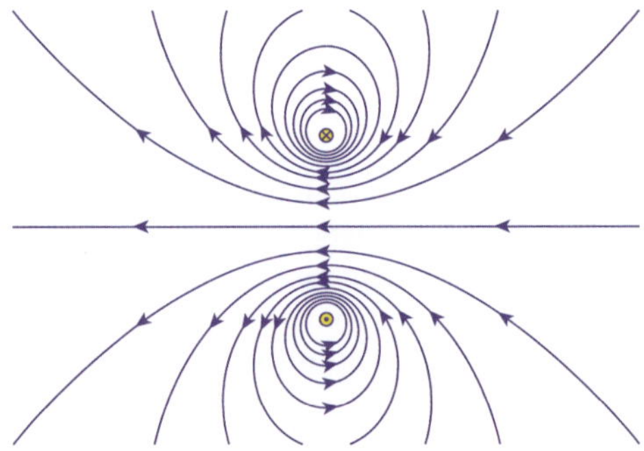

Figura 8.13 Linhas do campo magnético produzido por uma espira condutora de uma corrente, olhando-se a espira de lado. O círculo amarelo superior com uma cruz indica que a corrente está orientada para dentro da página, enquanto o círculo amarelo inferior com um ponto indica que a corrente está para fora da página.

8.3 Pausa para teste

Mostre que a equação 8.9, para a intensidade do campo magnético ao longo do eixo de uma espira condutora de uma corrente, se reduz à equação 8.8 para a intensidade do campo magnético no centro de uma espira condutora de uma corrente.

A partir de nosso uso anterior da 1ª regra da mão direita, sabemos que o campo magnético está ao longo do eixo de simetria da espira, no sentido negativo do eixo x, como mostra a Figura 8.12. Podemos também aplicar a 3ª regra da mão direita para obter a orientação do campo magnético: em qualquer ponto da espira, oriente seu polegar tangencialmente à espira, no sentido da corrente, e seus dedos da palma da mão se curvarão em torno, indicando que a orientação do campo dentro da espira é no sentido negativo do eixo x.

Usando técnicas mais avançadas e com a ajuda de um computador, podemos determinar o campo magnético produzido por uma espira condutora de uma corrente em outros pontos do espaço. As linhas do campo magnético de uma espira são mostradas na Figura 8.13. O valor do campo magnético dado pela equação 8.8 e válido apenas para o ponto central da Figura 8.13. E o valor do campo magnético dado pela equação 8.9 é válido apenas para pontos do eixo de simetria da espira.

8.7 Exercícios de sala de aula

Duas espiras idênticas conduzem a mesma corrente, i, como mostrado na figura. Qual é a orientação do campo magnético no ponto P?

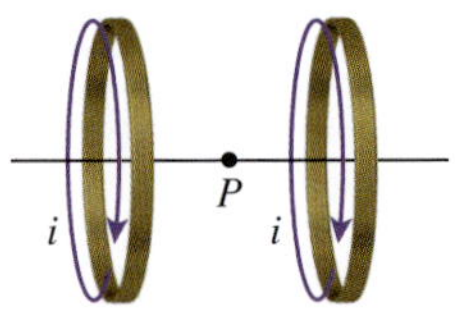

a) Para cima (em direção ao topo da página).

b) Para a direita.

c) Para baixo

d) Para a esquerda.

e) No ponto P, o campo magnético é nulo.

PROBLEMA RESOLVIDO 8.2 Campo produzido por um fio contendo uma espira

Uma espira de raio r = 8,30 mm é formada no centro de um fio reto, longo e isolado, que conduz uma corrente de valor i = 26,5 mA (Figura 8.14a).

PROBLEMA

Qual é a intensidade do campo magnético no centro da espira?

SOLUÇÃO

PENSE

O campo magnético no centro da espira é igual à soma vetorial dos campos magnéticos produzidos pelo fio reto e longo e pela espira.

DESENHE

O campo magnético produzido pelo fio reto e longo, $\vec{B}_{\text{fio}}$, e o campo magnético produzido pela espira, $\vec{B}_{\text{espira}}$, são mostrados na Figura 8.14b.

PESQUISE

Usando a 3ª regra da mão direita, descobrimos que ambos os campos magnéticos apontam para fora da página no centro da espira, como ilustra a Figura 8.14b. Logo, podemos somar os módulos dos campos magnéticos produzidos pelo fio e pela espira. Campo magnético produzido pelo fio no centro da espira tem uma intensidade dada pela equação 8.4:

$$B_{\text{fio}} = \frac{\mu_0 i}{2\pi r_\perp},$$

onde $r_\perp$ é a distância perpendicular até o fio, igual a r, o raio da espira. A intensidade do campo magnético produzido pela espira em seu centro é dada pela equação 8.8:

$$B_{\text{espira}} = \frac{\mu_0 i}{2r}.$$

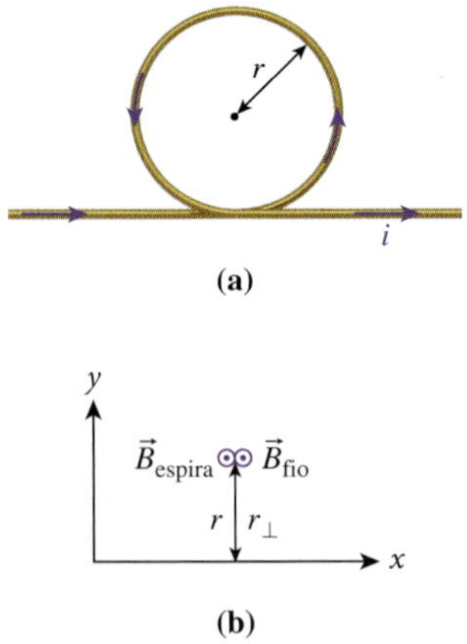

Figura 8.14 (a) Espira de raio r em um fio reto, longo e isolado, condutor de uma corrente i. (b) O campo magnético produzido pelo fio e o campo magnético produzido pela espira, ligeiramente deslocados por clareza.

SIMPLIFIQUE

Uma vez que os dois vetores campo magnético possuem a mesma orientação, simplesmente adicionamos seus módulos:

$$B = B_{\text{fio}} + B_{\text{espira}} = \frac{\mu_0 i}{2\pi r} + \frac{\mu_0 i}{2r} = \frac{\mu_0 i}{2r}\left(\frac{1}{\pi} + 1\right).$$

CALCULE

Substituindo os valores numéricos, obtemos

$$B = \frac{\mu_0 i}{2r}\left(\frac{1}{\pi} + 1\right) = \frac{\left(4\pi \cdot 10^{-7}\ \text{T m/A}\right)\left(26{,}5 \cdot 10^{-3}\ \text{A}\right)}{2\left(8{,}30 \cdot 10^{-3}\ \text{m}\right)}\left(\frac{1}{\pi} + 1\right) = 2{,}64463 \cdot 10^{-6}\ \text{T}.$$

ARREDONDE

Apresentamos nosso resultado com três algarismos significativos, indicando sua orientação:

$$\vec{B} = 2{,}64 \cdot 10^{-6}\ \text{T, para fora da página.}$$

SOLUÇÃO ALTERNATIVA

Para avaliar este resultado, calcularemos separadamente os módulos dos campos magnéticos produzidos pelo fio e pela espira. A intensidade do campo magnético do fio é

$$B_{\text{fio}} = \frac{\mu_0 i}{2\pi r} = \frac{\left(4\pi \cdot 10^{-7}\ \text{T m/A}\right)\left(26{,}5 \cdot 10^{-3}\ \text{A}\right)}{2\pi\left(8{,}30 \cdot 10^{-3}\ \text{m}\right)} = 6{,}385 \cdot 10^{-7}\ \text{T}.$$

A intensidade do campo magnético da espira é

$$B_{\text{espira}} = \frac{\mu_0 i}{2r} = \frac{\left(4\pi \cdot 10^{-7}\ \text{T m/A}\right)\left(26{,}5 \cdot 10^{-3}\ \text{A}\right)}{2\left(8{,}30 \cdot 10^{-3}\ \text{m}\right)} = 2{,}006 \cdot 10^{-6}\ \text{T}.$$

A soma das duas intensidades bate com nosso resultado:

$$6{,}385 \cdot 10^{-7}\ \text{T} + 2{,}006 \cdot 10^{-6}\ \text{T} = 2{,}64 \cdot 10^{-6}\ \text{T}.$$

8.3 A lei de Ampère

Do Capítulo 2, lembre-se de que a determinação do campo elétrico resultante de uma distribuição de carga requer o cálculo de uma integral difícil. Porém, se a distribuição de carga possui simetria cilíndrica, esférica ou planar, podemos usar a lei de Gauss e obter o campo elétrico de uma maneira elegante. De maneira análoga, a determinação do campo magnético devido a uma distribuição de elementos de corrente arbitrária por meio da lei de Biot-Savart (equação 8.1) pode envolver o cálculo de uma integral difícil. Alternativamente, podemos evitar o uso da lei de Biot-Savart e, em vez disso, usar a **lei de Ampère** para determinar o campo magnético de uma distribuição de elementos de corrente que possui simetria cilíndrica ou outra qualquer. Com frequência, desta maneira, os problemas podem ser resolvidos com muito menos esforço do que por integração direta. O enunciado da lei de Ampère corresponde a

$$\oint \vec{B} \cdot d\vec{s} = \mu_0 i_{\text{dentro}}. \tag{8.10}$$

O símbolo $\oint$ significa que o integrando, $\vec{B} \cdot d\vec{s}$, deve ser integrado ao longo de um caminho fechado, denominado **amperiana**. Este caminho é escolhido de modo que a integral da equação 8.10 seja fácil de calcular, um procedimento análogo ao usado quando aplicamos a lei de Gauss. A corrente total contida na amperiana é i_{dentro}, que também é análoga à lei de Gauss, onde a superfície fechada contém uma carga total líquida.

Como exemplo de como a lei de Ampère deve ser usada, considere as cinco correntes mostradas na Figura 8.15, todas perpendiculares ao plano. Uma amperiana, representada pela linha vermelha, contém as correntes i_1, i_2 e i_3, excluindo as correntes i_4 e i_5. De acordo com a lei de Ampère, a integral fechada do campo magnético resultante dessas três correntes é dado por

$$\oint \vec{B} \cdot d\vec{s} = \oint B\cos\theta\, ds = \mu_0\left(i_1 - i_2 + i_3\right),$$

onde θ é o ângulo entre a orientação do campo magnético, $\vec{B}$, e a orientação do elemento de comprimento, $d\vec{s}$, em cada ponto da amperiana. A integração ao longo da amperiana pode ser efetuada em qualquer sentido. A Figura 8.15 indica um sentido de integração igual ao de $d\vec{s}$, ao longo do campo magnético resultante. Os sinais das correntes contribuintes podem ser determinados usando-se a regra da mão direita: curve seus dedos da palma da mão no mesmo sentido da integração, e, então, as correntes com a mesma orientação de seu polegar serão positivas. Duas das três correntes dentro da amperiana são positivas, enquanto uma é negativa. Somar correntes é simples, mas a integral $\oint B\cos\theta\, ds$ não pode ser calculada facilmente. Todavia, vamos examinar situações especiais nas quais as amperianas contenham distribuições simétricas de corrente que possam ser exploradas para efetuar a integração.

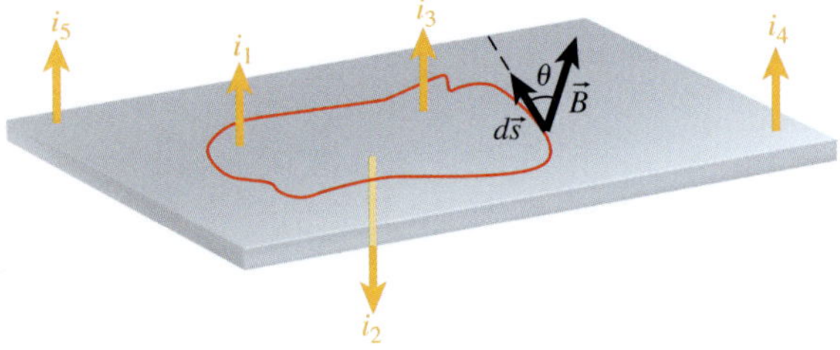

Figura 8.15 Cinco correntes e uma amperiana.

8.8 Exercícios de sala de aula

Três fios conduzem correntes de mesmo valor, i, nos sentidos mostrados na figura. Quatro amperianas (a), (b), (c) e (d) são também mostradas. Para qual das amperianas o módulo de $\oint \vec{B} \cdot d\vec{s}$ é maior?

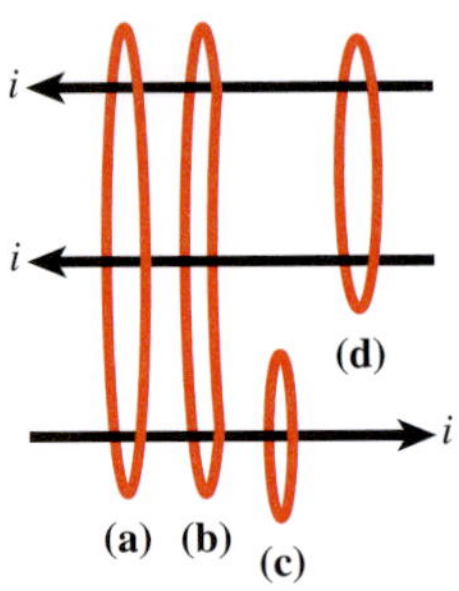

a) Amperiana a.

b) Amperiana b.

c) Amperiana c.

d) Amperiana d.

e) As quatro amperianas dão o mesmo valor de $\oint \vec{B} \cdot d\vec{s}$.

Campo magnético no interior de um fio longo e reto

A Figura 8.16 mostra uma corrente, i, que flui para fora da página, em um fio com seção transversal de raio R. A corrente está uniformemente distribuída ao longo da área da seção transversal do fio. Para determinar o campo magnético devido a esta corrente, usamos uma amperiana circular de raio $r_\perp$. Se $\vec{B}$ possuísse uma componente para fora (ou para dentro), teríamos, pela simetria, uma componente para fora (ou para dentro) em todos os pontos da amperiana, e, neste caso, as linhas de campo magnético jamais poderiam ser fechadas. Portanto, $\vec{B}$deve ser tangencial à amperiana. Assim, podemos reescrever a integral da lei de Ampère como

$$\oint \vec{B} \cdot d\vec{s} = B \oint d\vec{s} = B2\pi r_\perp .$$

Podemos calcular a corrente contida a partir da razão entre a área delimitada pela amperiana e a área da seção transversal do fio:

$$i_{\text{dentro}} = i\frac{A_{\text{espira}}}{A_{\text{fio}}} = i\frac{\pi r_\perp^2}{\pi R^2}.$$

Com isso, obtemos

$$2\pi B r_\perp = \mu_0 i \frac{\pi r_\perp^2}{\pi R^2},$$

ou

$$B = \left(\frac{\mu_0 i}{2\pi R^2}\right) r_\perp . \tag{8.11}$$

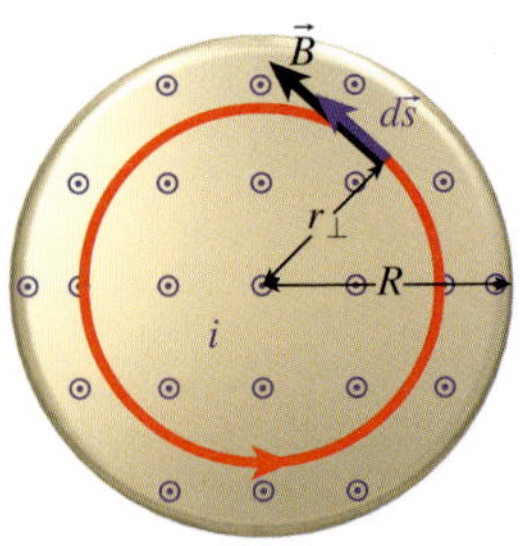

Figura 8.16 Usando a lei de Ampère para determinar o campo magnético produzido no interior de um fio reto e longo.

Vamos comparar as expressões para a intensidade do campo magnético fora e dentro do fio – equações 8.4 e 8.11. Primeiro, substituindo R por $r_\perp$ em ambas as expressões, obtemos o mesmo resultado para a intensidade do campo magnético na superfície do fio em ambos os casos: $B(R) = \mu_0 i/2\pi R$. Ambas as equações fornecem a mesma solução na superfície do fio. No interior do fio, descobrimos que a intensidade do campo magnético cresce linearmente com $r_\perp$ até atingir o valor $B(R) = \mu_0 i/(2\pi R)$, e daí em diante passa a diminuir com o inverso de $r_\perp$. A Figura 8.17 mostra esta dependência em um gráfico. A parte superior da figura é um desenho da seção transversal do fio (área dourada), das linhas do campo magnético (círculos pretos, espaçados para indicar a intensidade do campo magnético) e os vetores campo magnético em pontos do espaço selecionados (setas marrons).

8.4 Campos magnéticos de solenoides e toroides

Já vimos que uma corrente fluindo em uma única espira produz um campo magnético que não é uniforme, como ilustrado na Figura 8.13. Entretanto, aplicações do mundo real frequentemente exigem um campo magnético uniforme. Um dispositivo comumente usado para produzir um campo magnético uniforme é a **bobina de Helmholtz** (Figura 8.18a). A bobina de Helmholtz consiste em duas bobinas coaxiais. Cada uma delas consiste em múltiplas espiras (enroladas ou em voltas) de um mesmo fio, as quais, portanto, se comportam como uma única espira.

As linhas do campo magnético produzido por uma bobina de Helmholtz são ilustradas na Figura 8.18b. Você pode ver que na região central entre as espiras existe um campo magnético uniforme (caracterizado pelos segmentos horizontais de linhas de campo), em contraste com o campo produzido por uma única espira, mostrado na Figura 8.13. Novamente, essas linhas de campo foram determinadas, com a ajuda de um computador, para prover uma compreensão da geometria de campos magnéticos.

Em um passo adiante para considerar múltiplas espiras, a Figura 8.19 mostra as linhas do campo magnético produzido por quatro espiras coaxiais. A região de campo magnético uniforme no centro das espiras é expandida, mas observe também que o campo magnético não é uniforme próximo aos fios e próximo às duas extremidades.

Um campo magnético forte é produzido por **solenoide**, formado por muitas espiras de um mesmo fio enroladas compactamente. A Figura 8.20 ilustra as linhas do campo magnético de um solenoide com 600 voltas, ou espiras. Você pode ver que as linhas de campo

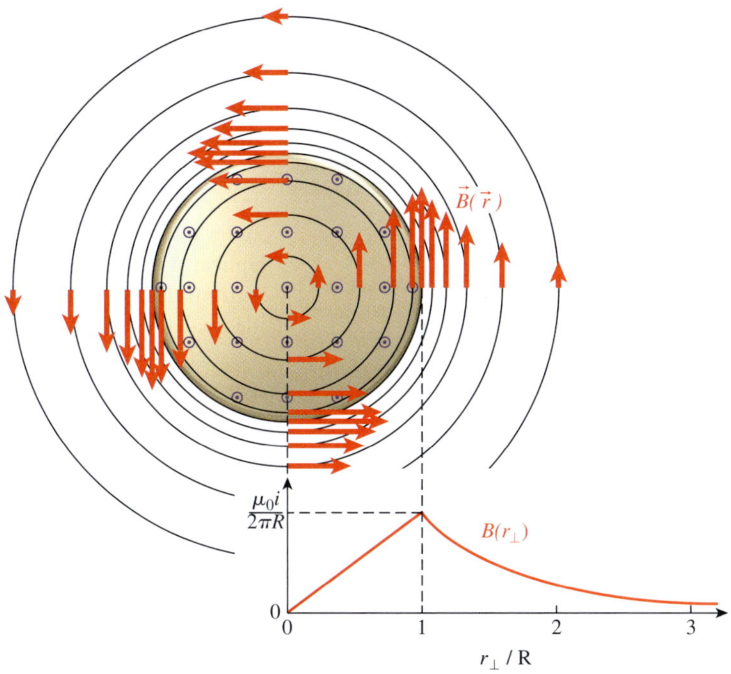

Figura 8.17 Dependência radial do campo magnético produzido por um fio no qual a corrente flui para fora da página.

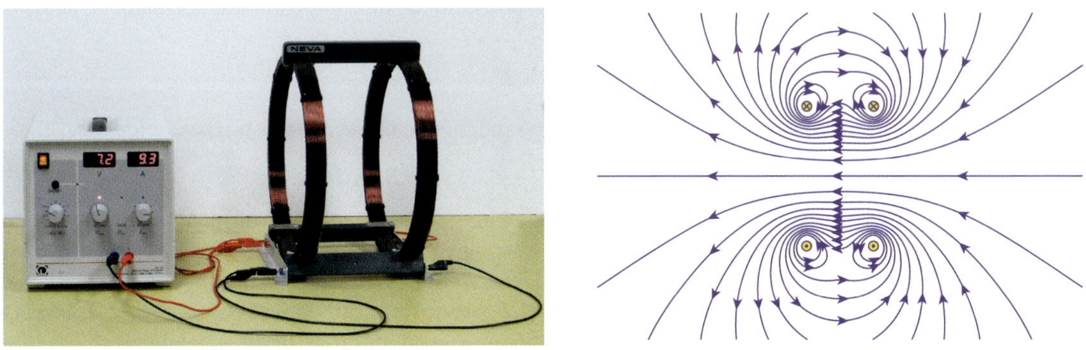

(a) (b)

Figura 8.18 (a) Uma bobina de Helmholtz comum usada em laboratórios de física para gerar um campo magnético aproximadamente constante no interior. (b) Linhas do campo magnético de uma bobina de Helmholtz.

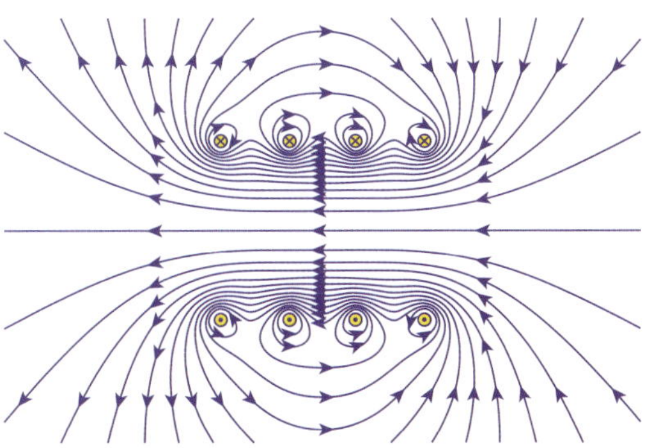

Figura 8.19 Linhas de campo magnético com muita sinuosidade devido a quatro espiras coaxiais.

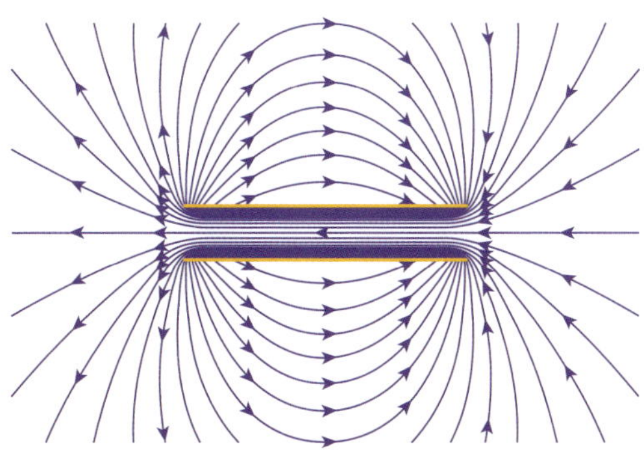

Figura 8.20 Linhas do campo magnético de um solenoide com 600 espiras. A corrente no topo do solenoide é dirigida para dentro da página, enquanto a corrente na parte inferior do solenoide está orientada para fora da página.

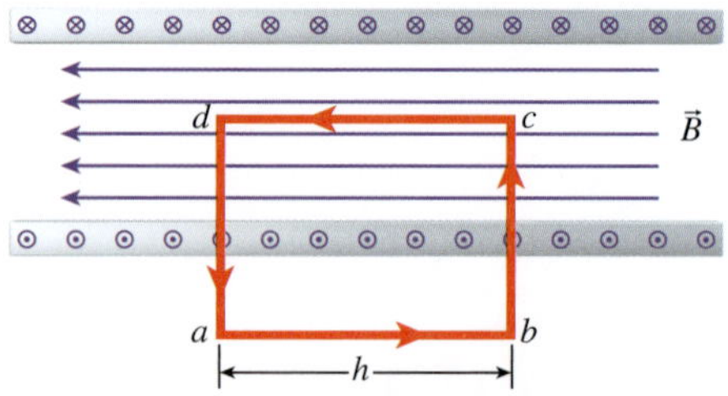

Figura 8.21 Amperiana para a determinação da intensidade do campo magnético de um solenoide ideal.

magnético estão muito próximas umas das outras no interior do solenoide, e muito afastadas entre si na região externa. Como o campo dentro da bobina de Helmholtz (Figura 8.18b), o campo magnético dentro do solenoide é uniforme. O espaçamento entre linhas de campo vizinhas expressa a intensidade do campo magnético, e você pode constatar que ele é muito mais forte dentro do solenoide do que fora dele.

Um solenoide *ideal* é aquele que produz um campo magnético nulo fora do mesmo, e um campo magnético constante de valor finito em seu interior. Para determinar a intensidade do campo magnético no interior de um solenoide ideal, podemos aplicar a lei de Ampère (equação 8.10) a uma seção do solenoide distante de suas extremidades (Figura 8.21). Para tal, primeiro escolhemos uma amperiana ao longo da qual a integração será efetuada. Uma escolha adequada, mostrada pelo retângulo vermelho da Figura 8.21, contém alguma corrente em seu interior e permite que exploremos a simetria do solenoide a fim de simplificar o cálculo da integral:

$$\oint \vec{B}\bullet d\vec{s} = \int_a^b \vec{B}\bullet d\vec{s} + \int_b^c \vec{B}\bullet d\vec{s} + \int_c^d \vec{B}\bullet d\vec{s} + \int_d^a \vec{B}\bullet d\vec{s}.$$

O valor da terceira integral do lado direito, entre os pontos c e d, no interior do solenoide, é Bh. O valor da segunda e da quarta integrais é nulo, uma vez que o campo magnético é perpendicular à direção de integração. A primeira integral, entre os pontos a e b, no exterior do solenoide, é nula porque o campo magnético nesta região de um solenoide ideal é nulo. Assim, o valor da integral ao longo da amperiana inteira é Bh.

A corrente contida é aquela que flui nas espiras do solenoide e que se situam dentro da amperiana escolhida. Uma vez que o solenoide é feito com um só fio, a corrente é a mesma em cada uma das espiras. Portanto, a corrente contida na amperiana é exatamente igual ao produto do número de espiras pela corrente:

$$i_{\text{dentro}} = nhi,$$

onde n é o número de espiras por unidade de comprimento. Portanto, de acordo com a lei de Ampère, temos

$$Bh = \mu_0 nhi.$$

Assim, a intensidade do campo magnético no interior de um solenoide ideal é

$$B = \mu_0 ni. \tag{8.12}$$

A equação 8.12 é válida somente longe das extremidades do solenoide. Observe que B não depende da posição dentro do solenoide, de modo que um solenoide ideal cria um campo magnético constante e uniforme dentro dele mesmo, e nenhum campo fora dele. Um solenoide real, como o mostrado na Figura 8.20, produz um campo de borda próximo às suas extremidades, porém ainda produz um campo magnético uniforme de alta qualidade em seu interior.

EXEMPLO 8.2 Solenoide

O solenoide do detector STAR do Laboratório Nacional de Brookhaven, no estado de Nova York, EUA, e que foi discutido no Capítulo 7, produz um campo magnético de 0,50 T de intensidade quando uma corrente de 400 A flui por ele. O solenoide tem 8,0 m de comprimento.

PROBLEMA

Qual é o número de espiras deste solenoide, considerando-se que se comporte como um solenoide ideal?

SOLUÇÃO

Usamos a equação 8.12 para determinar a intensidade do campo magnético de um solenoide ideal:

$$B = \mu_0 ni. \tag{i}$$

O número de espiras por unidade de comprimento é dado por

$$n = \frac{N}{L}, \tag{ii}$$

onde N é o número de espiras e L é o comprimento do solenoide. Substituindo n obtido da equação (ii) na equação (i), obtemos

$$B = \mu_0 i \frac{N}{L}. \tag{iii}$$

Isolando o número de espiras a partir da equação (iii), obtemos

$$N = \frac{BL}{\mu_0 i} = \frac{(0{,}50\ \mathrm{T})(8{,}0\ \mathrm{m})}{\left(4\pi \cdot 10^{-7}\ \frac{\mathrm{T\ m}}{\mathrm{A}}\right)(400\ \mathrm{A})} = 8000\ \text{espiras}.$$

8.9 Exercícios de sala de aula

Dois solenoides possuem o mesmo comprimento, porém o solenoide 1 tem um número de espiras 15 vezes maior, $\frac{1}{9}$ do raio e uma corrente 7 vezes maior do que a solenoide 2. Determine a razão entre o campo magnético no interior do solenoide 1 e o campo magnético no interior do solenoide 2.

a) 105
b) 123
c) 144
d) 168
e) 197

Se um solenoide for curvado de modo que as duas extremidades se encontrem (Figura 8.22), ele terá a forma de uma rosca (um tórus), com o fio formando uma série de espiras, cada qual conduzindo a mesma corrente através de si. Este dispositivo é denominado *eletroímã toroidal* ou, simplesmente, **toroide**. Da mesma forma como um solenoide ideal, o campo magnético fora das espiras de um eletroímã toroidal é nulo. A intensidade do campo magnético no interior do solenoide pode ser determinado usando-se a lei de Ampère e escolhendo uma amperiana de forma circular de raio r, com $r_1 < r < r_2$, onde r_1 e r_2 são, respectivamente, o raio interno e o raio externo do toroide. O campo magnético é sempre orientado tangencialmente à amperiana, de modo que

$$\oint \vec{B} \bullet d\vec{s} = 2\pi r B.$$

A corrente contida é igual ao produto do número de espiras (ou voltas), N, do toroide pela corrente, i, no fio (em cada espira); assim, a lei de Ampère nos fornece

$$2\pi r B = \mu_0 N i.$$

Portanto, a intensidade do campo magnético dentro de um toroide é dada por

$$B = \frac{\mu_0 N i}{2\pi r}. \tag{8.13}$$

Note que, diferentemente do campo magnético no interior de um solenoide, a intensidade do campo magnético dentro de um toroide de fato depende da distância radial ao centro do mesmo. Quando essa distância aumenta, a intensidade do campo magnético diminui. A orientação do campo magnético pode ser obtida usando-se a *4ª regra da mão direita*: se você curvar os dedos da palma da mão direita ao redor do toroide no sentido da corrente, como mostrado na Figura 8.22, seu polegar indicará a orientação do campo magnético no interior do toroide.

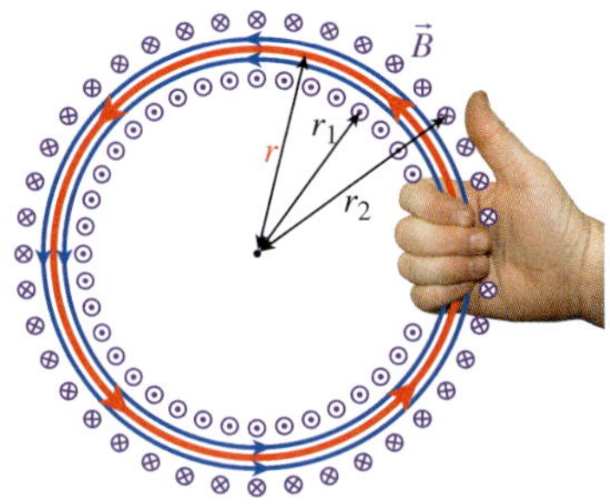

Figura 8.22 Eletroímã toroidal com amperiana (em vermelho) na forma de um círculo de raio r. A 4ª regra da mão direita estabelece que, se você posicionar os dedos da palma da mão direita, dobrados, no sentido da corrente, seu polegar mostrará o sentido do campo magnético no interior do solenoide.

PROBLEMA RESOLVIDO 8.3 Campo produzido por um eletroímã toroidal

Um eletroímã toroidal é confeccionado com 202 m de fio de cobre capaz de conduzir uma corrente de valor i = 2,40 A. O toroide possui um raio médio R = 15,0 cm e um diâmetro de seção transversal d = 1,60 cm (Figura 8.23a).

PROBLEMA

Qual é a intensidade máxima do campo magnético que pode ser produzido no raio médio do toroide, R?

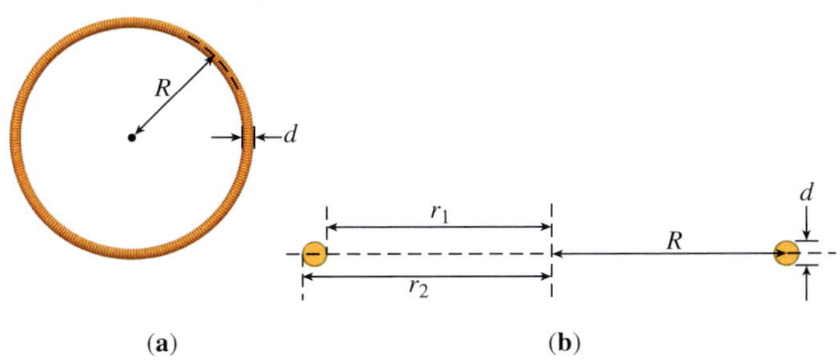

Figura 8.23 (a) Um eletroímã toroidal. (b) Seção transversal do eletroímã toroidal.

Continua →

SOLUÇÃO

PENSE

O número de espiras do toroide é dado pelo comprimento do fio dividido pela circunferência da área da seção transversal das espiras. Com estes parâmetros, a intensidade do campo magnético do eletroímã toroidal em $r = R$ pode ser calculada.

DESENHE

A Figura 8.23b mostra um corte transversal do toroide.

PESQUISE

A intensidade do campo magnético produzido por um toroide é dado pela equação 8.13:

$$B = \frac{\mu_0 Ni}{2\pi R}, \qquad \text{(i)}$$

onde N é o número de espiras e R é a distância na qual o campo magnético é medido. O número de espiras, N, é dado pelo quociente entre o comprimento do fio, L, e a circunferência da área da seção transversal:

$$N = \frac{L}{\pi d}, \qquad \text{(ii)}$$

onde d é o diâmetro da seção transversal do toroide.

SIMPLIFIQUE

Podemos agora combinar as equações (i) e (ii) para obter uma expressão para B:

$$B = \frac{\mu_0 (L/\pi d) i}{2\pi R} = \frac{\mu_0 Li}{2\pi^2 Rd}.$$

CALCULE

Substituindo os valores numéricos fornecidos, obtemos

$$B = \frac{\mu_0 Li}{2\pi^2 Rd} = \frac{(4\pi \cdot 10^{-7}\ \text{T m/A})(202\ \text{m})(2{,}40\ \text{A})}{2\pi^2 (15{,}0 \cdot 10^{-2}\ \text{m})(1{,}60 \cdot 10^{-2}\ \text{m})} = 0{,}0128597\ \text{T}.$$

ARREDONDE

Apresentamos nosso resultado com três algarismos significativos:

$$B = 1{,}29 \cdot 10^{-2}\ \text{T}.$$

SOLUÇÃO ALTERNATIVA

Como avaliação, determinamos a intensidade do campo dentro de um solenoide que possui o mesmo comprimento que o da circunferência do toroide. O número de espiras por unidade de comprimento é

$$n = \frac{L/\pi d}{2\pi R} = \frac{L}{2\pi^2 Rd} = \frac{(202\ \text{m})}{2\pi^2 (15{,}0 \cdot 10^{-2}\ \text{m})(1{,}60 \cdot 10^{-2}\ \text{m})} = 4264\ \text{espiras/m}.$$

A intensidade do campo magnético de um solenoide com este número de espiras por unidade de comprimento é

$$B = \mu_0 ni = (4\pi \cdot 10^{-7}\ \text{T m/A})(4264\ \text{m}^{-1})(2{,}40\ \text{A}) = 1{,}29 \cdot 10^{-2}\ \text{T}.$$

Assim, nossa resposta para a intensidade do campo magnético no interior de um toroide é plausível.

8.5 Átomos como ímãs

Os átomos que constituem toda a matéria contêm elétrons em movimento, que formam espiras de corrente que produzem campos magnéticos. Na maioria dos materiais, essas espiras de corrente estão orientadas aleatoriamente e não produzem qualquer campo magnético resultante. Certos materiais possuem alguma fração dessas espiras de corrente alinhadas. Estes, denominados *materiais magnéticos* (Seção 8.6), produzem um forte campo magnético resultante. Outros materiais podem ter suas espiras de corrente alinhadas por um campo magnético externo, tornando-se magnetizados.

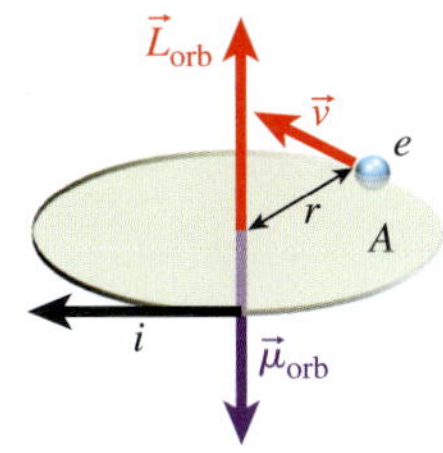

Figura 8.24 Um elétron em movimento com um módulo da velocidade v constante em uma órbita circular, em um átomo.

Vamos considerar um modelo altamente simplificado do átomo: um elétron movendo-se com uma velocidade constante v em uma órbita circular de raio r (Figura 8.24). Podemos conceber a carga do elétron em movimento como uma corrente, i. A corrente é definida como a carga por unidade de tempo que passa por um ponto particular. Neste caso, a carga é a do elétron, de valor absoluto e, e o tempo é dado por

$$i = \frac{e}{T} = \frac{e}{2\pi r/v} = \frac{ve}{2\pi r}.$$

O módulo do momento de dipolo magnético do elétron orbitante é dado por

$$\mu_{orb} = iA = \frac{ve}{2\pi r}\left(\pi r^2\right) = \frac{ver}{2}. \quad (8.14)$$

O módulo do momento angular orbital do elétron é

$$L_{orb} = rp = rmv,$$

onde m é a massa do elétron. Isolando v da equação 8.14 e substituindo esta expressão resultante na expressão para o momento angular orbital, fornece-nos

$$L_{orb} = rm\left(\frac{2\mu_{orb}}{er}\right) = \frac{2m\mu_{orb}}{e}.$$

Uma vez que o momento de dipolo magnético e o momento angular são grandezas vetoriais, podemos escrever

$$\vec{\mu}_{orb} = -\frac{e}{2m}\vec{L}_{orb}, \quad (8.15)$$

onde o sinal negativo é usado por causa da definição da corrente como a orientação do fluxo de cargas positivas.

EXEMPLO 8.3 Momento magnético orbital de um átomo de hidrogênio

Considere que um átomo de hidrogênio consista em um elétron movendo-se com velocidade v em uma órbita circular de raio r, ao redor de um próton estacionário. Considere também que a força centrípeta necessária para manter o elétron movendo-se em um círculo seja a força eletrostática entre o próton e o elétron. O raio da órbita do elétron é $r = 5{,}29 \cdot 10^{-11}$ m.

PROBLEMA

Qual é o módulo do momento magnético orbital do átomo de hidrogênio?

SOLUÇÃO

O módulo do momento magnético orbital é

$$\left|\mu_{orb}\right| = \frac{e}{2m}L_{orb} = \frac{e}{2m}\left(rmv\right) = \frac{erv}{2}. \quad \text{(i)}$$

Igualando o módulo da força centrípeta que mantém o elétron movendo-se em um círculo ao da força eletrostática entre o elétron e o próton, obtemos

$$\frac{mv^2}{r} = k\frac{e^2}{r^2},$$

Continua →

onde k é a constante eletrostática. Podemos isolar o módulo da velocidade do elétron a partir desta equação:

$$v = e\sqrt{\frac{k}{mr}}. \quad \text{(ii)}$$

Substituindo v dado pela equação (ii) na equação (i), obtemos

$$|\mu_{\text{orb}}| = \frac{er}{2}\left(e\sqrt{\frac{k}{mr}}\right) = \frac{e^2}{2}\sqrt{\frac{kr}{m}}.$$

Quando substituímos os diversos valores numéricos fornecidos, obtemos

$$|\mu_{\text{orb}}| = \frac{\left(1{,}602 \cdot 10^{-19}\,\text{C}\right)^2}{2}\sqrt{\frac{\left(8{,}99 \cdot 10^9\,\text{N m}^2/\text{C}^2\right)\left(5{,}29 \cdot 10^{-11}\,\text{m}\right)}{9{,}11 \cdot 10^{-31}\,\text{kg}}} = 9{,}27 \cdot 10^{-24}\,\text{A m}^2.$$

Este resultado concorda com medidas experimentais do momento magnético orbital do átomo de hidrogênio. Todavia, outras previsões acerca das propriedades do átomo de hidrogênio e de outros átomos, baseadas na ideia de que os elétrons, em átomos, descrevem órbitas circulares, estão em discordância com as observações experimentais. Assim, a descrição detalhada das propriedades magnéticas dos átomos deve incorporar fenômenos descritos pela física quântica.

O spin

O momento de dipolo magnético devido ao movimento orbital de elétrons não é a única contribuição para o momento magnético dos átomos. Elétrons e outras partículas elementares possuem seus próprios momentos magnéticos intrínsecos, devido aos seus spins. O fenômeno do spin será abordado na discussão sobre a física quântica, porém apenas alguns fatos sobre o spin e suas ligações com o momento angular intrínseco de uma partícula foram descobertos experimentalmente e não exigem a compreensão da mecânica quântica. Elétrons, prótons e nêutrons possuem um spin de módulo $s = \frac{1}{2}$. O módulo do momento angular dessas partículas é $S = \hbar\sqrt{s(s+1)}$, e o componente z do momento angular pode ter um valor igual a $S_z = -\frac{1}{2}\hbar$ ou $S_z = +\frac{1}{2}\hbar$. Aqui, $\hbar$ denota a constante de Planck dividida por 2π. Este spin não pode ser explicado pelo movimento orbital devido a alguma subestrutura da partícula. Os elétrons, por exemplo, aparentemente, são partículas puntiformes. Assim, o spin é uma propriedade intrínseca, análoga à massa ou à carga elétrica.

A característica magnética do grosso da matéria deve-se principalmente aos momentos magnéticos de spin. O momento magnético de uma partícula dotada de spin, $\vec{\mu}_s$, está relacionado a seu momento angular de spin, $\vec{S}$, através de

$$\vec{\mu}_s = g\frac{q}{2m}\vec{S}, \quad (8.16)$$

onde q é a carga da partícula elementar e m é a sua massa. A grandeza g é adimensional, e denominada *fator g*. Para um elétron, seu valor numérico é $g = -2{,}0023193043622(15)$, uma das grandezas da natureza medida com maior precisão. Se comparar esta equação com a equação 8.15 para o momento de dipolo magnético devido ao momento angular orbital, você verificará que elas são muito parecidas.

8.6 Propriedades magnéticas da matéria

No Capítulo 7, vimos que um dipolo magnético não experimenta uma força resultante quando em presença de um campo magnético uniforme, porém experimenta um torque. Tal torque força um dipolo livre a assumir uma orientação na qual é antiparalelo ao campo externo, pois tal estado corresponde à mínima energia potencial magnética. Acabamos de ver na Seção 8.5 que os átomos possuem dipolos magnéticos. O que acontece quando a matéria (que é composta por átomos) é exposta a um campo magnético externo?

Os momentos de dipolo dos átomos de um material podem ter diferentes orientações ou a mesma orientação. A **magnetização**, $\vec{M}$, de um material é definida como o momento de dipolo líquido por unidade de volume criado pelos momentos de dipolo dos átomos do material. O campo magnético, $\vec{B}$, dentro do material, então, depende do campo magnético externo, $\vec{B}_0$, e da magnetização do material, $\vec{M}$:

$$\vec{B} = \vec{B}_0 + \mu_0 \vec{M}, \tag{8.17}$$

onde μ_0 é, novamente, a permeabilidade magnética do vácuo. Em vez de incluir o campo magnético externo $\vec{B}_0$, é costumeiro usar a **intensidade de campo magnético**, $\vec{H}$:

$$\vec{H} = \frac{\vec{B}_0}{\mu_0}. \tag{8.18}$$

Com esta definição da intensidade de campo magnético, a equação 8.17 pode ser escrita na forma

$$\vec{B} = \mu_0 (\vec{H} + \vec{M}). \tag{8.19}$$

Uma vez que a unidade de campo magnético é $[B]$ = T, e a unidade de permeabilidade magnética é $[\mu_0]$ = T m/A, a unidade de magnetização e de intensidade de campo magnético é $[M] = [H]$ = A/m.

Diamagnetismo e paramagnetismo

A questão ainda não respondida é como a magnetização depende do campo magnético externo, $\vec{B}_0$, ou, o que é equivalente, da intensidade de campo magnético, $\vec{H}$. Para a maioria dos materiais (mas nem todos!), esta relação é linear:

$$\vec{M} = \chi_m \vec{H}, \tag{8.20}$$

onde a constante de proporcionalidade χ_m é denominada **susceptibilidade magnética** do material (Tabela 8.1). Porém, existem materiais que não obedecem à simples relação linear representada pela equação 8.10, e o mais notável entre eles são os ferromagnetos, que abordaremos na próxima subseção. Vamos primeiro examinar os materiais diamagnéticos e paramagnéticos, para os quais a equação 8.20 é válida.

Se $\chi_m < 0$, os dipolos dentro do material tendem a se arranjar em sentido oposto ao do vetor intensidade de campo magnético. Materiais com $\chi_m < 0$ são denominados *diamagnéticos*.

Tabela 8.1 Valores de susceptibilidade magnética de alguns materiais diamagnéticos e paramagnéticos comuns

Material	Susceptibilidade magnética ($\chi_m \cdot 10^5$)
Alumínio	+2,2
Bismuto	-16,6
Diamante (carbono)	-2,1
Grafite (carbono)	-1,6
Hidrogênio	-0,00022
Chumbo	-1,8
Lítio	1,4
Mercúrio	-2,9
Oxigênio	+0,19
Platina	+26,5
Silício	-0,37
Sódio	+0,72
Cloreto de sódio (NaCl)	-1,4
Tungstênio	+6,8
Urânio	+40
Água	-0,9

Figura 8.25 Um sapo vivo é levitado por um forte campo magnético no Laboratório de Altos Campos Magnéticos da Universidade de Radboud, em Nijmegen, Holanda.

A maioria dos materiais exibe **diamagnetismo**. Nestes materiais, um fraco momento de dipolo magnético é induzido em sentido oposto a um campo magnético externo. O campo magnético induzido desaparece quando o campo externo é removido. Se o campo externo for não uniforme, a interação do momento de dipolo induzido do material diamagnético com o campo externo dá origem a uma força orientada de uma região onde o campo magnético é mais intenso para uma região onde ele é menos intenso.

Um exemplo de material biológico que exibe diamagnetismo é mostrado na Figura 8.25. As forças diamagnéticas induzidas por um campo magnético não uniforme de 16 T levitam um sapo vivo. (Esta experiência aparentemente não incomoda o sapo.) Neste caso, a força diamagnética, normalmente desprezível, é suficientemente grande para suplantar a gravidade.

Se a susceptibilidade magnética da equação 8.20 for maior do zero, $\chi_m > 0$, a magnetização do material terá a mesma orientação da intensidade de campo magnético. Observe que χ_m é zero para o vácuo. Esta propriedade constitui o **paramagnetismo**, e materiais que o exibem são denominados *paramagnéticos*. Materiais contendo determinados elementos de transição (incluindo os actinídeos e os terra raras) exibem paramagnetismo. Cada átomo desses elementos possui um dipolo magnético permanente, mas normalmente estes momentos de dipolo magnéticos estão orientados aleatoriamente e não produzem qualquer campo magnético resultante. Entretanto, em presença de um campo magnético externo, alguns desses momentos de dipolo magnético alinham-se no mesmo sentido do campo externo. Quando o campo externo é removido, o momento de dipolo magnético induzido desaparece. Se o campo externo for não uniforme, este momento de dipolo magnético induzido interage com o campo magnético externo e produz uma força orientada de uma região onde o campo magnético é menos intenso para outra região onde ele é mais intenso – exatamente em sentido oposto ao do efeito do diamagnetismo.

Substituindo a expressão para $\vec{M}$ da equação 8.20 na equação 8.19 para o campo magnético, $\vec{B}$, dentro do material, obtemos

$$\vec{B} = \mu_0(\vec{H} + \vec{M}) = \mu_0(\vec{H} + \chi_m \vec{H}) = \mu_0(1 + \chi_m)\vec{H}. \quad (8.21)$$

Em analogia com a permissividade elétrica relativa introduzida no Capítulo 24, a **permeabilidade magnética relativa**, κ_m, é comumente definida como

$$\kappa_m = 1 + \chi_m. \quad (8.22)$$

Então, a permeabilidade magnética, μ, de um material pode ser expressa como

$$\mu = (1 + \chi_m)\mu_0 = \kappa_m \mu_0. \quad (8.23)$$

A substituição de μ_0 por μ na lei de Biot-Savart (equação 8.1) e na lei de Ampère (equação 8.10) possibilita-nos usar essas leis para calcular o campo magnético em um material particular.

Finalmente, para materiais paramagnéticos, o módulo da magnetização apresenta uma dependência com a temperatura. Convencionalmente, esta dependência com a temperatura é expressa pela *lei de Curie*:

$$M = \frac{cB}{T}, \quad (8.24)$$

onde c é a constante de Curie, B é a intensidade do campo magnético e T é a temperatura em kelvins.

Ferromagnetismo

Os elementos ferro, níquel, cobalto, gadolíneo e disprósio – bem como ligas contendo estes elementos – exibem **ferromagnetismo**. Um material ferromagnético exibe um ordenamento de longo alcance em nível atômico, o que faz os momentos de dipolo magnéticos dos átomos se alinharem uns com os outros em uma região limitada, denominada **domínio**. Dentro de um domínio, o campo magnético pode ser intenso. Todavia, em amostras grandes do material, os domínios estão orientados aleatoriamente, não dando origem a qualquer campo magnético líquido. A Figura 8.26b ilustra a ordem ferromagnética perfeita. A Figura 8.26c ilustra o caso interessante de perfeita ordem antiferromagnética, em que as interações entre momentos de dipolo magnéticos vizinhos fazem com que eles se alinhem em sentidos opostos. Tal ordenamento só pode ser obtido a temperaturas muito baixas.

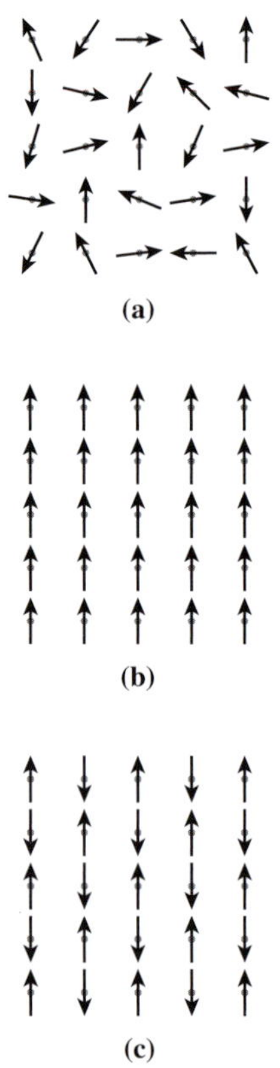

Figura 8.26 Domínios magnéticos: (a) orientados aleatoriamente; (b) em perfeita ordem ferromagnética; (c) em perfeita ordem antiferromagnética.

Um campo magnético externo pode alinhar os domínios como mostra a Figura 8.26b, em decorrência da interação entre os momentos de dipolo magnéticos do domínio e o campo externo. Como resultado todo material ferromagnético retém todo ou parte de seu magnetismo induzido quando o campo magnético externo é removido, pois os domínios permanecem alinhados. Além disso, campo magnético produzido por uma corrente em um solenoide ou um toroide será mais intenso se um material ferromagnético estiver presente dentro do dispositivo. Porém, em contraste com os materiais diamagnéticos e paramagnéticos, os materiais ferromagnéticos não obedecem à simples relação linear expressa pela equação 8.20. Os domínios retêm suas orientações, e, assim, o material exibe uma magnetização não nula mesmo na ausência de um campo magnético externo. (Eis por que existem ímãs permanentes.)

A Figura 8.27 ilustra a dependência da magnetização com a intensidade de campo magnético para os três tipos de materiais que acabamos de discutir. A Figura 8.27a e a Figura 8.27b mostram a dependência linear expressa pela equação 8.20 para materiais diamagnéticos e paramagnéticos. A Figura 8.26c mostra a típica curva fechada de histerese obtida para materiais ferromagnéticos. As setas sobre a curva vermelha indicam o sentido em que se desenvolve o processo de magnetização, enquanto as linhas tracejadas representam a magnetização máxima (positiva ou negativa) possível. Para qualquer ponto desta curva fechada de histerese, a magnetização pode ser expressa em termos de um valor efetivo da permeabilidade magnética, μ, do material ferromagnético, análogo àquele dado pela equação 8.23; no entanto, esta permeabilidade não é constante, mas depende da intensidade do campo magnético aplicado e até mesmo do caminho pelo qual aquele valor de campo foi atingido. Apesar disso, os valores da permeabilidade efetiva, μ, de materiais ferromagnéticos podem ser muito grandes comparados àqueles medidos para os materiais paramagnéticos (por um fator de até 10^4).

O ferromagnetismo apresenta uma dependência com a temperatura. Em uma determinada temperatura, chamada de *temperatura Curie*, os materiais ferromagnéticos deixam de exibir ferromagnetismo. Neste ponto, a ordem ferromagnética devido às interações dos momentos de dipolo destes materiais é suplantada pela agitação térmica. Para o ferro, a temperatura Curie é de 768 °C. A Figura 8.28 ilustra uma demonstração simples em que o aquecimento de um ferromagneto permanente acima de sua temperatura Curie (Figura 8.28b) destrói a atração entre ele e outro ímã permanente (Figura 8.28c). Quando o ímã, subsequentemente, esfria abaixo de sua temperatura Curie (Figura 8.28d), ele se torna novamente um ímã permanente (Figura 8.28e).

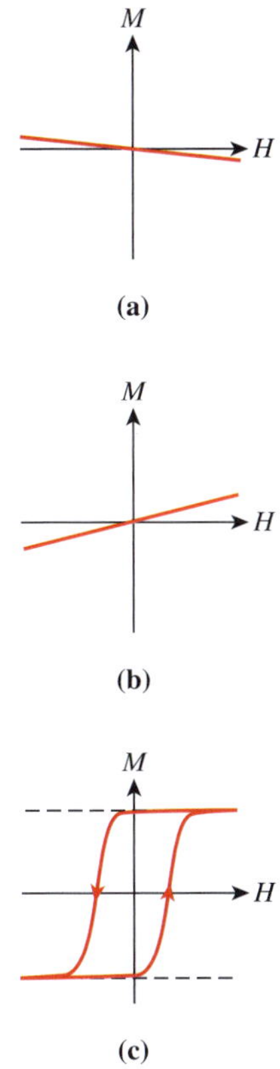

Figura 8.27 A magnetização em função da intensidade de campo magnético: (a) para materiais diamagnéticos; (b) para materiais ferromagnéticos; (c) laço de histerese para materiais ferromagnéticos.

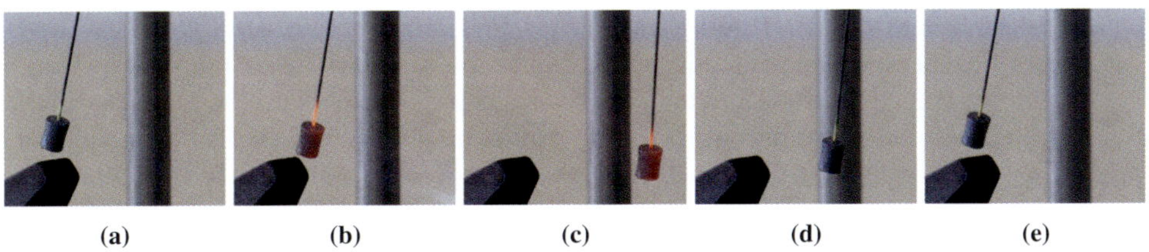

Figura 8.28 Demonstração da temperatura Curie: (a) um ímã permanente é o peso de um pêndulo que é desviado da vertical e ali mantido por outro ímã permanente (canto inferior esquerdo de cada figura); (b) o ímã é aquecido, começa a brilhar avermelhadamente e se aproxima de sua temperatura Curie; (c) o ímã encontra-se acima de sua temperatura Curie e mantém-se na vertical, indicando que não é mais magnético nesta temperatura; (d) quando o ímã esfria abaixo da temperatura Curie, ele volta a ser um ímã permanente; e (e) ele retorna à sua posição de equilíbrio original.

8.7 Magnetismo e supercondutividade

Ímãs para aplicações industriais e pesquisas científicas podem ser construídos usando-se fios resistivos ordinários conduzindo correntes. Um ímã típico deste tipo é um grande solenoide. A corrente que flui pelo fio do eletroímã produz aquecimento resistivo e o calor é geralmente removido por um fluxo de água, de baixa condutividade, fluindo em condutores ocos. (A água de baixa condutividade foi purificada de modo a não poder conduzir eletricidade.) Esses ímãs à temperatura ambiente, tipicamente, produzem campos magnéticos com intensidades de até 1,5 T e são geralmente de fabricação barata, mas dispendiosos em sua operação por causa do alto custo da eletricidade.

Algumas aplicações, como as imagens por ressonância magnética (IRM), requerem campos magnéticos de intensidade a mais alta possível a fim de garantir a melhor relação sinal-ruído nas medições. Para atingir tais valores de campo, os ímãs são confeccionados usando-se espiras supercondutoras em vez de espiras resistivas. Um ímã deste tipo pode produzir um campo mais forte do que um ímã à temperatura ambiente, com uma intensidade de 10 T ou maior. Mate-

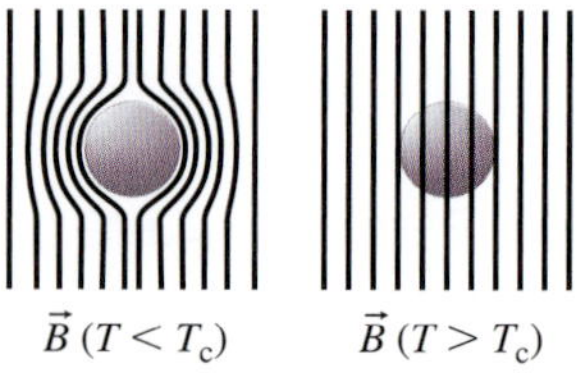

Figura 8.29 O efeito Meissner, no qual um supercondutor elimina campos magnéticos externos de seu interior abaixo da temperatura crítica, o que o torna material supercondutor.

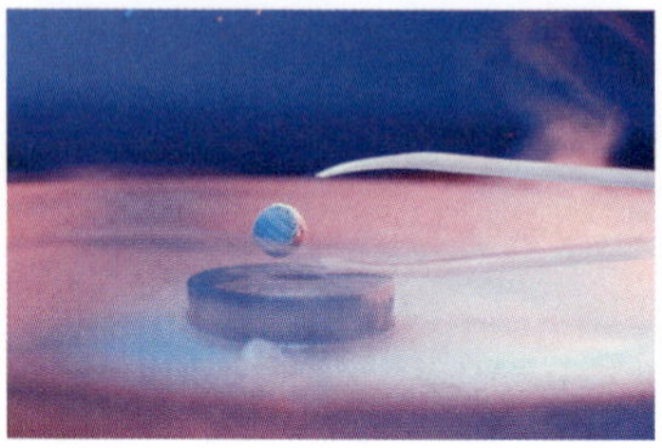

Figura 8.30 Através do efeito Meissner, um supercondutor elimina o campo magnético de um ímã permanente e, assim, flutua sobre ele.

riais como o mercúrio e o chumbo exibem supercondutividade a temperaturas do hélio líquido, porém alguns metais que são bons condutores à temperatura ambiente, como o cobre e o ouro, jamais se tornam supercondutores. A desvantagem de um ímã supercondutor é que o condutor deve ser mantido à temperatura do hélio líquido, de aproximadamente 4 K (embora descobertas recentes, descritas mais adiante nesta seção, estejam minorando esta limitação). Sendo assim, o ímã deve ficar dentro de um criostato preenchido com hélio líquido a fim de se manter frio. Uma vantagem de um ímã supercondutor é o fato de que, uma vez que a corrente seja estabelecida no enrolamento do ímã, ela continuará fluindo até ele ser removido por meios externos. No entanto, a economia de energia obtida por não haver perdas resistivas no enrolamento no mínimo compensa o gasto de energia requerido para manter frio o enrolamento supercondutor.

Quando uma corrente flui através do mercúrio ou do chumbo supercondutor, o material torna-se quase um diamagneto perfeito ($\chi_m \approx -1$). De acordo com a equação 8.21, isso significa que o campo magnético no interior do material é nulo. Logo, o campo magnético é expulso do material supercondutor e somente pequenas densidades de corrente podem ser atingidas. Assim, o campo magnético nulo dentro do material suficientemente frio para torná-lo supercondutor é chamado de efeito Meissner. Acima da temperatura crítica para a transição para supercondutor, T_C, o efeito Meissner desaparece e o material se torna um condutor normal (Figura 8.29).

A Figura 8.30 traz uma demonstração impressionante do efeito Meissner: um pedaço de um supercondutor (resfriado até uma temperatura abaixo de sua temperatura crítica) faz um ímã permanente flutuar acima dele pela eliminação do campo magnético intrínseco do ímã. Isso é conseguido porque as correntes supercondutoras sobre sua superfície produzem um campo magnético oposto ao campo aplicado, resultando em um campo magnético total nulo dentro do supercondutor e em repulsão entre os campos acima do supercondutor.

O condutor usado em um ímã supercondutor é projetado especialmente para suplantar o efeito Messner. Os supercondutores modernos são fabricados com filamentos de uma liga de nióbio-titânio embebidos em cobre sólido. Os filamentos de nióbio-titânio possuem domínios microscópicos nos quais pode existir um campo magnético, sem sofrer exclusão. O cobre serve como suporte mecânico e é capaz de coletar a corrente de carga na qual o supercondutor deveria conduzir normalmente. Este tipo de supercondutor pode produzir campos magnéticos com intensidades tão elevadas quanto 10 T.

Nas duas últimas décadas, físicos e engenheiros descobriam novos materiais que são supercondutores a temperaturas maiores do que 4 K. Temperaturas críticas de até 160 K foram conseguidas para estes *supercondutores de altas temperaturas*, ou seja, eles podem se tornar supercondutores ao serem resfriados com nitrogênio líquido. Muitos pesquisadores ao redor do mundo agora procuram por materiais que sejam supercondutores à temperatura ambiente. Tais materiais revolucionariam inúmeras áreas da indústria, principalmente os transportes e as redes de potência.

O QUE JÁ APRENDEMOS | GUIA DE ESTUDO PARA EXERCÍCIOS

- A permeabilidade magnética do vácuo, μ_0, é igual a $4\pi \cdot 10^{-7}$ T m/A.
- A lei de Biot-Savart, $d\vec{B} = \dfrac{\mu_0}{4\pi}\dfrac{i\,d\vec{s}\times\hat{r}}{r^2}$, expressa o campo magnético infinitesimal, $d\vec{B}$, produzido por um elemento de corrente, $d\vec{s}$, na posição $\vec{r}$ em relação ao elemento de corrente.
- A intensidade do campo magnético a uma distância $r_\perp$ de um fio reto e longo, condutor de uma corrente i, é dada por $B = \mu_0 i/2\pi r_\perp$.
- A intensidade do campo magnético no centro de uma espira circular de raio R, condutora de uma corrente i, é dada por $B = \mu_0 i/2R$.
- A lei de Ampère é dada por $\oint \vec{B}\bullet d\vec{s} = \mu_0 i_{\text{dentro}}$, onde $d\vec{s}$ está ao longo do caminho de integração e i_{dentro} é a corrente contida na amperiana escolhida.
- A intensidade do campo magnético no interior de um solenoide condutor de uma corrente i, contendo n espiras por unidade de comprimento, é dada por $B = \mu_0 ni$.
- A intensidade do campo magnético no interior de um toroide que contém N espiras e conduz uma corrente i é dada por $B = \mu_0 Ni/2\pi r$.
- Para um elétron, de carga $-e$ e massa m, que descreve uma órbita circular, o momento de dipolo magnético está relacionado ao momento angular orbital através de $\vec{\mu}_{\text{orb}} = -\dfrac{e}{2m}\vec{L}_{\text{orb}}$.
- Para materiais diamagnéticos e paramagnéticos, a magnetização é proporcional à intensidade do campo magnético: $\vec{M} = \chi_m \vec{H}$. Os materiais ferromagnéticos seguem um caminho fechado de histerese e, assim, não obedecem uma relação linear como esta.
- O campo magnético no interior de um material diamagnético ou paramagnético deve-se ao campo mag-

nético externo e à magnetização: $\vec{B} = \mu_0(\vec{H} + \vec{M}) = \mu_0(\vec{H} + \chi_m \vec{H}) = \mu_0(1 + \chi_m)\vec{H} = \mu_0 \kappa_m \vec{H} = \mu \vec{H}$, onde κ_m é a permeabilidade magnética relativa.

- As quatro versões da regra da mão direita relacionadas a campos magnéticos são mostradas na Figura 8.31. A 1ª regra da mão direita fornece a orientação da força magnética sobre uma partícula carregada em movimento em presença de um campo magnético. A 2ª regra da mão direita fornece a orientação do vetor unitário normal de uma espira de corrente. A 3ª regra da mão direita fornece a orientação do campo magnético produzido por uma corrente em um fio. E a 4ª regra da mão direita fornece a orientação do campo magnético no interior de um eletroímã toroidal.

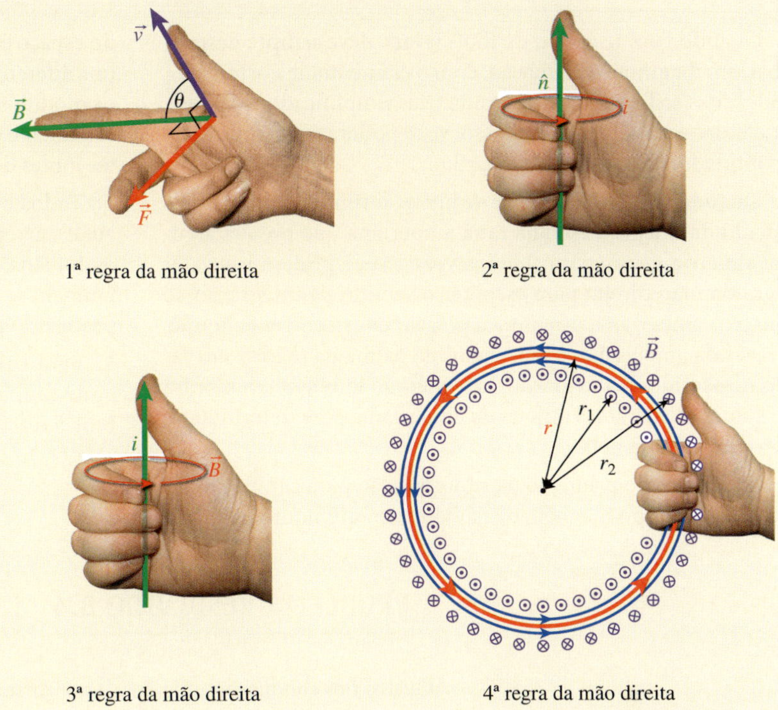

Figura 8.31 As quatro regras da mão direita relacionadas a campos magnéticos.

TERMOS-CHAVE

amperiana, p. 227
bobina de Helmholtz, p. 228
diamagnetismo, p. 236
domínio, p. 236
ferromagnetismo, p. 236
intensidade de campo magnético, p. 235
lei de Ampère, p. 227
lei de Biot-Savart, p. 218
magnetização, p. 234
paramagnetismo, p. 236
permeabilidade magnética do vácuo, p. 218
permeabilidade magnética relativa, p. 236
solenoide, p. 229
susceptibilidade magnética, p. 235
toroide, p. 231

NOVOS SÍMBOLOS E EQUAÇÕES

$\mu_0 = 4\pi \cdot 10^{-7}$ Tm/A, permeabilidade magnética do vácuo

$d\vec{s}$, vetor deslocamento infinitesimal da lei de Ampère

i_{dentro}, corrente contida em uma amperiana

$\oint \vec{B} \bullet d\vec{s} = \mu_0 i_{\text{dentro}}$, lei de Ampère

$\vec{\mu}_{\text{orb}}$, momento de dipolo magnético orbital de um elétron em órbita circular

$\vec{L}_{\text{orb}}$, momento angular orbital de um elétron que descreve uma órbita circular em um átomo

$\vec{M}$, magnetização

$\vec{H} = \vec{B}_0/\mu_0$, intensidade de campo magnético

χ_m, susceptibilidade magnética

κ_m, permeabilidade magnética relativa

RESPOSTAS DOS TESTES

8.1 No ponto P_1, o campo magnético está orientado no sentido positivo do eixo y. No ponto P_2, o campo magnético está orientado no sentido negativo do eixo x.

8.2 Dois fios paralelos, condutores de correntes de mesmo sentido, se atraem. Dois fios paralelos, condutores de correntes de sentidos opostos, se repelem.

8.3 $B_x = \dfrac{\mu_0 i}{2} \dfrac{R^2}{\left(0^2 + R^2\right)^{3/2}} = \dfrac{\mu_0 i}{2} \dfrac{R^2}{R^3} = \dfrac{\mu_0 i}{2R}$.

GUIA DE RESOLUÇÃO DE PROBLEMAS

1. Quando você usar a lei de Biot-Savart, deve sempre desenhar um diagrama da situação, com o elemento de corrente realçado. Verifique se existem simetrias simplificadoras antes de efetuar seus cálculos; com isso, você poderá poupar uma quantidade significativa de trabalho.

2. Quando você usar a lei de Ampère, a fim de simplificar o cálculo da integral, escolha uma amperiana que possua alguma simetria geométrica. Muitas vezes, você poderá usar a 3ª regra da mão direita para escolher o sentido de integração ao longo da amperiana: oriente seu polegar com a corrente líquida através da amperiana, e seus dedos da palma da mão se curvarão no sentido de integração. Este método também o lembrará de somar as correntes através da amperiana, para determinar a corrente contida nela.

3. Lembre-se do princípio da superposição para campos magnéticos. O campo magnético resultante em um ponto qualquer do espaço é a soma vetorial dos campos magnéticos produzidos por diferentes objetos. Esteja certo de simplesmente não somar os módulos. Em vez disso, em geral você precisará somar separadamente os componentes espaciais produzidos pelas diferentes fontes de campo magnético.

4. Todos os princípios que governam o movimento de partículas carregadas em presença de campos magnéticos, e todos os tópicos do guia de resolução de problemas do Capítulo 7 também se aplicam aqui. Não importa se o campo magnético é produzido por um ímã permanente ou por um eletroímã.

5. Para calcular o campo magnético em um material, você pode usar as fórmulas derivadas da lei de Ampère e da lei de Biot-Savart, porém você tem de substituir μ_0 por $\mu \equiv \kappa_m \mu_0 \equiv (1 + \chi_m)\mu_0$.

PROBLEMA RESOLVIDO 8.4 Campo magnético produzido por quatro fios

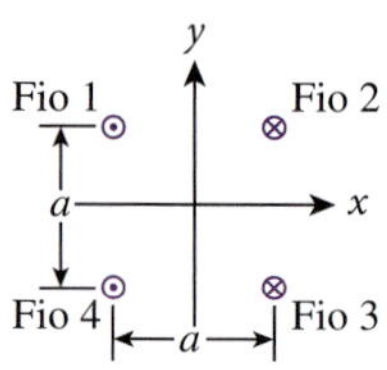

Figura 8.32 Quatro fios localizados nos vértices de um quadrado. Dois deles conduzem correntes para dentro da página, enquanto os outros dois conduzem correntes para fora da página.

Quatro fios conduzem, cada qual, uma corrente de valor i = 1,00 A. Os fios estão localizados nos quatro vértices de um quadrado de lado a = 3,70 cm. Dois deles conduzem correntes que entram no plano da página, enquanto os outros dois conduzem correntes em sentido inverso (Figura 8.32).

PROBLEMA

Qual é o componente y do campo magnético no centro do quadrado?

SOLUÇÃO

PENSE

O campo magnético no centro do quadrado é a soma vetorial dos campos magnéticos produzidos individualmente pelas correntes dos quatro fios. A intensidade do campo magnético produzido por cada um dos fios é a mesma. A orientação do campo magnético de cada fio é determinada usando-se a 3ª regra da mão direita.

DESENHE

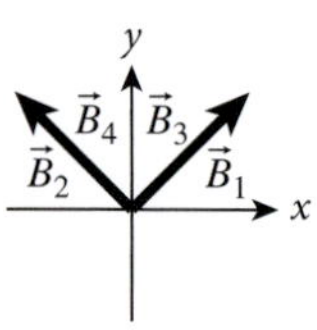

Figura 8.33 Campos magnéticos produzidos pelos quatro fios condutores de corrente.

A Figura 8.33 mostra os campos magnéticos dos quatro fios: $\vec{B}_1$ é o campo magnético produzido pelo fio 1, $\vec{B}_2$ é produzido pelo fio 2, $\vec{B}_3$ pelo fio 3 e $\vec{B}_4$ pelo fio 4. Note que $\vec{B}_2$ e $\vec{B}_4$ são iguais entre si, e $\vec{B}_1$ e $\vec{B}_3$ são iguais um ao outro.

PESQUISE

A intensidade do campo magnético produzido por cada um dos fios é dada por

$$B = \frac{\mu_0 i}{2\pi r} = \frac{\mu_0 i}{2\pi\left(a/\sqrt{2}\right)},$$

onde $a/\sqrt{2}$ é a distância entre cada fio e o centro do quadrado.

A 3ª regra da mão direita fornece-nos as orientações dos campos magnéticos, mostrados na Figura 8.33. A componente y de cada campo magnético é dada por

$$B_y = B \text{ sen } 45°.$$

SIMPLIFIQUE

A soma das componentes e dos quatro campos magnéticos é

$$B_{y,\text{total}} = 4B_y = 4B\text{sen}\,45° = 4\frac{\mu_0 i}{2\pi\left(a/\sqrt{2}\right)}\left(\frac{1}{\sqrt{2}}\right) = \frac{2\mu_0 i}{\pi a},$$

onde usamos o fato de que sen 45° $= 1/\sqrt{2}$.

CALCULE

Substituindo os valores numéricos fornecidos, obtemos

$$B_{y,\text{total}} = \frac{2\mu_0 i}{\pi a} = \frac{2\left(4\pi \cdot 10^{-7}\ \text{T m/A}\right)\left(1{,}00\ \text{A}\right)}{\pi\left(3{,}70 \cdot 10^{-2}\ \text{m}\right)} = 2{,}16216 \cdot 10^{-5}\ \text{T}.$$

ARREDONDE

Apresentamos nosso resultado com três algarismos significativos:

$$B_{y,\text{total}} = 2{,}16 \cdot 10^{-5}\ \text{T}.$$

SOLUÇÃO ALTERNATIVA

Para avaliar nosso resultado, calculamos a intensidade do campo magnético de um fio no centro do quadrado:

$$B = \frac{\mu_0 i}{2\pi\left(a/\sqrt{2}\right)} = \frac{\left(4\pi \cdot 10^{-7}\ \text{T m/A}\right)\left(1{,}00\ \text{A}\right)\sqrt{2}}{2\pi\left(3{,}70 \cdot 10^{-2}\ \text{m}\right)} = 7{,}64 \cdot 10^{-6}\ \text{T}.$$

A soma das componentes y, portanto, é

$$B_{\text{total}} = \frac{4\left(7{,}64 \cdot 10^{-6}\ \text{T}\right)}{\sqrt{2}} = 2{,}16 \cdot 10^{-5}\ \text{T}$$

o que está em concordância com nosso resultado.

PROBLEMA RESOLVIDO 8.5 Movimento de um elétron num solenoide

Um solenoide ideal possui 200 espiras/cm. Um elétron no interior do enrolamento de um solenoide descreve um círculo de raio $r = 3{,}00$ cm, perpendicular ao eixo do solenoide. O elétron se move com uma velocidade de módulo igual a $v = 0{,}0500c$, onde c é o módulo da velocidade da luz.

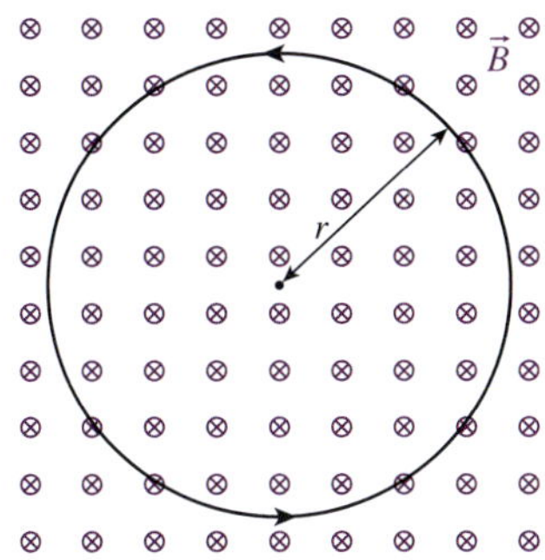

Figura 8.34 Elétron descrevendo uma trajetória circular dentro de um solenoide.

PROBLEMA

Quanto vale a corrente do solenoide?

SOLUÇÃO

PENSE

O solenoide produz um campo magnético uniforme proporcional à corrente do solenoide. O raio da trajetória circular do elétron está relacionado à velocidade da partícula e ao campo magnético no interior do solenoide.

DESENHE

A Figura 8.34 mostra a trajetória circular do elétron no campo magnético uniforme do solenoide.

PESQUISE

A intensidade do campo magnético no interior do solenoide é dada por

$$B = \mu_0 n i, \qquad \text{(i)}$$

onde i é a corrente do solenoide e n é o seu número de espiras por unidade de comprimento. A força magnética fornece a força centrípeta necessária para que o elétron descreva um círculo e, assim, o raio da trajetória do elétron pode ser relacionado a B:

$$r = \frac{mv}{eB}, \qquad \text{(ii)}$$

onde m é a massa do elétron, v é a sua velocidade e e é o valor absoluto de sua carga.

Continua →

SIMPLIFIQUE

Combinando-se as equações (i) e (ii), temos

$$r = \frac{mv}{e(\mu_0 ni)}.$$

Isolando a corrente a partir desta equação, obtemos

$$i = \frac{mv}{er\mu_0 n}. \qquad \text{(iii)}$$

CALCULE

A velocidade do elétron foi expressa em termos da velocidade da luz:

$$v = 0{,}0500c = 0{,}0500(3{,}00 \cdot 10^8 \text{ m/s}) = 1{,}50 \cdot 10^7 \text{ m/s}.$$

Substituindo na equação (iii) este e os outros valores numéricos fornecidos, obtemos

$$i = \frac{mv}{er\mu_0 n} = \frac{\left(9{,}11 \cdot 10^{-31} \text{ kg}\right)\left(1{,}50 \cdot 10^7 \text{ m/s}\right)}{\left(1{,}602 \cdot 10^{-19} \text{ C}\right)\left(3{,}00 \cdot 10^{-2} \text{ m}\right)\left(4\pi \cdot 10^{-7} \text{ T m/A}\right)\left(200 \cdot 10^2 \text{ m}^{-1}\right)}$$
$$= 0{,}113132 \text{ A}.$$

ARREDONDE

Apresentamos nosso resultado com três algarismos significativos:

$$i = 0{,}113 \text{ A}.$$

SOLUÇÃO ALTERNATIVA

Para avaliar nosso resultado, nós calcularemos a intensidade do campo magnético de um fio no centro de um quadrado:

$$B = \mu_0 ni = \left(4\pi \cdot 10^{-7} \text{ T m/A}\right)\left(200 \cdot 10^2 \text{ m}^{-1}\right)\left(0{,}113 \text{ A}\right) = 0{,}00284 \text{ T}.$$

Um campo magnético desta intensidade é plausível. Assim, o valor que calculamos para a corrente do solenoide é também plausível.

QUESTÕES DE MÚLTIPLA ESCOLHA

8.1 Dois fios retos e longos são paralelos um ao outro. Eles conduzem correntes de valores diferentes. Se o valor da corrente em cada fio for dobrado, o módulo da força magnética entre eles será

a) duas vezes maior do que o módulo da força original.

b) quatro vezes maior do que o módulo da força original.

c) o mesmo da força original.

d) duas vezes menor do que o módulo da força original.

8.2 Um elemento de corrente produz um campo magnético na região ao seu redor. Em qualquer ponto do espaço, o campo magnético produzido por este elemento de corrente está orientado

a) radialmente do elemento de corrente para o ponto do espaço.

b) paralelamente ao elemento de corrente.

c) perpendicularmente ao elemento de corrente, na direção radial.

8.3 O número de espiras de um solenoide é dobrado, enquanto seu comprimento é reduzido à metade. De que maneira muda o campo por ele produzido?

a) Dobra de valor.

b) Seu valor se reduz à metade.

c) Quadruplica de valor.

d) Permanece inalterado.

8.4 A força magnética não pode realizar trabalho sobre uma partícula carregada pelo fato de ela ser sempre perpendicular à velocidade da partícula. Como, então, pode um ímã atrair pregos? Considere dois fios paralelos condutores de correntes também paralelas. Os campos magnéticos causam atração entre os fios, parecendo que o campo magnético produzido por um deles está realizando trabalho sobre o outro. Como isso é explicado?

a) A força magnética não pode realizar trabalho algum sobre cargas isoladas; isso nada diz a respeito da possibilidade de ela realizar trabalho sobre cargas confinadas a um condutor.

b) Uma vez que somente um campo elétrico pode realizar trabalho sobre cargas, na verdade é o campo elétrico que realiza trabalho neste caso.

c) Este trabalho aparente deve-se a outro tipo de força.

8.5 Em um solenoide no qual o fio foi enrolado de modo que as espiras adjacentes se toquem, qual das seguintes operações aumentará o campo magnético dentro do eletroímã?

a) Tornar menor o raio das espiras.

b) Aumentar o raio do fio usado.

c) Aumentar o raio do solenoide.

d) Diminuir o raio do fio usado.

e) Imergir o solenoide em gasolina.

8.6 Dois fios isolados cruzam-se formando um ângulo de 90°. Existem correntes nos fios. Qual das seguintes figuras representa melhor a configuração dos fios, se a corrente no fio horizontal flui no sentido positivo do eixo x, enquanto a do fio vertical flui no sentido positivo do eixo y?

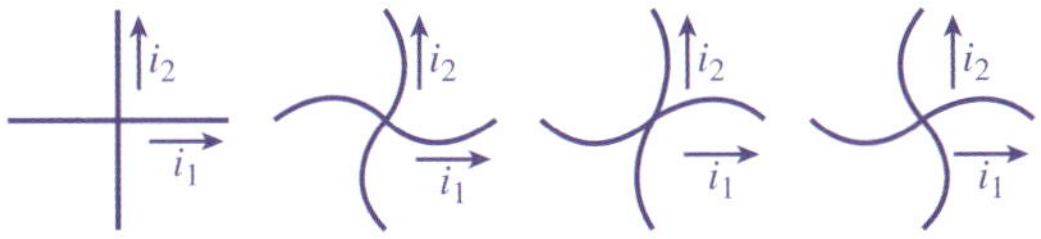

(a) (b) (c) (d)

8.7 Qual é uma boa regra prática para projetar uma bobina magnética simples? Especificamente, dada uma bobina circular de 1 cm de raio, qual é, aproximadamente, a intensidade do campo magnético, em gauss por ampère por espira? (*Observação*: 1 G = 0,0001 T.)

a) 0,0001 G/(A-espira)

b) 0,01 G/(A-espira)

c) 1 G/(A-espira)

d) 100 G/(A-espira)

8.8 Um cilindro maciço conduz uma corrente uniformemente distribuída ao longo de sua seção transversal. Onde é máxima a intensidade do campo magnético produzido?

a) No centro da seção transversal do cilindro.

b) No meio do cilindro.

c) Na superfície.

d) Nenhuma das alternativas acima.

8.9 Dois fios retos e longos conduzem correntes de mesmo sentido, como mostrado na figura. A força entre os fios é

a) atrativa. b) repulsiva. c) nula.

8.10 Em um experimento magneto-óptico, uma amostra de líquido contida em um frasco esférico de 10 mL é colocada em presença de um campo magnético altamente uniforme, e um feixe de laser é direcionado para a amostra. Qual dos seguintes dispositivos deve ser usado para criar o campo magnético uniforme exigido pelo experimento?

a) Uma espira plana de 5 cm de diâmetro formada por um fio de calibre 4.

b) Uma bobina de 10 cm de diâmetro e 20 espiras, feita com um fio de calibre 18 enrolado apertadamente em uma única camada.

c) Um solenoide de 2 cm de diâmetro e 10 cm de comprimento, feito com um fio de calibre 18 enrolado apertadamente.

d) Um par de bobinas coaxiais de 10 cm de diâmetro, separadas por uma distância de 5 cm, cada qual formada por uma espira de fio calibre 4.

QUESTÕES

8.11 Muitas aplicações elétricas usam cabos duplos de ligações torcidos, nos quais os fios terra e de sinal espiralam um em torno do outro. Por quê?

8.12 Discuta como a precisão de uma agulha de bússola em revelar a verdadeira direção norte pode ser afetada por campos magnéticos devido a fios e aparelhos domésticos de um prédio residencial.

8.13 Pode existir um solenoide ideal, que não produz qualquer campo magnético em seu exterior, existir? Em caso negativo, de que serve a derivação do campo magnético no interior de um solenoide oco (Seção 8.4)?

8.14 Forças conservativas tendem a minimizar a energia potencial de qualquer sistema. Use este princípio para explicar a orientação da força sobre a espira condutora de corrente descrita no Exemplo 8.1.

8.15 Duas partículas, cada qual de carga q e massa m, deslocam-se no vácuo em trajetórias paralelas separadas por uma distância d, ambas com velocidade de módulo v (muito menor do que a velocidade da luz). Determine a razão entre os módulos da força magnética e da força elétrica que cada uma exerce sobre a outra, F_m/F_e.

8.16 Um tubo cilíndrico, reto e longo, de raio interno a e raio externo b, conduz uma corrente total i uniformemente distribuída através de sua seção transversal. Determine a intensidade do campo magnético produzido pelo tubo no ponto médio entre o raio interno e o externo.

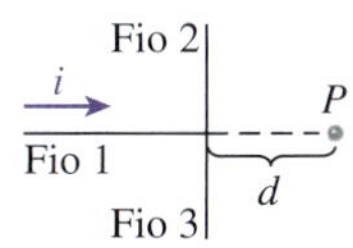

8.17 Três fios retos idênticos são ligados formando um "T", como ilustra a figura. Se uma corrente i flui para o nó, qual é o campo magnético no ponto P, a uma distância d do nó?

8.18 Em certa região, existe um campo magnético, $\vec{B}$, constante e uniforme. Qualquer campo elétrico nesta região também é invariável com o tempo. Determine a densidade de corrente, $\vec{J}$, nesta região.

8.19 O caráter magnético das componentes da matéria é determinado pelos momentos magnéticos de spin. (As contribuições dos núcleos são desprezíveis, pois o momento magnético de spin do próton é cerca de 658 vezes menor que o do elétron.) Se os átomos ou as moléculas de uma substância possuírem spins de elétrons desemparelhados, o momento magnético associado dará origem a um comportamento paramagnético ou ferromagnético se as interações entre os átomos ou as moléculas forem suficientemente fortes para alinhá-los em domínios. Se os átomos ou as moléculas não possuírem spins desemparelhados, então perturbações magnéticas das órbitas dos elétrons darão origem ao comportamento diamagnético.

a) O hidrogênio molecular gasoso (H_2) é fracamente diamagnético. O que isso implica a respeito dos spins dos dois elétrons dessa molécula?

b) Como você esperaria que fosse o comportamento magnético do hidrogênio atômico gasoso (H)?

8.20 Quando expostos a campos magnéticos suficientemente fortes, os materiais saturam, ou seja, tendem a ter uma magnetização máxima. Você esperaria que a magnetização de saturação (máxima) de materiais paramagnéticos fosse muito menor, aproximadamente igual ou muito maior do que a de materiais ferromagnéticos? Explique a razão.

8.21 Um fio longo e reto conduz uma corrente como ilustrado na figura. Um único elétron é arremessado diretamente para o fio, vindo de cima. A trajetória do elétron e o fio encontram-se no mesmo plano. O elétron será desviado de sua trajetória original e, se isso ocorrer, em que direção?

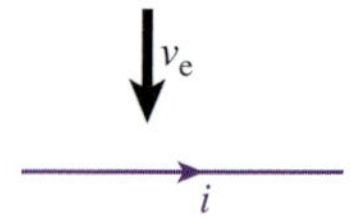

PROBLEMAS

Um • ou dois •• indicam nível crescente de dificuldade do problema.

Seções 8.1 e 8.2

8.22 Dois fios longos e paralelos estão separados por 3,0 mm. A corrente em um dos fios é o dobro da corrente no outro. Se o módulo da força sobre 1,0 m de comprimento de um dos fios for de 7,0 μN, quais serão os valores das correntes?

8.23 Um elétron é arremessado por um canhão de elétrons com uma velocidade de $4{,}0 \cdot 10^5$ m/s e move-se paralelamente e a uma distância de 5,0 cm acima de um fio reto e longo que conduz uma corrente de 15 A. Determine o módulo e a orientação da aceleração do elétron no instante em que ele sai do canhão.

3.24 Um elétron se desloca em linha reta com uma velocidade de $5 \cdot 10^6$ m/s. Qual é a intensidade e a orientação do campo magnético criado pelo elétron em movimento a uma distância $d = 5$ m à sua frente, sobre a linha que representa sua trajetória? Como mudaria a resposta se a partícula em movimento fosse um próton?

3.25 Suponha que o campo magnético da Terra se devesse a uma única corrente fluindo em um círculo de 2.000 km de raio no núcleo líquido do planeta. A intensidade do campo magnético terrestre na superfície, próximo a um polo magnético, é de aproximadamente $6 \cdot 10^{-5}$ T. Qual seria o valor requerido para tal corrente produzir este campo?

8.26 Um amperímetro quadrado possui lados de 3 cm de comprimento. Os lados do amperímetro são capazes de medir o campo magnético a que estão sujeitos. Quando o amperímetro é fixado ao redor de um fio que conduz uma corrente CC, como ilustrado na figura, o valor médio do campo magnético medido nos lados é de 3 G. Quanto vale a corrente no fio?

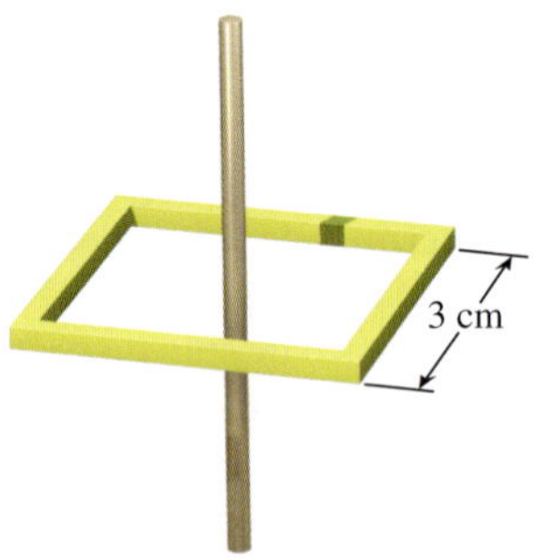

• 8.27 Um fio reto e longo, condutor de 2,0 A de corrente, situa-se ao longo do eixo x. Uma partícula de carga $q = -3$ μC passa pelo ponto $(x,y,z) = (0,2,0)$. Sobre o plano xy, onde deveria estar localizado outro fio reto e longo para que não existisse qualquer força magnética exercida sobre a partícula no ponto onde ela atravessa o plano?

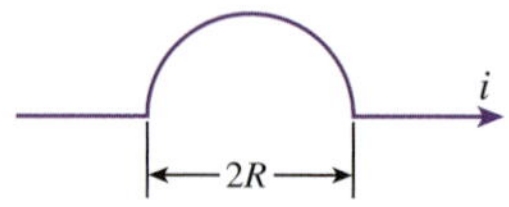

• 8.28 Determine o campo magnético de um fio de forma semicircular como o mostrado na figura, com raio $R = 10{,}0$ cm, se a corrente for $i = 12{,}0$ A.

• 8.29 Dois fios muito compridos situam-se paralelamente ao eixo z, como ilustrado na figura. Cada um deles conduz uma corrente, $i_1 = i_2 = 25{,}0$ A, no sentido positivo do eixo z. O campo magnético terrestre é dado por $\vec{B} = (2{,}6 \cdot 10^{-5})\hat{y}$ T (no plano xy e apontando para o norte). Uma agulha imantada móvel é posicionada na origem. Determine o ângulo θ entre a agulha imantada e o eixo x. (*Dica*: a agulha imantada alinhará seu eixo com a direção do campo magnético resultante.)

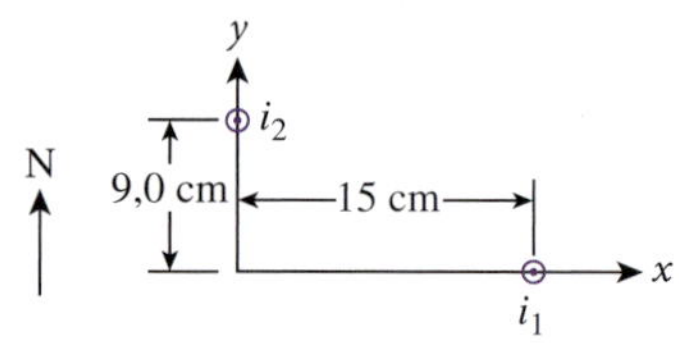

• 8.30 Duas bobinas coaxiais idênticas, feitas de um fio de 20 cm de raio, estão uma diretamente sobre o topo da outra, separadas por um espaço de 2 mm. A bobina inferior é plana e quadrada e conduz uma corrente i no sentido horário; e a bobina superior conduz um corrente idêntica e possui uma massa de 0,050 kg. Determine o valor e o sentido que a corrente da bobina superior deve ter a fim de manter levitada a bobina em sua presente altura.

• 8.31 Um fio reto e longo, situado ao longo do eixo x, conduz uma corrente, i, que flui no sentido positivo do eixo x. Um segundo fio reto e longo situa-se ao longo do eixo y, e conduz uma corrente i no sentido positivo do eixo y. Qual é a intensidade e a orientação do campo magnético no ponto $z = b$ do eixo z?

• 8.32 Uma espira quadrada com lados de 10 cm de comprimento conduz uma corrente de 0,3 A. Qual é o campo magnético no centro da espira quadrada?

• 8.33 A figura mostra um corte transversal de três fios retos e longos com distribuição de massa igual a 100 g/m. Eles conduzem correntes i_1, i_2 e i_3, respectivamente, nos sentidos indicados. Os fios 2 e 3 estão separados por 10 cm de distância e fixados a uma

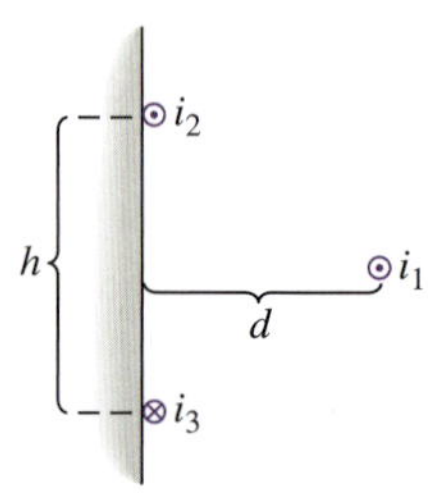

superfície vertical, cada qual conduzindo uma corrente de 600 A. Que corrente i_1 permitirá que o fio 1 "flutue" a uma distância perpendicular d = 10 cm da superfície vertical? (Despreze a espessura dos fios.)

• **8.34** Uma configuração em forma de braçadeira é formada por dois fios retos semi-infinitos, separados um do outro por 2 cm e unidos por um pedaço de fio semicircular (cujo raio é de 1 cm e cujo centro encontra-se na origem do sistema de coordenadas xyz). O fio reto superior está ao longo da linha y = 1 cm, e o fio inferior, na linha y = –1 cm; e esses dois fios estão do lado esquerdo ($x < 0$) do plano xy. A corrente na braçadeira é de 3,0 A, orientada para a direita no fio superior, em sentido horário no pedaço semicircular, e para a esquerda no fio inferior. Determine o campo magnético na origem do sistema de coordenadas.

• **8.35** Um fio reto e longo localiza-se ao longo do eixo x ($y = z = 0$). Ele conduz uma corrente de 7 A no sentido positivo do eixo x. Qual é o módulo e qual a orientação da força sobre uma partícula de 9 C de carga localizada em (+ 1 m, +2 m, 0), quando sua velocidade for de 3.000 m/s, em cada um dos seguintes sentidos?

a) Sentido positivo do eixo x.

b) Sentido positivo do eixo y.

c) Sentido negativo do eixo z.

• **8.36** Um fio longo e reto conduz uma corrente de 10,0 A no sentido positivo do eixo x, como ilustra a figura. Próximo ao fio, existe uma espira quadrada de cobre que conduz uma corrente de 2,00 A no sentido indicado. O lado mais próximo ao fio encontra-se a uma distância d = 0,50 m do fio. O comprimento de cada lado do quadrado é a = 1,00 m.

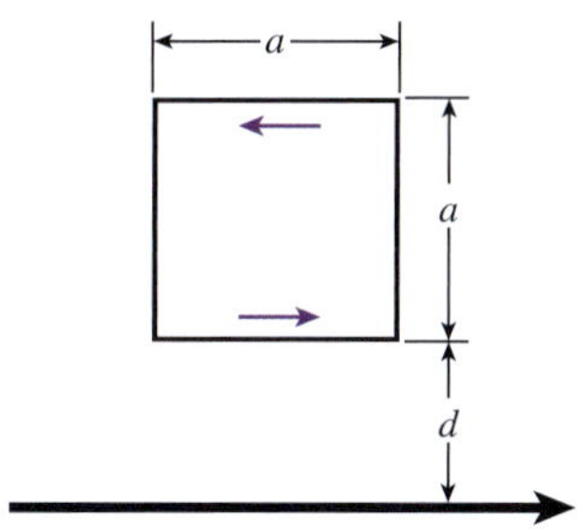

a) Determine a força resultante entre os dois objetos condutores de correntes.

b) Determine o torque resultante sobre a espira.

8.37 Uma caixa quadrada com lados de 1 m tem um dos cantos situado na origem de um sistema de coordenadas, como ilustrado na figura. Duas bobinas são fixadas no exterior da caixa. Uma delas está na face da caixa que se encontra no plano xz, em y = 0, enquanto a segunda está na face da caixa no plano yz, em x = 1 m. Cada uma delas tem um diâmetro de 1 m e contém 30 voltas de fio, o qual conduz uma corrente de 5 A. Em cada bobina, a corrente circula em sentido horário quando a bobina é vista de fora da caixa. Qual são a intensidade e a orientação do campo magnético no centro da caixa?

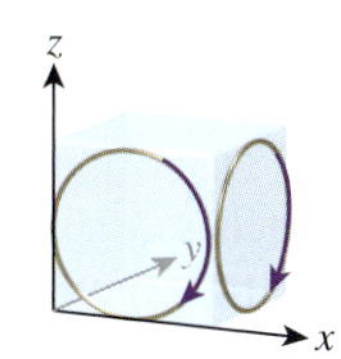

Seção 8.3

8.38 Uma espira quadrada, com lados de comprimento L, conduz uma corrente i. Determine a intensidade do campo magnético produzido pela espira em seu próprio centro, em função de i e de L.

8.39 A figura mostra uma seção transversal através de um diâmetro de um cilindro condutor maciço e longo. O raio do cilindro é R = 10,0 cm. Uma corrente de 1,35 A está uniformemente distribuída através do condutor, fluindo para fora da página. Determine a orientação e a intensidade do campo magnético nas posições dadas por r_a = 0,0 cm, r_b = 4,00 cm, r_c = 10,00 cm e r_d = 16,0 cm.

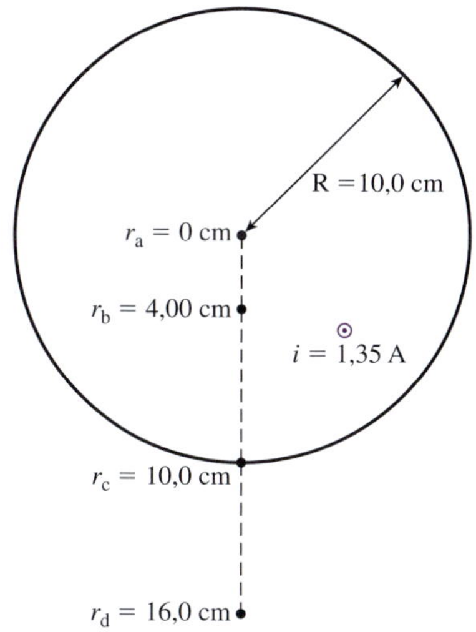

8.40 Fios paralelos, separados um do outro por uma distância D, conduzem uma corrente, i, em sentidos opostos, como ilustra a figura. Uma espira circular, de raio $R = D/2$, conduz uma corrente de mesmo valor fluindo em sentido anti-horário. Determine a intensidade e a orientação do campo magnético no centro da espira em função de i e de R.

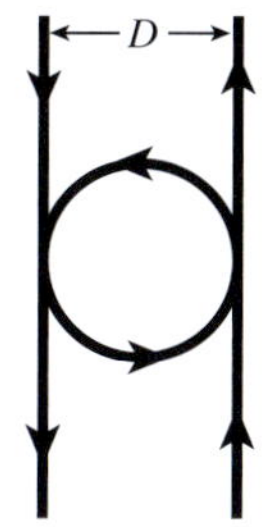

8.41 Uma corrente de densidade constante J_0 flui em uma casca cilíndrica condutora, muito longa, de raio interno a e raio externo b. Qual é o campo magnético nas regiões $r < a$, $a < r < b$, e $r > b$? Em $r = b$, $B_{a<r<b} = B_{r>b}$?

8.42 A densidade de corrente em um condutor cilíndrico de raio R varia de acordo com $J(r) = J_0 r/R$ (na região de zero a R). Expresse a intensidade do campo magnético nas regiões $r < R$ e $r > R$. Faça um desenho da dependência radial, $B(r)$.

• **8.43** Uma folha condutora muito extensa localizada no plano xy, como mostra a figura, tem uma corrente uniforme fluindo ao longo do eixo y. A densidade de corrente vale 1,5 A/cm. Usa a lei de Ampère para determinar a orientação e a intensidade do campo magnético logo acima do centro da folha (e distante de qualquer de suas bordas).

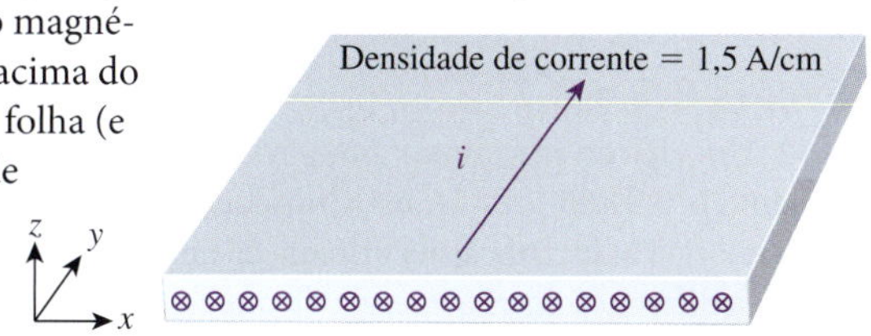

•• **8.44** Um cabo coaxial é constituído por um núcleo de cobre com 1 mm de raio, rodeado por uma camada de cobre com raio interno de 1,5 mm e raio externo de 2 mm. Uma corrente, i, flui em um sentido no núcleo de cobre e no sentido inverso na camada. Desenhe o gráfico da intensidade do campo magnético em função da distância em relação ao centro do cabo.

•• **8.45** A densidade de corrente de um condutor cilíndrico de raio R varia de acordo com $J(r) = J_0 e^{-r/R}$ (na região que vai de zero a R). Expresse a intensidade do campo magnético nas regiões $r < R$ e $r > R$. Faça também o esboço da dependência radial, $B(r)$.

Seção 8.4

8.46 Uma corrente de 2 A flui por um solenoide de 1.000 espiras e comprimento $L = 40$ cm. Qual é a intensidade do campo magnético no interior do solenoide?

8.47 Um solenoide A tem um diâmetro duas vezes maior, um comprimento três vezes maior e um número de espiras quatro vezes maior do que outro solenoide B. Os dois solenoides conduzem correntes de mesmo valor. Determine a razão entre a intensidade do campo magnético dentro do solenoide A e do solenoide B.

8.48 Um solenoide longo (com 6 cm de diâmetro) é constituído por 1.000 espiras por metro de um fio fino, através do qual é mantida fluindo uma corrente de 0,250 A. Um fio condutor de uma corrente de 10,0 A é inserido ao longo do eixo do solenoide. Qual é a intensidade do campo magnético em um ponto a 1,00 cm do eixo?

8.49 Um fio reto e longo conduz uma corrente de 2,5 A.

a) Quanto vale a intensidade do campo magnético a uma distância de 3,9 cm do fio?

b) Se o fio ainda conduzisse 2,5 A de corrente, mas fosse usado para formar um longo solenoide com 32 espiras por centímetro e 3,9 cm de raio, qual seria a intensidade do campo magnético no centro deste solenoide?

8.50 A Figura 8.18a mostra uma bobina de Helmholtz usada para produzir campos magnéticos. Suponha que a bobina consista em dois conjuntos de espiras coaxiais, cada qual com 15 espiras de raio $R = 75{,}0$ cm, separados por uma distância R, cada bobina carregando uma corrente de 0,123 A que flui em um mesmo sentido. Determine a intensidade e a orientação do campo magnético no ponto central entre as bobinas.

•**8.51** Um detector de partículas utiliza um solenoide que possui 550 espiras por centímetro. O fio conduz uma corrente de 22 A. Um detector cilíndrico, situado dentro do solenoide, possui um raio interno de 0,80 m. Feixes de elétrons e de pósitrons são direcionados para dentro do solenoide, paralelamente ao seu eixo. Qual é o mínimo valor de momento perpendicular ao eixo do solenoide que uma partícula deve possuir para ser capaz de entrar no detector?

Seções 8.5 a 8.7

8.52 Um elétron possui um momento magnético de spin de módulo $\mu = 9{,}285 \cdot 10^{-24}$ A m^2. Consequentemente, ele possui uma energia associada à sua orientação em um campo magnético. Se a diferença entre a energia de um elétron com o "spin para cima" (*spin up*) em presença de um campo magnético de intensidade B e a energia de outro elétron com "spin para baixo" (*spin down*) no mesmo campo magnético (onde "para cima" e "para baixo" são relativos ao sentido do campo magnético) é igual a $9{,}460 \cdot 10^{-25}$ J, quanto vale a intensidade do campo magnético, B?

8.53 Quando um dipolo magnético é colocado em presença de um campo magnético, ele tem uma tendência natural a minimizar sua energia potencial alinhando-se com o campo. Se existir energia térmica suficiente, o dipolo pode girar de maneira que não fique mais alinhado com o campo. Usando k_BT como uma medida da energia térmica, onde k_B é a constante de Boltzmann e T é a temperatura em kelvins, determine a temperatura na qual existirá energia térmica suficiente para girar o dipolo magnético associado a um átomo de hidrogênio de uma orientação paralela ao campo magnético aplicado para outra antiparalela ao campo aplicado. Considere que a intensidade do campo seja de 0,15 T.

8.54 O alumínio torna-se supercondutor a uma temperatura aproximada de 1 K se exposto a um campo magnético de intensidade menor do que 0,0105 T. Determine a corrente máxima que pode fluir em um fio de alumínio supercondutor com raio $R = 1$ mm.

8.55 Se você deseja construir um eletroímã fazendo circular uma corrente de 3,0 A em um solenoide com 500 espiras e 3,5 cm de comprimento, e deseja que o campo magnético no interior do solenoide tenha uma intensidade $B = 2{,}96$ T, pode inserir um núcleo de ferrite dentro do solenoide. Que valor de permeabilidade magnética o núcleo de ferrite deveria ter a fim de que isso seja conseguido?

8.56 Qual é a intensidade do campo magnético dentro de um fio longo e reto de tungstênio de 2,4 mm de diâmetro e condutor de uma corrente de 3,5 A, a uma distância de 0,6 mm de seu eixo central?

•**8.57** Você eletriza uma pequena bola de borracha de 200 g de massa esfregando-a contra seu cabelo. A bola adquire uma carga de 2,00 μC. Então você amarra um barbante de 1,00 m de comprimento a ela e a faz girar em um círculo horizontal, o que produz uma força centrípeta de 25,0 N. Qual é o momento magnético do sistema?

•**8.58** Considere um modelo do átomo de hidrogênio em que um elétron orbita em torno de um próton no plano perpendicular ao momento angular de spin (e ao momento de dipolo magnético) do próton, a uma distância igual ao raio de Bohr, $a_0 = 5{,}292 \cdot 10^{-11}$ m. (Este é um modelo clássico extremamente simplificado.) O spin do elétron pode ser paralelo ou antiparalelo ao spin do próton; a órbita é a mesma em ambos os casos. Porém, uma vez que o próton produz um campo magnético na localização do elétron, e o elétron possui seu próprio spin, a energia do elétron será diferente de acordo com seu spin. O campo magnético produzido pelo spin do próton pode ser modelado como um campo de dipolo, análogo ao campo elétrico produzido por um dipolo elétrico, discutido no Capítulo 2. Determine a diferença de energia entre as duas configurações de spin do elétron. Leve em conta apenas a interação entre o momento de dipolo magnético associado ao spin do elétron e o campo produzido pelo spin do próton.

••**8.59** Considere que um elétron seja uma esfera uniformemente densa de carga, dotado de uma carga total $-e = -1{,}60 \cdot 10^{-19}$ C, girando a uma frequência angular ω.

a) Escreva uma expressão para seu momento angular clássico de rotação, L.

b) Escreva uma expressão para seu momento de dipolo magnético, μ.

c) Determine a razão $\gamma_e = \mu/L$, conhecida como *razão giromagnética*.

Problemas adicionais

8.60 Duas bobinas de 50 espiras cada, cada qual com um diâmetro de 4 m, são posicionadas a 1 m uma da outra, como mostra a figura. Uma corrente de 7 A flui nos fios de ambas as bobinas; os sentidos de ambas as correntes é horário quando ela é vista da esquerda. Qual é a intensidade do campo magnético no ponto central entre as bobinas?

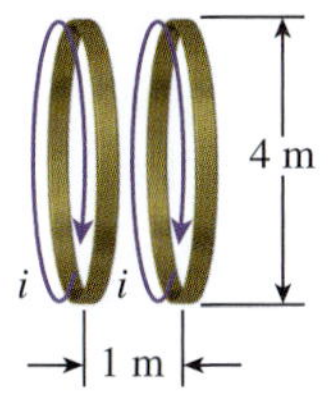

8.61 Os fios da figura estão separados por uma distância vertical d. O ponto B é o ponto médio entre os dois fios; o ponto A está a uma distância $d/2$ do fio inferior. A distância horizontal entre A e B é muito maior do que d. Ambos os fios conduzem a mesma corrente, i. A intensidade do campo magnético no ponto A é de 2 mT. Quanto vale a intensidade do campo no ponto B?

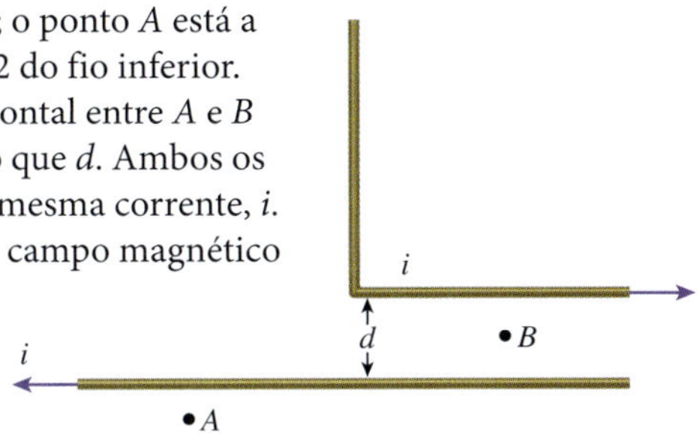

8.62 Você se encontra de pé em um lugar onde o campo magnético terrestre é horizontal, aponta para o norte e possui uma intensidade de 40,0 μT. Diretamente acima de sua cabeça, a uma altura de 12,0 m, um cabo horizontal conduz uma corrente CC de 500 A dirigida para o norte. Determine o ângulo θ no qual a agulha de uma bússola é desviada do norte verdadeiro devido ao efeito do cabo. Não se esqueça do sinal de θ: o desvio é para o leste ou para o oeste?

8.63 O momento de dipolo magnético da Terra é de aproximadamente $8{,}0 \cdot 10^{22}$ A m^2. A fonte do campo magnético terrestre não é conhecida; uma possibilidade poderia ser a circulação de íons no núcleo exterior líquido da Terra. Considere que os íons circulantes movam-se em círculos de 2.500 km de raio. Que "corrente" deveriam eles dar origem a fim de produzir o campo observado?

8.64 Uma espira circular possui um raio $R = 0{,}12$ m e conduz uma corrente $i = 0{,}10$ A. A espira está localizada no plano xy, em presença de um campo magnético uniforme dado por $\vec{B} = -1{,}5\hat{z}$ T, como ilustra a figura. Determine a orientação e o módulo do momento magnético da espira e calcule a energia potencial da espira na posição mostrada. Se a espira puder girar livremente, de que maneira ela se orientará a fim de minimizar sua energia potencial, e qual é o valor da energia potencial mínima correspondente?

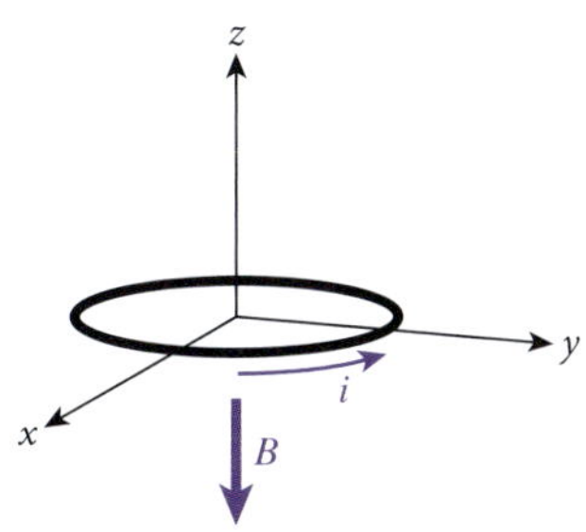

8.65 Um solenoide de 0,90 m de comprimento possui um raio de 5,0 mm. Quando uma corrente de 0,20 A circula nele, o campo magnético dentro do solenoide é de 5,0 mT. Quantas espiras possui este solenoide?

8.66 Em um cabo coaxial, o núcleo maciço conduz uma corrente i. A camada que circunda o núcleo conduz uma corrente de mesmo valor, porém de sentido oposto, e possui um raio interno a e um raio externo b. A corrente está uniformemente distribuída em cada condutor. Obtenha uma expressão para o campo magnético a uma distância $a < r < b$ em relação ao centro do núcleo.

•**8.67** Uma bobina retangular de 50 espiras, com dimensões de 10 cm por 20 cm, situa-se em um plano horizontal, como ilustra a figura. O eixo de rotação da bobina tem direção norte-sul. Ela conduz uma corrente i = 1 A, e encontra-se em um campo magnético orientado de oeste para leste. Uma massa de 50 g está suspensa presa a um dos lados da bobina. Determine a intensidade que o campo magnético deve ter a fim de manter o plano da espira na horizontal.

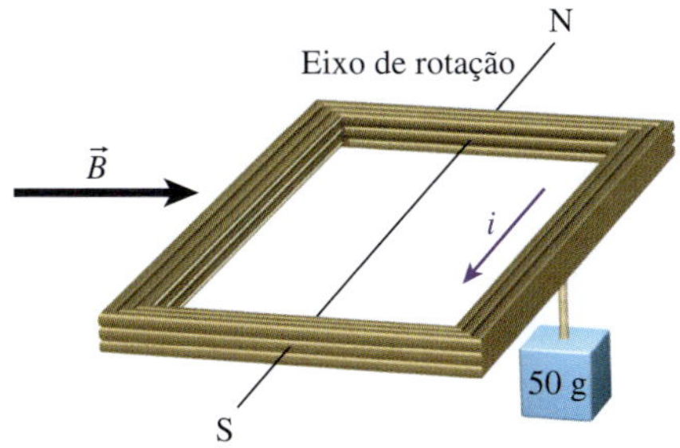

•**8.68** Dois fios retos, longos e paralelos estão separados um do outro por uma distância de 20,0 cm. Cada fio conduz uma corrente de 10,0 A em um mesmo sentido. Qual é a intensidade do campo magnético resultante em um ponto distante 12,0 cm de cada fio?

•**8.69** Uma partícula com 1 mg de massa e carga q move-se a 1.000 m/s ao longo de uma trajetória horizontal, 10 cm abaixo e paralelamente a um fio reto que conduz uma corrente. Determine qual será o valor de q se o valor da corrente no fio for de 10 A.

•**8.70** Uma bobina condutora é formada por n espiras e está localizada em um campo magnético uniforme dado por $\vec{B} = 2\hat{y}$ T, como ilustra a figura. O raio da bobina é R = 5 cm, e o ângulo entre o vetor campo magnético e o vetor unitário normal às espiras é $\theta = 60°$. A corrente na bobina é i = 5 A.

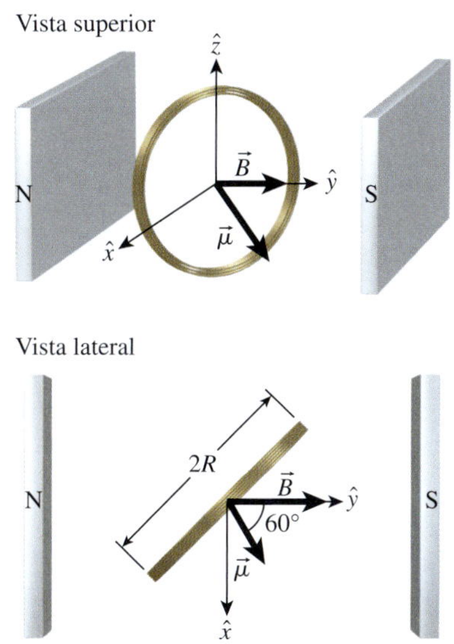

a) Especifique a orientação da corrente na bobina, a partir da orientação do momento de dipolo magnético, $\vec{\mu}$, mostrada na figura.

b) Determine o número de espiras, n, que a bobina deve ter a fim de que o torque exercido sobre ela seja de 3,4 N m.

c) Se o raio da bobina for diminuído para R = 2,5 cm, qual deverá ser o número de espiras, N, a fim de que o torque seja o mesmo de antes? Considere que i, B e θ permaneçam os mesmos.

• **8.71** Uma espira de raio R = 25 cm tem uma espira menor, de raio r = 0,9 cm, em seu centro de modo que os planos das duas espiras sejam mutuamente perpendiculares. Quando uma corrente de 14,0 A flui em ambas as espiras, a espira menor experimenta um torque devido ao campo magnético produzido pela espira maior. Determine o torque considerando que a espira menor seja suficientemente pequena para que o campo magnético devido à outra seja o mesmo ao longo de sua superfície inteira.

• **8.72** Dois fios, cada qual com 25 cm de comprimento, são ligados a duas baterias separadas de 9 V, como mostra a figura. A resistência do primeiro fio é de 5 Ω, enquanto a da outra é desconhecida (R). Se a separação entre os fios for de 4 mm, que valor de R produzirá uma força de módulo igual a $4 \cdot 10^{-5}$ N entre eles?

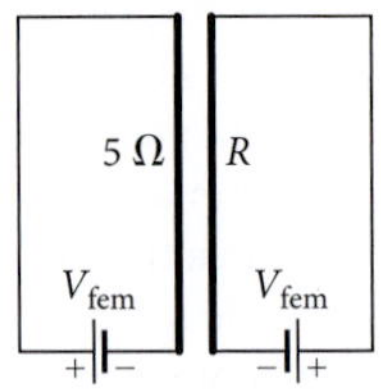

• **8.73** Um próton se move sob a influência conjunta de um campo elétrico (E = 1.000 V/m) e um campo magnético (B = 1,2 T), como mostra a figura.

a) Qual é a aceleração do próton no instante em que ele entra nos campos cruzados?

b) Qual seria a aceleração se o sentido de movimento do próton fosse invertido?

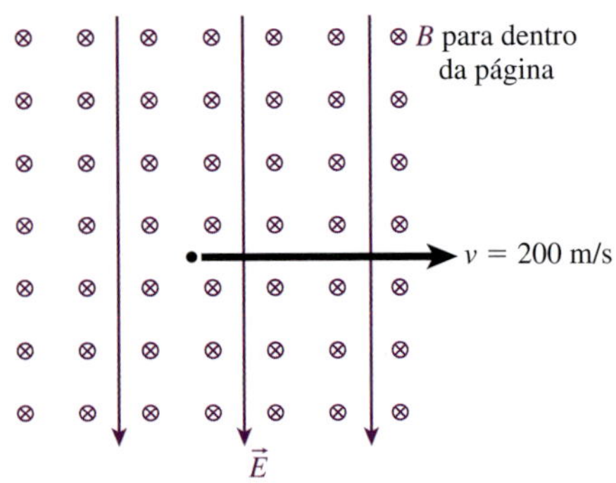

• **8.74** Um aeroplano de brinquedo de 0,175 kg de massa, dotado de uma carga de 36 mC, está voando a 2,8 m/s, a uma altura de 17,2 cm acima de um fio, paralelamente ao mesmo, o qual conduz uma corrente de 25 A; e o aeroplano experimenta uma aceleração. Determine esta aceleração.

• **8.75** Uma campainha eletromagnética foi construída enrolando-se 70 voltas de fio ao redor de uma barra fina e longa, como ilustra a figura. A barra tem uma massa de 30 g, um comprimento de 8 cm e uma seção transversal com 0,2 cm^2 de área. A barra é livre para girar em torno de um eixo que passa por seu centro, que também é o centro da bobina. Inicialmente, a barra faz um ângulo θ = 25° com a horizontal. Quando θ = 0°, a barra bate em uma sineta. Existe um campo magnético uniforme de 900 G com a orientação dada por θ = 0°.

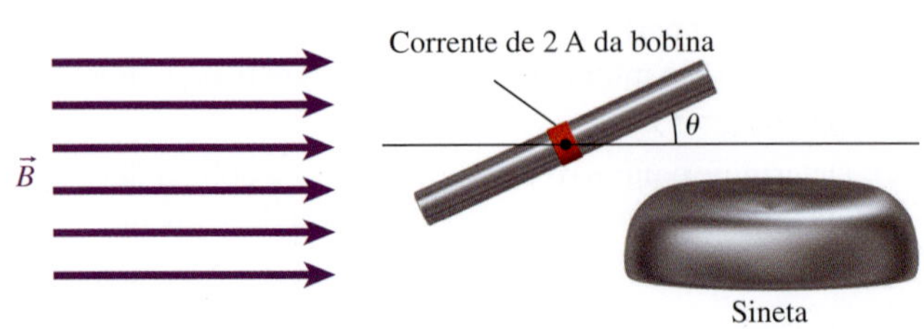

a) Se uma corrente de 2 A flui na bobina, qual é o torque sobre a barra quando θ = 25°?

b) Quanto vale a velocidade angular da barra quando ela bate na sineta?

• **8.76** Dois fios longos e paralelos, separados um do outro por uma distância d, conduzem correntes de sentidos opostos. Se o fio esquerdo conduz uma corrente $i/2$, enquanto o fio direito conduz uma corrente i, determine onde o campo magnético é nulo.

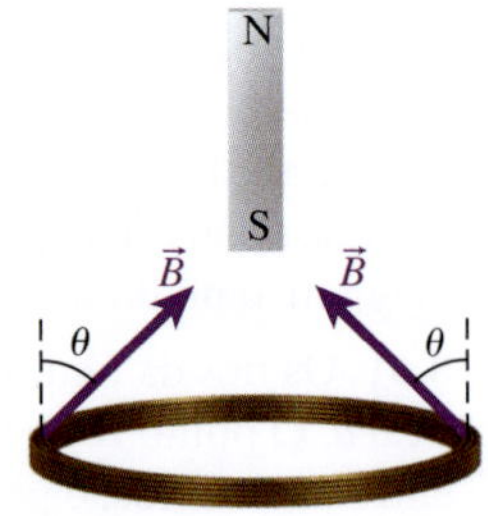

• **8.77** Uma bobina orientada horizontalmente de 5 cm de raio e condutora de uma corrente i, é levitada pelo polo sul de um ímã em barra orientado verticalmente suspenso acima do centro da bobina. Se o campo magnético forma um ângulo θ de 45° com a vertical em todas as partes da bobina, determine o valor e o sentido da corrente necessária para manter a bobina flutuando no ar. A intensidade do campo magnético é B = 0,010 T, o número de espiras da bobina é N = 10 e sua massa total é de 10 g.

• **8.78** Como mostrado na figura, um cilindro condutor, oco e longo, de raio interno a e raio externo b, conduz uma corrente que flui para fora da página. Suponha que a = 5 cm e b = 7 cm, e que a corrente i = 100 mA, uniformemente distribuída sobre a parede do cilindro (entre a e b). Determine a intensidade do campo magnético a cada uma das seguintes distâncias r em relação ao centro do cilindro.

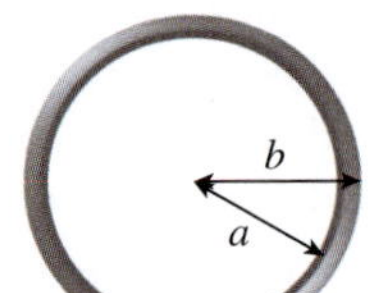

a) r = 4,0 cm

b) r = 6,5 cm

c) r = 9,0 cm

• **8.79** Um fio de raio R conduz uma corrente i. A densidade de corrente é dada por $J = J_0(1 - r/R)$, onde r é uma distância medida a partir do centro do fio e J_0 é uma constante. Use a lei de Ampère para determinar o campo magnético no interior do fio, a uma distância $r < R$ em relação ao centro do fio.

• **8.80** Um fio circular de 5,0 cm de raio conduz uma corrente de 3,0 A. O fio está localizado em um campo magnético uniforme de 5,0 mT.

a) Determine o máximo torque sobre o fio.

b) Determine a faixa de valores da energia potencial magnética do fio.

Indução Eletromagnética

9

O QUE APRENDEREMOS 250

Figura 9.1 A Represa de *Grand Coulle*, no Rio Columbia, estado de Washington, EUA, é o maior produtor individual de energia dos Estados Unidos. Aqui são mostrados os geradores gigantes, que empregam o princípio físico da indução para produzir eletricidade.

O QUE APRENDEREMOS

- Um campo magnético variável no interior de uma espira condutora induz uma corrente na mesma.
- Uma corrente variável em uma espira induz uma corrente em outra espira próxima.
- A lei de Faraday da indução estabelece que uma diferença de potencial será induzida em uma espira sempre que existir uma variação de fluxo magnético na espira.
- O fluxo magnético é o produto da intensidade média do campo magnético e da área perpendicular que este atravessa.
- A lei de Lenz estabelece que a corrente induzida em uma espira por um campo magnético variável produz um campo magnético que se opõe àquela variação de campo magnético.
- Um campo magnético variável induz um campo elétrico.
- A indutância de um dispositivo é uma medida de sua oposição a variações da corrente que flui por ele.
- Motores elétricos e geradores elétricos são aplicações cotidianas da indução magnética.
- Um circuito com uma única malha, contendo um indutor e um resistor possui uma constante de tempo característica dada pela indutância dividida pela resistência.
- Todo campo magnético contém energia armazenada.

A maioria de nós considera a energia elétrica um fato consumado – trocamos de posição um interruptor e temos luz, aquecimento e entretenimento. Porém, a vasta rede que fornece essa energia – chamada de *a rede* – depende de grandes geradores que convertem energia mecânica em energia elétrica (Figura 9.1). Os princípios físicos que possibilitam tal conversão constituem o objetivo deste capítulo.

No Capítulo 7, vimos que um campo magnético é capaz de afetar a trajetória de partículas carregadas, ou correntes elétricas, e no Capítulo 8, vimos que uma corrente elétrica produz um campo magnético. Neste capítulo, veremos que um campo magnético variável produz uma corrente elétrica e, assim, um campo elétrico. Note a palavra "variável" usada aqui; exatamente como um campo magnético é produzido por cargas em movimento, um campo elétrico é gerado somente quando um campo magnético está em movimento (em relação a um condutor), ou de outras variações, em função do tempo. Essa simetria será a parte crucial da descrição unificada da eletricidade e do magnetismo apresentada no Capítulo 11.

9.1 Os experimentos de Faraday

Uma das grandes descobertas sobre a eletricidade e o magnetismo ocorreu no final do século XVIII e começo do século XIX. Em 1750, com seus famosos experimentos com pandorgas, o norte-americano Benjamin Franklin mostrou que o relâmpago é uma forma de eletricidade. (Talvez o fato mais incrível desses experimentos seja que ele não foi morto por uma descarga elétrica.) Em 1799, o italiano Alessandro Volta construiu a primeira bateria, chamada de *pilha voltaica* naquela época. Em 1820, o físico dinamarquês Hans Christian Oersted demonstrou que uma corrente elétrica produz um campo magnético suficientemente forte para desviar a agulha de uma bússola. (Ele realizou seu experimento durante uma aula para seus estudantes, tornando-a uma das mais produtivas aulas da história da ciência.)

No entanto, os experimentos que são mais relevantes para este capítulo foram realizados na década de 1830 pelo químico e físico britânico Michael Faraday e, independentemente, pelo físico norte-americano Joseph Henry. Seus trabalhos demonstraram que um campo magnético variável pode gerar uma diferença de potencial em um condutor, suficientemente grande para produzir uma corrente elétrica. Tal descoberta é de importância fundamental para todos os dispositivos elétricos e magnéticos que usamos cotidianamente, de computadores a telefones celulares, de televisores a cartões de crédito, das menores baterias às maiores redes de transmissão de eletricidade. Tanto Faraday quanto Henry foram homenageados com unidades elétricas que trazem seus nomes, com justa razão.

Para compreender os experimentos de Faraday, considere uma espira ligada a um amperímetro. Um ímã em barra se encontra a certa distância da espira, com seu polo norte apontando para a espira. Enquanto o ímã permanece parado, nenhuma corrente flui na espira. Entretanto, se ele for movimentado em direção à espira (Figura 9.2a), uma corrente fluirá na espira em sentido anti-horário, indicado pela corrente positiva no amperímetro. Se o ímã for movido mais rapidamente em direção à espira, uma corrente maior será induzida nela. Se o ímã for invertido, de modo que seu polo sul fique voltado para a espira (Figura 9.2b) e movido em direção à mesma, a corrente fluirá na espira em sentido contrário. Se o polo norte do ímã estiver voltado para a espira, e ele, então, for *afastado* da espira (Figura 9.3a), uma corrente negativa, em sentido horário, indicada pelo amperímetro da Figura 9.3a, será induzida na espira. Se o polo sul do ímã estiver voltado para a espira, e o ímã for afastado da espira (Figura 9.3b), será induzida nela uma corrente positiva.

Esses quatro resultados, ilustrados nas Figuras 9.2 e 9.3, podem ser reproduzidos segurando-se os ímãs em repouso e movendo-se as espiras. Por exemplo, com o arranjo mostrado na Figura 9.2a, se a espira for aproximada do ímã estacionário, uma corrente positiva fluirá na espira.

Efeitos similares podem ser observados usando-se duas espiras condutoras (Figura 9.4). Se uma corrente constante estiver fluindo na espira 1, nenhuma corrente é induzida na espira 2. Se a corrente da espira 1 estiver aumentando, uma corrente será induzida na espira 2 em sentido contrário. Assim, não apenas a corrente crescente da primeira espira induzirá uma corrente na segunda delas, mas em sentido oposto. Além do mais, se a corrente fluir na espira 1 no mesmo sentido de antes e for, então, *diminuída* (Figura 9.5), a corrente induzida na espira 2 fluirá no mesmo sentido da corrente na espira 1.

Todos os fenômenos ilustrados nessas quatro figuras podem ser explicados pela lei de Faraday da indução, discutida na Seção 9.2, e pela lei de Lenz, discutida na Seção 9.3.

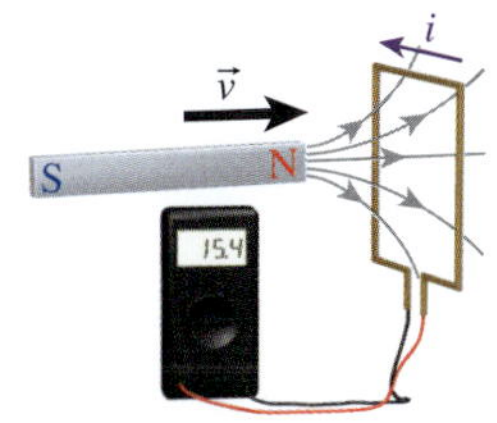

(a)

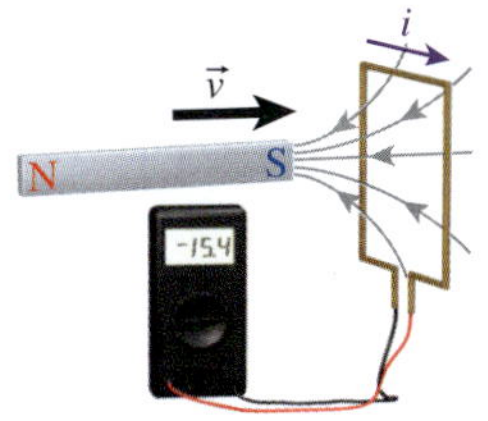

(b)

Figura 9.2 Movendo-se um ímã em direção a uma espira induz uma corrente na mesma. (a) Com o polo norte do ímã voltado para a espira, resulta uma corrente positiva. (b) Com o polo sul do ímã voltado para a espira, resulta uma corrente negativa.

9.1 Exercícios de sala de aula

As quatro figuras mostram um ímã em barra e uma lâmpada de baixa voltagem ligada entre as extremidades de uma espira condutora. O plano da espira é perpendicular à linha tracejada. No caso 1, a espira está parada, e o ímã está se afastando da espira. No caso 2, o ímã está parado, e a espira se aproxima dele. No caso 3, tanto o ímã quanto a espira estão parados, porém a área da espira está aumentando. No caso 4, o ímã está parado, e a espira, girando em torno de seu centro. Em qual das situações a lâmpada brilha?

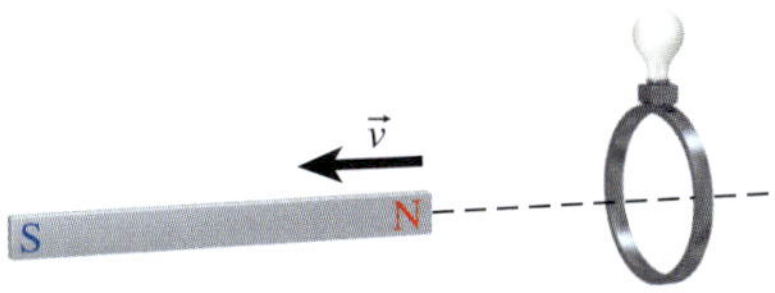

Caso 1

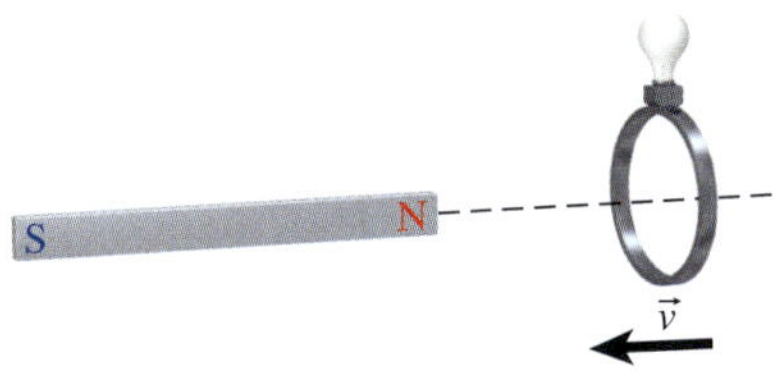

Caso 2

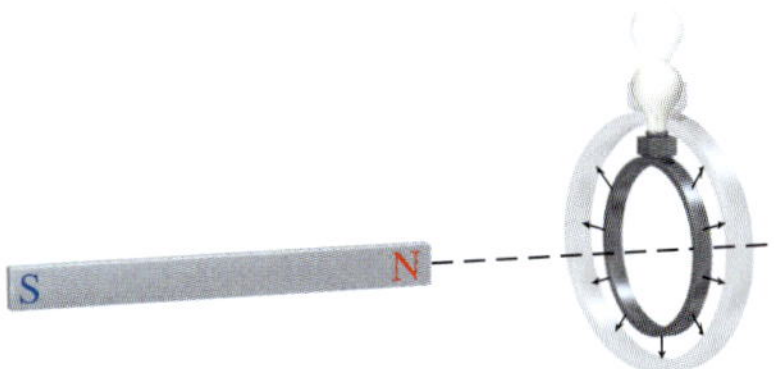

Caso 3

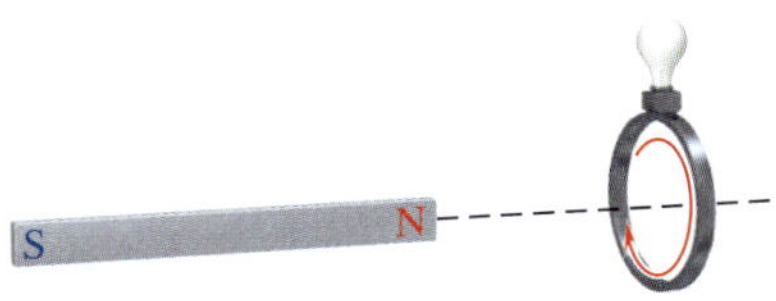

Caso 4

a) Caso 1.
b) Casos 1 e 2.
c) Casos 1, 2 e 3.
d) Casos 1, 2 e 4.
e) Todos os casos.

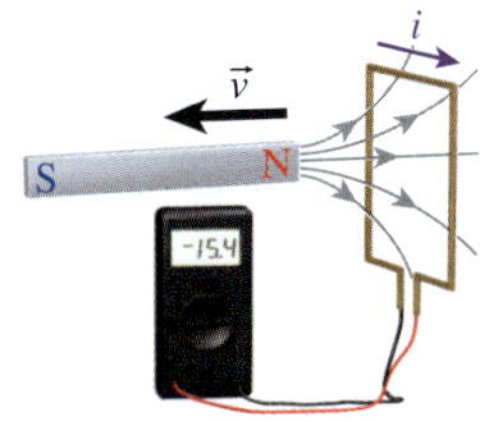

(a)

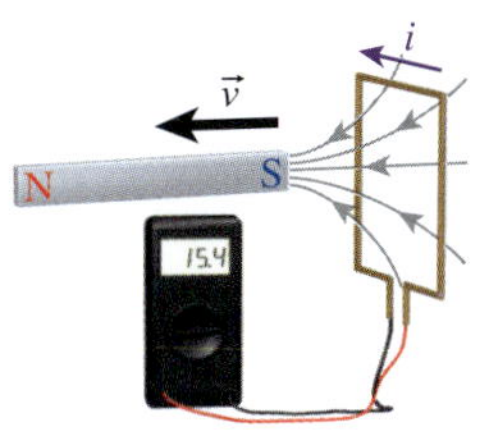

(b)

Figura 9.3 Afastar um ímã de uma espira também induz uma corrente elétrica na espira. (a) Com o polo norte do ímã voltado para a espira, resulta uma corrente negativa. (b) Com o polo sul do ímã voltado para espira, resulta uma corrente positiva.

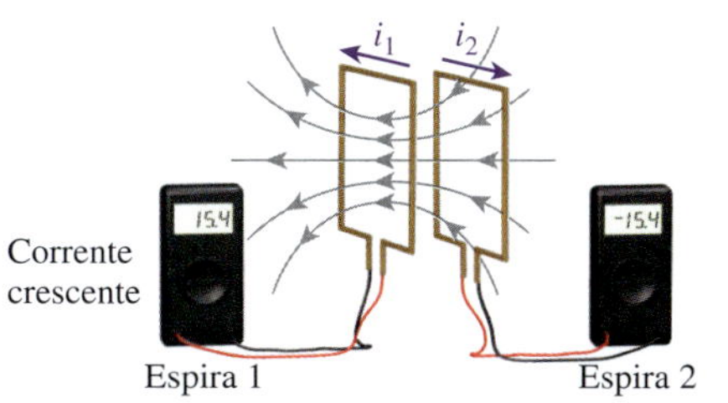

Figura 9.4 Uma corrente crescente na espira 1 induz uma corrente de sentido oposto na espira 2. (As linhas de campo magnético mostradas são aquelas produzidas pela corrente 1 que flui na espira 1.)

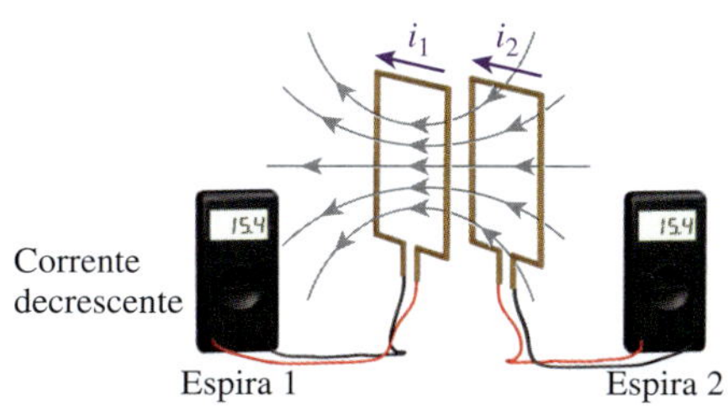

Figura 9.5 Uma corrente decrescente na espira 1 induz uma corrente de mesmo sentido na espira 2.

9.2 A lei de Faraday da indução

Das observações da seção anterior, vemos que um campo magnético variável através de uma espira induz uma corrente na espira. Podemos visualizar a variação do campo magnético como a variação do número de linhas que atravessam a região delimitada pela espira. A **lei de Faraday da indução**, em sua forma qualitativa, estabelece que:

> Uma diferença de potencial é induzida em uma espira quando o número de linhas de campo magnético que atravessa a espira varia com o tempo.

A taxa de variação do número de linhas de campo magnético determina a diferença de potencial induzida. A existência desta diferença de potencial significa que o campo magnético variável de fato produz um campo elétrico ao longo da espira! Portanto, existem duas maneiras de produzir um campo elétrico: por cargas estáticas e por uma variação de campo magnético. Se o campo elétrico for originado por uma carga, a força elétrica decorrente sobre uma carga de prova será conservativa. Forças conservativas não realizam trabalho líquido quando são exercidas sobre um objeto cuja trajetória começa e termina em um mesmo ponto do espaço. Em contraste, campos elétricos produzidos por campos magnéticos variáveis dão origem a forças elétricas que *não* são conservativas. Assim, este tipo de campo elétrico realiza trabalho sobre uma partícula de prova que descreve uma trajetória circular. De fato, a quantidade de trabalho realizado é igual ao produto da diferença de potencial induzida pela carga da partícula de prova.

As linhas de campo magnético são quantificadas pelo fluxo magnético, em analogia com o fluxo elétrico. O Capítulo 2 introduziu a lei de Gauss para campos elétricos e definiu o fluxo elétrico como a integral de superfície do campo elétrico que atravessa um elemento de área infinitesimal, dA. Matematicamente, isso é expresso por $\Phi_E = \oiint \vec{E}\cdot d\vec{A}$, onde $d\vec{A}$ é um vetor de módulo dA que é perpendicular à área infinitesimal. Por analogia, no caso de um campo magnético, o **fluxo magnético** é definido como a integral de superfície do campo magnético que atravessa um elemento de área infinitesimal:

$$\Phi_B = \oiint \vec{B}\cdot d\vec{A}, \qquad (9.1)$$

onde $\vec{B}$ é o campo magnético em cada elemento de área infinitesimal, $d\vec{A}$, de uma superfície fechada. O pequeno círculo superposto no símbolo de uma integral de superfície significa que a integração deve ser realizada sobre uma superfície fechada. As duas integrais significam integração sobre duas variáveis. O elemento de área infinitesimal, $d\vec{A}$, deve ser descrito por duas variáveis espaciais, como x e y, no caso de coordenadas cartesianas, ou θ e ϕ no caso de coordenadas esféricas. Com uma superfície fechada, o vetor área infinitesimal, $d\vec{A}$, sempre aponta para fora do volume delimitado e é perpendicular à superfície em qualquer lugar dela.

A integração para obter o fluxo elétrico sobre uma superfície fechada (consulte o Capítulo 2) dá a lei de Gauss: $\oiint \vec{E}\cdot d\vec{A} = q/\epsilon_0$. Ou seja, a integral do fluxo elétrico sobre uma superfície fechada é igual à carga elétrica contida na mesma, q, dividida pela permissividade elétrica do vácuo, ϵ_0. A integração do fluxo magnético sobre uma superfície *fechada* é sempre nula:

$$\oiint \vec{B}\cdot d\vec{A} = 0. \qquad (9.2)$$

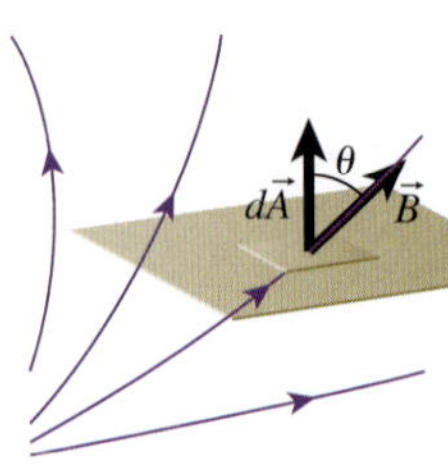

Figura 9.6 Um campo magnético não uniforme $\vec{B}$ atravessa um elemento de área infinitesimal, $d\vec{A}$.

Este resultado frequentemente é referido como a **lei de Gauss para campos magnéticos**. Você poderia pensar que a integral do fluxo magnético sobre uma superfície fechada fosse igual à "carga magnética" contida dividida pela permeabilidade magnética do vácuo. No entanto, não existem cargas magnéticas livres, nem monopolos magnéticos, de modo que não existem polos magnéticos dos tipos norte e sul isolados. Os polos magnéticos são sempre encontrados em pares. Assim, a lei de Gauss para campos magnéticos constitui outra maneira de estabelecer que não existem monopolos magnéticos isolados. (A ampla procura por monopolos magnéticos tem sido realizada desde a década de 1980, porém sem sucesso. Entretanto, diversas teorias de cordas e teoria de grande unificação preveem a existência de monopolos magnéticos.) Outra maneira de estabelecer a lei de Gauss para campos magnéticos é que as linhas de campo magnético não possuem início ou fim, mas formam caminhos fechados.

A Figura 9.6 mostra um campo magnético não uniforme, $\vec{B}$, que atravessa um elemento de área infinitesimal, $d\vec{A}$. Uma porção da superfície fechada correspondente também é mostrada. O ângulo entre o campo magnético e o vetor área infinitesimal é θ.

Considere agora o caso especial de uma espira plana de área A em presença de um campo magnético constante, ilustrado na Figura 9.7. Neste caso, podemos escrever a equação 9.1 como

$$\Phi_B = BA\cos\theta, \tag{9.3}$$

onde B é a intensidade do campo magnético constante, A é a área da espira e θ é o ângulo entre o vetor área normal ao plano da espira e as linhas de campo magnético. Assim, se o campo magnético for perpendicular ao plano da espira, $\theta = 0°$ e $\Phi_B = BA$. Se o campo magnético for paralelo ao plano da espira, $\theta = 90°$ e $\Phi_B = 0$.

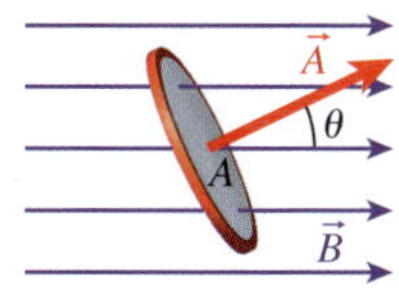

Figura 9.7 Uma espira plana, de área A, em um campo magnético constante, $\vec{B}$. O campo magnético faz um ângulo θ com respeito ao vetor área normal ao plano da espira.

A unidade de fluxo magnético é $[\Phi_B] = [B][A] = \text{T m}^2$. Esta unidade recebeu um nome especial, **weber** (Wb):

$$1 \text{ Wb} = 1 \text{ T m}^2. \tag{9.4}$$

A lei de Faraday da indução é expressa, qualitativamente, em termos do fluxo magnético como:

> O valor absoluto da diferença de potencial, ΔV_{ind}, induzida em uma espira condutora é igual à taxa de variação temporal do fluxo magnético através da espira.

A lei de Faraday da indução é, portanto, expressa pela equação

$$\Delta V_{\text{ind}} = -\frac{d\Phi_B}{dt}. \tag{9.5}$$

O sinal negativo na equação 9.5 é necessário porque a diferença de potencial induzida produz uma corrente induzida cujo campo magnético que ela mesma produz se opõe à variação de fluxo que a produziu. A Seção 9.3, sobre a lei de Lenz, discute este fenômeno detalhadamente.

O fluxo magnético pode variar de muitas maneiras, incluindo a variação da intensidade do campo magnético, a variação da área da espira ou a variação do ângulo que a espira faz com respeito ao campo magnético. Em todas as situações que envolvem algum tipo de movimento de um condutor em relação à fonte de um campo magnético, a diferença de potencial induzida é denominada **fem de movimento**.

Indução em uma espira plana em um campo magnético

Vamos aplicar a equação 9.5 a uma espira plana em presença de um campo magnético uniforme, onde a palavra *uniforme* significa que o campo é o mesmo (tem mesma intensidade e mesma orientação) em todos os pontos do espaço em um dado instante, porém pode variar com o tempo. Este arranjo constitui o caso mais simples que podemos abordar. De acordo com a equação 9.3, neste caso o fluxo magnético é dado por $\Phi_B = BA\cos\theta$. De acordo com a equação 9.5, a diferença de potencial induzida é, então,

$$\Delta V_{\text{ind}} = -\frac{d\Phi_B}{dt} = -\frac{d}{dt}(BA\cos\theta). \tag{9.6}$$

Podemos usar a regra do produto do cálculo para expandir esta derivada:

$$\Delta V_{\text{ind}} = -A\cos\theta\frac{dB}{dt} - B\cos\theta\frac{dA}{dt} + AB\,\text{sen}\,\theta\frac{d\theta}{dt}. \tag{9.7}$$

Uma vez que a derivada do deslocamento angular é a velocidade angular, $\frac{d\theta}{dt} = w$, a diferença de potencial induzida em uma espira plana em presença de um campo magnético é

$$\Delta V_{\text{ind}} = -A\cos\theta\frac{dB}{dt} - B\cos\theta\frac{dA}{dt} + \omega AB\,\text{sen}\,\theta. \tag{9.8}$$

Mantendo constantes duas das três variáveis na equação 9.8 (A, B e θ), resulta nos seguintes *três casos especiais*:

1. Mantendo constante tanto a área da espira quanto sua orientação em relação ao campo, e variando o campo magnético com o tempo, resulta

$$A \text{ e } \theta \text{ constante:}\quad \Delta V_{\text{ind}} = -A\cos\theta\frac{dB}{dt}. \tag{9.9}$$

9.1 Pausa para teste

O plano da espira circular da figura é perpendicular a um campo magnético de intensidade B = 0,500 T. O campo magnético vai a zero, com uma taxa constante, em 0,250 s. A voltagem induzida na espira é de 1,24 V durante este tempo. Quanto vale o raio da espira?

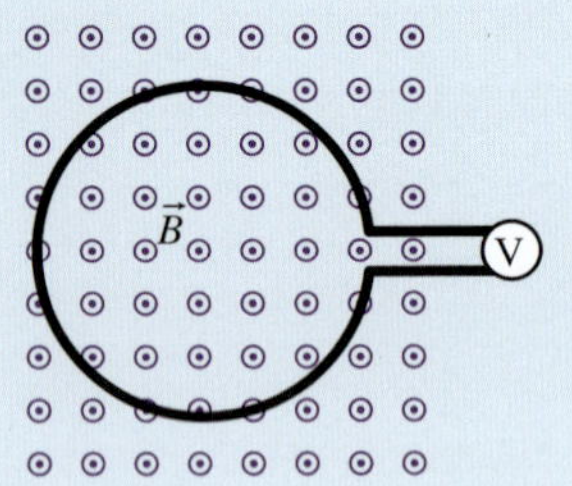

2. Mantendo fixo tanto o campo magnético quanto a orientação da espira com relação ao campo, e variando a área da espira exposta ao campo magnético com o tempo, resulta

$$B \text{ e } \theta \text{ constante: } \Delta V_{\text{ind}} = -B\cos\theta\frac{dA}{dt}. \tag{9.10}$$

3. Mantendo constante tanto o campo magnético quanto a área da espira, e variando o ângulo entre os dois em função do tempo, resulta

$$A \text{ e } B \text{ constante: } \Delta V_{\text{ind}} = \omega AB \text{ sen } \theta \tag{9.11}$$

Os exemplos seguintes ilustram os dois primeiros casos. A Seção 9.4 remete ao terceiro caso, que possui as aplicações técnicas mais úteis, levando diretamente a motores e geradores elétricos.

EXEMPLO 9.1 Diferença de potencial induzida por um campo magnético variável

Uma corrente de 600 mA flui em um solenoide ideal, resultando em um campo magnético de 0,025 T. Em seguida, a corrente passa a aumentar com decorrer do tempo de acordo com

$$i(t) = i_0\,[1 + (2{,}4 \text{ s}^{-2})t^2].$$

PROBLEMA

Em uma bobina circular de 3,4 cm de raio e com N = 200 espiras encontra-se dentro de um solenoide, com seu vetor normal paralelo ao campo magnético (Figura 9.8), qual será a diferença de potencial induzida na bobina em t = 2,0 s?

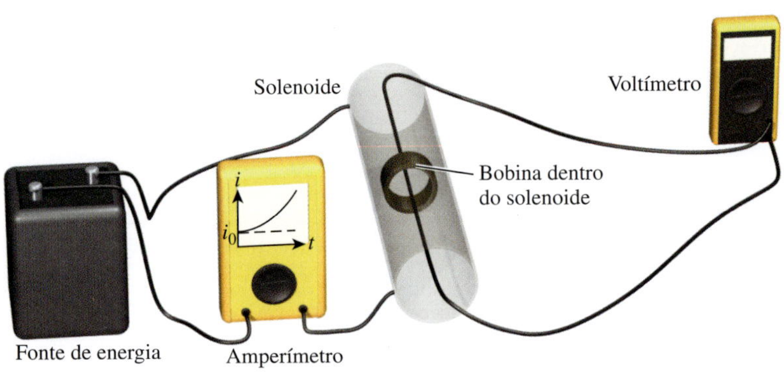

Figura 9.8 Uma corrente variável no tempo induz uma diferença de potencial na bobina.

SOLUÇÃO

Primeiro, calculamos a área da bobina. Uma vez que ela é circular, sua área é πR^2. Todavia, ela possui N espiras, de modo que sua área efetiva é aquela equivalente a de N espiras de área πR^2 cada. O efeito total é que o número de espiras se comporta como um simples fator multiplicador para a área de uma única espira, e a área efetiva total da bobina é

$$A = N\pi R^2 = 200\pi\,(0{,}034 \text{ m})^2 = 0{,}73 \text{ m}^2. \tag{i}$$

O campo magnético no interior de um solenoide ideal é $B = \mu_0 ni$, onde n é o número de espiras por unidade de comprimento e i é a corrente (consulte o Capítulo 8). Uma vez que o campo magnético é proporcional à corrente, nós imediatamente obtemos a dependência temporal do campo magnético neste caso

$$B(t) = B_0\,[1 + (2{,}4 \text{ s}^{-2})t^2],$$

com $B_0 = \mu_0 ni$ = 0,025 T, de acordo com o enunciado do problema.

Além disso, neste caso, a área da bobina e o ângulo entre cada espira e o campo magnético (que é nulo) são constantes. Assim, a equação 9.9 se aplica aqui. Então obtemos a diferença de potencial induzida, onde a área A já leva em conta o número de espiras, como mostrado na equação (i):

$$\begin{aligned}\Delta V_{\text{ind}} &= -A\cos\theta\frac{dB}{dt}\\ &= -A\cos\theta\frac{d}{dt}(B_0(1+\left(2{,}4 \text{ s}^{-2}\right)t^2))\\ &= -AB_0\cos\theta(2\left(2{,}4 \text{ s}^{-2}\right)t)\\ &= -(0{,}73 \text{ m}^2)(0{,}025 \text{ T})(\cos 0°)\left(4{,}8 \text{ s}^{-2}\right)t\\ &= \left(-0{,}088 \text{ V/s}\right)t.\end{aligned}$$

No instante t = 2,0 s, a diferença de potencial induzida na bobina é ΔV_{ind} = −0,18 V.

Um aspecto geral importante é ilustrado no Exemplo 9.1: a diferença de potencial induzida em uma bobina é, simplesmente, o produto de N pela diferença de potencial induzida em uma única bobina de área A. As equações 9.8-9.11 são válidas para bobinas com múltiplas espiras, e a única maneira como o número de espiras entra no cálculo é como um fator multiplicativo na determinação da área efetiva da bobina.

9.2 Exercícios de sala de aula

Uma fonte de energia é ligada à espira 1 e a um amperímetro, como mostrado na figura. A espira 2 está próxima à espira 1, e está ligada a um voltímetro. Um gráfico da corrente i na espira 1 em função do tempo, t, também é mostrado na figura. Qual dos gráficos descreve corretamente a diferença de potencial induzida, ΔV_{ind}, na espira 2 em função do tempo t?

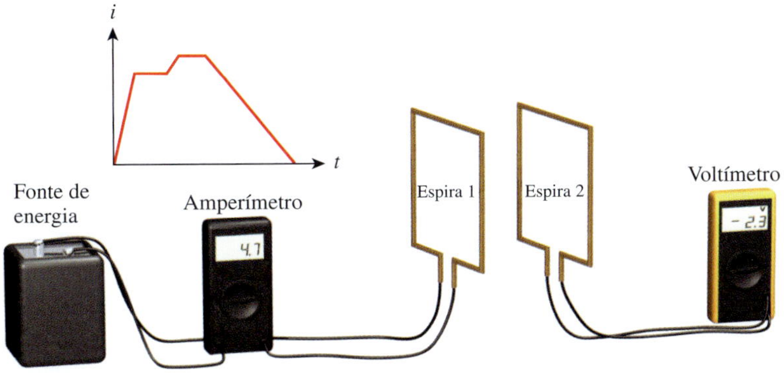

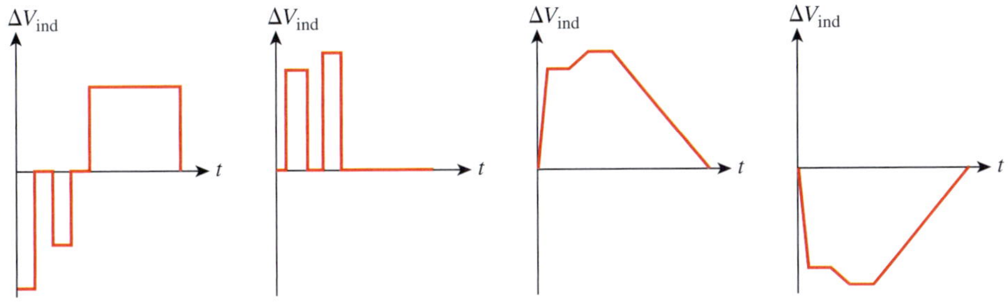

Gráfico 1 Gráfico 2 Gráfico 3 Gráfico 4

a) O gráfico 1. b) O gráfico 2. c) O gráfico 3. d) O gráfico 4.

EXEMPLO 9.2 Diferença de potencial induzida em uma espira em movimento

Uma espira retangular de largura w = 3,1 cm e comprimento d_0 = 4,8 cm é puxada para fora do espaço entre dois ímãs permanentes (Figura 9.9).

PROBLEMA

Se a espira for puxada com uma velocidade constante de 1,6 cm/s, qual será a voltagem induzida na espira em função do tempo?

SOLUÇÃO

Esta situação corresponde ao caso especial de indução devido a uma variação de área, dada pela equação 9.10. O campo magnético e a orientação da espira em relação ao campo mantêm-se constantes. Consideramos que o ângulo entre o vetor campo magnético e o vetor área seja nulo. O que varia é a área da espira que se encontra exposta ao campo magnético. No caso de um espaço estreito entre os ímãs, como ilustrado na Figura 9.9, o campo existente fora dessa região é desprezível, de modo que a área efetiva da espira exposta ao campo magnético é $A(t) = (w)(d(t))$, onde $d(t) = d_0 - vt$ é o comprimento da região da espira que se encontra em presença do campo magnético

Continua →

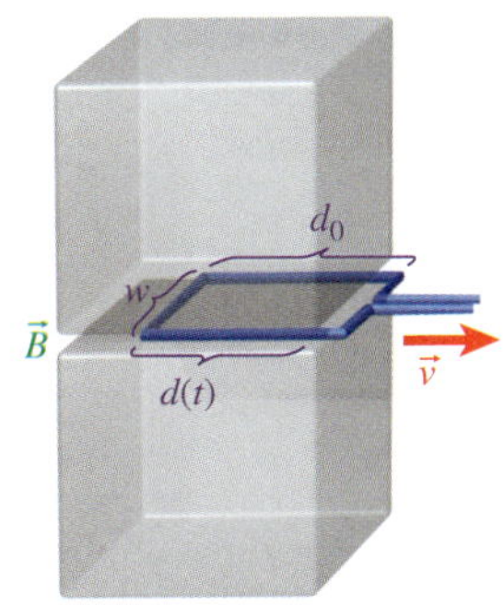

Figura 9.9 Uma espira (azul) é puxada para fora do espaço entre dois ímãs.

no instante t. Enquanto a espira inteira ainda estiver dentro do espaço entre os ímãs, nenhuma voltagem será induzida na mesma. Escolhendo $t = 0$ como o instante em que a borda direita da espira encontra-se na extremidade direita do espaço entre os ímãs, temos

$$A(t) = (w)(d(t)) = w(d_0 - vt).$$

Esta fórmula mantém-se válida até que a borda esquerda da espira atinja a extremidade esquerda da região entre os ímãs, após o que a área da espira exposta ao campo magnético será nula. Isso ocorre no instante $t_f = d/v = (4{,}8 \text{ cm})/(1{,}6 \text{ cm/s}) = 3{,}0$ s e $A(t > t_f) = 0$. Da equação 9.10, obtemos

$$\begin{aligned}\Delta V_{\text{ind}} &= -B\cos\theta\frac{dA}{dt}\\ &= -B\cos\theta\frac{d}{dt}\left[w(d_0 - vt)\right]\\ &= wvB\cos\theta\\ &= (0{,}031 \text{ m})(0{,}016 \text{ m/s})(0{,}073 \text{ T})\cos 0°\\ &= 3{,}6\cdot 10^{-5} \text{ V}.\end{aligned}$$

Durante o intervalo de tempo entre 0 e 3 s, uma diferença de potencial constante de 36 μV será induzida, enquanto nenhuma diferença de potencial o será fora deste intervalo.

9.3 Exercícios de sala de aula

Um fio longo conduz uma corrente, i, como mostra a figura. Uma espira quadrada se move no mesmo plano do fio, como indicado. Em qual dos casos a espira conduzirá uma corrente induzida?

a) Casos 1 e 2.

b) Casos 1 e 3.

c) Casos 2 e 3.

d) Em nenhuma das espiras haverá uma corrente induzida.

e) Em todas as espiras haverá corrente induzida?

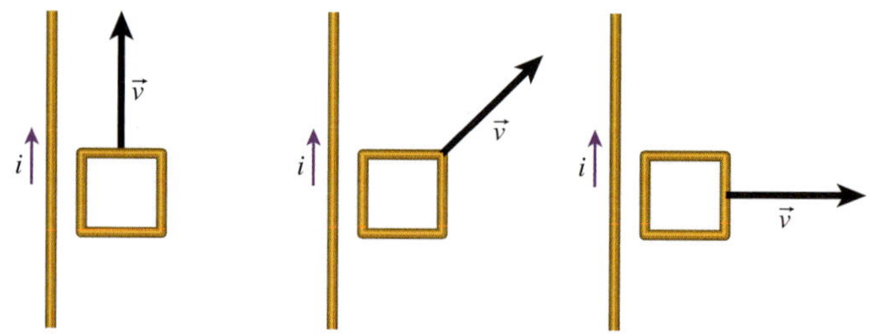

9.3 A lei de Lenz

A **lei de Lenz** fornece uma regra para a determinação do sentido da corrente induzida em uma espira. Toda corrente induzida terá um sentido tal que o campo magnético que *ela* produz devido à corrente induzida *se opõe* à variação de fluxo magnético que *induz* a corrente. O sentido da corrente induzida pode ser usado para se determinar as localizações onde o potencial é mais alto e mais baixo.

Vamos aplicar a lei de Lenz às situações descritas na Seção 9.1. A situação física ilustrada na Figura 9.2a envolve o movimento de um ímã em direção à espira, com o polo norte voltado para a espira. Neste caso, as linhas de campo magnético apontam para fora do polo norte do ímã. Quando o ímã se aproxima da espira, a intensidade do campo magnético dentro da espira, no sentido que aponta para a espira, aumenta como ilustrado na Figura 9.10a. A lei de Lenz estabelece que a corrente induzida na espira tende a se opor à variação do fluxo magnético. O campo magnético induzido, $\vec{B}_{\text{ind}}$, portanto, tem o sentido contrário ao do campo magnético produzido pelo ímã.

Na Figura 9.2b, um ímã é aproximado de uma espira com o polo sul voltado para a espira. Neste caso, as linhas de campo magnético se dirigem ao polo sul do ímã. Enquanto o ímã se aproxima da espira, a intensidade do campo no sentido que aponta para o polo sul aumenta, como ilustra a Figura 9.10b. A lei de Lenz estabelece que a corrente induzida cria um campo magnético que tende a se opor à variação do fluxo magnético. Este campo induzido tem um sentido contrário ao daquelas linhas de campo devidas ao ímã.

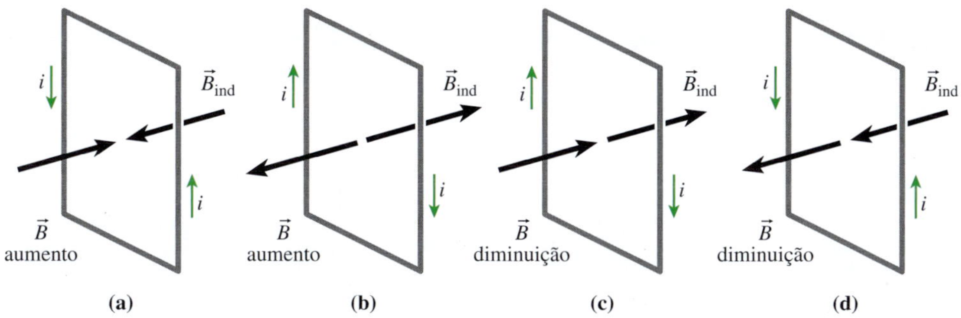

Figura 9.10 Relação entre um campo magnético externo, $\vec{B}$, a corrente induzida, i, e o campo magnético produzido pela corrente induzida, $\vec{B}_{ind}$: (a) Um campo magnético crescente orientado para a direita induz uma corrente que, por sua vez, cria um campo magnético orientado para a esquerda. (b) Um campo magnético crescente apontando para a esquerda induz uma corrente que produz um campo magnético orientado para a direita. (c) Um campo magnético decrescente que aponta para a direita induz uma corrente que cria outro campo magnético orientado para a direita. (d) Um campo magnético decrescente que aponta para a esquerda induz uma corrente que cria outro campo magnético orientado para a esquerda.

De forma semelhante, as Figuras 9.10c e 9.10d representam as situações físicas ilustradas nas Figuras 9.3a e 9.3b, respectivamente. Nestes dois casos, a intensidade do fluxo magnético está diminuindo, e uma corrente é induzida de modo a produzir um campo magnético que se oponha à diminuição. Em ambos os casos, uma corrente é induzida na espira de modo a criar um campo magnético com a mesma orientação do campo magnético do ímã.

Para duas espiras em que em uma delas existe uma corrente variável, a lei de Lenz se aplica da mesma maneira. Uma corrente crescente na espira da Figura 9.4 induz uma corrente na espira 2, a qual cria um campo magnético que se opõe ao aumento do fluxo magnético, como ilustrado na Figura 9.10b. O crescimento da corrente na espira 1 da Figura 9.5 induz uma corrente na espira 2 que cria, por sua vez, um campo magnético que se opõe à diminuição do fluxo magnético, como ilustrado na Figura 9.10d.

9.2 Pausa para teste

Uma espira condutora quadrada de resistência muito pequena é movimentada com uma velocidade constante de uma região onde não existe campo magnético algum para uma região onde existe um campo magnético constante e, em seguida, para uma terceira região onde não existe campo magnético algum, como ilustrado na figura. Enquanto a espira entra no campo magnético, qual é o sentido da corrente induzida? Enquanto a espira sai da região onde existe o campo magnético, qual é o sentido da corrente induzida?

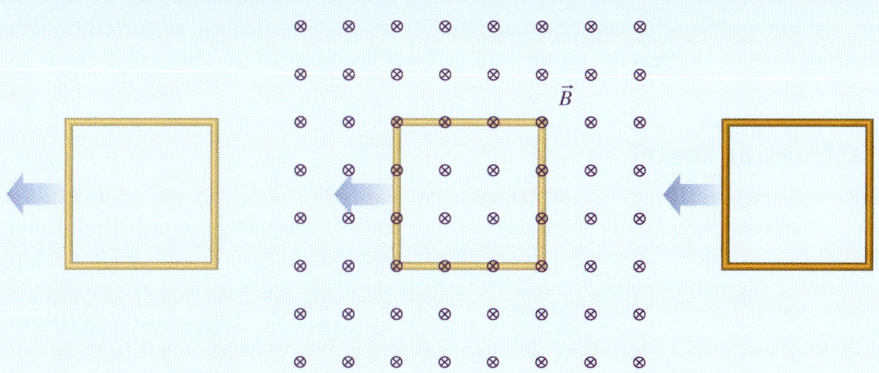

9.3 Pausa para teste

Suponha que a lei de Lenz estabelecesse que o campo magnético induzido aumentasse o fluxo, isso significa que a lei de Faraday da indução deveria ser escrita como $\Delta V_{ind} = +d\Phi_B/dt$, isto é, com o sinal negativo substituído pelo sinal positivo. Qual seria a consequência disso? Você consegue explicar por que isso levaria a uma contradição?

Correntes parasitas

Consideremos agora dois pêndulos, cada qual com uma placa de metal não magnético na extremidade, projetada para atravessar o espaço entre dois ímãs permanentes fortes (Figura 9.11). Uma das placas metálicas é maciça, enquanto a outra possui fendas que a atravessam. O pêndulo é puxado para um lado e solto. O pêndulo com a placa metálica maciça logo para entre

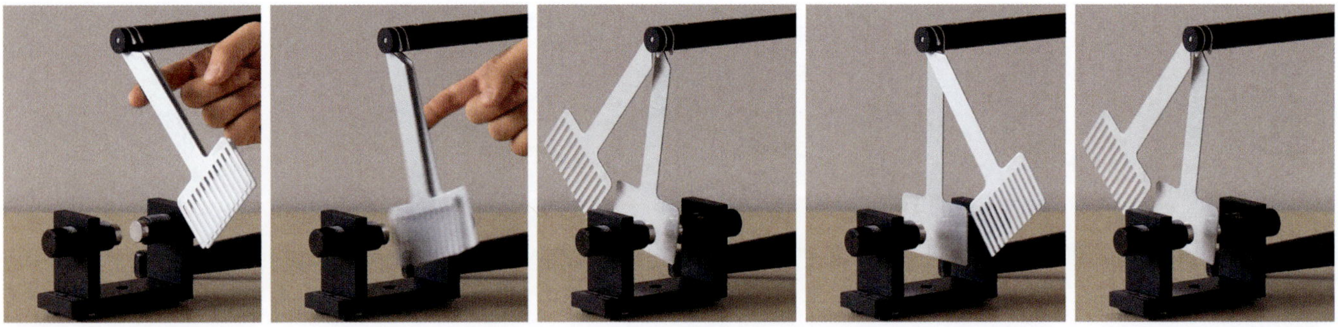

Figura 9.11 Dois pêndulos, um deles formado por um braço e uma placa metálica, o outro por um braço idêntico e uma placa metálica maciça com fendas. A sequência de cinco figuras está ordenada de forma temporal da esquerda para a direita, com os dois pêndulos iniciando seus movimentos simultaneamente no segundo quadro à esquerda da sequência. O pêndulo com a placa maciça para na região entre os polos magnéticos, ao passo que o pêndulo com a placa dotada de fendas consegue atravessar a mesma região.

os ímãs, enquanto o outro consegue atravessar o campo magnético, desacelerando lentamente. Isso ilustra o fenômeno muito importante da indução de **correntes parasitas** (*eddy currents*). Enquanto o pêndulo com a placa maciça penetra no campo magnético existente entre os polos magnéticos, a lei de Lenz estabelece que a variação do fluxo magnético induz correntes que se opõem ao campo magnético externo que criou tais correntes. Este campo magnético induzido interage com o campo magnético externo (via seus gradientes espaciais) até parar o pêndulo. Correntes induzidas maiores produzem campos magnéticos induzidos mais intensos e, assim, levam a uma desaceleração maior do pêndulo. Na placa cheia de fendas, as correntes parasitas induzidas são detidas pelas fendas, e a placa com fendas consegue atravessar o campo magnético sofrendo uma desaceleração pequena. Correntes parasitas não se parecem com a corrente passiva e uniforme induzida na espira do Exemplo 9.2, e sim com redemoinhos turbulentos que vemos na água que flui com turbulência.

Para onde vai a energia de movimento do pêndulo com a placa maciça da Figura 9.11 – em outras palavras, como as correntes parasitas conseguem deter o pêndulo? A resposta é que as correntes parasitas dissipam calor no metal por causa da resistência finita do metal, como discutido no Capítulo 5. Quanto mais intensas forem as correntes parasitas induzidas, mais rapidamente se dará a conversão da energia de movimento do pêndulo em calor. É por isso que a placa com fendas, onde fluem correntes parasitas muito menos intensas, é apenas ligeiramente desacelerada ao atravessar a região entre os ímãs (mas a desaceleração acabará por pará-la também).

Correntes parasitas normalmente são indesejáveis, forçando os projetistas de equipamentos a minimizá-las por meio da segmentação ou laminação de dispositivos elétricos que devem operar em um ambiente de campos magnéticos variáveis. Entretanto, as correntes parasitas também são úteis e empregadas em determinadas situações práticas, como no freio de vagões de metrô.

Detectores de metal

Passar por detectores de metal, especialmente em aeroportos, é algo inevitável hoje. Todo detector de metal funciona usando a indução eletromagnética, frequentemente denominada *indução por pulso*. O detector de metal contém uma bobina transmissora e outra bobina receptora. Uma corrente alternada é aplicada à bobina transmissora, que então produz seu próprio campo magnético alternado. (*Alternado* significa variação em função do tempo entre valores positivo e negativo. O Capítulo 10 fornecerá definições mais precisas, consequências físicas e detalhes matemáticos a respeito de correntes alternadas.) Enquanto o campo magnético da bobina transmissora aumenta e diminui, ele induz uma corrente na bobina receptora que tende a se opor à variação de fluxo magnético produzida pela bobina transmissora. A corrente induzida na bobina receptora é medida quando nada existe além de ar entre as bobinas. Se um condutor na forma de um objeto metálico atravessar as bobinas transmissora e receptora, uma corrente será induzida no objeto metálico na forma de correntes parasitas. Estas correntes atuarão de maneira a se opor ao aumento ou à diminuição do campo magnético variável produzido pela bobina transmissora, o que por sua vez induz uma corrente na bobina receptora, a qual tende a se opor ao aumento da corrente no metal. A corrente medida na bobina receptora será menor sempre que qualquer objeto metálico estiver presente entre as duas bobinas.

Um diagrama esquemático de um detector de metal usado em aeroportos é mostrado na Figura 9.12. Uma bobina transmissora e outra receptora estão localizadas em lados opostos de um portal de entrada. A pessoa ou o objeto a ser vasculhado passa pelo portal, entre as duas bobinas. Suponha que a corrente da bobina transmissora flua no sentido indicado e que esteja diminuindo. Outra corrente será induzida na placa metálica em sentido oposto e tenderá a se opor ao aumento da corrente da bobina transmissora. A corrente crescente na placa metálica induzirá outra corrente na bobina receptora que tem sentido contrário e que tende a se opor ao aumento de corrente na placa metálica (não mostrada no diagrama). Dessa forma, a placa metálica induz uma corrente na bobina receptora, que flui no mesmo sentido que a corrente do transmissor. Sem a placa metálica, a corrente crescente da bobina transmissora induziria uma corrente de sentido contrário na bobina receptora que tenderia a se opor ao aumento da corrente da bobina transmissora (como indicado no diagrama). Portanto, o efeito total na placa metálica do detector de metal é o de aumentar a corrente da bobina receptora. O objeto metálico não precisa ser uma placa plana; qualquer pedaço de metal, desde que seja grande o suficiente, terá correntes induzidas em si que poderão ser detectadas por meio da medição da corrente induzida na bobina receptora.

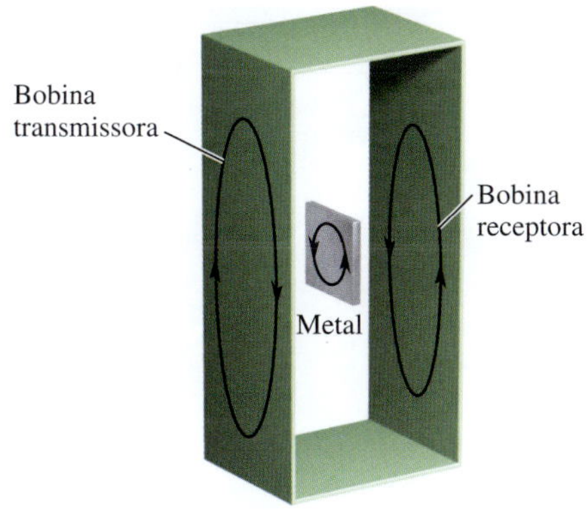

Figura 9.12 Diagrama esquemático de um detector de metal de um aeroporto.

Diferença de potencial induzida em um fio em movimento em um campo magnético

Considere um fio condutor de comprimento ℓ movendo-se com velocidade constante, $\vec{v}$, perpendicularmente a um campo magnético constante, $\vec{B}$, orientado para dentro da página (Figura 9.13). O fio está orientado perpendicularmente à velocidade e ao campo magnético. O campo magnético exerce uma força, $\vec{F}_B$, sobre os elétrons de condução do fio, fazendo-os com que se movam de um lado para baixo. Tal movimento dos elétrons produz uma concentração de carga líquida negativa na parte inferior do fio, e de uma carga líquida positiva na parte superior do fio. Essa separação de cargas, por sua vez, produz um campo elétrico, $\vec{E}$, o qual exerce forças sobre os elétrons de condução que tendem a cancelar as forças magnéticas. Após algum tempo, as duas forças atingem módulos iguais (mas possuem sentidos opostos), resultando em uma força resultante nula:

$$F_B = evB = F_E = eE. \tag{9.12}$$

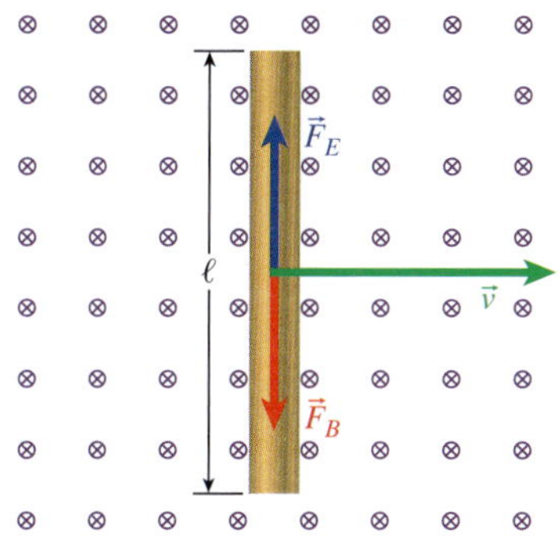

Figura 9.13 Condutor em movimento em um campo magnético constante. São indicadas as forças magnética e elétrica sobre alguns dos elétrons de condução.

9.4 Exercícios de sala de aula

Uma haste metálica move-se com velocidade constante $\vec{v}$ através de um campo magnético uniforme que aponta para dentro da página, como indicado na figura.

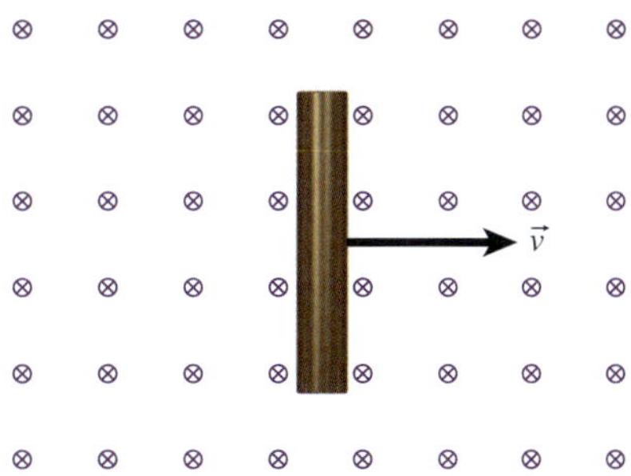

Qual dos seguintes representa mais precisamente a distribuição de carga na superfície da haste metálica?

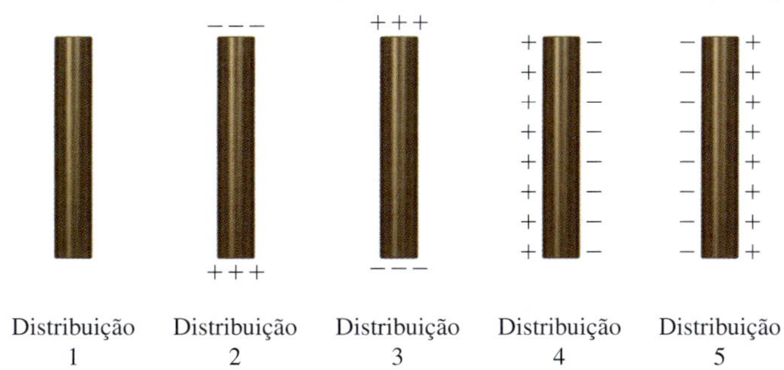

a) A distribuição 1.

b) A distribuição 2.

c) A distribuição 3.

d) A distribuição 4.

e) A distribuição 5.

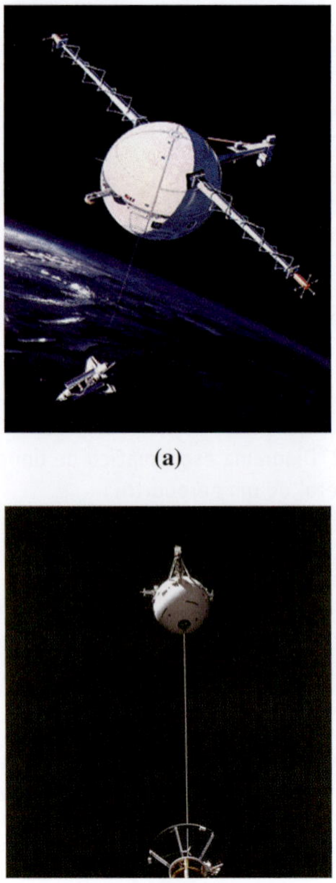

Figura 9.14 (a) Concepção artística do ônibus espacial *Columbia* com um satélite preso a ele. (b) Fotografia do satélite preso sendo posicionado para o lançamento pela *Columbia*.

Assim, o campo elétrico induzido pode ser expresso por

$$E = vB. \tag{9.13}$$

Uma vez que o campo elétrico é constante dentro do fio, ele produz uma diferença de potencial entre as duas extremidades do fio que é dada por

$$E = \frac{\Delta V_{\text{ind}}}{\ell} = vB. \tag{9.14}$$

A diferença de potencial induzida entre as extremidades do fio, é, então,

$$\Delta V_{\text{ind}} = v\ell B. \tag{9.15}$$

Esta é uma forma de fem de movimento, mencionada na Seção 9.2.

EXEMPLO 9.3 Satélite preso a um ônibus espacial

Em 1996, o ônibus espacial norte-americano *Columbia* posicionou um satélite preso por um cabo externo com 20 km de comprimento (Figura 9.14). O fio foi esticado perpendicularmente ao campo magnético terrestre naquela posição, onde sua intensidade era de $B = 5{,}1 \cdot 10^{-5}$ T. O *Columbia* estava se movendo a 7,6 km/s.

PROBLEMA

Qual era a diferença de potencial induzida entre as extremidades do fio?

SOLUÇÃO

Podemos usar a equação 9.15 para determinar a diferença de potencial induzida entre as extremidades do fio. Seu comprimento é $L = 20$ km e sua rapidez através do campo magnético da Terra ($B = 5{,}1 \cdot 10^{-5}$ T) é a mesma que a do ônibus espacial, $v = 7{,}6$ km/s. Assim, temos

$$\Delta V_{\text{ind}} = vLB = (7{,}6 \cdot 10^3 \text{ m/s})(20 \cdot 10^3 \text{ m})(5{,}1 \cdot 10^{-5} \text{ T}) = 7.800 \text{ V}.$$

Os astronautas do ônibus espacial mediram uma corrente de 0,5 A e uma voltagem de 3.500 V. O circuito consistia no fio preso esticado e os átomos ionizados do espaço no caminho de retorno da corrente fora do fio. Este se rompeu justamente quando o comprimento de fio esticado alcançou 20 km, porém a geração de corrente elétrica a partir do movimento de uma espaçonave havia sido demonstrada.

O Problema Resolvido 8.1 trata de um trilho acelerador eletromagnético. O próximo exemplo enfoca o fenômeno da indução em um sistema similar.

EXEMPLO 9.4 Haste condutora puxada

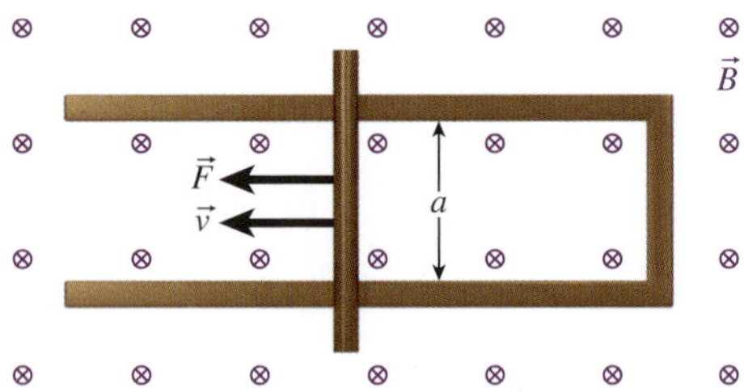

Figura 9.15 Uma haste condutora sendo puxada ao longo de dois trilhos condutores, com uma velocidade constante, em presença de um campo magnético constante orientado para dentro da página.

Uma haste condutora é puxada horizontalmente por uma força constante de módulo $F = 5{,}00$ N, ao longo de um par de trilhos condutores paralelos separados por uma distância $a = 0{,}500$ m (Figura 9.15). Os dois trilhos estão ligados e não existe atrito algum entre a haste e os trilhos. Um campo magnético uniforme de intensidade $B = 0{,}500$ T está orientado para dentro da página. A haste move-se com uma velocidade constante de módulo $v = 5{,}00$ m/s.

PROBLEMA

Qual é o valor absoluto da diferença de potencial induzida na espira formada pelos trilhos ligados e a haste em movimento?

SOLUÇÃO

A diferença de potencial induzida neste caso é dada pela equação 9.10, que se aplica a uma espira em presença de um campo magnético quando o ângulo e o campo magnético são mantidos constantes e a área da espira não varia com o tempo:

$$\Delta V_{\text{ind}} = -B\cos\theta \frac{dA}{dt}.$$

Neste caso, $\theta = 0$ e $B = 0{,}500$ T. A área da espira está aumentando com o tempo; podemos expressá-la em termos de A_0, a área antes que a haste começasse a se mover e uma área adicional dada pelo produto da velocidade da espira pelo tempo durante o qual a espira moveu-se uma distância, a, sobre os trilhos:

$$A = A_0 + a\,(vt) - A_0 + vta.$$

A variação de área da espira em função do tempo é, então,

$$\frac{dA}{dt} = \frac{d}{dt}\left(A_0 + vta\right) = va.$$

Portanto, o valor absoluto da diferença de potencial induzida é

$$\Delta V_{\text{ind}} = \left|-B\cos\theta\frac{dA}{dt}\right| = vaB. \qquad \text{(i)}$$

Inserindo os valores numéricos fornecidos, obtemos

$$\Delta V_{\text{ind}} = (5{,}00 \text{ m/s})(0{,}500 \text{ m})(0{,}500 \text{ T}) = 1{,}25 \text{ V}.$$

Note que a equação (i), $\Delta V_{\text{ind}} = vaB$, que foi derivada a partir da lei de Faraday da indução, tem a mesma forma da equação 9.15 para a diferença de potencial induzida em um fio que se move em presença de um campo magnético, a qual foi derivada usando-se a força magnética sobre cargas em movimento.

9.5 Exercícios de sala de aula

Determine a diferença de potencial induzida entre as pontas das asas de um jato Boeing 747-400, cuja envergadura de asa é de 64,67 m, em velocidade de cruzeiro a 913 km/h. Considere que a componente orientada para baixo do campo magnético terrestre seja $B = 5{,}00 \cdot 10^{-5}$ T.

a) 0,821 V.

b) 2,95 V.

c) 10,4 V.

d) 30,1 V.

e) 225 V.

9.4 Geradores e motores

O terceiro caso especial do processo básico de indução descrito na Seção 9.2 é, de longe, o mais interessante do ponto de vista tecnológico. Neste caso, o ângulo entre a espira condutora e o campo magnético varia ao longo do tempo, enquanto a área da espira e a intensidade do campo magnético mantêm-se constantes. Nesta situação, a equação 9.11 pode ser usada para aplicar a lei de Faraday da indução para a geração e manutenção de correntes elétricas. Um dispositivo que produza corrente elétrica a partir do movimento mecânico é denominado **gerador elétrico**. E um dispositivo que produza movimento mecânico a partir de corrente elétrica é chamado de **motor elétrico**. A Figura 9.16 mostra um motor elétrico muito simples.

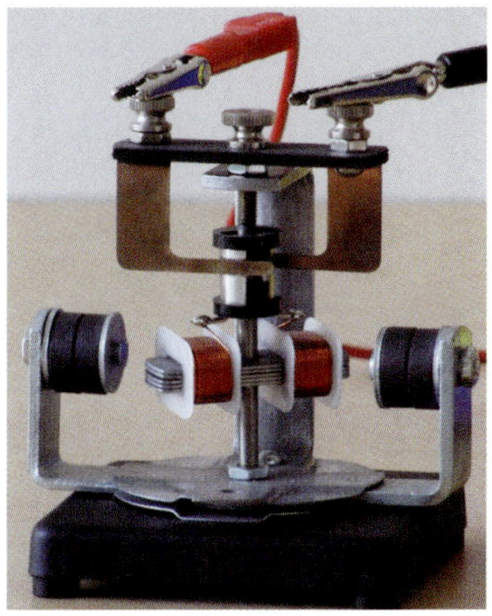

Figura 9.16 Um motor elétrico muito simples usado em demonstrações didáticas. Ele consiste em um par de ímãs permanentes externos e dois solenoides, através dos quais uma corrente é enviada, para o interior.

Um gerador simples é formado por uma espira forçada a girar em presença de um campo magnético fixo. A força que faz a espira girar pode ser fornecida por um jato de vapor aquecido sobre uma turbina, como ocorre em usinas nucleares e a carvão. (Usinas de energia elétrica usam múltiplas espiras a fim de aumentar a potência gerada.) Por outro lado, a espira pode ser posta a girar fazendo-se fluir água ou ar para gerar eletricidade de maneira livre de poluição.

A Figura 9.17 mostra dois tipos de geradores simples. Em um gerador de corrente contínua, a espira giratória está ligada a um circuito externo por meio de um comutador em forma de um anel fendido, como ilustra a Figura 9.17a. Enquanto a espira gira, a ligação é invertida duas vezes a cada volta, de modo que a diferença de potencial induzida sempre tem o mesmo sinal. A Figura 9.17b mostra um arranjo parecido usado para produzir corrente alternada. Uma corrente alternada é aquela que varia com o tempo entre valores positivos e negativos, com a variação frequentemente apresentando uma forma senoidal. Cada extremidade da espira está ligada ao circuito externo através de seu próprio anel maciço de deslizamento. Assim, este gerador produz uma diferença de potencial induzida que varia de positivo a negativo alternadamente. Um gerador que produza voltagens alternadas e correntes resultantes alternadas também é chamado de **alternador**. A Figura 9.18 mostra a diferença de potencial induzida em função do tempo para cada tipo de gerador.

Os dispositivos da Figura 9.17 também poderiam ser usados como motores para fornecer corrente à espira e usar o movimento decorrente da bobina para realizar trabalho.

Os geradores e os motores do mundo real são consideravelmente mais complexos do que os da Figura 9.17. Por exemplo, em vez de ímãs permanentes, correntes fluindo em bobinas criam o campo magnético necessário. Inúmeras espiras firmemente agrupadas são empregadas para tornar mais eficiente o movimento giratório. Múltiplas espiras também podem resolver o problema apresentado por um motor simples, de uma só espira, que é o de parar em uma

9.4 Pausa para teste

Um gerador funciona girando com frequência f uma bobina com N espiras em presença de um campo magnético constante de intensidade B. A resistência da bobina é R, e a área da seção transversal da bobina é A. Determine se cada uma das seguintes afirmações é verdadeira ou falsa.

a) A diferença de potencial induzida média dobrará de valor se a frequência, f, for dobrada.

b) A diferença de potencial induzida média dobrará de valor se a resistência, R, for dobrada.

c) A diferença de potencial induzida média dobrará de valor se a intensidade do campo magnético, B, for dobrada.

d) A diferença de potencial induzida média dobrará de valor se a área, A, for dobrada.

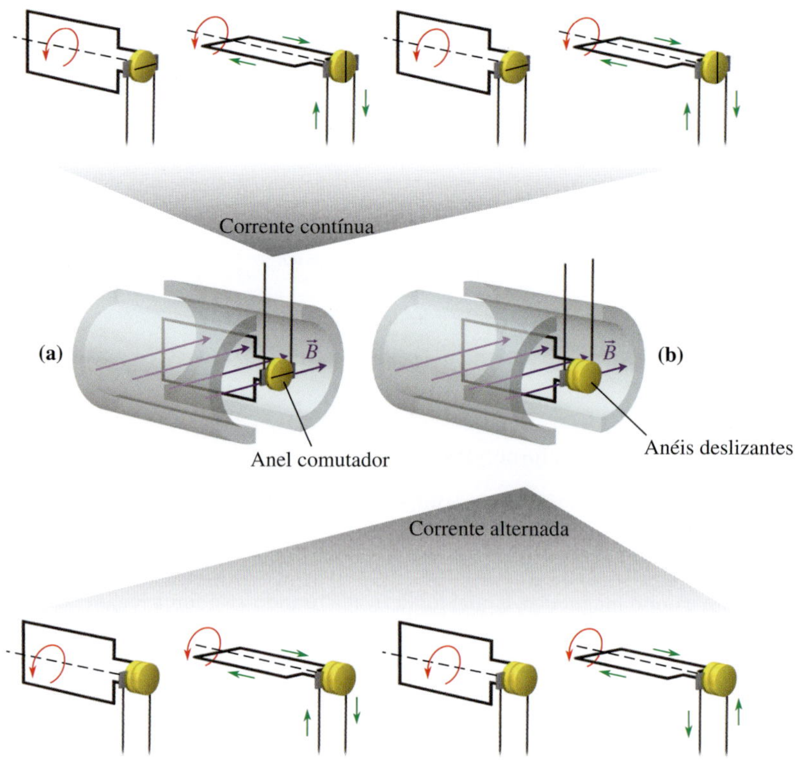

Figura 9.17 (a) Um gerador/motor simples de corrente contínua (CC). (b) Um gerador/motor de corrente alternada (CA).

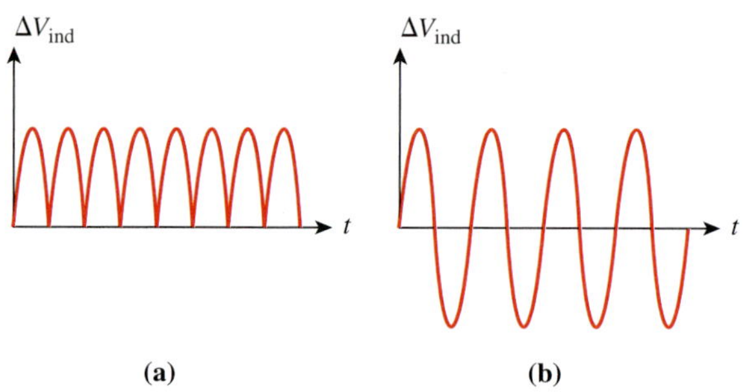

Figura 9.18 Diferença de potencial induzida em função do tempo para (a) um gerador simples de corrente contínua; (b) um gerador simples de corrente alternada.

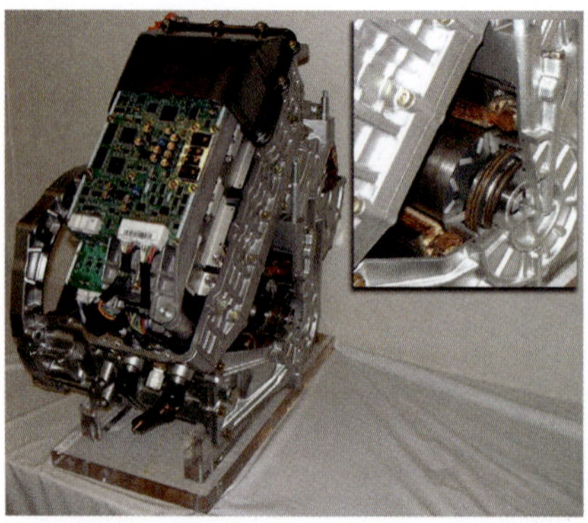

Figura 9.19 O motor de um automóvel híbrido em corte a fim de mostrar o sistema de freio regenerativo, em destaque na foto menor inserida.

posição onde a corrente na espira não produz torque algum. O campo magnético pode também variar com o tempo em fase com a espira giratória. Em alguns geradores e motores, as espiras (bobinas) são fixas e quem gira é o ímã.

Freio regenerativo

Os carros híbridos são impelidos por uma combinação de motor a gasolina e motor elétrico. Uma característica atrativa de um veículo híbrido é seu sistema de **freio regenerativo**. Quando os freios são acionados para desacelerar ou parar um veículo não híbrido, a energia cinética do veículo é transformada em calor no aquecimento das pastilhas do freio. Este calor é dissipado no meio ambiente e a energia é perdida. Em um carro híbrido, os freios estão ligados a um motor elétrico (Figura 9.19), que funciona como um gerador, carregando a bateria do carro. Dessa forma, a energia cinética do carro poderá mais tarde ser usada para impelir o veículo, contribuindo para sua maior eficiência e aumentando significativamente a quilometragem coberta por seu combustível enquanto trafega parando e acelerando alternadamente no trânsito.

9.5 Campo elétrico induzido

A lei de Faraday da indução estabelece que toda variação de fluxo magnético produz uma diferença de potencial induzida, capaz de gerar uma corrente induzida. Quais são as consequências deste efeito?

Considere uma carga positiva q descrevendo uma trajetória circular de raio r em presença de um campo elétrico, $\vec{E}$. O trabalho realizado sobre a carga é igual à integral do produto escalar entre a força e o vetor deslocamento infinitesimal. Por ora, vamos considerar que o campo elétrico $\vec{E}$ seja constante, um campo cujas linhas são circulares, e que a carga se mova ao longo de uma dessas linhas. Ao fim de uma revolução da carga, o trabalho realizado sobre ela é dado por

$$\oint \vec{F}\bullet d\vec{s} = \oint q\vec{E}\bullet d\vec{s} = \oint q\cos 0^\circ E ds = qE\oint ds = qE(2\pi r).$$

Uma vez que o trabalho realizado por um campo elétrico constante é $\Delta V_{\text{ind}}q$, temos

$$\Delta V_{\text{ind}} = 2\pi r E.$$

Podemos generalizar este resultado considerando o trabalho realizado sobre uma carga q que se move ao longo de uma trajetória arbitrariamente escolhida:

$$W = \oint \vec{F}\bullet d\vec{s} = q\oint \vec{E}\bullet d\vec{s}.$$

Substituindo novamente $\Delta V_{\text{ind}}q$ no trabalho realizado, obtemos

$$\Delta V_{\text{ind}} = \oint \vec{E}\bullet d\vec{s}. \qquad (9.16)$$

Agora podemos expressar a diferença de potencial induzida de forma diferente combinando a equação 9.5 com a equação 9.16:

$$\oint \vec{E}\bullet d\vec{s} = -\frac{d\Phi_B}{dt}. \qquad (9.17)$$

A equação 9.17 estabelece que toda variação de fluxo magnético induz um campo elétrico. Essa equação se aplica a qualquer caminho fechado em um campo magnético variável, mesmo se nenhum condutor estiver presente naquele caminho.

9.6 Indutância de um solenoide

Considere um solenoide longo com N espiras por onde flui uma corrente i. Essa corrente produz um campo magnético no centro do solenoide, resultando em um fluxo magnético, Φ_B. O mesmo fluxo magnético atravessa cada uma das N espiras do solenoide. É comum definir o **fluxo concatenado** como o produto do número de espiras pelo fluxo magnético em cada espira, ou $N\Phi_B$. A Equação 9.1 definiu o fluxo magnético como $\Phi_B = \iint \vec{B}\bullet d\vec{A}$. No interior do solenoide, o vetor campo magnético e o vetor superfície normal, $d\vec{A}$, são paralelos um ao outro. E vimos no Capítulo 8 que o valor do campo magnético no interior de um solenoide é $B = \mu_0 ni$, onde $\mu_0 = 4\pi \cdot 10^{-7}$ T m/A é a permeabilidade magnética do vácuo, i é a corrente e n é o número de espiras por unidade de comprimento ($n = N/\ell$). Portanto, o fluxo magnético dentro de um solenoide é proporcional à corrente que flui pelo mesmo, o que, trivialmente, significa que o fluxo concatenado também é proporcional à corrente. Podemos expressar essa proporcionalidade como

$$N\Phi_B = Li, \qquad (9.18)$$

usando uma constante de proporcionalidade, L, denominada **indutância**. (*Nota*: o uso da letra L para representar a indutância é uma convenção. Embora L seja usado também para as grandezas físicas comprimento e momento angular, a indutância não tem qualquer relação a qualquer dessas duas grandezas.)

A indutância constitui uma medida do fluxo concatenado produzido por um solenoide, por unidade de corrente. A unidade de indutância do SI é o **henry** (H), em homenagem ao físico norte-americano Joseph Henry (1797-1878), dada por

$$[L] = \frac{[\Phi_B]}{[i]} \Rightarrow 1\text{ H} = \frac{1\text{ T m}^2}{1\text{ A}}. \qquad (9.19)$$

A definição de henry dada pela equação 9.19 significa que a permeabilidade magnética do vácuo pode ser expressa também como $\mu_0 = 4\pi \cdot 10^{-7}$ H/m.

Agora vamos usar a equação 9.18 para determinar a indutância de um solenoide com seção transversal de área A e comprimento ℓ. Para este solenoide, o fluxo concatenado é

$$N\Phi_B = (n\ell)(BA), \tag{9.20}$$

onde n é o número de espiras por unidade de comprimento e B é o módulo do campo magnético dentro do solenoide. Assim, a indutância é dada por

$$L = \frac{N\Phi_B}{i} = \frac{(n\ell)(\mu_0 ni)(A)}{i} = \mu_0 n^2 \ell A. \tag{9.21}$$

Esta expressão para a indutância de um solenoide é válida para solenoides longos porque os efeitos de borda são pequenos neste caso. Você também pode verificar que a indutância de um solenoide depende apenas da geometria (comprimento, área e número de espiras) do dispositivo. Tal dependência da indutância com a geometria vale para todas as bobinas e solenoides, da mesma forma como a capacitância de todo capacitor depende somente de sua geometria.

Qualquer solenoide possui sua indutância, e quando ele é usado em um circuito elétrico, é chamado de *indutor*, simplesmente porque sua indutância é a propriedade mais importante quando uma corrente flui por ele.

9.7 Autoindutância e indutância mútua

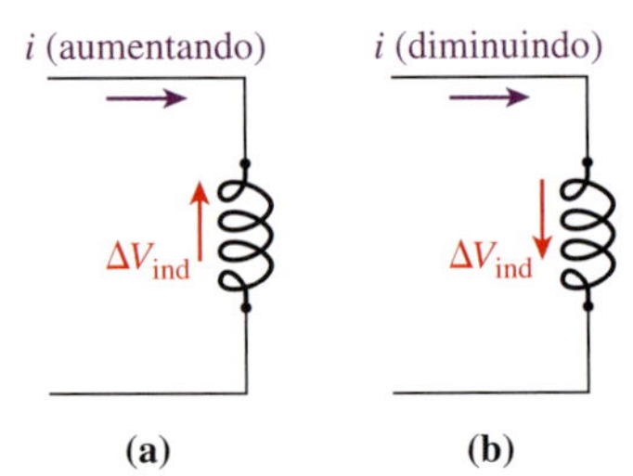

Figura 9.20 (a) Diferença de potencial autoinduzida em um indutor quando a corrente está crescendo; (b) diferença de potencial autoinduzida em um indutor quando a corrente está diminuindo.

Considere a situação na qual duas bobinas, ou indutores, estão próximas uma da outra, e uma corrente variável na primeira bobina produz um fluxo magnético na segunda delas. Entretanto, a corrente variável da primeira bobina também induz uma diferença de potencial naquela bobina, e, assim, o campo magnético daquela bobina também varia. Este fenômeno é denominado **autoindução**. A diferença de potencial resultante é conhecida como *diferença de potencial autoinduzida*. A variação de corrente na primeira bobina também induz uma diferença de potencial na segunda bobina. Tal fenômeno é chamado de **indução mútua**.

De acordo com a lei de Faraday da indução, a diferença de potencial autoinduzida por um indutor qualquer é dada por

$$\Delta V_{\text{ind},L} = -\frac{d(N\Phi_B)}{dt} = -\frac{d(Li)}{dt} = -L\frac{di}{dt}, \tag{9.22}$$

onde a equação 9.18 nos permite substituir Li por $N\Phi_B$. Dessa forma, em qualquer indutor, a diferença de potencial autoinduzida surge quando a corrente varia com o tempo. Esta diferença de potencial autoinduzida depende da taxa de variação temporal da corrente e da indutância do dispositivo.

A lei de Lenz fornece o sentido da diferença de potencial autoinduzida. O sinal negativo da equação 9.22 fornece a pista de que a diferença de potencial induzida sempre se opõe a qualquer variação de corrente. Por exemplo, a Figura 9.20a mostra uma corrente fluindo em um indutor e aumentando com o tempo. Assim, a diferença de potencial autoinduzida se oporá ao crescimento da corrente. Na Figura 9.20b, a corrente que flui em um indutor está diminuindo com o tempo. Assim, a diferença de potencial autoinduzida se oporá à diminuição da corrente. Temos considerado que esses indutores sejam ideais; ou seja, que eles não possuam resistência. Todas as diferenças de potencial induzidas se manifestam através das ligações do indutor. Indutores com resistências são abordados na próxima seção.

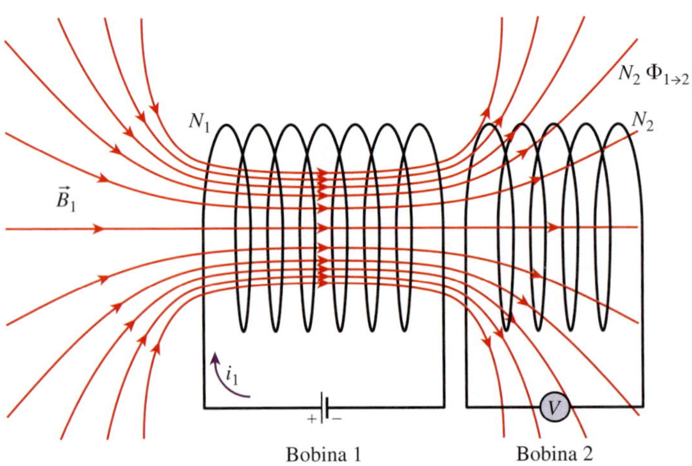

Figura 9.21 A bobina 1 conduz uma corrente i_1. A bobina 2 possui um voltímetro capaz de medir pequenas diferenças de potencial induzidas.

Agora vamos considerar duas bobinas vizinhas com seus eixos alinhados um com o outro (Figura 9.21). A bobina 1 possui N_1 espiras, e a bobina 2, N_2 espiras. A corrente da bobina 1 produz um campo magnético, $\vec{B}_1$. O fluxo concatenado na bobina 2, resultante do campo magnético da bobina 1, é $N_2\Phi_{1\to2}$. A indutância mútua, $M_{1\to2}$, da bobina 2 devido à bobina 1 é definida como

$$M_{1\to2} = \frac{N_2\Phi_{1\to2}}{i_1}. \tag{9.23}$$

Multiplicando ambos os lados da equação 9.23 por i_1, obtemos

$$i_1 M_{1\to2} = N_2\Phi_{1\to2}.$$

Se a corrente na bobina é variável com o tempo, podemos escrever

$$M_{1\to2}\frac{di_1}{dt} = N_2\frac{d\Phi_{1\to2}}{dt}.$$

O lado direito desta equação é similar ao lado direito da lei de Faraday da indução (equação 9.5). Assim, podemos escrever

$$\Delta V_{\text{ind},2} = -M_{1\to2}\frac{di_1}{dt}. \tag{9.24}$$

Agora invertamos os papéis desempenhados pelas duas bobinas (Figura 9.22). A corrente da bobina 2, i_2, produz seu próprio campo magnético, $\vec{B}_2$. O fluxo concatenado na bobina 1 devido ao campo magnético da bobina 2 é $N_1\Phi_{2\to1}$. Usando a mesma análise feita na determinação da indutância mútua da bobina 2 devido à bobina 1, obtemos

$$\Delta V_{\text{ind},1} = -M_{2\to1}\frac{di_2}{dt}, \tag{9.25}$$

onde $M_{2\to1}$ é a indutância mútua da bobina 1 devido à bobina 2.

Vemos que a diferença de potencial induzida em uma das bobinas é proporcional à variação de corrente da outra bobina. A constante de proporcionalidade é a indução mútua. Se trocássemos os índices 1 e 2 e repetíssemos a análise dos efeitos de cada bobina sobre a outra, poderíamos mostrar que

$$M_{1\to2} = M_{2\to1} = M.$$

Podemos, então, reescrever as equações 9.24 e 9.25 como

$$\Delta V_{\text{ind},2} = -M\frac{di_1}{dt} \tag{9.26}$$

e

$$\Delta V_{\text{ind},1} = -M\frac{di_2}{dt}, \tag{9.27}$$

onde M é a **indutância mútua** entre as duas bobinas. A unidade do SI para a indutância mútua é o henry. Uma das principais aplicações da indutância mútua é o transformador, que será discutido no Capítulo 10.

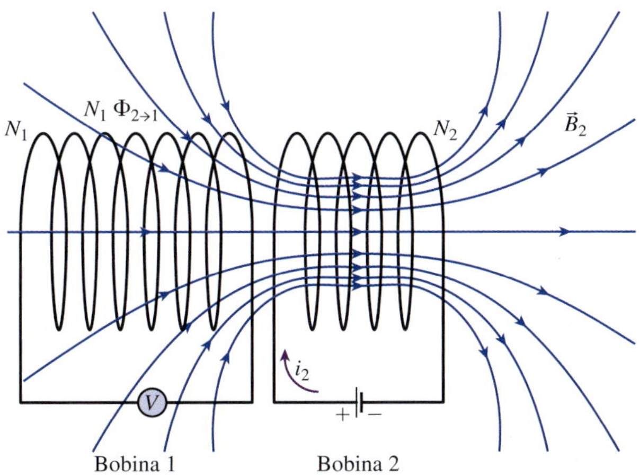

Figura 9.22 A bobina 2 conduz uma corrente i_2. A bobina 1 possui um voltímetro capaz de medir pequenas diferenças de potencial induzidas.

PROBLEMA RESOLVIDO 9.1 Indução mútua de um solenoide e de uma bobina

Um longo solenoide com seção circular de raio r_1 = 2,80 cm e n = 290 espiras/cm encontra-se no interior de uma bobina curta com seção transversal circular de raio r_2 = 4,90 cm e N = 31 espiras, sendo coaxiais os dois dispositivos (Figura 9.23a). A corrente do solenoide é aumentada a uma taxa constante de zero a i = 2,20 A em um intervalo de tempo de 48,0 ms.

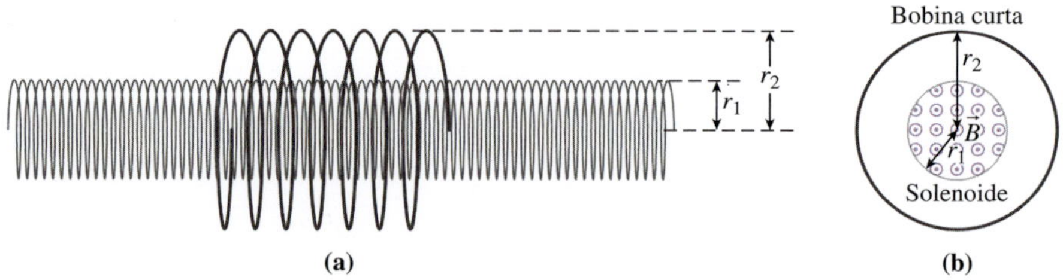

Figura 9.23 (a) Um longo solenoide de raio r_1 dentro de uma bobina curta de raio r_2. (b) Vista transversal das duas bobinas.

PROBLEMA

Qual é a diferença de potencial induzida na bobina curta enquanto a corrente varia?

SOLUÇÃO

PENSE

A diferença de potencial induzida na bobina curta deve-se à corrente variável que flui no solenoide. De acordo com a equação 9.23, a indutância mútua da bobina curta devido ao solenoide é igual ao produto do número de espiras da bobina curta pelo fluxo magnético do solenoide, dividido pela corrente que flui no solenoide. Podemos, então, determinar a diferença de potencial induzida na bobina curta.

DESENHE

A Figura 9.23b mostra uma vista transversal das duas bobinas.

PESQUISE

Podemos expressar a indutância mútua entre a bobina e o solenoide como

$$M = \frac{N\Phi_{s \to c}}{i}, \tag{i}$$

onde N é o número de espiras da bobina curta, $N\Phi_{s \to c}$ é o fluxo concatenado da bobina devido ao campo magnético criado pelo solenoide, e i é a corrente neste último. O fluxo, por sua vez, pode ser expresso como

$$\Phi_{s \to c} = BA, \tag{ii}$$

onde B é o módulo do campo magnético no interior do solenoide e A é a área de sua seção transversal. Do Capítulo 8, lembre-se de que, no caso de um solenoide, o módulo do campo magnético produzido é

$$B = \mu_0 ni,$$

onde n é o número de espiras por unidade de comprimento. A área da seção transversal desse solenoide é

$$A = \pi r_1^2. \tag{iii}$$

A diferença de potencial induzida na bobina curta é, então,

$$\Delta V_{\text{ind}} = -M\frac{di}{dt}.$$

SIMPLIFIQUE

Combinando as equações (i), (ii) e (ii) para obter a indutância mútua entre as duas bobinas:

$$M = \frac{NBA}{i} = \frac{N(\mu_0 ni)(\pi r_1^2)}{i} = N\pi\mu_0 nr_1^2.$$

Logo, a diferença de potencial induzida na bobina curta é

$$\Delta V_{\text{ind}} = -\left(N\pi\mu_0 n r_1^2\right)\frac{di}{dt}.$$

CALCULE

A variação de corrente é constante, de modo que

$$\frac{di}{dt} = \frac{2{,}20\text{ A}}{48{,}0 \cdot 10^{-3}\text{ s}} = 45{,}8333\text{ A/s}.$$

A indutância mútua entre as duas bobinas é

$$M = (31)\pi(4\pi \cdot 10^{-7}\text{ Tm/A})(290 \cdot 10^2\text{ m}^{-1})(2{,}80 \cdot 10^{-2}\text{ m}) = 0{,}0027825\text{ H}.$$

A diferença de potencial induzida na bobina curta é, portanto,

$$\Delta V_{\text{ind}} = -(0{,}0027825\text{ H})(45{,}8333\text{ A/s}) = -0{,}127531\text{ V}.$$

ARREDONDE

Apresentamos nosso resultado com três algarismos significativos:

$$\Delta V_{\text{ind}} = -0{,}128\text{ V}.$$

SOLUÇÃO ALTERNATIVA

O valor absoluto da diferença de potencial induzida na bobina curta externa é de 128 mV, um valor de mesma ordem de grandeza que aquele que obteríamos para o caso de uma haste que se movesse alternadamente para dentro e para fora de uma bobina. Assim, nosso resultado é plausível.

9.6 Exercícios de sala de aula

Suponha que a corrente da bobina curta do Problema Resolvido 9.1 é aumentada constantemente de zero a i = 2,80 A em 18,0 ms. Qual será o valor absoluto da diferença de potencial induzida no solenoide enquanto a corrente da bobina curta variar?

a) 0,0991 V
b) 0,128 V
c) 0,233 V
d) 0,433 V
e) 0,750 V

9.8 Circuitos RL

No Capítulo 6, vimos que, se uma fonte que fornece uma voltagem V_{fem} for ligada, formando uma única malha, a um resistor de resistência R e a um capacitor de capacitância C, a carga, q, do capacitor aumenta com o tempo de acordo com

$$q = CV_{\text{fem}}\left(1 - e^{-t/\tau_{\text{RC}}}\right),$$

onde a constante de tempo do circuito, $\tau_{\text{RC}} = RC$, é o produto da resistência pela capacitância. A mesma constante de tempo governará a diminuição da carga inicial do capacitor, q_0, se a fonte de fem for removida, e o circuito curto-circuitado:

$$q = q_0 e^{-t/\tau_{\text{RC}}}.$$

Se a fonte de fem for substituída por um circuito de uma única malha, contendo um resistor de resistência R e um indutor de indutância L, circuito este chamado de circuito RL, ocorrerá um fenômeno semelhante. A Figura 9.24 mostra um circuito em que uma fonte de fem está ligada em série a um resistor e a um indutor. Se o circuito contivesse apenas o resistor e não o indutor, a corrente cresceria quase instantaneamente até o valor dado pela lei de Ohm, iV_{fem} = R, assim que a chave fosse fechada. Entretanto, em um circuito contendo o resistor e o indutor, o aumento da corrente que flui no indutor cria uma diferença de potencial autoinduzida que tende a se opor ao aumento da corrente. Com o tempo, a variação de corrente diminui, e a diferença de potencial autoinduzida e oposta, também. Após um longo tempo transcorrido, a corrente se torna constante, de valor V_{fem}/R.

Podemos usar a lei de Kirchhoff das malhas para analisar este circuito, considerando que a corrente, i, em qualquer instante de tempo esteja fluindo no circuito no sentido anti-horário. Com a corrente fluindo neste sentido, a fonte de fem representa um ganho de potencial, $+V_{\text{fem}}$, enquanto o resistor representa uma queda de potencial $-iR$. A autoindutância do indutor produz uma queda de potencial por se opor ao crescimento da corrente. A queda de potencial devido ao indutor é proporcional à taxa de variação temporal da corrente, como dado pela equação 9.22. Assim, podemos escrever a soma das quedas de potencial ao longo do circuito como

$$V_{\text{fem}} - iR - L\frac{di}{dt} = 0.$$

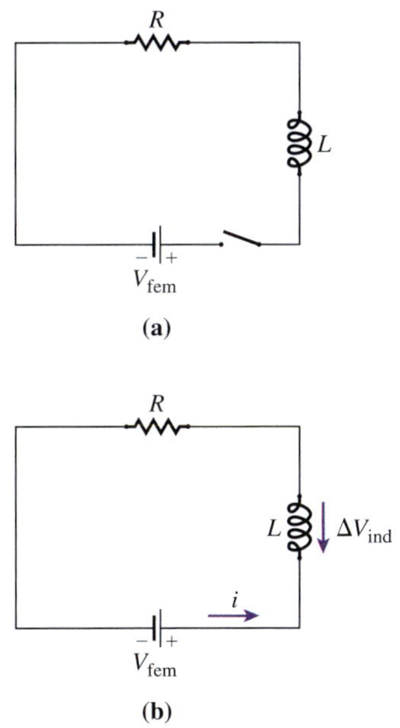

Figura 9.24 Um circuito de malha única contendo uma fonte de fem, um resistor e um indutor: (a) chave aberta; (b) chave fechada. Quando a chave for fechada, a corrente que flui no sentido mostrado cresce. Uma diferença de potencial é induzida no indutor no sentido contrário, como indicado.

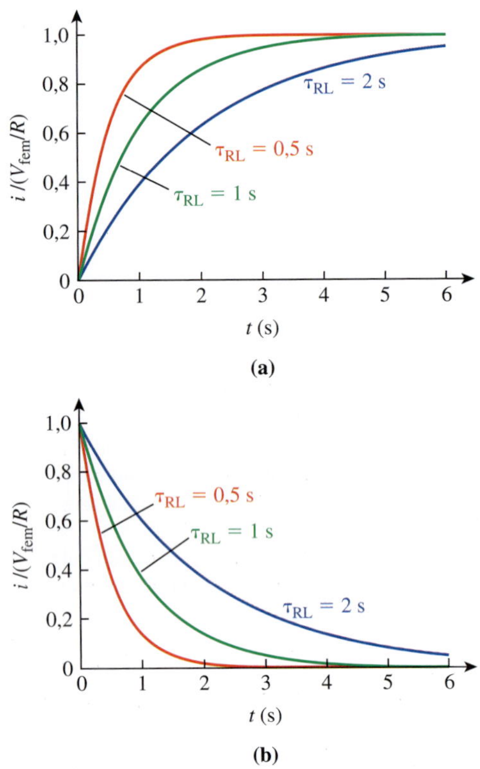

Figura 9.25 Dependência temporal da corrente que flui em um circuito RL. (a) A corrente em função do tempo quando um resistor, um indutor e uma fonte de fem estão ligados em série. (b) A corrente em função do tempo quando a fonte de fem é subitamente removida de um circuito R ao qual estava ligada há muito tempo.

Podemos escrever esta equação na forma

$$L\frac{di}{dt} + iR = V_{fem}. \tag{9.28}$$

A solução dessa equação diferencial é obtida exatamente da mesma maneira como foi obtida a solução da equação diferencial de um circuito RC, no Capítulo 26. A solução que pode ser testada por simples substituição na equação 9.28 é

$$i(t) = \frac{V_{fem}}{R}\left(1 - e^{-t/(L/R)}\right). \tag{9.29}$$

A grandeza L/R é a constante de tempo do circuito RL:

$$\tau_{RL} = \frac{L}{R}. \tag{9.30}$$

Essa dependência temporal da corrente em um circuito RL é mostrada na Figura 9.25a para três valores diferentes da constante de tempo.

Examinando a equação 9.29, você pode ver que, em $t = 0$, a corrente é nula. Para $t \to \infty$, a corrente é dada por $i = V_{fem}/R$, como esperado.

Agora considere o circuito desenhado na Figura 9.26, em que uma fonte de fem foi ligada e subitamente removida. Podemos usar a equação 9.28 com $V_{fem} = 0$ para descrever a dependência temporal deste circuito:

$$L\frac{di}{dt} + iR = 0. \tag{9.31}$$

O resistor produz uma queda de potencial, enquanto o indutor produz uma diferença de potencial que tende a se opor à diminuição da corrente. A solução da equação 9.31 é

$$i(t) = i_0\, e^{-t/\tau_{RC}}. \tag{9.32}$$

As condições iniciais quando a fonte de fem é ligada podem ser usadas para determinar a corrente inicial: $i_0 = V_{fem}/R$. A equação 9.32 descreve um circuito de malha única com um resistor e um indutor inicialmente percorrido por uma corrente i_0. A corrente diminui exponencialmente com o tempo com uma constante de tempo $\tau_{RL} = L/R$, e após um longo tempo, ela torna-se nula. A corrente deste circuito em função do tempo está plotada na Figura 9.25b para três instantes de tempo diferentes.

Circuitos RL podem ser usados como temporizadores para, por sua vez, acionar aparelhos a intervalos de tempo regulares e também podem ser usados para filtrar ruído. Todavia, nessas aplicações são geralmente usados circuitos RC porque pequenos capacitores estão disponíveis em uma gama de capacitância maior do que indutores. O real valor dos indutores começa a aparecer em circuitos com três tipos de componentes, resistores, capacitores e indutores, os quais serão discutidos no Capítulo 10.

9.7 Exercícios de sala de aula

Considere o circuito RL mostrado na figura. Quando a chave é fechada, a corrente do circuito aumenta exponencialmente para o valor final $i = V_{fem}/R$. Se o indutor deste circuito fosse substituído por outro indutor com um número de espiras por unidade de comprimento três vezes maior, o tempo necessário para que a corrente atingisse o valor de $0{,}9i$

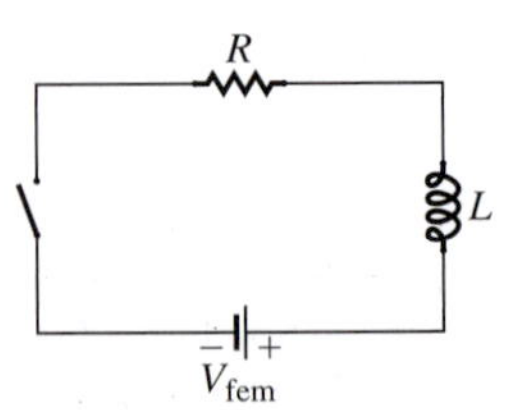

a) aumentaria.

b) diminuiria.

c) manter-se-ia o mesmo.

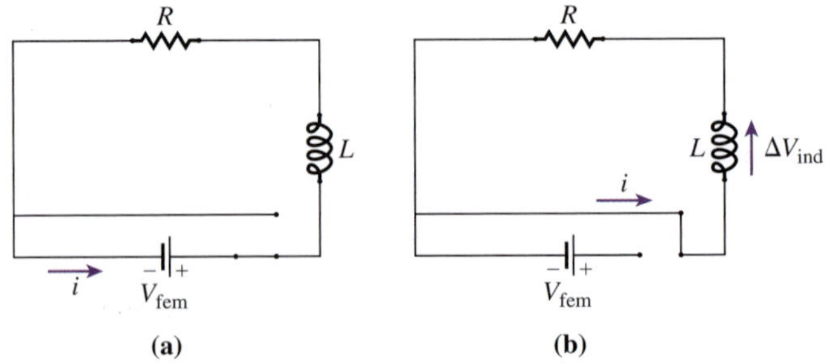

Figura 9.26 Circuito de malha única com uma fonte de fem, um resistor e um indutor. (a) O circuito com a fonte de fem ligada. A corrente flui no sentido indicado; (b) A fonte de fem é removida, e o resistor e o indutor permanecem ligados. Uma diferença de potencial é induzida no indutor com o mesmo sentido da corrente, como indicado.

PROBLEMA RESOLVIDO 9.2 Trabalho realizado por uma bateria

Um circuito em série contém uma bateria que fornece $V_{fem} = 40{,}0$ V, um indutor com $L = 2{,}20$ H, um resistor com $R = 160{,}0\ \Omega$ e uma chave, ligados como mostra a Figura 9.27.

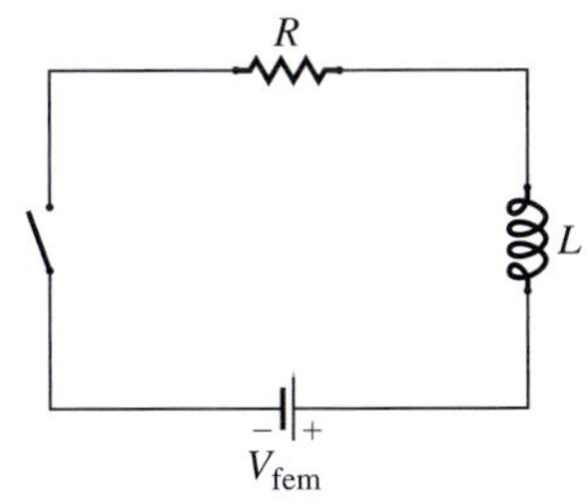

Figura 9.27 Circuito RL com uma chave.

PROBLEMA

A chave é fechada no instante $t = 0$. Quanto trabalho é realizado pela bateria desde $t = 0$ até $t = 1{,}65 \cdot 10^{-2}$ s?

SOLUÇÃO

PENSE

Quando a chave é fechada, a corrente começa a fluir enquanto a energia é fornecida pela bateria. A potência é definida como o produto da voltagem pela corrente em qualquer instante de tempo. O trabalho é a integral da potência no intervalo de tempo durante o qual o circuito opera.

DESENHE

A Figura 9.28 mostra o gráfico da corrente do circuito RL em função do tempo.

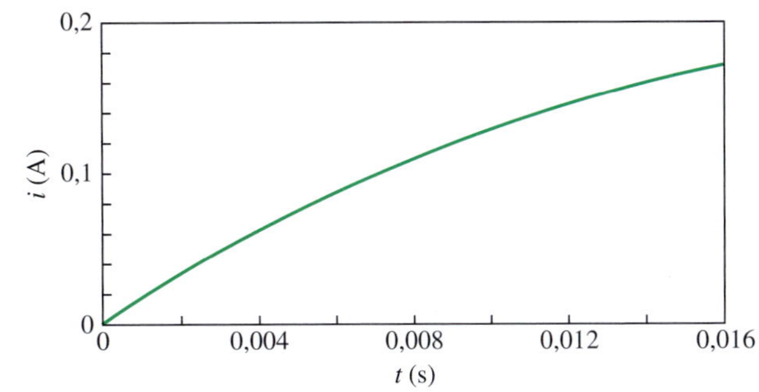

Figura 9.28 Corrente do circuito RL em função do tempo.

PESQUISE

A potência fornecida ao circuito em qualquer instante t após o fechamento da chave é dada por

$$P(t) = V_{fem} i(t), \qquad \text{(i)}$$

onde $i(t)$ é a corrente do circuito. Neste, a corrente em função do tempo é dada pela equação 9.29,

$$i(t) = \frac{V_{fem}}{R}\left(1 - e^{-t/\tau_{RL}}\right), \qquad \text{(ii)}$$

onde $\tau_{RL} = L/R$. O trabalho realizado pela bateria é a integral da potência ao longo do tempo em que o circuito manteve-se em operação:

$$W = \int_0^T P(t)dt, \qquad \text{(iii)}$$

onde T é o intervalo de tempo decorrido após o fechamento da chave.

SIMPLIFIQUE

Combinando as equações (i), (ii) e (iii), obtemos

$$W = \int_0^T \frac{V_{fem}^2}{R}\left(1 - e^{-t/\tau_{RL}}\right)dt.$$

Calculando a integral definida, chegamos a

$$W = \frac{V_{fem}^2}{R}\left[t + \tau_{RL} e^{-t/\tau_{RL}}\right]_0^T = \frac{V_{fem}^2}{R}\left[T + \tau_{RL}\left(e^{-T/\tau_{RL}} - 1\right)\right]. \qquad \text{(iv)}$$

CALCULE

Primeiro, calculamos o valor da constante de tempo:

$$\tau_{RL} = \frac{L}{R} = \frac{2{,}20\text{ H}}{160{,}0\ \Omega} = 1{,}375 \cdot 10^{-2}\text{ s}.$$

Substituindo na equação (iv) os valores numéricos fornecidos, obtemos

$$W = \frac{(40{,}0\text{ V})^2}{160{,}0\ \Omega}\left[\left(1{,}65 \cdot 10^{-2}\text{ s}\right) + \left(1{,}375 \cdot 10^{-2}\text{ s}\right)\left(e^{-\left(1{,}65 \cdot 10^{-2}\text{ s}\right)/\left(1{,}375 \cdot 10^{-2}\text{ s}\right)} - 1\right)\right] = 0{,}0689142\text{ J}.$$

Continua →

ARREDONDE

Apresentamos nosso resultado com três algarismos significativos:

$$W = 6{,}89 \cdot 10^{-2}\ \text{J}.$$

SOLUÇÃO ALTERNATIVA

Para avaliar nosso resultado, consideremos que a corrente do circuito seja constante no tempo e igual à metade da corrente final:

$$i_{\text{med}} = \frac{i(T)}{2} = \frac{(V_{\text{fem}}/R)\left(1-e^{-T/\tau_{\text{RL}}}\right)}{2} = \frac{(40{,}0\ \text{V}/160{,}0\ \Omega)\left(1-e^{-(1{,}65\cdot 10^{-2}\ \text{s})/(1{,}375\cdot 10^{-2}\ \text{s})}\right)}{2} = 0{,}0874\ \text{A}.$$

Esta corrente corresponderia à corrente média se a corrente crescesse linearmente com o tempo. O trabalho realizado, então, seria

$$W = PT = i_{\text{med}}V_{\text{fem}}T = (0{,}0874\ \text{A})(40{,}0\ \text{V})(1{,}65 \cdot 10^{-2}\ \text{s}) = 5{,}77 \cdot 10^{-2}\ \text{J}.$$

Este valor é menor, mas próximo, do valor que calculamos. Assim, nosso resultado é plausível.

9.9 Energia e densidade de energia em um campo magnético

Podemos conceber um indutor como um dispositivo capaz de armazenar energia em um campo magnético, análogo a um capacitor capaz de armazenar energia em um campo elétrico. A energia armazenada no campo elétrico de um capacitor é dada por

$$U_E = \frac{1}{2}\frac{q^2}{C}.$$

Considere agora um indutor ligado a uma fonte de fem. A corrente começa a fluir pelo indutor, produzindo uma diferença de potencial autoinduzida contrária ao crescimento da corrente. A potência instantânea fornecida pela fonte de fem é o produto da corrente pela voltagem da fonte, V_{fem}. Usando a equação 9.28 com $R = 0$, podemos escrever

$$P = V_{\text{fem}}\, i = \left(L\frac{di}{dt}\right)i. \tag{9.33}$$

Integrando esta potência ao longo do tempo até que a corrente final, i, do circuito forneça a energia da fonte de fem. Uma vez que não há perdas resistivas neste circuito, a quantidade de energia deve estar armazenada no campo magnético do indutor. Portanto,

$$U_B = \int_0^t P\,dt = \int_0^i Li'\,di' = \tfrac{1}{2}Li^2. \tag{9.34}$$

A equação 9.34 tem uma forma semelhante à equação análoga para o campo elétrico de um capacitor, com q substituído por i, e $1/C$ por L.

Vamos agora considerar um solenoide ideal de comprimento ℓ, área de seção transversal A, com n espiras por unidade de comprimento e condutor de uma corrente i. A energia armazenada no campo magnético do solenoide é, usando a equação 9.21,

$$U_B = \tfrac{1}{2}Li^2 = \tfrac{1}{2}\mu_0 n^2 \ell A i^2.$$

O campo magnético ocupa o volume interno ao solenoide, dado por ℓA. Logo, a densidade de energia, u_B, do campo magnético do solenoide é

$$u_B = \frac{\tfrac{1}{2}\mu_0 n^2 \ell A i^2}{\ell A} = \tfrac{1}{2}\mu_0 n^2 i^2.$$

Uma vez que $B = \mu_0 n i$ para o caso de um solenoide, a densidade de energia do campo magnético do solenoide pode ser expressa como

$$u_B = \frac{1}{2\mu_0}B^2. \tag{9.35}$$

Embora tenhamos derivado esta expressão para o caso especial de um solenoide, ela se aplica a campos magnéticos em geral.

9.8 Exercícios de sala de aula

Considere um longo solenoide com uma área de seção transversal circular de raio $r = 8{,}10$ cm e $n = 2{,}00 \cdot 10^4$ espiras/m. O comprimento do solenoide é $\ell = 0{,}540$ m, e por ele flui uma corrente de valor $i = 4{,}04 \cdot 10^{-3}$ A. Quanta energia encontra-se armazenada no campo magnético do solenoide?

a) $2{,}11 \cdot 10^{-7}$ J

b) $8{,}91 \cdot 10^{-6}$ J

c) $4{,}55 \cdot 10^{-5}$ J

d) $6{,}66 \cdot 10^{-3}$ J

e) $4{,}55 \cdot 10^{-1}$ J

9.10 Aplicações na tecnologia da informação

Computadores e diversos aparelhos eletrônicos usam a magnetização e a indução para armazenar e recuperar informação. Exemplos disso são os discos rígidos dos computadores, videoteipes, audioteipes e as faixas magnéticas dos cartões de crédito. Durante a última década, o uso de meios de armazenamento baseados em outras tecnologias, como o armazenamento óptico de informação em CDs e DVDs e os cartões de memórias das câmeras digitais, tem aumentado; entretanto, dispositivos de armazenamento magnético ainda são o ramo principal e a base de uma indústria multibilionária.

Disco rígido de computador

Um dispositivo que armazena informação usando a magnetização e a indução é o disco rígido de um computador. Ele armazena informação na forma de *bits*, o código binário formado por zeros e uns. Oito bits formam um *byte*, capaz de representar um número ou um caractere alfa-numérico. Um disco rígido moderno pode armazenar até 2 terabytes (10^{12} bytes) de informação. Um disco rígido é formado por uma ou mais bandejas giratórias dotadas de uma cobertura ferromagnética acessada por um cabeçote móvel de leitura/gravação, como mostra a Figura 9.29.

Figura 9.29 O cabeçote de leitura/gravação e a bandeja giratória no interior do disco rígido de um computador.

O cabeçote de leitura/gravação pode ser posicionado de modo a acessar qualquer uma das inúmeras faixas sobre a bandeja giratória. A operação de um cabeçote de leitura/gravação de um disco rígido convencional está ilustrada na Figura 9.30a. Enquanto a bandeja dotada de cobertura move-se abaixo do cabeçote de leitura/gravação, um pulso de corrente em um sentido magnetiza a superfície da bandeja, representando uma unidade binária, ou um pulso de corrente de sentido contrário magnetiza a superfície, representando um zero binário. Na Figura 9.30a, uma unidade binária é representada por uma seta vermelha apontando para a direita, enquanto um zero binário é representado por uma seta verde apontando para a esquerda. No modo leitura, quando as áreas magnetizadas da bandeja passam abaixo do sensor de leitura, uma corrente positiva ou negativa é induzida, e a eletrônica do disco rígido é capaz de revelar se a informação é um 0 ou um 1. O método usado para codificar e ler de volta os dados mostrado na Figura 9.30 é denominado *codificação longitudinal* porque os campos magnéticos das áreas magnetizadas da bandeja são paralelas ou antiparalelas ao movimento

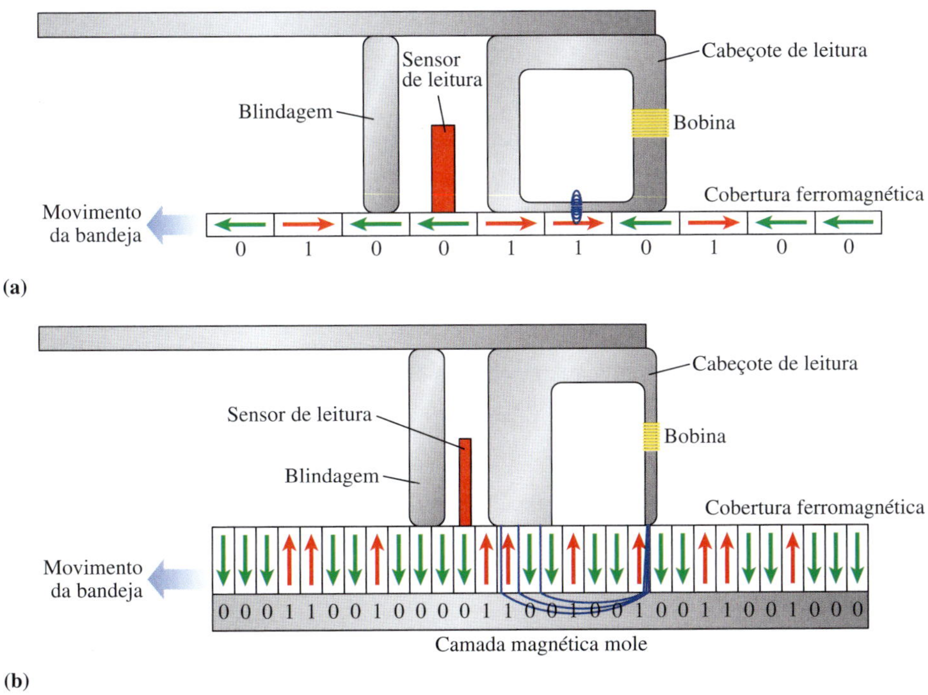

Figura 9.30 O cabeçote de leitura/gravação de um disco rígido de computador. (a) Codificação longitudinal de informação na bandeja giratória. (b) Codificação ortogonal de informação na bandeja giratória.

da bandeja. A capacidade de armazenamento de dados dos discos rígidos tem sido aumentada fazendo-se menores as áreas magnetizadas e adicionando-se mais placas e mais cabeçotes de leitura/gravação. No entanto, os fabricantes descobriram ser difícil de reter mais do que 250 gigabytes ($250 \cdot 10^9$ bytes) por meio desta técnica. Quando os fabricantes tentam minimizar o tamanho dos bits, estes começam a interferir uns com os outros, fazendo com que alguns bits troquem de sentido aleatoriamente, introduzindo assim erros nos dados armazenados.

Recentemente, a técnica de *codificação ortogonal* de dados vem sendo desenvolvida, ilustrada na Figura 9.30b. Novamente, um cabeçote de leitura/gravação é usado acima de uma bandeja giratória recoberta com uma camada de uma substância ferromagnética. Neste caso, porém, os campos magnéticos são perpendiculares à superfície da bandeja, o que permite um empacotamento mais denso dos bits e aumenta a capacidade do disco rígido. A bandeja é construída com uma camada mais grossa de revestimento ferromagnético, com um material ferromagnético macio no fundo que atua de modo a conter as linhas de campo magnético. Note que as linhas de campo magnético na extremidade pontuda do cabeçote de gravação estão muito próximas umas das outras, ao passo que as linhas de campo magnético que retornam à extremidade "cega" do cabeçote de gravação encontram-se largamente espaçadas umas das outras. Dessa forma, a cobertura ferromagnética da bandeja fica fortemente magnetizada com orientação para cima ou para baixo, dependendo do sentido do pulso de corrente na bobina do cabeçote de gravação, enquanto os bits mais próximos ao cabeçote de leitura não são afetados.

Os discos rígidos que usam codificação ortogonal também envolvem o fenômeno denominado *magnetorresistência gigante* (MRG), que possibilita a construção de um sensor de leitura muito pequeno e sensível. O físico francês Albert Fert e o físico alemão Peter Grünberg receberam em 2007 o Prêmio Nobel de Física pela descoberta deste efeito. Discos rígidos com capacidades de armazenamento de até 2 terabytes (10^{12} bytes) ou mais que usam codificação ortogonal e sensores de leitura MRG estão agora largamente disponíveis. Aparelhos *iPods* com capacidades de armazenamento acima de 64 GB constituem um exemplo de aparelho que emprega essa tecnologia. (Os *iPods Touch* e os *iPhones* usam uma tecnologia de armazenamento diferente, que não envolve partes móveis.) O fato de que se pode assistir a um filme de longa-metragem em um *iPod,* e portar milhares de músicas é, também, uma consequência direta da pesquisa física recentemente realizada nas duas últimas décadas. E enquanto a pesquisa em nanociência e nanotecnologia continua a produzir resultados empolgantes com aplicações tecnológicas, o impressionante crescimento da capacidade de armazenamento dos aparelhos eletrônicos disponíveis aos consumidores continuarão pelo futuro previsível.

O QUE JÁ APRENDEMOS | GUIA DE ESTUDO PARA EXERCÍCIOS

- De acordo com a lei de Faraday da indução, a diferença de potencial induzida, ΔV_{ind}, ao longo de um caminho fechado é dada pelo negativo do produto da taxa de variação do fluxo magnético através do caminho: $\Delta V_{ind} = -\frac{d\Phi_B}{dt}$.
- O fluxo magnético, Φ_B, é dado por $\Phi_B = \iint \vec{B} \cdot d\vec{A}$, onde $\vec{B}$ é o campo magnético e $d\vec{A}$ é o vetor área infinitesimal normal à superfície que o campo magnético atravessa.
- No caso de um campo magnético constante, $\vec{B}$, o correspondente fluxo magnético, Φ_B, é dado por $\Phi_B = BA \cos\theta$, onde θ é o ângulo entre o vetor campo magnético e o vetor área normal.
- A lei de Lenz estabelece que um fluxo magnético variável em uma espira condutora induzirá uma corrente na espira que tende a se opor à variação de fluxo magnético.
- Todo campo magnético variável no tempo induz um campo elétrico dado por $\oint \vec{E} \bullet d\vec{s} = -\frac{d\Phi_B}{dt}$, onde a integração é efetuada ao longo de qualquer caminho fechado, em presença do campo magnético.
- A indutância, L, de um dispositivo formado por espiras condutoras é o fluxo concatenado (o produto do número de espiras, N, pelo fluxo magnético em uma espira, Φ_B) dividido pela corrente, i: $L = \frac{N\Phi_B}{i}$.
- A indutância de um solenoide é dada por $L = \mu_0 n^2 \ell A$, onde n é o número de espiras por unidade de comprimento, ℓ é o comprimento do solenoide e A é a área de sua seção transversal.
- A diferença de potencial autoinduzida, $\Delta V_{ind,L}$, por um indutor qualquer é dada por $\Delta V_{ind,L} = -L\frac{di}{dt}$, onde L é a indutância do dispositivo e $\frac{di}{dt}$ é a taxa de variação temporal da corrente que flui no indutor.
- Um circuito de malha única contendo uma indutância L e uma resistência R possui uma constante de tempo característica $\tau_{RL} = \frac{L}{R}$.
- A energia U_B armazenada no campo magnético de um indutor de indutância L, pelo qual flui uma corrente i, é dada por $U_B = \frac{1}{2}Li^2$.

TERMOS-CHAVE

NOVOS SÍMBOLOS E EQUAÇÕES

$\Phi_B = \oiint \vec{B} \bullet d\vec{A}$, fluxo magnético

$\Delta V_{\text{ind}} = -\dfrac{d\Phi_B}{dt}$, lei de Faraday da indução

$L = \dfrac{N\Phi_B}{i}$, indutância

$\tau_{\text{RL}} = \dfrac{L}{R}$, constante de tempo de um circuito RL

RESPOSTAS DOS TESTES

9.1 $\dfrac{dB}{dt} = -\dfrac{0{,}500\ \text{T}}{0{,}250\ \text{s}} = -2{,}00\ \text{T/s}$

$$\Delta V_{\text{ind}} = -\frac{d\Phi_B}{dt} = -\frac{d(BA)}{dt} = -\pi r^2 \frac{dB}{dt}$$

$$r = \sqrt{\frac{|\Delta V_{\text{ind}}|}{\pi |dB/dt|}} = \sqrt{\frac{1{,}24\ \text{V}}{\pi(2{,}00\ \text{T/s})}} = 0{,}444\ \text{m}.$$

9.2 Enquanto a espira penetra no campo magnético, o fluxo magnético está aumentando. A corrente induzida na espira terá o sentido anti-horário a fim de se opor ao aumento do fluxo. Enquanto a espira sai do campo magnético, o fluxo magnético está diminuindo. A corrente será induzida na espira em sentido horário a fim de se opor à diminuição do fluxo.

9.3 Se a diferença de potencial induzida fosse igual à variação de fluxo magnético, qualquer aumento do fluxo através da bobina (talvez devido a uma diminuta flutuação do campo magnético ambiente na sala) originaria uma diferença de potencial induzida que produziria na bobina uma corrente, a qual atuaria de modo a aumentar o fluxo, o que, por sua vez, causaria um aumento na diferença de potencial induzida, uma corrente maior e um aumento ainda maior do fluxo. Em outras palavras, daí resultaria uma situação fora de controle, o que claramente viola o princípio de conservação da energia.

9.4 a) verdadeira b) falsa c) verdadeira d) verdadeira

GUIA DE RESOLUÇÃO DE PROBLEMAS

1. Para resolver um problema sobre indução eletromagnética, primeiro se indague: o que causa a variação do fluxo magnético? Se for o campo magnético que estiver variando, você deverá usar a equação 9.9; se for a área atravessada pelo campo que estiver variando, você deverá usar a equação 9.10; e se for a orientação entre o campo magnético e a área que estiver variando, você deverá usar a equação 9.11. Você não precisa memorizar tais equações, desde que se lembre da lei de Faraday (equação 9.5) e a definição de fluxo magnético (equação 9.1).

2. Uma vez que você saiba quais são os elementos constantes de uma dada situação de problema, e quais estão variando, use a lei de Lenz para determinar o sentido da corrente induzida e as regiões de potencial mais alto e mais baixo. Depois, escolha uma orientação para o vetor área infinitesimal, $d\vec{A}$, do fluxo e calcule as grandezas desconhecidas.

PROBLEMA RESOLVIDO 9.3 Potência de uma haste giratória

Uma haste condutora de comprimento ℓ = 8,17 cm gira ao redor de uma das extremidades em presença de um campo magnético de intensidade B = 1,53 T e orientado paralelamente ao eixo de rotação da haste (Figura 9.31). A outra extremidade da haste desliza, sem atrito, sobre um anel condutor. Um resistor com R = 1,63 mΩ está ligado entre a haste giratória e o anel condutor.

PROBLEMA

Qual é a potência dissipada no resistor devido à indução magnética?

Continua →

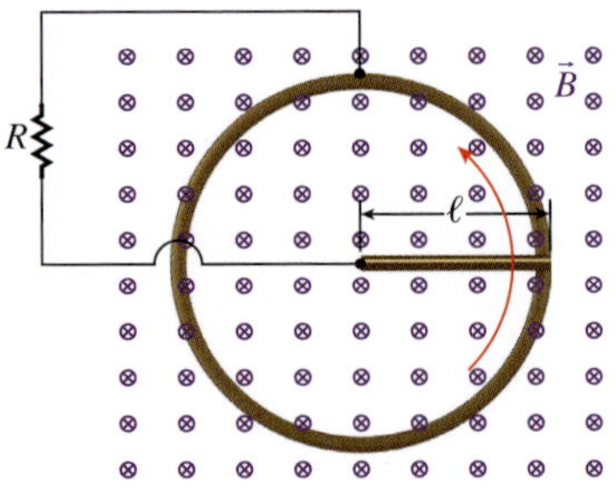

Figur 9.31 Haste condutora em rotação em presença de um campo magnético constante orientado para dentro da página.

SOLUÇÃO

PENSE

Podemos determinar a diferença de potencial induzida em um condutor de comprimento ℓ em movimento com uma velocidade v perpendicular a um campo magnético de intensidade B. No entanto, a haste giratória tem velocidades de módulos diferentes a diferentes distâncias radiais, $v(r)$. Portanto, devemos calcular a diferença de potencial induzida na haste por meio da integração de $Bv(r)$ ao longo do comprimento inteiro da haste. A partir da diferença de potencial induzida, podemos determinar a potência dissipada no resistor.

DESENHE

A Figura 9.32 mostra a velocidade de cada parte da haste condutora em função da distância radial.

PESQUISE

A diferença de potencial, ΔV_{ind}, induzida em um condutor de comprimento ℓ que se move com uma velocidade v perpendicularmente a um campo magnético de intensidade B é dada pela equação 9.15:

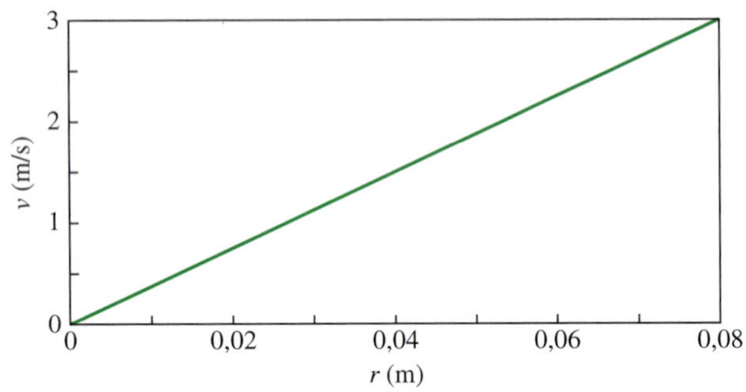

Figura 9.32 Velocidade em função da distância radial para uma haste giratória.

$$\Delta V_{ind} = v\ell B$$

Todavia, neste caso, partes diferentes da haste condutora se movem com valores diferentes de velocidade em função de suas distâncias em relação ao eixo de rotação.

$$v(r) = \frac{2\pi r}{T},$$

onde $v(r)$ é a velocidade de uma parte da haste a uma distância r e T é o período de rotação. Então podemos determinar a diferença de potencial induzida na haste giratória ao longo de seu comprimento ℓ:

$$\Delta V_{ind} = \int_0^{\ell} v(r)B\,dr. \qquad \text{(i)}$$

A potência dissipada no resistor é dada por

$$P = \frac{\Delta V_{ind}^2}{R}. \qquad \text{(ii)}$$

SIMPLIFIQUE

Calculando a integral definida da equação (i), obtemos

$$\Delta V_{ind} = \int_0^{\ell} \left(\frac{2\pi r}{T}\right) B\,dr = \frac{2\pi B}{T}\frac{\ell^2}{2} = \frac{\pi B \ell^2}{T}. \qquad \text{(iii)}$$

A substituição da expressão para ΔV_{ind}, obtida da equação (iii), na equação (ii) leva a uma expressão para a potência dissipada no resistor:

$$P = \frac{\left(\pi B \ell^2 / T\right)^2}{R} = \frac{\pi^2 B^2 \ell^4}{RT^2}.$$

CALCULE

O período é o inverso da frequência. Esta é $f = 6{,}00$ Hz, de modo que o período é

$$T = \frac{1}{f} = \frac{1}{6{,}00}\ \text{s}.$$

Substituindo os valores numéricos fornecidos, obtemos

$$P = \frac{\pi^2 B^2 \ell^4}{RT^2} = \frac{\pi^2 (1{,}53\ \text{T})^2 (0{,}0817\ \text{m})^4}{\left(1{,}63\cdot 10^{-3}\ \Omega\right)\left(\frac{1}{6{,}00}\ \text{s}\right)^2} = 22{,}7345\ \text{W}.$$

ARREDONDE

Apresentamos nosso resultado com três algarismos significativos:

$$P = 22{,}7\ \text{W}.$$

SOLUÇÃO ALTERNATIVA

Para avaliar nosso resultado, consideremos uma haste condutora de mesmo comprimento que se move perpendicularmente no mesmo campo magnético, com uma velocidade igual à do centro da haste giratória, que é

$$v(\ell/2)=\frac{2\pi(\ell/2)}{T}=\frac{2\pi L}{2T}=\frac{2\pi(0{,}0817\text{ m})}{2\left(\frac{1}{6{,}00}\text{ s}\right)}=1{,}54\text{ m/s}.$$

A diferença de potencial induzida ao longo da barra inteira que se movesse perpendicularmente seria

$$\Delta V_{\text{ind}}=v\ell B=(1{,}54\text{ m/s})(0{,}0817\text{ m})(1{,}53\text{ T})=0{,}193\text{ V}.$$

A potência dissipada no resistor, então, será

$$P=\frac{\Delta V_{\text{ind}}^{2}}{R}=\frac{(0{,}193\text{ V})^2}{1{,}63\cdot 10^{-3}\ \Omega}=22{,}9\text{ W},$$

o que está próximo de nosso resultado dentro dos erros de arredondamento. Logo, nosso resultado é plausível.

Finalmente, note que existe uma fonte adicional de diferença de potencial entre as duas extremidades da haste. Nossa solução foi obtida considerando-se que a diferença de potencial entre as duas extremidades se deva exclusivamente à indução magnética. Entretanto, todos os portadores de carga dentro da haste são forçados a descrever trajetórias circulares por causa da rotação. Isso requer uma força centrípeta, a qual, em princípio, deveria diminuir diferença de potencial entre as extremidades da haste. No entanto, para a velocidade angular pequena da haste deste problema, tal efeito é desprezível.

QUESTÕES DE MÚLTIPLA ESCOLHA

9.1 Um solenoide com 200 espiras e uma seção transversal de 60 cm^2 de área se encontra em um campo magnético de 0,60 T orientado ao longo de seu eixo. Se o campo estiver confinado no interior do solenoide e variar a uma taxa de 0,20 T/s, o valor absoluto da diferença de potencial induzida no solenoide será de

a) 0,0020 V. b) 0,02 V. c) 0,001 V. d) 0,24 V.

9.2 A espira retangular da Figura 9.9 é puxada, com uma aceleração constante, de uma região onde não existe campo magnético algum para dentro de outra região onde existe um campo magnético uniforme. Durante o processo, a corrente induzida na espira

a) será nula.

b) será de algum valor constante diferente de zero.

c) aumentará linearmente com o tempo.

d) aumentará exponencialmente com o tempo.

e) aumentará linearmente com o quadrado do tempo.

9.3 Qual das seguintes ações induzirá uma corrente em uma espira em presença de um campo magnético uniforme?

a) Diminuir a intensidade do campo.

b) Girar a espira em torno de um eixo paralelo ao campo.

c) Mover a espira dentro do campo.

d) Todas as ações anteriores.

e) Nenhuma das anteriores.

9.4 A lei de Faraday da indução estabelece que

a) uma diferença de potencial será induzida em uma espira quando existir uma variação do fluxo magnético através da espira.

b) a corrente induzida em uma espira por um campo magnético variável produz outro campo magnético que se opõe àquela variação de campo magnético.

c) o campo magnético variável induz um campo elétrico.

d) a indutância de um dispositivo é uma medida da oposição que ela oferece à variação da corrente que flui por ele.

e) o fluxo magnético é o produto do campo magnético médio pela área perpendicular ao campo, atravessada por este.

9.5 Um anel condutor move-se da esquerda para a direita em um campo magnético uniforme, como mostra a figura. Em quais regiões existe uma corrente induzida no anel?

a) Nas regiões B e D. c) Na região C.

b) Nas regiões B, C e D. d) Nas regiões de A a E.

9.6 Uma espira circular, movendo-se no plano xy com uma velocidade constante orientada no sentido negativo do eixo x, entra em um campo magnético uniforme, existente apenas na região $x < 0$, como mostrado na figura. O vetor área normal da espira tem a mesma orientação do campo magnético. Qual das seguintes afirmações é correta?

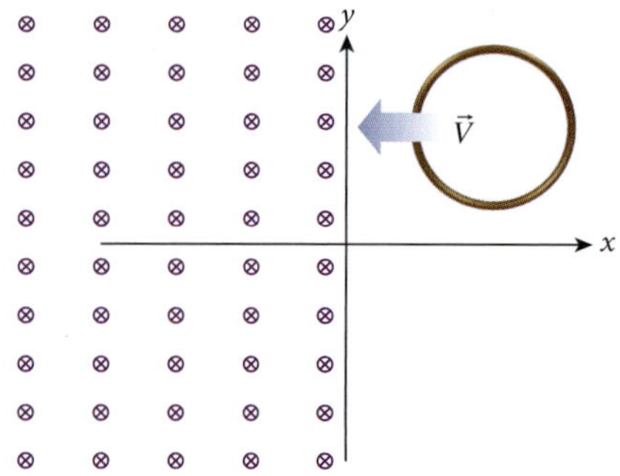

a) A diferença de potencial induzida na espira atinge um máximo quando a borda da espira entra na região onde existe um campo magnético.

b) A diferença de potencial induzida na espira atinge um máximo quando um quarto da espira estiver dentro da região onde existe um campo magnético.

c) A diferença de potencial induzida na espira atinge um máximo quando a espira estiver com a metade dentro da região onde existe um campo magnético.

d) A diferença de potencial induzida na espira é constante desde o instante em que a espira começa a entrar na região de campo magnético.

9.7 Qual das seguintes afirmações a respeito da autoindução é correta?

a) A autoindução ocorre somente quando uma corrente contínua flui em um circuito.

b) A autoindução ocorre somente quando uma corrente alternada flui em um circuito.

c) A autoindução ocorre quando uma corrente contínua ou alternada flui em um circuito.

d) A autoindução ocorre quando uma corrente contínua ou alternada flui em um circuito, desde que a corrente esteja variando.

9.8 Você dispõe de uma lâmpada incandescente, um ímã em barra, um carretel de fio que você pode cortar em tantos pedaços quanto queira e nada mais. Como você poderia fazer a lâmpada brilhar?

a) Você não conseguirá. A lâmpada necessita de eletricidade para brilhar, e não de magnetismo.

b) Você deve cortar um determinado comprimento de fio, ligar suas extremidades à lâmpada e fazer o ímã passar através da espira formada.

c) Você deve cortar dois pedaços de fio e com eles ligar o ímã em série com a lâmpada.

QUESTÕES

9.9 Quando você liga um refrigerador a uma tomada de parede, às vezes ocorre uma faísca entre os pinos. Qual é a causa disto?

9.10 Pessoas que usam marca-passo ou outros dispositivos mecânicos implantados com frequência são advertidas para permanecerem longe de maquinaria ou de motores. Por quê?

9.11 Nos osciladores harmônicos amortecidos, a força de amortecimento é dependente da velocidade e sempre se opõe ao movimento do oscilador. Uma maneira de produzir este tipo de força é usar um pedaço de metal, como alumínio, que se mova através de um campo magnético não uniforme. Explique por que esta técnica é capaz de produzir uma força de amortecimento.

9.12 Em uma aula de demonstração aberta ao público em geral, um ímã permanente cilíndrico é deixado cair no interior de um longo tubo de alumínio, como ilustra a figura. Desprezando-se o atrito entre o ímã e as paredes internas do tubo e considerando que este seja muito longo em comparação ao tamanho do ímã, será o ímã acelerado para baixo com uma aceleração igual a g (queda livre)? Em caso negativo, descreva o movimento real do ímã. Tem importância o fato de o polo norte ou o polo sul do ímã estar voltado para baixo?

9.13 Uma demonstração popular das correntes parasitas envolve a queda de um ímã no interior de um longo tubo metálico e no interior de outro longo tubo de plástico. Enquanto o ímã cai em um tubo, existe variação de fluxo magnético enquanto o ímã cai ou se afasta de cada parte do tubo.

a) Em qual dos tubos haverá uma maior voltagem induzida?

b) Em qual dos tubos serão maiores as correntes parasitas induzidas?

9.14 A corrente em um solenoide muito longo, com espiras densamente enroladas, de raio a e com n espiras por unidade de comprimento varia com o tempo de acordo com a equação $i(t) = Ct^2$, onde a corrente i está expressa em ampères e o tempo t em segundos, e C é uma constante com unidades apropriadas. Concêntrico ao solenoide, existe um anel condutor de raio r, como mostra a figura.

a) Escreva uma expressão para a diferença de potencial induzida no anel.

b) Escreva uma expressão para o módulo do campo elétrico induzido em um ponto qualquer do anel.

c) É necessário o anel para que exista o campo elétrico induzido?

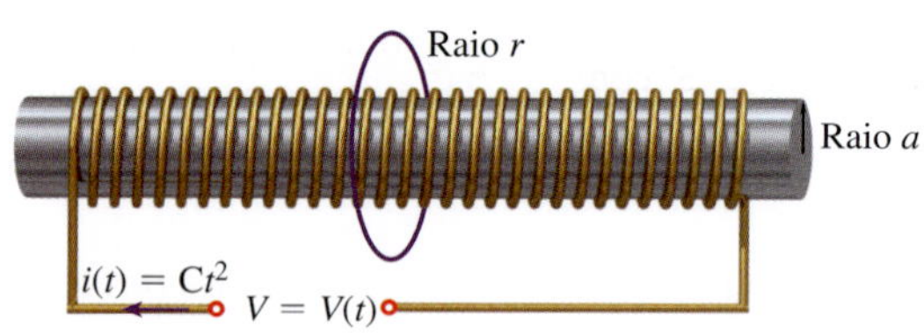

9.15 Um anel circular encontra-se em presença de um campo magnético crescente orientado para cima, como ilustra a figura. Qual é o sentido da corrente induzida no anel?

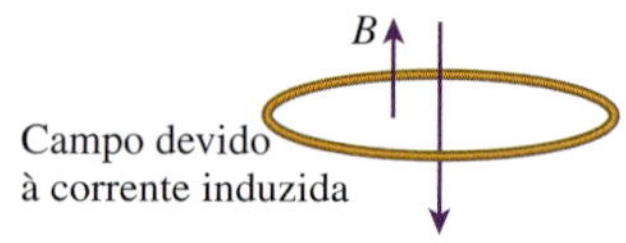

9.16 Uma espira quadrada condutora com lados de comprimento L gira com uma velocidade angular constante, ω, em um campo magnético uniforme de intensidade B. No instante $t = 0$, a espira está orientada de modo que a direção normal à espira está alinhada com o campo magnético. Obtenha uma expressão para a diferença de potencial induzida na espira em função do tempo.

9.17 Um disco metálico maciço de raio R gira em torno de seu eixo central com uma velocidade angular constante ω. O disco encontra-se em presença de um campo magnético uniforme de intensidade B, orientado perpendicularmente à superfície do disco. Determine a intensidade da diferença de potencial entre o centro do disco e sua borda externa.

9.18 Campos elétricos intensos certamente constituem um risco para o corpo humano quando produzem correntes perigosas, mas e quanto aos campos magnéticos intensos? Um homem de 1,80 m de altura caminha a 2,00 m/s, mantendo perpendicular seu corpo, em presença de um campo magnético de 5,0 T; isto é, ele caminha entre as faces dos polos de um grande ímã. (Um ímã desse tipo, por exemplo, pode ser encontrado no Laboratório Nacional Supercondutor Cíclotron, da Universidade Estadual de Michigan, EUA.) Uma vez que o corpo da pessoa está inteiramente cheio de fluidos, estime a diferença de potencial induzida entre a cabeça e os pés.

9.19 No laboratório Nacional de Los Alamos, EUA, uma maneira de produzir campos magnéticos muito intensos é conhecida por ERFCG (sigla originada da expressão inglesa *explosively-pumped flux compression generator*, ou gerador a compressão de fluxo bombeado explosivamente), que é usado para estudar os efeitos de pulsos eletromagnéticos altamente energéticos em guerra eletrônica. Explosivos são empacotados e detonados no espaço entre um solenoide e um pequeno cilindro de cobre interno e coaxial ao solenoide, como ilustra a figura. A explosão ocorre em um tempo muito curto e faz o cilindro rapidamente colapsar. Esta rápida alteração cria correntes indutivas que mantêm constante o fluxo magnético enquanto o raio do cilindro encolhe por um fator r_i/r_f. Estime o campo magnético produzido, considerando que o raio seja comprimido por fator igual a 14 e que a intensidade inicial do campo magnético, B_i, seja de 1,0 T.

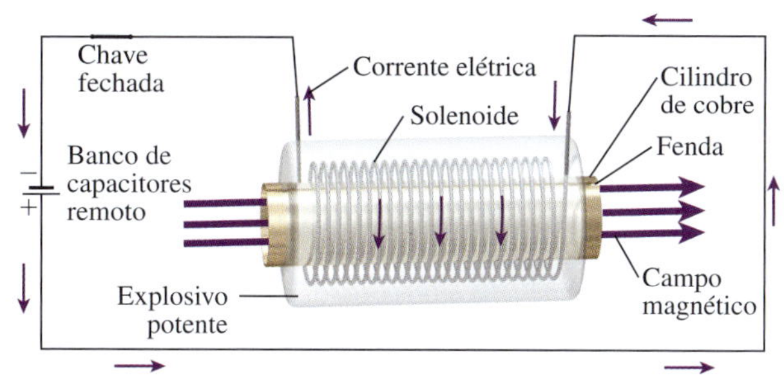

9.20 Uma argola metálica encontra-se deitada sobre o chão. Um campo magnético orientado para cima, para fora do solo, está crescendo em intensidade. Quando se olha argola de cima para baixo, qual é o sentido da corrente induzida na argola?

9.21 Um fio condutor é enrolado em espiras compactas de mesmo raio, formando um solenoide; depois o fio prossegue sendo novamente enrolado compactamente de modo a formar um segundo solenoide com o dobro do diâmetro do primeiro. Por qual fator variará a indutância?

PROBLEMAS

Um • ou dois •• indicam nível crescente de dificuldade do problema.

Seções 9.1 e 9.2

9.22 Uma bobina cilíndrica com 20 espiras e 40 cm de raio encontra-se parada com seu plano sobre uma mesa, como ilustra a figura. Existe um campo magnético uniforme que se estende sobre a mesa inteira com 5 T de intensidade e orientado para o norte e para baixo, formando um ângulo de 25,8° com a horizontal. Qual é o valor absoluto do fluxo magnético através da bobina?

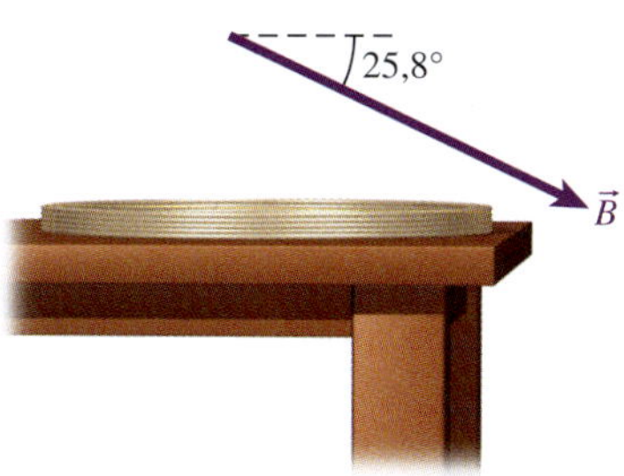

9.23 Quando o ímã de um aparelho de IMR é subitamente desligado, costuma-se dizer que ele foi extinto. Tal extinção pode ocorrer em tempos tão pequenos quanto 20 s. Suponha que o ímã produzindo um campo original de 1,2 T seja extinto em 20 s, e que o campo produzido final seja aproximadamente nulo. Sob tais condições, quanto vale a diferença de potencial induzida média ao longo de uma espira condutora de 1,0 cm de raio (cerca do tamanho de um anel de noivado) orientado perpendicularmente ao campo?

9.24 Uma bobina com 8 espiras quadradas possui lados com 0,200 m de comprimento e uma resistência de 3,00 Ω. Ela está localizada em um campo magnético que forma um ângulo de 40,0° com o plano de cada espira. A intensidade deste campo varia com o tempo de acordo com $B = 1{,}5t^3$, onde t está expresso em teslas. Quanto vale a corrente induzida na bobina no instante $t = 2{,}00$ s?

9.25 Uma espira metálica possui uma área de 0,100 m^2 e está localizada sobre o solo. Está presente um campo magnético uniforme que aponta para oeste, como ilustra a figura. O campo magnético inicialmente tem uma intensidade de 0,123 T, mas está diminuindo uniformemente a 0,075 T durante um período de 0,579 s. Determine a diferença de potencial induzida na espira durante este período de tempo.

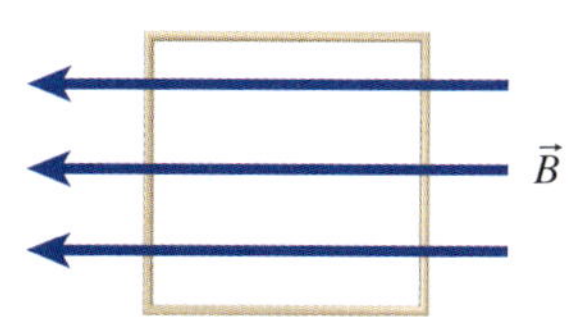

•**9.26** Um monitor respiratório possui uma espira de fio de cobre flexível, que pode ser enrolada em torno do tórax de uma pessoa. Enquanto o usuário respira, o raio da espira de cobre aumenta e diminui alternadamente. Enquanto uma pessoa inspira em presença do campo magnético terrestre, quanto vale a corrente média na espira, considerando-se que ela possua uma resistência de 30 Ω e que seu raio aumente de 20 cm para 25 cm durante 1 s? Assuma que o campo magnético seja perpendicular ao plano da espira.

•**9.27** Uma espira condutora circular de raio a e resistência R_2 é concêntrica a outra espira condutora circular de raio $b \gg a$ (b muito maior do que a) e resistência R_1. Uma voltagem dependente do tempo é aplicada ao longo da espira maior, a qual varia de forma com o tempo de acordo com $V(t) = V_0$ sen ωt, onde V_0 e ω são constantes com dimensões de voltagem e inverso do tempo, respectivamente. Considerando que o campo magnético através da espira interna seja uniforme (constante no espaço) e igual ao campo no centro da espira, derive uma expressão para a diferença de potencial induzida na espira interna e a corrente i na mesma.

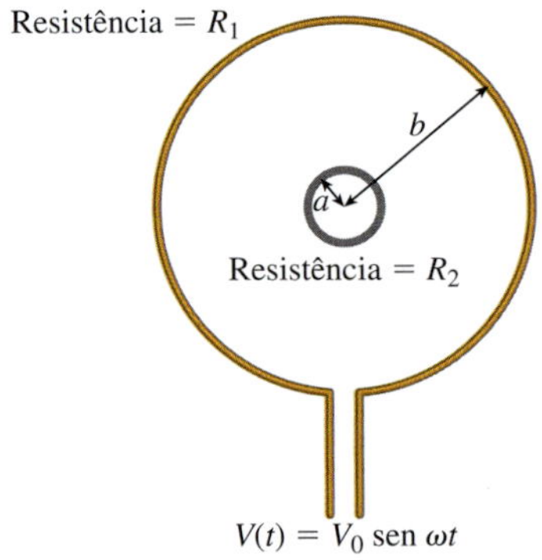

••**9.28** Um longo solenoide com seção transversal de área A_1 circunda outro longo solenoide com área de seção transversal $A_2 < A_1$ e resistência R. Ambos possuem o mesmo comprimento e o mesmo número de espiras. Uma corrente dada por $i = i_0 \cos \omega t$ flui no solenoide externo. Obtenha uma expressão para o campo magnético produzido pelo solenoide interno devido à corrente nele induzida.

Seção 9.3

9.29 A espira condutora em forma de um quarto de círculo da figura tem 10 cm de raio, e uma resistência de 0,2 Ω. O campo magnético ao longo da área demarcada por um círculo tracejado, com 3 cm de raio, é originalmente de 2 T. O campo magnético tem, então, sua intensidade reduzida de 2 T para 1 T em 2 s. Determine (a) o valor absoluto e (b) o sentido da corrente induzida na espira.

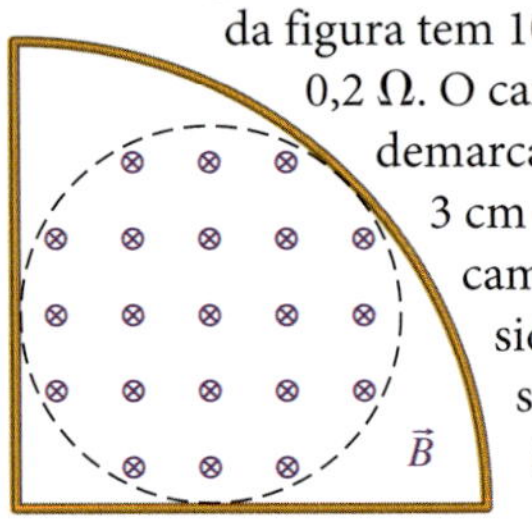

9.30 Uma aeronave supersônica com 10 m de envergadura de asa voa sobre o polo magnético norte (em um campo magnético com 0,5 G de intensidade e perpendicular ao solo) com uma velocidade três vezes maior que a do som (Mach 3). Quanto vale a diferença de potencial induzida entre as extremidades das asas? Considere que as asas sejam feitas de alumínio.

•**9.31** Um helicóptero está parado, no ar, sobre o polo magnético norte, em presença de um campo magnético de 0,5 G de intensidade e perpendicular ao solo. As pás dos rotores do helicóptero têm 10 m de comprimento, são feitas de alumínio e giram em torno do eixo com frequência de rotação de 10.000 rpm. Qual é a diferença de potencial entre o eixo e a ponta de cada pá?

•**9.32** Uma espira condutora circular e elástica expande-se a uma taxa constante de modo que seu raio varia de acordo com $r(t) = r_0 + vt$, onde $r_0 = 0{,}100$ m e $v = 0{,}0150$ m/s. A espira possui uma resistência constante $R = 12$ Ω e encontra-se em presença de um campo magnético uniforme de intensidade $B = 0{,}750$ T, perpendicular ao plano da espira, como ilustra a figura. Determine o sentido e o valor absoluto da corrente induzida, i, em $t = 5$ s.

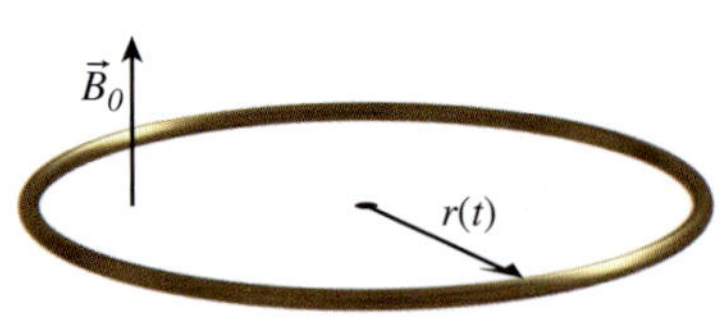

•**9.33** Uma estrutura retangular de fio condutor possui uma resistência desprezível e uma largura w, e é mantido na posição vertical em presença de um campo magnético uniforme de intensidade B, como ilustra a figura. Uma barra metálica de massa m e resistência R é posicionada sobre a estrutura, em contato com a mesma. Derive uma expressão para a velocidade terminal da barra se ela puder cair em queda livre ao longo da altura da estrutura, partindo do repouso. Despreze o atrito entre os fios e a barra.

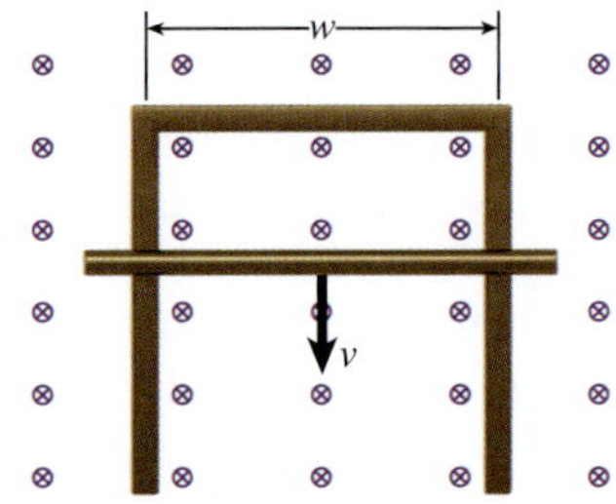

•**9.34** Dois trilhos condutores paralelos de resistências desprezíveis são ligados a um resistor de resistência R por uma de suas extremidades como mostrado na figura. Os trilhos estão em presença de um campo magnético, $\vec{B}_{ext}$, que é perpendicular ao plano que contém os trilhos. O campo magnético é uniforme e independente do tempo. A distância entre os trilhos é ℓ. Uma haste condutora desliza sem atrito sobre os dois trilhos com uma velocidade constante $\vec{v}$.

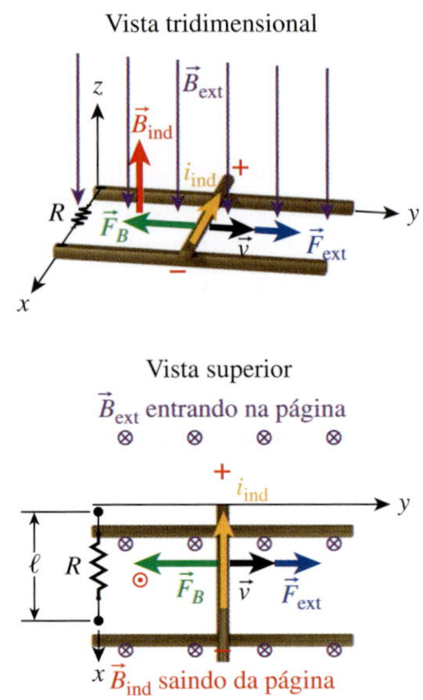

a) Usando a lei de Faraday da indução, determine o valor absoluto da diferença de potencial induzida na haste em movimento.

b) Determine o valor absoluto da corrente induzida na haste, i_{ind}.

c) Mostre que, se uma haste se mover com velocidade constante como mostrado, é porque ela deve estar sendo puxada por uma força externa, $\vec{F}_{ext}$, e determine o módulo dessa força.

d) Determine o trabalho realizado, W_{ext}, e a potência fornecida, P_{ext}, pela força externa exercida sobre a haste em movimento.

e) Determine a potência usada (dissipada) pelo resistor, P_R. Explique a correlação entre este resultado e aquele obtido no item anterior.

•**9.35** Um fio longo e reto se desloca ao longo do eixo y. Ele conduz uma corrente no sentido positivo do eixo y que varia em função do tempo de acordo com $i = 2$ A + (0,3 A/s)t. Uma espira está localizada no plano xy, próxima ao eixo y, como ilustrado na figura. A espira tem dimensões de 7 m por 5 m, e se encontra a 1 m de distância do fio. Quanto vale a diferença de potencial induzida na espira no instante $t = 10$ s?

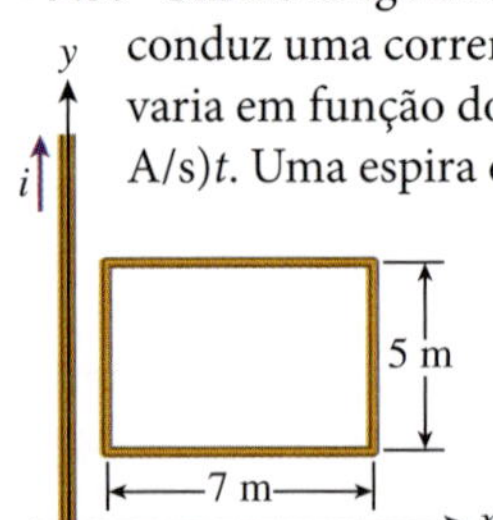

••**9.36** O fio reto e longo da figura conduz uma corrente $i = 1$ A. Uma espira quadrada com lados de 10 cm e com uma resistência de 0,02 Ω está posicionada a 10 cm de distância do fio. A espira é, então, movimentada no sentido positivo do eixo x com uma velocidade $v = 10$ cm/s.

a) Determine o sentido da corrente induzida na espira.

b) Identifique os sentidos das forças magnéticas exercidas sobre cada um dos lados da espira quadrada.

c) Determine a orientação e o módulo da força resultante sobre a espira no instante em que ela começa a se mover.

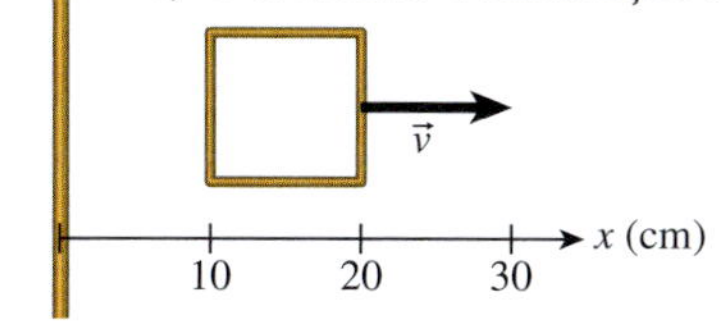

Seção 9.4

9.37 Um gerador simples é formado por uma única espira que gira dentro de um campo magnético constante (veja a Figura 9.17). Se a espira girar com frequência f, o fluxo magnético será dado por $(2\pi ft)$. Se $B = 1$ T e $A = 1$ m^2, qual deverá ser o valor de f a fim de que a diferença de potencial induzida máxima seja de 110 V?

• **9.38** Um motor possui uma única espira dentro de um campo magnético de 0,87 T de intensidade. Se a área da espira for de 300 cm^2, determine qual será a máxima velocidade angular possível para este motor quando estiver ligado a uma fonte de fem que fornece 170 V.

• **9.39** Um colega seu decide produzir energia elétrica fazendo girar uma bobina com 100.000 espiras circulares em torno de um eixo paralelo a um diâmetro, em presença do campo magnético terrestre, que no local possui uma intensidade de 0,3 G. As espiras possuem raios de 25 cm.

a) Se o colega girar a bobina com uma frequência de 150 Hz, qual será a corrente de pico no resistor, de resistência R = 1.500 Ω, ligado à bobina?

b) A corrente média na bobina corresponderá a 0,7071 vezes a corrente de pico. Qual será a potência média obtida deste dispositivo?

Seções 9.6 e 9.7

9.40 Determine a indutância mútua do solenoide e da bobina descritos no Exemplo 9.1 e a diferença de potencial no instante $t = 2{,}0$ s usando as técnicas descritas na Seção 9.7. Como se comparam os resultados?

9.41 A figura mostra a corrente em um indutor de 10 mH durante um intervalo de tempo de 8 ms. Desenhe o gráfico da diferença de potencial induzida, $\Delta V_{\text{ind},L}$, no indutor durante o mesmo intervalo.

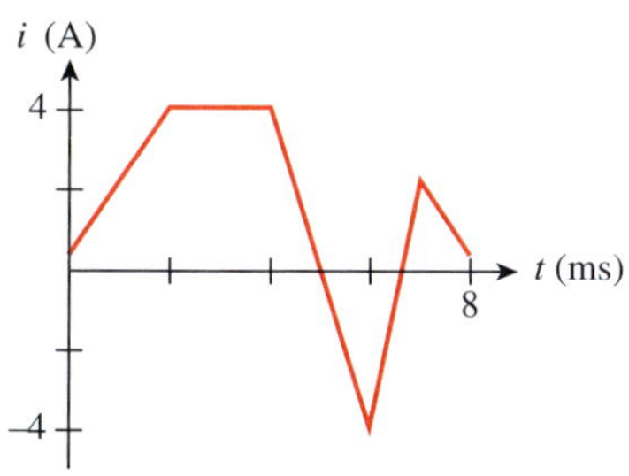

• **9.42** Uma bobina curta de raio $R = 10$ cm contém $N = 30$ espiras e circunda um longo solenoide de raio $r = 8{,}0$ cm que contém $n = 60$ espiras por centímetro. A corrente da bobina curta está aumentando a uma taxa constante desde zero até $i = 2{,}0$ A em um intervalo de tempo $t = 12$ s. Determine a diferença de potencial induzida no longo solenoide enquanto a corrente está aumentando na bobina curta.

Seção 9.8

9.43 Considere um circuito RL com resistência $R = 1$ M Ω e uma indutância $L = 1$ H, que é alimentado por uma bateria de 10 V.

a) Qual é a constante de tempo do circuito?

b) Se a chave for fechada no instante $t = 0$, qual será a corrente imediatamente após este instante? E após 2 μs? E após um longo tempo?

9.44 No circuito da figura, $R = 120$ Ω, $L = 3$ H e $V_{\text{fem}} = 40$ V. Após o fechamento da chave, quanto tempo transcorrerá até que a corrente do indutor atinja 300 mA?

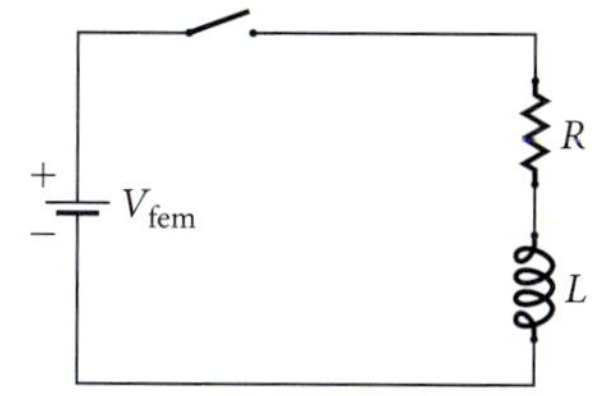

9.45 A corrente cresce a uma taxa de 3,6 A/s em um circuito RL com $R = 3{,}25$ Ω e $L = 440$ mH. Qual é a diferença de potencial induzida no circuito no instante em que a corrente do circuito vale 3,0 A?

• **9.46** No circuito da figura, uma bateria fornece $V_{\text{fem}} = 18$ V e $R_1 = 6{,}0$ Ω, $R_2 = 6{,}0$ Ω e $L = 5{,}0$ H. Determine cada uma das seguintes grandezas *imediatamente* após o fechamento da chave:

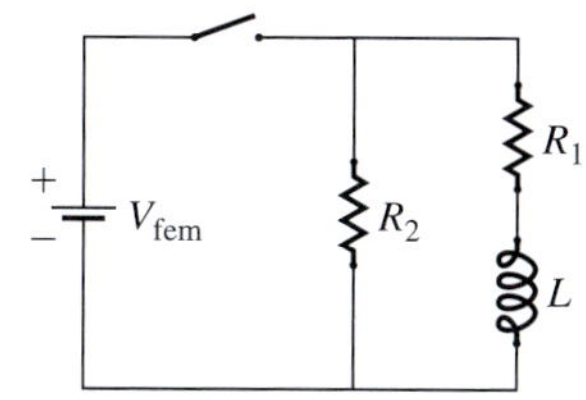

a) A corrente que sai da bateria.

b) A corrente no resistor R_1.

c) A corrente no resistor R_2.

d) A diferença de potencial em R_1.

e) A diferença de potencial em R_2.

f) A diferença de potencial em L.

g) A taxa de variação da corrente em R_1.

• **9.47** No circuito da figura, uma bateria fornece $V_{\text{fem}} = 18$ V, $R_1 = R_2 = 6{,}0$ Ω e $L = 5{,}0$ H. Determine cada uma das seguintes grandezas um longo tempo após a chave ser fechada:

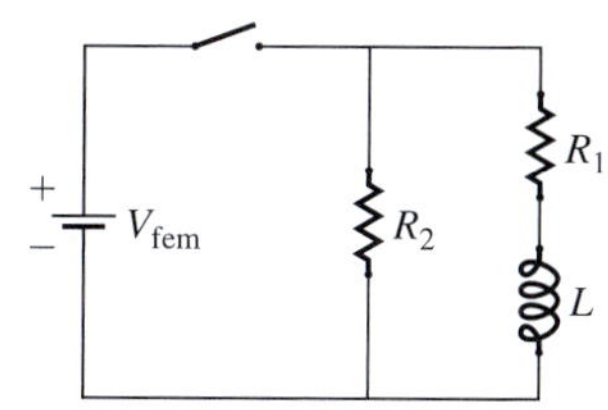

a) A corrente que sai da bateria.

b) A corrente em R_1.

c) A corrente em R_2.

d) A diferença de potencial em R_1.

e) A diferença de potencial em R_2.

f) A diferença de potencial em L.

g) A taxa de variação da corrente em R_1.

• **9.48** Um circuito contém uma bateria, três resistores e um indutor, como ilustra a figura. Qual será a corrente em cada resistor: (a) imediatamente após a chave ser fechada? (b) Um longo tempo após o fechamento da chave? (c) Suponha que a chave seja reaberta depois de um longo tempo após ter sido fechada. Quanto vale a corrente em cada resistor? E após um longo tempo?

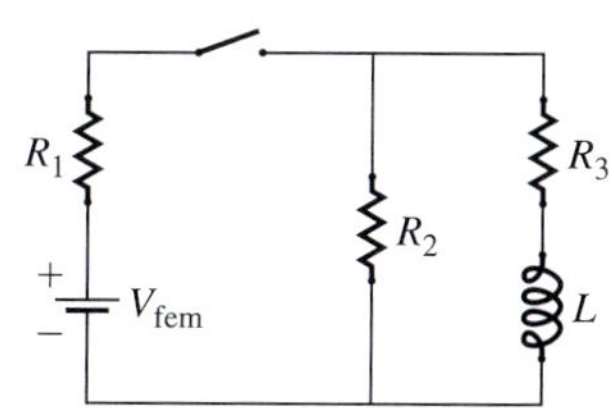

Seção 9.9

9.49 Tendo acabado de aprender que existe energia associada a campos magnéticos, um inventor resolve coletar a energia associada com o campo magnético terrestre. Que volume espacial próximo à superfície da Terra contém 1 J de energia, considerando-se que a intensidade do campo magnético seja de $5{,}0 \cdot 10^{-5}$ T?

9.50 Considere que o ímã supercondutor de um aparelho de IRM (imageamento por ressonância magnética) médico tenha 1 m de diâmetro, 1,5 m de comprimento e que produza um campo magnético uniforme de 3 T. Determine (a) a densidade de energia do campo magnético e (b) a energia total do solenoide.

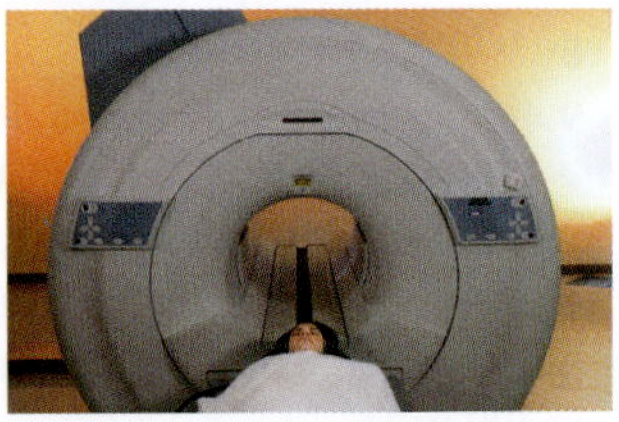

9.51 Uma *magnetar* (uma estrela de nêutrons magnética) produz um campo magnético de $4{,}0 \cdot 10^{10}$ T próximo da superfície.

a) Determine a densidade de energia deste campo magnético.

b) A Teoria Especial da Relatividade associa energia a qualquer massa m em repouso através da relação $E_0 = mc^2$. Determine a densidade de massa de repouso associada à densidade de energia do item anterior.

•**9.52** Um fem de 20 V é aplicada a uma bobina com 40 mH de indutância e uma resistência de 0,50 Ω.

a) Determine a energia armazenada no campo magnético quando a corrente atinge um quarto de seu valor máximo.

b) Quanto tempo decorre até que a corrente atinja tal valor?

•**9.53** Uma estudante, usando um anel de ouro com 0,75 cm de raio (e uma resistência de 61,9 μΩ e um calor específico c = 129 J/kg °C) move o dedo com anel desde uma região onde existe um campo magnético de 0,08 T, orientado ao longo do dedo, para outra região onde não existe um campo elétrico, em 40 ms. Em decorrência da ação, energia térmica é adicionada ao anel por causa da corrente induzida, o que eleva a temperatura do anel. Determine a elevação de temperatura sofrida pelo anel, considerando que toda a energia produzida seja usada para elevar a temperatura.

•**9.54** Uma bobina com N espiras de área A, conduzindo uma corrente constante, i, inverte sua orientação em presença de um campo magnético externo, $\vec{B}_{ext}$, de modo que seu momento de dipolo troca sua orientação de paralela ao campo para oposta ao mesmo. Durante o processo, a indução produz uma diferença de potencial que tende a reduzir a corrente na bobina. Calcule o trabalho realizado pela fonte de potência da bobina em manter constante a corrente.

••**9.55** Uma onda eletromagnética, propagando-se no vácuo, tem campos elétrico e magnético dados respectivamente por $\vec{E}(\vec{x},t) = \vec{E}_0 \cos(\vec{k} \cdot \vec{x} - \omega t)$ e $\vec{B}(\vec{x},t) = \vec{B}_0 \cos(\vec{k} \cdot \vec{x} - \omega t)$, onde $\vec{B}_0$ é dado por $\vec{B}_0 = \vec{k} \times \vec{E}_0 / \omega$ e o vetor de onda $\vec{k}$ é perpendicular tanto a $\vec{E}_0$ quanto a $\vec{B}_0$. O módulo de $\vec{k}$ e a frequência angular ω satisfazem a relação de dispersão, $\omega / |\vec{k}| = (\mu_0 \epsilon_0)^{-1/2}$, onde μ_0 e ϵ_0 são, respectivamente, a permeabilidade e a permissividade do vácuo. Essa onda transporta consigo energia em seus campos elétrico e magnético. Determine a razão entre as densidades de energia nos campos magnético e elétrico da onda. Simplifique sua resposta final tanto quanto possível.

Problemas adicionais

9.56 Um fio de comprimento ℓ = 10 cm é movimentado com velocidade constante no plano xy; o fio é mantido paralelo ao eixo y, movendo-se ao longo do eixo x. Se um campo magnético de 1 T de intensidade, orientado segundo o semieixo z positivo, qual deverá ser a velocidade do fio a fim de que uma diferença de potencial de 2 V seja induzida nele?

9.57 O campo magnético no interior do solenoide da figura varia a uma taxa de 1,5 T/s. Uma bobina condutora com 2.000 espiras circunda o solenoide, como mostrado. O raio do solenoide é de 4 cm e o da bobina, 7 cm. Qual é a diferença de potencial induzida na bobina?

9.58 Uma bateria ideal (desprovida de resistência interna) que fornece uma voltagem V_{fem} é ligada a uma bobina supercondutora (sem qualquer resistência!), de indutância L, no instante $t = 0$. Determine a corrente da bobina em função do tempo, $i(t)$. Considere que todas as ligações também tenham resistência nula.

9.59 Um solenoide com 100 espiras, de 8 cm de comprimento e 6 mm de raio, conduz uma corrente de 0,4 A da direita para a esquerda. A corrente, então, é invertida e passa a fluir da esquerda para a direita. Em quanto varia a energia armazenada no campo magnético interior ao solenoide?

9.60 Qual é a resistência de um circuito RL com L = 36,94 mH se o tempo requerido para a corrente atingir 75% de seu valor máximo é de 2,56 ms?

9.61 O campo elétrico nas proximidades da superfície terrestre tem uma intensidade de 150 N/C, e a intensidade de campo magnético da Terra próximo à superfície é, caracteristicamente, de 50,0 μT. Calcule e compare as densidades de energia associadas com esses dois campos. Considere que as propriedades elétricas e magnéticas do ar sejam essencialmente as do vácuo.

9.62 Um anel de noivado (com 2,0 cm de diâmetro) é arremessado no ar com uma dada rotação, correspondente a uma velocidade angular de 17 rotações por segundo. O eixo de rotação coincide com um dos diâmetros do anel. Considerando a intensidade do campo magnético terrestre como sendo de $4{,}0 \cdot 10^{-5}$ T, qual será a diferença de potencial induzida máxima no anel?

9.63 Qual é a indutância de um circuito RL em série no qual R = 3,0 kΩ, se a corrente aumenta para um quarto de seu valor final em 20 μs?

9.64 Uma bateria de 100 V é ligada em série com um resistor de 500 Ω. De acordo com a lei de Faraday da indução, a corrente jamais poderá variar instantaneamente, de modo que sempre existirá alguma indutância "intrínseca" do dispositivo. Suponha que a indutância intrínseca seja desse resistor de 0,20 μ H. Quanto tempo transcorreria para a corrente atingir 0,5% de seu valor final de 0,2 A após o resistor ter sido ligado à bateria?

9.65 Uma espira única com 5 m^2 de área está localizada no plano da página, como mostra a figura. Um campo magnético variável no tempo na região onde se encontra a espira está orientado para dentro da página, com intensidade dada por B = 3 T + (2 T/s)t. Em t = 2 s, qual será a diferença de potencial induzida na espira e o sentido da mesma?

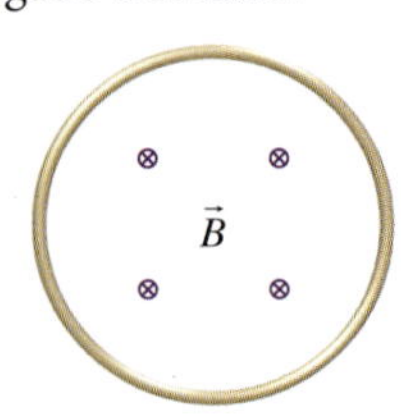

9.66 Uma bateria de 9 V é ligada, por meio de uma chave, a dois resistores idênticos e a um indutor ideal, como mostrado na figura. Cada um dos resistores tem uma resistência de 100

Ω e o indutor possui uma indutância de 3 H. A chave se encontra inicialmente aberta.

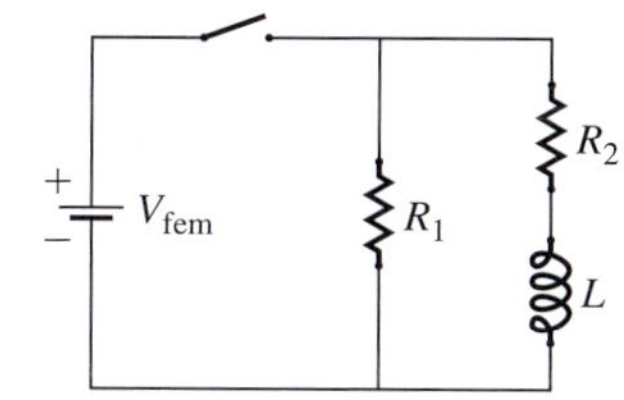

a) Imediatamente após o fechamento da chave, quais serão as correntes dos dois resistores?

b) Após a chave estar fechada por 50 ms, quais serão as correntes dos dois resistores?

c) Após a chave estar fechada por 500 ms, quais serão as correntes dos dois resistores?

d) Após um longo tempo ($t > 10$ s) decorrido após o fechamento, a chave é reaberta. Imediatamente após, quais serão as correntes dos dois resistores?

e) Em $t = 50$ ms após a chave ter sido reaberta, quais serão as correntes dos dois resistores?

f) Em $t = 500$ ms após a chave ter sido reaberta, quais serão as correntes dos dois resistores?

• 9.67 Um longo solenoide com 3,0 m de comprimento e $n = 290$ espiras/m conduz uma corrente de 3,0 A. Ele armazena 2,8 J de energia. Qual é a área da seção transversal do solenoide?

• 9.68 Uma espira condutora retangular com dimensões a e b, e resistência R, está localizada no plano xy. Um campo magnético de intensidade B atravessa a espira. O campo magnético está orientado no sentido positivo do eixo z e varia com o tempo de acordo com $B = B_0(1 + c_1t^3)$, onde c_1 é uma constante com unidade de $1/s^3$. Qual é o sentido da corrente induzida na espira, e qual o seu valor em $t = 1$ s (em termos de a, b, R, B_0 e c_1)?

• 9.69 Um circuito contém uma bateria de 12 V, uma chave e uma lâmpada incandescente, ligados em série. Quando uma corrente mínima de 0,10 A flui na lâmpada, ela começa a brilhar. Ela consome 2 W após a chave ter sido fechada há muito tempo. A chave, então, é aberta e um indutor é adicionado ao circuito em série com a lâmpada. Se a lâmpada começar a brilhar 3,5 ms após a chave ter sido novamente fechada, qual é o valor da indutância? Despreze o intervalo de tempo transcorrido para que o filamento aqueça, e considere que seja capaz de observar o brilho assim que a corrente no filamento atingir o limiar de 0,10 A.

• 9.70 Uma espira circular de área A é posicionada perpendicularmente a um campo magnético variável no tempo dado por $B(t) = B_0 + at + bt^2$, onde B_0, a e b são constantes.

a) Qual é o valor absoluto do fluxo através da espira em $t = 0$?

b) Derive uma equação para a diferença de potencial induzida na espira em função do tempo.

c) Qual será o módulo e o sentido da corrente induzida se a resistência da espira for R?

• 9.71 Uma haste condutora de 50 cm de comprimento desliza sobre duas barras metálicas paralelas localizadas em um campo magnético de 1.000 G de intensidade, como mostra a figura. As extremidades das barras estão ligadas por dois resistores, de resistências $R_1 = 100\ \Omega$ e $R_2 = 200\ \Omega$. A haste condutora move-se com uma velocidade constante de 8 m/s.

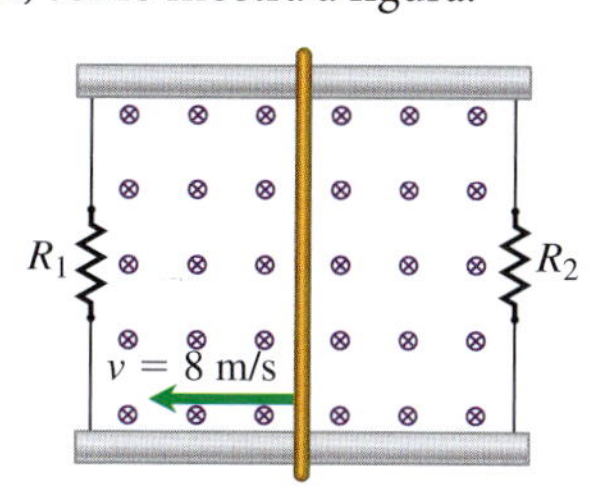

a) Quais são as correntes que fluem nos dois resistores?

b) Que potência é fornecida aos resistores?

c) Que forças são necessárias para manter a barra em movimento com velocidade constante?

• 9.72 Uma espira condutora retangular (com dimensões $h = 15{,}0$ cm e $w = 8{,}00$ cm) de resistência $R = 5{,}00\ \Omega$ é montada sobre uma porta. O campo magnético terrestre, $B_T = 2{,}6 \cdot 10^{-5}$ T, é uniforme e perpendicular à superfície da porta fechada (que se encontra no plano xz). No instante $t = 0$, a porta é aberta (sua borda direita se move para o eixo y) a uma taxa constante, com um ângulo de abertura dado por $\theta(t) = \omega t$, onde $\omega = 3{,}5$ rad/s. Determine o sentido e o valor da corrente induzida na espira, $i(t = 0{,}200\text{ s})$.

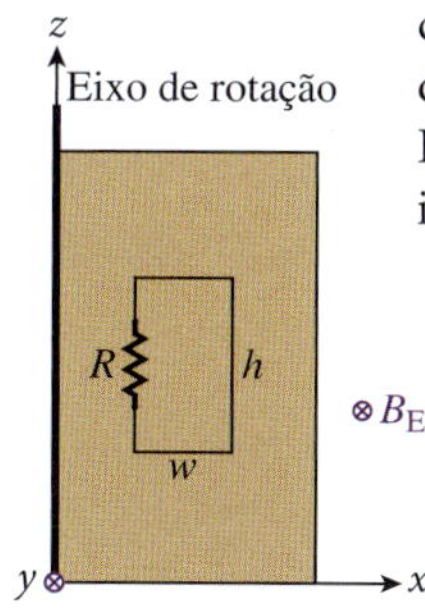

Vista frontal

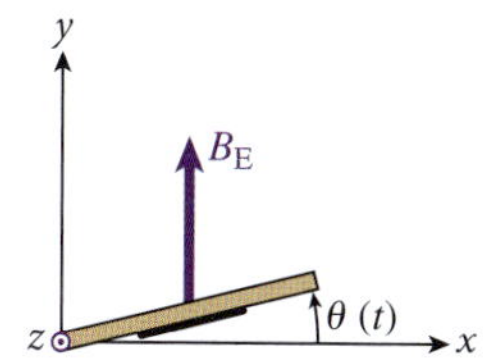

Vista superior

• 9.73 Um cilindro de aço com 2,5 cm de raio e 10,0 cm de comprimento desce rolando, sem deslizar, uma rampa inclinada em 15° com a horizontal e de 3,0 m de comprimento. Qual é a diferença de potencial induzida entre as extremidades do cilindro na base da rampa, se a superfície desta aponta para o polo magnético norte?

• 9.74 A figura mostra um circuito em que uma bateria está ligada em série a um resistor e a um indutor.

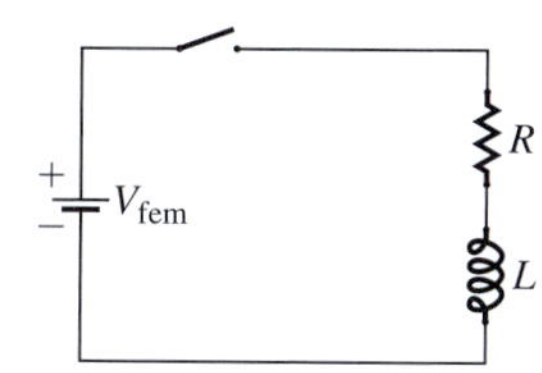

a) Qual é a corrente no circuito em um instante qualquer t após a chave ter sido fechada?

b) Determine a energia total fornecida pela bateria entre $t = 0$ e $t = L/R$.

c) Determine a energia total dissipada no resistor durante o mesmo período.

d) A energia é conservada neste circuito?

• 9.75 Como mostra a figura, uma espira retangular (com 60 cm de comprimento e 15 cm de largura) de 35 Ω de resistência é mantida paralela ao plano xy, com uma das metades em um campo magnético uniforme. O campo magnético, dado por $\vec{B} = 2{,}0\hat{z}$ T, está orientado no sentido positivo do eixo z, à direita da linha tracejada; e não existe nenhum campo magnético externo no lado esquerdo dessa linha.

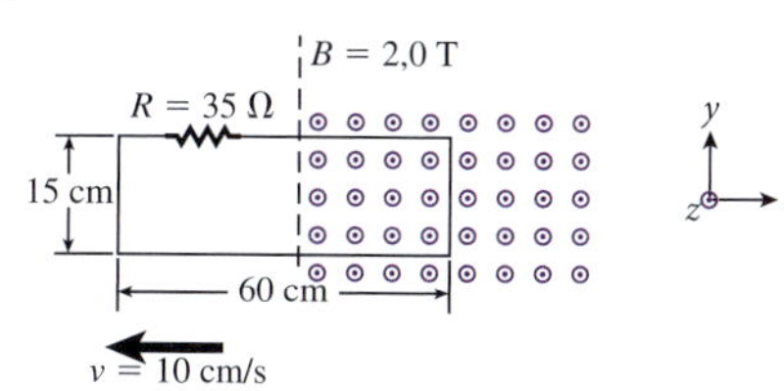

a) Determine o módulo da força necessária para mover a espira para a esquerda com uma velocidade constante de 10 cm/s, enquanto a extremidade direita da espira ainda estiver dentro do campo magnético?

b) Qual é a potência despendida para puxar a espira com velocidade constante para fora da região onde existe o campo magnético?

c) Quanto vale a potência dissipada no resistor?

10 Correntes e Oscilações Eletromagnéticas

Figura 10.1 (a) A reprodução de som eletrônica, como em um aparelho de som portátil, baseia-se nas propriedades dos circuitos de corrente alternada. (b) Obtém-se um som de melhor qualidade quando se usa alto-falantes separados para sons de alta e de baixa frequências.

O QUE APRENDEREMOS

- Em circuitos de uma malha só, contendo um indutor e um capacitor, as voltagens e as correntes oscilam com uma frequência característica.
- Em circuitos de uma malha só, contendo um resistor, um indutor e um capacitor, as voltagens e as correntes também oscilam com uma frequência característica, porém são oscilações amortecidas com o tempo.
- Em circuitos de uma malha só, contendo uma fonte de fem variável com o tempo, as voltagens e as correntes variam com o tempo e estão em fase uma com a outra.
- Em circuitos de uma malha só, contendo uma fonte de fem variável com o tempo e um capacitor, as voltagens e as correntes estão fora de fase em $+\pi/2$ rad (+90°) entre si, com a corrente adiantada em relação à voltagem. Nestes circuitos, a corrente e a voltagem estão relacionadas pela reatância capacitiva.
- Em circuitos de uma malha só, contendo uma fonte de fem variável com o tempo e um indutor, as voltagens e as correntes estão fora de fase em $-\pi/2$ rad (-90°) entre si, com a voltagem adiantada em relação à corrente. Nestes circuitos, a corrente e a voltagem estão relacionadas pela reatância indutiva.
- Em circuitos de uma malha só, contendo uma fonte de fem variável com o tempo, um resistor, um indutor e um capacitor, as voltagens e as correntes variam com o tempo. A diferença de fase entre a corrente e a voltagem depende dos valores da resistência, da indutância e da capacitância, e também da frequência da fonte de fem.
- Em um circuito de uma malha só, contendo uma fonte de fem variável com o tempo, um resistor, um indutor e um capacitor possui uma frequência de ressonância determinada pelos valores da indutância e da capacitância.
- A impedância de um circuito de corrente alternada é análoga à resistência de um circuito de corrente contínua, porém a indutância depende da frequência da fonte de fem variável com o tempo.
- Os transformadores podem elevar (ou abaixar) voltagens alternadas enquanto abaixam (ou elevam) correntes alternadas.
- Os retificadores convertem correntes alternadas em correntes contínuas.

Do Capítulo 4 ao Capítulo 6, abordamos circuitos de corrente constante ou de corrente ou que diminui até atingir um valor constante. Tais correntes não sofrem inversão do sentido em que fluem. Este capítulo introduz circuitos que contêm um resistor, um indutor e um capacitor. Tais circuitos exibem oscilações senoidais de voltagem e de corrente. Este capítulo cobre circuitos que contêm também uma fonte de fem variável com o tempo. Embora esses circuitos de corrente alternada (CA) possuam os mesmos elementos de circuito (resistores, capacitores e indutores) que os circuitos de corrente contínua (CC) discutidos nos capítulos anteriores, os circuitos de corrente alternada apresentam fenômenos não observados em circuito de corrente contínua, como o da ressonância. As correntes alternadas desempenham um grande papel na vida cotidiana, como, por exemplo, no funcionamento de aparelhos eletrônicos como o sistema de áudio do som portátil (Figura 10.1a).

Alto-falantes para reprodução sonora (Figura 10.1b) geralmente possuem várias partes. O pequeno alto-falante *tweeter* reproduz bem os sons de altas frequências, enquanto o alto-falante *woofer* reproduz bem os sons de baixas frequências. Porém, como os circuitos eletrônicos enviam frequências de uma determinada faixa para um dos alto-falantes, e frequências de outra faixa para o outro alto-falante? A resposta é: um filtro, e descobrimos como construir um.

Os circuitos CC que estudamos até a gora contêm uma fonte de fem que provê uma diferença de potencial estacionária para o circuito com um dado sentido. Já as fems alternadas trocam de sentido, na forma de um padrão senoidal, geralmente 50 ou 60 vezes a cada segundo, dependendo das localidades ao redor do mundo. Esta condição resulta em um comportamento físico que não é possível em circuitos CC e que faz dos circuitos CA a padrão na maioria dos dispositivos eletrônicos.

10.1 Circuitos LC

Os capítulos anteriores introduziram três elementos de circuito: capacitores, resistores e indutores. Discutimos circuitos simples formados por uma só malha contendo resistores e capacitores (circuitos RC), ou resistores e indutores (circuitos RL). Agora consideraremos circuitos de uma só malha contendo indutores e capacitores: os **circuitos LC**. Veremos que estes circuitos possuem correntes e voltagens que variam senoidalmente com o tempo, em vez de apenas aumentar ou diminuir exponencialmente com o tempo, como nos circuitos RC e RL. Tais variações de voltagem e de corrente nos circuitos LC são denominadas **oscilações eletromagnéticas**.

Para entender as oscilações eletromagnéticas, consideremos um circuito simples de uma só malha formado por um indutor e um capacitor (Figura 10.2). Lembre-se de que a energia armazenada no campo elétrico de um capacitor de capacitância C é dada por (consulte o Capítulo 4)

$$U_E = \frac{1}{2}\frac{q^2}{C},$$

onde q é o valor absoluto das cargas nas placas do capacitor. A energia armazenada no campo elétrico de um indutor de indutância L é dada por (consulte o Capítulo 9):

$$U_B = \tfrac{1}{2}Li^2,$$

onde i é a corrente que flui pelo indutor. A Figura 10.2 mostra como essas energias variam com o tempo neste circuito LC.

Na Figura 10.2a, o capacitor, que, inicialmente, se encontra totalmente carregado (com a placa inferior carregada positivamente), é ligado ao circuito. Neste instante, a energia do circuito se encontra exclusivamente contida no campo elétrico do capacitor. Este começa então descarregar sua carga através do indutor da Figura 10.2b. Neste ponto, a corrente flui pelo indutor, o qual gera um campo magnético. (Uma seta verde ou uma indicação abaixo de cada diagrama de circuito indica o sentido e o valor absoluto da corrente instantânea, i.) Agora parte da energia do circuito se encontra no campo elétrico do capacitor, e parte no campo magnético do indutor. O valor da corrente se aproxima de um patamar enquanto o campo magnético crescente do indutor induz uma fem que se opõe à corrente. Na Figura 10.2c, o capacitor está

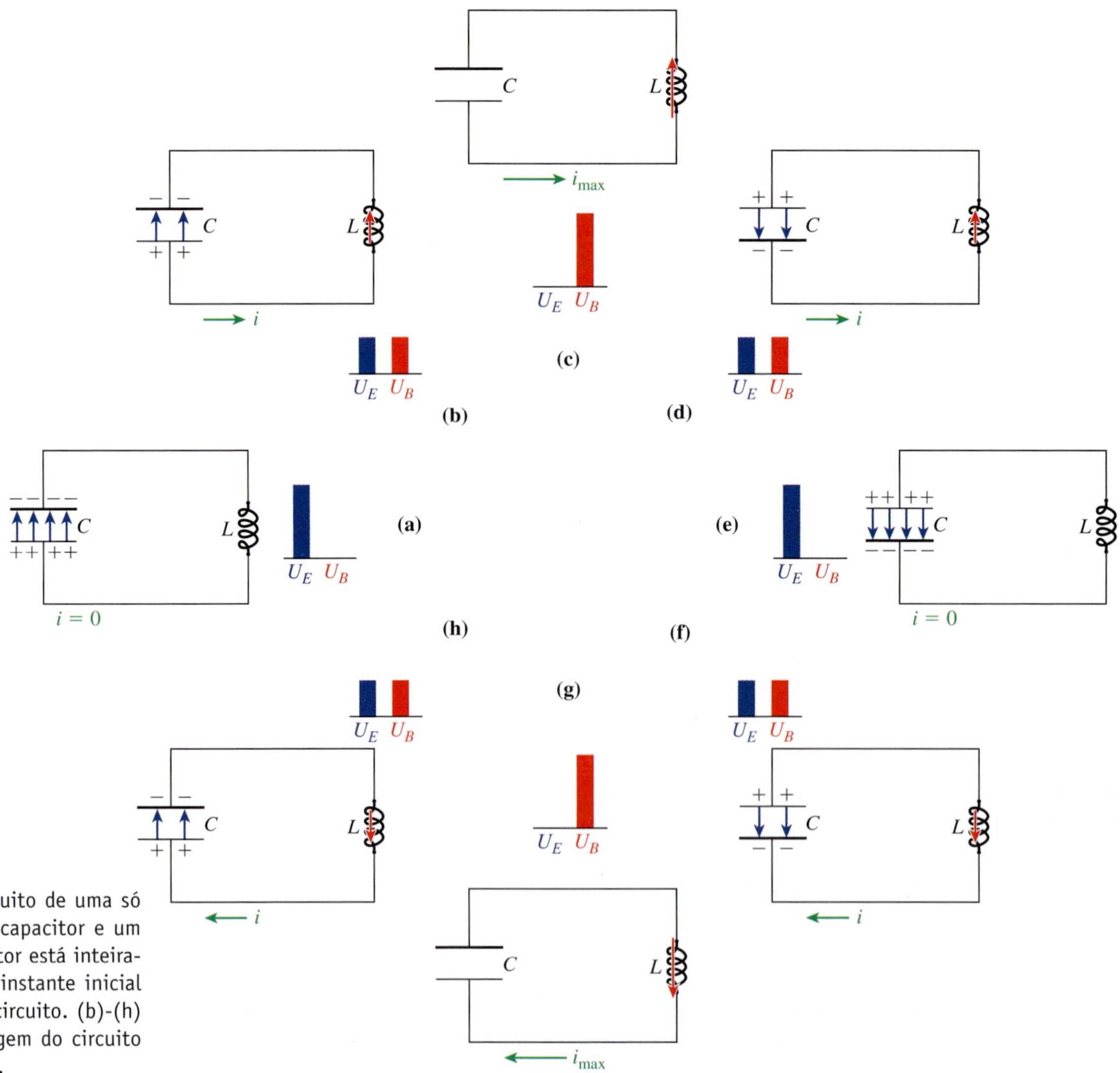

Figura 10.2 Um circuito de uma só malha contendo um capacitor e um indutor. (a) O capacitor está inteiramente carregado no instante inicial em que é ligado ao circuito. (b)-(h) A corrente e a voltagem do circuito oscilam com o tempo.

totalmente vazio, e no indutor a corrente que flui atinge um máximo. (Na figura, quando o valor absoluto de i atinge seu valor máximo, ela é denotada por i_{max}.) Toda a energia do circuito agora se encontra armazenada no campo magnético do indutor. No entanto, a corrente continua a fluir, diminuindo de seu valor máximo, o que faz o campo magnético do indutor enfraquecer. Na Figura 10.2d, o capacitor começa a se carregar com a polaridade oposta (carga positiva na placa superior). A energia é novamente armazenada no campo elétrico do capacitor, assim como no campo magnético do indutor.

Na Figura 10.2e, a energia do circuito encontra-se novamente toda no campo elétrico do capacitor. Note que agora o campo elétrico aponta em sentido oposto ao do campo original da Figura 10.2.a. A corrente é nula, assim como o campo magnético do indutor. Na Figura 10.2f, o capacitor começa novamente a descarregar, produzindo uma corrente que flui em sentido oposto daquela das partes (b)-(d) da figura; corrente esta que, por sua vez, cria um campo magnético de sentido contrário no indutor. Novamente, parte da energia encontra-se armazenada no campo elétrico, e parte dela no campo magnético. Na Figura 10.2g, a energia está toda armazenada no campo magnético do indutor, mas com o campo magnético em sentido oposto ao da Figura 10.2c. Na Figura 10.2h, o capacitor começa a carregar de novo, ou seja, existe energia tanto no campo elétrico quanto no campo magnético. O estado do circuito então retorna ao mostrado na Figura 10.2a. O circuito prossegue oscilando indefinidamente porque não está presente um resistor, e os campos elétrico e magnético conservam, conjuntamente, a energia. Um circuito real com um capacitor e um indutor de fato não oscila indefinidamente; em vez disso, as oscilações gradualmente vão se extinguindo com o tempo por causa das pequenas resistências do circuito (abordadas na Seção 10.3) ou da radiação eletromagnética (abordada no Capítulo 11).

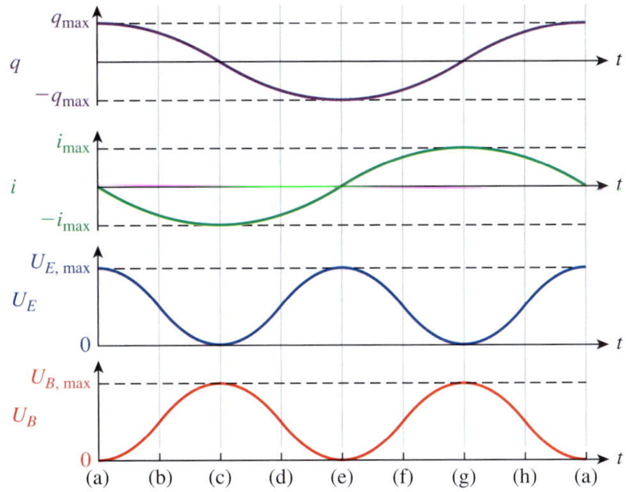

Figura 10.3 Variações de carga, de voltagem, de energia elétrica e de energia magnética em função do tempo para um circuito LC simples de uma só malha. As letras na parte inferior da figura se referem às partes correspondentes da Figura 10.2.

A carga em qualquer das placas do capacitor e a corrente de um circuito LC variam senoidalmente, como mostrado na Figura 10.3. Aqui, q_{max} denota a carga máxima na placa do capacitor que estava inicialmente carregada (a placa inferior da Figura 10.2a). A energia do campo elétrico depende do quadrado da carga do capacitor, enquanto a energia do campo magnético depende do quadrado da corrente no indutor. Assim, a energia elétrica, U_E, e a energia magnética, U_B, variam entre zero e seus respectivos valores máximos, em função do tempo.

10.1 Exercícios de sala de aula

A Figura 10.2a mostra que a carga do capacitor de um circuito LC é máxima quando a corrente é nula. E quanto à diferença de potencial no capacitor?

a) A diferença de potencial no capacitor será máxima quando a corrente for máxima.

b) A diferença de potencial no capacitor será máxima quando a carga for máxima.

c) A diferença de potencial no capacitor não varia.

10.2 Análise de oscilações LC

Esta seção apresenta uma descrição qualitativa dos fenômenos descritos na seção anterior. Considere um circuito de uma só malha formada por um capacitor de capacitância C e um indutor de indutância L, mas nenhuma perda resistiva nos fios do circuito, como ilustrado na Figura 10.4. Podemos escrever a energia total do circuito, U, como a soma da energia elétrica do capacitor com a energia magnética do indutor:

$$U = U_E + U_B.$$

Usando as expressões para a energia elétrica e a energia magnética, em termos das cargas e correntes, $U_E = \frac{1}{2}(q^2/C)$ e $U_B = \frac{1}{2}Li^2$, obtemos

$$U = U_E + U_B = \frac{1}{2}\frac{q^2}{C} + \frac{1}{2}Li^2.$$

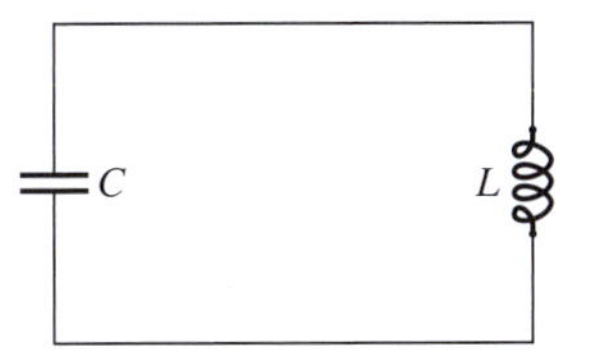

Figura 10.4 Circuito LC de uma só malha formado por um indutor e um capacitor.

Como consideramos que não exista resistência, nenhuma energia será perdida, e a energia do circuito permanecerá constante, porque o campo elétrico e o campo magnético conservam a energia. Assim, a derivada com respeito ao tempo da energia do circuito deve ser nula:

$$\frac{dU}{dt} = \frac{d}{dt}\left(\frac{1}{2}\frac{q^2}{C} + \frac{1}{2}Li^2\right) = \frac{q}{C}\frac{dq}{dt} + Li\frac{di}{dt} = 0.$$

Por definição, a corrente é a derivada temporal da carga, $i = dq/dt$, e, portanto, a derivada temporal da corrente é a derivada segunda da carga:

$$\frac{di}{dt} = \frac{d}{dt}\left(\frac{dq}{dt}\right) = \frac{d^2q}{dt^2}.$$

Com esta expressão para di/dt, a equação anterior para a derivada temporal do total de energia, dU/dt, torna-se:

$$\frac{q}{C}\frac{dq}{dt} + L\frac{dq}{dt}\frac{d^2q}{dt^2} = \frac{dq}{dt}\left(\frac{q}{C} + L\frac{d^2q}{dt^2}\right) = 0.$$

Podemos escrever esta equação como

$$\frac{d^2q}{dt^2} + \frac{q}{LC} = 0. \tag{10.1}$$

(Descartamos a solução $dq/dt = 0$ porque ela corresponde a situações em que não existe carga inicialmente no capacitor.) Esta equação diferencial tem a mesma forma que a equação de um oscilador harmônico simples, que descreve a posição, x, de um objeto de massa m ligado a uma mola de constante elástica k:

$$\frac{d^2x}{dt^2} + \frac{k}{m}x = 0.$$

A solução dessa equação diferencial para a posição em função do tempo é uma função senoidal: $x = x_{max} \cos(\omega_0 t + \phi)$, onde ϕ é uma constante de fase, e a frequência angular, ω_0, é dada por $\omega_0 = \sqrt{k/m}$.

A simples substituição de x por q, e de k/m por $1/LC$ na equação diferencial para o movimento harmônico simples fornece a solução análoga para a equação 10.1. Assim, a carga em função do tempo de um circuito LC é dada por

$$q = q_{max} \cos(\omega_0 t - \phi), \tag{10.2}$$

onde q_{max} é o valor absoluto da carga máxima do circuito e ϕ é a constante de fase, determinada pelas condições iniciais para uma dada situação. (Note que a convenção para oscilações eletromagnéticas é usar um sinal negativo na frente de ϕ.) A frequência angular é dada por

$$\omega_0 = \sqrt{\frac{1}{LC}} = \frac{1}{\sqrt{LC}}. \tag{10.3}$$

A corrente é dada pela derivada temporal da equação 10.2:

$$i = \frac{dq}{dt} = \frac{d}{dt}\left(q_{max}\cos\left(\omega_0 t - \phi\right)\right) = -\,\omega_0 q_{max}\,\text{sen}\left(\omega_0 t - \phi\right).$$

Uma vez que a corrente máxima do circuito é $i_{max} = \omega_0 q_{max}$, temos

$$i = -i_{max}\,\text{sen}\,(\omega_0 t - \phi). \tag{10.4}$$

As equações 10.2 e 10.4 correspondem aos dois tipos de curva da Figura 10.3, com $\phi = 0$. Podemos reescrever as expressões para a energia elétrica e a energia magnética em função do tempo:

$$U_E = \frac{1}{2}\frac{q^2}{C} = \frac{1}{2}\frac{\left[q_{max}\cos\left(\omega_0 t - \phi\right)\right]^2}{C} = \frac{q_{max}^2}{2C}\cos^2\left(\omega_0 t - \phi\right),$$

e

$$U_B = \frac{1}{2}Li^2 = \frac{L}{2}\left[-i_{max}\,\text{sen}\left(\omega_0 t - \phi\right)\right]^2 = \frac{L}{2}i_{max}^2\,\text{sen}^2\left(\omega_0 t - \phi\right).$$

Uma vez que $i_{max} = \omega_0 q_{max}$ e $\omega_0 = 1/\sqrt{LC}$, podemos escrever

$$\frac{L}{2}i_{max}^2 = \frac{L}{2}\omega_0^2 q_{max}^2 = \frac{q_{max}^2}{2C}.$$

Portanto, podemos expressar a energia magnética em função do tempo como

$$U_B = \frac{q_{max}^2}{2C}\,\text{sen}^2\left(\omega_0 t - \phi\right).$$

Note que tanto a energia elétrica quanto a energia magnética possuem um valor máximo igual a $q_{max}/2C$ e um valor mínimo nulo.

Podemos também obter uma expressão para a energia total do circuito, U, somando as energias elétrica e magnética e depois usando a identidade trigonométrica $\text{sen}^2\theta + \cos^2\theta = 1$:

$$U = U_E + U_B = \frac{q_{max}^2}{2C}\cos^2(\omega_0 t - \phi) + \frac{q_{max}^2}{2C}\text{sen}^2(\omega_0 t - \phi)$$

$$= \frac{q_{max}^2}{2C}\left[\text{sen}^2(\omega_0 t - \phi) + \cos^2(\omega_0 t - \phi)\right]$$

$$= \frac{q_{max}^2}{2C} = \frac{L}{2}i_{max}^2.$$

Assim, a energia total do circuito mantém-se constante com o transcorrer do tempo e é proporcional ao quadrado da carga original armazenada no capacitor.

10.2 Exercícios de sala de aula

Na Figura 10.3, suponha que $t = 0$ no ponto (c). Quanto vale a constante de fase neste caso? (Considere uma corrente de sentido horário como positiva.)

a) 0

b) $\pi/2$

c) π

d) $3\pi/2$

e) Nenhuma das alternativas anteriores.

EXEMPLO 10.1 Características de um circuito LC

Um circuito é formado por um capacitor, com $C = 1{,}50\ \mu$F, e um indutor com $L = 3{,}50$ mH (Figura 10.4). O capacitor foi completamente carregado por uma bateria de 12 V e, então, ligado ao circuito.

PROBLEMA

Qual é a frequência angular do circuito? Qual é a energia total do circuito? Qual é a carga do capacitor após $t = 2{,}50$ s?

SOLUÇÕES

A frequência angular do circuito é dada por

$$\omega_0 = \frac{1}{\sqrt{LC}} = \frac{1}{\sqrt{(3{,}50\cdot 10^{-3}\text{ H})(1{,}50\cdot 10^{-6}\text{ F})}} = 1{,}38\cdot 10^4 \text{ rad/s}.$$

A energia total do circuito é

$$U = \frac{q_{max}^2}{2C}.$$

A carga máxima do capacitor é

$$q_{max} = CV_{fem} = (1{,}50\cdot 10^{-6}\text{ F})(12{,}0\text{ V})$$

$$= 1{,}80\cdot 10^{-5}\text{ C}.$$

Assim, podemos calcular a energia armazenada inicialmente no campo elétrico do capacitor, que é igual à energia total do circuito:

$$U = \frac{q_{max}^2}{2C} = \frac{(1{,}80\cdot 10^{-5}\text{ C})^2}{2(1{,}50\cdot 10^{-6}\text{ F})} = 1{,}08\cdot 10^{-4}\text{ J}.$$

A carga do capacitor em função do tempo é dada por

$$q = q_{max}\cos(\omega_0 t - \phi).$$

Para determinar a constante ϕ, lembramos que $q = q_{max}$ em $t = 0$, de modo que

$$q(0) = q_{max} = q_{max}\cos[(\omega_0)(0) - \phi] = q_{max}\cos(-\phi) = q_{max}\cos\phi.$$

Continua→

10.1 Pausa para teste

A frequência de oscilação de um circuito LC é de 200,0 kHz. Em $t = 0$, a carga do capacitor encontra-se em seu valor positivo máximo na placa inferior. Decida se cada uma das afirmações abaixo é verdadeira ou falsa.

a) Em $t = 2{,}50\ \mu$s, a carga da placa inferior encontra-se em seu valor mínimo negativo.

b) Em $t = 5{,}00\ \mu$s, a corrente do circuito encontra-se em seu valor máximo.

c) Em $t = 2{,}50\ \mu$s, a energia do circuito está toda armazenada no indutor.

d) Em $t = 1{,}25\ \mu$s, metade da energia do circuito encontra-se no capacitor, e metade dela, no indutor.

Assim, vemos que $\phi = 0$ e podemos escrever a carga em função do tempo como

$$q = q_{max} \cos \omega_0 t.$$

Substituindo os valores $q_{max} = 1{,}80 \cdot 10^{-5}$ C, $\omega_0 = 1{,}38 \cdot 10^4$ rad/s e $t = 2{,}50$ s, obtemos

$$q = (1{,}80 \cdot 10^{-5}\ \text{C}) \cos[(1{,}38 \cdot 10^4\ \text{rad/s})(2{,}50\ \text{s})] = 1{,}02 \cdot 10^{-5}\ \text{C}.$$

10.3 Oscilações amortecidas em um circuito RLC

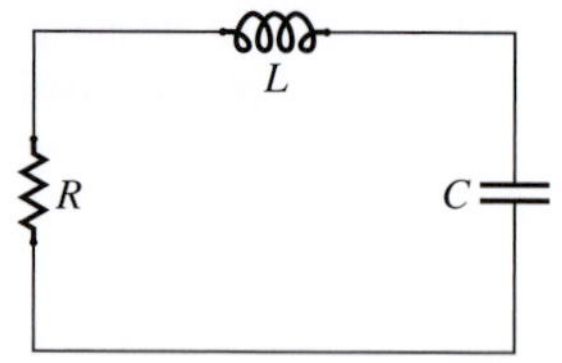

Figura 10.5 Circuito RLC de única malha formado por um resistor, um indutor e um capacitor.

Consideremos agora um circuito de uma malha contendo um capacitor e um indutor, mas também um resistor – um circuito RLC, como mostra a Figura 10.5. Na seção anterior, vimos que a energia de um circuito com um capacitor e um indutor mantém-se constante, e que a energia é transformada alternadamente de elétrica em magnética e vice-versa, sem haver perdas. No entanto, se um resistor estiver presente no circuito, o fluxo da corrente produz perdas ôhmicas, que aparecem como energia térmica. Assim, a energia do circuito diminui devido a tais perdas. A taxa de perda de energia é dada por

$$\frac{dU}{dt} = -i^2 R.$$

Podemos reescrever a variação de energia no circuito em função do tempo:

$$\frac{dU}{dt} = \frac{q}{C}\frac{dq}{dt} + Li\frac{di}{dt} = -i^2 R.$$

Novamente, uma vez que $i = dq/dt$ e $di/dt = d^2q/dt^2$, podemos escrever

$$\frac{q}{C}\frac{dq}{dt} + Li\frac{di}{dt} + i^2 R = \frac{q}{C}\frac{dq}{dt} + L\frac{dq}{dt}\frac{d^2q}{dt^2} + \left(\frac{dq}{dt}\right)^2 R = 0$$

ou

$$\frac{d^2q}{dt^2} + \frac{R}{L}\frac{dq}{dt} + \frac{1}{LC}q = 0. \tag{10.5}$$

A solução desta equação diferencial (no caso de amortecimento fraco, o que significa valores suficientemente pequenos da resistência) é

$$q = q_{max}\, e^{-Rt/2L} \cos \omega t, \tag{10.6}$$

onde

$$\omega = \sqrt{\omega_0^2 - \left(\frac{R}{2L}\right)^2} \tag{10.7}$$

e $\omega_0 = 1/\sqrt{LC}$.

O cálculo efetuado para obter a solução da equação 10.6 não é mostrado. Podemos comprovar que esta solução satisfaz à equação 10.5 por substituição direta das equações 10.6 e 10.7 na equação 10.5.

Se o capacitor do circuito RLC de uma malha da Figura 10.5 é carregado e, então, ligado ao circuito, a carga nele armazenada variará senoidalmente com o tempo, mas com uma amplitude decrescente (Figura 10.6). Derivando a equação 10.6, mostra-se que a corrente, $i = dq/dt$, tem uma amplitude que é amortecida com a mesma taxa com que a carga é amortecida e que esta amplitude também varia senoidalmente com o tempo. Após algum tempo decorrido, nenhuma corrente fluirá no circuito.

Podemos analisar a energia do circuito em função do tempo calculando a energia armazenada no campo elétrico do capacitor:

$$U_E = \frac{1}{2}\frac{q^2}{C} = \frac{q_{max}^2}{2C} e^{-Rt/L} \cos^2 \omega t.$$

10.2 Pausa para teste

Compare a equação 10.5 para a carga em um capacitor em função do tempo à equação diferencial para a posição de uma massa presa a uma mola: $\frac{d^2x}{dt^2} + \frac{b}{m}\frac{dx}{dt} + \frac{k}{m}x = 0$. Que grandeza do circuito RLC desempenha o papel da massa, m, qual faz o papel da constante elástica, k, e qual faz o papel da constante de amortecimento, b?

10.3 Exercícios de sala de aula

Qual a condição de amortecimento fraco a ser satisfeita para que a equação 10.6 seja uma solução da equação 10.5? (*Dica*: você pode determinar isso por analogia com as oscilações amortecidas de uma massa presa a uma mola, para a qual a equação diferencial é $\frac{d^2x}{dt^2} + \frac{b}{m}\frac{dx}{dt} + \frac{k}{m}x = 0$ e a condição para amortecimento fraco é $b < 2\sqrt{mk}$. Alternativamente, você pode também usar análise dimensional.)

a) $R < 2\sqrt{L/C}$

b) $R < \sqrt{2C/L}$

c) $R < \sqrt{2LC}$

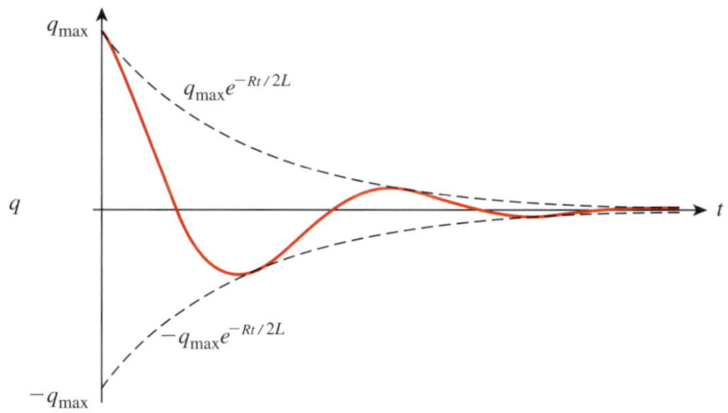

Figura 10.6 Gráfico da carga do capacitor em função do tempo em um circuito formado por um capacitor, um indutor e um resistor.

Assim, U_E e U_B, diminuem exponencialmente com o tempo, e, portanto, assim o faz a energia total do circuito, $U_E + U_B$.

10.4 Circuitos CA forçados

Até aqui, estudamos circuitos que contêm uma fonte de fem constante ou que começam com uma carga e uma energia constantes e então oscilam entre campos elétricos e magnéticos. No entanto, ocorrem muitos efeitos importantes em um circuito em que a corrente oscila continuamente. Esta seção aborda alguns desses efeitos, começando com o caso de uma fonte de fem variável com o tempo e depois considerando que um resistor, um capacitor e um indutor sejam ligados a esta fonte.

Fonte de fem forçada alternada

Uma fonte de fem pode ser capaz de produzir uma voltagem variável com o tempo, em oposição às fontes de fem constante consideradas nos capítulos anteriores. Consideraremos que a fonte de fem variável com o tempo forneça uma voltagem senoidal em função do tempo, a *fem forçada*, dada por

$$V_{fem} = V_{max} \text{ sen } \omega t, \tag{10.8}$$

onde ω é a frequência angular da fem e V_{max} é a amplitude máxima ou valor da fem.

A corrente induzida em um circuito que contém uma fonte de fem variável com o tempo também variará senoidalmente com o tempo. A corrente dependente do tempo é chamada de **corrente alternada (CA)**. Todavia, a corrente alternada nem sempre pode se manter em fase com a voltagem dependente do tempo. A corrente, i, em função do tempo, é dada por

$$i = I \text{ sen}(\omega t - \phi), \tag{10.9}$$

onde I é a amplitude da corrente e a frequência angular corrente dependente do tempo é a mesma da fem forçada, mas a constante de fase ϕ não é nula. Note que, por convenção, a constante de fase é precedida por um sinal negativo.

Circuito com um resistor

Comecemos nossa análise de circuitos RLC de corrente alternada considerando um circuito formado somente por um resistor e uma fonte de fem variável com o tempo (Figura 10.7). Aplicando a lei de Kirchhoff das malhas a este circuito, obtemos

$$V_{fem} - v_R = 0,$$

onde v_R é a queda de voltagem no resistor. Substituindo v_R por V_{fem} na equação 10.8, obtemos

$$v_R = V_{max} \text{ sen } \omega t = V_R \text{ sen } \omega t,$$

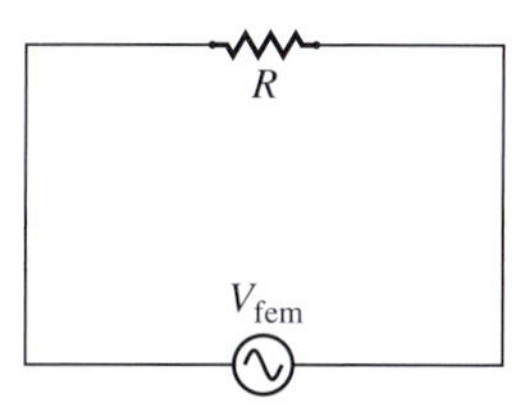

Figura 10. 7 Circuito de malha única formado por um resistor e uma fonte de fem variável com o tempo.

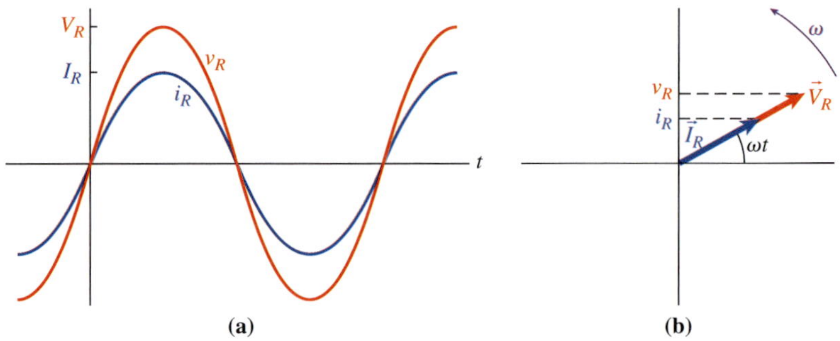

Figura 10.8 Voltagem e corrente alternadas em um circuito de malha única formado por uma fonte de fem variável com o tempo e um resistor: (a) voltagem e corrente em função do tempo; (b) fasores que representam a voltagem e a corrente, mostrando que elas não se encontram em fase.

onde V_R é a voltagem máxima no resistor. Note que a voltagem em função do tempo é representada por uma letra v minúscula, enquanto a amplitude da voltagem é denotada por um V maiúsculo. De acordo com a lei de Ohm, $V = iR$, de modo que podemos escrever

$$i_R = \frac{v_R}{R} = \frac{V_R}{R} \operatorname{sen} \omega t = I_R \operatorname{sen} \omega t. \tag{10.10}$$

Assim, a amplitude de corrente e a amplitude de voltagem estão relacionadas por

$$V_R = I_R R. \tag{10.11}$$

A Figura 10.8 a mostra a voltagem e a corrente em um resistor em função do tempo. A corrente variável no tempo pode ser representada por um fasor, $\vec{I}_R$, e a voltagem dependente do tempo por outro fasor, $\vec{V}_R$ (Figura 10.8b). Um **fasor** é um vetor que gira em sentido anti-horário (com a cauda da seta fixa na origem) e cuja projeção sobre o eixo vertical representa a variação senoidal da grandeza particular com o tempo. A velocidade angular dos fasores da Figura 10.8b é ω da equação 10.10. A corrente que flui no resistor e a voltagem no mesmo estão em fase uma com a outra, o que significa que a diferença de fase entre a corrente e a voltagem é nula.

Circuito com um capacitor

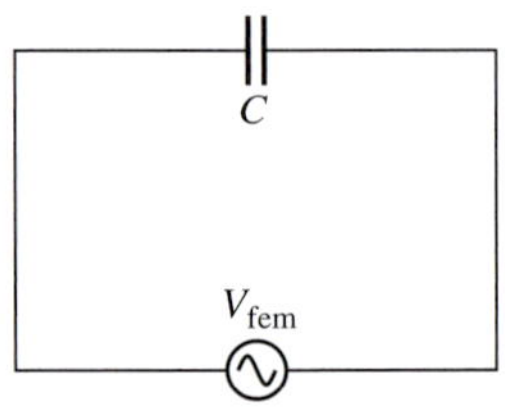

Figura 10.9 Circuito de malha única com um capacitor e uma fonte variável no tempo.

Agora vamos examinar um circuito que contém um capacitor e uma fonte de fem variável com o tempo (Figura 10.9). A voltagem do capacitor é dada pela lei de Kirchhoff das malhas,

$$V_{fem} - v_C = 0,$$

onde v_C é a queda de voltagem no capacitor. Assim, temos

$$v_C = V_{max} \operatorname{sen} \omega t = V_C \operatorname{sen} \omega t,$$

onde V_C é a voltagem máxima no capacitor. Uma vez que $q = CV$ para um capacitor, podemos escrever

$$q = Cv_C = CV_C \operatorname{sen} \omega t.$$

Entretanto, queremos obter uma expressão para a corrente (em vez de uma para a carga) em função do tempo. Portanto, tomamos a derivada com respeito ao tempo da equação anterior:

$$i_C = \frac{dq}{dt} = \frac{d\left(CV_C \operatorname{sen} \omega t\right)}{dt} = \omega C V_C \cos \omega t.$$

Esta equação pode ser escrita em uma forma comparável à da equação 10.10 definindo-se uma grandeza análoga à resistência, denominada **reatância capacitiva**, X_C:

$$X_C = \frac{1}{\omega C}. \tag{10.12}$$

Esta definição nos permite expressar a corrente, i_C, como

$$i_C = \frac{V_C}{X_C} \cos \omega t,$$

ou, com $I_C = V_C/X_C$, como

$$i_C = I_C \cos \omega t.$$

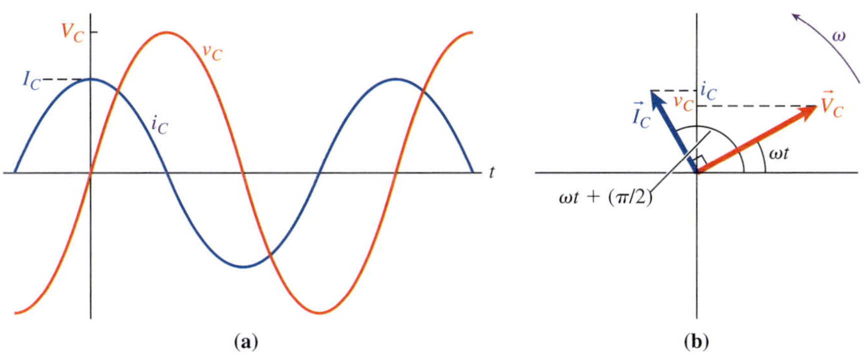

Figura 10.10 Voltagem e corrente alternadas em um circuito de malha única contendo uma fonte de fem e um capacitor: (a) voltagem e corrente em função do tempo; (b) fasores que representam a voltagem e a corrente, mostrando que elas estão fora de fase em $\pi/2$ rad (90°) uma com a outra.

Podemos usar a relação $\cos\theta = \text{sen}(\theta + \pi/2)$ para expressar este resultado em uma forma análoga à da equação 10.10:

$$i_C = I_C \,\text{sen}\,(\omega t + \pi/2). \tag{10.13}$$

Esta expressão para a corrente que flui em um circuito com apenas um capacitor é semelhante à expressão para a corrente que flui em um circuito contendo apenas um resistor, exceto pelo fato de que a corrente e a voltagem estão fora de fase $\pi/2$ rad (90°) uma com a outra. A Figura 10.10a mostra a voltagem e a corrente em função do tempo.

Os correspondentes fasores $\vec{I}_C$ e $\vec{V}_C$, mostrados na Figura 10.10b, indicam que, *para um circuito com apenas um capacitor, a corrente está adiantada em relação à voltagem.* A amplitude da voltagem no capacitor e a amplitude de corrente no capacitor estão relacionadas por

$$V_C = I_C X_C. \tag{10.14}$$

Esta equação se parece com a lei de Ohm, com a reatância capacitiva substituindo a resistência. Outra diferença essencial entre a reatância capacitiva e a resistência é que a reatância capacitiva depende da frequência angular da fonte de fem variável com o tempo.

Circuito com um indutor

Consideremos agora um circuito que contém uma fonte de fem variável com o tempo e um indutor (Figura 10.11). Novamente aplicamos a lei de Kirchhoff das malhas ao circuito para obter a voltagem no indutor:

$$v_L = V_{max}\,\text{sen}\,\omega t = V_L\,\text{sen}\,\omega t,$$

onde V_L é a voltagem máxima no indutor. Em um indutor, uma corrente variável induz uma fem dada por

$$v_L = L\frac{di_L}{dt}.$$

Note que, para di/dt positiva a queda de voltagem no indutor será positiva, pois o sentido da corrente é o mesmo do decréscimo do potencial. Assim, podemos escrever

$$L\frac{di_L}{dt} = V_L\,\text{sen}\,\omega t,$$

ou

$$\frac{di_L}{dt} = \frac{V_L}{L}\text{sen}\,\omega t.$$

Estamos interessados na corrente em vez de sua derivada temporal, de modo que integramos a equação precedente:

$$i_L = \int\frac{di_L}{dt}dt = \int\frac{V_L}{L}\text{sen}\,\omega t\,dt = -\frac{V_L}{\omega L}\cos\omega t.$$

10.4 Exercícios de sala de aula

Um circuito contendo um capacitor (Figura 10.9) possui uma fonte de fem variável com o tempo que fornece uma voltagem dada por $v_C = V_C$ sen ωt. Qual é a corrente no capacitor, i_C, quando a diferença de potencial no dispositivo for máxima ($v_C = V_{max}$)?

a) $i_C = 0$.

b) $i_C = +I_{max}$

c) $i_C = -I_{max}$

10.5 Exercícios de sala de aula

Considere um circuito com uma fonte de fem variável com o tempo dada por $V_{fem} = 120{,}0$ sen $[(377\text{ rad/s})t]$ V e um capacitor de capacitância $C = 5{,}00\ \mu$F. Qual é a corrente do circuito em $t = 1{,}00$ s?

a) 0,226 A

b) 0,451 A

c) 0,555 A

d) 0,750 A

e) 1,25 A

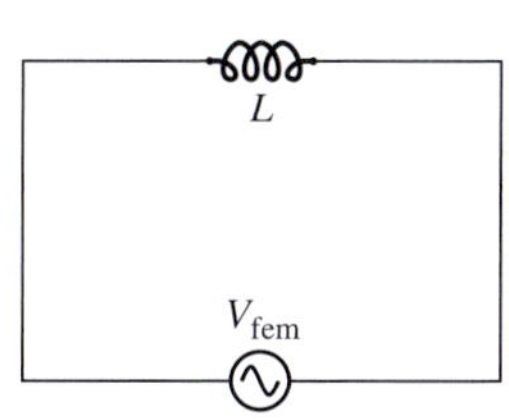

Figura 10.11 Circuito de malha única com um indutor e uma fonte de fem variável com o tempo.

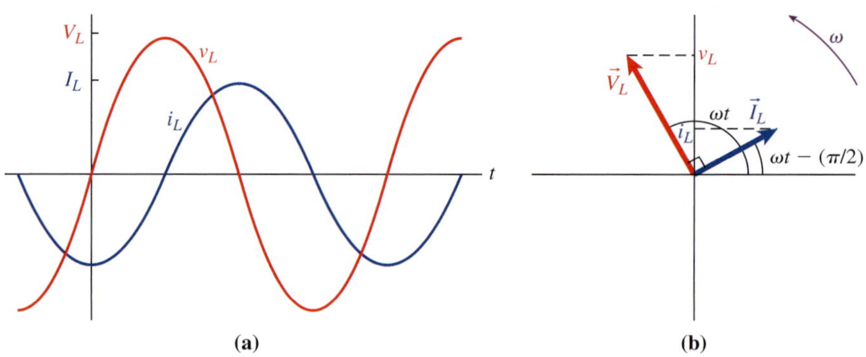

Figura 10.12 Voltagem e corrente alternadas em um circuito de malha única contendo uma fonte de fem e um indutor: (a) voltagem e corrente em função do tempo; (b) fasores que representam a voltagem e a corrente, mostrando que estão fora de fase em $-\pi/2$ rad (-90°) um com o outro.

Aqui escolhemos a constante de integração como nula porque não estamos interessados em soluções que contenham tanto correntes oscilatórias e correntes constantes. A **reatância indutiva**, que, como a reatância capacitiva, é análoga à resistência, é definida como

$$X_L = \omega L. \tag{10.15}$$

Usando a reatância indutiva, podemos expressar i_L como

$$i_L = -\frac{V_L}{X_L}\cos\omega t = -I_L\cos\omega t,$$

onde I_L é a corrente máxima. Assim,

$$V_L = I_L X_L,$$

que, novamente, se parece com a lei de Ohm exceto pelo fato de que a reatância indutiva depende da frequência angular da fem dependente do tempo.

Uma vez que $-\cos\theta = \text{sen}(\theta - \pi/2)$, podemos reescrever $i_L = -I_L \cos \omega t$ como

$$i_L = I_L\,\text{sen}\big(\omega t - \pi/2\big). \tag{10.16}$$

Assim, a corrente que flui em um circuito com um indutor e uma fonte de fem variável com o tempo está fora de fase com a voltagem em $-\pi/2$ rad. A Figura 10.12a mostra a voltagem e a corrente em função do tempo. Os fasores correspondentes, $\vec{I}_L$ e $\vec{V}_L$, são mostrados na Figura 10.12b, que mostra que, para um circuito com um indutor, a voltagem está adiantada em relação à corrente.

10.5 Circuito RLC em série

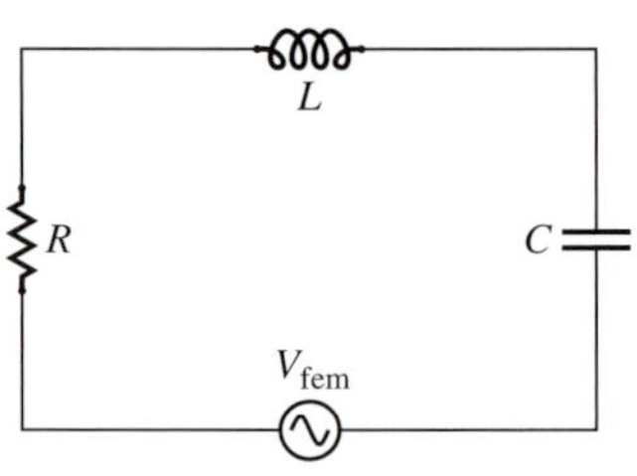

Figura 10.13 Um circuito semelhante contendo uma fonte de fem variável com o tempo, um indutor e um capacitor.

Agora estamos prontos para considerar um circuito de malha única contendo todos os três elementos de circuito, junto com uma fonte de fem variável com o tempo (Figura 10.13). Esta seção não apresentará a análise matemática inteira deste circuito RLC, mas usará fasores para analisar aspectos importantes.

A corrente variável com o tempo no circuito RLC simples pode ser descrita por um fasor, $\vec{I}_m$ (Figura 10.14). A projeção de $\vec{I}_m$ sobre o eixo vertical representa a corrente i que flui no circuito em função do tempo, t, onde o ângulo do fasor é dado por $\omega t - \phi$, de modo que

$$i = I_m\,\text{sen}(\omega t - \phi)$$

A corrente i e as voltagens nos componentes do circuito possuem fases diferentes com respeito à fem variável com o tempo, como vimos na seção anterior:

- *Para um resistor*, a voltagem v_R e a corrente i estão em fase uma com a outra, e o fasor voltagem, $\vec{V}_R$, está em fase com $\vec{I}_m$.
- *Para um capacitor*, a corrente i está adiantada em relação à voltagem v_C em $\pi/2$ rad (90°), de modo que o fasor voltagem, $\vec{V}_C$, forma um ângulo que é $\pi/2$ rad (90°) menor do que os ângulos formados por $\vec{I}_m$ e $\vec{V}_R$.
- *Para um indutor*, a corrente i está atrasada em relação à voltagem v_L em $\pi/2$ rad (90°), de modo que o fasor voltagem, $\vec{V}_L$, forma um ângulo que é $\pi/2$ rad (90°) maior do que os ângulos formados por $\vec{I}_m$ e $\vec{V}_R$.

Os fasores voltagem para um circuito RLC são mostrados na Figura 10.15. A voltagem instantânea em cada componente é representada pela projeção do respectivo fasor sobre o eixo vertical.

A queda de voltagem total em todas as componentes, V, é dada por

$$V = v_R + v_C + v_L \,. \tag{10.17}$$

A voltagem total, V, pode ser concebida como a projeção sobre o eixo vertical do fasor $\vec{V}_m$, representando a fem variável com o tempo do circuito (Figura 10.16). Os fasores da Figura 10.15 giram juntos, de modo que a equação 10.17 é válida em qualquer instante. Os fasores voltagem devem se somar como vetores, resultando em $\vec{V}_m$, a fim de satisfazer à equação 10.17 em todos os instantes. Essa soma vetorial é mostrada na Figura 10.16. Nesta figura, a soma dos dois fasores, $\vec{V}_L$ e $\vec{V}_C$, foi substituída por $\vec{V}_L + \vec{V}_C$. O vetor soma de $\vec{V}_L + \vec{V}_C$ e $\vec{V}_R$ deve ser igual a $\vec{V}_m$. Assim, podemos escrever

$$V_m^2 = V_R^2 + (V_L - V_C)^2, \tag{10.18}$$

pois os vetores $\vec{V}_L$ e $\vec{V}_C$ sempre apontam em sentidos opostos, e $\vec{V}_m$ é perpendicular a ambos. Agora podemos substituir as expressões anteriormente derivadas para V_R, V_L e V_C na equação 10.18, com a amplitude de corrente sendo I_m pois eles estão ligados em série:

$$V_m^2 = (I_m R)^2 + (I_m X_L - I_m X_C)^2.$$

Podemos então isolar a amplitude da corrente do circuito:

$$I_m = \frac{V_m}{\sqrt{R^2 + (X_L - X_C)^2}}.$$

O denominador do termo à direita é chamado de **impedância**, Z:

$$Z = \sqrt{R^2 + (X_L - X_C)^2}. \tag{10.19}$$

A impedância de um circuito depende da frequência da fem variável com o tempo. Tal dependência temporal é expressa explicitamente quando substituições são efetuadas para a reatância capacitiva, X_C, e a reatância indutiva, X_L:

$$Z = \sqrt{R^2 + \left(\omega L - \frac{1}{\omega C}\right)^2}. \tag{10.20}$$

A impedância de um circuito CA tem como unidade o ohm (Ω), da mesma forma como a resistência de um circuito CC. Podemos, então, escrever

$$I_m = \frac{V_m}{\sqrt{R^2 + \left(\omega L - \frac{1}{\omega C}\right)^2}} = \frac{V_m}{Z}. \tag{10.21}$$

A corrente que flui em um circuito CA depende da diferença entre a reatância indutiva e a reatância capacitiva, que é chamada de reatância total. A constante de fase, ϕ, pode ser expressa em função desta diferença. A constante de fase é definida como a diferença de fase entre os fasores voltagem $\vec{V}_R$ e $\vec{V}_m$, desenhados na Figura 10.16. Assim, podemos expressar a constante de fase como

$$\phi = \text{tg}^{-1}\left(\frac{V_L - V_C}{V_R}\right).$$

Uma vez que $V_L = X_L I_m$, $V_C = X_C I_m$ e $V_R = R I_m$, a equação anterior pode ser reescrita como

$$\phi = \text{tg}^{-1}\left(\frac{X_L - X_C}{R}\right).$$

Usando as relações $X_C = 1/\omega C$ e $X_L = \omega L$, podemos então obter a dependência da constante de fase com a frequência:

$$\phi = \text{tg}^{-1}\left(\frac{\omega L - (\omega C)^{-1}}{R}\right). \tag{10.22}$$

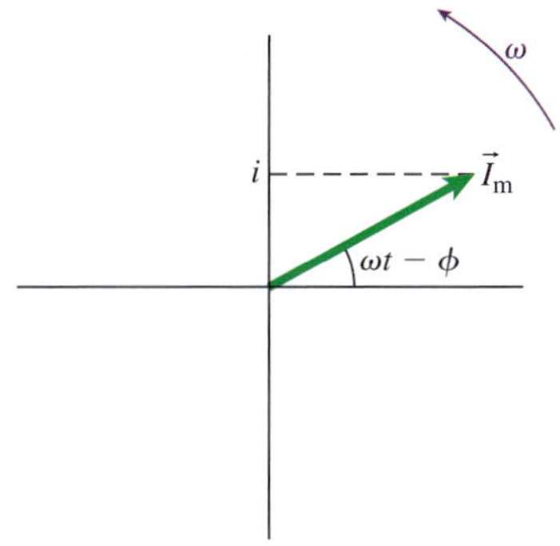

Figura 10.14 O fasor $\vec{I}_m$ representando a corrente i que flui em um circuito RLC.

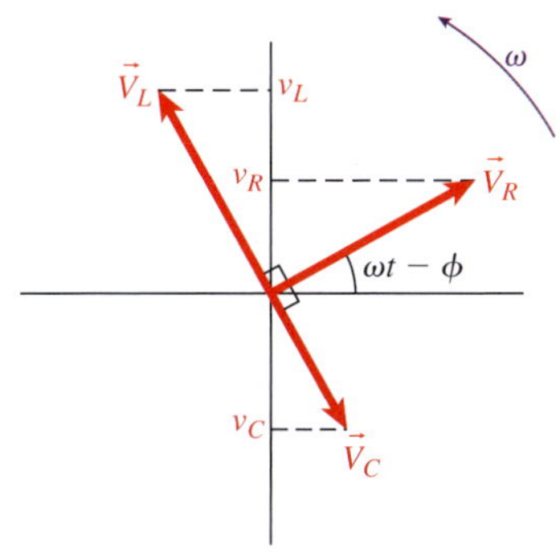

Figura 10.15 Fasores voltagem para um circuito RLC em série. O fasor $\vec{V}_R$ está em fase com o fasor $\vec{I}_m$ que representa a corrente do circuito.

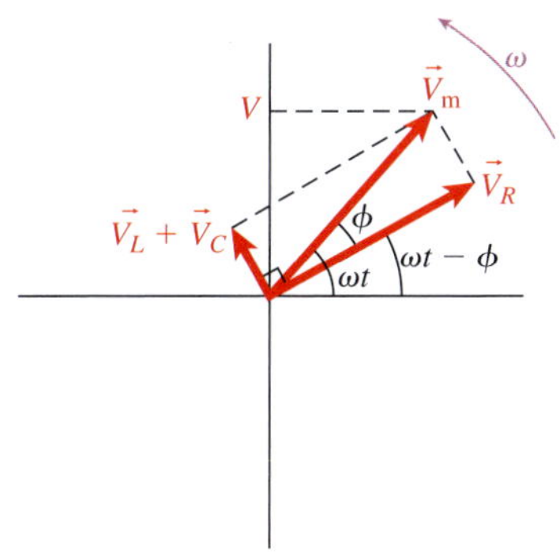

Figura 10.16 Soma dos fasores voltagem em um circuito RLC em série.

10.6 Exercícios de sala de aula

Um circuito como o mostrado na Figura 10.13, contendo um capacitor, um indutor e um resistor ligados em série com uma fonte de fem variável com o tempo para a qual $V_{fem} = V_m$ sen ωt. Em um instante em que V_{fem} está aumentando, como se comporta a corrente do circuito?

a) A corrente está aumentando.

b) A corrente está diminuindo.

c) A corrente não está variando.

d) A corrente pode estar aumentando ou diminuindo.

10.3 Pausa para teste

Considere um circuito RLC em série como o mostrado na Figura 10.13. O circuito é forçado em uma frequência angular ω por uma fem variável com o tempo. A frequência angular de ressonância é ω_0. Decida se cada uma das seguintes afirmações é correta ou falsa.

a) Se $\omega = \omega_0$, a voltagem e a corrente estão em fase uma com a outra.

b) Se $\omega < \omega_0$, a voltagem está atrasada em relação à corrente.

c) Se $\omega > \omega_0$, é porque $X_C > X_L$.

A corrente do circuito RLC pode agora ser escrita como

$$i = I_m \operatorname{sen}(\omega t - \phi) \tag{10.23}$$

onde I_m é o módulo do fasor $\vec{I}_m$. A voltagem em todos os componentes do circuito é dada pela variação temporal da fonte de fem variável:

$$V = V_{fem}(t) = V_m \operatorname{sen} \omega t, \tag{10.24}$$

onde V_m é o módulo do fasor $\vec{V}_m$.

Assim, três situações são possíveis para um circuito CA em série que contenha um resistor, um capacitor e um indutor:

- Caso $X_L > X_C$, ϕ é positivo e a corrente do circuito está atrasada em relação à voltagem no circuito. Este circuito é semelhante a um circuito contendo apenas um indutor, a constante de fase não é necessariamente igual a $\pi/2$ rad (90°), como ilustrado na Figura 10.17a.
- Caso $X_L < X_C$, ϕ é negativo, e a corrente do circuito está adiantada em relação à voltagem no circuito. Este circuito é semelhante a um circuito contendo apenas um capacitor, exceto pelo fato de que a constante de fase não é necessariamente igual a $-\pi/2$ rad (−90°), como ilustrado na Figura 10.17b.
- Caso $X_L = X_C$, ϕ é nulo e a corrente do circuito está em fase com a voltagem no mesmo. Este circuito é semelhante a um circuito contendo apenas uma resistência, como ilustrado na Figura 10.17c. Quando $\phi = 0$, diz-se que o circuito está em **ressonância**.

A amplitude da corrente, I_m, de um circuito RLC em série depende da frequência da fem variável com o tempo, bem como de L e de C. Uma inspeção da equação 10.21 revela que a corrente máxima ocorre quando

$$\omega L - \frac{1}{\omega C} = 0,$$

o que corresponde a $\phi = 0$ e $X_L = X_C$. A frequência angular, ω_0, chamada de **frequência angular ressonante**, é

$$\omega_0 = \frac{1}{\sqrt{LC}}.$$

Um exemplo prático

Agora vamos examinar um circuito real (Figura 10.18). O diagrama para este circuito é mostrado na Figura 10.13. O circuito possui uma fonte de fem variável com o tempo, para a qual

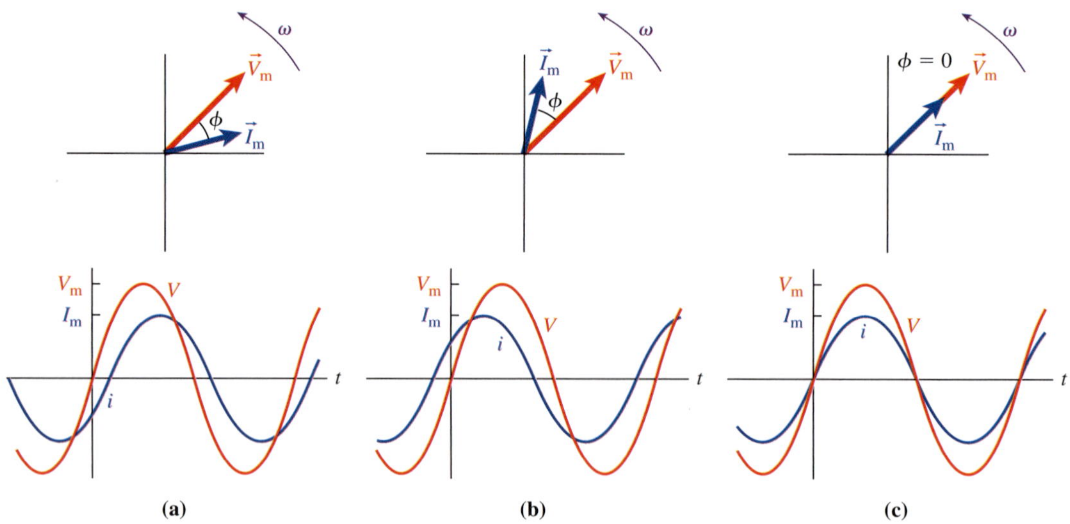

Figura 10.17 Corrente e voltagem em função do tempo para um circuito RLC com: (a) $X_L > X_C$; (b) $X_L < X_C$; (c) $X_L = X_C$.

$V_m = 7{,}5$ V e $L = 8{,}2$ mH, $C = 100$ μF e $R = 10$ Ω. A corrente máxima, I_m, foi medida em função da razão entre a frequência da fem dependente do tempo e da frequência angular ressonante, ω/ω_0 (Figura 10.19). Os círculos vermelhos indicam os resultados da medição. O valor máximo da corrente ocorre, como esperado, na frequência angular ressonante. No entanto, com $R = 10$ Ω, a relação entre I_m e ω/ω_0, dada pela equação 10.21, resulta na curva verde, que não reproduz os resultados medidos. Para descrever melhor a corrente, devemos nos lembrar que, em um circuito real, o indutor possui uma resistência, mesmo na frequência ressonante. A curva preta da Figura 10.19 corresponde à equação 10.21 com $R = 15{,}4$ Ω.

O comportamento ressonante de um circuito RLC lembra a resposta de um oscilador mecânico amortecido. A Figura 10.20 mostra a corrente máxima calculada, I_m, em função da razão da frequência angular da fem dependente do tempo pela frequência angular ressonante, ω/ω_0, para um circuito RLC em série para o qual $V_m = 7{,}5$ V, $L = 8{,}2$ mH, $C = 100$ μF e três diferentes resistências. Você pode verificar que, quando a resistência é diminuída, a corrente máxima ressonante aumenta, produzindo um pico mais pronunciado.

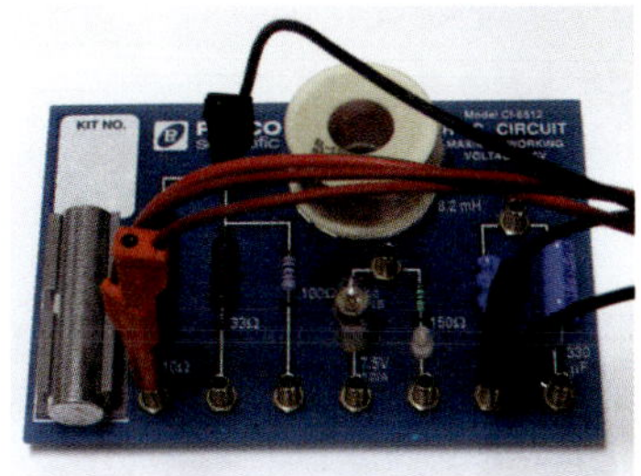

Figura 10.18 Circuito em série real contendo um indutor de 8,2 mH, um resistor de 10 Ω e um capacitor de 100 μF.

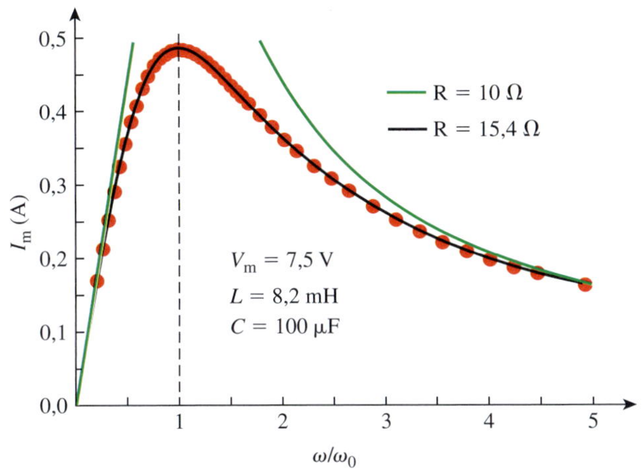

Figura 10.19 Gráfico da corrente máxima, I_m, *versus* a razão entre a frequência angular da fem dependente do tempo e a frequência angular ressonante, ω_0, para um circuito RLC. Pontos vermelhos representam as medidas. O texto explica o que significam as curvas verde e preta.

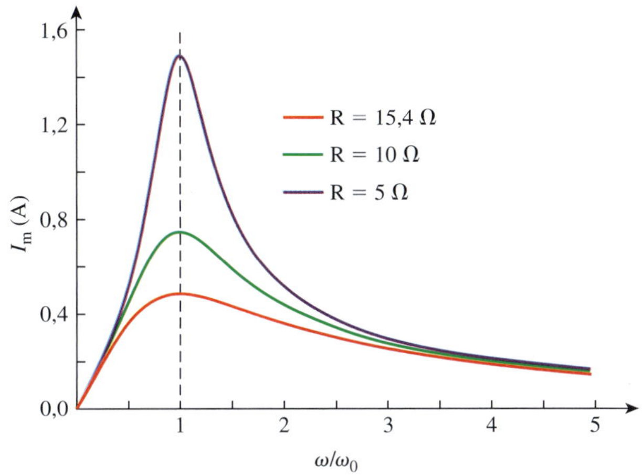

Figura 10.20 Gráfico da corrente máxima, I_m, *versus* a razão entre a frequência angular da fem dependente do tempo e a frequência angular ressonante, ω_0, para três circuitos RLC série, com $L = 8{,}2$ mH, $C = 100$ μF e três diferentes resistores.

EXEMPLO 10.2 Caracterizando um circuito RLC

Suponha que um circuito RLC em série como o mostrado na Figura 10.13 contém $R = 91{,}0$ Ω, $C = 6{,}00$ μF e $L = 60{,}0$ mH. A fonte de fem variável com o tempo tem uma frequência angular $\omega = 64{,}0$ rad/s.

PROBLEMA

Qual é a impedância do circuito?

SOLUÇÃO

Normalmente, resolveríamos este problema obtendo uma expressão para a impedância em termos das grandezas envolvidas. Entretanto, em vez disso, calcularemos várias respostas numéricas intermediárias para obter sensibilidade quanto às características deste circuito.

A impedância é dada por $Z = \sqrt{R^2 + (X_L - X_C)^2}$. Para descobrir qual das grandezas do lado direito desta relação tem mais influência sobre a impedância, calculamos as grandezas envolvidas separadamente. A reatância indutiva é dada por

$$X_L = \omega L = (64{,}0 \text{ rad/s})(60{,}0 \cdot 10^{-3} \text{ H}) = 3{,}84 \ \Omega.$$

A reatância capacitiva vale

$$X_C = \frac{1}{\omega C} = \frac{1}{(64{,}0 \text{ rad/s})(6{,}00 \cdot 10^{-6} \text{ F})} = 2600 \ \Omega.$$

Continua →

10.4 Pausa para teste

Considere um circuito RLC em série como o mostrado na Figura 10.13. Decida se cada uma das seguintes afirmações é verdadeira ou falsa.

a) A corrente no resistor é a mesma corrente no indutor, em todos os instantes.

b) Em um cenário ideal, a energia é dissipada no resistor, mas não no capacitor e no indutor.

c) A queda de voltagem no resistor é igual à queda de voltagem no indutor, em todos os instantes.

10.7 Exercícios de sala de aula

Uma fonte de fem variável com o tempo fornece $V_m = 115{,}0$ V a $f = 60{,}0$ Hz e está ligada em série com $R = 374\ \Omega$, $L = 0{,}310$ H e $C = 5{,}50\ \mu$F. Quanto vale a impedância deste circuito?

a) 321 Ω
b) 523 Ω
c) 622 Ω
d) 831 Ω
e) 975 Ω

Vemos que a impedância deste circuito é dominada pela reatância capacitiva para a frequência angular dada. Este tipo de circuito é denominado *capacitivo*.

Substituindo nossos resultados para as reatâncias indutiva e capacitiva, determinamos a impedância:

$$Z = \sqrt{R^2 + (X_L - X_C)^2} = \sqrt{(91{,}0\ \Omega)^2 + (3{,}84\ \Omega - 2600\ \Omega)^2} = 2600\ \Omega.$$

Ou seja, a reatância indutiva e a resistência são completamente desprezíveis dentro do erro de arredondamento. Para comparação, a impedância deste circuito quando se encontra em ressonância é

$$Z = \sqrt{R^2 + (X_L - X_C)^2} = \sqrt{(91{,}0\ \Omega)^2 + 0} = 91{,}0\ \Omega.$$

Este resultado implica que o circuito, como descrito no enunciado do problema, está longe da ressonância, o que é consistente com os valores muito diferentes que obtivemos para as reatâncias capacitiva e indutiva. (Lembre-se de que, na ressonância, as duas reatâncias têm o mesmo valor!)

Filtros de frequência

Temos analisado circuitos que possuem uma fonte de fem variável com o tempo com uma frequência única. Todavia, muitas aplicações envolvem fems dependentes do tempo que refletem uma superposição de muitas frequências. Em certas situações, determinadas frequências precisam ser filtradas e retiradas do circuito. (Circuitos RLC em série podem ser usados como filtros de frequência.) Um exemplo deste tipo de circuito pode ser encontrado nos filtros DSL (do inglês, *Digital Subscriber Line*, ou linha de assinante digital) para fazer conexões através da Internet usando uma linha telefônica residencial. Um filtro DSL comum é mostrado na Figura 10. 21.

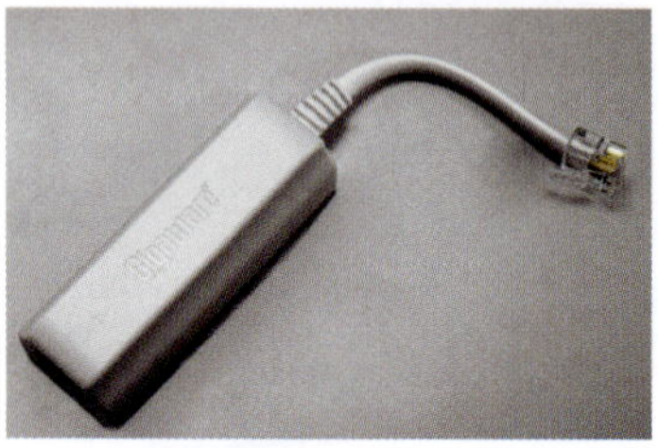

Figura 10.21 Um filtro passa-banda comum usado em fones, ligado a um circuito residencial que possui uma conexão DSL com a Internet.

Uma conexão DSL da Internet opera em altas frequências e é ligada a uma residência por meio da linha telefônica comum. A alta frequência de operação das conexões DSL causa ruídos nos telefones das residências. Logo, um **filtro passa-banda** geralmente é instalado em todos os telefones fixos da casa a fim de eliminar o ruído de alta frequência criado pela conexão DSL da Internet. Os filtros de frequência podem ser projetados para deixar passar frequências baixas e bloquear altas frequências (*filtro passa-baixa*) ou para deixar passar frequências altas e bloquear as baixas (*filtro passa-alta*). Um filtro passa-baixa pode ser combinado com outro filtro passa-alta de modo a permitir que uma banda ou faixa de frequências passe (*filtro passa-banda*) e bloquear todas as frequências fora dessa banda.

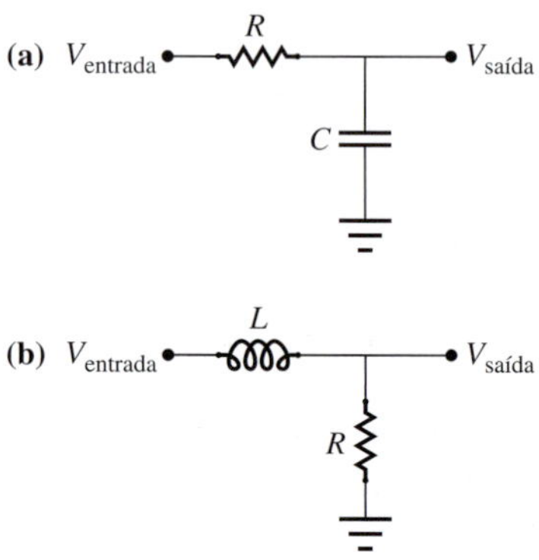

Figura 10.22 Dois filtros passa-baixa: (a) versão RC; (b) versão RL.

A Figura 10.22 mostra dois exemplos de filtro passa-baixa, onde $V_{entrada}$ é a fem variável com o tempo contendo inúmeras frequências. Um filtro passa-baixa é, essencialmente, um divisor de voltagem. Parte da voltagem original passa atravessa o circuito, enquanto parte dela vai para o solo. No caso da versão RC do filtro passa-baixa, mostrada na Figura 10.22a, em frequências baixas, o capacitor se comporta basicamente como um circuito aberto, ao passo que as frequências altas são preferencialmente enviadas para o solo. Dessa forma, somente sinais de baixas frequências conseguirão atravessar o filtro. Tal comportamento faz sentido porque a corrente que vai para o solo tem de atravessar um capacitor, que essencialmente bloqueia o fluxo da corrente para solo em baixas frequências, uma vez que as placas do capacitor estão carregando, enquanto correntes com variações rápidas não permitem o acúmulo de carga nas placas do capacitor, permitindo que a corrente flua. No caso da versão RL, mostrada na Figura 10.22b, as frequências baixas atravessam o indutor com facilidade, enquanto as frequências altas são bloqueadas. Este efeito surge porque a fem autoinduzida no indutor se opõe a variações rápidas de corrente, bloqueando, efetivamente, a corrente no indutor em altas frequências, ao passo que uma variação rápida de corrente produz uma fem oposta muito menor, permitindo que a corrente flua.

A fim de quantificar o desempenho do filtro passa-baixa da Figura 10.22a, definimos a parte de entrada do circuito como aquela que contém o resistor e o capacitor. A impedância desta parte é $Z_{entrada} = \sqrt{R^2 + X_C^2}$. A impedância da parte de saída é exatamente $Z_{saída} = X_C$. A razão da fem aplicada à seção de entrada e a fem que emerge na seção de saída do filtro é

$$\frac{V_{saída}}{V_{entrada}} = \frac{Z_{saída}}{Z_{entrada}}. \tag{10.25}$$

A razão entre as fems pode, então, ser escrita como

$$\frac{V_{\text{saída}}}{V_{\text{entrada}}} = \frac{X_C}{\sqrt{R^2 + X_C^2}} = \frac{1}{\sqrt{\left(\frac{R}{X_C}\right)^2 + 1}} = \frac{1}{\sqrt{1 + \omega^2 R^2 C^2}}. \qquad (10.26)$$

No caso da versão RL do filtro passa-baixa, mostrada na Figura 10.22b, $Z_{\text{entrada}} = \sqrt{R^2 + X_L^2}$ e $Z_{\text{saída}} = R$, o que nos permite escrever

$$\frac{V_{\text{saída}}}{V_{\text{entrada}}} = \frac{R}{\sqrt{R^2 + X_L^2}} = \frac{1}{\sqrt{1 + \left(\omega^2 L^2 / R^2\right)}}. \qquad (10.27)$$

A *frequência de corte*, ω, entre a resposta a frequências baixas e a frequências altas é aquela frequência na qual a razão $V_{\text{saída}}/V_{\text{entrada}}$ é igual a $1/\sqrt{2} = 0{,}707$. Nesta frequência, temos para a versão RC

$$\frac{1}{\sqrt{1 + \omega_B^2 R^2 C^2}} = \frac{1}{\sqrt{2}},$$

Da qual podemos isolar a frequência de corte:

$$\omega_B = \frac{1}{RC}. \qquad (10.28)$$

No caso da versão RL do filtro passa-baixa, a frequência de corte é obtida da equação 10.27:

$$\omega_B = \frac{R}{L}. \qquad (10.29)$$

A Figura 10.23 mostra dois exemplos de filtro passa-alta. Todo filtro passa-alta é também um divisor de voltagem. Na versão RC deste tipo de filtro, mostrada na Figura 10.23a, sinais com frequências baixas não podem atravessar o capacitor, enquanto sinais com frequências altas o atravessam facilmente. Este comportamento faz sentido porque o sinal tem de atravessar um capacitor que essencialmente bloqueia o fluxo de correntes de baixas frequências, pois as placas do capacitor estão carregando, ao passo que correntes com variações rápidas não permitem o acúmulo de carga nas placas do capacitor, o que permite o fluxo de corrente. Na versão RL, mostrada na Figura 10.23b, sinais com frequências baixas dispõem de um caminho desimpedido até o solo, enquanto sinais com frequências altas são impedidos de chegar ao solo. Portanto, somente sinais com frequências altas atravessarão o filtro. Tal efeito surge porque a fem autoinduzida em um indutor se opõe a variações rápidas de corrente, impedindo, efetivamente, uma corrente de alta frequência de atravessar o indutor, enquanto uma variação lenta de corrente produz uma fem de oposição muito menor, permitindo que a corrente flua.

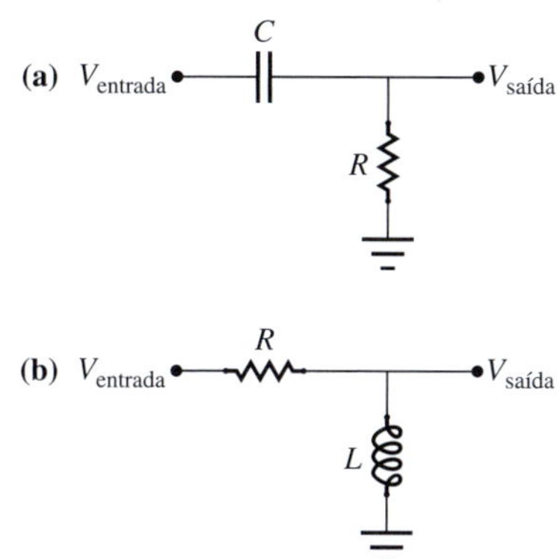

Figura 10.23 Dois filtros passa-alta: (a) versão RC; (b) versão RL.

Na versão RC do filtro passa-alta da Figura 10.23a, a impedância da seção de entrada é $Z_{\text{entrada}} = \sqrt{R^2 + X_C^2}$, enquanto a impedância da seção de saída é $Z_{\text{saída}} = R$. A razão entre a fem de saída e a fem de entrada é, então,

$$\frac{V_{\text{saída}}}{V_{\text{entrada}}} = \frac{R}{\sqrt{R^2 + X_C^2}} = \frac{1}{\sqrt{1 + X_C^2/R^2}} = \frac{1}{\sqrt{1 + \frac{1}{\omega^2 R^2 C^2}}}. \qquad (10.30)$$

Na versão RL do filtro passa-alta mostrada na Figura 10.23b, a razão entre a fem de saída e a fem de entrada é

$$\frac{V_{\text{saída}}}{V_{\text{entrada}}} = \frac{X_L}{\sqrt{R^2 + X_L^2}} = \frac{1}{\sqrt{\frac{R^2}{X_L^2} + 1}} = \frac{1}{\sqrt{1 + \frac{R^2}{\omega^2 L^2}}}. \qquad (10.31)$$

Para tais filtros passa-alta, quando a frequência aumenta, a razão entre a fem de saída e a fem de entrada tende a 1, enquanto que, para frequências baixas, esta razão tende a zero. As frequências de corte para filtros passa-alta são as mesmas que para filtros passa-baixa: $\omega_B = \frac{1}{(RC)}$. no caso da versão RC, e $\omega_B = R/L$ no caso da versão RL.

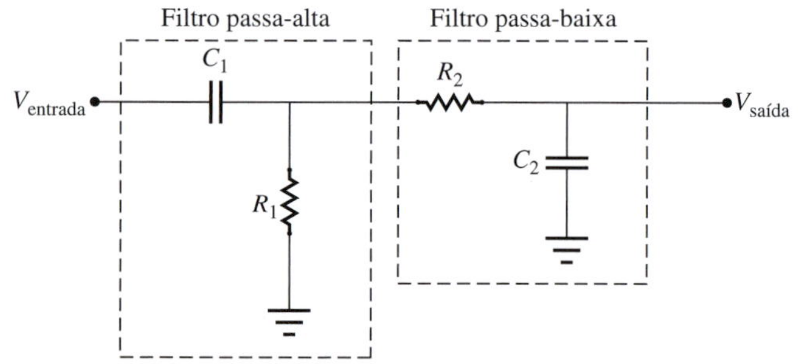

Figura 10.24 Filtro passa-banda formado por um filtro passa-alta em série com um filtro passa-baixa.

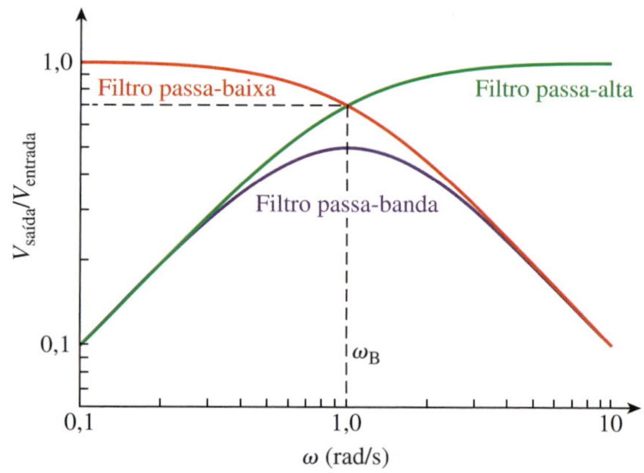

Figura 10.25 A reposta em frequência de um filtro passa-baixa, um filtro passa-alta e um filtro passa-banda.

Um exemplo de um filtro passa-banda é mostrado na Figura 10.24. Este filtro consiste em um filtro passa-alta em série com um filtro passa-baixa. Dessa forma, tanto as frequências altas quanto as baixas serão suprimidas, e apenas uma banda estreita de frequências poderá atravessá-lo.

A Figura 10.25 mostra a resposta em frequência de um filtro passa-baixa e de um filtro passa-alta para os quais $R = 50\ \Omega$ e $C = 20$ mF. Com tal combinação de resistência e capacitância, a frequência de corte é

$$\omega_B = \frac{1}{RC} = \frac{1}{(50\ \Omega)(20 \cdot 10^{-3}\ \text{F})} = 1 \text{ rad/s}.$$

A Figura 10.25 também mostra a resposta em frequência de um filtro passa-banda para o qual $R_1 = R_2 = 50\ \Omega$ e $C_1 = C_2 = 20$ mF.

EXEMPLO 10.3 Circuito misturador para alto-falantes

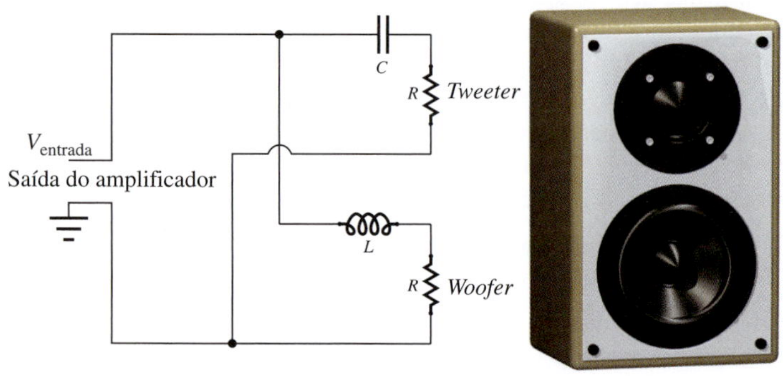

Figura 10.26 Circuito misturador para alto-falantes de áudio.

Uma maneira de melhorar o desempenho de um sistema de áudio é enviar as altas frequências para um alto-falante pequeno denominado *tweeter*, e as frequências baixas para um alto-falante grande chamado de *woofer*. A Figura 10.26 mostra um circuito misturador simples que, preferencialmente, envia frequências altas para um *tweeter* e frequências baixas para um *woofer*. O circuito misturador é formado por um filtro passa-alta RC e um filtro passa-alta RL, ligados em paralelo com a saída do amplificador de áudio. Os alto-falantes se comportam como resistores, o que é ilustrado na Figura 10.26. A capacitância e a indutância deste circuito misturador são $C = 10{,}0\ \mu$F e $L = 10{,}0$ mH. Os alto-falantes possuem, todos, uma resistência $R = 8{,}00\ \Omega$.

PROBLEMA

Qual é a frequência de cruzamento deste circuito misturador?

SOLUÇÃO

Podemos usar a equação 10.27 para a resposta do filtro passa-baixa RL, e a equação 10.30 para a resposta do filtro RC passa-alta e equacionar as duas respostas:

$$\frac{V_{saída}}{V_{entrada}} = \frac{R}{\sqrt{R^2 + X_L^2}} = \frac{R}{\sqrt{R^2 + X_C^2}}.$$

Assim, a resposta do filtro passa-baixa e do filtro passa-alta serão as mesmas quando

$$X_L = X_C. \quad \text{(i)}$$

Podemos reescrever esta equação como

$$\omega_{\text{cruzamento}} L = \frac{1}{\omega_{\text{cruzamento}} C},$$

onde $\omega_{\text{cruzamento}}$ é a frequência angular de cruzamento. Assim, a frequência angular de cruzamento é

$$\omega_{\text{cruzamento}} = \frac{1}{\sqrt{LC}}.$$

Queremos determinar a frequência de cruzamento, e como $f = \omega/2\pi$, temos

$$f_{\text{cruzamento}} = \frac{\omega_{\text{cruzamento}}}{2\pi} = \frac{1}{2\pi\sqrt{LC}}.$$

Substituindo os valores numéricos fornecidos, obtemos

$$f_{\text{cruzamento}} = \frac{1}{2\pi\sqrt{LC}} = \frac{1}{2\pi\sqrt{(10\text{ mH})(10\ \mu\text{F})}} = 503\text{ Hz}.$$

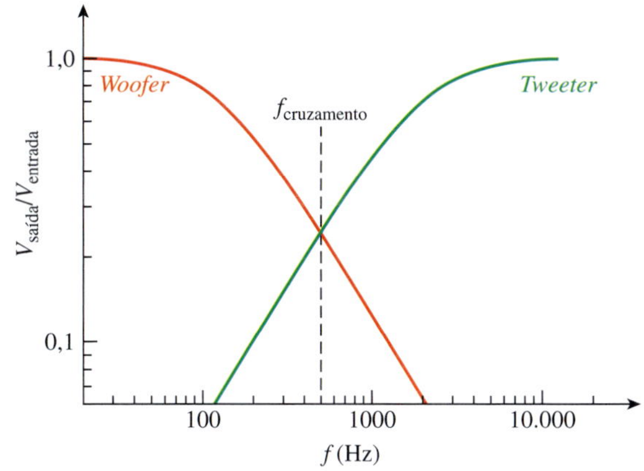

Figura 10.27 Resposta em frequência do circuito de mistura.

A Figura 10.27 mostra a resposta do circuito misturador em função da frequência. A repostas do filtro passa-baixa e a do filtro passa-alta se cruzam em $f_{\text{cruzamento}} = 503$ Hz, enviando frequências mais altas predominantemente para o *tweeter*, e frequências mais baixas predominantemente para o *woofer*.

Este circuito misturador simples não terá um desempenho de áudio ideal ao longo de uma banda larga de frequências e modelos de alto-falantes. Circuitos misturadores mais sofisticados, com desempenho melhor, lidam também com as frequências médias.

10.6 Energia e potência em circuitos CA

Quando um circuito RLC está funcionando, parte da energia do circuito fica armazenada no campo elétrico do capacitor, parte dela armazenada no campo magnético do indutor e parte dela é dissipada como calor no resistor. Na maioria das aplicações, estamos interessados no comportamento estacionário do circuito, que ocorre depois que os efeitos imediatos (transientes) se extinguem. (Uma análise matemática deve também levar em conta os efeitos transientes, os quais se extinguem exponencialmente, de uma maneira semelhante à descrita pela equação 10.6 para um circuito RLC de malha única sem uma fonte de fem presente.) A soma das energias armazenadas no capacitor e no indutor não variam no estado estacionário, como vimos na Seção 10.1. Portanto, a energia que é transferida da fonte de fem ao circuito é transferida para o resistor.

A taxa com a qual a energia é dissipada no resistor é a potência, P, dada por

$$P = i^2 R = \left[I \operatorname{sen}(\omega t - \phi)\right]^2 R = I^2 R \operatorname{sen}^2(\omega t - \phi), \tag{10.32}$$

Onde a corrente alternada, i, é dada pela equação 10.9. Podemos expressar a potência média, $\langle P \rangle$, usando o fato de que o valor médio de $\operatorname{sen}^2(\omega t - \phi)$ durante uma oscilação completa é $\frac{1}{2}$:

$$\langle P \rangle = \tfrac{1}{2} I^2 R = \left(\frac{I}{\sqrt{2}}\right)^2 R.$$

Em cálculos de potência e de energia, é comum usar o **valor rms da corrente**, I_{rms}. (De modo geral, *root-mean-square*, ou *rms*, significa a "raiz quadrada da média quadrática" de uma grandeza específica.) Da equação 10.32, temos $i^2 = \left[I \operatorname{sen}(\omega t - \phi)\right]^2$, e a média de i^2 é $I^2/2$. Logo, $I_{\text{rms}} = I/\sqrt{2}$. Podemos, então, escrever a potência média como

$$\langle P \rangle = I_{\text{rms}}^2 R. \tag{10.33}$$

De maneira análoga, podemos definir valores rms de outras grandezas dependentes do tempo, como a voltagem:

$$V_{\text{rms}} = \frac{V_{\text{m}}}{\sqrt{2}}. \tag{10.34}$$

Os valores de corrente e de voltagem normalmente rotulados para correntes alternadas e medidos por amperímetros e voltímetros CA são I_{rms} e V_{rms}. Por exemplo, todas as tomadas dos Estados Unidos fornecem V_{rms} = 110 V, o que corresponde a uma voltagem máxima de $\sqrt{2}(110 \text{ V}) \approx 156 \text{ V}$.

Podemos reescrever a equação 10.21 em termos dos valores rms multiplicando ambos os lados da equação por $1/\sqrt{2}$:

$$I_{rms} = \frac{V_{rms}}{Z} = \frac{V_{rms}}{\sqrt{R^2 + \left(\omega L - \frac{1}{\omega C}\right)^2}}. \tag{10.35}$$

Essa é a forma mais usada para descrever as características de circuitos CA

Podemos expressar a potência dissipada média em um circuito CA de uma forma diferente partindo da equação 10.33:

$$\langle P \rangle = I_{rms}^2 R = \frac{V_{rms}}{Z} I_{rms} R = I_{rms} V_{rms} \frac{R}{Z}. \tag{10.36}$$

Da Figura 10.16, vemos que o cosseno da constante de fase é igual à razão entre o valor máximo da voltagem no resistor e o valor máximo da fem dependente do tempo:

$$\cos\phi = \frac{V_R}{V_m} = \frac{IR}{IZ} = \frac{R}{Z}. \tag{10.37}$$

Assim, podemos reescrever a equação 10.36 como

$$\langle P \rangle = I_{rms} V_{rms} \cos\phi. \tag{10.38}$$

Esta expressão fornece a potência dissipada média em um circuito CA, onde o termo cos ϕ é chamado de **fator de potência**. Você pode ver que, no caso em que $\phi = 0$, a máxima potência será dissipada no circuito; isto é, a máxima potência será dissipada em um circuito CA quando a frequência da fonte de fem variável no tempo se ajustar exatamente à frequência ressonante do circuito.

Podemos combinar as equações 10.19, 10.35 e 10.36 para obter uma expressão para a potência média em função da frequência angular, da indutância, da capacitância, da resistência e da frequência ressonante:

$$\langle P \rangle = I_{rms} V_{rms} \frac{R}{Z} = \frac{V_{rms}}{\sqrt{R^2 + \left(\omega L - \frac{1}{\omega C}\right)^2}} V_{rms} \frac{R}{\sqrt{R^2 + \left(\omega L - \frac{1}{\omega C}\right)^2}},$$

e

$$\langle P \rangle = \frac{V_{rms}^2 R}{R^2 + \left(\omega L - \frac{1}{\omega C}\right)^2}.$$

Uma vez que $\omega_0 = 1/\sqrt{LC}$, podemos escrever $C = 1/(L\omega_0^2)$ e, daí, determinar a potência média para um circuito RLC série em termos da frequência angular:

$$\langle P \rangle = \frac{V_{rms}^2 R}{R^2 + \left(\omega L - \frac{L\omega_0^2}{\omega}\right)^2} = \frac{V_{rms}^2 R\omega^2}{R^2\omega^2 + L^2\left(\omega^2 - \omega_0^2\right)^2}. \tag{10.39}$$

O **fator de qualidade**, Q, de um circuito RLC em série é definido como

$$Q = \frac{\omega_0 L}{R} = \frac{1}{R}\sqrt{\frac{L}{C}}. \tag{10.40}$$

O fator de qualidade é a razão entre a energia total armazenada no sistema e a energia dissipada em cada ciclo de oscilação. Para um circuito RLC série, o fator de qualidade caracteriza a seletividade do circuito. Quanto maior for o valor de Q, mais seletivo será o circuito, ou seja, com maior precisão uma determinada frequência poderá ser isolada (como em um rádio receptor AM, discutido a seguir). E quanto menor for o valor de Q, pior será a seletividade do circuito.

Receptor de rádio AM

Vamos agora examinar um exemplo completo de um circuito RLC em série seletor, um receptor AM. Pode-se construir um receptor de rádio AM usando um circuito RLC em série em que a fonte de fem variável com o tempo é suprida por uma antena que capta as transmissões provenientes de uma estação transmissora em uma dada frequência, e converte essas transmissões em voltagem, como ilustrado na Figura 10.28.

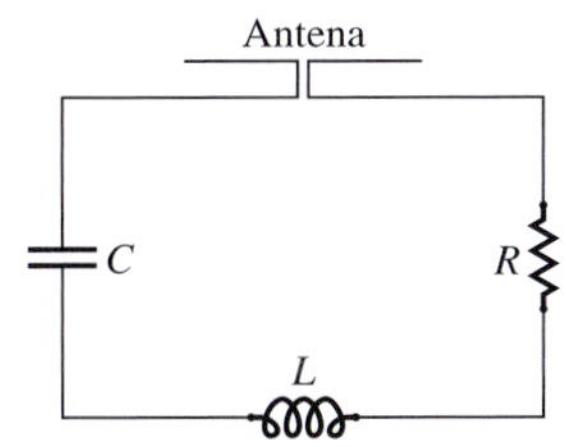

Figura 10.28 Circuito RLC em série em que a fonte de fem variável no tempo foi substituída por uma antena. Este circuito pode funcionar como o receptor de uma rádio AM.

A Figura 10.29 é o gráfico da potência média em função da frequência do sinal recebido pela antena no caso do circuito da Figura 10.28, considerando-se que $R = 0{,}09111\ \Omega$, $L = 5{,}000\ \mu\text{H}$, $C = 6{,}693$ nF e $V_m = 3{,}500$ mV. A frequência angular ressonante deste circuito é

$$\omega_0 = \frac{1}{\sqrt{LC}} = \frac{1}{\sqrt{\left(5{,}000 \cdot 10^{-6}\ \text{H}\right)\left(6{,}693 \cdot 10^{-9}\ \text{F}\right)}} = 5{,}466 \cdot 10^6\ \text{rad/s},$$

o que corresponde a uma frequência ressonante

$$f_0 = \frac{\omega_0}{2\pi} = \frac{5{,}466 \cdot 10^6\ \text{rad/s}}{2\pi} = 870{,}0\ \text{kHz}.$$

O fator de qualidade deste circuito é

$$Q = \frac{\omega_0 L}{R} = \frac{\left(5{,}466 \cdot 10^6\ \text{rad/s}\right)\left(5{,}000 \cdot 10^{-6}\ \text{H}\right)}{0{,}09111\ \Omega} = 300{,}0.$$

Um método para determinar aproximadamente o fator de qualidade de um circuito RLC em série utiliza a fórmula

$$Q = \frac{\omega_0}{\Delta\omega} = \frac{f_0}{\Delta f},$$

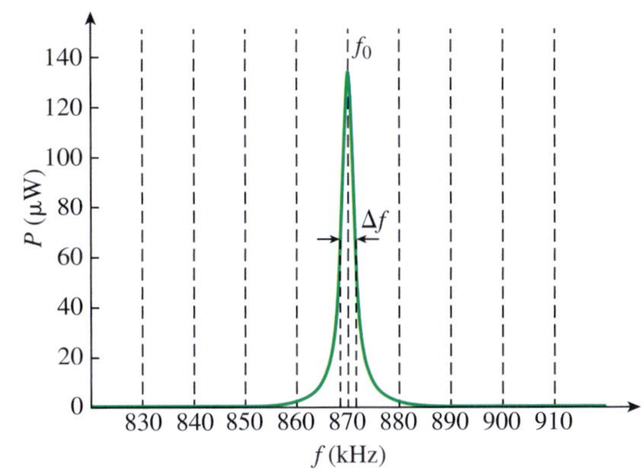

Figura 10.29 Resposta da potência de um circuito RLC em série que opera como um receptor de rádio AM. O símbolo Δf indica a largura no meio pico, ou a diferença entre as frequências para as quais a potência corresponde à metade de seu valor máximo na frequência f_0.

onde $\Delta\omega$ e Δf são as larguras da curva de resposta em frequência à meia altura do pico, para a frequência angular e para a frequência, respectivamente. Quanto maior for o valor de Q, mais estreita será a curva de resposta em frequência da potência. Na Figura 10.29, $\Delta f = 2{,}9$ kHz, o que dá um fator de qualidade

$$Q = \frac{f_0}{\Delta f} = \frac{870{,}0\ \text{kHz}}{2{,}9\ \text{kHz}} = 300{,}0.$$

Este é o mesmo resultado obtido usando-se a fórmula para o fator de qualidade dada pela equação 10.40. Note que essas duas fórmulas para o fator de qualidade dão o mesmo resultado apenas no caso de Qs altos!

A fórmula alternativa para o fator de qualidade de um circuito RLC em série é semelhante à expressão para o fator de qualidade de um oscilador mecânico fracamente amortecido, $Q \cong \frac{\omega_0}{2\omega_\gamma}$, onde ω_0 é a frequência angular ressonante, e ω_γ é a frequência amortecida.

Na Figura 10.29, as frequências de dois canais vizinhos de rádio AM estão indicadas por linhas verticais tracejadas separadas por 10 kHz. A resposta do circuito RLC em série permite que o receptor AM sintonize em uma das estações e exclua os canais vizinhos.

10.8 Exercícios de sala de aula

Redes *wi-fi* sem fio são instaladas na maioria das cafeterias e em muitas residências para prover acesso à Internet. A maioria dos *wi-fi* comuns é conhecida como 802,11 g, que suporta taxas de comunicação de até 54 megabits por segundo. As redes sem fio nos Estados Unidos e no Canadá que seguem este padrão utilizam a frequência de 2,4 GHz, em 14 diferentes canais, em uma banda que vai de 2,401 GHz até 2,495 GHz. Cada canal possui uma largura a meio pico de 22 MHz. Qual é o fator de qualidade dessas redes *wi-fi*?

a) 0,1
b) 9,9
c) 33
d) 109
e) 300

PROBLEMA RESOLVIDO 10.1 Indutância desconhecida de um circuito RL

Considere um circuito RL em série com uma fonte de fem variável com o tempo. No circuito, $V_m = 33{,}0$ V, $f = 7{,}10$ kHz e $R = 83{,}0\ \Omega$. Uma corrente correspondente a $I = 0{,}158$ A flui no circuito.

PROBLEMA

Qual é o valor da indutância, L?

Continuação →

SOLUÇÃO

PENSE

A voltagem e a corrente especificadas são, implicitamente, valores rms. Podemos relacionar a voltagem à corrente através da impedância do circuito. Neste caso, a impedância depende da resistência e da indutância, assim como da frequência da fonte de fem.

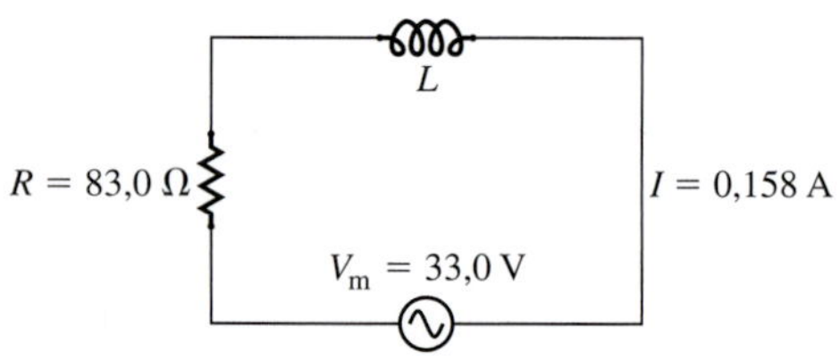

Figura 10.30 Circuito RL série.

DESENHE

A Figura 10.30 mostra o diagrama do circuito.

PESQUISE

Podemos relacionar a fem variável no tempo, V_m, e a impedância Z do circuito:

$$V_m = IZ. \quad \text{(i)}$$

A impedância é dada por

$$Z = \sqrt{R^2 + (X_L - X_C)^2} = \sqrt{R^2 + X_L^2}, \quad \text{(ii)}$$

onde R é a resistência, X_L é a reatância indutiva e X_C é a reatância capacitiva. A frequência angular, ω, do circuito é dada por

$$\omega = 2\pi f$$

onde f é a frequência. Podemos expressar a reatância indutiva como

$$X_L = \omega L. \quad \text{(iii)}$$

SIMPLIFIQUE

Podemos combinar as equações (i), (ii) e (iii) para obter

$$Z^2 = R^2 + X_L^2 = \left(\frac{V_m}{I}\right)^2 = R^2 + (\omega L)^2. \quad \text{(iv)}$$

Rearranjando a equação (iv), obtemos

$$\omega L = \sqrt{\frac{V_m^2}{I^2} - R^2}.$$

E, finalmente, determinamos a indutância desconhecida:

$$L = \frac{1}{2\pi f}\sqrt{\frac{V_m^2}{I^2} - R^2}.$$

CALCULE

Substituindo os valores numéricos fornecidos, obtemos

$$L = \frac{1}{2\pi\left(7{,}10 \cdot 10^3\ \text{s}^{-1}\right)}\sqrt{\frac{(33{,}0\ \text{V})^2}{(0{,}158\ \text{A})^2} - (83{,}0\ \Omega)^2} = 0{,}0042963\ \text{H}.$$

ARREDONDE

Apresentamos nosso resultado com três algarismos significativos:

$$L = 4{,}30 \cdot 10^{-3}\ \text{H} = 4{,}30\ \text{mH}.$$

SOLUÇÃO ALTERNATIVA

A fim de avaliar nosso resultado para a indutância, vamos primeiro calcular a reatância indutiva:

$$X_L = 2\pi f L = 2\pi(7{,}10 \cdot 10^3\ \text{s}^{-1})(4{,}30 \cdot 10^{-3}\ \text{H}) = 192\ \Omega.$$

A impedância do circuito, portanto, é

$$Z = \sqrt{R^2 + X_L^2} = \sqrt{(83{,}0\ \Omega)^2 + (192\ \Omega)^2} = 209\ \Omega.$$

10.9 Exercícios de sala de aula

No circuito RL em série do Problema Resolvido 10.1, qual é a magnitude da diferença de fase entre a fem variável no tempo e a corrente no circuito?

a) 30,0° d) 75,0°

b) 45,0° e) 90,0°

c) 66,6°

Agora usamos este valor para calcular o valor de V_m:

$$V_m = IZ = (0{,}158 \text{ A})(209 \ \Omega) = 33{,}0 \text{ V},$$

o que está em concordância com o valor especificado no enunciado do problema. Logo, nosso resultado é consistente.

10.7 Transformadores

Esta seção discute os valores rms de correntes e de voltagens, mais do que os correspondentes valores instantâneos máximos. O resultado obtido para a potência é sempre a potência média, quando valores rms são usados. Tal prática é a convenção seguida por cientistas, engenheiros e eletricistas que lidam com circuitos CA.

Em um circuito CA que possui apenas um resistor, a constante de fase é nula. Logo, podemos expressar a potência como

$$P = IV. \tag{10.41}$$

Para uma determinada potência fornecida a um circuito, a aplicação define a escolha de usar corrente alta ou voltagem alta. Por exemplo, para fornecer potência suficiente para operar um computador ou um aspirador a vácuo, usar uma alta voltagem poderia ser perigoso. O projeto dos geradores elétricos é complicado devido ao uso de altas voltagens. Portanto, nestes dispositivos, é vantajoso que se use voltagens baixas e correntes altas.

Todavia, a transmissão de energia elétrica requer a condição oposta. A potência dissipada em uma linha de transmissão é dada por $P = I^2R$. Portanto, a potência perdida em uma linha, como aquela da Figura 10.31a, é proporcional ao quadrado da corrente da linha. Como exemplo, considere uma estação geradora que produz 500 MW de potência. Se a potência for transmitida a 350 kV, a corrente da linha será

$$I = \frac{P}{V} = \frac{500 \text{ MW}}{350 \text{ kV}} = \frac{5 \cdot 10^8 \text{ W}}{3{,}5 \cdot 10^5 \text{ V}} = 1430 \text{ A}.$$

Se a resistência total da linha fosse de 50 Ω, a potência perdida nas linhas de transmissão seria

$$P = I^2R = (1.430 \text{ A})^2(50 \ \Omega) = 100 \text{ MW},$$

ou 20% da potência gerada. Um cálculo semelhante revelaria que transmitir a potência a 200 kV, em vez de a 350 kV, aumentaria a perda de potência por um fator de 3,1. Assim, 60% da potência gerada seriam perdidos na transmissão. Eis por que a transmissão de potência elétrica sempre é feita com a maior voltagem possível.

A capacidade de alterar a voltagem permite que a energia elétrica seja gerada e usada a voltagens baixas e seguras, porém transmitida na voltagem prática mais alta possível. Correntes e voltagens alternadas são transformadas de valores altos para valores baixos por um dispositivo chamado, apropriadamente, **transformador**. Um transformador que transforme voltagens de baixos para altos valores é denominado *transformador elevador*; e um transformador que altere voltagens de valores altos para baixos é chamado de *transformador abaixador*. Os transformadores são os principais componentes, por exemplo, do carregador de bateria de seu telefone celular (Figura 10.32) e da fonte de potência de seu aparelho de MP3, de seu *laptop* e de muitos outros dispositivos eletrônicos. A maior parte desses dispositivos requer voltagens de 12 V ou menores, mas a rede fornece 110 V nas tomadas residenciais dos Estados Unidos, necessitando de transformadores que atravancam sua mesa de trabalho.

Um transformador consiste em duas bobinas com fios enrolados ao redor de um núcleo de ferro (Figura 10.33). A bobina primária, com N_P espiras, é ligada a uma fonte de fem descrita por

$$V_{fem} = V_{max} \operatorname{sen} \omega t.$$

Consideraremos que a bobina primária atue como um indutor. O circuito primário tem corrente e voltagem fora de fase em $\pi/2$ rad (90°), de modo que o fator de potência, cos ϕ, é nulo. Dessa forma, a fonte de fem não estará fornecendo potência alguma ao transformador se apenas a bobina primária estiver ligada. Em outras palavras, se a bobina secundária não estiver ligada a um circuito fechado, o transformador não usa potência alguma. Por exemplo, o carregador de seu

10.5 Pausa para teste

Você poderia argumentar que as companhias geradoras de energia elétrica deveriam, simplesmente, reduzir a resistência de suas linhas de transmissão a fim de evitar perdas grandes de potência. Os fios tipicamente usados em linhas de transmissão de energia elétrica são da espessura de um dedo. Quão grande eles precisariam ser a fim de reduzir a resistência por um fator de 100, considerando que todos os outros parâmetros (material usado, comprimento) permaneçam iguais? (*Dica*: consulte a Seção 5.3.)

(a)

(b)

Figura 10.31 (a) Linhas de potência de alta voltagem; (b) transformadores para linhas de transmissão residenciais.

Figura 10.32 Um transformador (retângulo preto com um núcleo amarelo) é o principal componente de um carregador de celular. (Ele também inclui um retificador, descrito na Seção 10.8.)

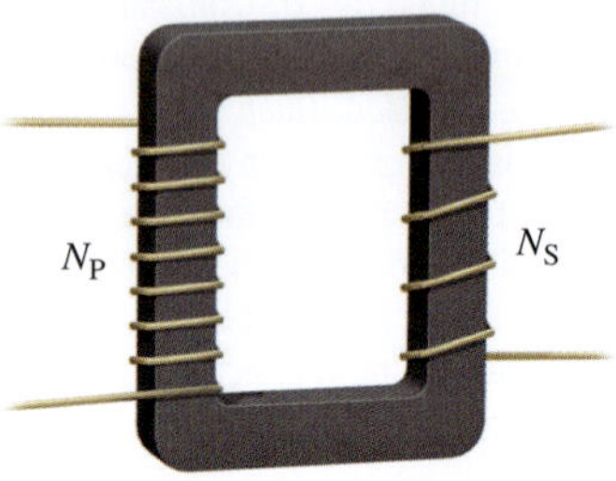

Figura 10.33 Transformador com N_P espiras no enrolamento primário e N_S espiras no enrolamento secundário.

celular não consome qualquer potência se estiver ligado a uma tomada, mas se sua outra extremidade não estiver ligada ao aparelho. (Esta afirmação não é absolutamente verdadeira; existe uma resistência finita nos fios da bobina primária, o que não é levado em conta nesta descrição.)

A bobina ou enrolamento secundário possui N_S espiras. A fem variável no tempo aplicada ao enrolamento primário induz um campo magnético dependente do tempo no núcleo de ferro. O núcleo também atravessa o enrolamento secundário. Dessa forma, uma voltagem variável no tempo é induzida no enrolamento secundário, como descrito pela lei de Faraday da indução:

$$V_{\text{fem}} = -N\frac{d\Phi_B}{dt},$$

onde N é o número de espiras e Φ_B é o fluxo magnético. Devido ao núcleo de ferro, tanto o enrolamento primário quanto o secundário experimentam o mesmo fluxo magnético variável. Logo,

$$V_S = -N_S\frac{d\Phi_B}{dt}$$

e

$$V_P = -N_P\frac{d\Phi_B}{dt},$$

onde V_S e V_P são as voltagens no secundário e no primário, respectivamente. Dividindo a primeira dessas duas equações, membro a membro, pela outra, e rearranjando os termos, obtemos

$$\frac{V_P}{N_P} = \frac{V_S}{N_S},$$

ou

$$V_S = V_P\frac{N_S}{N_P}. \tag{10.42}$$

O transformador converte a voltagem do circuito primário para uma voltagem no secundário, dada pela razão entre o número de espiras do enrolamento secundário e o número de espiras do enrolamento primário.

Se um resistor, R, for ligado às extremidades do enrolamento secundário, começará a fluir por ele uma corrente, I_S. A potência no enrolamento secundário é, então, $P_S = I_S V_S$. Essa corrente produz um campo magnético variável no tempo que, por sua vez, induz uma voltagem no primário, de modo que a fonte de fem produz uma corrente, I_P, suficiente para manter a voltagem original. Tal corrente, I_P, está em fase com a voltagem por causa do resistor, de modo que a potência possa ser transmitida através do transformador. A conservação da energia requer que a potência fornecida ao enrolamento primário seja transmitida para o enrolamento secundário, de modo que podemos escrever

$$P_P = I_P V_P = P_S = I_S V_S.$$

Usando a equação 10.42, podemos expressar a corrente do circuito secundário como

$$I_S = I_P\frac{V_P}{V_S} = I_P\frac{N_P}{N_S}. \tag{10.43}$$

A corrente do enrolamento secundário é igual à corrente do circuito primário multiplicada pela razão entre o número de espiras do primário e o número de espiras do secundário.

Quando o circuito secundário começa a puxar uma corrente, esta deve ser suprida ao enrolamento primário. Uma vez que, no circuito secundário, $V_S = I_S R$, podemos usar as equações 10.42 e 10.43 para escrever

$$I_P = \frac{N_S}{N_P}I_S = \frac{N_S}{N_P}\frac{V_S}{R} = \frac{N_S}{N_P}\left(V_P\frac{N_S}{N_P}\right)\frac{1}{R} = \left(\frac{N_S}{N_P}\right)^2\frac{V_P}{R}. \tag{10.44}$$

A resistência efetiva do circuito primário pode ser expressa em termos de $V_P = I_P R_P$, de modo que a resistência efetiva é

$$R_P = \frac{V_P}{I_P} = V_P\left(\frac{N_P}{N_S}\right)^2\frac{R}{V_P} = \left(\frac{N_P}{N_S}\right)^2 R. \tag{10.45}$$

Note que havíamos considerado que não houvesse perdas no transformador, que o enrolamento primário fosse um puro indutor, que não houvesse perdas de fluxo magnético entre os enrolamentos primário e secundário e que o circuito secundário fosse apenas uma resistência. Os transformadores reais de fato produzem algumas perdas. Parte delas deve-se ao fato de que os campos magnéticos alternados gerados pelos enrolamentos induzem correntes parasitas no núcleo de ferro do transformador. Para conter essas perda, os núcleos de transformadores são construídos com lâminas metálicas a fim de inibir a formação de correntes parasitas. Transformadores modernos podem converter voltagens com pouquíssimas perdas.

Outra aplicação dos transformadores é o que se chama coloquialmente de **casamento de impedâncias**. A transferência de potência entre uma fonte de fem e um dispositivo que usa esta potência atinge seu valor máximo quando as impedâncias de ambos forem iguais. Com frequência, a fonte de fem e o dispositivo que se pretende usar não possuem a mesma impedância. Um exemplo comum é o de um amplificador estéreo e seus alto-falantes. Normalmente, o amplificador tem alta impedância, enquanto os alto-falantes possuem uma baixa impedância. Um transformador ligado entre o amplificador e os alto-falantes pode ajudar a "casar" (ajustar o valor de uma ao da outra) as impedâncias dos dispositivos, produzindo assim uma transferência de energia mais eficiente.

10.8 Retificadores

Muitos aparelhos eletrônicos requerem corrente contínua em vez de corrente alternada para funcionarem corretamente. No entanto, inúmeras fontes de potência elétrica fornecem correntes alternadas. Portanto, estas correntes devem ser convertidas para correntes contínuas para fazer funcionar os equipamentos eletrônicos. Um retificador é um dispositivo que converte corrente alternada em corrente contínua. A maioria dos retificadores usa um componente eletrônico que foi descrito na Seção 5.8 – o diodo. Um diodo é projetado de modo a permitir o fluxo de corrente em apenas um sentido, e não no outro. O símbolo usado para o diodo é , com o sentido da ponta da seta indicando o sentido em que o diodo conduz corrente.

Comecemos com um circuito simples contendo uma fonte de fem variável no tempo, um resistor e um diodo, como ilustra a Figura 10.34b. A voltagem fornecida por esta fonte de fem é alteradamente positiva e negativa, como mostrado na Figura 10.34a. Note que ambas as extremidades da fonte de fem estão ligadas simultaneamente, de modo que, quando uma extremidade produz uma voltagem positiva, a outra produz uma voltagem negativa. O circuito da Figura 10.34b produz no resistor uma corrente como a que é ilustrada na Figura 10.34c. Assim, esse tipo de circuito com frequência é denominado **retificador de meia-onda**.

A fim de fazer com que a corrente toda flua em um mesmo sentido, emprega-se o circuito mostrado na Figura 10.35. Novamente, a voltagem alterna entre positiva e negativa, como mostrado na Figura 10.35a. Dois diagramas de circuito equivalentes são mostrados nas Figuras 10.35b e 10.35c. Toda a corrente do resistor flui em um mesmo sentido, como ilustrado na Figura 10.35d. Este tipo de circuito é denominado **retificador de onda completa**.

Para ilustrar o funcionamento de um retificador de onda completa, a Figura 10.36 mostra momentos do circuito com voltagens positiva e negativa. Na Figura 10.35a, a voltagem da fonte

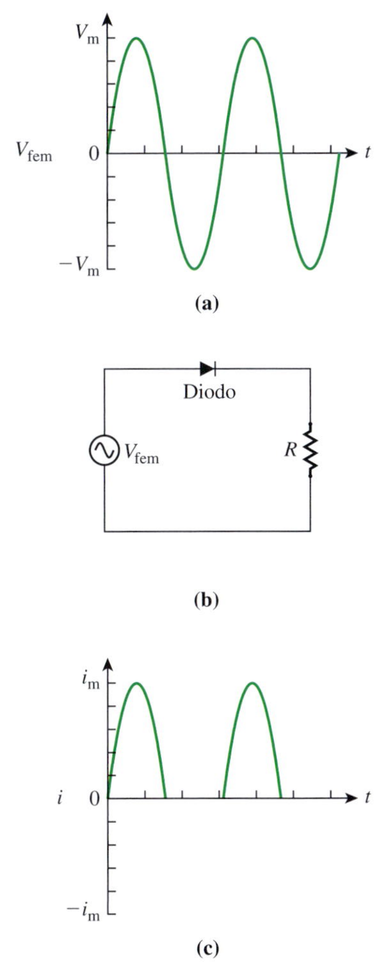

Figura 10.34 Circuito contendo uma fonte de fem variável no tempo, um resistor e um diodo, formando um retificador de meia-onda: (a) a fem em função do tempo; (b) o diagrama do circuito; (c) a corrente que flui no circuito em função do tempo.

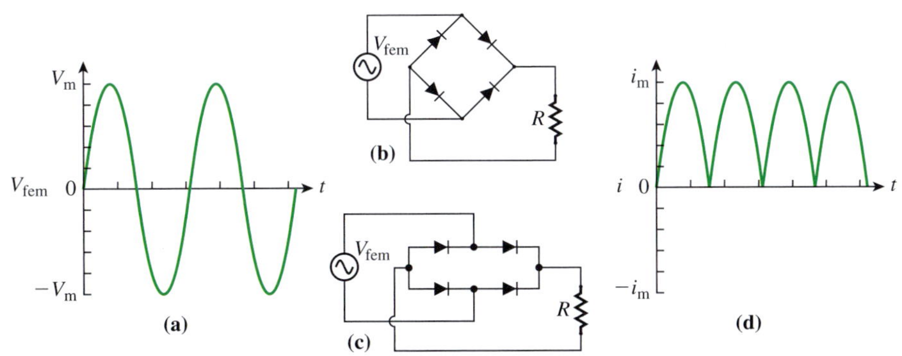

Figura 10.35 Circuito contendo uma fonte de fem variável no tempo, um resistor e quatro diodos, formando um retificador de onda completa: (a) a fem em função do tempo; (b) o diagrama do circuito; (c) maneira alternativa de desenhar o diagrama de circuito; (d) a corrente que flui no circuito em função do tempo.

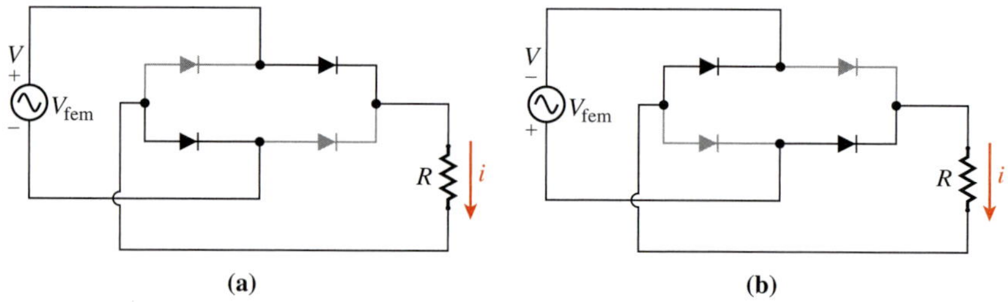

Figura 10.36 Um retificador de onda completa com diodos que não estão conduzindo corrente no instante dado em cinza. A corrente no resistor sempre flui na mesma direção. (a) Voltagem positiva. (b) Voltagem negativa.

de fem é positiva. Os diodos pretos estão conduzindo corrente, enquanto os diodos cinzentos, não. Na Figura 10.36b, a voltagem foi invertida e a corrente flui no segundo par de diodos; a corrente flui no resistor no mesmo sentido de antes.

Embora um retificador de onda completa de fato converta correntes alternadas em correntes contínuas, a corrente contínua resultante ainda varia com o tempo. Esta variação, chamada no jargão em inglês de *ripple* (ondulação) pode ser suavizada adicionado-se um capacitor à saída do retificador, criando um circuito RC com uma constante de tempo dependente da escolha de R e de C, como mostra a Figura 10.27. Na parte (a) desta figura, é mostrada uma fem variável com o tempo, enquanto o diagrama de circuito é mostrado na Figura 10.37b. A corrente contínua, assim, é filtrada através do capacitor adicionado. A corrente resultante em função do tempo é representada na Figura 10.37c. Ela ainda varia com o tempo, mas muito menos do que a corrente que flui de um retificador de onda completa sem um capacitor.

10.6 Pausa para teste

Um alternador comum encontrado nos automóveis produz corrente com fases alternadas, defasadas em 120° umas das outras. Desenhe o diagrama de circuito deste alternador com base no diagrama de circuito da Figura 10.35c, mas incorporando seis diodos em vez de quatro.

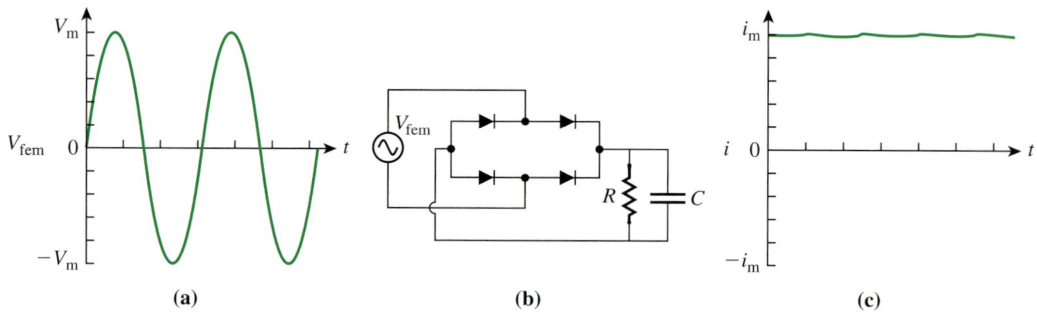

Figura 10.37 Circuito contendo uma fonte de fem variável no tempo, um resistor, um capacitor e quatro diodos, formando um retificador de onda completa filtrado: (a) a fem em função do tempo; (b) diagrama do circuito; (c) corrente que flui no circuito em função do tempo.

O QUE JÁ APRENDEMOS | GUIA DE ESTUDO PARA EXERCÍCIOS

- A energia armazenada no campo elétrico de um capacitor de capacitância C e carga q é dada por $U_E = \frac{1}{2}(q^2/C)$; enquanto a energia armazenada no campo magnético de um indutor de indutância L é dada por $U_B = \frac{1}{2}Li^2$.
- Em um circuito de malha única contendo um indutor e um capacitor (circuito LC) a corrente oscila com uma frequência característica dada por $\omega_0 = 1/\sqrt{LC}$.
- Em um circuito de malha única contendo um resistor, um indutor e um capacitor (circuito RLC), a corrente oscila com uma frequência característica dada por $\omega = \sqrt{\omega_0^2 - (R/2L)^2}$, onde $\omega_0 = 1/\sqrt{LC}$.
- Em um circuito de malha única, a carga de um capacitor oscila enquanto sua amplitude diminui exponencialmente com o tempo de acordo com $q = q_{max}\, e^{-Rt/2L} \cos(\omega t)$, onde q_{max} é a carga original do capacitor.
- Em um circuito de malha única contendo uma fonte de fem variável com o tempo e um resistor, R, $V_R = I_R R$, onde V_R e I_R são, respectivamente, a voltagem e a corrente.
- Em um circuito de malha única contendo uma fonte de fem variável com o tempo e de frequência ω, e um capacitor, $V_C = I_C X_C$, onde V_C e I_C são, respectivamente, a voltagem e a corrente, e $X_C = \omega C$ é a reatância capacitiva.
- Em um circuito de malha única contendo uma fonte de fem variável com o tempo e de frequência ω, e um indutor, $V_L = I_L X_L$, onde V_L e I_L são, respectivamente, a voltagem e a corrente, e $X_L = \omega L$ é a reatância indutiva.
- Em um circuito RLC de malha única contendo uma fonte de fem variável com o tempo e de frequência ω, $V = IZ$, onde V e I são, respectivamente, a voltagem e a corrente, e $Z = \sqrt{R^2 + (X_L - X_C)^2}$ é a impedância.

- Em um circuito RLC contendo uma fonte de fem variável com o tempo de frequência ϕ, a constante de fase, ω, entre a corrente e a voltagem é dada por $\phi = \text{tg}^{-1}\left(\frac{X_L - X_C}{R}\right)$.
- Em um circuito RLC de malha única contendo uma fonte de fem variável com o tempo de frequência ω, a potência média é dada por $\langle P \rangle = I_{rms} V_{rms} \cos\phi$, onde $I_{rms} = I_m/\sqrt{2}$ e $V_{rms} = V_m/\sqrt{2}$.
- Todas as correntes, voltagens e potências mencionadas para corrente alternada (CA) são normalmente valores rms.
- Um transformador com N_P espiras no enrolamento primário e N_S espiras no enrolamento secundário pode converter uma voltagem alternada primária, V_P, em uma voltagem alternada secundária, V_S, dada por $V_S = V_P \frac{N_S}{N_P}$; e uma corrente alternada primária, I_P, em uma corrente alternada secundária, I_S, dada por $I_S = I_P \frac{N_P}{N_S}$.

TERMOS-CHAVE

casamento de impedâncias, p. 305
circuito LC, p. 283
circuito RLC, p. 288
corrente alternada, p. 289
corrente rms, p. 299
fasor, p. 290
fator de potência, p. 300
fator de qualidade, p. 300
filtro passa-banda, p. 296
frequência angular ressonante, p. 294
impedância, p. 293
oscilações eletromagnéticas, p. 283
reatância capacitiva, p. 290
reatância indutiva, p. 292
ressonância, p. 294
retificador, p. 295
retificador de meia-onda, p. 305
retificador de onda completa, p. 305
transformador, p. 303

NOVOS SÍMBOLOS E EQUAÇÕES

$\omega_0 = \frac{1}{\sqrt{LC}}$, frequência ressonante de circuitos LC e RLC.

$X_C = \frac{1}{\omega C}$, reatância capacitiva

$X_L = \omega L$, reatância indutiva

$Z = \sqrt{R^2 + (X_L - X_C)^2}$, impedância de um circuito de corrente alternada

$\langle P \rangle = I_{rms} V_{rms} \cos\phi$, potência média dissipada em um circuito CA

$\phi = \text{tg}^{-1}\left(\frac{X_L - X_C}{R}\right)$ constante de fase entre a voltagem e a corrente de um circuito CA

$Q = \frac{\omega_0 L}{R}$ fator de qualidade de um circuito RLC série

N_P e N_S são, respectivamente, os números de espiras dos enrolamentos primário e secundário de um transformador

RESPOSTAS DOS TESTES

10.1 $\omega_0 = 2\pi f = 2\pi(200 \text{ kHz})$ rad/s $= 4\pi \cdot 10^5$ rad/s; $\phi = 0$ uma vez que $q(0) = q_{max}$

a) verdadeira ($\cos \omega_0 t = -1$)

b) falsa ($\text{sen } \omega_0 t = 0$)

c) falsa ($\cos \omega_0 t = -1$ e $\text{sen } \omega_0 t = 0$)

d) falsa ($\cos \omega_0 t = 0$ e $\text{sen } \omega_0 t = 1$)

10.2 k/m corresponde a $1/LC$, e $b/2m$ corresponde a $R/2L$. Disso segue que a indutância, L, desempenha o papel da massa, m; a capacitância, C, corresponde ao inverso da constante elástica, $1/k$, e a resistência, R, o papel da constante de amortecimento, b.

10.3 a) verdadeira b) verdadeira c) falsa

10.4 a) verdadeira b) verdadeira c) falsa

10.5 A resistência é inversamente proporcional à área da seção transversal do fio, e, portanto, inversamente proporcional ao quadrado do raio. Portanto, um que é 10 vezes mais grosso possui uma resistência 100 vezes menor.

10.6

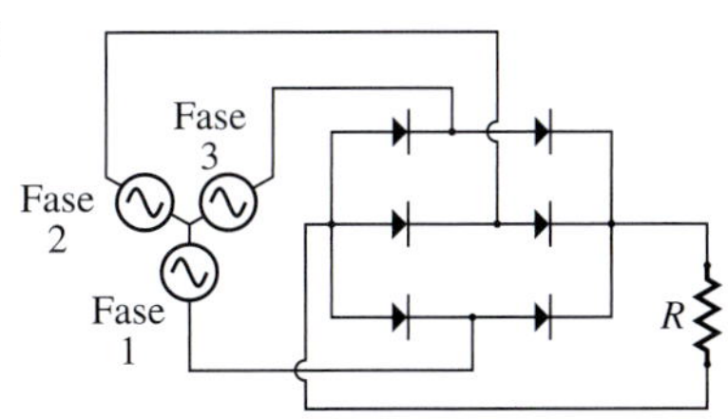

Retificador em ponte de 3 fases

GUIA DE RESOLUÇÃO DE PROBLEMAS

1. A maioria dos problemas referentes a circuitos CA requer que você calcule a resistência, a reatância capacitiva, a reatância indutiva ou a impedância. Esteja certo de ter entendido o que significa cada uma dessas grandezas e como usá-las para determinar correntes e voltagens.

2. Com frequência você terá de distinguir entre a corrente ou a voltagem instantânea de um circuito e os valores rms da corrente e da voltagem. A convenção comum é usar as letras minúsculas i e v para os valores instantâneos, e as letras maiúsculas I e V para os valores constantes (com subscritos, quando necessário). Esteja certo de usar uma notação que seja clara de modo que você não venha a se confundir durante os cálculos.

3. Lembre-se das relações de fase para circuitos CA: para um resistor, a corrente e a voltagem estão em fase; para um capacitor, a corrente está adiantada em relação à voltagem; e para um indutor, a corrente está atrasada em relação à voltagem.

4. Os fasores se somam como vetores, e não com a aritmética escalar simples. Sempre que você usar fasores para determinar a corrente ou a voltagem, teste o resultado verificando as relações de fase descritas no item anterior.

5. Ao se analisar circuitos CA, geralmente é mais fácil operar com a frequência angular (ω) do que com a frequência (f). Na maioria das vezes, o enunciado do problema fornecerá a frequência angular, mas se for fornecida a frequência, converta-a para a correspondente frequência angular multiplicando-a por 2π.

PROBLEMA RESOLVIDO 10.2 Queda de voltagem em um indutor

Um circuito RLC em série contém uma fonte de fem variável com o tempo que fornece $V_{rms} = 170{,}0$ V, um resistor de resistência $R = 820{,}0\ \Omega$, um indutor de $L = 30{,}0$ mH e um capacitor de $C = 0{,}290$ mF. O circuito opera em sua frequência de ressonância.

PROBLEMA

Qual é a queda de voltagem rms no indutor?

SOLUÇÃO

PENSE

Na frequência ressonante, a impedância do circuito é igual à resistência. Podemos calcular a corrente rms do circuito. A queda de voltagem no indutor é, então, o produto da corrente rms do circuito pela reatância indutiva.

DESENHE

A Figura 10.38 mostra o diagrama do circuito RLC série.

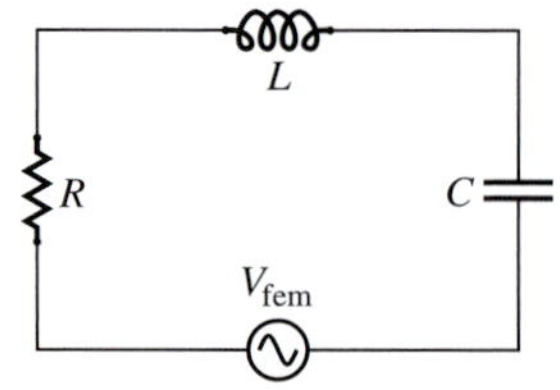

Figura 10.38 Circuito RLC série.

PESQUISE

Na ressonância, a impedância do circuito é

$$Z = \sqrt{R^2 + (X_L - X_C)^2} = R.$$

Na ressonância, o valor rms da corrente do circuito, I_{rms}, é dado por

$$V_{rms} = I_{rms}R.$$

A queda de voltagem rms no indutor, V_L, na ressonância, é

$$V_L = I_{rms}X_L,$$

Onde a reatância indutiva X_L é definida como

$$X_L = \omega L$$

e ω é a frequência angular na qual opera o circuito. A frequência ressonante ω_0 do circuito é

$$\omega_0 = \frac{1}{\sqrt{LC}}.$$

SIMPLIFIQUE

Combinando todas essas equações, obtemos a queda de voltagem no indutor na ressonância:

$$V_L = \left(\frac{V_{rms}}{R}\right)(\omega_0 L) = \frac{LV_{rms}}{R}\frac{1}{\sqrt{LC}} = \frac{V_{rms}}{R}\sqrt{\frac{L}{C}}.$$

CALCULE

Substituindo os valores numéricos fornecidos, obtemos

$$V_L = \frac{170{,}0\ \text{V}}{820{,}0\ \Omega}\sqrt{\frac{30{,}0\cdot 10^{-3}\ \text{H}}{0{,}290\cdot 10^{-3}\ \text{F}}} = 2{,}10861\ \text{V}.$$

ARREDONDE

Apresentamos nosso resultado com três algarismos significativos:

$$V_L = 2{,}11\ \text{V}.$$

SOLUÇÃO ALTERNATIVA

A queda de voltagem rms no capacitor é

$$V_C = \left(\frac{V_{rms}}{R}\right)\left(\frac{1}{\omega_0 C}\right) = \frac{V_{rms}}{RC}\sqrt{LC} = \left(\frac{V_{rms}}{R}\right)\sqrt{\frac{L}{C}},$$

que é igual à queda de voltagem rms no indutor. Na ressonância, a queda de voltagem instantânea no indutor é o negativo da queda de voltagem no capacitor. Assim, a voltagem rms no capacitor deveria ser igual à voltagem rms no indutor. Portanto, nosso resultado é plausível.

PROBLEMA RESOLVIDO 10.3 Potência dissipada em um circuito RLC

Um circuito RLC em série contém uma fonte de fem que fornece $V_{rms} = 120{,}0$ V e opera na frequência $f = 50{,}0$ Hz, um indutor de $L = 0{,}500$ H, um capacitor de $C = 3{,}30\ \mu\text{F}$ e um resistor de $R = 276\ \Omega$.

PROBLEMA

Qual é a potência média dissipada no circuito?

SOLUÇÃO

PENSE

A potência média dissipada no circuito é o produto dos valores rms da corrente e da voltagem, mas também depende da frequência angular da fonte de fem. A corrente do circuito pode ser determinada usando-se a impedância.

DESENHE

A Figura 10.38 mostra o diagrama de um circuito RLC em série.

PESQUISE

A frequência angular, ω, da fonte de fem é

$$\omega = 2\pi f$$

A impedância, Z, do circuito é

$$Z = \sqrt{R^2 + \left(X_L - X_C\right)^2},$$

onde a reatância indutiva é dada por

$$X_L = \omega L$$

enquanto a reatância capacitiva é dada por

$$X_C = \frac{1}{\omega C}.$$

Podemos determinar o valor rms da corrente do circuito, I_{rms}, usando a relação

$$V_{rms} = I_{rms} Z.$$

A potência dissipada média no circuito, $\langle P \rangle$, é dada por

$$\langle P \rangle = I_{rms} V_{rms} \cos\phi,$$

Continua →

onde ϕ é a constante de fase entre a voltagem e a corrente do circuito:

$$\phi = \text{tg}^{-1}\left(\frac{X_L - X_C}{R}\right).$$

SIMPLIFIQUE

Podemos combinar todas as equações e obter uma expressão para a potência média dissipada no circuito:

$$\langle P \rangle = \frac{V_{rms}}{Z} V_{rms} \cos\phi = \frac{V_{rms}^2}{\sqrt{R^2 + (X_L - X_C)^2}} \cos\phi.$$

CALCULE

Primeiro, determinamos a reatância indutiva:

$$X_L = \omega L = 2\pi f L = 2\pi(50{,}0 \text{ Hz})(0{,}500 \text{ H}) = 157{,}1 \ \Omega.$$

Em seguida, determinamos a reatância capacitiva:

$$X_C = \frac{1}{\omega C} = \frac{1}{2\pi f C} = \frac{1}{2\pi(50{,}0 \text{ Hz})(3{,}30 \cdot 10^{-6} \text{ F})} = 964{,}6 \ \Omega.$$

A constante de fase, então, é

$$\phi = \text{tg}^{-1}\left(\frac{X_L - X_C}{R}\right) = \text{tg}^{-1}\left(\frac{157{,}1 \ \Omega - 964{,}6 \ \Omega}{276 \ \Omega}\right) = -1{,}241 \text{ rad} = -71{,}13°.$$

Agora podemos determinar a potência média dissipada no circuito:

$$\langle P \rangle = \frac{(120{,}0 \text{ V})^2}{\sqrt{(276 \ \Omega)^2 + (157{,}1 \ \Omega - 964{,}6 \ \Omega)^2}} \cos(-1{,}241 \text{ rad}) = 5{,}46477 \text{ W}.$$

ARREDONDE

Apresentamos nosso resultado com três algarismos significativos:

$$\langle P \rangle = 5{,}46 \text{ W}.$$

SOLUÇÃO ALTERNATIVA

Para avaliar nosso resultado, podemos calcular a potência que seria dissipada no circuito se ele operasse na frequência ressonante. Nesta frequência, a potência dissipada no circuito é máxima, e a impedância do circuito é igual à resistência do resistor. Logo, a potência dissipada média é

$$\langle P \rangle_{max} = \frac{V_{rms}^2}{R} = \frac{(120{,}0 \text{ V})^2}{276 \ \Omega} = 52{,}2 \text{ W}.$$

Nosso resultado para a potência dissipada em $f = 50{,}0$ Hz é inferior à potência média máxima, portanto parece plausível.

QUESTÕES DE MÚLTIPLA ESCOLHA

10.1 Um resistor de 200 Ω, um indutor de 40,0 mH e um capacitor de 3,0 μF são ligados em série com uma fonte de fem variável com o tempo que fornece 10,0 V a uma frequência de 1.000 Hz. Qual é a impedância do circuito?

a) 200 Ω
c) 342 Ω
b) 228 Ω
d) 282 Ω

10.2 Para que valor de f $X_L > X_C$?

a) $f > 2\pi(LC)^{1/2}$
c) $f > (2\pi(LC)^{1/2})^{-1}$
b) $f > (2\pi LC)^{-1}$
d) $f > 2\pi LC$

10.3 Qual das afirmações acerca da relação de fase entre os campos elétrico e magnético de um circuito LC é correta?

a) Quando um campo se encontra em seu valor máximo, o mesmo ocorre com o outro, e o mesmo se dá com os correspondentes valores mínimos.

b) Quando a intensidade de um dos campos é máxima, a do outro é mínima (nula).

c) A relação de fase, em geral, depende dos valores de L e de C.

10.4 Para o filtro passa-banda da Figura 10.24, como se pode aumentar a largura da curva da resposta de frequência?

a) Aumentar R_1.
b) Diminuir C_1.
c) Aumentar R_2.
d) Aumentar C_2.
e) Efetuar qualquer das ações anteriores.

10.5 A constante de fase, ϕ, entre a voltagem e a corrente em um circuito CA depende

a) da reatância indutiva.
b) da reatância capacitiva.
c) da resistência.
d) de todas as grandezas anteriores.

10.6 A banda de rádio AM vai de 520 kHz a 1.610 kHz. Considerando que a indutância de um circuito LC simples seja fixa, qual é a razão entre as capacitâncias necessárias para cobrir essa banda inteira? Isto é, qual é o valor de C_{alta}/C_{baixa}, onde C_{alta} é a capacitância correspondente à frequência mais alta da banda, e C_{baixa} é a capacitância da frequência mais baixa?

a) 9,59
b) 0,104
c) 0,568
d) 1,76

10.7 No circuito RLC da figura, $R = 60\ \Omega$, $L = 3$ mH, $C = 4$ mF e a fonte de fem dependente do tempo tem uma voltagem de pico de 120 V. Qual deveria ser a frequência angular, ω, a fim de produzir a corrente máxima no resistor?

a) 4,2 rad/s
b) 8,3 rad/s
c) 204 rad/s
d) 289 rad/s
e) 5.000 rad/s
f) 20.000 rad/s

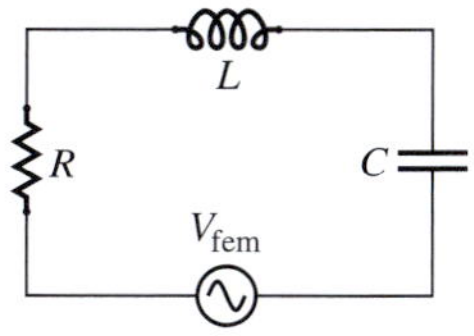

10.8 Uma tomada-padrão norte-americana de parede é rotulada como de 110 V. Essa classificação indica o valor __________ da voltagem.

a) médio
b) máximo
c) rms
d) instantâneo

QUESTÕES

10.9 Qual é a impedância de um circuito RLC em série quando a frequência da fem variável no tempo é ajustada para a frequência ressonante do circuito?

10.10 Estime a energia total armazenada em uma região com altura de 5 km acima da superfície terrestre, se a intensidade média do campo magnético na superfície da Terra for de aproximadamente $0{,}50 \cdot 10^{-4}$ T.

10.11 Em um circuito CC contendo um capacitor, flui corrente pelo circuito apenas durante um tempo muito curto, enquanto o capacitor está sendo carregado ou descarregado. Por outro lado, uma corrente alternada estacionária fluirá em um circuito contendo o mesmo capacitor, mas alimentado por uma fonte de fem variável com o tempo. Isso significa que carga esteja atravessando o interior (dielétrico) do capacitor?

10.12 Em um circuito RL com corrente alternada, a corrente está atrasada em relação à voltagem. O que isso significa, e como pode ser explicado qualitativamente, com base no fenômeno da indução eletromagnética?

10.13 No Problema Resolvido 10.1, a voltagem fornecida pela fonte de fem variável no tempo é de 33,0 V, a voltagem no resistor é $V_R = IR = 13{,}1$ V, e a voltagem no indutor é $V_L = IX_L = 30{,}3$ V. Este circuito obedece às leis de Kirchhoff?

10.14 Por que um circuito CA é especificado pela sua potência rms, e não por sua potência média?

10.15 Por que não podemos usar um carregador universal que possa ser ligado a uma tomada residencial para carregar todos os nossos aparelhos elétricos – telefones celulares, cachorrinhos de brinquedo, abridores de lata elétricos e assim por diante – em vez de usar um carregador individual, com seu próprio transformador, para cada aparelho?

10.16 Se você usar um capacitor de placas paralelas com ar no espaço entre as mesmas como parte de um circuito RLC em série em um gerador, poderá medir a corrente que flui pelo mesmo. Por que o ar entre as placas do capacitor não se comporta como uma chave aberta, impedindo o fluxo de qualquer corrente no circuito?

10.17 Uma configuração comum de fio elétrico é formada por pares opostos de fios retos e paralelos que foram torcidos. Qual é a vantagem técnica de usar pares de fio torcidos em vez de pares de fios retos e paralelos?

10.18 Em uma demonstração de sala de aula, um núcleo de ferro é inserido em um longo solenoide ligado a uma fonte de potência CA. O efeito do núcleo é de intensificar o campo magnético dentro do solenoide por um fator igual à permeabilidade magnética, κ_m, do núcleo (onde κ_m é uma constante adimensional significativamente maior do que a unidade para um material ferromagnético, introduzida no Capítulo 8), o que equivale a substituir a permeabilidade do vácuo, μ_0, pela permeabilidade magnética do núcleo, $\mu = \kappa_m \mu_0$.

a) A corrente rms medida cai de, aproximadamente, 10 A para menos de 1 A, e se mantém neste valor mais baixo. Explique o porquê.

b) O que ocorreria se a fonte de potência fosse CC?

10.19 Ao longo da rodovia *Capitol Drive*, em Milwaukee, Wisconsin, EUA, existe um grande número de torres de radiodifusão. Contrariamente ao esperado, a recepção é terrível; estações supérfluas interferem umas com as outras no seletor. Uma vez que o sintonizador de um carro é um oscilador ressonante – sua frequência de ressonância é ajustada para ser igual à da estação desejada – explique este fenômeno de conversa cruzada no receptor.

10.20 Um circuito RLC em série está em ressonância quando alimentado por uma voltagem senoidal em sua frequência ressonante, $\omega_0 = (LC)^{-1/2}$. Porém, se o mesmo circuito for alimentado por uma voltagem de *onda quadrada* (que, alternadamente, é ligada e desligada), ele entrará em ressonância em sua frequência ressonante e em outras frequências que correspondem a $\frac{1}{3}, \frac{1}{5}, \frac{1}{7}, \ldots$, desta frequência. Explique a razão disso.

10.21 É possível que a amplitude da voltagem do indutor de um circuito RLC em série exceda a amplitude da voltagem da fonte? Em caso positivo ou negativo, explique a razão.

10.22 Por que um transformador não pode ser usado para elevar ou abaixar a voltagem de um circuito CC?

PROBLEMAS

Um • ou dois •• indicam nível crescente de dificuldade do problema.

Seções 10.1 e 10.2

10.23 Para o circuito LC da figura, $L = 32{,}0$ mH e $C = 45{,}0$ μF. O capacitor é carregado até $q_0 = 10{,}0$ μC e, em $t = 0$, a chave é fechada. Em que instante de tempo a energia armazenada no capacitor é igual, pela primeira vez, à energia armazenada no indutor?

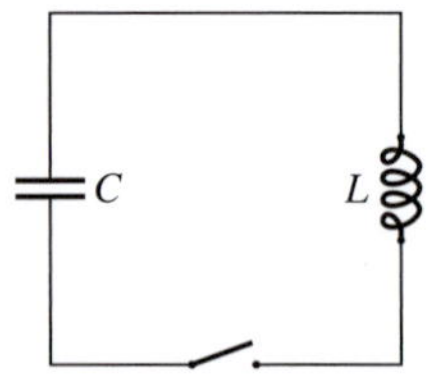

10.24 Um capacitor de 2,00 μF é completamente carregado depois de ligado a uma bateria de 12,0 V. O capacitor, então, é ligado a um indutor de 0,250 H. Determine (a) a corrente máxima no indutor e (b) a frequência de oscilação do circuito LC.

10.25 Um circuito LC é formado por um indutor 1 mH e um capacitor completamente carregado. Após 2,1 ms, o valor da energia armazenada no capacitor é igual à metade do valor original. Qual é o valor da capacitância?

10.26 A corrente variável no tempo de um circuito LC em que $C = 10$ μF é dada por $i(t) = (1\text{ A})\,\text{sen}\,(1.200\,t)$, onde t está em segundos.

a) Em que instante posterior a $t = 0$ a corrente atingirá seu valor máximo?

b) Qual é a energia total do circuito?

c) Qual é a indutância envolvida, L?

• **10.27** Um capacitor de 10 μF é completamente carregado por uma bateria de 12 V e, então, é desligado da bateria e depois posto a descarregar através de um indutor de 0,2 H. Determine os três primeiros instantes nos quais a carga do capacitor é de 80 μC, considerando $t = 0$ como o instante em que o capacitor é ligado ao indutor.

• **10.28** Um capacitor de 4 mF é ligado em série a um indutor de 7 mH. O pico de corrente nos fios entre o capacitor e o indutor é de 3 A.

a) Qual é a energia elétrica total deste circuito?

b) Escreva uma expressão para a carga do capacitor em função do tempo, considerando que o capacitor esteja totalmente carregado em $t = 0$.

Seção 10.3

10.29 Um circuito RLC série possui uma resistência R, uma indutância L e uma capacitância C. Em que instante a energia do circuito atinge a metade de seu valor inicial?

• **10.30** Um oscilador RLC série contém um resistor de 50 Ω e um indutor de 1 mH. Que capacitância será necessária para que a constante de tempo do circuito (o valor correspondente a $1/e$) seja igual ao período de oscilação? Desenhe um gráfico da voltagem no resistor em função do tempo.

• **10.31** Um capacitor de 2,00 μF foi totalmente carregado, ligado a uma bateria de 12,0 V. Ele, então, é ligado em série a um resistor e a um indutor: $R = 50$ Ω e $L = 0{,}200$ H. Determine a frequência amortecida do circuito resultante.

• **10.32** Um circuito LC é formado por capacitor de $C = 2{,}50$ μF e um indutor de $L = 4{,}0$ mH. O capacitor é inteiramente carregado usando-se uma bateria, e depois é ligado ao indutor. Usa-se um osciloscópio para determinar a frequência das oscilações do circuito. Em seguida, o circuito é aberto, e um resistor, R, é inserido em série com o capacitor e o indutor. O capacitor é de novo inteiramente carregado usando-se a mesma bateria e, então, ligado ao circuito. A frequência angular das oscilações amortecidas do circuito é determinada como 20% menor do que a frequência angular de oscilação do circuito LC.

a) Determine a resistência do resistor.

b) Quanto tempo após o capacitor ter sido religado ao circuito a amplitude da corrente amortecida do circuito corresponderá a 50% da amplitude inicial?

c) Quantas oscilações amortecidas completas terão ocorrido durante este tempo?

Seção 10.4

10.33 A que frequência um capacitor de 10 μF possui uma reatância $X_C = 200$ Ω?

10.34 Um capacitor de capacitância $C = 5 \cdot 10^{-6}$ F é ligado a uma fonte de potência CA com valor de pico de 10 V e $f = 100$ Hz. Determine a reatância do capacitor e a corrente máxima do circuito.

10.35 Um indutor de indutância $L = 47$ mH é ligado a uma fonte de potência CA que fornece um pico de voltagem de 12 V e oscila a $f = 1.000$ Hz. Determine a reatância do indutor e a corrente máxima do circuito.

Seção 10.5

10.36 A figura mostra um circuito com uma fonte de fem constante ligada em série a um resistor, um indutor e um capacitor. Qual é a corrente que flui no circuito em regime estacionário?

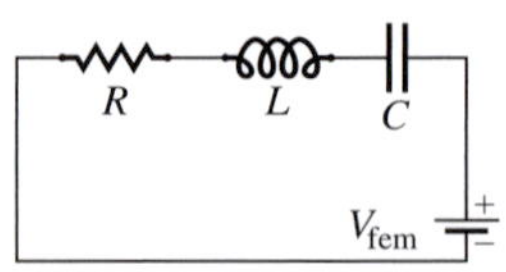

10.37 Um circuito em série contém um resistor de 100,0 Ω, um indutor de 0,500 H, um capacitor de 0,400 μF e uma fonte de fem variável com o tempo que fornece 40,0 V.

a) Qual é a frequência angular ressonante do circuito?

b) Que corrente fluirá no circuito na frequência ressonante?

10.38 O capacitor variável usado em um circuito RLC produz uma frequência ressonante de 5,0 MHz quando sua capacitância é ajustada para 15 pF. Qual será a frequência ressonante quando a capacitância for aumentada para 380 pF?

10.39 Determine a constante de fase e a impedância do circuito RLC mostrado na figura quando a frequência da fonte de fem variável no tempo for de 1 kHz, $C = 100\ \mu F$, $L = 10$ mH e $R = 100\ \Omega$.

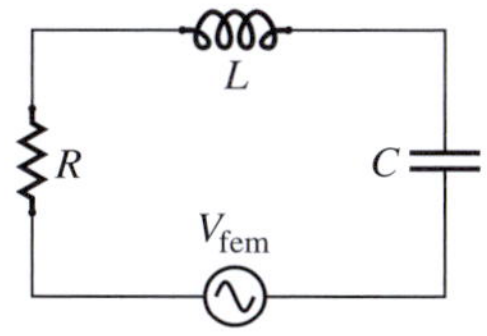

10.40 Qual é a frequência ressonante do circuito RLC em série do Problema 10.39 se $C = 4\ \mu F$, $L = 5$ mH e $R = 1$ kΩ? Qual será a corrente máxima do circuito se $V_m = 10$ V, na frequência ressonante?

• **10.41** Em um circuito RLC em série, $V = (12\ V)(\text{sen}\ \omega t)$, $R = 10\ \Omega$, $L = 2$ H e $C = 10\ \mu F$. Na ressonância, determine a amplitude da voltagem no indutor. O resultado é plausível, dado que a voltagem fornecida ao circuito inteiro tem uma amplitude de 12 V?

• **10.42** Uma fonte de potência CA para a qual $V_m = 220$ V e $f = 60{,}0$ Hz é ligada em um circuito RLC em série. A resistência, *R*, a indutância, *L*, e a capacitância, *C*, deste circuito valem, respectivamente 50,0 Ω, 0,200 H e 0,040 mF. Determine cada uma das seguintes grandezas:

a) a reatância indutiva

b) a capacitância indutiva

c) a impedância do circuito

d) a corrente máxima do circuito

e) a diferença de potencial máxima em cada elemento do circuito

• **10.43** O circuito RLC em série mostrado na figura possui $R = 2{,}20\ \Omega$, $L = 9{,}30$ mH, $C = 2{,}27$ mF, $V_m = 110$ V e $\omega = 377$ rad/s.

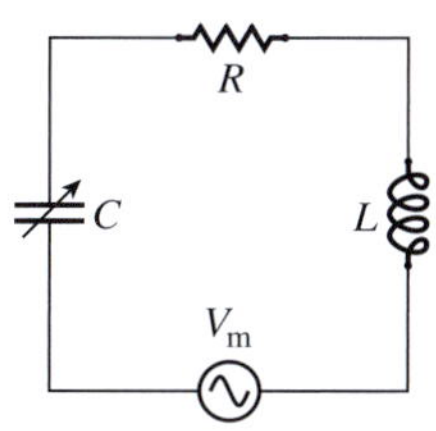

a) Qual é a corrente máxima, I_m, deste circuito?

b) Quanto vale a constante de fase, I_m, entre a voltagem e a corrente?

c) A capacitância, *C*, pode ser variada. Que valor de *C* possibilitará as maiores amplitudes de oscilação, I'_m, e o maior ângulo de fase, ϕ', entre a corrente e a voltagem?

• **10.44** Projete um filtro passa-banda RC que deixe passar um sinal com frequência de 5 kHz com razão $V_{saída}/V_{entrada} = 0{,}5$, e tem uma impedância de 1,0 kΩ em frequências muito altas.

a) Que componentes você usaria?

b) Qual é a fase de $V_{saída}$ em relação a $V_{entrada}$ na frequência de 5 kHz?

•• **10.45** Projete um filtro passa-alta que rejeite o ruído de linha de 60 Hz para um circuito usado em um detector. Seu critério é a redução da amplitude do ruído de linha por um fator igual a 1.000, e que a impedância total em altas frequências seja de 2,0 kΩ.

a) Que componentes você usaria?

b) Qual é a faixa de frequências dos sinais que conseguirão atravessar o filtro com pelo menos 90% de sua amplitude original?

Seção 10.6

10.46 Qual é o valor máximo da voltagem CA cujo valor rms é (a) 110 V ou (b) 220 V?

10.47 O fator de qualidade, *Q*, de um circuito pode ser definido por $Q = \omega(U_E + U_B)/P$. Expresse o fator de qualidade de um circuito RLC em série em termos de sua resistência, *R*, sua indutância, *L*, e sua capacitância, *C*.

10.48 Na etiqueta de um secador de cabelo se lê "110 V – 1.250 W". Qual é a corrente de pico do secador de cabelo, considerando que ele se comporte como um resistor?

10.49 O sintonizador de um rádio possui uma resistência de 1,00 μΩ, uma capacitância de 25,0 nF e uma indutância de 3,00 mH.

a) Determine a frequência ressonante deste sintonizador.

b) Determine a potência do circuito se um sinal com a frequência ressonante produz uma voltagem de 1,50 mV na antena.

• **10.50** Um circuito contém um resistor de 100,0 Ω, um indutor de 0,0500 H, um capacitor de 0,400 μF e uma fonte de fem variável com o tempo, ligados em série. A fem variável no tempo é de 50,0 V na frequência de 2.000 Hz.

a) Determine a corrente do circuito.

b) Determine a queda de voltagem em cada componente do circuito.

c) Quanta potência é fornecida pela fonte de fem?

• **10.51** A figura mostra o circuito de uma antena FM simples na qual $L = 8{,}22\ \mu H$ e *C* é variável (o capacitor pode ser sintonizado em uma estação específica). O sinal de rádio de sua estação FM favorita produz na antena uma fem que varia senoidalmente no tempo com uma amplitude de 12,9 μV e uma frequência de 88,7 MHz.

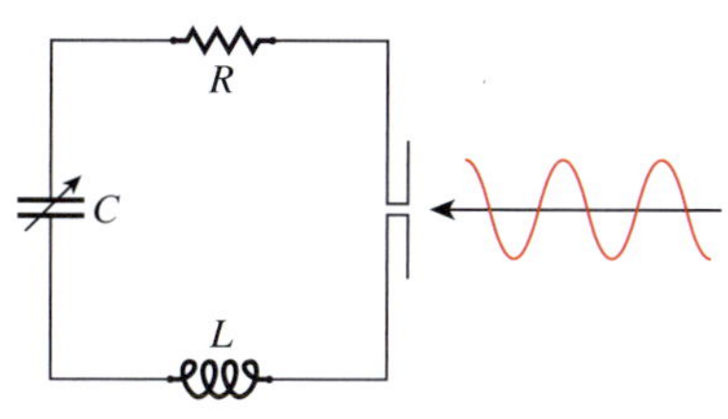

a) Para que valor, C_0, você deve sintonizar o capacitor a fim de captar esta estação?

b) O sinal de outra estação de rádio produz na antena uma fem que varia senoidalmente no tempo com a mesma amplitude de 12,9 μV, mas com uma frequência de 88,5 MHz. Com o circuito sintonizado de modo a otimizar a recepção a 88,7 MHz, qual deve ser o valor da resistência, R_0, a fim de reduzir a corrente produzida pelo sinal desta estação por um fator igual a 2 (comparada à corrente que fluiria se o circuito fosse otimizado para 88,5 MHz)?

Seção 10.7

10.52 A transmissão de energia elétrica se dá com a maior voltagem possível a fim de minimizar as perdas. Em quanto será reduzida a perda de potência por meio do aumento da voltagem em um fator igual a 10?

10.53 Considere como um transformador o solenoide e a bobina do Problema Resolvido 9.1.

a) Determine qual será a voltagem rms da bobina se, na frequência de 60 Hz, a voltagem rms do solenoide for de 120 V. O comprimento do solenoide é de 12,0 cm.

b) Qual será a voltagem da bobina se a frequência for nula (corrente CC)?

10.54 Um transformador possui 800 espiras no enrolamento primário e 40 espiras no secundário.

a) O que ocorrerá se houver uma voltagem CA de 100 V aplicada ao enrolamento primário?

b) Se a corrente CA inicial for de 5 A, qual será a corrente de saída?

c) O que ocorreria se uma corrente CC de 100 A fluísse no enrolamento primário?

d) Se a corrente CC inicial fosse de 5 A, qual seria a corrente de saída?

10.55 Um transformador é formado por um enrolamento primário com 200 espiras e um enrolamento secundário com 120 espiras. Este enrolamento "puxa" uma corrente I através de um resistor de 1 kΩ. Se uma voltagem de entrada $V_{rms} = 75$ V for aplicada ao enrolamento primário, qual será a potência dissipada pelo resistor?

Seção 10.8

10.56 Considere o retificador de onda completa com filtro mostrado na figura. Se a frequência da fonte de fem variável no tempo for de 60,0 Hz, qual será a frequência da corrente resultante?

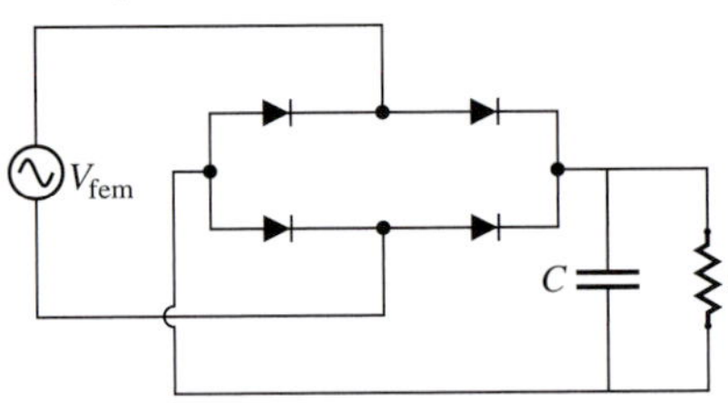

• **10.57** Uma voltagem $V_{rms} = 110$ V com frequência de 60,0 Hz é aplicada ao enrolamento primário de um transformador para o qual é válida a razão $N_P/N_S = 11$. O enrolamento secundário é usado como fonte de uma V_{fem} a ser filtrada pelo retificador de onda completa do problema anterior.

a) Qual é a voltagem máxima no enrolamento secundário do transformador?

b) Qual é a voltagem CC fornecida ao resistor?

Problemas adicionais

10.58 O motor de um aspirador pode ser visto como um indutor com indutância de 100 mH. Para uma voltagem CA de 60 Hz e $V_{rms} = 115$ V, que capacitância deve ser ligada em série com o motor a fim de maximizar a potência fornecida ao aspirador?

10.59 Ao girar o botão do sintonizador de um rádio, você ajusta o capacitor variável de um circuito LC. Suponha que você sintonize uma estação AM de 1.000 kHz, e que exista um indutor de 10 mH no circuito sintonizador. Quando você tiver sintonizado a estação, quanto vale a capacitância do capacitor?

10.60 Um circuito RLC em série possui uma fonte de fem variável no tempo de 12 V com frequência f_0, $L = 7$ mH, R = 100 Ω e $C = 0{,}05$ mF.

a) Qual é a frequência ressonante deste circuito?

b) Qual é a potência média dissipada no resistor a esta frequência ressonante?

10.61 Quais serão os valores máximos (a) da corrente e (b) da voltagem quando uma lâmpada incandescente de 60 W (a 110 V) estiver ligada a uma tomada de parede classificada como de 110 V?

10.62 Uma fonte de fem de 360 Hz é ligada a um circuito formado por um capacitor, um indutor de 25 mH e um resistor de 0,80 Ω. Para que a corrente e a voltagem estejam em fase uma com a outra, qual deve ser o valor C?

10.63 Qual é a resistência de um circuito RLC com $L = 65$ mH e $C = 1$ μF se o circuito perde 3,5% de sua energia total, como energia térmica, a cada ciclo?

10.64 Um transformador com 400 espiras no enrolamento primário e 20 espiras no secundário é projetado para fornecer uma potência média de 1.200 W com uma voltagem máxima de 60 V. Qual é a corrente máxima do enrolamento primário?

10.65 Um capacitor de 5 μF, em série com um resistor de 4 Ω, é carregado por uma bateria de 9 V durante um longo tempo, após o fechamento da chave (posição a da figura). O capacitor, então, é descarregado através de um indutor (com $L = 40$ mH) fechando-se a chave (posição b) em $t = 0$.

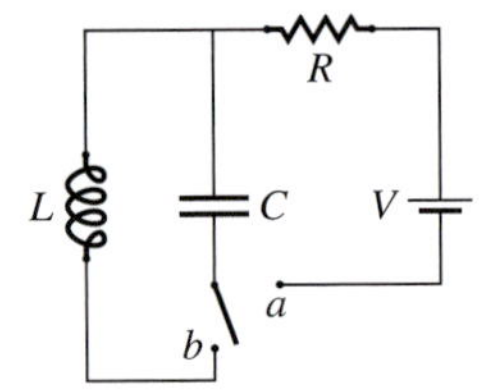

a) Determine a corrente máxima no indutor.

b) Qual é o primeiro instante em que a corrente atinge seu valor máximo?

• **10.66** No filtro passa-alta mostrado na figura, $R = 10$ kΩ e $C = 0{,}047$ μF. Qual é a frequência de 3 dB deste circuito (onde dB significa, para a corrente elétrica, basicamente como é feito para o som)? Ou seja, em que frequência a razão entre a voltagem de saída e a voltagem de entrada satisfaz a relação 20 log $(V_{saída}/V_{entrada}) = -3$?

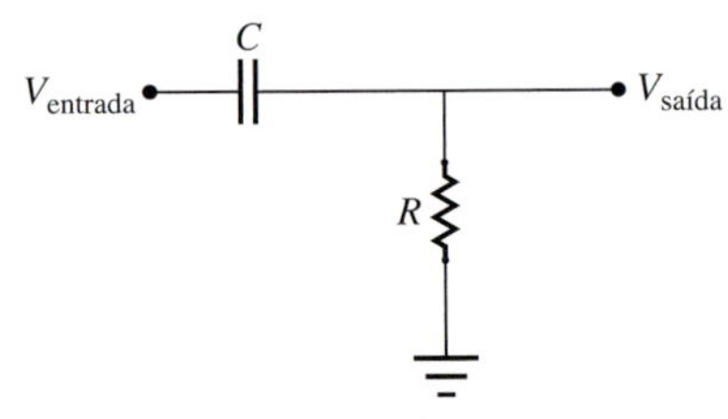

• **10.67** Na discussão sobre circuitos RL, RC e RLC deste capítulo, considerou-se que estivesse presente um resistor puramente resistivo, cuja indutância e cuja capacitância fossem exatamente nulas. Embora a capacitância de um resistor possa normalmente ser desprezada, a indutância é uma parte intrínseca do resistor. De fato, um dos resistores mais amplamente usados, o resistor bobinado (*wire-wound resistor*), nada mais é do que um solenoide feito com um fio altamente resistivo. Suponha que um resistor bobinado de resistência desconhecida seja ligado a uma fonte de potência CC. Com uma voltagem $V = 10$ V no resistor, 1 A de corrente flui pelo mesmo. Em seguida, o mesmo resistor é ligado a uma fonte de potência CA que fornece $V_{rms} = 10$ V com uma frequência variável. Quando a frequência for de 20 kHz, uma corrente, $I_{rms} = 0{,}8$ A, é medida no resistor.

a) Determine a resistência do resistor.

b) Determine a reatância indutiva do resistor.

c) Determine a indutância do resistor.

d) Determine a frequência da fonte CA na qual a reatância indutiva do resistor excede sua resistência.

• **10.68** Um circuito RLC contém um capacitor, um resistor e um indutor ligados em paralelo, como mostra a figura, e ligados a uma fonte de fem variável no tempo que fornece V_{rms} com uma frequência f. Obtenha uma expressão para I_{rms} em termos de V_{rms}, f, L, C e R.

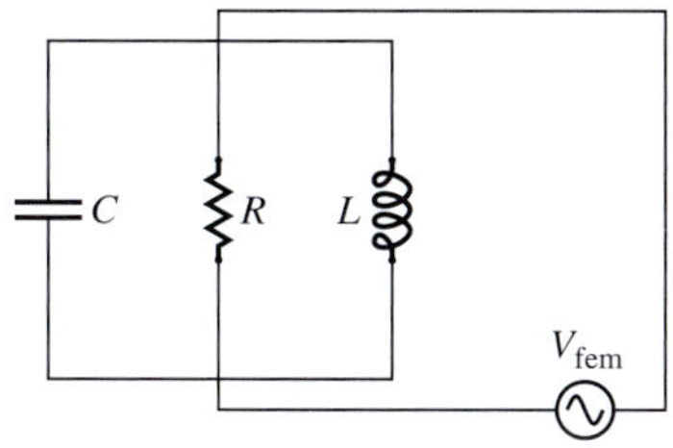

• **10.69** a) Uma espira feita com um fio de 5 cm de diâmetro conduz uma corrente de 2 A. Qual é a densidade de energia do campo magnético em seu centro?

b) Que corrente tem de fluir em um fio reto a fim de produzir a mesma densidade de energia em um ponto a 4 cm do fio?

• **10.70** Uma lâmpada de 75.000 W (sim, existem tais coisas!) funciona com $I_{rms} = 200{,}0$ A e $V_{rms} = 440{,}0$ V em um circuito CA de 60,0 Hz. Determine a resistência, R, e a autoindutância, L, dessa lâmpada. Sua reatância capacitiva é desprezível.

• **10.71** Mostre que a potência dissipada em um resistor ligado a uma fonte de potência CA, de frequência ω, oscila com frequência 2ω.

• **10.72** Um resistor de 300 Ω é ligado em série a um capacitor de 4,0 μF e a uma fonte de fem variável no tempo que fornece 40,0 V.

a) Em que frequência a queda de potencial no capacitor será igual àquela do indutor?

b) Quanto valerá a corrente do circuito quando isso ocorrer?

• **10.73** Um eletroímã consiste em 200 espiras e tem 10 cm de comprimento e uma seção transversal de 5,0 cm^2 de área. Determine a frequência ressonante do eletroímã quando ele estiver ligado à Terra (considerada como um capacitor esférico).

• **10.74** Experimentos de laboratório com circuitos RLC em série requerem um pouco de cuidado, quando tais circuitos, em ressonância, puderem produzir voltagens elevadas. Suponha que você disponha de um indutor de 1,00 H (que não é difícil de obter) e uma variedade de resistores e de capacitores. Projete um circuito RLC em série que seja ressonante na frequência (não angular) de 60,0 Hz e que, nesta frequência, amplie a voltagem no capacitor ou no indutor por um fator de 20,0, em relação à voltagem de entrada ou à voltagem de saída no resistor.

• **10.75** Um filtro passa-baixa RC específico possui uma frequência de corte de 200 Hz. Em que frequência a razão da voltagem de saída pela voltagem de entrada será igual a 0,10?

• **10.76** Em um determinado circuito RLC, um resistor de 20 Ω, um indutor de 10 mH e um capacitor de 5 μF são ligados em série a uma fonte de potência CA para a qual $V_{rms} = 10$ V e $f = 100$ Hz. Determine:

a) a amplitude da corrente,

b) a fase entre a corrente e a voltagem, e

c) a voltagem máxima em cada componente.

11 Ondas Eletromagnéticas

Figura 11.1 O cometa Hale-Bopp exibindo sua impressionante cauda dupla.

O QUE APRENDEREMOS

- Campos elétricos variáveis induzem campos magnéticos, e campos magnéticos variáveis induzem campos elétricos.
- As equações de Maxwell descrevem os fenômenos eletromagnéticos.
- Toda onda eletromagnética possui tanto um campo elétrico quanto um campo magnético.
- As soluções das equações de Maxwell podem ser expressas em termos de ondas progressivas que variam senoidalmente com o tempo.
- Para uma onda eletromagnética, o campo elétrico é perpendicular ao campo magnético e ambos os campos são ortogonais à direção de propagação da onda.
- A velocidade da luz pode ser expressa em termos de constantes relacionadas aos campos elétrico e magnético.
- A luz é uma onda eletromagnética.
- As ondas eletromagnéticas transportam consigo energia e momento.
- A intensidade de uma onda eletromagnética é proporcional ao quadrado do valor rms da intensidade do campo elétrico da onda.
- A direção do campo elétrico de uma onda eletromagnética progressiva é chamada de direção de polarização.

O cometa Hale-Bopp apareceu espetacularmente em 1997 (Figura 11.1). Muito impressionantes na foto são suas duas caudas. A cauda branca está ao longo da trajetória do cometa. Ela é formada por poeira proveniente do corpo do cometa, evaporada pelo calor solar e iluminada pela luz solar. A cauda azul está alinhada radialmente em relação ao Sol, formada por gás ionizado do vento solar – o fluxo de partículas de alta energia emitidas pelo Sol (mencionado na Seção 7.1, em ligação com o campo magnético terrestre).

Neste capítulo, abordaremos a natureza da luz, incluindo a maneira como ela pode transmitir energia e exercer pressão sobre outros objetos. Veremos que a luz é um tipo de onda, denominada *onda eletromagnética*, formada por campos elétricos e magnéticos em interação um com o outro. Outros tipos de onda eletromagnéticas que também lhe são familiares incluem desde ondas de rádio e de televisão a micro-ondas e raios X. Você verá de que maneira os diversos tipos de ondas se parecem e diferem entre si.

Note que a maioria dos resultados deste capítulo se aplica a ondas que se propagam no vácuo. Para todos os fins práticos, não existe diferença para ondas eletromagnéticas que se propagam em meios como a atmosfera terrestre. Existem algumas diferenças significativas para onda eletromagnéticas que se propagam em outros meios, porém essas não são discutidas neste capítulo.

11.1 Campos magnéticos induzidos

No Capítulo 9, você viu que todo campo magnético variável induz um campo elétrico. De acordo com a lei de Faraday da indução,

$$\oint \vec{E} \cdot d\vec{s} = -\frac{d\Phi_B}{dt}, \tag{11.1}$$

onde $\vec{E}$ é o campo elétrico induzido ao longo de um caminho fechado pelo fluxo magnético variável, Φ_B, através do caminho. De maneira semelhante, todo campo elétrico variável induz um campo magnético. A **lei de Maxwell da indução** (em homenagem ao físico britânico James Clerk Maxwell, 1831-1879) descreve este fenômeno como

$$\oint \vec{B} \cdot d\vec{s} = \mu_0 \epsilon_0 \frac{d\Phi_E}{dt}, \tag{11.2}$$

onde $\vec{B}$ é o campo magnético induzido ao longo de um caminho fechado pelo fluxo elétrico variável, Φ_E, através do caminho. Esta equação se assemelha à equação 11.1 exceto pela constante $\mu_0\epsilon_0$ e pelo falta do sinal negativo. A constante é uma consequência das unidades do SI usadas para campos magnéticos. O fato de que o lado direito da equação 11.2 não contém um sinal negativo implica que o campo magnético induzido tem um sinal oposto ao do campo elétrico induzido quando ambos são induzidos sob condições semelhantes, como veremos rapidamente.

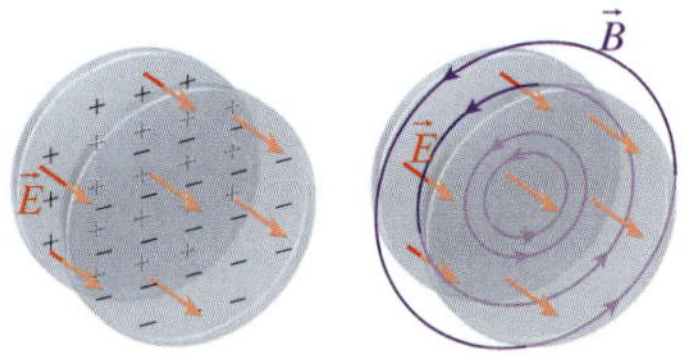

(a) (b)

Figura 11.2 (a) Capacitor circular carregado. As setas vermelhas representam o campo elétrico existente entre as placas. (b) Um capacitor em que a carga aumenta com o tempo. As setas vermelhas representam o campo elétrico, enquanto as roxas representam o campo magnético induzido.

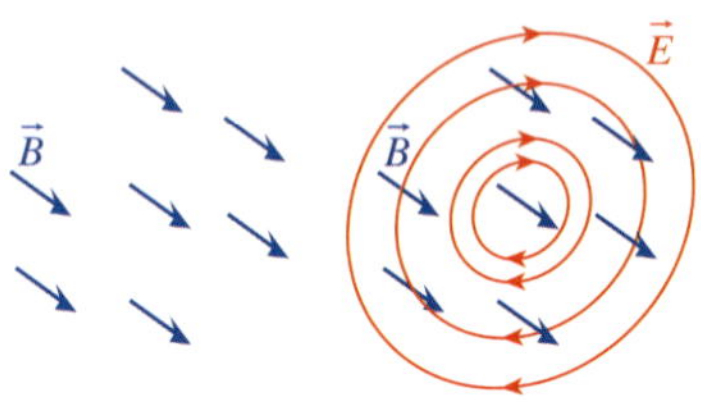

(a) (b)

Figura 11.3 (a) Campo magnético uniforme. (b) Um campo magnético crescente com o tempo induz um campo elétrico representado pelas linhas vermelhas.

Primeiro, note que *não é de todo óbvio* que a equação 11.2 possa ser escrita de uma maneira análoga à equação 11.1. Quando Maxwell a escreveu pela primeira vez, ela representou um passo à frente na unificação da eletricidade com o magnetismo. Faraday descobriu sua lei em 1831, porém levou um quarto de século para Maxwell obter sua contraparte. O que aqui foi estabelecido como um simples fato é na realidade o primeiro grande passo conceitual para a unificação de todas as forças físicas da natureza. Esta unificação começou com o trabalho de Maxwell um século e meio atrás e prossegue ainda na pesquisa moderna de hoje.

Podemos usar um capacitor circular para ilustrar o campo magnético induzido (Figura 11.2). Para o capacitor mostrado na Figura 11.2a, a carga é constante e um campo elétrico surge entre as placas. Não existe um campo magnético. Na caso do capacitor mostrado na Figura 11.2b, a carga está aumentando com o tempo. Assim, o fluxo elétrico entre as placas está aumentando com tempo também. Um campo magnético, $\vec{B}$, é ali induzido, representado pelas linhas fechadas roxas, que também indicam o sentido de $\vec{B}$. Ao longo de cada linha fechada, o vetor campo magnético tem a mesma intensidade e sua orientação é tangente à linha. Quando a carga para de aumentar, o fluxo magnético se mantém constante e o campo magnético desaparece.

Agora consideremos um campo magnético uniforme que também é constante com o tempo, como na Figura 11.3a. Na Figura 11.3b, o campo magnético ainda é uniforme ao longo do espaço, porém está aumentando com o tempo, o que induz um campo elétrico, representado por linhas fechadas vermelhas. O vetor campo elétrico possui uma intensidade constante ao longo de cada linha fechada e sua orientação é tangente às linhas mostradas. Note que o campo elétrico induzido está orientado no sentido oposto ao do campo magnético induzido produzido por um campo elétrico crescente (Figura 11.3b).

Agora relembre a lei de Ampère:

$$\oint \vec{B} \bullet d\vec{s} = \mu_0 i_{\text{enc}}, \tag{11.3}$$

que relaciona a integral, ao longo de uma linha fechada, do produto escalar do campo magnético pelo deslocamento infinitesimal ao longo da linha, $\vec{B} \bullet d\vec{s}$, com a corrente que atravessa a linha fechada. Entretanto, Maxwell percebeu que essa equação estava incompleta por não levar em conta as contribuições para o campo magnético devido a campos elétricos variáveis. As equações 11.2 e 11.3 podem ser combinadas para produzir uma descrição conjunta dos campos magnéticos criados por cargas em movimento ou por campos elétricos variáveis:

$$\oint \vec{B} \bullet d\vec{s} = \mu_0 \epsilon_0 \frac{d\Phi_E}{dt} + \mu_0 i_{\text{enc}}. \tag{11.4}$$

A equação 11.4 está relacionada à **lei de Maxwell-Ampère**. Você pode ver que, no caso de correntes constantes, como em um condutor, essa equação se reduz à lei de Ampère. No caso de um campo elétrico variável e sem a presença de correntes, como no caso do campo elétrico entre as placas de um capacitor, essa equação se reduz à lei de Maxwell da indução. É importante perceber que a lei de Maxwell-Ampère descreve duas fontes diferentes de campo magnético: uma corrente comum (discutida no Capítulo 8) e um fluxo de campo elétrico variável no tempo (discutido mais detalhadamente na próxima seção).

11.2 Corrente de deslocamento

Examinando a lei de Maxwell-Ampère (equação 11.4), podemos ver que o termo $\epsilon_0\, d\Phi_E/dt$ no lado direito da equação deve possuir unidades de corrente. Embora de fato nenhuma "corrente" seja "deslocada", esse termo é denominado **corrente de deslocamento**, i_d:

$$i_d = \epsilon_0 \frac{d\Phi_E}{dt}. \tag{11.5}$$

Com tal definição, podemos reescrever a equação 11.4 na forma

$$\oint \vec{B} \bullet d\vec{s} = \mu_0 \left(i_d + i_{\text{enc}} \right).$$

Novamente, vamos considerar um capacitor de placas paralelas circulares, agora fazendo parte de um circuito no qual flui uma corrente, i, enquanto o capacitor está sendo carregado

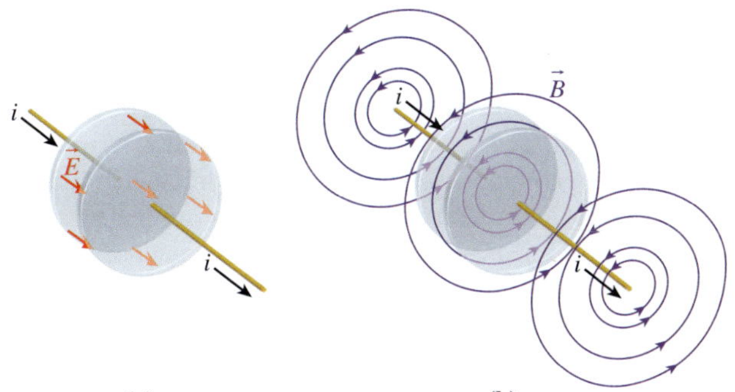

(a) (b)

Figura 11.4 Um capacitor de placas paralelas de um circuito sendo carregado por uma corrente *i*: (a) campo elétrico entre as placas em um dado instante; (b) campo magnético ao longo do fio e entre as placa do capacitor.

(Figura 11.4). Para um capacitor de placas paralelas, a carga, q, está relacionada ao campo elétrico entre as placas, E, por (consulte o Capítulo 4)

$$q = \epsilon_0 EA,$$

onde A é a área de cada placa. A corrente do circuito, i, pode ser obtida tomando-se a derivada temporal desta equação:

$$i = \frac{dq}{dt} = \epsilon_0 A \frac{dE}{dt}. \tag{11.6}$$

Considerando que o campo elétrico entre as placas do capacitor seja uniforme, podemos obter uma expressão para a corrente de deslocamento:

$$i_d = \epsilon_0 \frac{d\Phi_E}{dt} = \epsilon_0 \frac{d(AE)}{dt} = \epsilon_0 A \frac{dE}{dt}. \tag{11.7}$$

Assim, a corrente do circuito, i, dada pela equação 11.6, é igual à corrente de deslocamento, i_d, dada pela equação 11.7. Embora nenhuma corrente real flua na região entre as placas do capacitor, no sentido de que não existem cargas reais movendo-se entre as placas, de uma para a outra, a corrente de deslocamento pode ser usada para calcular o campo magnético induzido.

Para determinar o campo magnético entre as placas do capacitor, consideramos que o volume entre as duas placas possa ser substituído por um fio condutor de raio R por onde flui uma corrente, i_d. No Capítulo 8, vimos que o campo magnético, a uma distância radial r do centro do capacitor, é dada por

$$B = \left(\frac{\mu_0 i_d}{2\pi R^2}\right) r \quad (\text{para } r < R).$$

O sistema externo ao capacitor pode ser considerado como um fio condutor de corrente; dessa forma, o campo magnético a uma distância radial r do fio é

$$B = \frac{\mu_0 i_d}{2\pi r} \quad (\text{para } r > R).$$

11.2 Exercícios de sala de aula

A corrente de deslocamento, i_d, para o capacitor de placas paralelas circulares de raio R mostrado na figura é igual à corrente de condução, i, nos fios. Os pontos 1 e 3 estão localizados a uma distância radial r do centro do capacitor, de modo que $r < R$. Ordene em sequência decrescente as intensidades do campo magnético nos pontos 1,2 e 3.

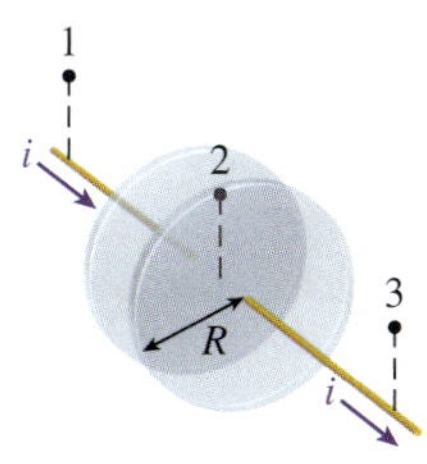

a) $B_1 > B_2 > B_3$

b) $B_3 > B_2 > B_1$

c) $B_1 = B_3 > B_2$

d) $B_2 > B_1 = B_3$

e) $B_1 = B_2 = B_3$

11.1 Exercícios de sala de aula

A corrente de deslocamento, i_d, para o capacitor de placas paralelas circulares de raio R mostrado na figura é igual à corrente de condução, i, nos fios. As partes 1 e 3 estão localizadas a uma distância radial r dos fios, enquanto o ponto 2 localiza-se à mesma distância radial r do centro do capacitor, tal que $r > R$. Ordene as intensidades do campo magnético nos pontos 1, 2 e 3 em sequência decrescente.

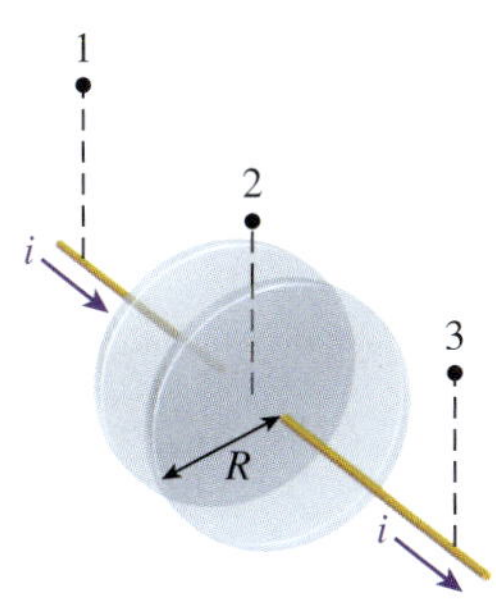

a) $B_1 > B_2 > B_3$

b) $B_3 > B_2 > B_1$

c) $B_1 = B_3 > B_2$

d) $B_2 > B_1 = B_3$

e) $B_1 = B_2 = B_3$

11.3 As equações de Maxwell

A lei de Maxwell-Ampère (equação 11.4) completa o conjunto das quatro equações conhecidas como as **equações de Maxwell**, que descreve as interações entre cargas elétricas, correntes, campos elétricos e campos magnéticos. Estas equações tratam a eletricidade e o magnetismo como dois aspectos diferentes de uma força unificada sob o nome de **eletromagnetismo**. Todos os resultados discutidos anteriormente para a eletricidade e o magnetismo permanecem válidos, porém essas equações mostram como interagem, um com o outro, os campos elétrico e magnético, dando origem a uma ampla gama de fenômeno eletromagnéticos. Este capítulo se concentra nas ondas eletromagnéticas. Um resumo das equações de Maxwell é apresentado na Tabela 11.1 (Novamente, como um lembrete, o termo $\oiint d\vec{A}$ nas primeiras duas equações representa uma integração ao longo de uma superfície fechada, enquanto $\oint d\vec{s}$, nas última duas equações, indica uma integração ao longo de uma curva fechada.)

Se você examinar com cuidado as equações de Maxwell, notará uma falta de simetria entre $\vec{E}$ e $\vec{B}$. Essa diferença provém do fato de que existem cargas elétricas isoladas e de que surgem correntes quando elas se movem, porém, aparentemente, não existem cargas magnéticas isoladas na natureza. Partículas que, hipoteticamente, possuem um único tipo de carga magnética (um polo norte ou um polo sul, mas não ambos) são denominadas *monopolos magnéticos*, mas, empiricamente, tem-se verificado que os polos magnéticos sempre existem em pares, um polo norte junto com um polo sul. Não existe uma razão fundamental para a ausência de monopolos magnéticos, e muitos experimentos têm sido realizados sem sucesso para verificar sua existência. O mais sensível desses experimentos foi o MACRO, que usou um detector de massa que operou durante muitos anos no laboratório localizado muito abaixo da montanha Gran Sasso, na Itália. O MACRO pesquisou por monopolos magnéticos em raios cósmicos, sem sucesso.

Agora começaremos nosso estudo das **ondas eletromagnéticas**. Ondas eletromagnéticas são formadas por campos elétricos e magnéticos, podem se propagar no vácuo, sem a necessidade de qualquer meio material, e não envolvem cargas em movimento ou correntes. A existência de ondas eletromagnéticas foi demonstrada experimentalmente em 1888 pelo físico alemão Heinrich Hertz (1857-1894). Hertz usou um circuito RLC que induzia uma corrente em um indutor que produzia, por sua vez, uma descarga em um faiscador. O faiscador era formado por dois eletrodos que, com uma diferença de potencial aplicada neles, produzia uma descarga no gás que havia entre os eletrodos. Hertz posicionou uma espira e o faiscador a vários metros de distância um do outro. Ele então observou que descargas eram induzidas na espira distante de uma forma que estava correlacionada às oscilações do circuito RLC primário. Assim, ondas eletromagnéticas foram capazes de se propagar através do espaço sem a necessidade de qualquer meio material que a sustentassem. Por esta e outras contribuições, a unidade básica de oscilação, ciclo por segundo, foi denominada hertz (Hz) em sua homenagem.

Tabela 11.1 As equações de Maxwell que descrevem fenômenos eletromagnéticos

Nome	Equação	Descrição
Lei de Gauss para campos elétricos	$\oiint \vec{E}\cdot d\vec{A} = \frac{q_{\text{enc}}}{\epsilon_0}$	O fluxo elétrico líquido ao longo de uma superfície fechada é proporcional à carga elétrica nela contida.
Lei de Gauss para campos magnéticos	$\oiint \vec{B}\cdot d\vec{A} = 0$	O fluxo magnético líquido ao longo de uma superfície fechada é sempre nulo (não existem monopolos magnéticos).
Lei de Faraday da indução	$\oint \vec{E}\cdot d\vec{s} = -\frac{d\Phi_B}{dt}$	Um campo elétrico é induzido por qualquer fluxo magnético variável.
Lei de Maxwell-Ampère	$\oint \vec{B}\cdot d\vec{s} = \mu_0\epsilon_0 \frac{d\Phi_E}{dt} + \mu_0 i_{\text{enc}}$	Um campo magnético é induzido por qualquer fluxo elétrico variável ou por uma corrente qualquer.

11.4 Soluções de onda para as equações de Maxwell

Como mostrará a Seção 11.11, é possível usar cálculo avançado para derivar uma equação de onda geral a partir das equações de Maxwell partindo da formulação diferencial dessas equações. Todavia, consideraremos primeiro que as ondas eletromagnéticas que se propagam no vácuo (onde não existem cargas ou correntes) tenham a forma de uma onda progressiva, e mostraremos que tal forma de onda satisfaz as equações de Maxwell.

A solução proposta

Consideremos as seguintes expressões para representar os campos elétrico e magnético de uma onda eletromagnética particular que se propague no sentido positivo do eixo x:

$$\vec{E}(\vec{r},t) = E_{max}\,\mathrm{sen}\left(\kappa x - \omega t\right)\hat{y}$$

e

$$\vec{B}(\vec{r},t) = B_{max}\,\mathrm{sen}\left(\kappa x - \omega t\right)\hat{z}, \qquad (11.8)$$

onde $\kappa = 2\pi/\lambda$ é o número de onda e $\omega = 2\pi f$ é a frequência angular de uma onda de comprimento de onda λ e frequência f. Note que as intensidades de ambos os campos não possuem qualquer dependência com as coordenadas y e z, somente com a coordenada x e com o tempo. Esse tipo de onda, em que os vetores campo elétrico e campo magnético se situam em um mesmo plano, é denominado **onda plana**. A equação 11.8 indica que essa onda eletromagnética particular se propaga no sentido positivo do eixo x porque, enquanto aumenta o tempo t, a coordenada x tem de diminuir de valor a fim de manter fixos os campos. A onda descrita pela equação 11.8 é mostrada na Figura 11.5.

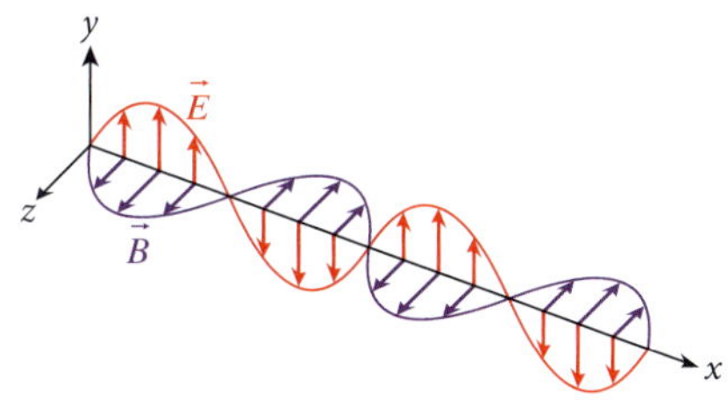

Figura 11.5 Representação de uma onda eletromagnética que se propaga no sentido positivo do eixo x, em um dado instante.

No caso particular ilustrado na Figura 11.5, o campo elétrico se encontra inteiramente na direção y, enquanto seu campo magnético encontra-se inteiramente na direção z; ou seja, ambos os campos são perpendiculares à direção de propagação da onda. Daí se conclui que o campo elétrico é sempre perpendicular à direção de propagação da onda e sempre é perpendicular também à direção do campo magnético. Entretanto, de maneira geral, para uma onda eletromagnética que se propague na direção x, o campo elétrico pode ter qualquer orientação no plano yz.

A representação da onda da Figura 11.5 é uma abstração instantânea. Os valores ali mostrados representam o módulo e a orientação dos campos elétrico e magnético; no entanto, você deve perceber que tais campos não são objetos sólidos. Nada feito de matéria se move da esquerda para a direita ou de cima para baixo enquanto a onda se propaga. Os vetores que apontam para a esquerda e para a direita, e para cima e para baixo, representam campos elétricos e magnéticos.

A demonstração de que a onda progressiva descrita pela equação 11.8 satisfaz as equações de Maxwell envolve um pouco de cálculo vetorial, mas também utiliza muitas das concepções desenvolvidas nos capítulos anteriores. As subseções seguintes detalham este processo, para cada uma das equações de cada vez.

11.3 Exercícios de sala de aula

Uma onda eletromagnética plana se propaga no vácuo. O campo elétrico da onda é dado por $\vec{E} = E_{max}\cos\left(\kappa x - \omega t\right)\hat{y}$. Qual das seguintes equações descreve corretamente o campo magnético da onda?

a) $\vec{B} = B_{max}\cos\left(\kappa x - \omega t\right)\hat{x}$

b) $\vec{B} = B_{max}\cos\left(\kappa y - \omega t\right)\hat{y}$

c) $\vec{B} = B_{max}\cos\left(\kappa z - \omega t\right)\hat{z}$

d) $\vec{B} = B_{max}\cos\left(\kappa y - \omega t\right)\hat{z}$

e) $\vec{B} = B_{max}\cos\left(\kappa x - \omega t\right)\hat{z}$

Lei de Gauss para campos elétricos

Comecemos com a lei de Gauss para campos elétricos. Para uma onda eletromagnética no vácuo, não existe carga alguma circundada ($q_{dentro} = 0$); dessa forma, devemos mostrar que a solução proposta da equação 11.8 satisfaz à relação

$$\oiint \vec{E}\bullet d\vec{A} = 0. \qquad (11.9)$$

Escolhemos a superfície gaussiana como uma caixa retangular circundando uma porção da representação vetorial da onda (Figura 11.6). No caso das faces dessa caixa paralelas ao plano yz, $\vec{E}\bullet d\vec{A}$ é nulo porque os vetores $\vec{E}$ e $d\vec{A}$ são mutuamente perpendiculares. O mesmo é verdadeiro para as faces paralelas ao plano xy. Já as faces paralelas ao plano xz contribuem com $+EA_1$ e $-EA_1$, onde A_1 é a área da face superior e da face inferior. Assim, a integral é nula, e a lei de Gauss para campos elétricos é satisfeita.

Se analisarmos as representações vetoriais correspondentes a diferentes instantes, obteremos campos elétricos diferentes. Entretanto, uma vez que campo elétrico sempre se encontra na direção y, a integral sempre será nula.

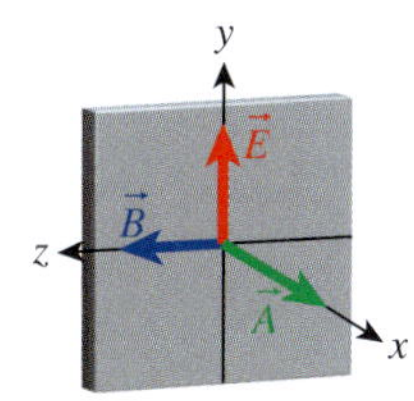

Figura 11.6 Superfície gaussiana (caixa cinza) ao redor de uma parte da representação vetorial de uma onda eletromagnética que se propaga no sentido positivo do eixo x. O vetor área é mostrado para a face frontal da superfície gaussiana.

Lei de Gauss para campos magnéticos

No caso da lei de Gauss para campos magnéticos, devemos mostrar que

$$\oiint \vec{B}\bullet d\vec{A} = 0. \qquad (11.10)$$

Novamente usaremos a superfície fechada da Figura 11.6 para efetuar a integração. No caso das faces paralelas aos planos yz e xz, $\vec{B}\bullet d\vec{A}$ é nulo porque os vetores $\vec{B}$ e $d\vec{A}$ são mutuamente perpendiculares. As faces paralelas ao plano xy contribuem com $+BA_2$ e $-BA_2$, onde A_2 é a área de cada uma das duas faces paralelas ao plano xy. Dessa forma, a integral é nula, e a lei de Gauss para campos magnéticos é satisfeita.

Lei de Faraday da indução

Agora vamos considerar a lei de Faraday da indução:

$$\oint \vec{E}\bullet d\vec{s} = -\frac{d\Phi_B}{dt}. \tag{11.11}$$

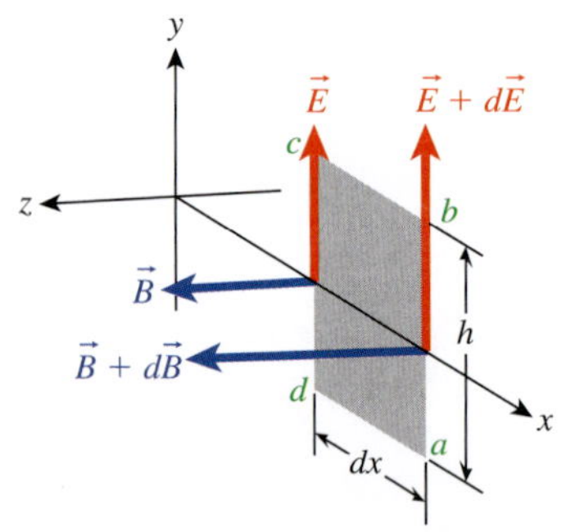

Figura 11.7 Dois instantâneos dos campos elétrico e magnético de uma onda eletromagnética. A área em cinza representa um caminho de integração possível para a lei de Faraday.

A fim de calcular a integral do lado direito desta equação, consideramos uma linha fechada situada no plano xy, de largura dx e altura h, e que vai de a para b, daí para c, depois para d e daí de volta para a, como ilustrada pelo retângulo cinza da Figura 11.7 O vetor área infinitesimal $d\vec{A} = \hat{n}\,dA = \hat{n}h\,dx$ deste retângulo possui um vetor área unitário, $\hat{n}$, que aponta no sentido positivo do eixo z. Note que os campos elétrico e magnético variam com a posição ao longo do eixo x. Assim, ao se passar do ponto x para o ponto $x + dx$, o campo elétrico muda de $\vec{E}(x)$ para $\vec{E}(x+dx) = \vec{E}(x) + d\vec{E}$.

Na determinação da integral da equação 11.11 ao longo do caminho fechado, dividimos o mesmo em quatro partes, integrando, em sentido anti-horário, de a para b, de b para c, de c para d, e de d para a, como ilustrado na Figura 11.7. As contribuições para a integral nas partes do caminho que são paralelas ao eixo x, ao se integrar de b para c e de d para a, são nulas porque aí o campo elétrico é sempre perpendicular à direção de integração. No caso das integrações ao longo da direção de y, de a para b e de c para d, o campo elétrico é sempre paralelo e antiparalelo, respectivamente, à orientação de integração; logo, o produto escalar do integrando se reduz ao produto convencional. Uma vez que o campo elétrico independe da coordenada y, ele pode ser retirado para fora da integral. Dessa forma, a integral ao longo de cada um dos segmentos na direção y é um simples produto do integrando (o módulo do campo elétrico na correspondente coordenada x) pelo comprimento do intervalo de integração (h), vezes -1 no caso da integração no sentido negativo de y porque, então, $\vec{E}$ é antiparalelo à orientação de integração. Portanto, a integral resulta em

$$\oint \vec{E}\bullet d\vec{s} = E\int_a^b ds - E\int_c^d ds = (E+dE)(h) - Eh = (dE)(h).$$

O lado direito da equação 11.11 é dado por

$$-\frac{d\Phi_B}{dt} = -A\frac{dB}{dt} = -(h)(dx)\frac{dB}{dt}.$$

Assim, temos

$$(h)(dE) = -(h)(dx)\frac{dB}{dt}$$

ou

$$\frac{dE}{dx} = -\frac{dB}{dt}. \tag{11.12}$$

As derivadas dE/dx e dB/dt são tomadas, cada qual, com respeito a uma só variável, embora tanto E quanto B dependam de x e de t. Dessa forma, devemos escrever a equação 11.12 de forma mais apropriada, usando derivadas parciais:

$$\frac{\partial E}{\partial x} = -\frac{\partial B}{\partial t}. \tag{11.13}$$

Usando as formas assumidas pelos campos elétrico e magnético (equação 11.8), podemos expandir as derivadas parciais:

$$\frac{\partial E}{\partial x} = \frac{\partial}{\partial x}\left(E_{\text{max}}\,\text{sen}(\kappa x - \omega t)\right) = \kappa E_{\text{max}}\cos(\kappa x - \omega t),$$

e

$$\frac{\partial B}{\partial t} = \frac{\partial}{\partial t}\left(B_{\text{max}}\,\text{sen}(\kappa x - \omega t)\right) = -\omega B_{\text{max}}\cos(\kappa x - \omega t).$$

Substituindo essas expressões na equação 11.13, obtemos

$$\kappa E_{\text{max}}\cos(\kappa x - \omega t) = -\left[-\omega B_{\text{max}}\cos(\kappa x - \omega t)\right].$$

A frequência angular e o número de onda são relacionados via

$$\frac{\omega}{\kappa}=\frac{2\pi f}{\left(2\pi/\lambda\right)}=f\lambda=c, \tag{11.14}$$

onde c é a velocidade de propagação da onda. (Em geral, poderíamos usar o símbolo v para a velocidade dessa onda. Todavia, escolhemos usar c porque, como veremos, todas as ondas eletromagnéticas se propagam no vácuo com uma velocidade de propagaçao característica, a velocidade da luz, que é convencionalmente representada por c.) Logo, temos

$$\frac{E_{\max}}{B_{\max}}=\frac{\omega}{\kappa}=c.$$

Podemos usar a equação 11.8 para reescrever esta equação em termos da razão entre as intensidades dos campos, em um lugar fixo e em determinado instante como

$$\frac{E}{B}=\frac{\left|\vec{E}\left(\vec{r},t\right)\right|}{\left|\vec{B}\left(\vec{r},t\right)\right|}=\frac{E_{\max}\left|\operatorname{sen}\left(\kappa x-\omega t\right)\right|}{B_{\max}\left|\operatorname{sen}\left(\kappa x-\omega t\right)\right|}=c. \tag{11.15}$$

Assim, a equação 11.8 satisfará a lei de Faraday da indução se a razão entre as intensidades dos campos elétrico e magnético for c.

Lei de Maxwell-Ampère

Finalmente, vamos tratar agora da lei de Maxwell-Ampère. Para ondas eletromagnéticas, no caso em que nenhuma corrente flui, podemos escrever

$$\oint \vec{B}\cdot d\vec{s}=\mu_0\epsilon_0\frac{d\Phi_E}{dt}. \tag{11.16}$$

Para calcular a integral do lado esquerdo dessa equação, escolhemos um caminho fechado no plano xy de largura dx e altura h, representado pelo retângulo cinza da Figura 11.8. A área infinitesimal daquele retângulo está orientada no sentido positivo do eixo y.

A integral percorrendo o caminho em sentido anti-horário (a para b para c para d para a) é dada por

$$\oint \vec{B}\cdot d\vec{s}=Bh-\left(B+dB\right)\left(h\right)=-\left(dB\right)\left(h\right). \tag{11.17}$$

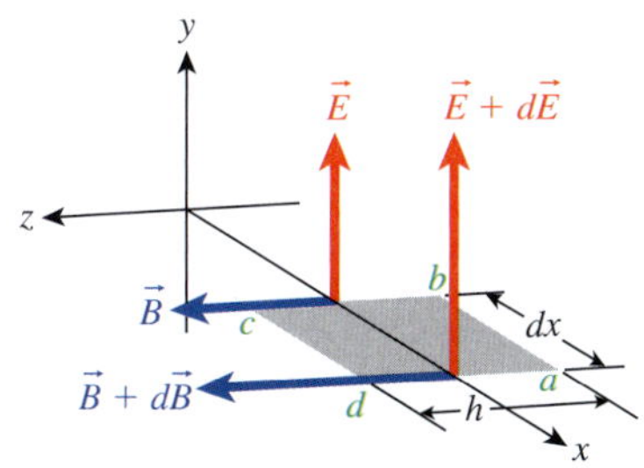

Figura 11.8 Representações dos campos elétrico e magnético de uma onda eletromagnética em um dado instante. A área cinza representa um caminho de integração para a lei de Maxwell-Ampère.

Como antes, os trechos do caminho paralelo ao eixo x não contribuem para a integral. O lado direito da equação 11.16 pode ser escrito como

$$\mu_0\epsilon_0\frac{d\Phi_E}{dt}=\mu_0\epsilon_0 A\frac{dE}{dt}=\mu_0\epsilon_0\left(h\right)\left(dx\right)\frac{dE}{dt}. \tag{11.18}$$

Substituindo as equações 11.17 e 11.18 na equação 11.6, obtemos

$$-\left(dB\right)\left(h\right)=\mu_0\epsilon_0\left(h\right)\left(dx\right)\frac{dE}{dt}.$$

Expressando esta equação em termos das derivadas parciais, como fizemos para a equação 11.12, obtemos

$$-\frac{\partial B}{\partial x}=\mu_0\epsilon_0\frac{\partial E}{\partial t}.$$

Agora, usando a equação 11.8, temos

$$-\left[\kappa B_{\max}\cos\left(\kappa x-\omega t\right)\right]=-\mu_0\epsilon_0\omega E_{\max}\cos\left(\kappa x-\omega t\right),$$

ou

$$\frac{E_{\max}}{B_{\max}}=\frac{\kappa}{\mu_0\epsilon_0\omega}=\frac{1}{\mu_0\epsilon_0 c}.$$

Podemos expressar essa equação em termos das intensidades dos campos elétrico e magnético como antes:

$$\frac{E}{B}=\frac{1}{\mu_0\epsilon_0 c}. \tag{11.19}$$

A equação 11.8 satisfará a lei de Maxwell-Ampère se a razão entre as intensidades dos campos elétrico e magnético for dada por $1/\mu_0\epsilon_0 c$.

11.5 A velocidade da luz

Das equações 11.15 e 11.19, podemos concluir que

$$\frac{E}{B}=\frac{1}{\mu_0\epsilon_0 c}=c,$$

o que, por sua vez, leva a

$$c=\frac{1}{\sqrt{\mu_0\epsilon_0}}. \tag{11.20}$$

Assim, o valor da velocidade de uma onda eletromagnética no vácuo pode ser expressa em termos das duas constantes fundamentais relacionadas a campos elétricos e magnéticos: a permeabilidade magnética e a permissividade elétrica do vácuo (às vezes também denominado espaço livre). Substituindo os valores aceitos para essas constantes na equação 11.20, resulta em

$$c=\frac{1}{\sqrt{\left(4\pi\cdot 10^{-7}\text{ H/m}\right)\left(8{,}85\cdot 10^{-12}\text{ F/m}\right)}}=3{,}00\cdot 10^{8}\text{ m/s}.$$

O valor calculado para essa velocidade é igual ao valor da velocidade de propagação da luz (no vácuo), e sugere que a luz é uma onda eletromagnética.

A equação 11.15 estabelece que $E/B = c$. Mesmo sendo c um valor enorme, a equação 11.15 não significa que a intensidade do campo elétrico seja sempre muito maior do que do campo magnético correspondente. De fato, os campos elétricos e magnéticos são expressos em unidades diferentes, de modo que uma comparação direta de seus valores não é possível.

A velocidade da luz desempenha um papel importante na teoria da relatividade especial. A velocidade da luz tem sempre o mesmo módulo em relação a qualquer sistema de referência. Assim, se você emitisse uma onda eletromagnética em uma direção específica, qualquer observador, a despeito do fato de ele estar se afastando ou se aproximando ou se movendo em qualquer que seja a direção, observará que a onda se propaga com a velocidade da luz. Este resultado impressionante, juntamente com o postulado de que as leis da física são idênticas para todos os observadores inerciais, leva à teoria da relatividade.

O valor da velocidade da luz pode ser medido com extrema precisão, muito maior do que o metro poderia ser determinado a partir do padrão de referência original para esta unidade. Por isso, o valor da velocidade da luz agora pode ser definido precisamente como

$$c = 299.792.458\text{ m/s}. \tag{11.21}$$

A definição do metro agora é, simplesmente, a distância que a luz percorre no vácuo durante um intervalo de tempo de 1/299.792.458 s.

11.4 Exercícios de sala de aula

Qual é o tempo necessário para a luz de um laser ir da Terra à Lua e retornar? A distância da Terra até a Lua vale $3{,}84 \cdot 10^8$ m.

a) 0,640 s
b) 1,28 s
c) 2,56 s
d) 15,2 s
e) 85,0 s

11.4 Pausa para teste

A estrela mais brilhante do céu é Sírios, que se encontra a uma distância de $8{,}30 \cdot 10^{16}$ m da Terra. Quando vemos a luz proveniente dessa estrela, para que tempo atrás (em anos) estamos olhando?

11.6 O espectro eletromagnético

Todas as ondas eletromagnéticas se propagam com a velocidade da luz. Todavia, o comprimento de onda e a frequência das mesmas variam drasticamente de valor. A velocidade da luz, c, seu comprimento de onda, λ, e sua frequência, f, estão relacionados por

$$c=\lambda f. \tag{11.22}$$

Exemplos de ondas eletromagnéticas incluem a luz, as ondas de rádio, as micro-ondas, os raios X e os raios gama. Três aplicações das ondas eletromagnéticas são mostradas na Figura 11.19.

(a) (b) (c)

Figura 11.9 (a) Radiotelescópio denominado *Very Large Array*. (b) Imagem de radar com cores falsas de Vênus. (c) Imagem de raios X de uma mão.

O **espectro eletromagnético** está ilustrado na Figura 11.10, incluindo as ondas eletromagnéticas de comprimentos de onda que vão de 1.000 m a menos do que 10^{-12} m, e frequências correspondentes de 10^5 a 10^{20} Hz. Ondas eletromagnéticas de comprimentos de onda (e frequências) em certas faixas de frequências são identificadas por nomes característicos:

- **Luz visível** se refere àquelas ondas eletromagnéticas que podemos ver com nossos olhos, com comprimentos de 400 nm (azul) a 700 nm (vermelho). A resposta do olho humano apresenta um pico ao redor de 550 nm (verde) e diminui rapidamente para longe deste comprimento de onda. Outros comprimentos de onda de ondas eletromagnéticas são invisíveis ao olho humano. Todavia, podemos detectá-las por outros meios.
- **Ondas infravermelhas** (com comprimentos de onda um pouco mais longos do que aos da luz visível por volta de 10^{-4} m) são sentidas como calor. Detectores de ondas infravermelhas podem ser usados para medir a fuga de calor de residências e escritórios, assim como para localizar vulcões em maturação. Muitos animais desenvolveram a habilidade de enxergar ondas infravermelhas, de modo que conseguem enxergar no escuro. Feixes infravermelhos também são usados em torneiras automáticas de restaurantes públicos e em unidades de controle remoto de aparelhos de TV e de DVD.
- **Raios ultravioletas**, com comprimentos de onda um pouco mais curtos do que os da luz visível, abaixo de alguns nanômetros (10^{-9} m), podem danificar a pele e causar queimaduras. A atmosfera terrestre, em especial a camada de ozônio, impede que a maior parte dos raios ultravioletas provenientes do Sol atinja a superfície da Terra. Raios ultravioletas são usados em hospitais para esterilizar equipamento e também para produzir propriedades ópticas como a fluorescência.
- **Ondas de rádio** possuem frequências na faixa de várias centenas de kHz (rádio AM) a 100 MHz (rádio FM). Elas também são muito usadas na astronomia por conseguirem atravessar nuvens de poeira e de gás que bloqueiam a luz visível; o *Very Large Array* mostrado na Figura 11.9a é um conjunto de telescópios que utiliza ondas de rádio.
- **Micro-ondas**, usadas para estourar pipocas em fornos de micro-ondas e na transmissão de mensagens de telefones celulares por meio de torres de retransmissão ou de satélites de comunicação, possuem frequências por volta de 10 GHz. Equipamentos de radar utilizam ondas com comprimentos de onda entre os das ondas de rádio e o de micro-ondas, o que lhes possibilita e propagar facilmente através da atmosfera e se refletir em objetos de tamanhos que vão de uma bola de beisebol a uma nuvem de tempestade.

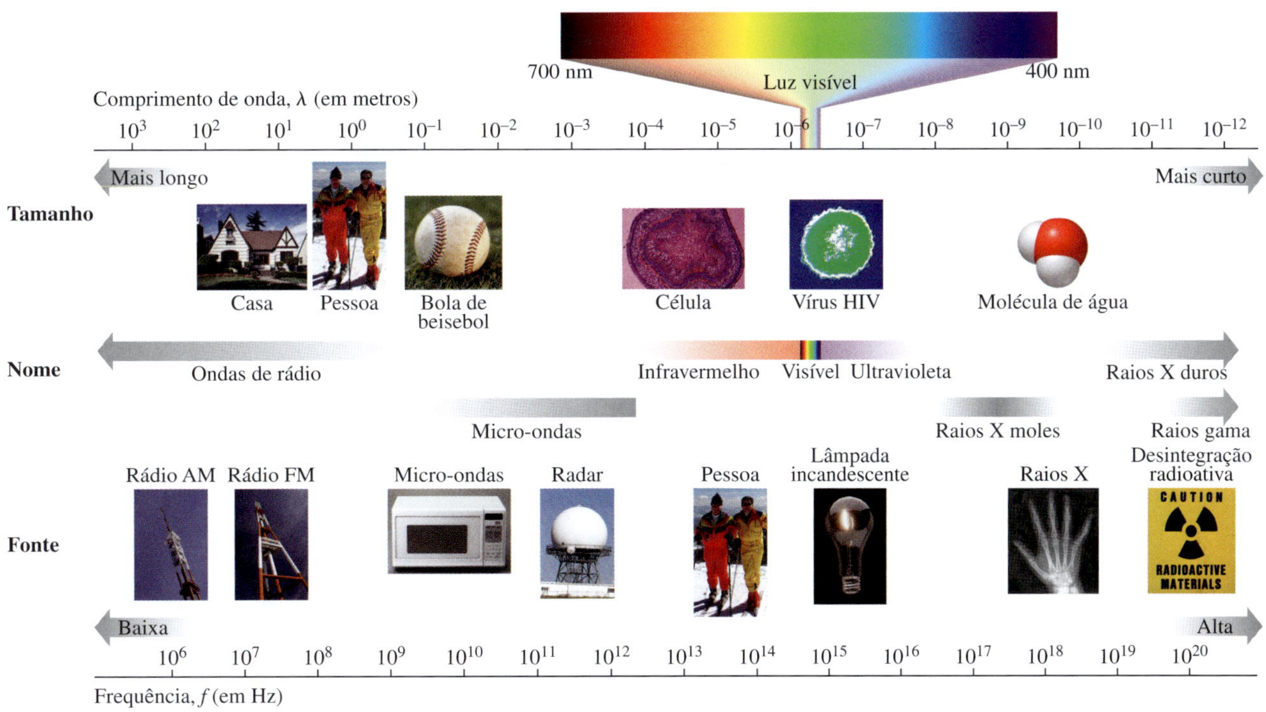

Figura 11.10 O espectro eletromagnético.

11.2 Pausa para teste

Uma estação de rádio FM transmite em 90,5 MHz, enquanto uma estação de rádio AM transmite em 870 kHz. Quais são os comprimentos de onda dessas ondas eletromagnéticas?

A Figura 11.9b mostra uma imagem de radar da superfície do planeta Vênus, sempre obscurecida por nuvens que bloqueiam a luz solar.

- **Raios X**, usados para produzir imagens médicas, como a que é mostrada na Figura 11.9c, possuem comprimentos de onda da ordem de 10^{-10} m. Este comprimento é aproximadamente igual à distância entre os átomos de um sólido cristalino, de modo que os raios X são usados para determinar a estrutura molecular detalhada de qualquer material que pode ser cristalizada.
- **Raios gama**, emitidos em desintegrações de núcleos radioativos possuem comprimentos de onda muito curtos, da ordem de 10^{-12} m, e podem causar danos a células humanas. Com frequência eles são usados na medicina para destruir células cancerígenas e outros tecidos malignos que são de difícil acesso.

Bandas de frequência para comunicações

As faixas de frequência destinadas às transmissões de rádio e televisão são mostradas na Figura 11.11. A banda de frequências destinada a rádios AM (do inglês, *amplitude modulation*, modulação de amplitude) vai de 535 kHz a 1.705 kHz. As rádios FM usam frequências entre 88,0 MHz e 108,0 MHz. A televisão em VHF (de *very high frequency*, frequências muito altas) opera em duas bandas: de 54,0 MHz a 88,0 MHz para os canais de 2 a 6, e de 174,0 MHZ a 216,0 MHz para os canais de 7 a 13. As televisões de UHF (do inglês, *ultra-high frequency*, frequências ultra altas), do canal 14 ao canal 83 transmitem na banda que vai de 512,0 MHZ a 698,0 MHz. A maior parte das estações de TV de alta definição (HDTV, do inglês, *high-definition television*) usam a banda de UHF e os canais de 14 a 83.

Uma estação de rádio ou de televisão transmite um sinal portador em uma determinada frequência. O sinal portador é uma onda senoidal com uma frequência igual à frequência da estação transmissora. No caso das estações AM, a amplitude da portadora é modificada pela informação que é transmitida, como ilustrado na Figura 11.12a. A modulação do sinal da onda portadora contém a mensagem transmitida. A Figura 11.12a mostra uma onda senoidal simples, indicando que um único tom está sendo transmitido. O sinal é recebido por um circuito RLC sintonizável cuja frequência ressonante é igual à frequência do sinal portador. A corrente induzida no circuito é proporcional à amplitude do sinal da mensagem transmitida. A transmissão AM é vulnerável a ruídos e perdas de sinal porque a mensagem é proporcional à amplitude do sinal, o que pode ser alterado se as condições variarem.

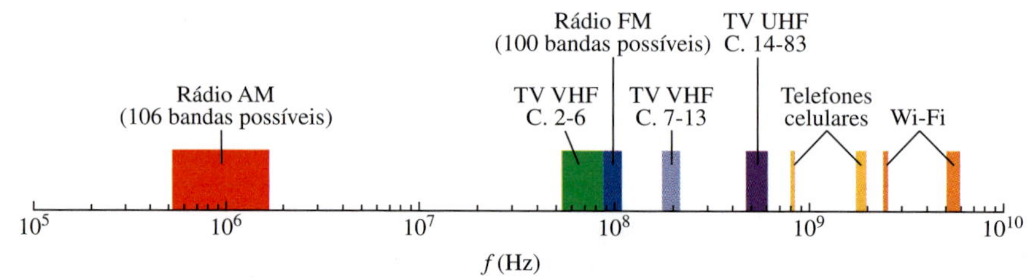

Figura 11.11 As bandas de frequência destinadas às transmissões de rádio, televisão, telefones celulares e sistemas de *Wi-Fi* para computadores nos Estados Unidos.

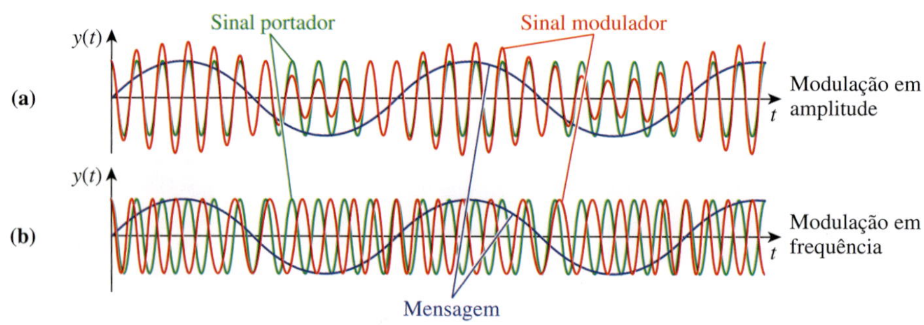

Figura 11.12 (a) Modulação de amplitude. (b) Modulação de frequência. Em ambos os casos, a curva verde representa um sinal portador, a curva vermelha o sinal modulado e a curva azul representa a informação que é transmitida.

No caso de transmissões FM, é a frequência do sinal portador que é modificada pela mensagem, produzindo um sinal modulado como o que é ilustrado na Figura 11.12b. Esse tipo de transmissão é muito menos afetado por ruídos e por perdas de sinal porque a mensagem é extraída dos deslocamentos de frequência do sinal portador, em vez de extraídas das variações na amplitude do sinal portador. Os receptores de rádio FM comumente usam um discriminador Foster-Seeley para decodificar um sinal FM. Um discriminador Foster-Seeley usa um circuito RLC sintonizado na frequência do sinal portador e ligado a dois diodos, o que lembra o retificador de meia-onda discutido no Capítulo 10. Se a entrada tiver a mesma frequência da portadora, as duas metades do circuito sintonizado produzirão voltagens retificadas, e a saída será nula. Quando a frequência do sinal portador variar, o equilíbrio entre as duas metades do circuito retificador mudará, resultando daí uma voltagem proporcional ao desvio de frequência do sinal portador. Todo discriminador Foster-Seeley é sensível a variações de amplitude e, por isso, ele geralmente é acoplado a um estágio amplificador limitador a fim de diminuir a sensibilidade do discriminador a variações da intensidade da onda portadora, permitindo que os sinais mais baixos o atravessem sem ser afetados, e removendo os picos do sinal que excedem certo nível de potência.

Transmissores HDTV enviam informação digitalmente, na forma de zeros e uns. Um byte de informação contém oito bits, onde um bit é um 0 ou um 1. A tela é subdividida em elementos de imagem ou pixels (do inglês, *picture image element*) como representações digitais da cor vermelha, verde ou azul de cada pixel. Atualmente, a máxima resolução para HDTV é de 10.80*i*, que contém 1.920 pixels na direção horizontal, e 1.080 pixels na vertical. Metade da imagem (cada metade das linhas horizontais) é atualizada 60 vezes por segundo, enquanto as duas metades da imagem são entrelaçadas de modo a formar a imagem completa. (Consulte a Seção 11.10 para mais informação acerca de formatos de vídeo.) As transmissões de HDTV são realizadas usando-se uma técnica de compressão-descompressão (codec), normalmente no padrão conhecido como MPEG-2, a fim de reduzir a quantidade de dados a ser transmitida. Uma estação HDTV comum transmite cerca de 17 megabytes de informação por segundo.

As transmissões de telefones celulares se dão em bandas de frequência que vão de 824,04 a 848,97 MHz e de 1,85 a 1,99 GHz. Conexões *Wi-Fi*, sem fios, de dados para computadores operam em bandas que vão de 2,401 a 2,484 GHz (no caso do padrão internacional; a banda padrão no caso dos Estados Unidos tem um limite superior de 2,473 GHz) e de 5,15 a 5,85 GHz. Trata-se de frequências pertencentes à banda de micro-ondas, e certas pessoas se preocupam com as exposições prolongadas às ondas eletromagnéticas emitidas por telefones celulares e por aparelhos de *Wi-Fi*. Todavia, a potência relativamente pequena desses dispositivos, combinada ao fato de que a energia dessas ondas é muito menor do que à de outras ondas normalmente encontradas, como a da luz visível, constituem argumentação para considerar que existe pouco perigo em usar telefones celulares e *Wi-Fi*.

11.7 Ondas eletromagnéticas progressivas

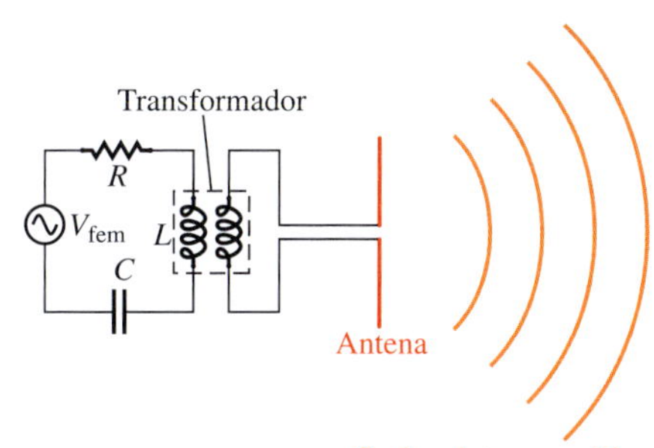

Figura 11.13 Um circuito RLC acoplado a uma antena que emite ondas eletromagnéticas progressivas.

Processos subatômicos podem produzir ondas eletromagnéticas tais como raios gama, raios X e luz. As ondas eletromagnéticas também podem ser produzidas por um circuito RLC ligado a uma antena (Figura 11.13). A ligação entre o circuito RLC e a antena se dá por meio de um transformador. Uma antena dipolo é usada como uma aproximação de um dipolo elétrico. A voltagem e a corrente na antena variam senoidalmente com o tempo e fazem o fluxo de carga na antena oscilar com a frequência característica do circuito RLC, ω_0. As cargas aceleradas criam **ondas eletromagnéticas progressivas**, que se propagam a partir da antena com uma velocidade c e com uma frequência $f = \omega_0/(2\pi)$.

As ondas eletromagnéticas progressivas se propagam com suas frentes de onda espalhando-se esfericamente a partir da antena. No entanto, a uma grande distância da antena, as frentes de onda parecem ser quase planas. Dessa forma, uma onda dessas é descrita pela equação 11.8. Se um segundo circuito RLC for sintonizado na mesma frequência, ω_0, quando o circuito emissor estiver localizado no caminho dessas ondas eletromagnéticas, uma voltagem e uma corrente serão induzidas neste segundo circuito. Essas oscilações induzidas constituem a ideia básica para a transmissão e a recepção. Se o segundo circuito possuir $\omega = 1/\sqrt{LC}$, diferente de ω_0, voltagens e correntes muito menores serão ali induzidas. Somente se a frequência ressonante do circuito de recepção for igual ou muito próxima da frequência transmitida é que algum sinal será induzido no circuito receptor. Dessa forma, o receptor pode selecionar uma transmissão de determinada frequência e rejeitar todas as outras.

O princípio de transmissão de ondas eletromagnéticas foi descoberto por Heinrich Hertz em 1888, como descrito na Seção 11.3, e foi usado pelo físico italiano Guglielmo Marconi (1874-1937) para transmitir sinais sem usar fios.

11.8 Vetor de Poynting e transporte de energia

Quando você caminha sob a luz solar, você sente calor. Se você ficar parado durante muito tempo sob a luz do Sol, bronzeará sua pele. Estes fenômenos se devem às ondas eletromagnéticas emitidas pelo Sol. Tais ondas transportam consigo energia que geralmente foi gerada por reações nucleares que ocorrem no núcleo do Sol.

A taxa segundo a qual a energia é transportada por uma onda eletromagnética, definida em termos de um vetor, $\vec{S}$, é dada por

$$\vec{S} = \frac{1}{\mu_0}\vec{E}\times\vec{B}. \tag{11.23}$$

Esta grandeza é denominada **vetor de Poynting**, em homenagem ao físico britânico John Poynting (1852-1914), que discutiu suas propriedades pela primeira vez. O módulo de $\vec{S}$ está relacionado à taxa instantânea segundo a qual a energia é transportada por uma onda eletromagnética através de uma determinada área, ou, mais simplesmente, a potência instantânea por unidade de área:

$$S = \left|\vec{S}\right| = \left(\frac{\text{potência}}{\text{área}}\right)_{\text{instantânea}}. \tag{11.24}$$

A unidade SI do vetor de Poynting é, portanto, o watt por metro quadrado (W/m^2).

No caso de uma onda eletromagnética, em que $\vec{E}$ é perpendicular a $\vec{B}$, a equação 11.23 fornece

$$S = \frac{1}{\mu_0}EB.$$

De acordo com a equação 11.15, as intensidades dos campos elétrico e magnético estão relacionadas via $E/B = c$. Assim, podemos expressar a potência instantânea por unidade de área de uma onda eletromagnética em termos da intensidade do campo elétrico ou do campo magnético. Normalmente, é mais fácil medir campos elétricos do que campos magnéticos, de modo que a potência por unidade de área é dada por

$$S = \frac{1}{c\mu_0}E^2. \tag{11.25}$$

Agora podemos usar a forma senoidal para o campo elétrico, $E = E_{max}\,\text{sen}\,(\kappa x - \omega t)$, e obter uma expressão para a potência transportada por unidade de área. Todavia, os meios usuais de descrever a potência por unidade de área de uma onda eletromagnética é a intensidade, I, da mesma, dada por

$$I = S_{\text{med}} = \left(\frac{\text{potência}}{\text{área}}\right)_{\text{med}} = \frac{1}{c\mu_0}\left[E_{\text{max}}^2\,\text{sen}^2\left(\kappa x - \omega t\right)\right]_{\text{med}}.$$

A unidade do SI para a intensidade é a mesma unidade do vetor de Poynting, o W/m^2. O valor médio no tempo do termo $\text{sen}^2(\kappa x - \omega t)$ é igual a $\frac{1}{2}$, de modo que podemos expressar a intensidade como

$$I = \frac{1}{c\mu_0}E_{\text{rms}}^2, \tag{11.26}$$

onde $E_{\text{rms}} = E_{\text{max}}/\sqrt{2}$.

Uma vez que as intensidades dos campos elétrico e magnético de toda onda eletromagnética estão relacionados por $E = cB$, e que c é um número grande, talvez você viesse a concluir que a energia transportada pelo campo elétrico fosse maior do que a transportada pelo campo magnético. Na verdade essas energias são *iguais*. Para comprovar isso, lembre-se, dos Capítulos 4 e 9, de que a densidade de energia de um campo elétrico é dada por

$$u_E = \tfrac{1}{2}\epsilon_0 E^2,$$

enquanto a densidade de energia de um campo magnético é dada por

$$u_B = \frac{1}{2\mu_0}B^2.$$

Substituindo as relações $E = cB$ e $c = 1/\sqrt{\mu_0\epsilon_0}$ na expressão para a densidade de energia do campo elétrico, obtemos

$$u_E = \frac{1}{2}\epsilon_0\left(cB\right)^2 = \frac{1}{2}\epsilon_0\left(\frac{B}{\sqrt{\mu_0\epsilon_0}}\right)^2 = \frac{1}{2\mu_0}B^2 = u_B. \qquad (11.27)$$

Assim, a densidade de energia do campo elétrico é igual à densidade de energia do campo magnético em qualquer lugar da onda eletromagnética.

EXEMPLO 11.1 Usando painéis solares para carregar um carro elétrico

Painéis solares fotovoltaicos (conversores de energia solar em energia elétrica, veja a Figura 11.14a) podem ser montados sobre o telhado de sua residência a um custo por área (nos Estados Unidos) de $\eta = \$1430/\text{m}^2$. Você possui um carro elétrico (Figura 11.14b) que requer uma carga correspondente à energia $U = 8{,}0$ kW h por um dia de utilização. Os painéis solares convertem energia solar em energia elétrica com um rendimento $\epsilon = 10{,}7\%$ e possuem uma área A cada um. Suponha que a luz solar incida sobre os painéis solares por $\Delta t = 8{,}0$ h, com uma intensidade média $S_{\text{med}} = 600\ \text{W/m}^2$.

(a)

(b)

Figura 11.14 (a) Painéis solares fotovoltaicos montados sobre o telhado de uma residência. (b) Um carro que se carrega em tomada elétrica é capaz de trafegar por 65 km movido a energia elétrica.

PROBLEMA

Quanto você precisa gastar com painéis solares para carregar seu carro com a carga diária necessária?

SOLUÇÃO

Igualamos a quantidade total de energia produzida pelos painéis solares à energia necessária para carregar o carro:

$$U_{\text{produzida}} = P\Delta t = U.$$

A quantidade de potência incidente da luz solar é igual ao produto da intensidade média da luz solar pelo rendimento dos painéis solares:

$$P = \epsilon A S_{\text{med}}.$$

Assim, a área total exigida é

$$A = \frac{P}{\epsilon S_{\text{med}}} = \frac{\left(U/\Delta t\right)}{\epsilon S_{\text{med}}} = \frac{U}{\epsilon S_{\text{med}}\Delta t}.$$

O custo total, então, será

$$\text{Custo} = \eta A = \frac{\eta U}{\epsilon S_{\text{med}}\Delta t}.$$

Substituindo os valores numéricos fornecidos, obtemos

$$\text{Custo} = \frac{\eta U}{\epsilon S_{\text{med}}\Delta t} = \frac{\left(\$1430/\text{m}^2\right)\left(8{,}00\ \text{kW h}\right)}{\left(0{,}107\right)\left(0{,}6\ \text{kW/m}^2\right)\left(8{,}0\ \text{h}\right)} = \$22.000.$$

Se você trafegar com seu carro elétrico 86 km a cada dia durante 10 anos, este seria o custo a 15 centavos por km. Em contraste, o custo seria de 20 centavos por km no caso de um carro movido a gasolina com uma razão mpg de 20 e um custo de \$4,00 por galão.

Obviamente, esta não é uma grande economia. Entretanto, seu carro elétrico alimentado por energia solar não emitiria carbono algum para o meio ambiente (a mesma coisa que ocorre quando você pedala em sua bicicleta, sem falar nos benefícios com o exercício). Cientistas de materiais estão trabalhando intensamente para aumentar o rendimento das células solares disponíveis comercialmente, e se espera que a produção em massa reduza drasticamente os custos. Dessa forma, os carros alimentados por energia solar logo deverão constituir uma alternativa viável e atrativa aos carros a gasolina.

EXEMPLO 11.2 Valores rms de campos elétrico e magnético da luz solar

A intensidade média da luz solar na superfície terrestre é de aproximadamente 1.400 W/m^2, quando o Sol se encontra diretamente acima da cabeça.

PROBLEMA

Quais são os valores rms dos campos elétrico e magnético dessas ondas eletromagnéticas?

SOLUÇÃO

A intensidade da luz solar pode ser relacionada ao valor rms de seu campo elétrico usando-se a equação 11.26:

$$I = \frac{1}{c\mu_0} E_{\text{rms}}^2.$$

Isolando o valor rms do campo elétrico, obtemos

$$E_{\text{rms}} = \sqrt{Ic\mu_0} = \sqrt{\left(1400 \text{ W/m}^2\right)\left(3{,}00 \cdot 10^8 \text{ m/s}\right)\left(4\pi \cdot 10^{-7} \text{ T m/A}\right)}$$
$$= 730 \text{ V/m}.$$

Para comparação, o valor rms do campo elétrico em uma residência comum é de 5 a 10 V/m. Em pé diretamente abaixo de uma linha de transmissão de energia elétrica, você poderia experimentar um valor rms de campo elétrico de 200 a 10.000 V/m, dependendo das condições.

O valor rms do campo magnético é

$$B_{\text{rms}} = \frac{E_{\text{rms}}}{c} = \frac{730 \text{ V/m}}{3{,}00 \cdot 10^8 \text{ m/s}} = 2{,}4 \ \mu\text{T}.$$

Para comparação, o valor rms do campo magnético terrestre é de 50 μT, o valor rms de campo magnético em uma residência comum é de 0,5 μT e o valor rms do campo magnético sob uma linha de transmissão é de 2 μT.

11.5 Exercícios de sala de aula

A intensidade média da luz solar na superfície terrestre é de aproximadamente 1.400 W/m^2, se o Sol estiver diretamente acima da cabeça. A distância média entre a Terra e o Sol é de $1{,}50 \cdot 10^{11}$ m. Qual é a potência média emitida pelo Sol?

a) $99{,}9 \cdot 10^{25}$ W

b) $4{,}0 \cdot 10^{26}$ W

c) $6{,}3 \cdot 10^{27}$ W

d) $4{,}3 \cdot 10^{28}$ W

e) $5{,}9 \cdot 10^{29}$ W

11.9 Pressão de radiação

Ao caminhar sob a luz solar, você sente calor, mas não sente força alguma proveniente do Sol. A luz solar exerce uma pressão sobre você, mas esta pressão é tão pequena que você não consegue percebê-la. Uma vez que as ondas eletromagnéticas que constituem a luz solar são irradiadas pelo Sol e têm de se propagar até a Terra, elas são chamadas de **radiação**. Sabemos da física nuclear que este tipo de radiação não é necessariamente a mesma que a radiação radioativa decorrente da desintegração de núcleos instáveis. No entanto, as ondas de rádio, as ondas infravermelhas, a luz visível e os raios X são, todas, o mesmo tipo de radiação eletromagnética. (O que não significa dizer, entretanto, que todos os tipos de radiação eletromagnética produzam o mesmo efeito sobre o corpo humano. Por exemplo, a luz UV pode lhe dar algum bronzeado e até mesmo desencadear algum tipo de câncer, ao passo que não existe evidência científica de que a radiação emitida por telefones celulares possa causar câncer.)

Vamos calcular o valor da pressão exercida por tais ondas eletromagnéticas. Ondas eletromagnéticas transportam consigo energia, U, como ilustrado na Figura 11.8. Elas também possuem momento linear, $\vec{p}$. Este conceito é sutil porque ondas eletromagnéticas não possuem massa, e o momento é igual ao produto da massa pela velocidade. Maxwell mostrou que, se uma radiação de onda plana for totalmente absorvida por uma superfície (perpendicular à direção de propagação da onda plana) durante um intervalo de tempo, Δt, e, com ela, uma quantidade de energia, ΔU, for simultaneamente absorvida pela superfície no processo, então o valor do momento transferido pela onda para a superfície naquele intervalo de tempo será

$$\Delta p = \frac{\Delta U}{c}.$$

Na relatividade mostramos que esta relação entre a energia e o momento é válida também para objetos desprovidos de massa; por ora, isso será estabelecido como um fato, sem prova.

O módulo da força sobre a superfície é, então, $F = \Delta p/\Delta t$ (segunda lei de Newton). A energia total absorvida pela área da superfície, ΔU, durante o intervalo de tempo Δt é igual ao produto da área pelo intervalo de tempo transcorrido e pela intensidade de radiação, I (introduzida na Seção 11.8): $\Delta U = IA\Delta t$. Portanto, o módulo da força exercida pela onda eletromagnética sobre essa área é

$$F = \frac{\Delta p}{\Delta t} = \frac{\Delta U}{c\Delta t} = \frac{IA\Delta t}{c\Delta t} = \frac{IA}{c}.$$

Uma vez que a pressão é definida como a força (módulo) por unidade de área, a pressão de radiação, p_r, é

$$p_r = \frac{F}{A},$$

e, consequentemente,

$$p_r = \frac{I}{c} \quad \text{(no caso de absorção total)} \tag{11.28}$$

A equação 11.28 estabelece que a pressão de radiação devido a ondas eletromagnéticas é, simplesmente, a razão entre a intensidade pelo valor da velocidade da luz, mas somente no caso de absorção total da radiação pela superfície.

O outro caso extremo é o de reflexão total das ondas eletromagnéticas. Neste caso, a transferência de momento é duas vezes maior do que no caso da absorção total, da mesma forma como, em uma colisão perfeitamente elástica de uma bola com uma parede, a transferência de momento é duas vezes maior do que em uma colisão perfeitamente inelástica. Na colisão perfeitamente elástica, o momento inicial da bola é invertido e $\Delta p = p_i - (-p_i) = 2p_i$, enquanto no caso de uma colisão perfeitamente inelástica, $\Delta p = p_i - 0 = p_i$. Dessa forma, a pressão de radiação para o caso de reflexão perfeita de ondas eletromagnéticas por uma superfície é

$$p_r = \frac{2I}{c} \quad \text{(no caso de reflexão perfeita)} \tag{11.29}$$

A pressão de radiação da luz solar é comparativamente pequena. A intensidade da luz solar na superfície da Terra é de, no máximo, 1.400 W/m^2, quando o Sol estiver diretamente acima da cabeça e não houver nuvens no céu. (Isso poderá ocorrer apenas entre os trópicos de Câncer e de Capricórnio, localizado a ±23° de latitude em relação ao equador.) Assim, a pressão de radiação máxima da luz solar totalmente absorvida é

$$p_r = \frac{I}{c} = \frac{1400 \text{ W/m}^2}{3 \cdot 10^8 \text{ m/s}} = 4{,}67 \cdot 10^{-6} \text{ N/m}^2 = 4.67\ \mu\text{Pa}.$$

Para comparação, a pressão atmosférica vale 101 kPa, que é muito maior do que a pressão de radiação da luz solar na superfície terrestre por um fator maior do que 20 bilhões de vezes. Outra comparação útil é com a mínima diferença de pressão que o ouvido humano consegue detectar, geralmente citado como sendo de 20 μPa para sons na faixa de frequência de 1 kHz, onde o ouvido humano é mais sensível.

11.6 Exercícios de sala de aula

Qual é a pressão da radiação devido à luz solar incidente sobre uma superfície perfeitamente absorvente, cujo vetor área normal forma um ângulo de 70° com a luz incidente?

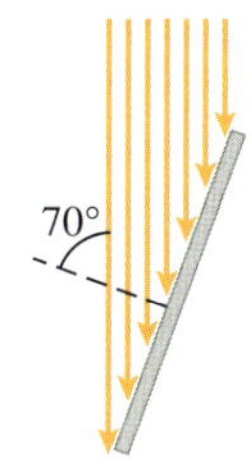

a) (4,67 μPa)(cos 70°)

b) (4,67 μPa)(sen 70°)

c) (4,67 μPa)(tg 70°)

d) (4,67 μPa)(cotg 70°)

11.7 Exercícios de sala de aula

Qual é a pressão da radiação máxima devido à luz solar incidente sobre uma superfície perfeitamente refletora?

a) zero

b) 2,34 μPa

c) 4,67 μPa

d) 9,34 μPa

EXEMPLO 11.3 Pressão de radiação de um apontador laser

Um apontador laser verde possui uma potência de 1,00 mW. Você incide o feixe de laser perpendicularmente a uma folha de papel branca, que reflete a luz. A mancha luminosa sobre o papel tem 2,00 mm de diâmetro.

PROBLEMA

Que força a luz proveniente do apontador laser exerce sobre o papel?

SOLUÇÃO

A intensidade luminosa é dada por

$$I = \frac{\text{potência}}{\text{área}} = \frac{1{,}00 \cdot 10^{-3} \text{ W}}{\pi\left(1{,}00 \cdot 10^{-3} \text{ m}\right)^2} = 318 \text{ W/m}^2.$$

Continua →

A pressão da radiação no caso de uma superfície perfeitamente refletora é dada pela equação 11.29, e também é igual à força exercida pela luz solar dividida pela área sobre a qual ela incide:

$$p_r = \frac{\text{força}}{\text{área}} = \frac{2I}{c}.$$

Assim, a força exercida sobre o papel é

$$\text{Força} = (\text{área})\left(\frac{2I}{c}\right) = \pi\left(1{,}0 \cdot 10^{-3}\ \text{m}\right)^2 \frac{2\left(318\ \text{W/m}^2\right)}{3{,}00 \cdot 10^8\ \text{m/s}} = 6{,}66 \cdot 10^{-12}\ \text{N}.$$

11.3 Pausa para teste

Suponha que você disponha de um satélite em órbita em torno do Sol, como mostra a figura. Olhando-se por cima do polo norte do Sol, a órbita é descrita em sentido anti-horário. Você deseja posicionar uma vela solar formada por um espelho grande e totalmente refletor, que pode ser orientado de modo a ficar perpendicular à luz proveniente do Sol, ou formando um determinado ângulo com a luz solar. Descreva o efeito sobre a órbita do satélite para cada um dos três ângulos de posicionamento mostrados na figura.

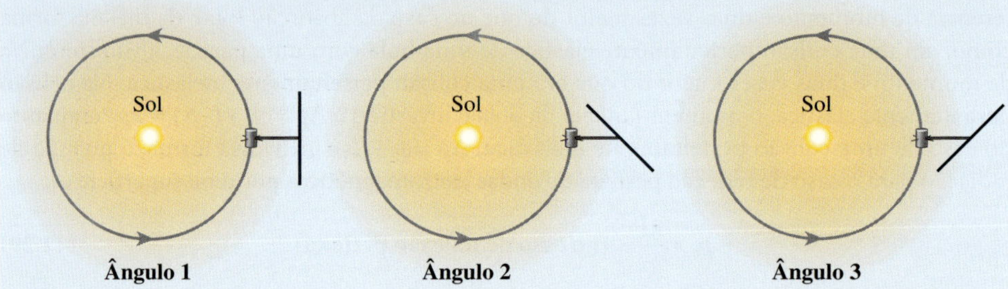

PROBLEMA RESOLVIDO 11.1 Satélite solar estacionário

Suponha que pesquisadores desejem posicionar um satélite acima do polo norte solar e estacionário com respeito ao Sol para estudar as características de sua rotação em longo prazo. O satélite possui uma vela totalmente refletora e pode ser localizado a uma distância de $1{,}50 \cdot 10^{11}$ m do centro do Sol. A intensidade da luz solar àquela distância é de 1.400 W/m^2. O plano da vela solar é perpendicular à linha que passa pelo satélite e pelo centro do Sol. A massa do satélite junto com a vela é de 100,0 kg.

PROBLEMA

Qual é a área necessária da vela solar?

SOLUÇÃO

PENSE

Em uma posição de equilíbrio do satélite, o produto da área da vela solar pela pressão de radiação solar gera uma força que é equilibrada pela força gravitacional entre o satélite e o Sol. Podemos, então, igualar as duas forças e daí isolar a área da vela solar.

DESENHE

A Figura 11.15 é um diagrama do satélite com a vela solar próximo ao Sol.

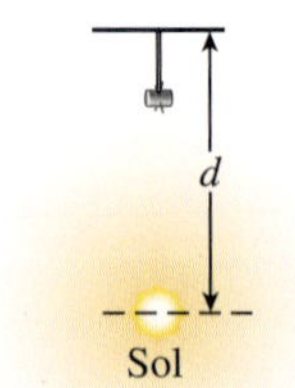

Figura 11.15 Um satélite com vela solar próximo ao Sol.

PESQUISE

O satélite será estacionário se a força da gravidade, F_g, for equilibrada pela força da pressão de radiação da luz solar, F_{pr}:

$$F_g = F_{pr}.$$

A força correspondente à pressão de radiação da luz solar é igual ao produto da pressão de radiação, p_r, pela área da vela solar, A:

$$F_{pr} = p_r A.$$

A pressão de radiação pode ser expressa em termos da intensidade da luz solar, I, que incide sobre uma vela solar totalmente refletora:

$$p_r = \frac{2I}{c}.$$

A força da gravidade entre o satélite e o Sol é dada por

$$F_g = G\frac{mm_{Sol}}{d^2},$$

onde G é a constante universal da gravitação, m é a massa do satélite e da vela, m_{Sol} é a massa do Sol e d é a distância entre o satélite e o Sol.

SIMPLIFIQUE

Podemos agora combinar todas essas equações e obter

$$\left(\frac{2I}{c}\right)A = G\frac{mm_{Sol}}{d^2}.$$

Isolando a área da vela solar, obtemos

$$A = G\frac{cmm_{Sol}}{2Id^2}.$$

CALCULE

Substituindo os valores numéricos fornecidos, obtemos

$$A = \left(6{,}67\cdot 10^{-11}\ \text{m}^3\ \text{kg}^{-1}\ \text{s}^{-2}\right)\frac{\left(3{,}00\cdot 10^8\ \text{m/s}\right)\left(100{,}0\ \text{kg}\right)\left(1{,}99\cdot 10^{30}\ \text{kg}\right)}{2\left(1400\ \text{W/m}^2\right)\left(1{,}50\cdot 10^{11}\ \text{m}\right)^2} = 63.206{,}2\ \text{m}^2.$$

ARREDONDE

Apresentamos nosso resultado com três algarismos significativos:

$$A = 6{,}32\cdot 10^4\ \text{m}^2.$$

AVALIE

Se a vela solar fosse circular, seu raio seria

$$R = \sqrt{\frac{A}{\pi}} = \sqrt{\frac{6{,}32\cdot 10^4\ \text{m}^2}{\pi}} = 142\ \text{m},$$

que é um tamanho factível. Podemos multiplicar a espessura da vela, t, pela densidade, ρ, do material do qual é feita a vela, pela massa por unidade de área da vela:

$$t\rho = \frac{m}{A}.$$

Se a vela fosse feita com um material resistente, como o kapton (ρ = 1.420 kg/m^3), e tivesse uma massa de 75 kg, sua espessura seria

$$t = \frac{75\ \text{kg}}{\left(1420\ \text{kg/m}^3\right)\left(6{,}32\cdot 10^4\ \text{m}^2\right)} = 8{,}36\cdot 10^{-7}\ \text{m} = 0{,}836\ \mu\text{m}.$$

O kapton é uma película de poliimida desenvolvida de modo a se manter estável na ampla faixa de temperaturas encontradas no espaço, desde próximo do zero absoluto até mais de 600 K. As técnicas atuais de produção não conseguem produzir kapton de tal espessura. Entretanto, a densidade de massa requerida pode ser factível, no futuro, usando-se outros materiais.

11.10 Polarização

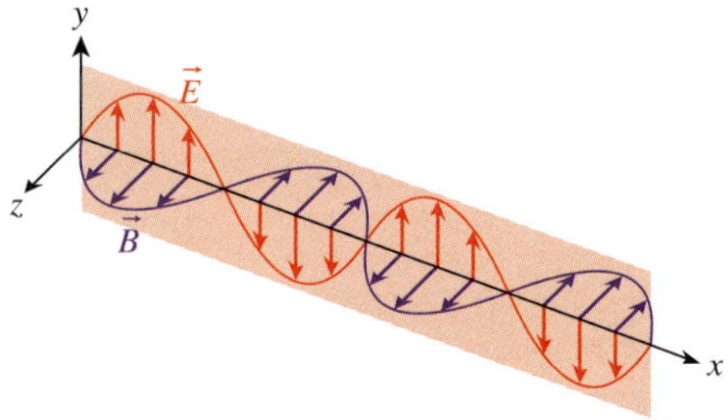

Figura 11.16 Onda eletromagnética com o plano de polarização do campo elétrico mostrado em rosa.

Para a onda eletromagnética representada na Figura 11.5, a direção do campo elétrico sempre é ao longo do eixo *y*. A direção e o sentido de propagação da onda são os do eixo *x*, de modo que o campo elétrico da onda sempre se mantém em um plano de oscilação (Figura 11.16).

Podemos visualizar a polarização de uma onda eletromagnética examinando o vetor campo elétrico da onda no plano *yz*, perpendicular à direção de propagação da mesma (Figura 11.17a). Enquanto a onda se propaga, o sentido de seu vetor campo elétrico varia alternadamente entre positivo e negativo. O campo elétrico da onda oscila apenas na direção *y*, jamais alterando sua direção. Esse tipo de onda é denominado **onda plano polarizada** na direção *y*.

As ondas eletromagnéticas formadoras da luz emitida pela maioria das fontes luminosas, como o Sol ou uma lâmpada incandescente, possuem polarizações aleatórias. Cada onda possui um campo elétrico próprio que oscila em um plano diferente dos planos das demais. Tal tipo de luz é denominado **luz não polarizada**. A luz proveniente de uma fonte não polarizada pode ser representada por inúmeros vetores como os que são mostrados na Figura 11.17a, porém com orientações aleatórias (Figura 11.17b). Porém, a luz não polarizada também pode ser representada pela soma de seus componentes *y* e *z* separadamente, de modo a produzir as componentes *y* e *z* resultantes. A luz não polarizada possui componentes iguais nessas duas direções (Figura 11.18a). Se a polarização na direção *z* for maior do que na direção *y*, então a luz estará parcialmente polarizada na direção *z* (Figura 11.18b).

A luz não polarizada pode ser transformada em luz polarizada fazendo-a atravessar um polarizador. Todo **polarizador** permite que apenas uma determinada componente do campo elétrico da onda o atravesse. Uma maneira de confeccionar um polarizador é produzir um material formado por longas cadeias paralelas de moléculas, as quais, efetivamente, deixam passar apenas as componentes da luz com polarizações paralelas à cadeia, bloqueando aquelas componentes da luz com polarização perpendicular à cadeia.

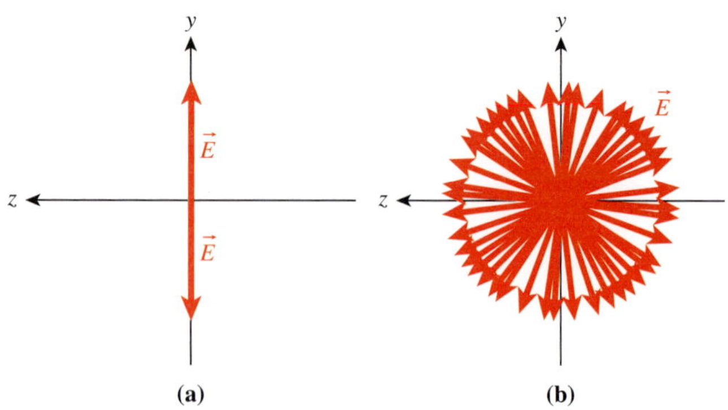

Figura 11.17 (a) Vetores campo elétrico no plano *yz*, definindo o plano de polarização como sendo o plano *xy*. (b) Vetores campo elétrico orientado segundo ângulos aleatórios.

Nossa abordagem não entrará em detalhes da estrutura molecular, e sim, simplesmente, caracterizaremos cada polarizador por uma direção ou eixo de polarização. A luz não polarizada, ao atravessar um polarizador, emerge polarizada em uma direção de polarização (Figura 11.19). As componentes da luz cujos campos elétricos possuam a mesma direção do polarizador serão transmitidos, enquanto as componentes perpendiculares ao eixo do polarizador serão absorvidos.

Agora consideremos a intensidade da luz que atravessou um polarizador. A luz não polarizada de intensidade I_0 possui iguais componentes nas direções *y* e *z*. Após ter atravessado um polari-

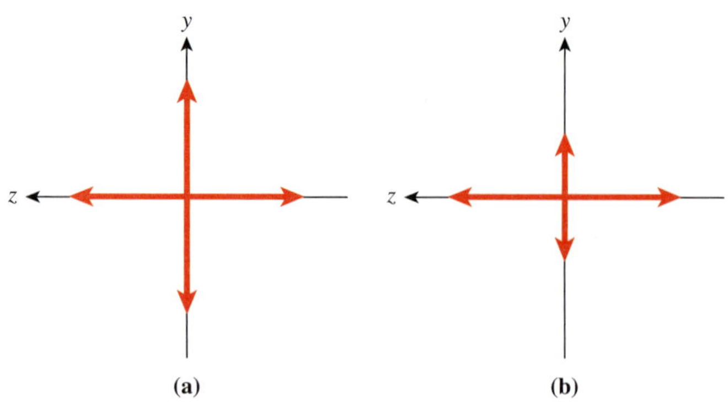

Figura 11.18 (a) Componentes resultantes de campo de luz parcialmente polarizada.

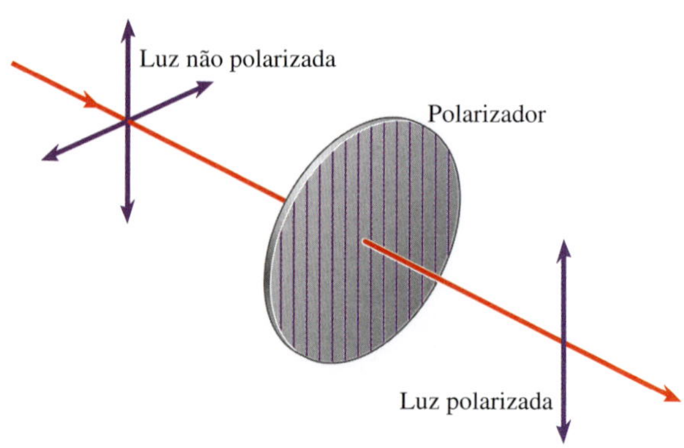

Figura 11.19 Luz não polarizada atravessa um polarizador vertical. Depois disso, ela está polarizada verticalmente.

zador vertical, somente a componente y (ou componente vertical) permanece. A intensidade, I, da luz após ter atravessado o polarizador é dada por

$$I = \tfrac{1}{2} I_0, \qquad (11.30)$$

porque a luz não polarizada recebe contribuições iguais das componentes y e z, ao passo que somente as componentes y são transmitidas pelo polarizador. O fator $\tfrac{1}{2}$ se aplica apenas ao caso de luz não polarizada que atravessa um polarizador.

Consideremos agora o caso em que luz polarizada incida no polarizador (Figura 11.20). Se o eixo do polarizador for paralelo à direção de polarização da luz incidente, toda ela será transmitida, com a polarização original (Figura 11.20a). Porém, se o eixo do polarizador for perpendicular à polarização da luz polarizada incidente, nenhuma luz será transmitida (Figura 11.20b).

O que acontecerá se luz polarizada incidir sobre um polarizador, e a polarização da luz não for paralela nem perpendicular ao eixo de polarização do polarizador? Vamos considerar que o ângulo formado entre a polarização da luz incidente e o eixo do polarizador seja θ. A intensidade do campo elétrico transmitido, E, é dada por

$$E = E_0 \cos\theta,$$

onde E_0 é a intensidade do campo elétrico da luz polarizada incidente. Da equação 11.26, podemos ver que a intensidade luminosa antes de atravessar o polarizador, I_0, é dada por

$$I_0 = \frac{1}{c\mu_0} E_{\text{rms}}^2 = \frac{1}{2c\mu_0} E_0^2.$$

Após atravessar o polarizador, a intensidade luminosa, I, é dada por

$$I = \frac{1}{2c\mu_0} E^2.$$

Podemos expressar a intensidade transmitida em termos da intensidade original por meio da relação

$$I = \frac{1}{2c\mu_0} E^2 = \frac{1}{2c\mu_0} \left(E_0 \cos\theta\right)^2 = I_0 \cos^2\theta. \qquad (11.31)$$

Essa equação é conhecida como **lei de Malus**. Ela se aplica à luz polarizada que incide em um polarizador.

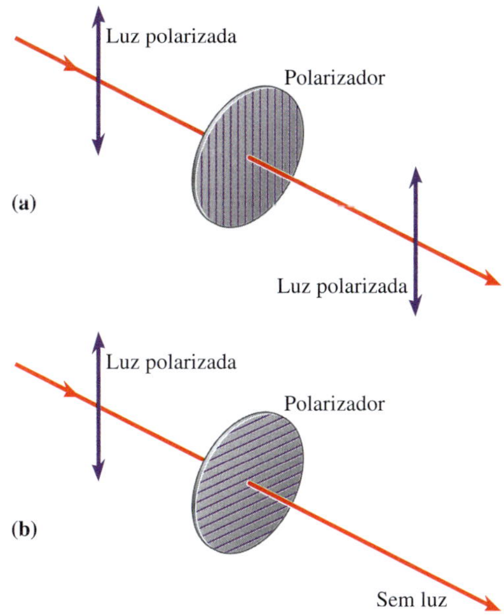

Figura 11.20 (a) Luz polarizada verticalmente incide em um polarizador vertical. (b) Luz polarizada verticalmente incide em um polarizador horizontal.

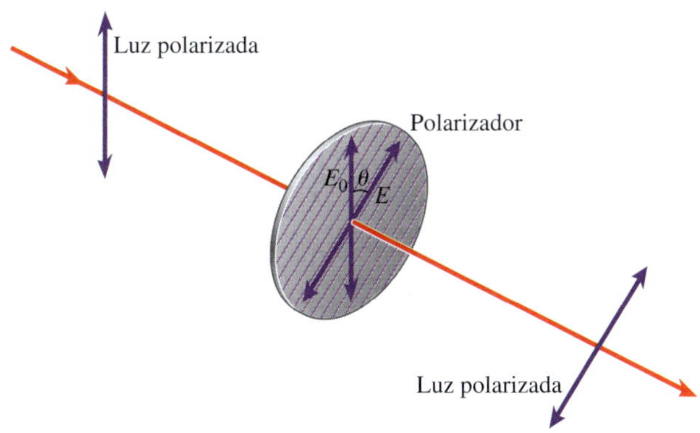

Figura 11.21 Luz polarizada atravessa um polarizador cujo ângulo de polarização não é paralelo e nem perpendicular à polarização da luz incidente.

EXEMPLO 11.4 Três polarizadores

Suponha que luz não polarizada de intensidade I_0 incida sobre o primeiro de três polarizadores posicionados em uma linha. O primeiro deles possui um eixo de polarização vertical. O segundo polarizador tem seu eixo de polarização formando 45° com a vertical. E o terceiro, tem o eixo de polarização formando 90° com a vertical.

PROBLEMA

Qual é a intensidade da luz após ter atravessado os três polarizadores, em termos da intensidade inicial?

SOLUÇÃO

A Figura 11.22 ilustra a luz que atravessa os três polarizadores. A intensidade da luz não polarizada é I_0. A intensidade da luz após ter atravessado o primeiro polarizador é

$$I_1 = \tfrac{1}{2} I_0.$$

Continua →

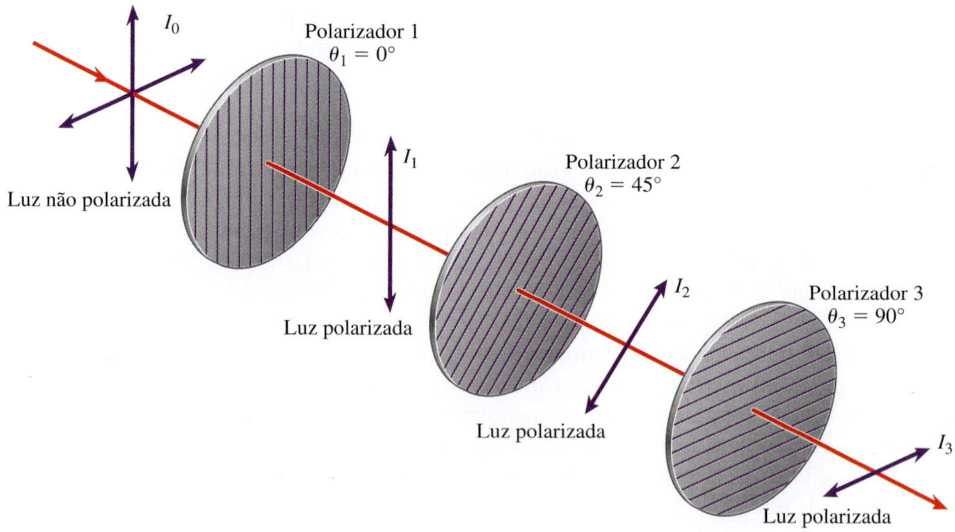

Figura 11.22 Luz não polarizada atravessa três polarizadores.

Após atravessar o segundo polarizador, a intensidade luminosa é

$$I_2 = I_1 \cos^2(45° - 0°) = I_1 \cos^2 45° = \tfrac{1}{2} I_0 \cos^2 45°.$$

E após atravessar o terceiro polarizador, a intensidade luminosa é

$$I_3 = I_2 \cos^2(90° - 45°) = I_2 \cos^2 45° = \tfrac{1}{2} I_0 \cos^4 45°,$$

ou $I_3 = I_0/8$.

O fato de que $\frac{1}{8}$ da intensidade luminosa inicial seja transmitida é algo surpreendente, uma vez que os eixos de polarização dos polarizadores 1 e 3 são perpendiculares um ao outro. Por si só, eles bloqueariam toda a luz. Porém, adicionando-se um obstáculo (o polarizador 2) entre eles, $\frac{1}{8}$ da intensidade original consegue atravessar. Assim, uma série de polarizadores, com pequenas diferenças nas orientações de seus eixos de polarização, pode ser usada para girar a direção de polarização da luz com apenas uma perda modesta de intensidade.

11.8 Exercícios de sala de aula

Luz não polarizada de intensidade $I_{entrada}$ = 1,87 W/m^2 atravessa dois polarizadores. A luz polarizada emergente tem uma intensidade $I_{saída}$ = 0,383 W/m^2. Qual é o ângulo entre os eixos de polarização dos dois polarizadores?

a) 23,9°

b) 34,6°

c) 50.2°

d) 72,7°

e) 88,9°

11.9 Exercícios de sala de aula

A figura mostra luz não polarizada incidente sobre o polarizador 1 cujo eixo de polarização forma um ângulo θ_1 = 0° com a vertical; depois ela incide sobre o polarizador 2, cujo eixo forma um ângulo θ_2 = 90° com a vertical, resultando daí que nenhuma luz consegue atravessar o conjunto. Se o polarizador 3, formando um ângulo θ_3 = 50° com a vertical, for colocado entre os polarizadores 1 e 2, qual das seguintes afirmações será verdadeira?

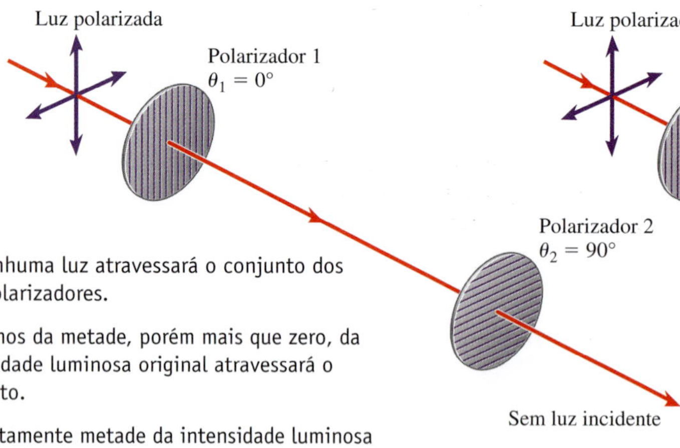

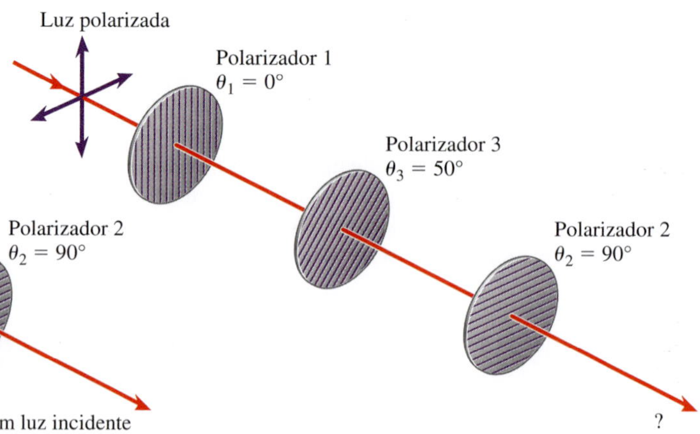

a) Nenhuma luz atravessará o conjunto dos três polarizadores.

b) Menos da metade, porém mais que zero, da intensidade luminosa original atravessará o conjunto.

c) Exatamente metade da intensidade luminosa original atravessará o conjunto.

d) Mais da metade da intensidade luminosa original atravessará o conjunto.

e) Toda a luz incidente atravessará o conjunto.

Aplicações da polarização

A polarização tem muitas aplicações. Óculos de sol possuem revestimentos polarizados que bloqueiam a luz refletida, que normalmente é polarizada. A tela de cristal líquido de um computador ou televisor moderno (LCD) contém um arranjo de cristais líquidos localizado entre dois polarizadores cujos eixos de polarização formam 90° entre si. Normalmente, o cristal líquido gira a polarização da luz entre os dois polarizadores de modo que a luz consegue atravessá-los. Um arranjo de eletrodos acessíveis aplica uma voltagem variável a cada cristal líquido, fazendo com que girem menos a polarização da luz e com isso escurecendo a área da tela coberta pelos eletrodos. A tela de um monitor de televisão ou de computador (Figura 11.23) pode então mostrar um grande número de elementos de imagem, ou pixels, que produzem conjuntamente uma imagem de alta resolução.

Figura 11.23 Um monitor LCD de computador.

A Figura 11.24a mostra uma vista superior das camadas de uma tela LCD. Luz não polarizada é emitida por um fundo luminoso de imagem. Essa luz atravessa então um polarizador vertical. A luz polarizada emergente atravessa em seguida uma camada transparente de pequenos pixels condutores. Esses pixels são projetados para aplicar valores de voltagem à próxima camada, composta de cristais líquidos, em relação aos eletrodos comuns transparentes. Se voltagem alguma for aplicada aos cristais líquidos, eles girarão a polarização da luz incidente em 90°. Essa luz com polarização girada, então, atravessa o eletrodo comum transparente, o filtro de cor, o polarizador horizontal e o revestimento da tela. Quando uma voltagem de valor variável for aplicada à camada de pixels, os cristais líquidos girarão a polarização da luz incidente em um ângulo variável. Quando a voltagem plena for aplicada à camada de pixels, a polarização da luz incidente não girará, e o polarizador horizontal impedirá que qualquer luz seja transmitida através do eletrodo comum transparente e o filtro de cor.

A Figura 11.24b mostra uma vista frontal de uma pequena região da tela LCD, ilustrando de que forma a tela produz uma imagem. A imagem é criada por um arranjo de pixels. Cada pixel é subdividido em três subpixels: um vermelho, um verde e um azul. Variando-se a voltagem aplicada a cada subpixel, será criada uma superposição de luz vermelha, verde e azul, produzindo uma cor particular em cada pixel. É difícil, no entanto, ligar um único fio a cada subpixel.

Uma tela LCD de alta definição 1080p possui 1.080 vezes 1920 vezes 3 subpixels, ou 6.220.800 pixels. Esses subpixels estão ligados em colunas e linhas, como ilustrado na Figura 11.24b. Para acionar um pixel, deve-se aplicar-lhe uma voltagem entre uma coluna e uma linha. Dessa forma, os subpixels são acionados linha a linha. Com a voltagem aplicada a uma linha, as voltagens para os subpixels das colunas desejadas são aplicadas. Um pequeno capacitor mantém a voltagem até que a linha seja ligada novamente.

Uma tela LCD de alta definição 1080p é varrida 60 vezes a cada segundo, produzindo uma imagem completa a cada varredura. Em uma tela de alta definição 1080i, cada uma das outras filas da imagem é varrida 60 vezes por segundo e, então, as duas imagens são entrelaçadas. Outro padrão de alta definição é o 720p, que varre 720 linhas 60 vezes por segundo com uma resolução horizontal de 1.280 pixels. Os padrões 720p e 1080i são normalmente utilizados em transmissões de televisão. A resolução padrão para uma imagem de televisão é 480p, com 480 linhas sendo atualizadas 60 vezes por segundo e produzindo 640 colunas de pixels.

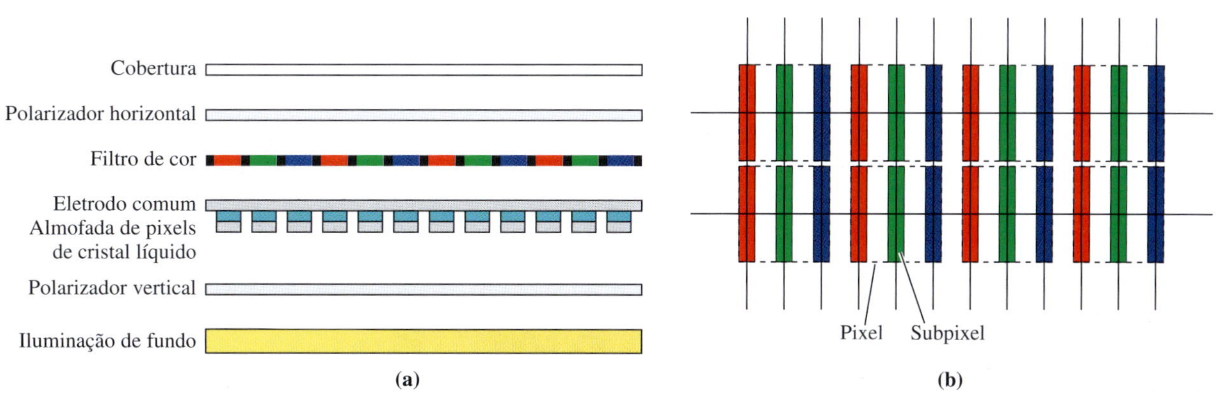

Figura 11.24 (a) Vista superior das camadas que formam uma tela LCD. (b) Vista frontal de um subconjunto de pixels e subpixels de uma tela LCD.

11.11 Derivação da equação de onda

A Tabela 11.1 lista as quatro equações conhecidas como as equações de Maxwell na forma integral. Existe também uma versão diferencial dessas equações, que é a maneira como as vemos normalmente impressas em camisetas e pôsteres:

$$\vec{\nabla}\bullet\vec{E}=\frac{\rho}{\epsilon_0},$$

$$\vec{\nabla}\times\vec{E}=-\frac{\partial}{\partial t}\vec{B},$$

$$\vec{\nabla}\bullet\vec{B}=0,$$

e

$$\vec{\nabla}\times\vec{B}=\epsilon_0\mu_0\frac{\partial}{\partial t}\vec{E}+\mu_0\vec{j},$$

onde ρ é a densidade de carga (carga q por unidade de volume) e $\vec{j}$ é o vetor densidade de corrente. No vácuo e na ausência de cargas, ambas são nulas: $\rho = 0$ e $\vec{j} = 0$. O símbolo $\vec{\nabla}$ representa um operador diferencial vetorial, com derivadas parciais em cada direção espacial. Em coordenadas cartesianas, ele é dado por $\vec{\nabla}=(\partial/\partial x,\partial/\partial y,\partial/\partial z)$.

Na seção 11.4, vimos que as ondas eletromagnéticas, descritas pela equação 11.8, são soluções válidas para as equações de Maxwell no vácuo. Todavia, estritamente falando, ainda não escrevemos a equação de onda que o campo elétrico e o campo magnético obedecem. Agora, com ajuda das equações de Maxwell na forma diferencial, podemos derivar a equação de onda para o campo elétrico da onda, que é

$$\frac{\partial^2}{\partial t^2}\vec{E}-c^2\nabla^2\vec{E}=0. \quad (11.32)$$

A equação de onda para o campo magnético da onda é similar,

$$\frac{\partial^2}{\partial t^2}\vec{B}-c^2\nabla^2\vec{B}=0. \quad (11.33)$$

DEMONSTRAÇÃO 11.1 Equação de onda para campo elétrico no vácuo

Para derivar uma equação de onda para o campo elétrico, no vácuo, tomamos o produto vetorial do operador gradiente, $\vec{\nabla}$, pela segunda das equações de Maxwell:

$$\vec{\nabla}\times\vec{\nabla}\times\vec{E}=-\vec{\nabla}\times\frac{\partial}{\partial t}\vec{B}. \quad \text{(i)}$$

No lado direito dessa equação, trocamos a ordem das derivadas parciais temporal e espacial:

$$-\vec{\nabla}\times\frac{\partial}{\partial t}\vec{B}=-\frac{\partial}{\partial t}(\vec{\nabla}\times\vec{B})=-\frac{\partial}{\partial t}\left(\epsilon_0\mu_0\frac{\partial\vec{E}}{\partial t}\right)=-\epsilon_0\mu_0\frac{\partial^2}{\partial t^2}\vec{E}. \quad \text{(ii)}$$

No segundo passo dessa operação, usamos a terceira das equações de Maxwell com $\vec{j} = 0$, o que é apropriado para o vácuo. O lado esquerdo da equação (i) é um duplo produto vetorial. Sabemos que para produtos vetoriais duplos: $\vec{A}\times(\vec{B}\times\vec{C})=\vec{B}(\vec{A}\bullet\vec{C})-\vec{C}(\vec{A}\bullet\vec{B})$. Aplicando essa regra, obtemos

$$\vec{\nabla}\times\vec{\nabla}\times\vec{E}=\vec{\nabla}(\vec{\nabla}\bullet\vec{E})-\nabla^2\vec{E}=-\nabla^2\vec{E}, \quad \text{(iii)}$$

onde a primeira das equações de Maxwell ($\vec{\nabla}\bullet\vec{E}=0$ no vácuo) foi usada no segundo passo. O símbolo ∇^2 representa o produto escalar do operador gradiente consigo mesmo: $\nabla^2 = \partial^2/\partial x^2 + \partial^2/\partial y^2 + \partial^2/\partial z^2$. Substituindo as equações (ii) e (iii) na equação (i), e usando o fato de que a velocidade da luz tem um valor $c=1/\sqrt{\mu_0\epsilon_0}$ (equação 11.20), obtemos a equação de onda desejada:

$$\frac{\partial^2}{\partial t^2}\vec{E}-\frac{1}{\epsilon_0\mu_0}\nabla^2\vec{E}=\frac{\partial^2}{\partial t^2}\vec{E}-c^2\nabla^2\vec{E}=0.$$

Isso implica que ondas eletromagnéticas que se movem à velocidade da luz são, de fato, soluções das equações de Maxwell, como discutido (mas não demonstrado exatamente!) na Seção 11.4.

11.4 Pausa para teste

Derive a equação de onda para o campo magnético (equação 11.33) da mesma maneira apresentada na Demonstração 11.1, para o caso da equação de onda para o campo elétrico de uma onda.

11.5 Pausa para teste

Mostre que $\vec{E}(\vec{r},t)=E_{max}\,\text{sen}(\kappa x-\omega t)\hat{y}$ e $\vec{B}(\vec{r},t)=B_{max}\,\text{sen}(\kappa x-\omega t)\hat{z}$ são, de fato, soluções das equações de onda para os campos elétrico e magnético.

O QUE JÁ APRENDEMOS | GUIA DE ESTUDO PARA EXERCÍCIOS

- Enquanto um capacitor é carregado, pode ser visualizada uma corrente de deslocamento entre as placas, dada por $i_d = \epsilon_0\, d\Phi_E/dt$, onde Φ_E é o fluxo elétrico.
- As equações de Maxwell descrevem de que maneira cargas elétricas, correntes, campos elétricos e campos magnéticos afetam uns aos outros, constituindo uma teoria unificada do eletromagnetismo.
  - A lei de Gauss para campos elétricos, $\oiint \vec{E}\cdot d\vec{A} = q_{\text{dentro}}/\epsilon_0$, relaciona o fluxo elétrico líquido em uma superfície fechada à carga elétrica nela contida.
  - A lei de Gauss para campos magnéticos, $\oiint \vec{B}\cdot d\vec{A} = 0$, estabelece que o fluxo magnético líquido em qualquer superfície fechada é sempre nulo.
  - A lei de Faraday da indução, $\oint \vec{E}\cdot d\vec{s} = -d\Phi_B/dt$, relaciona o campo elétrico induzido à variação de fluxo magnético.
  - A lei de Maxwell-Ampère, $\oint \vec{B}\cdot d\vec{s} = \mu_0\epsilon_0 d\Phi_E/dt + \mu_0 i_{\text{enc}}$, relaciona o campo magnético produzido à variação de fluxo elétrico e à corrente.
- No caso de uma onda eletromagnética progressiva que se propague no sentido positivo do eixo x, os campos elétrico e magnético correspondentes podem ser descritos por $\vec{E}(\vec{r},t) = E_{\max}\,\text{sen}(\kappa x - \omega t)\hat{y}$ e $\vec{B}(\vec{r},t) = B_{\max}\,\text{sen}(\kappa x - \omega t)\hat{z}$, respectivamente, onde $\kappa = 2\pi/\lambda$ é o número de onda e $\omega = 2\pi f$ é a frequência angular da onda.
- As intensidades dos campos elétrico e magnético de uma onda eletromagnética, em um dado instante e em um determinado lugar, estão relacionadas pelo módulo da velocidade da luz: $E = cB$.
- A velocidade da luz está relacionada a duas constantes eletromagnéticas fundamentais: $c = 1/\sqrt{\mu_0\epsilon_0}$.
- A potência instantânea transportada por uma onda eletromagnética por unidade de área é igual ao módulo do vetor de Poynting da onda, $S = [1/(c\mu_0)]E^2$, onde E é o módulo ou intensidade do campo elétrico.
- A intensidade de uma onda eletromagnética é definida como a potência média transportada pela onda por unidade de área, $I = S_{\text{med}} = [1/(c\mu_0)]E^2_{\text{rms}}$, onde E_{rms} é o valor médio da intensidade do campo elétrico.
- Para uma onda eletromagnética, a densidade de energia transportada pelo campo elétrico, $u_E = \frac{1}{2}\epsilon_0 E^2$, enquanto a densidade de energia transportada pelo campo magnético é $u_B = [1/(2\mu_0)]B^2$. Para uma onda desse tipo, $u_E = u_B$.
- A pressão de radiação exercida por uma onda eletromagnética de intensidade I é dada por $p_r = I/c$, se a onda for totalmente absorvida; ou por $p_r = 2I/c$ se ela for inteiramente refletida.
- A polarização de uma onda eletromagnética é definida como a direção do vetor campo elétrico da mesma.
- A intensidade da luz não polarizada após ter passado por um polarizador é dada por $I = I_0/2$, onde I_0 é a intensidade original da luz não polarizada incidente no polarizador.
- A intensidade da luz polarizada após ter passado por um polarizador é dada por $I = I_0 \cos^2\theta$, onde I_0 é a intensidade original da luz polarizada incidente no polarizador e θ é o ângulo entre a polarização da luz polarizada incidente e o eixo de polarização do polarizador.

TERMOS-CHAVE

corrente de deslocamento, p. 318
eletromagnetismo, p. 320
equações de Maxwell, p. 320
espectro eletromagnético, p. 1001
lei de Malus, p. 335
lei de Maxwell-Ampère, p. 318
lei de Maxwell da indução, p. 317
luz não polarizada, p. 334
luz visível, p. 325
micro-ondas, p. 325
onda eletromagnéticas, p. 320
onda eletromagnéticas progressivas, p. 327
onda plana, p. 321
onda plano-polarizada, p. 334
ondas de rádio, p. 325
ondas infravermelhas, p. 325
polarizador, p. 334
radiação, p. 330
raios gama, p. 326
raios ultravioleta, p. 325
raios X, p. 326
vetor de Poynting, p. 328

NOVOS SÍMBOLOS E EQUAÇÕES

$i_d = \dfrac{\epsilon_0 d\Phi_E}{dt}$, corrente de deslocamento

$\kappa = \dfrac{2\pi}{\lambda}$, número de onda

$S = \dfrac{E^2}{c\mu_0}$, módulo do vetor de Poynting, que representa a potência instantânea transportada por uma onda eletromagnética por unidade de área

$I = S_{\text{med}} = \dfrac{E^2_{\text{rms}}}{c\mu_0}$, potência média transportada por uma onda eletromagnética por unidade de área

RESPOSTAS DOS TESTES

11.1 $t = \dfrac{d}{c} = \dfrac{8{,}30 \cdot 10^{16}\ \text{m}}{3{,}00 \cdot 10^{8}\ \text{m/s}} = 2{,}77 \cdot 10^{8}\ \text{s} = 8{,}77\ \text{ano}.$

11.2 $c = \lambda f \Rightarrow \lambda = \dfrac{c}{f}$

$$\lambda_{FM} = \frac{3{,}00 \cdot 10^{8}\ \text{m}}{90{,}5 \cdot 10^{6}\ \text{Hz}} = 3{,}31\ \text{m}$$

$$\lambda_{AM} = \frac{3{,}00 \cdot 10^{8}\ \text{m}}{870 \cdot 10^{3}\ \text{Hz}} = 345\ \text{m.}$$

11.3 O ângulo de posicionamento 1 produzirá uma órbita elíptica com o Sol em um dos focos. A força da pressão de radiação depende do inverso do quadrado da distância, da mesma forma como o módulo da força da gravidade. Assim, a órbita se tornará uma elipse exatamente como se a massa do Sol ou a do satélite fosse súbita e ligeiramente diminuída. Uma vez que a força é perpendicular à velocidade do satélite, a energia deste não é afetada.

O ângulo de posicionamento 2 resultará em uma órbita espiralada cada vez maior. A força decorrente pela luz refletida possui um componente de força na mesma direção e sentido da velocidade. Por isso, a espaçonave ganhará cada vez mais energia, e o raio de sua órbita aumentará progressivamente. Observe que a velocidade da espaçonave diminui, mas sua energia total segue crescendo.

O ângulo de posicionamento 3 resultará em uma órbita espiralada em direção ao centro. A força decorrente da luz refletida possui uma componente de força de sentido oposta à da velocidade da espaçonave. Dessa forma, a espaçonave perde energia e o raio da órbita diminui gradualmente. Note que a velocidade da espaçonave aumenta, mas sua energia total segue diminuindo.

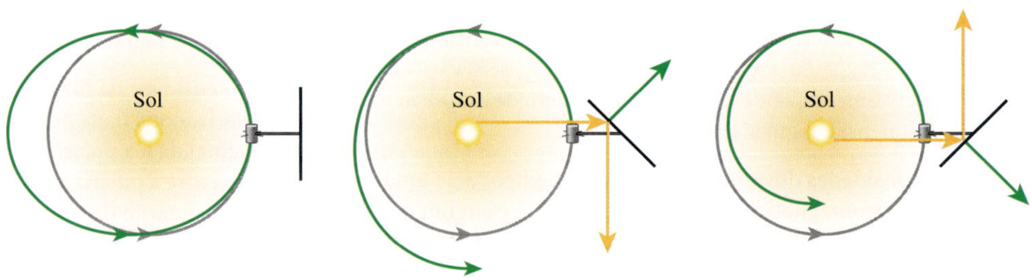

Ângulo 1 Ângulo 2 Ângulo 3

11.4 Tome o produto vetorial do operador gradiente $\vec{\nabla}$ pela quarta das equações de Maxwell: $\vec{\nabla} \times \vec{\nabla} \times \vec{B} = \epsilon_0 \mu_0 \vec{\nabla} \times \dfrac{\partial}{\partial t}\vec{E}$.

O lado direito dessa equação é

$$\epsilon_0 \mu_0 \vec{\nabla} \times \frac{\partial}{\partial t}\vec{E} = \epsilon_0 \mu_0 \frac{\partial}{\partial t}(\vec{\nabla} \times \vec{E}) = \epsilon_0 \mu_0 \frac{\partial}{\partial t}\left(-\frac{\partial \vec{B}}{\partial t}\right) = -\epsilon_0 \mu_0 \frac{\partial^2}{\partial t^2}\vec{B}.$$

E seu lado esquerdo é $\vec{\nabla} \times \vec{\nabla} \times \vec{B} = \vec{\nabla}(\vec{\nabla} \bullet \vec{B}) - \nabla^2 \vec{B} = -\nabla^2 \vec{B}$.

11.5 $\dfrac{\partial^2}{\partial t^2}\text{sen}(\kappa x - \omega t) = -\omega^2\, \text{sen}(\kappa x - \omega t)$

e

$$\frac{\partial^2}{\partial x^2}\text{sen}(\kappa x - \omega t) = -\kappa^2\, \text{sen}(\kappa x - \omega t).$$

Logo, esta função constitui uma solução se $c = \omega/\kappa$.

GUIA DE RESOLUÇÃO DE PROBLEMAS

1. As mesmas relações básicas que caracterizam uma onda qualquer se aplicam às ondas eletromagnéticas. Lembre-se de que $c = \lambda f$ e $\omega = c\kappa$, onde c é a velocidade de propagação de uma onda eletromagnética.

2. Com frequência é útil traçar um diagrama que indique a direção e o sentido do movimento e a orientação dos campos elétrico e magnético. Lembre-se da relação entre $\vec{E}$ e $\vec{B}$ tanto para as intensidades quanto para as orientações, incluindo $E/B = (\mu_0 \epsilon_0)^{-1/2} = c$, para ondas eletromagnéticas.

PROBLEMA RESOLVIDO 11.2 Polarizadores múltiplos

Suponha que você tenha luz polarizada verticalmente e que deseje girar sua polarização para a direção horizontal ($\theta = 90{,}0°$). Se fizer a luz polarizada atravessar um polarizador cujo eixo de polarização seja horizontal, toda a luz será bloqueada. Se, em vez disso, você usar uma série de dez polarizadores, cada qual com seu eixo formando um ângulo θ que é 9,00° maior do que o do eixo do polarizador anterior da série, sendo que o primeiro deles forma 9,00° com a vertical, você conseguirá girar em 90° a polarização e ainda ter luz emergindo do conjunto.

PROBLEMA

Que fração da intensidade da luz incidente que será transmitida pelos dez polarizadores?

SOLUÇÃO

PENSE

Cada polarizador tem seu eixo de polarização girado 9,00° em relação ao eixo do polarizador anterior. Dessa forma, cada polarizador transmite uma fração da intensidade incidente igual a $f = \cos^2 9°$. A fração transmitida é, portanto, f^{10}.

DESENHE

A Figura 11.25 mostra a direção da polarização original e dos eixos de polarização dos dez polarizadores.

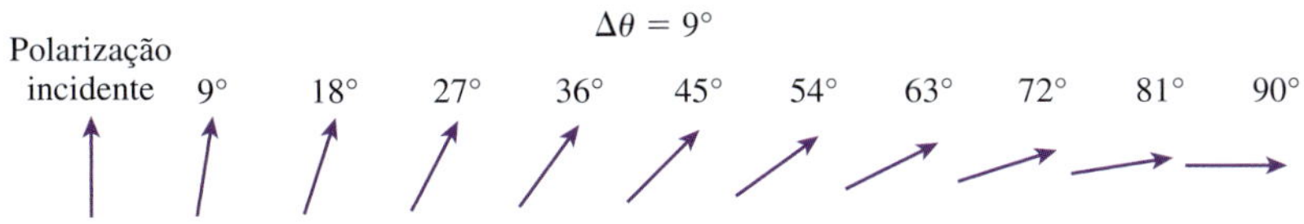

Figura 11.25 Direção de polarização da luz incidente e direções dos eixos de polarização de dez polarizadores.

PESQUISE

A intensidade, I, da luz polarizada que atravessa um polarizador cujo eixo de polarização forma um ângulo θ com a direção de polarização da luz incidente é dada por

$$I = I_0 \cos^2 \theta,$$

onde I_0 é a intensidade da luz polarizada incidente. Neste caso, a direção do eixo de polarização de cada polarizador sucessivo é $\Delta\theta = 9°$ maior do que a direção do eixo do polarizador anterior. Assim, cada polarizador reduz a intensidade por um fator

$$\frac{I}{I_0} = \cos^2 \Delta\theta.$$

SIMPLIFIQUE

A redução de intensidade após a luz ter atravessado os dez polarizadores, cada qual com a direção de seu eixo de polarização diferindo da direção do eixo do polarizador anterior por $\Delta\theta$, é

$$\frac{I_{10}}{I_0} = \left(\cos^2 \Delta\theta\right)^{10}.$$

CALCULE

Substituindo os valores numéricos fornecidos, obtemos

$$\frac{I_{10}}{I_0} = \left(\cos^2 9°\right)^{10} = 0{,}780546.$$

ARREDONDE

Apresentamos nosso resultado com três algarismos significativos:

$$\frac{I_{10}}{I_0} = 0{,}781 = 78{,}1\%.$$

SOLUÇÃO ALTERNATIVA

Usando dez polarizadores, cada qual com seu eixo girado em 9° em relação ao eixo do anterior, a polarização da luz polarizada incidente foi girada em 90° e 78,1% da luz foi transmitida, ao passo que, usando um polarizador apenas, girado em 90°, toda a luz incidente seria bloqueada. Para verificar se nossa resposta é plausível, vamos considerar que, em vez de dez polarizadores, usássemos n polarizadores, cada qual com seu eixo de polarização girado por um ângulo $\Delta\theta = \theta_{max}/n$, onde $\theta_{max} = 90°$. Para cada polarizador, o ângulo entre seu próprio eixo de polarização e o do polarizador anterior é pequeno, de modo que podemos usar a aproximação de pequenos ângulos para $\Delta\theta$ e escrever

$$\frac{I_1}{I_0} \approx \left(1 - \frac{(\Delta\theta)^2}{2}\right)^2.$$

Continua →

A intensidade da luz que emerge do conjunto de n polarizadores é, então,

$$\frac{I_n}{I_0} \approx \left(1 - \frac{(\theta_{\max}/n)^2}{2}\right)^{2n} = \left(1 - \frac{\theta_{\max}^2}{2n^2}\right)^{2n}.$$

Para n grande,

$$\frac{I_n}{I_0} \approx 1 = 100\%.$$

Usando dez polarizadores para girar a polarização da luz polarizada incidente permitiu que 78,1% de sua intensidade fosse transmitida. Se usássemos um número maior de polarizadores, com ângulos menores entre eixos de polarização vizinhos, possibilitaria que a transmissão se aproximasse de 100%. Assim, nosso resultado é plausível.

PROBLEMA RESOLVIDO 11.3 Espaçonave impulsionada a laser

Uma ideia para impulsionar espaçonaves de longo alcance envolve o uso de um feixe de laser de alta potência, em vez de luz solar, focada sobre uma grande vela refletora. A espaçonave poderia, assim, ser impulsionada para longe da Terra. Suponha que um laser de 10,0 GW possa ser focado por longas distâncias. A massa da espaçonave é de 200 kg, e sua vela refletora é suficientemente grande para interceptar toda a energia emitida pelo laser.

PROBLEMA

Desprezando a ação da gravidade, quanto tempo levaria para que a espaçonave atingisse uma velocidade correspondente a 30,0% da velocidade da luz, partindo do repouso?

SOLUÇÃO

PENSE

A pressão de radiação do laser gera uma força constante sobre a espaçonave, resultando em uma aceleração constante. Com essa aceleração constante, você pode calcular o tempo para que ela atinja a velocidade final, partindo do repouso.

DESENHE

A Figura 11.26 é um diagrama da luz do laser focada sobre a espaçonave dotada de uma vela totalmente refletora.

Figura 11.26 Um laser focando sua luz sobre uma espaçonave dotada de uma vela totalmente refletora.

PESQUISE

A pressão de radiação, p_r, da luz de intensidade I produzida pelo laser é

$$p_r = \frac{2I}{c}.$$

A pressão é definida como a força, F, por unidade de área, A, da mancha luminosa que o feixe produz sobre a vela, de modo que podemos escrever

$$\frac{2I}{c} = \frac{F}{A}.$$

A intensidade do laser é dada pelo quociente entre sua potência, P, e a área da mancha luminosa, A. Considerando que a vela da espaçonave seja capaz de interceptar a feixe de laser inteiro, podemos escrever

$$\frac{F}{A} = \frac{2(P/A)}{c}.$$

Isolando a força exercida pelo feixe de laser sobre a vela, e usando a segunda lei de Newton, podemos escrever

$$F = \frac{2P}{c} = ma. \qquad \text{(i)}$$

SIMPLIFIQUE

Podemos agora isolar a aceleração a partir da equação (i):

$$a = \frac{2P}{mc}.$$

Considerando que toda a potência do laser permaneça focada sobre a vela da espaçonave, ela teria uma aceleração constante. Então, a velocidade final, v, da espaçonave pode ser relacionada ao tempo transcorrido para ela atingir o valor de velocidade

$$v = at = 0{,}300c.$$

Isolando o tempo, obtemos

$$t = \frac{0{,}300c}{2P/mc} = \frac{0{,}300mc^2}{2P}.$$

CALCULE

Substituindo os valores numéricos fornecidos, obtemos

$$t = \frac{0{,}300mc^2}{2P} = \frac{0{,}300\left(200{,}0 \text{ kg}\right)\left(3{,}00 \cdot 10^8 \text{ m/s}\right)^2}{2\left(10{,}0 \cdot 10^9 \text{ W}\right)} = 270.000.000 \text{ s}.$$

ARREDONDE

Apresentamos nosso resultado com três algarismos significativos:

$$t = 270.000.000 \text{ s} = 8{,}56 \text{ anos}.$$

SOLUÇÃO ALTERNATIVA

Para avaliar nosso resultado, calculamos a aceleração da espaçonave:

$$a = \frac{2P}{mc} = \frac{2\left(10{,}0 \cdot 10^9 \text{ W}\right)}{\left(200 \text{ kg}\right)\left(3{,}00 \cdot 10^8 \text{ m/s}\right)} = 0{,}333 \text{ m/s}^2.$$

Tal aceleração corresponde a 3% da aceleração da gravidade na superfície terrestre. Essa aceleração é produzida por um laser 10 vezes mais potente do que uma usina de energia elétrica, que deveria funcionar por 8,56 anos. A distância que a espaçonave percorreria durante este tempo é

$$x = \tfrac{1}{2}at^2 = \tfrac{1}{2}\left(0{,}333 \text{ m/s}^2\right)\left(2{,}70 \cdot 10^8 \text{ s}\right)^2 = 1{,}21 \cdot 10^{16} \text{ m} = 1{,}28 \text{ ano luz},$$

o que é ligeiramente maior do que $1\frac{1}{4}$ da distância que a luz percorre em um ano. O laser deve permanecer focado sobre a vela a esta distância. Assim, embora nosso cálculo pareça plausível, as exigências para se dispor de uma espaçonave impulsionada a laser, com uma vela, parecem difíceis de satisfazer. Veremos que devemos modificar este cálculo porque as velocidades envolvidas correspondem a frações significativas da velocidade da luz.

QUESTÕES DE MÚLTIPLA ESCOLHA

11.1 Qual dos seguintes fenômenos pode ser observado no caso de ondas eletromagnéticas, mas não no das ondas sonoras?

a) Interferência
b) Difração
c) Polarização
d) Absorção
e) Espalhamento

11.2 Qual das seguintes afirmações a respeito de ondas eletromagnéticas é correta? (Selecione todas que forem verdadeiras.)

a) As ondas eletromagnéticas se propagam no vácuo à velocidade da luz.

b) As intensidades dos campos elétrico e magnético são iguais.

c) Somente o vetor campo elétrico é perpendicular à direção de propagação da onda.

d) Tanto o vetor campo elétrico quanto o vetor campo magnético é perpendicular à direção de propagação.

e) Uma onda eletromagnética conduz energia somente quando $E = B$.

11.3 A estação de rádio internacional *Voz da Slobbovia* anuncia que está "transmitindo para a América do Norte na banda de 49 metros". Que frequência está sendo transmitida pela estação?

a) 820 MHz
b) 6,12 MHz
c) 91,7 MHz
d) A informação fornecida no enunciado nada diz sobre a frequência.

11.4 Em qual das situações abaixo é maior a pressão de radiação gerada?

a) Um apontador a laser de 1 mW iluminando uma região circular de 2 mm de diâmetro a 1 m de distância.

b) Uma lâmpada de 200 W iluminando uma região circular de 4 mm de diâmetro a 10 m de distância.

c) Uma lâmpada de 100 W iluminando uma região circular de 2 mm de diâmetro a 4 m de distância.

d) Uma lâmpada de 200 W iluminando uma região circular de 2 mm de diâmetro a 5 m de distância.

e) Em todas as situações acima a pressão de radiação gerada é a mesma.

11.5 Qual é a orientação da força resultante sobre a carga positiva em movimento da figura?

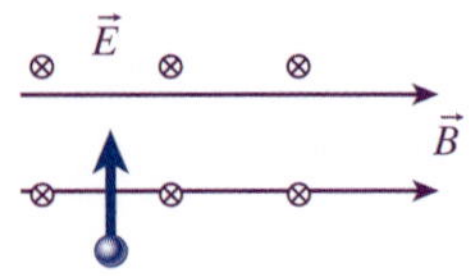

a) Para dentro da página.

b) Para a direita.

c) Para fora da página.

d) Para a esquerda.

11.6 Um próton se desloca perpendicularmente aos campos elétrico e magnético cruzados da figura. Qual é orientação da força resultante sobre o próton?

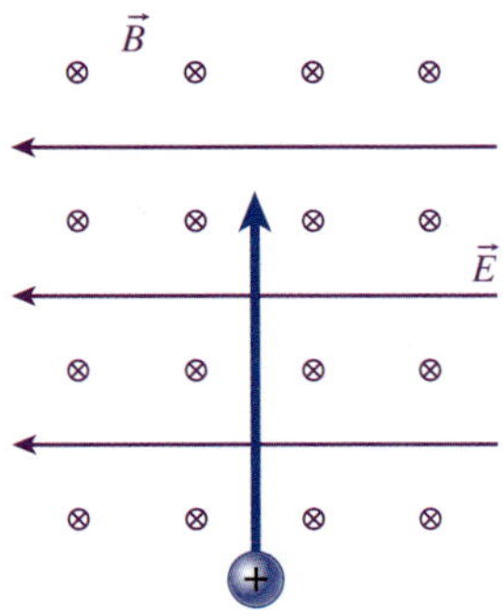

a) Para a esquerda.

b) Para a direita.

c) Para dentro da página.

d) Para fora da página.

11.7 Especula-se que "cargas" magnéticas isoladas (monopolos magnéticos) possam existir em algum lugar do universo. Qual das equações de Maxwell, (1) a lei de Gauss para campos elétricos, (2) a lei de Gauss para campos magnéticos, (3) lei de Faraday da indução e/ou (4) a lei de Maxwell-Ampère, teria de ser alterada com a existência de monopolos?

a) Somente a (2).

b) As leis (1) e (2).

c) As leis (2) e (3).

d) Somente a (3).

11.8 De acordo com a lei de Gauss para campos magnéticos, toda a linha de campo magnético é fechada. Portanto, o vetor campo magnético $\vec{B}$ aponta do polo ________ para o polo no exterior de um ímã em barra comum, e do polo ________ para o polo ________ no interior do mesmo ímã.

a) norte, sul, norte, sul

b) norte, sul, sul, norte

c) sul, norte, sul, norte

d) sul, norte, norte, sul

QUESTÕES

11.9 Em um experimento com luz polarizada, é usado um arranjo como o da Figura 11.22. Luz não polarizada de intensidade I_0 incide sobre o polarizador 1. Os polarizadores 1 e 3 estão cruzados (seu eixos de polarização formam 90° um com o outro) e suas orientações se mantêm fixas durante o experimento. Inicialmente, o eixo do polarizador 2 forma um ângulo de polarização de 45° com a vertical. Então, em $t = 0$, ele começa a girar com uma velocidade angular ω em torno da direção de propagação da luz, em sentido horário quando visto por um observador que olha para a fonte luminosa. Um fotodiodo é usado para monitorar a intensidade da luz que emerge do polarizador 3.

a) Obtenha uma expressão para essa intensidade em função do tempo.

b) Como a expressão do item anterior seria alterada se o polarizador 2 girasse em torno de um eixo paralelo à direção de propagação da luz, porém deslocado em uma distância $d < R$. onde R é o raio do polarizador?

11.10 Uma antena dipolo está localizada na origem do sistema de coordenadas, com seu eixo de simetria ao longo do eixo z. Enquanto uma corrente elétrica oscila na antena para cima e para baixo, radiação eletromagnética polarizada se propaga para longe da antena no sentido positivo do eixo y. Quais são as possíveis direções dos campos elétrico e magnético no ponto A do eixo y? Explique.

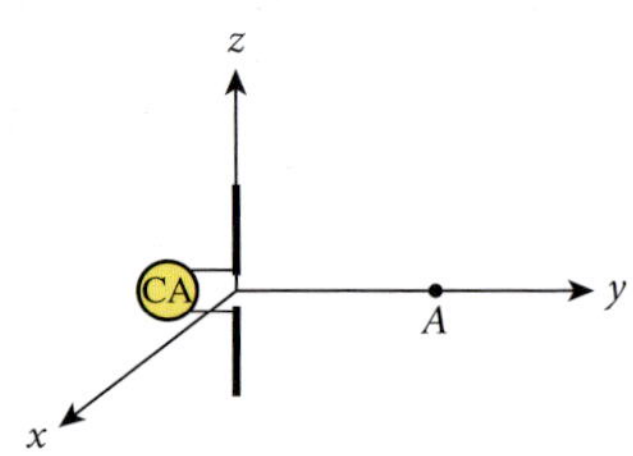

11.11 A informação da Seção 11.10 afeta a resposta do Exemplo 11.1 no que diz respeito ao valor rms da intensidade do campo elétrico, proveniente do Sol, na superfície da Terra?

11.12 As equações de Maxwell preveem que não existem monopolos magnéticos. Se estes existissem, como seriam alterados os movimentos de partículas carregadas ao se aproximarem de um monopolo?

11.13 Se fossem enviados simultaneamente dois sinais de comunicação para a Lua, um via ondas de rádio e outro por luz visível, qual deles chegaria primeiro à Lua?

11.14 Mostre que a lei de Ampère não é necessariamente consistente se a superfície ao longo da qual o fluxo é calculado for fechada, enquanto que a lei de Maxwell-Ampère sempre o é. (Portanto, as introduções da lei de Maxwell da indução e da corrente de deslocamento não são opcionais; elas são logicamente necessárias.) Mostre também que a lei de Faraday da indução não sofre desse problema de consistência.

11.15 As equações de Maxwell e as leis de Newton do movimento são mutuamente inconsistentes; o grande edifício da física clássica é fatalmente falho. Explique a razão.

11.16 Praticamente qualquer pessoa que tenha estudado o espectro eletromagnético indagou-se sobre como pareceria o mundo se pudéssemos enxergar em uma faixa de frequências de dez oitavas acima do que podemos ouvir, em vez de em uma faixa de menos de uma oitava acima do que conseguimos ver. (O termo "uma oitava" refere-se a um fator multiplicador da frequência igual a 2.) Porém isso é fundamentalmente impossível. Por quê?

11.17 As ondas eletromagnéticas provenientes de uma fonte pequena e isotrópica não são ondas planas, que possuem amplitudes máximas constantes.

a) Como a amplitude máxima do campo elétrico da radiação proveniente de uma fonte pequena e isotrópica varia com a distância a partir da fonte?

b) Compare isso com o campo elétrico de uma carga puntiforme.

11.18 Um par de óculos para sol é mantido em frente a uma tela plana (ligada) de computador, com as lentes paralelas à tela. Quando elas são giradas, nota-se que a intensidade da luz proveniente da tela, e que atravessa as lentes, varia. Por quê?

11.19 Dois filtros polarizadores são cruzados em 90° um em relação ao outro, de modo que, quando luz incide por trás deles, nenhuma luz consegue atravessá-los. Um terceiro filtro polarizador é inserido entre eles, inicialmente alinhado com um deles. Descreva o que ocorrerá quando o filtro intermediário for girado em 360°.

PROBLEMAS

Um • ou dois •• indicam nível crescente de dificuldade do problema.

Seção 11.1

11.20 Um campo elétrico de 200 V/m de intensidade é direcionado perpendicularmente para uma superfície plana e circular de 6,0 cm de raio. Se o campo elétrico cresce a uma taxa de 10 V/ms, determine a intensidade e a orientação do campo magnético a uma distância radial de 10,0 cm em relação ao centro da área circular.

• **11.21** Um fio de 1,0 mm de raio conduz uma corrente de 20,0 A. O fio está ligado a um capacitor de placas paralelas circulares com raio $R = 4{,}0$ cm e uma separação entre as placas $s = 2{,}0$ mm. Qual é a intensidade do campo magnético devido ao campo elétrico variável em um ponto situado a uma distância radial $r = 1{,}0$ cm do centro das placas paralelas? Despreze os efeitos de borda.

• **11.22** A corrente que flui em um solenoide de 20 cm de comprimento, 2 cm de raio e com 500 espiras diminui de 3 A para 1 A em 0,1 s. Determine a intensidade do campo elétrico induzido dentro do solenoide, a 1 cm de seu centro.

Seção 11.2

11.23 Um capacitor de placas paralelas contém ar entre suas placas em forma de discos de 4,0 mm de raio, ambas coaxias e separadas por 1,0 mm. Cargas estão sendo acumuladas nas placas do capacitor. Qual é a corrente de deslocamento entre as placas no instante em que a taxa de acumulação de carga nas placas é de 10,0 μC/s?

• **11.24** Um capacitor de placas paralelas de 10,0 cm de raio, separadas por 5,0 mm de distância. A voltagem no capacitor cresce a uma taxa de 1.200 V/s. Determine a intensidade do campo magnético entre as placas do capacitor, a uma distância $r = 4{,}0$ cm do centro.

• **11.25** A voltagem entre as extremidades de um condutor cilíndrico de raio r, comprimento L e resistência R varia com o tempo. Isso faz com que flua no cilindro uma corrente variável com o tempo, i. Mostre que a corrente de deslocamento é igual a $\epsilon_0 \rho di/dt$, onde ρ é a resistividade do condutor.

Seção 11.5

11.26 A amplitude do campo elétrico de uma onda eletromagnética é de 250 V/m. Qual é a amplitude do campo magnético dessa onda?

11.27 Determine a distância que a luz percorre no vácuo durante 1,00 ns.

11.28 Quanto tempo levará para que a luz viaje da Lua até a Terra? E do Sol para a Terra? E de Júpiter para a Terra?

11.29 Alice fez uma chamada telefônica de seu telefone residencial, em Nova York, para seu noivo que está servindo o exército em Baghdad, a cerca de 10.000 km de distância, e o sinal é levado por cabo telefônico. No dia seguinte, Alice ligou novamente para o noivo usando seu telefone celular, e o sinal foi enviado para um satélite a 36.000 km de altura da superfície terrestre, a meia distância entre Nova York e Baghdad. Estime o tempo transcorrido para o sinal enviado (a) pelo telefone a cabo e (b) via satélite chegar a Baghdad, considerando que a velocidade do sinal, em ambos os casos, seja igual à da luz, c. Haveria um atraso notável em algum caso?

• **11.30** Em muitos materiais, campos elétricos e magnéticos podem ser analisados usando-se as mesmas relações válidas para campos no vácuo, bastando para tal substituir valores relativos da permissividade e da permeabilidade, $\epsilon = \kappa\epsilon_0$ e $\mu = \kappa_m\mu_0$, em relação a seus respectivos valores para o vácuo, onde κ é a constante dielétrica e κ_m é a permeabilidade relativa do material. Determine a razão entre a velocidade das ondas eletromagnéticas no vácuo e suas velocidades de propagação no material.

Seção 11.6

11.31 A faixa de comprimentos de onda da luz visível, no ar, vai de 400 nm a 700 nm (veja a Figura 11.10). Qual é a correspondente faixa de frequências da luz visível?

11.32 A antena de um telefone celular é uma haste reta de 8,0 cm de comprimento. Determine a frequência de operação do sinal emitido por este celular, considerando que o comprimento da antena corresponda a $\frac{1}{4}$ comprimento de onda do sinal.

• **11.33** Suponha que um circuito RLC em ressonância é usado para produzir uma onda de rádio com 150 m de comprimento de onda. Se o circuito possui um capacitor de 2,0 pF, qual é a indutância do indutor usado?

• **11.34** Três estações de rádio FM que cobrem a mesma área geográfica de transmitem nas frequências de 91,1, 91,3 e 91,5 MHz. Qual é o máximo comprimento de onda permitido pelo filtro-banda do rádio receptor a fim de que a estação FM em 91,3 possa ser ouvida sem interferência com as FMs a 91,1 e 91,5? Use $c = 3{,}0 \cdot 10^8$ m/s, e determine o comprimento de onda com uma incerteza de 1 mm.

Seção 11.8

11.35 Uma fonte luminosa monocromática emite 1,5 W de potência eletromagnética de forma uniforme em todas as direções. Determine o vetor de Poynting em um ponto situado em cada uma das seguintes localizações:

a) A 0,30 m da fonte.

b) A 0,32 m da fonte.

c) A 1,00 m da fonte.

11.36 Considere o elétron de um átomo de hidrogênio. A 0,050 nm do próton do núcleo.

a) Qual é o campo elétrico que o elétron experimenta?

b) A fim de produzir um campo elétrico cujo valor rms de intensidade é o mesmo que o do item anterior, que intensidade deve ter a luz do laser usado?

11.37 Um laser de dióxido de carbono de 3 kW é usado em soldagem a laser. Se o feixe tem um diâmetro de 1 mm, qual será a amplitude do campo elétrico do feixe?

11.38 Suponha que as cargas de uma antena dipolo oscilem lentamente, a uma taxa de 1 ciclo/s, e que ela irradie ondas eletromagnéticas em uma região do espaço. Se alguém medisse o campo magnético variável no tempo naquela região e encontrasse que seu valor máximo é de 0,001 T, qual seria o valor máximo do campo elétrico, E, nessa região, em unidades de volts por metro? Qual seria o período das oscilações de carga? Qual seria o módulo do vetor de Poynting?

11.39 Determine o valor médio do vetor de Poynting, S_{med}, de uma onda eletromagnética cujo campo elétrico tem uma amplitude de 100 V/m.

a) Quanto vale a densidade de energia média da onda?

b) Quanto vale a amplitude do campo magnético?

• **11.40** O feixe de luz mais intenso capaz de se propagar no ar seco deve possuir um campo elétrico cuja amplitude máxima não seja maior do que o valor de ruptura dielétrica do ar: $E^{\text{ar}}_{\text{max}} = 3{,}0 \cdot 10^6$ V/m, considerando que este valor não seja afetado pela frequência da onda.

a) Determine a amplitude máxima que o campo magnético da onda pode ter.

b) Determine a intensidade desta onda.

c) O que acontece a uma onda mais intensa do que essa?

•• **11.41** O feixe de laser de argônio iônico de onda contínua (oc) tem uma potência média de 10 W e 1 mm de diâmetro. Considere que a intensidade deste feixe seja a mesma ao longo da seção transversal inteira do mesmo (o que não é verdadeiro, pois a distribuição de intensidade real é uma função gaussiana).

a) Determine a intensidade do feixe do laser. Compare-a com a intensidade média da luz solar na superfície terrestre (1.400 W/m^2).

b) Determine o valor rms do campo elétrico do feixe do laser.

c) Determine o valor médio do vetor de Poynting ao longo do tempo.

d) Se o comprimento do feixe do laser for de 514,5 nm no vácuo, escreva uma expressão para o vetor de Poynting instantâneo, que é nulo em $t = 0$ e em $x = 0$.

e) Determine o valor rms do campo magnético do feixe do laser.

•• **11.42** Uma voltagem, V, é aplicada a um condutor cilíndrico de raio r, comprimento L e resistência R. Em consequência, uma corrente, i, passa a fluir no condutor, a qual produz um campo magnético, B. O condutor está posicionado ao longo do eixo y, com a corrente fluindo no sentido positivo deste eixo. Considere que o campo elétrico seja uniforme ao longo do condutor.

a) Determine o módulo e a orientação do vetor de Poynting na superfície do condutor.

b) Mostre que $\int \vec{S} \cdot d\vec{A} = i^2 R$.

Seção 11.9

11.43 A radiação proveniente do Sol atinge a Terra a uma taxa de 1,4 kW/m^2 acima da atmosfera, e a uma taxa de 1 kW/m^2 em uma praia oceânica.

a) Determine as intensidades máximas de E e de B acima da atmosfera.

b) Determine a pressão e a força exercidas pela radiação sobre uma pessoa deitada e espichada sobre a praia, cuja área exposta ao Sol é de 0,75 m^2.

11.44 Cientistas têm proposto o uso da pressão de radiação da luz solar para viagens a outros planetas do Sistema Solar. Se a intensidade da radiação eletromagnética do Sol for de aproximadamente 1,4 kW/m^2 próximo à Terra, qual teria de ser o tamanho da vela a fim de acelerar uma espaçonave de 10 toneladas a 1 m/s^2?

a) Considerando que a vela absorva toda a radiação incidente.

b) Considerando que a vela reflita toda a radiação incidente.

11.45 Uma vela solar em forma de um círculo gigantesco (com um raio $R = 10$ km) é feita de um material perfeitamente refletor de um lado, e totalmente absorvedor do outro. No espaço profundo, longe de qualquer fonte de luz, a radiação de micro-ondas de fundo será a fonte primária da radiação que incide sobre a vela. Considerando que tal radiação seja como a de um corpo negro em equilíbrio a $T = 2{,}725$ K, determine a força resultante sobre a vela devido à sua reflexão e à sua absorção.

• **11.46** Dois astronautas se encontram em repouso no espaço, um a 20,0 m do Ônibus Espacial e outro a 40,0 do ônibus. Usando um laser de 100 W, o astronauta a 40,0 m da nave decide impulsionar o outro astronauta em direção ao ônibus Espacial. Ele, então, foca o laser sobre uma parte totalmente refletora da roupa espacial do outro. Se a massa total deste, incluindo o equipamento, for de 100,0 kg, quanto tempo transcorrerá para ele atingir o Ônibus Espacial?

• **11.47** Um laser que produz um facho de luz de um 1,00 mm de diâmetro que incide perpendicularmente no centro de uma placa fina de alumínio, perfeitamente refletora e circular (diâmetro de 2 mm), e presa verticalmente sobre um pedaço de cortiça que flutua na superfície da água de um grande recipiente. A massa deste "veleiro" é de 0,10 g, e ela percorre 2,0 mm em 63,0 s. Considerando que a potência do laser seja constante na região onde o veleiro está localizado durante o movimento, quanto vale a potência do laser? (Despreze a resistência do ar e a viscosidade da água.)

• **11.48** Uma partícula minúscula com densidade de 2.000 kg/m^3 encontra-se à mesma distância do Sol que a Terra está ($1{,}5 \cdot 10^{11}$ m). Considere que a partícula seja esférica e perfeitamente refletora. Qual deveria ser o raio da partícula para que a força da pressão de radiação, empurrando-a para longe do Sol, fosse de 1% da atração gravitacional do Sol, que a puxa para perto? (Tome a massa do Sol como sendo de $2 \cdot 10^{30}$ kg.)

• **11.49** O aerogel de sílica tem 1 mg/cm^3 de densidade. Uma fatia desse material tem um diâmetro de 2 mm e uma espessura de 0,1 mm.

a) Qual é o peso da fatia de aerogel (em newtons)?

b) Qual é a intensidade e a pressão de radiação exercida sobre a amostra por um feixe de laser de 5 mW com 2 mm de diâmetro?

c) Quantos lasers de 5 mW, e feixe de 2 mm de diâmetro, seriam necessários para fazer a fatia flutuar no campo gravitacional terrestre? Use $g = 9{,}81$ m/s^2.

Seção 11.10

11.50 Dois polarizadores estão com seus eixos de polarização formando 30° um com o outro. Se uma luz de 1,00 W/m^2 de intensidade, inicialmente polarizada a meio caminho entre os ângulos de polarização dos dois filtros, incidir sobre o conjunto, qual será a intensidade da luz transmitida?

11.51 Um feixe de laser de 10 mW, verticalmente polarizado, atravessa um polarizador cujo ângulo de polarização forma 30° com a horizontal. Qual é a potência do feixe de laser ao emergir do polarizador?

• **11.52** Luz não polarizada de intensidade I_0 incide sobre uma série de cinco polarizadores, cada qual com seu eixo de polarização girado em 10° com o do precedente. Que fração da luz incidente atravessará o conjunto?

• **11.53** Um laser produz luz polarizada na direção vertical. A luz se propaga no sentido positivo do eixo y e atravessa dois polarizadores, cujos eixos de polarização formam 35° e 55° com a vertical, como mostra a figura. O feixe do laser é colimado (sem convergir ou divergir), tendo uma seção transversal circular com 1,00 mm de diâmetro e uma potência média de 15 mW no ponto A. No ponto C, quanto valem as intensidades dos campos elétrico e magnético, e qual é a intensidade da luz do laser?

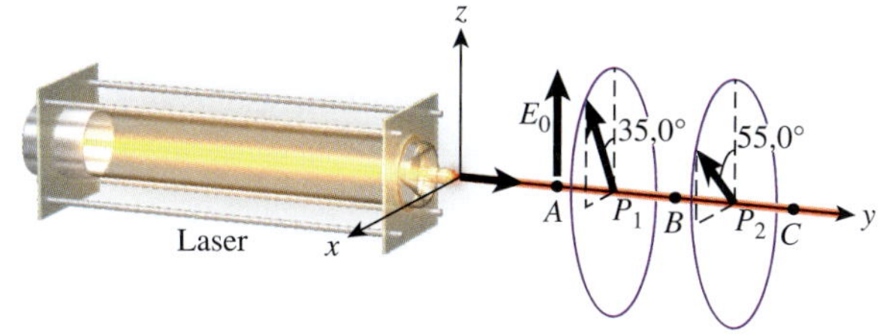

Problemas adicionais

11.54 Um feixe de laser leva 50 ms para ser refletido de volta pela vela de uma espaçonave. A que distância se encontra a espaçonave?

11.55 Uma casa com o telhado voltado para o sul possui painéis fotovoltaicos sobre o telhado. Os painéis têm um rendimento de 10% e ocupam uma área correspondente a dimensões de 3m por 8 m. A radiação solar média incidente sobre os painéis é de 300 Wm^2, a média geral sob todas as condições por um ano. Quantos quilowatt-horas de eletricidade os painéis solares produzirão em um mês de 30 dias?

11.56 Qual é a pressão de radiação devido à estrela de Betelgeuse (cuja luminosidade, ou potência emitida, é 10.000 vezes maior que a do Sol) a uma distância igual à da órbita de Urano em relação a ela?

11.57 Um laser de 200 W produz um feixe com uma área de seção transversal de 1 mm^2 e um comprimento de onda de 628 m. Qual é a amplitude do campo elétrico do feixe?

11.58 Qual é o comprimento de onda das ondas eletromagnéticas usadas em comunicações entre telefones celulares da banda de 850 MHz?

11.59 Como mostrado na figura, a luz solar incide diretamente para baixo (no sentido negativo do eixo z) sobre um painel solar (de comprimento $L = 1{,}40$ m e largura $W = 0{,}900$ m) montado sobre o robô marciano *Spirit*. A amplitude do campo elétrico da radiação solar é de 673 V/m, que é uniforme (a radiação tem a mesma amplitude em todos os lugares). Se o painel solar possui um rendimento de 18,0% em converter radiação solar em potência elétrica, que valor médio de potência pode o painel gerar?

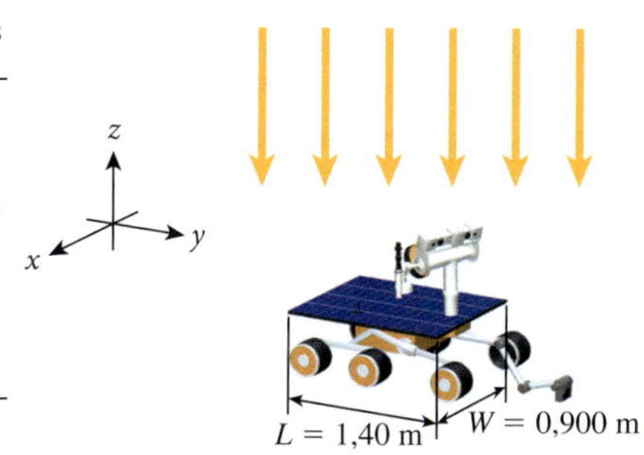

11.60 Um capacitor de 14,9 μF, um resistor de 24,3 kΩ, uma chave e uma bateria de 25 V são ligados em série. Qual é a taxa de variação do campo elétrico entre as placas do capacitor em $t = 0{,}3621$ s após a chave ter sido fechada? A área de cada placa é de 1,00 cm^2.

11.61 Uma luminária de 300 W focaliza 40% de sua luz sobre uma área circular com 2 m de diâmetro. Qual é a raiz quadrática média do campo elétrico nesta área iluminada?

11.62 Qual é a amplitude do campo elétrico de uma onda eletromagnética cujo campo magnético tem uma amplitude de $5 \cdot 10^{-3}$ T?

11.63 Qual é a distância entre nodos vizinhos de aquecimento da cavidade de um forno de micro-ondas? Um forno de micro-ondas doméstico opera caracteristicamente a uma frequência de 2,4 GHz.

11.64 A constante solar medida por satélites terrestres é de aproximadamente 1.400 W/m^2.

a) Determine o campo elétrico máximo da radiação eletromagnética proveniente do Sol.

b) Determine o campo magnético máximo dessas ondas eletromagnéticas.

• **11.65** O pico de intensidade do campo elétrico a uma distância de 2,25 m de uma lâmpada incandescente é de 21,2 V/m.

a) Qual o pico de intensidade do campo magnético ali?

b) Qual é a potência total emitida pela lâmpada?

• **11.66** Se o pico de intensidade do campo elétrico próximo a uma estrela cujo raio é duas vezes maior que o do Sol for de 0,015 V/m a uma distância de 15 UA, quanto vale sua temperatura? Considere a estrela como um corpo negro.

• **11.67** Um apontador a laser de 5 mW tem um feixe com 2 mm de diâmetro.

a) Qual é o valor rms do campo elétrico deste feixe de laser?

b) Determine a energia eletromagnética total em um metro desse feixe de laser?

• **11.68** Na superfície terrestre, o Sol fornece energia a 1 kW/m^2. Suponha que luz solar incida em um telhado de 10 m por 30 m em um ângulo de 90°.

a) Estime a potência total incidente no telhado.

b) Determine a pressão de radiação sobre o telhado.

• **11.69** O *National Ignition Facility* possui o laser mais potente do mundo, que emprega um total de 192 lasers para conseguir 500 TW de potência em uma pelota esférica de 2 mm de diâmetro. Com que velocidade mover-se-á uma pelota com densidade de 2 g/cm^3 se um feixe único do laser incidir nela e 1% da luz solar for refletida?

• **11.70** Um resistor consiste em um cilindro maciço de raio r e comprimento L. O resistor tem uma resistência R e conduz uma corrente i. Use o vetor de Poynting para calcular a potência irradiada pela superfície total do resistor.

• **11.71** Qual é o vetor de Poynting a uma distância de 12,0 km da antena de uma estação de rádio que irradia 30.000 W de potência? Considere que as ondas de rádio incidentes sobre a Terra sejam refletidas de volta para o espaço.

a) As ondas de rádio provenientes da antena são polarizadas ou não?

b) Qual é o valor rms da força elétrica sobre um elétron, nesta localização?

• **11.72** A teoria quântica estabelece que as ondas eletromagnéticas realmente são formadas por pacotes discretos – fótons – cada qual com energia $E = \hbar\omega$, onde $\hbar = 1{,}054573 \cdot 10^{-34}$ J é a constante de Planck racionalizada e ω é a frequência angular da onda.

a) Determine o momento de um fóton da onda.

b) Determine o momento angular de um fóton. Os fótons são circularmente polarizados; isto é, são descritos pela superposição de duas ondas plano polarizadas de amplitudes iguais, frequências iguais e polarizações mutuamente perpendiculares, um quarto de círculo (90° ou $\pi/2$ rad) fora de fase uma com a outra, de modo que os vetores campo elétrico e campo magnético, em qualquer ponto fixo do espaço, giram em círculo com a frequência angular das ondas. Pode ser demonstrado que uma onda circularmente polarizada de energia U e frequência angular ω possui um momento angular de módulo $L = U/\omega$. (A orientação do momento angular é dada pelo polegar na regra da mão direita, em que os dedos da palma da mão são curvados no sentido em que os vetores calculados giram.)

c) A razão entre o momento angular de uma partícula e a constante $\hbar$ é igual ao número quântico de spin. Determine o número quântico de spin do fóton.

• **11.73** Um forno de micro-ondas opera a 200 W. Considerando que as ondas emirjam de uma fonte emissora puntiforme em um dos lados do forno, quão longas elas deveriam ser para derreter um cubo de gelo de 2 cm de raio que se encontra a 10 cm de distância do emissor, se 10% dos fótons forem absorvidos pelo cubo? Quantos fótons de comprimento de onda de 10 cm incidiriam no cubo de gelo durante um segundo? Considere que a densidade do cubo seja de 0,96 g/cm^3.

• **11.74** Um laser de dióxido de carbono de uso industrial produz um feixe de radiação de 6,00 kW de potência média com um comprimento de onda de 10,6 μm. Um laser desses pode ser usado para cortar aço com 25 mm de espessura. A luz do laser é polarizada na direção x, propagam-se no sentido positivo do eixo z e é colimada (sem divergir ou convergir) em um diâmetro constante de 100,0 μm. Escreva as equações para os campos elétrico e magnético da luz do laser em função do tempo e da posição z ao longo do feixe. Lembre-se de que $\vec{E}$ e $\vec{B}$ são vetores. Deixe a fase geral não especificada, mas verifique a diferença de fase entre $\vec{E}$ e $\vec{B}$.

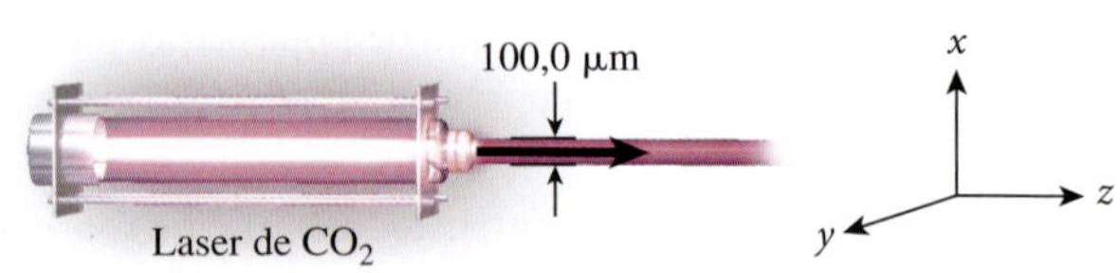

Apêndice A

Resumo Matemático

Notação:

As letras a, b, c, x e y representam números reais.
As letras i, j, m e n representam números inteiros.
As letras gregas α, β e γ representam ângulos, expressos em radianos.

1. Álgebra

1.1 Elementos

Fatoração:

$$ax + bx + cx = (a + b + c)x \tag{A.1}$$

$$(a + b)^2 = a^2 + 2ab + b^2 \tag{A.2}$$

$$(a - b)^2 = a^2 - 2ab + b^2 \tag{A.3}$$

$$(a + b)(a - b) = a^2 - b^2 \tag{A.4}$$

Equação quadrática:
Toda equação da forma

$$ax^2 + bx + c = 0 \tag{A.5}$$

Para valores dados de a, b e c, existem duas soluções:

$$x = \frac{-b + \sqrt{b^2 - 4ac}}{2a}$$

e **(A.6)**

$$x = \frac{-b - \sqrt{b^2 - 4ac}}{2a}$$

As soluções desta equação são denominadas *raízes*. Elas serão números reais se $b^2 \geq 4ac$.

1.2 Expoentes

Se a for um número, a^n será o produto de a por si mesmo efetuado n vezes:

$$a^n = \underbrace{a \times a \times a \times \cdots \times a}_{n \text{ fatores}} \quad \textbf{(A.7)}$$

O número n é denominado expoente. Entretanto, um expoente não precisa ser um número positivo ou inteiro. Qualquer número real x pode ser usado como expoente.

$$a^{-x} = \frac{1}{a^x} \quad \textbf{(A.8)}$$

$$a^0 = 1 \quad \textbf{(A.9)}$$

$$a^1 = a \quad \textbf{(A.10)}$$

Raízes:

$$a^{1/2} = \sqrt{a} \quad \textbf{(A.11)}$$

$$a^{1/n} = \sqrt[n]{a} \quad \textbf{(A.12)}$$

Multiplicação e divisão:

$$a^x a^y = a^{x+y} \quad \textbf{(A.13)}$$

$$\frac{a^x}{a^y} = a^{x-y} \quad \textbf{(A.14)}$$

$$\left(a^x\right)^y = a^{xy} \quad \textbf{(A.15)}$$

1.3 Logaritmos

O logaritmo é a função inversa da função exponencial da seção anterior:

$$y = a^x \Leftrightarrow x = \log_a y \quad \textbf{(A.16)}$$

A notação $\log_a y$ representa o logaritmo de y na base a. Uma vez que a exponencial e o logaritmo são inversas uma da outra, podemos escrever a identidade:

$$x = \log_a(a^x) = a^{\log_a x} \quad \text{(para uma base } a \text{ qualquer)} \quad \textbf{(A.17)}$$

As duas bases mais comumente usadas são o 10, a base do chamado logaritmo comum, e a base e, a base do logaritmo natural. O valor numérico de e é

$$e = 2{,}718281828... \quad \text{(A.18)}$$

Base 10:

$$y = 10^x \Leftrightarrow x = \log_{10} y \quad \textbf{(A.19)}$$

Base e:

$$y = e^x \Leftrightarrow x = \ln y \quad \textbf{(A.20)}$$

Neste livro, adotamos a convenção de usar o símbolo ln para denotar o logaritmo de um número na base e.

As regras para cálculos com logaritmos derivam das regras para se calcular expoentes:

$$\log(ab) = \log a + \log b \quad \textbf{(A.21)}$$

$$\log\left(\frac{a}{b}\right) = \log a - \log b \quad \textbf{(A.22)}$$

$$\log(a^x) = x \log a \tag{A.23}$$

$$\log 1 = 0 \tag{A.24}$$

Uma vez que essas regras são válidas para uma base qualquer, o subscrito indicando a base foi omitido aqui.

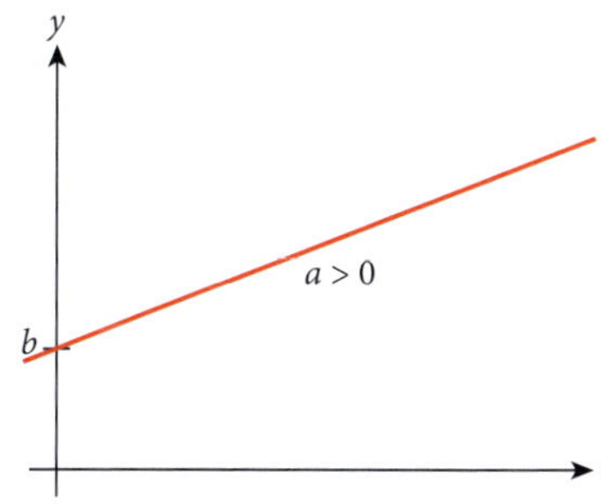

Figura A.1 Representação gráfica de uma equação linear.

1.4 Equações lineares

A forma geral de uma equação linear é

$$y = ax + b \tag{A.25}$$

em que a e b são constantes. O gráfico de y *versus* x é uma linha reta; a é a declividade ou coeficiente angular da reta, e b é a interseção com o eixo y. Veja a Figura A.1.

A declividade da reta pode ser calculada inserindo-se dois valores diferentes de x, x_1 e x_2, na equação linear e calculando-se os valores correspondentes, y_1 e y_2:

$$a = \frac{y_2 - y_1}{x_2 - x_1} = \frac{\Delta y}{\Delta x} \tag{A.26}$$

Se $a = 0$, a reta será horizontal; se $a > 0$, ela se elevará com o aumento de x, como mostra o exemplo da Figura A.1; e se $a < 0$, a reta decresce com o aumento de x.

2. Geometria

2.1 Formas geométricas bidimensionais

A Figura A.2 lista a área, A, e o comprimento do perímetro ou circunferência, C, de objetos geométricos bidimensionais comuns.

Quadrado	Retângulo	Círculo	Triângulo
$A = a^2$	$A = ab$	$A = \pi r^2$	$A = \frac{1}{2}ch$
$C = 4a$	$C = 2(a + b)$	$C = 2\pi r$	$C = a + b + c$

Figura A.2 Área, A, e comprimento do perímetro, C, de um quadrado, um retângulo, um círculo e um triângulo.

2.2 Formas geométricas tridimensionais

A Figura A.3 lista o volume, V, e a área superficial, A, de objetos geométricos tridimensionais.

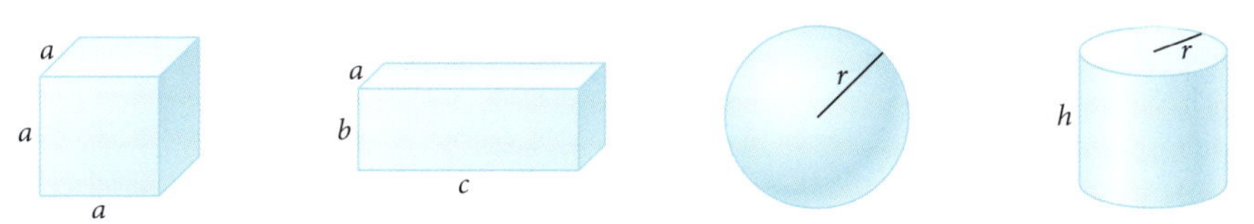

Cubo	Retângulo	Esfera	Cilindro
$V = a^3$	$V = abc$	$V = \frac{4}{3}\pi r^3$	$V = \pi r^2 h$
$A = 6a^2$	$A = 2(ab + ac + bc)$	$A = 4\pi r^2$	$A = 2\pi r^2 + 2\pi rh$

Figura A.3 Volume, V, e área superficial, A, de um cubo, uma caixa retangular, uma esfera e um cilindro.

3. Trigonometria

É importante notar que, no que segue, todos os ângulos são expressos em radianos.

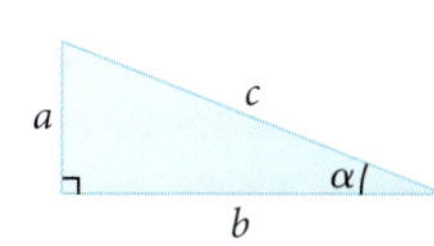

Figura A.4 Definição dos comprimentos dos lados, a, b e c, e dos ângulos de um triângulo retângulo.

3.1 Triângulos retângulos

Um triângulo retângulo é todo aquele no qual um dos ângulos é um ângulo reto, isto é, um ângulo que mede exatamente 90° ($\pi/2$ rad), denotado pelo pequeno quadrado da Figura A.4.

A hipotenusa é o lado oposto ao ângulo de 90°. Por convenção, usa-se a letra c para denotar a hipotenusa. Os dois outros lados chamam-se catetos.

Teorema de Pitágoras:

$$a^2 + b^2 = c^2 \tag{A.27}$$

Definições das funções trigonométricas (veja a Figura A.5)

$$\operatorname{sen}\alpha = \frac{a}{c} = \frac{\text{lado oposto}}{\text{hipotenusa}} \tag{A.28}$$

$$\cos\alpha = \frac{b}{c} = \frac{\text{lado cateto adjacente}}{\text{hipotenusa}} \tag{A.29}$$

$$\operatorname{tg}\alpha = \frac{\operatorname{sen}\alpha}{\cos\alpha} = \frac{a}{b} \tag{A.30}$$

$$\operatorname{cotg}\alpha = \frac{\cos\alpha}{\operatorname{sen}\alpha} = \frac{1}{\operatorname{tg}\ \alpha} = \frac{b}{a} \tag{A.31}$$

$$\operatorname{cosec}\alpha = \frac{1}{\operatorname{sen}\alpha} = \frac{c}{a} \tag{A.32}$$

$$\sec\alpha = \frac{1}{\cos\alpha} = \frac{c}{b} \tag{A.33}$$

As funções trigonométricas inversas (neste livro se usará a notação sen^{-1}; $\cos^{-1}$ etc.) são:

$$\operatorname{sen}^{-1}\frac{a}{c} \equiv \operatorname{arcsen}\frac{a}{c} = \alpha \tag{A.34}$$

$$\cos^{-1}\frac{b}{c} \equiv \arccos\frac{b}{c} = \alpha \tag{A.35}$$

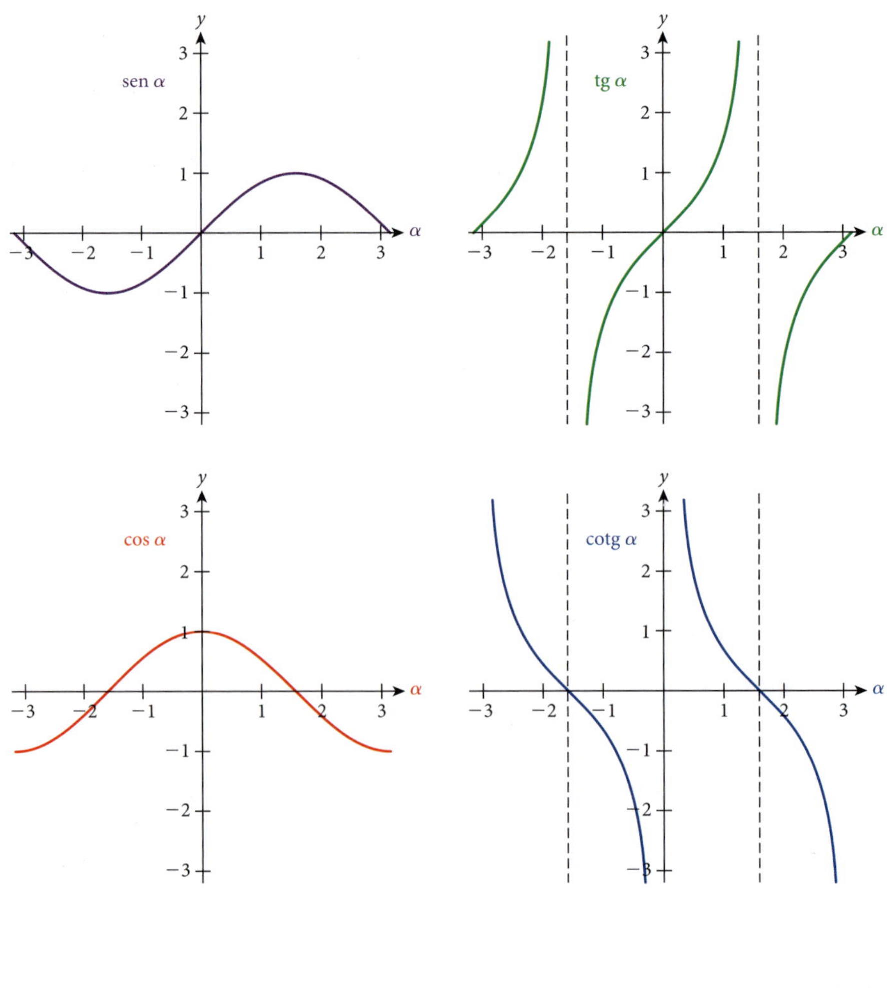

Figura A.5 As funções trigonométricas sen, cos, tg e cotg.

$$\text{tg}^{-1}\frac{a}{b} \equiv \text{arctg}\ \frac{a}{b} = \alpha \tag{A.36}$$

$$\text{cotg}^{-1}\frac{b}{a} \equiv \text{arccotg}\frac{b}{a} = \alpha \tag{A.37}$$

$$\text{cosec}^{-1}\frac{c}{a} \equiv \text{arcsec}\frac{c}{a} = \alpha \tag{A.38}$$

$$\sec^{-1}\frac{c}{b} \equiv \text{arcsec}\frac{c}{b} = \alpha \tag{A.39}$$

Todas as funções trigonométricas são periódicas:

$$\text{sen}\left(\alpha + 2\pi\right) = \text{sen}\ \alpha \tag{A.40}$$

$$\cos\left(\alpha + 2\pi\right) = \cos\alpha \tag{A.41}$$

$$\text{tg}\left(\alpha + \pi\right) = \text{tg}\ \alpha \tag{A.42}$$

$$\text{cotg}\left(\alpha + \pi\right) = \text{cotg}\,\alpha \tag{A.43}$$

Outras relações entre as funções trigonométricas são:

$$\text{sen}^2\alpha + \cos^2\alpha = 1 \tag{A.44}$$

$$\text{sen}(-\alpha) = -\,\text{sen}\alpha \tag{A.45}$$

$$\cos(-\alpha) = \cos\alpha \tag{A.46}$$

$$\text{sen}(\alpha \pm \pi/2) = \pm\cos\alpha \tag{A.47}$$

$$\text{sen}(\alpha \pm \pi) = -\,\text{sen}\,\alpha \tag{A.48}$$

$$\cos(\alpha \pm \pi\,/\,2) = \mp\,\text{sen}\,\alpha \tag{A.49}$$

$$\cos(\alpha \pm \pi) = -\cos\alpha \tag{A.50}$$

Algumas fórmulas adicionais:

$$\text{sen}(\alpha \pm \beta) = \text{sen}\alpha\cos\beta \pm \cos\alpha\,\text{sen}\beta \tag{A.51}$$

$$\cos(\alpha \pm \beta) = \cos\alpha\cos\beta \mp \text{sen}\alpha\,\text{sen}\beta \tag{A.52}$$

Aproximações para ângulos pequenos:

$$\text{sen}\,\alpha \approx \alpha - \tfrac{1}{6}\alpha^3 + \cdots \quad (\text{para}\,|\alpha| \ll 1) \tag{A.53}$$

$$\cos\alpha \approx 1 - \tfrac{1}{2}\alpha^2 + \cdots \quad (\text{para}\,|\alpha| \ll 1) \tag{A.54}$$

Para ângulos pequenos, ou seja, $|\alpha| \ll 1$, normalmente é aceitável usar as aproximações para ângulos pequenos na forma $\cos\alpha = 1$ e sen α = tg α = α.

3.2 Triângulos gerais

A soma dos três ângulos internos de qualquer triângulo vale π (veja a Figura A.6):

$$\alpha + \beta + \gamma = \pi \tag{A.55}$$

Lei dos cossenos:

$$c^2 = a^2 + b^2 - 2ab\cos\gamma \tag{A.56}$$

(Esta é a generalização do teorema de Pitágoras para o caso em que o ângulo γ tem um valor diferente de 90°, ou $\pi/2$ rad.)

$$\frac{\text{sen}\,\alpha}{a} = \frac{\text{sen}\beta}{b} = \frac{\text{sen}\,\gamma}{c} \tag{A.57}$$

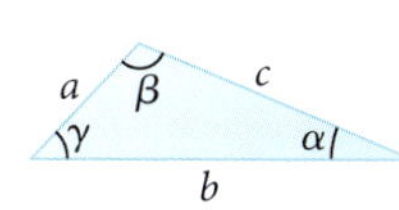

Figura A.6 Definição dos lados e dos ângulos de um triângulo qualquer.

4. Cálculo

4.1 Derivadas

Polinômios:

$$\frac{d}{dx}x^n = nx^{n-1} \tag{A.58}$$

Funções trigonométricas:

$$\frac{d}{dx}\operatorname{sen}(ax) = a\cos(ax) \tag{A.59}$$

$$\frac{d}{dx}\cos(ax) = -a\operatorname{sen}(ax) \tag{A.60}$$

$$\frac{d}{dx}\operatorname{tg}(ax) = \frac{a}{\cos^2(ax)} \tag{A.61}$$

$$\frac{d}{dx}\operatorname{cotg}(ax) = -\frac{a}{\operatorname{sen}^2(ax)} \tag{A.62}$$

Exponenciais e logaritmos:

$$\frac{d}{dx}e^{ax} = ae^{ax} \tag{A.63}$$

$$\frac{d}{dx}\ln(ax) = \frac{1}{x} \tag{A.64}$$

$$\frac{d}{dx}a^x = a^x \ln a \tag{A.65}$$

Regra do produto:

$$\frac{d}{dx}(f(x)g(x)) = \left(\frac{df(x)}{dx}\right)g(x) + f(x)\left(\frac{dg(x)}{dx}\right) \tag{A.66}$$

Regra da cadeia:

$$\frac{dy}{dx} = \frac{dy}{du}\frac{du}{dx} \tag{A.67}$$

4.2 Integrais

Todas as integrais indefinidas possuem uma constante de integração, *c*.
Polinômios:

$$\int x^n dx = \frac{1}{n+1}x^{n+1} + c \quad (\text{para } n \neq -1) \tag{A.68}$$

$$\int x^{-1} dx = \ln|x| + c \tag{A.69}$$

$$\int \frac{1}{a^2 + x^2} dx = \frac{1}{a}\operatorname{tg}^{-1}\frac{x}{a} + c \tag{A.70}$$

$$\int \frac{1}{\sqrt{a^2 + x^2}} dx = \ln\left|x + \sqrt{a^2 + x^2}\right| + c \tag{A.71}$$

$$\int \frac{1}{\sqrt{a^2 - x^2}} dx = \operatorname{sen}^{-1}\frac{x}{|a|} + c \quad \operatorname{tg}^{-1}\frac{x}{\sqrt{a^2 - x^2}} + c \tag{A.72}$$

$$\int \frac{1}{\left(a^2+x^2\right)^{3/2}}dx = \frac{1}{a^2}\frac{x}{\sqrt{a^2+x^2}} + c \quad \textbf{(A.73)}$$

$$\int \frac{x}{\left(a^2+x^2\right)^{3/2}}dx = -\frac{1}{\sqrt{a^2+x^2}} + c \quad \textbf{(A.74)}$$

Funções trigonométricas:

$$\int \text{sen}\left(ax\right)dx = -\frac{1}{a}\cos\left(ax\right) + c \quad \textbf{(A.75)}$$

$$\int \cos\left(ax\right)dx = \frac{1}{a}\text{sen}\left(ax\right) + c \quad \textbf{(A.76)}$$

Exponenciais:

$$\int e^{ax}dx = \frac{1}{a}e^{ax} + c \quad \textbf{(A.77)}$$

5. Números complexos

Todos estamos familiarizados com os números reais, que podem ser dispostos ao longo de uma linha de números em ordem crescente, desde $-\infty$ a $+\infty$. Os números reais são rodeados por um conjunto muito maior de números, denominados *números complexos*. Estes números são definidos em termos de suas partes real e imaginária. O espaço dos números complexos é um plano, no qual os números reais formam um dos eixos, denotado por $\Re_{(Z)}$ na Figura A.7. A parte imaginária forma o outro eixo, denotado por na $\Im_{(Z)}$ Figura A.7. (É convencional usar as letras góticas correspondentes ao R e ao I para representar, respectivamente, as partes real e imaginária dos números complexos.)

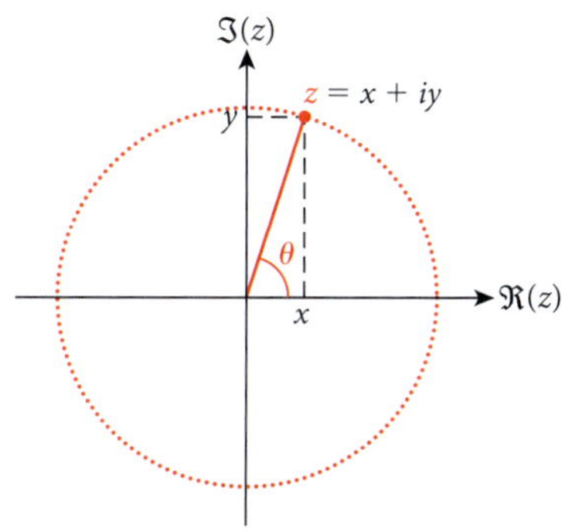

Figura A.7 O plano complexo. O eixo horizontal é formado pela parte real dos números complexos, e o eixo vertical, pela correspondente parte imaginária.

Qualquer número complexo z é definido em termos de sua parte real, x, de sua parte imaginária, y, e da constante de Euler, i:

$$z = x + iy \quad \textbf{(A.78)}$$

A constante de Euler é definida por:

$$i^2 = -1 \quad \textbf{(A.79)}$$

Tanto a parte real, $x = \Re(z)$, quanto a parte imaginária, $y = \Im(z)$, de um número complexo qualquer são números reais. A soma, a subtração a multiplicação e a divisão de números complexos são definidas em analogia com as correspondentes operações com números reais, sendo $i^2 = -1$:

$$(a+ib)+(c+id) = (a+c)+i(b+d) \quad \textbf{(A.80)}$$

$$(a+ib)-(c+id) = (a-c)+i(b-d) \quad \textbf{(A.81)}$$

$$(a+ib)(c+id) = (ac-bd)+i(ad+bc) \quad \textbf{(A.82)}$$

$$\frac{a+ib}{c+id} = \frac{(cd+bd)+i(bc-ad)}{c^2+d^2}. \quad \textbf{(A.83)}$$

Para cada número complexo z, existe um conjugado complexo z^*, que possui a mesma parte real de z, mas com a parte imaginária de sinal contrário:

$$z = x+iy \Leftrightarrow z^* = x-iy \quad \textbf{(A.84)}$$

Podemos, então, expressar as partes real e imaginária de um número complexo em termos do próprio número complexo e de seu conjugado complexo:

$$\Re(z) = \tfrac{1}{2}(z+z^*) \quad \textbf{(A.85)}$$

$$\Im(z) = \tfrac{1}{2}i(z^*-z). \quad \textbf{(A.86)}$$

Exatamente da mesma forma como um vetor bidimensional, qualquer número complexo, $z = x + iy$, possui um módulo $|z|$ bem como um ângulo θ com relação ao semieixo real positivo, como ilustrado na Figura A.7:

$$|z|^2 = zz^* \tag{A.87}$$

$$\theta = \text{tg}^{-1}\frac{\Im(z)}{\Re(z)} = \text{tg}^{-1}\frac{i(z^* - z)}{(z^* + z)} \tag{A.88}$$

Assim, podemos escrever o número complexo $z = x + iy$ em termos do módulo e de seu "ângulo de fase":

$$z = |z|(\cos\theta + i\,\text{sen}\theta) \tag{A.89}$$

Uma identidade importante e muito útil é a chamada *fórmula de Euler*:

$$e^{i\theta} = \cos\theta + i\,\text{sen}\theta \tag{A.90}$$

Com a ajuda desta identidade, podemos escrever, para um número complexo z qualquer:

$$z = |z|e^{i\theta} \tag{A.91}$$

Dessa forma, podemos elevar o número complexo z a um expoente n qualquer:

$$z^n = |z|^n e^{in\theta} \tag{A.92}$$

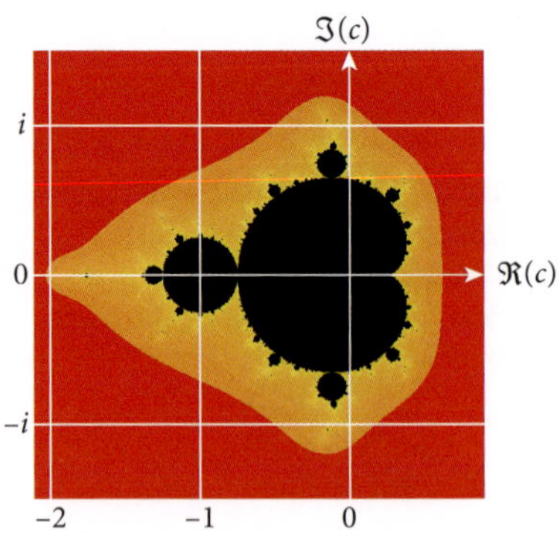

Figura A.8 Conjunto de Mandelbrot no plano complexo.

EXEMPLO A.1 Conjunto de Mandelbrot

Um bom uso de nosso conhecimento sobre os números complexos e sua multiplicação é o exame do *conjunto de Mandelbrot*, definido como o conjunto de todos os pontos c do plano complexo para os quais a série de interações (substituições em sequência)

$$z_{n+1} = z^2_n + c, \text{ em que } z_0 = c$$

não diverge para infinito; ou seja, aqueles pontos para os quais $|z_n|$ se mantém finito após um número qualquer de interações.

Esta regra para substituições em sequência é aparentemente simples. Por exemplo, podemos verificar que qualquer número para o qual $|c| > 2$ não pode fazer parte do conjunto de Mandelbrot. Entretanto, se plotarmos no plano complexo os pontos todos do conjunto de Mandelbrot, um objeto estranhamente belo emerge. Na Figura A.8, os pontos pretos fazem parte do conjunto de Mandelbrot, enquanto os restantes pontos foram representados com um código de acordo à rapidez com que eles divergem para infinito.

Apêndice B

Massas de Isótopos, Energias de Ligação e Meias-vidas

Somente aqueles isótopos com meias-vidas maiores do que 1 h foram listados.

Z	*N*	Símbolo	*m* (*u*)	*B* (MeV)	Spin	%	τ(s)
1	0	H	1,007825032	0,000	1/2+	99,985	estável
1	1	H	2,014101778	1,112	1+	0,0115	estável
1	2	H	3,016049278	2,827	1/2+		3,89E+08
2	1	He	3,016029319	2,573	1/2+	0,0001	estável
2	2	He	4,002603254	7,074	0+	100	estável
3	3	Li	6,0151223	5,332	1+	7,5	estável
3	4	Li	7,0160040	5,606	3/2−	92,41	estável
4	3	Be	7,0169292	5,371	3/2−		4,59E+06
4	5	Be	9,0121821	6,463	3/2−	100	estável
4	6	Be	10,0135337	6,498	0+		4,76E+13
5	5	B	10,01293699	6,475	3+	19,9	estável
5	6	B	11,00930541	6,928	3/2−	80,1	estável
6	6	C	12	7,680	0+	98,89	estável
6	7	C	13,00335484	7,470	1/2−	1,11	estável
6	8	C	14,0032420	7,520	0+		1,81E+11
7	7	N	14,003074	7,476	1+	99,632	estável
7	8	N	15,0001089	7,699	1/2−	0,368	estável
8	8	O	15,99491463	7,976	0+	99,757	estável
8	9	O	16,999131	7,751	5/2+	0,038	estável
8	10	O	17,999163	7,767	0+	0,205	estável
9	9	F	18,0009377	7,632	1+		6,59E+03
9	10	F	18,99840322	7,779	1/2+	100	estável
10	10	Ne	19,99244018	8,032	0+	90,48	estável
10	11	Ne	20,99384668	7,972	3/2+	0,27	estável
10	12	Ne	21,9913855	8,080	0+	9,25	estável
11	11	Na	21,9944368	7,916	3+		8,21E+07
11	12	Na	22,9897697	8,111	3/2+	100	estável
11	13	Na	23,9909633	8,063	4+		5,39E+04
12	12	Mg	23,9850419	8,261	0+	78,99	estável
12	13	Mg	24,9858370	8,223	5/2+	10	estável
12	14	Mg	25,9825930	8,334	0+	11,01	estável
12	16	Mg	27,9838767	8,272	0+		7,53E+04
13	13	Al	25,98689169	8,150	5+		2,33E+13
13	14	Al	26,9815384	8,332	5/2+	100	estável
14	14	Si	27,97692653	8,448	0+	92,23	estável
14	15	Si	28,9764947	8,449	1/2+	4,6832	estável
14	16	Si	29,9737702	8,521	0+	3,0872	estável
14	17	Si	30,97536323	8,458	3/2+		9,44E+03
14	18	Si	31,97414808	8,482	0+		5,42E+09
15	16	P	30,9737615	8,481	1/2+	100	estável
15	17	P	31,9739072	8,464	1+		1,23E+06
15	18	P	32,9717253	8,514	1/2+		2,19E+06
16	16	S	31,9720707	8,493	0+	94,93	estável
16	17	S	32,97145876	8,498	3/2+	0,76	estável
16	18	S	33,9678668	8,583	0+	4,29	estável
16	19	S	34,9690322	8,538	3/2+		7,56E+06
16	20	S	35,96708076	8,575	0+	0,02	estável
16	22	S	37,9711634	8,449	0+		1,02E+04
17	18	Cl	34,9688527	8,520	3/2+	75,78	estável
17	19	Cl	35,9683069	8,522	2+		9,49E+12
17	20	Cl	36,9659026	8,570	3/2+	24,22	estável
18	18	Ar	35,96754511	8,520	0+	0,3365	estável
18	19	Ar	36,966776	8,527	3/2+		3,02E+06
18	20	Ar	37,96273239	8,614	0+	0,0632	estável
18	21	Ar	38,9643134	8,563	7/2−		8,48E+09
18	22	Ar	39,9623831	8,595	0+	99,6	estável
18	23	Ar	40,9645008	8,534	7/2−		6,56E+03
18	24	Ar	41,963046	8,556	0+		1,04E+09
19	20	K	38,9637069	8,557	3/2+	93,258	estável
19	21	K	39,9639987	8,538	4−	0,0117	4,03E+16
19	22	K	40,9618254	8,576	3/2+	6,7302	estável
19	23	K	41,962403	8,551	2−		4,45E+04
19	24	K	42,960716	8,577	3/2+		8,03E+04
20	20	Ca	39,96259098	8,551	0+	96,941	estável
20	21	Ca	40,9622783	8,547	7/2−		3,25E+12
20	22	Ca	41,9586183	8,617	0+	0,647	estável
20	23	Ca	42,95876663	8,601	7/2−	0,135	estável
20	24	Ca	43,9554811	8,658	0+	2,086	estável
20	25	Ca	44,956186	8,631	7/2−		1,40E+07
20	26	Ca	45,9536928	8,669	0+	0,004	estável
20	27	Ca	46,9545465	8,639	7/2−		3,92E+05
20	28	Ca	47,9525335	8,666	0+	0,187	1,89E+26

(continua)

Z	*N*	Símbolo	*m* (*u*)	*B* (MeV)	Spin	%	τ(s)
21	22	Sc	42,9611507	8,531	7/2–		1,40E+04
21	23	Sc	43,9594030	8,557	2+		1,41E+04
21	24	Sc	44,9559102	8,619	7/2–	100	estável
21	25	Sc	45,9551703	8,622	4+		7,24E+06
21	26	Sc	46,9524080	8,665	7/2–		2,89E+05
21	27	Sc	47,952231	8,656	6+		1,57E+05
22	22	Ti	43,9596902	8,533	0+		1,89E+09
22	23	Ti	44,9581243	8,556	7/2–		1,11E+04
22	24	Ti	45,9526295	8,656	0+	8,25	estável
22	25	Ti	46,9517638	8,661	5/2–	7,44	estável
22	26	Ti	47,9479471	8,723	0+	73,72	estável
22	27	Ti	48,9478700	8,711	7/2–	5,41	estável
22	28	Ti	49,9447921	8,756	0+	5,18	estável
23	25	V	47,9522545	8,623	4+		1,38E+06
23	26	V	48,9485161	8,683	7/2–		2,85E+07
23	27	V	49,9471609	8,696	6+	0,25	4,42E+24
23	28	V	50,9439617	8,742	7/2–	99,75	estável
24	24	Cr	47,95403032	8,572	0+		7,76E+04
24	26	Cr	49,94604462	8,701	0+	4,345	4,10E+25
24	27	Cr	50,9447718	8,712	7/2–		2,39E+06
24	28	Cr	51,9405119	8,776	0+	83,789	estável
24	29	Cr	52,9406513	8,760	3/2–	9,501	estável
24	30	Cr	53,9388804	8,778	0+	2,365	estável
25	27	Mn	51,9455655	8,670	6+		4,83E+05
25	28	Mn	52,9412947	8,734	7/2–		1,18E+14
25	29	Mn	53,9403589	8,738	3+		2,70E+07
25	30	Mn	54,9380471	8,765	5/2–	100	estável
25	31	Mn	55,9389094	8,738	3+		9,28E+03
26	26	Fe	51,948114	8,610	0+		2,98E+04
26	28	Fe	53,9396127	8,736	0+	5,845	estável
26	29	Fe	54,9382980	8,747	3/2–		8,61E+07
26	30	Fe	55,93493748	8,790	0+	91,754	estável
26	31	Fe	56,93539397	8,770	1/2–	2,119	estável
26	32	Fe	57,93327556	8,792	0+	0,282	estável
26	33	Fe	58,9348880	8,755	3/2–		3,85E+06
26	34	Fe	59,934072	8,756	0+		4,73E+13
27	28	Co	54,942003	8,670	7/2–		6,31E+04
27	29	Co	55,9398439	8,695	4+		6,68E+06
27	30	Co	56,936296	8,742	7/2–		2,35E+07
27	31	Co	57,935757	8,739	2+		6,12E+06
27	32	Co	58,93319505	8,768	7/2–	100	estável
27	33	Co	59,9338222	8,747	5+		1,66E+08
27	34	Co	60,9324758	8,756	7/2–		5,94E+03
28	28	Ni	55,94213202	8,643	0+		5,25E+05
28	29	Ni	56,939800	8,671	3/2–		1,28E+05
28	30	Ni	57,9353462	8,732	0+	68,077	estável
28	31	Ni	58,9343516	8,737	3/2–		2,40E+12
28	32	Ni	59,93078637	8,781	0+	26,223	estável
28	33	Ni	60,93105603	8,765	3/2–	1,1399	estável
28	34	Ni	61,92834512	8,795	0+	3,6345	estável
28	35	Ni	62,9296729	8,763	1/2–		3,19E+09
28	36	Ni	63,92796596	8,777	0+	0,9256	estável
28	37	Ni	64,9300880	8,736	5/2–		9,06E+03
28	38	Ni	65,92913933	8,739	0+		1,97E+05
29	32	Cu	60,9334622	8,715	3/2–		1,20E+04
29	34	Cu	62,92959747	8,752	3/2–	69,17	estável
29	35	Cu	63,9297679	8,739	1+		4,57E+04
29	36	Cu	64,9277929	8,757	3/2–	30,83	estável
29	38	Cu	66,9277503	8,737	3/2–		2,23E+05
30	32	Zn	61,93432976	8,679	0+		3,31E+04
30	34	Zn	63,9291466	8,736	0+	48,63	estável
30	35	Zn	64,929245	8,724	5/2–		2,11E+07
30	36	Zn	65,92603342	8,760	0+	27,9	estável
30	37	Zn	66,92712730	8,734	5/2–	4,1	estável
30	38	Zn	67,92484949	8,756	0+	18,75	estável
30	40	Zn	69,9253193	8,730	0+	0,62	estável
30	42	Zn	71,926858	8,692	0+		1,68E+05
31	35	Ga	65,93158901	8,669	0+		3,42E+04
31	36	Ga	66,9282049	8,708	3/2–		2,82E+05
31	37	Ga	67,92798008	8,701	1+		4,06E+03
31	38	Ga	68,9255736	8,725	3/2–	60,108	estável
31	40	Ga	70,9247013	8,718	3/2–	39,892	estável
31	41	Ga	71,9263663	8,687	3–		5,08E+04
31	42	Ga	72,92517468	8,694	3/2–		1,75E+04
32	34	Ge	65,93384345	8,626	0+		8,14E+03
32	36	Ge	67,92809424	8,688	0+		2,34E+07
32	37	Ge	68,927972	8,681	5/2–		1,41E+05
32	38	Ge	69,92424	8,722	0+	20,84	estável
32	39	Ge	70,9249540	8,703	1/2–		9,88E+05
32	40	Ge	71,92207582	8,732	0+	27,54	estável
32	41	Ge	72,92345895	8,705	9/2+	7,73	estável
32	42	Ge	73,92117777	8,725	0+	36,28	estável
32	43	Ge	74,92285895	8,696	1/2–		4,97E+03
32	44	Ge	75,92140256	8,705	0+	7,61	estável
32	45	Ge	76,92354859	8,671	7/2+		4,07E+04
32	46	Ge	77,922853	8,672	0+		5,29E+03
33	38	As	70,92711243	8,664	5/2–		2,35E+05
33	39	As	71,92675228	8,660	2–		9,33E+04
33	40	As	72,92382484	8,690	3/2–		6,94E+06
33	41	As	73,92392869	8,680	2–		1,54E+06
33	42	As	74,92159648	8,701	3/2–	100	estável
33	43	As	75,92239402	8,683	2–		9,31E+04

Z	N	Símbolo	m (u)	B (MeV)	Spin	%	τ(s)
33	44	As	76,92064729	8,696	3/2−		1,40E+05
33	45	As	77,92182728	8,674	2−		5,44E+03
34	38	Se	71,92711235	8,645	0+		7,26E+05
34	39	Se	72,92676535	8,641	9/2+		2,57E+04
34	40	Se	73,92247644	8,688	0+	0,89	estável
34	41	Se	74,92252337	8,679	5/2+		1,03E+07
34	42	Se	75,9192141	8,711	0+	9,37	estável
34	43	Se	76,91991404	8,695	1/2−	7,63	estável
34	44	Se	77,91730909	8,718	0+	23,77	estável
34	45	Se	78,9184998	8,696	7/2+		2,05E+13
34	46	Se	79,9165213	8,711	0+	49,61	estável
34	48	Se	81,9166994	8,693	0+	8,73	2,62E+27
35	40	Br	74,92577621	8,628	3/2−		5,80E+03
35	41	Br	75,924541	8,636	1−		5,83E+04
35	42	Br	76,92137908	8,667	3/2−		2,06E+05
35	44	Br	78,91833709	8,688	3/2−	50,69	estável
35	46	Br	80,9162906	8,696	3/2−	49,31	estável
35	47	Br	81,9168047	8,682	5−		1,27E+05
35	48	Br	82,915180	8,693	3/2−		8,64E+03
36	40	Kr	75,9259483	8,609	0+		5,33E+04
36	41	Kr	76,92467	8,617	5/2+		4,46E+03
36	42	Kr	77,9203948	8,661	0+	0,35	6,31E+28
36	43	Kr	78,920083	8,657	1/2−		1,26E+05
36	44	Kr	79,9163790	8,693	0+	2,25	estável
36	45	Kr	80,9165923	8,683	7/2+		7,22E+12
36	46	Kr	81,9134836	8,711	0+	11,58	estável
36	47	Kr	82,9141361	8,696	9/2+	11,49	estável
36	48	Kr	83,911507	8,717	0+	57	estável
36	49	Kr	84,9125270	8,699	9/2+		3,40E+08
36	50	Kr	85,91061073	8,712	0+	17,3	estável
36	51	Kr	86,9133543	8,675	5/2+		4,57E+03
36	52	Kr	87,914447	8,657	0+		1,02E+04
37	44	Rb	80,918996	8,645	3/2−		1,65E+04
37	46	Rb	82,915110	8,675	5/2−		7,45E+06
37	47	Rb	83,91438482	8,676	2−		2,83E+06
37	48	Rb	84,9117893	8,697	5/2−	72,17	estável
37	49	Rb	85,91116742	8,697	2−		1,61E+06
37	50	Rb	86,9091835	8,711	3/2−	27,83	1,50E+18
38	42	Sr	79,92452101	8,579	0+		6,38E+03
38	44	Sr	81,918402	8,636	0+		2,21E+06
38	45	Sr	82,9175567	8,638	7/2+		1,17E+05
38	46	Sr	83,91342528	8,677	0+	0,56	estável
38	47	Sr	84,9129328	8,676	9/2+		5,60E+06
38	48	Sr	85,9092602	8,708	0+	9,86	estável
38	49	Sr	86,9088793	8,705	9/2+	7	estável
38	50	Sr	87,9056143	8,733	0+	82,58	estável
38	51	Sr	88,9074529	8,706	5/2+		4,37E+06
38	52	Sr	89,907738	8,696	0+		9,08E+08
38	53	Sr	90,9102031	8,664	5/2+		3,47E+04
38	54	Sr	91,9110299	8,649	0+		9,76E+03
39	46	Y	84,91643304	8,628	(1/2)−		9,65E+03
39	47	Y	85,914886	8,638	4−		5,31E+04
39	48	Y	86,9108778	8,675	1/2−		2,88E+05
39	49	Y	87,9095034	8,683	4−		9,21E+06
39	50	Y	88,9058483	8,714	1/2−	100	estável
39	51	Y	89,90715189	8,693	2−		2,31E+05
39	52	Y	90,907305	8,685	1/2−		5,06E+06
39	53	Y	91,9089468	8,662	2−		1,27E+04
39	54	Y	92,909583	8,649	1/2−		3,66E+04
40	46	Zr	85,91647359	8,612	0+		5,94E+04
40	47	Zr	86,91481625	8,624	(9/2)+		6,05E+03
40	48	Zr	87,9102269	8,666	0+		7,21E+06
40	49	Zr	88,908889	8,673	9/2+		2,83E+05
40	50	Zr	89,9047037	8,710	0+	51,45	estável
40	51	Zr	90,90564577	8,693	5/2+	11,22	estável
40	52	Zr	91,9050401	8,693	0+	17,15	estável
40	53	Zr	92,9064756	8,672	5/2+		4,83E+13
40	54	Zr	93,90631519	8,667	0+	17,38	estável
40	55	Zr	94,9080426	8,644	5/2+		5,53E+06
40	56	Zr	95,9082757	8,635	0+	2,8	1,23E+27
40	57	Zr	96,9109507	8,604	1/2+		6,08E+04
41	48	Nb			(9/2+)		6,84E+03
41	48	Nb	88,9134955	8,617	(1/2)−		4,25E+03
41	49	Nb	89,911265	8,633	8+		5,26E+04
41	50	Nb	90,9069905	8,671	9/2+		2,14E+10
41	51	Nb	91,9071924	8,662	7+		1,09E+15
41	52	Nb	92,90637806	8,664	9/2+	100	estável
41	53	Nb	93,9072839	8,649	6+		6,40E+11
41	54	Nb	94,9068352	8,647	9/2+		3,02E+06
41	55	Nb	95,9081001	8,629	6+		8,41E+04
41	56	Nb	96,9080971	8,623	9/2+		4,32E+03
42	48	Mo	89,9139369	8,597	0+		2,04E+04
42	50	Mo	91,9068105	8,658	0+	14,84	estável
42	51	Mo	92,90681261	8,651	5/2+		1,26E+11
42	52	Mo	93,9050876	8,662	0+	9,25	estável
42	53	Mo	94,9058415	8,649	5/2+	15,92	estável
42	54	Mo	95,90467890	8,654	0+	16,68	estável
42	55	Mo	96,90602147	8,635	5/2+	9,55	estável
42	56	Mo	97,9054078	8,635	0+	24,13	estável
42	57	Mo	98,90771187	8,608	1/2+		2,37E+05

(continua)

Z	*N*	Símbolo	*m* (*u*)	*B* (MeV)	Spin	%	τ(s)	*Z*	*N*	Símbolo	*m* (*u*)	*B* (MeV)	Spin	%	τ(s)
42	58	Mo	99,90747734	8,605	0+	9,63	3,78E+26	48	58	Cd	105,9064594	8,539	0+	1,25	estável
43	50	Tc	92,91024898	8,609	9/2+		9,90E+03	48	59	Cd	106,9066179	8,533	5/2+		2,34E+04
43	51	Tc	93,9096563	8,609	7+		1,76E+04	48	60	Cd	107,9041837	8,550	0+	0,89	estável
43	52	Tc	94,90765708	8,623	9/2+		7,20E+04	48	61	Cd	108,904982	8,539	5/2+		4,00E+07
43	53	Tc	95,907871	8,615	7+		3,70E+05	48	62	Cd	109,9030056	8,551	0+	12,49	estável
43	54	Tc	96,90636536	8,624	9/2+		1,33E+14	48	63	Cd	110,9041781	8,537	1/2+	12,8	estável
43	55	Tc	97,90721597	8,610	(6)+		1,32E+14	48	64	Cd	111,9027578	8,545	0+	24,13	estável
43	56	Tc	98,90625475	8,614	9/2+		6,65E+12	48	65	Cd	112,9044017	8,527	1/2+	12,22	2,93E+23
44	51	Ru	94,91041293	8,587	5/2+		5,91E+03	48	66	Cd	113,9033585	8,532	0+	28,73	estável
44	52	Ru	95,90759784	8,609	0+	5,54	estável	48	67	Cd	114,905431	8,511	1/2+		1,93E+05
44	53	Ru	96,9075547	8,604	5/2+		2,51E+05	48	68	Cd	115,9047558	8,512	0+	7,49	9,15E+26
44	54	Ru	97,90528713	8,620	0+	1,87	estável	48	69	Cd	116,9072186	8,489	1/2+		8,96E+03
44	55	Ru	98,9059393	8,609	5/2+	12,76	estável	49	60	In	108,9071505	8,513	9/2+		1,51E+04
44	56	Ru	99,90421948	8,619	0+	12,6	estável	49	61	In	109,9071653	8,509	7+		1,76E+04
44	57	Ru	100,9055821	8,601	5/2+	17,06	estável	49	62	In	110,90511	8,522	9/2+		2,42E+05
44	58	Ru	101,9043493	8,607	0+	31,55	estável	49	64	In	112,904061	8,523	9/2+	4,29	estável
44	59	Ru	102,9063238	8,584	3/2+		3,39E+06	49	66	In	114,9038785	8,517	9/2+	95,71	1,39E+22
44	60	Ru	103,9054301	8,587	0+	18,62	estável	50	60	Sn	109,9078428	8,496	0+		1,48E+04
44	61	Ru	104,9077503	8,562	3/2+		1,60E+04	50	62	Sn	111,9048208	8,514	0+	0,97	estável
44	62	Ru	105,9073269	8,561	0+		3,23E+07	50	63	Sn	112,9051734	8,507	1/2+		9,94E+06
45	54	Rh	98,9081321	8,580	1/2–		1,39E+06	50	64	Sn	113,9027818	8,523	0+	0,66	estável
45	55	Rh	99,90812155	8,575	1–		7,49E+04	50	65	Sn	114,9033424	8,514	1/2+	0,34	estável
45	56	Rh	100,9061636	8,588	1/2–		1,04E+08	50	66	Sn	115,9017441	8,523	0+	14,54	estável
45	57	Rh	101,9068432	8,577	2–		1,79E+07	50	67	Sn	116,9029517	8,510	1/2+	7,68	estável
45	58	Rh	102,9055043	8,584	1/2–	100	estável	50	68	Sn	117,9016063	8,517	0+	24,22	estável
45	60	Rh	104,9056938	8,573	7/2+		1,27E+05	50	69	Sn	118,9033076	8,499	1/2+	8,59	estável
46	54	Pd	99,90850589	8,564	0+		3,14E+05	50	70	Sn	119,9021966	8,505	0+	32,58	estável
46	55	Pd	100,9082892	8,561	(5/2+)		3,05E+04	50	71	Sn	120,9042369	8,485	3/2+		9,76E+04
46	56	Pd	101,9056077	8,580	0+	1,02	estável	50	72	Sn	121,9034401	8,488	0+	4,63	estável
46	57	Pd	102,9060873	8,571	5/2+		1,47E+06	50	73	Sn	122,9057208	8,467	11/2–		1,12E+07
46	58	Pd	103,9040358	8,585	0+	11,14	estável	50	74	Sn	123,9052739	8,467	0+	5,79	estável
46	59	Pd	104,9050840	8,571	5/2+	22,33	estável	50	75	Sn	124,907785	8,446	11/2–		8,33E+05
46	60	Pd	105,9034857	8,580	0+	27,33	estável	50	76	Sn	125,9076533	8,444	0+		3,15E+12
46	61	Pd	106,9051285	8,561	5/2+		2,05E+14	50	77	Sn	126,9103510	8,421	(11/2-)		7,56E+03
46	62	Pd	107,9038945	8,567	0+	26,46	estável	51	66	Sb	116,9048359	8,488	5/2+		1,01E+04
46	63	Pd	108,9059535	8,545	5/2+		4,93E+04	51	68	Sb	118,9039465	8,488	5/2+		1,37E+05
46	64	Pd	109,9051533	8,547	0+	11,72	estável	51	69	Sb	119,905072	8,476	8–		4,98E+05
46	66	Pd	111,9073141	8,521	0+		7,57E+04	51	70	Sb	120,9038180	8,482	5/2+	57,21	estável
47	56	Ag	102,9089727	8,538	7/2+		3,96E+03	51	71	Sb	121,9051754	8,468	2–		2,35E+05
47	57	Ag	103,9086282	8,536	5+		4,14E+03	51	72	Sb	122,9042157	8,472	7/2+	42,79	estável
47	58	Ag	104,9065287	8,550	1/2–		3,57E+06	51	73	Sb	123,9059375	8,456	3–		5,20E+06
47	60	Ag	106,905093	8,554	1/2–	51,839	estável	51	74	Sb	124,9052478	8,458	7/2+		8,70E+07
47	62	Ag	108,9047555	8,548	1/2–	48,161	estável	51	75	Sb	125,9072482	8,440	(8–)		1,08E+06
47	64	Ag	110,9052947	8,535	1/2–		6,44E+05	51	76	Sb	126,9069146	8,440	7/2+		3,33E+05
47	65	Ag	111,9070048	8,516	2(–)		1,13E+04	51	77	Sb	127,9091673	8,421	8–		3,24E+04
47	66	Ag	112,9065666	8,516	1/2–		1,93E+04	51	78	Sb	128,9091501	8,418	7/2+		1,58E+04

Z	*N*	Símbolo	*m* (*u*)	*B* (MeV)	Spin	%	τ(s)
52	64	Te	115,9084203	8,456	0+		8,96E+03
52	65	Te	116,90864	8,451	1/2+		3,72E+03
52	66	Te	117,9058276	8,470	0+		5,18E+05
52	67	Te	118,9064081	8,462	1/2+		5,77E+04
52	68	Te	119,9040202	8,477	0+	0,09	estável
52	69	Te	120,9049364	8,467	1/2+		1,45E+06
52	70	Te	121,9030471	8,478	0+	2,55	estável
52	71	Te	122,9042730	8,466	1/2+	0,89	1,89E+22
52	72	Te	123,9028180	8,473	0+	4,74	estável
52	73	Te	124,9044285	8,458	1/2+	7,07	estável
52	74	Te	125,9033095	8,463	0+	18,84	estável
52	75	Te	126,905217	8,446	3/2+		3,37E+04
52	76	Te	127,9044631	8,449	0+	31,74	2,43E+32
52	77	Te	128,906596	8,430	3/2+		4,18E+03
52	78	Te	129,9062244	8,430	0+	34,08	8,51E+28
52	80	Te	131,9085238	8,408	0+		2,77E+05
53	67	I	119,9100482	8,424	2–		4,86E+03
53	68	I	120,9073668	8,442	5/2+		7,63E+03
53	70	I	122,9055979	8,449	5/2+		4,78E+04
53	71	I	123,9062114	8,441	2–		3,61E+05
53	72	I	124,9046242	8,450	5/2+		5,13E+06
53	73	I	125,9056242	8,440	2–		1,13E+06
53	74	I	126,9044727	8,445	5/2+	100	estável
53	76	I	128,9049877	8,436	7/2+		4,95E+14
53	77	I	129,9066742	8,421	5+		4,45E+04
53	78	I	130,9061246	8,422	7/2+		6,93E+05
53	79	I	131,9079945	8,406	4+		8,26E+03
53	80	I	132,9078065	8,405	7/2+		7,49E+04
53	82	I	134,91005	8,385	7/2+		2,37E+04
54	68	Xe	121,9085484	8,425	0+		7,24E+04
54	69	Xe	122,908480	8,421	(1/2)+		7,49E+03
54	70	Xe	123,9058942	8,438	0+	0,09	estável
54	71	Xe	124,906398	8,431	(1/2)+		6,08E+04
54	72	Xe	125,9042736	8,444	0+	0,09	estável
54	73	Xe	126,905184	8,434	1/2+		3,14E+06
54	74	Xe	127,9035313	8,443	0+	1,92	estável
54	75	Xe	128,9047794	8,431	1/2+	26,44	estável
54	76	Xe	129,903508	8,438	0+	4,08	estável
54	77	Xe	130,9050824	8,424	3/2+	21,18	estável
54	78	Xe	131,9041535	8,428	0+	26,89	estável
54	79	Xe	132,905906	8,413	3/2+		4,53E+05
54	80	Xe	133,9053945	8,414	0+	10,44	estável
54	81	Xe	134,90721	8,398	3/2+		3,29E+04
54	82	Xe	135,9072188	8,396	0+	8,87	2,93E+27
55	72	Cs	126,9074175	8,412	1/2+		2,25E+04

Z	*N*	Símbolo	*m* (*u*)	*B* (MeV)	Spin	%	τ(s)
55	74	Cs	128,9060634	8,416	1/2+		1,15E+05
55	76	Cs	130,9054639	8,415	5/2+		8,37E+05
55	77	Cs	131,906430	8,406	2+		5,60E+05
55	78	Cs	132,9054469	8,410	7/2+	100	estável
55	79	Cs	133,9067134	8,399	4+		6,51E+07
55	80	Cs	134,905972	8,401	7/2+		7,25E+13
55	81	Cs	135,907307	8,390	5+		1,14E+06
55	82	Cs	136,9070895	8,389	7/2+		9,48E+08
56	70	Ba	125,9112502	8,380	0+		6,01E+03
56	72	Ba	127,90831	8,396	0+		2,10E+05
56	73	Ba	128,9086794	8,391	1/2+		8,03E+03
56	74	Ba	129,9063105	8,406	0+	0,106	estável
56	75	Ba	130,9069308	8,399	1/2+		9,94E+05
56	76	Ba	131,9050562	8,409	0+	0,101	estável
56	77	Ba	132,9060024	8,400	1/2+		3,32E+08
56	78	Ba	133,9045033	8,408	0+	2,417	estável
56	79	Ba	134,9056827	8,397	3/2+	6,592	estável
56	80	Ba	135,9045701	8,403	0+	7,854	estável
56	81	Ba	136,905824	8,392	3/2+	11,232	estável
56	82	Ba	137,9052413	8,393	0+	71,698	estável
56	83	Ba	138,908836	8,367	7/2–		4,98E+03
56	84	Ba	139,91060	8,353	0+		1,10E+06
57	75	La	131,910110	8,368	2–		1,73E+04
57	76	La	132,908218	8,379	5/2+		1,41E+04
57	78	La	134,9069768	8,383	5/2+		7,02E+04
57	80	La	136,90647	8,382	7/2+		1,89E+12
57	81	La	137,9071068	8,375	5+	0,09	3,31E+18
57	82	La	138,9063482	8,378	7/2+	99,91	estável
57	83	La	139,9094726	8,355	3–		1,45E+05
57	84	La	140,910958	8,343	(7/2+)		1,41E+04
57	85	La	141,9140791	8,321	2–		5,46E+03
58	74	Ce	131,9114605	8,352	0+		1,26E+04
58	75	Ce	132,911515	8,350	9/2–		1,76E+04
58	75	Ce	132,9115515	8,350	1/2+		5,83E+03
58	76	Ce	133,9089248	8,366	0+		2,73E+05
58	77	Ce	134,9091514	8,362	1/2(+)		6,37E+04
58	78	Ce	135,907172	8,373	0+	0,185	estável
58	79	Ce	136,9078056	8,367	3/2+		3,24E+04
58	80	Ce	137,9059913	8,377	0+	0,251	estável
58	81	Ce	138,9066466	8,370	3/2+		1,19E+07
58	82	Ce	139,905434	8,376	0+	88,45	estável
58	83	Ce	140,908271	8,355	7/2–		2,81E+06
58	84	Ce	141,909241	8,347	0+	11,114	1,58E+24
58	85	Ce	142,9123812	8,325	3/2–		1,19E+05
58	86	Ce	143,913643	8,315	0+		2,46E+07

(continua)

Z	N	Símbolo	m (u)	B (MeV)	Spin	%	τ(s)
59	78	Pr	136,910687	8,341	5/2+		4,61E+03
59	80	Pr	138,9089384	8,349	5/2+		1,59E+04
59	82	Pr	140,9076477	8,354	5/2+	100	estável
59	83	Pr	141,910041	8,336	2−		6,88E+04
59	84	Pr	142,9108122	8,329	7/2+		1,17E+06
59	86	Pr	144,9145069	8,302	7/2+		2,15E+04
60	78	Nd	137,91195	8,325	0+		1,81E+04
60	80	Nd	139,90931	8,338	0+		2,91E+05
60	81	Nd	140,9096099	8,336	3/2+		8,96E+03
60	82	Nd	141,907719	8,346	0+	27,2	estável
60	83	Nd	142,90981	8,330	7/2−	12,2	estável
60	84	Nd	143,910083	8,327	0+	23,8	7,22E+22
60	85	Nd	144,91257	8,309	7/2−	8,3	estável
60	86	Nd	145,913116	8,304	0+	17,2	estável
60	87	Nd	146,916096	8,284	5/2−		9,49E+05
60	88	Nd	147,916889	8,277	0+	5,7	estável
60	89	Nd	148,920145	8,255	5/2−		6,22E+03
60	90	Nd	149,920887	8,250	0+	5,6	3,47E+26
61	82	Pm	142,9109276	8,318	5/2+		2,29E+07
61	83	Pm	143,912586	8,305	5−		3,14E+07
61	84	Pm	144,9127439	8,303	5/2+		5,58E+08
61	85	Pm	145,914696	8,289	3−		1,74E+08
61	86	Pm	146,9151339	8,284	7/2+		8,27E+07
61	87	Pm	147,9174746	8,268	1−		4,64E+05
61	88	Pm	148,91833	8,262	7/2+		1,91E+05
61	89	Pm	149,92098	8,244	(1−)		9,65E+03
61	90	Pm	150,921207	8,241	5/2+		1,02E+05
62	80	Sm	141,9151976	8,286	0+		4,35E+03
62	82	Sm	143,911998	8,304	0+	3,07	estável
62	83	Sm	144,913407	8,293	7/2−		2,94E+07
62	84	Sm	145,913038	8,294	0+		3,25E+15
62	85	Sm	146,914894	8,281	7/2−	14,99	3,34E+18
62	86	Sm	147,914819	8,280	0+	11,24	2,21E+23
62	87	Sm	148,91718	8,263	7/2−	13,82	6,31E+22
62	88	Sm	149,9172730	8,262	0+	7,38	estável
62	89	Sm	150,919929	8,244	5/2−		2,84E+09
62	90	Sm	151,9197282	8,244	0+	26,75	estável
62	91	Sm	152,922097	8,229	3/2+		1,67E+05
62	92	Sm	153,9222053	8,227	0+	22,75	estável
62	94	Sm	155,9255279	8,205	0+		3,38E+04
63	82	Eu	144,9162652	8,269	5/2+		5,12E+05
63	83	Eu	145,91720	8,262	4−		3,97E+05
63	84	Eu	146,916742	8,264	5/2+		2,08E+06
63	85	Eu	147,91815	8,254	5−		4,71E+06
63	86	Eu	148,917930	8,254	5/2+		8,04E+06
63	87	Eu	149,9197018	8,241	5(−)		1,16E+09

Z	N	Símbolo	m (u)	B (MeV)	Spin	%	τ(s)
63	88	Eu	150,919848	8,239	5/2+	47,81	estável
63	89	Eu	151,921744	8,227	3−		4,27E+08
63	90	Eu	152,921229	8,229	5/2+	52,19	estável
63	91	Eu	153,922976	8,217	3−		2,71E+08
63	92	Eu	154,92289	8,217	5/2+		1,50E+08
63	93	Eu	155,9247522	8,205	0+		1,31E+06
63	94	Eu	156,9254236	8,200	5/2+		5,46E+04
64	82	Gd	145,9183106	8,250	0+		4,17E+06
64	83	Gd	146,919090	8,243	7/2−		1,37E+05
64	84	Gd	147,918110	8,248	0+		2,35E+09
64	85	Gd	148,919339	8,239	7/2−		8,02E+05
64	86	Gd	149,9186589	8,243	0+		5,64E+13
64	87	Gd	150,9203485	8,231	7/2−		1,07E+07
64	88	Gd	151,919789	8,233	0+	0,2	3,41E+21
64	89	Gd	152,9217495	8,220	3/2−		2,09E+07
64	90	Gd	153,9208623	8,225	0+	2,18	estável
64	91	Gd	154,922619	8,213	3/2−	14,8	estável
64	92	Gd	155,922122	8,215	0+	20,47	estável
64	93	Gd	156,9239567	8,204	3/2−	15,65	estável
64	94	Gd	157,924103	8,202	0+	24,84	estável
64	95	Gd	158,9263861	8,188	3/2−		6,65E+04
64	96	Gd	159,9270541	8,183	0+	21,86	estável
65	82	Tb	146,9240446	8,207	(1/2+)		6,12E+03
65	83	Tb	147,9242717	8,204	2−		3,60E+03
65	84	Tb	148,9232459	8,210	1/2+		1,48E+04
65	85	Tb	149,9236597	8,206	(2)−		1,25E+04
65	86	Tb	150,9230982	8,209	1/2(+)		6,34E+04
65	87	Tb	151,9240744	8,202	2−		6,30E+04
65	88	Tb	152,9234346	8,205	5/2+		2,02E+05
65	89	Tb	153,9246862	8,197	0(+)		7,74E+04
65	90	Tb	154,9235052	8,203	3/2+		4,60E+05
65	91	Tb	155,924744	8,195	3−		4,62E+05
65	92	Tb	156,9240212	8,198	3/2+		2,24E+09
65	93	Tb	157,9254103	8,189	3−		5,68E+09
65	94	Tb	158,9253431	8,189	3/2+	100	estável
65	95	Tb	159,9271640	8,177	3−		6,25E+06
65	96	Tb	160,9275663	8,174	3/2+		5,94E+05
66	86	Dy	151,9247140	8,193	0+		8,57E+03
66	87	Dy	152,9257647	8,186	7/2(−)		2,30E+04
66	88	Dy	153,9244220	8,193	0+		9,46E+13
66	89	Dy	154,9257538	8,184	3/2−		3,56E+04
66	90	Dy	155,9242783	8,192	0+	0,06	estável
66	91	Dy	156,9254661	8,185	3/2−		2,93E+04
66	92	Dy	157,924405	8,190	0+	0,1	estável
66	93	Dy	158,925736	8,182	3/2−		1,25E+07
66	94	Dy	159,925194	8,184	0+	2,34	estável

Z	N	Símbolo	m (u)	B (MeV)	Spin	%	τ(s)
66	95	Dy	160,926930	8,173	5/2+	18,91	estável
66	96	Dy	161,926795	8,173	0+	25,51	estável
66	97	Dy	162,928728	8,162	5/2–	24,9	estável
66	98	Dy	163,9291712	8,159	0+	28,18	estável
66	99	Dy	164,93170	8,144	7/2+		8,40E+03
66	100	Dy	165,9328032	8,137	0+		2,94E+05
67	94	Ho	160,9278548	8,163	7/2–		8,93E+03
67	96	Ho	162,9287303	8,157	7/2–		1,44E+11
67	98	Ho	164,9303221	8,147	7/2–	100	estável
67	99	Ho	165,9322842	8,135	0–		9,63E+04
67	100	Ho	166,933127	8,130	7/2–		1,12E+04
68	90	Er	157,9298935	8,148	0+		8,24E+03
68	92	Er	159,92908	8,152	0+		1,03E+05
68	93	Er	160,93	8,146	3/2–		1,16E+04
68	94	Er	161,928775	8,152	0+	0,14	estável
68	95	Er	162,9300327	8,145	5/2–		4,50E+03
68	96	Er	163,929198	8,149	0+	1,61	estável
68	97	Er	164,930726	8,140	5/2–		3,73E+04
68	98	Er	165,9302900	8,142	0+	33,61	estável
68	99	Er	166,932046	8,132	7/2+	22,93	estável
68	100	Er	167,9323702	8,130	0+	26,78	estável
68	101	Er	168,9345881	8,117	1/2–		8,12E+05
68	102	Er	169,935461	8,112	0+	14,93	estável
68	103	Er	170,938026	8,098	5/2–		2,71E+04
68	104	Er	171,9393521	8,090	0+		1,77E+05
69	94	Tm	162,9326500	8,125	1/2+		6,52E+03
69	96	Tm	164,932433	8,126	1/2+		1,08E+05
69	97	Tm	165,9335541	8,119	2+		2,77E+04
69	98	Tm	166,9328516	8,123	1/2+		7,99E+05
69	99	Tm	167,9341728	8,115	3+		8,04E+06
69	100	Tm	168,934212	8,114	1/2+	100	estável
69	101	Tm	169,9358014	8,106	1–		1,11E+07
69	102	Tm	170,936426	8,102	1/2+		6,05E+07
69	103	Tm	171,9384	8,091	2–		2,29E+05
69	104	Tm	172,9396036	8,084	1/2+		2,97E+04
70	94	Yb	163,9344894	8,109	0+		4,54E+03
70	96	Yb	165,9338796	8,112	0+		2,04E+05
70	98	Yb	167,9338969	8,112	0+	0,13	estável
70	99	Yb	168,9351871	8,104	7/2+		2,77E+06
70	100	Yb	169,934759	8,107	0+	3,04	estável
70	101	Yb	170,936323	8,098	1/2–	14,28	estável
70	102	Yb	171,9363777	8,097	0+	21,83	estável
70	103	Yb	172,938208	8,087	5/2–	16,13	estável
70	104	Yb	173,9388621	8,084	0+	31,83	estável
70	105	Yb	174,941273	8,071	7/2–		3,62E+05
70	106	Yb	175,942571	8,064	0+	12,76	estável
70	107	Yb	176,9452571	8,050	9/2+		6,88E+03
70	108	Yb	177,9466467	8,043	0+		4,43E+03
71	98	Lu	168,937649	8,086	7/2+		1,23E+05
71	99	Lu	169,9384722	8,082	0+		1,74E+05
71	100	Lu	170,93791	8,085	7/2+		7,12E+05
71	101	Lu	171,9390822	8,078	4–		5,79E+05
71	102	Lu	172,938927	8,079	7/2+		4,32E+07
71	103	Lu	173,940334	8,071	(1)–		1,04E+08
71	104	Lu	174,94077	8,069	7/2+	97,41	estável
71	105	Lu	175,9426824	8,059	7–	2,59	1,29E+18
71	106	Lu	176,9437550	8,053	7/2+		5,82E+05
71	108	Lu	178,9473274	8,035	7/2(+)		1,65E+04
72	98	Hf	169,939609	8,071	0+		5,76E+04
72	99	Hf	170,940492	8,066	7/2+		4,36E+04
72	100	Hf	171,9394483	8,072	0+		5,90E+07
72	101	Hf	172,940513	8,066	1/2–		8,50E+04
72	102	Hf	173,940044	8,069	0+	0,16	6,31E+22
72	103	Hf	174,9415024	8,061	5/2–		6,05E+06
72	104	Hf	175,941406	8,061	0+	5,26	estável
72	105	Hf	176,9432207	8,052	7/2–	18,6	estável
72	106	Hf	177,9436988	8,049	0+	27,28	estável
72	107	Hf	178,9458161	8,039	9/2+	13,62	estável
72	108	Hf	179,94655	8,035	0+	35,08	estável
72	109	Hf	180,9490991	8,022	1/2–		3,66E+06
72	110	Hf	181,9505541	8,015	0+		2,84E+14
72	111	Hf	182,9535304	8,000	(3/2–)		3,84E+03
72	112	Hf	183,9554465	7,991	0+		1,48E+04
73	100	Ta	172,94354	8,044	5/2–		1,13E+04
73	101	Ta	173,944256	8,040	3(+)		3,78E+03
73	102	Ta	174,9437	8,044	7/2+		3,78E+04
73	103	Ta	175,944857	8,039	1–		2,91E+04
73	104	Ta	176,9444724	8,041	7/2+		2,04E+05
73	105	Ta	177,9457782	8,034	7–		8,50E+03
73	106	Ta	178,94593	8,034	7/2+		5,74E+07
73	107	Ta	179,9474648	8,026	1+	0,012	2,93E+04
73	108	Ta	180,9479958	8,023	7/2+	99,988	estável
73	109	Ta	181,9501518	8,013	3–		9,89E+06
73	110	Ta	182,9513726	8,007	7/2+		4,41E+05
73	111	Ta	183,954008	7,994	(5–)		3,13E+04
74	102	W	175,945634	8,030	0+		9,00E+03
74	103	W	176,946643	8,025	(1/2–)		8,10E+03
74	104	W	177,9458762	8,029	0+		1,87E+06
74	106	W	179,9467045	8,025	0+	0,12	estável
74	107	W	180,9481972	8,018	9/2+		1,05E+07

(continua)

Z	N	Símbolo	m (u)	B (MeV)	Spin	%	τ(s)
74	108	W	181,9482042	8,018	0+	26,5	estável
74	109	W	182,950223	8,008	1/2–	14,31	estável
74	110	W	183,9509312	8,005	0+	30,64	estável
74	111	W	184,9534193	7,993	3/2–		6,49E+06
74	112	W	185,9543641	7,989	0+	28,43	estável
74	113	W	186,9571605	7,975	3/2–		8,54E+04
74	114	W	187,9584891	7,969	0+		6,00E+06
75	106	Re	180,9500679	8,004	5/2+		7,16E+04
75	107	Re	181,9512101	7,999	7+		2,31E+05
75	107	Re			2+		4,57E+04
75	108	Re	182,9508198	8,001	5/2+		6,05E+06
75	109	Re	183,9525208	7,993	3–		3,28E+06
75	110	Re	184,952955	7,991	5/2+	37,4	estável
75	111	Re	185,9549861	7,981	1–		3,21E+05
75	112	Re	186,9557531	7,978	5/2+	62,6	1,37E+18
75	113	Re	187,9581144	7,967	1–		6,13E+04
75	114	Re	188,959229	7,962	5/2+		8,75E+04
76	105	Os	180,953244	7,983	1/2–		6,30E+03
76	106	Os	181,9521102	7,990	0+		7,96E+04
76	107	Os	182,9531261	7,985	9/2+		4,68E+04
76	108	Os	183,9524891	7,989	0+	0,02	estável
76	109	Os	184,9540423	7,981	1/2–		8,09E+06
76	110	Os	185,9538382	7,983	0+	1,59	6,31E+22
76	111	Os	186,9557505	7,974	1/2–	1,96	estável
76	112	Os	187,9558382	7,974	0+	13,24	estável
76	113	Os	188,9581475	7,963	3/2–	16,15	estável
76	114	Os	189,958447	7,962	0+	26,26	estável
76	115	Os	190,9609297	7,951	9/2–		1,33E+06
76	116	Os	191,9614807	7,948	0+	40,78	estável
76	117	Os	192,9641516	7,936	3/2–		1,08E+05
76	118	Os	193,9651821	7,932	0+		1,89E+08
77	107	Ir	183,957476	7,959	5–		1,11E+04
77	108	Ir	184,956698	7,964	5/2–		5,18E+04
77	109	Ir	185,9579461	7,958	5+		5,99E+04
77	109	Ir			2–		7,20E+03
77	110	Ir	186,9573634	7,962	3/2+		3,78E+04
77	111	Ir	187,9588531	7,955	1–		1,49E+05
77	112	Ir	188,9587189	7,956	3/2+		1,14E+06
77	113	Ir	189,960546	7,948	(4)+		1,02E+06
77	114	Ir	190,960594	7,948	3/2+	37,3	estável
77	115	Ir	191,962605	7,939	4(+)		6,38E+06
77	116	Ir	192,9629264	7,938	3/2+	62,7	estável
77	117	Ir	193,9650784	7,928	1–		6,89E+04
77	118	Ir	194,9659796	7,925	3/2+		9,00E+03
78	107	Pt	184,960619	7,940	9/2+		4,25E+03
78	108	Pt	185,9593508	7,947	0+		7,20E+03
78	109	Pt	186,960587	7,941	3/2–		8,46E+03
78	110	Pt	187,9593954	7,948	0+		8,81E+05
78	111	Pt	188,9608337	7,941	3/2–		3,91E+04
78	112	Pt	189,9599317	7,947	0+	0,014	2,05E+19
78	113	Pt	190,9616767	7,939	3/2–		2,47E+05
78	114	Pt	191,961038	7,942	0+	0,782	estável
78	115	Pt	192,9629874	7,934	1/2–		1,58E+09
78	116	Pt	193,9626803	7,936	0+	32,967	estável
78	117	Pt	194,9647911	7,927	1/2–	33,832	estável
78	118	Pt	195,9649515	7,927	0+	25,242	estável
78	119	Pt	196,9673402	7,916	1/2–		7,16E+04
78	120	Pt	197,9678928	7,914	0+		7,163
78	122	Pt	199,9714407	7,899	0+		4,50E+04
78	124	Pt	201,97574	7,881	0+		1,56E+05
79	112	Au	190,9637042	7,925	3/2+		1,14E+04
79	113	Au	191,964813	7,920	1–		1,78E+04
79	114	Au	192,9641497	7,924	3/2+		6,35E+04
79	115	Au	193,9653653	7,919	1–		1,37E+05
79	116	Au	194,9650346	7,921	3/2+		1,61E+07
79	117	Au	195,9665698	7,915	2–		5,33E+05
79	118	Au	196,9665687	7,916	3/2+	100	estável
79	119	Au	197,9682423	7,909	2–		2,33E+05
79	120	Au	198,9687652	7,907	3/2+		2,71E+05
80	112	Hg	191,9656343	7,912	0+		1,75E+04
80	113	Hg	192,9666654	7,908	3/2–		1,37E+04
80	114	Hg	193,9654394	7,915	0+		1,64E+10
80	115	Hg	194,9667201	7,909	1/2–		3,79E+04
80	116	Hg	195,9658326	7,914	0+	0,15	estável
80	117	Hg	196,9672129	7,909	1/2–		2,34E+05
80	118	Hg	197,966769	7,912	0+	9,97	estável
80	119	Hg	198,9682799	7,905	1/2–	16,87	estável
80	120	Hg	199,968326	7,906	0+	23,1	estável
80	121	Hg	200,9703023	7,898	3/2–	13,18	estável
80	122	Hg	201,970643	7,897	0+	29,86	estável
80	123	Hg	202,9728725	7,887	5/2–		4,03E+06
80	124	Hg	203,9734939	7,886	0+	6,87	estável
81	114	Tl	194,9697743	7,891	1/2+		4,18E+03
81	115	Tl	195,9704812	7,888	2–		6,62E+03
81	116	Tl	196,9695745	7,893	1/2+		1,02E+04
81	117	Tl	197,9704835	7,890	2–		1,91E+04
81	118	Tl	198,969877	7,894	1/2+		2,67E+04
81	119	Tl	199,9709627	7,890	2–		9,42E+04
81	120	Tl	200,9708189	7,891	1/2+		2,62E+05
81	121	Tl	201,9721058	7,886	2–		1,06E+06
81	122	Tl	202,9723442	7,886	1/2+	29,524	estável
81	123	Tl	203,9738635	7,880	2–		1,19E+08

Z	N	Símbolo	m (u)	B (MeV)	Spin	%	τ(s)
81	124	Tl	204,9744275	7,878	1/2+	70,476	estável
82	116	Pb	197,972034	7,879	0+		8,64E+03
82	117	Pb	198,9729167	7,876	3/2−		5,40E+03
82	118	Pb	199,9718267	7,882	0+		7,74E+04
82	119	Pb	200,9728845	7,878	5/2−		3,36E+04
82	120	Pb	201,9721591	7,882	0+		1,66E+12
82	121	Pb	202,9733905	7,877	5/2−		1,87E+05
82	122	Pb	203,9730436	7,880	0+	1,4	4,42E+24
82	123	Pb	204,9744818	7,874	5/2−		4,83E+14
82	124	Pb	205,9744653	7,875	0+	24,1	estável
82	125	Pb	206,9758969	7,870	1/2−	22,1	estável
82	126	Pb	207,9766521	7,867	0+	52,4	estável
82	127	Pb	208,9810901	7,849	9/2+		1,17E+04
82	128	Pb	209,9841885	7,836	0+		7,03E+08
82	130	Pb	211,9918975	7,804	0+		3,83E+04
83	118	Bi	200,977009	7,855	9/2−		6,48E+03
83	119	Bi	201,9777423	7,852	5+		6,19E+03
83	120	Bi	202,976876	7,858	9/2−		4,23E+04
83	121	Bi	203,9778127	7,854	6+		4,04E+04
83	122	Bi	204,9773894	7,857	9/2−		1,32E+06
83	123	Bi	205,9784991	7,853	6+		5,39E+05
83	124	Bi	206,9784707	7,854	9/2−		9,95E+08
83	125	Bi	207,9797422	7,850	(5)+		1,16E+13
83	126	Bi	208,9803987	7,848	9/2−	100	estável
83	127	Bi	209,9841204	7,833	1−		4,33E+05
83	129	Bi	211,9912857	7,803	1(−)		3,63E+03
84	120	Po	203,9803181	7,839	0+		1,27E+04
84	121	Po	204,9812033	7,836	5/2−		5,98E+03
84	122	Po	205,9804811	7,841	0+		7,60E+05
84	123	Po	206,9815932	7,837	5/2−		2,09E+04
84	124	Po	207,9812457	7,839	0+		9,14E+07
84	125	Po	208,9824304	7,835	1/2−		3,22E+09
84	126	Po	209,9828737	7,834	0+		1,20E+07
85	122	At	206,9857835	7,814	9/2−		6,48E+03
85	123	At	207,98659	7,812	6+		5,87E+03
85	124	At	208,9861731	7,815	9/2−		1,95E+04
85	125	At	209,9871477	7,812	5+		2,92E+04
85	126	At	210,9874963	7,811	9/2−		2,60E+04
86	124	Rn	209,9896962	7,797	0+		8,71E+03
86	125	Rn	210,9906005	7,794	1/2−		5,26E+04
86	136	Rn	222,0175777	7,694	0+		3,30E+05
86	138	Rn	224,02409	7,671	0+		6,41E+03
88	135	Ra	223,0185022	7,685	3/2+		9,88E+05
88	136	Ra	224,0202118	7,680	0+		3,16E+05
88	137	Ra	225,0236116	7,668	1/2+		1,29E+06

Z	N	Símbolo	m (u)	B (MeV)	Spin	%	τ(s)
88	138	Ra	226,0254098	7,662	0+		5,05E+10
88	140	Ra	228,0310703	7,642	0+		1,81E+08
88	142	Ra	230,0370564	7,622	0+		5,58E+03
89	135	Ac	224,0217229	7,670	0−		1,04E+04
89	136	Ac	225,0232296	7,666	(3/2−)		8,64E+05
89	137	Ac	226,0260981	7,656	(1−)		1,06E+05
89	138	Ac	227,0277521	7,651	3/2−		6,87E+08
89	139	Ac	228,0310211	7,639	3(+)		2,21E+04
89	140	Ac	229,0330152	7,633	(3/2+)		3,78E+03
90	137	Th	227,0277041	7,647	3/2+		1,62E+06
90	138	Th	228,0287411	7,645	0+		6,03E+07
90	139	Th	229,0317624	7,635	5/2+		2,49E+11
90	140	Th	230,0331338	7,631	0+		2,38E+12
90	141	Th	231,0363043	7,620	5/2+		9,18E+04
90	142	Th	232,0380553	7,615	0+	100	4,43E+17
90	144	Th	234,0436012	7,597	0+		2,08E+06
91	137	Pa	228,0310514	7,632	(3+)		7,92E+04
91	138	Pa	229,0320968	7,630	(5/2+)		1,30E+05
91	139	Pa	230,0345408	7,622	(2−)		1,50E+06
91	140	Pa	231,035884	7,618	3/2−	100	1,03E+12
91	141	Pa	232,0385916	7,609	(2−)		1,13E+05
91	142	Pa	233,0402473	7,605	3/2−		2,33E+06
91	143	Pa	234,0433081	7,595	4+		2,41E+04
91	148	Pa	239,05726	7,550	(3/2)(−)		6,37E+03
92	138	U	230,0339398	7,621	0+		1,80E+06
92	139	U	231,0362937	7,613	(5/2)		3,63E+05
92	140	U	232,0371562	7,612	0+		2,17E+09
92	141	U	233,0396352	7,604	5/2+		5,01E+12
92	142	U	234,0409521	7,601	0+	0,0055	7,74E+12
92	143	U	235,0439299	7,591	7/2−	0,72	2,22E+16
92	144	U	236,045568	7,586	0+		7,38E+14
92	145	U	237,0487302	7,576	1/2+		5,83E+05
92	146	U	238,0507882	7,570	0+	99,275	1,41E+17
92	148	U	240,056592	7,552	0+		5,08E+04
93	141	Np	234,042895	7,590	(0+)		3,80E+05
93	142	Np	235,0440633	7,587	5/2+		3,42E+07
93	143	Np	236,0465696	7,579	(6−)		4,86E+12
93	143	Np			1(−)		8,10E+04
93	144	Np	237,0481734	7,575	5/2+		7,38E+14
93	145	Np	238,0509464	7,566	2+		5,83E+05
93	146	Np	239,052939	7,561	5/2+		2,04E+05
93	147	Np	240,0561622	7,550	(5+)		3,72E+03
94	140	Pu	234,0433171	7,585	0+		3,17E+04
94	142	Pu	236,046058	7,578	0+		9,01E+07
94	143	Pu	237,0484097	7,571	7/2−		3,91E+06

(continua)

Z	*N*	Símbolo	*m* (*u*)	*B* (MeV)	Spin	%	τ(s)
94	144	Pu	238,0495599	7,568	0+		2,77E+09
94	145	Pu	239,0521634	7,560	1/2+		7,60E+11
94	146	Pu	240,0538135	7,556	0+		2,07E+11
94	147	Pu	241,0568515	7,546	5/2+		4,53E+08
94	148	Pu	242,0587426	7,541	0+		1,18E+13
94	149	Pu	243,0620031	7,531	7/2+		1,78E+04
94	150	Pu	244,0642039	7,525	0+		2,55E+15
94	151	Pu	245,0677472	7,514	(9/2−)		3,78E+04
94	152	Pu	246,0702046	7,507	0+		9,37E+05
94	153	Pu	247,07407	7,494	1/2+		1,96E+05
95	142	Am	237,049996	7,561	5/2(−)		4,39E+03
95	143	Am	238,0519843	7,556	1+		5,87E+03
95	144	Am	239,0530245	7,554	5/2−		4,28E+04
95	145	Am	240,0553002	7,547	(3−)		1,83E+05
95	146	Am	241,0568291	7,543	5/2−		1,36E+10
95	147	Am	242,0595492	7,535	1−		5,77E+04
95	148	Am	243,0613811	7,530	5/2−		2,32E+11
95	149	Am	244,0642848	7,521	(6−)		3,64E+04
95	150	Am	245,0664521	7,515	(5/2)+		7,38E+03
96	142	Cm	238,0530287	7,548	0+		8,64E+03
96	143	Cm	239,054957	7,543	(7/2−)		1,04E+04
96	144	Cm	240,0555295	7,543	0+		2,33E+06
96	145	Cm	241,057653	7,537	1/2+		2,83E+06
96	146	Cm	242,0588358	7,534	0+		1,41E+07
96	147	Cm	243,0613891	7,527	5/2+		9,18E+08
96	148	Cm	244,0627526	7,524	0+		5,71E+08
96	149	Cm	245,0654912	7,516	7/2+		2,68E+11
96	150	Cm	246,0672237	7,511	0+		1,49E+11
96	151	Cm	247,0703535	7,502	9/2−		4,92E+14
96	152	Cm	248,0723485	7,497	0+		1,07E+13
96	153	Cm	249,0759534	7,486	1/2+		3,85E+03
96	154	Cm	250,078357	7,479	0+		3,06E+11
97	146	Bk	243,0630076	7,517	(3/2−)		1,62E+04
97	147	Bk	244,0651808	7,511	(1−)		1,57E+04
97	148	Bk	245,0663616	7,509	3/2−		4,27E+05
97	149	Bk	246,0686729	7,503	2(−)		1,56E+05
97	150	Bk	247,0703071	7,499	(3/2−)		4,35E+10
97	151	Bk	248,073086	7,491	(6+)		2,84E+08
97	151	Bk			1(−)		8,53E+04
97	152	Bk	249,0749867	7,486	7/2+		2,76E+07
97	153	Bk	250,0783165	7,476	2−		1,16E+04
98	148	Cf	246,0688053	7,499	0+		1,29E+05
98	149	Cf	247,0710006	7,493	(7/2+)		1,12E+04
98	150	Cf	248,0721849	7,491	0+		2,88E+07
98	151	Cf	249,0748535	7,483	9/2−		1,11E+10
98	152	Cf	250,0764061	7,480	0+		4,12E+08
98	153	Cf	251,0795868	7,470	1/2+		2,83E+10
98	154	Cf	252,0816258	7,465	0+		8,34E+07
98	155	Cf	253,0851331	7,455	(7/2+)		1,54E+06
98	156	Cf	254,0873229	7,449	0+		5,23E+06
98	157	Cf	255,091046	7,438	(9/2+)		5,04E+03
99	150	Es	249,076411	7,474	7/2(+)		6,12E+03
99	151	Es	250,078612	7,469	(6+)		3,10E+04
99	151	Es			1(−)		7,99E+03
99	152	Es	251,0799921	7,466	(3/2−)		1,19E+05
99	153	Es	252,0829785	7,457	(5−)		4,07E+07
99	154	Es	253,0848247	7,453	7/2+		1,77E+06
99	155	Es	254,088022	7,444	(7+)		2,38E+07
99	156	Es	255,0902731	7,438	(7/2+)		3,44E+06
99	157	Es			(8+)		2,74E+04
100	151	Fm	251,081575	7,457	(9/2−)		1,91E+04
100	152	Fm	252,0824669	7,456	0+		9,14E+04
100	153	Fm	253,0851852	7,448	1/2+		2,59E+05
100	154	Fm	254,0868542	7,445	0+		1,17E+04
100	155	Fm	255,0899622	7,436	7/2+		7,23E+04
100	156	Fm	256,0917731	7,432	0+		9,46E+03
100	157	Fm	257,0951047	7,422	(9/2+)		8,68E+06
101	155	Md	256,094059	7,420	(0−,1−)		4,69E+03
101	156	Md	257,0955414	7,418	(7/2−)		1,99E+04
101	157	Md	258,0984313	7,410	(8−)		4,45E+06
101	157	Md	256,09360		(1−)		3,60E+03
101	158	Md	259,100509	7,405	(7/2−)		5,76E+03
101	159	Md	260,103652	7,396			2,40E+06
103	159	Lr	262,109634	7,374			1,30E+04

Apêndice C

Propriedades dos Elementos

Z	Número de carga (número de prótons no núcleo = número de elétrons)
ρ	Massa específica à temperatura ambiente (20°C = 293,15 K) e pressão normal (1 atmosfera)
m	Peso atômico padrão (massa média ponderada de um átomo, ponderada de acordo com a abundância de cada isótopo)
$T_{\text{fusão}}$	Temperatura do ponto de fusão (ponto de transição entre a fase sólida e a fase líquida)
$T_{\text{ebulição}}$	Temperatura de ebulição (ponto de transição entre a fase líquida e a fase gasosa)
L_f	Calor latente de fusão ou derretimento
L_v	Calor latente de vaporização
E_1	Energia de ionização (energia necessária para remover o elétron menos ligado de um átomo)

Z	Símbolo	Nome	Configuração eletrônica	ρ(g/cm³)	m(g/mol)	$T_{\text{fusão}}$ (K)	$T_{\text{ebulição}}$ (K)	L_f (kJ/mol)	L_v (kJ/mol)	E_1(eV)
1	H	Hidrogênio$_{\text{gas}}$	$1s^1$	$8{,}988 \cdot 10^{-5}$	1,00794	14,01	20,28	0,117	0,904	13,5984
2	He	Hélio$_{\text{gas}}$	$1s^2$	$1{,}786 \cdot 10^{-4}$	4,002602	—	4,22	—	0,0829	24,5874
3	Li	Lítio	[He]$2s^1$	0,534	6,941	453,69	1615	3,00	147,1	5,3917
4	Be	Berílio	[He]$2s^2$	1,85	9,012182	1560	2742	7,895	297	9,3227
5	B	Boro	[He]$2s^2\,2p^1$	2,34	10,811	2349	4200	50,2	480	8,2980
6	C	Carbono$_{\text{grafite}}$	[He]$2s^2\,2p^2$	2,267	12,0107	3800	4300	117	710,9	11,2603
7	N	Nitrogênio$_{\text{gas}}$	[He]$2s^2\,2p^3$	$1{,}251 \cdot 10^{-3}$	14,0067	63,1526	77,36	0,72	5,56	14,5341
8	O	Oxigênio$_{\text{gas}}$	[He]$2s^2\,2p^4$	$1{,}429 \cdot 10^{-3}$	15,9994	54,36	90,20	0,444	6,82	13,6181
9	F	Flúor$_{\text{gas}}$	[He]$2s^2\,2p^5$	$1{,}7 \cdot 10^{-3}$	18,998403	53,53	85,03	0,510	6,62	17,4228
10	Ne	Neônio$_{\text{gas}}$	[He]$2s^2\,2p^6$	$9{,}002 \cdot 10^{-4}$	20,1797	24,56	27,07	0,335	1,71	21,5645
11	Na	Sódio	[Ne]$3s^1$	0,968	22,989770	370,87	1156	2,60	97,42	5,1391
12	Mg	Magnésio	[Ne]$3s^2$	1,738	24,3050	923	1363	8,48	128	7,6462
13	Al	Alumínio	[Ne]$3s^2\,3p^1$	2,70	26,981538	933,47	2792	10,71	294,0	5,9858
14	Si	Silício	[Ne]$3s^2\,3p^2$	2,3290	28,0855	1687	3538	50,21	359	8,1517
15	P	Fósforo branco	[Ne]$3s^2\,3p^3$	1,823	30,973761	317,3	550	0,66	12,4	10,4867
16	S	Enxofre	[Ne]$3s^2\,3p^4$	1,92–2,07	32,065	388,36	717,8	1,727	45	10,3600
17	Cl	Cloro	[Ne]$3s^2\,3p^5$	$3{,}2 \cdot 10^{-3}$	35,453	171,6	239,11	6,406	20,41	12,9676
18	Ar	Argônio	[Ne]$3s^2\,3p^6$	$1{,}784 \cdot 10^{-3}$	39,948	83,80	87,30	1,18	6,43	15,7596
19	K	Potássio	[Ar]$4s^1$	0,89	39,0983	336,53	1032	2,4	79,1	4,3407

(continua)

Z	Símbolo	Nome	Configuração eletrônica	ρ(g/cm^3)	m(g/mol)	$T_{fusão}$ (K)	$T_{ebulição}$ (K)	L_f (kJ/mol)	L_v (kJ/mol)	E_1(eV)
20	Ca	Cálcio	[Ar]$4s^2$	1,55	40,078	1115	1757	8,54	154,7	6,1132
21	Sc	Escândio	[Ar]$3d^1\ 4s^2$	2,985	44,955910	1814	3109	14,1	332,7	6,5615
22	Ti	Titânio	[Ar]$3d^2\ 4s^2$	4,506	47,867	1941	3560	14,15	425	6,8281
23	V	Vanádio	[Ar]$3d^3\ 4s^2$	6,0	50,9415	2183	3680	21,5	459	6,7462
24	Cr	Cromo	[Ar]$3d^5\ 4s^1$	7,19	51,9961	2180	2944	21,0	339,5	6,7665
25	Mn	Manganês	[Ar]$3d^5\ 4s^2$	7,21	54,938049	1519	2334	12,91	221	7,4340
26	Fe	Ferro	[Ar]$3d^6\ 4s^2$	7,874	55,845	1811	3134	13,81	340	7,9024
27	Co	Cobalto	[Ar]$3d^7\ 4s^2$	8,90	58,933200	1768	3200	16,06	377	7,8810
28	Ni	Níquel	[Ar]$3d^8\ 4s^2$	8,908	58,6934	1728	3186	17,48	377,5	7,6398
29	Cu	Cobre	[Ar]$3d^{10}\ 4s^1$	8,94	63,546	1357,77	2835	13,26	300,4	7,7264
30	Zn	Zinco	[Ar]$3d^{10}\ 4s^2$	7,14	65,409	692,68	1180	7,32	123,6	9,3942
31	Ga	Gálio	[Ar]$3d^{10}\ 4s^2\ 4p^1$	5,91	69,723	302,9146	2477	5,59	254	5,9993
32	Ge	Germânio	[Ar]$3d^{10}\ 4s^2\ 4p^2$	5,323	72,64	1211,40	3106	36,94	334	7,8994
33	As	Arsênico	[Ar]$3d^{10}\ 4s^2\ 4p^3$	5,727	74,92160	1090	887	24,44	34,76	9,7886
34	Se	Selênio	[Ar]$3d^{10}\ 4s^2\ 4p^4$	4,28–4,81	78,96	494	958	6,69	95,48	9,7524
35	Br	Estrôncio	[Ar]$3d^{10}\ 4s^2\ 4p^5$	3,1028	79,904	265,8	332,0	10,571	29,96	11,8138
36	Kr	Criptônio$_{gas}$	[Ar]$3d^{10}\ 4s^2\ 4p^6$	$3,749 \cdot 10^{-3}$	83,798	115,79	119,93	1,64	9,08	13,9996
37	Rb	Rubídio	[Kr]$5s^1$	1,532	85,4678	312,46	961	2,19	75,77	4,1771
38	Sr	Bromo$_{líquido}$	[Kr]$5s^2$	2,64	87,62	1050	1655	7,43	136,9	5,6949
39	Y	Ítrio	[Kr]$4d^1\ 5s^2$	4,472	88,90585	1799	3609	11,42	365	6,2173
40	Zr	Zircônio	[Kr]$4d^2\ 5s^2$	6,52	91,224	2128	4682	14	573	6,6339
41	Nb	Nióbio	[Kr]$4d^4\ 5s^1$	8,57	92,90638	2750	5017	30	689,9	6,7589
42	Mo	Molibdênio	[Kr]$4d^5\ 5s^1$	10,28	95,94	2896	4912	37,48	617	7,0924
43	Tc	Tecnécio	[Kr]$4d^5\ 5s^2$	11	(98)	2430	4538	33,29	585,2	7,28
44	Ru	Rutênio	[Kr]$4d^7\ 5s^1$	12,45	101,07	2607	4423	38,59	591,6	7,3605
45	Rh	Ródio	[Kr]$4d^8\ 5s^1$	12,41	102,90550	2237	3968	26,59	494	7,4589
46	Pd	Paládio	[Kr]$4d^{10}$	12,023	106,42	1828,05	3236	16,74	362	8,3369
47	Ag	Prata	[Kr]$4d^{10}\ 5s^1$	10,49	107,8682	1234,93	2435	11,28	250,58	7,5762
48	Cd	Cádmio	[Kr]$4d^{10}\ 5s^2$	8,65	112,411	594,22	1040	6,21	99,87	8,9938
49	In	Índio	[Kr]$4d^{10}\ 5s^2\ 5p^1$	7,31	114,818	429,7485	2345	3,281	231,8	5,7864
50	Sn	Estanho	[Kr]$4d^{10}\ 5s^2\ 5p^2$	7,365	118,710	505,08	2875	7,03	296,1	7,3439
51	Sb	Antimônio	[Kr]$4d^{10}\ 5s^2\ 5p^3$	6,697	121,760	903,78	1860	19,79	193,43	8,6084
52	Te	Telúrio	[Kr]$4d^{10}\ 5s^2\ 5p^4$	6,24	127,60	722,66	1261	17,49	114,1	9,0096
53	I	Iodo	[Kr]$4d^{10}\ 5s^2\ 5p^5$	4,933	126,90447	386,85	457,4	15,52	41,57	10,4513
54	Xe	Xenônio$_{gas}$	[Kr]$4d^{10}\ 5s^2\ 5p^6$	$5,894 \cdot 10^{-3}$	131,293	161,4	165,03	2,27	12,64	12,1298
55	Cs	Césio	[Xe]$6s^1$	1,93	132,90545	301,59	944	2,09	63,9	3,8939
56	Ba	Bário	[Xe]$6s^2$	3,51	137,327	1000	2170	7,12	140,3	5,2117
57	La	Lantânio	[Xe]$5d^1\ 6s^2$	6,162	138,9055	1193	3737	6,20	402,1	5,5769
58	Ce	Cério	[Xe]$4f^1\ 5d^1\ 6s^2$	6,770	140,116	1068	3716	5,46	398	5,5387
59	Pr	Praseodímio	[Xe]$4f^3\ 6s^2$	6,77	140,90765	1208	3793	6,89	331	5,473
60	Nd	Neodímio	[Xe]$4f^4\ 6s^2$	7,01	144,24	1297	3347	7,14	289	5,5250
61	Pm	Promécio	[Xe]$4f^5\ 6s^2$	7,26	(145)	1315	3273	7,13	289	5,582

Z	Símbolo	Nome	Configuração eletrônica	ρ(g/cm^3)	m(g/mol)	$T_{fusão}$ (K)	$T_{ebulição}$ (K)	L_f (kJ/mol)	L_v (kJ/mol)	E_1(eV)
62	Sm	Samário	$[Xe]4f^6\,6s^2$	7,52	150,36	1345	2067	8,62	165	5,6437
63	Eu	Európio	$[Xe]4f^7\,6s^2$	5,264	151,964	1099	1802	9,21	176	5,6704
64	Gd	Gadolíneo	$[Xe]4f^7\,5d^1\,6s^2$	7,90	157,25	1585	3546	10,05	301,3	6,1498
65	Tb	Térbio	$[Xe]4f^9\,6s^2$	8,23	158,92534	1629	3503	10,15	293	5,8638
66	Dy	Disprósio	$[Xe]4f^{10}\,6s^2$	8,540	162,500	1680	2840	11,06	280	5,9389
67	Ho	Hólfio	$[Xe]4f^{11}\,6s^2$	8,79	164,93032	1734	2993	17,0	265	6,0215
68	Er	Érbio	$[Xe]4f^{12}\,6s^2$	9,066	167,259	1802	3141	19,90	280	6,1077
69	Tm	Túlio	$[Xe]4f^{13}\,6s^2$	9,32	168,93421	1818	2223	16,84	247	6,1843
70	Yb	Itérbio	$[Xe]4f^{14}\,6s^2$	6,90	173,04	1097	1469	7,66	159	6,2542
71	Lu	Lutércio	$[Xe]4f^{14}\,5d^1\,6s^2$	9,841	174,967	1925	3675	22	414	5,4259
72	Hf	Háfnio	$[Xe]4f^{14}\,5d^2\,6s^2$	13,31	178,49	2506	4876	27,2	571	6,8251
73	Ta	Tântalo	$[Xe]4f^{14}\,5d^3\,6s^2$	16,69	180,9479	3290	5731	36,57	732,8	7,5496
74	W	Tungstênio	$[Xe]4f^{14}\,5d^4\,6s^2$	19,25	183,84	3695	5828	52,31	806,7	7,8640
75	Re	Rênio	$[Xe]4f^{14}\,5d^5\,6s^2$	21,02	186,207	3459	5869	60,3	704	7,8335
76	Os	Ósmio	$[Xe]4f^{14}\,5d^6\,6s^2$	22,61	190,23	3306	5285	57,85	738	8,4382
77	Ir	Irídio	$[Xe]4f^{14}\,5d^7\,6s^2$	22,56	192,217	2739	4701	41,12	563	8,9670
78	Pt	Platina	$[Xe]4f^{14}\,5d^9\,6s^1$	21,45	195,078	2041,4	4098	22,17	469	8,9588
79	Au	Ouro	$[Xe]4f^{14}\,5d^{10}\,6s^1$	19,3	196,96655	1337,33	3129	12,55	324	9,2255
80	Hg	Mercúrio	$[Xe]4f^{14}\,5d^{10}\,6s^2$	13,534	200,59	234,32	629,88	2,29	59,11	10,4375
81	Tl	Tálio	$[Xe]4f^{14}\,5d^{10}\,6s^2\,6p^1$	11,85	204,3833	577	1746	4,14	165	6,1082
82	Pb	Chumbo	$[Xe]4f^{14}\,5d^{10}\,6s^2\,6p^2$	11,34	207,2	600,61	2022	4,77	179,5	7,4167
83	Bi	Bismuto	$[Xe]4f^{14}\,5d^{10}\,6s^2\,6p^3$	9,78	208,98038	544,7	1837	11,30	151	7,2855
84	Po	Polônio	$[Xe]4f^{14}\,5d^{10}\,6s^2\,6p^4$	9,320	(209)	527	1235	13	102,91	8,414
85	At	Astato	$[Xe]4f^{14}\,5d^{10}\,6s^2\,6p^5$	?	(210)	?	?	?	?	?
86	Rn	Radônio	$[Xe]4f^{14}\,5d^{10}\,6s^2\,6p^6$	$9{,}73 \cdot 10^{-3}$	(222)	202	211,3	3,247	18,10	10,7485
87	Fr	Frâncio	$[Rn]7s^1$	1,87	(223)	~300	~950	~2	~65	4,0727
88	Ra	Rádio	$[Rn]7s^2$	5,5	(226)	973	2010	8,5	113	5,2784
89	Ac	Actínio	$[Rn]6d^1\,7s^2$	10	(227)	1323	3471	14	400	5,17
90	Th	Tório	$[Rn]6d^2\,7s^2$	11,7	232,0381	2115	5061	13,81	514	6,3067
91	Pa	Protactínio	$[Rn]5f^2\,6d^1\,7s^2$	15,37	231,03588	1841	~4300	12,34	481	5,89
92	U	Urânio	$[Rn]5f^3\,6d^1\,7s^2$	19,1	238,02891	1405,3	4404	9,14	417,1	6,1941
93	Np	Netúnio	$[Rn]5f^4\,6d^1\,7s^2$	20,45	(237)	910	4273	3,20	336	6,2657
94	Pu	Plutônio	$[Rn]5f^6\,7s^2$	19,816	(244)	912,5	3505	2,82	333,5	6,0260
95	Am	Amerício	$[Rn]5f^7\,7s^2$	12	(243)	1449	2880	14,39	238,5	5,9738
96	Cm	Cúrio	$[Rn]5f^7\,6d^1\,7s^2$	13,51	(247)	1613	3383	~15	?	5,9914
97	Bk	Berquélio	$[Rn]5f^9\,7s^2$	~14	(247)	1259	?	?	?	6,1979
98	Cf	Califórnio	$[Rn]5f^{10}\,7s^2$	15,1	(251)	1173	1743	?	?	6,2817
99	Es	Einsteínio	$[Rn]5f^{11}\,7s^2$	8,84	(252)	1133	?	?	?	6,42
100	Fm	Férmio	$[Rn]5f^{12}\,7s^2$	?	(257)	1800	?	?	?	6,50
101	Md	Mendelévio	$[Rn]5f^{13}\,7s^2$	?	(258)	1100	?	?	?	6,58
102	No	Nobélio	$[Rn]5f^{14}\,7s^2$	?	(259)	?	?	?	?	6,65

(continua)

Z	Símbolo	Nome	Configuração eletrônica	ρ(g/cm^3)	m(g/mol)	$T_{fusão}$ (K)	$T_{ebulição}$ (K)	L_f (kJ/mol)	L_v (kJ/mol)	E_1(eV)
103	Lr	Laurêncio	[Rn]$5f^{14}\,7s^2\,7p^1$	?	(262)	?	?	?	?	4,9
104	Rf	Rutherfódio	[Rn]$5f^{14}\,6d^2\,7s^2$	?	(261)	?	?	?	?	6
105	Db	Dúbnio	[Rn]$5f^{14}\,6d^3\,7s^2$	?	(262)	?	?	?	?	?
106	Sg	Seabórgio	[Rn]$5f^{14}\,6d^4\,7s^2$	?	(266)	?	?	?	?	?
107	Bh	Bório	[Rn]$5f^{14}\,6d^5\,7s^2$	?	(264)	?	?	?	?	?
108	Hs	Hássio	[Rn]$5f^{14}\,6d^6\,7s^2$	?	(277)	?	?	?	?	?
109	Mt	Meitnério	[Rn]$5f^{14}\,6d^7\,7s^2$	?	(276)	?	?	?	?	?
110	Ds	Darmstádio	*[Rn]$5f^{14}\,6d^9\,7s^1$	?	(281)	?	?	?	?	?
111	Rg	Roentgênio	*[Rn]$5f^{14}\,6d^9\,7s^2$	?	(280)	?	?	?	?	?
112			*[Rn]$5f^{14}\,6d^{10}\,7s^2$	?	(285)	?	?	?	?	?
113			*[Rn]$5f^{14}\,6d^{10}\,7s^2\,7p^1$	?	(284)	?	?	?	?	?
114			*[Rn]$5f^{14}\,6d^{10}\,7s^2\,7p^2$	?	(289)	?	?	?	?	?
115			*[Rn]$5f^{14}\,6d^{10}\,7s^2\,7p^3$	?	(288)	?	?	?	?	?
116			*[Rn]$5f^{14}\,6d^{10}\,7s^2\,7p^4$	?	(293)	?	?	?	?	?
118			*[Rn]$5f^{14}\,6d^{10}\,7s^2\,7p^6$	?	(294)	?	?	?	?	?

*Previsto

(Isótopo de vida mais longa)

Respostas das Questões e dos Problemas Selecionados

Capítulo 1: Eletrostática

Múltipla escolha

1.1 b. **1.3** b. **1.5** b. **1.7** a. **1.9** c.

Problemas

1.27 96.470 C. **1.29** $3 \cdot 10^{17}$ elétrons. **1.31** 32 C.
1.33 (a) $5{,}00 \cdot 10^{16}$ elétrons de condução/cm^3. (b) Existem $5{,}88 \cdot 10^{-17}$ elétrons de condução na amostra de silício dopado para cada elétron de condução da amostra de cobre.
1.35 $1 \cdot 10^{-5}$ C; a força é atrativa. **1.37** $-2{,}9 \cdot 10^{-9}$ N.
1.39 100 N. **1.41** $q = 2{,}02 \cdot 10^{-5}$ C. **1.43** 3,1 N. **1.45** (a) 0. (b) $\pm a / \sqrt{2}$.
1.47
$$\vec{F}_{\text{resultante},2} = (-1 \cdot 10^8\ \text{N})\hat{x} + (7 \cdot 10^7\ \text{N})\hat{y}; \left|\vec{F}_{\text{resultante},2}\right| = 1 \cdot 10^8\ \text{N}$$
1.49 (a) Não. (b) $-0{,}6$ N. **1.51** $-3{,}7 \cdot 10^{-10}$ e. **1.55** $6 \cdot 10^{12}$ C.
1.57 $n = 1$; $F_1 = 8{,}24 \cdot 10^{-8}$ N; $F_{g,1} = 3{,}63 \cdot 10^{-47}$ N
$n = 2$; $F_2 = 5{,}15 \cdot 10^{-9}$ N; $F_{g,2} = 2{,}27 \cdot 10^{-48}$ N
$n = 3$; $F_3 = 1{,}02 \cdot 10^{-9}$ N; $F_{g,3} = 4{,}49 \cdot 10^{-49}$ N
$n = 4$; $F_4 = 3{,}22 \cdot 10^{-10}$ N; $F_{g,4} = 1{,}42 \cdot 10^{-49}$ N.
1.59 $4{,}41 \cdot 10^{-40}$.

Problemas adicionas

1.61 $-5\ \text{N}\hat{y}$ **1.63** (a) 70 N. (b) $4 \cdot 10^{28}$ m/s. **1.65** 114 N.
1.67 -65 μC. **1.69** $2 \cdot 10^{-7}$ *e*; $9 \cdot 10^{-19}$ kg.
1.71 $2 \cdot 10^{-7}$ C = 0,2 μe. **1.73** m^2 = 50,4 g. **1.75** $q = 1{,}1$ pC.
1.77 -24 cm. **1.79** $|Q_0| = 3$ nC. **1.81** 2,8 m.

Capítulo 2: Campos Elétricos e a Lei de Gauss

Múltipla escolha

2.1 e. **2.3** a. **2.5** d. **2.7** c. **2.9** a.

Problemas

2.23 $5{,}75 \cdot 10^4$ N/C. **2.25** 192,53° em sentido anti-horário a partir do semieixo positivo de *x*. **2.27** 0,56 m e 4,4 m.
2.29 $E = -kp/x^3$; a intensidade do campo elétrico diminui mais rápido perpendicularmente ao eixo do dipolo.
2.31 (3,7 m/s) $\hat{x}$ + (2,4 m/s)$\hat{y}$. **2.33** $\vec{E} = (-Q/\pi\epsilon_0\pi R^2)\hat{j}$.
2.35 $\vec{E}(d) = \left(\dfrac{kQ}{d\sqrt{d^2+L^2}}\right)\hat{x} - \left(\dfrac{kQ}{dL} - \dfrac{kQ}{L\sqrt{d^2+L^2}}\right)\hat{y}$.
2.37 $4{,}1 \cdot 10^3$ N/C. **2.39** $3{,}5 \cdot 10^{-15}$ m. **2.41** 0,189 m.
2.43 (a) $v = \sqrt{2h(g - QE/M)}$. (b) Se o valor de $g - QE/M$ for menor do que zero, o valor de *v* será imaginário e o corpo não se moverá. **2.45** (a) 0,0141 N/C. (b) 135.000 m/s^2. (c) para o fio. **2.47** $-1 \cdot 10^{-8}$ C. **2.49** 60 N/C para dentro da face do cubo.
2.51 Uma vez que o raio do balão jamais atinge o valor de *R*, a carga contida é constante e o campo elétrico não varia.
2.53 (a) 50 N/C. (b) 0 N/C. (c) 0,4 N/C. (d) $5 \cdot 10^{-12}$ C/m^3.
2.55 $-6{,}8 \cdot 10^5$ C. **2.57** $1 \cdot 10^5$ N/C, orientado da placa positiva para a negativa. **2.59** $Q = (4/5)\pi AR^5$. **2.61** (a) $4{,}5 \cdot 10^8$ N/C. (b) $2{,}0 \cdot 10^8$ N/C. (c) 0, pois se trata de uma casca condutora. (d) $-1{,}6 \cdot 10^7$ N/C. **2.63** (a) $1 \cdot 10^5$ N/C. (b) $5 \cdot 10^5$ N/C.
2.65 (a) $\vec{E} = (Qr/4\pi a^3\epsilon_0)\hat{r}$. (b) $\vec{E} = (Q/4\pi\epsilon_0 r^2)\hat{r}$.
(c)

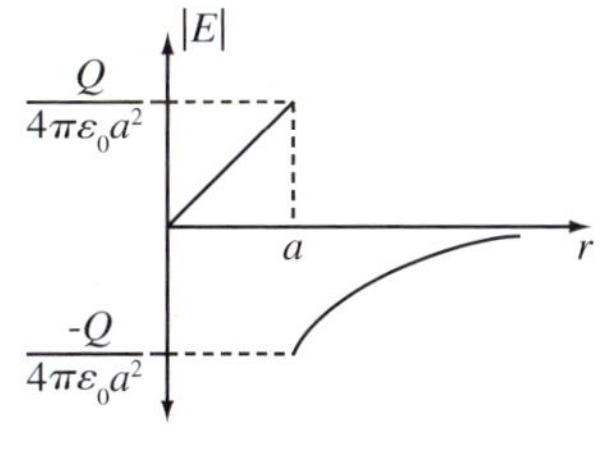

A descontinuidade em $r = a$ deve-se à densidade de carga superficial do ouro. A carga sobre a camada de ouro produz um pico agudo na carga total, resultando em uma descontinuidade do campo elétrico. **2.67** $E_x = 2 \cdot 10^3$ N/C, $E_y = 1 \cdot 10^3$ N/C.

Problemas adicionais

2.69 0. **2.71** 1,45 · 10^2 N/C, orientado para fora do eixo y. **2.73** (a) −5 μC. (b) 0. **2.75** 2,6 · 10^{13} m/s. **2.77** 4,31 · 10^{-5} C/m. **2.79** 3,2 · 10^{16} elétrons. **2.81** 274,76 N/C. **2.83** 7,13 · 10^4 N/C. **2.85** (a)

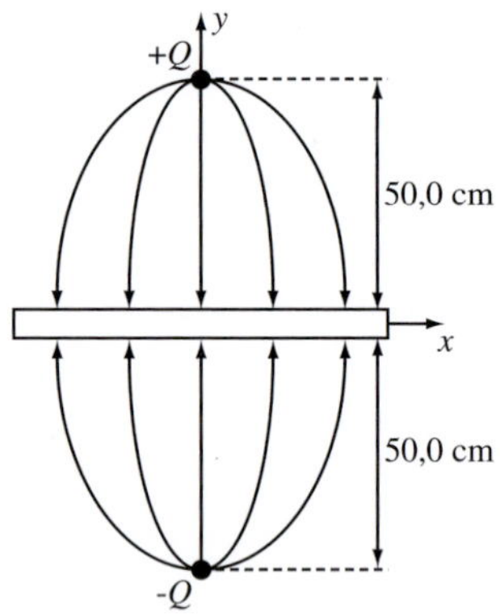

(b) −8,99 · 10^{-3} N. (c) $E_{\text{total}} = \frac{1}{2\pi\epsilon_0}\left(\frac{Qa}{\left(a^2+\rho^2\right)^{3/2}}\right)$.

(d) $\sigma(\rho) = E\epsilon_0 = \frac{1}{2\pi}\left(\frac{Qa}{\left(a^2+\rho^2\right)^{3/2}}\right)$. (e) Em módulo, a carga total induzida é igual à carga.

Capítulo 3: Potencial Elétrico

Múltipla escolha

3.1 a. **3.3** c. **3.3** a. **3.7** a. **3.9** a & c.

Problemas

3.21 0,3 m. **3.23** 3,84 · 10^{-17} J. **3.25** 3,10 · 10^5 m/s. **3.27** (a) 0,0293 m. (b) 7,9 cm. (c) 247 km/s. **3.29** (a) 18 kV. (b) −72 kV. **3.31** 7 · 10^{12} elétrons. **3.33** 11,2 MV. **3.35** 847 V. **3.37** (a) $V(R)$ = 7 kV. (b) $V(0)$ = 10 kV. **3.39** 480 V. **3.41** (a) $x_{max} = 1$. (b) $E_0(2e^{-1} - 1)$. **3.43** E_x = 70,2 V/m. **3.45** 11,2 m/s^2. **3.47** (a) $10x$ V/m^2. (b) 4 · 10^9 m/s. (c) 3 · 10^5 m/s. **3.49** $\vec{E}(\vec{r}) = \frac{kq}{r^3}(x\hat{x} + y\hat{y} + z\hat{z})$.

3.51 $\vec{E}(\vec{r}) = \frac{2V_0\vec{r}}{a^2}e^{-r^2/a^2}$. (b) $\rho(\vec{r}) = \frac{2\epsilon_0 V_0}{a^2}\left[1 - 2\left(\frac{r^2}{a^2}\right)\right]e^{-r^2/a^2}$.
(c) 0.
(d)

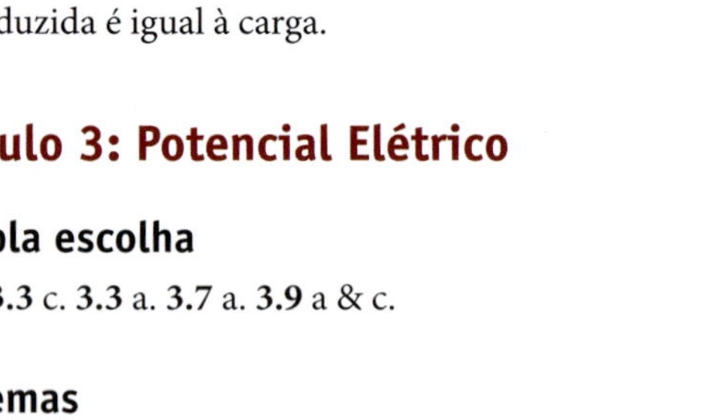

3.53 2,31 · 10^{-13} J.= 1,44 MeV. **3.55** 140.000 eV. **3.57** v_1 = 0,1 m/s, v_2 = 0,07 m/s.

Problemas adicionais

3.59 campo: 0; potencial: 12 V. **3.61** 0,247 J. **3.63** 2,3 · 10^5 V. **3.65** 5 · 10^5 V; 1,1 · 10^5 C. **3.67** (a) 4:1. (b) 100/3 μC. **3.69** 2,0 J. **3.71** primeira esfera: 3 · 10^3 N/C; segunda esfera: 6 · 10^3 N/C. **3.73** (a) 46,8 V. (b) 7,29 cm. **3.75** (a) 9,4 · 10^4 V. (b) 0,84 · 10^{-6} C.

3.77 (a) $V(x) = \frac{1}{4\pi\epsilon_0}\left(\frac{q_1}{x - x_1} + \frac{q_2}{x - x_2}\right)$, para $x > x_1, x_2$,

$V(x) = \frac{1}{4\pi\epsilon_0}\left(\frac{q_1}{x_1 - x} + \frac{q_2}{x - x_2}\right)$, para x_1, x, x_2, e

$V(x) = \frac{1}{4\pi\epsilon_0}\left(\frac{q_1}{x_1 - x} + \frac{q_2}{x_2 - x}\right)$, para $x < x_1, x_2$. (b) x = 11 m, x = 0,25 m.

(c) $E = \frac{1}{4\pi\epsilon_0}\left[\frac{q_1}{(x - x_1)^2} + \frac{q_2}{(x - x_2)^2}\right]$, para $x > x_1, x_2$,

$E = \frac{1}{4\pi\epsilon_0}\left[-\frac{q_1}{(x_1 - x)^2} + \frac{q_2}{(x - x_2)^2}\right]$, para $x_1 < x < x_2$, e

$E = \frac{1}{4\pi\epsilon_0}\left[-\frac{q_1}{(x_1 - x)^2} + \frac{q_2}{(x_2 - x)^2}\right]$, para $x < x_1, x_2$.

3.79 (a) $V = \frac{q}{4\pi\epsilon_0}\left(\frac{1}{R}\right)$. (b) $V = \frac{q}{4\pi\epsilon_0}\left(\frac{1}{R}\right)$. (c) O campo elétrico depende da orientação, de modo que isso não é possível.

Capítulo 4: Capacitores

Múltipla escolha

4.1 b. **4.3** c. **4.5** c. **4.7** d. **4.9** a.

Problemas

4.25 1 · 10^2 km^2. **4.27** 9 · 10^9 m. **4.29** 7,09 · 10^{-4} F. **4.31** (a) 64,0 F. (b) 4,5 V^{-7}. **4.33** 1 pF. **4.35** 4,3 nF. **4.37** (a) 2,7 nF. (b) 3,01 nF. **4.39** C_1/1.275. **4.41** 0,04 J. **4.43** 1,0 · 10^{-8} FV^2/m^3. **4.45** 1 F; 7 · 10^{13} J. **4.47** (a) 70 nJ. (b) 40 nJ. (c) 9 nJ. (d) 20 nJ; a perda de energia é igual à diferença entre as energias inicial e final do sistema. **4.49** 3,89 · 10^4. **4.51** 2,2 · 10^{-5} C/m. **4.53** 70 nF.

4.55 $q = \frac{\pi\epsilon_0 L(\kappa + 1)V}{2\ln(r_2 / r_1)}; \frac{\kappa + 1}{2}$. **4.57** (a) 12.550 V/m. (b) 6 nC. (c) 4,9 nC. **4.59** 9 · 10^{-2} q_1(0,1 m − h) = 7 ($q_2 h$)

$q_1 + q_2 = 9 \cdot 10^{-8}$

$$4 \cdot 10^{-5} = \frac{q_1^2}{1 \cdot 10^{-7}h} + \frac{q_2^2}{2 \cdot 10^{-9}(0{,}1\text{m} - h)} + 5 \cdot 10^{-3}h^2$$

Problemas adicionais

4.61 5,5 · 10^{-8} C. **4.63** 210%. **4.65** 1,5 km. **4.67** V_A = 0,3 V. **4.69** 4 · 10^{-13} F. **4.71** 0,79 nF. **4.73** (a) 5,4. (b) 0,13 μC. (c) 5,4 · 10^5 N/C. (d) 5,4 · 10^5 N/C. **4.75** 1 · 10^{-8} N na direção e sentido do movimento do material dielétrico.

4.77 (a) $C_0 = 35$ pF, $U_0 = 1{,}0 \cdot 10^{-7}$ J. (b) $C = 92$ pF, $U = 3{,}8 \cdot 10^{-8}$ J. (c) Não. **4.79** (a) 0,74 nC. (b) 36 nJ. (c) $1{,}2 \cdot 10^5$ V/m. **4.81** 45,0 · C. **4.83** (b)

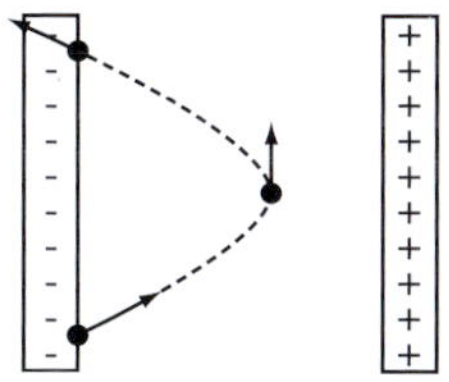

(c) $V = mv_i^2 \operatorname{sen}^2 \theta/(2q)$. (d) $v_i = 2{,}0 \cdot 10^5$.

Capítulo 5: Corrente e Resistência

Múltipla escolha

5.1 d. **5.3** c. **5.5** c. **5.7** c. **5.9** c. **5.11** c.

Problemas

5.27 $6{,}02 \cdot 10^{28}$ elétrons/m^3; $3 \cdot 10^{-8}$ m/s. **5.29**. (a) $5{,}85 \cdot 10^{22}$ cm^{-3}. (b) 133 A/m^2. (c) $1{,}42 \cdot 10^{-8}$ m/s. **5.31** 2,24 mm. **5.33** um fio de calibre entre 9 e 10. **5.35** 3. **5.39** 0,02 Ω. **5.41** (a) −84%. (b) 540%. (c) À temperatura ambiente, $V_d = 0{,}4$ mm/s. A temperatura $T = -196$°C, $V_d = 3$ mm/s. A 77 K, a velocidade é 7,5 vezes maior do que a 293 K. **5.43** 2,571 Ω. **5.45** (a) 1,5 Ω. (b) 1,1 Ω. (c) Quando as duas lâmpadas incandescentes são ligadas em série, espera-se que elas brilhem menos do que quando só uma delas está presente. Isso significaria que uma lâmpada ficaria mais quente e, assim, teria uma resistência maior. **5.47** 60 Ω. **5.49** (a) 10 Ω. (b) 1 A. (c) 1 V. **5.51** (a) 1 V. (b) 0,5 A. **5.53** 86% mais brilhante. **3.55** 7,56 Ω. **5.57** (a) 8 W. (b) 40 V. **5.59** $\dfrac{V_{\text{fem}}^2}{(R_i + R_2)^2} R_L$; 16 W; 18 W; 17 W. **5.61** (a) RC = 64,6 mΩ. (b) $i = 9{,}99$ mA. (c) $b = 1{,}31$ mm. (d) 0,772 s. (e) 4,99 mW. (f) A energia elétrica é perdida na forma de calor.

Problemas adicionais

5.63 10 A. **5.65** 1 m. **5.67** (a) 0,045 W. (b) 0,41; a potência é 9 vezes maior em paralelo do que em série. **5.69** 25 W. **5.71** 9,00 W. **5.73** (a) $3{,}2 \cdot 10^{-5}$ A. (b) 640 kW. (c) $6{,}3 \cdot 10^{14}$Ω. **5.75** (a) 60 V. (b) 30 A. (c) 1 kW. **5.77** 2,7 s. **5.79** 24: 1. **5.81** (a) EJ. (b) ρJ^2; σE^2.

Capítulo 6: Circuitos de Corrente Contínua

Múltipla escolha

6.1 a. **6.3** b. **6.5** b. **6.7** c. **6.9** d, e & f.

Problemas

6.23 $V_1 = \left(\dfrac{R_1}{R_1 + R_2}\right)\Delta V, V_2 = \left(\dfrac{R_2}{R_1 + R_2}\right)\Delta V$; os resistores em série constituem um divisor de voltagem. A voltagem ΔV é dividida entre os dois resistores, com a queda de potencial proporcional a suas correspondentes resistências. **6.25** $R = 40$ Ω, $V_{\text{fem}} = 120$ V. **6.27** (a)

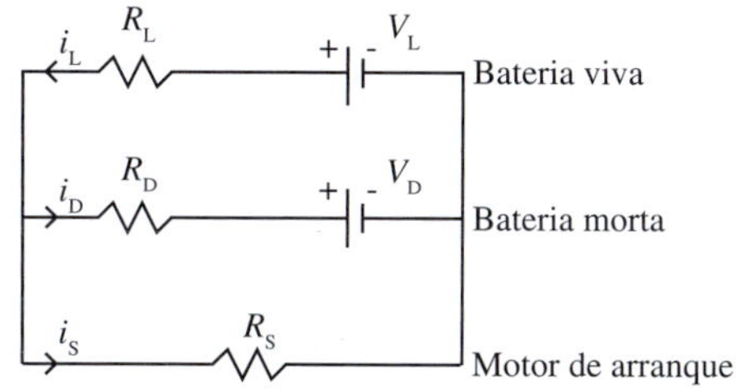

(b) motor de arranque: 150 A; bateria morta: 0,496 A. **6.29** $i_1 = 0{,}20$ A, $i_2 = 0{,}20$ A, $i_3 = 0{,}40$ A, $P_A = 1{,}2$ W, $P_B = 2{,}4$ W.

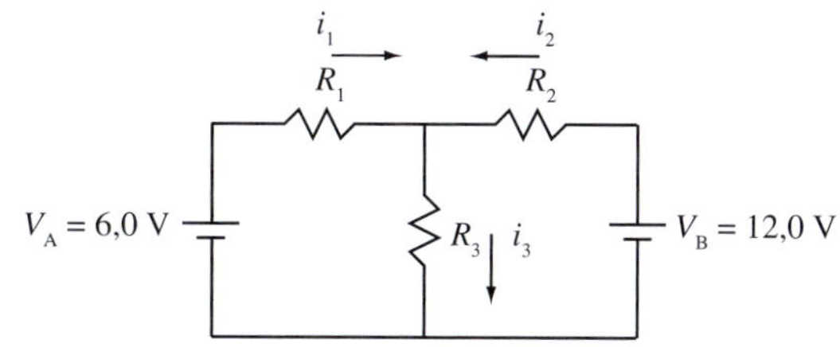

6.31 $i_1 = 0{,}3$ A em sentido horário; $i_2 = 0{,}4$ A em sentido anti-horário; $i_3 = 0{,}2$ A em sentido anti-horário; $i_4 = 0{,}6$ A em sentido horário, $i_5 = 0{,}2$ A em sentido horário; $i_6 = 0{,}4$ A em sentido horário, $P(V_{\text{fem},1}) = 1$ W, $P(V_{\text{fem},2}) = 5$ W. **6.33** $R_L = (1 + \sqrt{3})R$. **6.35** $R_{\text{desvio}} = \dfrac{R_{\text{amperímetro}}}{N - 1}$; $R_{\text{desvio}} = 10{,}1$ mΩ; 1/100 pelo amperímetro, e 99/100 pelo resistor de desvio. **6.37** $V_{ab} = 2{,}985$ V, $V_{bc} = 3{,}015$ V, Aumentar R_{desvio}, reduzirá o erro, pois o voltímetro drenará menos corrente. **6.39** (a) 6,00 A em cada. (b) 0,012 A. **6.41** 9 s. **6.43** $2{,}4 \cdot 10^{-4}$ C; 40 μs. **6.45** 4 ms. **6.47** 89 s. **6.49** 22 kV, 0,020 μF. **6.51** (a) 2 V. (b) 5 μJ. (c) 1 μJ. **6.53** $(\sqrt{3} - 1)C / 2$.

Problemas adicionais

6.55 (a) O resistor de desvio conduz a maior parte da corrente, de modo que o amperímetro não é danificado.

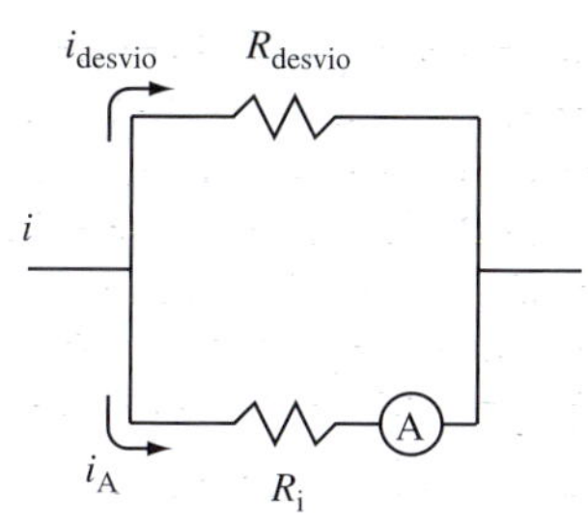

(b) 7,5 mΩ. **6.57** $C = 80$ nF, $R = 10$ kΩ. **6.59** (a) 200 mA. (b) 20 mA. **6.61** 3,8 s. **6.63** $P_1 = 7$ mW, $P_2 = 4$ W, $P_3 = 7$ W. **6.65** (a) $1 \cdot 10^{-4}$ s. (b) 70 μC. **6.67** (a) 0,7 τ. ($P_1 = 7$ mW,) 1:4. (c) 10 μs. (d) 7 μs. **6.69** $i_2 = 469$ mA. **6.71** 2 C.

Capítulo 7: Magnetismo

Múltipla escolha

7.1 a. **7.3** e. **7.5** a. **7.7** a, c, d & e.

Problemas

7.21 $9{,}4 \cdot 10^{-5}$ T. **7.23** $7{,}616 \cdot 10^{-4}$ N a 23,20° em relação ao semieixo x positivo. **7.25** $3{,}4 \cdot 10^{-4}$ T.

7.27 $\frac{d\vec{p}}{dt} = -q\left(\vec{E} + \vec{v} \times \vec{B}\right), \frac{dK}{dt} = -q\vec{E} \bullet \vec{v}$. **7.29** $6{,}8\hat{z}$.

7.31 O próton descreverá uma espiral com uma velocidade de $3{,}0 \cdot 10^8$ m/s ao longo do eixo z, com o movimento circular realizado a $2{,}2 \cdot 10^5$ m/s e uma raio de 4,7 mm. **7.33** 1:4. O campo elétrico deve ter um módulo $E = vB$ e apontar no sentido positivo de y a fim de que as partículas se movam em linha reta. **7.35** (a) 2 T. (b) 5 cm. (c) $2 \cdot 10^6$ m/s. **7.37** 0,4 kg. **7.39** 15,0 N; Isso corresponde à força sobre um fio de mesmo comprimento, com a mesma corrente e o mesmo campo magnético.

7.41 $0{,}92 \cdot 10^3$ rad/s. **7.43** $\frac{iB_0l^2}{2a}\hat{x}$. **7.45** 1,8 rad/s^2. **7.47** 1,8 rad/s^2.

7.51 (a) $\vec{F}_{ab} = -0{,}32\hat{y}$ N. (b) 0,62 N formando 15° com o eixo x, em direção ao semieixo z negativo. (c) $F_{resultante} = 0$. (d) $\tau = 0{,}025$ N m e gira em sentido anti-horário em torno do eixo y. (e) A bobina gira em sentido anti-horário quando vista de cima. **7.53** (a) buracos. (b)$2{,}3 \cdot 10^{24}$ e/m^3.

Problemas adicionais

7.55 $7{,}4 \cdot 10^{-2}$N. **7.57** $2{,}33 \cdot 10^6$A. **7.59** $2{,}00 \cdot 10^5$ m/s no sentido positivo do eixo x. **7.61** (a) $1{,}89 \cdot 10^{-6}$T. (b) nenhum. (c) 5 μs. **7.63** 0,031 m, $3{,}8 \cdot 10^{-7}$d. **7.65** 2 · 105 m/s. **7.67** $-4 \cdot 10^{-3}\hat{z}$. **7.69** 6,97°. **7.71** (b) 20 mm. (c) $T = 1 \cdot 10^{-7}$ s, $f = 8 \cdot 10^6$ Hz. (d) 70 mm.

Capítulo 8: Campos Magnéticos e Cargas em Movimento

Múltipla escolha

8.1 b. **8.3** c. **8.5** d. **8.7** c. **8.9** a.

Problemas

8.27 Paralelamente ao eixo z, passando pelo ponto (0, 4, 0), conduzindo uma corrente de sentido oposto à do primeiro fio. **8.29** 7,5° abaixo do eixo x. **8.31** 45° no plano xy, a uma altura b. **8.33** $i_1 = 2{,}0 \cdot 10^2$ A. **8.35** (a) $-2 \cdot 10^{-2}$ N$\hat{y}$. (b) $\vec{F} = 2 \cdot 10^{-2}$ N$\hat{x}$. (c) $\vec{F} = 0$N. **8.37** $9{,}42 \cdot 10^{-5}$ T a 45° entre o semieixo x negativo e o semieixo y positivo. **8.39** $B_a = 0$; $B_b = 1{,}08 \cdot 10^{-6}$ T; $B_c = 2{,}70 \cdot 10^{-6}$ T; $B_d = 1{,}69 \cdot 10^{-6}$ T. **8.41** Sim. **8.43** $9{,}4 \cdot 10^{-5}$ T.

8.45 Se $r \leq R$ $B_{r<R} = \frac{\mu_0 J_0}{r}\left[R^2 - R(R+r)e^{-r/R}\right]$;

Se $r \geq R$, $B_{r>R} = \frac{\mu_0 J_0 R^2}{r}\left[1^2 - 2e^{-1}\right]$.

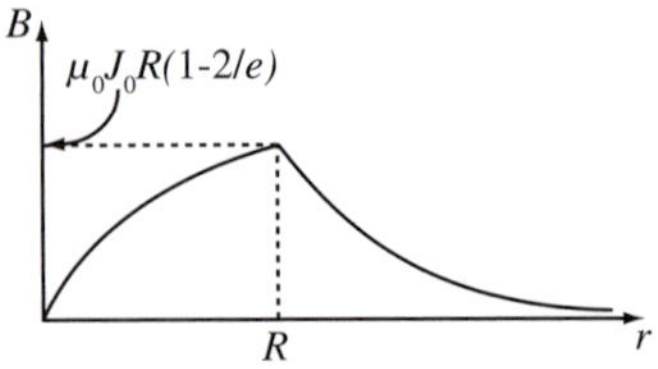

8.47 4:3. **8.49** (a) $1{,}3 \cdot 10^{-5}$ T. (b) $1{,}0 \cdot 10^{-2}$ T. **9.51** $1{,}9 \cdot 10^{-19}$ kg m/s. **9.53** 0,20 K. **8.55** 55.

9.57 $1{,}12 \cdot 10^{-5}$ Am^2. **9.59** (a) $L = I\bar{\omega} = (2/5)mR^2\bar{\omega}$ (b) $\mu = q\bar{\omega}R^2/5$. (c) $\gamma_e = -e/(2m)$.

Problemas adicionais

8.61 4 mT para dentro da página. **8.63** $4{,}1 \cdot 10^9$ A. **8.65** 18.000 espiras. **8.67** 30 mT. **8.69** q = 0,5 C. **8.71** $1 \cdot 10^{-7}\hat{x}$ N m. **8.73** (a) $-7{,}3 \cdot 10^{10}$ m/s^2. (b) $-1{,}2 \cdot 10^{11}$ m/s^2. **8.75** (a) $1{,}06 \cdot 10^{-4}$N m. (b) 1,72 rad/s. **8.77** 4 A em sentido anti-horário (quando vista a partir do imã em barra).

8.79 $B = \mu_0 J_0\left[\frac{r}{2} - \frac{r^2}{3R}\right]$.

Capítulo 9: Indução Eletromagnética

Múltipla escolha

9.1 d. **9.3** a. **39.5** a. **9.7** d.

Problemas

9.23 $2 \cdot 10^{-5}$ V. **9.25** 0. **9.27** $\Delta V_{ind} = \frac{\mu_0 \pi a^2 V_0 \omega}{2bR_1}\cos\omega t$; $i = -\frac{\mu_0 \pi a^2 V_0 \omega}{2bR_1R_2}\cos\omega t$. **9.29** (a) 7,1 mA. (b) horário. **9.31** 0,6 V. **9.33** $v_{term} = \frac{mgR}{\omega^2 B^2}$. **9.35** $6 \cdot 10^{-7}$ V. **9.37** 20 Hz. **9.39** (a) 0,4 A. (b) 0,3 A, 100 W. **9.41**

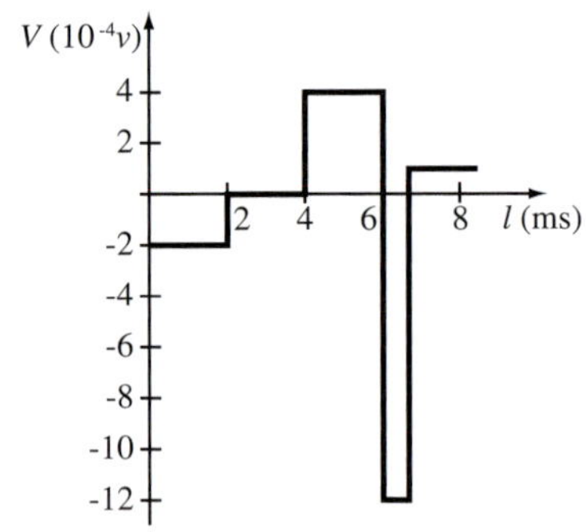

9.43 (a) 1 μs. (b) 0; 9 μA; 10 μA. **9.45** 11 V. **9.47** (a) 6,0 A. (b) 3,0 A. (c) 3,0 A. (d) −18 V. (e) −18 V. (f) 0. (g) 0. **9.49** $1{,}0 \cdot 10^3$ m^3. **9.51** (a) $6{,}4 \cdot 10^{26}$ J/m^3. (b) $7{,}1 \cdot 10^9$ kg/m^3. **9.53** $4 \cdot 10^{-5}$°C. **9.55** 1:1.

Problemas adicionais

9.57 $8 \cdot 10^{-3}$V. **9.59** Não varia. **9.61** $u_B = 9{,}95 \cdot 10^{-4}$J/m^3; $u_E = 9{,}95 \cdot 10^{-8}$J/m^3; $\frac{u_B}{u_E} = 1{,}00 \cdot 10^5$. **9.63** 87 mH. 9.65 10 V; a corrente induzida é anti-horária. **9.67** 2,0 m^2. **9.69** 0,3 H. **9.71** (a) $i_1 = -4$ mA; $i_2 = -2$ mA. (b) 2 mW. (c) 0,3 mN. **9.73** 0. **9.75** (a) 0,3 m N. (b) 30 μW. (c) 30 μW.

Capítulo 10: Oscilações e Correntes Eletromagnéticas

Múltipla escolha

10.1 d. **10.3** b. **10.5** d. **10.7** d.

Problemas

10.23 0,942 ms. **10.25** 7 mF. **10.27** 1 ms, 3 ms, 6 ms. **10.29** $t = (L/R)\ln(2)$. **10.31** 300 Hz. **10.33** 500 rad/s. **10.35** 300 Ω; 40 mA. **10.37** (a) 356 Hz. (b) 0,400 A. **10.39** 0,5 rad/s; 100 Ω. **10.41** 500 V; é possível qualquer voltagem no indutor. **10.43** (a) $I_{max} = 34$ A. (b) $\theta = 0,816$ rad. (c) $C = 760$ μF, $I'_{max} = 50$ A, $\varphi' = 0$ rad. **10.45** (a) $C = 1$ nF; use um capacitor com capacitância de 1 nF. (b) 100 kHz. **10.47** $Q = (1/R)\sqrt{L/C}$. **10.49** (a) 18,4 kHz. (b) 2,25 W. **10.51** (a) 0,392 pF. (b) 11.9 Ω. **10.53** (a) 1 V. b) 0. **10.55** 2 W. **10.57** (a) 14 V. (b) 9,0 V.

Problemas adicionais

10.59 $3 \cdot 10^{-12}$ F. **10.61** (a) 0,771 A. (b) 100 V. **10.63** 1 Ω. **10.65** (a) 0,1 A. (b) $7 \cdot 10^{-4}$ s. **10.67** (a) 10 Ω. (b) 8 Ω. (c) $6 \cdot 10^{-5}$ H. (d) 30 kHz. **10.69** (a) $1 \cdot 10^{-3}$ J/m³. (b) 10 A. **10.71** $P = \frac{1}{2} I_R^2 R(1 - \cos(2\omega t))$. **10.73** 400 Hz. **10.75** 2.000 Hz.

Capítulo 11: Ondas Eletromagnéticas

Múltipla escolha

11.1 c. **11.3** b. **11.5** a. **11.7** c.

Problemas

11.21 $2,5 \cdot 10^{-6}$ T. **11.23** 10,0 · A.

11.25 $i_d = \epsilon_0 R\left(\frac{A}{L}\right)\frac{di}{dt} = \epsilon_0 \rho \frac{di}{dt}$ · **11.27** 2,0 pés.

11.29 (a) 0,03 s. (b) 0,24 s; quando o sinal se propaga pelo cabo o atraso não é notado. Todavia, via satélite, Alice receberá uma resposta a partir de seu noivo após 0,5 s, o que é perfeitamente notável. **11.31** $4 \cdot 10^{14}$ Hz a $8 \cdot 10^{14}$ Hz. **11.33** 3,2 mH. **11.35** (a) 1,3 W/m². (b) 1,2 W/m². (c) 0,12 W/m². **11.37** $2 \cdot 10^{6}$ V/m. **11.39** (a) $4,43 \cdot 10^{-8}$ J/m³. (b) $3,33 \cdot 10^{-7}$ T. **11.41** (a) $1 \cdot 10^{7}$ W/m²; a intensidade é muito maior do que a intensidade da luz solar sobre a Terra (1,400 W/m²). (b) $7 \cdot 10^{4}$ V/m. (c) $1 \cdot 10^{7}$ W/m². (d) $S(x,t) = 3 \cdot 10^{7}$ W/m² sen² ($10^{7}\, x$ m^{-1} $- 4 \cdot 10^{15}\, t$ Hz). (e) $2 \cdot 10^{-4}$ T. **11.43** (a) $E = 713$ V/m, $B = 2,38$ μT. (b) 3,3 μPa, 2,5 μN. **11.45** $3,274 \cdot 10^{-6}$ N. **11.47** 15 mW. **11.49** (a) 3 nN. (b) 2 kW/m², 5 μN/m². (c) 200. **11.51** 3 mW. **11.53** $1,1 \cdot 10^{4}$ W/m², $2,9 \cdot 10^{3}$ V/m.

Problemas adicionais

11.55 500 kW h. **11.57** $4 \cdot 10^{5}$ V/m. **11.59** 136 W. **11.61** 100 V/m. **11.63** 6,3 cm. **11.65** (a) $7,07 \cdot 10^{-8}$ T. (b) 38,0 W. **11.67** (a) 800 V/m. (b) $8 \cdot 10^{-12}$ J. **11.69** $1 \cdot 10^{7}$ m/s². **11.71** (a) As ondas de rádio, em geral, são polarizadas. (b) $6 \cdot 10^{-2}$ V/m. **11.73** 9 h; $4 \cdot 10^{23}$.

Créditos das Fotos

As Fronteiras da Física Moderna

Figura 1: © M. F. Crommie, C. P. Lutz, and D. M. Eigler, IBM Almaden Research Center Visualization Lab, http://www.almaden.ibm.com/vis/stm/images/ stm15.jpg. Image reproduced by permission of IBM Research, Almaden Research Center. Unauthorized use not permitted; **2:** © M. Feig, Michigan State University; **3a-b:** STAR collaboration, Brookhaven National Laboratory; **4:** © CERN; **5:** © Vol. 54 PhotoDisc/Getty Images RF; **6:** Andrew Fruchter (STScI) et al., WFPC2, HST, NASA.

Capítulo 1

Figura 1.1a-c: © W. Bauer and G. D. Westfall; **1.2:** © R. Morley/PhotoLink/Getty Images RF; **1.7a:** © Kim Steele/Getty Images RF; **1.7b:** © Geostock/Getty Images RF; **1.8-1.11, 1.18, 1.19:** © W. Bauer and G. D. Westfall.

Capítulo 2

Figura 2.1: © Royalty-Free/Corbis; **2.2:** National Weather Service; **2.17:** Brookhaven National Laboratory; **2.19:** © The McGraw-Hill Companies, Inc./Mark Dierker, photographer; **2.21:** © Royalty-Free/Corbis; **2.31a-b:** © W. Bauer and G. D. Westfall; **2.32:** © Gerd Kortemeyer; **2.41:** © Royalty-Free/Corbis.

Capítulo 3

Figura 3.1 (esquerda)-(direita): Springer Netherlands/ Annals of Biomedical Engineering, Volume 30, Number 9, October 2002, 1172–80, "Induced current impedance technique for monitoring brain cryosurgery in a two-dimensional model of the head," Zlochiver S, Radai MM, Rosenfeld M, Abboud S., Fig. 6. With kind permission from Springer Science and Business Media; **3.5a-b:** © W. Bauer and G. D. Westfall; **3.7a:** © Regis Duvignau/Reuters; **3.7b:** © Candy Lab Studios/ Mendola Artists; **3.8:** © 2009 Tesla Motors, Inc. All rights reserved. 'Tesla Motors' and Tesla Roadster' are trademarks of Tesla Motors, Inc. (version 1-5-0296-228); **3.9a-b:** © W. Bauer and G. D. Westfall.

Capítulo 4

Figura 4.1-4.2: © W. Bauer and G. D. Westfall; **4.21:** © Lawrence Livermore National Lab.

Capítulo 5

Figura 5.1: © ImageSource/agefotostock RF; **5.2a-f:** © W. Bauer and G. D. Westfall; **5.3a:** © IBM; **5.3c:** © Brand X Pictures/PunchStock RF; **5.3d:** © Don Farrall/Getty Images RF; **5.3e:** © W. Bauer and G. D. Westfall; **5.3f:** © Craig Bickford/International Light Technologies; **5.3g:** © 1000Bulbs.com; **5.3h:** © Josh Slaymaker/Grant Heilman Photography, Inc.; **5.3i:** © Thomas Allen/Getty Images RF; **5.3j:** NASA; **5.3k:** © Lawrence Livermore National Lab; **5.3l:** NASA artist Werner Heil; **5.4:** © W. Bauer and G. D. Westfall; **5.8a:** Photo courtesy Mike Smith, www.mds975.co.uk; **5.8b:** © Josh Slaymaker/ Grant Heilman Photography, Inc.; **5.15:** Printed with permission from Mayfield Clinic; **5.21a-b:** Courtesy of ABB; **5.22a-b:** © W. Bauer and G. D. Westfall; **5.24:** © Julie Jacobson/AP Photo; **5.25:** http://en.wikipedia.org/wiki/File:Path_65_ P0002014.jpg.

Capítulo 6

Figura 6.1: © Royalty-Free/Corbis.

Capítulo 7

Figura 7.1: NASA/TRACE; 7.4b: © Steve Cole/ Getty Images RF; **7.7:** NASA/courtesy of nasaimages.org; **7.8:** NASA/Hubble/Z. Levay and J. Clarke; **7.11:** © W. Bauer and G. D. Westfall; **7.12:** © The McGraw-Hill Companies, Inc./ Mark Dierker, photographer; **7.13:** National Geophysical Data Center; **7.15:** © W. Bauer and G. D. Westfall; **7.16:** Lawrence Berkeley Nat'l Lab; **7.17a:** Brookhaven National Laboratory; **7.17b:** STAR collaboration/RHIC/Brookhaven National Laboratory; **7.18:** Brookhaven National Laboratory; **7.19a:** © Michigan State University; **7.22:** © W. Bauer and G. D. Westfall; **7.23a:** © Ren Long, Xinhua/AP Photo; **7.24b, 7.28:** © The McGraw-Hill Companies, Inc./ Mark Dierker, photographer.

Capítulo 8

Figura 8.1: © Photolibrary/agefotostock RF; **8.3b, 8.5:** © The McGraw-Hill Companies, Inc./Mark Dierker, photographer; **8.9:** U.S. Navy Photograph by Mr. John F. Williams; **8.18a:** © W. Bauer and G. D. Westfall; **8.22 (mão):** © The McGraw-Hill Companies, Inc./ Mark Dierker, photographer; **8.25:** © High Field Magnet Laboratory, Radboud University Nijmegen, The Netherlands; **8.28a-e:** © W. Bauer and G. D. Westfall; **8.30:** © Royalty-Free/Corbis; **8.31ad:** © The McGraw-Hill Companies, Inc./Mark Dierker, photographer.

Capítulo 9

Figura 9.1: © PhotoLink/Getty Images RF; **9.11:** © W. Bauer and G. D. Westfall; **9.14a:** NASA; **9.14b:** NASA/courtesy of nasaimages.org; **9.16:** © W. Bauer and G. D. Westfall; **9.19 & (foto menor):** © Tom Watson; **9.29:** © Daisuke Morita/Getty Images RF; p. 955: © Royalty-Free/Corbis.

Capítulo 10

Figura 10.1a: © Ryan McVay/Getty Images RF; **10.1b:** © Royalty-Free/Corbis; **10.18:** © W. Bauer and G. D. Westfall; **10.21:** © The McGraw-Hill Companies, Inc./Mark Dierker, photographer; **10.31a:** © Edmond Van Hoorick/Getty Images RF; **10.31b, 10.32:** © W. Bauer and G. D. Westfall.

Capítulo 11

Figura 11.1: E. Kolmhofer, H. Raab; Johannes- Kepler-Observatory, Linz, Austria (http://www. sternwarte.at); **11.9a:** © Kim Steele/Getty Images RF; **11.9b:** NASA/courtesy of nasaimages.org; **11.9c:** © W. Bauer and G. D. Westfall; **11.10b:** © C. Borland/PhotoLink/Getty Images RF; **11.10c:** © W. Bauer and G. D. Westfall; **11.10d:** © Don Tremain/ Getty Images RF; **11.10e:** © PhotoLink/ Getty Images RF; **11.10f:** © Geostock/Getty Images RF; **11.10h-i:** © Russell Illig/Getty Images RF; **11.10j:** © Royalty-Free/Corbis; **11.10k:** © David R. Frazier Photography/Alamy RF; **11.10l:** © W. Bauer and G. D. Westfall; **11.10m:** © PhotoDisc/ Getty Images RF; **11.10n:** © W. Bauer and G. D. Westfall; **11.10o:** © ImageState/Alamy RF; **11.14a:** © John Keating/Photo Researchers, Inc.; **11.14b:** © General Motors Corp. Used with permission, GM Media Archives; **11.23:** © Photographer's Choice/Getty Images RF.

Arte

Capítulo 5

Tabela 5.2: Data from American Wire Gauge convention.

Capítulo 7

Figura 7.9: Image data from NOAA's National Geophysical Data Center (NGDC), Boulder, Colorado, based on the International Goemagnetic Reference Field (IGRF), Epoch 2000 updated to December 31, 2004. The IGRF is developed by the International Association of Geomagnetism and Aeronomy (IAGA) Division V.

Apêndice B

Fonte: David R. Lide (ed.), Norman E. Holden in CRC Handbook of Chemistry and Physics 85th Edition, online version. CRC Press. Boca Raton, Florida (2005). Section 11, Table of the Isotopes.

Apêndice C

Fontes: http://physics.nist.gov/PhysRefData/PerTable/periodic-table.pdf http://www.wikipedia.org/ and Generalic, Eni. "EniG. Periodic Table of the Elements." 31 Mar. 2008. KTF-Split. <http://www.periodni.com/>.

Guardas

Fundamental Constants from National Institute of Standards and Technology, http://physics.nist.gov/ constants. Other Useful Constants from National Institute of Standards and Technology, http://physics.nist.gov/constants.

Índice

Páginas de referência seguida por f e t referem-se, respectivamente, a figuras e tabelas.

Constantes numéricas

Constantes fundamentais

Nome	Símbolo	Valor
Velocidade da luz no vácuo	c	$2{,}99792458 \cdot 10^{8}$ m s^{-1}
Unidade fundamental de carga	e	$1{,}602176487(40) \cdot 10^{-19}$ C
Constante gravitacional universal	G	$6{,}67428(67) \cdot 10^{-11}$ m^{3} kg^{-1} s^{-1}
Constante de Planck	h	$6{,}62606896(33) \cdot 10^{-34}$ J s
Constante de Boltzmann	k_B	$1{,}3806504(24) \cdot 10^{-23}$ J K^{-1}
Número de Avogadro	N_A	$6{,}02214179(30) \cdot 10^{23}$ mol^{-1}
Constante universal dos gases	R	$8{,}314472(15)$ J mol^{-1} K^{-1}
Massa do elétron	m_e	$9{,}10938215(45) \cdot 10^{-31}$ kg
Massa do próton	m_p	$1{,}672621637(83) \cdot 10^{-27}$ kg
Massa do nêutron	m_n	$1{,}674927211(84) \cdot 10^{-27}$ kg
Permeabilidade magnética do vácuo	μ_0	$4\pi \cdot 10^{-7}$ N A^{-2}
Permissividade elétrica do vácuo	$\epsilon_0 = 1/(\mu_0 c^2)$	$8{,}854187817... \cdot 10^{-12}$ N A^{-2}
Constante de Stefan-Botzmann	σ	$5{,}760400(40) \cdot 10^{-8}$ W m^{-2} K^{-4}

Fonte: National Institute of Standards and Technology, http://physics.nist.gov/constants. Os números entre parênteses indicam incerteza nos dígitos finais do número. Por exemplo, 6,67428(67) significa 6,67428 ± 0,00067. Os valores mostrados sem a indicação de incerteza são valores exatos.

Outras constantes úteis

Nome	Símbolo	Valor
Aceleração padrão devido à gravidade	g	9,81 m s^{-2}
Pressão atmosférica padrão a 20°C	atm	$1{,}01325 \cdot 10^{5}$ Pa
Volume de um gás ideal a 0°C e 1 atm		22,413996(39) liter/mol
Equivalente mecânica do calor		4,186 J/cal
Unidade atômica de massa	u	1,660538782(83) kg
Elétron-volt	eV	$1{,}602176487(40) \cdot 10^{-19}$ J
Energia equivalente à unidade de massa atômica	uc^2	931,494028(23) MeV
Equivalência massa-energia do elétron	$m_e c^2$	0,510998910(13) MeV
Equivalência massa-energia do próton	$m_p c^2$	938,272013(23) MeV
Energia equivalente à massa do nêutron	$m_n c^2$	939,565346(23) MeV
Constante de Planck dividida por 2π	$\hbar$	$1{,}054571628(53) \cdot 10^{-34}$ J s
Constante de Planck dividida por 2π vezes c	$\hbar c$	197,3269631(49) MeV fm
Raio de Bohr	a_0	$0{,}52917720859(36) \cdot 10^{-10}$ m

Fonte: National Institute of Standards and Technology, http://physics.nist.gov/constants. Os números entre parênteses indicam incerteza nos dígitos finais do número. Por exemplo, 6,67428(67) significa 6,67428 ± 0,00067. Os valores mostrados sem a indicação de incerteza são valores exatos.

Fatores de conversão de unidade

Comprimento

1 m = 100 cm = 1000 mm = 10^6 μm = 10^9 nm
1 km = 1000m = 0,6214 mi
1 m = 3,281 ft = 39,37 in
1 cm = 0,3937 in
1 in = 2,54 cm (exatamente)
1 ft = 30,48 cm (exatamente)
1 yd = 91,44 cm (exatamente)
1 mi = 5280 ft = 1,609344 km (exatamente)
1 Angstrom = 10^{-10} m = 10^{-8} cm = 0,1 nm
1 milha náutica = 6080 ft = 1,152 mi
1 ano-luz = $9{,}461 \cdot 10^{15}$ m

Área

1 m^2 = 10^4 cm^2 = 10,76 ft^2
1 cm^2 = 0,155 in^2
1 in^2 = 6,452 cm^2
1 ft^2 = 144 in^2 = 0,0929 m^2
1 hectare = 2,471 acres = 10000 m^2
1 acre = 0,4047 hectare = 43560 ft^2
1 mi^2 = 640 acres
1 yd^2 = 0,8361 m^2

Volume

1 litro = 1000 cm^3 = $10^{-3}m^3$ = 0,03531 ft^3 = 61,02 in^3 = 33,81 onça líquida
1 ft^3 = 0,02832 m^3 = 28,32 litro = 7,477 galões
1 galão = 3,788 litros
1 quarto = 0,9463 litro

Tempo

1 min = 60 s
1 h = 3,600 s
1 dia = 86,400 s
1 semana = 604,800 s
1 ano = $3{,}156 \cdot 10^7$ s

Ângulo

1 rad = 57,30° = 180°/π
1° = 0,01745 rad = (π/180) rad
1 rot = 360° = 2π rad
1 rot/min (rpm) = 0,1047 rad/s = 6°/s

Velocidade

1 milha por hora (mph) = 0,4470 m/s = 1,466 ft/s = 1,609 km/h
1 m/s = 2,237 mph = 3,281 ft/s
1 km/h = 0,2778 m/s = 0,6214 mph
1 ft/s = 0,3048 m/s
1 nó = 1,151 mph = 0,5144 m/s

Aceleração

1 m/s^2 = 100 cm/s^2 = 3,281 ft/s^2
1 cm/s^2 = 0,01 m/s^2 = 0,03281 ft/s^2
1 ft/s^2 = 0,3048 m/s^2 = 30,48 cm/s^2

Massa

1 kg = 1000 g = 0,0685 slug
1 slug = 14,95 kg
1 kg tem peso de 2,205 lb quando $g = 9{,}807$ m/s^2
1 lb tem massa de 0,4546 kg quando $g = 9{,}807 m/s^2$

Força

1 N = 0,2248 lb
1 lb = 4,448 N
1 stone = 14 lb = 62,27 N

Pressão

1 Pa = 1 N/m^2 = $1{,}450 \cdot 10^{-4}$ lb/in^2 = 0,209 lb/ft^2
1 atm = $1{,}013 \cdot 10^5$ Pa = 101,3 kPa = 14,7 lb/in^2 = 2117 lb/ft^2 = 760 mm Hg = 29,92 in Hg
1 lb/in^2 = 6895 Pa
1 lb/ft^2 = 47,88Pa
1 mm Hg = 1 torr = 133,3Pa
1 bar = 10^5 Pa = 100 kPa

Energia

1 J = 0,239 cal
1 cal = 4,186 J
1 Btu = 1055 J = 252 cal
1 kW · h = $3{,}600 \cdot 10^6$ J
1 ft · lb = 1,356 J
1 eV = $1{,}602 \cdot 10^{-19}$ J

Potência

1 W = 1 J s
1 hp = 746 W = 0,746 kW = 550 ft · lb/s
1 Btu/h = 0,293 W
1 GW = 1000 MW = $1{,}0 \cdot 10^9$ W
1 kW = 1,34 hp

Temperatura

Fahrenheit para Celsius: $T_C = \frac{5}{9}(T_F - 32°F)$
Celsius para Fahrenheit: $T_F = \frac{9}{5}T_C + 32°C$
Celsius para Kelvin: $T_K = T_C + 273{,}15°C$
Kelvin para Celsius: $T_C = T_K - 273{,}15$ K